电力工程设计手册

U0300062

国家出版基金项目
NATIONAL PUBLICATION FOUNDATION

电力工程设计手册

火力发电厂电气二次设计

中国电力工程顾问集团有限公司　编著

Power
Engineering
Design Manual

中国电力出版社

内 容 提 要

本书是《电力工程设计手册》系列手册中的一个分册，依据最新的国家标准和规程规范的内容编写，充分吸收了近年国内火力发电厂电气二次方面的新技术、新设备，列入了大量成熟可靠的设计基础资料、技术数据和技术指标。

本书共十四章，包括电气二次的设计原则、设计要点、设计计算，并从电气设备的控制、信号、测量、保护等各个方面，对电气设备的计算机控制、火力发电厂的同步系统、主设备继电保护、发电厂自动装置及厂用电系统、操作电源系统、励磁系统、电气设备在线监测等方面系统地介绍了设备原理、系统构成、配置、相关计算等内容，同时还涵盖了抗干扰与接地、电气试验与检修设备的配置、厂内通信等内容。

本书是从事火力发电厂电气二次专业设计人员的工具书，可以满足火力发电厂在项目前期、初步设计、施工图设计等阶段的设计深度要求。本书也可作为从事电力工业管理、制造、施工、安装、运行、检修等专业人员的参考工具书，以及高等院校相关专业师生学习火力发电厂电气二次设计的参考书。

图书在版编目（CIP）数据

电力工程设计手册．火力发电厂电气二次设计／中国电力工程顾问
集团有限公司编著．—北京：中国电力出版社，2018.3（2024.9 重印）
ISBN 978-7-5198-1020-7

Ⅰ．①电⋯ Ⅱ．①中⋯ Ⅲ．①火电厂—电气设备—设计—手册
Ⅳ．①TM7-62

中国版本图书馆 CIP 数据核字（2017）第 182345 号

出版发行：中国电力出版社
地　　址：北京市东城区北京站西街 19 号（邮政编码 100005）
网　　址：http://www.cepp.sgcc.com.cn
印　　刷：三河市万龙印装有限公司
版　　次：2018 年 3 月第一版
印　　次：2024 年 9 月北京第五次印刷
开　　本：787 毫米×1092 毫米　16 开本　1 插页
印　　张：42.75
字　　数：1525 千字
印　　数：9001—9500 册
定　　价：280.00 元

《电力工程设计手册》
编辑委员会

主　　　任	吴春利
常务副主任	李宝金　刘广峰
副　主　任	郑慧莉　龙　辉　胡红春　史小恒　肖　兰　刘　钢
	陈仁杰　王　辉　朱　军　毛永龙　詹　扬　孙　波
委　　　员（按姓氏笔画排序）	
	叶勇健　庄　蓉　汤晓舒　许　华　孙向军　李向东
	李志刚　李彦利　杨　强　吴敬坤　宋红军　张　涛
	张欢畅　张运东　张国良　张爱军　陈　健　武一琦
	周　军　周丽琼　胡昌盛　高　华　郭晓克　章　勇
	阎欣军　梁　明　梁言桥　程正逢　雷梅莹

《电力工程设计手册》
秘　书　组

组　　　长	李宝金　刘广峰
副　组　长	郑慧莉　龙　辉　胡红春　陈文楷　张　涛　张运东
组　　　员	李　超　黄一凡　张江霖　康　慧　温作铭　许凌爽
	刘国芳　刘汝青　陈　丽

《火力发电厂电气二次设计》
编 写 组

主　　编　高华

参编人员　（按姓氏笔画排序）

　　　　　朱小利　刘世友　孙　进　杨月红　吴小青　张　维

　　　　　周晓波　唐　华　唐艳茹　康　博　薛　立

《火力发电厂电气二次设计》
编辑出版人员

编审人员　畅　舒　郭丽然　马玲科　刁晶华　姜丽敏　张运东

出版人员　王建华　黄　蓓　太兴华　郝军燕　陈丽梅　马素芳

　　　　　王红柳　赵姗姗

序言

改革开放以来，我国电力建设开启了新篇章，经过 30 多年的快速发展，电网规模、发电装机容量和发电量均居世界首位，电力工业技术水平跻身世界先进行列，新技术、新方法、新工艺和新材料的应用取得明显进步，信息化水平得到显著提升。广大电力工程技术人员在 30 多年的工程实践中，解决了许多关键性的技术难题，积累了大量成功的经验，电力工程设计能力有了质的飞跃。

党的十八大以来，中央提出了"创新、协调、绿色、开放、共享"的发展理念。习近平总书记提出了关于保障国家能源安全，推动能源生产和消费革命的重要论述。电力勘察设计领域的广大工程技术人员必须增强创新意识，大力推进科技创新，推动能源供给革命。

电力工程设计是电力工程建设的龙头，为响应国家号召，传播节能、环保和可持续发展的电力工程设计理念，推广电力工程领域技术创新成果，推动电力行业结构优化和转型升级，中国电力工程顾问集团有限公司编撰了《电力工程设计手册》系列手册。这是一项光荣的事业，也是一项重大的文化工程，对于培养优秀电力勘察设计人才，规范指导电力工程设计，进一步提高电力工程建设水平，助力电力工业又好又快发展，具有重要意义。

中国电力工程顾问集团有限公司作为中国电力工程服务行业的"排头兵"和"国家队"，在电力勘察设计技术上处于国际先进和国内领先地位。在百万千瓦级超超临界燃煤机组、核电常规岛、洁净煤发电、空冷机组、特高压交直流输变电、新能源发电等领域的勘察设计方面具有技术领先优势。中国电力工程顾问集团有限公司还在中国电力勘察设计行业的科研、标准化工作中发挥着主导作用，承担着电力新技术的研究、推广和国外先进技术的引进、消化和创新等工作。

这套设计手册获得了国家出版基金资助，是一套全面反映我国电力工程设计领域自有知识产权和重大创新成果的出版物，代表了我国电力勘察设计行业的水平和发展方向，希望这套设计手册能为我国电力工业的发展作出贡献，成为电力行业从业人员的良师益友。

汪建平

2017 年 3 月 18 日

总 前 言

电力工业是国民经济和社会发展的基础产业和公用事业。电力工程勘察设计是带动电力工业发展的龙头，是电力工程项目建设不可或缺的重要环节，是科学技术转化为生产力的纽带。新中国成立以来，尤其是改革开放以来，我国电力工业发展迅速，电网规模、发电装机容量和发电量已跃居世界首位，电力工程勘察设计能力和水平跻身世界先进行列。

随着科学技术的发展，电力工程勘察设计的理念、技术和手段有了全面的变化和进步，信息化和现代化水平显著提升，极大地提高了工程设计中处理复杂问题的效率和能力，特别是在特高压交直流输变电工程设计、超超临界机组设计、洁净煤发电设计等领域取得了一系列创新成果。"创新、协调、绿色、开放、共享"的发展理念和实现全面建设小康社会奋斗目标，对电力工程勘察设计工作提出了新要求。作为电力建设的龙头，电力工程勘察设计应积极践行创新和可持续发展思路，更加关注生态和环境保护问题，更加注重电力工程全寿命周期的综合效益。

作为电力工程服务行业的"排头兵"和"国家队"，中国电力工程顾问集团有限公司是我国特高压输变电工程勘察设计的主要承担者，包括世界第一个商业运行的 1000kV 特高压交流输变电工程、世界第一个 ±800kV 特高压直流输电工程等；是我国百万千瓦级超超临界燃煤机组工程建设的主力军，完成了我国 70%以上的百万千瓦级超超临界燃煤机组的勘察设计工作，创造了多项"国内第一"，包括第一台百万千瓦级超超临界燃煤机组、第一台百万千瓦级超超临界空冷燃煤机组、第一台百万千瓦级超超临界二次再热燃煤机组等。

在电力工业发展过程中，电力工程勘察设计工作者攻克了许多关键技术难题，积累了大量的先进设计理念和成熟设计经验。编撰《电力工程设计手册》系列手册可以将这些成果以文字的形式传承下来，进行全面总结、充实和完善，引导电力工程勘察设计工作规范、健康发展，推动电力工程勘察设计行业技术水平提升，助力勘察设计从业人员提高业务水平和设计能力，以适应新时期我国电力工业发展的需要。

2014 年 12 月，中国电力工程顾问集团有限公司正式启动了《电力工程设计手册》系列手册的编撰工作。《电力工程设计手册》的编撰是一项光荣的事业，也是一项艰巨和富有挑战性的任务。为此，中国电力工程顾问集团有限公司和中国电力出版社抽调专人成立了编辑委员会和秘书组，投入专项资金，为系列手册编撰工作的顺利开展提供强有力的保障。在手册编辑委员会的统一组织和领导下，700 多位电力勘察设计行业的专家学者和技术骨干，以高度的责任心和历史使命感，坚持充分讨论、深入研究、博采众长、集思广益、达成共识的原则，以内容完整实用、资料翔实准确、体例规范合理、表达简明扼要、使用方便快捷、经得起实践检验为目标，参阅大量的国内外资料，归纳和总结了勘察设计经验，经过几年的反复斟酌和锤炼，终于编撰完成《电力工程设计手册》。

《电力工程设计手册》依托大型电力工程设计实践，以国家和行业设计标准、规程规范为准绳，反映了我国在特高压交直流输变电、百万千瓦级超超临界燃煤机组、洁净煤发电、空冷机组等领域的最新设计技术和科研成果。手册分为火力发电工程、输变电工程和通用三类，共 31 个分册，3000 多万字。其中，火力发电工程类包括 19 个分册，内容分别涉及火力发电厂总图运输、热机通用部分、锅炉及辅助系统、汽轮机及辅助系统、燃气-蒸汽联合循环机组及附属系统、循环流化床锅炉附属系统、电气一次、电气二次、仪表与控制、结构、建筑、运煤、除灰、水工、化学、供暖通风与空气调节、消防、节能、烟气治理等领域；输变电工程类包括 4 个分册，内容分别涉及变电站、架空输电线路、换流站、电缆输电线路等领域；通用类包括 8 个分册，内容分别涉及电力系统规划、岩土工程勘察、工程测绘、工程水文气象、集中供热、技术经济、环境保护与水土保持和职业安全与职业卫生等领域。目前新能源发电蓬勃发展，中国电力工程顾问集团有限公司将适时总结相关勘察设计经验，编撰新能源等系列设计手册。

《电力工程设计手册》全面总结了现代电力工程设计的理论和实践成果，系统介绍了近年来电力工程设计的新理念、新技术、新材料、新方法，充分反映了当前国内外电力工程设计领域的重要科研成果，汇集了相关的基础理论、专业知识、常用算法和设计方法。全套书注重科学性、体现时代性、增强针对性、突出实用性，可供从事电力工程投资、建设、设计、制造、施工、监理、调试、运行、科研等工作者使用，也可供相关教学及管理工作者参考。

《电力工程设计手册》的编撰和出版，是电力工程设计工作者集体智慧的结晶，展现了当今我国电力勘察设计行业的先进设计理念和深厚技术底蕴。《电力工程设计手册》是我国第一部全面反映电力工程勘察设计的系列手册，难免存在疏漏与不足之处，诚恳希望广大读者和专家批评指正，如有问题请向编写人员反馈，以期再版时修订完善。

在此，向所有关心、支持、参与编撰的领导、专家、学者、编辑出版人员表示衷心的感谢！

《电力工程设计手册》编辑委员会

2017 年 3 月 10 日

前　言

　　《火力发电厂电气二次设计》是《电力工程设计手册》系列手册之一。

　　电气设备的控制水平及控制手段的高低，设备运行的稳定性，直接取决于二次设计的优劣。随着火力发电厂二次接线及控制、保护的技术发展，计算机技术及数字通信技术在火力发电厂控制、保护各个方面都有广泛应用。本书在总结近些年新技术、新设备的应用和工程设计经验的基础上，充分吸收新的设计技术及技术方案，对一些常规和新技术的设计方案进行了总结和完善。从电气设备的控制、信号、测量、保护等各个方面进行了工程总结，并对电气设备的计算机控制、同步系统、主设备继电保护、发电厂自动装置及厂用电系统、操作电源系统、励磁系统、电气设备在线监测等方面，从国家规程规范、原理、计算及设计工程示例等方面进行介绍和总结，并对抗干扰与接地、电气试验与检修设备的配置、厂内通信等内容进行了介绍。

　　本手册基于方便实用原则，结合近年工程设计中的新技术及新问题，对火力发电厂二次设计进行了很好的总结。遵循火力发电厂"安全可靠、技术先进、经济适用、符合国情"的设计理念，体现了先进性、实用性和与规程规范的一致性。

　　本手册主编单位为中国电力工程顾问集团西北电力设计院有限公司。本书由高华担任主编，负责总体框架设计和校稿。本书编写分工：杨月红负责编写第一章；杨月红、周晓波负责编写第二章；杨月红、唐华负责编写第三章；刘世友负责编写第四章、第十三章；唐华、孙进负责编写第五章；朱小利、高华负责编写第六章；朱小利、康博负责编写第七章；高华负责编写第八章、第十章；吴小青负责编写第九章；薛立负责编写第十一章；唐艳茹负责编写第十二章；张维负责编写第十四章。

　　本书是从事火力发电厂电气二次设计、施工和运行管理人员的工具书，可以满足火力发电厂前期工作，初步设计、施工图设计等阶段的深度要求。本书也可作为其他行业从事火力发电厂二次设计人员的参考书，还可供高等院校电气二次设计专业的教师和学生参考使用。

　　在本书的编写过程中，参考了《电力工程电气设计手册　电气二次部分》（1991年中国电力出版社出版）的数据和资料，在此，向《电力工程电气设计手册　电气二次部分》的编写人员表示由衷的感谢。

《火力发电厂电气二次设计》编写组

2017 年 12 月

目　录

第一章

综　　述

第一节　概　　述

一、设计在工程建设中的作用

设计是一门涉及科学、技术、经济和方针政策等各方面的综合性的应用技术科学。设计又是先进技术转化为生产力的纽带。

设计工作的基本任务是在工程建设中贯彻国家的基本建设方针和技术经济政策，作出切合实际、安全适用、技术先进、综合经济效益好的设计，有效地为工程建设服务。

电力设计院是电厂的总体设计院，对电厂工程建设项目的合理性和整体性以及各设计单位之间的配合协调负有全责，并负责组织编制和汇总项目的总说明、总图和总概算等内容。

设计文件是安排工程建设项目和组织施工安装的主要依据。设计也是工程建设的"龙头"。

设计工作是工程建设的关键环节。做好设计工作，对工程建设的工期、质量、投资费用和建成投产后的运行安全可靠性、生产的综合经济效益，起着决定性的作用。

工程项目需要设计单位为有关部门的宏观控制和为项目法人的决策提供科学依据。项目核准后能否保证工程设计质量、控制工程建设进度和工程投资，项目建成后能否获得最大的经济效益、环境效益和社会效益，设计都起到关键的作用。因此，设计是工程建设的灵魂。

二、设计工作需遵循主要原则

设计工作要遵守国家的法律、法规，贯彻执行国家经济建设的方针、政策和基本建设程序，特别需要贯彻执行提高综合经济效益和促进技术进步的方针及产业政策。

要运用系统工程的方法从全局出发，正确处理中央与地方、工业与农业、沿海与内地、城市与乡村、远期与近期、平时与战时、技改与新建、主体设施与辅助设施、生产与生活、安全与经济等方面的关系。

要根据国家规程、规范与有关规定，结合工程的不同性质、不同要求，从我国实际情况出发，合理地确定设计标准。以电厂全寿命周期内效益最大化为根本目标，对生产工艺、主要设备和主体工程要做到可靠、适用、先进；对非生产性的建设，坚持经济、适用，在可能条件下注意美观。

发电厂项目建设需贯彻建设资源节约型、环境友好型社会的国策，需积极采用可靠的先进技术，积极推荐采用高效、节能、节地、节水、节材、降耗和环保的方案。要落实节约资源的基本国策，实现资源的综合利用，推广应用高效节能技术，提高能源利用效率，节约能源。要严格执行国家环境保护政策，减少污染。烟气、废水、噪声等污染物的排放需符合国家及地方的规定和标准。要提高整体效果和水平，总体规划和建筑设计需因地制宜、合理布置、协调一致；厂区、车间布置要提高综合技术水平，合理分区，方便施工、检修和运行操作。

三、设计基本程序

设计要执行国家规定的基本建设程序。火力发电厂设计的一般程序是：初步可行性研究—可行性研究—初步设计—施工图设计。研究报告和设计文件都要按规定的内容完成报批和批准手续，按程序办事，就能使工程的规划设计由主要原则到具体方案、由宏观到微观，逐步充实、循序渐进，从而得出最优方案，保证质量，避免决策失误。

在工程进入施工阶段后，设计工作还要配合施工，参加工程管理、试运行和验收，最后进行总结，从而完成设计工作的全过程。

新建大、中型火电厂设计基本程序一般可按表1-1所列步骤进行。

表 1-1   新建大、中型火电厂设计基本程序及任务

设计阶段	设计基本程序	任务	备注
设计前期工作阶段	初步可行性研究	对建厂条件进行地区调查，进行比较论证，推荐可能建厂的厂址、规模和建厂顺序，为编制和审批项目建议书提供依据	扩建、改建项目可取消本程序
	项目建议书	提出建厂的必要性和负荷、建厂性质和规模、建厂厂址和条件、建厂年份和顺序、投资控制和筹措等	
	可行性研究	落实建厂条件，确定建厂规模，提出设计原则方案，完成环境影响报告书，进行全面的综合性技术经济分析论证和方案比较。提出投资估算和经济效益评价，取得外部条件的协议书，为编制和审批任务书提供可靠依据	
	协助编制计划(设计)任务书	明确建设目的、建设依据、建设规模、建厂条件、主要协作配合条件、主机安排及主要工艺流程、环境保护要求、建设地点和占地面积、建设进度、投资和劳动定员控制、需要研制的新产品等	
设计工作阶段	初步设计	确定建设标准、各项技术原则和总概算，以便编制投资计划，实行投资包干，控制工程拨款，组织主要设备订货，进行施工准备，并作为施工图设计依据	
	施工图设计	为订货、施工、运行的依据，经审定的预算为预算包干、工程结算的依据	
施工运行阶段	配合施工	交代设计意图，解释设计文件，及时解决工程管理与施工中设计方面出现的问题，参加试运转，参加竣工验收和投产	
	运行回访或总结反馈	总结和积累设计上的经验教训，编入总结报告以改进设计、提高水平	

四、设计人员职责

一个专业的设计任务主要由设计人、校核人和主要设计人完成。设计成品最后由专业科长（经理）、主任（专业）工程师和设计总工程师审核、审定。这里仅介绍主要设计人、校核人和设计人的职责。

（一）主要设计人

主要设计人的任务是组织本专业的工程设计工作，并通过本专业内的接口技术要求与协调，对本专业的技术业务全面负责。主要设计人的具体职责如下：

（1）组织收集鉴定本专业的原始资料，检查协议和主要数据，落实开展工作的条件。在工程负责人的统一安排下，组织本专业的调查收资工作，编制调查收资提纲并贯彻执行，听取生产、施工方面意见。

（2）落实设计内容、深度和人员安排，拟定本专业的技术组织措施和工程设计综合进度，安排并协调联系配合及相互提供资料的计划。

（3）负责本专业设计文件的编制工作，组织方案研究和技术经济比较，提出技术先进、经济合理的推荐意见。

（4）负责专业间的联系配合及相互间的协调统一。负责设计文件符合审定原则，原始资料正确，内容深度适当，专业内各卷册内容协调一致。校审签署本工程及本专业的全部文件、图纸，核对专业间相互提供的资料及进行图纸会签。

（5）参加对外业务工作时，负责本专业的各项准

备工作，参加必要的会议和对外联系工作。

（6）负责编制设备技术规范书，参加设备招标、评标、技术协议的签订，参加设计联络会等工作。

（7）本人或协助工地代表向生产、施工单位进行技术交底，归口处理施工、安装、运行中的专业技术问题。

（8）做好工程各阶段的技术文件资料的立卷归档工作。

（二）校核人

校核人对所分配校审的卷册或项目的质量负责，具体如下：

（1）校对设计文件是否符合国家技术政策及标准规范，是否贯彻执行已审定的设计原则方案；核对原始资料及数据，设备材料的规格及数量，图纸的尺寸、坐标、计算方法、项目、条件和运算结果等是否正确无误；审核设计意图是否交代清楚。

（2）核对系统与布置是否一致，总图与分图是否符合一致，与有关专业是否衔接协调，有无矛盾。

（3）核对套用的标准设计、典型设计、活用的其他工程图纸，是否符合本工程的设计条件。

（4）将发现的问题认真地填写在校审记录单上，并督促原设计人及时更正。

（三）设计人

设计人对所分配的生产任务的质量和进度负责，具体如下：

（1）设计中认真贯彻上级审批意见，执行有关标准规范和各项管理制度。

（2）认真吸取国内外施工、运行先进经验，主动与有关专业联系配合，合理制订系统、布置和结构方案，正确采用计算方法、计算公式、计算数据，正确选择设备材料，按本工程条件正确套用标准设计、典型设计或活用其他工程图纸。

（3）认真做好调查研究、收集资料等外部业务工作，做好现场记录及有关资料整理工作，满足调查收集资料的有关规定。

（4）根据主设人的委托，会签外专业与本人承担的卷册或项目的有关文件和图纸。

（5）计算和制图完成后，认真进行自校，确保设计质量。

（6）设计结束后，及时协助主设人做好本卷册或项目的立卷归档工作。

第二节　工程项目各阶段电气专业设计内容

在火力发电厂工程设计的各个阶段中，电气专业自始至终都是主要专业。但在发电工程的设计前期工作阶段，设计成品往往由整个工程组统一提出，电气专业的设计内容仅是其中的一部分。

本节按大、中型新建火力发电厂编写，小型火电厂可供参考。

一、初步可行性研究阶段电气设计内容

初步可行性研究阶段的任务是进行地区性的规划选厂。在此阶段，设计单位提出的设计成品主要是一份初步可行性研究报告，由各个专业共同执笔，设计总工程师统稿。

初步可行性研究报告的内容一般包括概述、电力系统、热负荷分析、燃料供应、建厂条件、工程设想、环境和社会影响、厂址方案与技术经济比较、初步投资估算及财务与风险分析、结论及存在的问题、附图与附件十二个方面。其中电气专业的工作量很少，主要是配合系统和总图专业就出线条件、总体布置设想等提供意见，对投资影响较大的主接线提出建议。有时，电气专业可不参加这一阶段的工作。

二、可行性研究阶段电气设计内容

在工程项目的建设得到批准后，工程设计进入"可行性研究阶段"，进行工程定点选厂。在此阶段，除完成可行性研究报告的编写工作之外，还需进行必要的论证计算，提出主要的设计图纸和取得必需的外部协议。

可行性研究报告由工程组各专业共同编写，其内容一般包括总论、电力系统、热负荷分析、燃料供应、厂址条件、工程设想、烟气脱硫与脱销、环境及生态保护与水土保持、综合利用、劳动安全、职业卫生、资源利用、节能分析、人力资源配置、项目实施的条件和建设进度及工期、投资估算及财务分析、风险分析、经济与社会影响分析、结论与建议十九个方面。电气专业主要参与工程设想方面的编写工作：提出发电机和励磁系统选型及主要参数；根据外部电网条件设想启动/备用电源的引接方式；说明电厂主接线方案的比较和选择，各级电压出线回路数和方向，主要设备选择和布置等。在报告的"经济效益分析"部分中，电气专业需提供厂用电率等主要经济指标。

在提出的工程设计图纸中，电气专业需提出"电气主接线原则接线图"，600MW及以上机组增加"高压厂用电原则接线图"，并配合其他专业完成"厂区总平面布置图""主厂房平面布置图"和"主厂房断面布置图"等，配合技经专业提供设备材料清单。

电气专业需配合可行性研究阶段中节能专项设计及消防专项设计电气有关内容的相关工作。节能专项设计中主要编写厂用电负荷情况及计算厂用电率，编写电气专业相关的节能措施；消防专项设计中主要编写消防供电方案及控制要求。

在定点选厂中,当厂址与机场、军事设施和通信电台等有矛盾时,或高压输电线路在厂址附近需要跨越铁路和航道等,需取得这些单位主管部门的同意文件。

三、初步设计阶段电气设计内容

在电厂厂址确定之后,便可根据上级下达的设计任务书,正式进行工程的初步设计,并按设计任务书给出的条件,分专业提出符合设计深度要求的设计文件。

初步设计所确定的设计原则和建设标准,将宏观地勾画出工程概貌,控制工程投资,体现技术经济政策的贯彻落实,所以初步设计是工程建设中非常重要的设计阶段,各种设计方案需经过充分的论证和选择。

工程中积极采用成熟的新技术、新工艺和新方法,初步设计文件需详细说明所应用的新技术、新工艺和新方法的优越性、经济性和可行性。

(一)对初步设计文件的总要求

初步设计文件包括说明书、图纸和专题报告三部分。说明书、图纸需充分表达设计意图;重大设计原则需进行多方案的优化比选,提出专题报告和推荐方案待审批确定。计算书作为初步设计工作的主要内容,有明确的内容深度要求。

初步设计说明书包括总的部分、电力系统部分、总图运输部分、热机部分、运煤部分、除灰渣部分、电厂化学部分、烟气脱硫工艺部分、电气部分、仪表与控制部分、信息系统与安全防护部分、建筑结构部分、采暖通风及空气调节部分、水工部分、环境保护部分、水土保持部分、消防部分、劳动安全部分、职业卫生部分、节约资源部分、施工组织大纲部分、运行组织及电厂设计定员部分、主要设备材料清册、工程概算等。

初步设计图纸包括总的部分、电力系统部分、总图运输部分、热机部分、运煤部分、除灰渣部分、电厂化学部分、烟气脱硫工艺部分、电气部分、仪表与控制部分、信息系统与安全防护部分、建筑结构部分、采暖通风及空气调节部分、水工部分、环境保护部分、水土保持部分、消防部分、劳动安全部分、职业卫生部分、施工组织大纲部分等。

(二)电气设计内容

1. 说明书内容

(1)概述。

(2)发电机及励磁系统。

(3)电气主接线。

(4)短路电流计算。

(5)导体及设备选择。

(6)厂用电接线及布置。

(7)事故保安电源。

(8)电气设备布置。

(9)直流电系统及不间断电源。

(10)二次线、继电保护及自动装置。

(11)过电压保护及接地。

(12)照明和检修网络。

(13)电缆及电缆设施。

(14)检修及试验。

(15)阴极保护(需要时说明)。

(16)节能方案。

(17)劳动安全和职业卫生。

(18)附件。

2. 图纸目录

(1)电气主接线图。

(2)短路电流计算接线图。

(3)高低压厂用电原理接线图。

(4)电气建(构)筑物及设施平面布置图。

(5)各级电压(及厂用电)配电装置平剖面图。

(6)继电器室布置图。

(7)发电机封闭母线平剖面图。

(8)高压厂用母线平剖面图。

(9)保护及测量仪表配置图。

(10)直流系统图。

(11)UPS系统图。

(12)主厂房电缆桥架通道规划图。

(13)电气计算机监控(测)方案图。

3. 计算书内容

(1)短路电流计算及主设备选择。

(2)厂用电负荷和厂用电率计算。

(3)厂用电成组电动机自启动、单台大电动机启动的电压水平校验。

(4)直流负荷统计及设备选择。

(5)发电机中性点接地设备的选择(必要时进行)。

(6)厂用电供电方案技术经济比较(必要时进行)。

(7)高压厂用电系统中性点接地设备的选择(必要时进行)。

(8)导线电气及力学计算(必要时进行)。

(9)内部过电压及绝缘配合计算(必要时进行)。

(10)发电机主母线选择(必要时进行)。

(11)有关方案比较的技术经济计算(必要时进行)。

(12)远离主厂房供电线路电压选择计算(必要时进行)。

四、施工图设计阶段电气设计内容

初步设计经过审查批准，便可根据审查结论和主要设备落实情况，开展施工图设计。在这一设计阶段中，需准确无误地表达设计意图，按期提出符合质量和深度要求的设计图纸和说明书，以满足设备订货所需，并保证施工的顺利进行。

（一）对施工图设计文件的总要求

（1）初步设计的审批文件。

（2）设计总工程师编制的施工图设计任务书、各专业间施工图综合进度表、主要设计人编制的电气专业施工图设计任务书。

（3）有关典型设计。

（4）新产品试制的协议书。

（5）必要的设备技术资料。

（6）协作设计单位的设计分工协议和必要的设计资料。

（二）电气设计内容

施工图总说明及卷册目录需对电气部分施工图设计的总体情况和基本设计原则进行说明，并提出施工、运行中注意的事项和存在的问题，说明书中还需附有电气部分卷册目录。

施工图总说明及卷册目录包括工程概述、设计依据、设计范围及分界、其他必要的说明、主要设计方案和电气部分施工图卷册目录等部分。

1. 设计范围

（1）电气部分施工图设计主要指厂内电气系统（含一次、二次）、照明和防雷接地等设计，还包括厂内系统继电保护、自动装置及远动系统设计。

（2）屋外变压器、高压配电装置（以出线门形架为界，出线门形架以外，包括出线侧绝缘子串由顾客另行委托设计）电气部分设计。

（3）主厂房内电气部分设计，包括发电机引出线系统安装设计、厂用电系统设计、二次接线设计、行车滑线安装设计、电缆设计、照明设计。

（4）主厂房外辅助生产系统电气部分设计，包括厂用电系统设计、二次接线设计、行车滑线安装设计、电缆设计、照明设计。

（5）全厂防雷接地设计。

2. 设计文件组成

（1）电气总图。

（2）施工图总说明及卷册目录。

（3）标识系统设计说明文件。

（4）设备、材料清册（含设备清册、主要材料清册）。

（5）高压配电装置布置安装图。

（6）发电机引出线系统、屋外变压器及其他设备安装图。

（7）厂用配电装置接线及布置图。

（8）二次接线图。

（9）直流系统及交流不间断电源接线及布置图。

（10）全厂防雷接地布置图。

（11）全厂行车滑线安装图。

（12）全厂电缆构筑物及电缆敷设布置安装图。

（13）全厂照明。

（14）接地网阴极保护。

（15）计算书不属于必须交付的设计文件，但需设计并归档保存。

第三节　工程项目各阶段电气专业设计深度

一、初步可行性研究阶段电气设计深度

初步可行性研究阶段电气专业的工作量很少，主要是配合系统专业就出线条件、总体布置设想等提供意见，对投资影响较大的主接线提出建议。电气二次人员可不参加这一阶段的工作。

二、可行性研究阶段电气设计深度

电气专业一般只参加可行性研究阶段中"工程设想"一节的编写，其内容如下：

（1）主机选型：提出发电机和励磁系统选型及主要参数。

（2）主变压器：根据厂址条件及大件运输条件，对600MW及以上机组主变压器型式（三相变压器或单相变压器）选择提出推荐意见。

（3）电气主接线：根据发电厂接入系统方案，综合本期工程和规划容量，对电气主接线方案提出推荐意见。对装设发电机出口断路器的设计方案需有论证。

（4）对高压启动/备用电源引接设计方案提出推荐意见。

（5）提出高压厂用电接线方案的原则性意见，对600MW及以上空冷机组及1000MW机组，还需提出高压厂用电电压等级的选择意见。

600MW大型空冷机组厂用负荷及最大单台发电机较600MW湿冷机组有较大幅度的提高。当每台机组设三台50%的电动给水泵，单台电动给水泵的功率达到11000kW。厂用负荷的增加和单台发电机容量的提高，带来短路容量增大、启动压降大等问题。采用6kV电压时，6kV系统短路水平可能超过50kA，如要求短路电流水平控制在50kA内，则不满足电动机正常启动电压水平要求。因此，在大型空冷机组高压厂用电电压选择中需采用10kV电压等级。具体工程是

采用 10、6kV 二级电压还是 10kV 一级电压，需结合厂用电接线方案（包括脱硫、脱硝系统的供电设计）及厂用配电装置布置等进行全面的技术经济比较确定。

（6）结合厂用电接线设计方案，对各工艺系统负荷供电设计方案提出意见。

（7）结合厂区总平面规划布置，对电气构筑物布置、高压配电装置型式及网络继电器室等的设计方案和规模提出意见。

（8）对扩建工程，需充分利用（老厂）已有设备（施），对扩建或改造设计方案提出意见。

电气二次设计一般不参加这一阶段的工作。如需要，仅配合一次设计提出网络继电器室布置及二次相关的技经资料。

三、初步设计阶段电气设计深度

初步设计深度需满足以下要求：设计方案的比较选择和确定；主要设备材料订货；土地征用；基建投资的控制；施工图设计的编制；施工组织设计的编制；施工准备和生产准备等。

1. 说明书（二次部分）

（1）直流电系统及不间断电源。

1）说明单元控制室和网络继电器室直流系统的接线方式及负荷计算，各蓄电池组、充电设备选择及布置，直流供电方式的选择，远离主厂房的生产车间供电方式及设备选择。

2）说明不间断电源设备选择及布置。

（2）二次线、继电保护及自动装置。

1）说明单元控制室和网络继电器室布置及与电气有关部分元件的控制地点，主要电气元件控制、信号、测量、联锁、同步方式选择，元件保护和自动装置的配置原则及选型。

2）说明发电机、升压站系统及厂用电系统电气采用的计算机监控方案、组网原则及系统配置的主要内容，防止电气误操作的方案及措施，主要电气设备在线监测装置设置原则（包括对象、范围、功能等），电气计算机监测（控）系统安全防护要求。

3）说明电除尘、输煤系统及远离主厂房的生产车间控制方式、控制地点及二次设备选型等内容。

4）说明二次线、继电保护及自动装置等电气有关设备的布置。

2. 图纸深度要求（二次部分）

（1）继电器室布置图。表示继电器屏的布置方式，相互间的主要尺寸，屏的名称、编号和对照表。

（2）保护及测量仪表配置图。表示发电机-变压器组及启动/备用变压器继电保护及测量仪表配置类型、主要保护方式、主要设备名称等，也可以与主接线合

并出图。

（3）直流系统图。表示直流系统的接线方式，蓄电池型号和数量，充电、浮充电设备及系统图中有关的主要设备规范。

（4）UPS 系统图。表示 UPS 系统接线，交、直流电源的引接方式及系统图中有关的主要设备规范。

（5）电气计算机监控（测）方案图。表示电气计算机监控（测）及管理系统组网方式、电气计算机监控主要设备及技术规范、监控（测）对象组网的范围及测点、与其他计算机系统的接口范围。

3. 计算书内容深度（二次部分）

计算书内容（二次部分）只计算直流负荷统计及设备选择，计算方法需按 DL/T 5044《电力工程直流电源系统设计技术规程》进行，列出直流负荷统计表及设备选择表。

四、施工图设计阶段电气设计深度

施工图设计阶段的电气设计必须认真贯彻国家的各项技术方针政策，执行国家和电力行业颁发的有关标准和规范。施工图设计内容深度需充分体现设计意图，满足订货、施工、运行及管理等各方面要求。设计文件的内容、深度和编制方式需重视建设方的需求，为建设方提供更完善的服务。设计文件的编制需考虑数字化等设计手段的进步，采用更为合理和完善的表达方式。

设计文件的表达可借鉴国际同行业的发展水平和发展趋势，与国际通行的惯例、方式接轨。具体工程施工图设计内容深度需以合同为准。

1. 电气总图

施工图总图阶段是一个介于初步设计与施工图设计之间的一个重要环节，是开展施工图设计的依据之一。施工图总图阶段需要与锅炉、汽轮机、发电机、变压器等主辅机设备制造厂配合并互提配合资料，为施工图设计创造条件。施工图总图是施工图初期指导和协调专业之间和专业内部相互配合、指导各卷册施工图设计的重要文件。本阶段主要解决主体专业与相关专业之间的互提资料配合，完成初步设计审查文件中要求修改、优化等内容，各专业需提出主要单位工程的布置总图，并进行必要的计算，选择最优的设计方案，并需对本阶段提出的中间成果进行专业评审和综合评审。

电气总图主要包括电气主接线图、发电机-变压器组测量仪表及保护配置图、厂用电原理接线图、电气总平面布置图、短路电流计算及设备选择、厂区电缆构筑物布置图、主要电压等级系统短路电流计算、发电机中性点接地电阻选择计算、主要电压等级导体选择计算等。其二次部分内容深度要求设计的有：发电

机-变压器组测量仪表及保护配置图；各测量点测量仪表配置；各元件继电保护配置；测量及保护用 TA、TV 参数等。

2. 施工图总说明及卷册目录

（1）说明书（二次部分）。

1）励磁系统。说明发电机励磁方式及设备组成、励磁系统主要参数和励磁系统设备布置等。

2）直流系统。说明全厂直流系统的构成及直流负荷供电范围，远离主厂房的生产车间直流供电方式，各蓄电池组、充电设备等的选择和配置，直流系统的接线及布置。

3）交流不间断电源。说明全厂交流不间断电源的配置及负荷供电方式，交流不间断电源设备的选择及主要参数，交流不间断电源系统的接线及布置等。

4）二次线、继电保护及自动装置。说明电气设备或元件的控制、信号和测量方式以及各设备的控制地点，电气系统采用计算机监控的范围，发电机同步、备用电源自动投入装置等自动装置的选择及配置，单元控制室、网络控制室及继电器室的布置，元件保护和自动装置的配置原则、组屏方式及选型，主要电气设备的保护配置，电气防误操作的设置等。

（2）电气部分施工图卷册目录。

1）目录根据最终出版的卷册编制，宜采用表格的形式，包括序号、卷册号、卷册名称三栏。

2）电气部分施工图阶段典型工程项目（2×600MW 超临界凝汽式燃煤发电机组）分册目录参见表 1-2。

表 1-2　典型工程电气部分施工图卷册目录

序号	卷册号	卷 册 名 称
		电气部分
1	D0101	施工图设计说明书及卷册目录
2	D0102	电气总图
3	D0103	主要设备清册
4	D0104	主要材料清册
5	D0105	标识系统设计说明
6	D0201	×××kV 屋外（内）配电装置施工图
7	D0202	×××kV 高压电缆安装图
8	D0203	高压电抗器安装图
9	D0301	屋外变压器安装图
10	D0401	发电机离相封闭母线安装图
11	D0402	厂用高压共箱封闭母线安装图
12	D0403	交、直流励磁母线安装图
13	D0501	主厂房高压厂用接线及布置图
14	D0502	380/220V 主厂房 PC 厂用电接线及布置图

续表

序号	卷册号	卷 册 名 称
15	D0503	380/220V 主厂房 MCC 厂用电接线及布置图
16	D0504	380/220V 保安电源电气接线及布置图
17	D0505	380/220V 输煤系统 PC、MCC 厂用电接线及布置图
18	D0506	380/220V 电除尘系统电气接线及布置图
19	D0507	380/220V 水处理及供水车间电气接线及布置图
20	D0508	380/220V 除灰系统厂用电接线及布置图
21	D0509	脱硫系统电气接线及布置图
22	D0510	厂区外辅助车间电气一次线
23	D0601	单元控制总的部分
24	D0602	机组电气监控系统
25	D0603	发电机-变压器（组）二次线
26	D0604	发电机励磁系统二次线
27	D0605	启动/备用变压器二次线
28	D0606	高压厂用电源二次线
29	D0607	主厂房（集中控制）低压厂用电源二次线
30	D0608	辅助车间（就地控制）低压厂用电源二次线
31	D0609	保安电源二次线
32	D0610	机组直流系统
33	D0611	交流不间断电源
34	D0621	元件继电保护
35	D0622	发电机-变压器（组）继电保护接线图
36	D0623	启动/备用变压器继电保护接线图
37	D0624	发电机-变压器（组）故障录波接线图
38	D0625	启动/备用变压器故障录波接线图
39	D0631	1 号机组电气系统 DCS 测点清单
40	D0632	2 号机组电气系统 DCS 测点清单
41	D0633	公用电气系统 DCS 测点清单
42	D0641	高压厂用配电装置二次线订货图
43	D0642	主厂房 380V 开关柜二次线订货图
44	D0643	辅助车间 380V 开关柜二次线订货图
45	D0701	网络控制总的部分
46	D0702	网络监控系统
47	D0703	500kV（220kV）线路设备二次线
48	D0704	220kV（110kV）线路设备二次线
49	D0705	500kV（220kV）母线设备二次线
50	D0706	220kV（110kV）母线设备二次线

续表

序号	卷册号	卷 册 名 称
51	D0707	网络直流系统
52	D0801	汽轮机电动机二次线
53	D0802	锅炉电动机二次线
54	D0803	输煤电动机二次线
55	D0804	输煤程控总的部分
56	D0805	输煤系统安装接线图
57	D0806	翻车机（卸船机/汽车衡）程控系统及接线图
58	D0807	电气除尘器二次线
59	D0808	循环水泵房电动机二次线
60	D0809	江边水泵房电动机二次线
61	D0810	水工电动机二次线
62	D0811	废水处理电动机二次线
63	D0812	化水电动机二次线
64	D0813	燃油泵房电动机二次线
65	D0814	启动锅炉房电动机二次线
66	D0815	空气压缩机电动机二次线
67	D0816	灰水回收泵房二次线
68	D0817	其他电动机二次线
69	D0901	发电机-变压器（组）二次线安装接线图
70	D0902	启动/备用变压器二次线安装接线图
71	D0903	厂用电二次线安装接线图
72	D0904	高压配电装置二次线安装接线图
73	D0911	1 号机组 DCS 电气量端子排接线图
74	D0912	2 号机组 DCS 电气量端子排接线图
75	D0913	公用 DCS 电气量端子排接线图
76	D0914	网络监控测控屏端子排接线图
77	D0921	蓄电池安装图
78	D1001	主厂房火灾报警系统
79	D1002	输煤系统火灾报警系统
80	D1003	辅助车间火灾报警系统
81	D1101	全厂防雷布置图
82	D1102	全厂接地布置图
83	D1201	主厂房行车滑线
84	D1202	辅助车间行车滑线
85	D1301	全厂电缆敷设总的部分
86	D1302	全厂电缆防火总的部分
87	D1303	主厂房电缆敷设图
88	D1304	炉后部分电缆敷设图

续表

序号	卷册号	卷 册 名 称
89	D1305	×××kV 屋外配电装置电缆敷设图
90	D1306	输煤系统电缆敷设图
91	D1307	厂区及其他辅助车间电缆敷设图
92	D1308	除灰系统电缆敷设图
93	D1309	脱硫系统电缆敷设图
94	D1310	主厂房电缆桥架及防火布置图
95	D1311	炉后电缆桥架及防火布置图
96	D1312	输煤及翻车机系统电缆桥架及防火布置图
97	D1313	厂区及其他辅助车间电缆桥架及防火布置图
98	D1314	脱硫系统电缆桥架及防火布置图
99	D1315	电缆清册
100	D1316	主厂房底层及锅炉尾部电缆埋管布置图
101	D1401	照明总的部分
102	D1402	主厂房照明
103	D1403	×××kV 屋外配电装置照明
104	D1404	输煤系统照明
105	D1405	辅助车间照明
106	D1406	烟囱（及冷却塔）照明及防雷接地
107	D1407	厂区道路照明
108	D1408	炉后照明
109	D1409	脱硫系统照明

注　PC: power center，动力中心。

MCC: motor control center，电动机控制中心。

DCS: distributed control system，分散控制系统。

3. 标识系统设计说明

此部分设计文件作为一个单独的卷册出版，主要根据具体项目所采用的标识系统方案，说明电气部分标识系统编码的规则、设计文件中标识系统编码的具体内容和要求。标识系统设计说明主要包括项目标识系统编码规则介绍、各级编码定义、电气部分编码要求等。

项目标识系统编码需符合 GB/T 50549《电厂标识系统编码标准》的规定。项目标识系统编码规则介绍需根据本项目所确定的标识系统方案，简要介绍编码的基本原则，包括编码分层的基本格式，各层次代码编制的规定及与本项目标识系统编码相关的要求等。各级编码定义需定义电气部分各级的编码符号与其所代表的对象之间的对应关系。电气部分编码要求需具体介绍在电气部分设计文件中进行标识系统编码时的具体规定、要求和方法。电气系统编码一般编至设备级。

4. 设备、材料清册

本部分内容为统计汇总全厂设备开列设备清册，统计汇总全厂主要材料开列材料清册。

（1）设备清册中的内容一般以表格的形式开列，表格中需具有序号、标识系统编码（可按工程需要确定是否设置此栏）、名称、型号及规范、单位、数量、制造厂家和备注等。典型设备清册表格参见表1-3。

表1-3　　典型设备清册表格

| 序号 | 标识系统编码 | 名称 | 型号及规范 | 单位 | 数量 | | | 制造厂 | 备注 |
					×号机组	×号机组	合计		

为便于订货，满足分期建设要求，清册中的机组用设备数量可按每台机组开列，公用设备可开列在第一台机组的合计栏中或单独开列，两台机组连续建设时也可按两台机组开列。设备在清册中一般按系统、类别和功能、用途进行分类，以便归口统计。随主设备配套供货的辅助设备及附件随主设备一起开列，并列于该主设备项目下。对于特殊要求的设备，在"型号及规范"（或"备注"）一栏中详细说明。为满足工程订货要求，可按设计进度分批分期提供清册；如在设计中有较大的修改或补充，则需出版补充的设备清册，并说明清册中修改增补的具体内容。设备清册需编写编制说明，其内容包括：本清册对应本期工程机组数量，本清册所包括的部分，本清册所不包括的部分，其他所需要特别说明的事项。

（2）材料清册中的内容一般以表格的形式开列，表格中需具有序号、名称、型号及规范、单位、数量、制造厂家和备注。典型主要材料清册表格参见表1-4。

表1-4　　典型主要材料清册表格

| 序号 | 名称 | 型号及规范 | 单位 | 数量 | | | 制造厂 | 备注 |
				×号机组	×号机组	合计		

为便于订货，满足分期建设要求，清册中的机组用材料数量可按每台机组开列，公用设备可开列在第一台机组的合计栏中或单独开列。材料在清册中一般按系统、类别和功能、用途进行分类，以便归口统计。为满足工程订货要求，可按设计进度分批分期提供清

册；如在设计中有较大的修改或补充，则需出版补充的材料清册，并说明清册中修改增补的具体内容。材料清册需包括电线电缆、导线金具、电缆桥架、滑触线材料、电线电缆穿管、防火材料、照明器材、接地材料及安装材料等。材料清册需编写编制说明，其内容包括：本清册对应本期工程机组数量，本清册所包括的部分，本清册所不包括的部分，所列数量是否包括安装裕量和备用量，随设备供应的材料是否开列，其他所需要特别说明的事项。

5. 电动机二次接线图

（1）电动机二次接线图设计内容：高低压开关柜内控制、测量及保护二次原理接线图；高低压厂用电动机控制、信号、测量及保护回路图；电缆联系图或端子排接线图；当采用硬接线联锁时，需表示联锁示意图等。

（2）相关计算：继电保护选型计算；电流互感器负荷及电缆截面积选择计算；跳合闸控制回路电缆截面积及选择计算（当控制距离较远时）等。

（3）二次接线图内容深度：二次原理接线图需表示所有开关柜对外接口内容及用途，原理接线图中设备型号、参数及数量需表示完整。电缆联系图需表示电缆编号及型号，电缆端子排图需表示使用的端子和备用端子。

6. 单元机组二次线

本部分设计内容包括单元机组二次线、单元控制室总的部分、机组电气计算机监控管理系统、发电机-变压器组二次线、发电机励磁系统、高压厂用工作及启动/备用电源二次线、低压厂用电源二次线、元件继电保护及继电保护接线图、发电机-变压器组及启动/备用变压器故障录波接线、机组控制系统电气输入/输出（I/O）清单等。

（1）单元机组二次线设计内容：单元控制室总的部分、机组电气计算机监控管理系统、发电机-变压器组二次线、发电机励磁系统、高压厂用工作及启动/备用电源二次线、低压厂用电源二次线、元件继电保护及继电保护接线图、发电机-变压器组故障录波接线图、机组控制系统电气I/O清单、相关计算等。

（2）单元控制室总的部分图纸内容：单元控制室、电气继电器室、电气工程师室等单元机组各建筑物的电气设备平面布置图；电气公用继电屏、同步屏、变送器屏、电能表屏的屏面布置图；机组公用同步回路图；单元控制室、电气继电器室的公用电源分配图或小母线电缆联系图等。

（3）机组电气计算机监控管理系统图纸内容：电气计算机监控管理系统配置图、各测控装置接线图、测控屏屏面布置图、计算机监控管理系统设备布置图、测控屏端子排图。

（4）发电机-变压器组二次线图纸内容：发电机-变压器组的接线示意图；电流电压回路图；控制信号回路图；同步二次接线图；主变压器冷却器控制回路图；发电机、变压器在线监测系统接线图（当采用在线监测系统时）；端子排图；二次安装接线图；当发电机-变压器组设置有独立的同步屏、继电器屏、变送器屏或电能表屏时，还包括这些屏的屏面布置图及端子排图等。

（5）发电机励磁系统图纸内容：发电机励磁系统图；励磁变压器二次安装接线图；励磁系统电流电压回路、测量回路图；自动电压调节装置（automatic voltage regulator，AVR）及灭磁屏接口回路图；磁场断路器控制信号回路图；励磁系统各屏屏面布置图和端子排图；励磁屏布置图。

（6）高压厂用工作及启动/备用电源二次线图纸内容：高压厂用工作变压器及厂用3～10kV电源馈线回路的电流电压回路图；高压厂用工作变压器及厂用3～10kV电源馈线回路的控制信号回路图；启动/备用变压器电流电压回路图；启动/备用变压器控制信号回路图；端子排图；备用电源自动投入装置二次原理接线图、屏面布置图和端子排图；二次安装接线图。

（7）低压厂用电源二次线图纸内容：主厂房内所有低压厂用变压器及低压厂用电源进线和馈线的电流电压回路图；主厂房内所有低压厂用变压器及低压厂用电源进线和馈线的控制信号回路图；端子排接线图；备用电源自动投入装置的二次原理接线图；备用电源自动投入装置的端子排图和屏面布置图（需要时）。

（8）元件继电保护及继电保护接线图图纸内容：发电机（含励磁机或励磁变压器）、主变压器、高压厂用工作及启动/备用变压器的保护配置图；保护屏接线图（保护屏内部原理接线图由制造厂完成）；保护屏面布置图和端子排图。

（9）发电机-变压器组及启动/备用变压器故障录波接线图纸内容：发电机（含励磁机或励磁变压器）和主变压器故障录波测点配置图；高压厂用工作及启动/备用变压器的故障录波测点配置图；录波屏接线图（录波屏内部原理接线图由制造厂完成）；录波屏面布置图和端子排图。

（10）机组控制系统电气I/O清单内容：电气系统接入计算机监控管理系统所有模拟量和脉冲量等测点的序号、测点名称、测点编号、类型、参数及控制、显示和报警要求等；电气系统接入计算机监控管理系统所有数字量和控制量等测点的序号、测点名称、测点编号、类型、参数及控制、显示和报警要求等。

（11）计算内容：电流互感器和电压互感器负荷及电缆截面积选择计算；励磁回路压降计算（中频电缆截面积选择计算）。

（12）各图纸内容深度。

1）布置图中应有指北针，需表示电气屏、台及其他电气设备的轮廓外形、定位尺寸，建筑物的门、窗、楼梯及主要通道的位置、楼层的标高、相邻各房间的名称或用途。如为扩建工程，则扩建部分屏、台与原有部分需区别清楚，并需有与图面对应的屏台用途一览表。

2）屏面布置图需标明屏正面电气设备的轮廓外形和定位尺寸，模拟母线需注明颜色或电压等级，并示意屏背面主要设备的位置，示意各安装单位端子排的排列顺序和在屏后的安装位置。设备表需标明屏上所有设备的编号、名称、型号、参数和数量。

3）监控系统配置图需表示系统构成、设备配置、网络结构以及与其他智能装置或系统的通信接口关系，必要时还需表示主要设备的安装位置。

4）接线示意图表明相应一次元件设备名称、数量、符号及必要参数特征。

5）原理图需表示设备的符号、回路编号、回路说明、设备安装地点、数量和规范，同一设备在两张图内表示时，需在一张图内表示设备的所有线圈及触点，并注明不在本图中触点的用途，在另一图中则表示触点来源；对有方向性的设备，需标注极性；图中的触点需按不带电时的位置表示。

6）端子排接线图也可以采用电缆接线表表示，但需表示各芯电缆的连接位置，需有安装单位编号、安装单位名称、连接设备符号、回路编号等；端子排还需包括预留的公用备用端子，端子排图上电缆需编号及电缆去向等需表示完整，必要时还需注明电缆芯数和截面积。

7）二次安装接线图中需表示设备的接线端子编号、电流互感器和电压互感器的极性，并有对应的设备材料表。

7. 升压站二次线

（1）升压站二次线设计内容：网络控制总的部分；网络监控系统；线路及母线设备二次线；网络元件继电保护及继电保护接线图；网络微机防误操作；相关计算等。

1）网络控制总的部分图纸内容：网络控制室、网络继电器室、工程师室等电力网络部分电气有关各建筑物的平面布置图；电气控制屏、模拟屏、继电器屏、变送器屏、电能表屏的屏面布置图；网络继电器室的公用电源分配图和小母线电缆联系图。

2）网络监控系统图纸内容：网络计算机监控系统配置图；公用测控装置接线图；测控屏屏面布置图及端子排图；网络计算机监控系统设备布置图及测点清单。

3）线路及母线设备二次线图纸内容：线路电流电压回路图；线路控制信号回路图；母联电流电压回路图；母联控制信号回路图；母线电压互感器二次接线图；线路及母线设备二次安装接线图；线路及母线设备在辅助继电器屏、变送器屏以及电能表屏上的端子排接线图。

4）网络元件继电保护及继电保护接线图图纸内容：联络变压器、并联电抗器以及并联补偿装置等的保护配置图；联络变压器、并联电抗器以及并联补偿装置等的保护逻辑图；保护屏接线图（保护屏内部原理接线图由制造厂完成）；保护屏面布置图；端子排图。

5）网络微机防误操作图纸内容：网络微机防误操作系统配置图；操作闭锁逻辑图；模拟屏（如果有）屏面布置图；模拟屏（如果有）端子排图。当网络计算机监控系统兼有防误操作功能时，本部分内容可并入网络监控系统中。

6）相关计算内容：电流互感器和电压互感器负荷及电缆截面积选择计算；跳合闸控制回路电缆截面积选择计算；电流互感器保护 10% 误差曲线的校验计算。

（2）各图纸内容深度。

1）布置图中应有指北针，需表示电气屏、台及其他电气设备的轮廓外形、定位尺寸，建筑物的门、窗、楼梯及主要通道的位置、楼层的标高、相邻各房间的名称或用途，如为扩建工程，则扩建部分屏、台与原有部分需区别清楚。需有与图面对应的屏台用途一览表。

2）屏面布置图需标明屏正面电气设备的轮廓外形和定位尺寸，模拟母线需注明颜色或电压等级，并示意屏背面主要设备的位置，示意各安装单位端子排的排列顺序和在屏后的安装位置，设备表需标明屏上所有设备的编号、名称、型号、参数和数量。

3）监控系统配置图需表示监控系统构成、设备配置、网络结构以及与其他智能装置或系统的通信接口关系，必要时还需表示主要设备的安装位置。

4）原理图需表示设备的符号、回路编号、回路说明、设备安装地点、数量和规范，同一设备在两张图内表示时，需在一张图内表示设备的所有线圈及触点，并注明不在本图中触点的用途，在另一图中则表示触点来源；对有方向性的设备需标注极性；图中的触点需按不带电时的位置表示。

5）端子排接线图也可以采用电缆接线表表示，但需表示各芯电缆的连接位置，需有安装单位编号、安装单位名称、连接设备符号、回路编号等；端子排还需包括预留的公用备用端子，端子排图上电缆需编号以及电缆去向等需表示完整，必要时还需注明电缆芯数和截面积。

6）二次安装接线图中需表示设备的接线端子编

号，电流互感器和电压互感器的极性，并有对应的设备材料表。

8. 辅助车间二次线

（1）辅助车间二次线设计内容：辅助车间高、低压厂用电源二次线；电除尘控制系统；输煤程控系统；输煤工业电视监视系统；相关计算。

1）辅助车间高、低压厂用电源二次线图纸内容：辅助车间低压厂用变压器及备用变压器电流电压和控制信号回路图；辅助车间高压厂用电源进线和馈线回路的电流电压和控制信号回路图；辅助车间低压厂用电源进线和馈线回路的电流电压和控制信号回路图；有关端子排接线图；备用电源自动投入装置的二次原理接线图；备用电源自动投入装置屏面布置图和端子排接线图、配电装置平断面图。

2）电除尘控制系统二次线图纸内容：电除尘控制室布置图；对外接口图（内部控制原理图由制造厂完成）；电除尘控制系统对外端子排接线图。

3）输煤程控系统图纸内容：输煤控制室及远程分站布置图；输煤程控系统图；输煤程控逻辑图或联锁逻辑说明；输煤系统就地转接端子箱接线图。

4）输煤工业电视监视系统图纸内容：输煤工业电视监视系统；监视点布置图；摄像机安装图；电源及信号系统接线图。

5）相关计算：继电保护选型计算；长距离控制回路电缆截面积选择计算。

（2）各图内容深度。

1）布置图中应有指北针，需表示电气屏、台及其他电气设备的轮廓外形、定位尺寸，建筑物的门、窗、楼梯及主要通道的位置、楼层的标高、相邻各房间的名称或用途，如为扩建工程，则扩建部分屏、台与原有部分需区别清楚。需有与图面对应的屏台用途一览表。

2）屏面布置图需标明屏正面电气设备的轮廓外形和定位尺寸，模拟母线需注明颜色或电压等级，并示意屏背面主要设备的位置，示意各安装单位端子排的排列顺序和在屏后的安装位置，设备表需标明屏上所有设备的编号、名称、型号、参数和数量。

3）系统图需表示系统构成、设备配置、网络结构以及设备之间的通信接口关系，必要时还需表示主要设备的安装位置。

4）原理图需表示设备的符号、回路编号、回路说明和设备的安装地点、数量、规范，同一设备在两张图内表示时，需在一张图内表示设备的所有线圈及触点，并注明不在本图中触点的用途，在另一图中则表示触点来源；对有方向性的设备需标注极性；图中的触点需按不带电时的位置表示。

5）端子排接线图也可以采用电缆接线表表示，

但需表示各芯电缆的连接位置，需有安装单位编号、安装单位名称、连接设备符号、回路编号等；端子排还需包括预留的公用备用端子，端子排图上电缆编号以及电缆去向等需表示完整，必要时还需注明电缆芯数和截面积。

9. 直流系统及交流不间断电源接线及布置图

（1）直流系统及交流不间断电源接线及布置图设计内容包括蓄电池安装图、直流系统图、UPS 接线图和安装图及相关计算。

1）蓄电池安装图图纸内容：蓄电池室布置图；蓄电池安装图；蓄电池及相关设备接线图。

2）直流系统图图纸内容：各级直流电压的系统图、直流系统图中需表示各设备和元件的主要参数；直流配电网络图；直流系统主屏及分屏接线图；直流主屏及分屏屏面布置图；直流系统测量及信号回路图；充电器及直流屏布置图。

3）交流不间断电源系统（uninterruptible power system，UPS）接线及安装图图纸内容：UPS 系统图；UPS 馈电屏接线图；UPS 馈电屏屏面布置图；UPS 测量及信号回路图；UPS 及配电屏布置图。

4）相关计算：直流负荷统计及蓄电池容量选择计算；充电设备容量选择计算；直流导体及电缆截面积选择计算；UPS 负荷统计及容量选择计算。

（2）各图内容深度。

1）蓄电池安装图内容深度：蓄电池室尺寸、标高及土建结构、门、窗、走道位置；蓄电池外形尺寸、布置尺寸和安装方式；蓄电池的编号和连接顺序；蓄电池组行间联络电缆型号及电缆埋管规格；蓄电池安装的设备及材料表；必要时也可以示出蓄电池室采暖和通风设施的位置。

2）直流系统图图纸内容深度：直流系统图中需表示各设备和元件的主要参数；屏面布置图需标明屏正面电气设备的轮廓外形和定位尺寸，模拟母线需注明颜色或电压等级，并示意屏背面主要设备的位置，示意各安装单位端子排的排列顺序和在屏后的安装位置，设备表需标明屏上所有设备的编号、名称、型号、参数和数量。直流系统主屏及分屏接线图，母线段工作电源和备用电源连接；间隔编号、屏型号、编码；每屏内出线回路名称及其排列顺序、柜体总尺寸及单元尺寸；每个回路设备及连接导体的型号、规范、必要的整定值；每个母线段工作电压、电流和短路动、热稳定水平等。

3）UPS 接线及安装图内容深度：UPS 系统图中需表示各设备和元件的主要参数；UPS 馈电屏屏面布置图的图纸内容深度同直流屏屏面布置图的要求；UPS 馈电屏接线图要求同直流系统；UPS 室尺寸、标高及土建结构、门、窗、走道位置；UPS 外形尺寸、

布置尺寸和安装方式；UPS 安装的设备及材料表。

第四节　电气专业设计配合

为了使各有关专业之间在设计内容上互相衔接、协调统一，避免差错、漏缺和碰撞，设计过程中需要进行必要的联系配合、研究磋商，一些相互有关联的设计图纸还要进行会签，以保证设计质量。

专业间的设计配合，主要依靠大量的、经常的联系进行，手续尽量简化，以使相互间交换的资料项目压缩到最少，但配合后的正式书面资料需准确细致。

本节所述内容以火力发电厂为例，工程设计时，需根据本单位机构组成和专业分工的情况做适当变更和增减。

一、初步可行性研究阶段专业间交换资料

本阶段电气专业的工作量很少，电气二次可不参加这一阶段的工作。

二、可行性研究阶段专业间交换资料

本阶段电气二次工作量不大，可不参加这一阶段的工作。如需要，仅配合电气一次提出网络继电器室布置及电气二次相关的技经资料。

三、设计阶段专业间交换资料

初步设计阶段专业间交换资料分为电气专业（二次部分）提出资料（示例见表 1-5）及电气专业（二次部分）接收资料（示例见表 1-6）。

表 1-5　燃煤项目初设电气专业（二次部分）提出资料清单（仅供参考）

序号	资料名称	内容深度	接收专业*
1	集控楼二次电气设备布置	直流、UPS 配电室及蓄电池室尺寸、出口、平面布置	TJ、T、N、J
2	网控楼/继电器室平面布置图	网控楼平面布置图及电气所需房间尺寸净空要求	TJ、T、Z、N
3	集控楼电子设备间电气设备名称及数量	包括电子设备间电气盘柜名称、数量、尺寸，以及电气操作员站及工程师站的数量及布置位置要求	K、J
4	二次部分技经资料	设备、材料清单	E
5	I/O 测点数		K

*　J—热机（含脱硫、脱销）；N—暖通；K—热工自动化；T—土建结构；Z—总交；TJ—建筑；E—技经。

表 1-6　　　燃煤项目初设电气专业
（二次部分）接收资料清单（仅供参考）

序号	提出专业	资料名称	内容深度
1	各工艺专业	用电负荷清单	包括数量、运行方式、功率和电源参数及控制和联锁要求
2	各工艺专业	各辅助车间布置图	包括平、剖面图和设备布置等
3	热机	主厂房平、剖面图	（1）柱网标高。 （2）各层标高。 （3）主机及主要辅机的外形及布置。 （4）集控楼的位置规划。 （5）预留楼梯交通位置。 （6）承重结构布置图。 （7）锅炉及风机的封闭要求
4	热工自动化	集中（单元）控制室及电子间平面布置图	（1）集控室、电子间（包括各就地电子间，如余热锅炉、汽机房等）、工程师室、走廊、电缆夹层等功能区间的命名、布局及面积区间划分。 （2）各房间内盘台柜等布置，含定位尺寸。 （3）设备清单
4	热工自动化	集中（单元）控制室及电子间等环境要求	暖通、照明、噪声、防尘等环境要求
4	热工自动化	各车间控制设备间资料	地点、名称、数量及面积要求
4	热工自动化	主厂房电缆主通道走向资料（热工部分）	（1）电缆走向示意，层数、层高要求，安装方式说明。 （2）主厂房电缆桥架层数、占空、路径及规格，电缆竖井位置及规格，安装方式说明
4	热工自动化	主厂房电子间电缆夹层主通道走向资料	走向示意，与主通道的接口位置，层数、层高要求；安装方式说明；不设电缆夹层的工程，需提出电缆安装及检修步道要求
4	热工自动化	空冷电子间热工资料	电子间面积及划分要求，直接空冷电子间抗干扰要求
5	系统	电气主接线的原则接线及主要设备参数、型式	
5	系统	系统阻抗	
5	系统	补偿装置的要求	
5	系统	系统继电保护的要求	
5	系统	系统通信的要求	
5	系统	系统远动要求	

四、施工图设计阶段专业间交换资料

施工图设计阶段专业间交换资料分为电气专业提出资料（示例见表 1-7）及电气专业接收资料（示例见表 1-8）。

表 1-7　　　燃煤项目施工图电气专业
（二次部分）提出资料清单（仅供参考）

序号	资料名称	内容深度	接收专业*
1	集控楼直流、UPS 配电室及蓄电池室平面布置图，埋件布置图，电缆沟及开孔布置图	包括尺寸、开孔、埋件、荷载，蓄电池室的环境要求	TJ、T、N、J
2	网络继电器室平面布置图，埋件布置图，电缆沟及开孔布置图（包括对网控楼的要求）	包括尺寸、开孔、埋件、荷载，蓄电池室的环境要求；网络继电器室建筑屏蔽要求	TJ、J、N
3	网控直流、UPS 配电室及蓄电池室平面布置图，埋件布置图，电缆沟及开孔布置图（包括对直流、UPS 配电室的要求）	包括尺寸、开孔、埋件、荷载，蓄电池室的环境要求	TJ、T、N
4	集控楼电子设备间电气设备名称及数量（包括设备编码）	包括电子设备间电气盘柜名称、数量、尺寸，以及电气操作员站及工程师站的数量及布置位置要求，包括设备编码	K
5	I/O 测点清册		K
6	电动机二次接线图		K
7	电网调度部门对热控送出信号的要求		K
8	电气系统或装置与热控控制系统通信接口的数量，通信协议类型、接口位置		K

* J—热机（含脱硫、脱销）；N—暖通；K—热工自动化；T—土建结构；TJ—建筑。

表 1-8　　　燃煤项目施工图电气专业
（二次部分）接收资料清单（仅供参考）

序号	提出专业	资料名称	内容深度
1	热机	用电负荷资料	提出本专业电动机清单、全厂用电资料，包括数量、运行方式、功率和电源参数及控制和联锁要求
2	运煤	用电负荷资料	提出本专业电动机清单、全厂用电资料，包括数量、运行方式、功率和电源参数及控制和联锁要求

续表

序号	提出专业	资料名称	内容深度
3	除灰	用电负荷资料	提出本专业电动机清单、全厂用电资料，包括数量、运行方式、功率和电源参数及控制和联锁要求
4	暖通	用电负荷资料	提出本专业电动机清单、全厂用电资料，包括数量、运行方式、功率和电源参数及控制和联锁要求
		主厂房内工艺房间通风（包括400V配电室和10、6kV配电室、励磁小室、凝泵变频器室、电缆夹层等）	通风及降温设备的电源资料和联锁要求；电动风阀、防火阀的位置及电源和联锁要求
		集控室和电子设备间空调	空调系统设备（空气处理机组、空调机、排烟风机、加湿器等）的电源资料、接线位置和联锁要求；水或蒸汽管道电动阀、电动风阀、电动排烟阀、防火阀的位置及电源和联锁要求
5	化学水处理	系统图等系统及测量控制要求资料	（1）水处理系统、氢气系统等系统图。（2）测量控制要求
		用电负荷资料	提出本专业电动机清单、全厂用电资料，包括数量、运行方式、功率和电源参数及控制和联锁要求
		化学试验室资料	化验室电源要求
		继电器室气体消防布置图	气瓶间、气体消防管道、喷头布置、留孔、埋件
		脱硫控制室洁净气体消防布置图	气瓶间、气体消防管道、喷头布置、留孔、埋件
6	热工自动化	集中控制室及电子间平面布置图	（1）集控室、电子间（包括各就地电子间，如余热锅炉、汽机房等）、工程师室、走廊、电缆夹层等功能区间的命名、布局及面积区间划分。（2）各房间内盘、台、柜等布置，含定位尺寸。（3）设备清单

续表

序号	提出专业	资料名称	内容深度
6	热工自动化	热工电源资料	主厂房，辅助车间的热控（380、220、110V）交流、直流、UPS等电源回路数及负荷要求
		各泵房及辅助设施热控资料	（1）主要设备及就地电子间等布置。（2）热控电缆桥架、电缆沟布置图，埋件、埋管、留孔图
		控制系统GPS接口要求	接口的数量、连接型式、位置要求
		空冷电子间热控资料	电子间主要设备平面布置，直接空冷电子间抗干扰要求。电缆桥架、沟布置及留孔、埋件图
7	MIS*	MIS主机房和生产综合楼MIS系统供电提资	MIS主机房和生产综合楼平、剖面图、MIS电源要求等
8	建筑	集控楼建筑布置	（1）集控楼各层平面布置图。（2）集控楼剖面图。（3）集控楼立面图。（4）集控楼楼梯布置图等
		继电器室布置图	平面图、剖面图、立面图、各种电动门窗的电源及安装要求
9	系统	与初步设计有变更的电气主接线资料	
		短路电流计算阻抗图	
		远动通信资料	
		继电保护、远动所需的电气量	
		系统保护、远动、通信设备的布置	
		交直流用电负荷资料	

* MIS：发电厂管理信息系统，management information system。

第二章

发电厂电气设备控制、信号和测量系统

第一节 控 制 方 式

一、电气二次设备的房间定义

根据火力发电厂电气设备的控制方式及电气二次设备布置方式的不同，DL/T 5136—2012《火力发电厂、变电站二次接线设计技术规程》对电气二次设备的房间定义如下：

主控制室：发电厂在非单元制控制方式下对主要电气系统集中控制的房间。

集中控制室：发电厂中对两台及以上的机组及辅助系统进行集中控制的房间。

单元控制室：发电厂中对单元机组的锅炉、汽轮机、发电机及其主要辅助系统或设备进行控制的房间。

网络控制室：发电厂中对升压站的电力网络系统或设备单独进行控制的房间。

继电器室：安装继电保护、自动装置、变送器、电能积算及记录仪表、辅助继电器屏等的房间。

电子设备间：发电厂内安装电气和热控的保护和自动装置等设备的房间。

二、控制方式分类

发电厂电气设备的控制方式随着监控设备技术的发展和设计理念的变化，不同阶段有不同的划分方式。随着控制技术的发展，发电厂电气设备的控制、测量、信号主要采用计算机监控方式，控制方式按控制手段可分为计算机控制方式（软手操）和通过控制屏（台）开关一对一的控制方式（硬手操）。发电厂中控制电气设备的计算机控制系统主要为分散控制系统（DCS）、电气监控管理系统（electrical control and management system，ECMS）和电力网络计算机监控系统（network computerized monitoring and control system，NCS），这三种监控系统在不同工程中，根据工程需要的不同配置不同的功能。例如：厂用电源部分及与机组有关的电气设备在 DCS 中控制，ECMS 仅作为监测系统，电

力网络部分在 NCS 进行控制；厂用电源部分及与机组有关的电气设备在 ECMS 中控制，DCS 仅采集与工艺控制有关的电气信号，电力网络部分在 NCS 进行控制。也有部分工程 ECMS 与 NCS 统一规划，电气设备的监控均在一个系统中实现。在新建工程中，采用控制屏（台）开关一对一控制的控制方式已趋于淘汰。

控制方式按控制地点可分为集中控制室（单元控制室）控制、主控制室控制和网络控制室控制。当计算机控制系统未大规模应用时，控制屏（台）设备占地面积较大，控制电缆接线较多，受控制室面积及控制电缆长度等要求的限制，电气设备的控制地点基本上与受控设备的范围相对应，按控制地点进行划分比较准确和清晰。当计算机控制系统大规模应用后，因为计算机操作员站布置占地小，多采用数据通信技术，至控制室的控制电缆比较少，控制地点和控制设备的范围就没有非常清晰的对应关系。

根据发电厂的性质、接线形式及工艺专业各机炉之间的关系，发电厂电气设备的控制方式按单元性主要分为单元制控制和非单元制控制两种方式。在计算机监控方式下，按照单元性进行控制方式的划分，有利于计算机监控系统的规划，减少控制室的布置因素对系统划分的影响。

三、发电厂电气设备控制方式

发电厂与电力网络有关的电气设备通常属于电力网络控制部分，其他与发电机组有关的电气设备属于发电厂机组控制部分。

（一）机组电气设备的控制方式

1. 发电厂单元制控制的控制方式

对于大、中型机组，由于热力系统和电气主接线都是单元制，因此，各机组之间的横向联系较少；而在进行启动、停机和事故处理时，单元机组内部的纵向联系较多，若采用非单元制的控制方式，则会与工艺系统的单元性质不一致，给电气正常运行带来困难。因此，单机容量为 125MW 的机组，一般采用单元制控制方式。容量为 200MW 及以上机组，采用单元制控

制方式。

单元制机组采用炉机电集中控制方式,实现炉机电全能值班模式,可采用两机一控制室或多机一控制室。

单元控制系统控制的电气设备和元件有发电机及励磁系统、发电机-变压器组、发电机-变压器-线路组、高压厂用工作（公用）变压器、高压厂用公用/备用变压器或启动/备用变压器、停机变压器、高压厂用电源、主厂房内采用专用备用电源及互为备用的低压厂用变压器、主厂房 PC 分段断路器、主厂房 PC 至 MCC 电源馈线、柴油发电机交流事故保安电源。

对于全厂共用的设备,一般集中在集中控制室、第一单元控制室、网络控制室或其他合适的地点控制。

2. 发电厂非单元制控制的控制方式

单机容量为 125MW 以下的小型发电厂,各单元电气之间以及各单元电气与网络之间的联系比本单元电气与锅炉、汽轮机的联系更为密切,若采用单元制的控制方式,电气运行人员数量不仅会随单元数量的增加而增加,而且每个单元控制室的运行人员也较多,处理事故不方便。因此,单机容量小于 125MW 的小型发电厂,一般采用非单元制控制方式。

对工艺系统不是单元制设置的机组,如母管制的机组、非单元供热机组,如按单元制设置监控系统,则与实际运行不对应,不方便运行管理,因此一般采用非单元制控制方式。

非单元制控制方式可设置专用电气计算机监控系统,控制范围包括各机组及电力网络的电气设备和元件。电气计算机监控系统的设备和元件有发电机、发电机-变压器组、励磁装置、主变压器、联络变压器、并联电抗器、母线设备、旁路、线路、高压厂用电源线、厂用工作与备用变压器（电抗器）、全厂低压变压器及其分段断路器、主厂房 PC 至 MCC 馈线、交流事故保安段电源开关等。

（二）网络设备的控制方式

发电厂电气设备与电力网络有关的设备属于电力网络控制部分,采用单元制控制的发电厂,电力网络的控制部分一般设在集中控制室或第一单元控制室内。对发电厂电力网络部分运行有特别要求时,也可另设网络控制室。新建工程中采用计算机监控方式时,一般情况下不推荐设置电气网络控制室,只有当技术经济合理时,才另设网络控制室。

电力网络部分的电气元件的控制、信号、测量采用计算机监控,值长监测需要的电力网络计算机监控系统信息可通过通信方式获得。

电力网络计算机监控的设备和元件有联络变压器、降压变压器、高压母线设备、旁路设备、线路设备、并联电抗器等。此外,还应有各单元发电机-变压器组及启动/备用变压器高压断路器、隔离开关、接地开关的位置信号和必要的测量信号（包括发电机电流、电压、有功功率、启动/备用变压器高压侧电流等）。

当采用 3/2 断路器接线且无发电机和断路器时,与发电机-变压器组有关的两台断路器在单元控制系统控制,电力网络计算机监控系统需有上述断路器的位置状态信号。当发电机出口装有断路器且机组无解列运行要求时,该两台断路器在电力网络计算机监控系统控制,有解列运行要求时该两台断路器也能在单元机组计算机监控系统控制。3/2 断路器接线或类似接线（如角形接线）的发电机-变压器组进线装设隔离开关,在隔离开关断开时,发电机-变压器组两台断路器也能在电力网络计算机监控系统控制。当装设发电机出口断路器且发电机组有小岛运行方式（即发电机只带厂用电运行）时,与主变压器连接的两台断路器也纳入单元控制室控制同步。

当主接线为发电机-变压器-线路组等简单接线方式时,发电厂的电力网络设备也可在单元机组计算机监控系统控制。除简单接线方式外,高压配电装置可远方控制的隔离开关、接地开关一般在电力网络计算机监控系统控制,以便于实现倒闸操作及防误闭锁。

四、计算机控制及开关一对一控制

目前发电厂电气设备控制回路一般采用强电控制,电源采用直流 110、220V 等。控制方式采用计算机控制（软手操）和控制屏（台）开关一对一控制（硬手操）。新建电厂基本采用计算机控制,改扩建电厂保留少量的控制屏（台）开关一对一控制。

1. 计算机控制（软手操）

计算机技术发展到了今天,电气部分的所有信息处理工作都可以由计算机或微处理机来承担。目前,电气设备采用计算机控制系统,有效地完善了监控系统的功能,提高了运行的可靠性,适应技术的发展趋势。

DCS、ECMS、NCS 在远方对电气设备进行操作时,均由操作员站手动或自动发出操作或允许操作命令。此命令通过开关量输出继电器的触点接入强电操作回路,如果计算机系统输出触点容量有限,也可经中间继电器转换后再进入强电操作回路。

2. 控制屏（台）开关一对一控制（硬手操）

采用控制开关对操作对象实行一对一控制,即硬手操。这种控制方式是长期以来为广大运行人员所熟悉的方式,直观并且安全可靠。发电厂中常用的控制开关有两种:

（1）跳、合闸操作都分两步进行,手柄有两个操作位置的控制开关。由其构成的控制、信号接线能直接反映运行、事故和操作过程各种状态,便于分析各种工况，多用于主设备的断路器控制回路。

（2）操作只需一步进行，手柄有一个固定位置和两个操作位置的控制开关。由其构成的控制、信号接线也能反映运行和事故的各种工况，多用于厂用电动机系统的断路器控制回路。

第二节　控制室及其屏（屏台或台）布置

一、总的要求

1. 一般要求

控制室的布置，需与总平面布置、建筑、照明、暖通、系统保护和远动通信等专业密切配合，使建成的控制室既便于运行管理又经济实用、美观大方。设计控制室时，需注意其朝向及与配电装置的相对位置，以便于采光、巡视和节约控制电缆。

控制室、继电器室的布置要有利于防火，有利于紧急事故时人员的安全疏散，出入口一般不少于两个，其净空高度一般不低于 3m。对主控制室及网络控制室，其中一个门可通过室外扶梯。控制室出入口要考虑防尘、防噪等措施，以保证有较好的运行、维护条件。

控制室内布置与设备操作监视有关的终端设备，辅助屏柜等设备布置于继电器室或电子设备间内。

2. 屏间距离和通道要求

集中控制室、小型发电厂的主控制室或网络控制室，均需按照设计规划容量在第一期工程中一次建成，以免扩建施工时影响现有设备的安全运行。

控制室按两机一控设计时，必须在该控制室第一台机组安装时一次建成。

集中控制室（单元控制室）的布置地点需与机务、热控等专业密切配合，共同决定。决定控制室的位置时，电气专业的辅助设备（如直流设备、火灾报警及消防设施等）需综合考虑。控制室的位置与主厂房布置应密切配合。

对于发电厂非单元制控制方式，电气设备在主控制室控制时，电气操作员站单独布置。如在集中控制室（单元控制室）控制，电气操作员站一般与炉、机操作员站布置于同一房间。

DCS 操作员站一般布置在集中控制室（单元控制室）内；ECMS 操作员站可以布置在主控制室，也可布置在集中控制室（单元控制室），或者布置在单独的 ECMS 室内；NCS 操作员站可以布置在网络控制室，也可布置在集中控制室（第一单元控制室）内。

控制室、继电器室的屏间距离和通道宽度要能便于运行、维护和设备调试，可参照表 2-1 的要求取值。当控制室的某壁有凸出物或柱子时，需按屏与这些凸出部分的实际距离校验。对封闭式结构的屏，因屏后要开门，屏背面对屏背面的通道尺寸可增大为1000mm。屏前接线的控制屏可以靠墙布置。

表 2-1　控制室、继电器室的屏间距离和通道宽度

距离名称	采用尺寸（mm）	
	一般	最小
屏正面至屏正面	1800	1400
屏正面至屏背面	1500	1200
屏背面至屏背面	1000	800
屏正面至墙	1500	1200
屏背面至墙	1200	800
边屏至墙	1200	800
主要通道	1600～2000	1400

注　1. 复杂保护或继电器凸出屏面时，一般不采用最小尺寸。

　　2. 直流屏、事故照明屏等动力屏的背面间距下得小于1000mm。

　　3. 屏背面至屏背面之间的距离，当屏背面地坪上设有电缆沟盖板时，可适当放大。

　　4. 屏后开门时，屏背面至屏背面的通道尺寸不得小于1000mm。

3. 控制室、继电器室屏台估算

初期工程屏（屏台）的布置需结合远景规划，充分考虑分期扩建的便利，注意留有适当的备用屏（屏台或台）位置，避免给工程扩建造成困难，布置应紧凑成组，避免零乱无章。当设计规划容量明确时，可参考表 2-2 所列指标估计控制室所需屏、台的数量，并结合表 2-1 来规划控制室、继电器室的面积。设计单元控制室时，需与热控专业密切配合，共同决定单元控制室和电子设备间的面积。

表 2-2　各安装单位的屏数估计表

安装单位名称	控制屏（块）		继电器屏（块）	备注
	屏台	屏		
发电机	1	1	2	继电器屏中包括自动调整励磁屏
发电机-双绕组变压器组	1	1	3～4	
发电机-三绕组变压器组	1	1	4	
双绕组变压器组	1/2	1/2	1	
三绕组变压器组	1	1	2	按 3/2 断路器接线考虑，断路器失灵保护屏 3～4 块

续表

安装单位名称	控制屏（块）		继电器屏（块）	备注
	屏台	屏		
330～750kV 母线设备	1	1	7～8	母线保护屏2块
220kV 母线设备	1	1	6～8	其中母线保护屏2块，断路器失灵保护屏2～3块
110kV 母线设备	1/2	1/2	3～4	其中母线保护屏2块
35kV 母线设备	1/2	1/2	2	其中母线保护屏1块
6～10kV 母线分段断路器	1	1	1	控制屏以一个分段断路器计，但此屏仍可布置35kV或110kV母线设备
中央信号及公用仪表	1	1	1～2	
330kV 及以上线路		1/2～1	3～4	按3/2断路器接线考虑
220kV 线路		1/2	2～3	
110kV 线路		1/3～1/2	1～2	
35kV 线路		1/4	1/2～1.5	
供两段母线的高低压厂用电源		1	1	
供一段母线的高低压厂用电源		1/3～1/2	1/2	
记录仪表屏			1	
电能表屏			1	全厂公用屏，视具体情况定
同步屏		1	1	
厂用切换屏			1	
调频装置屏			1	
远动装置屏			1	
变送器屏			1	
故障录波屏			1	
辅助屏			1	
发电机绝缘监测屏			1	

4. 模拟母线色别

控制屏（屏台或台）面上的模拟母线需清晰、连贯。模拟母线的色别按表2-3确定。

表 2-3　控制屏（屏台）上模拟母线的色别

序号	电压等级（kV）		颜色
1	直流（含励磁系统的直流回路）		棕
2	交流	0.10	浅灰
3	交流	0.23	深灰
4	交流	（0.40）	赭黄
5	交流	3	深绿
6	交流	6	深酞蓝
7	交流	10	铁红
8	交流	13.8	淡绿
9	交流	15.75	中绿
10	交流	18	粉红
11	交流	20	铁黄
12	交流	35	柠黄
13	交流	63	桔黄
14	交流	110	朱红
15	交流	（154）	天酞蓝
16	交流	220	紫红
17	交流	330	白
18	交流	500	淡黄
19	变压器中性点引线[①]		黑色
20	交流	750	暂按中蓝色
21	交流	1000	暂按中蓝色

① 变压器中性点引线不分电压等级。

注　1. 本表为 JB/T 5777.2—2002《电力系统二次电路用控制及继电保护屏（柜、台）通用技术条件》中规定的色别。

　　2. 模拟母线的宽度一般为12mm。

　　3. 括号内电压等级为非标准电压值。

5. 其他要求

在硬手操控制方式下，控制屏（屏台或台）的型式较多，一般选用防尘性能好、结构合理、便于调试检修、外形尺寸符合国家标准要求的屏（屏台或台），可选用屏式、屏台合一、屏台分开设辅助屏或其他新型屏及屏台的结构。继电器屏一般选用柜式结构，控制屏（屏台）一般选用屏后设门的结构。

为了防止非值班人员误碰或误操作控制设备，在离控制屏（屏台）800mm处的地面上需饰有警戒线。警戒线的颜色为红色，线宽一般为50mm。

当配电装置采用开关柜时，其线路和母线设备的继电保护装置和电能表，一般设在就地开关柜上。

除特殊情况外，屏（柜、台）内选用的连接导线截面积与电压之间的关系见表2-4。

表 2-4　屏（柜、台）内选用的连接导线截面积

电路特征		铜芯导线截面积（≥，mm²）
交流电压电路（V）	100～380	1.5
直流电压回路（V）	≤220*	1.5
交流电流电路（A）	1～5	2.5
直流电流电路（A）	10	2.5
	25	2.5
	40	4.0
	50	6.0

＊　48V 及以下允许采用标称截面积为 0.5～1.0mm² 的导线。

集中布置的继电器室需按规划设计容量在第一期工程中一次建成。屏柜的布置按电压等级和功能相对集中。各安装单位的屏柜的布置一般与配电装置排列次序相对应，使控制电缆最短，敷设时交叉最少。二次设备采用分散布置的升压站，一般在各配电装置设继电器小室。分散布置的继电器小室需根据工程建设情况分批建成。

目前计算机技术飞速发展，其可靠性也大大提高，电厂采用的计算机系统一般都冗余配置。在计算机监控方式下，不再设置后备控制屏，硬操后备基本不设（除个别以外）。操作员站及辅助屏的布置需与热控专业统筹协商确定。控制室内布置与设备操作监视有关的终端设备（如操作员站等），辅助屏柜等设备布置于继电器室或电子设备间内。

表 2-2 为硬手操操作方式下的控制屏（台）数量，当采用软手操操作方式时，控制屏（屏台）可以全部取消，改为计算机操作台，操作台的数量及尺寸根据工程配置的计算机操作员站确定。显示器的显示画面接线需与实际布置相对应，模拟母线的色别参照表 2-3 的规定。

二、主控制室及网络控制室布置

主控制室及网络控制室的控制屏和保护屏可采用合在一室布置或分室布置的形式。总容量较小的发电厂一般采用前者，总容量较大的发电厂两种形式均有采用。

（一）发电厂主控制室的布置

1. 硬手操控制方式

在非单元制控制方式下，发电厂如采用硬手操控制方式，主控制室布置需满足下列要求：

（1）主控制室主环一般采用 Π 型布置，如图 2-1 所示。

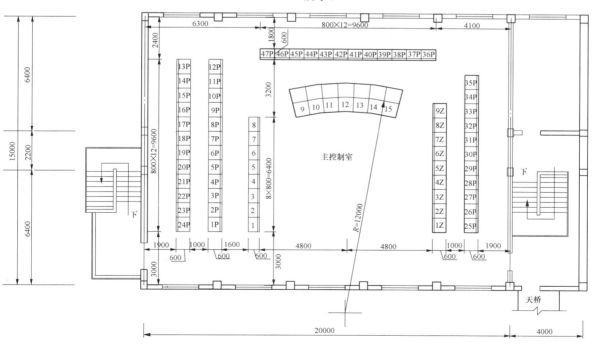

图 2-1　发电厂主控制室布置图

1～8—35kV、110kV 控制屏；9～15—发电机-变压器组控制台；1Z～9Z—直流屏；
1P～47P—继电保护屏、电能表屏、远动装置屏等

（2）主环正面屏（屏台）总长度超过 6m 时，为了便于运行监视，一般采用弧形布置；6m 及以下时，一般采用直列式布置。主要电气设备的控制屏（屏台或台）放在主环的正面，以便于运行人员监视、操作。

（3）主环正面为弧形布置时，曲率半径一般采用 8m 或者 12m。

（4）发电机、发电机-变压器组、主变压器、联络变压器、母线联络、母线分段、中央信号装置等主要元件的控制屏（屏台），布置在主环的正面。

（5）电压在 35kV 及以上的线路及专用旁路的控制屏，一般布置在主环的侧面。兼作母线联络的旁路，根据规划确定布置在主环正面或线路侧面。

（6）厂用电源线、高低压厂用工作及备用变压器的控制屏，一般布置在主环的另一侧。

（7）主环正面屏（屏台）的排列顺序，一般与主厂房机组的安装位置相对应。当主环的任一侧布置有两种电压级的控制屏（如 110kV 和 220kV 线路或高压和低压厂用变压器）时，一般由中间向两端扩建。

（8）电能表屏及记录仪表屏布置在抄表方便的地方。

（9）工程师站可布置于独立的工程师站房间中或与热控工程师站统一考虑。

2. 软手操控制方式

在软手操控制方式下，主控制室和继电器室可集中布置，也可分开布置，集中布置的控制室和继电器室需分室布置。集中布置有利于运行人员运行巡查设备，处理事故方便。分开布置灵活，节省电缆，有助于全厂布置的统一协调。

在软手操控制方式下，主控制室的面积可大大减小，其布置一般按操作员站和辅助屏的方式布置。在主控制室内布置的设备有电气监控系统操作员站、微机防误操作工作站、打印机等。采用计算机监控后，设备布置所需空间较常规屏减少很多，因此主控室可以考虑和热控控制室在同一房间，电气设备的布置与热控设备协调一致。布置时，要求电气监控系统操作员站、微机防误操作工作站、打印机等公用设备布置在控制室中间位置。

（二）网络控制室的布置

（1）当发电厂设有网络控制室，并且采用硬手操控制方式时，网络控制室的布置需满足下列要求：

1）网络控制室的布置需根据工程规模决定主环正面布置。主环一般采用直列式布置。为了便于运行监视，当主环正面屏（屏台）总长度超过 7m 时，一般采用弧形布置。

2）主变压器、母线设备及中央信号装置的控制屏，布置在主环正面；35kV 及以上的线路控制屏、线

路并联电抗器、串联补偿电容器及无功补偿装置的控制屏，根据规划确定布置在主环正面或侧面。

3）3/2 断路器接线一般用于 330kV 及以上的系统，其重要性要求接线中的全部设备的控制屏布置在主环正面。3/2 断路器接线的中间断路器为一串元件（进出线）共用，其二次接线互相关联，故将全部设备（包括进出线断路器和母线设备）按一个整体考虑，合理布置在控制屏上，这样，便于运行监视与操作，也可减少控制电缆的交叉。

4）无论是发电厂电气主控制室还是网络控制室，电能表屏及记录仪表屏都需布置在抄表方便的地方。继电保护和自动装置屏一般布置在主环以外，放在主环的后面。

网络控制室的布置，如图 2-2 所示。

（2）当发电厂升压站采用计算机控制时，一般不单独设网络控制室，只设继电器室。发电厂网络继电器室布置的设备主要有计算机监测控柜、继电保护屏、安全自动装置屏、故障录波器屏、远动屏、电能量计费屏、保护及故障信息管理系统设备、网络直流屏、同步相量测量装置（phase measurement unit，PMU）屏等。网络 UPS 配电柜、网络直流屏可布置于配电室内或网络继电器室内。

（3）当发电厂升压站采用计算机控制并且单独设控制室时，发电厂有 330kV 及以上电压等级时的网络控制室，一般采用计算机控制台和继电器屏分隔在两室布置的方式，其布置示例如图 2-3 所示。上述二次屏数一般较多，分开两室布置，可改善值班人员的工作条件，如改善控制室的通风、采暖和照明设施等。两室分开后，继电器室往来人员较少，不仅对调试人员的干扰减少，也可使室内的灰尘减少，对继电器和电子设备运行有利。

上述采用网络控制室的设计目前已很少采用。

目前控制水平在不断提高，集中控制的要求也越来越高，网络控制一般集中在第一单元控制室内控制。对不设网络控制室的发电厂，为了节约电缆，在配电装置内设网络继电器室，除操作员站、工程师站及其他前台设备以外的设备均布置在就地配电装置网络继电器室内。

三、集中控制室及单元控制室布置

1. 一般要求

发电厂中对单元机组的锅炉、汽轮机、发电机及其主要辅助系统或设备进行控制的房间为单元控制室，两台及以上的机组及辅助系统进行集中控制的房间为集中控制室。目前大多数电厂为集中控制室控制方式。

在硬手操控制方式下，集中控制室（单元控制室）

一般布置在主厂房机炉间的适中位置，以热控专业为主，电气专业需与热控专业密切配合。电厂不设网络控制室，网络控制部分布置在集中控制室（单元控制室）内。当通过技术经济比较认为合理时，集中控制室（单元控制室）也可布置在汽机房 A 排柱外侧，使电气控制离升压站较近。每个控制室内，根据具体情况及运行要求可设计为单机一控的单元控制室或两机一控的集中控制室。对集中控制室，机炉电控制屏（屏台或台）的布置多采用Ⅱ形布置或直列式布置，也可

以采用其他形式的布置。当在集中控制室布置网控屏时，一般将网控屏布置在集中控制室两台机组控制屏的中间，即集中控制室主环的正面。

2. 单元控制室布置

单机一控的单元控制室，炉机电控制屏（屏台）按一字形或弧形布置，如图 2-4 所示。该种布置方式的主环控制屏（屏台）与机组的轴线垂直，既可避免眩光，又可从侧面通过玻璃窗观察机组的运行情况，从而可取得较好的运行效果。

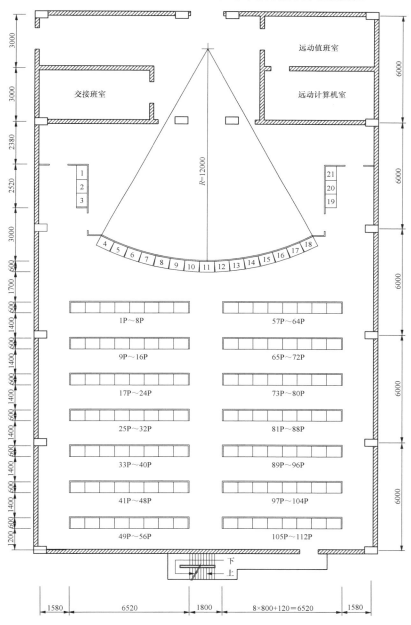

图 2-2　发电厂网络控制室布置示例（硬手操控制方式）

1～21—控制屏；1～112P—继电保护屏、远动装置屏及电能表屏等

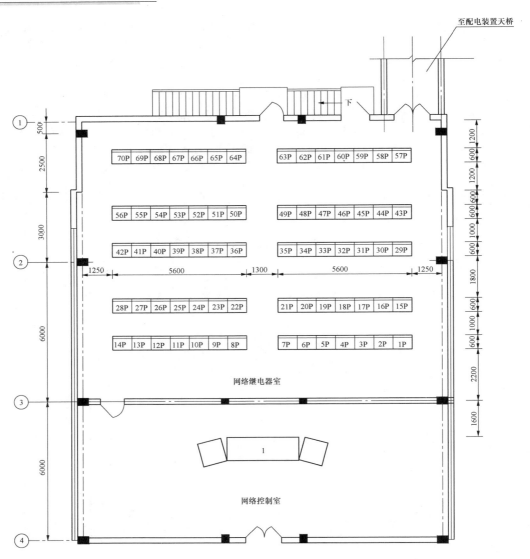

图 2-3　发电厂网络控制室布置示例（计算机控制方式）
1—计算机控制台；1P～70P—继电保护屏、电能表屏、远动装置屏等

3. 集中控制室布置

集中控制室中，两台机组的主机控制屏一般按炉机电、炉机电的顺序排列布置，如图 2-5 所示。两台机组控制屏台布置完全对应，可减少误操作，并有利于运行人员的培训和替换。同时两台机组的设计、制造可以用一套图纸。采用该布置方式，一般两台机组共用一套公用设备，电气设备既相对集中布置，还可减少运行值班人员。

为达到电气设备相对集中、减人增效的目的，也可采用炉机电、电机炉顺序排列布置。

两机一控无网络控制的集中控制室，推荐Π形布置，如图 2-6 所示。Π形的两侧分别按两台机组的炉机电的顺序布置，中间两侧布置机、炉的部分立屏，

集中布置在中间的是两台机组的厂用电系统的控制屏。这种布置方式，集中控制室屏、台布置紧凑，炉机电紧密相连，集中控制的单元性强，为炉机电向综合控制提供了方便。另外，该布置方式中，两台机组的控制设备各布置在一侧，可减少在安装、调试、运行和事故处理时机组间的干扰。

对于厂用电源控制屏，习惯的做法是高压厂用电源系统和发电机布置在一块屏上，低压厂用电源系统，如果主屏上有位置，也可布置在主屏上。在主屏上布置有困难时，可将厂用电源控制屏布置在控制室的一侧或后排。

网控屏放在集中控制室时，为了使电气监控相对集中，网控屏布置在两机中间的位置较合适。如为一

机一控,则网控屏布置在主环的一侧。

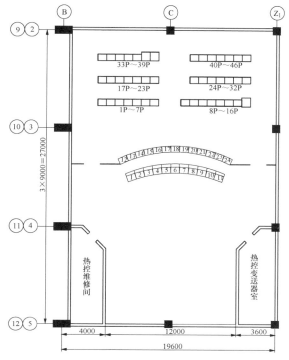

图 2-4 单机一控的单元控制室布置

1～24—炉机电的控制操作及返回屏;1P～46P—电气
继电器屏和热控的调节器屏等

两机一控带网控屏的集中控制室的平面布置如图2-7所示。炉机电控制屏(boiler turbine generator control panel, BTG)布置在主环正面两侧,网控屏布置在主环的中间,两侧还布置辅助设备屏。这种布置可以减少主厂房机炉与网控部分的联系,便于全厂的统一调度管理,布置紧凑,是较优越的布置方式。由于集中控制室面积的限制以及技术经济条件等因素,网络部分的继电保护、自动装置和变送器屏布置在靠近高压配电装置的继电器室内,发电机组的调节器、保护设备、自动装置及计算机等电子设备屏均布置在主厂房内的电子设备室内(一般布置在集中控制室下层或紧靠集中控制室的地方)。

集中控制室的屏(屏台)、控制设备、测量仪表、信号装置等的选型及屏面布置,需与热控专业密切配合,以取得炉机电整体的协调一致,既便利运行维护,也使控制室布置得整齐美观。

发电机-变压器组及厂用电的保护和自动装置屏,一般布置在集中控制室(单元控制室)的后部(见图2-5、图2-6)或与热控调节器、计算机等一起布置在电子设备室内(见图2-7)。

4. 单元控制室与集中控制室比较

单元控制室和集中控制室两种方式,从电气专业比较各有优缺点,见表2-5。

表2-5 单元控制室与集中控制室的比较

序号	单元控制室	集中控制室
1	操作、监视、测量、调试和保护单元性强	操作、监视、测量、调试和保护单元分两侧布置,单元性强
2	安装、调试、运行、维护和故障处理无干扰	一台机组安装、调试、维护和故障处理时,对另一台机组有干扰
3	高压启动/备用变压器等两机共用设备,存在两机控制问题,二次回路要设闭锁装置,较复杂,如集中在一处控制,联系较不便	不存在两地控制问题,控制屏集中布置,接线简单,操作方便
4	厂用电公用设备和直流设备布置较分散。对200MW机组保安电源,交流不停电电源两机共配一套时,联系较不便	厂用电公用设备和直流设备的布置相对集中,可布置得更合理紧凑。对200MW机组的保安电源、交流不停电电源等,两机可共配一套,联系方便,还可节省投资
5	运行、维护管理较分散	运行维护管理集中,更便于全厂的统一管理
6	全厂值班人员较少,控制室布置较紧凑,主厂房布置较宽裕	全厂值班人员较少,控制室布置较紧凑,主厂房布置较宽裕

从表2-5的比较可知,单元控制室与集中控制室对电气专业各有优缺点,故设计时需根据工程具体情况,广泛征求建设单位意见,从主厂房布置的整体考虑,和热控及其他专业共同研究确定采用其中之一。对机、炉纵向顺列布置的大容量机组,在两炉之间的位置,设置以控制室为中心的集中控制楼。集中控制楼每两台机组合用一个,也可将控制室布置在除氧煤仓间的运转层,控制室可以两台机组合用一个,也可一台机组一个。对机、炉横向布置的大容量机组,控制室一般布置在除氧煤仓间的运转层,控制室可以两台机组合用一个,也可一台机组一个。

需要指出,采用集中控制室方式时,若设计将电气专业的集中控制台布置在控制室主环中间,机、炉控制台在两边布置的,则不便于机炉电集中控制管理。随着更大容量机组的出现,自动化水平提高,同时运行人员的技术水平也在不断提高,尤其是在采用计算机或分散控制系统时,较多采用将炉、机辅助设备屏、厂用电设备控制屏和全厂共用的环保、火灾报警屏等布置在两侧。

采用炉机电集中控制方式的单元机组,操作员站按炉机电全能值班方式布置。

当设置电气监控管理系统时,电气监控管理系统操作员站一般布置在两台机组中间位置。电气监控管理系统主机、服务器、公共接口装置及网络通信设备等一般集中布置在电气计算机室或电子设备间(电气继电器室内)。工程师站一般布置在机组工程师室内。

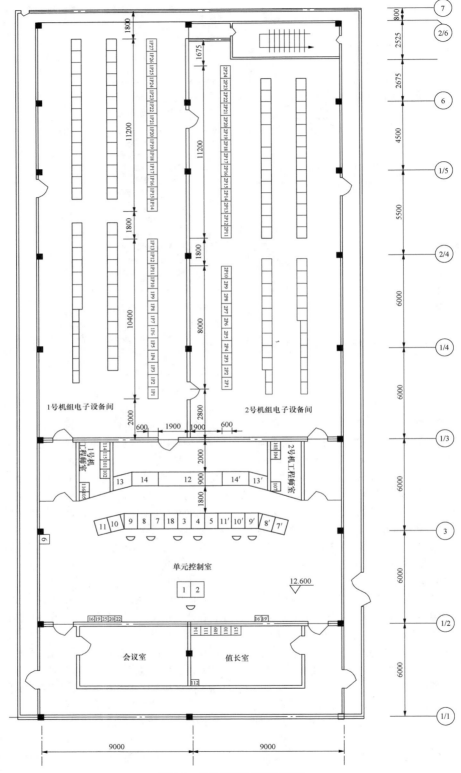

图 2-5　单元控制室平面布置图

1、2—值长台；3~5—公用设备控制台；7~11—单元机组控制台；12—公用设备辅助屏；

13、14—单元机组辅助屏；1P1~1P27、2P1~2P27—继电保护屏、自动装置屏及电能表屏等

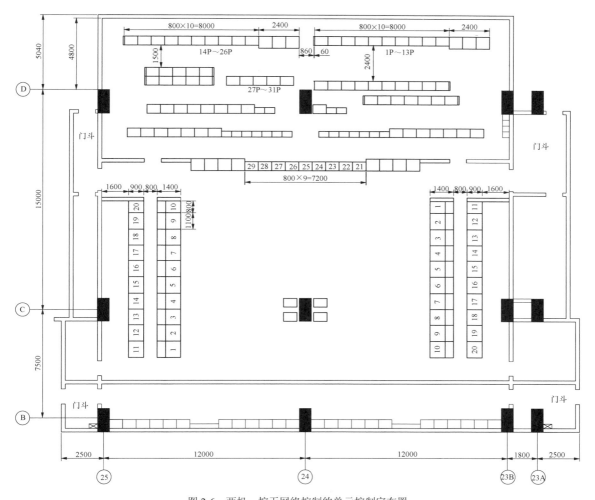

图 2-6　两机一控无网络控制的单元控制室布置

1～20—炉机电控制屏台及屏（一台机组一侧）；21～29—两机组公用的厂用电控制屏；

1P～31P—电气用继电器屏；其他屏—热控专业用的调节器屏等

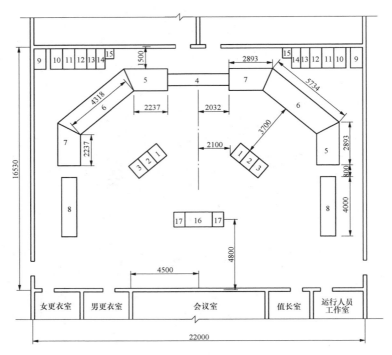

图 2-7　两机一控带网控屏的集中控制室平面布置

1、2—运行人员控制台；3—图像复印机；4—网络控制屏；5、6、7—炉机电控制屏（BTG）；
8—辅助控制屏；9—行打字机；10、11—记录打字机；12—报警打字机；13—工程师终端打字机；
14—MEH 打字机；15—环保打字机；16—值长台；17—工程师台

当网控部分放在集中控制室时，网控操作员站、微机防误操作工作站及相应打印机一般布置在两台机组的操作台中间位置。

电气与单元机组有关的保护屏、自动装置屏、无功电压自动调整柜、同步相量测量（PMU）屏、故障录波器屏、电能表屏、计算机监控设备等，需与主厂房内电子设备间的布置统一考虑，也可布置在独立的继电器室。操作员站的网络设备一般布置于控制室附近。

当电气部分的保护屏、自动装置屏、计算机监控设备等布置在继电器室或电子设备间时，继电器室、电子设备间一般靠近控制室。这样既节省二次控制电缆，又有利于管理运行。

5. 布置实例

图 2-8 所示为 2×200MW 机组单元控制室电子设备间平面布置图。其特点是初期电气发电机-变压器组及厂用控制由硬手操实现，操作设备布置在控制屏上，控制屏布置在两机 DCS 操作台的中后方。

随着科学技术的发展，电气发电机-变压器组及厂用控制均采用计算机控制方式。对于近几年的单元控制室布置也有较大的发展，有采用电子设备间集

中布置和分散布置等方案。如可将汽轮机与锅炉电子设备间分开布置，详见图 2-9 所示 2×300MW 机组单元控制室及锅炉电子设备间平面布置图和图 2-10 所示 2×300MW 机组汽轮机电气设备间平面布置图。电子设备间集中布置的布置方案采用较多，详见图 2-11 所示 2×300MW 机组集中控制室平面布置图。

对 DCS 控制方式，集中控制室、单元控制室主要由热控专业布置，电气操作员站、工程师站的布置，需与热控专业相协调。

图 2-12 所示为 2×600MW 机组集中控制和电子设备间布置图。

图 2-13 所示为 2×1000MW 机组集中控制室和电子设备间布置图。

图 2-14 所示为 4×1000MW 机组集中控制室布置图，一期为两台 1000MW 机组，操作台在中间布置，集中控制室可以扩建为四台 1000MW 机组，向两侧扩建。

图 2-15 所示为 2×1000MW 机组电子设备间布置图，图中设备表为一台机组加公用的设备。

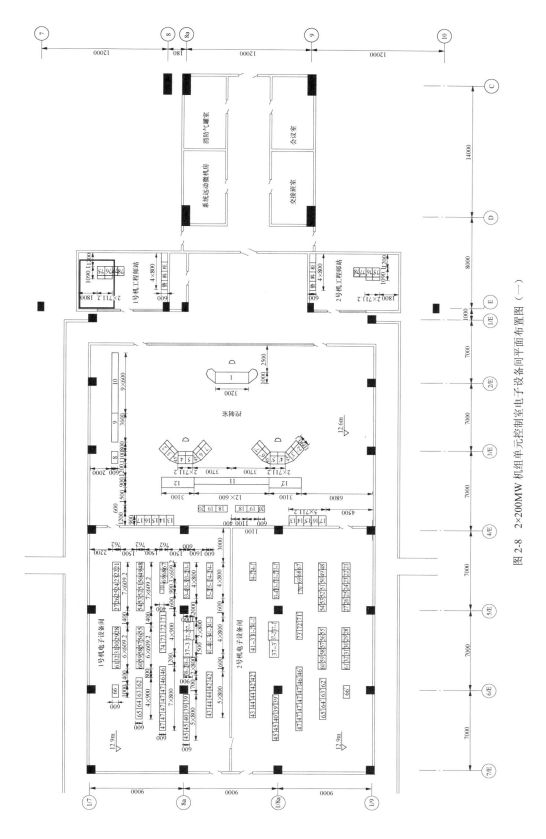

图 2-8 2×200MW 机组单元控制室电子设备间平面布置图（一）

设 备 表

编号	名称	型号规范（高×宽×深，mm×mm×mm）	数量	备注
1	值长台	CUC01（1085.7×711.2×1090.1）	1	特殊定货
2~5	DCS 操作台	1085.7×711.2×1090.1	4	
6	硬手操作台	CUC01（1085.7×711.2×1090.1）	1	
7	DEH 操作台	2300×600×600	1	
20	水位显示盘			
11	1、2 号发电机-变压器组及厂用控制屏	2200×600×600	12	马赛克盘面
12	辅助控制盘	2200×3100×900	1	
8	火灾报警消防盘	2200×1100×600	1	两机组公用
9	微机防误模拟屏	2260×3600×600	1	马赛克盘面（两机组公用）
10	220kV 线路及母线设备控制屏	2260×600×600	9	马赛克盘面（两机组公用）
18	定排程控盘	2300×1100×600	1	
13	DEH 打印机		1	
78	工程师打印机		1	
14~17	DCS 打印机		4	
76	DCS 工程师站		1	
75	DEH 工程师站		1	
19	吹灰程控盘	2300×1100×600	1	
21~27	DAS 机柜	IECAB 2216.5×609.6×762	7	
55~59	CCS 机柜	IECAB 2216.5×609.6×762	5	
48~54	SCS 机柜及端子排	IECAB 2216.5×609.6×762	7	
67~69	DEH 机柜	IECAB 2216.5×609.6×762	3	
28-32	FSSS 机柜	IECAB 2216.5×609.6×762	5	
61	FSSS 火检柜	2216.5×609.6×762	1	
71	汽轮机 ETS 柜	2200×900×600	1	
72	汽轮机 TSI 柜	2200×900×600	1	
73	给水泵汽轮机 TSI 柜	2200×900×600	1	两台给水泵汽轮机一个柜
66	空气预热器间隙调整控制柜	2300×1100×600	1	两机组公用
74	轴振分析装置	800×1200×900	1	
62~65	热控电源柜	2100×900×600	4	
70	旁路系统控制柜	2200×900×400	1	
60	DCS 配电盘	2216.5×609.6×762	1	
33	发电机-变压器组组及厂用控制屏	2260×800×600	4	马赛克盘面
34-1	发电机-变压器组操作箱保护屏	2260×800×600	1	
34-2	厂用快切屏	2260×800×600	1	
35	启动/备用变压器保护屏	2260×800×600	2	仅 1 号机有
37-1	励磁电源柜	2260×800×1000	1	
37-2	励磁手动柜	2260×800×600	1	
37-3	AVR 调节柜	2260×800×600	4	
38-1	220kV 启动继电器柜	2260×800×600	2	仅 1 号机有
38-2	事故信号同步及中央信号继电器柜	2260×800×600	2	仅 1 号机有
39	低压厂用工作变压器盘	2260×800×600	2	
40	公用变压器盘	2260×800×600	1	
41-1	发电机-变压器组变送器屏	2260×800×600	1	
41-2	厂用工作系统变送器屏	2260×800×600	1	
41-3	厂用电动机变送器屏	2260×800×600	1	
41-4	厂用公用系统变送器屏	2260×800×600	2	仅 1 号机有
42	发电机厂用变送器盘	2260×800×600	2	
43	事故照明电源盘	2260×800×600	1	
44	备用事故照明电源盘	2260×800×600	2	
45	220kV 线路变送器盘	2260×800×600	2	
46	遥信转换盘	2260×800×600	2	
47	系统变送器盘	2260×800×600	5	

图 2-8　2×200MW 机组单元控制室电子设备间平面布置图（二）

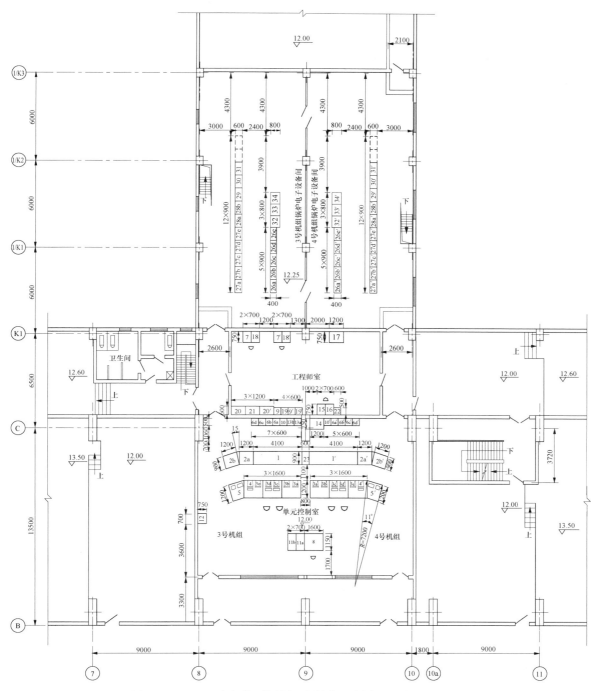

图 2-9 2×300MW 机组单元控制室及锅炉电子设备间平面布置图(一)

设 备 表

编号	名称	型号及规范（宽×深×高，mm×mm×mm）	数量	备注
1, 1'	大屏幕显示器装置配盘	4100×900×2450 内嵌2台大屏幕	1×2	随DCS供货
2a~b, 2a~b'	辅助控制盘1~2	1200×900×2450	2×2	随DCS供货
3a~e, 3a~e'	DCS操作员站1~5	控制台1600×1200×740 共3个	5×2	控制台随DCS供货 DCS操作员站随DCS供货 DEH操作员站随DEH供货
4, 4'	DEH操作员站		1×2	
5, 5'	DEH、旁路插入板控制台	弧形，高740mm	1×2	随DCS供货，特殊加工
6a~d, 6a~d'	DCS记录打印机1~4	600×500×700	4×2	随DCS供货
7, 7'	DCS工程师站	700×750×900	1×2	随DCS供货
8	值长站	1600×1150×900	1	两机组公用，随电厂IT系统供货
9, 9'	DCS工程师站打印机	600×500×700	1×2	随DCS供货
10, 10'	彩色图形打印机	600×500×700	1×2	随DCS供货
11a~b	网控操作员站1~2	700×1150×900	2	两机组公用，随网控系统供货，控制台随DCS供货
12	火灾报警、消防、空调控制站	700×750×900	1	两机组公用，随火灾报警系统供货
13a~b	网控打印机1~2	600×500×700	2	两机组公用，随网控系统供货
14	汽轮机诊断系统分析站	600×500×700	1	两机组公用，随汽轮机诊断系统供货
15	厂级性能计算和分析站	700×750×900	1	两机组公用，随电厂IT系统供货
16	故障诊断和设备寿命计算分析站	700×750×900	1	两机组公用，随电厂IT系统供货
17	现场备品及文件柜	1200×750×2200	1	两机组公用
18, 18'	DEH工程师站	700×750×900	1×2	随DEH供货
19, 19'	DEH工程师站打印机	600×500×700	1×2	随DEH供货
20, 20'	DCS计算机柜	1200×600×2200	1×2	随DCS供货
21	DCS公用品计算机柜	1200×600×2200	1	两机组公用，随DCS供货
22	性能计算系统和分析打印机	600×500×700	1	两机组公用，随电厂IT系统供货
23	DCS公用盘	600×900×2450	1	两机组公用，随DCS供货
26a~e, 26a~e'	锅炉DCS控制柜1~5	900×400×2200	5×2	随DCS供货
27a~e, 27a~e'	锅炉DCS端子柜1~5	900×600×2200	5×2	随DCS供货
28a~b, 28a~b'	锅炉DCS继电器柜1~2	900×600×2200	2×2	随DCS供货
29, 29'	热控220V电源柜	900×600×2100	1×2	
30, 30'	热控UPS电源柜	900×600×2100	1×2	
31, 31'	1号电源柜（锅炉220V AC）	900×600×2100	1×2	
32, 32'	锅炉炉管泄漏检测柜	800×800×2200	1×2	随锅炉炉管泄漏检测系统供货
33, 33'	吹灰控制柜	800×800×2200	1×2	随吹灰程控柜供货
34, 34'	火检柜	800×800×2100	1×2	随DCS供货

图2-9 2×300MW机组单元控制室及锅炉电子设备同平面布置图（二）

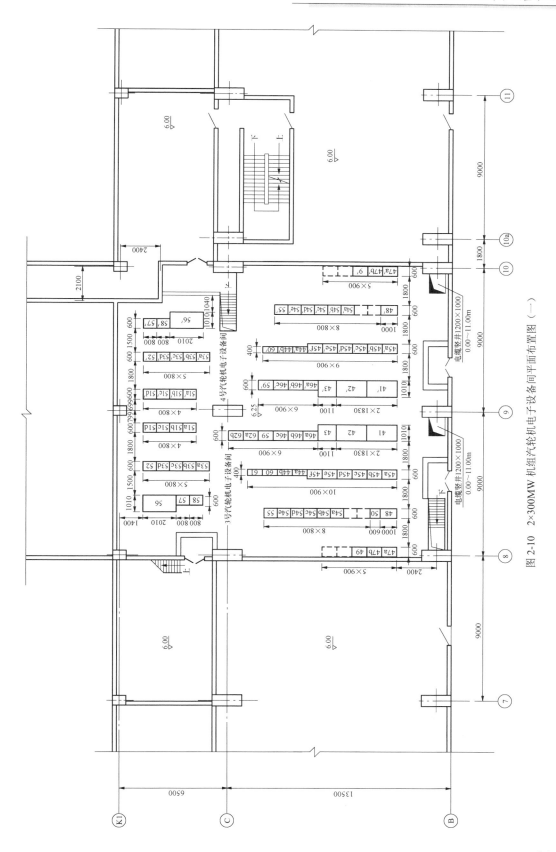

图 2-10　2×300MW 机组汽轮机电子设备间平面布置图（一）

设 备 表

编号	名称	型号及规范 （宽×深×高，mm×mm×mm）	数量	备注
41、41′	汽轮机控制系统（GRE）机柜	1830×1010×2280	1×2	随 DEH 供货
42、42′	汽轮机安全保护系统（GSE）机柜	1830×1010×2280	1×2	随 DEH 供货
43、43′	汽轮机安全监视系统（GMA）机柜	1100×1010×2280	1×2	随 DEH 供货
44a～b、 44a′～b′	汽轮机 DCS 控制柜 6～7	900×400×2200	2×2	随 DCS 供货
45a～f、 45a′～f′	汽轮机 DCS 端子柜 6～11	900×600×2200	6×2	随 DCS 供货
46a～c、 46a′～c′	汽轮机 DCS 继电器柜 3～5	900×600×2200	3×2	随 DCS 供货
47a～b、 47a′～b′	DCS 电源柜 1～2	900×600×2200	2×2	随 DCS 供货
48、48′	旁路控制柜	1000×600×2200	1×2	随旁路供货
49、49′	2 号电源柜（汽轮机 220V AC）	900×600×2100	1×2	
50	汽轮机诊断系统机柜	600×600×2200	1	两机组合用
51a～d、 51a′～d′	1～4 号发电机-变压器组保护屏	800×600×2260	4×2	电气专业
52、52′	同步屏	800×600×2260	1×2	电气专业
53a～d、 53a′～d′	1～4 号电气继电器柜	800×600×2260	4×2	电气专业
54a～e、 54a′～e′	1～5 号变送器屏	800×600×2260	5×2	电气专业
55、55′	厂用快切	800×600×2260	1×2	电气专业
56、56′	AVR 柜	2010×1000×2500	1×2	电气专业
57、57′	发电机-变压器组故障录波屏	800×600×2260	1×2	电气专业
58、58′	局部放电检测装置屏	800×600×2260	1×2	电气专业
59、59′	DCS 继电器柜 （光字牌报警扩展用）	900×600×2200	1×2	随 DCS 供货
60、60′	DCS 电气控制柜 8	900×400×2200	1×2	随 DCS 供货
61	DCS 公用系统控制柜	900×400×2200	1	两机组合用， 随 DCS 供货
62a～b	DCS 公用系统端子柜 1～2	900×600×2200	2	两机组合用， 随 DCS 供货

图 2-10 2×300MW 机组汽机电子设备间平面布置图（二）

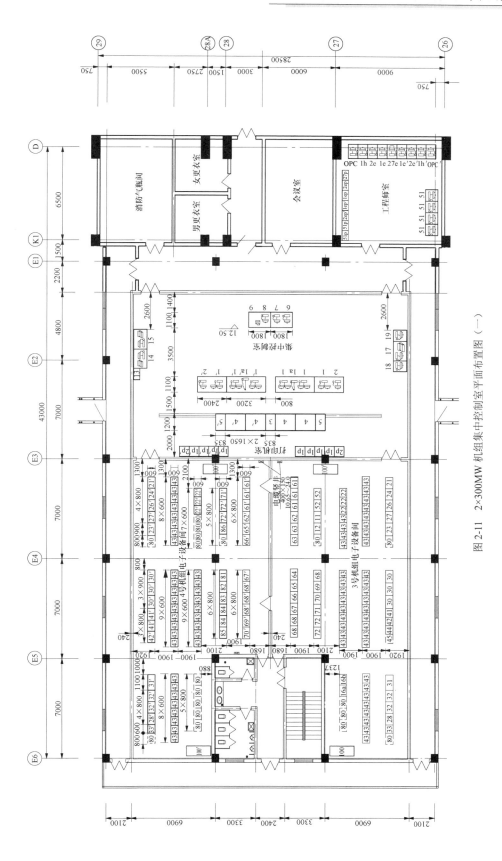

图 2-11 2×300MW 机组集中控制室平面布置图（一）

编号	KKS编码	名称	型号及规范（高×宽×深 mm×mm×mm）	数量	备注
1		DCS系统1~3号操作员站	700×3200×1100 共用（不锈钢）DCS供货	3	随DCS供货（双CRT）
1a		大屏幕操作站	主机布置台内	1	
2		DEH系统操作员站	700×2400×1100 共用（不锈钢）DCS供货	1	随DEH供货，与1个DCS操作站共用1台
3		闭路电视	42"等离子电视	2	全厂公用
4		大屏幕显示器	2450×1650×1170	2	随DCS供货
5		工业电视（火箱，水位）	42"等离子电视	2	全厂公用
6		MIS工作站	700×1800×1100 共用（不锈钢）DCS供货	1	全厂公用，MIS供货
7		SIS值长站		1	全厂公用，SIS供货
8		闭路电视监控站	700×1800×1100 共用（不锈钢 N）DCS供货	1	随闭路电视系统供货
9		通信调度台	2200×800×600	1	全厂公用
11		MIS机柜	2200×800×600	1	全厂公用，MIS供货
12		火灾报警及消防系统机柜	700×1400×1100，DCS供货	1	全厂公用
13		火灾报警及消防系统主盘	700×800×1100，DCS供货	1	全厂公用
14		火灾报警及消防系统操作员站	700×1400×1100，DCS供货	1	全厂公用
15		空调系统操作员站	700×1400×1100，DCS供货	1	全厂公用
16a		空调控制系统机柜	2200×800×600	1	全厂公用
16b		空调控制系统电源柜	2200×800×600	1	全厂公用
17		辅动DMIS工作站	700×1400×1100，DCS供货	1	全厂公用，辅动
18		辅动DMIS工作站	700×800×1100，DCS供货	1	全厂公用，辅动
19		辅动经济调度子站	700×800×1100，DCS供货	1	全厂公用，辅动
1p		DCS操作员站打印机台	DCS供打印机台	1	全厂公用，辅动
2p		DEH操作员站打印机台	DCS供打印机台	4	随DCS供货

编号	KKS编码	名称	型号及规范（高×宽×深 mm×mm×mm）	数量	备注
1e		DCS工程师站	700×800×1000 DCS供货	1	随DCS供货
1h		DCS历史性能计算站	700×800×1000 DCS供货	1	随DCS供货
2e		DEH工程师站	700×800×1000 DCS供货	1	随DEH供货
OPC		DCS-OPC服务器	700×800×1000 DCS供货	1	随DCS供货
1ep		DCS工程师站打印机	DCS供打印机台	1	随DCS供货
2ep		DEH工程师站打印机	DCS供打印机台	1	随DEH供货
27e		汽轮机诊断系统工作站	700×800×1000 DCS供货	1	全厂公用 随TDM系统供货
27p		汽轮机诊断系统工作站打印机	DCS供打印机台	1	全厂公用
51		SIS服务器及工作站	700×800×1000	4	
51p		SIS工作站打印机	DCS供打印机台	2	随SIS供货
21		汽轮机ETS柜	2200×800×600	1	汽轮机厂供货
22		汽轮机DEH机柜	2200×800×600	3	汽轮机厂供货
23		火灾报警消防系统电源柜	2200×900×600	1	
24		汽轮机TSI柜	2200×800×600	1	汽轮机厂供货
26		闭路电视机柜	2200×800×600	1	
27		汽轮机故障诊断分析柜	2200×800×600	1	随TDM系统供货
28		飞灰碳检测分析柜	2200×800×600	1	
30		热控电源柜	2200×900×600	3	
31		锅炉吹灰程控柜	2200×1100×600	1	
32		火检柜	2200×800×600	2	
33		锅炉炉管泄漏检测柜	2200×600×600	1	
41		DCS单元机组电源柜	2200×600×600	1	随DCS供货
42		DCS系统机柜	2200×600×600	38	4号机组34面

编号	KKS编码	名称	型号及规范（高×宽×深 mm×mm×mm）	数量	备注
44		DCS交换机柜	2200×600×600	1	随DCS供货
45		DCS公用系统电源柜	2200×600×600	1	两机组共一面
52		SIS系统柜	2260×800×600	2	全厂公用 SIS供货
61		发电机-变压器组保护屏	2260×800×600	3	电气
62		发电机-变压器组操作箱柜	2260×800×600	1	电气
63		启动备用变压器保护屏	2260×800×600	2	电气，4号机组无
64		启动备用变压器操作箱柜	2260×800×600	1	电气，4号机组无
65		厂用电源快切屏	2260×800×600	1	电气
66		变送器屏	2260×800×600	1	电气
67		电能表屏	2260×800×600	1	电气
68		继电器屏	2260×800×600	3	电气
69		发电机-变压器组故障录波屏	2260×800×600	1	电气
70		同步屏	2260×800×600	1	电气
71		AVR柜	2260×800×600	1	电气
72		厂用管理单元屏	2260×800×600	2	电气
80		备用	800×600，预留盘位	17	3、4号机组
81		辅动电能计量屏	2200×800×600	1	全厂公用，辅动
82		辅动计量小主站屏	2200×800×600	1	全厂公用，辅动
83		辅动主机屏	2200×800×600	1	全厂公用，辅动
84		辅动信息采集屏	2200×800×600	2	全厂公用，辅动
85		辅动数据网接入设备屏	2200×800×600	1	全厂公用，辅动
86		辅动电源屏	2200×800×600	1	全厂公用，辅动
100		室内空调机	2260×2000×700	2	暖通专业

图2-11 2×300MW 机组集中控制室平面布置图（二）

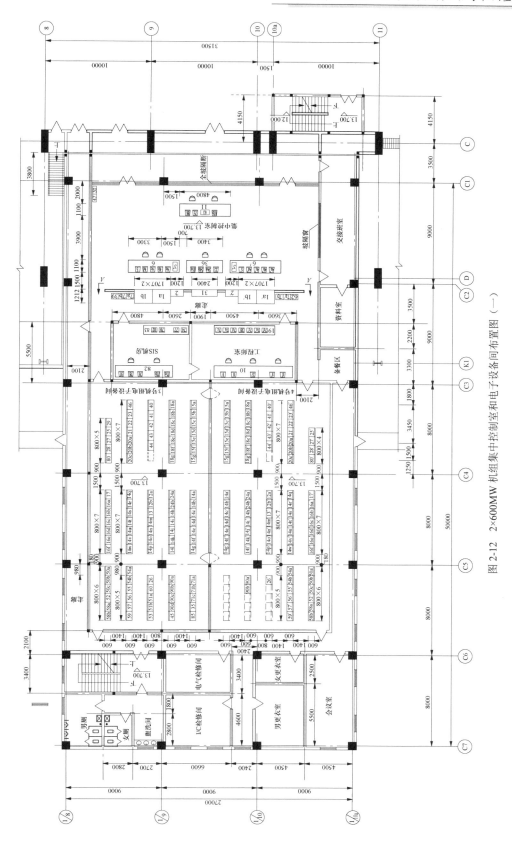

图 2-12　2×600MW 机组集中控制室和电子设备间布置图（一）

设 备 表

编号	KKS编码	名称	型号及规范(宽×深×高,mm×mm×mm)	数量	备注	编号	KKS编码	名称	型号及规范(宽×深×高,mm×mm×m)	数量	备注
1a~b、1'~b		大屏幕显示器装配盘		2×2	随DCS供货	39		灰渣网工程师站打印机		1	二期公用,随灰渣网供货
2、2'		辅助控制盘		1×2		40、40'		热控UPS电源柜	900×600×2200	1×2	
3、3'		硬手操板	单元机组硬手操按钮布置于控制台面上	1×2	随DCS供货	41、41'		热控保安电源柜	900×600×2200	1×2	
4a~b、4a'~b		DCS操作员站1~4	LCD	4×2	随DCS供货	42、42'		热控汽轮机220V AC电源柜	900×600×2200	1×2	
5、5'		DEH操作员站	LCD	1×2	随DEH供货	43、43'		热控锅炉220V AC电源柜	900×600×2200	1×2	
6、6'		单元机组集中监控台		1×2	随DCS供货	44、44'		热控直流电源柜	900×600×2200	1×2	
7a~b、7a'~b		DCS记录打印机1~2		2×2	随DCS供货包括打印机台	45		火灾报警及气体消防系统电源柜	800×600×2200	1	
7c、7c'		DCS彩色图形打印机		1×2	随DCS供货	46		汽轮机振动采集及故障诊断柜	800×600×2200	1	
7d、7d'		DCS工程师站打印机		1×2	随DCS供货	47		空调系统控制柜	墙挂式	1	二期公用
7e、7e'		DEH工程师打印机		1×2	随DEH供货	50a~c、50a'~c'		发电机-变压器组保护屏	800×600×2200	3×2	二期公用包括打印机台
8、8'		DCS工程师站	LCD	1×2	随DCS供货	51a~b		启动/备用变压器保护屏	800×600×2200	2	
9、9'		DEH工程师站	LCD	1×2	随DEH供货	52、52'		发电机-变压器组操作箱屏	800×600×2200	1×2	
10		工程师室监控台		1	二期公用,随DCS系统供货	53		启动/备用变压器操作箱屏	800×600×2200	1	
11		总值长台		1	二期公用,随DCS系统供货	54a~b、54a'~b'		电气变送器屏	800×600×2200	1×2	
12a~b、12a'~b'		DCS电源柜	800×600×2200	2×2	随DCS供货	55、55'		电能表屏	800×600×2200	1×2	
13、13'		DCS网络机柜	800×600×2200	1×2	随DCS供货	56、56'		自动同步屏	800×600×2200	1×2	
14a~w、14a'~w'		DCS机柜1~23	800×600×2200	25×2	随DCS供货	57、57'		厂用块切屏	800×600×2200	1×2	
15a~g、15a'~g'		DCS机柜24~30	800×600×2200	7×2	随DCS供货	58a~b、58a'~b'		发电机-变压器组故障滤波器屏	800×600×2200	2×2	
16a~f、16a'~r		DCS继电器柜1~6	800×600×2200	6×2	随DCS供货	59、59'		发电机绝缘监测屏	800×600×2200	1×2	
17、17'		FSSS跳闸继电器柜	800×600×2200	1×2	随DCS供货	60		公用继电器屏	800×600×2200	1	
18a~g、18a'~g'		DCS继电器柜7~13	800×600×2200	7×2	随DCS供货	61a~b		电气网控操作站	LCD	2×1	二期公用
19		工程师室打印机台		1	二期公用,随DCS系统供货	62		电气网控打印机		1	二期公用包括打印机台
20a~c、20a'~g'		DEH机柜1~3	800×600×2200	3×2	随汽轮机供货	63		调度台		1	二期公用
21、21'		ETS控制柜	800×600×2200	1×2	随汽轮机供货	71a~c		SIS系统机柜	800×600×2200	3×1	二期公用,随SIS供货
22、22'		汽轮机TSI柜	800×600×2200	1×2	随汽轮机供货	72a~b		SIS工作站	LCD	2×1	二期公用,随SIS供货
23、23'		给水泵汽轮机TSI柜	800×600×2200	1×2	随给水泵汽轮机供货	74		SIS工作站打印机		1	二期公用,随SIS供货
24a~b、24a'~b'		MEH/METS机柜1~2	800×600×2200	1×2	随给水泵汽轮机供货	75		SIS值长工作站	LCD	1	二期公用,随SIS供货
25、25'		锅炉吹灰程控柜	800×600×2200	1×2	随锅炉供货	76		锅炉炉管泄漏检测站	LCD	1	二期公用
26、26'		空气预热器间隙调整程控柜	800×600×2200	1×2	随空气预热器供货	77		锅炉炉管泄漏检测站打印机		1	二期公用
27、27'		风机振动监视柜	800×600×2200	1×2		78		汽轮机振动检测及故障分析站	LCD	1	二期公用
28		火检柜	800×600×2200	1×2		79		汽轮机振动检测及故障分析站打印机		1	二期公用
29		锅炉炉管泄漏检测控制柜	800×600×2200	1	二期公用	80、80'		锅炉飞灰含碳量主盘	800×600×2200	1×2	
30		火灾探测及报警控制盘	墙挂式	1	二期公用	82		SIS机房监控台		1	二期公用,随SIS供货
31		闭路电视监视盘		1	二期公用	83		SIS机房打印机台		1	二期公用,随SIS供货
33		水网监控操作员站	LCD	1	全厂公用,随水网供货	85		MIS交换机柜	800×600×2200	1	二期公用
34a~b		灰渣网监控操作员站	LCD	2×1	二期公用,随灰渣网供货	86		MIS工作站	LCD	1	二期公用
35		灰渣网络机柜	800×600×2200	1	二期公用,随灰渣网供货	90a~d、90a'~b'		远动屏	800×600×2200	4×1+2×1	二期公用
36		灰渣网集中监控台		1	二期公用,随灰渣网供货	91		电能计费工作站	LCD	1	二期公用
37		灰渣网工程师站	LCD	1	二期公用,随灰渣网供货	92		电能计费工作站打印机		1	二期公用
38		灰渣网记录打印机		1	二期公用,随灰渣网供货包括打印机台						

图 2-12 2×600MW 机组集中控制室和电子设备间布置图（二）

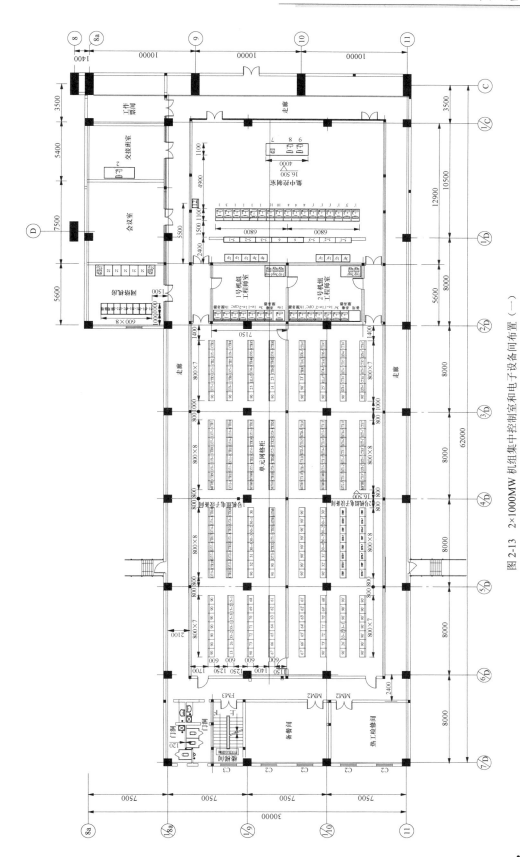

图 2-13 2×1000MW 机组集中控制室和电子设备间布置（一）

设备表

编号	KKS 编号	名称	型号及规范（高×宽×深，mm×mm×mm）	数量	备注	编号	KKS 编号	名称	型号及规范（高×宽×深，mm×mm×mm）	数量	备注
61'	60CHA01GH001	发电机-变压器组保护柜 A	2260×800×600	1	电气	1'	60CWB01-05	DCS 系统 1～5 号操作员站		5	随 DCS 供货
62'	60CHB01GH001	发电机-变压器组保护柜 B	2260×800×600	1	电气	3'	60CWB06	DEH 系统操作员站		1	随 DEH 供货
63'	60CHC01GH001	发电机-变压器组保护柜 C	2260×800×600	1	电气	4	60CWC71-73	辅助车间操作员站		3	公用
64'	60CHD01GH001	发电机-变压器组保护柜 D	2260×800×600	1	电气	5-1'	60CWB31	单元机组画面显示屏	63"等离子电视	1	
65'	60CHE01GH001	发电机-变压器组保护柜 E	2260×800×600	1	电气	5-2'	60CWB32	单元机组画面显示屏	63"等离子电视	1	
66'	60CHF01GH001	发电机-变压器组保护柜 F	2260×800×600	1	电气	5-3'	60CWB33	火焰电视显示屏	63"等离子电视	1	
67'	60CHG01GH001	发电机-变压器组保护柜 G	2260×800×600	1	电气	6-1	60CWB34	公用系统画面显示屏	63"等离子电视	1	公用
68'	60CBQ01GH001	厂用电备用电源自动投入屏	2260×800×600	1	电气	6-2	60CWB35	闭路电视显示器	63"等离子电视	1	公用
69'	60CBP01GH001	自动同期屏	2260×800×600	1	电气	7	60CWB50	通信调度台		1	公用
70'	60CFB01GH001	发电机-变压器组变送器屏	2260×800×600	1	电气	8	60CWB51	值长站		1	公用
71'	60CEJ01GH001	机组故障录波屏	2260×800×600	1	电气	9	60CWB52	闭路电视管理站		1	公用
72'	Y0AYG01GH001	远动终端主机屏	2260×800×600	1	全厂公用	10	60CWB91-92	脱硫系统操作员站		2	公用
73'	Y0AYG01GH002	远动终端采集屏	2260×800×600	1	全厂公用	1e-1'	60CWB61	DCS 工程师站		1	随 DCS 供货
		DCS 机柜	2200×800×600	65	单元+公用	1e-2'	60CWB62	DCS 工程师站		1	随 DCS 供货
2	5FNE01YW001	MIS 工作站	2260×800×600	1	全厂公用	3e'	60CWB63	DEH 工程师站		1	随 DEH 供货
90'		备用	2260×800×600	14		1h'	60CWB11	DCS 历史记录站		1	随 DCS 供货
						OPC'	60CWB12	SIS 接口站		1	随 DCS 供货
						14e	50CWB64	汽轮机故障诊断分析站		1	公用
						1p'	60CWC01-03	DCS 操作员站打印机		3	随 DCS 供货
						3p'	60CWC04	DEH 操作员站打印机		1	随 DEH 供货
						4p	60CWC21	辅助车间操作员站打印机		1	公用
						1ep'	60CWC11	DCS 工程师站打印机		1	随 DCS 供货
						3ep'	60CWC12	DEH 工程师站打印机		1	随 DEH 供货
						14ep	60CWC13	汽轮机故障诊断分析站打印机		1	公用
						12	L0CYE00	火灾报警及消防系统主机柜	1800×800×600	1	全厂公用
						13	L0CYE01	火灾报警及消防系统电源柜	2200×800×600	1	全厂公用
						14	50CFA02	汽轮机故障诊断分析柜	2200×800×600	1	公用
						15-1	L0CYF00	空调及制冷控制系统电源柜	2200×800×600	1	公用
						15-2	L0CYF01	空调及制冷控制系统控制柜	2200×800×600	1	公用
						15-3	L0CYF02	空调及制冷控制系统控制柜	2200×800×600	1	公用
						23'	60CFA01	汽轮机 TSI 柜	2200×800×600	1	汽轮机厂供货
						CTR42'	60CBD01	汽轮机 DEH 柜	2200×800×600	1	汽轮机厂供货
						CTR43'	60CBD02	汽轮机 DEH 柜	2200×800×600	1	汽轮机厂供货
						CTR41'	60CAA01	汽轮机 ETS 柜	2200×800×600	1	汽轮机厂供货
						EXT41-1'	60CAA02	汽轮机 ETS 控制柜	2200×800×600	1	汽轮机厂供货
						CTR45'	60CBH01	A 给水泵汽轮机控制柜	2200×800×600	1	随给水泵汽轮机供货
						CTR46'	60CBH02	B 给水泵汽轮机控制柜	2200×800×600	1	随给水泵汽轮机供货
						RELAY'	60CBH03	给水泵汽轮机继电器柜	2200×800×600	1	随给水泵汽轮机供货
						EXT45-1'	60CBA21	汽动给水泵 A 及相关设备控制柜	2200×800×600	1	随 DCS 供货
						EXT46-1'	60CBA22	汽动给水泵 B 及相关设备控制柜	2200×800×600	1	随 DCS 供货
						25'	60CFC01	给水泵汽轮机振动检测柜	2200×800×600	1	随给水泵汽轮机供货
						26	6FNE01NG004	MIS 交换机柜	2200×800×600	1	
						30'	60CUM11	热控总电源柜	2200×800×600	1	
						30-1'	60CUM12	热控锅炉电源柜	2200×800×600	1	
						30-2'	60CUM13	热控 1 号汽轮机电源柜	2200×800×600	1	
						30-3'	60CUM14	热控 2 号汽轮机电源柜	2200×800×600	1	
						30-4'	60CUM15	热控直流 110V DC 电源柜	2200×800×600	1	
						31'	60CFB01	火焰检测电源柜	2200×800×600	1	随火检设备供货
						32'	60CFB20	锅炉炉管泄漏检测柜	2200×800×600	1	辅网工程师站打印机
						33-1'	60CKJ01	闭路电视服务器机柜	2200×800×600	1	
						33-2'	60CKJ02	闭路电视服务器机柜	2200×800×600	1	
						51-1	50CKC01	SIS 网络系统电源柜	2200×800×1000	1	全厂公用
						51-2	50CKC02	SIS 网络机柜	2200×800×1000	1	全厂公用
						51-3	50CKC03	SIS 网络机柜	2200×800×1000	1	全厂公用
						51-4	50CKC04	SIS 网络机柜	2200×800×1000	1	全厂公用
						51	50CKC11-14	SIS 工作站		1	全厂公用
						51p	50CKC20	SIS 打印机		1	全厂公用
						52-1	50CKD01	辅网车间控制网络机柜	2200×800×1000	1	公用
						52-2	50CKD02	辅网车间控制网络电源柜	2200×800×1000	1	公用
						52	50CKS11	辅网工程师站		1	公用
						52p	50CKD20	辅网工程师站打印机		1	公用

图 2-13　2×1000MW 机组集中控制室和电子设备间布置（二）

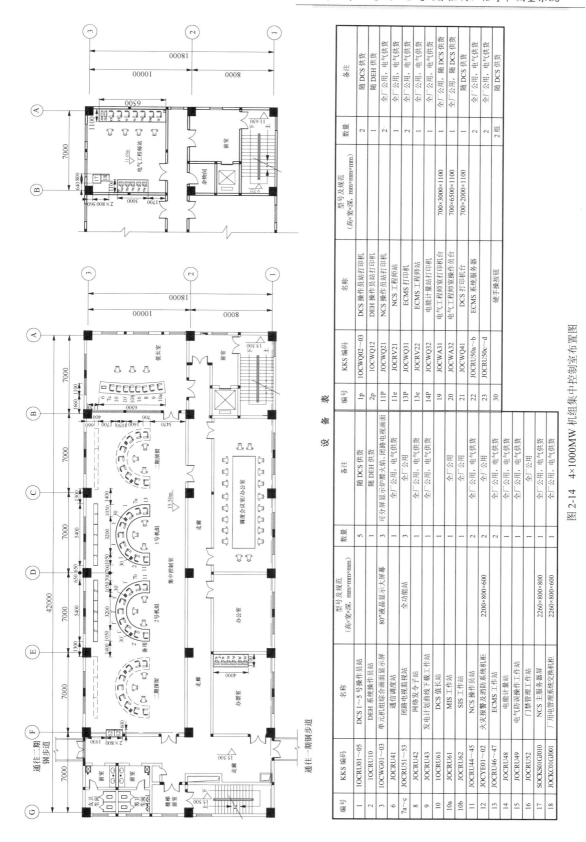

图 2-14　4×1000MW 机组集中控制室布置图

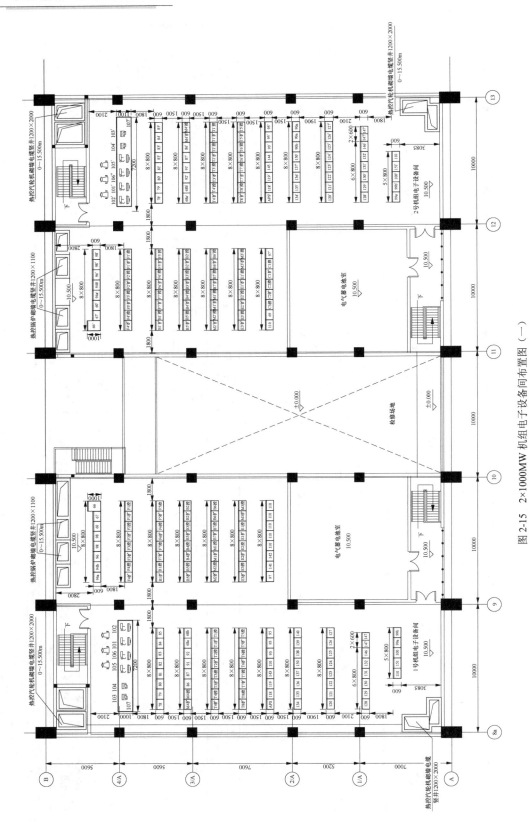

图 2-15 2×1000MW 机组电子设备间布置图（一）

设 备 表

编号	KKS编码	名称	型号及规范（高×宽×深，mm×mm×mm）	数量	备注
90a	JOCYP01~02	闭路电视服务器机柜	2200×800×600	2	公用
90b	JOCYP11	闭路电视电源机柜	2200×800×600	1	公用
91	10CFA01	汽轮机TSI柜	2200×800×600	1	汽轮机厂供货
92	10CFC01	给水泵汽轮机TSI柜	2200×800×600	1	随给水泵汽轮机供货
93	10CSD01	热控总电源柜	2200×800×600	1	
94a、b	10CFB01~02	锅炉电源柜	2200×800×600	2	
95	10CFA01~02	汽轮机电源柜	2200×800×600	2	
96	10CSE01	厂用电源柜	2200×800×600	1	
97	10CFB01	锅炉炉膛泄漏检测柜	2200×800×600	1	随炉管泄漏厂家供货
98	10CFB02~03	锅炉火焰检测柜	2200×800×600	2	随锅炉厂供货
99a、b	10CXD0102	辅网凝结水精处理DCS控制柜	2200×800×600	2	随DCS供货
100	10CXD31	辅网凝结水精处理DCS电源柜	2200×800×600	1	随DCS供货
150	10CXT81	脱硫10kV DCS机柜	2200×800×600	1	随DCS供货
151	10CXF81	海淡10kV DCS机柜	2200×800×600	1	随DCS供货
110	SOCKJ01GJ001（3）	备用位置	2200×800×600	10	
118	SOCKJ01GJ001（4）	1、2号机组10kV配电室I/O柜	2200×800×600	1	随DCS供货
119		1、2号机组10kV配电室UPS柜	2200×800×600	1	随DCS供货
120	10CHA01GH001	发电机-变压器组保护A屏	2260×800×600	1	
121	10CHB01GH001	发电机-变压器组保护B屏	2260×800×600	1	
122	10CHC01GH001	发电机-变压器组保护C屏	2260×800×600	1	
123	10CHD01GH001	发电机-变压器组保护D屏	2260×800×600	1	
124	10CHE01GH001	发电机-变压器组保护E屏	2260×800×600	1	
125	10CHF01GH001	转子接地保护屏	2260×800×600	1	
126	10CFQ01GF001	发电机-变压器组故障录波屏	2260×800×600	1	
127	SOACY99GK001（2）	保护信息子站屏	2260×800×600	1	
128	10CBQ01GJ001	1A段停机电源切换装置	2260×800×600	1	
129	10CBP01GJ002	1B段停机电源切换装置	2260×800×600	1	
130	10CBP01GJ001	同步屏	2260×800×600	1	
131	10CFF01GJ001	发电机-变压器组变送器屏	2260×800×600	1	
132	SOCCK01GJ005（6）	发电机-变压器组测控屏柜	2260×800×600	1	
134	SOACY91GJ021（2）	1（2）号AVC屏	2260×800×600	1	仅1号机组有
135	SOACY93GJ001（2）	同步相量测量屏	2260×800×600	1	仅1号机组有
136	SOCFP92FE001（2）	电能计费表屏	2260×800×600	1	仅1号机组有
137	SOAYF02GY001（2）	同步时钟扩展屏	2260×800×600	1	仅1号机组有
138	SOACY91GJ011	远动终端屏1	2260×800×600	1	仅1号机组有
139	SOACY91GJ012	远动终端屏2	2260×800×600	1	仅1号机组有
140	JOCFG01GK001	发电机-变压器组在线监测后台机屏	2260×800×600	1	仅1号机组有
141	SOACY94GY001	煤耗在线监测系统	2260×800×600	1	仅1号机组有
142	SOACY956GY001	脱硝信息采集柜	2260×800×600	1	仅1号机组有
143	JOCKC01GJ003	1号智能设备通信管理机柜	2260×800×600	1	仅1号机组有
144	JOCKC01GJ004	2号智能设备通信管理机柜	2260×800×600	1	仅2号机组有
145	JOCKC01GJ002	ECMS通信网关机柜	2260×800×600	1	仅2号机组有
146	10MKC30GU003	励磁控制柜1（EM）	2260×600×600	1	仅2号机组有
147	10MKC30GU001~2	励磁功率柜1~2（ER1~2）	2260×600×600	2	仅2号机组有

图2-15 2×1000MW机组电子设备间布置图（二）

四、网络继电器室布置

对不设网络控制室的发电厂，为了节约电缆，在配电装置内设网络继电器室。

发电厂采用 NCS 并且在第一单元控制室控制时，就地二次设备一般布置在网络继电器室内，同时还布置有网控所需的蓄电池、直流系统、UPS 和系统通信等设备。具体工程的布置如图 2-16 和图 2-17 所示。

网络继电器室的面积需满足保护、测控装置、安全自动装置等设备布置的要求。各设备、元件与保护、测量及控制相关的二次屏（柜），一般布置在控制该设备、元件的地方或与一次设备毗邻的继电器室内。

330kV 及以上电压等级配电装置采用敞开式布置时，网络继电器室可考虑就地下放布置，继电器小室数量需根据配电装置规模来确定，一般不设置太多。330kV 及以上配电装置一般按 2～3 串设置一个继电器小室。

在发电厂网络继电器室布置的设备主要有计算机监控测控柜、继电保护屏、安全自动装置屏、故障录波器屏、远动屏、电能计费屏、保护及故障信息管理系统设备、网络直流屏、同步相量测量（PMU）屏等。网络 UPS 配电柜、网络直流屏可布置于配电室内或网络继电器室内。

网络继电器室环境条件需满足继电保护装置和控制装置的安全可靠要求，需考虑空调、必要的采暖和通风条件以满足设备运行的要求，同时还要有良好的电磁屏蔽措施和良好的防尘、防潮、照明、防火、防小动物措施。

五、控制屏（屏台或台）、继电器屏、变送器屏屏面布置

（一）屏、屏台和台的选型

控制屏（屏台）及继电器屏尽量选用制造厂的定型产品。一般屏在订货时必须提供完整的图纸，其中最重要的是屏面布置图。一般选用高×宽×深为 2200mm×800mm×600mm 尺寸的屏（柜）。对于高×宽×深为 2300mm×800mm×550mm 的传统尺寸的屏（柜），只允许在工程扩建为与原屏保持一致时选用。

控制室的控制屏（屏台或台）、控制设备、测量仪表和信号装置等的选型及台面（屏面）的布置，需与热控专业协调，尤其是 BTG（炉机电屏）更应统一配套，做到控制屏（屏台或台）的外形尺寸和颜色一致。

在计算机监控方式下，为了运行人员操作方便，用于安全停机的应急操作按钮应布置在计算机操作台上。

（二）屏、屏台和台的布置

1. 控制屏（屏台或台）布置要求

（1）满足监视和操作、调节方便、模拟接线清晰的要求，相同的安装单位，其屏面布置需一致。

（2）测量仪表需与模拟接线相对应，A、B、C 相按纵向排列，同类安装单位功能相同的仪表，一般布置在相对应的位置。

（3）主环内光字牌的高度需一致。光字牌一般设在屏的上方，要求上部取齐；也可设在中间，要求下部取齐。

（4）采用屏台分开设辅助屏的结构。这种布置视野广阔，更有利于值班人员的操作与监视，但控制室面积较大，屏间电缆增多。因此当主接线复杂而控制室布置有条件时，可采用这种方式。当采用这种方式时，将经常监视的常测仪表、同步表计和操作设备等布置在屏台上，而将一般测量仪表、光字牌及断路器、隔离开关的位置指示器布置在辅助屏上。

（5）屏上仪表最低位置一般不小于 1.5m，不能满足要求时，可将屏垫高。

（6）操作设备一般与其安装单位的模拟接线相对应。功能相同的操作设备布置在相应的位置上，操作方向全厂必须一致。

（7）采用灯光监视时，红、绿灯分别布置在控制开关的右上侧及左上侧。

（8）800mm 宽的控制屏或台上，每行控制开关一般不超过 5 个。经常操作的设备一般布置在离地面 800～1500mm 处。

控制屏屏面布置如图 2-18 所示，控制台台面布置如图 2-19 所示。

2. 继电器屏的屏面布置要求

（1）继电器屏的屏面布置在满足试验、运行方便的条件下，适当紧凑。

（2）相同安装单位的屏面布置需对应一致。不同安装单位的继电器装在一块屏上时，一般按纵向划分，其布置对应一致。

（3）当设备或元件装设两套主保护装置时，一般分别布置在两块屏上。

（4）对由单个继电器构成的继电保护装置，调整、检查工作较少的继电器布置在屏上部，较多的布置在屏中部。一般按如下次序由上至下排列：电流、电压、中间、时间继电器等布置在屏的上部，方向、差动、重合闸等继电器布置在屏的中部。

（5）组合式继电器插件箱，一般按出口分组的原则，相同出口的保护装置放在一块箱内或上下紧靠布置。一组出口的保护装置停止工作时，不得影响另一组出口的保护装置运行。

（6）各屏上设备安装的横向高度需整齐一致。

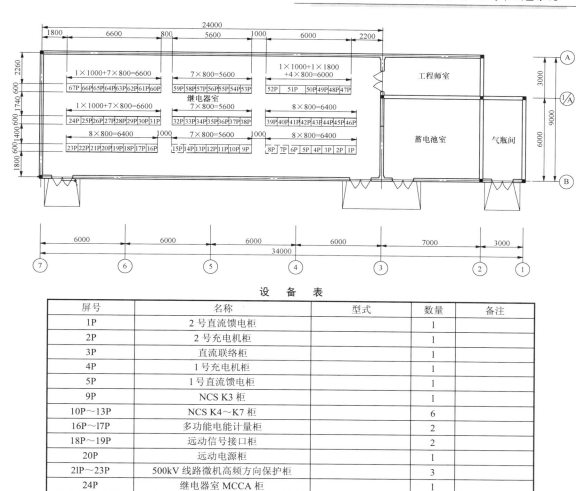

设 备 表

屏号	名称	型式	数量	备注
1P	2 号直流馈电柜		1	
2P	2 号充电机柜		1	
3P	直流联络柜		1	
4P	1 号充电机柜		1	
5P	1 号直流馈电柜		1	
9P	NCS K3 柜		1	
10P～13P	NCS K4～K7 柜		6	
16P～17P	多功能电能计量柜		2	
18P～19P	远动信号接口柜		2	
20P	远动电源柜		1	
21P～23P	500kV 线路微机高频方向保护柜		3	
24P	继电器室 MCCA 柜		1	
25P、26P	500kV 保护试验电源柜		2	
27P	500kV 线路微机高频方向保护柜		1	
28P～31P	500kV 线路微机高频闭锁保护柜		4	
32P～35P	500kV 线路远方跳闸保护柜		4	
36P～47P	500kV 线路保护辅助柜		12	
48P～49P	500kV 安全自动装置柜		2	
50P～52P	继电器室 UPS		3	
53P～54P	500kV 第一套母线保护柜		2	
55P～56P	500kV 第二套母线保护柜		2	
57P～58P	500kV 线路微机故障录波器柜		2	
59P～60P	500kV 线路保护管理通信柜		2	
61P	220kV 线路保护管理通信柜		1	
62P	220kV 线路保护柜一		1	
63P	220kV 线路保护柜二		1	
64P	220kV 线路远方跳闸保护柜		1	
65P	220kV 线路故障录波器柜		1	
66P	220kV 保护试验电源柜		1	
67P	继电器室 MCCB 柜		1	
6P～8P、14P～15P	备用柜		2	
	总计		67	

图 2-16 网络继电器室平面布置图 1

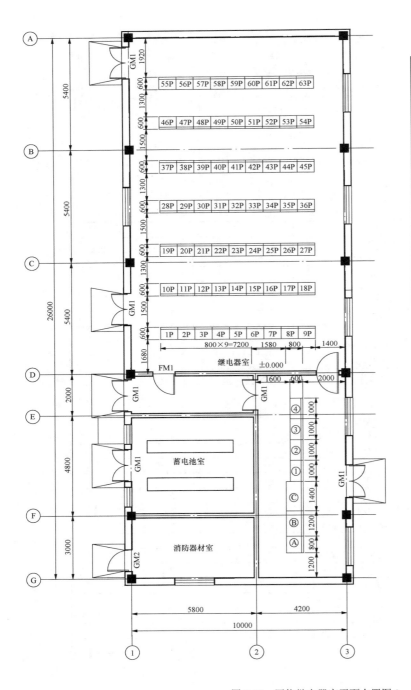

设 备 表

屏号	屏柜名称	数量	备注
1P～7P	直流屏	7	
8P	试验电源柜	1	
9P	同步相量测量屏	1	
10P	电能表屏	1	
11P、12P	电能量关口表屏	2	
13P	电能量处理器屏	1	
14P	电能量计费小主站	1	
15P	保护及故障信息子站	1	
16P	线路故障录波柜	1	
17P、18P	750kV 线路1 保护柜	2	
19P、20P	750kV 线路2 保护柜	2	
21P、22P	750kV 母线1 保护柜（预留）	2	
23P、24P	750kV 母线2 保护柜（预留）	2	
25P～27P	750kV 断路器保护柜	3	
28P、29P	110kV 线路保护柜	2	暂定
30P～32P	NCS 线路及断路器测控柜	3	
33P	NCS 750kV 公用测控柜	1	
34P	NCS 变压器测控柜	1	
35P	NCS 110kV 测控柜	1	
36P	NCS 网络设备柜	1	
37P	微机安全稳定自动装置柜	1	
38P、39P	远动柜（备用）	2	
40P、63P	二期扩建预留屏位	24	
Ⓐ Ⓑ Ⓒ	UPS 电源柜	3	
①～④	MCC 柜	4	

图 2-17 网络继电器室平面布置图 2

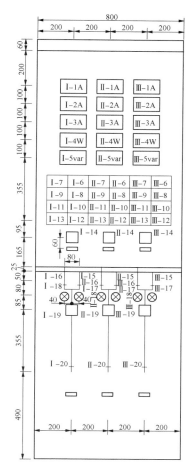

图 2-18 控制屏屏面布置图

（7）各屏上信号继电器一般集中布置，安装水平高度一致。高度一般不低于 600mm。

（8）试验部件与连接片的安装中心线离地面一般不低于 300mm。

（9）对正面不开门的继电器屏，屏的下面离地 250mm 处设有孔洞，供试验时穿线之用。

继电器屏屏面布置如图 2-20 所示。

3. 变送器屏的屏面布置要求

屏内变送器安装高度一般不低于 800mm。

变送器屏屏面布置如图 2-21 所示。

六、常用屏（屏台或台）型式及安装

（一）型式

用于发电厂作为集中控制的控制屏（屏台或台），除定型产品 PK、PTK 型外，非定型产品种类颇多，各生产厂生产的屏（屏台或台），其结构、外形相似而具体尺寸不尽相同，型号也各异。用户可根据需要向生产厂订购所需控制屏（屏台或台）。

用户订货时，须向生产厂提供以下资料：

（1）屏（屏台或台）型号、数量、颜色及排列半径。

（2）屏（屏台或台）面布置图、原理接线图、端子排图。

（3）控制室平面布置图、小母线排列图。

定型控制屏（屏台或台）的屏面安装控制元件、信号灯及模拟母线等；屏内上部装小型空气开关、熔断器及电阻等；屏顶装小母线，排列为两层，每层 14 根。

定型控制屏（屏台或台）的屏面可直线排列，也可按 8m 或 12m 曲率半径排列。

（二）对土建、采暖通风的要求及控制、保护屏基础安装方法

1. 对土建及采暖通风专业的要求

布置屏（屏台或台）时，对土建及采暖通风专业的要求如下：

（1）控制室的楼板荷重一般按 3922.4N 考虑，如有特殊要求，按制造厂提供的数据提供土建。

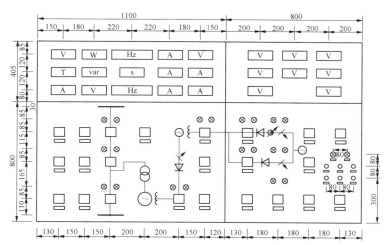

图 2-19 控制台台面布置图

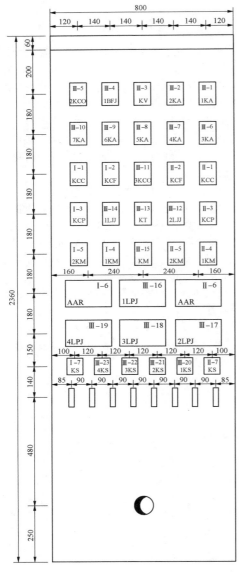

图 2-20　继电器屏屏面布置图

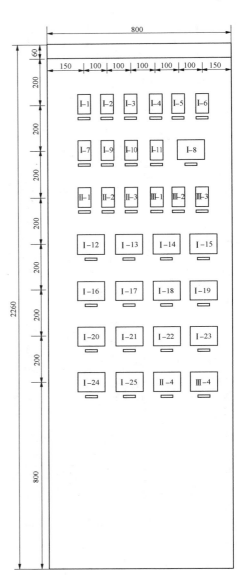

图 2-21　变送器屏的屏面布置图

（2）根据发电厂的规模，控制室布置的设备要求及所处的位置、环境和气候条件等，考虑装设防尘、防震、隔音及采暖通风或空调等设施。

（3）控制室需注意朝向，避免光线由窗户直射控制屏和返回屏。

（4）控制室需有两个出口，主环通往主要出口的通道尽量近些。

（5）返回屏顶部至天花板之间一般可用轻型隔板封顶。

2．控制、保护屏基础安装方法

（1）PTK 型控制台基础安装图如图 2-22 所示。

（2）各种屏、台在楼板上的电缆留孔尺寸如图 2-23 所示。

（3）控制、保护屏基础安装方法有电焊法、压板固定法和螺栓固定法，如图 2-24 所示。

1）电焊法。在地板上预埋槽钢，将屏点焊在槽钢上。

2）压板固定法。槽钢预埋方式如图 2-24 所示。螺栓点焊在槽钢上，用小压板和螺母将屏底固定。

3）螺栓固定法。在地板上预埋槽钢，钻孔（安装屏时在现场临时钻孔）后将屏用螺栓固定在槽钢上。

目前电厂一般采用电焊法固定屏。

第三节　控制、信号系统

一、总的要求

（一）控制系统

1．一般要求

（1）发电厂的强电控制系统电源额定电压可选用直流 110、220V 或交流 220V。控制地点可分为远方集中控制和就地控制两种。

（2）电气一次设备与计算机监控设备之间一般采用硬接线方式。数字化电气设备与计算机监控系统之间可采用数据通信方式。计算机监控系统断路器（隔离开关）分、合闸命令能自复位，保证分、合闸命令是脉冲信号。

（3）在计算机监控系统操作的断路器和隔离开关，计算机监控系统需有状态位置显示，本体机构箱可由双灯制接线的灯光监视回路或状态位置指示。处于合闸位置时红灯亮，处于跳闸位置时绿灯亮。

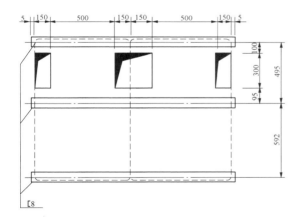

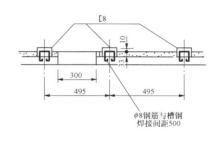

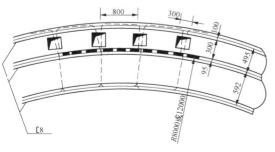

(a)

图 2-22　PTK 型控制屏台基础安装图（一）

（a）电焊法

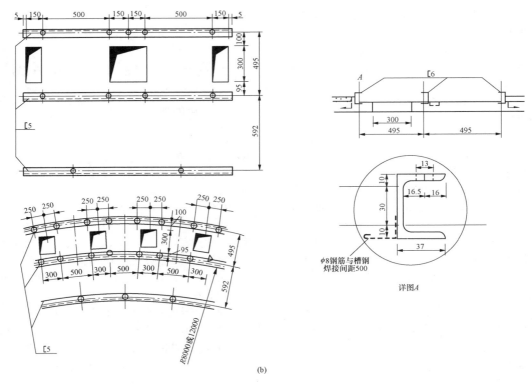

图 2-22　PTK 型控制屏台基础安装图（二）

（b）螺栓固定法

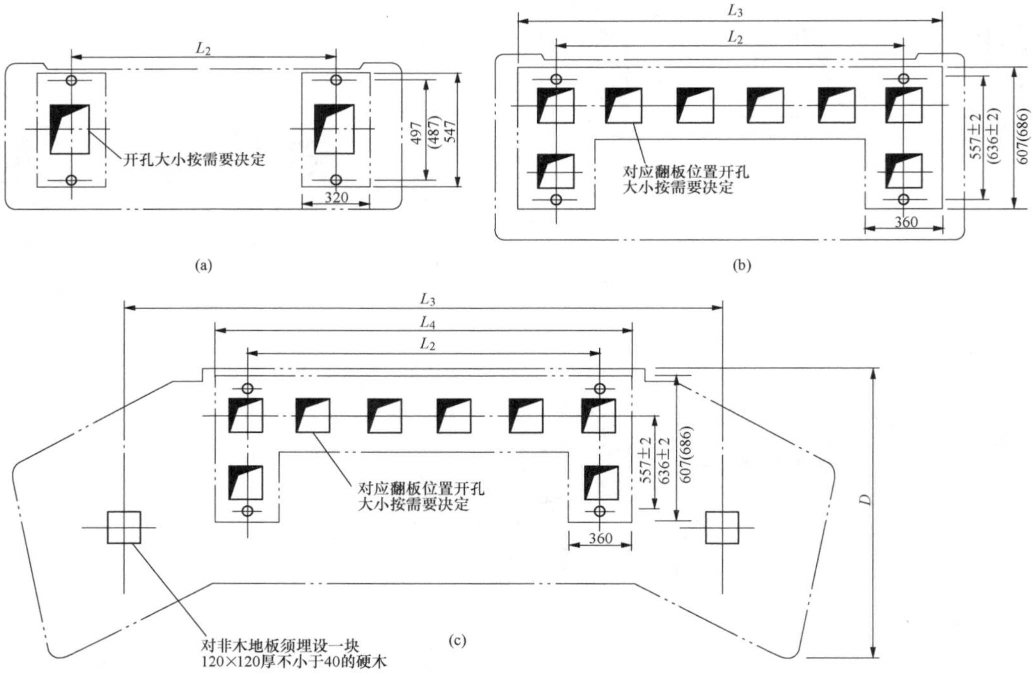

图 2-23　控制屏、台基础留孔图（一）

（a）TK-1 型（或 JT1 型）基座式控制台；（b）TK-2 型（或 JTL 型）落地式控制台；

（c）TK-3 型（或 JTC 型）落地加侧翼式控制台

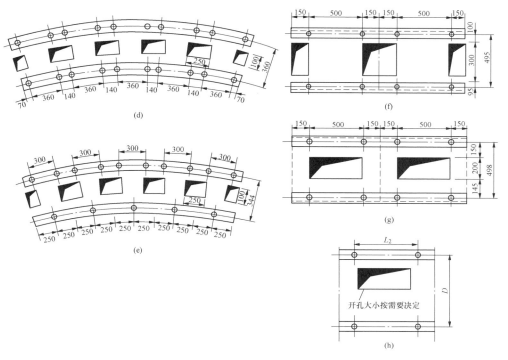

图 2-23　控制屏、台基础留孔图（二）

（d）JPS-1/500 型信号返回屏；（e）PXF-1/500-R 型信号返回屏；（f）PK 型、JPP 型、JPM 型的控制屏；

（g）BZ 型直流屏；（h）组合式控制台

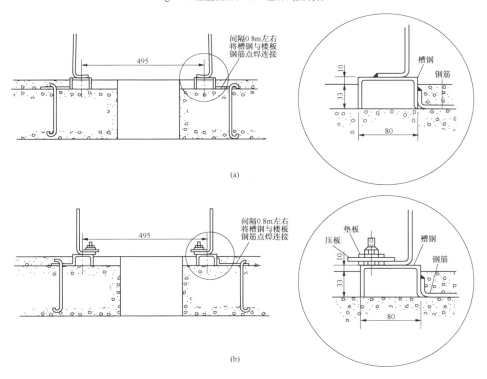

图 2-24　控制、保护屏基础安装图（一）

（a）电焊法；（b）压板固定法

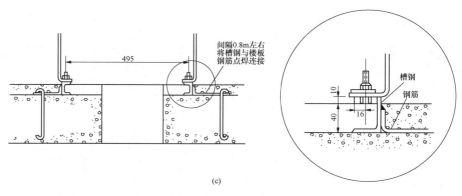

图 2-24 控制、保护屏基础安装图（二）

（c）螺栓固定法

（4）断路器控制电源消失及控制回路断线需发出报警信号。

（5）配电装置中就地操作的断路器，可只装设监视跳闸回路的位置继电器，用红、绿灯作为位置指示灯，事故时向控制室发出信号。

（6）保护双重化配置的设备，220kV 及以上断路器需配置两组跳闸线圈。具有两组独立跳闸系统的断路器，由两组蓄电池的直流电源分别供电，其两套保护的出口继电器触点分别接至对应的一组跳闸绕组。断路器的两组跳闸回路都需设有断线监视。

（7）具有分相操动机构的断路器，当设有综合重合闸或单相重合闸装置时，需满足事故时单相和三相跳、合闸的功能。其他情况下，均采用三相操作控制。

（8）发电机-变压器组的高压侧断路器、变压器的高压侧断路器、并联电抗器断路器、母线联络断路器、母线分段断路器和采用三相重合闸的线路断路器均应选用三相联动的断路器。即有条件时为机械联动，困难时也可采用电气联动。110kV 及以下断路器一般为三相机械联动，220kV 断路器可以是三相机械联动或分相操作，330kV 及以上断路器一般为分相操作。

（9）采用单相重合闸的线路，为确保多相故障时可靠不重合，需增设由不同相断路器位置触点串并联解除重合闸的附加回路。不同相断路器位置触点串并联解除重合闸的附加回路示意图见图 2-25。

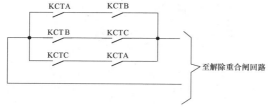

图 2-25 不同相断路器位置触点串并联解除
重合闸的附加回路

KCT——断路器跳闸位置继电器的触点

（10）液压或空气操动机构的断路器，当压力降低至规定值时，需相应闭锁重合闸、合闸及跳闸回路。对液压操动机构的断路器，一般不采用压力降低至规定值后自动跳闸的接线。采用弹簧操动机构操作的断路器，应有弹簧是否储能的闭锁及信号回路。液压和弹簧操动机构的断路器，制造厂一般都配备有闭锁回路，设计中仅设计外部接口的连接。但制造厂的观点偏重保证断路器安全，设有压力降低至规定值后自动断开断路器的接线，此方式一般不在电力系统中使用。

（11）分相操作的断路器机构应有非全相自动跳闸回路，并能够发出断路器非全相信号。如机构中没有非全相保护，则需为断路器配置三相不一致保护。对于发电机-变压器组回路，机构中的三相不一致保护无法满足要求时，可利用保护装置中的非全相保护，如，双母线的发电机-变压器组回路出现非全相时会对发电机造成较大影响，断路器非全相直接跳闸可能会引起汽轮机超速。因此，发电机-变压器组回路断路器非全相保护也可由保护装置实现。

（12）对具有电流或电压自保持的继电器，如防跳继电器等，在接线中需标明极性，以提示制造厂或现场接线时注意，防止接错而使功能失效。

（13）发电厂中重要设备和线路的继电保护和自动装置，需有监视操作电源的回路，并应能发出报警信号至计算机监控系统。

（14）对断路器及远方控制的隔离开关，一般在就地设远方/就地切换开关。

2. 断路器控制回路的要求

（1）有电源监视，能监视跳、合闸线圈回路的完整性。

（2）能指示断路器合闸与跳闸的位置状态，自动合闸或跳闸时能发出报警信号。

（3）合闸或跳闸完成后，命令脉冲需自动解除。

（4）有防止断路器"跳跃"的电气闭锁装置，一般使用断路器机构内的防跳回路。

（5）接线简单可靠，使用电缆芯数最少。

（二）信号系统

1. 计算机监控方式的信号系统

电气信号系统一般由计算机监控系统实现。采用计算机监控方式的信号系统，由数据采集、画面显示及声光报警等部分组成。

信号数据可通过硬接线方式或通过与装置通信方式采集，通信方式需保证信号的实时性和通信的可靠性，重要的信号通过硬接线方式实现。

报警信号由事故信号和预告信号组成。在发生事故和预警时，发电厂的信号应在监控显示器上弹出并发出音响，事故信号和预告信号的画面显示和报警音响需有所区分。

单元控制方式的发电厂电气信号系统需与全厂控制系统的规划协调一致。非单元控制方式的电气信号可接入电气计算机监控系统。

接入电气计算机监控系统的信号，按安装单位进行接线。110kV 以上同一安装单位的信号接入同一测控装置。公用系统信号接入专用公用测控单元。接入DCS 的电气信号，同一安装单位信号数量较多时，公共端设置需兼顾 DCS 卡件测点数量，避免不同卡件公共端并接。

计算机监控的报警信号系统要避免发出可能瞬间误发的信号（如电压回路断线、断路器三相位置不一致等），对可能误发的信号采用延时等措施。

配电装置中就地控制的元件，就地控制装置设备如与监控系统通信组网，则按间隔以数据通信方式发信号至监控系统；如未与监控系统组网，则可按各母线段分别发送总的事故和预告信号。

在计算机监控系统控制的断路器、隔离开关、接地开关的状态量信号中，对于参与控制及逻辑闭锁的开关状态量，为保证可靠性，需接入开、闭两个状态量。断路器及隔离开关状态发生改变时，对应图形将变位闪光，人工确认后解除。接动合、动断两个触点除了可增加信号可靠性外，还可以逻辑判断出断线或位置不一致等信息。

继电保护及自动装置的动作信号和装置故障信号需接入计算机监控系统，发电机-变压器组、厂用电系统保护及其断路器等设备的信号需接入发电机组的计算机监控系统，系统保护及安全自动装置和断路器等设备的信号需接入网络监控系统。继电保护及自动装置动作后，需在计算机监控和就地及时将信号予以复归。

非单元制控制方式的各发电机的控制系统中，电气监控系统有可能与汽轮机控制系统不在同一个房间，需要建立信号联系，因此一般设有与汽轮机控制系统之间相互联系的信号。如在同一房间，则可简化信号联系。

交流事故保安电源、交流不间断电源、直流系统的重要信号要求在控制室内显示。

2. 中央信号装置

中央信号装置作为一种传统的信号系统已经使用多年，一般新建的电厂基本不再选用。当发电厂设中央信号装置时，中央信号装置由事故信号和预告信号组成。发电厂需装设能重复动作并延时自动解除音响的事故信号和预告信号装置。单元控制室的预告信号装置一般与热控专业协调一致。

（1）中央信号接线应简单、可靠，对其电源熔断器要有监视接线。中央信号装置需具备下列功能：

1）对音响监视接线能实现亮屏或暗屏运行；

2）断路器事故跳闸时，能瞬时发出音响信号及相应的灯光信号；

3）发生故障时，能瞬时发出预告音响，并以光字牌显示故障性质；

4）能进行事故和预告信号及光字牌完好性的试验；

5）能手动或自动复归音响，而保留光字牌信号；

6）试验遥信事故信号时，不应发出遥信信号；

7）事故音响动作时需停事故电钟，但在事故音响信号试验时不应停钟。

（2）对屏台分开的控制方式，需在屏上设置断路器的位置信号，由断路器的位置继电器触点控制。

（3）当设备发生事故或异常运行时，用一对一的光字牌信号，对弱电信号系统，如光字牌过多，屏面布置有困难或信号传输距离较远时，可采用间接分区信号，即由断路对应的灯闪光表示事故或异常运行的对象，由一组光字牌来显示事故或异常运行的性质。

（4）为避免有些预告信号（如电压回路断线、断路器三相位置不一致等）可能瞬间误发信号，应带0.3～0.5s 短延时。为了简化中央信号接线，可将瞬时预告信号和延时预告信号合并，改为短延时预告信号。对于过负荷信号，需在设单独的时间元件后，接入预告信号。这是因为每次短路切除后，如过负荷元件整定值较低，即使该回路电流不超过额定电流，电流元件也不返回，会造成误发一次过负荷信号。

（5）直流系统非常重要且网络庞大，因此事故信号（例如浮充整流器事故跳闸等）及预告信号（如接地）需重复动作。当直流屏装设在主环外时，需在主环设直流系统故障的总信号光字牌，在直流屏上设分信号光字牌，以达到及时发现故障和节约电缆的目的。

（6）对 10～35kV 配电装置就地控制的元件，按各母线段分别发送总的事故和预告音响信号和光字牌信号。

（7）倒闸操作用的隔离开关一般在控制室装设位置指示器，供运行人员监视运行状态。检修用的就地操作隔离开关，在控制室内可不装设位置指示器。

（8）继电保护及自动装置就地布置时，主要的保护和自动装置的动作信号应能传送到主控制室。为使继电保护及自动装置动作后能及时将信号继电器予以复归，需设事故分析光字牌或"掉牌未复归"小母线，并发送光字牌信号。事故分析光字牌便于运行人员快速判断事故性质及重要性，设掉牌未复归小母线则可不必将保护动作的所有信号都发光字牌，可使接线简化。

二、三相操作断路器控制信号回路

断路器按控制地点分远方集中控制与就地控制两种。

集中控制对硬手操控制方式是在控制室的控制屏（台）上装设发出跳、合闸命令的控制开关或按钮，通过断路器的跳、合闸线圈来驱动操动机构；对采用软手操控制方式，是在计算机上发出跳、合闸命令，经过输出触点将命令输出，通过断路器的跳、合闸线圈来驱动操动机构。输出命令与操动结构之间通过控制电缆连通。

就地控制是将控制开关装设在断路器间隔的门面板或开关柜的正面门上，或将控制开关布置在靠近断路器的操作屏上，或装在配电装置断路器间隔对面的墙上，视工程具体情况而定。

控制回路一般采用直流操作，也可采用交流操作和整流操作。交流操作时，通常由电压互感器及电流互感器直接供给控制、保护及跳、合闸回路的驱动电流。整流操作时，操作电源是将电压互感器供给的交流电，经过整流滤波变为直流，并通过电容储能装置储能的直流电源。

目前较多采用蓄电池供电直流操作电源的强电控制接线。发电厂的直流操作电源可采用220V或110V电压。220V与110V操作电源的控制、信号回路接线一般情况是一致的，只要选用设备参数时加以区别即可满足接线要求。

1. 控制回路操动机构

操动机构是断路器本身附带的跳合闸传动装置。常用的机构有电磁操动机构、液压操动机构、弹簧操动机构、电动机操动机构、气压操动机构等。目前应用最为广泛的是弹簧操动机构和液压操动机构。操动机构由断路器制造厂随断路器配套供应。

在设计控制回路时，需注意断路器操动机构跳、合闸线圈的参数。不同形式的操动机构，合闸电流可能相差很大。合闸电流较大的操动机构，接通合闸线圈回路时不能直接利用控制开关或中间继电器触点，而必须采用中间接触器，利用接触器带灭弧装置的触点去接通或断开合闸线圈回路。

断路器的跳合闸线圈是按短时通过电流选择的，因此跳合闸脉冲要求是短脉冲。设计时要按制造厂提供的跳、合闸线圈参数对接触器、自动空气开关、熔断器及电缆截面积等进行选择。

2. 断路器的跳、合闸回路

（1）基本跳、合闸回路。断路器控制的基本跳、合闸回路如图2-26所示。断路器的合闸命令经过断路器的动断触点接通合闸线圈YC，其跳闸命令经过断路器的动合触点接通跳闸接触器线圈YT。在跳、合闸回路中，断路器辅助触点QF保证跳、合闸脉冲为短脉冲。

1）在合闸操作前，QF动断触点闭合，当合闸命令发出后，合闸线圈YC回路接通，断路器随即合闸。合闸过程一经完成，与断路器传动轴一起联动的辅助触点QF即断开，自动切断合闸回路。

2）当跳闸命令发出后，信号经QF动合触点直接接通YT线圈，使断路器跳闸，随即QF触点断开，保证跳闸线圈短脉冲。

3）跳、合闸回路中应串有断路器的辅助触点QF，由QF触点切断跳、合闸线圈回路的电弧电流，以免烧坏控制开关或跳、合闸继电器的触点。为此，要求QF触点必须具有足够的切断容量，并需精确调整，既要保证断路器的可靠跳、合闸，又要比控制开关或跳合闸继电器的触点先断开。

将计算机监控触点、保护出口继电器的触点或自动装置动作的中间继电器的触点与跳合闸命令的相应触点并联，即可实现自动跳、合闸目的。

（2）位置指示灯回路。断路器的正常位置由信号灯来指示，如图2-26所示。在双灯制接线中，红灯HR表示断路器的合闸状态，它由断路器的动合辅助触点或合闸位置继电器触点接通电源而点亮，表示断路器处在正常合闸状态。绿灯HG表示断路器的跳闸状态，它由断路器的动断辅助触点或跳闸位置继电器触点接通电源而点亮，表示断路器处在正常跳闸状态。

3. 断路器"防跳"闭锁回路

所谓"跳跃"，是指断路器在手动或自动装置动作合闸后，如果操作开关未复归或控制开关触点、自动装置触点、继电器触点卡住，此时保护动作会使断路器跳闸而发生多次"跳—合"现象。所谓"防跳"，就是利用操动机构本身的机械闭锁或在操作接线上采取措施以防止这种"跳跃"的发生。

多年实践证明，机械"防跳"装置不可靠，该装置通过调整跳闸回路动合触点和合闸回路动断触点来实现，其在调整合格后的运行中常发生变化，因此，设计中不能依靠机械"防跳"装置。此外，采用跳闸线圈的辅助触点切换实现"防跳"的接线，是利用跳闸线圈自保持作用来切断合闸线圈或合闸接触器电源回路实现"防跳"，辅助触点可能会因积尘或震动而出现接触不良现象，且不易调整，往往会失去"防跳"作用；另外，在"防跳"时，如重合闸等自动装置动合触点粘住，会使合闸线圈长时间带电而被烧坏。总之，机械"防跳"及跳闸辅助触点的"防跳"均存在较大的缺陷，因此，设计中推荐采用电气"防跳"装置。电气"防跳"装置广泛采用电流启动、电压保持

的"串联防跳"接线方式；也有采用"并联防跳"接线方式，即采用电压切断并自保持的继电器接线方式。实践证明，电气"防跳"基本可靠。

除上述电气"防跳"方法外，还有其他的电气"防跳"接线。下面介绍常用的"防跳"接线。

（1）中、高压断路器（包括弹簧、液压、气压操动机构）通常采用电流启动、电压自保持的串联防跳接线，如图 2-27 所示。

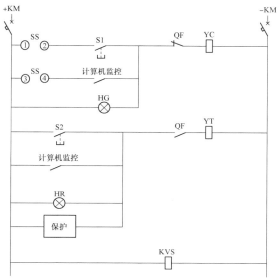

SS开关图表		
触点	就地	远方
1-2	×	
3-4		×

图 2-26 断路器控制的基本跳、合闸回路

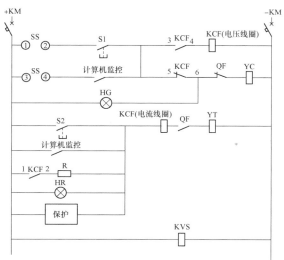

SS开关图表		
触点	就地	远方
1-2	×	
3-4		×

图 2-27 断路器串联防跳接线

KCF—防跳继电器

当合闸命令发出后，断路器合闸。如保护动作，则断路器跳闸，此时 KCF 的电流线圈带电，其触点 KCF（1-2）、KCF（3-4）闭合。如合闸命令未解除（触点卡住或回路短路），则 KCF（3-4）连接的电压线圈

自保持，其触点 KCF（5-6）断开合闸线圈回路，使断路器不致再次合闸。只有合闸命令解除，KCF 的电压线圈断电后，接线才恢复原来状态。

由电流启动的防跳继电器的动作时间，不能大于跳

闸脉冲发出至断路器辅助触点切断跳闸回路的时间。

一般利用防跳继电器的动合触点，对跳闸脉冲予以自保持。当保护跳闸回路串有信号继电器时，该防跳继电器触点需串接其电流自保持线圈。当选用的防跳继电器无电流自保持线圈时，也可适当电阻代替，电阻值需保证并联的保护出口信号继电器能可靠动作。

（2）控制回路的空气开关或熔断器及跳、合闸回路完整性的监视。以往设计的控制回路的操作电源熔断器和跳、合闸线圈都有监视。目前采用断路器控制回路设计电源监视继电器，对电源空气开关或熔断

及跳、合闸回路的监视方式主要有两种：

1）依靠串接在跳、合闸线圈回路的信号灯进行监视，正常时，红灯或绿灯点亮一个，当信号灯全熄灭时，则表示电源消失或跳、合闸回路断线。

2）合闸位置继电器 KCC 与跳闸位置继电器 KCT 的动断触点串联，当电源消失或跳、合闸回路断线时，KCC 与 KCT 动断触点均接通，发出控制回路断线信号。

4. 弹簧操动机构的断路器控制信号回路

110kV 及以上电压等级的断路器采用弹簧操动机构时，接线见图 2-28。

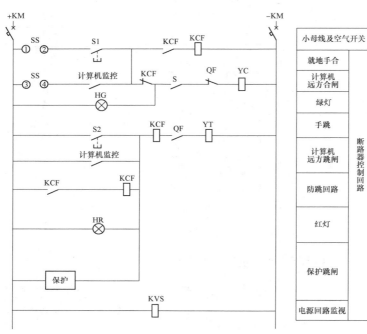

SS开关图表		
触点	就地	远方
1—2	×	
3—4		×

图 2-28 弹簧操动机构的断路器控制接线图（110kV 及以上）

KCF—防跳继电器；S—弹簧拉紧闭锁触点

该接线有下列特点：

（1）对没有自动重合闸装置的断路器，在其合闸线圈回路串有拉紧弹簧的电动机限位开关 S，只有在弹簧储能、电动机限位开关闭合后，才允许合闸。

（2）对设自动重合闸装置的断路器，在线路故障断路器跳闸后，自动重合闸装置动作，使断路器重合。如线路为永久性故障，此时弹簧未储能（根据厂家提供的资料，电动机储能需要 9s 时间），因而 S 断开，所以一般情况下断路器不会再次合闸，但为了保证可靠地"防跳"，接线中仍保留了"防跳"接线。

（3）当弹簧未储能时，发出"弹簧未储能"信号。

三、分相操作断路器控制信号回路

为了实现单相重合闸或综合重合闸，目前 220kV 及以上的断路器多采用分相操动结构。

1. 液压分相操动机构的断路器控制回路

图 2-29 所示为某厂家采用液压分相操动机构的断路器控制回路接线图。回路中采用灯光监视方式。为实现三相同时手动跳、合闸，增加了三相合闸继电器 KCC 和三相跳闸继电器 KCT，以达到增加触点数的目的。当三相跳、合闸时，启动合闸继电器或跳闸继电器，再由其触点去接通跳、合闸线圈回路。三相合闸继电器 KCC 及三相跳闸继电器 KCT 均为电压启动、电流自保持的中间继电器，以保证合、跳闸的可靠性。为了达到断路器"防跳"的目的，分别在三相装设"防跳"继电器 1KCF、2KCF、3KCF。

其主要特点为：

（1）单相故障时，进行单相跳闸，发三相合闸脉冲，即单相重合。两相及间故障时，进行三相跳闸和三相重合。正常操作时采用三相方式。

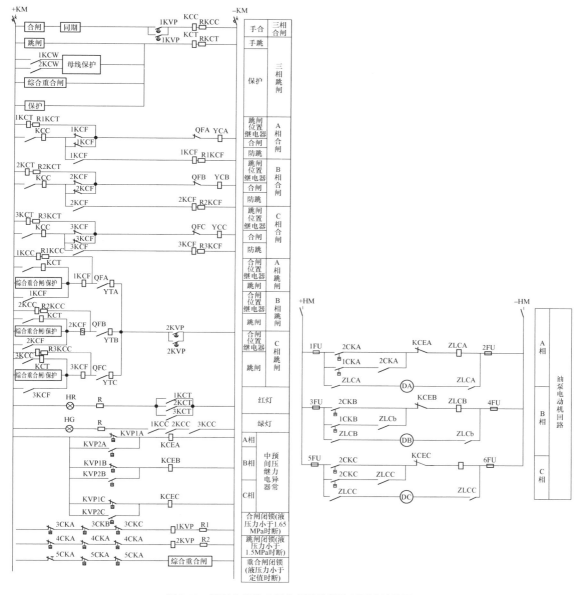

图 2-29　液压分相操动机构的断路器控制回路接线图

（2）当液压低于 14.8MPa 时，压力信号器 4CK 启动中间继电器 2KVP 触点断开，切除跳闸回路。接线也可设计成当液压下降至某一值时自动跳开断路器。

（3）当液压低于 18.6MPa 时，压力信号器 2CK 触点闭合，启动 ZLC，油泵即启动，进行加压，待油压升高至 19.2MPa 时，压力信号器 1CK 触点断开自保持回路，油泵停止工作。

（4）当液压小于定值时，5CK 触点断开，可对重合闸进行闭锁。

（5）当液压升高至 25MPa 以上或降低至 10MPa 以下时，压力继电器 KVP1 或 KVP2 动作，发出油压不正常信号，并切断其相应的油泵控制回路。

（6）本接线为灯光监视，三相共设一只红灯和一只绿灯，由跳、合闸位置继电器触点接通。

（7）各相分别装设跳、合闸位置继电器，可以用跳、合闸位置继电器触点发出三相位置不一致及控制回路断线信号，可由跳闸位置继电器发出事故信号。

2. 弹簧操动机构分相操作的断路器控制回路

图 2-30 所示为弹簧操动机构分相操作的断路器控制接线。三相操作借助于合闸继电器 KCC 和跳闸继电器 KCT 来实现。KCC 及 KCT 继电器均选用带有电流自保持线圈的中间继电器，以保证命令脉冲能可靠执行。只有在断路器的各相进行操作切换后，才能解除其命令脉冲。

图 2-30 中，各相分别装设跳、合闸位置继电器 KCTA、KCTB、KCTC 以及 KCCA、KCCB、KCCC 和"防跳"继电器 KCFA、KCFB、KCFC。断路器的合闸位置信号由各相的合闸位置监视继电器的动合触点串联接至红色信号灯回路。跳闸位置信号由各相的跳闸位置监视继电器的动合触点并联接至绿色信号灯回路。

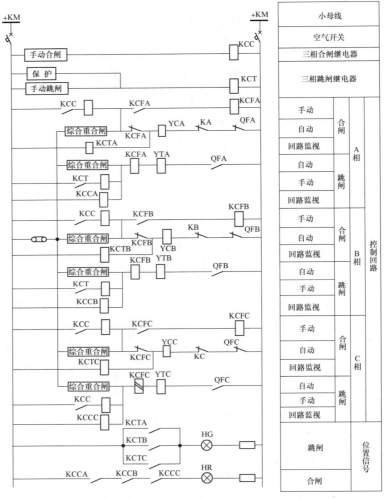

图 2-30 强簧操动机构分相操作的断路器控制接线图
KA、KB、KC—弹簧未储能闭锁触点

三相位置不一致及控制回路断线信号均可由跳、合闸位置继电器的触点发出。

目前分相液压弹簧操动机构使用也较多，其接线与图 2-29 基本一致，只是闭锁回路有些差异，具体工程需根据厂家资料进行设计。

四、3/2 断路器二次接线

3/2 断路器接线具有运行调度灵活、可靠性高和操作检修方便等优点，故在超高压系统被广泛应用。3/2

断路器接线中，于每个回路连接两台断路器，且中间一台断路器连接着两个回路，因此继电保护及二次接线较复杂。该接线方式存在着安装单位的划分、电流/电压互感器的配置、同步电压的取法以及断路器的控制地点等一系列问题，这些问题在 3/2 断路器接线的继电保护和自动重合闸的二次回路设计中都应该给予重视和解决。

1. 安装单位的划分

主接线为 3/2 断路器接线时，为使二次接线运行、调试方便，每串的二次接线一般分成五个安装单位。当为线-线串时，每条出线作为一个安装单位，每台断路器各为一个安装单位；当为线路-变压器串时，变压器、出线和每台断路器各为一个安装单位。当线路接有并联电抗器时，并联电抗器既可单独作为一个安装单位，也可与线路合设一个安装单位。母线设备可作为一个公用安装单位。

断路器安装单位包括本断路器的控制、信号和测量回路。线路、变压器或发电机-变压器组安装单位包括其继电保护、测量和重合闸回路等。每个安装单位分别设置开关（熔断器）供给其二次回路，这样可以减少二次回路的相互牵连，较好地解决一个元件停运时与另一个运行元件分割不开的困难。

2. 电流互感器的配置

在 330kV 及以上系统的 3/2 断路器接线中，电流互感器的配置通常一串要装设三组至少七个次级的独立式电流互感器。对 330kV 线路-变压器串，每串三组电流互感器的配置如图 2-31 所示。

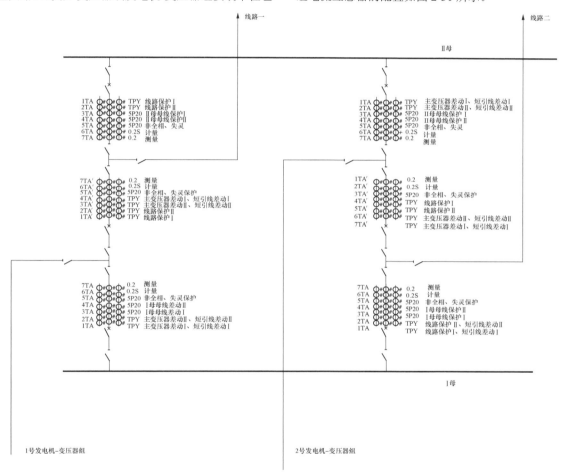

图 2-31　3/2 断路器接线电流互感器配置示意图

对于 500kV 及以上系统采用 3/2 断路器接线时，母线侧断路器间隔一般配置四组 TPY 级电流互感器，其中两组 TPY 级用于母线保护。

在发电机-变压器组线路串中，当进出线装设隔离开关时，需要加装短引线差动保护。因为电流互感器的次级数有限，故主变压器差动保护需与短引线差动保护合用两组次级，有一侧线路保护需与短引线差动保护合用两组次级。

电流互感器的配置应与保护的配置统筹考虑，使得保护有选择性地隔离故障点，做到保护既没有死区又尽量缩小停电范围。

以图 2-31 为例分析电流互感器的排列。对于 3/2 断路器接线的母线侧电流互感器，首先需要确认断路器与电流互感器的相对位置，图 2-31 中断路器均靠近母线，电流互感器 1TA～7TA 任何一点故障应该为线路故障，不应启动母线保护，所以在保证无死区的情况下，应使得母线保护尽量靠近路器，如图 2-31 中取 3TA、4TA；非全相、失灵、计量、测量用电流互感器应远离断路器。

对于中间电流互感器，也首先确认断路器与电流互感器的相对位置，图2-31中断路器靠近主变压器侧，电流互感器1TA～7TA任何一点故障应该为线路故障，不应启动主变压器差动保护，所以在保证无死区的情况下，应使得主变压器差动保护尽量靠近断路器。

从上述分析可知，对于柱式电流互感器，所有主保护应尽量靠近断路器侧，其他用途的电流互感器应远离断路器配置。对于罐式电流互感器（包括GIS、HGIS），主保护应交叉配置在断路器两侧，并且尽量靠近断路器，其他用途的电流互感器应远离断路器。

3. 电压互感器的配置

每个一次回路不需固定连接在哪组母线上，两回

路之间有一侧通过断路器相连。若电压互感器仍采用双母线配置以适应运行方式的变化，则电压回路的切换十分复杂，会影响继电保护及二次回路的可靠性，在实际应用中难以实现。解决此问题，切实可行的办法是在每条线路及母线和变压器高压引出线（或装于两台断路器之间的短线）上分别装设一组三相式电压互感器（母线可装设单相式），供线路保护回路、变压器保护回路、母线保护回路、同步回路、测量回路用。这种配置可使保护回路和二次回路独立、简单、可靠，避免复杂的切换，从而保证保护回路及二次回路能安全可靠地运行。3/2断路器接线电压互感器配置示例见图2-32。

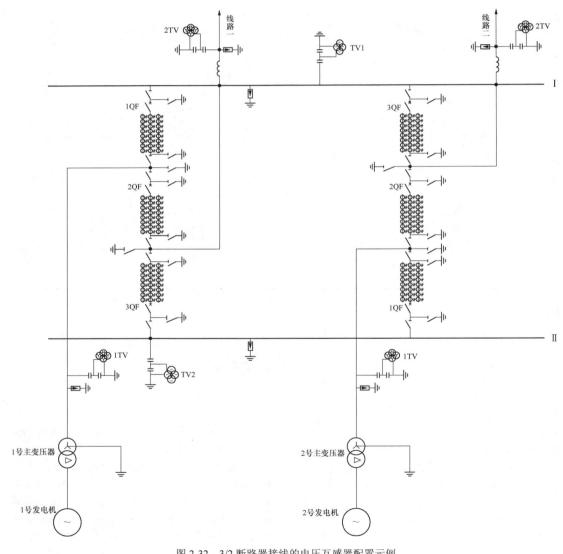

图2-32 3/2断路器接线的电压互感器配置示例

图 2-32 配置说明如下：

（1）母线电压互感器的装设。Ⅰ、Ⅱ母线上分别装设的 TV1、TV2 为单相电压互感器，可用于同步和母线电压及频率的测量，未考虑用于母线差动保护的电压闭锁。若要作为母线差动保护电压闭锁用，则需装设三相电压互感器。考虑到 3/2 断路器接线的母线保护即使误动也并不会引起一次回路供电的中断，而且母线保护一般设有电流启动元件和选择元件及电流互感器的断线闭锁来防止母线保护的误动作。因此，母线保护最好不设电压闭锁。

（2）变压器高压侧电压互感器的装设。1TV 为三相式电压互感器，装于变压器高压侧，主要是为 1QF、2QF 同步回路、计量、测量回路及保护引接电压而设。

（3）线路电压互感器的装设。2TV 为线路三相式电压互感器，主要是为线路保护及计量、测量回路和 2QF、3QF 的同步引接电压而设，另外也可作为隔离开关操作时有电闭锁之用。

4. 断路器的控制地点

在发电厂中，如图 2-32 中接发电机-变压器组的断路器 1QF、2QF 要求在单元控制室内控制，3QF 要求由网控控制。

5. 同步电压的取法

3/2 断路器接线的同步电压引接方式，见第四章。

五、发电机–变压器–线路组二次回路

以图 2-33 所示发电机-变压器-线路组一次接线为例，介绍其二次回路电气接线的特点。

1. 一次接线主要特点

（1）发电机出口未装设断路器，由发电机-变压器-线路组直接送出。

（2）在线路两端（即电厂和对侧开关站内）都装有断路器。

（3）主变压器高压侧装设三相电压互感器，出线侧装设单相电压互感器。

（4）主变压器中性点经隔离接地。

2. 二次接线主要特点

（1）发电机-变压器组及线路的保护需同时跳断路器。断路器还需接受远方跳闸要求。

（2）发电机-变压器组回路的表计和保护按规定要求装设。

（3）发电机-变压器组信号回路按规定要求装设。

（4）同步电压取自断路器两侧的电压互感器。

（5）设有单相跳闸三相重合、三相跳闸不进行重合的综合重合闸装置要求。重合闸装置，需经计算确定其是否装设。当发生单相接地时，保护断开断路器后，重合进入三相运行的一段非全相运行时间内会出现负序电流，允许重合的条件为

$$I_{2d}^2 t_1 + I_2^2 t_2 < a \tag{2-1}$$

式中　I_{2d}——主变压器高压侧、线路首端单相断路时的负序电流；

　　　t_1——保护动作跳闸时间；

　　　I_2——重合闸成功前短时两相运行的负序电流；

　　　t_2——从保护动作断开断路器至重合闸成功所需要的时间；

　　　a——发电机负序电流允许值系数（发电机厂提供）。

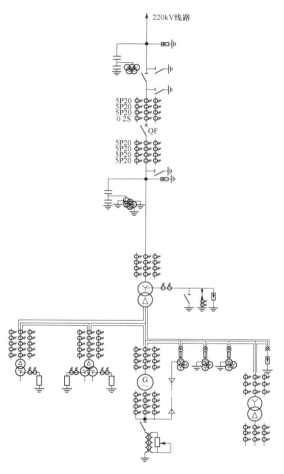

图 2-33　发电机-变压器-线路组一次接线示意图

六、隔离开关控制、信号和闭锁回路

由制造厂配套提供的隔离开关操动结构有手动、电动等型式，除手动机构外，电动机构具备就地和远方控制的条件。

就地操作指在隔离开关操动机构或机构操动箱上操作，110kV 及以下供检修用的隔离开关和接地开关可就地操作。高压隔离开关一般在远方控制，因为 330kV 及以上电压等级的隔离开关开断时，电弧和焊

渣会威胁人身安全。

1. 隔离开关控制接线的构成原则

隔离开关、接地开关和母线接地开关，都必须有操作闭锁措施，严防电气误操作。防电气误操作措施，可为机械、电气或计算机方式。对于硬线的电气防误操作回路，需串接较多的断路器或隔离开关的辅助触点，为了减少辅助触点的使用数量，一般会有较多的公用回路。为避免防电气误操作回路接地时影响控制、保护回路，防电气误操作回路电源需单独设置。对于在控制回路中串接闭锁触点的回路，如无法与控制回路分开，控制电源可不单独设置。

采用电气防误操作隔离开关控制接线的构成原则为：

（1）防止带负荷拉隔离开关，故其控制接线必须和相应的断路器闭锁。

（2）防止带电合接地开关，防止带地线合闸及误入带电间隔。

（3）操作脉冲是短时的，在完成操作后自动撤除。

（4）操作用隔离开关需有其所处状态的位置指示信号。

图 2-34 所示一次系统接线示意图中的接地开关和隔开关的接线见图 2-35 和图 2-36（图中隔离开关远方操作的防误操作可由 NCS 实现）。

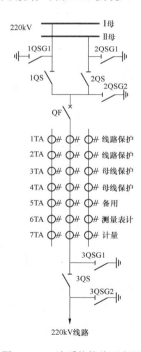

图 2-34 一次系统接线示意图

图 2-35 正常情况下 1QS 在 QF 三相断开且 2QS、

2QSG2 同时断开时才能操作；2QS 在 QF 三相断开、1QS 同时断开时才能操作。但当母联合闸时，BMQSO 带电。1QS 在 2QS 合闸时，允许同时操作；2QS 在 1QS 合闸时，也允许同时操作。

图 2-35 中 BMQS 为母线隔离开关闭锁小母线。1QSG1、2QSG1 为母线接地开关，必须在相应的母线无电压时才可操作。

图 2-36 中，3QS 的操作与图 2-35 中 1QS、2QS 的操作基本一致，3QS 必须是在 QF 三相断开、3QSG1 和 3QSG2 同时断开，且线路侧无电时才能操作。

2. 隔离开关闭锁接线的设计原则

（1）有电指示器的应用。与一次回路直接有关的隔离开关全断开后，仍难以判定该回路是否确实无电时，例如线路隔离开关的外侧，建议在有电的地方装设三相有电指示器。有电指示器是一种警告信号，需有警告牌加以说明。当有电信号灯亮时，禁止入内；有电信号灯灭时，仍需验电，验明确实无电时才能入内。

（2）网门与地线的闭锁。网门关闭或开启时必须保证网门内电气设备不带电。网门开启后电气设备必须接地，网门关闭后接地线必须拆除，最简单可靠的办法是采用机械闭锁。

（3）隔离开关操动机构的配套。各制造厂的各型隔离开关的操动机构配套情况不完全一致，设计时按产品的实际情况考虑。

（4）隔离开关防误操作接线。防误操作接线与工程的主接线、隔离开关和接地开关的配置有关，总原则如下：

1）非人工操作的隔离开关，在操作接线回路中设闭锁接线；对就地人工操作的隔离开关，设电磁锁或编码锁闭锁回路。

2）隔离开关与接地开关之间有机械闭锁时，为简化接线，在它们之间可不设电气闭锁回路。

3）当母线确无电压时，才允许操作母线接地开关。在母线接地开关合上时，不允许母线的任何隔离开关合闸。

4）对分相操作的隔离开关，三相各设一电动操动结构，在机构箱内可单相操作。另设三相电气联动操作按钮，可就地或远方操作。对应的接地开关，每相设一手动操动结构，每相设一电磁锁或编码锁。

5）对三相机械联动的隔离开关，其对应的接地开关考虑为手动操作，三相机械联动，因此，每组接地开关只设置一只电磁锁或编码锁。

（5）当升压站采用计算机监控时，远方、就地操作均需具备防误操作闭锁功能，并符合下列要求：

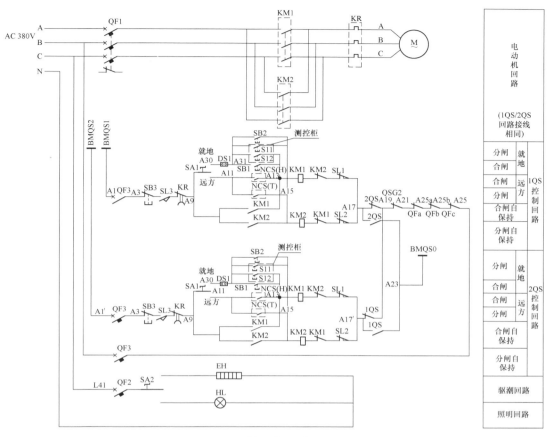

设 备 表

符号	名称	型式	技术特性	数量	备注
操动机构箱设备					
SB1	合闸按钮	红色		1	
SB2	分闸按钮	绿色		1	
SB3	停止按钮	黑色		1	
SA1、SA2	转换开关			2	
SL1、SL2、SL3	限位开关			3	
KM1、KM2	交流接触器			2	厂家配套
KR	热继电器			1	
QF1、QF2、QF3	小型断路器			1	
HL	照明灯			1	
EH	加热器			1	
DS1	电磁锁				

图 2-35 220kV 隔离开关 1QS、2QS 控制接线图

KM1—合闸交流接触器;KM2—分闸交流接触器

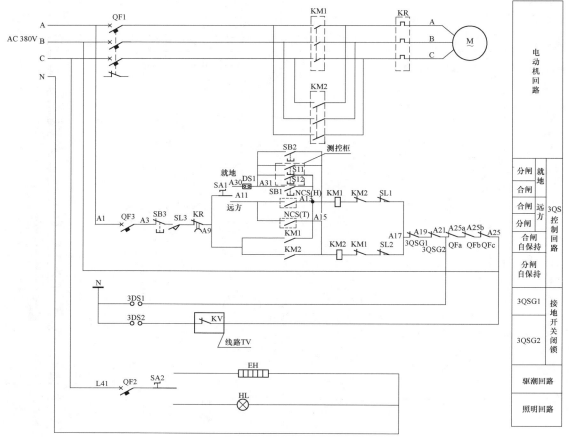

设 备 表

符号	名称	型式	技术特性	数量	备注
		操动机构箱设备			
SB1	合闸按钮		红色	1	
SB2	分闸按钮		绿色	1	
SB3	停止按钮		黑色	1	
SA1、SA2	转换开关			2	
SL1、SL2、SL3	限位开关			3	
KM1、KM2	交流接触器			2	厂家配套
KR	热继电器			1	
QF1、QF2、QF3	小型断路器			1	
HL	照明灯			1	
EH	加热器			1	
DS1	电磁锁				

图 2-36　220kV 隔离开关 3QS 控制接线图

1）当发电厂升压站设置发电厂网络计算机监控系统时，防误闭锁操作由独立或集成于计算机监控系统的微机防误操作装置实现。远方操作时，防误操作功能一般由计算机监控的软防误闭锁功能完成；就地操作时，防误操作功能一般由就地机械编码锁或电编码锁完成。

2）升压站未设置网络计算机监控系统时，电气设备防误闭锁可由专用的微机防误操作装置实现，也可通过就地电气硬接线实现。

3）当为 GIS 设备时，防误操作可由电气硬接线方式实现，并在监控系统中具有操作票功能。

4）断路器或开关闭锁回路一般不用重动继电器触点，而是直接用断路器或隔离开关的辅助触点。

第四节 交流电流、电压回路及互感器选择

一、交流电流回路及电流互感器选择

（一）电流互感器的基本分类
电流互感器的基本分类见表 2-6。

表 2-6　　　　电流互感器分类

分类方法	分　　　类	
安装地点	户内式、户外式	
安装方式	独立式、套管式	
用途	测量/计量用、继电保护用	
结构形式	多匝式、一次贯穿式、母线式、正立式、倒立式	
电流变换原理	电磁式、电子式	
特征	测量用	一般用途、特护用途（S 类）
	保护用	P 级、PR 级、PX 级和 TP 级（具有暂态特性型）
主绝缘介质	油纸、固体、气体、其他	

（二）电流互感器等值电路及相量图
在理想情况下，电流互感器两侧的励磁安匝相等，二次电流与一次电流成正比，相位差为零。但在实际应用中，一次安匝不能全部转换为二次安匝，其中一小部分将作为励磁安匝用于产生铁芯中所需的磁通。

电流互感器一次回路阻抗可忽略，不影响计算结果。其二次回路阻抗变换到一次侧阻抗，也可以忽略。

电流互感器二次绕组电抗在低漏磁互感器情况下可忽略。二次负荷连接导线可仅计及电阻，其电抗可忽略。

电流互感器等值电路及相量图如图 2-37 所示。

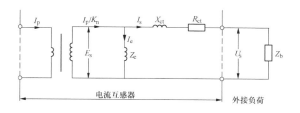

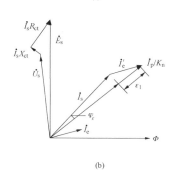

图 2-37　电流互感器等值电路及相量图

（a）等值电路图；（b）相量图

（三）电流互感器标志
（1）标志内容。用字母 P 表示一次绕组出线端子，字母 S 表示二次绕组出线端子。如果一次绕组为分段式，用字母 C 表示一次中间出线端子。对于无一次绕组的电流互感器，可只标出 n，以表示相对关系。

（2）极性关系表征。标有 P1、S1 和 C1 的各出线端子在同一瞬间具有同一极性。

电流互感器的端子标志如图 2-38 所示。

（四）电流互感器一次参数选择
电流互感器额定一次电流标准值见表 2-7。

选择电流互感器额定一次电流时，在额定电流比条件下的二次电流需满足该回路测量仪表和保护装置的准确性要求。为适应不同要求，某些情况下在同一组电流互感器中，保护用二次绕组与测量用二次绕组可采用不同变比。对 35kV 及以下电压等级的电流互感器和大系统小负荷回路，为满足测量精度和保护准确限值系数的要求，其测量级和保护级二次绕组可采用不同变比，比值一般采用 1:2。

变比可选电流互感器可通过改变一次绕组串并联或二次绕组抽头实现不同变比。

（1）一次绕组串并联方式见图 2-39。采用一次绕组串联或并联方式，可获得两个成倍数的电流比。例如，2×600/5A，一次绕组串联时为 600/5A，一次绕组并联时为 1200/5A。一般在 110kV 及以上电压等级的电流互感器上采用。对于 35kV 及以下电压等级，由于产品结构困难，较少采用。

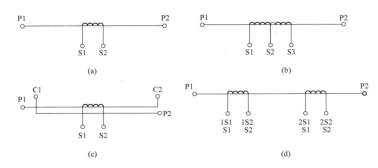

图 2-38 电流互感器端子标志图

（a）单电流比互感器；（b）互感器二次绕组有中间抽头；（c）互感器一次绕组分为两组可串联或并联；

（d）互感器有两个二次绕组，各有其铁芯（二次绕组有两种标志方法）

P1、P2—一次端子；C1、C2—一次中间端子；S1、S2、S3、1S1、1S2、2S1、2S2—二次端子

表 2-7 　　　　　　　　　　　　　　　额定一次电流标准值　　　　　　　　　　　　　　　（A）

1	—	—	—	—	—	—	—	—	—
10	12.5	15	20	25	30	40	50	60	75
100	125	150	200	250	300	400	500	600	750
1000	1250	1500	2000	2500	3000	4000	5000	6000	7500
10000	12500	15000	20000	25000	30000				

　　当互感器一次绕组可串联或并联切换时，需按其接线状态下实际短路电流进行连续热电流及额定动稳定电流的校核。

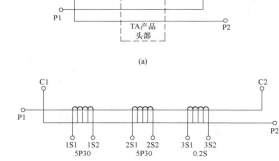

图 2-39 一次绕组串并联方式（三个绕组）

（a）外部接线；（b）内部接线

注 　1. 一次绕组串联接法：P1（与产品绝缘）—C2—返回导体—C1（与产品绝缘）—P2；

　　 2. 一次绕组并联接法：串并联连接板将 P1 和 C1 接好，串并联连接板将 P2 和 C2 接好。

　　（2）二次绕组抽头方式。二次绕组抽头理论上可以在起末端之间的任意部位，一般常用中间抽头。图 2-40 表示在 1/3 处抽头的情况。一般二次绕组抽头方

式仅用在测量用电流互感器。保护级采用抽头获得的电流比会降低保护性能，因此保护级不采用抽头方式获得更小的电流比。

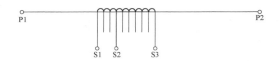

图 2-40 二次绕组抽头方式

注：满匝（S1—S3）：600/5A（S2 悬空）；1/3 处抽头（S1—S2）：200/5A（S3 端悬空）；2/3 处抽头（S2—S3）：400/5A（S1 端悬空）；二次绕组抽头方式获得电流为 200/5A、400/5A、600/5A。

（五）电流互感器二次参数选择

1. 额定二次电流标准值

　　电流互感器有额定二次电流标准值为 1A 和 5A 两种产品。对于新建发电厂，有条件时电流互感器二次电流优先选用 1A，这样可降低电流互感器二次负荷容量，选用较小的电缆截面积。继电保护、测量仪表、变送器均有 1A 及 5A 产品与之配套。对于同一个电厂内的电流互感器，二次电流可选用 1A 或 5A，但在互感器变比较大、匝数较多的情况下（如 300MW 及以上发电机套管电流互感器），因技术、安全及制造方面还存在一些问题，暂不推荐采用 1A 电流互感器。

2．二次负荷选择及计算

（1）电流互感器的二次负荷可用阻抗 Z_b（Ω）或容量 S_b（VA）表示，两者之间的关系为

$$Z_b = \frac{S_b}{I_N^2} \qquad (2-2)$$

测量级、P级和PR级额定输出值以伏安（VA）表示。额定二次电流为1A时，额定输出值一般采用0.5、1、1.5、2.5、5、7.5、10、15VA；额定二次电流5A时，额定输出值一般采用2.5、5、10、15、20、30、40、50VA。

TPX级、TPY级、TPZ级电流互感器额定电阻性负荷值以欧姆（Ω）表示。额定电阻性负荷值一般采用0.5、1、2、5、7.5、10Ω。

电流互感器的二次负荷额定值（S_{bN}）根据互感器额定二次电流值和实际负荷需要选择，在某些特殊情况下，为满足暂态特性的要求，也可选用更大的额定值。

（2）电流互感器的负荷通常由两部分组成：一部分是所连接的测量仪表或保护装置；另一部分是连接导线。目前发电厂基本采用智能仪表和微机型保护装置，其功耗比较低，影响电流互感器二次负荷的主要是连接电缆的长度及截面积。计算电流互感器负荷时，需注意在不同接线方式和故障形态下的阻抗换算系数。

（3）计算连接导线的负荷时，一般情况下可忽略导线电感，而仅计及其电阻 R_1，即

$$R_1 = \frac{L}{\gamma A} \qquad (2-3)$$

式中　L——电缆长度，m；

　　A——导线截面积，电流回路采用 2.5mm^2 及以上截面积的铜导线，mm^2；

　　γ——电导系数，铜取 57，m/（Ω·mm^2）。

（六）计量和测量用电流互感器

1．类型及额定参数选择

（1）类型选择。

1）计量和测量用电流互感器有一般用途和特殊用途（S类）两类。

2）工程应用中需根据电力系统测量和计量系统的实际需要合理选择互感器的类型。要求在工作电流变化范围较大情况下进行准确计量时，可选用S类电流互感器。为保证二次电流在合适额定范围内，可采用复式变比或二次绕组带抽头的电流互感器。

3）电能关口计量装置需设置S类专用电流互感器或专用二次绕组。对于发供电企业内部经济指标分析，以及考核用的电能计量装置计量，在满足准确级条件下，可与常规测量仪表共用一个二次绕组。

（2）额定参数选择。测量用电流互感器的额定参数选择除满足电流互感器一次、二次参数的基本要求外，还要考虑以下情况：

1）测量用电流互感器的二次负荷不能超出规定的保证准确级的负荷范围。

2）测量用电流互感器的一次电流需接近但不低于一次回路正常最大负荷电流。对于某些指示仪表，为使仪表在正常运行时指示在刻度标尺 3/4 左右，并且过负荷运行时能有适当指示，可选用 $I_{pN} \geqslant 1.25 I_b$（$I_b$ 为一次设备的额定电流或线路最大负荷电流）。对于直接启动电动机的测量仪表用电流互感器，可选用 $I_{pN} > 1.5 I_b$。

3）为了防止在故障时一次回路短时通过大短路电流不致损坏测量仪表，测量用电流互感器可选用具有仪表保安限值的互感器。仪表保安系数（instrument security factor，FS）一般选择 10，必要时也可选择 5。对于数字式仪表，可不考虑保安系数的要求。

4）必要时可采用具有电流扩大值特性的电流互感器，其连续热电流可选用额定一次电流的 120%，特殊情况可选用 150%或 200%。对于 0.1～1.0 级电流互感器，可以规定电流的扩大值，此时要求：①额定连续热电流应是额定扩大一次电流值（表示为额定一次电流百分数）；②额定扩大一次电流下的电流误差和相位差不能超过测量用电流互感器误差限值中对 120%额定一次电流下所规定的限值。

2．准确度等级选择

（1）测量用电流互感器的准确度等级。测量用电流互感器的准确度等级，以该准确度等级在额定电流下所规定的最大允许电流误差的百分比来标称。标准的准确度等级为 0.1、0.2、0.5、1.0、3.0 级和 5.0 级，供特殊用途的为 0.2S 及 0.5S 级。

1）对于 0.1、0.2、0.5 级和 1.0 级测量用电流互感器，在二次负荷为额定负荷值的 25%～100%之间的任一值时，其额定频率下的电流误差和相位误差不超过表 2-8 所列限值。

2）对于 0.2S 和 0.5S 级测量用电流互感器，在二次负荷为额定负荷值的 25%～100%之间任一值时，其额定频率下的电流误差和相位误差不得超过表 2-9 所列限值。

3）对于 3.0 级和 5.0 级测量用电流互感器，在二次负荷为额定负荷值的 50%～100%之间任何一值时，其额定频率下的电流误差和相位误差不能超过表 2-10 所列限值。

（2）电流误差和相位差限值的条件。

1）二次负荷在额定负荷的 25%～100%范围内（最小 1VA）。

表 2-8 测量用电流互感器误差限值（一）

准确度等级	电流误差（±%）在下列额定电流（%）时				相位差，在下列额定电流（%）时							
					±min				±crad			
	5	20	100	120	5	20	100	120	5	20	100	120
0.1	0.4	0.2	0.1	0.1	15	8	5	5	0.45	0.24	0.15	0.15
0.2	0.75	0.35	0.2	0.2	30	15	10	10	0.9	0.45	0.3	0.3
0.5	1.5	0.75	0.5	0.5	90	45	30	30	2.7	1.35	0.9	0.9
1.0	3.0	1.5	1.0	1.0	180	90	60	60	5.4	2.7	1.8	1.8

表 2-9 测量用途电流互感器的误差限值（二）

准确度等级	电流误差（±%）在下列额定电流（%）时					相位差，在下列额定电流（%）时									
						±min					±crad				
	1	5	20	100	120	1	5	20	100	120	1	5	20	100	120
0.25	0.75	0.35	0.2	0.2	0.2	30	15	10	10	10	0.9	0.45	0.3	0.3	0.3
0.55	1.5	0.75	0.5	0.5	0.5	90	45	30	30	30	2.7	1.35	0.9	0.9	0.9

表 2-10 测量用电流互感器误差限值（三）

准确度等级	电流误差（±%），在下列额定电流（%）时	
	50	120
3.0	3	3
5.0	5	5

注 3.0 级和 5.0 级的相位差不予规定。

2）频率为额定值。

3）对于额定二次电流为 5A、额定负荷为 10VA 或 5VA 的互感器，根据互感器的某些使用情况，其下限负荷允许为 3.75VA。

4）二次负荷的功率因数 0.8（滞后）或 1.0，当负荷小于 5VA 时，功率因数可采用 1.0。

5）对于额定扩大一次电流超过 120%的电流互感器，以额定扩大一次电流值代替 120%额定一次电流试验。

（3）扩大电流值。在 0.1～1.0 级的电流互感器中，可以规定电流的扩大值，它表示为额定一次电流的百分数。扩大电流值需满足以下要求：

1）额定连续热电流需是额定扩大一次电流值。

2）额定扩大一次电流下的电流误差和相角差不得超过表 2-8 和表 2-9 所列对 120%额定一次电流下所规定的限值。

3）额定扩大一次电流的标准值为 120%、150% 或 200%。

（4）计量和测量用电流互感器的准确度等级。

1）计量用电流互感器在下列准确度等级中选取：0.1，0.2S，0.2，0.5S，0.5，1.0。

2）测量用电流互感器在下列准确度等级中选取：0.5，1.0，3.0。

（5）与测量仪表配套的电流互感器准确度等级选择。

1）测量用电流互感器在实际二次负荷下的准确度等级与配套使用的测量仪表的准确度等级相匹配。测量仪表包括：指示仪表，如电流、功率等电气量测量仪表；积分仪表，如电能计量仪表（含计费用计量仪表）；其他类似电器等。不同用途测量仪表要求的准确度等级不同，对配套的互感器的准确度等级也要求不同。表 2-11 所示为直接接于互感器的测量仪表要求的电流互感器准确度等级。

2）电能计量用的电流互感器，工作电流一般在其额定值的 60%以上，且不得小于 30%，S 级要求不小于 20%。对于工作电流变化范围较大的计费用电能计量仪表，要求采用 S 类电流互感器。

3）对于所有准确度等级，二次负荷要求功率因数为 0.8（滞后），当负荷小于 5VA 时，功率因数采用 1.0，且最低值为 0.5VA。用于谐波测量的电流互感器，准确度等级一般不低于 0.5 级。

4）当一个电流互感器的回路接有几种不同型式的仪表时，按准确度等级最高的仪表进行选择。

（6）小变比套管式电流互感器的准确度等级选择。SF6 绝缘电器（GIS）、落地罐式断路器及变压器套管式电流互感器由于结构上的特点（一次绕组只有一匝），当额定电流在 300A 以下时，不易满足较高准确度等级（如 0.2、0.5、0.2S、0.5S）的要求，选择准确度等级时可与制造厂协商确定。

表 2-11　仪表与配套的电流互感器准确等级

指示仪表			计量仪表		
仪表准确度等级	互感器准确度等级	辅助互感器准确度等级	仪表准确度等级		互感器准确度等级
			有功电能表	无功电能表[②]	
0.5	0.5	0.2	0.2S	2.0	0.2S 或 0.2[①]
1.0	0.5	0.2	0.5S	2.0	0.2S 或 0.2[①]
1.5	1.0	0.2	1.0	2.0	0.5S
2.5	1.0	0.5	2.0	2.0	0.5S

①　0.2 级电流互感器仅用于发电机计量回路。

②　无功电能表与同回路的有功电能表采用同一等级的电流互感器。

3．二次负荷选择及计算

（1）二次负荷选择。

1）为保证测量用电流互感器的准确度等级，其实际连接二次负荷值（Z_b 或 S_b）不得超出表 2-12 规定的范围。

表 2-12　测量用电流互感器二次负荷范围

仪表准确度等级	二次负荷围
0.1、0.2、0.5、1.0	25%～100%额定负荷
0.2S、0.5S	25%～100%额定负荷
3.0、5.0	50%～100%额定负荷

2）测量用电流互感器二次负荷一般不能过小，以便一次短路电流超过额定仪表限值一次电流（I_{PL}）时，二次感应电动势计算值等于或超过额定二次极限电动势，使电流互感器饱和，保证仪表安全。

3）对于额定输出值不超过 15VA 的测量级电流互感器，可规定扩大负荷范围。当二次负荷范围扩大为 1VA 至 100%额定输出时，比值差和相位差不得超过表 2-8～表 2-10 所列限值。在整个负荷范围，功率因数为 1.0。

（2）二次负荷计算方法。

1）一般工程验算忽略负荷阻抗之间的相位差，二次负荷 Z_b 可按下式计算

$$Z_b = \sum K_{mc}Z_m + K_{jc}Z_l + R_c \qquad (2-4)$$

式中　K_{mc}——仪表接线的阻抗换算系数；

　　　Z_m——仪表电流线圈的阻抗，Ω；

　　　K_{jc}——连接线的阻抗换算系数；

　　　Z_l——连接导线单程的阻抗，一般可忽略电抗，仅计及电阻，Ω；

　　　R_c——接触电阻，一般为 $0.05\sim0.1\Omega$。

2）测量用电流互感器各种接线方式的阻抗换算系数见表 2-13。

表 2-13　测量用电流互感器各种接线方式的阻抗换算系数

电流互感器接线方式		阻抗换算系数		备注
		K_{jc}	K_{mc}	
单相		2	1	
三相星形		1	1	
两相星形	$Z_{m0}=Z_m$	$\sqrt{3}$	$\sqrt{3}$	Z_{m0} 为中性线回路中的负荷电阻
	$Z_{m0}=0$	$\sqrt{3}$	1	
两相差接		$2\sqrt{3}$	$\sqrt{3}$	
三角形		3	3	

3）测量及计量电流回路功耗根据实际应用情况确定，其功耗值与装置实现原理构成元件有关，差别很大。常用测量仪表电流回路功耗参考值见表 2-14。

表 2-14　常用测量仪表电流回路功耗参考值

仪表类型			负荷值（VA）
机电式仪表	电流表		<0.7
	功率表	有功功率表	0.5～1.0
		无功功率表	0.5～1.0
	电能表	有功电能表 0.5 级	6.0
		有功电能表 1.0 级	4.0
		有功电能表 2.0 级	2.5
		无功电能表 直通式	5.0
		无功电能表 经互感器接通式	2.5
电子式仪表			0.2～1.0

（七）保护用电流互感器

1．性能要求

（1）影响电流互感器性能的因素。

1）保护用电流互感器性能需满足系统或设备故障工况的要求，即在短路时，将互感器所在回路的一次电流变换到二次回路，误差不超过规定值。电流互感器铁芯饱和是影响其性能的最重要因素。

2）在稳态对称短路电流（无非周期分量）下，影响互感器饱和的主要因素是短路电流幅值、二次回路（包括互感器二次绕组）的阻抗、电流互感器的工频励磁阻抗、电流互感器匝数比和剩磁等。

3）在实际短路暂态过程中，短路电流可能存在非周期分量而严重偏移，这可能导致电流互感器严重饱和，如图 2-41 所示。图 2-41（a）所示为：一次电流有剩磁但无偏移，电流互感器铁芯没有进入运行饱和区，二次电流没有畸变；图 2-41（b）所示为：一

次电流有非周期分量且严重偏移,当直流分量偏移为最大时,电流互感器磁通将增大到稳态对称短路电流(无非周期分量)的(1+X/R)倍,导致电流互感器严重暂态饱和。为保证准确传变暂态短路电流,电流互感器在暂态过程中所需磁链可能是传变等值稳态对称短路电流磁链的几倍至几十倍。为避免饱和的影响,选择电流互感器拐点电压一般大于最大预期故障电流和互感器二次负荷的电压,并对可能的直流分量和剩磁留有适当的余量。

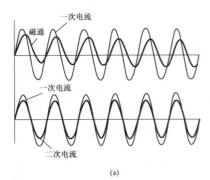

(a)

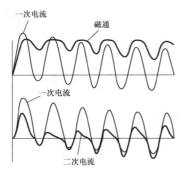

(b)

图 2-41 电流互感器一次电流与磁通及二次电流的关系

(a)一次电流无偏移;(b)一次电流全偏移

(2)保护用电流互感器的性能要求及采取措施。

1)保护装置对电流互感器的性能要求:

a)保证保护的可信赖性。要求保护区内故障时,电流互感器误差不致影响保护可靠动作。

b)保证保护的安全性。要求保护区外最严重故障时电流互感器误差不会导致保护误动作或无选择性动作。

2)解决电流互感器饱和对动作性能的影响,可采用下述两类措施:

a)选择适当类型和参数的互感器,保证互感器饱和特性不致影响保护动作性能。对电流互感器的基本要求是保证在稳态短路电流下的误差不超过规定值。对短路电流非周期分量和互感器剩磁等引起

的暂态饱和影响,则根据具体情况和运行经验,妥善处理。

b)保护装置采取减轻饱和影响的措施,保证互感器在特定饱和条件下不致影响保护性能。保护装置采取措施减缓电流互感器饱和影响,特别是暂态饱和影响,对降低电流互感器造价及提供保护动作的安全性和可信赖性具有重要意义,特别是微机保护具有较大的潜力可利用。当前母线差动保护装置一般都采取了抗饱和措施,取得了良好效果。对其他保护装置也需提出适当的抗饱和要求。

2. 类型选择

(1)保护用电流互感器的类型。保护用电流互感器分为两大类:

1)P(P为保护)类电流互感器。包括 PR 和 PX 类,该类电流互感器的准确限值由一次电流为稳态对称电流时的复合误差或励磁特性拐点来确定。

2)TP(TP为暂态保护)类电流互感器。该类电流互感器的准确限值是考虑一次电流中同时具有周期分量和非周期分量,并按某种规定的暂态工作循环时的峰值误差来确定的。该类电流互感器适用于考虑短路电流中非周期分量暂态影响的情况。

各类保护级电流互感器的特征见表 2-15。

表 2-15　　　各类保护级电流互感器的特征

级别	剩磁通限值	说　明
P	无需求*	电流互感器特征为满足稳态对称短路电流下的复合误差要求
PR	有要求	
PX	无需求*	电流互感器特征为指定其励磁特性
TPX	无需求*	电流互感器特征为满足非对称短路电流下的瞬时误差要求
TPY	有要求	
TPZ	有要求	

* 虽无剩磁通限值要求,但仍允许有气隙,如分裂铁芯电流互感器。

(2)电流互感器类型选择原则。保护用电流互感器需选择具有适当特征和参数的互感器,同一组差动保护不能同时使用 P 级和 TP 级电流互感器。互感器铁芯特性不同,在发生差动保护区外故障时,两侧电流互感器的饱和程度不同,容易造成机组误停机或线路误停电,对机组和系统安全运行造成很大的安全隐患。

1)当对剩磁有要求时,220kV 及以下电流互感器可采用 PR 级电流互感器。PR 级电流互感器是一种限制剩磁系数的互感器,其铁芯开有小气隙,铁芯剩磁系数不超过 10%,但在额定准确限值一次电流下的复合误差与 P 级电流互感器一致。

2）对 P 级电流互感器准确限值不适应的特殊场合（如高阻抗母线保护），一般采用 PX 级电流互感器。PX 电流互感器的性能由以下参数确定：

a）额定一次电流（I_{1N}）；

b）额定二次电流（I_{2N}）；

c）额定匝数比（匝数比误差不能超过±0.25%）；

d）额定拐点电动势（E_k）；

e）额定拐点电动势最大励磁电流（I_e）；

f）在温度为 75℃时二次绕组最大电阻（R_{ct}）；

g）计算系数（K_k）。

（3）TP 类电流互感器的性能特点。

1）TPS 级电流互感器。TPS 级电流互感器是低漏磁互感器，要求严格匝数比，适用于根据简单环流原理和采用高阻抗继电器的差动保护。由于对剩磁不限制，保护继电器对互感器的励磁使用极限，通常由试验和现场经验得出的经验公式确定。若在电流互感器已严重饱和时切断一次电流，将使二次回路中的电流随同磁通由饱和状态快速降低到剩磁水平，保护继电器的复归时间，通常受 TPS 电流互感器衰减特性的影响不明显。TPS 级电流互感器适用于对复归时间要求严格的断路器失灵保护电流检测元件。

2）TPX 级电流互感器。TPX 级电流互感器的基本特性一般与 TPS 级相似，只是对误差限值的规定不同。TPX 级电流互感器一般不用于线路重合闸。

3）TPY 级电流互感器。TPY 级电流互感器控制剩磁不大于饱和磁通的 10%，有利于提高 C-O-C-O 工作循环的准确性，适用于采用重合闸的线路保护。在从饱和到剩磁状态的转换期间，TPY 级与相同尺寸和相同二次外接负荷的 TPS 级或 TPX 级电流互感器相比，由于磁阻、储能以及磁通变化量的不同，其二次回路的电流值较高且持续时间较长，故一般不用于断路器失灵保护。

TPY 级电流互感器铁芯带气隙，励磁电感 L 相对较小，即 T_s 相对较小，要求在未饱和状态时误差 ε 不能超过限值（10%），暂态面积系数 K_{td} 与二次回路时间常数 T_s 的关系为

$$\varepsilon = \frac{K_{td}}{2\pi f T_s} \times 100\% \leqslant 10\% \qquad (2-5)$$

4）TPZ 级电流互感器。TPZ 级电流互感器剩磁可忽略不计，严重饱和后衰减的二次电流在最初阶段（继电器返回时）比相应的 TPY 级保持数值更高。这类互感器适用于仅反应交流分量的保护。许多继电器采用输入电流/电压传感器转换被测量然后进行处理，因此，仅二次电流的交流分量有意义。TPZ 级电流互感器不能保证低频分量误差且励磁阻抗低，一般不推荐该互感器用于主设备保护和断路器失灵保护。

（4）保护用电流互感器的性能需满足继电保护正确动作的要求。首先保证在稳态对称短路电流下误差不超过规定值，对于短路电流非周期分量和互感器剩磁等暂态影响，需根据互感器所在系统暂态问题的严重程度，所接保护装置的特性、暂态饱和可能引起的后果和运行经验等因素，予以合理考虑。如保护装置具有减缓电流互感器饱和影响的功能，则可按保护装置的要求选用适当的互感器。

（5）330kV 及以上系统保护、高压侧 330kV 及以上的变压器保护和 300MW 级及以上发电机-变压器组保护用电流互感器，由于系统一次时间常数较大，电流互感器暂态饱和较严重，由此导致保护误动或拒动的后果严重。因此，所选电流互感器需保证在实际短路工作循环中不致暂态饱和，即暂态误差不超过规定值，一般选用 TP 类互感器。

（6）输电线路继电保护回路一般选用 TPY 型，有特殊要求时也可用 TPZ 型，以防止快速自动重合闸时延滞继电保护的动作。

（7）若变压器各侧电流互感器二次时间常数差别越大，在外部短路情况下，差动回路中暂态直流分量较大时，如果保护整定值很小，则可能导致保护的误动作。故低压侧电流互感器一般用与高压侧具有相同或相近的铁芯型式，必要时可将互感器装于变压器低压侧的套管内。变压器由三个单相式组成时，电流互感器装于相绕组引线套管内，如采用集成或电磁型差动保护继电器，则电流互感器二次侧三相必须为三角形接线。发电机-变压器-线路组接线且线路装设快速单相自动重合闸时，电流互感器一般采用 TPY 型铁芯。

（8）TPS、TPX 型电流互感器可用于高阻抗继电器回路，如用于电压差动，一般不用于有自动重合闸的场合。

3．使用暂态特性电流互感器需引起注意的问题

（1）当为有气隙铁芯的电流互感器时，其励磁阻抗显著减小，励磁电流增大，会增大电流互感器的稳态误差。

（2）带气隙电流互感器的励磁阻抗小，空载电流互感器的电流汲出效应显著，会增大差动保护的不平衡电流，因此，其整定值需提高，灵敏度则会降低。

（3）有气隙的电流互感器漏抗较小，在采用几组二次绕组并接在一起的接线时，如采用 3/2 断路器接线时，汲出电流可能使断路器失灵保护启动元件误判断。铁芯气隙会使剩磁大大减小，因而短路切除后，电流互感器铁芯磁通由短路状态的很高值下降到很低值，会使二次电流（残余电流）继续存在较长时间，造成保护延时返回。因此整定时，需提高失灵保护的整定值和动作时间以及线路第一段后备保护的动作时间。

（4）短路电流非周期分量的大小、电流互感器剩磁的大小和剩磁与下一次短路非周期分量产生的磁通的相位关系与短路发生瞬间有很大的时间概率性，当然也与电力系统的暂态时间常数和其他因素有关。不受互感器铁芯饱和影响的母线保护装置可用 5P（或10P）级铁芯，但连接母线保护的互感器特性需相同。

（5）一般情况下，下述保护用电流互感器需具有相同（或相近）的特性：

1）连接变压器差动保护的各侧电流互感器；

2）连接母线差动保护的所有电流互感器；

3）连接发电机差动保护的两侧电流互感器；

4）同一线路两侧同类差动型保护的电流互感器。

（6）220kV 系统保护、高压侧为 220kV 的变压器差动保护、100～200MW 级发电机-变压器组及大容量电动机差动保护用的电流互感器，暂态饱和问题及其影响后果相对较轻，可按稳态短路条件进行计算选择，并为减轻可能发生的暂态饱和影响而给定适当的暂态系数，一般选用 P 类、PR 类或 PX 类电流互感器。PR 类能限制剩磁影响，有条件时可推广使用。给定暂态系数 $K=K_{alf}/K_{pcf}$（K_{alf} 为准确限值系数，K_{pef} 为保护校验系数），根据应用情况和经验确定选用如下：

1）100～200MW 级机组外部故障的给定暂态系数一般不低于 10。

2）220kV 系统的给定暂态系数一般不低于 2。

（7）110kV 及以下系统保护用互感器一般按稳态条件选择，选用 P 类互感器。

（8）高压母线差动保护用电流互感器的选择。母线故障时，短路电流很大，而且外部短路时流过各互感器的电流差别也可能很大，即使各侧选用特性相同的电流互感器，其暂态饱和程度也可能很不一致。为此，母线差动保护用电流互感器需具有抗互感器暂态饱和的能力。在工程应用中，可按稳态短路电流或保护装置的要求选用适当的互感器。

4. 额定参数选择

（1）保护用电流互感器的额定参数除按照一般规定进行选择外，还要考虑以下情况：

1）变压器差动回路电流互感器的额定一次电流的选择，尽量使两侧互感器的二次电流进入差动继电器时基本平衡。当采用微机保护方式时，可由保护装置实现两侧变比差和相角差的校正。在选择额定一次电流及二次绕组接线方式时，注意使变压器两侧互感器的二次负荷尽量平衡，以减少可能出现的差电流。

2）自耦变压器公共绕组回路过负荷保护用的电流互感器，需按公共绕组的允许负荷电流选择。此电流通常发生在低压侧断开、而高-中压侧传输自耦变压器的额定容量的情况，此时，公共绕组上的电流为中压侧与高压侧额定电流之差。

3）大型发电机-变压器组厂用分支的额定电流远小于主变压器额定电流，厂用分支的电流互感器一般以厂用分支额定工作电流为基础进行选择，但需注意满足该回路的动稳定要求。例外的是厂用分支侧用于发电机-变压器组或主变压器差动保护的电流互感器，原则上需与主回路互感器变比一致，如因额定一次电流过大装设有困难时，可根据具体情况采取适当措施，如由保护装置或增设辅助电流互感器以改变变比，或者采用二次额定电流 1A 的互感器（当其他侧互感器额定二次电流为 5A 时），以便在保持变比一致条件下降低互感器额定一次电流等。

4）大型发电机组高压厂用变压器保护用电流互感器选用额定一次电流时，应使互感器二次电流在正常和短路情况下，满足保护整定选择性和准确性要求。在通常情况下，电流互感器参数选择是以故障时通过互感器最大短路电流不超过其准确限值电流、复合误差不超过规定值为原则，但对于发电厂高压厂用系统来说，因其短路电流值可能高达 50kA，而部分馈线工作电流却仅有数十安，若电流互感器额定一次电流按负荷电流选择，互感器在短路时需要承受百倍的短路电流，可能导致互感器严重饱和而影响其性能；若电流互感器按短路时不饱和条件选择，则电流互感器额定一次电流远远大于负荷电流且需具有较高准确限值系数，会造成测量误差超过规定值和保护整定困难，且互感器投资费用也会大幅增加。根据对电流互感器、微机保护装置进行的不同短路电流、不同整定值下系列试验结果，理清电流互感器在过饱和状态下的特性，发现电流互感器随着饱和系数增大，尽管二次电流波形畸变增大，但其有效值、平均值及电流基波值是增加的，如保护整定值不超过 1/2 互感器准确限值电流 $K_{alf}I_{pN}$（I_{pN} 为额定一次电流），则在互感器过饱和情况下能保证可靠动作。

5）母线差动保护用各回路电流互感器一般选相同变比，当小负荷回路电流互感器采用不同变比时，可与制造厂商确定最小变比。建议最大变比不要超过最小变比的 4 倍。

6）中性点有效接地系统或中阻抗接地系统变压器中性点接地回路的电流互感器、大型发电机零序电流横差保护用电流互感器等，在正常情况下一次电流为零，需根据实际应用情况、不平衡电流的实测值或经验数据，并考虑接地保护灵敏系数和互感器的误差限制以及动、热稳定等因素，选用适当的额定一次电流。

7）对中性点非有效接地系统的电缆式或母线式零序电流互感器，因接地故障电流很小，需要按保证保护装置动作灵敏系数来选择变比及其有关参数。

（2）TPX级、TPY级和TPZ级电流互感器参数需符合下列要求：

1）额定对称短路电流倍数、额定对称短路短时热电流、额定一次对称短路电流、额定一次时间常数等需满足 GB 16847《保护用电流互感器暂态特性技术要求》的规定。

2）TPX级、TPY级和TPZ级电流互感器规范可按表 2-16 中其中一项选择。但注意，选择时两种规范方法不能混用，否则可能对电流互感器有过高要求。

表 2-16　TPX级、TPY级和TPZ级电流互感器规范

规范一	规范二
准确度等级名称（TPX、TPY 或 TPZ）	准确度等级名称（TPX、TPY 或 TPZ）
额定对称短路电流倍数 K_{ssc}	额定对称短路电流倍数 K_{ssc}
工作循环 C-O 循环：t'_{al} C-O-C-O 循环：t'_{al}、t'、t_{fr}、t''_{al}	额定暂态面积系数 K_{td} 额定二次回路时间常数 T_s （仅用于 TPY 铁芯）
额定一次时间常数 T_p	
额定电阻性负荷 R_b	额定电阻性负荷 R_b

注　1. 对二次绕组带抽头的电流互感器，仅能在一个变比上符合给定的准确度等级要求。

　　2. 在规范二中，K_{td} 通常由保护装置供货商提供，T_s 也应规定。

a）对称短路电流额定值。TP 类电流互感器的特性要考虑短路电流中具有非周期分量的暂态情况。一般将暂态短路电流分为对称分量（周期分量）和非对称电流分量（非周期分量）两部分，对称短路电流有关标准值如下：

额定对称短路电流倍数（K_{ssc}）一般选用 10、15、20、25、30、40、50。

额定短时热电流（I_{th}）以 kA 方均根值表示的标准值为 3.15、6.3、8、10、12.5、16、20、25、31.5、40、50、63、80、100。

额定一次短路电流（I_{psc}）由 I_{1N} 和 K_{ssc} 两者的乘积得出，此乘积不必与 I_{th} 值完全相等。

b）一次时间常数（T_p）。

①额定一次时间常数（T_p）以毫秒（ms）表示。

②工程应用校验采用的一次时间常数需根据电力系统实际情况确定。一般可按母线三相对称短路，由各分支的电感与电阻之比分别确定各分支的一次时间常数。如缺乏实际资料，可采用以下参考数据：1000kV 系统，约 120ms；500～750kV 系统，约 100ms；220～330kV 系统，约 60ms；国产 1000MW 发电机-变压器组，约 350ms；国产 300～600MW 发电机-变压器组，

约 264ms；国产 100～200MW 发电机-变压器组，140～220ms。

③二次回路时间常数（T_s）。二次回路时间常数一般根据互感器特性要求由制造厂优化确定，其值约在以下范围：TPS 级及 TPX 级，几秒到十余秒；TPY 级，数百毫秒至一两秒；TPZ 级，60ms±6ms。二次回路时间常数（T_s）与回路总电阻成反比，当实际二次负荷（R_b）不同于额定二次负荷（R_{bN}）时，实际的二次时间常数 T_s 由额定二次时间常数（T_{sN}）按下式求得

$$T_s = \frac{R_{ct} + R_{bN}}{R_{ct} + R_b} \times T_{sN} \qquad (2\text{-}6)$$

式中　R_{ct}——电流互感器二次绕组的电阻。

5. 准确度等级及误差限值

（1）P 类及 PR 类电流互感器。

1）P 类及 PR 类电流互感器的准确度等级以在额定准确限值一次电流下的最大允许复合误差的百分数标称，标准准确度等级为 5P、10P、5PR 和 10PR。

2）P 类及 PR 类电流互感器在额定频率及额定负荷下，电流误差、相位误差和复合误差不能超过表 2-17 所列限值。

表 2-17　P 类及 PR 类电流互感器误差限值

准确度等级	额定一次电流下的电流误差（%）	额定一次电流下的相位差		额定准确限值一次电流下的复合误差（%）
		±min	±crad	
5P、5PR	±1	60	1.8	5
10P、10PR	±3	—	—	10

3）PR 类电流互感器剩磁系数要求小于 10%，有些情况下应规定 T_s 值以限制复合误差。

4）发电机和变压器主回路、220kV 及以上电压线路一般采用复合误差较小（波形畸变较小）的 5P 或 5PR 级电流互感器，其他回路可采用 10P 或 10PR 级电流互感器。

5）P 类及 PR 类保护用电流互感器满足的复合误差要求的准确限值系数 K_{alf} 一般可取 5、10、15、20 和 30。必要时，可与制造部门协商，采用更大的 K_{alf} 值。

6）电流误差、相位差和复合误差限值的条件如下：

a）电流误差和相位差的试验用二次负荷频率为额定值，功率因数为 0.8（滞后）。当负荷小于 5VA 时，允许功率因数为 1.0。

b）复合误差的试验用二次负荷和频率均为额定值，功率因数在 0.8（滞后）～1.0 间选定。

（2）TP 类电流互感器。TPX 级、TPY 级和 TPZ 级电流互感器连接额定电阻性负荷时，其比值差和相

位差不能超过表 2-18 所列限值。在规定的工作循环或对应用规定暂态面积系数的工作循环下，TPX 级和 TPY 级的暂态误差或对 TPZ 级的暂态误差不能超过表 2-18 所列限值。

表 2-18　TP 类电流互感器误差限值

级别	在额定一次电流下			在准确限值条件下最大峰值暂态误差（%）
	比值差（%）	相位差		
		min	crad	
TPX	±0.5	±30	±0.9	10
TPY	±1	±60	±1.8	10
TPZ	±1	180±18	5.3±0.6	10

6. 稳态性能验算

（1）保护校验故障电流。为保证保护动作的可信赖性和安全性，电流互感器通过规定的保护校验故障电流 I_{pcf} 时，其误差需在规定范围内。I_{pcf} 按下述原则确定：

1）按可信赖性要求校验保护动作性能时，按区内最严重故障短路电流确定。对于过电流和距离保护，需同时考虑下述两种情况：

a）在保护区末端故障时，I_{pcf} 为流过互感器最大短路电流值 $I_{sc,max}$。

b）在保护安装点近处故障时，允许互感器误差超出规定值，但必须保证保护装置的可靠性和快速性。I_{pcf} 根据流过互感器最大短路电流 $I_{sc,max}$ 和保护装置类型、性能及动作速度等因素确定。

2）按安全性要求校验保护性能时，I_{pcf} 按区外最严重故障短路电流确定。如电流差动保护为保护区外短路时，流过互感器的最大短路电流 $I_{sc,max}$；方向保护的 I_{pcf} 为可能使方向元件误动的保护反方向故障流过电流互感器的最大短路电流 $I_{sc,max}$。同时还要注意防止逐级配合的过电流或阻抗等保护因相邻两处互感器饱和不同而失去选择性。

3）保护校验故障电流 I_{pcf} 一般按系统规划容量确定。

（2）P 类及 PR 类电流互感器性能验算。一般选择验算可按下列条件进行：

1）电流互感器的额定准确限值一次电流 I_{pal} 大于保护校验故障电流 I_{pcf}，必要时还要考虑互感器暂态饱和影响。即准确限值系数 $K_{alf}>KK_{pcf}$（K 为用户规定的暂态系数，K_{pcf} 为故障校验系数）。

2）电流互感器额定二次负荷 R_{bN} 需大于实际二次负荷 R_b。按上述条件选择的电流互感器可能尚有潜力未得到合理利用。在系统容量很大，而额定二次电流选用 1A，以及采用电子式仪表和微机保护时，经常遇到 K_{alf} 偏小但二次输出容量有裕度的情况。因此，必要时可进行较精确验算，如按额定二次极限电动势或实际准确限值系数验算，以便更合理地选用电流互感器。

3）按额定二次极限电动势验算。对于低漏磁电流互感器，可按额定二次极限电动势进行验算。

a）P 类电流互感器二次极限电动势 E_{s1} 为（二次负荷仅计及电阻）

$$E_{s1}=K_{alf}I_{2N}(R_{ct}+R_{bN}) \quad (2-7)$$

式中　K_{alf}——准确限值系数；

I_{2N}——额定二次电流；

R_{ct}——电流互感器二次绕组电阻；

R_{bN}——电流互感器额定负荷。

上述各参数由制造部门在产品说明书中标明。

b）继电保护动作性能校验要求的二次感应电动势 E_s 为

$$E_s=KK_{pcf}I_{2N}(R_{ct}+R_b) \quad (2-8)$$

式中　K_{pcf}——保护校验系数，与继电保护原理有关；

K——给定暂态系数；

I_{2N}——额定二次电流；

R_{ct}——电流互感器二次绕组电阻；

R_b——电流互感器实际二次负荷。

c）电流互感器的额定二次极限电动势需大于保护校验要求的二次感应电动势，即

$$E_{s1}\geq E_s \quad (2-9)$$

d）所选电流互感器的准确限值系数 K_{alf} 需符合下式要求

$$K_{alf}\geq\frac{KK_{pcf}(R_{ct}+R_b)}{(R_{ct}+R_{bN})} \quad (2-10)$$

因此要求制造部门确认所提供的电流互感器为低漏磁特性，提供的电流互感器技术规范中需包括二次绕组的电阻值。

4）按实际准确限值系数曲线验算。如果制造厂提供的电流互感器不满足低漏磁特性要求，当提高准确限值一次电流时，互感器可能出现局部饱和，不能采用上述额定二次极限电动势极限验算。此时如用户要求提高所选互感器的准确限值系数 K_{alf}，则需要由制造厂提供由直接法试验求得的或经过误差修正后实际可用的准确限值系数 K'_{alf} 与 R_b 的关系曲线，如图 2-42 所示。根据实际的 R_b，从曲线上查出电流互感器的准确限值系数 K'_{alf}，参见图 2-42，要求 $K'_{alf}>KK_{pcf}$（K_{pcf} 为保护校验系数，K 为给定暂态系数）。

（3）PX 类电流互感器的性能验算。PX 类电流互感器为低漏磁电流互感器，其准确性能由其励磁特性确定，励磁特性的额定拐点电动势 E_k 可由下式计算

$$E_k=K_k(R_{ct}+R_{bN})I_{2N} \quad (2-11)$$

式中 K_k——计算系数；

R_{ct}——电流互感器二次绕组电阻；

R_{bN}——电流互感器额定负荷；

I_{2N}——额定二次电流。

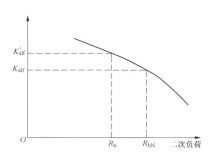

图 2-42 实际可用的准确限值系数
K'_{alf} 与 R_b 的关系曲线

额定拐点电动势（E_k）应大于继电保护性能要求的电流互感器二次感应电动势（E_s），即 $E_k > E_s$。求 E_s 的方法参见式（2-8）。

7. 二次负荷计算

（1）保护用电流互感器二次负荷为

$$Z_r = \sum K_{rc}Z_r + K_{jc}R_1 + R_c \qquad (2\text{-}12)$$

式中 Z_r——继电器电流线圈阻抗，对于数字继电器可忽略电抗，仅计及电阻 R_t，Ω；

R_1——连接导线电阻，参见式（2-4），Ω；

R_c——接触电阻，一般为 $0.05\sim0.10\Omega$，Ω；

K_{rc}——继电器阻抗换算系数，见表 2-19；

K_{jc}——连接导线阻抗换算系数，见表 2-19。

（2）保护用电流互感器在各种接线方式时不同的短路类型下的阻抗换算系数见表 2-19。

（3）保护和自动装置的电流回路功耗根据实际应用情况确定，其功耗值与装置实现原理和构成元件有关，差别很大。

（4）工程应用中要尽量降低保护用电流互感器所接二次负荷，以减小二次感应电动势，避免互感器饱和。必要时，可选择额定负荷显著大于实际负荷的互感器，以提高互感器抗饱和能力。

（5）校验保护用电流计算倍数的确定及负荷阻抗的校验计算。电流互感器允许二次负荷一般由误差曲线决定。查误差曲线时，首先要确定一次电流计算倍数，然后再根据一次电流计算倍数查误差曲线得出相应的允许二次负荷阻抗值。

当电流互感器的二次全负荷小于或等于允许二次负荷阻抗值时，即认为校核合格。当电流互感器的二次全负荷大于允许二次负荷阻抗值时，可以根据具体情况采用如下措施解决：

1）增加连接导线截面积。

表 2-19 继电器及连接导线阻抗换算系数表

电流互感器接线方式		阻抗换算系数							
		三相短路		两相短路		单相短路接地		经 Yd 变压器两相短路	
		K_{jc}	K_{rc}	K_{jc}	K_{rc}	K_{jc}	K_{rc}	K_{jc}	K_{rc}
单相		2	1	2	1	2	1		
三相星形		1	1	1	1	1	1	1	1
两相星形	$Z_{r0}=Z_r$	$\sqrt{3}$	$\sqrt{3}$	2	2	2	2	3	3
	$Z_{r0}=0$	$\sqrt{3}$	1	2	1	2	1	3	1
两相差接		$2\sqrt{3}$	$\sqrt{3}$	4	2				
三角形		3	3	3	3	2	2	3	3

注 1. 当中性线回路接有继电器时，单相短路情况下，将三相星形接线的 Z_r+Z_{r0}，视为 Z_r。

2. 当 A、C 两相电流互感器接负荷时：

A、C 两相短路情况：$K_{jc}=1$　$K_{rc}=1$；

A、B 两相或 B、C 两相短路情况：$K_{jc}=2$，$K_{rc}=1$。

2）将同一电流互感器的两个二次绕组串联使用。

3）将电流互感器的不完全星形接线改为完全星形接线，差电流接线改为不完全星形接线等。

4）选用允许二次负荷较大的电流互感器。

5）增加电流互感器的组数而转移部分二次负荷。

6）采用额定二次电流小的（如 1A）电流互感器或消耗功率小的继电器等。

（6）中压电流互感器准确限值系数选择需符合下列规定：

1）中压系统的线路、变压器和电动机回路电流保护一般按保护最大整定值确定电流互感器准确限值系数。

2）根据实际负荷修正中压互感器准确限值系数，即

$$K'_{alf} = \frac{K_{alf}(R_{ct}+R_b)}{R_{ct}+R'_b} \qquad (2\text{-}13)$$

式中 K'_{alf}——在实际负荷下的准确限值系数；

K_{alf}——互感器的额定准确限值系数；

R_{ct}——互感器二次绕组电阻（75℃）；

R_b——互感器标定的额定负荷，Ω；

R'_b——实际负荷，Ω。

8. TP 类电流互感器的应用

330kV 及以上线路保护一般选用 TPY 级电流互感器，按考虑重合闸的两次工作循环进行暂态特性验算。

高压侧为 330kV 及以上的降压变压器的差动保护回路，各侧一般选用 TPY 级电流互感器。高、中压侧按外部线路故障 C-O-C-O 工作循环校验暂态特性。低

压侧为三角形接线时，可按外部三相短路 C-O 工作循环校验。

容量为 300MW 级及以上的发电机和发电机-变压器组的差动保护回路，一般选用 TPY 级电流互感器。发电机电压侧互感器暂态性能可按外部三相短路 C-O 工作循环或外部线路单相接地 C-O-C-O 工作循环验算。单相接地重合闸时将承受两次故障电流，暂态面积系数 K_{td} 值较大。但发生高压侧单相接地时，在 Yd 接线变压器低压侧（三角形接线）两相的故障电流仅为高压侧故障相电流的 $1/\sqrt{3}$，即相应的 K_{ssc} 值较低，其 $K_{td}K_{ssc}$ 值一般不超过三相短路 C-O 工作循环的相应值。电流互感器的二次时间常数 T_s 需保证在重合闸情况下暂态误差不超过允许值。

500kV 及以上母线差动保护一般由保护装置采取必要的减轻互感器暂态饱和影响的措施，如选用具有抗暂态饱和的互感器。工程应用中可根据保护的特定要求采用适当的电流互感器，如高阻抗保护采用 TPS 级电流互感器。

（八）电流互感器绕组数量及准确级配置

1. 发电机-变压器组

（1）300MW 级及以上容量发电机主回路中性点侧电流互感器一般配置 2 组 TPY 级绕组、1 组 5P 级绕组和 1 组 0.2 或 0.2S 级绕组，出线侧一般配置 2 组 TPY 级绕组和 2 组 0.2 或 0.2S 级绕组。当发电机套管安装困难时，可适当调整发电机电流互感器安装位置。

（2）100～200MW 级容量发电机主回路中性点侧电流互感器一般配置 3 组 5P 级绕组和 1 组 0.2 或 0.2S 级绕组，出线侧一般配置 2 组 5P 级绕组和 2 组 0.2 或 0.2S 级绕组，也可采用 5PR 级绕组。

（3）100MW 及以下容量发电机主回路中性点侧电流互感器一般配置 2 组 5P 级绕组和 1 组 0.5 级绕组，出线侧一般配置 2 组 5P 级绕组和 1 组 0.5S 级绕组。对于直接接于母线的发电机，当定子绕组单相接地电流大于允许值时，发电机机端需装设 1 组 10P 级零序电流互感器。

（4）当装设发电机横联差动保护时，在中性点连接线上需配置 1～2 组 5P 级绕组。当发电机中性点经消弧线圈接地或经配电变压器接地时，在中性点与地之间配置 2 组 0.5 级绕组。

（5）当设有发电机断路器，且发电机保护用电流互感器采用 TPY 级电流互感器时，在发电机与主变压器之间需再配置 2 组失灵用 5P 级绕组。

（6）主变压器高压侧套管电流互感器一般配置 2 组 5P 级绕组，1 组 0.2 级绕组。当主变压器进线需设置短引线差动保护时，还需增加设置 2 组 5P 级或 TPY 级绕组，绕组铁芯型式与升压站电流互感器相同。

（7）110kV 及以上电压等级主变压器高压侧中性点电流互感器一般配置 2～3 组保护用绕组，中性点间隙电流互感器一般配置 2 组保护用绕组。

（8）高压厂用变压器高压侧电流互感器一般配置 2 组 5P 级绕组、1 组 0.5S 级绕组和 2 组 5P 级或 TPY 级绕组。厂用高压变压器低压侧中性点零序电流互感器一般配置 2～3 组保护用绕组。

（9）励磁变压器高压侧套管电流互感器一般配置 2 组 5P 级绕组、1 组 0.5S 级绕组。

2. 110（66）～1000kV 系统

（1）110（66）kV 进（出）线、母联、分段、无功补偿设备间隔电流互感器一般配置 1 组 0.5 级绕组和 1 组 5P 级绕组。当所在电压等级配置母线保护时，需再配置 1 组 5P 级绕组；当为计量点时，需再配置 1 组 0.2S 级绕组。

（2）220kV 进（出）线间隔电流互感器一般配置 4 组 5P 级绕组，母联间隔电流互感器一般配置 3 组 5P 级绕组，分段间隔电流互感器最少配置 3 组 5P 级绕组。各间隔一般配置 1 组 0.5 级绕组，当进（出）线为计量点时，需再配置 1 组 0.2S 级绕组。

（3）330kV 系统采用双母线或双母线双分段接线时，进（出）线间隔电流互感器一般配置 2 组 TPY 级绕组和 2 组 5P 级绕组；母联间隔电流互感器一般配置 3 组 5P 级绕组；分段间隔电流互感器最少配置 3 组 5P 级绕组。各间隔一般配置 1 组 0.5 级绕组，当进（出）线为计量点时，需再配置 1 组 0.2S 级绕组。

（4）330kV 系统采用 3/2 断路器接线时，母线侧断路器间隔电流互感器一般配置 2 组 TPY 级绕组和 3 组 5P 级绕组，中间断路器间隔电流互感器一般配置 4 组 TPY 级绕组和 1 组 5P 级绕组。当设有分段断路器时，分段间隔电流互感器最少配置 3 组 5P 级绕组。母线侧断路器间隔电流互感器一般配置 1 组 0.5 级绕组，中间断路器间隔电流互感器一般配置 2 组 0.5 级绕组；当进（出）线为计量点时，母线侧断路器间隔电流互感器需配置 1 组 0.2S 级绕组，中间断路器间隔电流互感器需配置 2 组 0.2S 级绕组。

（5）500～1000kV 系统采用 3/2 断路器接线时，母线侧断路器间隔电流互感器一般配置 4 组 TPY 级绕组和 1 组 5P 级绕组，中间断路器间隔电流互感器一般配置 4 组 TPY 级绕组和 1 组 5P 级绕组。当所在电压等级设有分段断路器时，需配置分段间隔电流互感器。母线侧断路器间隔电流互感器需配置 1 组 0.5 级绕组，中间断路器间隔电流互感器一般配置 2 组 0.5 级绕组；当进（出）线为计量点时，母线侧断路器间隔电流互感器需配置 1 组 0.2S 级绕组，中间断路器间隔电流互感器需配置 2 组 0.2S 级绕组。

（6）110kV 主变压器中性点电流互感器一般配置 1～2 组 5P 级绕组，220kV 主变压器中性点电流互器一般配置 2 组 5P 级绕组，330～750kV 主变压器中性点电流互感器一般配置 2 组 TPY 级绕组，1000kV 主变压器中性点电流互感器一般配置 4 组 TPY 级绕组。

（7）高压并联电抗器首端一般配置 1 组 5P 级绕组，末端一般配置 2 组 5P 级绕组，首端或末端配置 1 组 0.5 级绕组。当设有中性点小电抗时，中性点可配置 1 组 0.5 级绕组。

（8）当 110（66）～1000kV 系统装设录波装置时，有条件可独立配置 1 组 5P 或 TPY 级绕组。

（九）电流互感器性能计算

1. P 级及 PR 级电流互感器稳态性能计算

（1）发电机差动保护用电流互感器选择计算示例。

1）工程有关数据。发电机组容量 100MW、$\cos\varphi=0.85$、额定电压为 10.5kV、$X''_d=0.15$、定子电阻 $R_{st}=3.0\times10^{-3}\Omega$（75℃），发电机电流互感器变比选定为 8000/5A。

配套的升压变压器为 120MVA，$X_t=14\%$，负荷损耗 376kW。

发电机额定电流为

$$S=S_N/\cos\varphi=100/0.85=117.65(\text{MVA})$$

$$I_{gN}=\frac{\hat{S}}{\sqrt{3}U_N}=\frac{117.65}{\sqrt{3}\times10.5}=6475(\text{A})$$

发电机-变压器组总电抗和总电阻（以发电机阻抗为基准的标幺值）分别为

$$X=X''_d+X_t=0.15+0.14\times117.65/120=0.287$$

$$R=R_{st}+r_t=0.003\times10.5^2/117.65+(376/120000)\times117.65/120$$
$$=0.00588$$

高压侧短路电流流过发电机的短路电流为

$$I_{sc}=I_{gN}/X=6475/0.287=22560（\text{A}）$$

短路电流是电流互感器一次电流的

22560/8000=2.82（倍）

机组时间常数

$$T_p=X/(2\pi fR)=0.287/(314\times0.00588)=0.155(\text{s})$$

2）发电机出口无断路器时，发电机及发电机-变压器组差动保护用互感器可按外部高压侧短路进行校验。

如按暂态考虑，按 C-100ms-O 循环，则电流互感器计算暂态面积系数计算如下

$$K_{td}\approx2\pi fT_p\left(1-\text{e}^{-\frac{t}{T_p}}\right)+1=314\times0.155\left(1-\text{e}^{\frac{0.1}{0.155}}\right)+1=24.1$$

要求所选电流互感器准确限值系数 $K_{alf}>K_{td}K_{ssc}=24.1\times2.82=68$ 的电流互感器体积和质量较大。

如按给定暂态系数 $K=10$ 考虑，则要求电流互感器准确限值系数 $K_{alf}>KK_{ssc}=10\times2.82=28.2$，可采用 5P30 级或 5PR30 级的电流互感器，互感器二次额定负荷需大于实际二次负荷。

根据 $t=-T_p\ln\left(1-\frac{K_{td}-1}{2\pi fT_p}\right)$，可求出在 $K=10$ 时电流互感器 30～40ms 时即开始饱和。为保证在外部故障清除前，不致因电流互感器饱和引起的差动保护误动，要求电流互感器饱和特性和两侧二次负荷尽量匹配，保护装置要求具有必要的制动特性。

（2）220kV 线路保护用电流互感器的选择计算示例。

1）220kV 线路的有关数据如下：

距离保护第一段末端短路电流为 35kA，保护校验系数为

$$K_{pef}=35/1.25=28$$

保护出口短路电流为 50kA，保护校验系数为

$$K_{pef}=50/1.25=40$$

可采用 5P 级或 5PR 级电流互感器，为降低剩磁影响，一般采用 PR 级电流互感器。

变比 1250/1A，$K_{alf}=30$，$R_b=20\text{VA}$，$R_{ct}=6\Omega$，给定暂态系数 $K=2$。

2）按距离保护第一段末端短路校验计算如下。设 220kV 线路使用距离保护，分别按保护出口短路和第一段末端短路校验电流互感器性能，在第一段末端短路时需保证互感器误差小于规定值。在保护出口短路时，需保证保护可靠动作。按距离保护第一段末端短路校验，电流互感器额定二次极限电动势为

$$E_{sl}=K_{alf}(R_{ct}+R_b)\times I_{st}=30\times(6+20)\times1=780(\text{V})$$

设互感器实际二次负荷 $R_b=10\Omega$，给定暂态系数 $K=2$，则电流互感器等效二次感应电动势为

$$E_s=KK_{pef}(R_{ct}+R_b)\times I_{st}=2\times28\times(6+10)\times1=896(\text{V})$$

根据计算结果 $E_{sl}<E_s$，所选电流互感器不满足要求。可采取加大 K_{alf} 值或增加容量，或降低实际二次负荷等措施。

如果将电流互感器的 K_{alf} 改为 40（其他参数同前），$E_{sl}=1040\text{V}$，则互感器可满足要求。

如果采用降低二次实际负荷的办法，负荷由 10Ω 降低为 8Ω，则

$$E_s=KK_{pef}(R_{TA}+R_b)\times I_{st}=2\times28\times(6+8)\times1=784(\text{V})$$

即采用 5P30、20VA 的电流互感器勉强满足要求。

如果增大电流互感器额定二次负荷，采用 5P30、30VA，$R_{ct}=9\Omega$，则

$$E_{sl}=K_{alf}(R_{ct}+R_b)\times I_{st}=30\times(9+30)\times1=1170(\text{V})$$

$$E_s=KK_{pef}(R_{ct}+R_b)\times I_{st}=2\times28\times(9+10)\times1=1064(\text{V})$$

互感器可满足要求。

3）按保护出口短路校验计算。保护出口短路时，如果电流互感器误差较大，即二次电流减小，距离保护测量的故障点将比实际故障点远，但只要测量值仍在第一段范围内，保护即可正确动作。

设本距离保护按出口短路选择电流互感器可保证可靠动作。电流互感器等效二次感应电动势为

$$E_s = KK_{pef}(R_{ct}+R_b) \times I_{st} = 40 \times (6+10) \times 1 = 640 (V)$$

根据计算结果，E_s=640V＜896V，故采用5P30、20VA的电流互感器可以满足要求。

（3）母线保护电流互感器计算示例。

1）基本数据。500kV母线各支路出口故障通过该支路断路器和互感器的短路电流最大值为45kA。采用5PR级互感器，按支路负荷采用2500/1A和1500/1A两种变比的互感器。变比2500/1A互感器为5PR20，额定二次负荷R_b=15Ω，互感器二次绕组电阻R_{ct}=10Ω。变比1500/1A互感器为5PR20，额定二次负荷R_b=15Ω，互感器二次绕组电阻R_{ct}=6Ω。所选母线保护允许各支路电流互感器变比不同，要求互感器在稳态短路条件下不饱和，对暂态饱和采取防止外部故障误动的措施，但要求暂态饱和出现的时间晚于故障8ms。

2）变比为2500/1A的互感器二次极限电动势计算。

互感器额定二次极限电动势为

$$E_{sl} = K_{alf}(R_{ct}+R_b) \times I_{st} = 20 \times (10+15) \times 1 = 500 (V)$$

实际二次负荷为5Ω，要求的互感器二次极限电动势为

$$E'_{sl} = K_{alf}(R_{ct}+R_b) \times I_{st} = (45000/2500) \times (10+5) \times 1 = 270 (V)$$

暂态系数$K=E_{sl}/E'_{sl}$=500/270=1.85，满足稳态饱和要求。在短路电流全偏移时，要求8ms前互感器保持线性的暂态系数为

$$K_{tf} = 2\pi f T_P \left(1-e^{-\frac{t}{T_P}} \right) - \sin 2\pi f t$$

$$= 314 \times 0.1 \times \left(1-e^{-\frac{0.008}{0.1}} \right) - \sin 314 \times 0.008$$

$$= 2.41 - 0.59 = 1.82$$

电流互感器具有的暂态系数1.85＞1.82，故满足要求。

3）变比为1500/1A的互感器二次极限电动势计算。

互感器二次极限电动势为

$$E_{sl} = K_{alf}(R_{ct}+R_b) \times I_{st} = 20 \times (6+15) \times 1 = 420 (V)$$

实际的二次负荷为5Ω，要求的互感器二次极限电动势为

$$E'_{sl} = K_{alf}(R_{ct}+R_b) \times I_{st} = (45000/1500) \times (6+5) \times 1 = 330 (V)$$

420V＞330V，满足稳态短路要求。

暂态裕度系数为

$$K = E_{sl}/E'_{sl} = 420/330 = 1.27 < 1.82$$

故不能满足暂态饱和开始晚于故障8ms的要求。

如互感器改为5PR30，其他参数不变，则互感器二次极限电动势为

$$E_{sl} = K_{alf}(R_{ct}+R_b) \times I_{st} = 30 \times (6+15) \times 1 = 630 (V)$$

$$K = E_{sl}/E'_{sl} = 630/330 = 1.9 > 1.82$$ 可满足要求。

（4）发电厂低压厂用变压器和电动机电流互感器计算示例。

1）低压变压器原始参数。变压器额定容量2000kVA，变压比6.3/0.4kV，短路电压百分数u_k（%）=6%，额定电流I_N=183.3A。

6kV系统短路电流50kA，短路容量为

$$\sqrt{3} \times 6.3 \times 50 = 545.58 （MVA）$$

折合到2000kVA电抗值为

$$X_s = \frac{2}{545.58} = 0.00367 (\Omega)$$

厂用变压器380V母线短路电流总电抗为

$$X_\Sigma = 0.06 + 0.00367 = 0.06367 （\Omega）$$

高压侧保护设有电流速断及过电流保护。

变压器电流速断整定电流按躲过变压器低压侧三相短路整定，计算如下

$$I_{op} = K_{rel}I_{k,max} = 1.4 \times \frac{2000}{\sqrt{3} \times 6.3 \times 0.06367} = 4030 （A）$$

式中 K_{rel}——可靠系数；

$I_{k,max}$——流经保护装置最大三相短路电流。

过电流保护整定电流按躲过厂用变压器备用电源自动投入时电动机成组自启动电流整定，其启动容量为变压器额定容量的3倍。

$$I_{op} = \frac{K_{rel}I_N K_{ast}}{K_r} = \frac{1.4 \times 183.3 \times 3}{0.85} = 906 （A）$$

式中 I_N——额定电流；

K_{ast}——自启动倍数；

K_r——返回系数。

6kV出口短路电流为50kA或31.5kA，两种情况的保护定值相差很小，可取同一数值。

变压器采用不同变比电流互感器保护的整定电流和按保护定值确定的准确限值系数K_{alf}、过饱和系数K_S，以及按短路电流确定的K_{alf}见表2-20。

由表2-20可见，变压器采用400/1A、10P20互感器，即可满足保护整定值要求，并有一定裕度。而按短路电流确定的K_{alf}要比按保护定值确定的K_{alf}大很多倍。

2）电动机原始参数。电动机额定功率2000kW，额定电压6kV，功率因数$\cos\varphi$=0.9，额定电流I_N=213.84A。6kV系统电流设为50kA，电动机启动电流倍数为7。

3）电动机电流速断整定电流按躲过电动启动电流整定，可按下式计算

$$I_{op} = \frac{K_{rel}I_N K_{ast}}{K_r} = \frac{1.4 \times 213.84 \times 7}{0.85} = 2466 （A）$$

电动机采用不同变比电流互感器保护的整定电

和按保护定值确定的准确限值系数 K_{alf}、过饱和系数 K_S 及按短路电流确定的 K_{alf} 见表2-21。

表 2-20　　　　变压器采用不同变比时的 K_{alf} 和过饱和系数 K_S

互感器变比	保护整定二次电流（A）		按保护定值确定的 K_{alf}	裕度系数	要求的过饱和系数 K_S		按短路电流确定的 K_{alf}	
	速断	过电流			①	②	①	②
200/1	4030/200=20.15	906/200=4.53	20.15/1≈20	1	12.5（6.3）	7.9（4.0）	250	157.7
300/1	4030/300=13.43	906/300=3.02	13.43/1≈13.4	1.5	8.4（4.2）	5.3（2.7）	167	105
400/1	4030/400=10.01	906/400=2.265	10.01/1≈10	22	6.3（3.2）	4.0（2.0）	125	78.75

注　1. ①表示 50kA 有关数据，②表示 31.5kA 有关数据。

　　2. 过饱和系数括号中数值为考虑实际负荷修正后的要求值。

　　3. 裕度系数=电流互感器选用的 k_{alf} 按保护定值需要的 k_{alf}。

表 2-21　　　　电动机采用不同变比时的 K_{alf} 和过饱和系数 K_S

互感器变比	速断整定二次电流（A）	按保护定值确定的 K_{alf}	裕度系数	要求的过饱和系数 K_S		按短路电流确定的 K_{alf}	
				①	②	③	④
200/1	2466/200=12.33	12.33/1=12.33	1.6	12.5（6.3）	7.9（4.0）	250	157.5
300/1	2466/300=8.22	8.22/1=8.22	2.4	8.4（4.2）	5.3（2.7）	167	105

注　1. ①表示 50kA 有关数据，②表示 31.5kA 有关数据。

　　2. 过饱和系数括号中数值为考虑实际负荷修正后的要求值。

　　3. 裕度系数=电流互感器选用的 k_{alf} 按保护定值需要的 k_{alf}。

由表 2-21 可见，2000kW 电动机采用 300/1A、10P20 互感器，可满足保护要求，并具有大于 2 倍的裕度。

4）中压系统电流互感器实际负荷修正确定互感器准确值系数计算。电流互感器实际二次负荷典型值需按下列数值取值：每套保护装置每相电流回路消耗为 0.5VA（5A 与 1A 相同），则内阻分别为 0.02Ω 和 0.05Ω。开关柜内配线电阻，按 2.5mm^2、5m 长计算，$R=0.0175×5×2/2.5=0.07$（Ω），接触电阻 0.05Ω；二次电流为 5A 的电流互感器总电阻为 0.02+0.07+0.05=0.14（Ω），即 3.5VA；二次电流为 1A 的电流互感器总电阻为 0.5+0.07+0.05=0.62（Ω），即 0.62VA；电流互感器二次绕组电阻与额定变比、准确限值系数及额定输出容量等因素有关，通常 100/5A～600/5A 互感器可

选取 0.2～0.3Ω，100/1A～600/1A 互感器可取 3～4Ω。额定二次电流为 5A 的互感器额定输出容量可选定为 15VA（0.6Ω），则实际准确限值系数可提高为

$$K'_{alf} = \frac{R_{TA}+R_b}{R_{TA}+R'_b}K_{alf} \approx \frac{0.25+0.6}{0.25+0.14}K_{alf} \approx 2K_{alf}$$

二次电流为 1A 的互感器容量可选定 5VA（5Ω），则实际准确限值系数可提高为

$$K'_{alf} = \frac{R_{TA}+R_b}{R_{TA}+R'_b}K_{alf} \approx \frac{3.5+5}{3.5+0.62}K_{alf} \approx 2K_{alf}$$

工程中按实际负荷修正的准确限值系数 K'_{alf} 可取为额定值 K_{alf} 的 2 倍。

5）发电厂 6kV 厂用系统电流互感器选用参数可见表 2-22。

表 2-22　　　　6kV 厂用系统电流互感器选用参数建议表

负荷类型及容量	最大额定电流（A）	互感器变比	保护最大整定值（A）	按保护定值确定的 K_{alf}	裕度系数	过饱和系数 K_S		二次负荷（VA）
						①	②	
1600～2000kVA 变压器	183.3	400/5	4030	4030/400≈10	20/10≈2	6.3（3.2）	3.9（2）	15
		400/1						5

续表

负荷类型及容量	最大额定电流（A）	互感器变比	保护最大整定值（A）	按保护定值确定的 K_{alf}	裕度系数	过饱和系数 K_S ①	②	二次负荷（VA）
1000～1250kVA 变压器	114.6	300/5	2568	2586/300≈8.6	20/8.6≈2.3	8.4（4.2）	5.3（2.7）	15
		300/1						5
800kVA 变压器	73.3	200/5	2109	2109/200≈10.5	20/10.5≈2	12.5（6.3）	7.9（4）	15
		200/1						5
630kVA 变压器	57.7	200/5	1796	1796/200≈7.4	20/7.4≈2.7	12.5（6.3）	7.9（4）	15
		200/1						5
315kVA 变压器	28.9	100/5	996	996/100≈10	20/10≈2	25（12.5）	15.8（7.6）	15
		100/1						5
2000kW 电动机	213.8	300/5	2466	2466/300≈8.2	20/8.2≈2.4	8.4（4.2）	5.3（2.7）	15
		300/1						5
1000kW 电动机	106.9	200/5	1232	1232/200≈6.2	20/6.2≈3.2	12.5（6.3）	7.9（4）	15
		200/1						5
200kW 电动机	21.38	100/5	246.6	246.6/100≈2.5	20/2.5≈8	12.5（6.3）	7.9（4）	15
		100/1						5

注　1. 最大饱和系数=最大短路电流/（互感器额定电流×互感器 K_{alf}×实际负荷修正系数）。

　　2. K_S 栏内带括号的数据为考虑实际负荷修正系数为 2 时的数值。

　　3. ①表示 50kA 有关数据，②表示 31.5kA 有关数据。

　　4. 表中数据为推荐的互感器参数，在实际工程中，可根据具体情况对互感器参数进行调整。

2. TP 级电流互感器暂态性能计算

下面以大型发电机-变压器组差动保护用电流互感器选择计算为例进行计算。

（1）发电机-变压器组的有关数据。发电机组容量 600MW，机端电压 20kV，$\cos\varphi=0.9$，$X_d''=0.21$，$T_p=0.264s$。升压变压器组容量 720MVA，高压侧为 500kV，$X_t=0.14$。机组高压侧额定电流为 734A，发电机额定电流为 19.3kA。

500kV 系统为 3/2 断路器接线。高压侧短路时，通过机组的短路电流 2.15kA；系统供给的短路电流为 38kA，$T_p=100ms$。500kV 侧短路时，低压侧短路电流为 2.15×525/20=56.5（kA），高压侧外部短路的 $K_{pcf}=\dfrac{56500}{25000}=2.26$。

机组高、低压侧均采用 TPY 级电流互感器，校验条件是：高压侧按外部线路故障并单相重合闸时差动保护不误动，要保证 C-100ms-O-50ms-C-100ms-O 工作循环电流互感器不致暂态饱和。低压侧按外部三相短路 C-100ms-O 工作循环或外部线路单相重合闸 C-100ms-O-800ms-C-100ms-O 工作循环不致暂态饱和。

（2）发电机组高压侧电流互感器暂态面积系数及额定等效二次极限电动势计算如下：

电流互感器采用 TPY 级，互感器变比 2500/1A，$K_{ssc}=20$。

$$K_{td}=\left[\frac{\omega T_p T_{sn}}{T_p-T_{sn}}\left(e^{-\frac{t'}{T_p}}-e^{-\frac{t'}{T_{sn}}}\right)-\sin\omega t'\right]$$
$$\times e^{\frac{t_{fr}+t_{al'}}{T_{sn}}}+\frac{\omega T_p T_{sn}}{T_p-T_s}\left(e^{-\frac{t'_{al}}{T_p}}-e^{-\frac{t'_{al}}{T_{sn}}}\right)+1$$

$$=\left[\frac{314\times0.1\times0.8}{0.1-0.8}\left(e^{-\frac{0.1}{0.1}}-e^{-\frac{0.1}{0.8}}\right)-\sin31.4\right]$$
$$\times e^{-\frac{0.5+0.04}{0.8}}+\frac{314\times0.1\times0.8}{0.1-0.8}\left(e^{-\frac{0.04}{0.1}}-e^{-\frac{0.04}{0.8}}\right)+1$$

$$=20.5$$

电流互感器额定等效二次极限电动势为

$$E_{al}=K_{td}K_{ssc}I_{sr}(R_{TA}+R_b)=20.5\times20\times1\times(9+15)=9840（V）$$

保护校验系数为

$$K_{pcf}=(38000+2150)/2500=16.06$$

（3）发电机组高压侧电流互感器要求的检验暂态面积系数二次极限电动势计算。

在实际二次负荷 $R_b=10\Omega$ 时，求出实际二次时间常数 T_s 为 1.01s。

系统供给短路电流要求的暂态面积系数 K'_{td2} 为

$$K'_{td2}=\left[\frac{314\times0.1\times1.01}{0.1-1.01}\left(e^{-\frac{0.1}{0.1}}-e^{-\frac{0.1}{1.01}}\right)-\sin31.4\right]$$
$$\times e^{-\frac{0.8+0.1}{1.01}}+\frac{314\times0.1\times1.01}{0.1-1.01}\left(e^{-\frac{0.1}{0.1}}-e^{-\frac{0.1}{1.01}}\right)+1$$

$$=27.4$$

据机组供给的电流，$T_p=0.25$s，需要的暂态面积系数 K'_{td1} 为

$$K'_{td1}=\left[\frac{314\times0.25\times1.01}{0.25-1.01}\left(e^{-\frac{0.1}{0.25}}-e^{-\frac{0.1}{1.01}}\right)-\sin31.4\right]$$
$$\times e^{-\frac{0.8+0.1}{1.01}}+\frac{314\times0.25\times1.01}{0.25-1.01}\left(e^{-\frac{0.1}{0.25}}-e^{-\frac{0.1}{1.01}}\right)+1$$
$$=35.6$$

要求的总等效暂态面积系数为

$$K'_{td}=K'_{td1}\frac{I_{p1}}{I_{p1}+I_{p2}}+K'_{td2}\frac{I_{p2}}{I_{p1}+I_{p2}}$$
$$=35.6\times\frac{2150}{2150+38000}+27.4\times\frac{38000}{2150+38000}$$
$$=27.8$$

要求的等效二次极限电动势 E'_{al} 为

$$E'_{al}=K'_{td}K_{pcf}(R_{TA}+R_b)I_{Sr}$$
$$=27.8\times16.06\times(9+10)\times1=8482.9(V)$$

根据计算结果：要求的等效二次极限电动势 $E'_{al}=$8482.9V，小于电流互感器额定等效二次极限电动势 $E'_{al}=$9840V，符合要求。

电流互感器实际工作暂态误差为

$$\varepsilon=K'_{td}/(\omega T_s)\times100\%=27.8/(314\times1.01)\times100\%=8.8\%$$
$\leqslant10\%$，符合误差要求。

（4）发电机组低压回路电流互感器暂态面积系数及等效二次极限电动势计算。

电流互感器采用 TPY 级，互感器变比 25000/1A，$K_{ssc}=20$。

高压侧短路时流过低压侧的短路电流 2150×525/20=56.5（kA）。

高压侧外部短路的 $K_{pcf}=56500/25000=2.26$，设高低压侧变比误差由差动继电器抽头或软件实现补偿。

发电机-变压器组一次时间常数较大，暂态饱和问题严重，一般采用 TPY 电流互感器。由于无定型产品可供选用，需要根据有关参数进行开发设计。

接工作循环 C-100ms-O 计算：考虑到发电机保护的复杂性，要求互感器暂态误差不超过 5%。设计时试取 $T_s=2.0$s，可求出电流互感器所需额定暂态面积系数 K_{td} 为

$$K_{td}=\frac{314\times0.264\times2}{0.264-2}\left(e^{-\frac{0.1}{0.264}}-e^{-\frac{0.1}{2}}\right)+1=26.5$$

要求 TPY 级互感器磁通总倍数 $K_{td}K_{pcf}>26.5\times2.26=59.9$。

暂态误差 $\varepsilon=K'_{td}/(2\pi fT_s)\times100\%=26.5/(314\times2)\times100\%=4.22\%$，符合要求。

按工作循环 C-100ms-O-800ms-C-100ms-O，$T_s=2.0$s，要求暂态误差宜不超过 10%，可求出电流互感器所需额定暂态面积系数 K_{td}

$$K_{td}=\left[\frac{314\times0.264\times2}{0.264-2}\left(e^{-\frac{0.1}{0.264}}-e^{-\frac{0.1}{2}}\right)-\sin(314\times0.1)\right]e^{-\frac{0.8+0.1}{2}}$$
$$+\frac{314\times0.264\times2}{0.264-2}\left(e^{-\frac{0.1}{0.264}}-e^{-\frac{0.1}{2}}\right)+1$$
$$=42.7$$

由于主变压器高压侧单相接地时，低压侧相电流仅为高压故障电流的 0.58，故要求低压侧互感器磁通总倍数 $K_{td}K_{ssc}>42.7\times0.58\times2.26=56.0$，小于按三相故障 C-O 工作循环的计算值。

暂态误差 $\varepsilon=K'_{td}/(2\pi fT_s)\times100\%=42.7/(314\times2)\times100\%=6.74\%$，不超过 10%，符合要求。

二、交流电压回路及电压互感器选择

（一）电压互感器分类及应用

1. 电压互感器分类

电压互感器的基本分类见表 2-23。

表 2-23　　电压互感器分类

分类依据	分类
安装地点	户内式、户外式
相数	单相式、三相式
电压变换原理	电磁式、电容式
主绝缘结构	油浸、气体、固体

（1）电磁式电压互感器。

1）电磁式电压互感器的连接方式如图 2-43～图 2-47 所示。

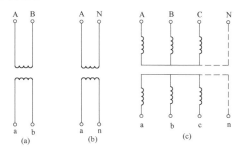

图 2-43　具有一个二次绕组的电压互感器

（a）、（b）单相；（c）三相

2）电磁式电压互感器的原理与一般变压器类似，参数折算到二次侧，其等效电路如图 2-48 所示。

（2）电容式电压互感器。

1）电容式电压互感器的组成包括由 C_1 和 C_2 构成的电容分压器及电磁单元，电磁单元由中压变压器和电抗器组成。电容式电压互感器接地回路通常还接有电力线载波耦合装置，对于工频电流，载波耦合装置阻抗很小，但对于载波电流则呈现较高的阻抗。电容式电压互感器接线图如图 2-49 所示。

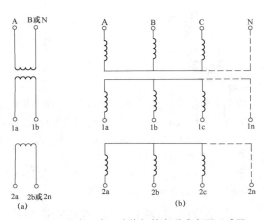

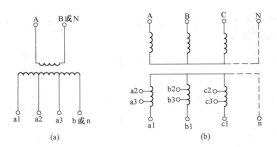

图2-46 有多抽头二次绕组的电磁式电压互感器

(a)单相；(b)三相

图2-44 具有二个二次绕组的电磁式电压互感器

(a)单相；(b)三相

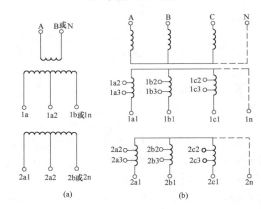

图2-47 有两个多抽头二次绕组的电磁式电压互感器

(a)单相；(b)三相

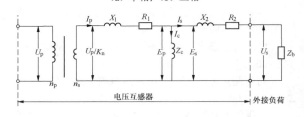

图2-48 电磁式电压互感器等效电路图

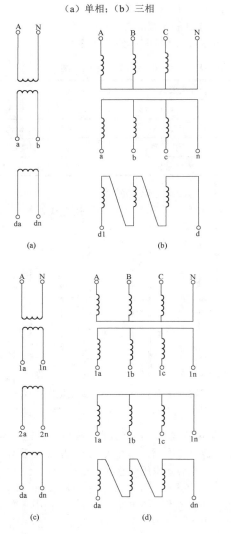

图2-45 具有剩余电压绕组的电磁式电压互感器

(a)单相，一个二次绕组；(b)三相，一个二次绕组；

(c)单相，两个两次绕组；(d)三相，两个两次绕组

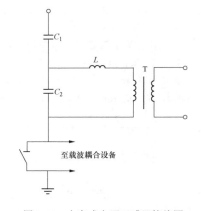

图2-49 电容式电压互感器接线图

2）电容式电压互感器的等效电路如图 2-50 所示。

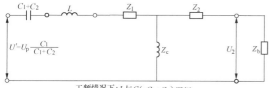

图 2-50 电容式电压互感器的等效电路图

2. 电压互感器相量图

电压互感器相量图如图 2-51 所示。

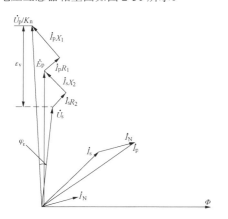

图 2-51 电压互感器相量图

3. 电压互感器的选择

电压互感器需在满足测量仪表和继电保护基本功能要求下，根据电压互感器绝缘结构设计原理，在运行时绝缘性能的可靠性，以及互感器安装方式进行选型。

（1）220kV 及以上配电装置一般采用电容式电压互感器。110kV 配电装置可采用电容式电压互感器。

（2）当线路装有载波通信时，线路侧电容式电压互感器一般与耦合电容器结合。

（3）气体绝缘金属封闭开关设备一般采用电磁式电压互感器。

（4）66kV 户外配电装置一般采用油浸绝缘的电磁式电压互感器。

（5）3～35kV 户内配电装置一般采用固体绝缘的电磁式电压互感器，35kV 户外配电装置可采用适用户外的固体绝缘或油浸绝缘的电磁式电压互感器。

（6）1kV 及以下户内配电装置一般采用固体绝缘或塑料绝缘的电磁式电压互感器。

（二）配置和接线

1. 电压互感器的配置

电压互感器的配置与系统电压等级、主接线方式及所实现的功能有关。

（1）电压互感器及其二次绕组数量、容量和准确等级（包括电压互感器辅助绕组）等需满足测量、保护、同步和自动装置的要求。电压互感器的配置需保

证在运行方式改变时，保护装置不得失去电压，同步点的两侧都能提取到电压。

（2）对 220kV 及以下电压等级的双母线接线，一般在主母线三相上装设电压互感器。旁路母线是否装设电压互感器视具体情况和需要确定。当需要监视和检测线路侧有无电压时，可在出线侧的一相上装设电压互感器。对于 220kV 大型发电工程的双母线接线电压互感器，可按线路配置电压互感器，保护不设切换装置（对提高保护可靠性和测量准确性有好处），也根据各工程的情况，通过技术经济比较，按线路或变压器单元配置三相电压互感器。

（3）对 500kV 及以上电压等级的双母线接线，一般在每回出线和每组母线的三相上装设电压互感器。对 3/2 断路器接线，需在每回出线（包括主变压器进线回路）的三相上装设电压互感器。线路和变压器回路装设三相电压互感器时，不必设复杂的电压切换。对母线，可根据母线保护和测量装置的要求在一相或三相上装设电压互感器。母线保护多为电流相差保护，必要时设电压闭锁，母线电压互感器可为单相式。

（4）发电机出口可装设两组或三组电压互感器，供测量、保护和自动电压调整装置使用。当设发电机断路器时，需在主变压器低压侧增设 1～2 组电压互感器。

2. 电压互感器的接线

电压互感器的接线与电力系统的电压等级和接地方式有关。

（1）110（66）kV 及以上系统一般采用单相式电压互感器。35kV 及以下系统可采用单相式或三相式（三柱或五柱）电压互感器。

（2）对于系统高压侧为非有效接地系统，单相互感器可接于相间电压或采用 Vv 接线，供电给接于相间电压的仪表和继电器。需要检查和监视一次回路单相接地时，需选用单个三相五柱式或三个单相式电压互感器。

（3）三个单相互感器接成星形。当互感器一次侧中性点不接地时，可供电给接于相间电压和相电压的仪表及继电器，但不能供电给绝缘监察电压表。当互感器一次侧中性点接地时，可用于供电给接于相间电压的仪表和继电器以及绝缘监察电压表。如系统高压侧为中性点有效接地系统，则可用于测量相电压的仪表；如系统高压侧为非有效接地系统，则不允许接入测量相电压的仪表。

（4）三相式互感器有三柱式或五柱式两种，采用星形接线。三柱式互感器一次侧中性点不能接地，五柱式互感器一次侧中性点可以接地。

3. 常用电压互感器和电压抽取装置接线

（1）单相电压互感器接于线电压上的方式。图 2-52 示意了一个单相电压互感器接于 A、B 相间的接

线图及相应的相量图。这种简单的接线方式应用于单相或三相系统中，保护或测量表计只需要接入任一线电压即可。采用这种接线方式时，电压互感器的一次绕组不能接地，因为一次绕组的任一端接地就相当于将系统的一相直接接地。为了安全，二次绕组的一端是接地的。

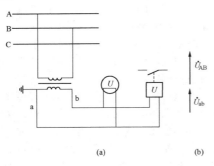

图 2-52　单相电压互感器接于线电压上

（a）接线图；（b）相量图

单相电压互感器一次绕组电压为接入系统的线电压，二次绕组电压为 100V。

（2）两个单相电压互感器接成 Vv 形接线方式。图 2-53 示意了两个电压互感器接成 Vv 形接线图及相应的相量图。图中，两个电压互感器分别接于线电压 $\dot{U}_{AB}$ 和 $\dot{U}_{BC}$ 上。此种接线方式的电压互感器的一次绕组不能接地，为了安全，二次绕组的一端是接地的。这种接线方式用于中性点非直接接地或经过消弧线圈接地的电网中，只用两个单相电压互感器就可以取得对称的三个线电压，但不能测量相电压。因此，只有当保护装置及测量表计需要用线电压时，才建议采用这种简单的接线方式。

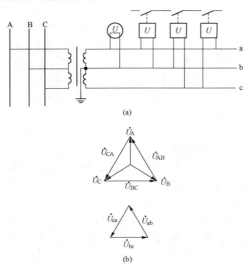

图 2-53　电压互感器 Vv 形接线

（a）接线图；（b）相量图

电压互感器一次绕组电压为接入系统线电压，二次绕组电压为 100V。

（3）三个单相电压互感器接成星形接线方式。图 2-54 示意了用三个单相电压互感器的星形接线方式及相应的相量图。这种接线方式中，电压互感器的一次绕组和二次绕组的中性点是直接接地的，而且从二次绕组中性点还引出供接入相电压的中性线。因此，在中性点直接接地的电网中，采用这种接线可以将保护和测量仪表接入相电压或线电压。

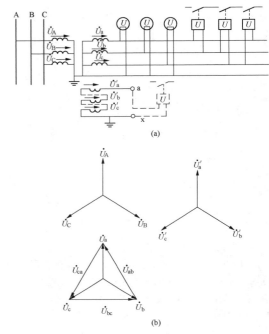

图 2-54　三个单相电压互感器接成星形接线

（a）接线图；（b）相量图

在中性点非直接接地或经消弧线圈接地的电网中，这种接线方式可用来接入线电压和供绝缘监视用，但不能用来接入要求相电压精密的测量表计。此接线方式中，电压互感器一次绕组的电压接入系统相电压，主二次绕组电压为 $100/\sqrt{3}$ V，辅助二次绕组的电压分为两种：一次系统中性点为直接接地方式时，电压为 100V；一次系统中性点为非直接接地或经消弧线圈接地方式时，电压为 100/3V。

（4）三相三柱式电压互感器的星形接线方式。图 2-55 示意了三相三柱式电压互感器的星形接线方式及相应的相量图。这种接线方式可以用来接入线电压和相对电网中性点的相电压。三相三柱式电压互感器一般都使用在中性点非直接接地或经消弧线圈接地的电网中。必须指出，一次绕组的中性点是不允许接地的。

三相三柱式电压互感器的一次绕组接入系统线电

压，其二次绕组电压为 100/$\sqrt{3}$ V。

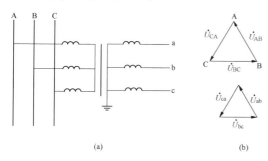

图 2-55 三相三柱式电压互感器的星形接线

（a）接线图；（b）相量图

（5）三相五柱式电压互感器的接线方式。三相五柱式电压互感器是磁系统具有 5 个磁柱的三相三柱式电压互感器，其接线图和相量图如图 2-56 所示。

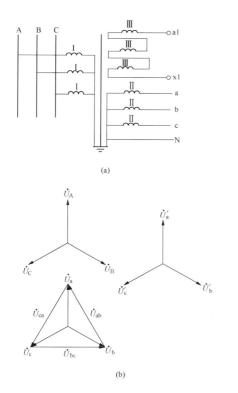

图 2-56 三相五柱式电压互感器的接线

（a）接线图；（b）相量图

从图 2-56 可以看出，一次绕组和主二次绕组接成中性点直接接地的星形，而辅助二次绕组接成有零序电压回路的接线方式。这种接线方式可以将保护和测量表计接入线电压和相电压；接成零序的辅助二次绕组引出端，可以接入接地保护装置和接地信号指示

器。当高压电网绝缘正常时，电网中的三相电压对称，其相量和为零，零序电压引出端上的电压为零。当高压电网中发生接地故障时，在辅助二次绕组的引出端上出现零序电压，从而使接地保护装置动作，或者启动接地故障的信号回路，使其发出接地信号。辅助二次绕组匝数的选择原则一般是当发生单相接地故障时，使得在零序电压辅助二次绕组引出端子上的电压为 100V。

三相五柱式电压互感器的一次绕组接入系统相电压，主二次绕组相电压为 100/$\sqrt{3}$ V，辅助二次绕组电压为 100/3V。

（6）电容式电压互感器。电容式电压互感器由分压电容器、补偿电抗器、中间变压器、阻尼器和保护间隙等组成，为单相结构。其原理接线如图 2-57 所示。

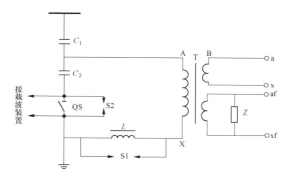

图 2-57 电容式电压互感器原理接线图

C_1—主电容（高压电容）；C_2—分压电容（中压电容）；S1—补偿电抗保护间隙；S2—载波装置保护间隙；L—补偿电抗器；T—中间变压器；Z—阻尼器；QS—接地开关

电容分压器由耦合电容器串联组成，最下面一节电容器的芯子在下部标称电容 C_2 处抽头，用瓷套从底盖引出，连接到中间变压器一次侧的高压端子，分压器的低压端子也用瓷套从底盖引出连接到出线盒的接线端子上。电容器由若干电容元件串联而成，补偿电抗器与中间变压器均装在油箱内。

补偿电抗器一般连接在中间变压器的一次侧低压端，以求降低一些绝缘水平。补偿电抗器与中间变压器的一次绕组均有若干抽头，补偿电抗器具有可调气隙的铁芯，抽头接线与气隙位置在误差试验时调定。

电容式电压互感器可和单相电磁式电压互感器一样构成三相星形接线（参见图 2-53），以满足测量表计和保护的要求。

图 2-58 所示为发电厂主变压器高压侧电容式电压互感器接线，高压侧系统为直接接地系统。电压互感器带 4 个二次绕组，其一次绕组和 3 个星形接线的

二次绕组中性点直接接地，辅助二次绕组接成有零序电压回路的接线方式。电压互感器的一次绕组接入系统相电压，星形接线二次绕组相电压为100/$\sqrt{3}$ V，辅助二次绕组电压为100V。

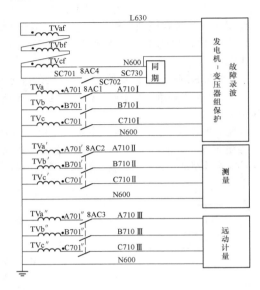

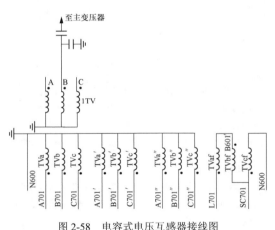

图 2-58　电容式电压互感器接线图

（三）电压互感器的额定参数

1. 额定一次电压（U_{pN}）

电压互感器的额定一次电压需根据所接系统的标称电压确定。对三相电压互感器和用于三相系统相间连接的单相电压互感器，其额定一次电压见表2-24。对于接在三相系统相与地间的单相电压互感器，其额定一次电压为额定电压的1/$\sqrt{3}$。

2. 额定二次电压（U_{sN}）

额定二次电压按互感器使用场合选定。

三相电压互感器和用于三相系统相间连接的单相电压互感器，其额定二次电压为100V。接在三相系统相与地间的单相电压互感器，当其额定一次电压为

所接系统的相电压时，其额定二次电压为 100/$\sqrt{3}$ V。

电压互感器剩余电压绕组的额定电压与系统接地方式有关：中性点有效接地系统的接地电压互感器，其标准值为100V；中性点非有效接地系统的接地互感器，其标准值为 100 / 3V。

电压互感器额定二次电压和剩余电压绕组额定电压见表2-24。

表 2-24　电压互感器额定电压及设备最高电压标准值　　　　（kV）

设备最高电压	额定一次电压	额定二次电压	剩余电压绕组额定电压
0.415	0.38	0.1	—
0.72	0.60	0.1	—
1.2	1、1/$\sqrt{3}$	0.1、0.1$\sqrt{3}$	0.1/3
3.6	3、3/$\sqrt{3}$	0.1、0.1/$\sqrt{3}$	0.1/3
7.2	6、6/$\sqrt{3}$	0.1、0.1/$\sqrt{3}$	0.1/3
12	10、10/$\sqrt{3}$	0.1、0.1/$\sqrt{3}$	0.1/3
17.5	15、15/$\sqrt{3}$	0.1、0.1/$\sqrt{3}$	0.1/3
24	20、20/$\sqrt{3}$	0.1、0.1/$\sqrt{3}$	0.1/3
40.5	35、35/$\sqrt{3}$	0.1、0.1/$\sqrt{3}$	0.1/3
72.5	66/$\sqrt{3}$	0.1/$\sqrt{3}$	0.1/3
126	110/$\sqrt{3}$	0.1/$\sqrt{3}$	0.1
252	220/$\sqrt{3}$	0.1/$\sqrt{3}$	0.1
363	330/$\sqrt{3}$	0.1/$\sqrt{3}$	0.1
550	500/$\sqrt{3}$	0.1/$\sqrt{3}$	0.1
800	765/$\sqrt{3}$	0.1/$\sqrt{3}$	0.1
1100	1000/$\sqrt{3}$	0.1/$\sqrt{3}$	0.1

3. 额定电压因数（K_u）

电压互感器的额定电压因数 K_u 需根据系统最高运行电压决定，而后者又与系统及电压互感器一次绕组的接地条件有关。表2-25列出与各种接地方式相对应的额定电压因数及在最高运行电压下的允许持续时间（即额定时间）。

表 2-25　额定电压因数标准值

额定电压因数	额定时间	一次绕组连接方式和系统接地方式
1.2	连续	任一电网的相间 任一电网中的变压器中性点与地之间

续表

额定电压因数	额定时间	一次绕组连接方式和系统接地方式
1.2	连续	中性点有效接地系统中的相与地之间
1.5	30s	
1.2	连续	带有自动切除对地故障装置的中性点非有效接地系统中的相与地之间
1.9	30s	
1.2	连续	无自动切除对地故障装置的中性点绝缘系统或无自动切除对地故障装置的共振接地系统中的相与地之间
1.9	8h	

注 按制造厂与用户协议、表中所列的额定时间允许缩短。

（四）准确度等级及误差限值

1. 电压互感器的准确度等级

电压互感器除剩余绕组外，均需给出相应的测量准确度等级和保护准确度等级。

（1）测量用电压互感器的准确度等级，以该准确度等级规定的电压和负荷范围内的最大允许电压误差百分数来标称。标准准确度等级为 0.1、0.2、0.5、1.0、3.0。

（2）保护用电压互感器的准确度等级，以该准确度等级在 5%额定电压到与额定电压因数所对应的电压范围内最大允许电压误差的百分数标称，其后标以字母"P"。标准准确度等级为 3P 和 6P。

（3）保护用电压互感器剩余电压绕组的准确度等级为 6P。

2. 电压误差和相位差的限值

各种准确度等级的测量用电压互感器和保护用电压互感器，其电压误差和相位差不能超过表 2-26 所列限值。

表 2-26　电压误差和相位差限值

用途	准确度等级	误差限值			适用运行条件			
		电压误差（±，%）	相位差		电压（%）	频率范围（%）	负荷（%）	负荷功率因数
			（±，min）	（±，crad）				
测量	0.1	0.1	5	0.15	80～120	99～101	25～100	0.8（滞后）
	0.2	0.2	10	0.3				
	0.5	0.5	20	0.6				
	1.0	1.0	40	1.2				
	3.0	3.0	未规定	未规定				
保护	3P	3.0	120	3.5	5～150 或 5～190	96～102		
	6P	6.0	240	7.0				
剩余绕组	6P	6.0	240	7.0				

注 当二次绕组同时用于测量和保护时，应对该绕组标出其测量和保护等级及额定输出。

表 2-26 中测量用电压互感器误差需在电压互感器二次绕组端子间测定，并需包括作为互感器整体一部分的熔断器或电阻器的影响。当具有多个分开的二次绕组时，由于它们之间有相互影响，需规定各个绕组的输出范围，每一输出范围上限值需符合标准的额定输出值，每个二次绕组在规定的范围内应符合规定的准确度等级，此时，其他二次绕组需带有其输出范围上限值的 1%～100%中的任一值。为验证是否符合要求，可以只在极限值下进行试验。当未规定输出范围时，即认为每个绕组的输出范围是其额定输出的 25%～100%。如果某一绕组只有偶然的短时负荷，或仅作为剩余电压绕组使用时，则它对其余绕组的影响可以忽略不计。

表 2-26 中保护用电压互感器在额定频率、5%额定电压和额定电压乘以额定电压因数（1.2、1.5 和 1.9）的电压下，负荷为 25%～100%额定负荷和功率因数为 0.8（滞后）时，其电压误差和相位误差限值不能超过表 2-26 的规定值。当互感器在额定频率及 2%额定电压下，负荷为 25%～100%额定负荷和功率因数为 0.8（滞后）时，其电压误差和相位误差限值不能超过表 2-26 规定值的 2 倍。当具有两个独立的二次绕组时，由于它们之间有相互影响，需规定各个绕组的输出范围，每一输出范围上限值需符合标准的额定输出值，每个二次绕组需在规定的范围内符合规定的准确度等级，此时，另一绕组能带有其输出范围上限值的 0～100%中的任一值。为验证是否符合要求，可以只在极限值下进行试验。当未规定输出范围时，即认为每个绕组的输出范围是其额定输出的 25%～100%。

3. 测量用电压互感器准确度等级选择

测量用电压互感器的准确度等级需与测量仪表的准确度等级相适应，参见表 2-27。

表 2-27　仪表与配套电压互感器准确度等级

指示仪表		计量仪表			
仪表准确度等级	互感器准确度等级	仪表准确度等级		互感器准确度等级	
		有功电能表	无功电能表*		
0.5	0.5	0.2S	2.0	0.2	
1.0	0.5	0.5S	2.0	0.2	
1.5	1.0	1.0	2.0	0.5	
2.5	1.0	2.0	2.0	0.5	

* 无功电能表一般与同回路有功电能表共用同一等级的互感器。

（五）二次绕组、容量选择及二次负荷计算

1．二次绕组选择

电压互感器二次绕组数量按所供给仪表和继电器的要求确定。

（1）对于220kV及以上电压等级的输电线路和单机容量100MW及以上的发电设备，要求装设两套独立的主保护或保护按双重化配置，因而要求电压互感器为两套保护提供两个独立二次绕组。

（2）对某些计费用计量仪表，为提高可靠性和精确度，电压互感器一般提供测量和保护分开的独立二次绕组。

（3）保护用电压互感器一般设有剩余电压绕组，供接地故障产生剩余电压用。对于微机保护，当保护装置内三相电压能够自动形成剩余（零序）电压时，可不设剩余电压绕组。

2．容量选择

（1）二次绕组额定输出。选择二次绕组额定输出时，需保证二次实接负荷在额定输出的25%～100%范围内，以保证互感器的准确度。

在功率因数为0.8（滞后）时，额定输出标准值为10、15、25、30、50、75、100VA。在功率因数为1.0时，额定输出标准值为1、2.5、5、10VA。对三相互感器而言，其额定输出值是指每相的额定输出。

对于一台电压互感器，如果它的一个额定输出是标准值，并符合一个标准准确度等级，则规定其余额定输出时为非标准值，但要求其符合另一标准准确度等级。

（2）热极限输出。在电压互感器可能作为电源使用时，可规定其额定热极限输出。在这种情况下，误差限值可以超过规定值，但温升不能超过规定限值。对于多个二次绕组的互感器，需分别规定各二次绕组的热极限输出，但使用时，只能有一个达到极限值。

剩余绕组接成开口三角形，仅在故障情况下承受负荷。额定热极限输出以持续时间8h为基准。

额定热极限输出容量以伏安（VA）表示，在额定二次电压及功率因数为1.0时，数值为25、50、100VA及其十进位倍数。

3．二次负荷计算

电压互感器的二次负荷不能超过其准确度等级所允许的负荷范围，一般按负荷最重的一相进行验算。必要时可按表2-28和表2-29列出的各种接线方式的计算公式进行每相负荷的计算。

表 2-28　　　　　　　　　　　　**电压互感器接成星形时每相负荷计算公式**

负荷接线方式及相量图				
电压互感器每相的负荷	A	有功	$P_a = W_a \cos\varphi$	$P_a = \dfrac{1}{\sqrt{3}}[W_{ab}\cos(\varphi_{ab}-30°) + W_{ca}\cos(\varphi_{ca}+30°)]$	$P_a = \dfrac{1}{\sqrt{3}}W_{ab}\cos(\varphi_{ab}-30°)$
		无功	$Q_a = W_a \sin\varphi$	$Q_a = \dfrac{1}{\sqrt{3}}[W_{ab}\sin(\varphi_{ab}-30°) + W_{ca}\sin(\varphi_{ca}+30°)]$	$Q_a = \dfrac{1}{\sqrt{3}}W_{ab}\sin(\varphi_{ab}-30°)$
	B	有功	$P_b = W_b \cos\varphi$	$P_b = \dfrac{1}{\sqrt{3}}[W_{ab}\cos(\varphi_{ab}+30°) + W_{bc}\cos(\varphi_{bc}-30°)]$	$P_b = \dfrac{1}{\sqrt{3}}[W_{ab}\cos(\varphi_{ab}+30°) + W_{bc}\cos(\varphi_{bc}-30°)]$
		无功	$Q_b = W_b \sin\varphi$	$Q_b = \dfrac{1}{\sqrt{3}}[W_{ab}\sin(\varphi_{ab}+30°) + W_{bc}\sin(\varphi_{bc}-30°)]$	$Q_b = \dfrac{1}{\sqrt{3}}[W_{ab}\sin(\varphi_{ab}+30°) + W_{bc}\sin(\varphi_{bc}-30°)]$
	C	有功	$P_c = W_c \cos\varphi$	$P_c = \dfrac{1}{\sqrt{3}}[W_{bc}\cos(\varphi_{bc}+30°) + W_{ca}\cos(\varphi_{ca}-30°)]$	$P_c = \dfrac{1}{\sqrt{3}}W_{bc}\cos(\varphi_{bc}+30°)$

续表

负荷接线 方式及相量图					
电压互感器每相的负荷	C	无功	$Q_c = W_c \sin\varphi$	$Q_c = \dfrac{1}{\sqrt{3}}[W_{bc}\sin(\varphi_{bc}+30°)$ $+W_{ca}\sin(\varphi_{ca}-30°)]$	$Q_c = \dfrac{1}{\sqrt{3}}W_{bc}\sin(\varphi_{bc}+30°)$

注　W ——表计的负荷，VA；

φ ——相角差；

P_a、P_b、P_c——电压互感器每相的有功负荷，W；

Q_a、Q_b、Q_c——电压互感器每相的无功负荷，var；

电压互感器的全负荷（VA）：$W_A = \sqrt{P_A^2 + Q_A^2}$。

表 2-29　　　　　　　　　　电压互感器接成不完全星形时每相负荷计算公式

负荷接线 方式及相量图				$W_a = W_b = W_c = W$	
电压互感器每相的负荷	AB	有功	$P_{ab}=W_{ab}\cos\varphi_{ab}$	$P_{ab}=\sqrt{3}W\cos(\varphi+30°)$	$P_{ab}=W_{ab}\cos\varphi_{ab}$ $+W_{ca}\cos(\varphi_{ca}+60°)$
		无功	$Q_{ab}=W_{ab}\sin\varphi_{ab}$	$Q_{ab}=\sqrt{3}W\sin(\varphi+30°)$	$Q_{ab}=W_{ab}\sin\varphi_{ab}$ $+W_{ca}\sin(\varphi_{ca}+60°)$
	BC	有功	$P_{bc}=W_{bc}\cos\varphi_{bc}$	$P_{bc}=\sqrt{3}W\cos(\varphi-30°)$	$P_{bc}=W_{bc}\cos\varphi_{bc}$ $+W_{ca}\cos(\varphi_{ca}-60°)$
		无功	$Q_{bc}=W_{bc}\sin\varphi_{bc}$	$Q_{bc}=\sqrt{3}W\sin(\varphi-30°)$	$Q_{bc}=W_{bc}\sin\varphi_{bc}$ $+W_{ca}\sin(\varphi_{ca}-60°)$

注　W ——表计的负荷，VA；

φ ——相角差；

P_{ab}、P_{bc}——电压互感器每相的有功负荷，W；

Q_{ab}、Q_{bc}——电压互感器每相的无功负荷，var；

电压互感器的全负荷（VA）：$W_{ab} = \sqrt{P_{ab}^2 + Q_{ab}^2}$，$W_{bc} = \sqrt{P_{bc}^2 + Q_{bc}^2}$。

4. 二次回路电压降

测量用电压互感器二次回路允许电压降不能超过以下值：

（1）计算机监控系统中的测量部分、常用电测量仪表和综合装置的测量部分，二次回路电压降不能大于额定二次电压的 3%。

（2）Ⅰ、Ⅱ类电能计量装置二次回路电压降不能大于额定二次电压的 0.2%。

（3）其他电能计量装置二次回路电压降不能大于额定二次电压的 0.5%。

保护用电压互感器二次回路允许电压降应满足在互感器负荷最大时不大于额定电压的 3%。

（六）电压互感器的特殊问题

1. 电容式电压互感器的暂态响应

（1）在额定电压下，电容式电压互感器的高压端子对接地端子短路后，二次输出电压满足在额定频率的一个周期之内降低到短路前电压峰值的10%以下。

（2）电容式电压互感器的暂态响应对电网保护的影响是一个很复杂的问题，并且也不可能给出对每一种情况都有效的数值。暂态响应对于继电保护的影响不仅与暂态过程的幅值有关，而且还与其频率有关。这些给定值可以使普通的机电型继电器在一般线路长度的短路情况下得以准确动作。对于快速继电器（例如静态继电器）或非常短线路，或短路电流很小情况，暂态响应由用户、保护继电器和互感器的制造厂协商，可以提出严格要求（例如5%以下）。

2. 电容式电压互感器的铁磁谐振

电容式电压互感器包括电容分压器和电磁单元。电磁单元中的电抗线圈在额定频率下的电抗值约等于分压器两个电容并联的电容值。在电磁单元二次短路又突然清除时，一次侧电压突然变化的暂态过程可能使铁芯饱和，并与并联的两部分分压电容发生铁磁谐振。制造部门需保证电容式电压互感器的性能满足以下要求：

（1）在电压为 $0.8U_{pN}$、$1.0U_{pN}$、$1.2U_{pN}$ 而负荷实际为零的情况下，互感器二次端子短路后又突然消除短路，其二次电压峰值需在 0.5s 之内恢复到与短路前正常值相差不大于10%。

（2）在电压为 $1.5U_{pN}$（用于中性点有效接地系统）或 $1.9U_{pN}$（用于中性点非有效接地系统）且负荷实际为零的情况下，互感器二次端子短路后又突然消除短路，其铁磁谐振持续的时间不能超过2s。

3. 电磁式电压互感器的铁磁谐振及防谐措施

（1）电磁式电压互感器的励磁特性为非线性，与电力网中的分布电容或杂散电容在一定条件下可能形成铁磁谐振。通常电压互感器的感性电抗大于电容的容性电抗，当电力系统操作或其他暂态过程引起互感器暂态饱和而感抗降低时就可能出现铁磁谐振。这种谐振可能发生于不接地系统，也可能发生于直接接地系统。随着电容值的不同，谐振频率可以是工频和较高或较低的谐波。铁磁谐振产生的过电流和/或高电压可能造成互感器损坏，特别是低频谐振时，互感器相应的励磁阻抗会大为降低，导致铁芯深度饱和，励磁电流急剧增大，高达额定值的数十倍至百倍以上，从而严重损坏互感器。

（2）在中性点非有效接地系统中，电磁式电压互感器与母线或线路对地电容形成的回路，在一定激发条件下可能发生铁磁谐振而产生过电压及过电流，使电压互感器损坏，因此需采取消谐措施。这些措施有：

1）在电压互感器一次绕组中性点与地之间接入线性或非线性电阻。

2）在三相电压互感器或三台单相电压互感器一次侧中性点与地之间接入一个单相零序电压互感器。

3）在电压互感器剩余开口三角形侧装设专用消谐器。

4）在电压互感器一次侧加装避雷器。

5）在电压互感器一次侧或二次侧加装熔断器。

6）在母线上增加对地电容。

7）将电源变压器中性点经消弧线圈/电阻接地。

8）采用电压因数在 2 倍内呈容性的电磁式电压互感器。

9）选用三相防谐振电压互感器，增加对地电容破坏谐振条件等。

（3）在中性点直接接地系统中，电磁式电压互感器在断路器分闸或隔离开关合闸时可能与断路器并联均压电容或杂散电容形成铁磁谐振。由于电源系统与互感器中性点均接地，各相的谐振回路基本上是独立的，谐振可能在一相发生，也可能在两相或三相内同时发生。抑制这种谐振的方法一般不在零序回路（包括开口三角回路）采取措施，可采用如下措施：

1）采用电容式电压互感器。

2）采用在电压因数不超过 2 时呈容性的电磁式电压互感器。

3）对于参数配合不好、易激发谐振的系统，可改变倒闸操作方式，避免带断口电容的断路器投切带电磁式电压互感器的空载母线。

第五节 电测量及电能计量回路

一、总的要求

电测量及电能计量装置的设计，必须执行国家的有关技术经济政策，并做到技术先进、经济合理、准确可靠、监视方便，以满足电力系统安全经济运行和电力商业化运营的需要。对用户供电线路的电能计量的设计，还需满足《供电营业规则》（电力工业部令第8号）的有关规定。

二、常用测量仪表

（一）一般要求及计算

1. 一般要求

（1）常用测量仪表的配置能正确反映电力装置的电气运行参数和绝缘状况。

（2）电测量装置包括计算机监控系统的测量部分、常用电测量仪表，以及其他综合装置中的测量部分。

（3）电测量装置可采用直接式仪表测量、一次仪表测量或二次仪表测量。直接式仪表测量中配置的电测量装置，需满足相应一次回路动、热稳定的要求。

（4）常用测量仪表指装设在屏、台、柜上的电测量表计，包括指针式仪表、数字式仪表、记录型仪表及仪表的附件和配件等。

（5）常用测量仪表可采用直接仪表测量、一次仪表测量和二次仪表测量方式：

1）直接仪表测量方式指直接接入一次电力回路的测量方式，直接仪表的参数需与电力回路电流、电压的参数相符合。

2）一次仪表测量方式指经电流、电压互感器的仪表测量方式。一次仪表的参数需与测量回路电流、电压互感器的参数相符合。

3）二次仪表测量方式指经变送器或中间互感器的仪表测量方式。二次仪表的参数需与变送器或中间互感器的输出参数和校准值相匹配。

（6）为了防止电力回路断路，工程中对测量仪表的电流回路一般不采用直接仪表测量方式。

（7）电测量装置的准确度等级不能低于表 2-30 的规定。

表 2-30　常用测量仪表的准确度等级最低要求

电测量装置类型		准确度等级
计算机监控系统	交流采样	0.5
		频率：≤0.01Hz
	直流采样	模数转换误差：≤0.2%
常用电测量仪表	指针式交流仪表	1.5
	指针式直流仪表	1.0（经变送器二次测量）
		1.5
	数字式仪表	0.5
	记录型仪表	应满足测量对象的准确度要求
综合装置中的测量部分		0.5

（8）交流回路指示仪表的综合准确度等级不能低于 2.5 级，直流回路指示仪表的综合准确度等级不能低于 1.5 级，接于电测量变送器二次侧仪表的准确度等级不能低于 1.0 级。电测量装置电流、电压互感器及附件、配件的准确度等级不能低于表 2-31 的规定。

表 2-31　电测量装置电流、电压互感器
及附件、配件的准确度等级要求

电测量装置准确度等级	附件、配件的准确度等级			
	电流、电压互感器	变送器	分流器	中间互感器
0.5	0.5	0.5	0.5	0.2
1.0	0.5	0.5	0.5	0.2

续表

电测量装置准确度等级	附件、配件的准确度等级			
	电流、电压互感器	变送器	分流器	中间互感器
1.5	1.0	0.5	0.5	0.2
2.5	1.0	0.5	0.5	0.5

（9）指针式测量仪表的测量范围，使电力设备在额定值时仪表指针指示在仪表标度尺的 2/3 左右。对于有可能过负荷运行的电力设备和回路，测量仪表选用过负荷仪表。对重载启动的电动机和有可能出现短时冲击电流的电力设备和回路，一般采用具有过负荷标度尺的电流表。

（10）对多个同类型电力设备和回路，可采用选择测量。根据生产工艺和运行监视的要求，可采用变送器、切换装置和公用二次仪表组成的选测接线。

2. 测量仪表满刻度值的计算

经变送器的二次测量一般采用磁电系列直流仪表，其满刻度值需与变送器的校准值相匹配。

（1）二次测量仪表满刻度值的计算。设定变送器的校准值为：$I_{bx}=5A$ 或 $1A$，$U_{bx}=100V$，$P_{bx}=866W$（5A）或 $173.2W$（1A），$Q_{bx}=866var$（5A）或 $173.2var$（1A）。可采用下列公式计算二次测量仪表的满刻度值：

1）电流表满刻度值的计算

$$I_{b1}=I_{1N} \tag{2-14}$$

式中　I_{b1}——电流表满刻度值，A；

　　　I_{1N}——电流互感器一次额定电流，A。

2）电压表满刻度值的计算

$$U_{b1}=KU_{1N} \tag{2-15}$$

式中　U_{b1}——电压表满刻度值，V；

　　　U_{1N}——电压互感器一次额定电压，V；

　　　K——电压变送器的输入电压倍数，需与变送器的输入范围协调，一般取 1.2～1.5。

3）有功功率表满刻度值的计算

$$P_{b1}=P_{1N}=\sqrt{3}\,U_{1N}I_{1N} \tag{2-16}$$

式中　P_{b1}——有功功率表满刻度值，W；

　　　P_{1N}——额定有功功率，W。

4）无功功率表满刻度值的计算

$$Q_{b1}=Q_{1N}=\sqrt{3}\,U_{1N}I_{1N} \tag{2-17}$$

式中　Q_{b1}——无功功率表满刻度值，var；

　　　Q_{1N}——额定无功功率，var。

5）有功电能表的换算

$$W_{p1}=W_{p2}N_uN_i \tag{2-18}$$

式中　W_{p1}——有功电能表一次电能值，kWh；

　　　W_{p2}——有功电能表的读数，kWh；

　　　N_i——电流互感器变比；

N_u——电压互感器变比。

6）无功电能表的换算

$$W_{q1}=W_{q2}N_uN_i \qquad (2-19)$$

式中　W_{q1}——无功电能表一次电能值，kvarh；

W_{q2}——无功电能表的读数，kvarh。

（2）电测量变送器校准值的计算。根据二次测量仪表的满刻度值，可采用下列公式计算变送器的校准值：

1）电流变送器校准值计算

$$I_{bx}=I_{b1}/N_i \qquad (2-20)$$

式中　I_{bx}——电流变送器校准值；

I_{b1}——电流表满刻度值；

N_i——电流互感器变比。

2）电压变送器校准值计算

$$U_{bx}=U_{b1}/N_u \qquad (2-21)$$

式中　U_{bx}——电压变送器校准值；

U_{b1}——电压表满刻度值；

N_u——电压互感器变比。

3）有功功率变送器校准值计算

$$P_{bx}=P_{b1}/(N_uN_i) \qquad (2-22)$$

式中　P_{bx}——有功功率变送器校准值；

P_{b1}——有功功率表满刻度值。

4）无功功率变送器校准值计算

$$Q_{bx}=Q_{b1}/(N_uN_i) \qquad (2-23)$$

式中　Q_{bx}——无功功率变送器校准值；

Q_{b1}——无功功率表满刻度值。

5）有功电能表的换算

$$W_p=A(N_uN_i)/C \qquad (2-24)$$

式中　W_p——有功电能表电能值；

A——有功电能表的累计脉冲计数值（脉冲）；

C——有功电能表的电能常数，脉冲/kWh。

6）无功电能表的换算

$$W_Q=A(N_uN_i)/C \qquad (2-25)$$

式中　W_Q——无功电能表电能值；

A——无功电能表的累计脉冲计数值（脉冲）；

C——无功电能表的电能常数，脉冲/kvarh。

（3）其他要求。

1）对双向电流的直流回路和双向功率的交流回路，采用具有双向标度尺的电流表和功率表。对有极性的直流电流、电压回路，采用具有极性的仪表。

2）对重载启动的电动机及有可能出现短时冲击电流的电力设备和回路，一般采用具有过负荷标度尺的电流表。

3）当发电厂装设有远动遥测、计算机监测（控）系统时，二次测量仪表、计算机、远动遥测三者一般共用一套变送器。

4）励磁回路仪表的上限值不能低于额定工况的

1.3 倍。仪表的综合误差不能超过 1.5%。发电机励磁绕组电流表一般经就近装设的变送器接入。

5）无功补偿装置的电测量装置量程需满足各无功补偿设备允许通过的最大电流和允许耐受的最高电压的要求。

6）目前的计算机监控系统、综合保护装置及智能测控装置测量精度均较高。其中中压综合保护装置的测量精度一般能达到电流、电压 0.2 级，频率精度为 ±0.01Hz，其他参数 0.5 级；低压电动机保护装置的测量精度能达到电流、电压 0.5 级，频率精度± 0.02Hz，其他参数 1 级，电能计量 2 级。因此，当计算机监控系统、综合装置的测量精度满足要求时，一般情况可不再装设常规电测量仪表，如仅作为一般监视，不参与逻辑控制或厂（站）内部考核用。

7）功率测量装置的接线方式需根据系统中性点接地方式选择。中性点有效接地、经电阻或消弧线圈接地系统中，中性点存在不平衡电流，当功率测量装置采用三相三线接线方式时将产生较大的测量误差，所以中性点有效接地系统功率测量装置需采用三相四线的接线方式；经电阻或消弧线圈等接地的非有效接地系统功率测量装置一般采用三相四线的接线方式。中性点不接地系统中，由于系统的实际中性点与地之间可能并不一致，如功率测量装置采用三相四线的接线方式会使测得的相电压与实际的相电压之间存在误差，从而影响正确的测量，因此中性点不接地系统的功率测量装置需采用三相三线接线方式。

8）电测量装置通信接口需满足现场组网通信的要求，通信接口可采用 RS-485 或 RS-232，通信协议可采用 MODBUS 协议。

（二）电流测量

（1）需测量交流电流的回路。

1）同步发电机和发电/电动机的定子回路，发电机励磁变压器的高压侧。

2）主变压器：双绕组变压器的一侧，三绕组变压器（或自耦变压器）的三侧，以及自耦变压器公共绕组回路。

3）厂用变压器：双绕组变压器的一侧及各厂用分支回路，三绕组变压器的三侧。

4）高压厂用电源：高压母线工作及备用电源进线，高压母线联络断路器，高压厂用馈线。

5）低压厂（站）用电源：PC 电源进线、PC 联络断路器、PC 至 MCC 馈线回路，柴油发电机至保安段进线及交流不停电电源配电屏进线回路。

6）1200V 及以上的线路，1200V 以下的供电、配电和用电网络的总干线路。

7）电气主接线为 3/2 断路器接线、4/3 断路器接线和三角形接线的各断路器回路。

8）母线联络断路器、母线分段断路器、旁路断路器和桥断路器回路。

9）并联电容器和低压并联电抗器的总回路及分组回路，330kV 及以上电压等级高压并联电抗器及其中性点接地小电抗回路，消弧线圈回路。

10）3～10kV 电动机，0、Ⅰ类 380V 电动机，55kW 及以上的Ⅱ、Ⅲ类 380V 电动机，以及纳入远方计算机监控系统监视控制或工艺要求监视电流的其他电动机。

11）根据生产工艺的要求，需要监视交流电流的其他回路。

（2）需测量三相交流电流的回路。

1）同步发电机和发电/电动机的定子回路。

2）110kV 及以上电压等级输电线路、变压器、电气主接线为 3/2 断路器接线和 4/3 断路器接线及三角形接线的各断路器、母线联络断路器、母线分段断路器、旁路断路器和桥式断路器回路。

3）并联电容器和低压并联电抗器的总回路及分组回路。

4）照明变压器、照明与动力共用的变压器以及检修变压器，照明负荷占 15%及以上的动力与照明混合供电的 3kV 以下的线路。

5）三相负荷不对称度大于 10%的 1200V 及以上的电力用户线路，三相负荷不对称度大于 15%的 1200V 以下的供电线路。

一次仪表测量方式需采用三个电流表测量三相电流，二次仪表测量方式可采用通过一个电流表和切换开关选测三相电流。

（3）需测量负序电流的回路。下列回路，需测量负序电流，且负序电流测量仪表的准确度等级不低于 1.0 级：

1）承受负序电流过负荷能力小于 10 的大容量汽轮发电机。

2）负荷不对称度超过额定电流 10%的发电机。

3）负荷不对称度超过 0.1 倍额定电流的 1200V 及以上线路。

对负序电流的测量，可采用指针式或数字式负序电流表或者负序电流记录表。

（4）需测量直流电流的回路。

1）同步发电机、发电/电动机和同步电动机的励磁回路和自动及手动调整励磁的输出回路。

2）直流发电机及其励磁回路，直流电动机及其励磁回路。

3）蓄电池组和充电及浮充电整流装置的直流输出回路。

4）重要电力整流装置的直流输出回路。

5）根据生产工艺的要求，需要监视直流电流的其他回路。

（5）整流装置的电流测量一般包含谐波监测。

（三）电压测量和绝缘监测

1．交流电压回路的测量

（1）需测量交流电压的回路。

1）同步发电机和发电/电动机的定子回路。

2）各电压等级的交流主母线。

3）电力系统联络线路（线路侧）。

4）交流不停电电源配电盘母线。

5）根据生产工艺的要求，需要监视交流电压的其他回路。

（2）对电力系统电压监视点的高压或中压母线和容量为 50MW 及以上的汽轮发电机电压母线，还需测量并记录母线电压。

（3）中性点有效接地系统需测量三个线电压，对只装有单相电压互感器接线或电压互感器采用 Vv 接线的主母线、变压器回路可只测量单相电压或一个线电压；中性点非有效接地系统可测量一个线电压和监测绝缘的三个相电压。

2．交流系统绝缘的监测

（1）下列回路，需监测交流系统的绝缘：

1）同步发电机和电动/发电机的定子回路。

2）中性点非有效接地系统的母线和回路。

（2）绝缘监测的要求如下：

1）绝缘监测的方式。对中性点非有效接地系统的母线和回路，一般测量母线的一个线电压和监视绝缘的三个相电压；对同步发电机和发电/电动机的定子回路，可采用测量发电机电压互感器辅助二次绕组的零序电压方式，也可采用测量发电机的三个相电压方式。

2）中性点有效接地系统的电压需测量三个线电压，对只装有单相电压互感器接线或电压互感器采用 Vv 接线的主母线、变压器回路可只测量单相电压或一个线电压；中性点非有效接地系统的电压测量可测量一个线电压和监测绝缘的三个相电压。

3）中性点非有效接地系统的发电厂的主母线，一般测量母线的一个线电压和监测绝缘的三个相电压，或者使用一只电压表和切换开关选测母线的一个线电压和三个相电压。

4）发电机定子回路的绝缘监测装置，可用一只电压表和按钮测量发电机电压互感器辅助二次绕组的零序电压，或者用一只电压表和切换开关选测发电机的三个相电压来监视发电机的绝缘状况。

3．直流电压回路的测量

需测量直流电压的回路如下：

（1）同步发电机和发电/电动机的励磁回路和自动及手动调整励磁的输出回路。

（2）同步电动机的励磁回路。

（3）直流发电机回路。

（4）直流系统的主母线以及蓄电池组、充电及浮充电整流装置的直流输出回路。

（5）重要电力整流装置的输出回路。

（6）根据生产工艺的要求，需要监视直流电压的其他回路。

4. 直流系统绝缘的监测

需监测直流系统绝缘的回路如下：

（1）同步发电机和发电/电动机的励磁回路。

（2）同步电动机的励磁回路。

（3）直流系统的主母线和重要的直流回路。

（4）重要电力整流装置的输出回路。

直流系统需装设专用的并能直接测量绝缘电阻值的绝缘监测装置或微机型直流绝缘检测装置，也可装设简易的绝缘监测装置。直流系统绝缘监测装置的测量准确度等级不低于 1.5 级。绝缘监测装置不能采用交流注入法测量直流系统的绝缘状态，要求采用直流原理的直流系统绝缘监测装置。基于低频注入原理的直流电源绝缘监测装置，因直流系统绝缘并没有破坏，低频电流与地形成不了回路，无法定位接地支路，故无法检测出故障。

发电机需单独装设专用的励磁回路绝缘监测装置，其测量准确度等级不低于 1.5 级。

（四）功率测量

1. 需测量有功功率的回路

下列回路，需测量有功功率：

（1）同步发电机和发电/电动机的定子回路。

（2）主变压器：双绕组变压器的一侧和三绕组变压器（或自耦变压器）的三侧。

（3）发电机励磁变压器高压侧。

（4）厂用变压器：双绕组变压器的高压侧，三绕组变压器的三侧。

（5）3kV 及以上输配电线路和用电线路。

（6）旁路断路器、母联（或分段）兼旁路断路器回路和外桥断路器回路。

（7）根据生产工艺的要求，需要监视有功功率的其他回路。

主控制室控制的汽轮发电机的机旁控制屏，需装设发电机有功功率表。

对有可能送、受电运行的输配电线路、发电/电动机和主变压器等设备，需测量双方向有功功率。

在电力系统中担任调频调峰的发电机、100MW 及以上的汽轮发电机及 330kV 级以上的系统联络线路，还需记录有功功率。

2. 需测量无功功率的回路

（1）同步发电机和发电/电动机的定子回路。

（2）主变压器：双绕组变压器的一侧和三绕组变压器（或自耦变压器）的三侧。

（3）3kV 及以上的输配电线路和用电线路。

（4）旁路断路器、母联（或分段）兼旁路断路器回路和外桥断路器回路。

（5）330kV 及以上的高压并联电抗器。

（6）10～110kV 低压并联电容器和低压电抗器组。

（7）根据生产工艺的要求，需要监视无功功率的其他回路。

3. 需测量双方向的无功功率的回路

（1）具有进相、滞相运行要求的同步发电机、发电/电动机。

（2）同时接有 10～110kV 低压并联电容器和并联电抗器组的总回路。

（3）10kV 及以上用电线路。

4. 需测量功率因数的回路

（1）发电机、发电/电动机定子回路。

（2）电网功率因数考核点。

（五）频率测量

频率测量一般采用数字式频率表，测量范围为 45～55Hz，准确度等级不低于 0.2 级。

下列回路，需测量频率：

（1）接有发电机-变压器组的各段母线。

（2）发电机。

（3）电网有可能解列运行的各段母线。

（4）交流不停电电源配电屏母线。

同步发电机和发电/电动机的机旁控制屏需测量发电机的频率。

（六）谐波的监测

公用电网谐波的监测可采用连续监测或专项监测。连续监测：在谐波监测点设置固定装置对电网谐波电压、电流进行监测；专项监测：用于各种非线性用电设备接入电网（或容量变化）前后的监测。

谐波源用户负荷的变化并不一定有规律性，而且电力系统运行方式的变化也会影响电网内谐波电压和谐波电流的分配，因此有必要进行长期的连续监测。当新用户接入、用户协议容量发生变化或用户采取谐波治理措施时，可以考虑进行谐波的专项监测，用以确定电网谐波的背景状况和谐波注入的实际量，或验证技术措施效果。

谐波监测点是为了保证发、供、用电设备安全经济运行而需要经常监测电网谐波电压和电流的测量点。谐波监测点覆盖全部电压等级，并在有条件时联网，将有助于进一步展开对谐波问题的分析和治理。有条件时也可纳入电能质量综合监测网。在谐波监测点，一般装设具备谐波电压和谐波电流测量功能的电测量装置。谐波监测点需结合谐波源的分布布置，要求覆盖主网及全部供电电压等级。

用于谐波测量的电流互感器和电压互感器的准确度等级一般不低于 0.5 级。谐波测量的次数不少于 2～19 次。谐波电流和电压的测量采用数字式仪表，测量仪表的准确度等级一般采用 A 级。

（1）公用电网下列回路需设置谐波监测点：

1）系统指定谐波监视点（母线）。

2）10～66kV 无功补偿装置所连接母线的谐波电压。

3）向谐波源用户供电的线路送电端。

4）一条供电线路上接有两个及以上不同部门的谐波源用户时，谐波源用户受电端。

5）特殊用户所要求的回路。

6）其他有必要监视的回路。

（2）发电厂下列回路需设置谐波监测点：

1）直接空冷机组的空冷低压母线。

2）发电机励磁变压器高压侧。

当空冷风机采用变频调速时，由于低压变频器一般采用三相六脉冲变频器，将产生大量谐波，使得空冷 PC 段谐波电流及变频器出线侧谐波电压严重超标；同时发电机的自并励磁系统也是发电厂内的主要谐波源之一，其谐波电流的含量也超出了国家标准，其中 5、7、11、13 次谐波电流含有率约为 20.1%、13.2%、8.5%、7.3%，因此发电厂内上述范围有必要监测谐波。另由于高压变频器一般均采取了限制谐波产生的措施，使其产生的谐波含量限制在国家标准范围内，因此发电厂高压母线可不作为谐波监测点。

（七）发电厂公用电气测量

总装机容量为 300MW 及以上的火力发电厂或调频、调峰的火力发电厂，需监视和记录的公用电气参数如下：

（1）主控制室（网络控制室）和单元控制室需监视主电网的频率。对调频或调峰发电厂，还要记录主电网的频率。

（2）调频或调峰发电厂主控控制时，热控屏上还需监视主电网的频率。

（3）主控制室（网络控制室）要监视和记录全厂总和有功功率。主控制室控制的热控屏上也要监视全厂总和有功功率。

（4）主控制室（网络控制室）需监视全厂厂用电率。

当采用常用电测量仪表时，发电厂公用电气测量仪表一般采用数字式仪表。

三、电能计量装置

（一）一般要求

1. 电能计量分类

电能计量装置需满足发电、供电、用电的准确计

量要求，以作为考核电力系统技术经济指标和实现贸易结算的计量依据。电能计量装置包括电能表，计量用电压、电流互感器及其二次回路，电能计量柜（箱）等。

运行中的电能计量装置按其所计量电能的多少和计量对象的重要程度分五类（Ⅰ、Ⅱ、Ⅲ、Ⅳ、Ⅴ）进行管理。

Ⅰ类电能计量装置：月平均用电量 500 万 kWh 及以上或变压器容量为 1000kVA 及以上的高压计费用户、200MW 及以上发电机或发电/电动机、发电企业上网电量和电网经营企业之间的电量交换点、省级电网经营企业与其供电企业的供电关口计量点的电能计量装置。

Ⅱ类电能计量装置：月平均用电量 100 万 kWh 及以上或变压器容量为 2000kVA 及以上的高压计费用户、100MW 及以上发电机或发电/电动机和供电企业之间的电量交换点等电能计量装置。

Ⅲ类电能计量装置：月平均用电量 10 万 kWh 以上或变压器容量为 315kVA 及以上的计费用户、100MW 以下发电机、发电企业厂（站）用电量、供电企业内部用于承包考核的计量点、考核有功电量平衡的 110kV 及以上电压等级的送电线路。

Ⅳ类电能计量装置：负荷容量为 315kVA 以下的计费用户、发供电企业内部经济技术指标分析、考核用的电能计量装置。

Ⅴ类电能计量装置：单相供电的电力用户计费用电能计量装置。

2. 电能计量装置准确度等级要求

电能计量装置准确度等级的最低要求见表 2-32。

表 2-32　　电能计量装置准确度等级
的最低要求

电能计量装置类别	准确度等级的最低要求			
	有功电能表	无功电能表	电压互感器	电流互感器
Ⅰ类	0.2S 或 0.5S	2.0	0.2	0.2S 或 0.2*
Ⅱ类	0.5S 或 0.5	2.0	0.2	0.2S 或 0.2*
Ⅲ类	1.0	2.0	0.5	0.5S
Ⅳ类	2.0	3.0	0.5	0.5S
Ⅴ类	2.0	—	—	0.5S

* 0.2 级电流互感器仅用于发电机计量回路。

电能计量装置需采用感应式电能表或电子式电能表。为方便电能表试验和检修，电能表的电流、电压回路可装设电流、电压专用试验接线盒。感应式电能表是过去常用的电能表，包括以感应式电能表机芯为基础、增加电子功能模块改型的机电式电能表，其特

点是功能单一、准确度较低、功耗较高。电子式电能表是一种应用电子技术制成的新型电能表,其特点是功能多、准确度等级高、功耗小。

3．电能表选择

（1）执行单一制电价或考核总电量的计量点,需装设有功电能表。

（2）执行两部制电价（即电能电价和需量电价）的计量点,需装设最大需量有功电能表。

（3）执行峰谷电价或考核峰谷电量的计量点,需装设多费率有功电能表。对考核高峰功率因数的计量点,需加装多费率无功电能表。

（4）执行功率因数调整电费的计量点,需装设有功电能表和计量滞相的无功电能表。对装有无功补偿器并有可能向电网倒送无功电量的计量点,需加装计量进相无功电量的无功电能表。

（5）执行峰谷电价和功率因数调整电费的计量点,需装设具有计量分时有功电量、进相和滞相的无功电量的多功能电能表。对于还执行两部制电价的,其多功能表需具有测量最大需量的功能。

（6）省级电网间的联络线路、省级电网内的联络线路、具有穿越功率的送电线路、发电厂主变压器的高压侧、具有并网自备发电机的用户线路,一般装设具有计量送受方向的分时的有功电量及送（进相和滞相）、受（进相和滞相）方向和无功电量的四象限多功能表。对具有并网自备发电机的用户线路,其多功能表需具有测量最大需量的功能。由于计量四象限无功电量使用的常规感应式电能表需要装设四个无功电能表,难以实现,因此应采用具有计量四象限无功电量功能的电子式电能表。

（7）对于双向送、受电的回路,需分别计量送、受的有功电能和无功电能,感应式电能表要求带有逆止机构。

（8）对有可能进相和滞相运行的发电机回路,需分别计量进相、滞相的无功电能,感应式电能表要求带有逆止机构。

4．电能计量装置接线

电能计量装置的接线方式需根据系统中性点接地方式选择。中性点有效接地系统电能计量装置要求采用三相四线制接线方式;中性点不接地系统的电能计量装置要求采用三相三线制接线方式;经电阻或消弧线圈等接地的非有效接地系统电能计量装置一般采用三相四线制接线方式;对计费用户年平均中性点电流大于 0.1%额定电流时,要求采用三相四线制接线方式。照明变压器、照明与动力共用的变压器、照明负荷占15%及以上的动力与照明混合供电的1200V及以上的供电线路,以及三相负荷不对称度大于 10%的1200V及以上的电力用户线路,要求采用三相四线制接线方式。

系统接地方式以及电能计量装置采用的接线方式对电能计量装置精度有较大的影响。三相三线式接线方式能精确计量的先决条件是中性点电流为零,当中性点电流不为零时,其计算方法从原理上就存在误差。中性点有效接地和中性点经电阻或消弧线圈接地系统中,中性点均有不平衡电流的存在,因此对于中性点有效接地要求采用三相四线制接线方式。在经电阻或消弧线圈接地系统中,如 TV、TA 的设置满足要求,也推荐采用三相四线制接线方式。

中性点有效接地的电能计量装置需采用三相四线制有功、无功电能表。中性点非有效接地的电能计量装置要求采用三相三线制有功、无功电能表。小电流接地系统属中性点非有效接地系统的一种,其电能计量装置理论上采用三相四线制计量最为准确,但考虑我国 66kV 及以下小电流接地系统的中性点电流一般都较小,对计量准确度影响不大,所以考核用电能计量装置采用三相三线制也可以,但对计费用电能计量装置有条件或需要时采用三相四线制比较合适。

5．电能计量表

为提高低负荷时的计量准确性,需选用过载 4 倍及以上的电能表。对经电流互感器接入的电能表,其标定电流一般不低于电流互感器额定二次电流的30%（对 S 级电流互感器为20%）,额定最大电流为额定二次电流的 120%左右。直接接入式电能表,其标定电流需按正常运行负荷电流的30%选择。

当发电厂装设远动遥测、计算机监测（控）时,电能计量、计算机、远动遥测三者一般共用一套电能表。电能表要求具有脉冲输出或数据输出功能,或者同时具有两种输出的功能。

当电能计量电能表不能满足关口电能计量系统要求时,要求单独装设关口电能表,并设置专用的电能关口计量装置屏。电能关口计量点由发电厂、省级电网、地区电网和各高压用户企业之间协商确定,原则上装设在各经营企业的产权分界处。

按照各经营企业的电能计量管理范围,电量计量点分为四类:

（1）发电电能关口计量点,指发电厂和电网之间的上网电量计量点。

（2）系统电能关口计量点,指省级电网之间的输电线路的电量计量点。

（3）电网电能关口计量点,指省级电网和地区电网之间的输电线路的电量计量点。

（4）用户电能关口计量点,指地区电网及其用户之间的高压输配电线路的电量计量点。

发电电能关口计量点一般设在直接与电网连接的发电机-变压器组高（中）压侧和厂用高压公用、启动/

备用变压器的高压侧。

发电电能关口计量点和省级及以上电网公司之间电能关口计量点，通常是出线处和启动/备用变压器高压侧，需装设两套准确度等级相同的主、副电能表，且电压回路一般装设电压失压计时器。

（二）有功、无功电能的计量

（1）下列回路需计量有功电能：

1）同步发电机和发电/电动机的定子回路，发电机励磁变压器高压侧。

2）主变压器中，双绕组变压器的一侧和三绕组变压器（或自耦变压器）的三侧。

3）10kV及以上的线路。

4）旁路断路器、母联（或分段）兼旁路断路器回路。

5）双绕组厂（站）用变压器的高压侧，三绕组厂（站）用变压器的三侧。

6）厂用、站用电源线路及厂外用电线路。

7）外接保安电源的进线回路。

8）3kV及以上高压电动机回路。

9）需要进行技术经济考核的75kW及以上的低压电动机。

10）按照电能计量管理要求，需要计量有功电量的其他回路。

（2）下列回路，需计量无功电能：

1）同步发电机和发电/电动机的定子回路，发电机励磁变压器高压侧。

2）主变压器中，双绕组变压器的一侧和三绕组变压器（或自耦变压器）的三侧。

3）10kV及以上的线路。

4）旁路断路器、母联（或分段）兼旁路断路器回路。

5）330kV及以上高压并联电抗器。

6）10～110kV低压并联电容器和并联电抗器组的总回路，当总回路下接有并联电容器和低压电抗器时，总回路需计量双方向的无功电能，需分别测量各分支回路的容性和感性电能。

7）按照电能计量管理要求，需要计量无功电量的其他回路。

四、计算机监控系统测量

（一）计算机监控系统的数据采集

计算机监控系统要求实现电测量数据的采集和处理，其范围包括模拟量和电能量。

电测量数据模拟采集包括电流、电压、有功功率、无功功率、功率因数、频率等，并需实现对模拟量的定时采集、越限报警及追忆记录的功能。电测量数据中的模拟量主要是指所有监控对象的运行电气参

数，一般采用交流采样的方式采集电流、电压，并计算出相应的有功功率、无功功率、功率因数、频率等。

电测量数据电能量采集包括有功电能量、无功电能量，并应能实现电能量的分时段分方向累加。计算机监控系统电能量数据采集可采用与智能电能表通信或脉冲方式采集，也可采用交流采样的方式采集，并由计算机监控系统直接计算出电能量，在设置有电能量计费系统的计量点，电能量的采集通过电能量计费系统经通信方式接入计算机监控系统。

模拟量的采集一般采用交流采样，也可采用直流采样。交流采样不仅包括对电流、电压互感器输出的二次电流、电压量的直接采集，也包括对其他直流量（如直流母线电压、直流回流电流等）的采集。直流采样是指计算机监控系统接入变送器输出4～20mA或0～5V信号的采样方式。

（二）采用计算机监控系统时常用电测量仪表

当采用计算机监控且不设置常规模拟屏时，控制室内的常用电测量仪表建议取消。但是在考虑运行的习惯和作为计算机监控系统的后备操作手段的需要设置模拟屏时，常用电测量仪表的设置需做到尽量精简，并独立于计算机监控系统，以保证计算机监控系统故障时运行监视的可靠。独立是指常规电测量仪表不采用计算机监控系统驱动，但可以和计算机监控系统共用TA、TV或变送器。计算机监控设模拟屏时，模拟屏上需设置独立于计算机监控系统的常用电测量仪表。

当采用计算机监控系统时，如设有机旁控制屏，作为计算机监控系统的后备操作手段，机旁控制屏上需设置独立于计算机监控系统的常用电测量仪表。机旁控制屏上设置的常用电测量仪表需满足运行监视需要，做到尽量精简。

当采用计算机监控系统时，为了满足在设备投产时安装调试的方便，以及运行时的监视或检修及事故处理的需要，就地厂（站）用配电盘上需保留必要的常用电测量仪表或监测单元。

当采用计算机监控系统时，可不单独装设记录型仪表。

当常用电测量仪表与计算机监控系统共用电流互感器的二次绕组时，一般先接常用电测量仪表后接计算机监控系统。

（三）电测量变送器

变送器是电气测量的一个中间环节，变送器辅助交流电源消失将会导致变送器工作停止，测量仪表失去参数，因此辅助电源需可靠。一般情况下，辅助电源采用交流不停电电源比较合适，特殊情况下，如交流不停电电源引接困难，可采用直流电源。

电测量变送器以基准值百分数表示的基本误差极限和准确度等级指数的关系见表2-33。

表 2-33　电测量变送器以基准值百分数表示的基本误差极限和准确度等级指数间的关系

准确度等级指数	0.1	0.2	0.5	1
基本误差极限	±0.1%	±0.2%	±0.5%	±1%

　　注　也可选用等级指数 0.3 和 1.5（不推荐使用）。

变送器的输入参数需与电流互感器和电压互感器的参数相匹配，输出参数需满足电测量仪表和计算机监控系统的要求。变送器的校准值需与经变送器接入的电测量仪表或计算机监控系统的量程相匹配，可按照式（2-14）～式（2-25）计算。变送器的校准值是比较重要的参数，如选用变送器不注意与测量参数（包括测量仪表和计算机）配合，会造成测量的不必要误差，有的甚至导致设备更换，所以在变送器或测量仪表选择时，必须要注意两者之间的配合。

变送器输出一般采用输出电流信号或输出数字信号，变送器的输出电流一般选用 4～20mA。输出电压变送器抗干扰能力差，有时输出的直流电压上还叠加有交流成分，线路损耗大，输出信号不能远传，远传后压降大，精度不高，故不推荐采用输出电压型变送器。

变送器模拟量输出回路接入负荷要求不超过变送器额定二次负荷，接入变送器输出回路的二次负荷要求在其额定二次负荷的 10%～100%，变送器模拟量输出回路串接仪表数量一般不超过两个。超过上述范围，将会导致测量误差的增大。变送器采用 4～20mA 输出时输出负载为 0～500Ω，特殊情况下能做到 0～750Ω（需向厂家提出要求），指针式二次仪表的直流输入阻抗一般在 250Ω 左右，数字式仪表的直流输入阻抗一般小于 100Ω，DCS 模拟量输入卡件的直流输入阻抗一般在 250Ω 左右，因此接线时需注意变送器的 4～20mA 不能串接多个仪表，一般不超过两个。

贸易结算用电能计量不能采用电能变送器，因为变送器的模拟量输出和电能表的脉冲量（或数据）输出不同，其影响的因素较多，计量的误差较大。

当变送器的输出用于调节及控制时，变送器应具备暂态特性。例如发电机有功功率变送器三选二参加自动调节系统和 DCS 控制时，为确保系统短路故障及其他扰动时功率的准确测量，功率变送器应具备暂态特性，为发电机可靠运行创造条件。

五、测量二次接线

（一）交流电流回路

（1）当几种仪表接在电流互感器的一个二次绕组时，其接线顺序一般先接指示和积算式仪表，再接变送器，最后接计算机监控系统。

（2）当电流互感器二次绕组接有常测与选测仪表时，一般先接常测仪表，后接选测仪表。

（3）直接接于电流互感器二次绕组的一次测量仪表，一般不采用开关切换检测三相电流，必要时需有防止电流互感器二次开路的保护措施。

（4）测量表计和继电保护一般不共用电流互感器的同一个二次绕组，如受条件限制仪表和保护共用一个二次绕组时，需采取下列措施之一：

1）保护装置接在仪表之前，中间加装电流试验部件，以避免仪表校验影响保护装置正常工作。

2）加装中间电流互感器将仪表与保护装置从电路上隔开。中间电流互感器的技术特性需满足仪表和保护的要求。

（5）电流互感器二次绕组的中性点需有一个接地点。测量用二次绕组在配电装置处接地，和电流的两个二次绕组的中性点需并接后一点接地。

（6）电流互感器二次电流回路的电缆截面积的选择，需根据电流互感器的额定二次负荷计算确定。对一般测量回路电缆截面积，当二次电流为 5A 时一般不小于 4mm²，二次电流为 1A 时一般不小于 2.5mm²；对计量回路，电缆截面积不能小于 4mm²。

（二）交流电压回路

用于测量和计量的电压互感器的二次回路电压降需满足相关要求。当不能满足要求时，电能表、指示仪表电压回路可由电压互感器端子箱单独引接电缆，也可将保护和自动装置与仪表回路分别接自电压互感器的不同二次绕组。

计算机监控系统中的测量部分、常用电测量仪表和综合装置的测量部分，二次回路电压降不能大于额定二次电压的 3%。

35kV 以上贸易结算用电能计量装置中电压互感器二次回路，不能装设隔离开关辅助触点，但可装设自动开关或熔断器；35kV 及以下贸易结算用电能计量装置中电压互感器二次回路，不能装设隔离开关辅助触点和自动开关或熔断器。关口计量表电压回路需有电压互感器失电的监视信号。

电压互感器的二次绕组需有一个接地点。对中性点有效接地或非有效接地系统，星形接线的电压互感器主二次绕组采用中性点一点接地方式；对于中性点非有效接地系统，V 形接线的电压互感器主二次绕组采用 B 相一点接地方式。

为了减少电压互感器二次回路的电压降和提高电能计量的准确度，电能表屏可布置在配电装置附近的小室内。

（三）二次测量回路

当变送器电流输出串联多个负载时，其接线顺序为一般先接二次测量仪表，再接计算机监控系统。

计算机和远动遥测不能共用电能表的同一脉冲输出或数据口输出。如受条件限制，脉冲回路需有防止短接的隔离措施。

接至计算机和远动遥测系统的弱电信号回路或数据通信回路，需选用专用的计算机屏蔽电缆，电缆屏蔽层的型式一般选用铜带屏蔽。

变送器模拟量输出和电能表脉冲量输出回路，一般选用对绞分屏蔽加总屏蔽的铜芯电缆，芯线截面积不小于 $0.75mm^2$。

数字式仪表辅助电源一般采用交流不停电电源或直流电源。

六、仪表装置安装条件

（1）发电厂的屏、台、柜上的电气仪表装置的安装设计，需满足仪表正常工作、运行监视、抄表和现场调试的要求。

（2）测量仪表装置一般采用垂直安装，仪表中心线向各方向的倾斜角度不大于1°。当测量仪表装置安装在2200mm高的标准屏柜上时，测量装置仪表的中心线距地面的安装高度需满足下列要求：

1）常用测量仪表为1200～2000mm。

2）电能表和变送器为1200～1800mm。

3）记录型仪表为800～1600mm。

4）开关柜和配电盘上的电能表为800～1800mm。

5）对非标准的屏、台，柜上的仪表可在上述要求的尺寸上进行适当调整。

（3）电能计量仪表室外安装时，仪表的中心线距地面的安装高度不小于 1200mm；计量箱底边距地面室内不小于1200mm，室外不小于1600mm。

（4）控制屏（台）一般选用后设门的屏（台）式结构，电能表屏、变送器屏一般选用前后设门的柜式结构。一般屏的尺寸为 2200mm×800mm×600mm（高×宽×深）。屏、台、柜内的电流回路端子排采用电流试验端子，连接导线一般采用铜芯绝缘软导线，电流回路导线截面积不小于 $2.5mm^2$，电压回路截面积不小于 $1.5mm^2$。

（5）电能表屏（柜）内试验端子盒一般布置于屏（柜）的正面。当发电机和变压器装设在线监测装置时，在线监测可包括发电机定子铁芯局部过热、漏氢、轴系扭振、绕组及铁芯气体离子分析仪等。这些装置与继电保护和电力系统密切相关，集中装设在电气屏上，可使系统更为协调。

（6）直流屏布置在控制室主环外时，一般在中央信号控制屏上增设直流母线电压表，便于监视直流系统运行状态。

（7）测量回路的电流回路额定电流可选 5A 或

1A，电压回路一般为 100V。当为二次仪表时，需与变送器输出参数一致。

（8）对屏台分开的控制方式，常测表计一般布置在屏上，表计尺寸可稍大，便于监视。选测表计一般布置在台的立面上便于操作，对运行需要经常监视的常测表计（发电机的有功功率、无功功率表等）及同步表计等，也可布置在台的立面上。

七、电测量及电能计量测量参数表

电测量及电能计量测量参数见表 2-34～表 2-42。

表 2-34　电测量及电能计量测量参数

参数符号	参数名称
I_A、I_B、I_C	A、B、C 相电流（线）
I_2	负序电流
U_{AB}、U_{BC}、U_{CA}	AB、BC、CA 线电压
U	线电压
U_x	线路电压
P	单向三相有功功率
$\underline{P}$	双向三相有功功率
P_0	单相有功功率
W	单向三相有功电能
$\underline{W}$	双向三相有功电能
W_{ph}	单相有功电能
f	频率
$\underline{I}$	直流电流
$\underline{P}$	直流有功功率
I	单相电流（线）
U_A、U_B、U_C	A、B、C 相电压
U_0	零序电压
Q	单向三相无功功率
$\underline{Q}$	双向三相无功功率
$\cos\varphi$	功率因数
W_Q	单向三相无功电能
$\underline{W}_Q$	双向三相无功电能
$\underline{U}$	直流电压
$\underline{W}$	直流有功电能

表 2-35　火力发电厂发电机及发电机-变压器组测量参数表

安装单位名称		电测量				电能计量
		计算机控制系统①	热控后备屏②	机旁控制屏②	开关柜	
母线发电机	发电机侧	I_A、I_B、I_C、I_2、U_{AB}、U_{BC}、U_{CA}、U_0、P、Q、f、$\cos\varphi$	f、P	I、U、P、Q	I	W、W_Q
发电机-变压器-线路组	发电机侧	I_A、I_B、I_C、I_2、U_{AB}、U_{BC}、U_{CA}、U_0、P、Q、f、$\cos\varphi$	f、P	I、U、P、Q		W、W_Q
	主变压器高压侧	U_{AB}、U_{BC}、U_{CA}、U_X、I_A、I_B、I_C、f	—	—		W、W_Q
发电机-双绕组变压器组	发电机侧	I_A、I_B、I_C、I_2、U_{AB}、U_{BC}、U_{CA}、U_0、P、Q、f、$\cos\varphi$	f、P	I、U、P、Q		W、W_Q
	主变压器高压侧	I_A、I_B、I_C、P、Q、$(U_{AB}$、U_{BC}、U_{CA}、$f)$③	—	—		W、W_Q
发电机-三绕组（自耦）变压器组	发电机侧	I_A、I_B、I_C、I_2、U_{AB}、U_{BC}、U_{CA}、U_0、P、Q、f、$\cos\varphi$	f、P	I、U、P、Q		W、W_Q
	主变压器高压侧	I_A、I_B、I_C、P、Q、$(U_{AB}$、U_{BC}、U_{CA}、$f)$③	—	—		W、W_Q
	主变压器中压侧	I_A、I_B、I_C、P、Q、$(U_{AB}$、U_{BC}、U_{CA}、$f)$③	—	—		W、W_Q
	公共绕组	I（自耦变压器）	—	—	—	—

① 计算机控制系统采集的电测量参数同样适用于常规控制屏方式。

② 当工程需要设有热控后备屏、机旁控制屏时，需按本表装设相应的电测量表计。

③ U_{AB}、U_{BC}、U_{CA}—系统电压；f—系统频率，当发电机-变压器组高/中压侧配置有独立的TV时需测量。

注　1．承受负序电流过负荷能力 A 值小于 10 的大容量汽轮发电机、负荷不对称度超过额定电流 10%的发电机、负荷不对称度超过 0.1 倍额定电流的 1200V 及以上线路需测量负序电流。

2．对有双向送、受电运行要求的安装单位需测量双向有功功率和无功功率，并计量双向有功和无功电能。

3．当变压器高、中压侧电压为 110kV 以下时，所测量的三相电流可改为单相电流。

表 2-36　火力发电厂发电机励磁系统测量参数表

续表

安装单位名称		计算机控制系统	励磁屏	热控后备屏	电能计量
直流励磁机励磁系统	励磁回路	I_1、U_1	I_1、U_1、U_{b1}	I_1	—
	调整装置回路	I_{tz}	I_{tz}		
交流励磁机 静止整流器或静止可控整流器系统	励磁回路	I_1、U_1、I_{z1}、U_{z1}、U_f	I_1、U_1、I_{z1}、U_{z1}、U_f、U_{b1}、I_{b1}	I_1	—
	调整装置回路	U_{tz}、U_{ts}	U_{tz}、U_{ts}	—	—
旋转励磁系统	励磁回路	$(I_1$、$U_1)$、I_{z1}、U_{z1}、U_f	$(I_1$、$U_1)$、I_{z1}、U_f、U_{b1}、I_{b2}	(I_1)	—
	调整装置回路	U_{tz}、U_{ts}	U_{tz}、U_{ts}	—	—
静止励磁系统	励磁回路	I_1、U_1	I_1、U_1	I_1	—
	调整装置回路	—	$\cos\varphi$	—	—
	励磁变压器高压侧	I、P、Q			W、W_Q

注　1．I_1、U_1—发电机转子电流、电压；

I_{b1}、U_{b1}—备用励磁机侧电流、电压；

I_{z1}、U_{z1}—励磁机励磁电流、电压；

U_f—副励磁机电压；

I_{tz}、U_{tz}—励磁调整装置输出电流、电压；

U_{ts}—手动励磁调整装置输出电压；

$\cos\varphi$—功率因数设定值。

2．计算机控制系统采集的电测量参数同样适用于常规控制屏方式。

3．当交流励磁机励磁系统没有副励磁机时，取消副励磁机励磁电流、电压。

4．交流励磁机－旋转励磁系统厂家需提供监视旋转二极管故障的转子接地检测装置和间接测量转子电流、电压的装置。

表 2-37　火力发电厂高、低压厂用电源测量参数表

安装单位名称		电测量		电能计量
		计算机控制系统	开关柜	
高压厂用电源	高压厂用工作变压器　高压侧	I①、P	—	W
	低压侧工作分支	I	I	
	高压启动/备用变压器　高压侧	$(I_A$、I_B、$I_C)$②、P、Q		W、W_Q
	低压侧备用分支	I	I	
	高压母线 TV	U	U	
	分支 TV	—	U	
	高压厂用馈线	I、P	I、P	W③
	高压母线进线	I	I	
	高压母线联络	I	I	

续表

安装单位名称		电测量		电能计量
		计算机控制系统	开关柜	
低压厂用变压器	高压侧	I、P	I、P	$W^③$
	低压侧工作分支	I	I	—
低压厂用电源	低压母线 TV	U	U	—
	低压厂用馈线（PC 至 MCC）	I	I	—
	低压母线联络	I	I	—
	柴油发电机电源进线	I	I	W_{ph}

① 高压厂用工作变压器高压侧电压为 110kV 及以上时应测三相电流。
② 高压启动/备用变压器高压侧电压为 110kV 及以下时可测单相电流。
③ 电能计量可由综合保护装置内置电能计量功能完成，也可在开关柜内单独加装多功能电能表。

表 2-38　火力发电厂高、低压电动机测量参数表

安装单位名称			电测量		电能计量
			计算机控制系统	开关柜/动力箱/控制箱	
高压电动机			I	I	$W^①$
低压电动机	55kW 及以上	0、Ⅰ类	I	I	$W^②$
		Ⅱ、Ⅲ类	$I^③$	I	—
	55kW 以下	0、Ⅰ类	I	I	—
	工艺要求监控电流的其他电动机		I	I	—

① 电能计量可由综合保护装置内置电能计量功能完成，也可在开关柜内单独加装多功能电能表。
② 对需要进行技术经济考核的 75kW 及以上的电动机可装设电能表，电能表装于开关柜内。
③ 55kW 及以上的Ⅱ、Ⅲ类低压电动机纳入计算机控制系统监控时应测量其电流。

表 2-39　发电厂母线设备测量参数表

安装单位名称	电测量	电能计量
	计算机控制系统①	
旁路断路器	与所带线路配置相同	
母联/分段断路器	I	—
内桥断路器	I	—
外桥断路器	I、$\underline{P}$、$\underline{Q}$	

续表

安装单位名称	电测量	电能计量
	计算机控制系统①	
3/2 断路器接线、4/3 断路器接线、角形接线	I	—
母线电压互感器（三相）	U_{AB}、U_{BC}、U_{CA}、f	—
母线电压互感器（单相）	U、f	—
母线绝缘监测	U_A、U_B、U_C	-
消弧线圈	I	—

① 计算机控制系统采集的电测量参数同样适用于常规控制屏方式，当就地配电装置为开关柜或气体绝缘金属封闭开关设备（gas-insulated metal-enclosed switchgear, GIS）汇控柜时，开关柜或 GIS 汇控柜内也需采集相应的参数。

注　电压等级为 110kV 及以上时，所测量的单相电流需改为三相电流。

表 2-40　发电厂直流电源及直流电动机测量参数表

安装单位名称		计算机控制系统①	直流屏/直流启动柜
直流系统	蓄电池回路	$I^②$、$\underline{U}$	$I^②$、$\underline{U}$
	充电回路	I、$\underline{U}$	I、$\underline{U}$
	试验放电回路	—	I
	直流母线	$\underline{U}$	$\underline{U}$
	直流分屏	$\underline{U}$	$\underline{U}$
	绝缘监视		$R^③$
	DC/DC 装置输入回路	$\underline{U}$	$\underline{U}$
	DC/DC 装置输出回路	I、$\underline{U}$	I、$\underline{U}$
	直流电动机	$\underline{I}$	I

① 本表中计算机控制系统采集的电测量参数同样适用于常规控制屏方式。
② 蓄电池回路需测双向直流电流。
③ R 为绝缘电阻值。

表 2-41　发电厂送电线路测量参数表

安装单位名称		计算机控制系统①	电能计量
1200V 以下	供电、配电总干线路	I	—
1200V	供电、配电线路	I	—
3~66kV	用户线路	I、P、$\underline{Q}$	W、$\underline{W_Q}$
	单侧电源线路	I、P、$\underline{Q}$	W、W_Q
	双侧电源线路	I、$\underline{P}$、$\underline{Q}$、U_x	$\underline{W}$、$\underline{W_Q}$

续表

安装单位名称		计算机控制系统[①]	电能计量
110~220kV	用户线路	I_A、I_B、I_C、P、$\underline{Q}$	W、$\underline{W}_Q$
	单侧电源线路	I_A、I_B、I_C、P、Q	W、W_Q
	双侧电源线路	I_A、I_B、I_C、$\underline{P}$、$\underline{Q}$、U_x	$\underline{W}$、W_Q
330~1000kV	单侧电源线路	I_A、I_B、I_C、P、Q	W、W_Q
	双侧电源线路	I_A、I_B、I_C、$\underline{P}$、$\underline{Q}$、U_{AB}、U_{BC}、U_{CA}	$\underline{W}$、W_Q

① 计算机控制系统采集的电测量参数同样适用于常规控制屏方式，当就地配电装置为开关柜或 GIS 汇控柜时，开关柜或 GIS 汇控柜内也需采集相应的参数。对于 10kV 及以下配电装置，如未单独设置控制系统，测量装置一般安装在配电装置内。

表 2-42   发电厂公用部分测量参数表

安装地点		300MW 以下发电厂	300MW 及以上发电厂	调频或调峰发电厂
火力发电厂	单元控制系统	f	f、U	
	网络控制系统（主控制系统）	f	f、U ΣP、ΣP（%）	f、U ΣP、ΣP（%）

注 1. ΣP—全厂总有功功率；ΣP（%）—全厂厂用电率；f—系统频率；U—主母线电压。
　 2. 热控控制屏的仪表仅用于主控制室控制方式。

第六节 二次回路设备的选择及配置

一、二次回路保护设备

二次回路的保护设备用于切除二次回路的短路故障，并作为回路检修和调试时断开交、直流电源之用。二次电源回路一般采用自动空气开关，但当自动空气开关断开水平、动热稳定无法满足要求时，保护设备选用熔断器。

（一）自动空气开关、熔断器配置

1. 电压互感器二次回路

（1）电压互感器回路中，除接成开口三角的剩余绕组和另有规定者（例如电磁式自动调整励磁装置用电压互感器）外，需在其出口装设自动空气开关或熔断器；当二次回路发生故障可能使保护或自动装置不正确动作时，一般装设自动空气开关。阻抗保护、失磁保护及 AVR 等，当供电熔断器熔断时，这些保护或自动装置会误动，如采用自动空气开关，在自动空气

开关跳闸的同时，辅助触头可闭锁其误动，所以在其出口不装设熔断器。

（2）电能表电压回路，为了提高电能表的准确性，一般在电压互感器出线端装设单独自动空气开关或熔断器供电。

（3）电压互感器二次侧中性点引出线上，为防止接地线断开，不能装设保护设备。

（4）电压互感器接成开口三角形的剩余绕组的试验芯出线端，需装设自动空气开关或熔断器。试验芯用于同步和校验接地方向元件的极性。

（5）设备所需交流操作电源，一般装设单独的自动空气开关或熔断器并加以监视，如变压器冷却柜、操动机构电动机回路等。

2. 控制、保护和自动装置供电回路

（1）当一个安装单位仅含一台断路器时，控制、保护及自动装置一般分别设自动空气开关或熔断器。

（2）当一个安装单位含几台断路器时，按断路器分别设自动空气开关或熔断器。公用保护和公用自动装置及其他保护或自动控制装置按保证正确工作的条件，一般采用辐射型供电，各回路设独立的自动空气开关。

（3）对具有双重化快速主保护和断路器具有双跳闸线圈的安装单位，其控制回路和继电保护、自动装置回路一般分设独立的自动空气开关或熔断器，并由双电源分别向双重化主保护供电，两组电源间不能有电路上的联系。继电保护、自动装置屏内电源消失时，为防止装置屏内电源消失时装置拒动，在该电源消失时需发出报警信号。

（4）凡两个及以上安装单位公用的保护或自动装置的供电回路，需装设专用的自动空气开关或熔断器。两个及以上安装单位公用的保护或自动装置是指母线保护、断路器失灵保护、双回平行线的公用保护、同步装置等。

（5）控制回路的自动空气开关或熔断器需进行监视，可用断路器控制回路的监视装置进行监视。保护、自动装置及测控装置回路的自动空气开关或熔断器需进行监视，监视信号接至计算机监控系统或中央信号系统。

3. 信号回路

每个安装单位的信号回路（包括隔离开关位置信号、事故和预告信号、指挥信号等回路），一般装设一组自动空气开关或熔断器。

公用信号（如中央信号、闪光报警器等），需装设单独的自动空气开关或熔断器。

厂用电源及母线设备信号回路，一般分别设置公用的自动空气开关或熔断器。

信号回路的自动空气开关或熔断器需加以监视，可使用隔离开关位置指示器监视，也可用继电器或信

号灯监视。当采用继电器监视时，信号接至另外的电源，以防止该电源消失时拒发信号。监视继电器发信号的触点为动断触点。

（二）自动空气开关、熔断器选择

1. 直流断路器和熔断器配合

当直流断路器和熔断器串级作为保护电器时，按下列要求配合：

（1）熔断器装设在直流断路器上一级时，熔断器额定电流为直流断路器额定电流的 2 倍及以上。

（2）直流断路器装设在熔断器上一级时，直流断路器额定电流为熔断器额定电流的 4 倍及以上。

各级保护装置的配置，需根据短路电流计算结果进行，保证具有可靠性、选择性、灵敏性和速动性。

各级保护装置可采用瞬时电流速断、短延时电流速断和反时限过电流保护。

2. 熔断器额定电流

熔断器额定电流需按回路的最大负荷电流选择，并满足选择性的要求。考虑到熔件安秒特性的分散性，干线上熔断器熔件的额定电流要求比支线上的大 2～3 级。

选择电压互感器二次侧熔断器时，针对双母线系统的电压互感器，其最大负荷电流的决定，需考虑双母线接线方式下一段母线检修时，将全部进出线切换到另一组母线的情况，以及两组电压互感器全部负荷由一组电压互感器供给的可能情况。

3. 自动空气开关额定电流

自动空气开关额定电流需按回路的最大负荷电流选择，并满足选择性的要求。干线上自动空气开关脱扣器的额定电流要求比支线上的大 2～3 级。这种方式不但适用于一般控制、信号回路，也适用于电压互感器二次侧主回路和分支回路的配合要求。

4. 电压互感器二次侧自动空气开关的选择

（1）自动空气开关瞬时脱扣器的动作电流，按大于电压互感器二次回路的最大负荷电流来整定。

（2）当电压互感器运行电压为 90%额定电压时，二次电压回路末端经过渡电阻短路，加于继电器线圈上的电压低于 70%额定电压时，自动空气开关需瞬时动作。

（3）自动空气开关瞬时脱扣器断开短路电流的时间不大于 20ms。

（4）自动空气开关要求带用于闭锁有关保护误动的动合辅助触点和自动空气开关跳闸时发报警信号的动断辅助触点。

二、控制、信号回路设备选择

（一）控制开关的选择

控制开关的选择需符合该二次回路额定电压、额定电流、分断电流、操作频繁率、电寿命和控制接线等的要求。

（二）位置指示灯及其附加电阻的选择

位置指示灯目前均采用发光二极管。

发光二极管信号灯及附加电阻按照 1.1 倍额定电压时回路电流不大于发光二极管额定电流、0.95倍额定电压时不小于发光二极管稳定起光电流进行选择。

三、跳、合闸回路继电器选择

（1）跳、合闸位置继电器的选择。

1）母线电压为 1.1 倍额定值时，通过跳、合闸线圈或合闸接触器线圈的电流不能大于其最小动作电流和长期热稳定电流，以保证最高电压时不影响跳、合闸回路的可靠性。

2）母线电压为 85%额定值时，加于位置继电器线圈的电压不小于其额定值的 70%，保证最低电压时位置继电器能可靠动作。

（2）断路器的跳、合闸继电器、电流启动电压保持的防跳继电器及自动重合闸出口中间继电器和其串接信号继电器的选择。

1）电压线圈的额定电压可等于供电母线额定电压。如用较低电压的继电器串接电阻降压，继电器线圈上的压降等于继电器电压线圈的额定电压，串联电阻的一端接负电源。

2）额定电压工况下，电流线圈额定电流的选择需与跳、合闸线圈或合闸接触器线圈的额定电流相配合，继电器电流自保持线圈的额定电流一般不大于跳、合闸线圈额定电流的 50%，并保证串接信号继电器电流灵敏度不低于 1.4。

3）跳、合闸中间继电器电流自保持线圈的电压降不大于额定电压的 5%；电流启动电压保持"防跳"继电器的电流启动线圈的电压降不大于额定电压的 10%。对电流启动电压保持的"防跳"继电器，电流启动线圈允许的电压降适当放宽，这是因为该继电器的电流启动线圈的额定电流已规定为不大于跳闸线圈额定电流的 50%，且要求电流启动为快速型，为满足可靠防跳，往往线圈匝数多，阻抗大。

（3）具有电流和电压线圈的中间继电器，为了防止失去继电器自保持的作用，其电流和电压线圈需采用正极性接线。由于具有电流、电压线圈的中间继电器的电流线圈多与跳、合闸线圈相联系，因此易产生过电压。电流与电压线圈间的耐压水平不能低于 1000V、1min 的试验标准。

（4）直接跳闸的重要回路需采用动作电压在额定直流电源电压的 55%～70%范围以内的中间继电器，并要求其动作功率不低于 5W。

四、控制回路"防跳"继电器选择

电流启动电压自保持的"防跳"继电器，其动作时间不大于断路器的固有跳闸时间，其电流线圈额定电流的选择需与断路器跳闸线圈的额定电流相配合。在接线中需注意"防跳"继电器线圈的极性。

五、串接信号继电器、附加电阻选择

（1）串联信号继电器与跳闸出口中间继电器并联电阻的选择（假定信号继电器流过额定电流，则信号继电器的阻抗为确定值）。

1）额定电压时信号继电器的电流灵敏系数一般不小于1.4，以此决定中间继电器并联电阻的最大值。

2）0.8倍额定电压时信号继电器线圈的电压降不大于额定电压的10%。

3）选择中间继电器的并联电阻时，要求保护继电器触点的断开容量不大于其允许值，不超过信号继电器串联线圈的热稳定电流。并联电阻的最小值确定后，则可确定信号继电器线圈的电压降。

（2）重瓦斯保护回路并联信号继电器或附加电阻的选择。

1）并联信号继电器的额定电压等于供电母线额定电压。

2）重瓦斯继电器动作跳闸，用附加电阻代替并联信号继电器时，附加电阻的选择需符合对并联电阻的要求。重瓦斯保护切换仅发信号而不跳闸时，则由切换片切于并联信号继电器或附加电阻，由串联信号继电器发重瓦斯信号。

六、端子排

1. 一般要求

（1）端子排一般由阻燃材料构成，非阻燃材料作端子排绝缘体时，在高温或火灾时会变形或燃烧，造成电缆芯短路，可引起事故扩大，所以端子排不允许采用非阻燃塑料为绝缘体。安装在潮湿地区的端子排需防潮。户内安装时，端子排绝缘体一般采用塑料或耐高温阻燃材料。户外安装时，一般采用防潮型阻燃绝缘体，既可阻燃，又可防潮。端子的导电部分需为铜质，端子排导体不允许采用铝材或钢材以免接头氧化、接触电阻增大引起电压降过大或发热、断线等。

（2）安装在屏上每侧的端子距地一般不低于350mm，目的是留有电缆芯分线空间及便于施工和检查。

（3）端子排配置需满足运行、检修、调试的要求，并适当与屏上设备的位置相对应。端子排与屏上安装单位设备的布置相对应，可减少屏内接线交叉，便于检修调试。

（4）每个安装单位需有其独立的端子排。同一屏上有几个安装单位时，各安装单位端子排的排列需与屏面布置相配合。

（5）每一安装单位的端子排需编有顺序号，一般在最后留2~5端子作为备用。当条件许可时，各组端子排之间也要求留1~2个备用端子。在端子排组两端需有终端端子。端子排组的顺序号以罗马数字编排，以为制造厂进行屏背面二次安装接线及运行检查及运行后必要的改进提供方便。

（6）正、负电源之间以及经常带电的正电源与合闸或跳闸回路之间的端子排，一般以一个空端子隔开。空端子设计中不接线，仅将两侧端子隔开，以防止误碰重要回路造成短路或误操作。

（7）一个端子的每一端一般接一根导线，设计中不能将一个端子排的任一端接两根导线。导线截面积一般不超过6mm²，如特殊情况要求大于6mm²时，设计中可采用多芯并联接于多个端子，此时多个端子需采用可连接端子。

（8）屋内、外端子箱通常体积小，检查接线比较困难，为了便于检查和调试端子排列，需按交流电流回路、交流电压回路和直流回路等成组排列。

（9）每组电流互感器的二次侧，一般在配电装置端子箱内经过端子连接成星形或三角形等接线方式，使电流互感器二次侧导线不致过长，提高接线的可靠性，同时还可减少电缆芯。

（10）强电与弱电回路的端子排一般分开布置，如有困难时，强、弱电端子之间需有明显的标志，一般设空端子隔开，以降低强电回路误串入弱电回路的危险性。如弱电端子排上需接强电缆芯时，端子间需设加强绝缘的隔板。

（11）强电设备与强电端子的连接和端子与电缆芯的连接要求用插接或螺栓连接。插接和螺栓连接方式施工方便，多用于1.5mm²及以上截面积导线的连接。弱电设备出线端子较小且为焊接片时，与外部弱电导线的连接方式可采用焊接。屏内弱电端子与电缆芯的连接一般采用插接或螺栓连接。

2. 端子分类

端子按用途分为以下几种类型：

（1）一般端子：用于连接柜（屏）内、外导线（电缆）。

（2）试验端子：用于需要接入试验仪器的电流回路。

（3）连接型试验端子：用于彼此需要连接的电流试验回路。

（4）连接端子：用于端子间进行连接用。

（5）终端端子：用于固定端子或分隔不同安装单位的端子。

（6）标准端子：直接连接柜（屏）内外导线用。

（7）特殊端子：用于需要很方便地断开的回路。

（8）隔板：在不需要标记的情况下作绝缘隔板，并作增加绝缘强度和增加爬电距离之用。

3．端子排排列

每个安装单位的端子排，为简化设计，便于调试、运行和查线，可按下列回路分组，并由上而下（或由左至右）按下列顺序排列：

（1）交流电流回路（自动调整励磁装置回路除外）按每组电流互感器分组，同一保护方式的电流回路一般排在一起。

（2）交流电压回路（自动调整励磁装置回路除外）按每组电压互感器分组。

（3）信号回路按预告、位置、事故及指挥信号分组。当光字牌布置在屏的上部时，可将信号回路端子排排在上部，其余顺序同上。

（4）控制回路按自动空气开关或熔断器配置的原则分组。

（5）其他回路按励磁保护、自动调整励磁装置的电流和电压回路、远方调整及联锁回路等分组。

（6）转接端子排排列顺序为：本安装单位端子，其他安装单位的转接端子，最后排小母线兜接用的转接端子。

（7）当一个安装单位的端子过多或一个屏上仅有一个安装单位时，特别对发电机-变压器组等二次设备多、接线复杂的安装单位，可将端子排成组布置在屏的两侧。对二次设备不多、接线不复杂的安装单位，端子排数量不多，不能将端子排布置在屏的两侧，以免引起电缆芯分线时的复杂性。

4．端子排连接原则

为了将一个安装单位与外部接口经端子排分开，以便于检查调试，提高运行可靠性，屏上二次回路经过端子排连接的原则如下：

（1）屏内与屏外二次回路的连接，同一屏上各安装单位之间的连接以及转接回路等，均需经过端子排。

（2）屏内设备与直接接在小母线上的设备（如熔断器、电阻、开关等）的连接一般经过端子排。

（3）各安装单位主要保护的正电源需经过端子排。保护的负电源需在屏内设备之间接成环形，环的两端分别接至端子排。其他回路均可在屏内连接。

（4）电流回路需经过试验端子，预告及事故信号回路和其他需断开的回路（试验时断开的仪表、至闪光小母线的端子等），一般经过特殊端子或试验端子。

5．端子排表示方法

为了简化制图，端子排建议采用三格的表示方法。除其中一排写入端子序号及表示端子型式外，其余的要表明设备符号及回路编号，其表示方法如图 2-59 所示。

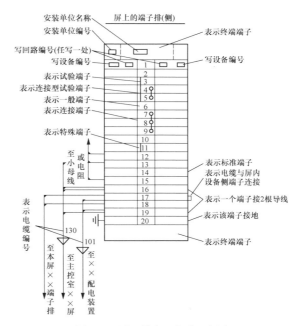

图 2-59　端子排表示方法示意图

七、控制电缆和信号电缆

（一）一般要求

（1）双重化保护的电流、电压以及直流电源和跳闸控制回路等需增强可靠性的两套系统，需采用各自独立的控制电缆。

（2）下列情况的回路，相互间一般不合用同一根控制电缆：①弱电信号、控制回路与强电信号、控制回路；②低电平信号回路与高电平信号回路；③交流断路器分相操作的各相弱电控制回路。

（3）弱电回路的每一对往返导线，一般属于同一根控制电缆。

（4）当控制电缆的敷设长度超过制造长度时，或由于屏、台的搬迁而使原有电缆长度不够时，或更换电缆的故障段时，可用焊接法连接电缆。焊接法连接电缆时在连接处需设连接盒，有可能时，也可用其他屏上的端子排连接。

（5）控制电缆一般采用多芯电缆，尽可能减少电缆根数：当芯线截面积为 1.5mm^2 时，电缆芯数一般不超过 37 芯；当芯线截面积为 2.5mm^2 时，电缆芯数一般不超过 24 芯；当芯线截面积为 4mm^2 及以上时，电缆芯数一般不超过 10 芯。

（6）弱电控制电缆一般不超过 50 芯。

（7）7 芯及以上的芯线截面积小于 4mm^2 的较长控制电缆需留有必要的备用芯。但同一安装单位的同一起止点的控制电缆不必在每根电缆中都留备用芯，可在同类性质的一根电缆中预留备用芯。

（8）尽量避免将一根电缆中的各芯线接至屏上两侧的端子排，若为 6 芯及以上时，需设单独的电缆。

（9）对较长的控制电缆尽量减少电缆根数，同时也避免电缆芯的多次转接。

（10）在同一根电缆中一般不能有两个及以上安装单位的电缆芯。在一个安装单位内截面积要求相同的交直流回路，必要时可共用一根电缆。

（二）电缆截面积的选择

1．一般要求

发电厂需采用铜芯控制电缆和绝缘导线。强电回路电缆载流量大，每个芯线均为铜线，防止安装接线时多次拆卸造成断线，强电回路电缆截面积按机械强度要求不小于 $1.5mm^2$。弱电回路的电缆载流量小，连接时可采用焊接或压接，弱电控制回路导体截面积不小于 $0.5mm^2$ 即可满足机械强度要求。

控制回路电缆截面积的选择，需保证最大负荷时，控制电源母线至被控设备间连接电缆的电压降不超过额定二次电压的 10%。主要考虑电源电压可能降低至 90%额定电压，控制设备和继电器等的可靠启动电压一般不大于额定电压的 80%，因此电缆压降不大于 10%额定电压。

2．继电保护用电流互感器二次回路电缆截面积的选择

继电保护用电流互感器二次回路电缆截面积的选择，需保证互感器误差不超过规定值。计算条件为系统最大运行方式下最不利的短路形式，并计及电流互感器二次绕组接线方式、电缆阻抗换算系数、继电器阻抗换算系数及接线端子接触电阻等因素。对系统最大运行方式如无可靠根据，可按断路器的断流容量确定最大短路电流，计算中也要计及最不利的短路形式、电流互感器的二次绕组阻抗换算系数等。

为了保证互感器误差不超过规定值，保护装置电流回路用控制电缆截面积需根据电流互感器的误差曲线进行选择。选择时，首先确定保护装置一次计算电流倍数 m，根据 m 值再由电流互感器误差曲线查出其允许负荷阻抗数值 Z_{xu}。在计算 m 时，如缺乏实际系统的最大短路电流值，可按断路器的遮断容量选取最大短路电流。电缆的截面积 A 选择计算公式为

$$A = \frac{k_{jc}L}{\gamma(Z_{xu} - \sum K_{rc}Z_r - R_c)} \quad (2\text{-}26)$$

式中　γ——电导系数，铜取 57，$\dfrac{m}{\Omega \cdot mm^2}$；

　　Z_{xu}——满足误差要求的电流互感器允许二次负荷，Ω；

　　Z_r——继电器的阻抗，Ω；

　　R_c——接触电阻，在一般情况下等于 0.05～

0.1，Ω；

　　L——电缆的长度，m；

　　K_{jc}、K_{rc}——阻抗换算系数，见表 2-19。

根据保护装置一次计算电流倍数 m，在电流互感器误差曲线上可查出电流互感器允许二次负荷 Z_{xu}。

$$m = \frac{K_k I_{d,max}}{I_N} \quad (2\text{-}27)$$

式中　$I_{d,max}$——外部短路时流过电流互感器的最大电流；

　　I_N——电流互感器的额定一次电流；

　　K_k——可靠系数，具体取值见表 2-43。

表 2-43　可靠系数取值表

序号	保护装置名称	K_k	备注
1	发电机差动	1.3	
2	发电机-变压器组差动、变压器差动	1.3	
3	母线差动	1.3	
4	线路差动	1.3	
5	35～110kV 线路星形接线的电流速断	1.1	
6	3～220kV 线路星形接线的过电流	1.1	
7	具有方向性的保护装置		当保护动作时限为 0.1s 时，取 2；0.3s 时，取 1.5；大于 1s 时，取 1
8	高压厂用变压器差动	1.3	
9	高压厂用变压器电流速断	1.1	

3．测量仪表装置用电流互感器二次回路电缆截面积的选择

测量仪表装置用电流互感器的准确度等级，按照该电流互感器二次绕组所串接的准确度等级要求最高的仪表选择。电流互感器二次回路电缆截面积的选择，依据是保证该主回路额定负荷时仪表的准确度等级满足要求。按照一次设备额定运行方式下电流互感器的误差不超过上述条件选定的准确度等级，计算条件为电流互感器一次电流为额定值、一次电流三相对称平衡，并计及电流互感器二次绕组接线方式、电缆阻抗换算系数、仪表阻抗换算系数和接线端子接触电阻及仪表保安系数等因素。在主回路短路时，电流互感器铁芯需饱和，二次电流不能超过仪表安全电流值。

一般测量回路电缆截面积：当二次电流为 5A 时，一般不小于 $4mm^2$；二次电流为 1A 时，一般不小于

2.5mm²。计量回路电缆截面积不小于 4mm²。

当测量表计电流回路用控制电缆的截面积为 2.5mm² 时，其允许电流为 20A，而电流互感器二次电流不超过 1A，所以不需要按额定电流校验电缆截面积。另外，按短路时校验热稳定也是足够的，因此也不需要按短路时热稳定性校验电缆截面积。

电缆的截面积 A 按照在电流互感器上的负荷（电阻值）不超过某一准确度等级下允许的负荷数值进行选择，计算公式如下（为了计算简单，电缆的电抗忽略不计）

$$A=\frac{K_{lc}L}{\gamma(Z_{xu}-\sum K_{mc}Z_m-R_c)}\qquad(2\text{-}28)$$

式中　γ——电导系数，铜取 57，$\dfrac{m}{\Omega\cdot mm^2}$；

Z_{xu}——电流互感器在某一准确度等级下的允许二次负荷，Ω；

Z_m——测量表计的负荷，Ω；

R_c——接触电阻，在一般情况下取 0.05～0.1，Ω；

L——电缆的长度，m；

K_{lc}、K_{mc}——阻抗换算系数，见表 2-13。

根据电流互感器需要在某一要求的准确度等级下运行的条件，由式（2-29）可求出计算控制电缆最大允许长度的公式为

$$L=\frac{A\gamma}{K_{lc}}(Z_{xu}-\sum K_{mc}Z_m-R_c)\qquad(2\text{-}29)$$

根据不同的阻抗换算系数 K_{lc}、截面积 A 所计算出的 K 值 $\left(K=\dfrac{A\gamma}{K_{lc}}\right)$ 见表 2-44，则

$$L=K(Z_{xu}-\sum K_{mc}Z_m-R_c)\qquad(2\text{-}30)$$

表 2-44　不同的阻抗换算系数和截面积的 K 值

A（mm²）	K_{lc}				
	1	1.73	3.46	2	3
2.5	142.5	82.3	41.2	71.2	45.0
4	228	132	66	114	72.0
6	342	197	99	171	108.7
10	570	330	165	285	157.0

4. 继电保护和自动装置用电压互感器二次回路电缆截面积的选择

（1）继电保护和自动装置用电压互感器二次回路电缆截面积的选择，需保证最大负荷时，电缆的电压降不超过额定二次电压的 3%。

计算时只考虑有功电压降，并根据下式进行计算

$$\Delta U=\sqrt{3}\,K_{lc}\times\frac{P}{U_{x\text{-}x}}\times\frac{L}{\gamma A}\qquad(2\text{-}31)$$

式中　P——电压互感器每一相负荷，VA；

$U_{x\text{-}x}$——电压互感器二次电压，V；

γ——电导系数，铜取 57，$\dfrac{m}{\Omega\cdot mm^2}$；

A——电缆截面积，mm²；

L——电缆的长度，m；

K_{lc}——阻抗换算系数，三相星形接线 $K_{lc}=1$，两相星形接线 $K_{lc}=\sqrt{3}$，单相接线 $K_{lc}=2$。

（2）电压互感器二次负荷均衡，电缆压降允许 0.5、0.45V 及 0.4V 时，电缆截面积选择参见表 2-45～表 2-47。

表 2-45　电压互感器二次负荷均衡、电缆电压降容许 0.5V 时电缆截面积选择表

电压互感器二次回路的接线方式	计算公式及计算条件	电缆中电流 I（A）	一相二次负荷 S（VA）	各种电缆截面积 A（mm²）下的容许长度 L（m）											
				1.5	2.5	4	6	8	10	12	16	18	20	24
三相三线式 （V 接线－V 负荷） （Y 接线－V 负荷）	公式 $L=\dfrac{9.45A}{I}$ 条件： $\Delta U=0.5V$； $U_2=100V$； $S_1=S_2=S$； $I_a=I_c=I$	0.05	5	283	472	756	1134	1512	1890	2268	3024	3402	378	4536
		0.10	10	141	236	378	567	756	945	1134	1512	1701	1890	2268
		0.15	15	94	157	252	378	504	630	756	1008	1134	1260	1512
		0.25	25	56	94	151	226	302	378	453	604	680	756	907
		0.40	40	35	59	94	141	189	236	283	378	425	472	567
		0.50	50	28	47	75	113	151	189	226	302	340	378	453
		0.60	60	23	39	63	94	126	157	189	252	283	315	378
		0.80	80	17	29	47	70	94	118	141	189	212	236	283
		1.00	100	14	23	37	56	75	94	113	151	170	189	226
		1.50	150	9	15	25	37	50	63	75	100	113	126	151
		2.00	200	7	11	18	28	37	47	56	75	85	94	113
		2.50	250	5	9	15	22	30	37	45	60	68	75	90

电压互感器二次回路的接线方式	计算公式及计算条件	电缆中电流I(A)	一相二次负荷S(VA)	各种电缆截面积A(mm²)下的容许长度L(m)										
				1.5	2.5	4	6	8	10	12	16	18	20	24
三相三线式 （V接线—△负荷） （Y接线—△负荷）	公式 $L=\dfrac{14.43A}{I}$ 条件: $\Delta U=0.5V$; $U_2=100V$; $S_1=S_2=S_3=S$; $I_a=I_b=I_c=I$	0.086	5	251	419	671	1006	1342	1677	2013	2684	3020	3355	4026
		0.173	10	125	208	333	500	667	834	1000	1334	1501	1668	2001
		0.26	15	83	138	222	333	444	555	666	888	999	1110	1322
		0.43	25	50	83	134	201	268	335	402	536	604	671	805
		0.69	40	31	52	84	125	167	209	250	334	376	418	501
		0.86	50	25	41	67	100	134	167	201	268	302	335	402
		1.04	60	20	34	55	83	111	138	166	222	249	277	333
		1.38	80	15	26	41	62	83	104	125	167	188	209	250
		1.73	100	12	20	33	50	66	83	100	133	150	166	200
		2.60	150	8	13	22	33	44	55	66	88	99	111	133
		3.46	200	6	10	16	25	33	41	50	66	75	83	100
		4.30	250	5	8	13	20	26	33	40	53	60	67	80
		6.90	400	3	5	8	12	17	21	25	33	38	42	50

表2-46 电压互感器二次负荷均衡、电缆电压降容许0.45V时电缆截面积选择表

电压互感器二次回路的接线方式	计算公式及计算条件	电缆中电流I(A)	一相二次负荷S(VA)	各种电缆截面积A(mm²)下的容许长度L(m)										
				1.5	2.5	4	6	8	10	12	16	18	20	24
三相三线式 （V接线—V负荷） （Y接线—V负荷）	公式 $L=\dfrac{8.5A}{I}$ 条件: $\Delta U=0.45V$; $U_2=100V$; $S_1=S_2=S$; $I_a=I_c=I$	0.05	5	255	425	680	1020	1360	1700	2040	2720	3060	3400	4080
		0.10	10	128	213	340	510	680	850	1020	1360	1530	1700	2040
		0.15	15	85	142	227	340	453	567	680	907	1020	1133	1360
		0.25	25	51	35	136	204	272	340	408	544	612	680	8016
		0.40	40	32	53	85	128	170	213	255	340	383	425	510
		0.50	50	26	43	68	102	136	170	204	272	306	340	408
		0.60	60	21	36	57	85	113	142	170	227	255	283	340
		0.80	80	16	27	43	64	85	106	128	170	191	213	255
		1.00	100	13	21	34	51	68	85	102	136	153	170	204
		1.50	150	9	14	23	34	45	57	68	91	102	113	136
		2.00	200	6	11	17	26	34	43	51	68	77	85	102
		2.50	250	5	9	14	20	27	34	41	54	61	68	82
三相三线式 （V接线—△负荷） （Y接线—△负荷）	公式 $L=\dfrac{13A}{I}$ 条件: $\Delta U=0.45V$; $U_2=100V$; $S_1=S_2=S_3=S$; $I_a=I_b=I_c=I$	0.086	5	227	378	605	907	1209	1512	1814	2419	2721	3023	3628
		0.173	10	113	188	301	451	601	751	902	1202	1353	1503	1803
		0.26	15	75	125	200	300	400	500	600	800	900	1000	1200
		0.43	25	45	76	121	181	242	302	363	484	544	605	726
		0.69	40	28	47	75	113	151	188	226	301	339	377	452
		0.86	50	23	38	60	91	121	151	181	242	272	302	363
		1.04	60	19	31	50	75	100	125	150	200	225	250	300
		1.38	80	14	24	38	57	75	94	113	151	170	183	226
		1.73	100	11	19	20	45	60	75	90	120	135	150	180
		2.60	150	8	13		30	40	50	60	80	90	100	120
		3.46	200	6	9	12	23	30	38	45	60	68	75	90
		4.30	250	5	8	8	18	24	30	36	48	54	60	73
		6.90	400	3	5	—	11	15	19	23	30	34	38	45

表2-47 电压互感器二次负荷均衡、电缆电压降容许0.4V时电缆截面积选择表

电压互感器二次回路的接线方式	计算公式及计算条件	电缆中电流 I (A)	一相二次负荷 S (VA)	各种电缆截面积 A (mm²) 下的容许长度 L (m)										
				1.5	2.5	4	6	8	10	12	16	18	20	24
三相三线式 （V接线—V负荷） （Y接线—V负荷）	公式 $L=\dfrac{7.56A}{I}$ 条件： $\Delta U=0.4V$； $U_2=100V$； $S_1=S_2=S$； $I_a=I_c=I$	0.05	5	227	378	605	907	1210	1512	1814	2419	2722	3024	3629
		0.10	10	113	189	302	454	605	756	907	1210	1361	1512	1814
		0.15	15	76	126	202	302	403	504	605	806	907	1008	1210
		0.25	25	45	76	121	181	242	302	363	484	544	605	726
		0.40	40	28	47	76	113	151	189	227	302	340	378	454
		0.50	50	23	38	60	91	121	151	181	242	272	302	363
		0.60	60	19	32	50	76	101	126	151	202	227	252	302
		0.80	80	14	24	38	57	76	95	113	151	170	189	227
		1.00	100	11	19	30	45	60	76	91	121	136	151	181
		1.50	150	8	13	20	30	40	50	60	81	91	101	121
		2.00	200	6	9	15	23	30	38	45	60	68	76	91
		2.50	250	5	8	12	18	24	30	36	48	54	61	73
三相三线式 （V接线—△负荷） （Y接线—△负荷）	公式 $L=\dfrac{11.55A}{I}$ 条件： $\Delta U=0.4V$； $U_2=100V$； $S_1=S_2=S_3=S$； $I_a=I_b=I_c=I$	0.086	5	202	336	537	806	1074	1343	1612	2149	2417	2686	3223
		0.173	10	100	167	267	401	534	668	801	1068	1202	1335	1602
		0.26	15	67	111	178	267	355	444	533	711	800	888	1066
		0.43	25	40	67	107	161	215	269	322	430	483	537	645
		0.69	40	25	42	67	100	134	167	201	268	301	335	402
		0.86	50	20	34	54	81	107	134	161	215	242	269	322
		1.04	60	17	28	44	67	89	111	133	178	200	222	267
		1.38	80	13	21	34	50	67	84	100	134	151	167	201
		1.73	100	10	17	27	40	54	67	80	107	120	134	160
		2.60	150	7	11	18	27	36	44	53	71	80	89	107
		3.46	200	5	8	13	20	27	33	40	53	60	67	80
		4.30	250	4	7	11	16	21	27	32	43	48	54	64
		6.90	400	3	4	7	10	13	17	20	27		33	40

（3）电压互感器接有距离保护时，其电缆截面积除按上述条件选择外，还要根据下列原则校验：

1）当以熔断器作为二次回路的短路保护时，其电缆截面积需满足在距离保护继电器端子上发生两相短路时，流经熔断器的短路电流 $I_d>2.5I_N$（I_N 为熔断器的额定电流）。

2）当以自动空气开关作二次回路保护时，所选电缆电阻应满足下式要求

$$R_2=\frac{\Delta U}{I_{2,sd}} \qquad (2\text{-}32)$$

式中 R_2——自动空气开关至装有距离保护的二次电压回路末端两相短路时环路电阻；

ΔU——正常运行最低电压与距离保护第Ⅲ段动作阻抗的相应电压之差，一般取19V；

$I_{2,sd}$——自动空气开关瞬时动作电流。

5. 控制和信号回路用控制电缆选择

控制、信号回路需采用铜芯电缆，根据机械强度条件选择，强电回路铜芯电缆的截面积不能小于1.5mm²，弱电回路电缆的截面积不能小于0.5mm²。但在某些情况下（如采用空气断路器时），合闸回路和跳闸回路流过的电流较大，则产生的电压降也较大。为了使断器可靠地动作，需根据电缆中允许电压降来校验电缆截面积。一般操作回路按正常最大负荷下至各设备的电压降不得超过10%的条件校验电缆截面积。

电缆的允许长度 L_{xu} 计算为

$$L_{xu}=\frac{\Delta U_{xu}(\%)U_N A\gamma}{2\times100\times I_{max,q}} \quad m \qquad (2\text{-}33)$$

式中 ΔU_{xu}（%）——控制线圈正常工作时允许电压降的百分数，取10%；

U_N——直流额定电压，取 220V；

A——电缆截面积，mm^2；

γ——电导系数，铜取 57，$m/(\Omega \cdot mm^2)$；

$I_{max,q}$——流过控制线圈的最大电流，A。

根据不同的直流额定电压，将已知各值代入式（2-33），可得出不同电缆截面积在不同负荷下的最大允许电缆长度 L_{xu}，见表 2-48。

表 2-48　不同电缆截面积在不同负荷下的最大允许电缆长度

额定电压（V）	流过线圈的最大电流（A）	最大允许电缆长度 L_{xu}（m）					
		信号电缆直径（mm）		控制电缆截面积（mm^2）			
		0.8	1	1.5	2.5	4	6
220	1	—	—	897	1495	2392	3588
	2	—	—	448	748	1196	1794
	3	—	—	299	498	798	196
	4	—	—	224	374	598	897
	5	—	—	179	299	478	718
	6	—	—	150	249	399	598
	7	—	—	128	214	342	513
	8	—	—	112	187	299	449
	9	—	—	100	166	266	399
	10	—	—	89	150	239	359
	12	—	—	75	125	199	299
110	1	—	—	450	748	1196	1794
	2	—	—	225	374	598	897
	4	—	—	112	187	299	449
	6	—	—	75	125	200	299
	10	—	—	45	75	120	180
	15	—	—	30	50	80	120
48	2	32.8	51.0	98	163	261	392
	4	16.4	25.5	49	82	131	196
	6	10.9	17.0	33	54	87	131
	10	6.5	10.2	19.6	33	52	78
	15	4.4	6.8	13.0	21.8	34.8	52
	20	—	5.1	9.8	16.3	26.1	39.2
24	2	16.4	25.5	49.0	82.0	131.0	196
	4	8.2	12.8	24.5	41.0	66.0	98
	6	5.5	8.5	16.3	27.3	44.0	65
	10	3.5	5.1	9.8	16.4	26.0	39
	15	2.2	3.4	6.5	10.9	17.4	26
	20	—	—	4.9	8.2	13.1	19.6

为查阅方便，列出铜芯控制电缆的型号及使用范围，见表 2-49。

表 2-49　铜芯控制电缆的型号及使用范围

型号	名称	使用范围
KYV	聚乙烯绝缘聚氯乙烯护套控制电缆	敷设在室内、电缆沟中、管道内及地下
KVV	聚氯乙烯绝缘聚氯乙烯护套控制电缆	
KXV	橡皮绝缘聚氯乙烯护套控制电缆	
KXF	橡皮绝缘氯丁护套控制电缆	
KYVD	聚乙烯绝缘耐寒塑料护套控制电缆	
KXVD	橡皮绝缘耐寒塑料护套控制电缆	
KYV29	聚乙烯绝缘聚氯乙烯护套内钢带铠装控制电缆	敷设在室内、电缆沟中、管道内及地下，并能承受较大的机械外力作用
KVV29	聚氯乙烯绝缘聚氯乙烯护套内钢带铠装控制电缆	
KXV29	橡皮绝缘聚氯乙烯护套内钢带铠装控制电缆	

注　电缆型号字母的含义：K—控制电缆系列；X—橡皮绝缘；Y—聚乙烯绝缘；V—聚氯乙烯绝缘或护套；F—氯丁橡皮护套；VD—耐寒护套（D 冷冻）；2—钢带铠装；9—内铠装。

6. 电测量仪表用电压互感器二次回路电缆截面积的选择

电测量仪表用电压互感器二次回路电缆截面积依据各回路允许压降选择时，要求如下：

（1）指示性仪表回路电缆的电压降，不大于额定二次电压的 3%。与电压回路相连的指示性仪表的准确度等级通常为：数字式仪表为 0.5 级；指针式仪表为 1.5 级；指针式直流仪表为 1.0 级（经变送器二次测量）或 1.5 级（直接）。如果有条件，电缆压降一般控制在 1%额定电压以下，加上电压互感器二次电压误差为 0.5%，可满足所有指示仪表的准确性要求。

（2）Ⅰ、Ⅱ类电能计量装置的电压互感器二次专用回路压降一般不大于额定二次电压的 0.2%。

（3）其他电能计量装置二次回路的电压降不大于额定二次电压的 0.5%。

（4）当不能满足上述要求时，电能表、指示仪表电压回路可由电压互感器端子箱单独引接电缆，也可将保护和自动装置与仪表回路分别接自电压互感器的不同二次绕组。

（三）控制电缆的金属屏蔽

微机型继电保护装置及计算机测控装置二次回路的电缆均需使用屏蔽电缆。

（1）强电回路控制电缆，除位于超高压配电装置或与高压电缆紧邻并行较长，需抑制干扰的情况外，可不含金属屏蔽。

（2）弱电信号、控制回路的控制电缆，当位于存在干扰影响的环境又不具备有效抗干扰措施时，一般有金属屏蔽。

（3）控制电缆金属屏蔽类型的选择，需根据可能的电气干扰影响计入综合抑制干扰措施，满足降低干扰或过电压的要求。

（4）位于110kV以上配电装置的弱电控制电缆，一般有总屏蔽、双层式总屏蔽，必要时也可用对绞芯分屏蔽。

（5）计算机监测系统信号回路控制电缆的屏蔽选择，需满足下列要求：

1）开关量信号电缆可选用外部总屏蔽。

2）高电平模拟信号电缆一般选用对绞芯加外部总屏蔽，必要时也可用对绞芯分屏蔽。

3）低电平模拟信号或脉冲信号电缆一般选用对绞芯分屏蔽，必要时也可选用对绞芯分屏蔽加外部总屏蔽。

（6）其他情况，按电磁感应、静电感应和地电位升高等因素，采用适宜的屏蔽型式。

（7）控制电缆金属屏蔽的接地方式：

1）计算机监控系统的模拟信号回路控制电缆屏蔽层，不得构成两点或多点接地，一般用集中式一点接地。

a）电子装置数字信号回路的控制电缆屏蔽接地，需使在接地线上的电压降干扰影响尽量小。基于计算机这类仅1V左右的干扰电压，可能引起逻辑错误，因而强调了对计算机监控系统的模拟信号回路控制电流抑制干扰的要求，实行一点接地。

b）直接接入微机型继电保护装置的所有二次电缆均需使用屏蔽电缆，电缆屏蔽层需在电缆两端可靠接地。严禁使用电缆内的空线替代屏蔽层接地。

2）除上述需要一点接地情况外的控制电缆屏蔽层，当电磁感应的干扰较大时，一般采用两点接地。如静电感应的干扰较大，可用一点接地。

3）双重屏蔽或复合式总屏蔽，一般对内、外屏蔽分用一点、两点接地。

4）选择两点接地时，还要考虑在暂态电流作用下屏蔽层不致被烧熔。

（四）控制电缆额定电压的选择

控制电缆的额定电压，应不低于该回路工作电压，应满足可能经受的暂态和工频过电压作用要求，并需满足如下要求：

（1）沿较长高压电缆并行敷设的控制电缆（导引电缆），选用相适合的额定电压。所谓导引电缆，指与较长高压电缆并行敷设的控制电缆，在一次系统单相短路电流作用下的工频感应过电压较高，一般的控制电缆绝缘水平不能满足要求，需选用绝缘水平高得多的控制电缆。

（2）220kV及以上高压配电装置敷设的控制电缆，选用450/750V级绝缘水平。

八、小母线配置及二次回路标记

1. 小母线配置

（1）各安装单位的控制、信号电源，一般由电源屏或电源分屏的馈线以辐射状供电，在控制屏上一般敷设控制小母线和信号小母线。厂用电源和母线设备控制屏上还可分别敷设公用的辅助信号小母线。

（2）当以辐射方式向继电保护和自动装置供电时，供电线需设保护及监视设备。辐射供电可防止环路引起电磁干扰，多用于超高压的控制、保护回路的供电。辐射状供电时，供电线必须设电源监视和报警；被供电的保护和自动装置屏内另设降压或逆变降压整流保护用自动开关或熔断器时，屏内需设有供电电源监视的报警触点。

（3）控制小母线和信号小母线为单母线，按屏组分段，双侧供电，于适当地点以小开关分段，开环运行。同时每块控制屏（包括电源屏）上装设一个为本屏内各安装单位共用的电源切换开关或小开关，以便寻找接地故障时使用。

（4）各安装单位的电压回路使用隔离开关的辅助触点切换时，电压小母线一般敷设在配电装置。各安装单位的电压回路使用继电器切换或不需切换时，电压小母线一般敷设在控制室。电压小母线有以下两种敷设方式：①每个安装单位的二次电压经隔离开关辅助触点切换后引至主控制室；②将电压小母线敷设在控制室，由隔离开关辅助触点启动中间继电器触点切换后供给该安装单位二次电压。前一种方式比较直观，但电缆较长，隔离开关的辅助触点接触不良时，影响二次电压切换，多用于小规模的发电工程；后一种方式增加了继电器，使用电缆长度减少，可靠性提高，多用于220kV以上的回路。

（5）控制屏及保护屏顶上的小母线一般不超过28条，最多不能超过40条。屏深为600mm时，屏顶小母线可两层布置，最多可安装20根小母线。小母线一般采用$\phi 6 \sim \phi 8$mm的绝缘铜棒。

（6）当屏顶上不能装设小母线时，也可通过端子排连接。端子排一般单独成组排列。

2. 二次回路标记

小母线的色别、代号和二次回路的各有关标号均有规定。在我国习惯于对二次回路进行标号，这样可简化二次回路设计，也便于施工、检修时核对接线。涉外工程时不必受此限制，可按 IEC 标准或标书规定进行设计。

小母线的色别见表 2-50，小母线符号和回路标号见表 2-51，二次直流回路数字标号见表 2-52，二次交流回路数字标号见表 2-53。

表 2-50　　小母线的色别

符　号	名　　称	颜　色
+KM	控制小母线（正电源）	红

续表

符　号	名　　称	颜　色
−KM	控制小母线（负电源）	蓝
+XM	信号小母线（正电源）	红
−XM	信号小母线（负电源）	蓝
(+) SM	闪光小母线	红色，间绿
YMa	电压小母线（A 相）	黄
YMb	电压小母线（B 相）	绿
YMc	电压小母线（C 相）	红
YMN	电压小母线（零线）	黑

表 2-51　　　　　　　　　　　　　　　　　　小母线符号和回路标号

序号	小母线名称	原编号 文字符号	原编号 回路标号	新编号一 文字符号	新编号一 回路标号	新编号二 文字符号	新编号二 回路标号
		\(一\)直流控制、信号及辅助小母线					
1	控制回路电源	+KM −KM		L+、L−		+　−	
2	信号回路电源	+XM −XM	701 702	L+、L−		+700 −700	7001 7002
3	事故音响信号（不发遥信时）	SYM	708			M708	708
4	事故音响信号（用于直流屏）	1SYM	728			M728	728
5	事故音响信号 （用于配电装置时）	2SYM I 2SYM II 2SYMIII	727 I 727 II 727III			M7271 M7272 M7273	7271 7272 7273
6	事故音响信号（发遥信时）	3SYM	808			M808	808
7	预告音响信号（瞬时）	1YBM 2YBM	709 710			M709 M710	709 710
8	预告音响信号（延时）	3YBM 4YBM	711 712			M711 M712	711 712
9	预告音响信号 （用于配电置装置时）	YBM I YBM II YBMIII	729 I 729 II 729III			M7291 M7292 M7293	7291 7292 7293
10	控制回路断线预告信号	KDM I KDM II KDMIII					
11	灯光信号	(−) XM	726			M726	726
12	配电装置信号	XPM	701			M701	701
13	闪光信号	(+) SM	100			M100	100
14	合闸	+HM −HM		L+ L−		+ −	
15	"信号未复归"光字牌	FM PM	703 716			M703 M716	703 716
16	指挥装置音响	ZYM	715			M715	715
17	自动调整周波脉冲	1TZM 2TZM	717 718			M717 M718	717 718
18	自动调整电压脉冲	1TYM 2TYM	Y717 Y718			M7171 M7181	7171 7181
19	同步装置越前时间整定	1TQM 2TQM	719 720			M719 M720	719 720

续表

序号	小母线名称	原编号		新编号一		新编号二	
		文字符号	回路标号	文字符号	回路标号	文字符号	回路标号
20	同步装置发送合闸脉冲	1THM 2THM 3THM	721 722 723			M721 M722 M723	721 722 723
21	隔离开关操作闭锁	GBM	880			M880	880
22	旁路闭锁	1PBM 2PBM	880 900			M881 M900	881 900
23	厂用电源辅助信号	+CFM −CFM	701 702	L+ L−		+701 −702	7011 7012
24	母线设备辅助信号	+MFM −MFM	701 702	L+ L−		+701 −702	7021 7022
	（二）交流电压、同步和电源小母线						
25	同步电压（运行系统）	TQMⅠ TQMⅡ					
26	同步电压（待并系统）	TQMⅠ TQMⅡ					
27	同步发电机残压	TQMⅠ					
28	第一组或奇数母线段的电压	1YMa 1YMb 1YMc 1YML 1SYMc YMN	A630 B630 C630 L630 Sc630 N630	L1 N L3 N		L1-630 L2-630 L3-630	A630 B630 C630 L630 Sc630 N630
29	第二组或偶数母线段的电压	2YMa 2YMb 2YMc 2YML 2SYMc YMN	A640 B640 C640 L640 Sc640 N640	L1 N C3 N		L1-640 L2-640 L3-640 N	A640 B640 C640 L640 Sc640 N640
30	6~10kV 备用线段的电压	9YMa 9YMb 9YMc	A690 B690 C690	L1 L2 L3		L1-690 L2-690 L3-690	A690 B690 C690
31	转角	ZMa ZMb ZMc	A790 B790 C790	L1 L2 L3		L1-790 L2-790 L3-790	A790 B790 C790
32	低电压保护	1DYM 2DYM 3DYM	011 013 02			M011 M013 M02	011 013 02
33	电源	DYMa DYMN		L1 N		L1 N	
34	旁路母线电压切换	YQMc	C712	L3		L3-712	C712

注 1. 表中交流电压、同步电压小母线的符号和标号，适用于电压互感器二次侧中性点接地、同步设备和接线采用单相式。扩建工程小母线的符号和标号一般按原工程接线配合。

2. 母线设备控制（或继电器）屏上有几级电压小母线时，可用以下标志加以区分：

6 或 10kV 系统为 1YMa-6～1YML-6 等；

35kV 系统为 1YMa-3～1YML-3 等；

110kV 系统为 1YMa11～1YML-11 及 1SYMc-11 等；

220kV 系统为 1YMa-22～1YML-22 及 1SYMc-22 等；

330kV 系统为 1YMa-33～1YML-33 及 1SYMc-33 等；

500kV 系统为 1YMa-50～1YML-50 及 1SYMc-50 等；

750kV 系统为 1YMa-70～1YML-70 及 1SYMc-70 等。

表 2-52　　　　　　　　　　　　　　　　二次直流回路数字标号

序号	回路名称	原数字标号				新编号一				新编号二			
		I	II	III	IV	I	II	III	IV	I	II	III	IV
1	正电源回路	1	101	201	301	101	201	301	401	101	201	301	401
2	负电源回路	2	102	202	302	102	202	302	402	102	202	302	402
3	合闸回路	3～31	103～131	203～231	303～331	103	203	303	403	103	203	303	403
4	合闸监视回路	5	105	205	305					105	205	305	405
5	跳闸回路	33～49	133～149	233～249	333～349	133 1133 2233	233 2133 2233	333 3133 3233	433 4133 4233	133 1133 1233	233 2133 2233	333 3133 3233	433 4133 4233
6	跳闸监视回路	35	135	235	335					135 1135 1235	235 2135 2235	335 3135 3235	435 4135 4235
7	备用电源自动合闸回路	50～69	150～169	250～269	350～369					150～169	250～269	350～369	450～469
8	开关设备的位置信号回路	70～89	170～189	270～289	370～389					170～189	270～289	370～389	470～489
9	事故跳闸音响信号回路	90～99	190～199	290～299	390～399					190～199	290～299	390～399	490～499
10	保护回路	01～099（或 J1～J99）								01～099（或 0101～0999）			
11	发电机励磁回路	601～699								601～699 或 6011～6999			
12	信号及其他回路	701～999（标号不足时可递增）								701～799 或 7011～7999			
13	断路器位置遥信回路	801～809								801～809 或 8011～8999			
14	断路器合闸绕组或操动机构电动机回路	871～879								871～879 或 8711～8799			
15	隔离开关操作闭锁回路	881～889								881～889 或 8810～8899			
16	发电机调速电动机回路	T991～T999								991～999 或 9910～9999			
17	变压器零序保护共用电流回路	J01、J02、J03								001、002、003			
18	变送器后回路									A001～A999			
19	至微机系统数字量									D001～D999			
20	至闪光报警装置									S001～S999			

注　1. 无备用电源自动投入的安装单位，序号 7 的编号可用于其他回路。

　　2. 断路器或隔离开关为分相操动机构时，序号 3、5、14、15 等回路标号后需以 A、B、C 标志区别。

表 2-53　　　　　　　　　　　　　　　　二 次 交 流 回 路 标 号

序号	回路名称	原回路标号组					
		用途	A 相	B 相	C 相	中性线	零序
1	保护装置及测量仪表电流回路	TA	A4001～A4009	B4001～B4009	C4001～C4009	N4001～N4009	L4001～L4009
2		1TA	A4011～A4019	B4011～B4019	C4011～C4019	N4011～N4019	L4011～L4019
3		2TA	A4021～A4029	B4021～B4029	C4021～C4029	N4021～N4029	L4021～L4029
4		9TA	A4091～A4099	B4091～B4099	C4091～C4099	N4091～N4099	L4091～L4099
5		10TA	A4101～A4109	B4101～B4109	C4101～C4109	N4101～N4109	L4101～L4109
6		29TA	A4291～A4299	B4291～B4299	C4291～C4299	N4291～N4299	L4291～L4299

序号	回路名称	原回路标号组					
		用途	A 相	B 相	C 相	中性线	零序
7	保护装置及测量仪表电流回路	1LTA					LL411～LL41
8		2LTA					LL421～LL42
9	保护装置及测量仪表电压回路	TV	A601～A609	B601～B609	C601～C609	N601～N609	L601～L609
10		1TV	A611～A619	B611～B619	C611～C619	N611～N619	L611～L619
11		2TV	A621～A629	B621～B629	C621～C629	N621～N629	L621～L629
12	经隔离开关辅助触点或继电器切换后的电压回路	6～10kV	A（C、N）760～769、B600				
13		35kV	A（C、N）730～739、B600				
14		110kV	A（B、C、L、Sc）710～719、N600				
15		220kV	A（B、C、L、Sc）720～729、N600				
16		330（500）kV	A（B、C、L、Sc）730～739、N600［A（B、C、L、SC）750～759、N600］				
17		750kV	A（B、C、L、Sc）770～779、N600				
18	绝缘监察电压表的公用回路		A700	B700	C700	N700	
19	母线差动保护共用电流回路	6～10kV	A360	B360	C360	N360	
20		35kV	A330	B330	C330	N330	
21		110kV	A310	B310	C310	N310	
22		220kV	A320	B320	C320	N320	
		330（500）kV	A330（A350）	B330（B350）	C330（C350）	N330（N350）	
23		750kV	A370	B370	C370	N370	

序号	回路名称	新回路标号组一					
		用途	A 相	B 相	C 相	中性线	零序
1	保护装置及测量仪表电流回路	T1					
2		T1-1					
3		T1-2					
4		T1-9					
5		T2-1					
6		T2-9					
7		T11-1					
8		T11-2					
9	保护装置及测量仪表电压回路	T1					
10		T2					
11		T3					
12	经隔离开关辅助触点或继电器切换后的电压回路	6～10kV					
13		35kV					
14		110kV					
15		220kV					
16		330（500）kV					
17		750kV					

续表

序号	回路名称	新回路标号组一					
		用途	A 相	B 相	C 相	中性线	零序
18	绝缘监察电压表的公用回路						
19		6～10kV					
20		35kV					
21	母线差动保护共用电流回路	110kV					
22		220kV					
23		330（500）kV					
		750kV					
24	未经切换的 TV 回路	TV01	A611～A619	B611～B619	C611～C619	L611～L619	N611～N619
25		TV09	A691～A699	B691～B699	C691～C699	L691～L699	N691～N699

序号	回路名称	新回路标号组二					
		用途	A 相	B 相	C 相	中性线	零序
1		T1	A11～A19	B11～B19	C11～C19	N11～N19	L11～L19
2		T1-1	A111～A119	B111～B119	C111～C119	N111～N119	L111～L119
3		T1-2	A121～A129	B121～B129	C121～C129	N121～N129	L121～L129
4	保护装置及测量仪表电流回路	T1-9	A191～A199	B191～B199	C191～C199	N191～N199	L191～L199
5		T2-1	A211～A219	B211～B219	C211～C219	N211～N219	L211～L219
6		T2-9	A291～A299	B291～B299	C291～C299	N291～N299	L291～L4299
7		T11-1	A1111～A1119	B1111～B1119	C1111～C1119	N1111～N1119	L1111～L1119
8		T11-2	A1121～A1129	B1121～B1129	C1121～C1129	N1121～N1129	L1121～L1129
9	保护装置及测量仪表电压回路	T1	A611～A619	B611～B619	C611～C619	N611～N619	L611～L619
10		T2	A621～A629	B621～B629	C621～C629	N621～N629	L621～L629
11		T3	A631～A639	B631～B639	C631～C639	N631～N639	L631～L639
12		6～10kV	A（C、N）760～769、B600				
13		35kV	A（C、N）730～739、B600				
14	经隔离开关辅助触点或继电器切换后的电压回路	110kV	A（B、C、I、Sc）710～719、N600				
15		220kV	A（B、C、I、Sc）720～729、N600				
16		330（500）kV	A（B、C、I、Sc）730～739、N600［A（B、C、L、Sc）750～759、N600］				
17		750kV	A（B、C、I、Sc）770～779、N600［A（B、C、L、Sc）770～779、N600］				
18	绝缘监察电压表的公用回路		A700	B700	C700	N700	
19		6～10kV	A360	B360	C360	N360	
20		35kV	A330	B330	C330	N330	
21	母线差动保护共用电流回路	110kV	A310	B310	C310	N310	
22		220kV	A320	B320	C320	N320	
23		330（500）kV	A330（A350）	B330（B350）	C330（C350）	N330（N350）	
24		750kV	A370	B370	C370	N370	

序号	回路名称	新回路标号组二					
		用途	A 相	B 相	C 相	中性线	零序
25	未经切换的 TV 回路	TV01	A611～A619	B611～B619	C611～C619	L611～L619	N611～N619
26		TV09	A691～A699	B691～B699	C691～C699	L691～L699	N691～N699

注　在设计中，序号 330kV 系统的 16、23 和序号 13、20 的标号需要加以区分时，330kV 系统的序号 16 和 23 的标号相应改为 A（B、C、L）750～759 和 A350、B350、C350。

第七节　变压器的冷却和调压回路

一、变压器冷却方式及二次接线

（一）变压器冷却方式

变压器的冷却方式有下列几种：

（1）自冷（AN）：运行时产生的热量靠周围冷却介质自然循环散发的冷却方式。

（2）风冷（AF）：变压器运行时产生的热量靠吹风装置来散发的冷却方式。

（3）强迫油循环风冷（OFAF）：用变压器油泵强迫油循环，使油流经风冷却器进行散热的冷却方式。

（4）强迫油循环水冷（OFWF）：用变压器油泵强迫油循环，使油流经水冷却器进行散热的冷却方式。

（5）强迫油循环导向冷却：以强迫油循环的方式，使冷油流经水冷却器进行散热的冷却方式。本冷却方式可简写为 ODAF（导向风冷）或 ODWF（导向水冷）。

小容量变压器一般采用自冷方式或风冷方式。发电厂的大容量主变压器一般采用强迫油循环风冷却式强迫油循环导向冷却方式。

强迫油循环水冷的冷却方式能提高散热能力，冷却效率高，节约材料，减少安装面积，变压器油的耗量少。但这种冷却方式需要有一套水冷却系统及较多的附件，维护工作量较大。目前采用此种冷却方式较少。

特大型变压器采用了强迫油循环导向冷却方式，即用潜油泵将冷油在一定的压力下，送入绕组之间和绕组之间的油道中或者是铁芯油道中，铁芯与绕组中产生的热量被具有一定流速的冷油带走，再经冷却器把热量散到空气或水中。目前大型发电厂的主变压器采用此种冷却方式较多。

（二）变压器冷却装置二次接线

1. 风冷

在自然油循环风冷冷却变压器的通风控制回路中，为了减少直流接地故障的概率，变压器冷却系统控制回路一般由交流电源供电。变压器的通风控制回路一般按照变压器上层油温和变压器负荷电流自动及手动启停通风电动机，这样运行中负荷变化大时电动机群切投会较频繁。为了便于与中央信号回路的工作相配合，向控制室发送的通风故障信号仍采用直流操作。为了简化接线，电动机群由公用熔断器及热元件进行保护，但运行中因保护特性难于配合，当电动机群投入运行的总台数较多时，易发生熔断器单相熔断而经常烧坏电动机的现象，因此规定需装设断相信号装置。并且，为了简化接线及设备布置，规定通风控制设备装设在变压器二次接线箱内，由变压器厂配套供应。

变压器通风冷却装置控制原理参考接线见图 2-60。

图 2-60 所示为某电厂高压厂用变压器通风冷却装置控制原理接线图。双电源经自动切换装置（automatic transfer switch，ATS）供电，采用 PLC 系统，所有的自动控制逻辑均由 PLC 实现。

目前电厂用的变压器大多用热电偶或热电阻测量变压器顶层油面温度，并作为启动通风冷却器的条件。以顶层油温作为监测参数不能完全准确反映变压器运行状态，而且对于大容量变压器，其顶层油温明显滞后于绕组油温。随着科学技术的发展，采用光纤可以直接测量变压器绕组温度。当变压器采用光纤测温时，建议采用绕组温度作为启动通风冷却器的条件，这样更能反映变压器的实际温度，有利于变压器的安全运行。

2. 强迫油循环风（水）冷

强迫油循环风冷及强迫油循环水冷冷却的变压器冷却装置二次回路由制造厂设计，并成套供应控制箱。冷却装置的控制接线各制造厂不尽一致，但大同小异。

强迫油循环风冷却装置的二次接线需满足下述要求：

（1）变压器投入电网运行或退出电网运行时，工作冷却器均可通过控制开关投入与停止运行。

（2）当运行中的变压器顶层油温或变压器负荷达到规定值时，能使辅助冷却器自动投入。

（3）当工作或辅助冷却器故障时，备用冷却器能自动投入运行。

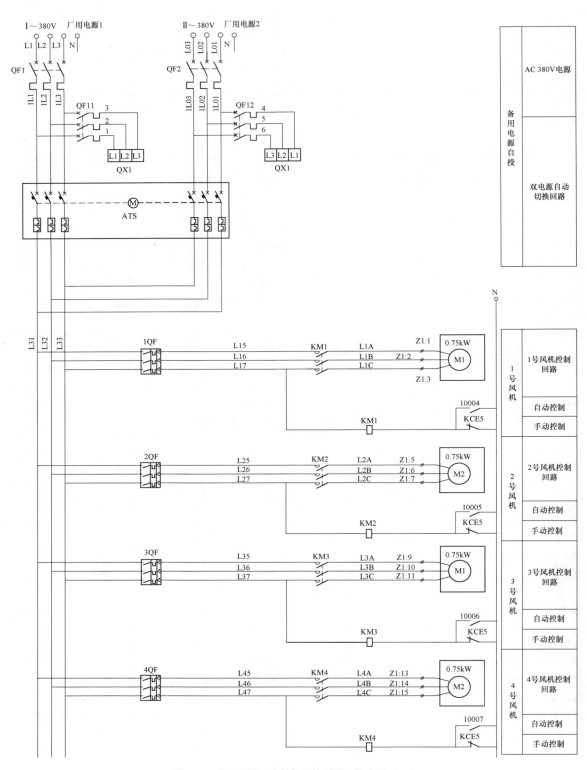

图 2-60　变压器通风冷却装置控制原理接线图（一）

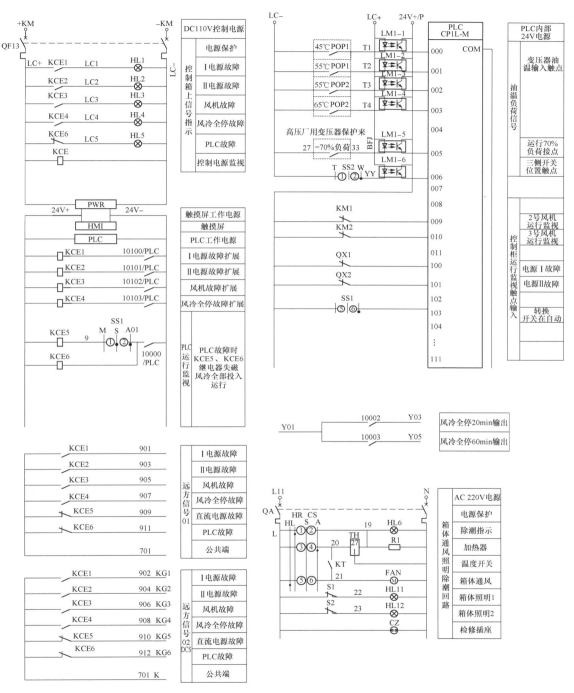

图 2-60　变压器通风冷却装置控制原理接线图（二）

SS1转换开关分合表

代号	M	A01
状态	手动	自动
位置	↗	↗
①—②		×
③—④	×	
⑤—⑥		×

SS2转换开关分合表

代号	T	W
状态	试验	工作
位置	↗	↗
①—②		×

CS转换开关分合表

代号	HL	S	HR	A
状态	通风	停止	除潮	自动
位置	↗	↑	↗	↗
①—②			×	
③—④				×
⑤—⑥	×			

设 备 表

序号	符号	名称	型号	数量	
1	PLC	可编程控制器	CP1L-M40DR+D+CP1W—CIF01	1	
2	ATS	双电源切换开关	B2ADTL0350HD00	1	
3	HMI	触摸屏	DOP-B05S111	1	
4	QF1、QF2	断路器	5SY6320-8CC	2	
5	1QF、4QF	断路器	3RV60 11-1BA10（1.6-22.4A）	2	
6	KM1～KM4	交流接触器	3RT60 18-1AN21	2	
7	KCE1～KCE6	中间继电器	MY4NGS	6	
8	K	中间继电器	3RH6122-1BF40	1	
9	PWR	开关电源	CP-E 2.5A/DC 24	1	
10	QX1、QX2	相序继电器	CM-PES.S	2	
11	QF11、QF12	断路器	5SY6303-7CC	2	
12	QF13	断路器	5SY5206-7CC	1	
13	QA	断路器	5SY6216-7CC	1	
14	SS1、CS、SS2	转换开关	LW39B	3	
15	HL11～HL6	指示灯	AD 16-22D/R AC/DC 220V	6	
16		端子	UKCE10	10	
17		端子	UKCE6N	60	
18		终端端子	E-UK	4	
19		标记座	UBE/D	6	
20	HL11、HL12	照明灯	40W/AC 220V	2	
21	S1 S2	行程开关	LXW5-11M	2	
22	CZ	插座	AC30-102 10A	1	
23	KT	温度开关	KSD301 35℃ NO	1	
24	FAN	轴流风机	KA 2208-HA2 AC 220	1	
25	LM1	光隔模块	JY-LM10 AC 220V	1	
26	R1	加热器	JY-JR AC 220V	1	

图 2-60 变压器通风冷却装置控制原理接线图（三）

说明：本图中设备表内的所有设备由厂家成套供货。

（4）当冷却器全停时，变压器各侧断路器经延时跳闸。

（5）控制箱采用两回路独立电源供电，两路电源可任意选一路工作或备用。当一路电源故障时，另一路电源能自动投入。

（6）有变压器风扇和油泵的过负荷、短路及断相运行的保护装置。

（7）当冷却器系统在运行中发生故障时，能发出事故信号，告知值班人员，迅速予以处理。

变压器强油循环风冷控制原理参考接线见图 2-61。

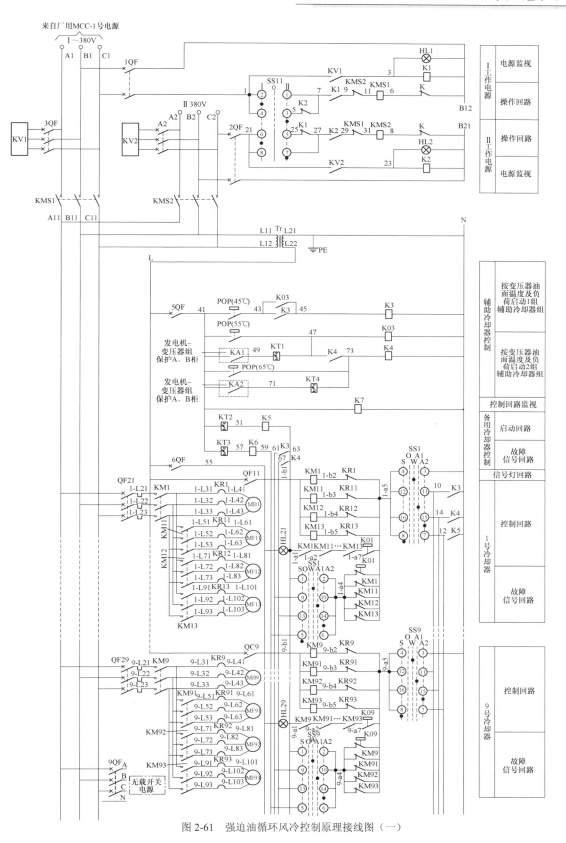

图 2-61　强迫油循环风冷控制原理接线图（一）

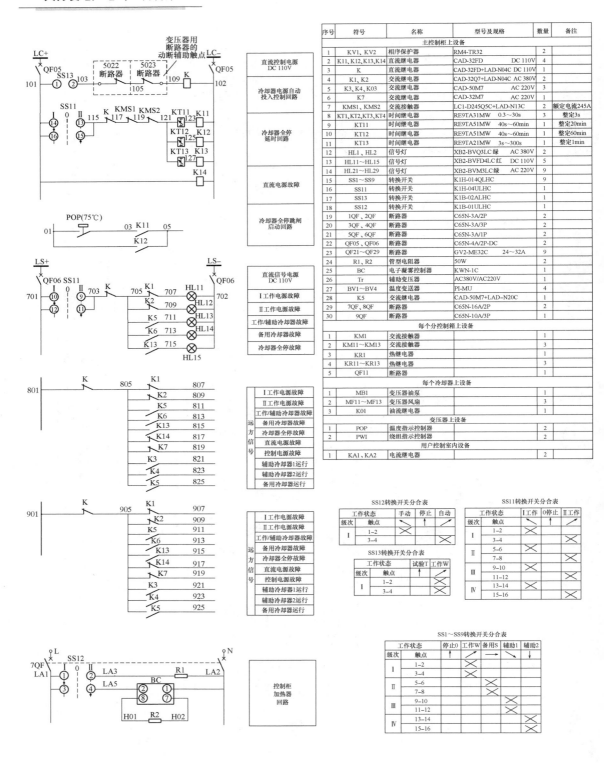

图 2-61　强迫油循环风冷却变压器控制原理接线图（二）

　　图 2-61 所示工作电源为两个三相电源，由 SS11 选择电源Ⅰ或电源Ⅱ作为工作电源。当 SS11 选择电源Ⅰ作为工作电源时，电源Ⅱ则作为备用电源，SS11 的触点 1-2 导通，当电源Ⅰ有电时 KV1 导通，K1 带电，其动合触点闭合，KMS1 线圈带电，其接触器触点接通，电源Ⅰ供电。

当运行过程中电源 I 由于某种原因失电时，KV1 动合触点打开（动断触点导通），K1 失电，其动断触点导通，此时 SS11 的触点 5-6 也是导通的，电源 II 有电，KV2 动合触点闭合，K2 带电，其动合触点闭合，KMS2 线圈带电，其接触器触点接通，电源 II 供电。

操作控制电源经一个 380/220V 变压器供给。当变压器油面温度升到 55℃或变压器过电流 I 段 KA1 动作时 K03 带电，接通 K3，当温度降到 45℃时，K3 断开；当变压器油面温度升到 65℃或变压器过电流一段 KA2 动作时 K03 带电，接通 K4，当温度降到 55℃并且过电流 I 段 KA1 返回时，K4 断开。

SS1～SS9 为冷却器的工作状态选择转换开关，分为五挡，停止、工作、备用、辅助 1、辅助 2，见图 2-61 中 SS1～SS9 转换开关分合表。

下面以 1 号冷却器为例分析其运行的逻辑关系：

SS1 打到停止位置时，其控制回路经 SS1 断开，无法启动。

SS1 打到工作位置时，SS1 的触点 1-2 和 3-4 导通，KM1 线圈带电，MB1 油泵运行，同时 KM11、KM12、KM13 线圈带电，MF11、MF12、MF13 风扇运行。当上述回路中任何一路有问题时 K5 带电，发冷却器故障信号，同时启动备用冷却器。

SS1 打到辅助 1 位置时，SS1 的触点 9-10 和 11-12 导通，当 K3 导通条件满足时，MB1 油泵及 MF11、MF12、MF13 风扇运行。当上述回路中任何一路有问题时，K5 带电，发冷却器故障信号，同时启动备用冷却器。

SS1 打到辅助 2 位置时，SS1 的触点 13-14 和 15-16 导通，当 K4 导通条件满足时，MB1 油泵及 MF11、MF12、MF13 风扇运行。当上述回路中任何一路有问题时 K5 带电，发冷却器故障信号，同时启动备用冷却器。

SS1 打到备用位置时，SS1 的触点 5-6 和 7-8 导通，当其他冷却器回路在工作、辅助 1 或辅助 2 工作状态出现故障时，K5 导通，1 号冷却器经 K5 导通，MB1 油泵及 MF11、MF12、MF13 风扇运行。当上述回路中任何一路有问题时，K6 带电，发备用冷却器故障信号。

二、变压器有载调压分接开关二次接线

带负荷调压的变压器，需在变压器控制屏设有远方调压的控制和信号指示设备。当电气量进入 DCS。控制后或者由网控计算机监控时，不设变压器控制屏，仅设辅助屏，此时可将变压器远方调压装置安装于该屏上。如果采用 DCS 和网控计算机能够实现远方调压的功能，也可由 DCS 和网控计算机来进行变压器有载调压监控。

变压器有载调压分接开关由手动或电动操作。电动操动结构是由电动机、主传动齿轮箱、电器元件以及位置指示器和信号装置等部件封装在箱内组成的一个整体。操动机构安装在变压器油箱壁侧，通过垂直及水平轴和伞齿轮盒与有载开关连接。

变压器有载调压控制参考接线见图 2-62。

其操作过程如下：

首先合上电动机断路器 QF1，使控制和电动机电源带电。继电器 KCE1 合为升压、KCE2 合为降压。

根据操作地点选择就地或远方转换开关 SS，选择"就地"时 SS 触点 1-2 接通，选择"远方"时 SS 触点 3-4 接通。

操作时，远方由 DCS 发升或降命令，就地由 CS 打到升或降位置。给出一个启动信号后，电动机构将驱动和控制开关由一个工作位置变换到另一个相邻的工作位置，中途不再接受任何启动信号，完成一次操作后自动停车。当变换到极限位置时，极限位置触点 S4、S5 动作，断开动作回路，从而使电动机停转。为了防止各种原因引起的误动，还设有远方急停功能。

三、变压器测温装置

为了监视变压器本体的内部温度，需装设变压器温度信号和远方测温装置，由变压器制造厂成套供应埋入变压器内部。目前测量变压器温度有电阻温度信号装置和光纤测温装置。电阻温度信号装置测量变压器油温，光纤测温装置可以测量变压器绕组、铁芯和油温，根据所测地点的不同发温度越限信号。在控制室变压器控制屏上设远方测温装置。对需远方测温的变压器，一般采用每台变压器单独设温度指示调节仪方式或设光纤测温装置进行远方测温，由温度指示调节仪发送变压器上层油温越限信号或由光纤测温装置发送变压器温度越限信号。

当由 DCS 或网控微机进行监测时，如条件允许，可采用与计算机有通信接口的温度检测设备。

常规测温回路参见图 2-63。经变送器的测温回路参见图 2-64。

四、变压器气体继电器

变压器的气体继电器与中间端子盒之间的连线采用防油导线，目的是防止短路、腐蚀造成瓦斯保护误动。中间端子盒需具有防雨措施，盒内端子排横向排列安装。气体继电器接入中间端子盒的连线，从端子排下侧进线接入端子，跳闸回路的端子与其他端子之间留出隔离端子并单独用一根电缆。中间端子盒的引出电缆从端子排上侧连接。单相变压器的气体继电器保护一般分相报警。变压器瓦斯保护动作后需有自保持。

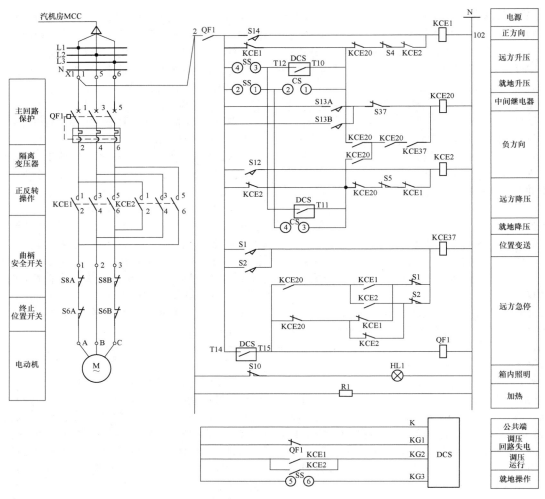

图 2-62　变压器有载调压控制接线图

HL1—操作箱照明灯；KCE1—电动机用继电器；KCE2—电动机用继电器；KCE20—辅助继电器；KCE37—位置变送器用耦合继电器；
M1—电动机；QF1—电动机保护断路器；R1—加热电阻；S1、S2、S12、S13A、S13B、S14—行程开关；S10—门行程开关；CS—
升/降压控制开关；SS—远方/就地控制开关；S37—位置变送器用开关；S41M—位置变送模块；S42M—位置变送模块；S61M—数据
转换模块；S40M、S40P、S41M、S41P、S42P、S42M、S61P—位置变送器板；S4、S5、S6A、S6B—终点位置开关；S8A、
S8B—手动曲柄安全开关；X1、X2、X20、X3—接线端子

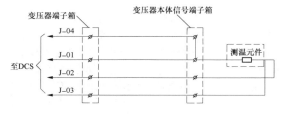

图 2-63　变压器常规测温回路

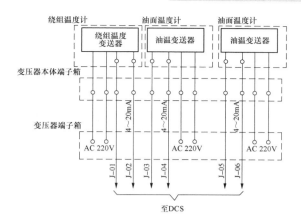

图 2-64 变压器经变送器测温回路

第三章

发电厂电气设备计算机控制

第一节　　电气设备计算机控制系统

随着计算机技术的发展,大容量的火力发电厂已普遍采用计算机控制,电气设备的控制、测量、信号也大部分采用计算机监控方式。

目前电气设备采用的主要计算机控制系统如下:

分散控制系统(DCS):采用计算机、通信和屏幕显示技术,实现对生产过程的数据采集、控制和保护等。利用通信技术实现数据共享的多计算机监视和控制系统,其主要特点是功能分散,数据共享,根据具体情况也可以是硬件布置上的分散。

发电厂电气监控管理系统(ECMS):应用现场总线和通信技术,对发电厂电气系统进行监控和管理的系统。

电力网络计算机监控系统(NCS):以计算机及网络技术为基础,对发电厂高压配电装置及其他电气设备进行监控和管理的计算机控制系统。

对按机组设置 DCS 的单元制控制系统,电气系统中发电机-变压器组及厂用电源的监视与控制可纳入 DCS 或采用单独的 ECMS。当单元机组电气设备采用 DCS 时,电气设备的控制、信号、测量和自动装置需与热工仪表和控制相协调。

发电厂高压配电装置采用计算机监控,一般均设独立的 NCS。对于电力网络结构较简单的电厂,考虑到经济性及运行的协调统一,如 ECMS 采用监控方式,电力网络控制系统也可与 ECMS 合并设置。

当电气系统采用计算机监控时,需要保留下列硬手操和显示仪表:

(1)硬手操:

1)发电机-变压器组(发电机)紧急跳闸按钮。

2)发电机灭磁开关紧急跳闸按钮。

3)柴油发电机启动按钮。

(2)显示仪表:

1)发电机频率表;

2)发电机功率表。

紧急跳闸按钮的设置一般有两种方式:①各功能紧急按钮单独设置,需要时直接跳闸;②各功能紧急按钮分两个设置,在需紧急跳闸时同时按两个按钮,以防正常时误碰。一般设置按钮时可将断路器紧急跳闸按钮与灭磁开关紧急跳闸按钮使用同一个按钮的两副辅助触点,直接接入各自跳闸回路;也可将紧急停机按钮辅助触点接于保护停机出口,启动保护停机,实现停机跳闸。

电气设备采用计算机控制时,需注意二次系统安全防护的要求,目前以国家发展和改革委员会 2014 年发布的 14 号令《电力监控系统安全防护规定》为依据,执行国家能源局国能安全 36 号文,内容包括《电力监控系统安全防护总体方案》《省级以上调度中心监控系统安全防护方案》《地(县)级调度中心监控系统安全防护方案》《发电厂监控系统安全防护方案》《变电站监控系统安全防护方案》《配电监控系统安全防护方案》《电力监控系统安全防护评估规范》。

第二节　　分散控制系统电气设备控制和要求

一、DCS 设置原则

当单元机组的电气系统采用分散控制系统(DCS)控制时,电气控制系统配置、控制方式等需与机、炉一致,并设有供电气监视操作的操作员站和显示器(CRT)。

电气控制用的操作员站由 DCS 统一设置,一般根据电厂的管理特点可设置单独用于电气操作的操作员站两台,如电厂采用全能值班员,也可不单独设置。取消电气控制屏台时,保留的必要仪表可由热控统一考虑布置,一般布置在辅助屏上;紧急跳闸按钮布置在 CRT 操作台上,便于运行人员操作,紧急跳闸按钮必须加装安全防护罩,以防误碰。

公用的厂用备用电源或两单元公用的厂用电源段,在公用 DCS 监控。公用 DCS 能分别在每一单元的 DCS 中进行监视和控制,确保任何时候只能在一个地方发出有效操作命令。

当主接线为发电机-变压器-线路组等简单接线方式时，发电厂的电力网络设备也可在 DCS 中控制。

发电机-变压器组采用 DCS 控制，当技术经济论证合理时，也可采用基于现场总线的 DCS，可在现场设备层采用现场总线技术。

继电保护、自动准同步、自动调整励磁、高压备用自动投入装置、低压备用自动投入装置、保安电源一般采用专门的独立装置或回路。

二、DCS 网络结构

目前电厂 DCS 网络配置一般采用总线型网络和环型网络两种形式。

1. 总线型网络

总线型网络是将所有节点都挂接在总线上。为控制通信，有的设有通信控制器，采取集中控制方式；有的把通信控制功能分设在各通信接口中，称为分散控制方式。总线型网络结构简单，系统可大可小，扩展方便，易设置备用部件，安装费用低，单一设备故障不会威胁整个系统。但网络一旦出现断点，整个网络将瘫痪，而且故障点很难查找。

2. 环型网络

环型网络是将网上所有节点都通过点对点链路连接，并构成一封闭环，工作站通过节点接口单元与环相连，数据沿环单向或双向传输，但在双向传输时必须考虑路径控制问题。环型结构的突出优点是结构简单，控制逻辑简单，挂接或摘除节点也比较容易，系统的初始开发成本以及修改费用较低。环型结构的主要问题是可靠性较差，当节点处理机或数据通道出现故障时会给整个系统带来威胁，虽可通过增设旁路通道或采用双向环形数据通道等措施加以克服，但会增加系统的复杂性。

三、DCS 基本功能

DCS 按照功能分散和物理分散的原则设计。DCS 包括数据采集系统（data acquistion system，DAS）、模拟量控制系统（modulating control system，MCS）、顺序控制系统（sequence control system，SCS）、锅炉炉膛安全监控系统（furnace safeyguard supervisory system，FSSS）。

DCS 设置公用网络，循环水泵房、空气压缩机站和厂用电公用部分等辅助公用系统纳入公用网络监控，可分别由不同单元机组 DCS 操作员站进行监控。

电气功能组作为 DCS 子组分为单元机组部分及公用部分。

（一）电气 DCS 控制的要求

电气部分 DCS 性能计算、报表管理一般包括下列

要求：

（1）发电机-变压器组和厂用电源顺序控制系统 [sequence control system（generator & auxiliary），SCS（G/A）]的基本要求如下：

1）对于每一个控制对象及其相关设备，它们的状态、启动许可条件、操作顺序和运行方式，均在 CRT 上显示出系统画面。

2）在手动顺序控制方式下，为操作员提供操作指导，这些操作指导以图形方式显示在 CRT 上，即按照顺序进行，可显示下一步被执行的程序步骤，并根据设备状态变化的反馈信号，在 CRT 上改变相应设备的颜色。

3）运行人员可通过手动指令修改顺序，但这种运行方式必须满足安全要求。

4）控制顺序中的每一步均通过从设备或其他控制系统来的反馈信号得以确认，每一步都监视预定的执行时间。如果顺序未能在约定的时间内完成，则发报警，且禁止顺序进行下去。如果事故消除，在运行人员再启动后，可使程序再继续进行下去。

5）在自动顺序执行期间，出现任何故障或运行人员中断信号，需使正在运行的程序中断并回到安全状态，使程序中断的故障或运行人员指令在 CRT 上显示，并由打印机打印出来。当故障排除后，顺序控制在确认无误后再进行启动。

6）运行人员可在操作员站上操作每一个被控对象，手动操作需有许可条件，以防运行人员误操作。

7）顺序控制是按控制逻辑顺序进行的，每步都有检查。在正常运行时，顺序一旦启动需直至结束。

8）在顺序过程中每一步需有指示（显示在 CRT 上），在此步完成后指示灯自行熄灭。顺序是否完成需有分别指示。

9）设备的联锁、保护指令具有最高优先级，手动指令则比自动指令优先。被控设备的"启动""停止"或"开""关"指令需互相闭锁。

10）对运行操作记录、事件顺序记录（sequence of event，SOE）、跳闸记录、报警记录等需追忆的功能，DCS 中不能提供人工清除的手段。

（2）硬件要求如下：

1）控制处理器一般按电厂生产工艺过程子系统进行配置。

2）控制处理器需满足负荷率指标，充分考虑物理上和功能上分散及 DCS 安全准则的要求，各控制系统需相对独立。此外，控制处理器的功能分配还需与逻辑设计相结合，以尽量减小通信总线的负荷率；且需具有诊断至卡件级的自诊断功能，具有高度的可靠性。系统内任一组件发生故障时，均不能影响整个系统的工作。

3）电气功能组的控制处理器设置需采用合适的冗余配置，单元机组部分与公用部分分别冗余配置，A、B段厂用电需配置在不同的控制处理器中。

4）电气功能组在条件允许的情况下需单独配置处理器模件。一般400点左右的常规输入/输出（I/O）点配置一组冗余的处理器模件。

（二）电气DCS监控、监测范围

1. 电气DCS监控范围

电气DCS监控范围包括：

（1）发电机-变压器组或发电机-变压器-线路组。

（2）发电机励磁系统。

（3）厂用高压电源，包括单元工作变压器和启动/备用或公用/备用变压器。

（4）主厂房低压变压器及低压母线分段，辅助厂房低压变压器高压断路器，主厂房PC至MCC馈线。

2. 电气DCS监测范围

电气DCS监测范围包括：

（1）发电机-变压器组或发电机-变压器-线路组。

（2）发电机励磁系统。

（3）厂用高压电源，包括单元工作变压器和启动/备用或公用/备用变压器。

（4）单元低压变压器及低压母线分段，辅助厂房低压变压器高压断路器，主厂房动力中心（PC）至电动机控制中心（MCC）馈线。

（5）单元机组直流系统和UPS。

（三）电气DCS I/O数据量

1. 开关量

电气DCS监控所涉及的全部开关量，包括程控、联锁、报警、动态画面等信号所需的开关量。当采用微机型保护及自动装置时，有关开关量可采用数字通信方式。

（1）输入开关量：

1）发电机-变压器组高压侧断路器位置（3/2断路器接线时如有两组开关量）。

2）主变压器进线及母线隔离开关位置。

3）主变压器进线接地开关位置。

4）主变压器中性点接地开关位置。

5）自动电压调节装置（AVR）交、直流侧开关位置。

6）工频手动调整励磁装置交、直流侧开关位置。

7）高压厂用工作电源进线断路器位置。

8）高压厂用备用电源进线断路器位置。

9）高压启动/备用变压器高压侧断路器位置。

10）高压启动/备用变压器高压侧隔离开关位置。

11）高压启动/备用变压器高压侧接地开关位置。

12）高压启动/备用变压器高压侧旁路隔离开关位置。

13）主厂房低压变压器高、低压侧断路器位置。

14）主厂房低压厂用母线备用进线断路器位置。

15）主厂房低压备用变压器高、低压侧断路器位置。

16）柴油发电机断路器位置。

17）400V保安电源进线断路器位置。

18）AVR手动、自动、停用状态位置。

19）自动准同步装置（automatic synchronizing system，ASS）投、切位置。

20）主变压器、厂用高压工作变压器、启动/备用变压器的冷却装置电源切换。

21）设备异常信号等。

（2）输出开关量：

1）发电机-变压器组高压侧断路器（3/2断路器接线时为两组开关量）的跳、合闸。

2）合、跳AVR直流侧断路器。

3）合、跳高压工作、备用电源进线断路器。

4）AVR工作方式选择及控制。

5）工频手动励磁装置升/降压。

6）主变压器通风冷却装置启动、停止。

7）各种自动装置和切换装置投/退等。

2. 模拟量

监测所涉及的全部模拟量，还包括发电机、变压器在线监测装置和主变压器、厂用高压变压器的温度模拟量。

模拟量输入如下：

（1）发电机定子三相电流、三相电压、功率因数、频率、有功功率、无功功率。

（2）励磁变压器电流、励磁电流、励磁电压。

（3）主励磁机电压、电流。

（4）永磁副励磁机电压。

（5）工频手动调整励磁装置输出电压。

（6）主变压器油温、绕组温度或铁芯温度。

（7）系统电网频率、高压母线电压。

（8）高压工作及启动/备用变压器电流、油温及绕组温度或铁芯温度。

（9）高压工作电源进线电流、母线电压。

（10）高压备用电源进线电流。

（11）高压公用段母线电压。

（12）启动/备用变压器电流、油温、绕组或铁芯温度。

（13）单元低压变压器电流。

（14）低压备用变压器电流。

（15）单元400V母线电压。

（16）公用400V母线电压。

（17）柴油发电机电流、电压、频率、有功功率。

（18）保安电源进线电流。

（19）UPS 输出电压、频率、电流。

（20）直流母线电压。

（21）充电器输出电流等。

3. 脉冲量

脉冲量指单元机组范围内电能脉冲量。

电能量输入有：

（1）发电机有功、无功电能。

（2）高压厂用变压器有功、无功电能。

（3）启动/备用变压器有功电能。

4. 事件顺序记录量（SOE）

事件顺序记录量指单元机组范围内的断路器跳闸。

SOE 量输入有：

（1）主变压器高压侧断路器跳闸。

（2）发电机灭磁开关跳闸。

（3）高压工作及备用电源进线断路器跳闸。

（4）单元低压变压器高、低侧压断路器跳闸。

（四）电气 DCS 控制逻辑

电气 DCS 控制逻辑是对发电机-变压器组、厂用电源及其厂用电动机控制、测量、信号系统的基本技术要求。

集中控制室是锅炉、汽轮机、发电机及其辅助装置的控制中心。每单元机组设一套 DCS，作为锅炉、汽轮机、发电机及其辅机的控制监测手段，实现机组闭环控制及数据处理。发电机-变压器组和厂用电源顺序控制系统［SCS（G/A）］采用 DCS 子组级程控对发电机-变压器组和厂用电源进行自动顺序操作，目的是为了在机组启停时减少操作人员的常规操作。在指定情况下，各个子组项的启、停能独立进行。

由于电气设备的运行有其本身的独特性，控制的目标也不同于工艺专业，因此电气 DCS 控制需结合电气系统的特点进行设计，电气控制功能组需区别于锅炉和汽轮机、发电机的辅机顺序控制系统，是一个专用单元。

电气系统顺序控制需符合以下要求：

（1）发电机-变压器组顺序控制需与整套炉、机、电顺序控制设计相配合。

（2）电气顺序控制需与软手操之间实现无扰动切换。

（3）机组的启停过程需与厂用系统的切换相配合。

1. 总的技术要求

电气 DCS 控制可分为自动和手动两种方式：自动控制也叫顺序控制，可设置必要的断点进行操作，前后顺序之间有逻辑要求；手动控制是每一步均由 CRT 操作，每个操作均有控制逻辑要求。

下面以一个参考工程进行 DCS 控制逻辑分析：发电机-变压器组接入双母线，发电机出口不设断路器，励磁采用自并励静止励磁系统，设一台启动/备用变压器，其一次系统接线见图 3-1。需要特别说明的是，下述的控制步骤和控制逻辑并不是完整和详细的，也不是唯一的，仅供参考。

（1）发电机-变压器组系统控制功能组功能描述。在启动过程中，可以采用两种方式，一种方式为机组设在"自动"，另一种为机组设在"手动"，这两种方式由运行人员采用 CRT 键盘操作进行设置。

1）发电机及系统用程序控制或软手操（键盘操作）使发电机由零起升速，升压直至同步并网带初始负荷，控制步骤如下：

a）通过汽轮机数字电液控制（digital electric hydraulic，DEH）系统控制发电机转速，当汽轮发电机转速达到 2950r/min（此值由 DEH 要求确定）时，经确认，按预选控制方式（顺控或软手操控制）启动控制。

b）投入发电机交流励磁机磁场开关并确认。

c）投入励磁调节器 AVR。

d）确认 AVR 无故障，并确认 AVR 运行方式。

e）通过 AVR 调整发电机电压，核对空载电压、励磁电流等是否在正常范围值内，当发电机电压大于 $95\%U_N$ 时，投入自动准同步装置（ASS），以及 ASS 与 AVR 和 DEH 的接口。

f）ASS 发指令，实现 ASS 对 AVR 和 DEH 的调节。ASS 鉴定发电机运行参数符合并网条件（电压差、相位差和频率差）时，发出合闸指令，并入系统。

g）ASS 退出。

h）通过 DEH 自动调节发电机带初始负荷。

i）投入"调度指令环节"自动升降负荷。

发电机启动程序框图见图 3-2。

2）正常停机步骤如下：

a）当接到正常停机指令并经确认后，由运行人员选择顺序控制或软手操控制方式，然后启动顺序控制或软手操。

b）厂用负荷由厂用工作变压器切换至启动/备用变压器（电源切换需满足同步鉴定条件）。

c）通过 DEH 自动调节发电机减负荷，负荷降为零后，断开发电机-变压器组断路器。

d）通过 AVR 降低发电机电压。

e）发电机电压小于 $5\%U_N$ 时，断开发电机灭磁开关。

f）退出 AVR。

发电机正常停机程序框图详见图 3-3。

上述操作过程和设备状态、参数均需在 CRT 上实时显示并记录，运行人员的所有操作内容及操作时间均要有记录。

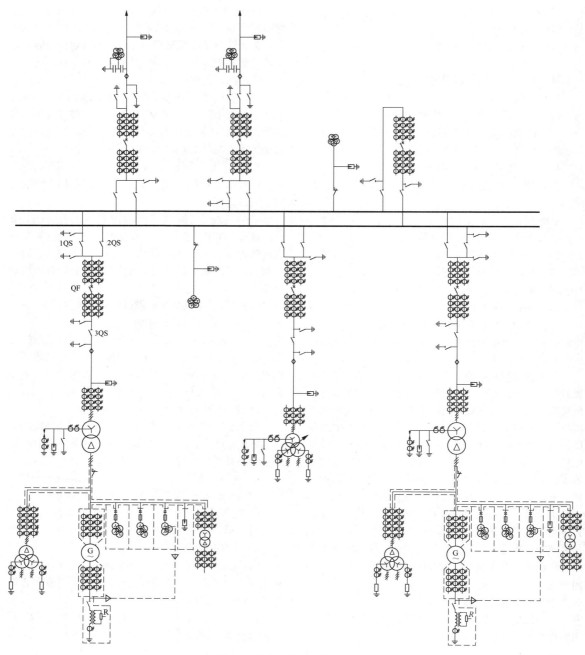

图 3-1　参考工程一次接线示意图

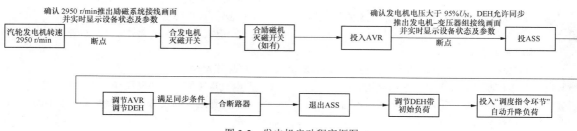

图 3-2　发电机启动程序框图

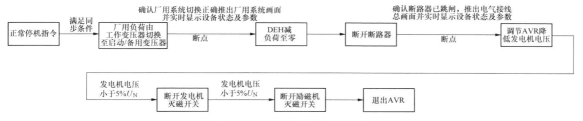

图 3-3 发电机正常停机程序框图

顺序控制需设有必要的中断点，可采用步停式时序监控方式，由运行人员手动确认上一步阶段程序已完成无误时，再命令进行下一步程序继续执行。当校验信号在规定的时间内没有响应时，需发出报警。顺序控制失败或出现异常时，系统能中断或返回至安全状态，而且可以用软手操中断或跳跃顺序控制。为确保机组紧急安全停机，需配设发电机-变压器组断路器紧急跳闸和磁场开关紧急跳闸按钮，采用硬接线接入强电控制回路。

当机组设置在"手动"并网方式时，可通过人机对话按键逐步进行操作，完成与上述自动并网相类似的要求。

3）启停机操作中发电机-变压器组断路器、灭磁开关及 AVR 的控制逻辑图及相关的逻辑图例符号如图 3-4～图 3-8 所示。

（2）厂用电源系统的控制功能组功能描述。

1）高压厂用电源系统。正常对高压厂用工作电源和启动/备用电源进行投入和切除远由 DCS 软手操（CRT/键盘）控制完成。

高压厂用工作变压器低压侧断路器控制逻辑见图 3-9。启动/备用变压器低压侧断路器控制逻辑见图 3-10。

2）厂用电源切换控制要求：

a）DCS 可实现厂用电源切换方式的选择，对手动切换方式：

正常运行时，由工作电源向备用电源及由备用电源向工作电源的双向切换可由 DCS 软手操（CRT/键盘）直接控制完成，或者通过 DCS 向备用电源自动投入装置发切换命令，由备用电源自动投入装置进行切换。

当采用 DCS 软手操（CRT/键盘）直接控制时，合闸回路必须有同步闭锁，并鉴定所合变压器分支无故障。如单元厂用母线电源由厂用工作变压器切换至启动/备用变压器，运行人员通过 DCS CRT 发备用电源进线断路器同步合闸指令，若同步条件满足，所合变压器分支无故障，则备用电源进线断路器合闸。同时 DCS 需提醒运行人员跳工作电源进线断路器，此时运行人员可通过 DCS CRT 发工作电源断路器跳闸指令，实现厂用电源的切换。

b）如果上述切换不成功，DCS 需提醒运行人员。当两个电源处在非同步条件时，DCS 也需提醒运行人员，此时如仍需进行手动切换，可由运行人员通过 DCS CRT 发厂用工作电源进线断路器跳闸命令，此时通过备用电源自动投入装置的慢速切换功能实现厂用电源备用进线断路器的合闸。此切换方式不符合 DL/T 5153《火力发电厂厂用电设计技术规程》的相关要求，正常情况下不建议使用。

单元机组厂用母线的电源由备用电源切至工作电源时，操作过程同上。

DCS 与备用电源自动投入装置的接口按硬接线设计。

目前高压备用电源自动投入装置具备工作电源切换到备用电源或备用电源切换到工作电源的功能，上述由 DCS 手动切换的过程可由高压备用电源自动投入装置完成，DCS 仅发出"工作到备用"或"备用到工作"的切换指令即可。

3）低压厂用电源系统要求：

a）对主厂房内低压厂用变压器高、低压侧断路器及 400V PC 至 MCC 馈线断路器的投入和切除的软手操控制及联锁。

b）在 DCS 中设置高、低压厂用电源的必要联锁逻辑，以便能对操作步骤进行闭锁及纠错。

c）对切换过程（工作电源→备用电源→工作电源）能进行显示、储存、记录、提示、报警闭锁。

d）DCS 能实时显示、监督和记录上述发电系统和厂用电系统的正常运行、异常运行和事故状态下的各种数据和状态，并提供操作指导和应急处理措施。

e）设有两单元公用厂用电源段时，对于启动/备用电源、厂用低压公用系统电源、低压照明系统电源的控制、测量及信号，能分别在每一单元的 DCS 中进行监视和控制。但正常运行时，上述信号由其中一台机组的 DCS 来完成，当其故障或停运时，自动转为由另一台机组 DCS 来完成，确保任何时候只能在一个地方发出有效操作命令，避免两套 DCS 耦合在一起。其中一台机组的 DCS 需具有设置功能，可设定公用部分由哪一台机组的 DCS 或就地来完成。

低压厂用变压器高压侧断路器控制逻辑见图 3-11。

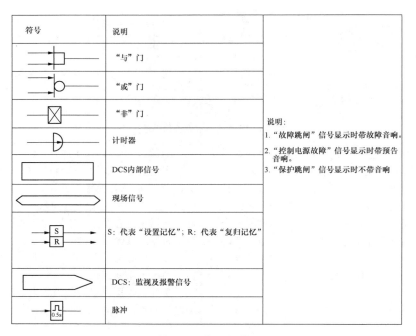

符号	说明
	"与"门
	"或"门
	"非"门
	计时器
	DCS内部信号
	现场信号
S R	S: 代表"设置记忆"; R: 代表"复归记忆"
	DCS: 监视及报警信号
0.5s	脉冲

说明:
1. "故障跳闸"信号显示时带故障音响。
2. "控制电源故障"信号显示时带预告音响。
3. "保护跳闸"信号显示时不带音响

图 3-4   逻辑图例符号

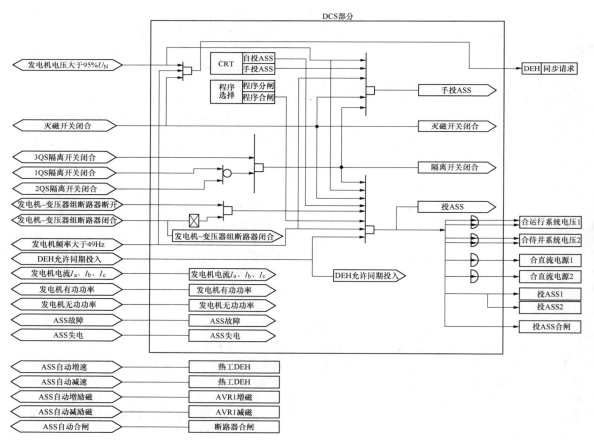

图 3-5   发电机-变压器组断路器合闸控制逻辑图

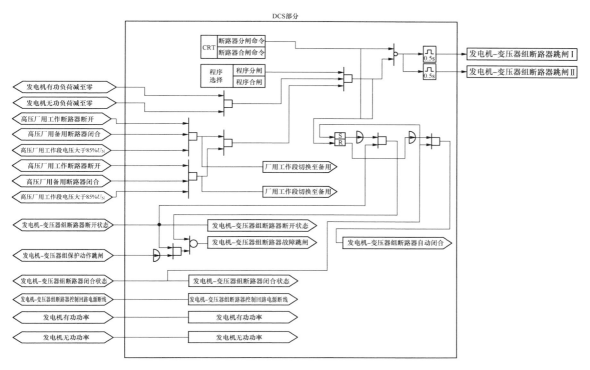

图 3-6 发电机-变压器组断路器跳闸控制逻辑图

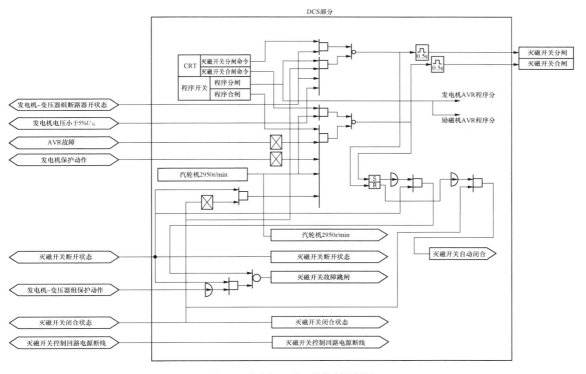

图 3-7 发电机灭磁开关控制逻辑图

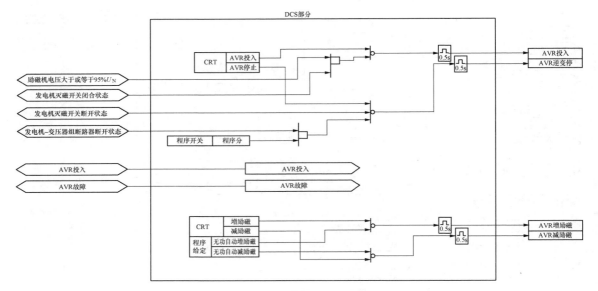

图 3-8　AVR 程序控制逻辑图

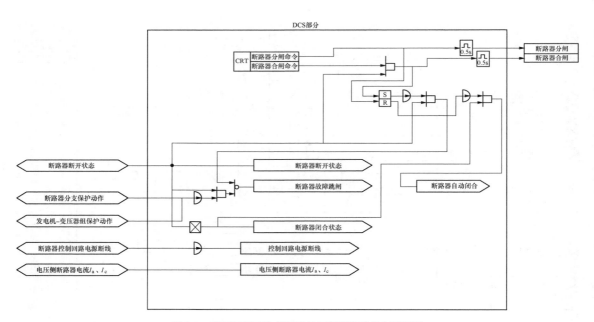

图 3-9　高压厂用工作变压器低压侧断路器控制逻辑图

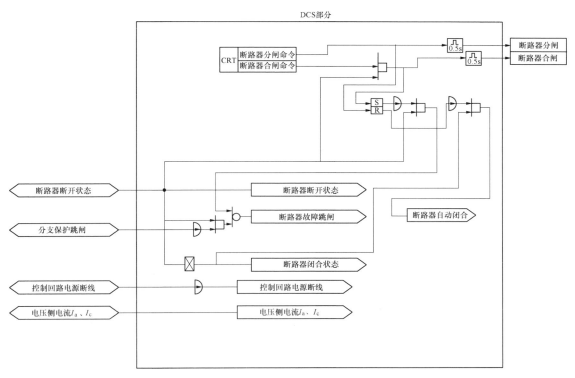

图 3-10 启动/备用变压器低压侧断路器控制逻辑图

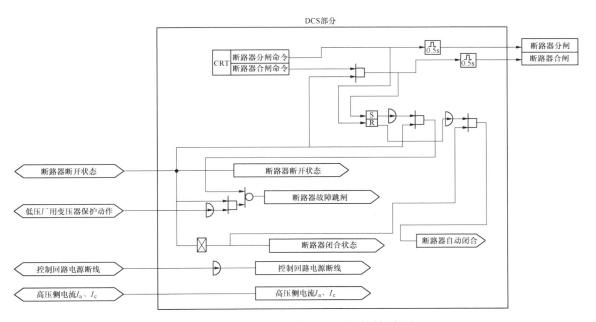

图 3-11 低压厂用变压器高压侧断路器控制逻辑图

低压厂用变压器低压侧断路器控制逻辑见图3-12。PC-MCC馈线断路器控制逻辑见图3-13。

2. 发电机-变压器组控制、测量、信号系统技术要求

（1）控制对象。发电机-变压器组控制对象主要有励磁系统、同步系统、发电机-变压器组断路器、发电机程序启停等。

（2）设计要求。

1）励磁系统。

a）励磁系统自动电压调节装置（AVR）与DCS之间通过硬接线或通信接口连接，通过DCS控制AVR。

b）发电机交流励磁机磁场开关跳闸、合闸控制由DCS完成，交流励磁机磁场开关的紧急跳闸开关布置在操作员台上，可由运行人员手动操作。交流励磁机磁场开关的合闸控制方式有两种：一种为机组设置在"自动"启动方式，这时当汽轮机转速达到一定值时，由DEH发出指令，交流励磁机磁场开关自动合闸；另一种为机组设置在"手动"启动方式，当汽轮机转速达到一定值时，DCS需提示运行人员，交流励磁机磁场开关可以合闸，此时交流励磁机磁场开关可由运行人员通过CRT键盘操作合闸。

c）当机组设置在"手动"方式时，可由运行人员通过CRT键盘操作跳闸。紧急事故情况下，可由运行人员手动操作操作员台上交流励磁机磁场开关紧急跳闸开关跳闸。在设计中，需设置闭锁逻辑，只有在发电机断路器断开后才能由运行人员通过CRT键盘操作交流励磁机磁场开关跳闸。

2）同步系统。同步采用专用的微机自动准同步装置独立于DCS，与DCS、DEH、AVR之间一般以硬接线进行信息交换。发电机-变压器组断路器可仅设置自动准同步方式。当机组设置在"自动"启动方式时，设计的逻辑回路能自动将自动准同步装置投入，由DEH和AVR实现自动调速、调压。当满足同步条件时，自动准同步装置发出合闸命令，同时在满足升压站有关隔离开关防误闭锁条件下（由NCS或独立的微机"五防"系统给出），自动将发电机-变压器组断路器合闸。机组设置在"手动"启动方式，当满足自动准同步装置投入条件时，DCS需提示运行人员，自动准同步装置可以投入，此时可由运行人员通过CRT键盘操作投入自动准同步装置，实现上述的断路器同步合闸。

3）发电机-变压器组断路器控制。发电机-变压器组断路器，需在单元控制室由DCS进行允许跳合闸操作，断路器的紧急跳闸开关布置在操作员站台上，可由运行人员手动操作。在网络监控计算机系统设有断路器的位置指示信号。断路器的控制接线需满足下列

要求（但不限于此）：

a）提示隔离开关及接地开关的合闸状态。

b）SF_6断路器正常。

c）合闸时能防止断路器"跳跃"。

d）合闸完成后能自动解除指令。

e）能监视控制电源及跳合闸回路的完整性。

f）能实现与隔离开关之间防误操作的闭锁要求（"五防"要求）。

g）合闸操作需满足自动准同步要求。

h）能适应装于网络继电器室的母线保护及断路器失灵保护的配合要求。

i）能适应发电机-变压器组保护的配合要求。

j）跳闸回路需有双通道，以适应继电保护及自动跳闸装置输出的要求（保护跳断路器不通过DCS）。

（3）测量。发电机-变压器组的所有参量除需全部由分散控制系统（DCS）自动测量以外，重点的参量（发电机有功功率，发电机频率）可设置在辅助屏上的测量表计测量，供值班人员直接监视，测量表计经过变送器。仪表应该满足有关技术要求，提供的常规仪表准确度等级不能低于1.0级。

（4）信号。发电机-变压器组的所有信号需由DCS提供自动信号显示，不再在辅助屏设其他的信号显示。

3. 厂用电系统控制、测量和信号系统的技术要求

（1）控制对象。

1）厂用电系统工作电源控制对象主要有：高压厂用工作变压器和低压厂用工作、公用、照明变压器及高低压侧断路器，分段断路器，厂用高压母线设备，厂用低压母线设备，高压厂用电源断路器，低压PC馈线、分段断路器，保安系统电源断路器等。

2）厂用电系统启动/备用电源控制对象主要有：启动/备用变压器（包括变压器高压断路器，厂用母线备用电源进线断路器及有载调压系统），高压备用电源自动投入装置等。

（2）设计要求。

1）总要求。厂用工作电源和启动/备用电源系统的控制、测量、信号需由DCS来完成。对于两台机组（1、2号机组）的启动/备用电源系统及低压公用段、照明段，既可由1号机组DCS来完成，也可由2号机组DCS来完成。正常运行由1号机组DCS来完成，但当1号机组DCS异常时可自动切换至2号机组DCS来完成，同时1号机DCS需有设定权，可设定在正常运行情况下由1号机组DCS或2号机组DCS来完成。运行人员可通过操作站CRT键盘来实现对上述控制对象的控制和监视。

2）厂用高、低压断路器。厂用高、低压断路器控制回路设计需满足下述要求：

a）断路器可实现就地和远方DCS控制。

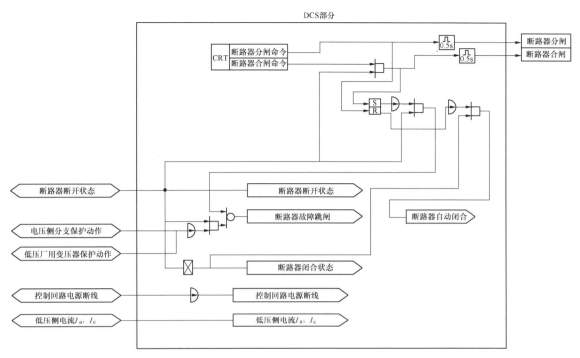

图 3-12　低压厂用变压器低压侧断路器控制逻辑图

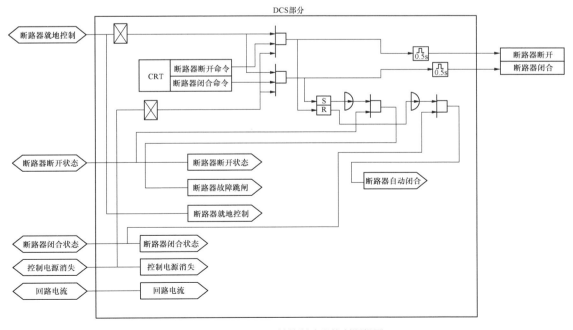

图 3-13　PC-MCC 馈线断路器控制逻辑图

b）监视跳合闸回路的完好性。

c）当机组设定在"自动"启停方式时，可满足机组自动启停的程序要求。

d）控制回路的设计满足断路器接线要求，并满足发电机-变压器组保护及启动/备用变压器保护以及其他保护的配合要求（保护出口跳断路器不经过DCS）。

e）合闸回路需满足快速切换、同步切换及慢速切换的要求。

除上述外，厂用高压母线工作电源进线和备用电源进线断路器的控制回路还需满足高压备用电源自动投入装置的要求。

3）启动/备用变压器有载调压系统。启动/备用变压器有载调压系统在CRT/键盘上可进行软操作，分接头位置需在CRT上显示。根据启动/备用变压器的设计资料进行配合设计，分接头位置的输入可采用4～20mA模拟量、BCD码或开关量方式，根据具体工程确定。

4）启动/备用变压器断路器的控制。断路器的控制接线需满足下列要求：

a）断路器可实现就地和远方DCS控制。

b）当机组设定在"自动"启停方式时，可满足机组自动启停的程序要求。

c）监视断路器辅助装置的状态情况。

d）合闸时能防止断路器"跳跃"。

e）合闸完成后能自动解除。

f）能监视控制回路及跳合闸回路的完整性。

g）能适应启动/备用变压器保护、母线（或线路）保护及断路器失灵保护的配合要求（保护出口跳断路器不经过DCS）。

h）DCS跳合闸命令输出触点满足断路器跳合闸线圈回路容量要求。

5）高压备用电源自动投入装置。高压备用电源自动投入装置应满足下列要求：

a）为确保高压厂用电源连续安全可靠供电，每台机组的高压厂用电源系统的工作电源和备用电源进线开关装设一套备用电源自动投入装置，装置独立于DCS，与DCS之间以硬接线进行信息交换。备用电源自动投入装置屏通常安装在电子设备间，DCS与备用电源自动投入装置的控制及接口需协调配合，以实现通过DCS控制备用电源自动投入装置。

b）发电机的厂用备用电源可采用同步鉴定的快速自动投入方式（串联切换或并联切换方式），当快切不成功时能自动转为慢速切换（鉴定残压）。厂用备用电源快速自动投入接线，应具有相位差及电压差的同步鉴定装置。装置的整定原则应使备用电压尽快自动投入，又不对电动机产生有害的冲击。当采用慢速自动切换时，需保证工作电源断开后，才可投入

备用电源。

c）备用电源自动投入装置设有投入或切除备用电源自动投入的选择回路。备用电源自动投入装置需保证只动作一次，且备用电源断路器的合闸脉冲应是短脉冲。当在厂用母线速动保护动作或工作分支断路器限时速断或过电流保护动作时，如工作电源断路器由手动跳闸（或计算机监控跳闸），需闭锁备用电源自动投入装置。当备用电源投入于故障母线时应加速保护动作。

d）选择切换方式（由备用电源自动投入装置屏或DCS实现）时，如选择并联切换方式，发电机-变压器组保护出口继电器动作时向工作电源断路器和备用电源断路器同时发跳闸和合闸命令，实现自动切换。如选择串联切换方式，保护先跳开厂用工作电源断路器，在确保厂用工作断路器跳闸后，可实现自动切换，合上厂用备用电源断路器。当上述切换未成功时，DCS需提醒值班员，同时切换方式自动转入慢速切换方式，实现自动慢速切换。切换完成后，DCS需有确认信息。

（3）测量。厂用电系统的所有参数需全部由DCS自动测量。

（4）信号。厂用电系统的信号（如厂用电源或厂用分支故障信号等）显示要求与发电机-变压器组的信号显示要求相同。

4. 高低压厂用电动机控制、测量、信号技术要求

高、低压厂用电动机在机炉系统中实现程序控制和软手操控制。电动机的所有参数及信号均进DCS。高低压厂用电动机的控制逻辑一般由DCS实现。

（五）采样要求

对数据采集系统（DAS）电气功能组的基本要求为：①系统构成尽量采用模块化、分布式开放结构，确保各控制功能的可靠性、简洁性、操作灵活性及可升级性；②各就地单元相互独立，互不影响，功能上不依赖于监控计算机。

1. 数据采集系统性能指标的要求

模拟量输入处理精度：≤±0.1%；

模拟量输出处理精度：≤±0.2%；

电气模拟量输入采样周期：≤50ms；

非电气模拟量输入采样周期：≤200ms；

开关量输入采样周期：≤20ms；

SOE分辨率：≤1ms；

脉冲量输入宽度：80～120ms；

数据库刷新周期：≤1s；

CRT画面数据刷新：≤3s；

CRT画面及数据对键盘指令响应时间：≤1s；

控制命令从键盘发出到通道板输出响应时间：≤1s；

输入信号从通道板输入到 CRT 显示时间：≤1s。

对所有输入量均有相应的滤波、隔离、防抖动、纠错措施，以保证采样精度，并做好接地、屏蔽等抗干扰措施。

厂用电系统部分采集量由布置在配电设备内的智能控制器采集，通过通信口送入 DCS 的 DAS 中，DCS 需与厂用采集系统的接口相互协调，通信协议能互相识别。

2. 报警功能

报警信息可按报警先后显示在屏幕上并储存于历史数据中，同时在控制盘画面上的报警窗上显示出来，并打印记录报警信息。报警信息包括报警发生时间、恢复时间、报警条文及报警参数（实测值和限值，限值可人为修改）等。

报警显示实时显示于 CRT 上，并按先后顺序逐条列出报警内容、时间及操作提示。对于报警性质（事故、预告、操作、自诊断报警），应用颜色、灯光、音响等手段加以区分，重要的信号可采用语音报警。报警信号可采用通过人机联系确认或自动确认，并可选择确认方式。被确认的信号改闪光为平光，消去音响。

发生电气故障（或开关跳闸或合闸）时，根据工程需要可要求 CRT 推出相关画面，并且在相应画面上出现对应的报警信号等，使运行人员很快掌握事故情况。

按运行人员指令进行交接班记录、日报、月报，另外，按日、按月自动记录打印。

事故顺序记录将保护和自动装置动作断路器的跳、合闸时间按顺序、性质记录存盘并能按要求打印报告（其中时间需按年、月、日、小时、分秒、毫秒记录，其分辨率不大于 1ms）。

对指定的重要模拟量（定子电流、电压、励磁电流等）能追忆其事故前 5s 和事故后 5s 内的检测值，并按指令以表格形式显示、打印。

系统记录运行人员的所有操作项目及每次操作的准确时间和操作内容（包括硬手操作）。

（六）电气专业的 CRT 画面

CRT 画面按功能可分为总貌画面、控制组画面、调整画面、趋势画面、报警摘要画面、操作指导信息画面，可根据工程需要设置画面。

1. 电气系统及运行曲线内容

电气系统及运行曲线主要包括以下几种：

（1）电气主接线画面。

（2）励磁系统接线图。

（3）高压厂用电系统及备用电源系统接线画面。

（4）低压厂用电系统接线画面。

（5）保安电源系统接线画面。

（6）UPS 系统接线画面。

（7）直流系统接线图。

（8）发电机-变压器组保护配置及动作成组画面。

（9）厂用备用变压器保护配置及动作成组画面。

（10）各工作段、公用段、保安段的 PC 配置图。

（上述画面的接线图由设计院负责提供，DCS 厂方需根据实际情况分色、分层作出画面。）

（11）发电机电流曲线。

（12）发电机功率曲线。

（13）发电机、厂用系统电压曲线。

（14）各级电压棒状图。

（上述曲线需按所定时间标度自动检测绘出，以供分析提高运行水平。）

2. 某工程 CRT 画面示意

图 3-14～图 3-21 所示是某工程的 CRT 画面示意图（图 3-21 见文后插页），供参考。

上述画面中的部分参数和位置信息是随着机组的运行实时变化的。

（七）性能计算与统计

DCS 电气部分性能计算与统计主要包括：①监控和监测范围内的参量召唤显示和报警、打印；②发电机和厂用电系统主要参数、性能计算及曲线显示；③电厂管理必要的曲线显示和打印。

具体工程可按如下参数进行性能计算及统计：

（1）发电机有功电能和无功电能。

（2）厂用电率（每小时、每值、每日厂用电率）。

（3）厂用电量（每小时、每值、每日厂用电量）。

（4）发电机功率因数。

（5）主要设备运行时间。

（6）断路器跳合闸次数。

（7）按运行要求对电流、电压、功率、频率、电能量及温度进行统计分析，并自动或随机打印绘制曲线。

（八）电气系统 I/O

电气系统进 DCS 一般有数字量输入 DI、模拟量输入 AI、脉冲量输入 PI 和数字量输出 DO 等。对 DI 又有 SOE 量和非 SOE 量之分。对输入和输出方式，根据方式的不同有经通信口和经硬接线之 I/O 卡件两种方式。

对于不同电厂，由于进 DCS 的控制范围及控制方式不同，电气系统 I/O 数量也各不相同。但是根据目前电厂的控制水平，2×300MW 机组电气系统进 DCS 的 I/O 数量每台机组一般在 1100 点左右；2×600MW 机组电气系统进 DCS 的 I/O 数量每台机组一般在 1400 点左右；2×1000MW 机组电气系统进 DCS 的 I/O 数量每台机组一般在 1600 点左右。具体的 I/O 数量参考表 3-1。

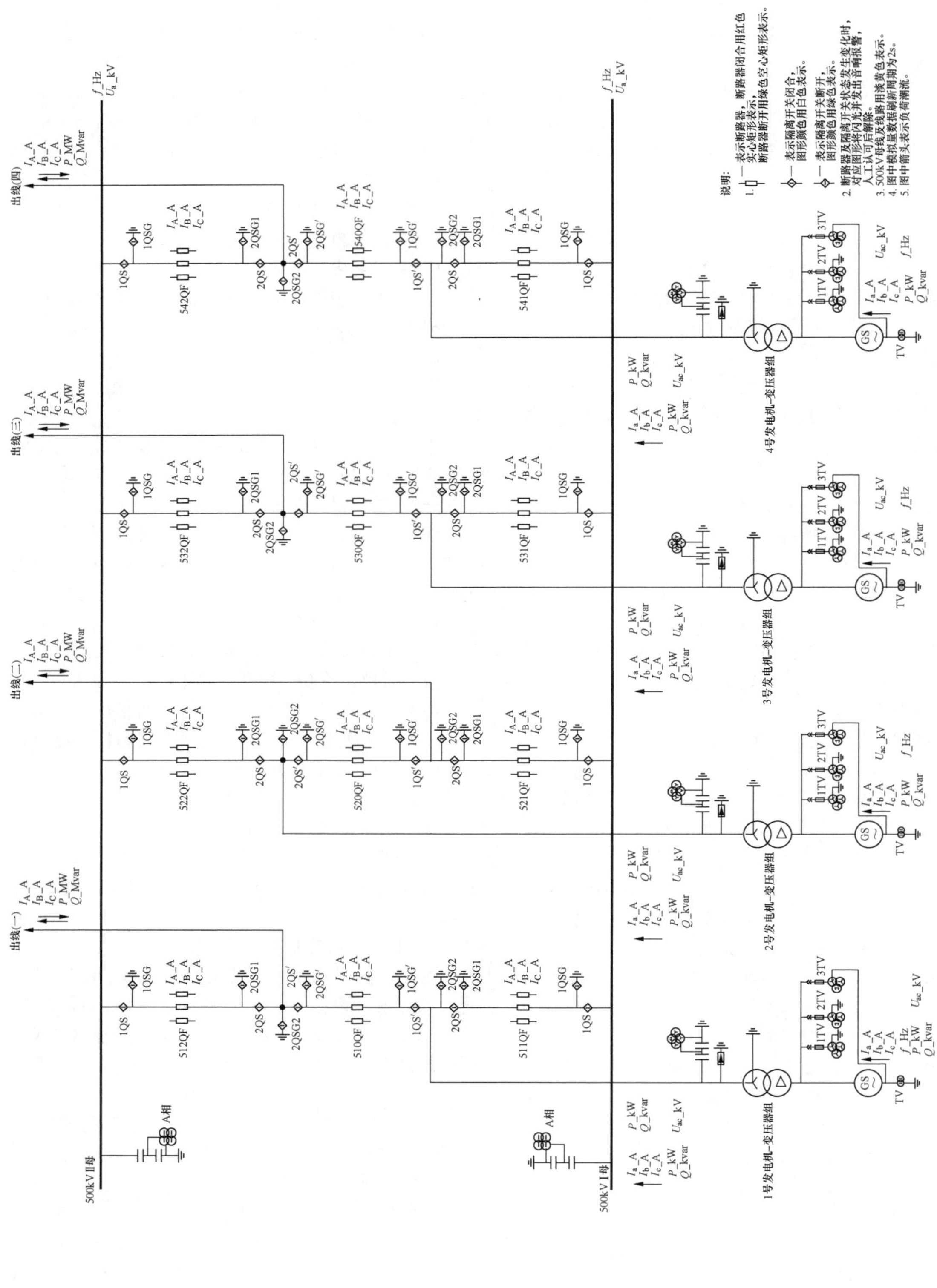

图 3-14　主接线图

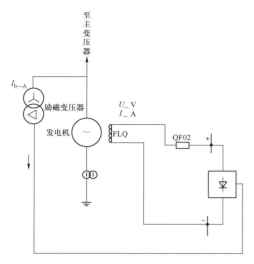

说明:

1. ▢ —表示断路器,断路器闭合用红色实心矩形表示,断路器断开用绿色空心矩形表示。

2. 断路器状态发生变化时,对应图形将闪光并发出音响报警,人工认可后解除。

3. 励磁母线用棕色表示,励磁变压器高压母线与发电机母线同一颜色表示,励磁变压器低压母线用赭黄色表示。

图 3-15 发电机励磁系统画面

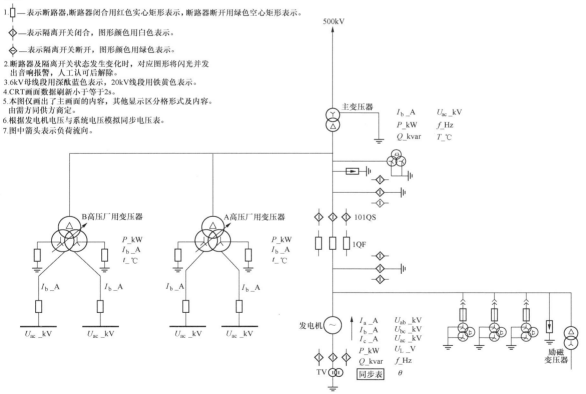

图 3-16 发电机-变压器组画面

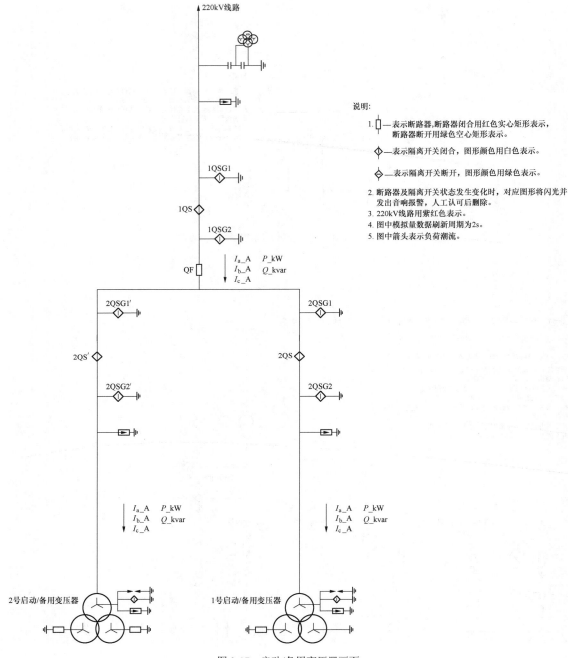

说明:

1. —表示断路器,断路器闭合用红色实心矩形表示,
   断路器断开用绿色空心矩形表示。

   —表示隔离开关闭合,图形颜色用白色表示。

   —表示隔离开关断开,图形颜色用绿色表示。

2. 断路器及隔离开关状态发生变化时,对应图形将闪光并
   发出音响报警,人工认可后删除。

3. 220kV线路用紫红色表示。

4. 图中模拟量数据刷新周期为2s。

5. 图中箭头表示负荷潮流。

图 3-17 启动/备用变压器画面

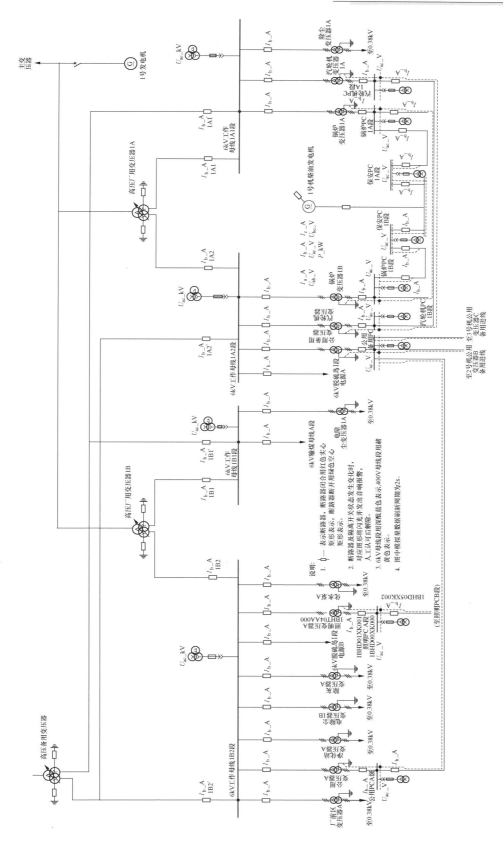

图 3-18　高压厂用电系统画面

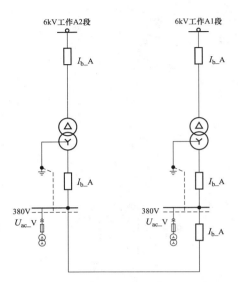

说明:
1. ▯ —表示断路器,断路器闭合用红色实心矩形表示,断路器断开用绿色空心矩形表示。
2. 断路器及隔离开关状态发生变化时,对应图形将闪光并发出音响报警,人工认可后解除。
3. 6kV母线段用深酞蓝色表示,400V母线段用赭黄色表示。
4. 图中模拟量数据刷新周期为2s。

图 3-19 主厂房低压工作变压器画面

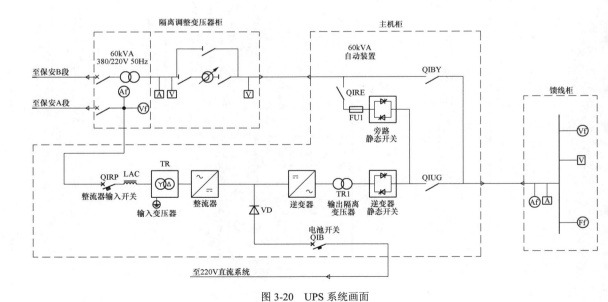

图 3-20 UPS系统画面

表 3-1　电气系统进 DCS 的 I/O 数量表

名称	2×1000MW	2×600MW	2×300MW	备注
单元机组 DI	900	800	700	包括经通信口接入的点数
单元机组 AI	150	120	100	
单元机组 PI	40	30	20	
单元机组 DO	120	100	80	
公用 DI	500	400	300	
公用 AI	90	70	50	

续表

名称	2×1000MW	2×600MW	2×300MW	备注
公用 PI	50	30	10	包括经通信口接入的点数
公用 DO	150	120	80	
单元机组总计	1210	1050	900	
公用总计	790	620	440	

下面以某 2×660MW 机组为例，列出单元机组的典型模拟量、开关量清单，见表 3-2 和表 3-3，供工程开列 I/O 清单时参考。

表 3-2　电气模拟量 I/O 清单（2×660MW 机组）

序号	测点名称	单位	信号值 上限	信号值 下限	测点类型	测量范围 上限值	测量范围 下限值
1	发电机定子 A 相电流	A	20	4	AI	25000	0
2	发电机定子 A、B 相间线电压	kV	20	4	AI	24	0
3	发电机有功功率	MW	20	4	AI	866	0
4	发电机无功功率	Mvar	20～12～4		AI	866	−866
5	发电机频率	Hz	20	4	AI	55	45
6	发电机定子负序电流	A	20	4	AI	3000	0
7	发电机定子零序电压	V	20	4	AI	150	0
8	发电机有功电能	kWh	TV 20/0.1kV，TA 25000/5A		PI	6400 脉冲/kWh	
9	发电机无功电能	kvarh	TV 20/0.1kV，TA 25000/5A		PI	6400 脉冲/kvarh	
10	发电机功率因数		20～12～4		AI	0.5	−0.5
11	发电机励磁变压器高压侧电流	A	20	4	AI	300	0
12	发电机励磁电流	A	20	4	AI	5000	0
13	发电机励磁电压	V	20	4	AI	600	0
14	主变压器低压侧 A、B 相间线电压	kV	20	4	AI	24	0
15	主变压器高压侧 A 相电流	A	20	4	AI	1000	0
16	主变压器高压侧电压	kV	20	4	AI	900	0
17	主变压器高压侧频率	Hz	20	4	AI	55	45
18	主变压器高压侧有功功率	MW	20	4	AI	857	0
19	主变压器高压侧无功功率	Mvar	20	4	AI	857	−857
20	主变压器高压侧正/反向有功电能	kWh	TV 750/0.1kV，TA 1000/1A		PI	6400 脉冲/kWh	
21	主变压器高压侧正/反向无功电能	kvarh	TV 750/0.1kV，TA 1000/1A		PI	6400 脉冲/kvarh	
22	主变压器油面温度	℃	20	4	AI	100	0
23	主变压器绕组温度	℃	20	4	AI	160	0
24	高压厂用变压器高压侧 B 相电流	A	20	4	AI	2500	0
25	高压厂用变压器高压侧有功功率	MW	20	4	AI	38	0
26	高压厂用变压器高压侧有功电能	kWh	TV 20/0.1kV，TA 2500/5A		PI	6400 脉冲/kWh	
27	高压厂用变压器油面温度	℃	20	4	AI	100	0

续表

序号	测点名称	单位	信号值		测点类型	测量范围	
			上限	下限		上限值	下限值
28	高压厂用变压器绕组温度	℃	20	4	AI	160	0
29	6kV 工作 1A 段工作电源进线 B 相电流	A	20	4	AI	4000	0
30	6kV 工作 1A 段工作分支 B 相电压	V	20	4	AI	6000	0
31	6kV 工作 1A 段母线 TV 的 A、B 相电压	V	20	4	AI	6000	0
32	汽轮机变压器 1A 高压侧断路器 B 相电流	A	20	4	AI	150	0
33	汽轮机变压器 1A 低压侧断路器 B 相电流	A	20	4	AI	2000	0
34	汽轮机 PC 联络断路器 B 相电流	A	20	4	AI	1500	0
35	汽轮机 PC 1A 段母线电压	V	20	4	AI	400	0
36	柴油机输出 B 相电流	A	20	4	AI	2500	0
37	柴油机输出 AB 相电压	V	20	4	AI	400	0
38	柴油机输出有功功率	kW	20	4	AI	1300	0
39	柴油机输出频率	Hz	20	4	AI	55	45
40	主厂房直流 220V 1 组充电器电流	A	20	4	AI	300	0
41	主厂房直流 220V 1 组充电器电压	V	20	4	AI	300	0
42	主厂房直流 220V 1 组蓄电池输出电流	A	20	4	AI	1000	−1000
43	主厂房直流 220V 1 组蓄电池输出电压	V	20	4	AI	300	0
44	主厂房直流 220V I 组母线电压	V	20	4	AI	300	0
45	主厂房直流 220V 公用充电器电流	A	20	4	AI	300	0
46	主厂房直流 220V 公用充电器电压	V	20	4	AI	300	0
47	UPS 输出电流	A	20	4	AI	5	0
48	UPS 输出电压	V	20	4	AI	300	0
49	UPS 输出频率	Hz	20	4	AI	45	55

表 3-3　　　　　　　　　　**电气开关量 I/O 测点清单（2×660MW）**

序号	测点名称	测点类型	触点状态		SOE	打印	报警	备注
			动断	动合				
1	发电机出口断路器合闸指令	DO		1				DC 110V
2	发电机出口断路器跳闸指令	DO		1				DC 110V
3	发电机出口断路器自动准同步装置投入	DO		1				DC 110V
4	发电机出口断路器自动准同步装置退出	DO	1					DC 110V
5	紧急终止同步	DO		1			3	DC 110V
6	启动准同步装置	DO		1				DC 110V
7	自动准同步装置复位	DO		1				DC 110V
8	同步合闸信号	DI		1				
9	同步合闸中	DI		1				

续表

序号	测点名称	测点类型	触点状态		SOE	打印	报警	备注
			动断	动合				
10	同步频率低	DI		1			1	
11	同步频率高	DI		1			1	
12	同步电压低	DI		1			1	
13	同步电压高	DI		1			1	
14	同步功角越限	DI		1			1	
15	同步装置闭锁	DI		1			1	
16	同步失败	DI		1			1	
17	同步超时	DI		1			1	
18	同步启动	DI		1				
19	同步就绪	DI		1				
20	同步录波合闸	DI		1				
21	同步装置失电报警	DI		1			1	
22	同频工况	DI		1				
23	同步装置总报警	DI		1			1	
24	发电机出口断路器远方控制	DI	1					
25	发电机出口断路器 SF$_6$ 气压低报警	DI	1				1	
26	发电机出口断路器 SF$_6$ 气压低闭锁	DI	1				3	
27	发电机出口断路器弹簧行程开关分闸闭锁	DI	1					
28	发电机出口断路器弹簧行程开关合闸闭锁	DI	1					
29	发电机出口断路器控制电源 I 失电	DI	1				1	
30	发电机出口断路器控制电源 II 失电	DI	1				1	
31	发电机出口断路器合闸回路故障	DI		1			1	
32	发电机出口断路器第一组跳闸回路故障	DI		1			1	
33	发电机出口断路器第二组跳闸回路故障	DI		1			1	
34	发电机出口断路器电动机超时运行	DI		1			1	
35	发电机出口断路器电动机故障	DI	1				1	
36	发电机出口断路器加热电源故障	DI	1				1	
37	发电机-变压器组保护 A 柜发电机差动跳闸	DI		1			3	
38	发电机-变压器组保护 A 柜发电机差动 TA 断线	DI		1			1	
39	发电机-变压器组保护 A 柜发电机复压记忆过电流	DI		1			3	
40	发电机-变压器组保护 A 柜定子匝间短路跳闸	DI		1			3	
41	发电机-变压器组保护 A 柜发电机定子绕组负负荷（定时限）	DI		1			3	
42	发电机-变压器组保护 A 柜发电机定子绕组过负荷（反时限）	DI		1			3	
43	发电机-变压器组保护 A 柜发电机转子表层过负荷（定时限）	DI		1			3	

序号	测 点 名 称	测点类型	触点状态		SOE	打印	报警	备注
			动断	动合				
44	发电机-变压器组保护 A 柜发电机转子表层过负荷（反时限）	DI		1			3	
45	发电机-变压器组保护 A 柜发电机逆功率 t_1 时限	DI		1			3	
46	发电机-变压器组保护 A 柜发电机逆功率 t_2 时限	DI		1			3	
47	发电机-变压器组保护 A 柜发电机程序跳闸逆功率	DI		1			3	
48	发电机-变压器组保护 A 柜发电机失磁 t_1 时限	DI		1			3	
49	发电机-变压器组保护 A 柜发电机失磁 $t_2 \sim t_4$ 时限	DI		1			3	
50	发电机-变压器组保护 A 柜发电机失步跳闸	DI		1			3	
51	发电机-变压器组保护 A 柜发电机失步报警	DI		1			1	
52	发电机-变压器组保护 A 柜发电机差动启动告警	DI		1			3	
53	发电机-变压器组保护 A 柜发电机定子接地（$3Uo$ 判据）	DI		1			3	
54	发电机-变压器组保护 A 柜发电机定子接地（$3W$ 判据）	DI		1			3	
55	发电机-变压器组保护 A 柜发电机转子一点接地高定值报警	DI		1			1	
56	发电机-变压器组保护 A 柜发电机转子一点接地低定值跳闸	DI		1			3	
57	发电机-变压器组保护 A 柜发电机过电压	DI		1			3	
58	发电机-变压器组保护 A 柜发电机过励磁（定时限）	DI		1			3	
59	发电机-变压器组保护 A 柜发电机过励磁（反时限）	DI		1			3	
60	发电机-变压器组保护 A 柜发电机突加电压	DI		1			3	
61	发电机-变压器组保护 A 柜发电机启停机保护	DI		1			3	
62	发电机-变压器组保护 A 柜发电机零功率保护	DI		1			3	
63	发电机-变压器组保护 A 柜发电机高频保护	DI		1			3	
64	发电机-变压器组保护 A 柜发电机低频积累	DI		1			1	
65	发电机-变压器组保护 A 柜励磁变压器速断、过电流、励磁绕组过负荷定/反时限	DI		1			1	
66	发电机-变压器组保护 A 柜励磁系统故障	DI		1			1	
67	发电机-变压器组保护 A 柜 TV 断线	DI		1			1	
68	发电机-变压器组保护 A 柜低电压	DI		1			1	
69	发电机-变压器组保护 A 柜装置故障	DI		1			1	
70	发电机-变压器组保护 A 柜电源故障	DI		1			1	
71	发电机-变压器组保护 A 柜关主汽门指令	DI		1				
72	发电机-变压器组保护 A 柜减出力指令	DI		1				
73	发电机-变压器组保护 A 柜主汽门触点	DO	1					
74	灭磁开关合闸状态	DI		1				
75	灭磁开关跳闸状态	DI	1					
76	励磁系统允许切换	DI		1				

续表

序号	测点名称	测点类型	触点状态		SOE	打印	报警	备注
			动断	动合				
77	励磁系统就地控制	DI		1				
78	增励磁上限	DI		1			1	
79	减励磁下限	DI		1			1	
80	自动运行	DI		1				
81	手动运行	DI		1				
82	励磁投入	DI		1				
83	励磁退出	DI		1				
84	过励磁动作	DI		1			1	
85	欠励磁动作	DI		1			1	
86	励磁报警	DI		1			1	
87	励磁跳闸	DI		1			1	
88	PSS 投入 *	DI		1				
89	PSS 退出	DI		1				
90	恒无功控制投入	DI		1				
91	恒功率因数控制投入	DI		1				
92	功率因数控制	DI		1				
93	U/f 限制器动作	DI		1			1	
94	P/Q 限制器动作	DI		1			1	
95	TV 断线	DI		1			1	
96	晶闸管熔丝熔断	DI		1			1	
97	风机失效	DI		1			1	
98	通道 1 失效	DI		1			1	
99	通道 2 失效	DI		1			1	
100	启励失败	DI		1			1	
101	控制电源消失	DI		1			1	
102	整流桥超温报警	DI		1			1	
103	强励动作	DI		1			1	
104	转子电流限制器动作	DI		1			1	
105	DCS 投励磁	DO		1				DC 110V
106	DCS 退励磁	DO		1				DC 110V
107	DCS 增励磁	DO		1				DC 110V
108	DCS 减励磁	DO		1				DC 110V
109	DCS 合灭磁开关	DO		1				DC 110V
110	DCS 跳灭磁开关	DO		1				DC 110V
111	DCS 投恒无功控制	DO		1				DC 110V
112	DCS 投恒功率因数控制	DO		1				DC 110V

序号	测 点 名 称	测点类型	触点状态		SOE	打印	报警	备注
			动断	动合				
113	DCS 退出叠加控制	DO		1				DC 110V
114	DCS 投通道	DO		1				DC 110V
115	DCS 投 2 号通道	DO		1				DC 110V
116	主变压器冷却器 I 电源故障	DI		1			1	
117	主变压器冷却器 II 电源故障	DI		1			1	
118	主变压器工作冷却器故障	DI		1			1	
119	主变压器冷却器全停故障	DI		1			1	
120	主变压器风冷控制箱 PLC 故障	DI		1				
121	主变压器冷却器投入信号	DI		1				
122	DCS 启动冷却器	DO		1				
123	DCS 停止冷却器	DO		1				
124	主厂房直流 220V 充电器交流电源报警	DI		1			1	
125	主厂房直流 220V 充电器整流模块报警	DI		1			1	
126	主厂房直流 220V 蓄电组报警	DI		1			1	
127	主厂房直流 220V 直流母线报警	DI		1			1	
128	主厂房直流 220V 直流配电报警	DI		1			1	
129	主厂房直流 220V 通信中断报警	DI		1			1	
130	主厂房直流 220V 微机监控装置故障	DI		1			1	
131	主厂房直流 220V 充电器交流电源报警	DI		1			1	
132	主厂房直流 220V 充电器整流模块报警	DI		1			1	
133	主厂房直流 220V 直流配电报警	DI		1			1	
134	主厂房直流 220V 通信中断报警	DI		1			1	
135	主厂房直流 220V 微机监控装置故障	DI		1			1	
136	220V 直流馈线开关合闸状态	DI		1				
137	UPS 综合故障	DI		1			1	
138	UPS 整流器故障	DI		1			1	
139	UPS 交流输入故障	DI		1			1	
140	UPS 电池电压低	DI		1			1	
141	UPS 旁路供电报警	DI		1			1	
142	UPS 逆变器故障	DI		1			1	
143	UPS 输入相序错误	DI		1			1	
144	UPS 逆变器同步故障	DI		1			1	
145	UPS 逆变器风扇故障	DI		1			1	
146	UPS 馈线回路报警信号	DI		1			1	
147	UPS 馈线开关位置信号	DI		1				
148	6kV 工作 1A 段工作电源进线断路器（1A1）合闸指令	DO		1				DC 110V

续表

序号	测 点 名 称	测点类型	触点状态		SOE	打印	报警	备注
			动断	动合				
149	6kV 工作 1A 段工作电源进线断路器（1A1）跳闸指令	DO		1				DC 110V
150	6kV 工作 1A 段工作电源进线断路器（1A1）合闸信号	DI		1				
151	6kV 工作 1A 段工作电源进线断路器（1A1）跳闸信号	DI	1					
152	6kV 工作 1A 段工作电源进线断路器（1A1）跳闸信号	DI	1		1			
153	6kV 工作 1A 段工作电源进线断路器（1A1）远方控制	DI		1				
154	6kV 工作 1A 段工作电源进线断路器（1A1）直流保护电源消失	DI	1				1	
155	6kV 工作 1A 段工作电源进线断路器（1A1）微机保护动作信号	DI		1			1	
156	6kV 工作 1A 段工作电源进线断路器（1A1）微机保护报警信号	DI		1			1	
157	6kV 工作 1A 段联络电源进线断路器（1A2）备用电源自动投入动作信号	DI		1			1	
158	6kV 工作 1A 段联络电源进线断路器（1A2）备用电源自动投入告警信号	DI		1			1	
159	6kV 工作 1A 段 TV 回路断线	DI	1				1	
160	6kV 工作 1A 段母线接地故障	DI		1			1	
161	6kV 工作 1A 段母线 TV 直流电源消失	DI		1			1	
162	6kV 工作 1A 段母线 TV 谐振	DI		1			1	
163	6kV 工作 1A 段母线 TV 综合报警	DI		1			1	
164	6kV 工作 1A 段母线 TV 断线报警	DI		1			1	
165	汽轮机变压器 1A 6kV 侧接触器合闸指令	DO		1				DC 110V
166	汽轮机变压器 1A 6kV 侧接触器跳闸指令	DO		1				DC 110V
167	汽轮机变压器 1A 6kV 侧接触器合闸状态	DI		1				
168	汽轮机变压器 1A 6kV 侧接触器跳闸状态	DI	1					
169	汽轮机变压器 1A 6kV 侧熔断器熔断	DI	1				1	
170	汽轮机变压器 1A 6kV 侧接触器远方控制	DI		1			1	
171	汽轮机变压器 1A 6kV 侧接触器保护直流电源消失	DI		1			1	
172	汽轮机变压器 1A 6kV 侧接触器微机综合保护动作信号	DI		1			1	
173	汽轮机变压器 1A 6kV 侧接触器微机综合保护报警信号	DI		1			1	
174	汽轮机变压器 1A 超温报警信号	DI		1			1	
175	汽轮机变压器 1A 380V 侧断路器合闸指令	DO		1				DC 110V
176	汽轮机变压器 1A 380V 侧断路器跳闸指令	DO		1				DC 110V
177	汽轮机变压器 1A 380V 侧断路器合闸状态	DI		1				
178	汽轮机变压器 1A 380V 侧断路器跳闸状态	DI	1					

续表

序号	测 点 名 称	测点类型	触点状态 动断	触点状态 动合	SOE	打印	报警	备注
179	汽轮机变压器 1A 380V 侧断路器跳闸状态	DI	1		1			
180	汽轮机变压器 1A 380V 侧断路器保护动作信号	DI	1				1	
181	汽轮机变压器 1A 380V 侧断路器控制电源故障	DI	1				1	
182	汽轮机变压器 1A 380V 侧断路器远方控制	DI		1				
183	汽轮机 PC 1A 段 380V 母线 TV 电压回路断线	DI	1				1	
184	汽轮机 PC 1A 段 380V 母线 TV 控制电源失电	DI	1				1	
185	汽轮机 PC 1A 段 380V 母线 TV 低电压动作	DI		1			1	
186	操作台紧急启动	DO		1				
187	DCS 启动柴油机	DO		1				DC 110V
188	DCS 停止柴油机	DO		1				DC 110V
189	自动空气开关合闸	DI		1				
190	柴油机冷却水温度	DI		1				
191	柴油机低油压	DI		1			1	
192	柴油机超速	DI		1			1	
193	柴油机三次启动失败	DI		1			1	
194	柴油机机组运行	DI		1				
195	柴油机过负荷保护	DI		1			1	
196	柴油机过电流保护	DI		1			1	
197	柴油机单相接地保护	DI		1				
198	柴油机机组故障	DI		1			1	
199	柴油机停止模式	DI		1				
200	柴油机运行手动模式	DI		1				
201	柴油机机组电气跳闸	DI		1			3	
202	柴油机蓄电池电压故障	DI		1			1	
203	柴油机自动模式	DI		1				
204	柴油机差动保护	DI		1			3	

注 报警要求一栏中,"1"为故障音响并闪光,"3"为事故音响并闪光,断路器只有在非手操状态下分闸才发事故音响。

* PSS:power system stabilizer,电力系统静态稳定器。

四、DCS 与其他电气智能装置的接口

NCS、单元辅助车间程控、电气保护与自动化装置(如 ASS、AVR 等)一般设与 DCS 的通信接口。

发电机-变压器组继电保护装置、厂用电系统的启动/备用变压器继电保护装置、发电机-变压器组故障录波装置、自动准同步装置、发电机自动电压调节装置(AVR)、高压备用电源自动投入装置等均独立于 DCS,与 DCS 之间通过硬接线连接,并且要求 DCS 还要留有数字通信接口,数字通信协议由其他接入 DCS 的智能装置生产商提供,并负责其与 DCS 接口设计和协调工作。对于 NCS、ECMS,要求 DCS 留有数字通信接口,数字通信协议由 NCS 和 ECMS 厂商提供。图 3-22 所示为某 2×300MW 机组电气系统计算机的接口框图,可供具体工程参考。

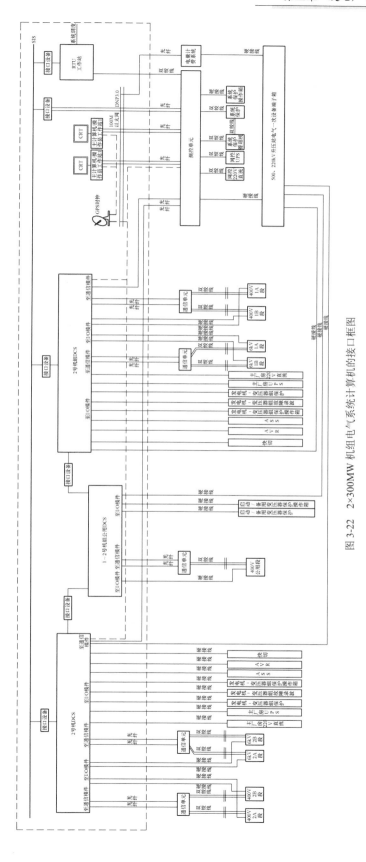

图 3-22 2×300MW 机组电气系统计算机的接口框图

第三节　发电厂电气监控管理系统

电气监控管理系统（ECMS）是应用现场总线和通信技术，对发电厂电气系统进行监控和管理的系统。

一、ECMS 设计原则

ECMS 专门适用于发电厂电气系统的控制和监测。ECMS 通过通信网络（现场总线/网络）将电气系统的保护测控终端装置组织成一个分层分布式的综合自动化系统，与 DCS/FCS 交换数据，向 DCS/FCS 完全开放，这时 ECMS 的功能与 DCS 通过通信接口融为一体，从而实现发电厂的机、炉、电监控一体化，提高了发电厂运行的自动化程度，同时也大大发展了 DCS/FCS。

ECMS 需根据电厂的控制方式统筹考虑，目前新建电厂装设的 ECMS，一般采用全通信方式，可根据实际情况采用监控方式或监测方式。

非单元控制方式的发电厂，全厂可设置一套 ECMS 对电气设备进行监控，监控范围一般包括各机组及高压配电装置的电气设备及元件。ECMS 采用监控方式时，操作员站需按冗余配置。

随着电气设备的发展及发电厂 ECMS 的应用，ECMS 已经越来越成熟、可靠，设 ECMS 已经成为新建电厂的主流，发电厂电气设备的控制可以在 ECMS 实现。当电气设备需设独立的电气监控系统时，均需装设 ECMS。考虑到经济性及利用效率，机组电气设备已经在 DCS 控制的情况下，规模为 300MW 及以上的火力发电厂机组，可设 ECMS，用于电气设备的监视、管理等。

二、ECMS 网络结构及特点

（一）ECMS 网络结构

ECMS 一般采用分层分布式结构，设站控层、通信管理层、现场层。

1. 站控层

站控层为发电厂电气设备监视、测量、控制、管理的中心，通过光纤传输，接受现场采集的开关量、模拟量与电能信息，以及向现场发布控制命令等。

站控层主要设备包括两台后台服务器、一台服务器（可选）、多台用户工作站、一套卫星时钟接收和同步系统。

2. 通信管理层

通信管理层是系统数据采集通信和网络部分，网络采用嵌入式以太网，将各工作站互联，实现资源共享。

主干网络采用高速以太网，由网络交换机将系统服务器、通信服务器、间隔层设备、网络打印机和工作站连接在一起。主干网络上的服务器和工作站全部采用双网络接口卡和动态网络访问技术，确保关键设备工作于最佳状态并一直在线，系统中任何单一网络设备发生故障，不会影响系统的正常运行。

3. 现场层

现场层所有设备按照现场设备的具体情况进行配置。发电机、主变压器、厂用系统测控装置按照每台设备组屏，电厂辅机和升压站的测控装置按用户设计单元组屏。单元测控装置严格按对象配置，按电气单元（发电机、线路、变压器、母联、辅机等对象）进行一对一配置，并满足电气单元测控容量的需要。测控装置的数据通过以太网直接传送给主机。

根据监控、监测的不同可靠性，考虑到技术经济性，当 ECMS 采用监控方式时，网络一般采用双网、双冗余配置，并按照机组、公用系统分别组网；当 ECMS 采用监测功能时，现场层可采用单网，由于站控层相对设备数量较少，通信管理层及站控层的网络可采用单网或双网。具体配置参见图 3-23 所示电气监控管理系统图（见文后插页）。

高压厂用电系统每回路设置一台现场测控装置。高压厂用电系统现场测控装置可以由保护、测控一体化设备构成。

380V PC 系统按每回路设置一台测控装置，也可以采用断路器的脱扣器测控装置一体化配置，需根据供电回路性质、功能及经济性等要求确定。

380V MCC 系统电动机馈线一般按每回路设置一台测控装置，而对 MCC 非旋转负荷馈线，可多回路设置一台测控单元，但当系统设计为监控时，需按每回路设置一台测控装置。

通信服务器需根据监控系统的总体要求进行配置。当采用监控方式时，通信管理站冗余配置；采用监测方式时，通信管理站可采用单机配置。

高压厂用电配电装置通信服务器一般按段配置。380V 可按不同系统 PC 段分别设置通信管理站。

通信服务器一般独立组屏，安装于发电厂各个配电室内，也可集中安装在电子设备间或附近的继电器室内。

图 3-23 所示为具有监控功能的 ECMS。当工程只要监测功能时可采用图 3-23 所示的网络结构，即现场层采用双层网，也可将现场层采用单层网。

电气设备采用 ECMS 全通信控制方式，对全厂电气设备进行监控，在单元控制室设置 ECMS 操作员站，发电机-变压器组及高低压厂用电源采用通信方式进入 ECMS 监控，电动机的控制仍由 DCS 以硬接线方式控制，电动机的监测管理信息通过通信口接入 ECMS，ECMS 与 DCS 可通信。

（二）ECMS 的特点

（1）设备就地安装，与 DCS 间通过数据交换实现连接，可节约大量测量控制电缆，经济效益明显。根据同类型工程（2×600MW 机组）估算可节省电缆约 40～50km。

（2）采用 ECMS 后，最大限度地利用了已有资源（如微机保护装置中的电流、电压监测功能等），系统的电气信息量极大丰富，且交换不受限制，与系统投资基本无关，同时可节省变送器。

（3）可实现运行分析、画面显示、报表生成、打印、人机接口、事件记录、报警、事故追忆、防误闭锁等丰富的电气自动化应用功能。通信网络将发电厂电气部分通过微机保护、测控装置组织成一个分层分布式的电气监控系统。

（4）当 ECMS 单独成系统时，取消了 ECMS 与 DCS 的通信，因此不存在 ECMS 和 DCS 之间协议转换和通信可靠性低及由通信带来相关问题的弊端，大大减少了 ECMS 与 DCS 的设计配合及 DCS 中对于电气系统的组态工作量。

（5）微机型自动装置及智能仪表，如发电机-变压器组保护、自动准同步装置（ASS）、励磁调节器（AVR）、高压备用电源自动投入装置、直流系统、UPS 系统、发电机在线监测装置、主变压器在线监测装置等，以现场总线方式连接或直接通过快速 RS-485 口方式进入通信管理单元汇总后，接入 ECMS，保证 ECMS 电气量信息更完整，控制可靠，为电厂实现智能化控制、管理提供平台。

三、ECMS 基本功能

ECMS 的基本功能是对发电厂电气设备的监控及管理，实现发电厂电气系统正常运行及事故情况下的监控/监测和管理、维护，主要包括机组（高低压厂用电系统、发电机-变压器组）的监控管理。实际工程中，需根据所采用监控或监测的方式进行选用 ECMS 具体功能，包括数据采集、数据处理、控制功能、运行管理、事故管理、人机联系、电气网络分析与计算、设备维护及检修管理、系统改造辅助设计等。

当 ECMS 与电力网络计算机监控系统统一规划时，ECMS 具备发电厂电力网络监控的同步检定、防误闭锁、调度自动化等功能。

ECMS 除可实现对电气系统的监控/监测外，更由于其采用了全通信方式，扩大了监控范围、丰富了数据量，使全厂电气系统都可以统一监控管理，实现电气系统的经济运行、状态检修等功能。

（一）ECMS 监控范围

ECMS 作为全厂电气监控管理中心，其监控范围可包括全厂电气系统的可远控设备。电动机属于工艺系统，不考虑纳入 ECMS 的监控范围。

（1）ECMS 监控范围，包括机组时可包括下列设备：

1）发电机-变压器组或发电机-变压器-线路组。

2）发电机励磁系统。

3）厂用高压电源，包括单元工作变压器和启动/备用或公用/备用变压器。

4）主厂房低压变压器及低压母线分段，辅助厂房低压变压器高压断路器，主厂房 PC 至 MCC 馈线。

5）单元机组用柴油发电机程控启动命令。

6）当 ECMS 与电力网络计算机监控系统统一规划时，发电厂电力网络部分的监控对象包括发电厂电力网络输电线、母线设备、330kV 及以上并联电抗器等电力网路设备。

（2）ECMS 监控范围还可包括以下设备：

1）低压 PC 至 MCC 馈线开关。

2）低压 PC 系统中至非旋转负荷馈线开关。

3）选择可控开关时的 MCC 进线开关。

4）选择可控开关时的 MCC 系统中至非旋转负荷馈线开关。

5）独立的电气自动装置等。

（二）ECMS 监测范围

ECMS 监测范围，是在监控范围的基础上，增加了在线监测、故障录波等监测设备和直流、UPS 等非远控设备。另外，电动机不纳入 ECMS 监控，但其供电回路也属于全厂电气系统的一部分，可纳入 ECMS 的监测范围。

因此，ECMS 的监测范围中，除包括监控范围外，还可包括下列设备：

（1）发电机励磁、同步及保护系统。

（2）高压备用电源自动投入装置。

（3）机组直流及 UPS 系统。

（4）发电机-变压器组故障录波系统。

（5）发电机-变压器组设备在线监测系统。

（6）升压站设备状态监测系统。

（7）柴油发电机控制系统。

（8）厂用低压变压器温度。

（9）高、低压电动机等。

（三）数据采集

ECMS 采集的数据需包括开关量、模拟量、电能量、SOE 量与设备运行管理有关的数据。

1. 采集信号的类型

（1）模拟量信号：电流、电压、有功功率、无功功率、频率、功率因数、温度等。

（2）开关量信号：位置及状态信号、事故信号、预告信号、中央信号、BCD 码、公用信号等。

（3）电能量输入：发电机有功、无功电能，高压厂用变压器有功、无功电能，启动/备用变压器有功电能等。

（4）SOE 量输入：主变压器高压侧断路器跳闸、发电机灭磁开关跳闸、高压工作及备用电源进线断路器跳闸和单元低压变压器高、低侧压断路器跳闸等单元机组范围内的断路器跳闸。

（5）智能接口：发电机励磁装置、微机保护装置、电能量采集装置、火灾报警系统、智能直流系统等。

2. 信号输入方式

（1）开关量信号以无源触点方式输入，遥信电源电压为直流 110/220V，遥信电源由监控系统自身提供。断路器、隔离开关、接地开关等要进行控制或参与闭锁的设备，可以接动合、动断双位置触点信号。

（2）温度信号通过铂电阻以 4～20mA 接入系统。

（3）发电厂全部电气信号可采用交流采样，采样值输入电流互感器、电压互感器二次值，在间隔级计算电流、电压、有功功率、无功功率、频率、功率因数、有/无功电能量等；对于要进行合闸同步检测的断路器，采集同步电压。

（4）在站级通信服务器装置上有串行通信接口，实现与电能量采集的数据通信，获取全部电能量数据。

（5）控制以干触点方式输出。

（6）锅炉和汽轮机的热控运行数据（如果需要），可以由计算机网络接口从热控单元的 DCS 装置采集。

3. 信息量

电气系统的测量信号、报警信号、保护及自动装置的信号等全部由计算机系统完成。计算机的采集单元按电气安装单位（线路、旁路、母线、母联、分段、主变压器等）划分，每个采集单元为一个独立的智能小系统，对所采集的输入量进行数据滤波、有效性检查、工程值转换、故障判断、信号触点消抖等处理、变换后，再上网传送，供数据库更新。

监控系统根据需要可以实时显示包括机组运行效率在内的发电机组各种实时运行工况。

（四）控制功能

1. 一般要求

（1）对任何操作方式，每一次操作都必须在上一次操作完成后进行。

（2）对单一测控单元，每一控制对象只允许以一种方式依次进行控制（同一时刻只能执行一条控制命令）。当同时收到一条以上控制命令或与预操作命令不一致时，应拒绝执行，并发出错信息。

（3）采用可靠手段进行站级监控与各调度方的控制权切换，同一时刻只允许一方具有控制权限。在单元测控装置上均有一转换开关，当切换到就地手动控制时，站级控制层和调度对控制不产生任何作用，当切换到远方操作时，禁止单元测控装置上的操作。

（4）在任何控制方式下都必须采用分步操作，确保操作的合法性、合理性、安全性和正确性，并具有记录操作修改人、操作修改内容等信息的功能。在远方控制方式下，遥控操作具有双重密码。

（5）收到调度中心自动发电控制整定值命令，按 4～20mA 输出到自动发电控制装置。

（6）在键盘控制情况下，通过 CRT 画面显示出被控对象的变位情况。CRT 上有单线图显示及闪光指示。

（7）间隔级控制层的单元测控装置能实时反映本间隔高压设备的分、合状态，有电气单元的实时模拟接线状态图。

（8）单元测控装置对线路及母联断路器具有单相同步功能，同步电压输入分别来自断路器两侧电压互感器的单相电压，并具有按运行需要进行同步投退的功能。

（9）单元监控装置控制命令输出继电器能自保持足够时间（该时间可调）后自动返回，以便命令可靠地执行。

2. ECMS 控制操作对象

（1）各电压等级的断路器、电动隔离开关的合分。

（2）发电机自动发电控制。

（3）有载调压变压器分接头调节。

（4）微机保护装置的投入、退出及保护复归，修改保护定值（在设定的几种保护定值间进行切换及改变控制字）。

（5）重要设备的启动/停止。

（6）顺序操作成组设备（按照生产工艺）。

3. 基本功能

ECMS 可将监控系统电气部分的实时数据提供给发电机组的各 DCS 单元，并提供必要的控制输出人机界面。

（1）人机交互功能。在线生成、修改各种报表及画面，在线修改数据库参数，控制闭锁与解除。多窗口显示，画面可缩放，漫游，调用方便。

（2）画面显示。显示画面包括：

1）锅炉、汽轮机、发电机组过程控制工况图（如果需要）。

2）发电机辅机和升压站电气主接线图及单元接线图。

3）光字牌图。

4）实时曲线及趋势曲线。

5）历史曲线。

6）棒图（电压和负荷监视）。

7）报警图（实时/历史）。

8）表格显示（如设备运行参数表、各种报表等）。

9）报告显示。

10）系统配置及运行工况图。

11）手控/程控/同步开关位置。

12）二次保护配置图，以及各套保护设备的投切情况、整定值等。

13）直流系统图、厂用电系统图。

14）显示时间和安全运行天数。

15）值班员所需的多种其他技术文件。

（3）输出要求。

1）图形反映实时运行工况，图形中包括电气和热工量实时值，以及设备运行状态、潮流方向等。

2）画面上显示的文字为中文。

3）图形和曲线可储存及硬复制输出。

4）用户可在线生成、制作、修改图形，可定义各种动态连接、标注文字（汉字）等。在一个工作站上制作的图形在系统中自动更新。

5）电压棒图及曲线的时标刻度、刷新周期可由用户选择。

（4）在线计算及制表。

1）ECMS 主要的在线计算及制表有：①日、月、年电压合格率；②功率总加、电能总加；③发电厂送入、送出负荷及电量的平衡率；④主变压器的负荷率及损耗，变压器的停用时间及次数；⑤断路器的正常及事故跳闸次数、停用时间、月及年运行率等；⑥变压器的停用时间及次数；⑦厂用电率计算；⑧电压—无功最优调节方案；⑨安全运行天数累计；⑩数字输入状态量逻辑运算。

2）报表：①实时值表；②正点值表；③发电厂负荷运行日志表（值班表）；④电能量表（旁路代线路时，可将电能值计入该线路电量中）；⑤交接班记录（包括操作员及时间、操作内容及结果）；⑥事件顺序记录一览表；⑦报警记录一览表；⑧微机保护配置定值一览表；⑨主要设备参数表；⑩开关量、电能量、模拟量实时值汇报表；⑪自诊断报告。

3）输出：①实时及定时显示；②召唤打印；③操作员可在工作站上定义、修改、制作报表；④报表按时间顺序存储，存储数量及方式满足用户要求。

（五）安全监控及报警

（1）类型。

1）测量值越限报警。

2）设备状态异常报警（事故及预告报警）。

3）计算机监控系统软件及硬件、网络及传输通道出错报警。

（2）报警处理。

1）正确记录报警发生的时间、设备名和报警状态。

2）报警发生和消除均记录、保存。

3）报警信息可显示、打印与远传。

4）报警发生时，立即推出报警条文，伴以声、光提示；对事故信号和预告信号，其报警的声音不同；报警音量可调。报警确认和未确认用不同颜色表示；对事故跳闸，主接线图上对应的断路器闪烁；报警发生和消除，其条文用颜色闪烁显示。

5）报警确认可自动或手动进行。

6）报警状态及限值可人工设置或屏蔽，以防误报；对退出或定义的报警点可查询。

7）报警信息可分类、分组，组合成新的报警条文。对双位置信号、BCD 码，经逻辑判断后输出结果，报警性质（事故报警、预告报警、正常操作变位）能区分。

8）有防抖措施。

9）报警信息的成组显示可仿照常规光字牌方式，先指示报警的安装单位，再指示具体测点的报警条文。

10）报警装置能手动试验。

11）通过数据通信发送的报警条文，可按时间顺序存储、调用。

12）设备在检修调试时，能闭锁对应检修单元到控制层的报警信号。

（六）事件顺序记录及事故追忆功能

当发电厂的线路、母线、主变压器发生短路或接地故障，主变压器、电容器、电抗器本体等出现故障，引起保护及自动装置动作、开关跳闸、产生事故总信号时，系统将把事件过程中各测点的动作顺序，以毫秒级的分辨率正确记录下来，进行显示、打印和存储，供事故分析、处理和查询。每条信息有发生的时间、描述、动作状态。系统可无限期保存事件顺序记录条文。SOE 分辨率应不大于 1ms。事件记录信息还可带时标发送至调度中心。

事故追忆功能可按用户需求自行配置事故前后的数据记录间隔和数据长度来分组记录事故时数据。系统能同时存储 24 个以上的事故追忆报告，事故追忆的触发可以是开关的事故跳闸或人工触发，并支持多重事故追忆。

（七）ECMS 监控系统画面

ECMS 监控系统画面需满足电气设备运行和管理的需要，根据监控范围可包括以下内容：

（1）主接线画面及模拟量显示。

（2）发电机–变压器组画面及模拟量显示。

（3）发电机励磁系统画面及模拟量显示。

（4）单元厂用工作高压电源和启动/备用或公用/备用电源和电动机画面及模拟量显示。

（5）单元低压变压器及 PC 电源进线和电动机画面及模拟量显示。

（6）保安电源系统画面及模拟量显示。

（7）直流系统画面及进线回路模拟量显示。

（8）UPS 画面及进线回路模拟量显示。

（9）网络直流系统、UPS 画面及模拟量显示等。

（八）其他功能

根据工程的具体情况灵活应用 ECMS 的功能范围，除上述功能外，ECMS 还可实现如下功能：

（1）实现电厂厂用电自动化，使用保护测控一体化智能装置实现厂用 10kV（6kV 或 3kV）、380V 及公共部分的继电保护、监控、信息管理和设备维护。

（2）实现对发电机-变压器组保护、发电机-变压器组录波、发电机励磁、同步、电能表等的监控和管理。

（3）实现对高压备用电源自动投入装置、UPS、直流系统、柴油发电机组等的监控和管理。

四、ECMS 纳入 DCS

随着计算机技术的发展，ECMS 可以完全纳入 DCS，实现在 DCS 的操作员站上对电厂所有电气部分进行控制和设备管理，DCS 也可以授权在 ECMS 操作员站上实现电气操作，但目前融合度不够，还存在问题。

1. 存在问题

（1）功能问题。以热工自动化为龙头的发电厂分散控制系统（DCS）大都侧重于汽轮机和锅炉，DCS 厂家在电气设备的监控画面、联络逻辑、保护信号录波、数据报表等电气专业的使用需求上考虑较少，DCS 对电气的监控仅实现了简单的人工监控、顺控逻辑及数据记录，实质上并不能在深层次上提高电气系统的运行维护管理水平，也无法体现出电气系统接入 DCS 实现联网自动化的优越性。

（2）设备硬件问题。电压、电流等模拟量需要通过变送器转换后才能接入 DCS，二次接线复杂，造价高，抗干扰性能差。

（3）通信接口问题。由于历史和习惯的原因，DCS 作为通信主机，ECMS 等其他装置是通信的从机，只有主机能主动启动通信过程，从机只能被动应答，即使从机中有数据变化，只要主机不召唤，从机也无法主动上送。DCS 和 ECMS 控制层之间的通信介质都采用基于 TCP/IP 的以太网，以网桥方式连接，但目前的 DCS 设备厂家都以安全性为由拒绝 ECMS 直接接入 DCS 主干网，大多数电厂通过分散处理单元（distributed processing unit，DPU）通信卡采用 Modbus 规约接入 DCS DPU 的通信卡上，ECMS 的数据信息受到通信数据量、通信速率、DCS 反应速率的多重限制。

（4）通信数据问题。发电厂电气部分的保护测量控制装置很多，监测大量的测量、状态、故障报警、装置运行状态的信息，其所需传输的"四遥"（遥测、遥信、遥控、遥调）通信信息也很多，这些数据中大部分是 DCS 不关心的，如果不加区分将所有数据都提交给 DCS 处理，会造成网络繁忙，影响 DCS 的稳定性，DCS 厂家也不希望接入如此多的通信数据，因此通信提供给 DCS 的数据也往往不能实时反映在 DCS 画面上，大量的保护、测量信息并不能得到充分利用。

2. ECMS 纳入 DCS 后的特点

当条件成熟时，ECMS 纳入 DCS 后系统的特点如下：

（1）电气部分全部采用现场总线和网络通信构成监控系统，可以通信方式融入 DCS，取消全部硬接线，节省大量电缆，节约投资。

（2）ECMS 采用特殊的构成方式，与 DCS 在监控系统层和主控单元层同时实现柔性接口，确保 ECMS 完全融入 DCS，成为 DCS 功能的延伸。

（3）ECMS 的核心平台采用大型实时监控平台，在系统的容量、可靠性、安全性和开放性方面十分理想。

（4）ECMS 采用通信子站实现 ECMS 的间隔层设备管理和控制，通信子站实现电气保护测控单元与 ECMS 监控系统和 DCS 主控单元（DPU）的通信。

（5）ECMS 可全部采用双网通信，通信可靠性高。

（6）中压、低压厂用保护测控装置就地安装在开关柜上，通信子站既可以放置在设备间也可以下放到开关柜处。

（7）ECMS 能够与 DCS 全面接口。

五、ECMS 的接口

1. ECMS 与发电厂其他计算机监控系统接口

（1）当机组电气设备通过 DCS 控制并以硬接线为主时，ECMS 与 DCS 的通信仅是监测数据的交换，ECMS 一般通过上层以太网与 DCS 接口，也可通过通信管理站与 DCS DPU 柜接口。

（2）当 DCS 对电气设备控制通过与 ECMS 通信实现时，ECMS 与 DCS 接口可通过通信管理站与 DCS DPU 接口，且通信管理站配置需与 DCS DPU 配置协调对应。

（3）ECMS 与电厂信息系统接口一般通过以太网连接。

（4）当 NCS 独立设置时，ECMS 与 NCS 通信数据实时性要求不高，ECMS 与 NCS 的接口可通过以太网连接。

2. ECMS 与电气设备的接口方式

（1）当 ECMS 采用监控方式时，独立的电气装置，如高压备用电源自动投入装置、同步装置、励磁调节系统、保护系统、故障录波等设备，一般以硬接线接入现场测控单元。当 ECMS 采用监测方式、电气设备在 DCS 控制时，以硬接线接入 DCS，以通信方式接入 ECMS 通信管理站。

（2）高压厂用电系统断路器控制及测量通过综合保护装置或测控单元以通信方式接入通信管理站。

（3）低压厂用电系统采用框架断路器智能脱扣器作为现场测控单元时，智能脱扣器与 ECMS 一般采用串行通信接口接入 ECMS 通信管理站；当设独立的现场测控单元时，厂用各回路设备一般以硬接线接入现场测控单元。

（4）机组直流及 UPS 一般采用串行通信接口接入 ECMS 通信管理站。

（5）发电机-变压器组设备在线监测系统、升压站设备状态监测系统、低压厂用变压器温度监测及管理系统，一般采用通信接口方式接入 ECMS 通信管理站。

第四节 电力网络计算机监控系统

一、NCS 设置原则

发电厂电力网络部分既是发电机组向系统输出的关口，又是组成电网的一部分，其安全运行影响着整个电力系统。

出线电压 110kV 及以上的新建和改扩建发电厂的电力网络控制采用计算机监控系统 NCS。

电力网络部分的电气元件的控制、信号、测量采用计算机监控。值长监测需要的电力网络计算机监控系统的信息一般由厂级监控信息系统（supervisory information system in plant level，SIS）读取。部分电厂电气 NCS 两台操作员站中的一台布置在值长台。

当采用 3/2 断路器接线或类似接线（如角形、4/3 断路器接线）且无发电机断路器时，与发电机-变压器组有关的两台断路器不仅与发电机及主变压器的运行工况紧密相关，也受到电力系统运行方式的影响，因此与发电机-变压器组有关的两台断路器的控制需由机组控制系统控制。在 NCS 设有上述断路器的位置状态信号。当发电机出口装有断路器，且机组无解列运行要求时，上述两台断路器一般在 NCS 控制；有解列运行（即发电机组小岛运行方式）要求时，上述两台断路器也能在单元机组计算机监控系统控制。发电机出口断路器的控制由机组控制系统控制。3/2 断路器接线或类似接线的发电机-变压器组进线装设隔离开关，在隔离开关断开时，发电机-变压器组两台断路器也能在 NCS 控制。

当主接线为发电机-变压器-线路组、发电机-变压器组扩大单元等简单接线方式时，上述接线电力网络

一次设备极少且线路断路器同时作为机组并网点需在机组控制系统中控制，一般不会设置 NCS，此时包括隔离开关、接地开关在内的所有电力网络设备纳入到机组控制系统。

除简单接线方式外，高压配电装置可远方控制的隔离开关、接地开关一般在 NCS 控制。

根据工程情况，也可将机组及厂用电源等电气设备的监控纳入 NCS。

NCS 数据的采集一般采用交流采样方式。在条件允许的情况下采样与远动装置（remote terminal unit，RTU）系统合用。微机"五防"系统，目前与 NCS 可采用合一的方案，取消硬手操系统。NCS 的控制地点一般放在第一单元控制室，取消网络控制楼，在配电装置处设继电器室。

在技术经济合理的前提下，发电厂电力网络计算机监控系统可采用智能电网技术。改扩建工程可根据设备情况采用全部或部分的智能化方案。

应用智能电网技术的计算机控制系统与目前常规计算机控制系统相比，具有如下特点：

（1）采用 DL/T 860《变电站通信网络和系统》，有效解决互操作问题，所有二次设备可以在同一平台上进行信息交互。

（2）电子式互感器的应用解决了传统互感器磁饱和、暂态特性差、测量精度低、易爆炸等问题。

（3）用光缆通信代替控制电缆硬接线，将二次回路大为简化，同时解决了电缆存在的电磁干扰和传导性干扰问题。

（4）采用数字通信技术实现电气一、二次设备的在线监测，变定期检修为状态检修，提高了设备的运行效率及使用寿命。

二、网络结构及配置

NCS 采用开放性分层分布式网络结构，网络结构一般采用二层设备单层网。设备层为站控层和间隔层，站控层和间隔层间网络为站控网。

分布式处理系统的定义和概念众说纷纭。IEEE 分布式计算技术委员会的定义为：分布式处理系统是这样一种系统，其中含多个相连的处理资源，它们能够在整个系统范围内的控制协同作用下，对某一问题进行处理，并最少地依赖集中的过程、数据或硬件。模件性、自治性和并行性是分布式处理系统的主要特征。在 NCS 中，各分布式处理计算机从通信的角度来看往往无主次之分，但从其承担的功能来看又各有侧重，如有的承担间隔层功能，有的承担站控层功能，因此监控系统又是分层的。一般分布式处理系统和分层控制是结合在一起的。NCS 需保证远动信息传送直采直送，与电网调度自动化系统按指定的远动规约进行通

信，将发电厂电力网络系统采集的调度所需要的信息可靠、实时地传送到各调度中心的计算机系统，同时将各级调度中心下达的控制、调节、对时等命令可靠、实时地传送到发电厂的网络控制中心，实现调度自动化。

在 NCS 中，各间隔层处理单元所完成的功能仅限于对本间隔断路器、隔离开关及接地开关的参数处理和状态监控，涉及各间隔之间的数据处理和功能实现则要通过上一层的计算机实现。因此 NCS 由于系统功能的需要，不可能完全按全分布式系统配置，站级计算机必须考虑这一点。

NCS 需接入录波信息时，需单独设置故障录波网，接入相关故障录波和保护装置。

1. 站控层

站控层一般集中设置，可实现整个系统的监控功能。站控层是一个综合性的监控及信息传输平台，是集监控、远动、防误闭锁、保护信息管理、电量远传等功能的有机组合，达到网络共用、信息共享的目的。

站控层网络连接计算机主机或/及操作员工作站、远动通信设备、工程师工作站、电能管理接口设备，也可设值长工作站，所以站控层设备可包括主机、操作员工作站、远动通信设备、工程师工作站、值长工作站、电能管理接口设备等，但在具体工程中并不需要全部设置。根据电力网络的建设规模和容量，有些工作站可统筹考虑，如主机和操作员工作站可合并为一，使系统结构简化，运行更加可靠。但远动接口设备相对独立设置，一方面可避免使操作控制计算机负担过重，在某种程度上引起瓶颈效应，从而影响整个监控系统的可靠性。另一方面远动信息往往需要同时发至多个系统调度端，其不同的规约转换要求需配置较为繁杂的通信软件，由操作控制计算机实现远动功能，也会降低远动信息传递的可靠性。

2. 间隔层

间隔层由计算机网络连接的若干个监控子系统组成。间隔层设备是实现计算机控制系统与生产过程设备的输入/输出接口，并完成就地监控功能。在站控层及网络失效的情况下，间隔层仍能独立完成间隔层设备的就地监控功能。

在分布式处理系统中，当电磁兼容可满足监控系统的运行条件时，间隔层设备的布置地点及其所要实现的功能尽可能分散，以保证模块功能独立、连接电缆最短，争取最大的投资效益。但在工程的具体应用中，若出线回路数少、出线电压等级单一，在技术经济合理时间隔层设备也可按相对集中的方式设置。

3. 网络形式

站控网连接站控层设备及间隔层设备，实现间隔层设备与站控层设备之间的通信，间隔与间隔之间的非实时通信也在站控层网络实现。站控层网络一般采用以太网，双网配置。网络拓扑一般采用星型，也可采用总线型、环型网络或上述网络的组合型式，并按双网配置。

NCS 对网络的实时性和可靠性要求均较高，此外还要适应电厂扩建需求，即网络要易于扩充，星型网络应该最为适用。总线型网络由于布线要求简单，扩充容易，用户端失效、增删不影响全网工作，所以是 LAN 技术中使用最普遍的一种，但实时性较差。环型网络对 NCS 来说有两个致命缺点：①网络中一个节点故障将引起全网瘫痪，可靠性低；②不易扩充。因此，NCS 中，环型网络很少单独使用，往往与星型或总线型网络配合使用。从各设计院及制造厂调查情况，星型网络应用较多，总线型和环型网络均较少采用。

当设有前置设备时，前置机需根据电压等级和出线规模合理设置。

在双层网络、三层设备的网络结构中，其中间一层即为前置机，其可对间隔层设备进行管理，并实现间隔层网络和站控层网络之间的通信。前置机的设置需综合考虑被监控设备数量及一次设备布置地点等诸因素，前置机可以是一台，也可以是多台工业控制微机。

站控层网络一般为以太网，它是一种开放型网络，具有通信速率高、传输距离远及通信介质选用灵活等优点，不仅可靠性高，而且扩充方便，因此站控层网络一般按单网设置。然而间隔层网络直接与升压站内的各种一次设备发生关系，它实时地采集并处理设备运行状况和各种参数变化，为监控系统的可靠运行提供基本保证。当间隔层网络连接被控设备较多时，也可采用双重化网络。

4. 网络抗干扰

网络的抗干扰能力、传送速率及传送距离需满足系统监控和调度要求。

网络接口设备、通道传输介质及网络数据链路层所采用的控制协议不仅决定了网络的抗干扰能力，还影响了传送速率和传输距离等相关技术指标。因此对于间隔层网络，不仅要考虑满足多个输入输出、适应各种类型数据（如突发性数据、周期性数据）的传输要求和适应电力工业现场的电磁干扰、温度、振动等环境要求，还需考虑在实现系统功能的前提下满足实时性要求。网络上各个节点设备应相互独立。

由于电力工程的建设模式大多为分期、分步实施的，因此 NCS 的设计必须考虑开放及兼容要求，以满足发电厂或升压站扩建、改建而引起的信息量变化。

5. 配置方案示例

电厂中 NCS 配置方案主要有如下两种：

（1）方案一。系统分为两层：上层为站控层，由主备冗余的主机、操作员工作站、微机"五防"工作站和远动工作站等组成，实现图形显示、报表打印、控制操作、信息转发、历史数据存储管理等功能；下层为间隔层，按照电气对象配置 I/O 监控模块，一个模块完成一个电气安装对象的数据采集和控制，并能实现与本对象有关的智能设备的通道。该方案网络监控系统配置如图 3-24 所示。

（2）方案二。系统分为三层，在方案一的基础上，中间增加可切换的双冗余通信控制器。该方案网络监控系统配置如图 3-25 所示。

目前方案一与方案二均为厂家成熟配置，在电厂内均可使用。方案一结构简单，但对现场设备及网络的要求较高，与其他智能设备之间的联系必须经过站控层；方案二比方案一多一层可切换的双冗余通信控制器，现场间隔层与站控层不直接联系，现场层的智能设备之间可不经站控层进行信息交换，与 RTU 设备之间可由通信控制器的智能接口连接。

综合方案一和方案二可将 NCS 的网络结构型式合并为 NCS 总体的网络结构型式，如图 3-26 所示。

三、系统配置

（一）硬件系统

1. 硬件系统的组成

（1）NCS 硬件系统设备一般由以下几部分组成：

1）站控层设备包括主机或/及操作员工作站、工程师工作站、远动通信设备、电能管理接口设备、操作员工作站、值长工作站等。"五防"功能由操作员防误工作站实现，成套提供一套智能钥匙、锁具及配件，

实现全站就地电动操作的隔离开关和接地开关的防误闭锁功能。

2）网络设备：包括集线器星型耦合器和接口装置等。

3）间隔层设备：包括智能设备和 I/O 单元等。主要指断路器测控单元以及单独设置的智能装置等。间隔层测控单元按安装单位配置。

4）电源设备：包括电源模块等。

（2）当高压配电装置采用独立的微机防误操作系统实现电气设备的防误操作闭锁时，NCS 不再设置防误操作工作站。独立的微机防误操作系统的主机一般以通信方式从 NCS 主机获取电气设备状态实时信息。

（3）远动通信设备需满足系统调度对信息采集和传递的要求，其制式需与调度端自动化系统制式协调一致。通常连接于站控层网络，可最大限度地在计算机网络上实现信息共享，真正体现分布处理计算机系统的优势，并利于今后扩充。但在技术经济合理时，远动接口设备也可连接于间隔层网络。

（4）网络设备还包括网桥、网关、路由器、调制解调器（modem）、通信电缆或光缆等，是整个监控系统的神经，它连接系统内的所有节点，实现数据的上传下达。网络交换机是以太网中连接网络分段的网络设备，站控层采用的是双网，故网络交换机需按冗余配置。

（5）NCS 主机一般单独设置，也可与操作员工作站共用。主机采用冗余配置，双机互为热备用。操作员站一般冗余配置，设置两套。工程师工作站一般设一套。

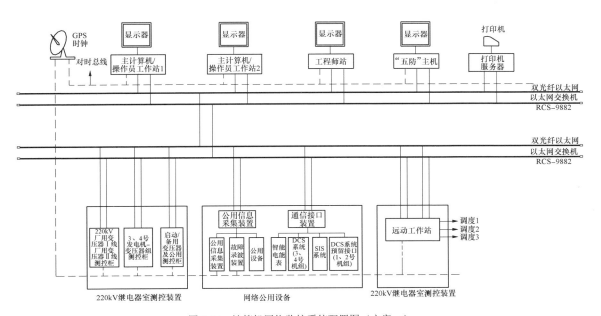

图 3-24 计算机网络监控系统配置图（方案一）

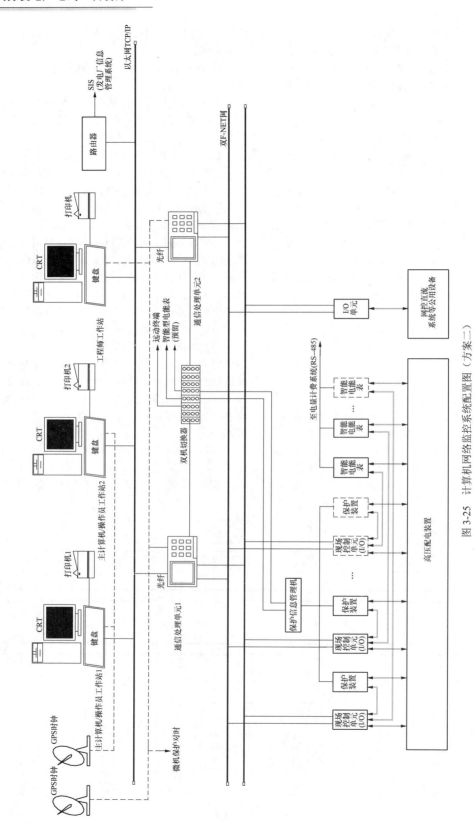

图 3-25 计算机网络监控系统配置图（方案二）

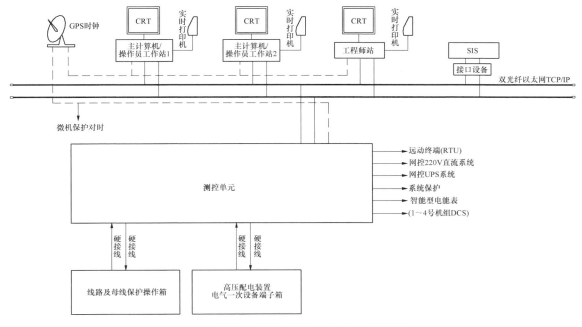

图 3-26　计算机网络监控系统总体网络结构配置图

（6）防误操作工作站可与操作员工作站共用，也可单独设置。正常运行时，高压配电装置的操作频度较低，微机防误操作工作站与监控系统操作员工作站共用可提高操作员工作站的使用效率，降低运行人员操作的复杂性。同时减少一台工作站的设置有利于集控室布置的优化。防误操作工作站单独设置对提高防误操作系统的安全可靠性有利。故在具体设计时根据用户要求和当地电网管理部门的要求选择合适的配置方式。

（7）当设置值长工作站时，值长工作站一般设置一套，实现全厂运行情况监视和生产调度管理等功能。

（8）NCS 具有远动功能时，远动通信设备主机及与调度的通信设备需双套配置，满足系统有关调度要求。

2. 硬件设备

（1）一般要求。

1）NCS 需具有良好的电磁兼容性，在任何情况下均不应发生拒动、误动、扰动，影响计算机监控系统的正常运行。

2）NCS 硬件需选用以成熟的、先进可靠的微处理器为基础的工业级产品设备，系统内所有的模件需是固态电路、标准化、模块化和插入式结构，并带有 LED 自诊断显示。系统硬件需具有较好的可维护性，可扩充性。所有系统模块都能在线插拔，具有扩充能力，支持系统结构的扩展和功能的升级。系统硬件接口应采用国际标准或工业标准，支持与其他计算机网络及不同计算机厂设备的互联。

3）打印机的配置数量和性能需满足定时制表、召唤打印、事故打印等功能要求。当模拟量越限或 SOE 型开关量变位时，打印机可要求自动打印报警信息。

（2）系统主机。系统主机也称系统服务器，是整个 NCS 的核心，主要完成数据采集、数据检测和控制、报警和事件登录、历史数据记录、在线计算等系统主要数据处理功能。当配电装置规模较小、电压等级较低、在系统中地位不十分重要时，NCS 主机可与操作员站共用，使系统结构简化。

1）硬件设备主机容量需满足整个系统功能要求和指标要求，除满足远期扩建的容量外，还需留有适当的裕度。硬件设备选型时，主要考虑以下几个因素：

a）先进性：选用国家推荐的优选工业控制计算机系列产品，能适应较为恶劣的电磁环境，具有实时处理能力强、升级换代方便等优点。

b）成熟性：选用的硬件设备需经鉴定合格并有现场运行经验的产品。

c）性价比高：在设备价格相当的情况下，优先选用可靠性高、处理能力强、扩充性能好及可维护性好的设备。

2）主机需与升压站的规划容量相适应，为避免因 CPU 负担过重、软件调度困难、死机自恢复频繁等单主机系统常出现的问题而影响系统的可靠性，一般选择双机冗余系统。冗余配置的主机采用热备用方式，运行时分为值班机和备用机，当值班机故障时，系统自动进行切换，保证实时数据库和服务功能不丢失，主备机切换时间可人工设置，一般小于 30s。值班机和备用机也可根据现场运行工况进行人工切换。双机冗余系统通常有如下三种配置方式，在具体工程中可根据需要选用：

a）冷备方式（cold-standby）：正常时一台主机工作，一台主机离线备用，两台主机之间无数据交换。当工作主机故障时，系统需中断运行以更换备用主机。

b）热备方式（hot-standby）：正常时一台主机工作，并每隔一固定时间（如 1s）把工作主机的实时数据映射至备用主机。当工作主机故障时，备用主机自动转为工作主机。

c）并机方式（hot-hot）：两台主机均设置有数据库系统，数据实时刷新。正常时两台主机同时在线工作，当一台主机故障时将自动退出运行并发出报警信号。

（3）操作员工作站。

1）操作员工作站负责管理和显示有关的运行信息，供运行人员对发电厂网络的运行情况进行监视和控制。操作员工作站连接于站控层网络，具有相对的独立性，特别适用于分布式控制系统。在操作员工作站采用两台互为热备用工作方式下，当主机故障时，备用机需自动提升为主机，实现无扰动切换。

2）操作员工作站具有高分辨率的图形显示功能，完成画面监视、操作控制及参数设置等人机联系功能，是运行人员监视和控制升压站设备的主要手段。

3）操作员工作站可根据运行要求配设专用功能键盘，或直接以屏幕菜单的方式设置软键盘，为运行人员操作提供更为方便、快捷的手段。

（4）工程师工作站。工程师工作站主要用于程序开发、系统诊断、控制系统组态、数据库和画面的编辑和修改，完成系统文件的管理功能和设备故障诊断功能，也可作为培训仿真系统。它包括中央处理单元、图形处理器及必需容量的主存储器和外存设备。工程师工作站具有以下功能：按要求进行保护定值修改和管理等功能。为降低工程投资，工程师工作站的容量、性能指标以及外设均可低于操作员工作站的配置。

（5）防误操作工作站。防误操作工作站实现高压配电装置电气设备操作的防误闭锁功能。微机防误操作工作站预存整个高压配电装置的防误闭锁逻辑，能自动打印、查询、删除、保存操作票，并进行模拟预演。还可实现运行操作指导、故障分析检索、性能计算及经济性分析、在线设备管理、仿真培训等高级功能。

（6）远动通信设备。远动通信设备的容量及性能指标能满足厂站端远动功能及规约转换要求。远动信息采用从站控层不经 NCS 主机的直采直送采集方式，以满足调度对远动信息的实时性要求。远动通信设备双套配置，双通信处理单元（LCU 主控单元）满足系统有关调度要求。双通信处理单元，其容量及性能指标能满足厂站端远动功能及规约转换要求，并具备足够的通信接口，使之具备一发多收功能。远传接口能适应微波及载波或光纤通道运行，全双工方式，具体要求可根据具体工程确定。

（7）值长工作站。值长工作站需监视全厂的生产运行情况，可在全厂实时监控系统 SIS 中统筹考虑。若厂内未设置 SIS，在网控计算机系统中设置值长工作站，其软、硬件配设还能实现自动发电控制（automatic generation control，AGC）功能，以满足整个电力系统的自动发电控制和经济调度要求。近年来，AGC 工作在我国电网内逐步开展，而且发电厂的 DCS 已成为新建 200MW 及以上容量机组的必备装置，通过简单硬接线的方式将 AGC 指令由 RTU 传送至机组 DCS 已不能适应发电厂竞价上网、经济调度的发展要求，故在 NCS 中设置值长工作站并实现厂站端 AGC 功能是较为合理的选择。

（8）卫星同步时钟。NCS 配置卫星同步时钟时，其同步脉冲输出接口及数字接口满足控制、保护、测量、计量、自动装置等设备的对时要求。目前电厂均设置专用卫星同步时钟设备，原来一般是随 DCS、NCS 或其他计算机控制系统成套配置，随着电网等对对时要求越来越高，电厂同步时钟设备趋向于单独采购以满足各种控制、保护、测量、计量、自动装置设备的不同要求。

（9）网络介质。网络媒介可采用双绞线、同轴电缆、光纤通信缆或以上几种方式的组合。局域网的传输有基带传输和宽带传输两种形式，典型的传输介质有双绞线、基带同轴电缆、宽带同轴电缆和光纤电缆。双绞线是一种廉价的传输介质，其传输速率较低，一般为每秒几兆位，用于基带传输时，传输延迟大，距离短；同轴电缆是一种较好的传输介质，既可用于基带传输又可用于宽带传输，具有吞吐量大、连接设备多、性能价格比较高、安装和维护方便等优点；光纤电缆传输速率可高达每秒几百兆位，误码率极低，传输延迟可忽略不计，并具有良好的电磁抗干扰性，安全性好，可用于点对点通信，也适用于环型网络。

（10）间隔层设备。间隔层设备完成数据采集、就地监控、同步及本间隔防误操作闭锁等功能。

1）在间隔层各就地控制单元实现功能分散，是分布式计算机控制系统的特点之一，它使网络上的各节点计算机可同时操作，使系统的综合处理能力大为提高，而且功能分散，使得负荷分散，危险也分散，系统可靠性获得极大提高。因此在计算机软、硬件设备可行时，各间隔设备的监控功能、现场（I/O）测控单元需具有捕捉同步功能，并设有解除同步的手段。防误操作闭锁功能以及同步合闸等功能均考虑在间隔层设备实现，目前国内制造厂商的产品均能在间隔层设备上实现上述功能要求。

2）间隔层设备即现场（I/O）测控单元需按不同的电压等级及间隔独立设置，并能充分考虑电气接线及一次设备的布置。同时能完成本单元监控范围内断路器、隔离开关及接地开关防误闭锁功能。所有 I/O 模件由相互隔离的装置处理并有防抖动的滤波及过电压浪涌抑制措施，一般选用强电 I/O 模件以提高抗干扰能力。在系统电源消失时，至执行机构的输出信号需控制执行机构保持失电前的位置。I/O 类型及要求如下：

a）模拟量输入。

——交流采样：输入为 5A（1A）、100V、50Hz、三相，采样频率不低于 32 点/周波，电流电压采样精度为 ±0.2%，功率采样精度为 ±0.5%。

——直流采样：输入为 4～20mA 信号，采样精度为 ±0.5%。

b）数字量输入。输入为直流电压，隔离电压不小于 1500V。

c）数字量输出。通过中间继电器驱动，其输出触点需满足受控回路跳、合闸线圈电流容量要求。

d）脉冲量输入：每秒接受的脉冲数及脉冲宽度能与买方提供的脉冲电能表的输出量相对应。

3）间隔层设备一般布置在网络继电器室或就地二次设备小间，正常运行时不考虑有人值班，因此不需配设人机接口设备，设置带电拔插的通信接口可方便与便携式计算机连接完成就地调试和维护功能。

4）智能设备一般选用强电 I/O 模块以提高抗干扰能力，也可根据工程需要选用弱电 I/O 模块。输入、输出信号状态电压小于 60V 时一般称之为弱电模块，大于等于 110V 时则称之为强电模块。由于 I/O 模块布置地点一般靠近配电装置，通过电缆接入或送出的信号均处于强电磁场之中，因此采用强电模块可以大大提高设备的抗干扰能力。

5）智能 I/O 单元基于高性能的单片机技术，配设中央处理器、存储器、控制识别模块、I/O 处理模块及通信模块等，各单元模块通过间隔层网络连接，完成就地监控功能。

6）前置机按配电装置电压等级及出线规模分组冗余设置。前置机主要完成对就地多个 I/O 单元的监控、数据管理及通信等功能，在网络结构上是相对集中的方式，因此需考虑分组冗余设置方式。

7）有硬件设备的电磁兼容要求需满足国际或国内有关标准。

（二）软件系统

1．NCS 软件系统的要求

NCS 提供的所有软件应满足以下要求：

（1）为经现场考验的成熟软件，并符合国际公认的标准。

（2）软件系统的功能可靠性、兼容性及界面友善性等指标需满足系统本期及远期规划要求。

（3）提供一套完整的软件系统包，包括系统软件、支持软件和应用软件。

（4）所配置的软件系统为模块化结构，以方便修改和维护。

（5）软件需支持用户开发新功能，开发后的软件能在线载入系统。

（6）软件能支持系统的扩充，当一次系统改变或计算机监控系统扩充时，不必修改程序和重新组装软件。

（7）所有的算法和系统整定的参数需存储在各处理器模块的非易失性存储器内，执行时不需要重新装载。

2．NCS 软件系统的组成

NCS 软件系统一般由系统软件、支持软件和应用软件组成。

系统软件主要指操作系统；支持软件包括实时数据库系统、通信软件和中文处理系统、编译软件、图形管理软件以及必要的工具软件等；应用软件一般包括数据采集和处理软件、监控软件、报警软件、防误操作闭锁软件、双机切换软件、专用计算软件、经济指标分析软件、数据库生成软件以及报表生成软件等。

（1）软件系统的可靠性、兼容性、可移植性、可扩充性及界面的友好性等性能指标均需满足系统本期及远景规划要求。

（2）软件系统需为模块化结构，以方便修改和维护。采用模块化不仅设计简单，而且结构独立，具有分散性，可使软件具有较好的可扩充性。

（3）系统软件需具有成熟的实时多任务操作系统和完整的自诊断程序。

（4）数据库的结构适应分散分布式控制方式的要求，并具有良好的可维护性，以方便用户在工程扩建和运行方式改变时灵活地进行扩充及修改。

（5）通信软件需实现计算机网络各节点机之间信息的传输、数据共享和分布式处理等要求，通信速率需满足系统实时性要求。

（6）NCS 软件系统需配置各种必要的工具软件。

四、技术指标

1．系统可用性

双机系统可用性一般不小于 99.9%。

$$系统可用性 = \frac{可使用时间}{可使用时间 + 维修停机时间}$$

式中　可使用时间——考核（试验）时间与维修停机时间之差，h；

维修停机时间——包括故障维护时间、影响设备使用的预防性维修时间和扩充停机时间，h。

系统设备在现场正确可靠地工作达到规定的试用期后，即可开始进入可用性指标的考核时间。

2. 平均无故障时间

系统平均无故障间隔时间（MTBF）不小于20000h，间隔层设备平均故障间隔时间（MTBF）不小于30000h。

系统平均故障间隔时间MTBF是指在考核期内两次故障间隔时间内正常工作的平均时间，它是衡量系统可靠性的重要指标，在保证本指标的前提下，系统中任何设备的单个元件故障均不应造成关键性的故障，并防止设备或组件中多个元件或串联元件同时发生故障。

事件顺序记录（SOE）分辨率：站控层不大于2ms，间隔层不大于1ms。时间顺序记录的重要指标是事件的分辨率，它是监控系统能够分辨相邻两次事件（状态变位）发生的最小时间间隔，即只要相邻两次事件发生的时间间隔不小于分辨率，就可以准确记录两次事件的先后顺序。

模数转换分辨率不小于14位（含符号位），最大转换误差不超过±0.5%（25℃时数据），其中电网频率测量误差不大于0.01Hz。交流采样测量值综合误差不大于0.5%，直流采样模数转换误差不大于0.2%。

模拟量数据更新周期不大于2s。开关量数据更新周期不大于1s。

模拟量越死区传送至站控层操作员工作站的时间不大于1.5s。开关量变位传送至站控层操作员工作站的时间不大于1s。

从站控层操作员工作站发出操作指令到返回信号在操作员工作站显示器上显示的总时间不大于2s。运行人员通过键盘、鼠标或触屏等手段发出的任何操作指令均需在2s或更短的时间内被执行，不应由于系统负荷的改变或使用了网络转换设备而被延迟。

根据DL/T 5002《地区电网调度自动化设计技术规程》与DL/T 5003《电力系统调度自动化设计技术规程》中调度端部分技术要求：遥控正确率为100%，遥调正确率不小于99.9%。

整个系统对时精度不大于1ms。由于系统事件顺序记录分辨率要求为2ms，为满足分辨率精度要求，故对时设备的最大同步误差按不大于1ms考虑。

主机正常负荷率低于30%，事故负荷率低于50%。网络正常负荷率低于10%，事故负荷率低于20%。网络的负荷率与NCS的性能指标、软硬件资源的合理配置、不同的运行工况下的各子系统工作量变化情况等因素均有关联，当控制操作主机的CPU负荷率超过一定范围时，可能导致因各种资源的频繁调用而出现网络拥挤。根据有关资料介绍，对于具有各种周期性的功能工作，即在正常工况下系统能保证实时性的首要条件是在一定周期内CPU的负荷率不超过50%，而在事故工况下，由于突发事件的发生，使得事故处理件数激增，负荷率将超出稳态工况值。

测控单元的CPU负荷率：正常时不大于30%，故障时不大于50%。

测控单元的模拟量死区整定值：不大于0.2%。

五、安全防护

对NCS及其相关二次系统安全防护主要要求如下：

（1）NCS与其他计算机系统及自动装置之间需设置安全防护。

（2）NCS与MIS间需设置经国家指定部门检测认证的电力专用横向单向安全隔离装置，隔离强度需接近或达到物理隔离。

（3）NCS与DCS、系统保护、相量测量装置、安全稳定控制装置等控制区系统间需采用具有访问控制功能的网络设备、防火墙或具有相当功能的设施，实现逻辑隔离。

（4）NCS与SIS、保护及故障录波管理子站、电能量计量系统、发电厂报价系统等非控制区设备需采用国产硬件防火墙、具有访问控制功能的设备或具有相当功能的设施进行逻辑隔离。

（5）NCS与调度中心间采用认证、加密、访问控制等措施实现数据的远方安全传输以及纵向边界的安全防护。对于重点防护的电厂，需设置经国家指定部门检测认证的电力专用纵向加密认证网关及相应措施，实现双向身份认证、数据加密和访问控制。

六、NCS基本功能

NCS应具有以下功能：

（1）数据采集和处理。采集和处理必要的模拟量、开关量（数字量）、脉冲量并进行数据处理，包括A/D转换、光电隔离、消除触点抖动影响、消除浪涌电压冲击、变量换算、时间记录、数据整理、数据储存等。

（2）事故顺序记录（SOE）。事件顺序记录的时间分辨率必须满足分辨断路器事故跳闸和继电保护动作顺序的要求。

（3）远方集中和就地控制操作。计算机正常运行时在操作员站进行集中监控；计算机系统故障或对电气设备进行调试时，可在就地监控单元进行操作。

（4）防误操作闭锁。当设置专门的微机"五防"装置时，计算机监控系统与微机"五防"装置间采用数字通信。

（5）同步鉴定。对同步条件下才可合闸的断路器的合闸回路设同步闭锁。

（6）人机对话。具有良好的人机界面，包括画面提示、汉字显示和简便操作等。

NCS 系统在具有上述基本功能的基础上还能完成以下主要任务：

（1）对高压配电装置电气设备的安全监控及电气设备参数进行实时监测。

（2）可实现电气设备防误操作闭锁功能。电厂高压配电装置的防误操作闭锁有多种实施方案，有电气硬接线闭锁、通过监控系统的逻辑软件实现的闭锁，或者采用监控系统配套设置"防误操作"工作站方式、有配置独立于监控系统的专用微机防误操作装置等，无论哪种方式，NCS 均需具备软件逻辑闭锁功能。

（3）可根据需要实现其他电气设备的监控操作。

（4）具有远动功能时，需满足电网调度自动化要求，完成遥测、遥信、遥调、遥控等全部的远动功能。远动配置方案有两种：①与 NCS 统一考虑，NCS 设置远动通信设备，远动信息与 NCS 监控系统实现数据共享；②单独设置远动装置，远动装置的数据独立采集。具体工程的实施方案与电厂所在调度地区的要求密切相关，大部分地区可以采用 NCS 设置远动通信设备方式，也有地区要求单独设置远动装置。当要求单独设置远动装置时，可取消 NCS 的远动相关功能。

（5）当电厂无厂级信息监控系统（SIS）时，可实现各机组之间功率的经济分配和电厂运行管理。

（一）数据采集和处理

1. NCS 数据采集内容

NCS 的监控、监测量的具体范围可根据具体工程确定。

NCS 监控范围包括发电厂电力网络输电线、母线设备、330～750kV 并联电抗器。计算机监测范围包括发电厂电力网络输电线、母线设备、330～750kV 并联电抗器、直流系统及 UPS。

NCS 根据运行人员输入的命令实现断路器、隔离开关的正常操作。对需要同步的断路器完成同步鉴定，实现捕捉同步或同步闭锁合闸，实现操作出口的跳合闸闭锁、操作出口的并发性操作闭锁及键盘操作时的权限闭锁。

NCS 系统能实现数据采集和处理功能，数据采集和处理是 NCS 实现实时监控的基础。计算机系统的过程单元按约定的扫描周期定时采集诸如设备参数、运行状态和故障信号等有关信息，送入监控系统进行实时处理，并及时更新数据库和画面，为 NCS 实现其他功能提供依据。

NCS 数据采集和处理，其范围包括模拟量、开关量、电能数据量（脉冲量）等。NCS 的采集信息可参见表 3-4～表 3-10。当监控系统具有远动功能时，采集信息需符合 DL/T 5002《地区电网调度自动化设计技术规程》、DL/T 5003《电力系统调度自动化设计技术规程》的有关规定及当地调度的要求。

表 3-4　　　　　　　　　　　　　　　　　　　送电线路（旁路）测点清单

类别	模拟输入量		开关输入量	电能输入量[①]	开关输出量
	采集量	计算量			
110～220kV	三相电流 三相电压	三相电流 单相电压 双向有功功率 双向无功功率	断路器合位/分位[②] 隔离开关合位/分位 接地开关合位/分位 就地/远方开关位置 保护动作/报警 重合闸动作 控制回路/操动机构故障[②]	双向有功电能 双向无功电能	断路器合闸/跳闸[②] 隔离开关合/分 隔离开关闭锁 接地开关合/分[③] 接地开关闭锁[③]
330kV 及以上	三相电流 三相电压	三相电流 三相（线）电压 双向有功功率 双向无功功率	断路器合位/分位[②] 隔离开关合位/分位 接地开关合位/分位 就地/远方开关位置 保护动作/报警 重合闸动作 控制回路/操动机构故障[②]	双向有功电能 双向无功电能	断路器合闸/跳闸[②] 隔离开关合/分 隔离开关闭锁 接地开关合/分 接地开关闭锁

① 电能输入量可采用脉冲采集，也可通过通信接口输入。
② 对 3/2 断路器、4/3 断路器、角形接线，其断路器为串内设备，测点清单见表 3-6。
③ 接地开关采用就地操作时无此输出。

表 3-5　　　　　　　　　　　　　　　　　　　发电机-变压器组测点清单

类别	模拟输入量		开关输入量	电能输入量[①]	开关输出量
	采集量	计算量			
双母线 接线	1）发电机侧[②]： 三相电流	1）发电机侧： 三相电流	断路器合位/分位	高压侧： 单向有功电能	高压侧： 隔离开关合/分

续表

类别	模拟输入量		开关输入量	电能输入量[1]	开关输出量
	采集量	计算量			
双母线接线	三相电压 2）高压侧： 三相电流 三相电压	三相（线）电压 单向有功功率 双向无功功率 频率 2）高压侧： 三相电流 单向有功功率 双向无功功率	隔离开关合位/分位 接地开关合位/分位 主变压器有载调压开关位置[2] 保护动作总信号[3]	双向无功电能	隔离开关闭锁 接地开关合/分 接地开关闭锁
3/2、4/3、角形接线	1）发电机侧[2]： 三相电流 三相电压 2）高压侧： 三相电流 三相电压	1）发电机侧： 三相电流 三相（线）电压 单向有功功率 双向无功功率 频率 2）高压侧： 三相电流 三线电压 单向有功功率 双向无功功率	高压侧： 隔离开关合位/分位[3] 接地开关合位/分位[3] 主变压器有载调压开关位置[2] 保护动作总信号[2]	高压侧： 单向有功电能 双向无功电能	高压侧[3]： 隔离开关合/分 隔离开关闭锁 接地开关合/分 接地开关闭锁
发电机-三绕组（自耦）变压器组	1）发电机侧[2]： 三相电流 三相电压 2）高压侧： 三相电流 三相电压 3）中压侧： 三相电流 三相电压 4）公共绕组（自耦变压器） 单相电流	1）发电机侧： 三相电流 三相（线）电压 单向有功功率 双向无功功率 频率 2）高压侧： 三相电流 单向有功功率 双向无功功率 3）中压侧： 三相电流 单向有功功率 双向无功功率 4）公共绕组（自耦变压器） 单相电流	高、中压侧： 断路器合位/分位 隔离开关合位/分位 接地开关合位/分位 主变压器有载调压开关位置[2] 保护动作总信号[2]	高压侧： 单向有功电能 双向无功电能 中压侧： 单向有功电能 双向无功电能	高压侧： 隔离开关合/分 隔离开关闭锁 接地开关合/分 接地开关闭锁 中压侧： 隔离开关合/分 隔离开关闭锁 接地开关合/分 接地开关闭锁

① 电能输入量可采用脉冲采集，也可通过通信接口输入。
② 发电机侧测量当 NCS 具有远动功能时有。
③ 对 3/2 断路器接线、4/3 断路器接线、角形接线，串内隔离开关及接地开关的测点清单见表 3-6。
注 当 NCS 需要计算全厂用有功总功率、全厂厂用电率时，需采集高压厂用变压器高压侧电流、电压。

表 3-6 母线设备，旁路及串内断路器

类别	模拟输入量		开关输入量	电能输入量[1]	开关输出量
	采集量	计算量			
旁路	见表 3-4	见表 3-4	见表 3-4	见表 3-4	见表 3-4
母联/分段断路器	三相电流	三相电流	断路器合位/分位 隔离开关合位/分位 接地开关合位/分位 就地/远方开关位置 母联/分段过电流及充电保护动作/报警 控制回路/操动机构故障	—	断路器合闸/跳闸 隔离开关合/分 隔离开关闭锁 接地开关合/分[2] 接地开关闭锁
桥断路器	三相电流	三相电流	断路器合位/分位 隔离开关合位/分位 接地开关合位/分位 就地/远方开关位置 控制回路/操动机构故障	—	断路器合闸/跳闸 隔离开关合/分 隔离开关闭锁 接地开关合/分 接地开关闭锁[2]

续表

类别	模拟输入量		开关输入量	电能输入量①	开关输出量
	采集量	计算量			
3/2、4/3、角形接线断路器	三相电流	三相电流	断路器合位/分位 隔离开关合位/分位 接地开关合位/分位 就地/远方开关位置 断路器保护动作/报警 控制回路/操动机构故障	—	断路器合闸/跳闸 隔离开关合/分 隔离开关闭锁 接地开关合/分② 接地开关闭锁②
母线电压互感器（三相）	三相电压	三线电压、频率	隔离开关合位/分位 接地开关合位/分位 TV 断线	—	隔离开关合/分 隔离开关闭锁 接地开关合/分② 接地开关闭锁②
母线电压互感器（单相）	单相电压	单相电压、频率	—	—	—

① 电能输入量可采用脉冲采集，也可通过通信接口输入。
② 接地开关采用就地操作时无此输出。

表 3-7　　　　　　　　　　　　　　　　启动/备用变压器

类别	模拟输入量		开关输入量	电能输入量①	开关输出量
	采集量	计算量			
启动/备用变压器	高压侧： 三相电流 三相电压	高压侧： 三相电流 三线电压② 单向有功功率 单向无功功率	断路器合位/分位 隔离开关合位/分位 接地开关合位/分位 有载调压开关位置③ 保护动作总信号③	单向有功电能 单向无功电能	隔离开关闭锁 接地开关闭锁④

① 电能输入量可采用脉冲采集，也可通过通信接口输入。
② 单独引接厂外电源时有。
③ 当 NCS 具有远动功能时有。
④ 接地开关采用就地操作时无此输出。

表 3-8　　　　　　　　　　　　　　联络变压器及降压变压器

类别	模拟输入量		开关输入量	电能输入量①	开关输出量
	采集量	计算量			
双绕组降压变压器	1）高压侧： 三相电流 三相电压 2）变压器本体： 油温 绕组温度	高压侧②： 三相电流 单向有功功率 单向无功功率	1）高/低压侧： 断路器合位/分位 隔离开关合位/分位 接地开关合位/分位 就地/远方开关位置 控制回路/操动机构故障 2）变压器本体： 变压器保护动作/报警 变压器调压开关位置	高压侧②： 单向有功电能 单向无功电能	高/低压侧： 断路器合闸/跳闸 隔离开关合/分 隔离开关闭锁 接地开关合/分③ 接地开关闭锁③ 调压开关升/降
双绕组联络变压器	1）高压侧： 三相电流 三相电压 2）低压侧： 三相电流 三相电压 3）变压器本体： 油温 绕组温度	高/低压侧： 三相电流 双向有功功率 双向无功功率	1）高/低压侧： 断路器合位/分位 隔离开关合位/分位 接地开关合位/分位 就地/远方开关位置 控制回路/操动机构故障 2）变压器本体： 变压器保护动作/报警 变压器有载调压开关位置	高压侧： 双向有功电能 双向无功电能	高/低压侧： 断路器合闸/跳闸 隔离开关合/分 隔离开关闭锁 接地开关合/分③ 接地开关闭锁③ 有载调压开关升/降

类别	模拟输入量		开关输入量	电能输入量[①]	开关输出量
	采集量	计算量			
三绕组（自耦）降压变压器	1）高压侧： 三相电流 三相电压 2）中压侧： 三相电流 三相电压 3）低压侧： 三相电流 三相电压 4）公共绕组： 单相电流 5）变压器本体： 油温 绕组温度	1）高/中/低压侧： 三相电流 单向有功功率 单向无功功率 2）公共绕组： 单相电流	1）高/中/低压侧： 断路器合位/分位 隔离开关合位/分位 接地开关合位/分位 就地/远方开关位置 控制回路/操动机构故障 2）变压器本体： 变压器保护动作/报警 变压器有载调压开关位置	高/中/低压侧： 单向有功电能 单向无功电能	1）高/中/低压侧： 断路器合闸/跳闸 隔离开关合/分 隔离开关闭锁 接地开关合/分[③] 接地开关闭锁 2）变压器本体： 有载调压开关升/降
三绕组（自耦）联络变压器	1）高压侧： 三相电流 三相电压 2）中压侧： 三相电流 三相电压 3）低压侧： 三相电流 三相电压 4）公共绕组： 单相电流 5）变压器本体： 油温 绕组温度	1）高/中压侧： 三相电流 双向有功功率 双向无功功率 2）低压侧： 三相电流 单向有功功率 单向无功功率[④] 3）公共绕组： 单相电流	1）高/中/低压侧： 断路器合位/分位 隔离开关合位/分位 接地开关合位/分位 就地/远方开关位置 控制回路/操动机构故障 2）变压器本体： 变压器保护动作/报警 变压器调压开关位置	1）高/中压侧： 双向有功电能 双向无功电能 2）低压侧： 单向有功电能 单向无功电能[④]	1）高/中/低压侧： 断路器合闸/跳闸 隔离开关合/分 隔离开关闭锁 接地开关合/分[③] 接地开关闭锁 2）变压器本体： 调压开关升/降

① 电能输入量可采用脉冲采集，也可通过通信接口输入。
② 如有困难或需要时，可在低压侧测量。
③ 接地开关采用就地操作时无此输出。
④ 变压器如有进、滞相运行时，需测量双向无功功率和计量双向无功电能。

表 3-9　　　　　　　　　　　　　　　　　并 联 电 抗 器

类别	模拟输入量		开关输入量	电能输入量[①]	开关输出量
	采集量	计算量			
并联电抗器	三相电流 三相电压 电抗器本体油温、绕组温度	三相电流 单向无功功率	电抗器保护动作/报警 电抗器运行异常 隔离开关合位/分位 接地开关合位/分位	单向无功电能	隔离开关合/分 接地开关闭锁

① 电能输入量可采用脉冲采集，也可通过通信接口输入。

表 3-10　　　　　　　　　　　　　　　　　其 他 公 用 设 备

类别	模拟输入量	开关输入量	电能输入量	开关输出量
网络直流	蓄电池电压 蓄电池正、反向电流 直流母线电压 充电装置直流输出电流	蓄电池保护设备开关状态 蓄电池回路保护设备事故跳闸 充电器直流侧保护设备事故跳闸 充电器故障 充电器交流电源自动切换 直流母线电压异常 直流系统接地 进线开关合位/跳位 馈线开关合位/跳位 重要馈线保护设备事故跳闸	—	—

类别	模拟输入量	开关输入量	电能输入量	开关输出量
网络 UPS	UPS 输出电流 UPS 输出频率 UPS 输出电压	UPS 故障 UPS 蓄电池供电 UPS 旁路运行 进线开关合位/跳位 馈线开关合位/跳位 重要馈线保护设备事故跳闸	—	—

注　模拟量及开关量可直接采集，也可通过通信接口输入。

2．开关量输入

监控、监测所涉及的全部开关量包括：各电压等级断路器、隔离开关、接地开关位置信号；各安装单位本体设备异常信号和保护装置、自动装置异常信号，包括继电保护和安全自动装置动作及报警信号、运行监视信号、变压器和电抗器的温度、瓦斯及冷却器故障信号等。有些信号也可采用 BCD 码方式输入，如变压器有载调压分接头位置等、直流系统主回路开关位置及直流系统异常信号。

开关量采集方式为无源触点输入，对重要的开关量采用双触点（一开一闭）输入方式。开关量信号输入接口需采用光电隔离和浪涌吸收回路，对电磁环境较为恶劣的信号回路，采集电压不能低于110V。数字式继电保护和安全自动装置的报警及动作信号采用串行口或硬接线的输入方式，并能实现以下功能：

（1）定时采集。按扫描周期定时采集数据并进行光电隔离、状态检查及数据库更新等。

（2）设备异常报警。当状态发生变化时，进行设备异常报警，其报警信息包括报警条文、事件性质及报警时间等，优先等级较高的中断开关量变位需快速响应，保证传输时延最小。

（3）事故顺序记录（SOE）。对断路器位置信号、继电保护动作信号等需要快速反应的开关量采用中断方式，并按其变位发生时间的先后顺序进行事故顺序记录。事故顺序记录（SOE）主要用于事故分析，分辨率要求较高，站控层应不大于 2ms，间隔层应不大于 1ms。

3．开关量输出

NCS 输出的开关量包括：

（1）各级高压断路器和需要远方操作的电动隔离开关跳、合闸。

（2）主变压器通风冷却装置电源自动开关跳、合闸。

（3）有载调压主变压器的调压开关升/降。

（4）各种自动装置和切换装置的投/退。

（5）各级电压手动隔离开关、接地开关的防误闭锁等。

NCS 输出开关量信号将直接驱动断路器的跳、合闸线圈或执行设备的操动机构，输出信号的正确与否关系到一次设备和主系统的安全运行，因此开关量需具有严密的返送校核措施，且其输出触点容量需满足受控回路跳合闸线圈要求。

4．模拟量输入

NCS 监控、监测所涉及的全部电气模拟量包括电流、电压、有功功率、无功功率、功率因数、频率、变压器和电抗器的温度模拟量等，并能实现定时采集、越限报警和追忆记录功能。

（1）模拟量主要为所有设备的运行参数，包括电量信号和非电量信号两种，应能实现以下功能：

1）定时采集。按扫描周期定时采集数据并进行相应转换、滤波、精度校验及线性度测试、工程系数转换、计算及数据库更新等。

2）越限报警。按设置的超高限（EH）、高限（H）、低限（L）、超低限（EL）四种限值对模拟量进行死区判别和越限报警。对温度等非电量测点还需监测其变化量，当变化梯度超过允许值时报警。报警信息包括报警条文、报警参数值和报警时间。报警限值能随电力系统运行情况修改。

3）追忆记录。对要求追忆的模拟量，保存事故前后一定时间范围内的连续采集数据作为追忆记录，以分析事故起因和发展过程。

（2）模拟量的采集一般采用交流采样方式，交流采样不仅包括对互感器二次侧输出电流和电压量的直接采集，还包括对其他非交流参数如直流母线电压、变压器温度等参数的采集，为使用方便统称之交流采样。

交流采样是从 TV、TA 直接输入强电电压和电流信号后，采用计算的方法计算出 P、Q、I、U、f、$\cos\varphi$、W、W_Q 等过程量，其算法模型较多，以电压频率变换器（VFC）的方式较为多见，原理是将采集的电流电压信号变换成脉冲频率随输入模拟量幅值大小变化的脉冲量，并经快速光耦光电隔离后送至 CPU 系统中的计数器计数，以实现模数转换。VFC 芯片的电压-频率特性的线性范围应尽可能宽，以保证模数转换精度。

（3）交直流采样和直流采样的特点。

1）交流采样的主要特点：①精度高，通用性强，可完全消除零漂及干扰；②投资少，性价比高；③电缆用量少，施工方便，运行维护简单；④受 CPU、电源等公用部件故障的影响。

2）直流采样技术作为传统的一种方法也相当成熟，其主要特点：①装置独立，故障时对其他输入量无影响，维护更换方便；②适用于测点分散且与数据集中点距离远近等场所；③有完善的检验标准、方法和运行管理规程；④实时性较差，存在时滞且瞬间值会被滤掉。

交流采样和直流采样各有优劣，在设置传统的 RTU 时大多为直流采样方式，但随着交流采样技术的不断完善，交流采样范围和速度又可以同时满足同步操作和监控等要求，交流采样应用越来越多。

5. 电能数据量（脉冲量）

电能数据量（脉冲量）包括有功电能数据和无功电能数据。

电能数据量采集采用数据和脉冲接口，能实现以下功能：

（1）连续采集。当采集信号为脉冲量时，能连续采集所有电能脉冲量，并对输入回路采用光电隔离和滤波处理，根据各回路 TV、TA 二次变比及脉冲电能表参数计算转换为实际电能量进行累加；能对采集电能量分时段和方向进行统计，当系统因故中断计量时，能进行人工置数保证其电量累计的正确性，同时有保证措施不丢失原累积值；具有与相应模拟量平均值进行校核的功能。

电能数据量以往大多以脉冲信号的形式输入至计算机系统，故又称之为脉冲量。但多年的运行经验表明，电能量以脉冲信号形式传送存在一些问题，如丢失脉冲、易受干扰、监控系统退出再投运时需重新设置后台脉冲数等，影响到电能量统计值的准确性。随着智能电能表的相继出现并投入运行，以串行通信或网络的方式采集电能量数字信号，不仅可增加输入信号的可靠性，并可简化二次接线，节省电缆用量。电能量信号又通称电能数据量。

（2）分时计量。能对采集的电能量进行分时段和方向进行统计，当系统因故中断计量时，能进行人工置数，保证电量累计的正确性。

（3）具有与相应模拟量平均值进行校核的功能。

（二）监视和报警

NCS 能自动或根据运行人员的命令，通过监视器屏幕实时显示各种画面。

1. 显示画面类型

CRT 画面是运行人员实现运行过程的操作和监视的主要手段，显示画面类型主要有以下几种：

（1）操作显示。一般为多层显示结构，可使运行人员方便地翻页，以获得操作所必需的细节和对特定的工况进行分析。多层显示包括主系统显示、功能组显示和细节显示。

（2）标准画面显示。包括报警显示、成组显示、趋势显示、棒状图显示等。

（3）其他显示。包括系统状态显示和实时帮助（help）显示。

2. 显示及报警

显示画面能区分事故变位和操作变位，当所采集的模拟量发生越限、数字量变位以及网控计算机系统自诊断故障时均需进行报警处理。当重要模拟量越限或事故变位时需自动推出相关报警画面，并具有人工确认、自动或手动复归功能。

每幅画面能显示过程变量的实时数据和运行设备的状态，并按规定的时间周期实时更新。画面显示的颜色或图形需随过程状态的变化而变化。报警显示需按时间的顺序排列，最新发生的报警信息优先显示在报警画面的顶部。报警信息的确认可由运行人员按键完成，并按自动或手动方式进行画面颜色以及音响信号的复归。

重要模拟量指运行人员着重关注的电气参数，如一次回路电流、系统线（相）电压、母线频率、变压器温度、直流系统母线电压、蓄电池输出电流等。

当 NCS 设置有值长工作站时，则需显示有关机组的运行画面，如高、低压厂用电系统分接线图和机炉的主要参数画面等，便于值长监视全厂的运行工况。

NCS 需配有音响或/和语音报警装置。语音报警装置即语音输出设备，它采用语音合成技术，将一系列报警信息通过语音信号输出，以更为直接和快捷的方式通告运行人员注意。

3. 主要画面

NCS 通过 CRT 对电气设备运行参数和设备状态进行监视，画面调用采用键盘、鼠标或跟踪球。屏幕画面需显示实时系统接线、设备参数、运行状态以及各种操作指导等信息，并设置专用报警区。系统接线画面可分别用不同颜色区别跳闸报警、预告信号和事故后的操作提示。可显示的主要画面如下：

（1）电气主接线画面及模拟量显示，包括不同电压等级的分接线图，主接线画面及不同电压等级子画面需显示断路器、隔离开关、接地开关等的实时位置和模拟量实时参数及潮流方向等。

（2）网控直流系统画面及模拟量显示。直流系统画面一般显示充电器及蓄电池组的工作状态、充放电流和直流母线电压等实时参数。

（3）网控交流不停电电源系统（UPS）画面及模拟量显示。

（4）NCS 运行工况图。

（5）各机组及全厂发电容量曲线及运行点显示。

（6）各类趋势曲线图，包括实际负荷曲线、模拟量变化趋势曲线及历史趋势图等。

（7）重要模拟量棒形图。

（8）成组报警画面。

（9）相关报警画面。

（10）运行操作记录统计一览表。

（11）事故及故障统计一览表。

（12）继电保护整定值一览表。

（13）事故追忆记录报告或曲线。

（14）事件顺序记录的当前和历史报告等。

在上述实时画面基础上，还可根据工程实际情况增加一些在监控、监测范围内的其他实时画面和实时参数显示。上述实时画面响应时间和模拟量实时参数更新时间不能大于2s，开关量实时信息响应时间不能大于1s。

（三）控制与操作

NCS能根据运行人员输入的命令实现断路器、隔离开关、接地开关及其他设备的操作。

能实现输出通道的跳合闸闭锁、操作指令的并发性操作闭锁及键盘操作时的权限闭锁。并发性是指不同地点（例如就地和远方）在同一时间间隔内给出的操作命令，在计算机系统中通过权限设置可实现并发性操作的程序闭锁。

NCS实现AGC（电力系统频率和有功功率自动控制统称为自动发电控制）功能时，根据系统调度端发来的指令，既可实现对单台机组的直接调度，又可根据系统调度端的AGC指令对全厂机组的有功功率进行设定和分配。

AGC通过控制发电机有功出力来跟踪电力系统负荷变化，从而维持频率等于额定值，同时满足互联电力系统间按计划要求交换功率的一种控制技术。基本目标包括：使全系统的发电出力和负荷功率相匹配；将电力系统的频率偏差调节到零，保持系统频率为额定值；控制区域间联络线的交换功率与计划值相等，实现各区域内有功功率的平衡。

根据电厂对AGC控制方式的不同需求，可将电厂AGC控制模式划分为"调厂"模式和"调机"模式。所谓"调厂"模式，就是调度端AGC软件系统将AGC电厂作为一台等值机组，计算并下达该电厂期望的出力，或将计算出的该电厂各AGC机组的期望出力相加，发送给电厂。对电厂内各机组出力的调节，由电厂自行确定，这种模式也就是对电厂的整定值控制模式。所谓"调机"模式，就是由调度端AGC软件系统通过RTU对电厂各机组的出力进行控制，电厂不能改变受控机对象、控制量的大小和控制方向。

通过简单硬接线的方式将AGC指令由RTU传送至机组DCS已不能适应发电厂竞价上网、经济调度的发展要求，故采用"调厂"模式是必然的趋势。"调厂"模式可以采用以下几种方式：

（1）调度遥调指令经远动系统将定值发送到电厂，再由电厂远动装置通过硬接线或通信方式连接至电厂SIS，由SIS根据电厂机组安全、经济运行等情况，合理分配机组负荷。

（2）电厂设置AGC总控单元，由总控单元负责将调度AGC负荷指令转换成4～20mA信号，通过硬接线连接到单元机组DCS。电厂反馈信息则由DCS通过硬接线送到电厂远动系统，转为遥测遥信数据后通过远动系统上传至调度。

（3）由NCS实现机组负荷分配。当NCS有远动通信设备功能时，该方案仅需增加AGC负荷分配软件功能，并采集机组热力系统相关运行参数。该方案NCS硬件可基本不变，可实现最大程度资源共享。

远动系统的另一控制功能——自动电压控制（AVC）目前部分NCS生产厂商无法实现，一般由独立的装置或集RTU、AGC、AVC于一体的远动装置实现。

NCS输出开关量需具有严密的返送校核措施，其输出触点容量需满足受控回路要求。开关量输出信号将直接驱动断路器的跳、合闸线圈或执行设备的操动机构，输出信号的正确与否关系到一次设备和主系统的安全运行，因此需考虑严格的返送校核措施。

（四）同步

对需要同步的断路器需完成同步检定，实现"检无压""捕捉同步"或"检同步"合闸。同步功能均在各断路器测控单元中完成。

（1）"检无压"同步。用于单侧电源的同步方式，检查到断路器其中一侧无电时可直接出口合闸，但需设置TV断线闭锁功能以防止TV断线引起的非同步合闸。

（2）"捕捉同步"。即在断路器需进行同步操作时，由操作人员在站控层发出需合闸断路器的对象指令，再由该断路器测控单元实时跟踪同步点两侧的电压，独立完成捕捉同步条件的预测运算，从而捕捉住指令断路器同步合闸时刻。

（3）"检同步"。也称"同步闭锁"，是在断路器的测控单元设置同步闭锁功能，即运行人员发出同步合闸指令后，测控单元检测同步点两侧的同步条件是否满足，若在允许的范围内可完成合闸操作，否则就会受到闭锁以避免非同步合闸。"检同步"方式较"捕捉同步"虽然更为简单，但合闸成功概率相对较低，故目前大多采用"捕捉同步"方式。

同步装置具有压差、相差、频差、功角差、同步合闸提前时间的整定接口。

同步操作的特点是断路器两侧都有电源，当两侧电源相互独立时，同步操作属差频同步性质，在两侧频差及压差满足整定值时，捕捉相位差为零的时机完成同步操作。当两侧电源属于同一电网时，即该断路器是环网的开环点，此时的同步操作属同频同步性质，在两侧压差及功角满足整定值时即可发出合闸命令完成同步操作。作为同步三要素的压差、相差、频差，整定值一般比较固定。同频并网时，系统进行潮流的重新分配，产生合环电流，而同频合闸允许的功角差与电网状况有关，需要调度部门进行计算后明确，故不同区域的合闸允许的功角差是不同的。同步合闸提前时间则与断路器固有合闸时间及同步出口继电器的动作时间有关，准确数值需要现场测试后确定。因此，要求同步装置能提供上述参数现场整定手段。作为微机同步装置，参数整定功能是非常容易实现的。

对于 3/2 断路器接线、4/3 断路器接线及角形接线，当进、出线设有隔离开关时，按近区优先原则实现同步电压的自动切换。即一旦变压器进线或线路出线退出检修，相应电压互感器随之退出，则断路器同步电压需取下一进（出）线或母线电压互感器作为同步电压。所谓"近区优先"原则，是指同步电压优先选取与被同步断路器最近的电压互感器，该电压互感器退出时，再从下一个最近的电压互感器选取。

同步电压的切换根据断路器、隔离开关的位置触点采用软件逻辑实现自动切换功能，可以通过测控单元完成，也可以通过专设的自动切换装置实现。

（五）防误操作闭锁

高压配电装置的防误操作闭锁可通过有电气闭锁、电力网络计算机监控系统配套防误操作工作站、配置独立于 NCS 的专用微机防误操作系统等实现。发电厂电力网络部分的断路器、隔离开关及接地开关的防误操作要求，一般由微机"五防"装置实现。但当设置 NCS 后，防误操作闭锁功能一般由 NCS 统筹考虑，这样不仅可以避免硬件重复设置，降低工程费用，实现数据共享，而且可简化系统设计，保证监控系统的整体功能实现。

1. NCS 需具备常规电气"五防"功能

（1）防止误入带电间隔。对户内配电装置，需设置网门闭锁。

（2）防止误合断路器。对断路器的闭锁采用强制闭锁方式，由闭锁继电器断开断路器控制开关的电源回路，只有当闭锁继电器吸合后才能操作断路器，达到防止误合断路器的目的。

（3）防止带负荷拉（合）隔离开关。隔离开关为远方及就地电动操作，接地开关为就地手动操作。隔离开关远方操作时，由专家防误操作系统进行强制闭锁。隔离开关与接地开关就地操作时，由安装在隔离开关机构箱上的机械编码锁实现强制闭锁，只有使用电脑钥匙开启编码锁后，方能进行隔离开关及接地开关的拉（合）操作。

（4）防止带地线（接地开关）合隔离开关。合隔离开关时，必须检测所有接地开关在分闸位置，才能操作。

（5）防止带电挂接地线（合接地开关）。合接地开关时，必须检测需接地的母线上所有隔离开关在分闸位置，并且检测出母线无电压。

无论设备处在站控层或间隔层操作，NCS 都应能实现断路器、隔离开关及接地开关完善的防误操作闭锁。对不满足闭锁条件的控制操作，需在屏幕上显示拒绝执行的原因。在特殊情况下应能实现一定权限的解除闭锁功能，即主机失效情况下，运行人员在确认安全前提条件下，可以采用该措施进行强制操作。

采用计算机监控系统时，电气设备的远方和就地操作需具备完善的电气闭锁功能，或具备间隔内的电气闭锁加覆盖全站的可实现遥控闭锁的微机防误操作功能。

采用计算机监控系统时，电气设备的防误操作闭锁可采用两种方式：方式一，完善的电气闭锁功能；方式二，间隔内的电气闭锁加覆盖全站的可实现遥控闭锁的微机防误操作功能。采用上述两种方式的原因是：防误操作功能除防止误分、误合断路器（现阶段因技术原因可采取提示性措施）外，其余"四防"功能必须采取强制性防止电气误操作措施。强制性闭锁是指在设备的电动操作控制回路中串联以闭锁回路控制的触点或锁具，在设备的手动操控部件上加装受闭锁回路控制的锁具，同时尽可能按技术条件的要求防止走空程序操作。方式一的电气闭锁本身就属于强制性闭锁。计算机监控系统实现的防误操作为方式二，由 NCS 实现覆盖全站的、逻辑完整的远方和就地操作的防误操作闭锁，同时需增加间隔内的电气闭锁作为强制性闭锁措施及就地检修操作时的最后一道关口以保证最基本的人身安全。

NCS 实现对受控站电气设备位置信号的实时采集，实现监控主机与现场设备状态的一致性。当这些功能故障时，需发出告警信息。NCS 具有操作监护功能，以允许监护人员在操作员工作站上对操作实施监护。当进行远动装置（RTU）校验、保护校验、断路器检修等工作时，NCS 能利用"检修挂牌"禁止计算机监控系统对此断路器进行遥控操作。运行人员在设备现场挂、拆接地线时，需在一次系统接线图上对应设置、拆除模拟接地线，以保持两者状态一致，接地线挂、拆操作需纳入防误操作闭锁判断软件。所有设置、拆除模拟接地线，均需通过口令校验后执行。

高压配电装置采用 GIS 时，防误闭锁由 GIS 配套的电气闭锁实现。经济技术合理时，NCS 可同时配置防误闭锁软件实现 NCS 操作下的逻辑闭锁。

2. 电气"五防"的技术要求

（1）闭锁要求。

1）采用强制闭锁方式，锁具及软件均能实现"五防"功能。

2）所有闭锁均有防止走空程序功能。

3）隔离开关需满足三相同时操作及单相操作的闭锁要求。

（2）防误系统专用软件。

1）专家防误操作系统。计算机软件程序中，编入必要的典型操作程序供选用。工程软件程序在现场信号发生变化时，系统能对整个操作过程进行分析咨询；当接到调度指令后，可根据调度指令的内容，在计算机上通过人机对话方式，进行预操作。典型操作首先打印出标准的一、二次操作票，依据操作票进行屏幕模拟操作；每次操作的隔离开关状态的保存以电脑钥匙现场操作完毕后的回传为准；非典型操作必须符合操作规程。

2）查看操作票。以表格形式显示最近一次在计算机上操作正确的隔离开关名称、操作性质及设备编号。

3）发送操作票。将符合操作程序的一次设备编号输送到电脑钥匙。

4）控制开锁钥匙。当操作票发送到电脑钥匙后，用户只能按照电脑钥匙中记忆的操作顺序用电脑钥匙逐个打开现场的编码锁。

（六）远动功能

目前远动配置方案有两种：一是与 NCS 统一考虑，NCS 设置远动通信设备，远动信息与 NCS 监控系统实现数据共享；二是单独设置远动装置，远动装置的数据独立采集。从技术上来说，两种方案都是成熟可行的，与 NCS 统一考虑的方式最大程度实现了数据共享，较单独设置远动装置更为经济合理。但独立远动装置方式对调度部门来说，运行管理的软硬件分界比较明确，是部分地区调度倾向采用独立远动装置的主要原因。另一方面，对要求配置自动电压控制（AVC）设备的电厂，采用集 RTU、AGC、AVC 于一体的远动装置在配置和运行管理上均有优势。NCS 具有远动功能时，需符合 DL/T 5002《地区电网调度自动化设计技术规程》和 DL/T 5003《电力系统调度自动化设计技术规程》的有关规定。

远动信息的采集一般由 NCS 间隔层设备完成。远动信息需满足系统调度端信息采集内容、采集精度、实时性、可靠性、传送方式、通信规约及接口等要求。

远动通信设备按调度系统可靠性的要求分别以主、备两个通道与调度端进行通信，因此 NCS 的远动接口设备一般需考虑冗余配置，以便与远动通道设备接口。

（七）统计计算功能

NCS 统计计算包括下列内容：

（1）根据所采样的电压及电流值计算有功功率、无功功率及功率因数。

（2）按运行要求，对电流、电压、频率、功率及温度等量进行统计分析。

（3）对电能量分时段和分方向进行累计，与相应模拟量平均值进行校核，并计算厂内高压母线上的穿越功率潮流量及旁路回路的相关电量。当有关口表时，电能量信息从电能计费装置采集。随着电网商业化运营的需要和厂、网分开管理模式的实施，电厂关口计费点流进和流出功率的计费不同，因此，为保护电厂的合法经济利益，对于穿越本厂高压母线的有功功率和无功功率潮流及其电能数据量，网控计算机系统能实现分段计算。为避免硬件设备的重复设置，关口点的电能量信息从电能计费装置中采集。由于电能计费装置无法测算厂内母线的穿越潮流电量及累加各种工况下的旁路电量，因此其电能量的信息也可以直接从关口表或 TA、TV 取得。

（4）统计母线电压、母线电压不平衡率和合格率。

（5）对监控范围内的断路器正常操作及事故跳闸次数、分接头调节挡位及次数、设备的投退、通道异常、主要设备的运行时间及各种操作进行自动记录和统计。

（6）对变压器的负荷率、损耗及经济运行进行计算分析。根据发电厂各台主变压器的实际运行情况，对变压器的损耗和经济运行进行分析，以实时调整各台变压器的运行容量，减少变压器损耗，提高电厂的经济效益。

（7）计算全厂发电总有功功率、用电量、厂用总有功功率和全厂厂用电率。

（八）卫星同步对时功能

为了让电厂的时间统一，误差最小，一般全厂采用统一的卫星同步时钟对时系统。因此在满足 NCS 及配电装置继电保护等智能装置的对时要求前提下，卫星同步时钟对时系统的设置可与机组 DCS 统筹考虑，全厂配置统一的时间同步装置。

NCS 设备需设置卫星同步对时接口，以接收卫星同步时钟对时系统的标准授时信号，NCS 的站控层对时精度要求不高，但需要年、月、日、时、分、秒及其他用户指定的特殊内容，例如接收同步卫星数、告警信号等，故可采用 RS-232 串口对时或网络对时方式，网络对时采用网络时间协议（network time protocol，NTP）或简单网络时间协议（simple network time protocol，SNTP）。但需注意的是串口校时往往受距离限制，加长后会造成时间延时，所以一般 NCS 主机与对时装置需布置在一个继电器室内，因条件限制无法布置在一起时，传输介质需采用光纤以提高对时准确性。当电厂内机组继电器室和网络继电器室采用分散布置时，需考虑设置从时钟，即时钟扩展装置。主时钟的布置位置可根据卫星天线的安装方便与否设在机组继电器室或网络继电器室，与从时钟间采用光纤连接以减少因电缆延长引起的时间误差。

间隔层智能测控单元一般采用 IRIG-B，也可采用网络对时或秒脉冲对时方式。但由于对时精度要求不高且无时间报文要求，也可以采用来自站控层的网络对时或脉冲硬对时。

对卫星同步时钟对时系统的具体要求如下：

（1）主时钟需采用双机冗余配置。

（2）主时钟一般按主备方式配置，每台主时钟需设置 1 路无线授时基准信号接口，其中需至少有 1 路取自北斗卫星导航系统。调度有要求时，每台主时钟还需设置 1 路接收上一级时间同步系统有线时间的基准信号接口。从时钟需设置两路有线授时基准信号，分别取自 2 台主时钟。

（3）卫星同步时钟对时系统设备一般由接收机和守时钟组成，以避免卫星失锁和时钟跳变造成的时间误差。卫星同步时钟对时系统时钟组成一般包括天线、卫星同步时钟对时系统接收器、守时钟等部件。有些制造厂生产的卫星同步时钟对时系统时钟不配设守时钟，而是直接利用卫星同步时钟对时系统接收器输出的时间信号校时，这实际上存在以下问题：

1）卫星同步时钟对时系统接收器输出的时间信号短期稳定性差。从长时间来看，卫星同步时钟对时系统接收器输出的时间平均偏差趋近于零，长期稳定性好，但从每一个秒脉冲的精度来看，就可能有很大的偏差，因此卫星同步时钟对时系统接收器给出的时间精度指标是一个概率指标。根据试验，有些秒脉冲的偏差可达 300ns 以上，因而直接利用卫星同步时钟对时系统接收器输出的时间信号很难保证应用中所要求的连续时间精度。

2）卫星同步时钟对时系统接收器可能出现卫星失锁。尽管卫星失锁的可能性较小，但由于卫星信号频率在 1200MHz 以上，极易被屏蔽（如鸟在天线上停留），仍可导致卫星部分或全部失锁。

3）卫星同步时钟对时系统接收器可能出现卫星跳变。卫星试验可引起时钟跳变，在这种情况下直接使用卫星同步时钟对时系统接收器输出的时间信号，必然会引起较大的时间误差。守时钟却能克服上述问题，对于短期稳定性差的问题，需在守时钟设计时通过数字和硬件方法消除偏差超过限定范围的秒脉冲；对于卫星失锁和卫星跳变引起的时间误差，可以通过数值的方法解决。

（4）授时方式需灵活方便，采用硬对时、软对时或软硬对时组合方式。可采用串行通信，站控主机每隔一定时间接受一次卫星时间以修正本系统时间。当时间精度要求较高时，可采用串行通信和秒脉冲输出加硬件授时。在卫星时钟故障情况下，需由站控主机的时钟维持系统的正常运行。

卫星同步时钟对时系统时钟输出一般有秒脉冲、分脉冲、时脉冲等电平脉冲信号和串行数据信号两种，授时方式可根据应用场合的需要选用。对于时间精度要求在毫秒级以下的，目前普遍采用串行通信方式，由主机每隔一定时间读取一次卫星时间修正自己的时间；对于时间精度要求在毫秒级以上的场合，可采用串行通信方式和脉冲输出加硬件授时方式。

（5）同步对时设备采用一钟多个授时口的方式，以满足计算机系统或智能设备的对时要求。当技术经济合理时，卫星时钟也可采用就地分散配置。

（6）卫星同步时钟对时系统卫星天线需置于户外，天线馈线长度一般不超过 30m。在实际工程中 30m 的长度一般都不能满足设计要求，当接收器与守时钟采用分离结构时，接收器与守时钟之间的距离需有一定长度，以满足电力工程的实际需要。但当接收器与守时钟之间的距离超过制造厂的允许值时，秒脉冲到达守时钟的时间会产生延迟，对微秒级时间会产生影响，所以电缆的长度尚需考虑时间补偿。

（九）专家系统运行管理功能

NCS 根据运行要求，一般在主机上实现以下各种运行管理功能：

（1）运行操作指导。对典型的设备异常/事故提出指导意见，编制设备运行技术统计表，并推出相应的操作指导画面。

（2）事故记录检索。对突发事件所产生的大量报警信号进行分类检索和相关分析。

（3）在线设备管理。对主要一次设备、二次设备的运行记录和历史记录数据进行分析，提出设备安全运行报告和检修计划。

（4）开列操作票。根据运行要求开列操作票。

（5）运行人员培训。根据电气一次系统及二次系统的接线、运行及维护等方面的实际模拟画面，对运行人员进行离线操作培训。

（6）维护功能。对屏幕画面、打印制表和数据库的修改、扩充等实现维护功能。

计算机的运行管理功能即为高级应用功能。虽然计算机控制技术日趋成熟，但专家系统却是人们近年来逐步认识到的一个新概念，它运用特定领域的专门知识和人工智能中的推理技术来模拟和求解通常要由人类专家才能解决的各种复杂、具体问题，并不受时间等其他因素的限制。因此，网控计算机系统的高级应用功能是基于继电保护等方面的基本应用理论、运行规则以及设备或系统的实时运行状况等大量信息进行综合分析判断，实现运行操作指导、事故记录检索、在线设备管理及运行人员培训等功能。

（十）制表打印功能

NCS 具有的具体功能如下：

（1）能根据运行人员要求定时打印报表，报表可按时、值、周、月、年等不同的时间段打印。

（2）能召唤打印月内任一天的值班表、日报表和年内任一月报表。召唤打印可根据运行要求随机下达打印指令。

（3）能自动打印预告信号报警记录、测量值越限记录、数字量变位记录、事件顺序记录、事故指导提示和事故追忆记录。自动打印主要随事故启动，打印故障或异常信息。

（4）可组织运行日志和各类生产报表、事件报表及操作报表的打印。

（十一）人机界面功能

NCS 需具有友好的人机联系手段，实现对发电厂网络生产设备的控制和参数修改等工作。能根据运行要求对各种参数、日期和时钟进行设置，并按一定权限对继电保护整定值、模拟量限值及数字量状态进行修改。

继电保护装置在系统运行中处于特别重要的地位，因此保护定值的整定或修改以及保护装置的投退一直严格执行操作票制度，由人工操作实现。随着数字式继电保护装置的广泛采用，以及保护信息与站内计算机监控系统通信方式的实现，因而在网控计算机系统中可统筹考虑该部分功能，为实现运行软操作提供基本前提条件，为确保安全必须设置权限等级。

NCS 能根据运行要求对各测点、I/O 模件、打印机等监控设备、各种工作方式和功能进行投退选择，以及继电保护信号远方复归和具有权限等级的继电保护装置的投退。

人机接口设备包括彩色屏幕显示器、功能键盘、汉字打印机，可实现以下功能：

（1）调出画面、一览表、测点索引。

（2）修改模拟量定值。

（3）对可控设备发出控制命令。

（4）设置日期和时钟。

（5）投退测点。

（6）投退智能 I/O 模件、打印机等监控设备。

（7）设置各种参数。

（8）显示、在线编辑和打印操作票。

（9）确认报警和清闪画面。

（十二）在线自诊断与冗余管理功能

NCS 能在线诊断监控系统中各设备的故障和软件运行情况，在线诊断出设备故障时自动进行冗余切换并告警。当计算机系统及各单元发生故障或错误时，自诊断程序能正确地判断出故障内容，能对外部设备和计算机硬件进行检测，指出故障插件，使之退出在线运行，以便迅速更换。

NCS 需具备完善的在线自诊断能力，及时发现各设备、网络或装置的故障，向系统报警并提供就地故障指示。

在线自诊断能力要求 NCS 能周期地向自身各个部件、元件发出预定的测试信号，收集、检测和定位这些部件和元件的输出信号或输出结果的过程。如存在故障，则能提示故障原因及处理意见。

NCS 需具有自恢复功能，当系统出现程序锁死或失控时，能在保留历史数据的前提下自动热启动，使系统恢复到正常运行状态。

NCS 需具有自恢复功能，即当计算机系统出现故障后，能使系统恢复运行。

当 NCS 互为冗余热备用的系统主机或前置机出现硬件或软件故障时，需进行主备机的自动无扰动切换并报警。当 NCS 供电电源故障时，系统能顺序地停止工作，在电源恢复时再自动地重新启动。

（十三）视频监视功能

NCS 可配置视频监视系统，实现对电力网络一次设备运行和操作的监视。视频监视系统可通过与 NCS 的通信接口联锁实现电气设备操作的实时视频跟踪及事故报警画面切换功能。主要功能如下：

（1）与防误操作系统进行联动。防误操作系统进行模拟和操作过程中，能够对相应设备进行自动实时视频跟踪，及时发现模拟和操作过程中的异常情况，提高操作的安全性和可靠性。

（2）事故报警视频联动。电力网络发生事故时，视频监视系统接收 NCS 联动信号将画面切至事故设备处，能在第一时间获取现场的实际情况，为后续的事故判断、事故处理、事故分析提供信息，保证事故处理顺利进行。

（3）与火灾报警联动。接收火灾报警联动信号后，自动将画面切至报警区域，便于尽快对火灾事故进行确认和处理。

（4）与门禁系统联动。能准确预防意外或破坏盗窃等活动，从而最大限度地保证电力设备的安全。

此外，视频监视系统还可方便地对设备进行全天候巡检，减少人工巡视的工作量，从而降低员工工作强度，提高工作效率。

视频监视范围包括电力网络部分配电装置及网络继电器室，主变压器和启动/备用变压器与进线构架间引线必要时也可纳入。视频监视系统由视频工作站、视频服务器、摄像机及相关网络设备组成。视频工作站与视频服务器间采用以太网连接。

视频工作站主要实现监视、控制、报警、图像存储和回放等功能，可单独设置，也可与操作员工作站共用。视频服务器负责将视频信号转换成数字信号后上送至视频工作站。摄像机的型式、数量及布置地点与电气主接线和配电装置的布置型式有关，需按可覆盖所有电气设备的原则进行布点满足运行监视的需要。

NCS 视频监视系统一般单独组网，并需留有接入全厂工业电视系统的数字接口，也可与全厂工业电视系统统一规划。

七、NCS 的接口

SIS 是发电厂最高一级实时监控系统，包括 NCS、DCS、ECMS、辅网控制系统在内的各计算机控制系统均需接入 SIS。NCS 与 SIS 间也为单向通信，可将电厂高压配电装置的所有电气设备实时信息送入 SIS。NCS 与 MIS 间也为单向通信，主要传输电厂设备管理有关的信息。NCS 与 SIS 及 MIS 间的通信均通过在站控层以太网设置专用通信接口装置实现。NCS 一般设有机组测控装置采集所需机组信息，DCS 所需网络部分信息也已自行采集，因此一般 NCS 与 DCS 间无需通信连接，但也有电厂用户要求 NCS 与 DCS 进行连接以满足特殊数据交换功能。

不同厂家设备接至 NCS 必须经通信接口设备进行协议转换。通常 UPS、直流均采用 RS-485 接口经 NCS 接口设备进行协议转换后接至 NCS 以太网，其他设备根据其提供的通信接口形式可采用 RS-485 或以太网接口接入 NCS。

目前远动系统与调度的通信同时采用专线拨号与电力数据网方式。电力数据网接入设备除连接远动装置外，还同时连接电能计费系统、故障录波信息子站、安全自动装置、PMU 等系统二次专用设备。

为了保证发电厂网络部分运行的可靠性，220kV 及以上的线路、母线的继电保护和安全自动装置需采用专门的独立装置。

1. NCS 与继电保护和安全自动装置的接口

（1）NCS 需设有与数字式继电保护装置的通信接口，向继电保护装置发送信息，并接受继电保护装置的报警和动作信号。

（2）由于继电保护装置在电力系统中具有特别重要的地位，因此需单独设置而不由计算机监控系统统筹考虑。继电保护信息的上网方式多种多样，各类数字式继电保护装置一般以网络通信的方式与 NCS 连接，也可按区域设置保护管理机将微机保护装置的通信口接入，并与间隔层网络或站控层网络总线连接以实现数字通信。但也可以采用硬触点的方式直接由 I/O 单元采集，在工程应用中可灵活掌握。

（3）当继电保护装置分散布置，且其软硬件配置方式与间隔层控制采用一体化设备一致时，继电保护装置可与间隔层网络总线直接连接。继电保护装置与间隔层控制采用一体化设备不仅指硬件配置相同，而且软件应用平台、通信协议、介质控制方式也基本一致，故可与间隔层网络直接连接。

（4）NCS 需设有与下列安全自动装置的接口：

1）故障录波装置。

2）安全自动装置。

3）智能型电能表及电能计量系统。

4）远动终端（RTU）。

5）网络直流系统。

6）网络 UPS 系统。

7）其他智能装置。

（5）故障录波装置一般单独组成故障录波网，并与 NCS 站控层设备连接，以拨号或电力数据网方式上送录波信息。故障录波传送的信息量较大，如通过监控通信网络传送将会造成通信通道拥挤，影响监控信息的上传下达，因此故障录波网建议单独设置，并与 NCS 站控层设备（如工程师工作站）相联，一方面可减少硬件配置，另一方面实现录波信息的上送和系统管理。

2. 远动信息传输方式

（1）NCS 可通过远动通信设备向各级调度中心发送遥测、遥信信息，接受遥控、遥调命令及召唤请求，实现调度自动化。传统的厂站端大多集中设置一套或两套远动终端 RTU 对遥信、遥测量进行采集、加工和处理后上送调度端，同时接受调度端命令，执行遥调、遥控等功能，完成远动信息的传送。

在 NCS 中，一般设置专用的远动通信设备，它可以是站控层网络上的一个节点，也可以是操作控制主机的组成部分之一，可以完成传统 RTU 的所有功能。在站内，远动接口设备与其他节点按照站内通信规约通信；在站外，远动接口设备与系统调度端按照外部规约进行通信。因此，远动接口设备起了承上启下的作用，是一个模拟的网络型 RTU，系统调度端完全感觉不到远动接口设备与传统 RTU 之间的区别。同时，数据采集工作由间隔层设备完成后，远动接口设备通过站内网络可以很方便地收集到远动信息。因此，远动接口设备的可靠性和实时性完全可以由 NCS 来保证。

（2）远动信息需满足系统调度端信息采集内容、采集精度、实时性、可靠性、传递方式、通信规约及接口等要求。远动信息的采集一般由 NCS 间隔层设备完成。

（3）远动通信设备需分别以主、备两个通道与调度端进行通信，保证调度系统可靠性的基本要求。

3. 电能计费信息传输方式

（1）电能管理接口设备一般与站控层网络连接，实现数据和资源共享。NCS 能实现电能分时段和方向累计、计费等管理功能。

电能管理功能主要是指对发电机输出和高压线路送出的有功、无功电能进行采集、分时及分方向统计记录并传输，实现能量的计算和计费，在电厂实现竞价上网后还可用于负荷控制。在 NCS 中设置单独的电能管理接口设备，在经济上增加的费用很少，但技术上却有相当的优势，一方面可以提高站控操作控制主机的可靠性，另一方面又可方便地与远端连接，保证远传电能数据的可靠性。

电能管理接口设备与站控层网络连接可以最大限度地实现数据和资源共享。

（2）电能管理接口设备需实现站内电能量分时段和分方向累计、计费等管理功能。站内电能是指除关口计费点以外的其他电能计量点，用以实现对电能的消耗、平均值、最大需量值的测量、记录以及经济指标的测算。

随着电网的不断发展及运行管理方式的商业化运营需要，以及厂、网分开管理模式的实施，电网电能计费及监控要求日益显示出其重要性，厂站端电能（包括站内电能及网络部分电能）信息进行采集处理后传送至供用电部门已显得非常必要。

八、NCS 的其他要求

（一）场地与环境要求

1. 工作环境

（1）机组电子设备间（继电器室）室内温度夏季一般保持在 $26℃±1℃$，冬季一般保持在 $20℃±1℃$，温度变化率不能超过 $±5℃/h$，室内相对湿度一般保持在 $50\%±10\%$。

（2）电子设备间（继电器室）及就地网络继电器室地面一般选用水磨石地面，也可采用防静电阻燃材料活动地板，需有良好的防尘、防潮措施。

（3）布置在就地的网络继电器室温度变化范围可为 $15～30℃$，温度变化率不能超过 $±10℃/h$，相对湿度 $30\%～80\%$，任何情况下应无凝露。

2. 电磁环境

（1）计算机室需避开强电磁场、强振动源和强噪声源的干扰，保证设备的安全可靠运行。为减弱电磁场对计算机控制系统的干扰，首先需削弱干扰源，在可能的条件下使计算机设备远离干扰源，使辐射或传导到计算机系统的干扰信号衰减到不足为害的程度。

（2）对布置在就地的继电器室，需根据房间周围的电磁环境条件和设备的抗扰性能考虑必要的电磁屏蔽措施。

由于超高压技术和计算机技术在发电厂的广泛采用，电磁兼容问题已引起普遍的关注和研究。电磁兼容的基本定义为：电气和电子设备或系统在它们所处的电磁环境中，能不因干扰而降低其工作性能，它们自身发射的电磁能量也不足以恶化环境和影响其他设备或系统的正常工作，彼此之间互不干扰，在共同的

电磁环境下，完成各自功能的共存状态。现有的国产敏感电子设备的抗扰性尚难断言能直接运行于就地而不设防，因此，对布置于就地的继电器室必须考虑一定的屏蔽措施，特别是门、窗及墙体接缝部分的处理，这是因为实际屏蔽结构难免存在屏蔽不完善部位，而整体屏蔽效能受制于屏蔽最薄弱的环节。

（3）影响高压配电装置电磁干扰的因素主要为：①正常运行的一次设备产生的工频电、磁场；②雷电冲击高压线路产生的过电压；③一次系统的短路电流；④断路器和隔离开关操作引起的暂态过程；⑤二次回路开关操作及电磁继电器动作产生的暂态干扰电压；⑥运行人员采用的无线电通信设备干扰；⑦电晕放电、火花放电以及局部电火花等产生的电磁辐射；⑧静电放电。

电磁干扰途径可分为电场耦合、磁场耦合和电磁场辐射。保护小室的屏蔽作用是针对空间辐射的暂态电磁场骚扰。试验表明：空间传播的骚扰在二次设备的耦合效率较低（其频率主要集中在小于 10MHz），不足以影响设备的安全运行。此外国产二次设备的抗扰度性能不断提高，绝大部分已经具备了在升压站环境中安全工作的能力。

（4）具体工程需根据布置地点（距开关场高压设备的远近）及二次设备的要求确定合适的屏蔽方案，网络继电器室目前应用较多的屏蔽方式如下：

1）双层复合压型钢板结构（板间连接增加金属衬垫电气连接点，增加屏蔽效能）。

2）钢筋混凝土结构，内衬金属网。

3）砖混结构，内衬金属网。

4）钢筋混凝土结构，不另设屏蔽措施。

5）可用 $40mm×4mm$ 的扁钢在小间屋面和四周焊接成 $2m×2m$ 的方格网，并和周边接地网相连（门窗沿周边敷设扁钢而后接地）。

前三种是目前应用较多的屏蔽方式，屏蔽效能均能达到 $20～40dB$，双层复合压型钢板结构的屏蔽效果最好。对于钢筋混凝土结构，是基于钢筋混凝土具有一定的自然屏蔽作用考虑的，其屏蔽效能的大小取决于建筑物用钢筋量的多少和钢筋的网格尺寸，网格尺寸越小则屏蔽效果越好，因此在屏蔽要求不高的场合可以采用第 4）种方式。方式 5）为 DL/T 5136《火力发电厂、变电站二次接线设计技术规程》推荐方式。

屏蔽材料需选用高导电性的材料，常用的有铜板、铜网、铝板、铝网、钢板及钢丝网等。抑制低频磁场（100kHz 及以下）时，屏蔽体需优先选用钢板或钢丝网等磁导率高的材料。对于高频的电磁场，屏蔽通常选用高导电率的铜或铝。

（5）网络继电器室的特殊部位采用的屏蔽处理措施如下：

1）门：屏蔽要求较高时，采用成套电磁屏蔽门，

保证门扇、门框与屏蔽系统连接。其他情况可采用普通铁皮门甚至普通门。

2）窗：屏蔽要求较高时，采用电磁屏蔽玻璃窗。电磁屏蔽玻璃由玻璃、树脂和不锈钢金属丝网经特殊工艺制成，导电玻璃边沿伸出的金属丝网与墙体屏蔽网连接，对电磁波有很好的屏蔽作用。其他情况可采用在窗的一侧设不锈钢丝网或铜丝网，并使铜丝网或钢丝网四周边框与墙体屏蔽系统有效连接。

3）孔洞：在孔洞里安装金属网或穿孔金属板。对于通风孔，当对通风量的要求高时，必须使用截止波导通风板（蜂窝板），否则不能兼顾屏蔽和通风量的要求。如果对屏蔽要求不高，并且环境条件较好，可以使用铝箔制成的蜂窝板。如果对屏蔽的要求高，或环境恶劣，则要使用铜制或钢制蜂窝板。上述屏蔽构件四周需与墙体屏蔽系统有效连接。

4）管道：为防止雷电波及其他电磁波的侵入引入建筑物室内的管线，如电缆管、穿墙套管、暖通管道、消防管等，需与接地装置焊接在一起。

（6）钢筋混凝土或砖混结构屏蔽网的布置有室外、室内两种。屏蔽网布置在室内，是指屏蔽网先敷在室内的墙、楼地面和天花板上，然后再做抹灰或面层覆盖，适合于单个房间独立设置屏蔽网。屏蔽网布置在室外，是指沿整栋建筑的外表面（外墙、屋面）和地面敷设屏蔽网，然后做面层，从而把整栋建筑物做成屏蔽体。当一栋建筑里的大部分房间需要屏蔽，且建筑内部的房间没有干扰源、内部设备房之间不会互相干扰时，屏蔽网布置在室外更合适，可以节省屏蔽网材料。但屏蔽网布置在室外时，对外墙的装饰选材有一定的局限，如屏蔽钢丝大小或间距选取不当，容易影响外墙砖与砂浆的黏结性，引起脱落，最好选用如压型钢板、铝塑板、石材等挂板类材料。

（7）网络继电器室的建筑屏蔽措施能起到防止或减弱直接进入设备的辐射耦合的作用，但试验说明：脉冲电场的直接辐射对二次设备的影响很小，而脉冲电场在较大尺寸的受试设备（包括电源线等其他外连电缆）上会产生耦合作用，并会通过电源线信号线进入设备，形成传导骚扰。因此，各种电缆耦合的传导骚扰需考虑适当的措施抑制，设计时需注意以下几点：

1）直流电源设备尽量按保护小室配置。如采用直流分屏，需在分屏电源电缆进入网络继电器室前设置有源滤波器。

2）500kV 电压等级及以上高压配电装置内二次控制及信号电缆采用双层屏蔽电缆，外屏蔽层两点接地，内屏蔽层一点接地。

3）网络继电器室与室外电缆沟间采取以下屏蔽措施：网络继电器室与外部电缆沟相接处断面设置钢板屏蔽，钢板四周与继电器室墙体屏蔽系统有效连接。

所有电缆穿过预埋钢管至室外电缆沟，预埋钢管根据电缆沟断面尺寸按矩形均匀排列，直径可按 $\phi100mm$ 选择，长度不小于钢管直径的 10 倍。相邻钢管间均焊接成为一个整体。钢管穿过钢板屏蔽层时，每根钢管需与钢板屏蔽层满焊。

4）网络继电器室与单元控制室（主控室）间通信电缆采用光缆。

（8）当网络继电器室布置在配电装置内时，可考虑采用以下屏蔽措施。

1）750kV 及以上电压等级配电装置网络继电器室一般采用六面体金属板屏蔽。

2）500kV 配电装置网络继电器室一般采用金属网屏蔽。

3）220kV 配电装置网络继电器室根据布置地点的电磁环境可采用金属网屏蔽，也可由建筑物本身钢筋结构实现自然屏蔽。

4）110kV 配电装置网络继电器室一般采用建筑物本身钢筋结构的自然屏蔽，电磁环境较好时可不考虑屏蔽措施。

此外，当高压配电装置采用 GIS 时，由于 GIS 的金属封闭外壳具有较好的电磁屏蔽作用，很大程度上降低了对网络继电器室的电磁屏蔽要求，故网络继电器室可降低电磁屏蔽要求或不采用电磁屏蔽措施。

（二）电源要求

NCS 的电源需安全可靠，站控层需采用交流不停电电源（UPS）。对系统主机、操作员工作站等，其冗余配置的设备需由 2 路 UPS 分别供电。对于间隔层测控装置，一般为直流供电，为提高供电可靠性可采用双路电源供电方式。

站控层设备（如操作员工作站、工程师工作站、打印机、时间同步装置等）需接交流电源，因此需采用交流不间断电源系统供电，以保证 NCS 的可靠运行。交流不间断电源的主要性能指标需在设计中予以考虑，一般 UPS 装置在交流输入电压变化-20%～+15%、频率变化±5%或直流输入在蓄电池电压最大变化情况下的输出需满足以下要求：

（1）电压稳定度稳态时不超过±1%，动态时不超过±5%。

（2）频率稳定度稳态时不超过±1%，动态时不超过±2%。

（3）输出电压波形失真度：≤5%（非线性负荷）。

（4）输出额定功率因数：0.8（滞后）。

（5）输出电流峰值系数：≥3。

（6）旁路切换时间：≤5ms。

网络继电器室的交流不间断电源一般与网络直流系统合并考虑，采用直流和交流一体化不间断电源设备供电，也可独立设置交流不间断电源装置供电。电力网络 UPS 冗余配置可以是 2 台 50%容量 UPS 并联或设置备用模块。

NCS 与机组 DCS 同室布置时，其站控层设备的供电可根据工程情况由独立设置的 UPS 或机组 UPS 供电。

（三）接地要求

（1）NCS 设备的保护接地、工作接地（也称逻辑接地）不能混接，工作接地需实现一点接地。

（2）NCS 不设计算机系统专用接地网，需设置总接地板构成零电位母线。总接地板一般与屏柜壳体绝缘，并以电缆或绝缘导体与主安全接地网可靠连接，以保证系统一点接地。与主安全接地网相连处需避开可能产生强电磁场的场所。

（3）就地二次设备之间或就地二次设备间与主控制室之间的计算机电子线路需要连接时，一般相距较远，难以实现共用同一接地系统，而且由于该线路传送的低电平信号又极易受到干扰，因此通常需考虑光隔离措施。

（4）所有屏柜柜体、打印机外设等设备的金属壳体需可靠接地。

第五节　微机防误操作系统

防止电气误操作是电力安全生产的重要任务。电气误操作是指电气值班人员或调度系统人员在执行操作命令和其他业务时，违反 GB 26860《电业安全工作规程》和现场作业的具体规定，不履行操作监护制度，看错或误碰触设备造成的违背操作指令原意的错误后果。主要表现有：误碰运行设备元件，误动保护触点，误停、投设备，误停、投保护或回路连接片，带负荷拉、合隔离开关，带接地线（接地开关）合断路器（隔离开关），人员误入带电间隔，误分、误合断路器，带电挂接地线（合接地开关），以及非同步并列等。

防止电气误操作（简称防误）装置是防止工作人员发生电气误操作事故的有效技术措施。防误装置的发展经历了机械式防误、电磁式防误、微机型防误的过程，其中微机型防误是采用计算机、测控及通信等技术，用于高压电气设备及其附属装置防止电气误操作的系统。

一、微机防误设置原则

1. 防误操作闭锁方式及优缺点

防误闭锁主要有机械闭锁、程序锁、电气闭锁和微机防误闭锁四种方式。这些闭锁方式在防误工作中发挥了积极作用，经过多年的使用和运行考验，各有优缺点。

（1）机械闭锁是在开关柜或户外隔离开关的操作部位之间用互相制约和联动的机械机构来达到先后动作的闭锁要求，如隔离开关的主刀和接地刀之间的机械闭锁。机械闭锁在操作过程中无需使用钥匙等辅助操作，可以实现随操作顺序正确地进行，自动地步步解锁。在发生误操作时，可以实现自动闭锁，阻止误操作的进行。机械闭锁可以实现正向和反向的闭锁要求，具有闭锁直观、不易损坏、检修工作量小、操作方便等优点。

然而机械闭锁只能在开关柜内部及户外 220kV 及以下隔离开关等的机械动作相关部位之间应用，其与电气元件动作间的联系用机械闭锁无法实现，如两柜之间或开关柜与柜外配电设备之间、户外隔离开关与断路器或其他隔离开关之间的闭锁要求却不能实现，因此对于开关柜及户外 220kV 及以下隔离开关，只能以机械闭锁为主，同时还需辅以其他闭锁方法，方能达到全部防误要求。

（2）程序锁（或称机械程序锁）是用钥匙随操作程序传递或置换而达到先后开锁操作的要求。其最大优点是钥匙传递不受距离的限制，应用范围较广。程序锁在操作过程中有钥匙的传递和钥匙数量变化的辅助动作，符合操作票中限定开锁条件操作顺序的要求，与操作票中规定的行走路线完全一致，所以较容易为操作人员所接受。程序锁在使用中所暴露的问题有：

1）某些程序锁功能简单，只能在较简单的接线方式下采用。由于不具备横向闭锁功能，在复杂的接线方式下不能采用。

2）具有较灵活闭锁方式的程序锁虽然能满足较复杂的接线，但在闭锁方案中必须设置母线倒排锁，使操作过程十分复杂。

3）在升压站中，隔离开关分合闸采用按钮控制电动机正反转，而程序锁对按钮无法进行程序控制。

4）程序锁需要众多的程序钥匙，由于存在安装不规范、生产工艺及材料差等问题，使锁具易被氧化锈蚀、发生卡涩，致使一定时间内失去闭锁功能。

5）倒闸操作中，分、合两个位置的精度无法保证。

6）程序锁使用时，必须从头开始，中间不能间断。

程序锁现已较少采用，仅在接线比较简单高压开关柜、电除尘等系统中使用。

（3）电气闭锁通过电磁线圈的电磁机构动作实现解锁操作。在防止误入带电间隔的闭锁环节中是不可缺少的。电气闭锁的优点是操作方便，没有辅助动作，但是在安装使用中存在以下几个突出问题：

1）电磁锁单独使用时，只有解锁功能，没有反向闭锁功能，需要和电气联锁电路配合使用才能具有正反向闭锁功能。

2）作为闭锁元件的电磁锁，其结构复杂，电磁线圈在户外易受潮霉坏，绝缘性能降低，会增加直流系统的故障率。

3）需要敷设电缆，增加额外施工量。

4）需要串入操动机构的辅助触点。根据运行经验，辅助触点容易产生接触不良而影响动作的可靠性。

5）在断路器的控制开关上，一般都缺少闭锁措施。

（4）微机防误闭锁。自20世纪90年代初，微机技术就进入了防误闭锁领域。微机防误闭锁采用计算机技术，用于高压开关设备防止电气误操作。经过多年的发展，微机防误闭锁装置已逐渐成熟，并已在电力系统中广泛使用。微机防误系统通过软件将现场大量的二次闭锁回路变为电脑中的防误闭锁规则库，实现防误闭锁的数字化，并可以实现以往不能实现或者很难实现的防误功能。

微机防误系统通过对发电厂电气设备位置信号采集，实现防误闭锁装置主机与现场设备状态的一致性，在远方遥控操作或就地操作时实现"五防"强制闭锁功能。相对于其他防误操作形式，它功能全、操作简单、技术先进，可有效地防止误操作。

微机防误闭锁的优点：①在复杂的接线方式下具备横向闭锁功能，实现系统防误，整体闭锁；②与监控系统通信，实现信息共享和断路器、隔离开关的实时自动对位和断路器的遥控闭锁，防止后台机误遥控操作；③仿真模拟预演，如果操作程序错误，预演时强制闭锁并有语音提示；④能通过"五防"主机实现操作票的自动生成；⑤简化控制回路，减少电缆。

2. 微机防误操作系统配置原则

（1）新建、扩建电厂高压开关设备均需配置微机防误操作系统，并与主设备同时投运。

（2）对已投产尚未装设防误闭锁装置的发电厂，要制订切实可行的防范措施和整改计划，需尽快装设防误闭锁装置。

（3）一般防误操作系统与升压站计算机监控系统成套供应，便于共用采集信息，有时还共用模拟终端，便于防误主机与升压站计算机监控系统通信。

（4）防误系统应扩展方便，同一厂站不同建设阶段的防误操作系统软、硬件应一致，应按时升级维护。

（5）采用计算机监控系统时，远方、就地操作均应具备防止误操作闭锁功能。

（6）断路器或隔离开关电气闭锁回路不应设重动继电器类元器件，应直接用断路器或隔离开关的辅助触点。操作断路器或隔离开关时，应确保待操作断路器或隔离开关位置正确，并以现场实际状态为准。

（7）同一集控主站范围内应选用同一类型的微机防误系统，以保证集控主站和受控子站之间的"防误"信息能够互联互通、"防误"功能相互配合。

（8）微机防误闭锁装置电源应与继电保护及控制回路电源独立。微机防误装置主机应由不间断电源供电。

（9）成套高压开关柜、成套六氟化硫（SF_6）组合电器（GIS/PASS/HGIS）防误功能应齐全且性能良好，并与线路侧接地开关实行联锁。

（10）升压站配置微机防误操作系统，同时间隔内设置电气硬接线闭锁。

3. 微机防误操作系统工作原理

微机防误软件中预存了一次接线图和所有一次设备的操作规则，当运行人员在计算机上模拟预演操作时，计算机将对每一步操作进行判断，符合"防误操作"原则时则通过，若违反"防误操作"原则，则拒绝执行。预演结束后，计算机将正确的操作票内容通过防误操作系统主机传送到电脑钥匙中，运行人员便可持电脑钥匙到现场操作。

操作时，电脑钥匙按照预演正确的顺序显示当前操作项，运行人员依照电脑钥匙的提示将电脑钥匙插入相应设备的编码锁内，若设备与电脑钥匙提示的设备一致，则电脑钥匙开放其闭锁机构，允许进行断路器、电动隔离开关操作或打开机械编码锁进行倒闸操作；若设备与电脑钥匙提示的设备不一致，则电脑钥匙不允许解锁，并发出语音报警提醒操作人员，从而达到强制闭锁功能。操作完一项后，电脑钥匙将自动显示下一项操作内容。所有操作结束后电脑钥匙会提示将操作结果回传到电脑，从而使设备状态与现场的设备状态保持一致，达到与现场设备自动对位的目的。

微机综合防误操作系统程序流程如图3-27所示。

二、防误操作系统型式和结构

微机防误闭锁系统由站控层、通信层、锁具层三部分构成，包括防误主机、网络控制器、锁具及附件、通信接口等部分。整个系统既可以用有线传输，也可采用无线网络通信，或二者兼有。网络主站、电脑钥匙及锁具附件，将升压站开关设备、变压器、开关柜等电气设备防误闭锁组成一个实时、在线的网络系统。

发电厂一般不采用灯光模拟屏防误主机系统，主要采用计算机型防误主机。

（一）防误操作系统型式

1. 离线式防误操作系统

离线式防误操作系统中，防误主机与现场设备无电缆连接，断路器通过电编码锁闭锁，隔离开关、接地开关等其他设备采用电编码锁或机械编码锁闭锁，操作顺序由电脑钥匙传递，现场解锁，最后将操作结果回传到防误主机，从而使设备状态与现场的设备状态保持一致。离线式防误操作系统简单实用，大大简化了现场安装和维护工作量，发电厂升压站中运用广泛。离线式微机防误操作系统结构见图3-28。

2. 综合式防误操作系统

综合式防误操作系统，是在离线式防误系统的基础上引入遥控闭锁控制器及智能锁具，采用遥控闭锁继电器对监控操作电气回路实施硬触点强制闭锁。防误主机通过遥控闭锁控制器和电缆直接与现场智能锁具相连接，对其进行解锁/闭锁控制，整个过程无需电脑钥匙干预，其过程在防误主机上完整显示，自动依次解/闭锁。电脑钥匙用于手动操作设备的闭锁。系统

采用遥控闭锁控制器对监控操作实施硬触点强制闭锁，能解决当地监控系统或通信系统由于雷击或其他软、硬件故障、干扰造成的误操作，也可以防止运行人员操作失误。

综合式防误操作系统结构图如图 3-29 所示。

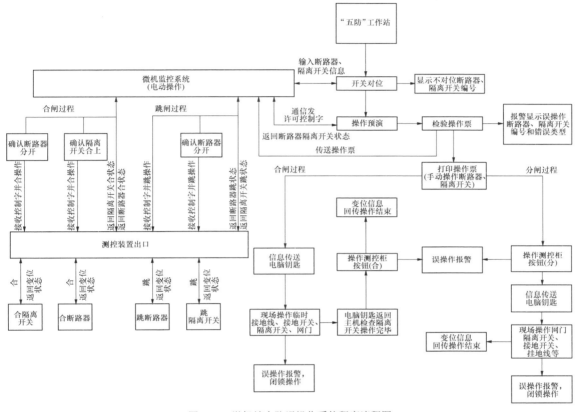

图 3-27 微机综合防误操作系统程序流程图

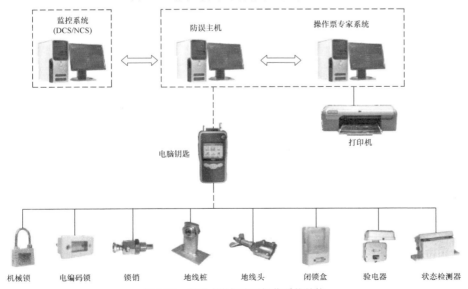

图 3-28 离线式微机防误操作系统结构

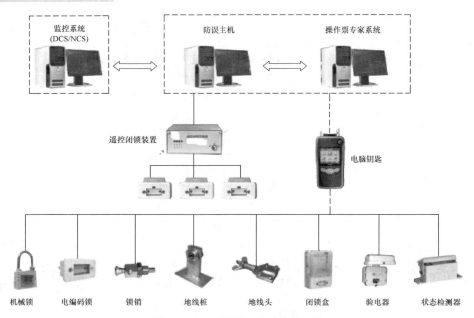

图 3-29 综合式防误操作系统结构图

3. 在线式防误操作系统

在线式防误操作系统引入了微功耗无线网络，可实现多任务并行操作、设备状态实时对位、防误逻辑实时判断、操作过程实时监控等功能。该系统现场智能锁具与防误主机之间，通过有线网络及网络控制器与防误主机实时在线，电脑钥匙与防误主机之间通过有线传输或无线联系实现电脑钥匙和防误主机的实时在线，操作过程结果可实时反馈主机，保证系统状态的实时刷新和操作过程的全程实时跟踪。

在线式防误操作系统支持有线和无线两种通信方式，两者既可单网运行，也可交叉运行，互为备用。系统中，电脑钥匙支持有线和无线网络两种接票方式，具有在线和离线两种操作模式，支持智能锁具和普通编码锁具的解锁/闭锁。智能锁具实现信号采集、解锁控制、自诊断等功能，可在线控制解/闭锁，也可以用电脑钥匙解/闭锁。

在线式防误操作系统结构如图 3-30 所示。

（二）防误操作系统结构

1. 站控层

（1）防误操作系统工作站。工作站是人机交互接口，主要用于防误操作预演、设备监视和管理、操作票生成等。工作站采用工业电脑，包括机箱和显示器，采用 Windows、Liunx、麒麟等操作系统，包括防误操作系统软件、操作票软件等。大型升压站电气网络可独立设置防误工作站，电气系统较小时也可由监控系统（NCS）操作员站行使防误操作工作站功能。

（2）防误主机。防误主机可嵌入式安装在工作站机箱中，预编、存储防误规则，具有多任务操作功能，可与监控系统、模拟终端、电脑钥匙、遥控闭锁控制器等进行双向信息交换。

（3）传输适配器。传输适配器协助完成操作票传送到电脑钥匙中，有内置和外置两种。内置传输适配器位于防误主机内。

2. 通信层

（1）电脑钥匙。电脑钥匙用于接收防误系统模拟结束后需执行的操作票。电脑钥匙在正确接收操作票后，按照操作票内容依次对电编码锁和机械编码锁进行解锁操作。如实际操作与电脑钥匙提示不符，电脑钥匙发出报警声并强制闭锁操作，无法解锁。电脑钥匙可分接触传输和非接触传输两种模式。

（2）地线管理器。地线管理器是微机防误系统的一个组成部分，临时接地线的误挂和漏拆问题引发的电网安全事故很多，对临时接地线实时化监控并将其纳入防误管理体系是安全工作的一项重要内容。地线管理系统由地线管理器主机与检测闭锁机构组成：

1）主机负责管理控制检测闭锁机构，并向防误主机提供地线的当前状态以及执行防误主机解、闭锁命令。

2）检测闭锁机构主要负责检测识别地线与闭锁、解锁地线，可以安装在工具室的墙壁上或地线柜内。当防误主机授权后，可将没有闭锁的地线闭锁或将已闭锁的地线解锁，从而实现地线的闭锁与解锁功能。

（3）钥匙管理机。微机型智能钥匙管理机用来实现对紧急解锁钥匙的管理，具有解锁钥匙存取记录功能、解锁钥匙存取记录浏览功能、多级用户权限设定功能，以及与防误主机通信的功能。微机防误系统配置万能钥匙用于紧急情况下的解锁。滥用万能钥匙，使防误闭锁装置随意退出运行，会危及电气系统安全运行。

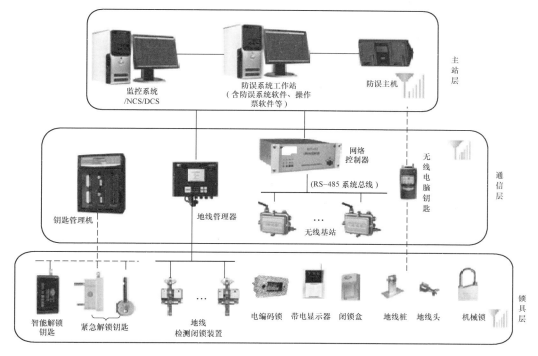

图 3-30　在线式防误操作系统结构图

（4）网络控制器。网络控制器统一管理系统的无线网络，管理终端设备的加入和退出，实现信息传递的无缝连接。网络控制器管理的通信网络，与系统中的各终端设备进行信息交互：一方面完成设备状态和操作信息的采集，经加工处理后向防误主机传送；另一方面接受防误主机下达的各种操作指令，实现与电脑钥匙的实时通信等功能。网络控制器可兼容遥控闭锁控制器的功能，每台遥控闭锁控制器可控制 128 个遥控闭锁继电器。

（5）遥控闭锁装置。遥控闭锁装置由遥控闭锁控制器和遥控闭锁继电器两部分组成。

1）遥控闭锁控制器通过一对屏蔽双绞线实现对遥控闭锁继电器的管理。通过把遥控闭锁继电器的动合触点串接在遥控、就地操作的控制回路中，防止在发生雷击、程序紊乱或装置自身故障的情况下造成的电动设备误动，实现对电动设备操作的强制闭锁。

2）遥控闭锁继电器串接在断路器遥控、就地操作的控制回路中，不影响原有的重合闸和保护动作。针对不同回路可采取多种闭锁接线，其闭锁回路接线见图 3-31～图 3-34，电编码锁（DBMS）和遥控闭锁继电器（KCB）串接在断路器或电动隔离开关的控制回路中。遥控闭锁继电器作为一个小型的闭锁设备，安装尺寸与原电编码锁相同，操作方式也完全相同，可装于控制屏或实现遥控操作的电动设备的测控柜、操作箱内。

3）遥控闭锁装置的操作方式如下：

a）就地操作：由电脑钥匙对其进行解锁操作。

b）遥控操作：由防误和监控系统共同完成。首先，由防误系统通过遥控闭锁装置导通遥控操作设备的控制回路；其次，由防误系统对监控系统实现软解锁；最后，由监控系统实现设备的遥控合闸（YKHT）和遥控分闸（YHTJ）操作。

（6）无线基站。为方便信息传输，设备状态实时在线，微功耗无线基站应用于微机"五防"系统中。

无线基站发射功率低于 1mW，不会对其他电气设备正常运行和工作人员健康产生不良影响。无线基站由无线网络控制器、无线路由器、无线电脑钥匙构成。电脑钥匙作为一个无线节点在网内漫游，实现操作终端与控制室之间的实时信息交换。信号接收时间小于30ms，最小辐射半径70m。

3.　锁具层

（1）电编码锁。设备电动操作回路加入电编码锁触点，实现就地电动操作的强制性闭锁。电编码锁须具备远方遥控开锁和就地电脑钥匙开锁的双重属性。电编码锁在电气原理上相当于一个动合触点，串接到有关设备的电气操作接线回路中，将原有操作回路切断，操作前必须先通过电脑钥匙解锁。操作时，先将

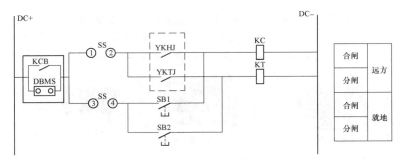

图 3-31　单触点遥控闭锁接线示意图

SS—切换开关；KC—三相合闸继电器；KT—三相跳闸继电器；SB1—合闸按钮；　SB2—跳闸按钮

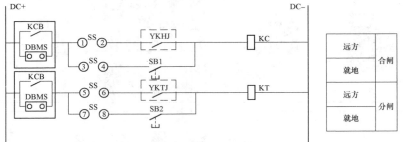

图 3-32　双触点遥控闭锁接线示意图

SS—切换开关；KC—三相合闸继电器；KT—三相跳闸继电器；SB1—合闸按钮；　SB2—跳闸按钮

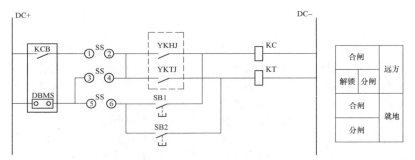

图 3-33　远方就地回路分开的单输出遥控闭锁接线示意图

SS—切换开关；KC—三相合闸继电器；KT—三相跳闸继电器；SB1—合闸按钮；　SB2—跳闸按钮

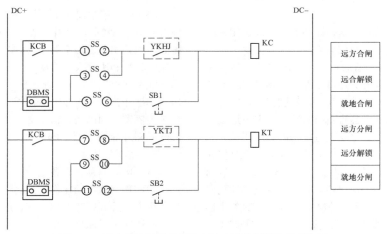

图 3-34　远方就地回路分开的双输出遥控闭锁接线示意图

SS—切换开关；KC—三相合闸继电器；KT—三相跳闸继电器；SB1—合闸按钮；　SB2—跳闸按钮

电脑钥匙插入电编码锁中，如操作设备号和电脑钥匙显示的编号一致，则电脑钥匙内部接通操作回路，解除闭锁，允许操作。合、分闸操作后，电脑检测到有操作电流流过，即认为操作结束，接着显示下一项。若操作人员走错位置，电脑钥匙通过电编码锁的编码检测出设备和电脑钥匙提示的不一致，电脑钥匙将拒绝接通操作回路并发出报警。

（2）机械锁。机械锁用于隔离开关、接地开关、临时接地线、网门、柜门、操作手柄的闭锁。机械锁采用电脑钥匙解锁。电脑钥匙通过机械锁的编码检测该锁是否和电脑钥匙的操作提示一致，若一致，电脑钥匙开放操动机构，按下开锁按钮即可打开锁，若不一致则打不开锁。

（3）状态检测器。在设备操动机构的终端位置上安装两个状态检测器，分别表示合位和分位状态。进行倒闸操作时，先用电脑钥匙打开机械锁进行倒闸操作，合闸操作时将电脑钥匙插入合位状态检测器中确认，如果正确，则可进行下一项的操作。如未操作，由于合位状态检测器仍被手柄挡住，电脑钥匙无法插入其中确认，因此不能进行下一项的操作。这样可达到防止"空程序"的目的。

（4）高压带电显示器。带电显示器是一种检测物体是否带电的仪器。高压带电显示器主要用来检验设备对地电压在1000V以上的高压电气设备，其利用高压电场与传感器之间的电场耦合原理，在带电设备和线路安全距离外检测设备和线路是否带电，输出闭锁信号，防止电气误操作。高压带电显示器分户内型和户外型。高压带电显示器一般由检测部分（指传感器）、显示器、闭锁单元组成，可以发出声光报警，输出闭锁触点。

（5）闭锁盒。用于户内开关柜上的控制开关把手、操作孔及轴等闭锁，盒下部有编码片，用于与电脑钥匙联系，满足防误操作要求才能打开盒盖进行操作。

（6）地线头、接地桩。

1）现场安装时，首先应在挂临时地线的地方焊上地线桩。不挂地线时将机械编码锁锁在地线桩上，此时不能挂临时地线；当需挂临时地线时，先用电脑钥匙打开机械编码锁，再装设临时地线，然后将机械编码锁锁在地线头上。

2）挂接地线时，将钥匙插入锁芯孔，转动后取出钥匙，使锁体上的孔与锁中的活动塞上的孔能对穿，将接地线上的接地棒插入锁具上接地孔中，然后将螺钉拧紧。

3）拆接地线时，将接地锁上紧固螺钉旋松，拆除接地棒后，再把接地线拆除，将钥匙插入锁芯孔，转动后使锁体上的孔不能与锁中活动塞上的孔对穿，取出钥匙，才能进行下一步操作。该锁主要用于户外

设备。

（7）锁销。锁销是一种用于开关柜上的隔离开关及类似的操动机构上装设机械编码锁的安装附件。操作手柄上不方便直接挂锁，因此先安装锁销，再在锁销上挂机械锁。

（8）解锁钥匙。防误系统配置解锁钥匙，钥匙应灵活、无卡涩。电解锁钥匙对电编码锁进行解锁，一把电解锁钥匙可对所有电编码锁进行解锁；机械解锁钥匙对机械锁进行解锁，一把机械解锁钥匙可对所有机械锁进行解锁。紧急解锁钥匙放在钥匙存放仓中，授权后才能取出。

三、微机防误系统应用软件

1. 电力安全防误管理软件

电力安全防误管理软件采用模块化设计，方便扩展，具有完善的防误功能、权限管理、网络通信功能和操作票功能。电力安全防误管理软件采用计算机图形技术和元件联动关系算法，可以快速、正确、规范地生成操作票。

2. 操作票专家软件

操作票是指工作人员执行具体的设备操作票据，包括操作对象、步骤等。操作票软件包括操作系统、编译系统、诊断系统等。

操作票专家系统可以采用图形开票、手工开票、按典型票开票、自动开票多种方式，并可实现打印、网上浏览及存储管理。

3. 工作票软件

工作票是允许进行一项工作的票据。工作票软件包括操作系统、编译系统、诊断系统等。

工作票软件系统可实现在互联网上开票、签发、接收、许可、执行、终结等流转工作，并可进行存储、查询、统计分析。工作票格式、审批流程及审批权限可自定义，开票方式可选择。

4. 其他软件

其他软件包括各种设备控制软件。软件基于中文Windows/Vista/Linux操作平台。

四、微机防误基本功能和特点

微机型防误操作系统实现主站和厂站、厂站和厂站以及厂站的站控层、间隔层、设备层强制闭锁功能，适用不同类型设备及各种运行方式的防误要求。微机型防误操作系统的设计应不影响相关电气设备正常操作和运行，在允许的正常操作力、使用条件或振动下不影响其保证的机械、电气和信息处理性能。在其他电气设备或系统故障时，仍可实现防误闭锁功能。微机型防误操作系统的防误规则及数据应单独编制，并可打印校验。

1. 微机防误操作系统应满足的要求

（1）具有的防误功能有：防止误分、误合断路器，防止带负荷分、合隔离开关，防止带电挂（合）接地线（接地开关），防止带接地线（接地开关）合断路器、隔离开关，防止误入带电间隔等。

（2）正确模拟、生成、传递、执行和管理操作票。

（3）正确采集、处理和传递信息。

（4）符合防误程序的正常操作，能顺序开锁且无空程序；误操作时，系统闭锁，并有光、声或语音报警。

（5）具有电磁兼容性。

（6）内存满足全部操作任务的要求。

（7）具有就地操作及远方遥控操作的强制闭锁功能。

（8）具有检修状态下的防止误入带电间隔功能。

（9）具有对时和自检功能。

2. 微机防误操作系统特点

（1）站控层操作主机使用 PC 机，安装简单，升级方便。

（2）系统自带图形工具，可方便接线图修改，可以定义新的设备类型及设备画法。

（3）远方、就地操作均可闭锁。

（4）可实时刷新设备状态，实现与监控系统通信；可实时刷新设备状态，并可以显示部分遥测信号。

（5）可以多任务并行操作。单站多机使用方式时，可实现在多台计算机上同时开多个任务的操作票的功能。

（6）支持防止走"空程序"的闭锁方式。

（7）可以对操作票进行追忆，便于事故分析。

（8）可以将一张操作票分段传送到不同的地点进行操作。

（9）有完整的历史操作票记录，可以对历史操作票进行检索统计，可以对设备的分、合闸次数进行统计。

（10）对用户权限进行分级管理。可以定义每个操作人员在使用本系统时所具有的权限，能够具体到可以操作哪些设备。

（11）与各种综合自动化监控系统接口，或配用测控单元，实现无人值守站在线监控操作及远方操作等各种方式下对一次设备的强制闭锁及设备状态的信息共享。

（12）紧急解锁钥匙，可紧急解锁电编码锁和机械锁。

3. 防误操作系统设备配置

防误操作系统设备配置及对应闭锁设备如图3-35所示。

（1）通过与监控系统的通信，可实现闭锁监控系统的遥控操作。

（2）采用闭锁触点闭锁遥控操作回路，实现遥控操作强制闭锁，闭锁触点与电编码锁二合一。

（3）采用电编码锁或开关闭锁控制器闭锁现场就地操作的断路器。

（4）机械锁闭锁手动隔离开关、接地开关、网门及临时接地线。

（5）对于电动隔离开关、接地开关，可选用电编码锁或机械锁，也可以两者同时使用。

（6）对于有防止走"空程序"、线路侧验电等要求的特殊闭锁方式，可通过加装防空锁、验电器等锁具实现。

（7）能完善实现三态小车开关柜的防误闭锁。

（8）能对设备的检修操作进行防误闭锁。

（9）能对联动设备进行防误闭锁。

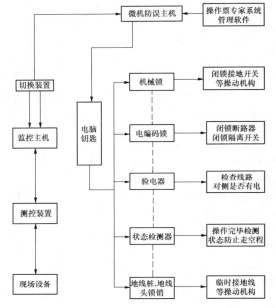

图 3-35 微机综合防误操作系统设备配置及对应闭锁设备

五、微机防误接口

1. 与网络计算机监控系统（NCS）接口

微机防误主机与监控系统（NCS 或 ECMS）可采用以太网、RS-485 网络或 RS-232 串行接口通信，通信规约采用部颁 CDT 规约（DL 451《循环式远动规约》）、IEC 61850 或其他用户指定规约，电气设备信息采集主要由监控系统完成，二者通过通信方式达到采集数据共享，并实时更新。

微机防误系统与监控系统接口的规约有以下几种方式：

（1）问答式规约：防误主机主动发送请求命令，监控系统根据报文信息，回复遥信报文或者解锁设备报文。

（2）循环式规约：监控系统不停给防误主机发送

遥信信号，如果监控系统需要遥控设备，给防误主机发送解锁报文，防误主机回复是否允许操作报文，监控系统根据防误系统回复，进行操作。

（3）CDT 规约：循环式规约，监控系统不停给防误主机发送遥信信号，如果有设备需要解锁，防误主机主动发送请求解锁命令，监控系统根据请求报文中的信息，对相应的设备进行解锁。

2. 与遥视系统接口

在线式微机防误系统与遥视系统可进行联动操作，操作人员通过点击防误系统上的相关设备控制该设备区域的摄像机云台和焦距调取所需画面，在遥视系统上看到对应设备的图像，进行对位联动、操作联动等，使操作过程能视频监控。微机防误系统与遥视系统采用以太网或 RS-232 接口。

3. 与微机防误系统一些扩展功能的接口

在微机"五防"基本功能上，开发钥匙管理机、地线管理器、检修管理系统、无线基站、高压带电显示装置等实用的扩展功能和装置，方便电厂数字化、自动化管理。这些功能根据电厂要求选取，与微机"五防"采用以太网或软件嵌入接口。

第四章

同 步 系 统

第一节 同步方式和要求

同步（也称同期）方式有准同步方式和自同步方式两种。准同步方式是先给发电机加励磁，当发电机电压的幅值、频率、相位分别与并列点系统侧电压的幅值、频率、相位接近相等时，将相应的发电机断路器合闸，完成并列操作。自同步方式是将未加励磁、接近同步转速的发电机投入系统，随后给发电机加上励磁，在原动机转矩、同步力矩的作用下将发电机拉入同步，完成并列操作。自同步方式电流冲击大，合闸瞬间电压降低较多，因此火力发电厂大容量机组一般不采用；水轮发电机及小容量的汽轮发电机作系统事故紧急备用时才采用自同步方式。

发电机与电力系统进行同步操作时，应满足以下要求：

（1）投入瞬间发电机的冲击电流和冲击力矩不超过允许值。

（2）系统能把被投入的发电机拉入同步。

两系统之间进行准同步操作的条件很严格，必须满足相位相同、频率相等和电压相等的要求。

发电厂每台机组宜装设一套微机自动准同步装置和独立的同步监察继电器，可不设置手动同步装置。如设置手动准同步装置，准同步装置应带有可靠的手动闭锁装置。

发电厂的网络部分同步一般通过计算机的同步捕捉功能实现，必要时也可装设自动准同步装置。同步装置应考虑与监控系统集成，接口简单可靠，便于实现综合自动化和无人值班运行等要求。

有的发电厂由于受电压互感器二次绕组接地方式及同步装置自身功能的影响，部分采用三相同步接线。该同步接线是取运行的三相电压，同步电压在变压器两侧时，需要配置同步转角变压器，接线较复杂。新建发电厂的同步装置，通常采用单相同步方式，便于简化接线。

第二节 同步点和同步电压取得方式

一、对同步电压的要求

同步系统为满足同步条件，涉及电压互感器接线、接地方式、二次电压和同步点两侧电压网络的相序及相位等因素。

单相同步接线同步点电压取得方式有以下几种：

1. 110kV 及以上电压等级中性点直接接地系统同步点电压的取得方式

该系统通常采用的电压互感器有两类二次绕组，其中主二次绕组的二次相电压为 $100/\sqrt{3}$ V，剩余二次绕组的相电压为 100V。中性点直接接地系统的零序方向保护电压互感器主二次绕组采用零相接地较优越，建议主二次绕组采用零相接地方式。对于中性点直接接地系统的线路间，同步系统通常接入主二次绕组相电压；对于中性点直接接地系统的母线间，同步系统通常接入剩余的 C 相电压或者电压互感器星形接线的相电压。

2. 中性点非直接接地系统同步点电压的取得方式

中性点非直接接地系统包括不接地系统或经电阻接地系统，该系统通常采用的电压互感器有两种：一种有两类二次绕组，其中主二次绕组的二次相电压为 $100/\sqrt{3}$ V，剩余二次绕组的相电压为 100/3V；另外一种只有一个二次绕组，其电压为 $100/\sqrt{3}$ V。因为中性点非直接接地系统一般不装设距离保护和零序方向保护，发生系统接地时，中性点会产生位移，所以同步系统不能采用相电压，必须采用线电压。为简化二次回路，建议同步系统接入主二次绕组线电压（100V）。

3. 主变压器高、低压侧同步电压的取得方式

主变压器多为 Yd11 接线，如使用主二次绕组的二次相电压接入同步系统，则高压侧相电压比低压侧同相电压超前 30°，为使两侧同步电压的相位和数值相同，通常要求自动准同步装置具备转角功能。如无

此功能,需添加额外的转角变压器完成同步电压采集。

另外一种方法是同步系统高压侧的二次电压接入电压互感器的剩余绕组的相电压,低压侧则接电压互感器的主二次绕组的线电压。

高压侧电压互感器的剩余绕组相电压与试验芯电压一致,试验芯电压由 C 相正极性抽取,C 相负极性接地。

综上所述,根据我国电力系统的接地方式,发电厂单相同步接线的同步电压抽取方式及相量图见表 4-1。

表 4-1　单相同步接线方式及相量图

同步点	运行系统	待并系统	说　明
中性点直接接地系统母线间			利用 TV 开口三角形的辅助二次绕组的 C 相电压 $\dot{U}_{CN}$ 和 $\dot{U}'_{CN}$,或 TV 星形接线的相电压
中性点直接接地系统线路间			利用 TV 二次电压为 100V 的辅助绕组电压 $\dot{U}_{CN}$ 和 $\dot{U}'_{CN}$ 或星形接线的相电压
Yd11 接线变压器两侧断路器			运行系统 TV 开口三角形的辅助二次绕组的 C 相电压 $\dot{U}_{CN}$ 和待并系统 TV 二次侧电压 $\dot{U}'_{cb}$

续表

同步点	运行系统	待并系统	说　明
非直接接地系统			利用 $\dot{U}_{cb}$ 和 $\dot{U}'_{cb}$

二、同步点及同步方式

(一)小容量发电厂

小容量发电厂一般设主控制室或集中控制室,在主控制室或集中控制室装设带同步闭锁的自动准同步装置,其同步点及同步方式如图 4-1 所示。

图 4-1 中,三绕组变压器的三侧断路器均为同步点,这样当任一侧断路器事故跳闸或因检修断开后,不需要利用母线联络断路器等进行同步,减少倒换母线的操作,保证迅速可靠地恢复供电。各级母线的联络断路器及 6～10kV 分段电抗器断路器可考虑装设自动准同步方式,以提高母线倒换操作的灵活性。对 6～10kV 母线分段断路器,仅当母线分段电抗器退出运行时才投入,并无同步检查的要求,故不考虑为同步点。双绕组联络变压器只在低压侧断路器设同步点,要求高压侧断路器与低压侧断路器设闭锁装置,保证高压侧断路器先投入。

35～110kV 线路和旁路断路器的同步方式如下:

(1)35kV 配电装置,如使用开关柜,对应的重合闸和同步功能在综合保护装置中完成。对于 110kV 配电装置,配置独立的保护装置和测控装置,同步操作通过测控装置的同步捕捉功能实现。

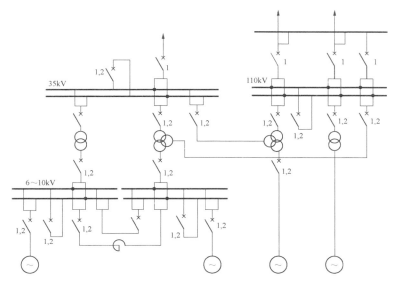

图 4-1　小容量发电厂的同步点及同步方式

1—同步检查装置;2—自动准同步

注:线路的检查同步自动重合闸装置本图未表示,由网络计算机控制系统设计考虑。

（2）110kV 及以下线路，因为电压互感器投资不大，线路断路器可作为同步点，在断路器外侧至少装设一个单相电压互感器，与母线电压互感器的相应二次绕组电压进行同步。如果线路外侧没有装设电压互感器，且线路较少，对线路的同步方式可按下列情况考虑：

1）接在双母线上的线路，可利用母线联络断路器的同步装置，线路不单独设同步装置。当某线路进行同步操作时，将该线路接到一组母线上，其他运行的线路接在另一组母线上，此时利用母线联络断路器进行同步操作，将线路投入，操作完成后再恢复原运行系统。

2）带有旁路母线的线路，在旁路母线上装有单相电压互感器，当需要同步操作的线路不多时，可只在旁路断路器上装设同步装置，线路上不装同步装置，利用旁路断路器代替线路断路器进行同步操作。操作步骤为：先合上旁路断路器，检查旁路母线正常时，将旁路断路器断开，即可将要求合闸的线路接至旁路母线的隔离开关合上，此时旁路母线的电压互感器反应线路外侧的电压。随后可将旁路断路器通过同步操作合上，此时该线路即将接入本厂系统，然后将线路断路器合上，短路旁路断路器，线路则正常运行。用旁路断路器代替线路断路器的同步电压取得方式如图4-2 所示。

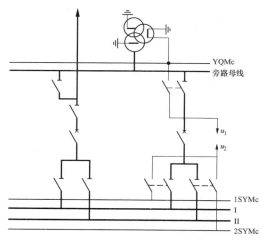

图 4-2　旁路断路器代替线路断路器的
同步电压取得方式

线路较多时，旁路断路器投入运行的时间就会较长，操作复杂、不方便。因此，当同步操作的线路较多时，线路断路器也可作为同步点，利用旁路母线的电压互感器，通过各线路的旁路隔离开关辅助触点将同步电压接入，同步电压取得方式如图 4-3

所示。

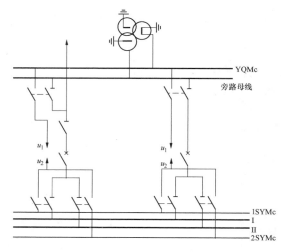

图 4-3　利用旁路母线电压互感器在线路断路器上
设同步点的同步电压取得方式

（二）大容量发电厂

发电厂在单元控制方式下，为了便于操作，每台机组通常设置一套自动准同步装置。如果相关的断路器参与升压站的运行操作，可通过升压站内计算机监控系统的检同步功能完成同步操作。同步点的选取方式可参考图 4-4。

220kV 及以上的双母线系统的线路，可按 110kV 线路同步方式的原则设计，在线路外侧装设电压互感器，将线路断路器作为同步点，同步电压取得方式如图 4-5 所示。

330kV 及以上系统，如采用 3/2 断路器接线，为了运行操作方便，全部断路器均为同步点，其同步电压取得方式有以下两种：

（1）按近区优先原则考虑。同步电压取得方式如图 4-6 所示，这种方式比较灵活，当线路或变压器进线侧装有隔离开关，电压互感器装在隔离开关外侧时，线路或变压器检修不会影响该串断路器的同步操作，但接线较复杂，同步电压回路要串接许多继电器触点。

（2）直接取断路器两侧的电压。同步电压取得方式如图 4-7 所示，当电压互感器装在隔离开关内侧时，此种接线方式较好。3/2 断路器接线有 3 串及以上时，主变压器进线及线路出线可不装设隔离开关，当其中一串的线路或变压器检修时，其引接的两台断路器断开，暂不进行合闸，通过其他串的断路器及隔离开关的操作，不会使该电压系统脱环运行，待变压器或线路检修完毕后才将断路器合闸，不影响系统的运行，也可采用图 4-7 所示的接线方式。

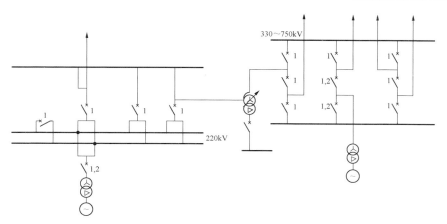

图 4-4 大容量发电厂同步点的取得方式

1—检同步装置；2—自动准同步

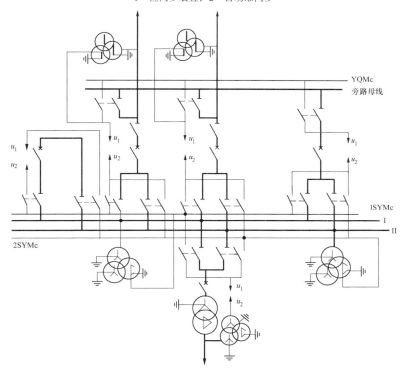

图 4-5 双母线系统线路外侧有电压互感器时的同步电压取得方式

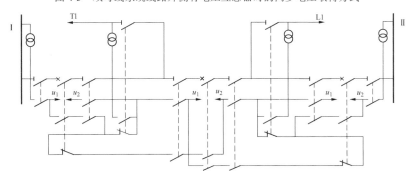

图 4-6 3/2 断路器按近区优先原则设计的同步电压取得方式

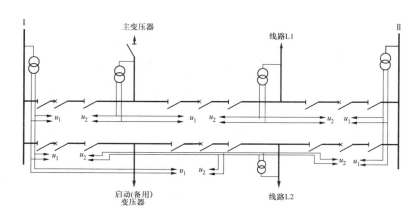

图 4-7　3/2 断路器简化同步系统同步电压取得方式

发电厂 3/2 断路器接线的变压器进线断路器的操作地点及同步电压取得方式有两种：

（1）主变压器进线的两侧断路器均在机组计算机监控系统操作，网络监控系统只监视断路器状态。这样两台断路器的同步电压取得方式比较简单。电厂初期断路器只有 1～2 串，当发电机-变压器组检修退出时，为了对两侧断路器进行操作，使高压网络仍能闭环运行，要求机组的计算机监控系统仍然工作。

（2）变压器进线的两侧断路器在机组计算机监控系统和网络监控系统均能操作，正常在机组计算机监控系统操作，只在发电机-变压器组检修退出时才允许在网络监控系统操作。这种方式的同步电压取得方式比较复杂，建议网络监控系统的同步电压用"近区优先法"取得。

如发电厂 3/2 断路器接线的变压器高压侧不设电压互感器，需使用发电机出口电压互感器的主绕组二次电压与系统侧二次电压进行同步。如高压侧装设电压互感器，可使用相电压进行同步。如电压互感器装在断路器与主变压器高压侧隔离开关之间，可简化两侧断路器的同步接线。

3/2 断路器接线的线路是否装设隔离开关、线路电压互感器装设在何处均有不同的做法。如果电压互感器装在线路隔离开关的线路侧，建议断路器的同步电压采用近区优先法取得；如果线路不装设隔离开关或电压互感器装在断路器与线路隔离开关之间时，为简化同步接线，建议断路器的同步电压采用图 4-7 所示方式取得。

（三）发电厂其他常见主接线同步接线

（1）小容量发电厂的同步接线如图 4-8 所示。对于小容量发电厂，一台同步装置只管一台发电机的一个同步点比较浪费，因此可以用选线装置来实现一台

同步装置管理与发电机相关的所有同步点，图 4-8 中 SC 为同步选线装置或选择开关触点，选线器可接受上位机控制系统（如 DCS）一对一的指令信号控制完成并列点的切换。如果需要，还可通过一对一的同步开关（按钮开关）实施选线控制，实现对所选断路器同步电压的选择。

（2）发电厂双母线接线的同步接线如图 4-9 所示。

（3）发电厂 3/2 断路器接线的同步接线如图 4-10 所示。

（4）发电厂带发电机出口断路器的同步接线如图 4-11 所示。图 4-11 适用于机组无解列运行方式的发电厂，如机组有小岛运行方式或其他解列运行方式，还应参照图 4-9 及图 4-10 增加主变压器高压侧的断路器同步接线。

（5）我国以往小容量发电厂的厂用电系统断路器大多不作为同步点。目前有些发电厂，将厂用电系统的断路器作为同步点，虽然断路器的二次接线较复杂，但能保证断路器在符合同步条件时才能合闸，运行操作可靠。大容量发电厂有的高压启动/备用变压器电源由附近发电厂或变电站引接，有的自本厂高压配电装置引接，都有可能出现两个系统不同步的情况。事故情况下为实现备用电源的快速自动投入，厂用电系统的正常操作可通过快切装置或具备自动识别并列点并网性质并有合理允许功角整定值的自动准同步装置来完成，其同步接线见图 4-12。

图 4-12 是厂用工作变压器低压侧设电压互感器作为同步回路用电压的接线图，其中启动/备用变压器带公用段。如采用自动准同步，可以多台高压厂用断路器共用一套装置，同步电压接入可以通过选线器（SC）或者一对一的手动选择开关来实现。电压的选取有时也可取发电机出口的电压互感器二次侧电压，但工程设计中要考虑厂用变压器的接线方式，利用同

步装置的同步鉴定功能或在厂用断路器合闸时允许调节机组的情况下才选用自动准同步装置。

通常情况下厂用断路器不采用自动准同步装置，使用快切装置合闸或者采用同步闭锁继电器 KY 接入

合闸回路进行检同步操作，同步电压取厂用工作变压器低压侧断路器两侧的电压互感器二次侧线电压，用同步闭锁继电器的辅助触点来接入断路器的合闸回路，防止断路器非同步合闸，电压接线示意见图 4-13。

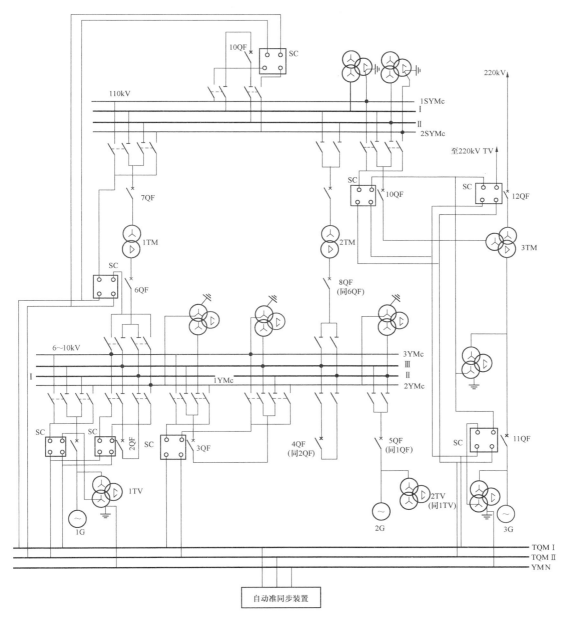

图 4-8　小容量发电厂的同步接线图

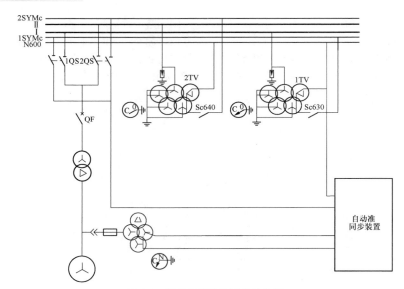

图 4-9　双母线接线的同步接线图

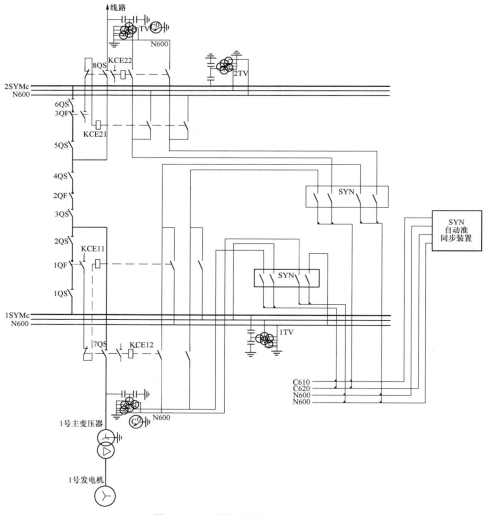

图 4-10　3/2 断路器接线的同步接线图

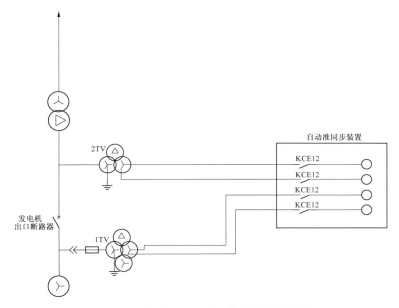

图 4-11　带发电机出口断路器接线的同步接线图

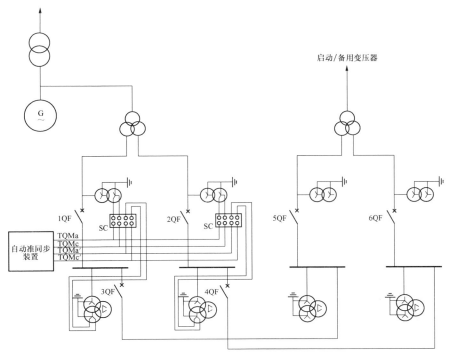

图 4-12　高压厂用电系统的同步接线图

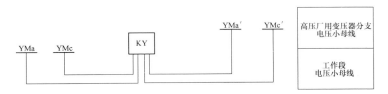

图 4-13　同步闭锁继电器的电压接线示意图

三、同步闭锁措施

为保证可靠地进行同步操作，同步系统应有以下闭锁措施：

（1）被并列的断路器之间应相互闭锁，每次只允许一个同步点进行同步操作。

（2）各同步装置之间应闭锁，只允许一套同步装置工作。

（3）进行手动调速或调压时，应切除自动准同步装置的调速或调压回路。

（4）自动准同步装置仅当同步时才投入使用。

（5）自动准同步装置应有投入、退出及试验功能。

第三节 自动准同步

自动准同步装置操作方便，工作可靠，已广泛用于发电厂的同步系统中。国内目前主要使用的自动准同步装置为微机型。设置主控制室的发电厂，可按控制要求设置一套或多套自动准同步装置；采用单元控制的发电厂，每台机组应设一套自动准同步装置。通常情况下，不建议多台发电机共用一台同步装置，但一台发电机的专用同步装置可囊括与该台发电机相关的所有并列点。

一、自动准同步装置并网条件

发电厂电气设备同步过程中相角差的存在会给断路器两侧带来更多的伤害，严重时会诱发次同步谐振，因此，同步装置应确保在相角差为零时完成并网。为加速并网过程，没有必要对压差和频差的整定限制太严格。在实际并列操作中，并列条件允许有一定的偏差，只要并列合闸时冲击电流较小，不危及电气设备即可操作。同步装置在同步并列操作时必须满足以下3个条件：

（1）系统侧电压与待并侧电压的电压差应小于整定值。

（2）系统侧电压频率与待并侧电压频率的频率差应小于整定值。

（3）在并列断路器主触头闭合瞬间，系统侧与待并侧的电压相位差为零。

二、导前时间与同步预报

对于所有的断路器，从对它发出合闸脉冲起，由"分"位置运动到"合"位置均需要经过一段时间，这段时间被称为断路器的合闸时间，或称固有合闸时间。因断路器的构造原理、操动机构等的不同，合闸时间的长短存在较大的差异。由于合闸时间的存在，因此合闸命令发出的正确时刻应该在同步点出现之前，而

提前的这段时间称为导前时间。导前时间应等于合闸回路的动作时间，即装置内部软硬件出口时间、中间继电器动作时间及断路器动作时间之和。

当系统频率和发电机频率不相等时，系统电与发电机电压瞬时值之差称为滑差电压。对滑差电压的分析是研究同步发电机组自动准同步装置的基础。

图4-14所示为 $\Delta U=U_g-U_s$ 的波形图，其包络线为它们的滑差波形。T_ω 称为滑差周期，其大小为

$$T_\omega = \frac{1}{|\Delta f|} = \frac{1}{|f_g - f_s|}$$

如图4-14中所示，ΔU 是以 T_ω 为周期的脉振电压。

当 ΔU、Δf 符合限定条件后，显然 b 点为理想的合闸时刻。若合闸回路的动作时间为 t_{QF}，则应在 a 时刻发合闸命令，这样经过时间 t_{QF} 后，恰好在 b 时刻，断路器的主触头才真正合上。

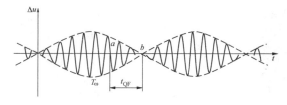

图4-14 滑差波形示意图

三、自动准同步装置特殊同步情况

除了上述的情况需要进行常规同步过程以外，还有一些特殊情况需要由同步装置完成断路器的合闸操作。

1. 配电装置合环

升压站内配电装置不同间隔并网即同频并网。此时，并列点两侧频率相同，但两侧可能会出现一个功角 δ，δ 的值与连接并列点两侧系统其他联络线的电抗及传送的有功功率成比例。这种情况下，当并列点断路器两侧的压差及功角在给定范围内时即可实施并网操作。并网瞬间，并列点断路器两侧的功角立即消失，系统潮流将重新分布。因此，同频并网的功角整定值，应保证系统潮流重新分布后不致引起继电保护误动，或不能导致并列点两侧系统失步。

配电装置合环时，不存在导前时间 t_{QF}，因为此时没有图4-14中的 b 点，其同步合闸过程与常规的要求不一样。

2. 无压合闸

有时待并断路器的一侧或两侧没有电压，这种情况下同步控制器也能完成该断路器的合闸操作。这种"无压"情况下的合闸不再需要满足三要素的要求。

四、自动准同步装置出口回路

根据系统同步的三个条件，系统侧电压与待并

侧电压的电压差应小于整定值。火力发电厂中，调节电压的主要设备为自动电压调节器（automatic voltage regulator，AVR），自动同步装置通过发送指令信号达到调节电压的目的。但是需注意，电压升高回路和电压降低回路的指令需相互闭锁，可由外部继电器实现闭锁，也可以通过装置内部逻辑实现，具体情况根据设备功能确定。

同样的，为满足系统侧电压频率与待并侧电压频率的频率差小于整定值，应调节待并机组的转速。转速的调节由机组的控制系统（通常为 DEH）实现。与电压调节回路类似，自动准同步装置出口的加速回路和减速回路的指令需相互闭锁，其实现方式与电压条件回路相同。

同步装置合闸可以按照有无电压分两种情况考虑：

（1）双侧有压合闸。这种情况下，合闸必须保证装置可靠投入，且在正常工作位置，同步鉴定闭锁继电器已经闭合。满足这些前提时，将相关节点送至待

并断路器合闸回路，完成合闸操作。

（2）无压合闸。待并断路器的一侧或两侧没有电压，这种情况下合闸只需通过同步装置判断是否是无压合闸，并将相关节点送至待并断路器合闸回路，完成合闸操作。

同步装置输出回路的控制信号示意见图 4-15，图中为示意闭锁关系，用继电器辅助触点表示，KCE1 为加速指令中间继电器辅助触点，KCE2 为减速指令中间继电器辅助触点，KCE3 为升压指令中间继电器辅助触点，KCE4 为降压指令中间继电器辅助触点。KCE11 为装置电源投入回路控制继电器触点，GTK 为装置工作状态触点，KY 为同步监察闭锁继电器触点，WY 为装置无压合闸触点判据。为保证同步装置合闸输出触点的可靠性，通常采用两个输出触点（KC）串联送出。图 4-15 中至调节回路触点如果使用内部逻辑，可以直接通过装置内部逻辑触点送出。合闸指令也可以根据设备功能调节。

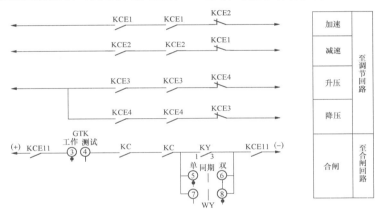

图 4-15　同步装置输出回路控制信号图

五、常用的自动准同步装置

国内发电厂最常用的自动准同步装置是微机型数字式装置，它具有极好的人机界面，具有高度的集成性，可靠性高，抗干扰能力强。目前自动准同步装置型式较多，以下就比较典型的 SID 系列及 MFC 系列产品做简单介绍。

（一）SID 系列自动准同步装置

1. 装置特点

（1）装置能适应 TV 二次电压为相电压（57.7V）或线电压（100V）并具备转角功能。

（2）具有完善的事件记录和操作录波功能，可自动或手动打印定值和事件记录。

（3）具有强大的通信功能，支持双以太网、双RS-485，集成 IEC 60870-5-1-103、MODBUS 等多种通信规约。

2. 装置同步过程

装置进入同步工作状态后，首先进行装置自检，如果自检不通过，装置报警并进入闭锁状态。自检通过后，装置对输入量进行检查，如果开关输入量或 TV 电压不满足条件，装置报警并进入闭锁状态。输入量检查说明：如果输入量正常，装置输出"就绪"信号，此时如果"启动同步工作"信号有效，装置输出"开始同步"开关量输出信号，并判定同步模式（可能的同步模式有单侧无压合闸、双侧无压合闸、同频并网、差频并网），确定同步模式后，进入同步过程。

在同步过程中，如果出现异常情况（如非无压合闸并网时，系统侧或待并侧无压、同步超时等），装置报警并进入闭锁状态；当符合同步合闸条件时，装置发出合闸命令，完成同步操作。在发电机同步时，如果频差或压差超过整定值，且允许调频调压，装置发出调频或调压控制命令，以期快速满足同步条件，完

成同步操作后装置进入闭锁状态。

同步工作流程如图 4-16 所示。

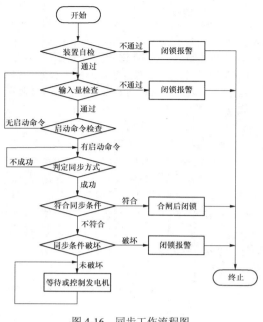

图 4-16　同步工作流程图

SID 系列自动准同步装置原理接线如图 4-17 所示。

（二）MFC 系列自动准同步装置

1. 装置特点

（1）可以对断路器两侧电压进行相角补偿和幅值补偿。在二次回路设计时，可以省去转角变压器或幅值变压器，减少硬件成本。

（2）具有测量合闸回路动作时间的功能。

（3）具有完善的事件记录和操作录波功能，可自动或手动打印定值和事件记录。

（4）具有强大的通信功能，支持双以太网、双RS-485，集成 IEC-60870-5-1-103、MODBUS 等多种通信规约。

2. 装置同步过程

MFC5061 双微机自动准同步装置支持多种启动方式，可以方便地接入各种控制系统。就地启动（试验启动）在就地操作面板正确输入密码后，即可进入试验启动确认菜单。远方启动同步各外部输入触点时序如图 4-18 所示。

远方启动时，装置背部端子启动信号输入为脉冲输入，脉宽大于或等于 1s 时，才能被装置识别到，若此时无压合闸有效则启动无压合闸，否则启动一般同步。

MFC 双微机自动准同步装置同步工作流程图如图 4-19 所示。

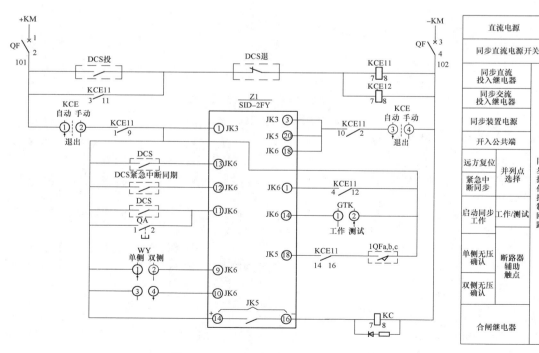

图 4-17　SID 系列自动准同步装置原理接线图

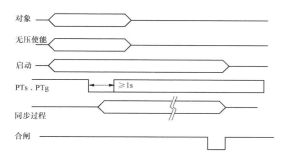

图 4-18 远方启动同步各外部输入触点时序图

MFC 系列自动准同步装置的整个工作流程与 SID 系列比较接近，可简单归纳为以下流程：

（1）装置带电或者复归同步装置。

（2）装置自检完成，准备同步。

（3）启动同步。

（4）判断同步结果，完成同步。

如同步失败，重复上述步骤。

MFC 系列自动准同步装置原理接线如图 4-20 所示。

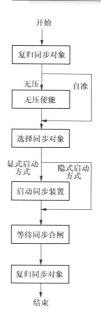

图 4-19 MFC 双微机自动准同步装置同步工作流程图

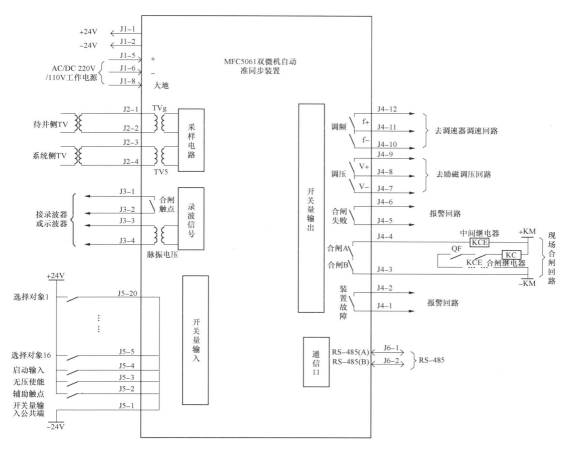

图 4-20 MFC 系列自动准同步装置原理接线图

六、同步选线器

选线器是为发电厂或变电站多个并列点的断路器共用一台自动同步装置进行同步接线切换的设备。选线器可接受上位计算机控制系统发送的选线控制命令实现并列点的切换，一对一的点动开关输出量控制完成并列点的切换。如果需要，还可通过一对一的同步开关（按钮开关）实施选线控制。

为确保同步操作的安全性，选线器必须具有以下功能：

（1）选线器具有闭锁重选功能，确保每次只选通一路多路开关。

（2）在需要进行手动同步操作时，选线器可提供该同步点的同步电压给外接同步表使用，配合手动同步装置接通所选回路的手动调压、调速和合闸按钮，供人工调压、调速和同步合闸。

选线器的原理框图见图4-21。选线数量仅为示意，可根据需同步的线路数量调整。

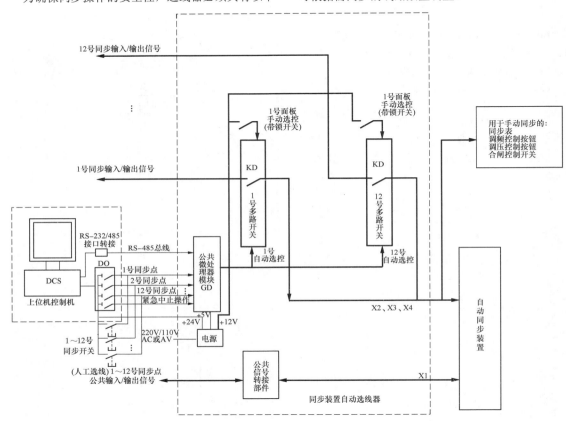

图4-21　选线器原理框图

第四节　手动准同步

一、手动准同步分类

手动准同步为小机组或工程有特殊要求的情况下使用的同步方式，分为集中同步和分散同步两种。集中同步方式为同步表计和操作开关在一块屏上集中布置，各同步点的操作在该屏进行。分散同步方式为同步表集中，各同步点的操作开关分别设在各同步点的控制屏上。但是由于手动主要靠操作人员经验完成，不具备实现差频同步时捕捉零相角差合闸的功能，存在误操作、延误同步时间等安全隐患，因此国内发电厂一般不推荐单独使用，可以与自动准同步装置共同使用，便于观察同步各主要参数。

1. 集中同步

集中同步为将同步表和有关同步转换开关集中布置在一块屏上，同步过程的一切操作均在该屏上进行。如果中央信号控制屏上能布置上述同步设备时，可不设集中同步屏；否则，要单独设一块集中同步屏。集中同步屏也可以布置在控制屏主环一侧，若主环布置有困难，也可布置在继电器屏列中。

集中同步屏可对任一被同步单元进行调速、调压和同步操作，与分散同步方式比较有监视直观、操作方便的优点。

集中同步装置可根据工程需要装设调压、调速开关或按钮，如果有发电机控制屏，发电机控制屏上的调速开关不能与手动同步装置上的调速开关同时操作，必须设闭锁装置。闭锁原理是用发电机的调速开关闭锁集中同步装置的调速回路。当两个调速开关为投入状态时，可用任一个开关进行调速。在发电机控制屏上调速时，不允许在集中同步装置上调速。

2. 分散同步

分散同步方式的同步表计装设在同步小屏上，根据仪表清晰可见度，同步小屏装在主控制屏（台）两侧。当主控制屏（台）数在 6 块以下时（约 5m），同步小屏装在主控制屏（台）正面的起始端；当主控制屏（台）数在 6 块以上时，一般采用两块同步小屏，装在主控制屏（台）正面的两侧。

二、典型接线

手动检查表配合自动准同步典型的电压回路接线如图 4-22 所示。

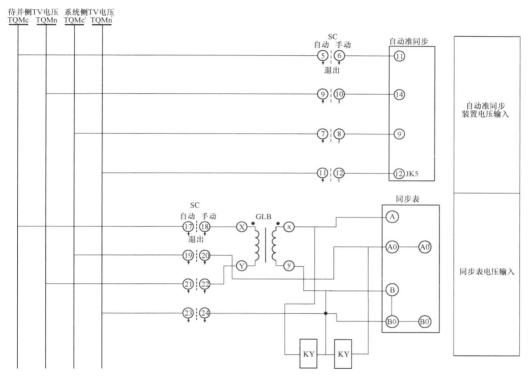

图 4-22　手动检查表配合自动准同步典型的电压回路接线示意图

SC—手动自动转换开关；KY—同步检查继电器

目前国内生产的手动准同步装置集同步表和同步闭锁继电器于一体，用于手动同步相位角指示，以及手动同步和自动准同步的同步闭锁。其主要功能如下：

（1）并列点两侧电压相位角指示，用模拟和数字两种方式显示。

（2）如果有多点同步闭锁继电器，每个同步闭锁继电器可单独整定闭锁角，在外部输入同频或差频并网类别开关输入量时，被选中的同步闭锁继电器将自动设置与并网性质相对应的同步闭锁角整定值。

（3）同步表输入的电压互感器二次电压可为相电压或线电压。如果两侧电压存在固有相角差，可通过对每个并列点的系统侧电压单独设置转角进行修正。

（4）每个并列点可单独设置允许压差、允许频差。当电压差或频率差超过允许值时，闭锁继电器自动闭锁合闸回路。

手动同步装置输入电压回路接线如图 4-23 所示。同步表计由手动同步转换开关 SC 接入，为了能一次接入同步表计，SC 应有"断开""粗略"和"准确"三个位置。KY 为同步检查继电器。当同步电压的相角不超过同期检查继电器的动作整定值时，此继电器才接通小母线 1THM 和 2THM，允许运行人员手动操作发出合闸脉冲。同步闭锁开关 SC 为解除闭锁继电器回路用的解除开关，如操作同步点的断路器其中一侧无压时则可解除闭锁。

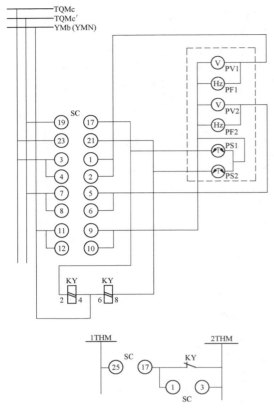

图 4-23　手动同步装置输入电压回路接线图

目前为了方便组屏，简化接线，也有部分设备在手动准同步装置上配置调速及调压开关，供运行人员选用。基本的面板配置如图 4-24 所示。

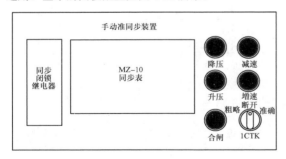

图 4-24　手动同步装置基本面板配置示意图

三、手动准同步的操作

通常情况下，手动同步由同步闭锁继电器、同步表及操作按钮来完成。图 4-24 中，电压的幅值通过升压、降压按钮来调节；待并侧电源的频率通过增速、减速按钮来调节。1CTK 为手动同步开关，开关在垂直位置时，手动同步功能退出，逆时针旋转 45°为粗调功能投入，MZ-10 型同步表投入显示系统侧与待并侧压差、频差和相位差，但在此情况下不能启动手动同步功能；要想启动手动同步功能，需将 1CTK 在垂直位置顺时针旋转 45°。具备合闸条件时，按下合闸按钮进行手动同步合闸。

MZ-10 型组合同步表由频率差表、电压差表和同步表三部分组成。频率差表反映两并列系统的频率之差。两频率相同时，指针不偏转；两频率不同时，指针偏转。偏转的方向取决于频率差的极性，当待并系统频率大于运行系统频率时，指针向正方向偏转，反之，则向反方向偏转。电压差表反映两并列系统的电压差，两并列系统电压相等时指针不偏转，待并系统电压大于运行系统电压时指针向正方向偏转，反之则向反方向偏转。同步表能同时表示出两系统间的频率差与相位差，当待并系统与运行系统两者频率和相位相同时，同步表指针停在同步标线上。如待并机组频率比电网频率高，指针向顺时针方向旋转，反之，指针向反时针方向旋转。频率差越大，指针旋转越快，但当频率差大到一定程度后，由于可动部分惯性的影响，指针不再转动，而做大幅度地摆动，如频率差太大，指针就停止不动了。通常频率差在 ±0.5Hz 以内时，才允许将同步表电路接通。指针与同步点所夹角度表示两电源之间相位差，指针离同步标线越远，待并机组与电网电压的相位差越大。

基于以上操作步骤，手动准同步并网的导前时间只能通过同步表上的角度来把握，同时需要考虑并网断路器的合闸时间，仅靠人工手段来保证合闸时的频率、相位及幅值等因素难度极高，因此发电厂不推荐单独使用手动准同步方式，手动准同步仅按需求作为同步并网的辅助监视手段。

第五章

发电厂自动装置

现代发电厂装有各种自动装置，发电厂自动装置的主要作用如下：

（1）保证电力系统可靠、经济运行，消除运行人员在执行某项操作时可能发生的不准确或错误的动作。

（2）减轻运行人员的劳动强度或代替人的活动，提高劳动生产率。

（3）保证电气设备的安全可靠运行，使运行人员及时、准确地判断运行中的异常情况并及时进行处理。

（4）自动装置应符合可靠性、选择性、灵敏性和速动性的要求。在确定发电厂的主接线和运行方式时，必须统筹考虑自动装置的配置。

发电厂常用的自动装置有以下几种：

（1）备用电源自动投入装置。

（2）自动准同步装置。

（3）发电机自动调整励磁装置。

（4）发电机-变压器组故障录波装置。

（5）厂用电快速切换装置。

为了设计方便，自动准同步装置和发电机自动调整励磁装置分别在其他有关章节中介绍。本章介绍备用电源自动投入装置、厂用电快速切换装置和发电机-变压器组故障录波装置。

厂用电快速切换装置本是备用电源切换装置的一种，但由于其功能强大，且在电厂具有重要性和普遍性，因此厂用电快速切换装置的称谓渐渐独立。与此相对应的，备用电源自动投入装置一般认为是慢速切换装置。

第一节 发电厂备用电源 自动投入装置

备用电源自动投入装置主要用于发电厂的备用变压器、备用线路和其他厂用备用电源的自动投入，主要功能是在判断出工作电源失去时，自动投入备用电源。备用电源自动投入装置采取先断后合方式，是切换速度稍慢的微机型自动装置。

备用电源自动投入装置主要使用微机型成套装置，也可采用小型 PLC 编程装置，个别采用继电器等元件组成。当不采用硬件设备时，备用电源自动投入功能也可由 DCS 等计算机系统采用逻辑运算完成。

一、备用电源的一次接线

发电厂的备用变压器和备用线路自动投入一次接线的主要形式如图 5-1 所示。

图 5-1（a）所示接线主要用在小容量发电厂，高压侧为内桥接线。桥断路器断开运行时，两条线路和两台变压器同时运行。当线路故障时，故障线路断路器 1QF（或 2QF）断开，内桥断路器 3QF 自动投入。

图 5-1（b）所示接线正常运行时变压器 T1 运行，当 T1 发生故障时，备用变压器 T2 自动投入，反之亦然。

图 5-1（c）所示接线正常运行时两台变压器同时运行，母线分段或联络断路器 1QF 断开，当任一台变压器故障切除时，1QF 自动投入，保证低压两段母线继续运行。

图 5-1（d）所示接线，两条进线互为备用，正常时一条线路运行，当该线路故障切除时，另一条备用线路自动投入。

发电厂厂用电源一次接线的主要形式如图 5-2 所示。

图 5-2（a）所示为小容量发电厂 3～6kV 厂用电源常用接线，厂用工作电源高压侧可由 6～10kV 主配电装置引接，也可由发电机-变压器组变压器低压侧分支引接，高压侧有断路器。备用电源（T0）高压侧可在 6～10kV 主配电装置引接，也可由电厂更高一级电压配电装置引接。厂用电源可为变压器，也可为电抗器。

图 5-2（b）所示为发电厂厂用电源设专用备用变压器的接线，备用变压器为 T0。

图 5-2（c）所示为发电厂厂用电源不设专用的备用变压器，采用两台变压器互为备用的接线。图 5-2（d）、（e）为 125MW 及以下小容量发电厂的高压厂用电源接线形式，厂用工作变压器由发电机-变压器组的变压器低压侧分支引接，启动/备用变压器由发电厂升

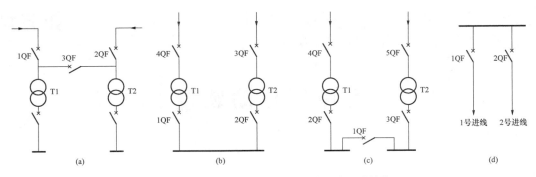

图 5-1　备用变压器和备用线路自动投入的一次接线

（a）内桥接线的桥断路器自动投入；（b）备用变压器自动投入；（c）分段或联络断路器自动投入；（d）备用线路自动投入

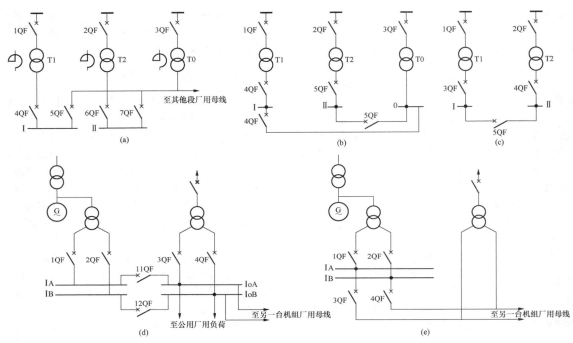

图 5-2　发电厂厂用电源一次接线

（a）小容量发电厂 3～6kV 厂用电源接线；（b）发电厂 380V 厂用电源接线；（c）发电厂 380V 厂用电源互为备用的接线；
（d）、（e）小容量发电厂高压厂用电源接线

高电压母线引接或联络变压器低压绕组引接。变压器均为双绕组厂用变压器。

图 5-2（d）所示为备用电源母线带厂用公用高压负荷，启动/公用/备用变压器低压侧装断路器 3QF、4QF 供备用和公用母线，厂用工作母线另装断路器 11QF、12QF 取得备用电源。

图 5-2（e）所示为启动/备用变压器不带厂用公用高压负荷，启动/备用变压器低压侧不装断路器，直接接到工作母线上。采用这种接线时，启动/备用变压器正常可运行在热备用方式（高压侧断路器合上），此时虽增加了变压器空载损耗，但变压器处于充电状态，

运行人员比较放心。变压器也可在冷备用方式运行（高压侧断路器断开），断路器是否断开可视电厂运行习惯决定，但要注意切换时空投变压器的浪涌电流冲击，必要时需设置涌流抑制装置。

保安段专用微机型三电源备用电源自动投入一次接线如图 5-3 所示。三回进线中，两回工作电源进线（其一电源Ⅰ设置为主工作电源，电源Ⅱ为辅工作电源），3QFE 为事故电源断路器。主工作电源失去时，首先自动投入辅工作电源，当辅工作电源也无电时，启动柴油发电机，并由三电源备用电源自动投入装置自动切向柴油发电机供电。

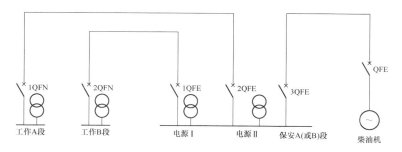

图 5-3　保安段专用微机型三电源备用电源自动投入一次接线图

二、备用电源自动投入装置的原理及设置原则

1. 备用电源自动投入启动原则

（1）工作电源故障或其断路器被错误地断开时，而且无其他闭锁条件时，备用电源应能自动投入。

（2）工作母线三相电压下降或消失，电压低于整定值、主电源无电流，且备用电源母线上保持一定电压数值时，装置自动启动。

（3）当厂用母线速动保护动作、工作电源分支保护动作或人工切除工作电源电压时，备用电源自动投入不应动作。

2. 备用电源自动投入的闭锁原则

（1）备用电源断路器的合闸脉冲应是短脉冲，只允许自动投入装置动作一次。动作后装置自动闭锁，并发信号。

（2）装有同步检查或低电压启动的备用电源自动投入装置，为防止工作电源的电压互感器二次侧熔断器熔断或其他原因（如电动机成组启动）引起备用电源自动投入误动，装置应能判别并自动闭锁、发信号。

（3）对设低压启动的备用电源自动投入装置，当备用电源母线无电压或电压低于整定值时，装置应自动闭锁，并发信号。

（4）当备用电源自动投入装置检查到工作开关、备用开关状态异常，如均合上或均打开，装置应自动闭锁，并发信号。

（5）当自动启动装置发出备用开关合闸命令，而备用开关拒动时，装置应自动闭锁，并发信号。

（6）装置自检出 CPU 模块故障后，应自行闭锁自投，并发信号。

（7）当设备检修、备用设备保护动作时，可采用计算机监控系统节点（计算机监控系统设置逻辑）将"外部闭锁"触点闭合，自动装置闭锁，并发信号。

装置在以上闭锁情况下，不会响应启动命令，不能进行自动投入。在排除故障或情况消失后装置将自动复归，重新进入就绪状态，准备下一次自动投入。

3. 备用电源自动投入装置的其他要求

（1）如投入故障母线或设备，应加速跳闸。加速跳闸可由备用电源自动投入装置实现，也可由保护装置实现。

（2）需校核备用电源或备用设备自动投入时过负荷及电动机自启动情况，如过负荷超过允许限度或不能保证自启动时，必须有自动投入装置动作时的自动减负荷的措施。

（3）装置动作后，应有相应的动作信号发出，并在直流电源消失后信号不丢失。

（4）数字式备用电源自动投入装置自动投入的主接线形式可自由设置，如桥式备用电源自动投入、变压器备用电源自动投入、分段备用电源自动投入、进线备用电源自动投入等。

（5）应采用标准机箱，使用功能插件，面板有液晶显示，人机接口界面良好。

（6）除了具有自动投入功能外，一般还要求附加过电流保护、充电保护等功能。

（7）可通过网络报送丰富的信息及进行事件记录等，可存储不少于 8 次的故障录波数据，并能按 GB/T 22386《电力系统暂态数据交换通用格式》规定的格式进行输出。

（8）应采用交流采样，实行光电隔离，能抗电磁干扰，动作可靠，整定方便，按照无人值班设计。

（9）应具有支持电力行业通信标准的通信接口和对时功能。

（10）380～220kV 等各种电压等级的备用电源自动投入控制通过微机型备用电源自动投入装置实现。

（11）一般安装在备用断路器开关柜内，不独立组柜。

4. 备用电源自动投入装置设置原则

（1）专用备用变压器或专用备用线路的各备用分支宜按断路器各自独立装设备用电源自动投入装置，

便于运行调试人员操作与调试。

（2）在有两个备用电源的情况下，当两个备用电源为两个彼此独立的备用系统时，一般装设各自独立的自动投入装置。当任一备用电源能作为几个工作电源的备用时，自动投入装置应使任一备用电源能对各工作电源实行自动投入。

（3）互为备用的低压变压器，按 DL/T 5153《火力发电厂厂用电设计技术规程》规定，不设备用电源自动投入，避免投在故障母线。若备用电源自动投入装置可以判别母线故障，则可以设置，但应具有防止备用电源投入到故障母线的闭锁措施。

（4）除不适于设置备用电源自动投入装置的情况外，母联、分段或联络断路器，设置一台备用电源自动投入装置。

（5）两线路互为备用时，设置一台备用电源自动投入装置。

（6）保安段三电源进线采用一台三电源专用备用电源自动投入装置。

5. 厂用 PC 联络开关备用电源自动投入装置设置原则

发电厂两台变压器互为备用时，两段母线之间的联络开关是否设自动投入装置，可考虑如下因素：

（1）发电厂根据厂用负荷的性质及供电范围等因素，在主厂房或其他负荷中心分别设两台相同容量的变压器供电，每台变压器设一段母线，两段母线设联络开关联络。在这些负荷中，Ⅰ类负荷都有双套设备，且互为备用，容量为 100%，分别由两段母线供电。每台变压器的额定容量选择按 1 台变压器停用时，两段母线的负荷由 1 台变压器供电，但不计及 100%互为备用的负荷容量。当运行设备的母线发生故障时，另一套备用设备能够自动投入，可保证生产流程的连续运行，故联络开关可不设自动投入装置，如有必要时，手动合上联络开关。

（2）对于远离主厂房的Ⅱ类负荷，如从主厂房引接厂用备用电源，供电电压可能不满足要求，或者投资很大，可以采用邻近两台变压器互为备用方式。此时因无Ⅰ类负荷，可不设自动投入装置。

（3）对只设一台变压器的重要一类负荷，为保证其连续供电，联络开关可设自动投入装置。

三、发电厂备用电源自动投入方案及接线

备用电源自动投入装置通常采用工作断路器跳闸、失压或欠压加欠流判据，具有测量、控制、TV断线闭锁、启动后加速等功能，部分备用电源自动投入装置还具有低压减负荷和系统自恢复功能，其自投过程逻辑是先跳后合。

发电厂有两种最基本的备用电源自动投入方式：

一种方式是两个工作电源互为备用，称为母联备用电源自动投入，如图 5-1（a）、（c）和图 5-2（c）、（d）所示；另一种方式是正常情况下备用电源不工作，称为线路备用电源自动投入，如图 5-1（b）、（d）和图 5-2（a）、（b）及图 5-3 所示。

（一）由专用备用电源自动投入装置实现的备用电源自动投入

1. 母联备用电源自动投入装置

母联备用电源自动投入装置一次系统接线如图5-4 所示。

（1）母联备用电源自动投入装置有以下四种运行状态：

1）正向运行。规定了工作和备用电源，工作电源正常运行。

a）两段母线电压正常，即 TV3、TV4 未断线，母线电压指示正常。

b）两段母线及出线上均无故障，即 1QF、2QF 合闸状态，未出现过电流、低压等不正常运行工况报警。

c）母线断路器 3QF 处于断开位置，即两段母线分列独立运行。

d）两进线断路器 1QF 和 2QF 均处于合闸位置，即两条进线分别向两段母线供电。

2）正向动作。某一工作进线分开，合母联断路器，由母联断路器向失压母线供电。

a）装置处于正向运行状态，即两电源进线分别带负荷运行。

b）Ⅰ段母线或Ⅱ段母线失电，进线电源断开或者母线 TV 检测到三相电压低。

c）失电母线欠流，进一步确定该电源故障。

d）另一段母线正常，确认可以向正常母线切换。

e）无外部闭锁或远方遥控闭锁，确认失压、欠流不是由于检修、计算机监控操作造成。

（f）断开 1QF（2QF），合母联断路器 3QF。

3）逆向运行。即原工作电源恢复，系统恢复到原有运行方式的条件。

a）两段母线电压正常，进线 TV1（或 TV2）电压指示恢复。

b）母联断路器处于合闸位置。

c）进线断路器 1QF（或 2QF）处于断开位置，而2QF（或 1QF）处于合闸位置。

4）逆向动作。将系统恢复到原有运行方式的条件如下：

a）装置处于逆向运行状态，即允许装置从备用切向工作。

b）失电进线电压恢复正常，采集进线电压，模拟量显示正常。

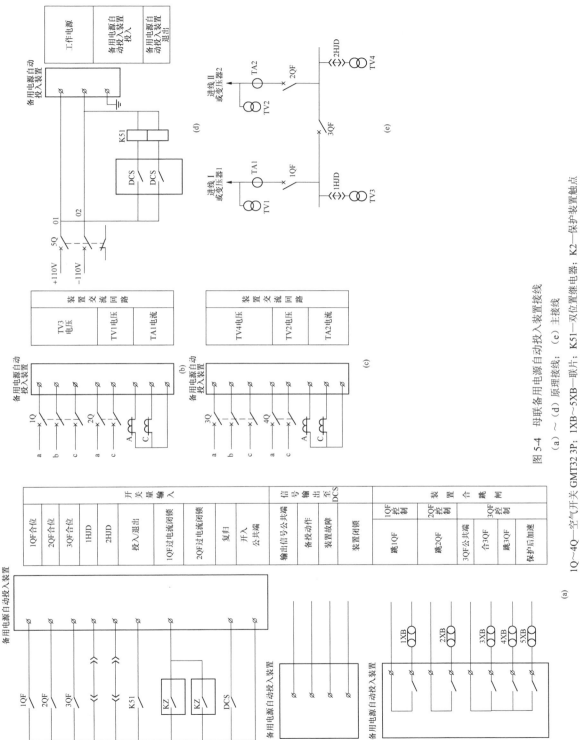

图 5-4　母联备用电源自动投入装置接线

（a）～（d）原理接线；（e）主接线；K51—双位置继电器；K2—保护装置触点

1Q～4Q—空气开关 GMT32 3P；1XB～5XB—联片；

c）两段母线及出线上均无故障，采集的开关量、模拟量无报警、无越限。

d）进线断路器 1QF（或 2QF）合闸，断开母联断路器 3QF。

备用电源自动投入装置在上电或复位后的运行全过程内，对系统的实际运行状况进行判断，若系统满足自动投入（正向）运行条件，经一定延时，装置自动进入正向运行方式。这种情况下，如工作电源消失，装置将按工作切向备用的工作模式，跳开失电母线的进线断路器，并在确认进线断路器跳开后，合上母联断路器，自动投入备用电源，继续向失电母线供电。这一工作模式对互为备用的电源是双向的。

若系统满足自恢复（逆向）的运行条件，经一定延时，装置自动进入逆向运行方式。这种情况下，如失电的工作电源恢复，装置将以自恢复方式动作，先跳开母联断路器，并在确认该断路器断开后，投上原失电进线断路器，自动恢复工作电源。这一工作模式对互为备用的电源也是双向的，投切过程中，有短时断电。

自恢复方式根据现场运行需要投入和退出。有些备用电源自动投入装置没有自恢复工作方式，使用时根据运行需要选取合适的备用电源自动投入装置。

（2）接线示例。

1）图 5-4 所示是某电厂备用电源自动投入接线图。对于智能装置，接线图主要表示外部接口——输入、输出回路，内部逻辑不体现。它采集了电源进线、母联断路器位置信号和母线电压互感器插头位置等开关量，断路器两侧电压、回路电流等模拟量，以及投、退、闭锁备用电源自动投入等外部输入触点状态，装置利用这些输入条件进行逻辑判断，并启动跳、合闸触点和报警触点。

图 5-4 所示接线图的主要特点如下：

a）备用电源自动投入/退出由 DCS 在操作员站上操作。DCS 脉冲较短，因此设置双位置继电器 K51 确保装置正确投入/退出。

b）引入备用电源电压，作为装置内部判断备用电源有电自动动作的一个条件。本装置电压采用 TV 二次侧电压，部分装置可直接接入低压 380/220V 电压。

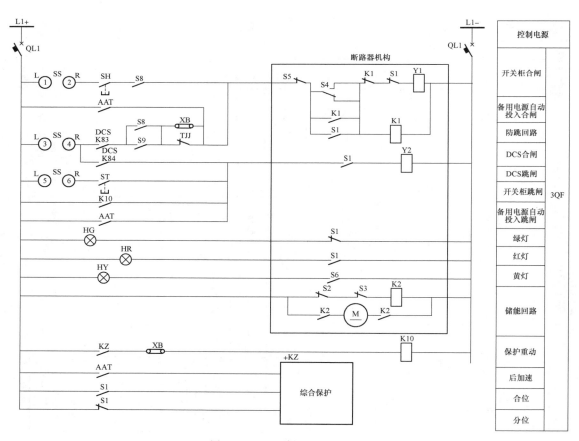

图 5-5　6kV 母联断路器控制接线

QL1—直流空气开关；SS—选择开关 LA39B-16D202/2；K10—中间继电器 HH54P-L；AAT—备用电源自动投入装置触点

c）引入工作回路电压互感器三相电压和 TV 开关柜滑动触点，以防止电压回路断线引起装置误动，并由母线低电压启动备用电源自动投入装置。

d）备用电源自动投入装置设独立的低电压启动回路，当工作母线上电压消失，而备用电源母线上保持一定的电压数值时，自动装置启动。

e）引入断路器位置，在工作位置跳闸时，可独立启动备用电源自动投入动作。

f）保留备用电源自动投入后加速回路，自动投在故障段时可加速跳开。

g）本图所示备用电源自动投入装置无逆向动作功能，1QF（或 2QF）只能跳闸，无逆向恢复使之合闸触点。

2）图 5-5 所示是某电厂有备用电源自动投入的 6kV 母联断路器控制接线图。图中跳、合闸回路及后加速回路接入备用电源自动投入装置的触点，这些触点已包含了电流、电压、断路器位置条件的逻辑判断。如果没有自恢复功能，只接入合闸触点即可，即投入备用断路器，要求自恢复时，跳闸回路接入，表示可以跳开母联断路器，恢复到原设置的工作断路器供电的系统接线运行。

装设备用电源自动投入的工作电源断路器的控制接线，与图 5-5 类似，只需取消后加速回路即可。

备用电源自动投入的动作时间可在 0～5s 内整定。不同的备用电源自动投入输入、输出要求可能不同，电压互感器和电流互感器的接入要求也不一样，具体设计时根据订货的制造厂资料设计。

均衡负荷备用电源自动投入装置主接线及装置设置如图 5-6 所示。正常时，1QF、2QF、4QF、5QF 在合位，3QF、6QF 在分位，变压器分别带母线运行。这种接线通常设两套同样的备用电源自动投入装置，备用电源自动投入原理接线与图 5-4 类似。在断路器控制接线中，注意 2QF 和 6QF 互相闭锁，二者只能合一个；4QF 和 3QF 互相闭锁，二者只能合一个。

图 5-1（a）、（c）和图 5-2（c）、（d）示意的主接线都可以用母联断路器备用电源自动投入逻辑来实现。

2. 线路备用电源自动投入

线路备用电源自动投入主接线如图 5-1（d）所示，一般可定义进线一主一备、两进线互为备用（不分主备）两种方式。

（1）工作方式——一主一备工作方式。以 1 号进线为主进线为例，正常情况主进线工作，1QF 合闸，备用进线处于备用，2QF 分闸，当主进线失电时，装置跳 1QF，合 2QF，将备用进线投入工作。即任何情况下只要主进线电压正常，均使主进线投入工作状态。

1）正向运行状态。

a）母线电压正常，装置输入三相工作母线电压，两进线电压一般为单相输入，如无 TV，也可不输入进线电压。当装置能直接采 380/220V 电压时，380/220V 等级 TV 电压可不引接。

b）主进线（1 号）正常，1QF 合，2QF 分。

c）2 号进线（备用）指示有电。

2）正向动作条件。

a）装置处于正向运行状态，设置为正向动作。

b）工作母线电压低，进线电源断开或者母线 TV 检测到三相电压低。

c）1 号进线欠流。装置采集两回进线电流，作为电压判据的补充。

d）无外部闭锁和远方遥控条件。

满足正向动作条件，装置跳 1QF，合 2QF，完成自投功能。

3）逆向运行状态。

a）工作母线电压正常。

b）备用线路（2 号）电流正常，1QF 分，2QF 合。

4）逆向动作条件。

a）装置处于逆向运行状态，即允许装置从备用切向工作。

b）1 号进线指示有电，失电进线电压恢复正常，采集进线电压，模拟量显示正常。

c）母线及出线上均无故障，采集的开关量、模拟量无报警，无越限。

d）进线断路器 1QF 合闸，2QF 分闸。恢复到原指定工作和备用的状态。

（2）工作方式二——两进线不分主、备，地位平等，互为备用。当处于工作状态的进线失电后，跳该进线断路器，合备用进线断路器，此时该备用进线成为工作进线。此后即使原工作进线电压恢复正常，装置也不再逆向动作。

线路（变压器）备用电源自动投入装置有关断路器控制接线如图 5-7 所示，备用电源自动投入装置原理接线如图 5-8 所示。图 5-8 中，正常运行备用变压器低压侧断路器不投入，在 1 号工作变压器出现故障时，先断开其低压侧断路器 1QF，然后再自动合上备用进线断路器 2QF。整个接线设置两套同样的备用电源自动投入装置，备用电源自动投入装置一般安装在备用进线开关柜内。备用变压器低压侧两个断路器互相闭锁，只能合一个。

图 5-1（b）、（d）和图 5-2（a）、（b）、（e）示意的主接线都可以用线路（变压器）备用电源自动投入装置逻辑来实现。

其实，母联备用电源自动投入装置和线路（变压器）备用电源自动投入装置可以为同一装置，实现哪种方式自动投入逻辑，在备用电源自动投入装置软件定义。各种运行方式输入的电流、电压、开关量等略有不同，但装置一般按最大化设置输入、输出通道，可以满足各种接线要求。

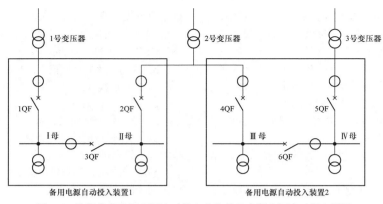

图 5-6 均衡负荷备用电源自动投入主接线及备用电源自动投入设置

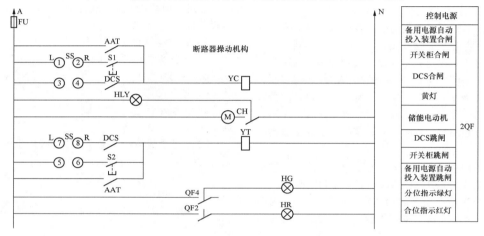

图 5-7 有备用电源自动投入装置的 380V 断路器控制接线图

YC—合闸线圈；QF2、QF4—合/分状态指示触点；YT—电压脱扣；AAT—备用电源自动投入装置触点

（二）由 PLC 装置实现的备用电源自动投入

母联、线路备用电源自动投入功能可由专用的微机型备用电源自动投入装置实现，也可采用可编程逻辑（PLC）装置实现各种方式的备用电源自动投入功能。图 5-9 所示为 PLC 实现的备用电源自动投入装置接线，其逻辑简单，电流、电压的判断由配电柜内其他保护测量装置实现，送出信号给 PLC，实现装置启动和闭锁。

图 5-9 中，T0 为专用备用变压器，为工作变压器 T1、T2 备用。当其中一台工作变压器故障引起低压侧断路器 2QF 跳闸时，备用电源自动投入装置在无闭锁信号输入的情况下检测到 2QF 跳位，即启动备用开关 QF 合闸；当检测到母线低电压，2QF 未跳闸时，先跳 2QF，再合 QF。

（三）由 DCS 等监控系统实现备用电源自动投入逻辑

DCS 等计算机控制系统已采集了互为备用的设备的很多信息，因此在计算机里很容易采用逻辑构成备用电源自动投入功能，如电动机的互为备用就采用

监控系统逻辑实现。对于发电厂厂用电系统互为备用的厂用低压变压器，需要增加备用电源自动投入功能时，可采用逻辑实现。该逻辑原理框图见图 5-10。

正常 1QF、2QF 合位，3QF 分开。自投方式 1 为 3QF 为 1QF 备用，自投方式 2 为 3QF 为 2QF 备用。以方式 1 为例，当 1 号变压器故障或其他原因 1QF 跳开，1 号进线无电流、I 母线无电压，在非手动等情况下，跳 1QF，合 3QF。

（四）由双电源自动切换开关（ATS）实现备用电源自动投入功能

自动电源切换功能也可以由一次设备（如可编程双电源自动切换开关 ATS）实现。

ATS 在电厂应用广泛，主要用在保安供电系统及有 I 类负荷的供电系统，可使负荷电路从一个电源自动换接至另一个（备用）电源，以确保重要负荷连续、可靠运行。

1. ATS 组成

ATS 一般由"开关本体+控制器"组成，而开关本体又有 PC 级（整体式）与 CB 级（断路器）两种。

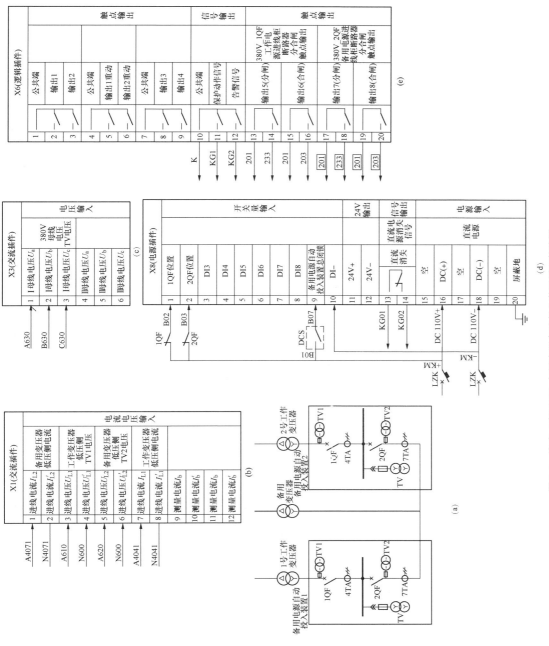

图 5-8 线路（变压器）备用电源自动投入装置接线图

(a) 接线示意图；(b)、(c)、(d)、(e) 原理接线图

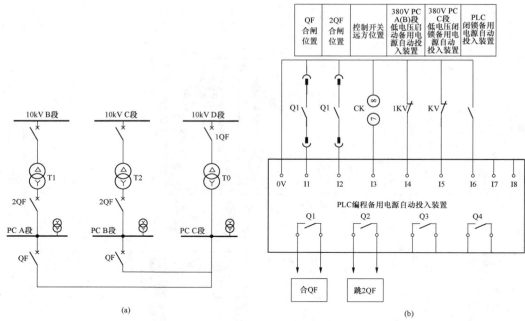

(a)

(b)

图 5-9　可编程 PLC 装置实现的备用电源自动投入装置接线

（a）主接线图；（b）装置接线图

注　1. 备用电源自动投入装置按备用分支分别设置，安装在备用分支断路器 QF 内，手动自复。

　　2. 1QF 为热备用，正常状态下合闸。

　　3. 低电压投备用电源自动投入装置延时 0.5s，在备用电源自动投入装置内实现。

　　4. 当 PC 工作断路器或备用断路器故障时，程控闭锁备用电源自动投入装置。

　　5. 当 PC 备用断路器有一台已自动投入时，程控闭锁备用电源自动投入装置。

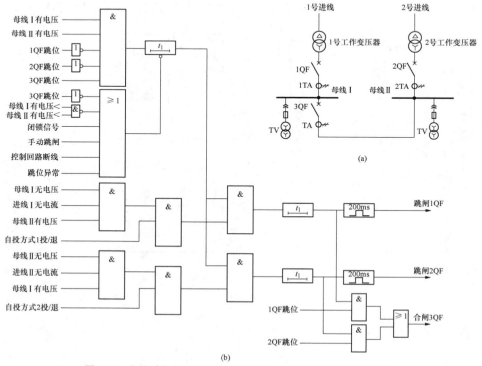

(b)

图 5-10　监控系统实现备用电源自动投入装置逻辑的软件原理框图

（a）主接线图；（b）原理框图

（1）PC级。能够接通、承载，但不用于分断短路电流的ATS，其回路接有保护电器（通常为断路器）。内置机械和电气联锁，转换时间快，约1/6s，可频繁转换，具有同相位转换功能及中性线重叠转换功能。PC级ATS的控制器功能强大，不需要外接电源。

（2）CB级。配备过电流脱扣器的ATS，它的主触头能够接通并用于分断短路电流。CB级ATS由双断路器组合而成，具有外置的机械和电气联锁，转换时间约1s，不可频繁转换，无法实现同相位转换及中性线重叠转换。CB级ATS外配控制器（需要外接电源），控制器主要用来检测被监测电源（两路）工作状况，当被监测的电源发生故障（如任意一相断相、欠压、失压或频率出现偏差）时，控制器发出动作指令，开关本体则带着负荷从一个电源自动转换至另一个电源。

火力发电厂多采用PC级ATS。

2. 闭路切换

闭路切换开关为先接后断式，自动选择开路或闭路切换。在转换过程中，当两路电源同时存在时，ATS控制器追踪两路电源同步以后，先接通备用电源，再断开主用电源，反之同理。两路电源并联供电时间不超过100ms。

闭路切换自动转换开关带相位角侦察器（同相位转换），具备自投、延时自复功能及有信号远传功能（启动柴油发电机，电源情况送控制系统），能配合柴油发电机组完成定期带负荷试验。

闭路自动转换开关应符合GB/T 14048.11《低压开关设备和控制设备 第6-1部分：多功能电器 自动转换开关电器》的要求，并通过CCC认证。对于保安PC，因为地位重要，电流大，所以一般采用闭环式ATS。

当400V保安PC段的工作电源同时失电时，与柴油发电机连接的400V保安PC段的双电源切换开关应向柴油发电机组（备用电源）发出启动信号（可延时0～6s），柴油发电机组输出电压达到额定值时，双电源切换开关以毫秒级的切换时间进行主备电源的切换，由柴油发电机组向保安段供电。当双电源切换开关检测到400V保安PC段的工作电源恢复供电时，双电源切换开关应以先接后断方式，在负荷没有断开的情况下，自动或由DCS发出信号，切换回主电源供电方式，并延时0～60min向柴油发电机组发出停机信号。

3. 开路切换

开路切换采取先断后接式，断电时间不超过100ms。对于带有I类负荷的MCC进线，电源进线采用开环ATS。

4. 切换方式转换

当工作电源及备用电源的相角、电压及频率在可接受范围内（相角差±5°，频率差±0.2Hz，电压差±5%）时，开关采用先接后断的切换方式提供负荷电源不中断的切换，其并联时间不超过100ms。当任一侧电源故障或只一侧供电时，依然采用开路模式切换，即先切离后投入方式。当工作电源及备用电源无法达成同步并联要求时，可设定自动转为开路切换并具有同相切换功能。开关自动侦测并比较两路电源的同步情况，自动判断选择进行闭路或开路切换模式。

（1）正常切换。正常切换由手动启动，在控制台、DCS或装置面板上均可进行。正常切换是双向的，可以由工作电源切向备用电源，也可以由备用电源切向工作电源。并联自动切换时，由手动启动，若并联切换条件满足，装置将先合备用（工作）电源，经一定延时后再自动跳开工作（备用）电源。

（2）紧急切换。当任一侧电源故障或只一侧供电时则采用开路模式切换，即先切离、后投入。

（3）保护闭锁。某些保护动作时（如分支过电流、厂用母差等），为防止备用电源误投入故障母线，可由这些保护将装置闭锁。切换装置提供接受有关闭锁信号（一般是无源触点）的接口。

（五）保安段三电源备用电源自动投入

如图5-3所示，保安段一般有三回电源进线，其中两回机组电源作为正常电源进线，还有一回柴油机电源进线，组成三电源特殊接线形式。部分厂家已开发出专用于保安段的三电源备用电源自动投入装置。它定义三电源进线分别为正常工作电源、常用备用电源、保安备用电源。装置逻辑是当工作电源进线失电，首先切换到常用备用电源，如常用备用电源无电，装置马上发出启动柴油机命令，跳开工作电源断路器，合保安电源进线断路器。该备用电源自动投入还具有自恢复功能。在备用电源投入时，如常用电源已经恢复稳定，装置可以按预定的选择"工作电源自恢复"或"选择常用备用电源自恢复"进行并联或串联切换，自动恢复到选择的常用电源，切换时经过同步，切换过程中保安段可不再失电。

三电源备用电源自动投入装置的功能均可投退，各种功能和切换方式均可经软件设定。

三电源备用电源自动投入装置交流回路接线图见图5-11。机组保安段三电源备用电源自动投入装置接线见图5-12。

400V工作A段和B段至保安电源馈线回路断路器1QFN、2QFN仅作为保护电器，正常情况下均处于合闸状态，不进行操作。400V保安电源进线断路器

1QFE～3QFE 可由保安电源备用电源自动投入装置或 DCS 控制，也可以在开关柜就地手动操作。柴油发电机出口断路器 QFE 可由柴油发电机组控制器控制或 DCS 控制，也可以在开关柜就地手动操作。

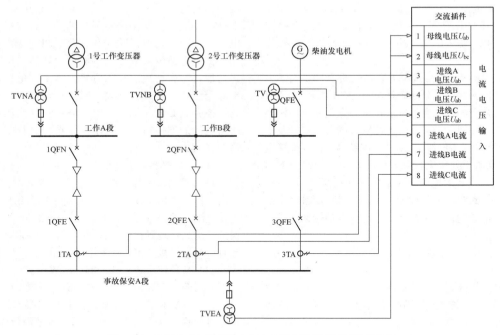

图 5-11　保安段三电源备用电源自动投入装置交流回路接线图

1．自动启动说明

（1）正常情况下，保安 A 段由工作 A 段供电（1QFE 合闸状态），工作 B 段电源（2QFE 分闸状态）与柴油发电机（QFE 分闸）处于自动备用状态。

（2）当保安 A 段母线及主用电源出现失压故障（≤70%）或偷跳时，经保安电源备用电源自动投入装置判断后，保安电源备用电源自动投入装置发出跳闸指令跳保安 A 段主用电源断路器 1QFE，在满足母线无电压检测及延时条件后，按以下原则合备用电源：

1）如此时备用电源正常（即保安 A 段工作 B 电源正常），装置在确认当前工作进线断路器跳开后，先合 2QFE 投保安 A 段工作 B 侧电源，若 2QFE 断路器拒合或即使闭合但母线仍然失压，则先补跳 2QFE，当 2QFE 断路器跳开后，装置发出启动柴油发电机命令，柴油发电机控制器在柴油发电机启动稳定后合 QFE 并向保安电源备用电源自动投入装置发送"柴油发电机启动成功"信号，装置合保安 PC A 段事故电源断路器 3QFE。

2）如此时备用电源也不正常，则保安电源备用电源自动投入装置不发 2QFE 合闸指令，装置在确认当前工作进线断路器跳开后发柴油发电机启动指令，柴油发电机控制器在柴油发电机启动稳定后合 QFE，并向保安电源备自装置发送"柴油发电机启动成功"信号。保安电源备用电源自动投入装置合保安 A 段事故电源 3QFE。

（3）当保安 A 段由备用电源运行（2QFE 合闸状态、1QFE 和 3QFE 分闸状态）时，此时如果备用电源出现故障，则保安电源备用电源自动投入装置跳 2QFE，判断主用电源是否正常，如正则投主用电源，如不正常则发启动柴油发电机命令，柴油发电机控制器在柴油发电机启动稳定后合 QFE 并向保安电源备用电源自动投入装置发送"柴油发电机启动成功"信号。保安电源备用电源自动投入装置合保安 A 段事故电源断路器 3QFE。

（4）保安电源备用电源自动投入装置能判断 TV 断线，如果主用电源正常且主用电源进线断路器在合闸状态，或备用电源正常且备用电源进线断路器在合闸状态，或柴油发电机断路器 QFE 和 3QFE 在合闸状态，但保安段母线检测无电压，则可判断为保安段的母线 TV（TVEA）信号有误，此时保安电源备用电源自动投入装置发出一个公共故障的信号。若只是保安 A 段母线 TV 不正常，则保安电源备用电源自动投入装置分别送出母线 TV 故障信号。

2．紧急启动说明

柴油发电机控制器接到集控室硬操紧急启动指令后，立即启动柴油发电机并在其稳定后合柴油发电机出口断路器 QFE，保安电源备用电源自动投入装置判断 400V 保安 A 段、B 段母线电压是否正常。如果任

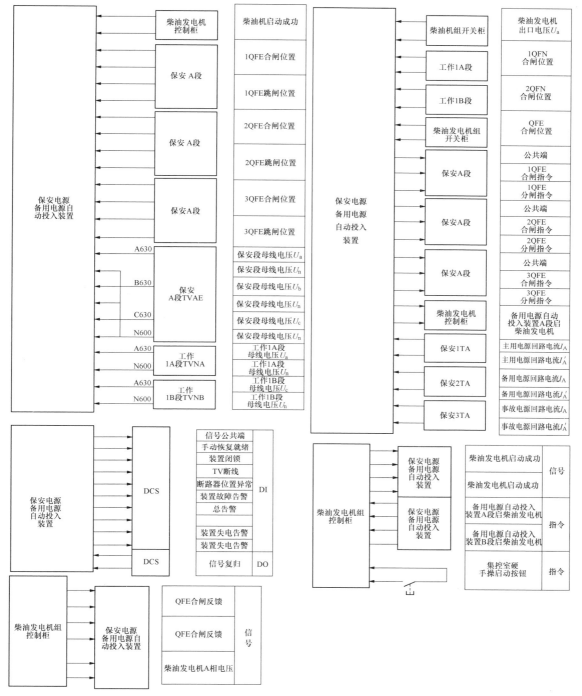

图 5-12　机组保安段三电源备用电源自动投入装置接线图

一段母线电压不正常，则保安电源备用电源自动投入装置跳开相应保安段主用电源、备用电源进线断路器（即跳 1QFE、2QFE），合事故电源断路器 QFE，则柴油发电机给保安 PC 段供电。

3. 电源恢复切换说明

柴油发电机组复归命令可以由 DCS 实现或在保安电源备用电源自动投入装置就地实现。保安电源备用电源自动投入装置收到复归命令后，按自动程序的逻辑，判断主用电源或备用电源恢复正常供电后，经准同步合相应断路器、跳事故电源进线断路器。运行人员确认恢复切换成功后，手动停柴油发电机组。

4. 带负荷试验说明

柴油发电机组带负荷试验可以由 DCS 实现或在柴油发电机组控制柜就地实现。

带负荷试验时 1QFE 或 2QFE 处于合闸状态，禁用保安电源备用电源自动投入装置，投 3QFE 开关柜内连接片 1XB，手动合 3QFE，在就地控制柜手动操作柴油发电机组启动，如保安段母线正常工作（由主用电源或备用电源供电），柴油发电机控制器分别与主用电源 1QFE 或备用电源 2QFE 准同步后合出口断路器 QFE 并带 30%负荷运行。

带负荷试验完成后，在就地控制柜手动操作柴油发电机组停机，手动分 3QFE，投入保安电源备用电源自动投入装置。

如果不合 3QFE 断路器，则只是空载试机。

柴油发电机只能单独与主用电源 1QFE 或备用电源 2QFE 其中的一路同步。

（六）分立元件组成的备用电源自动投入接线

备用电源自动投入逻辑也可以由继电器来搭接构成，主要应用于一些老厂改造。

50MW 以下小容量发电厂或工矿企业的 3～6kV 高压厂用电源的自动切换由继电器构成，其接线如图 5-13 所示。

图 5-13 所示接线图的主要特点如下：

（1）各厂用母线段的备用电源自动投入回路，均按本段工作电源受电侧断路器用不对应原理构成启动回路。备用电源自动投入的闭锁开关按厂用母线段各自独立装设。备用电源自动投入回路的电源接至工作电源受电侧断路器的控制电源。当工作变压器电源侧断路器跳闸时，应联动受电侧断路器跳闸，以启动备用电源自动投入，备用电源自动投入接线控制回路的脉冲应是短脉冲。

（2）厂用备用电源回路一般装设备用电源无电压故障信号，为了避免误强送，在厂用控制屏上一般装设 6kV 高压厂用备用电源各分支的保护动作信号光字牌。

（3）当厂用备用电源已带一段厂用工作母线运行，还需自动投入另一段时，高压备用电源分支线的保护装置设置备用电源自动投入的后加速回路。后加速回路如图 5-14 所示，用备用电源自动投入切换开关的触点，串接厂用备用电源分支线的过电流保护装置的时间继电器瞬时动作触点来实现。低压备用分支线保护动作时间的整定值较小，故不考虑设置备用电源自动投入的后加速回路。

（4）备用电源自动投入设独立的低电压启动回路，当工作母线上电压消失，而备用电源母线上保持一定的电压数值时，自动启动。

（5）为了防止工作电源的电压互感器空气开关跳闸或熔断器熔断或其他原因引起备用电源自动投入误启动，在低电压启动的时间继电器回路串入电压互感器的电压回路断线监视继电器触点及开关柜的滑动触点。

（6）监视备用电源电压的触点，直接串联在低压跳闸回路中，其优点是当工作电源和备用电源分别接在不同母线段，接有工作电源的母线段发生故障时，可以缩短备用电源自动投入的时间。

（7）对于有两回厂用备用电源的发电厂，一般不考虑二次回路的切换装置，当以其中一回备用电源作为所有工作电源的备用时，应将其电源侧断路器投入合闸状态，以保证各段厂用母线备用电源的自动投入。

备用电源自动投入装置的工作电源低电压启动继电器的整定电压为工作电压的 25%。检查备用电源电压的继电器，按母线最低工作电压整定，一般不低于工作电压的 70%。低电压启动时间继电器的时限整定一般为 1～1.5s。对低压厂用电源的备用电源自动投入装置整定时间应比高压侧大一级差，以避免不必要的动作。

第二节 厂用电源快速切换装置

一、高压厂用电源快速切换的一次接线

国内大中型电厂高压厂用切换普遍使用快速切换装置，最快切换速度可在 100ms 左右。大中型火力发电厂高压厂用电源一次接线如图 5-15 所示。

图 5-15（a）所示启动/备用变压器带公用负荷，图 5-15（b）不带公用负荷，均为发电机出口接高压厂用变压器，设置与高压厂用变压器同容量的启动/备用变压器。

图 5-16（a）所示厂区脱硫高压段接线，每台机提供 1 回高压厂用电源至脱硫高压段，设脱硫段联络断路器，正常时分列运行，两回进线互为备用。当一回进线故障时，快速投上联络断路器 3QF。图 5-16（b）所示厂区脱硫高压段接线，每台机提供 2 回高压厂用电源至脱硫高压段，两回进线互为备用。

200MW 级及以上机组的高压厂用电源切换，应采用厂用电源快速切换装置。125MW 机组高压厂用电源切换也可采用快速切换装置。

600MW 级及以上机组带发电机出口断路器时，变压器故障时的高压厂用电源切换，既可采用厂用电源快速切换装置，也可采用备用电源自动投入装置。快速切换延时时间应根据停机备用变压器容量设置，全容量可采用串联快速切换，容量不足时应采用低电压或计算机监控自动切除部分负荷后慢速自动切换。带发电

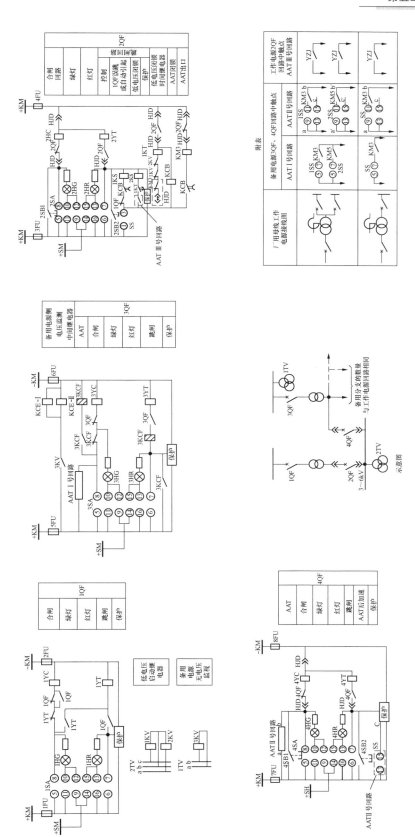

图 5-13 3～6kV 厂用电源自动切换接线

1SA～4SA—控制开关 W2-1a、4.6a、40、20、20/FB：SS、1SS、2SS—转换开关 LW2-1.1.11/F4-Y：2SB1、2SB2、4SB1、4SB2—按钮：1HG～4HG—绿灯 XD-2：1HR～4HR—红灯 XD-2：3KV—电压继电器 DJ131/200：1KV、2KV—电压继电器 DJ-131/60C：KCE-I、KCE-II—中间继电器 DZ-15：1KT—时间继电器 112C：3KCF—中间继电器 ZJ1-1：1KCR、2KCR、1KCR、2KCR—信号继电器 DX-11：KCB—中间继电器 DX-31：KM3、KM5—中间继电器 DZ-17

注：1. 本图仅示出与 AAT 有关回路，其中信号、测量和断路器的合，跳闸绕组回路按工程所选设备及要求设计：

2. 附表中示出一台工作变压器带两段与一段的两种接线，接线图中按一段与备用电源接相同，具体工程按实际接线参考本图设计。

附表

厂用母线工作 电源接线图	备用电源3QF、4QF回路中触点		工作电源2QF 回路中触点 AATⅢ号回路
	AATⅠ号回路	AATⅡ号回路	

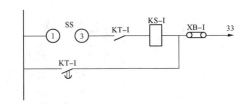

图 5-14　备用电源分支线的保护后加速回路接线

SS—切换开关；KT-I—时间继电器（见备用电源分支过电流保护的时间继电器）；KS-I—信号继电器；XB-I—连接片

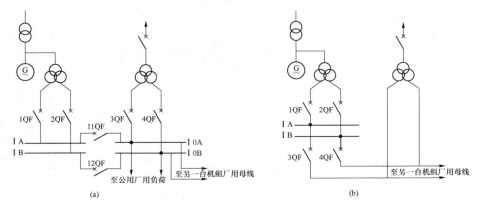

图 5-15　大中型发电厂高压厂用电源一次接线

（a）方式一；（b）方式二

机出口断路器而设快速切换装置主要用于正常运行的厂用电切换，运行人员按要求只要一键即可启动，可减小工作强度和避免操作失误。

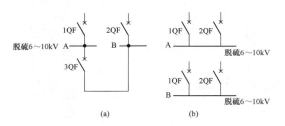

图 5-16　大中型发电厂厂区脱硫高压段接线

（a）方式一；（b）方式二

二、快速切换装置的发展和原理

1. 快速切换装置的发展

20 世纪 90 年代中期以前，国内 200MW 以下容量机组的发电厂广泛采用慢速切换方式，经长期运行考验，证明此方式对电动机是安全的，基本上能满足小容量机炉运行要求。但慢速切换方式，切换时间长，电动机转速下降幅度大，成组启动时间长，这些对机炉运行系统，尤其是 300MW 以上容量的机炉带来不利影响。不同辅机的加速特性不同，当残压下降到额定电压的 20%～40%时，电动机的转速已经有很大程

度的下降，此时电源恢复供电时，可能使锅炉运行发生危险，如：锅炉的风系统，引风机的转速比送风机快，则可能使炉膛过度抽风而导致锅炉和烟道负压爆炸；燃烧系统中，磨煤机和一次风机速度下降到一定程度时，就不能保证风粉比，锅炉就不能维持燃烧；水泵或油泵电动机转速下降，水压和油压降低，将造成机炉汽水系统和油系统的异常运行。

因此，对不同的机炉型式、蒸汽工况、辅机及电动机的特性等，切换的最长允许时间不一样，要通过实际分析和试验确定。普通备用电源自动投入装置慢速切换时间为 0.5～1.5s，超过了残压和备用电源电压第一次反相（180°）的时间（0.3～0.4s）。

20 世纪末以来，我国电力迅猛发展，机组容量不断扩大，电力设备不断更新。随着快速断路器的运用，我国自主研发的第一台微机型发电厂厂用电快速切换装置 1997 年 1 月在江苏望亭电厂 11 号机组（300MW）首次成功投运，从此，发电厂高压厂用电切换广泛采用微机型厂用电快速切换装置。厂用电源切换成功率大大提高，并且安全可靠，降低了切换过程中因保护跳闸、重要辅机跳闸等造成机炉停运的概率。因此，厂用电源快速切换对电厂维持机炉设备稳定运行具有重要意义，国内外已广泛采用。

2. 捕捉同步原理切换方式

随着大型机组的迅速发展，高压电动机的容量增

大很多，如 300MW 机组的给水泵为 5000kW 以上，锅炉风机容量也达几千千瓦。大容量电动机在断电后电压衰减较慢，残余电压的幅值也很大，给厂用电源的自动切换带来很多问题。如残压较大时重新接通电源，电动机将受到冲击而损坏，对机炉运行热工参数影响也极大，可能造成机炉运行不稳定。为此，大容量机组采用快速切换方式。

电动机切换过程中，电动机重新接通电源时的等值电路和相量图如图 5-17 所示。

由图 5-16（b）可以看出，不同的 θ 角（电源电压 $\dot{U}_s$ 和电动机残压 $\dot{U}_d$ 二者之间的夹角），对应不同的 ΔU 值，如 $\theta = 180°$，ΔU 最大，如果此时重新合上电源，对电动机的冲击最严重。根据母线上成组电动机的残压特性和电动机耐受电流的能力，在极坐标上可绘出残压曲线，如图 5-18 所示。

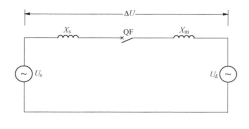

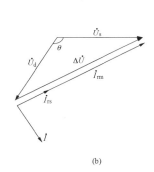

图 5-17　电动机重新接通电源时的等效电路和相量图
（a）等效电路；（b）相量图

$\dot{U}_s$—电源电压；$\dot{U}_d$—母线上的电动机的残压；X_s—电源等值电抗；X_m—母线上电动机组和低压负载的等值电抗（折算到高压厂用电压）；$\Delta \dot{U}$—电源电压和残压之间的差拍电压

电动机重新合上电源时，电动机上的电压 U_M 为

$$U_M = \Delta U \frac{X_M}{X_S + X_M} \qquad (5-1)$$

式中　X_M——母线上电动机组和低压负荷折算到高压厂用电压后的等值电抗；

X_S——电源的等值电抗；

ΔU——电源电压和残压之间的差拍电压。

令 U_M 等于电动机启动时的允许电压，即为 1.1 倍电动机的额定电压 U_N

$$U_M = \Delta U \frac{X_M}{X_S + X_M} = 1.1 U_N \qquad (5-2)$$

$$\frac{\Delta U}{U_N} = 1.1 / \frac{X_M}{X_S + X_M}$$

令 $K = \dfrac{X_M}{X_S + X_M}$，则

$$\Delta U(\%) = 1.1 / K \qquad (5-3)$$

如 $K = 0.67$，计算得 $\Delta U(\%) = 1.64$。图 5-18 中，以 A 为圆心，以 1.64 为半径绘出圆弧 $A'-A''$，其右侧为电厂备用电源合闸的安全区域。在残压曲线的 AB 段，实现的电源切换谓之快速切换，即在图 5-18 中 B 点（0.3s）以前进行切换，对电动机是安全的。延时至 C 点后实现的切换称为延时切换，即在图 5-18 中 C 点（约 0.47s）以后进行切换，对电动机是安全的。等残压衰减到 20%～40% 时实现的切换，通常称之低电压检定切换。延时切换和低电压检定切换统称为慢速切换。

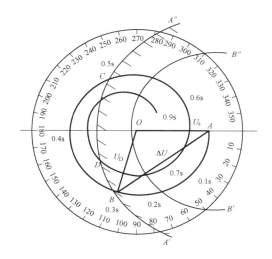

图 5-18　残压曲线图

式（5-3）中的 K 值，与机组负荷有关，负荷小时，要切除一些辅机。切去电动机后，X_M 增加，K 值也增加，ΔU 则减少，在图 5-18 中小的 $\Delta U(\%)$ 画出的圆弧就向 $A'-A''$ 曲线右侧移动，如图中的 $B'-B''$ 曲线。从有关资料分析，按 $K = 0.67$ 作出的允许极限是最危险的，K 值应该取一个较大的数值。对长延时和慢速切换，$\Delta U(\%)$ 取 110%；对快速切换，$\Delta U(\%)$ 取 100%（考虑电动机转子回路直流分量的影响）。

厂用母线上接有很多电动机时，各电动机的特征可能有较大的差异，合成的母线残压特性曲线与分类的电动机的相角和残压曲线之间的差异较大。因此，

以母线残压曲线为基准来确定所有电动机是否发生危险是不严格的,最完善的方法是按每台电动机的技术参数和特性来计算或通过试验确定。

厂用电源采用快速切换时,备用电源的电压和残压之间的相位差小,对电动机冲击小,切换时间快,有利于机炉系统的稳定运行,故火力发电厂高压厂用电的事故切换中广泛采用快速切换。现工程设计中高压真空断路器合闸时间为 0.06s 左右,具备快速切换的条件。

3. 捕捉电动机耐受电压的快切原理分析

厂用母线在工作分支断路器因继电保护动作跳闸后,将出现拖动大量厂用机械的异步电动机群转入异步发电状态的残压,投入备用分支电源时将造成备用电源和母线残压的冲击。

厂用母线失电后,所有异步电动机依靠原来剩余的动能及剩磁进入异步发电状态,基于它们不具备动力源和励磁源,因此备用电源可以在与残压有较大相角差的情况下,无损地将这群发电机拉入同步,可以做到在残压下降到低压保护启动电压前完成备用电源的投入操作,使全部厂用负荷在较高的电压及频率水平上完成自启动。

快切时,真正伤害厂用电动机的直接因素是在备用电源投入瞬间加在电动机群上的电压所产生的电动力。事故切换过程电压相量如图5-19所示。

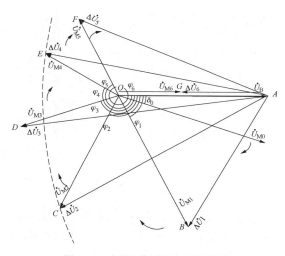

图 5-19 事故切换过程电压相量图

从图5-19可以看出,在厂用工作分支被保护切除后施加在备用分支断路器两侧的电压 $\Delta\dot{U}$ 是备用电源电压 $\dot{U}_B$ 及母线残压 $\dot{U}_M$ 的相量差。合上备用电源瞬间,$\Delta\dot{U}$ 一部分施加在启动/备用变压器上,另一部分施加在厂用负荷上,只要后一部分的电压不超过电动机的耐受电压(一般为 1.1~1.2 倍额定电压),则电动机是安全的。因此,快切装置的事故切换按捕捉电动机的

耐受电压点前的时机投入备用电源,而不需去捕捉同步点。

备用电源在异步电动机静态电压特性曲线上的临界电压前投入。异步电动机静态电压特性曲线如图5-20所示。

从图 5-20 可以看到当异步电动机的端电压降低到临界电压 U_k 以下时,将大量吸取无功功率,导致母线电压急剧下降。同时吸收的有功功率急剧减少,转矩大幅下降,导致母线残压的频率急剧下降,所以在低于 U_k 以下的区间投入备用电源时不仅会使大量电动机被低压保护切除,且其他电动机的自启动条件也会恶化。

目前,这两种原理的快速切换装置均已广泛使用,二者核心原理相同,均为捕捉电动机耐受电压。

三、快速切换方案及接线

(一)装置主要功能

(1)在正常运行中需要切换厂用电时,应为双向切换功能。当工作电源和备用电源属于同一系统时,宜选择并联切换方式。

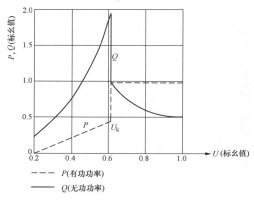

图 5-20 异步电动机静态电压特性曲线

(2)在电气事故或不正常运行(包括工作母线低电压和工作电源断路器偷跳)时,应能自动切向备用电源,且只允许采用串联切换方式,在合备用电源断路器之前应确认工作电源断路器已经跳闸;在非电气事故(如机炉事故)需要切换厂用电时,允许采用同时切换方式。

(3)串联切换应同时开放快速切换、同相位切换及残压切换三种方式,在工作断路器跳闸瞬间满足快速切换条件时执行快速切换。如不满足快速切换条件,则执行同相位切换和残压切换。

(4)在并联切换过程中,应防止两电源长期并列形成环流,并列时间不超过1s。

(5)当备用电源切换到故障母线时,应具有启动

后加速保护快速切除故障。

（6）当工作母线电压互感器断线或备用母线电压低时，应闭锁切换。

（7）装置具有直流电源消失、电压互感器断线、备用电源低电压报警信号。

（8）装置有中文显示界面，能显示必要的参数、事件信息及故障信息。

（9）装置中的各项功能，都能根据不同需要方便投入或退出。

（10）装置具有自动检测功能。当自检出元件损坏时，能发出异常信号，装置不应误动作。

（11）能记录和保存装置动作全过程的相关数据和信息，并通过通信接口送出。在失去直流电源的情况下数据不丢失，并可重复输出。满足不少于4次装置动作后文件存储容量要求。

（12）装置的实时时钟及主要动作信号在失去直流电源的情况下不丢失，在电源恢复正常后能重新正常显示并输出。

（13）装置具有自复位功能。当装置工作不正常时，能自动复位，复位后仍不能正常工作时，能发出异常信号或信息，装置不应误动作。

（14）装置具有自动对时功能及通信功能，其通信传输规约符合 DL/T 667《远动设备及系统　第5部分：传输规约　第103篇：继电保护设备信息接口配套标准》的规定。

（二）切换方案

快速切换装置切换功能简图如图5-21所示。工程中切换方式实例见表5-1。

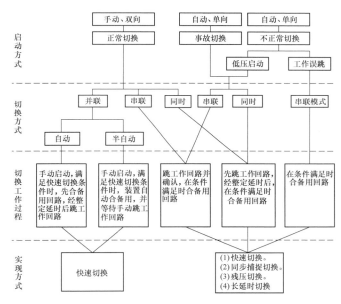

图5-21　快速切换装置切换功能简图

表5-1　　　　　　　　　　　　　国内厂用电源切换方式实例

机组容量	某330MW厂	某600MW厂	某1000MW厂	某1000MW厂有发电机断路器
工作电压等级/备用电压等级	330kV（工作，发电机-变压器组高压侧）/220kV（启动/备用变压器高压侧），由联络变压器联系二级	330kV（工作，发电机-变压器组高压侧）/330kV（启动/备用变压器高压侧）	750kV（工作，发电机-变压器组高压侧）/330kV（启动/备用变压器高压侧）	老厂6kV停机变压器
工作/备用电源固定相角	15°	10°	20°	
切换时间	60ms	20ms	20ms	
后加速	未使用	未使用	未使用	未使用
减载功能	未使用	未使用	未使用	未使用

续表

机组容量		某 330MW 厂	某 600MW 厂	某 1000MW 厂	某 1000MW 厂 有发电机断路器
正常手动切换	切换方式	同时切换 并联切换	同时切换 并联切换	同时切换 并联切换 检定残压切换	串联切换
	切换方向	工作至备用 备用至工作	工作至备用 备用至工作	工作至备用 备用至工作	工作至备用 备用至工作
事故自动切换	切换方式	串联切换	同时切换	同时切换	未使用
	切换方向	工作至备用	工作至备用	工作至备用	未使用
厂用高压断路器		6kV 断路器合闸时间： 65ms 跳闸时间：45ms	10kV 断路器合闸时间： 65ms 跳闸时间：45ms	10kV 断路器合闸时间： 65ms 跳闸时间：45ms	6kV 断路器合闸时间： 65ms 跳闸时间：45ms

高压厂用电快速切换装置共有三种切换方式，即正常切换方式、事故切换方式及不正常切换方式（包含低压启动及工作开关误跳启动），其中正常切换为双向，可以由工作回路切换到备用回路，也可由备用回路切换到工作回路。

启动后，视不同的设定，快速切换装置可以有三种切换方式，即串联、并联、同时，该方式是以工作开关动作先后顺序来划分的。串联方式下，必须确认开关跳开后，再合后备开关；并联方式下，装置先合后备回路，然后自动或等待人工干预跳工作回路或备用回路。同时方式是跳工作回路及合备用回路命令同时发出，其中发合命令前有一人工设定的延时，这种切换方式可以使断电时间尽量短。

（三）切换方式

除并联切换一定是以快速切换方式实现外，其余切换方式均以快速、同步捕捉或残压、长延时中的一种方式实现。快速切换装置提供长延时切换功能，当启动后达到设定的长延时时，发合跳闸命令。长延时一般为数秒，以保证相关负荷已切除，备用变压器的负荷能力能满足剩余负载的自启动要求。

1. 正常切换

正常切换由手动启动，在控制台、DCS 或装置面板上均可进行，根据远方/就地控制信号进行控制。正常切换是双向的，可以由工作电源切向备用电源，也可以由备用电源切向工作电源。正常切换有以下几种方式：

（1）并联切换。

1）并联自动。手动启动，若并联切换条件满足，装置将先合备用（工作）开关，经一定延时后再自动跳开工作（备用）开关。如在这段延时内，刚合上的备用（工作）开关被跳开（如保护动作跳闸），则装置不再自动跳工作（备用）开关，以免厂用电失电。若

启动后并联切换条件不满足，装置将闭锁并发信，进入等待人工复归状态。

2）并联半自动。手动启动，若并联切换条件满足，合上备用（工作）开关，而跳开工作（备用）开关的操作由人工完成。若在设定的时间内，操作人员仍未跳开工作（备用）开关，装置将发出报警信号，以免两电源长期并列。若启动后并联切换条件不满足，装置将闭锁并发信，进入等待人工复归状态。

并联切换方式适用于同频系统间且固有相位差不大的两个电源切换，此种方式下只有一种实现方式——快速切换。

（2）正常串联切换。正常串联切换由手动启动，先发跳工作（备用）开关命令，在确认工作（备用）开关已跳开且切换条件满足时，合上备用（工作）电源。正常串联切换适用于差频系统间或同频系统固有相位差很大的两个电源切换，此种方式下可有四种实现方式：快速、同步捕捉、残压、长延时。快速切换不成功时，可自动转入同步捕捉、残压、长延时方式。

（3）正常同时切换。正常同时切换由手动启动，跳工作开关及合备用开关命令同时发出，因通常固有合闸时间比分闸时间长，在发合闸命令前可有一人工设定的延时，以使分闸先于合闸完成。同时切换适用于同频、差频系统间的电源切换，可有四种实现方式：快速、同步捕捉、残压、长延时。快速切换不成功时可自动转入同步捕捉、残压、长延时方式。

2. 事故切换

事故切换由保护出口启动，单向，只能由工作电源切向备用电源。事故切换有两种方式：

（1）事故串联切换。保护启动，先跳工作电源开关，在确认工作开关已跳开且切换条件满足时，合上备用电源。串联切换有四种实现方式：快速、同步捕

捉、残压、长延时。快速切换不成功时，可自动转入同步捕捉、残压、长延时方式。

（2）事故同时切换。保护启动，先发跳工作电源开关命令，在切换条件满足时同时（或经设定延时）发合备用电源开关命令。事故同时切换也有四种实现方式：快速、同步捕捉、残压、长延时。快速切换不成功时，可自动转入同步捕捉、残压、长延时方式。

3. 不正常情况切换

不正常情况切换由装置检测到不正常情况后自行启动，单向，只能由工作电源切向备用电源。不正常情况指以下两种：

（1）厂用母线失压。当厂用母线三相电压均低于整定值且电流小于等于无流定值，时间超过整定延时时，装置根据选择方式进行串联切换或同时切换。切换实现方式有四种：快速、同步捕捉、残压、长延时。

（2）工作电源开关误跳。因误操作、开关机构故障等原因造成工作电源开关错误跳开时，装置将在切换条件满足时合上备用电源。实现方式有快速、同步捕捉、残压、长延时。装置同时提供电流辅助判据功能，当装置正常运行时检测到工作开关误跳，如果定值中"无流判据投退"处于投入状态，装置会根据当前工作电流的值，判断开关断开是否是因为工作开关辅助触点故障造成的假象。电流判据可根据需要投退。

（四）装置其他要求

1. 去耦合

切换过程中如发现整定时间内该合上的开关已合上但该跳开的开关未跳开，装置将执行去耦合功能，跳开刚合上的开关，以避免两个电源长时间并列。如：同时切换或并联自动切换中，工作切换到备用，备用开关正常合上，但是工作开关没有能跳开。到达整定延时后，装置将执行去耦合功能，跳开刚刚合上的备用开关。反之亦然。

2. 装置信号

装置具有异常情况检测、信号反馈和处理逻辑，便于运行操作人员掌握装置切换功能的投入、退出、闭锁、闭锁解除等状况。

（1）切换功能投入/退出可以通过控制开关、DCS输出或通过操作装置软件菜单设置。

（2）装置自行闭锁。装置刚完成了一次切换后，或正常监控运行时检测到异常情况后自动置于切换闭锁状态。装置处于切换闭锁状态时，将不响应任何切换命令，向外部反馈"切换闭锁"信号。以下情况下能引起装置闭锁切换功能：

1）装置一旦启动切换，无论切换成功或失败，完成切换程序后，将置于闭锁状态。

2）某些故障发生、保护动作时（如高压厂用变压器分支过电流、电缆差动、母线保护等），为防止备用电源误投入故障母线，可由这些保护出口启动装置闭锁，即保护闭锁。

3）装置启动切换的必要条件之一是工作、备用开关任一个合着，而另一个打开，同时 TV 隔离开关必须合上，若正常监测时发现这一条件不满足（工作开关误跳除外），装置将闭锁切换。若启动切换后检测到该跳开的开关未跳开或该合上的开关未合上，装置无法将切换进行到底时，装置将去耦合，并撤销余下的切换动作，进入切换闭锁状态。

4）厂用母线 TV 二次回路发生断线时，装置不能保证测量的电压、频率、相位的正确性，为防止误合闸，装置在这种情况下将闭锁切换。

5）备用电源失电时装置闭锁切换。此功能可以投退。该功能投入时，只要装置检测不到备用电源，即闭锁切换。该功能退出时，即使检测到后备失电，装置仍将启动切换，只是此时只能实现残压切换和长延时切换。

6）装置投入后即始终对重要部件（如 CPLD、RAM、EEPROM）等进行自检，如自检时发现异常情况，装置将闭锁切换。

（3）闭锁解除。除后备失电闭锁外，所有装置自行闭锁情况发生时，必须待异常情况消除，且经人工复归报警信号后，方能解除闭锁。备用失电闭锁切换功能投入时若检测到备用电压失电，装置将闭锁切换，但当备用电压恢复时，装置不必经人工复归即可解除闭锁。

3. 低压减负荷

切换过程中的短时断电将使厂用母线电压和电动机转速下降，备用电源合上后电动机成组自启动成功与否将主要取决于备用变压器容量、备用电源投入时的母线电压以及参加自启动的负荷数量和容量。在不能保证全部负荷整组自启动的情况下，切除一些不必须参加自启动的负荷，将对其他重要辅机的自启动起到直接的帮助。

装置一般设两段低压减负荷出口，两段可分别设定低压和延时，以备用电源开关合上为延时起始时间。低压减负荷时间定值一般为 20～40s，装置共输出 2 副触点供减负荷用，也可手动解除预定的不重要负荷。

装置的低压减负荷功能只在本装置进行切换时才会起作用。

4. 启动后加速

为防止切换时将备用电源投入故障从而引起事故扩大，应同时将备用分支后加速保护投入，以便瞬时切除故障。装置在启动切换时，同时输出一个短时闭合的触点信号，供分支保护投入后加速。

5. 装置配置、组屏

每台机组每一个厂用分支须配置一套独立的快速切换装置，正常手动切换为双向，事故自动切换为单向，只能从工作切向备用。手动切换和自动切换可动作于一个工作电源开关和一个备用电源开关，或一个工作电源开关和两个（高、低）备用电源开关。

快速切换装置一般为标准 4U 机箱，每个标准屏（柜）最多可安装 4 套快速切换装置、1 台打印机、1 个打印机共享器、4 排连接片（每排 8 个），一般情况下，以安装 2 套或 3 套装置为宜。

6. 快速切换要求的外部条件

（1）由于厂用工作和启动/备用变压器的引接方式不同，它们之间往往有不同数值的阻抗，如图 5-22 所示的两种引接方式，当联络变压器 220～500kV 侧断路器断开后，两电源之间所接的变压器阻抗差异很大，这些变压器带上负荷时，两个电源之间的电压将存在一定的相位差，这相位差通常称初始相角。由于初始相角的存在，在手动并联切换时，两台变压器之间要

产生环流，环流过大，对变压器是有害的，如在事故自动切换时，初始相角将增加备用电源电压与残压之间的角度，使实现快速切换更为困难。

初始相角在 20° 时，环流的幅值大约等于变压器的额定电流，在切换的短时内，该环流不会给变压器带来危害。故如果厂用工作与启动/备用变压器的引接可能使它们之间的夹角超过 20° 时，厂用备用电源自动切换装置和手动切换时均应加同步检查继电器闭锁，而快速切换装置内设同步捕捉或检电压功能，可不经同步检查继电器闭锁。DL/T 1073《电厂厂用电快速切换装置通用技术条件》规定，并联切换两系统的相位差小于 15°，频率差小于 0.2Hz，电压幅值差小于 5V。

（2）快速切换时，有关断路器应使用快速断路器，厂用真空断路器合闸时间小于 0.065s，跳闸时间小于 0.045s。满足以下任何一个条件，可执行快速切换：

1）频率差小于 3Hz，且相位差小于 30°。

2）电压矢量差的幅值小于 60V。

3）电压矢量差与频率差之积小于 180V·Hz。

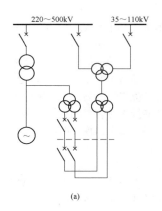 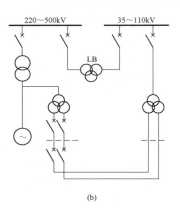

图 5-22　厂用工作与启动/备用变压器的引接方式

（a）联络变压器低压绕组引接启动/备用电源；（b）中压母线引接启动/备用电源

（3）同相位切换条件。备用电源断路器合上时，相位差小于 60°。

（4）残压切换条件。母线残压幅值低于 30%U_N。

（5）工作母线低电压启动切换条件。母线残压幅值低于 65%U_N，延时 0.5～2s。

（五）快速切换装置接线

大容量发电厂的高压厂用工作电源由发电机出口引接，厂用变压器高压侧不设断路器。启动/备用电源多从电厂高压配电装置较低电压等级的母线引接或由高压联络变压器第三绕组引接。当启动/备用变压器带有公用负荷时，其高压侧的断路器正常时处于合闸位置。变压器低压侧设公用母线，在公用母线上装设断路器供给厂用的备用电源，其自动切换接线采用工作

进线开关与备用进线开关快速切换，采集工作开关上下侧电压和备用开关所接的公用母线电压。

当启动/备用变压器不带公用负荷时，高压侧断路器可以断开运行，也可以不断开，变压器处于充电状态。两种方式，快速切换装置和断路器回路控制接线差别不大，可采用相同装置，只是采集的量不同。

厂用快速切换方式的断路器控制回路如图 5-23 所示。

图 5-23 中，快速切换装置触点接在断路器的合闸、分闸回路，不经远方/就地转换开关闭锁，装置自身能判别相位差及幅值等，不需同步检查继电器 KY 的闭锁，快切合闸只在断路器手车处于工作位置时投入。

厂用快速切换装置原理接线如图 5-24 所示。

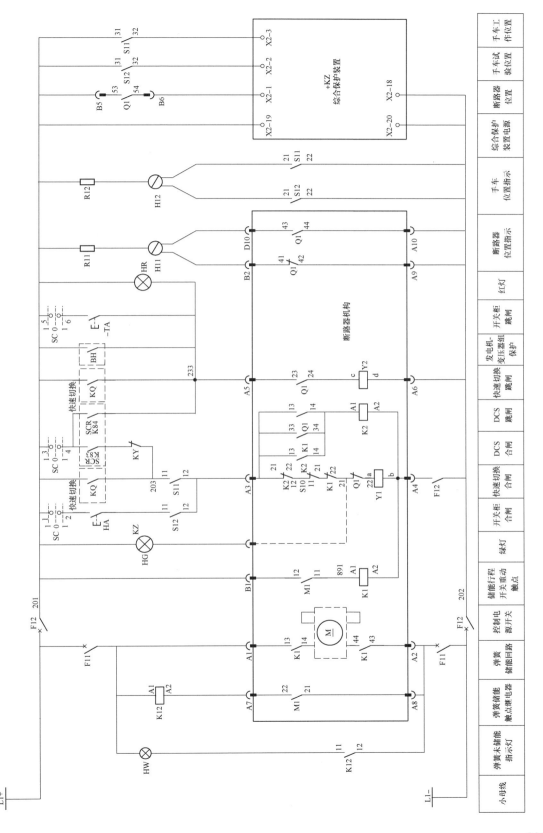

图 5-23 有快速切换装置的断路器控制回路

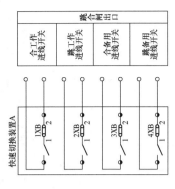

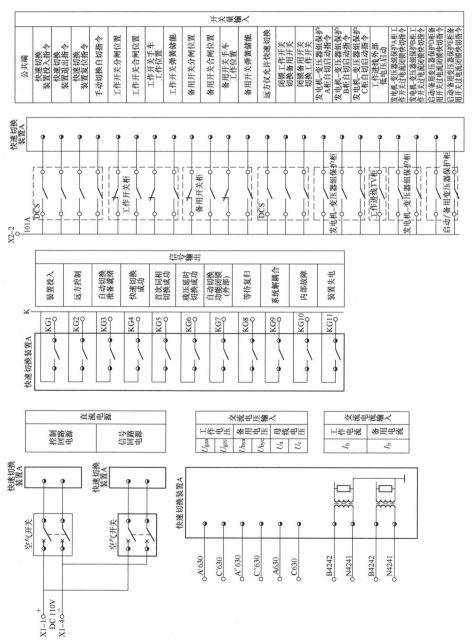

图 5-24　厂用快速切换装置原理接线图

第三节　故障录波装置

故障录波装置主要用于电力系统故障或异常工况的电压、电流数据记录和有关保护及安全自动装置动作顺序记录，再现故障和异常运行时的电气量变化过程，并完成故障录波数据的综合分析，为确定故障原因、正确分析和评价保护及自动装置的动作行为提供依据。故障录波装置必须经常投入运行。

早期的故障录波器采用照相技术，监测机组运行的模拟量电气波形和开关量的变位状态，后来陆续发展为以 32 位浮点数字信号处理器（DSP）为核心的全嵌入式硬件结构平台、嵌入式软件设计、低功耗芯片、冗余硬件、系统运行稳定可靠的微机型产品。

故障录波装置在电网发生事故或振荡等异常工况时，能自动记录整个过程中各种电气量的变化，再现故障和异常运行时的电气量变化过程，并完成记录数据的综合分析，据此可准确判断分析事故发展过程和类型，寻找故障点，评价保护动作情况，积累第一手资料，不断提高系统运行水平。

一、故障录波装置的设置原则和接线要求

故障录波装置在发电厂分为发电机-变压器组故障录波装置、变压器故障录波装置和升压站故障录波装置。装置的配置和接线要求如下：

（1）考虑到大型发电厂的重要性，对 100MW 及以上发电机-变压器组（包括发电机出口装设断路器的发电机及变压器）和 110kV 及以上电压等级的变压器或线路，宜装设独立的故障录波装置。

每台发电机-变压器组设一套故障录波装置。单机 600MW 及以上机组启动/备用变压器（停机变压器）录波装置宜单独设置，300MW 及以下机组的启动/备用变压器录波装置可与第一台机组合用。发电厂升压站线路录波装置独立设置，一般按两回线设一台故障录波装置设置。并联电抗器可与相应的系统录波装置合用，也可以单独设置。

发电机-变压器组一般配置 96 路模拟量信号、192 路开关量信号。启动/备用变压器或升压站（按两回出线规模）一般配置 64 路开关量信号、128 路开关量信号。开关量和模拟量信号数量应根据工程需要进行配置。

升压站采用智能控制时，录波装置接入的 MU 个数不少于 24 台，经挑选的 SV 通道数不少于 128 路；GOOSE 控制块不少于 64 个，经挑选的 GOOSE 信号不少于 512 路。

（2）故障录波装置需反应短路和系统振荡等故障状态，电流输入应接入电流互感器的保护级绕组，可

与后备保护共用一个二次绕组，接在保护的后面。电流互感器可采用 P 级或 TPY 级。电压互感器可采用 P 级，接三相电压和零序电压。

（3）故障录波装置由被录对象的短路等故障电量或非电量（如瓦斯、温度）等启动，记录主要保护动作开关量，同时反应故障启动前后和系统振荡时的波形并记录。也可以手动启动或远方启动录波。

（4）故障录波装置开关量采集非保持无源触点状态。模拟量可采用交流采样和直流采样，并可采集高频收发信号、温度、压力等传感器信号。

（5）故障录波装置屏柜端子不得与装置弱电系统（指 CPU 的电源系统）有电气上的直接联系。针对不同回路，应分别采用光电耦合、带屏蔽层的变压器磁耦合等隔离措施。

（6）故障录波装置直流模拟量采集 4～20mA、0～5V 标准信号及 0～75mV 分流器等信号。直流量采集回路的输入阻抗不小于 20kΩ。

（7）故障录波装置具有 2 个及以上以太网接口，与保护及故障信息子站联网时，采用独立的录波网络。

（8）发电机-变压器组故障录波装置屏及启动/备用变压器（停机变压器）故障录波屏安装于主厂房电子设备间，升压站电力系统故障录波屏布置在升压站继电器室。

（9）故障录波装置具有数据采集单元、数据处理单元、管理单元等功能单元。

1）数据采集单元既可接受交直流模拟量和开关量的接入，也可接受数字信号的接入。

2）数据处理单元宜采用嵌入式结构或嵌入式操作系统（实时操作系统）。触发记录的记录数据处理单元和连续记录的记录数据处理单元宜分别采用独立的硬件，其存储介质应独立配置，数据采集单元部分可共用。

3）管理单元应具备就地分析功能并能就地显示分析结果。管理单元可配备带硬盘的工控机或类似的装置，就地存储触发记录和连续记录的记录数据。管理单元可配就地打印设备。

（10）故障录波装置屏采用标准二次屏体。装置采用背插板式机箱设计，抗干扰能力强，安装、维护、调试方便。板卡主要有模拟量输入板、主机板、开关量输入板、电源板等。

二、整套故障录波装置的主要功能

（1）故障录波装置能完成线路、变压器、发电机-变压器组各侧断路器、隔离开关及继电保护的开关量和电气量的采集和记录、故障启动判别、信号转换等功能。对于线路，装置还应能记录高频信号量。3/2 断路器接线方式下，装置具有信号合并能力，可将边、

中开关电流合成线路电流。

（2）故障录波装置具有记录发电机-变压器组正常运行数据的稳态记录功能。对电压、电流（含负序）、有功功率、无功功率、频率等电气量自装置投入运行后即进行非故障启动的连续记录。数据记录的时间间隔可设为 0.02s 或 1s。

（3）故障录波装置具有记录发电机-变压器组、电网的异常或故障数据的暂态记录功能，当机组或电网发生大扰动时，能自动地对扰动的全过程按要求进行暂态记录，并当暂态过程结束后，自动停止暂态记录。装置采样频率、记录时间可设置。

（4）当机组或电网连续多次发生大扰动时，故障录波装置应能完整地记录每次大扰动的全过程数据。

（5）故障录波装置具有数据连续记录功能，并能根据内置判据在记录数据上标记出扰动特征，以便于事件提醒和数据检索。

（6）故障录波装置所记录的数据真实、可靠、不失真，能准确反应谐波、非周期分量等。记录的数据带有绝对时间标记。

（7）故障录波装置内存容量应满足在规定的时间内连续发生规定次数的故障时能不中断地存入全部故障数据的要求。触发记录的数据处理单元在采样率不小于 4000Hz、各路采集量同时工作时，完整数据的次数不小于 2500 次。连续记录的数据处理单元能够存储按采样率不小于 1000Hz、不间断记录 7 天的数据。

（8）故障录波装置所记录数据应有足够的安全性，不会因装置连续多次启动，供电电源中断等偶然因素丢失。

（9）故障录波装置具有保存外部电源中断前所采集数据的能力，每路外部电源的输入都应设置独立的熔断器，具有失电报警功能，并有不少于两对触点输出。

（10）在故障录波装置记录发电机组或其配出线路故障时，应能输出简要的异常/故障信息，以便于运行人员的处理。输出的信息至少包括故障时间、设备名称、故障类型、启动原因（第一个启动暂态记录的判据名称）、保护及断路器跳合闸时间、保护及安全自动装置动作情况、开关量动作清单等，对于线路故障，还应能提供故障测距结果。

（11）故障录波装置启动后应能记录故障前 0.5s 至故障后 3s 的波形。若系统发生振荡，应记录 10min 的包络线值，其中前 5min 每隔 0.1s 记录一次，后 5min 每隔 1s 记录一次。故障录波的开关量事件分辨率应不大于 1ms，谐波分辨率应不低于 25 次谐波，波形采样精度应不低于 2%。

（12）工程应用中，故障录波装置最高采样频率可

达 20kHz，模数转换 16 位，开关量事件分辨率达 0.05ms，谐波分辨率达 99 次。

（13）故障录波装置具有本地和远方通信接口及与之相关的软硬件配置，在就地实现存储记录数据、调试、整定和修改定值、监视信号、复归信号、控制操作、形成故障报告、远程传送、通信接口等功能，同时还应具备与保护和故障信息子站系统接口，实现对装置的故障报警、启动、复归和波形的监视、管理等，并具有远传功能将记录信息送往调度端。

（14）故障录波装置具有向外部存储设备导出数据的功能，同时具有利用数据网或调制解调器拨号等方式实现远方调用当前和历史数据的功能，并可按时段和记录通道实现选择性调用。支持 TCP/IP 通信协议，支持 IEC 61870-5-103 及 IEC 61850 通信规约。

（15）故障录波装置面板便于监测和操作，应具有装置运行、启动、故障或异常的报警指示等，并有记录启动报警、异常报警、故障报警和电源消失报警等主要报警硬触点信号输出。

（16）对于数字信号接入的故障录波装置，应能实现预警功能。当报文或网络异常时，给出预警信号；当发生采样值异常或 GOOSE 异常时，应启动记录。装置宜具备原始报文检索和分析功能，可显示原始 SV 报文的波形曲线。

（17）故障录波装置具有必要的自动检测功能，当装置元器件损坏时，能发出装置异常信号，并能指出有关装置发生异常的部位。

（18）故障录波装置具有自复位功能，当软件工作不正常时，应能通过自复位电路自动恢复正常工作，装置能对自复位命令进行记录。

（19）故障录波装置有独立的内部时钟，其误差每 24h 不应超过+500ms，并提供外部时钟同步接口，与外部时钟同步后，装置时钟误差不超过+500μs。装置还可接受主站发来的软件校时命令对系统进行校时。外部时钟对时可采用 IRIG-B 码或 IEC 61588 规定的对时方式。

（20）故障录波装置有故障测距功能，金属性接地测距误差应小于 2%。

（21）故障录波装置具有机组启动时对设备进行电气试验（如发电机空载试验、短路试验、灭磁试验、10%阶跃试验等）记录、分析的功能。

（22）装置应能保存直流电源消失前记录的信息。通过装置上的任意开关、按键或装置提供的软件界面，不应删除、修改已存储的记录数据，或造成已存储数据的损坏。数据双备份保证数据安全。

（23）装置配置功能强大的在线、离线分析软件。分析软件采用图形化界面，能在各种常用的操作系统

下运行，具有基础分析功能和高级分析功能。软件安装简单，安装完成后无需配置，可直接使用数据分析功能。

三、发电机-变压器组故障录波动态量

（一）装置启动动态记录参量

装置应有模拟量启动、开关量启动及手动启动、远方启动方式。启动动态记录的参量如下：

（1）电压突变启动，整定值不小于 5%U_N，误差不大于整定值的 10%。

（2）电压越限启动，整定值在（90%～110%）U_N，误差不大于整定值的 5%。

（3）负序电压越限启动，整定值不小于 3%U_N，误差不大于整定值的 5%。

（4）零序电压越限启动，整定值不小于 2%U_N（U_N=57.7V），误差不大于整定值的 5%。

（5）谐波电压启动，整定值不小于 10%U_N，误差不大于整定值的 5%。

（6）电流突变启动，整定值不小于 10%I_N，误差不大于整定值的 20%。

（7）电流越限启动，整定值不小于 110%I_N，误差不大于整定值的 5%。

（8）负序电流越限启动，整定值不小于 10%I_N，误差不大于整定值的 10%。

（9）零序电流越限启动，整定值不小于 10%I_N，误差不大于整定值的 5%。

（10）频率越限启动，动作值误差不大于 0.01Hz。

（11）逆功率启动，整定值（P^*）不小于 5%，误差不大于整定值的 10%。

（12）过励磁启动，整定值（U^*/f^*）不小于 1.1，误差不大于整定值的 5%。

（13）直流电压突变启动，整定值不小于 5%U_N（U_N=300V）时，误差不大于整定值的 10%。

（14）直流电流突变启动，整定值不小于 5%I_N（U_N=20mA）时，误差不大于整定值的 10%。

（15）振荡启动，1.5s 内电流突变 10%启动。

（16）开关量变位启动，外部开关量触点闭合（或断开）时间大于 2ms 时，装置自动启动记录。

（17）手动及远方启动，装置可通过面板按键、键盘或通过已建立连接的远方计算机手动启动。

（18）其他判据启动，装置可根据负序方向电流、横差电流判据，失磁/无功功率反向、低频过电流等判据启动。

（二）装置测点

1. 输入模拟量

发电机-变压器组故障录波装置的输入模拟量如下：

（1）发电机定子电流：I_a、I_b、I_c。

（2）发电机定子电压：U_{ab}、U_{bc}、U_{ca}。

（3）发电机定子零序电流：I_0。

（4）发电机定子零序电压：U_0。

（5）主变压器高压侧电流：I_a、I_b、I_c。

（6）主变压器高压侧中性点电流：I_n。

（7）高压厂用变压器高压侧电流：I_a、I_b、I_c。

（8）发电机励磁回路：

1）三机励磁：

副励磁机电流：I_a、I_b、I_c；

副励磁机电压：U_{ab}、U_{bc}、U_{ca}；

主励磁机励磁电流：I_e；

主励磁机励磁电压：U_e；

主励磁机电流：I_a、I_b、I_c；

主励磁机电压：U_{ab}、U_{bc}、U_{ca}；

发电机励磁机电流：I_e；

发电机励磁机电压：U_e。

2）静态励磁：

励磁变压器低压侧电流：I_a、I_b、I_c；

励磁变压器低压侧电压：U_{ab}、U_{bc}、U_{ca}（如有）；

发电机励磁机电流：I_e；

发电机励磁机电压：U_e。

（9）高压厂用段：高压母线电压，电源进线电流，其他重要的电气设备电流、电压。

2. 输入开关量

（1）发电机-变压器组保护信号。发电机差动、差动电流互感器断线、定子接地 $3U_0$、定子接地 3 次谐波、发电机励磁过负荷、励磁系统故障、发电机断水、发电机低频（t_1、t_2、t_3、t_4）、定子过电压和过励磁、灵敏段定子匝间、失磁（t_1、t_2、t_3、t_4、t_5）、逆功率（t_1、t_2）、低值转子接地、高值转子接地、电压互感器断线、发电机复压记忆过电流、主变压器差动保护、差动电流互感器断线保护、主变压器后备、高压厂用变压器差动、差动电流互感器断线、高压厂用变压器后备保护、励磁变压器速断过电流、高压厂用母线保护及发电机断路器失灵等保护动作触点。

（2）断路器信号。

1）发电机断路器、发电机-变压器组断路器、发电机灭磁开关等辅助动合触点。

2）高压厂用电源进线开关动合触点，其他重要开关触点。

以上均为空触点输入。

四、变压器故障录波动态量

需录波的变压器包括厂内启动/备用变压器、停机变压器、联络变压器、降压变压器等。一般录入以下模拟量和开关量：

（一）模拟量

（1）变压器高压侧电流：I_a、I_b、I_c。

（2）变压器高压侧电压：U_{ab}、U_{bc}、U_{ca}。

（3）变压器高压侧中性点电流：I_n。

（4）变压器中压侧电流：I_a、I_b、I_c。

（5）变压器中压侧电压：U_{ab}、U_{bc}、U_{ca}。

（6）变压器中压侧中性点电流：I_n。

（7）变压器低压侧电流：I_a、I_b、I_c。

（8）变压器低压侧电压：U_{ab}、U_{bc}、U_{ca}。

（二）开关量

1. 变压器保护信号

变压器保护信号有变压器差动、差动电流互感器断线、高压侧阻抗、中压侧阻抗、高压侧接地、中压侧接地、低压侧过电流、电压互感器断线、失灵等保护动作触点。以上均为空触点输入。

2. 断路器位置信号

断路器位置信号有变压器各侧断路器、中性点隔离开关动合辅助触点位置。以上均为空触点输入。

五、升压站录波动态量

1. 录波模拟量

（1）电厂升压站每条送出线路、断路器、电抗器的 3 个相电流和零序电流。

（2）线路电压互感器、母线电压互感器的 3 个相对地电压和零序电压（零序电压可以内部生成）。

2. 录波开关量

（1）每台 220kV 及以下断路器的继电保护跳闸（对共用选相元件的各套保护总跳闸出口不分相，综合重合闸出口分相，跳闸不重合出口不分相）操作命令，纵联保护的通信通道信号，安全自动装置操作命令（含重合闸命令）。

（2）每台 330kV 及以上断路器的继电保护跳闸操

作命令（每套保护跳闸出口分相，跳闸不重合出口不分相），纵联保护通信通道信号及安全自动装置操作命令（含重合闸命令）。

（3）断路器和隔离开关合位触点。

以上均为空触点输入，分辨率不低于 1.0ms。

3. 启动故障动态记录的参数

（1）内部自启动判据推荐值。

1）各相电压 U_{ph} 和零序电压 U_0 突变量：$\Delta U_{ph} \geq \pm 5\% U_N$；$\Delta U_0 \geq \pm 2\% U_N$。

2）电压越限：$110\% U_N \leq U_1 \leq 90\% U_N$；$U_2 \geq 3\% U_N$；$U_0 \geq 2\% U_N$。

3）主变压器中性点电流：$3I_0 \geq 10\% I_N$。

4）频率越限与变化率：$50.5Hz \leq f \leq 49.5Hz$；$\mathrm{d}f/\mathrm{d}t \geq 0.1Hz/s$。

5）线路同一相电流变化：0.5s 内最大值与最小值之差不小于 10%。

（2）断路器的保护跳闸信号启动，空触点输入。

（3）升压站和上级调度来的启动命令。

（4）启动量的接入电源。

1）电压量。

a）对 220kV 及以下升压站，取自两母线电压互感器。

b）对 330kV 及以上升压站，取自线路和一台母线电压互感器。当线路三相断开后，应自动将该线路的电压启动量判据全部退出，出现线路电流后再恢复。

c）所有的电压启动量应防止因正常谐波量引起的误输出。

2）电压突变量 ΔU 不得在系统振荡时有输出。

3）当 $U_1 \leq 0.1 U_N$ 的时间连续超过 3s 时，应自动退出 $U_1 \leq 90\% U_N$ 启动判据。

4）判别电流变化率的一相线路电流应分别取自两条正常与主电源连接的线路的电流互感器中。

第六章

厂用系统二次接线

第一节　厂用电源保护及二次接线

一、厂用电源保护及其整定计算

为了保证厂用电系统安全运行，并将故障和异常运行对电厂的影响减到最小，应根据厂用电接线、变压器容量及电压等级等因素，装设满足运行要求的快速、灵敏、有选择性、可靠的继电保护装置。在设计阶段，不仅要考虑变压器保护，而且也要对开关设备及保护元件选型进行充分考虑，认真选择，必要时进行整定计算，以实现上、下级继电保护的良好配合。

（一）高压厂用工作变压器保护

高压厂用工作变压器保护配置，应根据变压器容量及电压等级和厂用电接线等因素，装设满足运行要求的继电保护装置。

1. 保护配置

高压厂用工作变压器通常考虑配置下列保护：

（1）纵联差动保护。容量在 6.3MVA 及以上的高压厂用工作变压器应装设纵联差动保护，用于保护绕组内及引出线上的相间短路故障。对 2MVA 及以上采用电流速断保护灵敏性不符合要求的变压器也应装设纵联差动保护。纵联差动保护宜采用比率制动原理，保护瞬时动作于"跳各侧断路器"。

（2）电流速断保护。容量在 6.3MVA 以下的变压器应装设电流速断保护，保护瞬时动作于"跳各侧断路器"。对于采用电流速断保护灵敏性不符合要求的变压器，应装设纵联差动保护。

（3）本体保护。变压器本体保护包括瓦斯保护、压力释放保护、绕组温度及油温的温度保护、油位低保护、冷却系统故障或失电保护等。当壳内故障产生轻微瓦斯或油面下降时应瞬时动作于信号；当产生大量瓦斯时，重瓦斯应动作。高压厂用工作变压器及具有单独油箱的、带负荷调压的油浸式变压器的调压装置应装设瓦斯保护，用于保护变压器内部出现故障及油面降低等故障。

重瓦斯、绕组温度、油温温度、压力释放保护等本体保护动作于跳闸时应动作于"跳各侧断路器"，动作时不需要启动断路器失灵保护。

（4）电源侧过电流保护。电源侧过电流保护用于保护变压器及相邻元件的相间短路故障，保护装于变压器的电源侧。

1）当 1 台变压器供电给 1 个母线段时，装于电源侧的保护装置应以第一时限动作于负荷侧断路器跳闸，第二时限动作于"跳各侧断路器"。

2）当 1 台变压器供电给 2 个母线段时，电源侧过电流保护应与负荷侧分支过电流保护配合，保护装置带时限动作于"跳各侧断路器"。

对于分裂变压器，当灵敏性不够时，应采取措施加以解决，如采用低电压启动或复合电压启动的过电流或复合电流保护。

（5）低压侧过电流保护。为快速切除故障，高压厂用母线断路器上宜装设（复合电压）过电流限时速断保护，保护动作于本分支断路器跳闸。

当 1 台变压器供电给 2 个母线段时，除高压侧装设过电流保护外，还应在各分支上分别装设过电流保护，保护动作于本分支断路器跳闸。

当过电流保护灵敏系数不够时，应采取措施加以解决。可采用低电压启动或复合电压启动的过电流保护，其低电压元件可分别引接自两段厂用母线的电压互感器。工程设计中最好在变压器低压分支安装电压互感器，以免受进线断路器断开运行方式影响。

（6）在低压侧较长的电缆分支线上，根据具体接线可装设分支线纵联差动保护。当变压器供电给 2 个分段，且变压器至厂用配电装置之间的电缆两端均装设断路器时，每分支可分别装设纵联差动保护。分支线的纵联差动保护瞬时动作于本分支两侧断路器跳闸。

（7）电源侧单相接地保护。

1）当厂用电源从母线上引接，且该母线为非直接接地系统时，如母线上的出线都装有单相接地保护，则厂用电源回路也应装设单相接地保护。保护装置的构成方式同该母线上出线的单相接地保护装置。保护装置根据系统的接地方式瞬时动作于信号或跳闸。

2）当厂用电源从发电机出口直接引接时，单相接地保护由发电机-变压器组的保护来确定。

（8）负荷侧单相接地保护。

1）当厂用工作变压器低压侧中性点为低阻接地时，宜在中性点回路装设一段两级时限的零序电流保护，第一时限动作于跳分支断路器，第二时限动作于跳各侧断路器。当一个绕组带两段母线负荷时，中性点回路可只设一级时限动作于全部跳闸，宜在各分支分设分支零序电流保护。各分支的零序电流保护，当不采用电缆进线无法装设零序电流互感器时，保护电流取自零序过滤器接线或装置自产零序电流，应注意，保护整定值因为要考虑躲过不平衡电流而导致整定值偏大，可能会造成灵敏度无法满足要求。

2）当变压器低压侧中性点为高电阻接地或不接地系统时，厂用母线和厂用电源回路的单相接地保护应由电源变压器的中性点接地设备或专用的接地变压器上产生的零序电压来实现。当电阻直接接于电源变压器或接地变压器的中性点时，也可利用中性点零序电流来实现，保护动作于信号。也可通过从厂用母线电压互感器二次侧开口三角形绕组取得的零序电压来实现，保护动作后向控制室发出接地信号。

100MW 及以上机组主、备保护应采用双重化配置。发电机-变压器组接线的高压厂用工作变压器保护配置示例可参见第八章有关内容。

2. 零序电流互感器的接线

当保护由接于零序电流互感器上的电流保护构成，接出的电缆为 2 根及以上，且每根电缆上分别装有零序电流互感器时，应将各零序电流互感器的二次绕组串联（当负荷阻抗大于零序电流互感器的内阻抗时）或并联（当负荷阻抗小于零序电流互感器的内阻抗时）后接至保护装置，以使保护装置获得最大的零序输出容量。

电缆终端盒的接地线应穿过零序电流互感器，以保证保护正确动作。

3. 保护出口

（1）跳本侧断路器。如低压分支过电流、零序过电流等跳低压侧分支断路器，闭锁快速切换（备用电源自动投入）装置。

（2）跳各侧断路器。跳变压器各侧断路器，启动快速切换（备用电源自动投入）装置。如为发电机-变压器组接线，且高压侧未设断路器，则保护通过发电机-变压器组保护出口全停。

（二）高压厂用备用变压器及启动/备用变压器保护

高压厂用备用变压器及高压启动/备用变压器通常根据规程考虑配置下列保护：

（1）纵联差动保护。保护配置原则及构成方式与高压厂用工作变压器基本相同。对 10MVA 及以上的变压器，应装设纵联差动保护。对容量为 10MVA 以下的重要变压器，可装设纵联差动保护；对 2MVA 及以上采用电流速断保护灵敏性不符合要求的变压器也应装设纵联差动保护。对高压侧接于 220kV 的变压器采用双重化配置，大容量机组的 220kV 以下电压等级的启动/备用变压器也可采用保护双重化配置。保护瞬时动作于"跳各侧断路器"。

高压厂用备用变压器差动回路接线特点：备用变压器低压侧分支较多时，差动保护装置宜能接入多个电流，分别接入不同分支电流，尽量避免采用电流互感器并接的方式，以免产生溢出电流。

（2）电流速断保护。10MVA 以下的变压器，在电源侧宜装设电流速断保护，保护装置瞬时动作于"跳各侧断路器"。

（3）低压侧分支过电流保护。该保护构成方式与工作变压器相同。备用分支的过电流保护，用于保护本分支回路及相邻元件相间短路故障。保护带时限动作于本分支断路器跳闸。当备用电源自动投入至永久性故障时，本保护应加速跳闸。

（4）高压侧接于 110kV 及以上直接接地系统的零序过电流保护。高压侧接于 110kV 及以上中性点直接接地系统且变压器中性点为直接接地运行时，变压器应装设零序过电流保护。零序过电流保护可有下列方式：

1）零序过电流保护装设在变压器中性线回路上，根据高压侧中性点的接地方式采用零序过电流保护或零序过电流、过电压保护。其直接接地零序电流整定值需与出线回路零序保护配合。当启动/备用变压器高压侧电压等级为 110、220kV 时，启动/备用变压器中性点零序过电流保护可由两段组成，其动作电流与相关线路零序过电流保护配合，每段保护设两个时限，根据主接线以较短时限动作于缩小故障范围，出口动作于跳母联、分段断路器，以较长时限动作于"跳各侧断路器"。如启动/备用变压器高压侧为 330、500kV，为减少保护动作时间，高压侧零序保护设两段，每段只带一个时限，保护动作于"跳各侧断路器"。

2）零序过电流保护采用电流取自变压器高压侧电流互感器，采用零序过电流或零序方向过电流保护。此时，零序电流保护纯为本变压器的接地短路后备保护，不需与系统保护配合。此方案接线简单，保护灵敏系数较高，也应用广泛。

3）当灵敏系数受运行方式变化影响不满足要求时，可采用零序差动保护。零序差动保护灵敏系数高，而且可避免与系统接地保护配合，使整定计算变得简单。

4）当高压侧为带间隙接地时，还应配置零序过电压和间隙零序过电流保护，具体内容可参考第八章变压器保护相关内容。

（5）过励磁保护。当高压侧接于 330kV 及以上的电力系统时，变压器应装设过励磁保护。

（6）其他保护。对于电流速断保护、瓦斯等非电量保护、电源侧过电流保护、负荷侧单相接地保护等，

保护的配置原则与高压工作变压器相同。

（7）保护出口。

1）缩小故障范围，如采用双母线接线时跳母联或分段断路器。

2）跳本侧断路器，如低压分支过电流、零序过电流等保护跳各侧断路器，跳低压侧本分支断路器。

3）跳变压器各侧断路器，并且电量保护启动高压侧断路器失灵保护，非电量保护不启动断路器失灵保护。

（三）高压启动/备用变压器保护接线简介

1. 传统保护接线

接于 110kV 电压的高压厂用备用变压器保护接线见图 6-1。

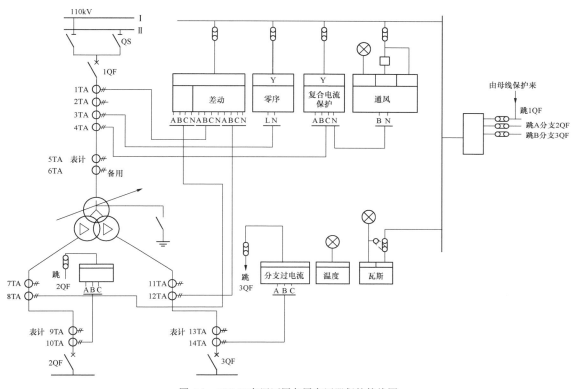

图 6-1　110kV 高压厂用备用变压器保护接线图

图 6-1 所示接线中，断路器为三相操动机构。差动保护电流取自高压侧电流互感器和低压侧两个分支电流互感器。当中性点直接接地时，高压侧零序电流保护接于高压侧电流互感器，该接线具有接线简单、保护灵敏度高的优点。相间后备保护可采用复合过电流保护，也可采用复合电压过电流保护，保护接于高压侧电流互感器，低压侧各分支则分别装设分支过电流保护。必要时可以增设各分支的限时电流速断保护，以提高本分支母线短路时的保护动作速度。如灵敏度不满足要求，还可考虑增加低电压或复合电压启动回路。

2. 接于 110kV 母线的启动/备用变压器保护接线

（1）启动/备用变压器为分裂变压器，低压侧绕组为三角形接线。低压侧为三角形接线双分支的保护配置示例见图 6-2，其保护配置是按单套考虑的。

本保护接线特点是后备保护为复合电压闭锁的过电流保护，电流量取自高压侧的电流互感器，电压量取自低压分支的电压互感器。因此，保护整定可不必躲过自启动电流，可达到提高保护灵敏度的目的。分支限时电流速断保护及分支过电流保护既可装设在启动/备用变压器保护装置上，也可装设在就地高压开关柜上，采用综合保护装置。零序电流保护与高压侧复

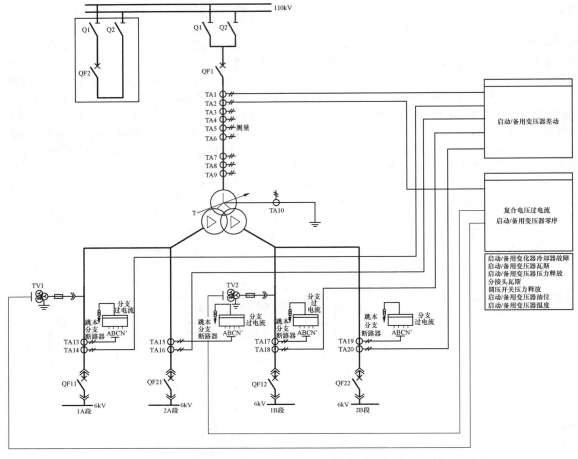

图 6-2 接于 110 kV 母线启动/备用变压器保护配置接线图（低压侧为三角形接线双分支）

注：启动/备用变压器零序过电流保护也可使用 TA10。

合电压闭锁的过电流保护合用电流互感器，采用自产零序电流。

如变压器中性点经击穿间隙接地，既可以选择直接接地运行，又可以选择经击穿间隙接地运行时，可参考在第八章变压器保护中介绍的方案，配置间隙零序电流、电压保护。

（2）分裂变压器低压侧绕组为 yn 接线，用低电阻接地的保护配置图示例见图 6-3。该保护配置也按单套配置考虑，与图 6-2 的主要差别在于变压器低压侧分裂绕组为 yn 接线，用低电阻接地。其保护配置与图 6-2 的配置原则相同。

图 6-3 所示接线的特点是启动/备用变压器低压侧采用低电阻接地方式。启动/备用变压器正常运行时通常每个绕组只带一段母线，在低压侧中性点装设的零序过电流保护，可考虑设二段时限，第一段时限跳本侧分支断路器，第二段时限动作于"跳各侧断路器"，整定时限需要与下一级零序电流保护配合。如果母线进线断路器有安装零序电流互感器的条件，或保护电流取自零序过滤器、经装置自产零序电流的情况下保护灵敏度能满足要求时，也可在母线进线分支配置零序过电流保护，保护动作于"跳本分支断路器"，这种情况下变压器中性点零序电流仅设一段时限动作于"跳本侧断路器"。

另外在保护配置中，启动/备用变压器的高压侧零序过电流保护电流也可由变压器高压侧 TA 引接，接零序过滤器 $3I_0$ 或由装置自产零序电流实现；高压侧也配置复合电压过电流保护，设一段时限，动作于"跳各侧断路器"，它主要是作为变压器内部故障的后备保护（在时间整定上应该考虑与低压厂用分支的过电流保护装置的动作时间相配合）。该复合电压过电流保护的电压取自低压侧厂用分支上电压互感器的电压，具有较好的灵敏性。

（四）厂用工作及备用电抗器保护

1. 厂用工作电抗器保护

厂用工作电抗器一般装设纵联差动保护、过电流保护、单相接地保护等。

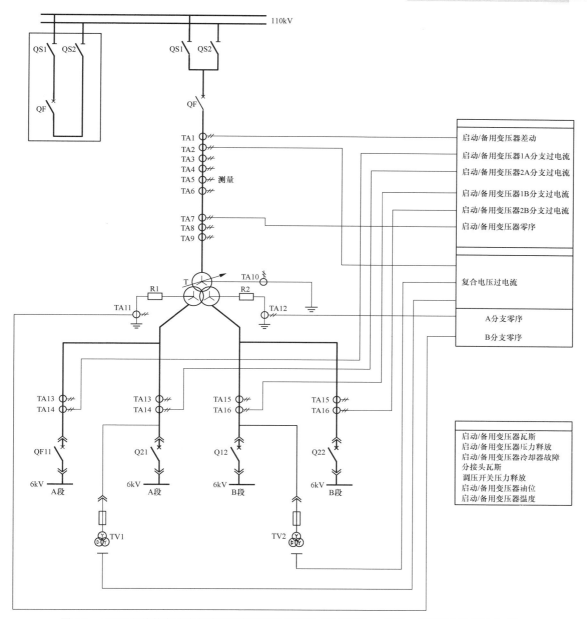

图 6-3 110kV 母线的启动/备用变压器保护配置接线图（低压侧为 yn 接线，采用低电阻接地方式）

（1）纵联差动保护。为了尽快切除电抗器和电缆中的多相短路故障，加速备用电源自动投入，一般装设纵联差动保护。

对采用不允许切除电抗器前短路故障的断路器，不考虑闭锁速动保护，原因如下：

1）电抗器前短路故障是稀少的。

2）断路器间隔的设备（引线、电流互感器等）都是以电抗器后发生短路故障时的短路条件来选择的。

3）在很多情况下，电抗器前的故障由母线或发电机的速动保护来切除。

（2）过电流保护。过电流保护用于保护电抗器

回路及相邻元件的相间短路故障，带时限动作于两侧断路器跳闸。电抗器给两个分段供电时，还应在各分支上装设过电流保护，保护接线原则与高压厂用工作变压器相同，并带时限动作于本分支断路器跳闸。

（3）单相接地保护。厂用电抗器单相接地保护配置的原则与厂用高压工作变压器相同。带两段母线厂用工作电抗器保护配置接线参见图 6-4。

2. 厂用备用电抗器保护

厂用备用电抗器一般装设差动保护、过电流保护、备用分支过电流保护、单相接地电流保护等保护。差

动保护、过电流保护、单相接地保护配置原则与厂用工作电抗器配置原则相同。厂用备用电抗器配置过电流保护与单相接地保护的配置接线见图6-5。

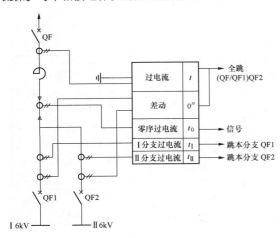

图6-4　带两段母线厂用工作电抗器保护配置接线图

备用电抗器备用母线段进线未设断路器时，应注意差动保护装置所能接入的电流回路数量，如果超过

差动保护装置所能接入的最大电流数量，可以考虑负荷侧的电流互感器并接后接入保护装置，但注意要保证电流互感器变比一致。

3. 备用分支过电流保护

备用分支过电流保护带时限动作于本分支断路器跳闸。当备用电源自动投入至永久性故障时，备用分支过电流保护应加速跳闸。可由备用电源自动投入装置的动作触点解除备用分支过电流保护的延时回路，投入正常运行后发生故障时，应带延时动作。

（五）低压厂用工作及备用变压器保护

1. 接断路器回路的低压厂用变压器

接断路器回路的低压厂用工作及备用变压器一般装设下列保护：

（1）纵联差动保护。2MVA及以上变压器或用电流速断保护灵敏性不符合要求时，应装设纵联差动保护，保护宜采用比率制动原理，瞬时动作于各侧断路器跳闸。

（2）电流速断保护。电流速断保护用于变压器绕组内部及引出线上的相间短路故障，瞬时动作于变压器各侧断路器跳闸。

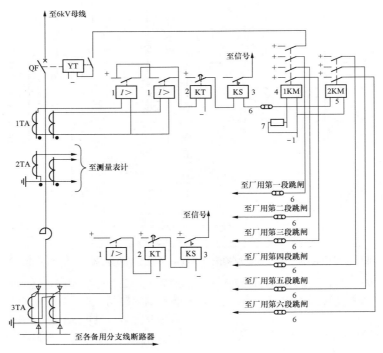

图6-5　厂用备用电抗器过电流保护与单相接地保护配置接线图
1—电流保护；2—时间继电器；3—信号继电器；4、5—中间继电器；6—连接片；7—电阻器

（3）瓦斯保护。瓦斯保护用于保护变压器内部故障及油面降低。800kVA及以上的油浸变压器应装设瓦斯保护。轻瓦斯保护动作于信号，重瓦斯保护瞬时动作于变压器各侧断路器跳闸。

（4）温度保护。400kVA及以上的干式变压器应装设温度保护。400kVA以下的干式变压器宜装设温度保护。温度保护装置宜选用温控器启动风扇、报警、跳闸，应能在不停电条件下进行检查。需远方读数的干式变压器可另选电子式温度显示器。

（5）过电流保护。过电流保护用于保护变压器及相邻元件的相间短路故障，保护带时限动作于变压器各侧断路器跳闸。当变压器供电给 2 个分支及以上时，应在各分支上装设过电流保护，保护带时限动作于本分支断路器跳闸。

（6）电源侧单相接地短路保护。

1）当所连接的高压厂用电系统中各出线装有单相接地保护时，在高压侧也装设单相接地保护。

2）若所连接的高压厂用电系统为低电阻接地系统，变压器高压侧及引线单相接地时，装设零序电流保护动作于跳闸。

3）当所连接的高压厂用电系统为高电阻接地或不接地系统时，装设接地故障检测装置。检测装置由反应零序电流或零序方向的元件构成，动作于接地信号，并宜具有记忆瞬间性接地的性能。

（7）低压侧零序过电流保护。对低压侧中性点直接接地的变压器，零序过电流保护用于保护变压器低压侧单相接地短路故障。

1）装在变压器低压中性线上的零序过电流保护，保护装置可由定时限或反时限电流特性组成。

2）利用高压侧的过电流保护，兼作低压侧的单相接地短路保护。保护装置带时限动作于变压器各侧断路器。

3）当变压器低压侧有分支时，可利用分支上的零序滤过器回路构成零序保护。保护装置可由定时限或反时限电流继电器组成，带时限动作于本分支断路器跳闸。

（8）高电阻接地低压厂用电系统的单相接地保护。高电阻接地低压厂用电系统，单相接地保护应利用中性点接地设备上产生的零序电压或零序电流来实现。保护动作后应向值班地点发出接地信号。低压厂用母线上的馈线回路应装设接地故障检测装置，接地检测装置宜由反应零序电流的元件构成，动作于就地信号。

2. 接熔断器真空接触器回路的低压厂用变压器

熔断器真空接触器回路的低压厂用变压器一般装设电流速断，过电流，非电量，电源侧、低压侧单相接地、断相等保护。非电量保护和电源侧、低压侧单相接地保护、配置原则与断路器回路变压器配置原则相同。

（1）电流速断保护。用于保护变压器绕组内及引出线上的相间短路故障，由熔断器按熔断特性曲线实现。

（2）过电流保护。在真空接触器分断能力内的故障电流可由真空接触器分断，当故障电流超过真空接触器的分断能力时，应闭锁真空接触器，由熔断器按其反时限熔断特性熔断。

（3）断相保护。用于保护熔断器单相熔件熔断后，变压器回路缺相运行进而引发其他故障。保护动作于真空接触器跳闸。

3. 低压变压器保护接线举例

（1）低压厂用工作变压器带一段母线保护接线图举例。

1）带一段母线 Dyn11 低压厂用工作变压器，主保护配置速断保护接线如图 6-6 所示。

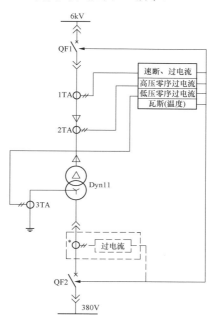

图 6-6 带一段母线 Dyn11 低压厂用工作
变压器保护接线图（一）

图 6-6 所示保护配置主要以电流速断保护和瓦斯保护作为主保护，以过电流保护作为变压器后备保护，以及以低压侧中性点零序电流保护作为低压侧单相接地故障保护。其中高压侧速断、过电流、零序过电流、中性点零序过电流保护采用微机型综合保护装置安装在高压开关柜内。低压侧母线进线的过电流保护，也可由高压侧过电流保护实现。实际工程中，低压侧断路器均可配置脱扣器，因此低压侧过电流保护也可由低压断路器的脱扣器实现。如果配置有备用电源自动投入装置，还可以通过脱扣器保护跳闸触点方便地闭锁备用电源自动投入回路。该保护接线型式下，如脱扣器的保护灵敏度或选择性无法满足运行要求，需配置专用的保护装置实现保护。

2）图 6-7 所示保护接线主要用于变压器容量大于2MVA 及采用速断保护灵敏度不满足要求的变压器。该接线采用差动保护和瓦斯保护作为主保护，后备保护配置与图 6-6 相同。图 6-7 中，主保护与后备保护采用了不同装置实现，因此电流互感器也分别配置。

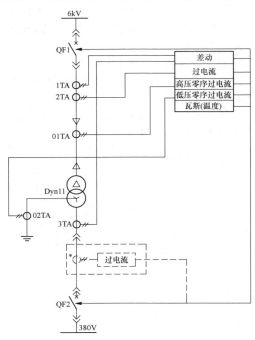

图 6-7　带一段母线 Dyn11 低压厂用工作
变压器保护接线图（二）

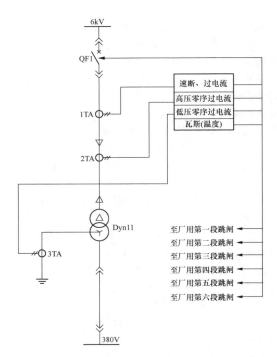

图 6-8　Dyn11 接线的低压厂用备用变压器保护接线图

（2）Dyn11 接线的低压厂用备用变压器保护接线图举例。Dyn11 接线低压厂用备用变压器保护接线如图 6-8 所示。该接线适用于低压厂用备用变压器，变压器低压侧未配置备用段进线断路器，其接线要求变压器保护动作跳开各备用分支断路器。当变压器低压侧设断路器时，保护配置同图 6-6 及图 6-7，保护动作于跳本变压器各断路器。

（3）Dyn11 接线低压厂用工作变压器带 2 段母线保护接线图举例。当变压器供给 2 段母线及以上时，应在各分支线上装设过电流保护，带时限动作于本分支断路器跳闸。保护接线见图 6-9。本例变压器高压侧设有电流速断保护及过电流保护。低压侧两个分支由低压断路器的脱扣器实现限时电流速断保护和过电流保护，三相式的过电流保护同时可以作为接地故障的后备保护。当配置差动保护时，如保护装置为双侧差动保护装置，应将低压侧两组电流互感器并接后接入差动保护装置。

4. 供电距离较远的低压厂用变压器保护应注意的问题

（1）若变压器远离保护安装处，当变压器中性点零序电流互感器二次负荷较大难以订货时，也可考虑将低压零序过电流继电器安装于低压开关柜侧。保护装置具有定时限或反时限电流特性，保护输出跳闸触点跳高压侧断路器。

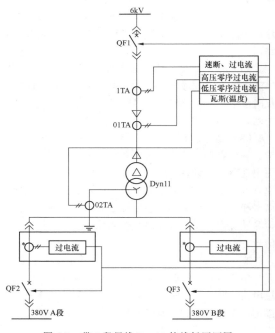

图 6-9　带 2 段母线 Dyn11 接线低压厂用
工作变压器保护接线图

（2）若变压器远离保护安装处，当变压器高压侧的保护动作于变压器低压侧断路器跳闸有困难时，可以只动作于高压侧断路器或真空接触器跳闸，低压侧可另设低电压保护，带时限动作于低压侧断路器跳闸。

（3）当变压器远离保护安装处时，对于非电量保护，为避免干扰导致保护出口误动，跳闸触点可考虑通过大功率的中间继电器重动后接入综合保护装置或跳闸回路。

（4）对于长距离需要安装差动保护的变压器，低压侧电流互感器二次额定电流可选 1A，以利于提高电流互感器的负荷能力。如距离更远，可考虑采用以下配置方案：设置光纤短线差动以保护高压馈线，变压器差动接变压器高压侧套管电流互感器和低压侧进线电流互感器。变压器保护和非电量保护通过光纤短线差动的保护通道传输跳闸命令至高压断路器。

5. 备用变压器备用分支保护

备用变压器分支保护配置过电流保护。备用变压器备用分支自动投入至永久性故障时，保护应加速动作于跳闸。

（六）高压电源线保护

发电厂高压厂用段通常有少量的馈线给下一级母线段供电，如输煤段或脱硫段等。厂用电系统的馈线通常为电缆线路，长度几百米到数千米。可根据线路长度及负荷情况配置相应的保护。

1. 过电流保护

一般的高压电源馈线可装设两段过电流保护：第一段为不带时限的电流速断保护；第二段为带时限的过电流保护，保护可采用定时限或反时限特性。发电厂内的电源馈线长度通常比较短，而且多采用电缆馈线，厂用馈线的阻抗比电源阻抗小得多，因此按躲过电缆末端三相短路电流整定的电流速断保护通常很难满足灵敏性的要求，并且保护范围也比较小，无法有效地保护线路，上下级保护也不好配合。如线路短路使发电厂厂用母线或重要用户母线电压低于额定电压的 60% 或线路导线截面积过小，不允许带时限切除短路时，则需快速切除故障。如果没有上述需要配置瞬动的速断保护的条件，可不配置瞬动的电流速断保护。为提高保护的灵敏性，过电流保护可考虑配置复合电压电流保护。

带电抗器的线路，如其断路器不能切断电抗器前的短路，则不应装设电流速断保护。此时，应由母线保护或其他保护切除电抗器前的故障。

2. 纵联差动保护

发电厂内电源馈线距离均不长，当高压电源线路电流保护在灵敏度、选择性及动作时间不能满足要求时，可以配置纵联差动保护，纵联差动保护可采用微机型差动保护装置。如果线路长度较长，电流互感器二次负荷过大，不能满足电流互感器误差要求，可考虑配置短线路光纤差动保护。

3. 单相接地保护

单相接地保护配置原则同厂用低压变压器电源侧单相接地保护。

（七）中性点不接地及非有效接地系统的接地保护

在中性点不接地及非有效接地系统中发生单相接地故障时，接地电流很小，系统仍可以继续运行。但此时非故障相的对地电压将升高为 $\sqrt{3}$ 倍相电压，接地点的间歇性电弧可能在电网中引起过电压，使非故障相的绝缘薄弱地点发生第二点接地，造成两点接地短路。因此，在一点接地后，应该及时发出信号，使运行人员尽快寻找出故障线路，随即采取相应的措施。

在有条件的情况下，可装设有选择性的接地信号装置，来判别接地故障线路，或者采用绝缘监察装置，利用重合闸依次断开线路的方法来寻找接地故障点。

对厂用电源为不接地、消弧线圈接地或经高电阻接地方式的单相接地故障，一般可在母线上装设接地监视信号回路，以监视整个系统的对地接地情况。

有条件安装零序电流互感器的线路，如电缆线路或经电缆引出的架空线路，当单相接地电流能满足保护的选择性和灵敏性要求时，可装设作用于信号的单相接地保护。如线路不能安装零序电流互感器，而单相接地电流又足以克服电流二次回路中不平衡电流的影响，例如单相接地电流较大，或保护装置反应接地电流的暂态值等，能满足要求的也可将保护装置接在零序过滤器回路中。

为了快速判定接地回路，也可配置专门的小电流接地选线装置。

1. 绝缘监察装置

为了实现绝缘监察，母线电压互感器的二次侧应能测得系统相对地的电压，并由附加绕组连接成零序电压滤过器。电压互感器的一次绕组接成完全星形，中性点接地。通常采用三相五柱式电压互感器或三个单相三绕组电压互感器。

绝缘监察回路的接线包括测量表计和继电器两部分，如图 6-10 所示。

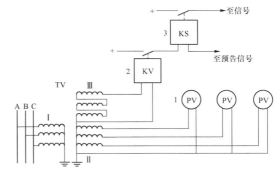

图 6-10　绝缘监察回路接线图

PV—电压表；KV—电压继电器；KS—信号继电器

图 6-10 中将电压继电器连接在零序电压滤过器上，用以反应零序电压，当电网发生单相接地时，该

继电器动作并发出信号。测量表计由三个连接在相对地电压上的电压表完成，该电压表用来指示接地故障的相别，并且可与顺序断开线路的方法配合来寻找接地故障线。也可利用专设的接地试验按钮与自动重合闸装置配合来寻找接地馈线，以缩短因寻找接地故障而引起的停电时间。在某一馈线断路器跳闸过程中，如接地信号解除（母线电压指示正常），即表示此馈线存在接地点，否则，需要对其他馈电线进行检查。

当接地电阻直接接于电源变压器的中性点时，也可以利用零序电流来实现，保护可动作于信号。

2. 零序电流保护

零序电流保护是利用其他馈线接地时和本回路接地时测得的零序电流不同，且本回路接地时测得的零序电流大这个特点，而构成的有选择性的电流保护。当为电缆引出线或经电缆引出的架空线路时，常用零序电流互感器构成零序电流保护。动作电流应躲过与被保护线路同一网络的其他线路发生单相接地故障时，由被保护线路流出的（被保护线路本线的）接地电容电流值。

反应电容电流值保护装置的优点是接线比较简单，但在使用时应注意下列问题：在发生接地故障的瞬间，暂态电容电流的幅值很大，经工频的一个周波后，暂态分量逐渐衰减。为使电流保护不致在暂态过程情况下误动作，保护应带有 20～30ms 的延时。因为系统运行方式的改变，造成出线的长度和数量改变，接地电容电流也随之变化；而且单相接地故障，常常是间歇性的不稳定弧光接地，故障点的接地电阻不确定等，这些因素造成了零序故障电容电流的不稳定，因此灵敏度比较难保证。

地电容电流可由零序电流互感器或零序电流滤过器测得。接零序的电流互感器可分为电缆型和母线型两种，其一次侧绕组就是三相的导线，二次侧绕组在包围着三个相的铁芯上，负荷电流引起的不平衡电流对零序电流互感器影响不大。电缆型互感器的结构较为简单，因此广泛用在带有电缆引出的线路上。

通常接地电容电流值不大，约为几安到十几安，而线路的负荷电流值很大，达几百安以上。因此，在测量接地电容电流时，必须注意由负荷电流引起的电流互感器不平衡电流的影响。采用零序电流滤过器方式时，三相电流互感器的二次侧绕组并联后接到电流继电器。当各相电流互感的一次侧通入各相负荷电流和零序电容电流时，由于电流互感器的励磁阻抗特性等不一致，在零序回路中将出现不平衡电流。不平衡电流值可能接近或超过折算到二次侧的接地电容电流值，即零序电流滤过器不能正确测量小的接地电容电流。因此，采用这种方式较难保证保护的准确测量。

必须注意，只有当本线路接地时，接地电流大于其他线路接地时的零序电流、零序电流能够准确测量，并且保护灵敏度也满足要求时，才可考虑装设零序电流保护。

3. 小电流接地选线装置

针对采用绝缘监察回路难以准确判断接地线路，事故判定时间长、反应接地电容电流的零序过电流保护灵敏性差的问题，目前国内已有多种不同型号的微机选线装置。选线装置目前常采用反应工频电容电流的大小、反应工频电容电流方向、反应零序电流有功分量、利用 5 次谐波分量反应接地故障电流暂态分量首半波等原理。也可采用多种原理由用户自选或在装置中作出数种方案，以进行多种判断达到判断准确的目的。小电流选线装置通常接入母线零序电压及各回路（零序）电流，装置动作后通常发信号，也可根据运行系统的情况选配跳闸出口。

微机接地选线装置常把装置放在电压互感器柜上，是一种集中式保护装置，需要把所有的电流回路都引至装置，二次电缆较集中。

（八）厂用电源保护的整定计算

1. 高压厂用变压器（电抗器）纵联差动保护

（1）电抗器纵联差动保护。采用比率制动特性的差动保护，其整定计算方法可参见发电机差动保护的整定计算。

（2）高压厂用变压器纵联差动保护。整定计算方法与普通变压器计算方法相同，可参见第八章相关内容。

2. 高压厂用变压器（电抗器）电流速断保护

（1）动作电流整定。连接在相电流上的电流保护动作电流按下列条件整定：

1）躲过外部短路时流过保护的最大短路电流 I_{op}。该保护的动作电流按躲开系统最大运行方式时变压器二次侧母线的最大穿越短路电流来整定，即

$$I_{op} = K_{rel} I_{k,max}^{(3)} / n_a \qquad (6-1)$$

式中 K_{rel} ——可靠系数，取 1.2～1.3；

$I_{k,max}^{(3)}$ ——系统最大运行方式时，变压器二次侧母线三相短路折算到一次侧的电流；

n_a ——高压厂用变压器高压侧电流互感器变比。

2）躲过变压器励磁涌流。其值应大于 5～7 倍额定电流。

保护动作电流取上两项计算中大者。

（2）灵敏系数校验。灵敏系数 K_{sen} 计算为

$$K_{sen} = \frac{I_{k,min}^{(2)}}{n_a I_{op}} \qquad (6-2)$$

式中 $I_{k,min}^{(2)}$ ——系统最小运行方式下，保护安装处发

生两相短路时，保护的灵敏系数，要求 $K_{sen} \geqslant 2$；

n_a——高压厂用变压器高压侧电流互感器变比。

3. 高压厂用变压器（电抗器）高压侧过电流保护

（1）过电流保护的整定计算。

1）动作电流计算。按下列三个条件进行整定计算：

a）躲过变压器（电抗器）所带负荷及需要自启动的电动机最大启动电流之和，即

$$I_{op} = K_{rel} K_{ast} I_{2N} \qquad (6-3)$$

式中　K_{rel}——可靠系数，取 $1.15 \sim 1.25$；

K_{ast}——需要自启动的全部电动机在自启动时的过电流倍数；

I_{2N}——高压厂用变压器高压侧电流互感器的二次额定电流。

当备用电源为明备用接线时，式（6-3）中 K_{zq} 的计算为：

①未带负荷时

$$K_{ast} = \cfrac{1}{\cfrac{U_k(\%)}{100} + \cfrac{S_{T,N}}{K_{st,\Sigma} S_{M,\Sigma}} \left(\cfrac{U_{M,N}}{U_{T,N}} \right)^2} \qquad (6-4)$$

式中　$U_k（\%）$——变压器短路电压百分数；

$S_{T,N}$——高压厂用变压器的额定容量；

$K_{st,\Sigma}$——电动机自启动电流倍数，与备用电源切换时间有关，备用电源为慢速切换时取 5，备用电源为快速切换时取 $2.5 \sim 3.0$ 或现场经验数据；

$S_{M,\Sigma}$——需要自启动的电动机额定视在功率的总和；

$U_{M,N}$——高压电动机的额定电压；

$U_{T,N}$——高压厂用变压器低压分支绕组的额定电压。

②已带一段厂用负荷，再投入另一段厂用负荷时

$$K_{ast} = \cfrac{1}{\cfrac{U_k(\%)}{100} + \cfrac{0.7 S_{T,N}}{1.2 K_{st,\Sigma} S_{M,\Sigma}} \left(\cfrac{U_{M,N}}{U_{T,N}} \right)^2} \qquad (6-5)$$

③当备用电源为暗备用时

$$K_{ast} = \cfrac{1}{\cfrac{U_k(\%)}{100} + \cfrac{S_{T,N}}{0.6 K_{st,\Sigma} S_{M,\Sigma}} \left(\cfrac{U_{M,N}}{U_{T,N}} \right)^2} \qquad (6-6)$$

b）躲过低压侧一个分支负荷自启动电流和其他分支正常负荷总电流整定

$$I_{op} = K_{rel} (\Sigma I_{ast} + \Sigma I_{fL}) / n_a \qquad (6-7)$$

式中　K_{rel}——可靠系数，取 $1.15 \sim 1.25$；

ΣI_{ast}——低压侧一个分支负荷自启动电流折算到高压侧的一次电流；

ΣI_{fL}——低压侧其余分支正常负荷总电流折算到高压侧的一次电流；

n_a——高压厂用变压器高压侧电流互感器变比。

c）按与低压侧分支过电流保护配合整定

$$I_{op} = K_{co} (K_{bt} I_{op,L} + \Sigma I_{fL}) / n_a \qquad (6-8)$$

式中　K_{co}——配合系数，取 $1.15 \sim 1.25$；

K_{bt}——变压器绕组接线折算系数，Dy1 接线时 $K_{bt} = \cfrac{2}{\sqrt{3}}$，Dd 或 Yy 接线时 $K_{bt} = 1$；

$I_{op,L}$——低压侧分支过电流保护的最大动作电流折算到高压侧的一次电流；

ΣI_{fL}——低压侧其余分支正常负荷总电流折算到高压侧的一次电流。

保护装置动作电流 I_{op} 取式（6-3）、式（6-7）、式（6-8）计算结果中最大者。

2）灵敏度计算。用保护装置二次电流来计算保护的灵敏系数，即

$$K_{sen} = \cfrac{I_{k,min}^{(2)}}{n_a I_{op}} \qquad (6-9)$$

式中　$I_{k,min}^{(2)}$——最小运行方式下厂用电抗器后或厂用变压器低压侧两相短路时，流过保护的最小短路电流。

要求 $K_{sen} \geqslant 1.3$。

3）动作时间定值的整定计算。动作时间 t 按与低压侧分支过电流保护的最大动作时间 $t_{op,dow,max}$ 配合整定，即

$$t = t_{op,dow,max} + \Delta t$$

式中　Δt——时间级差。

为保证高压厂用变压器热稳定，高压侧过电流保护的动作时间不宜超过 2s。

（2）低电压启动及复合电压启动的过电流保护的整定计算。

1）过电流保护的动作值。

a）按躲过额定电流整定

$$I_{op} = \cfrac{K_{rel}}{K_r} I_{2N} \qquad (6-10)$$

式中　K_{rel}——可靠系数，取 $1.2 \sim 1.3$；

K_r——返回系数，取 $0.85 \sim 0.95$；

I_{2N}——高压厂用变压器高压侧二次额定电流。

b）与低压侧分支复合电压闭锁过电流保护配合。若低压侧分支装设复合电压闭锁过电流保护，动作电

流 I_{op} 应与低压侧分支复合电压闭锁过电流保护配合，即

$$I_{op} = K_{co}(K_{bt}I_{opf} + \Sigma I_{fL})/n_a \qquad (6\text{-}11)$$

式中　K_{co}——配合系数，取 1.15～1.25；

　　　K_{bt}——变压器绕组接线折算系数，Dy1 接线时 $K_{bt} = 2/\sqrt{3}$，Dd 或 Yy 接线时 $K_{bt}=1$；

　　　I_{opf}——低压侧分支复合电压闭锁过电流保护的最大动作电流折算到高压侧的一次电流；

　　　ΣI_{fL}——低压侧其余分支正常负荷总电流折算到高压侧的一次电流；

　　　n_a——高压厂用变压器高压侧电流互感器变比。

2）灵敏系数。电流元件的灵敏系数 K_{sen} 计算公式为

$$K_{sen} = \frac{I_{k,min}^{(2)}}{n_a I_{op}} \qquad (6\text{-}12)$$

式中　$I_{k,min}^{(2)}$——最小运行方式下，高压厂用变压器低压侧分支母线两相金属性短路电流折算到高压侧的一次电流；

　　　n_a——高压厂用变压器高压侧电流互感器变比。

要求电流元件的灵敏系数 $K_{sen} \geqslant 1.3$。

3）低电压定值的整定计算。

a）低电压定值 U_{op} 按躲过高压厂用变压器低压侧本分支母线电动机启动时出现的最低电压整定，可取

$$U_{op} = (0.55～0.6)U_N \qquad (6\text{-}13)$$

式中　U_N——高压厂用变压器低压侧本分支母线二次额定线电压。

b）相间低电压灵敏度校验时，灵敏系数 K_{sen} 计算公式为

$$K_{sen} = \frac{U_{op}n_v}{U_{k,max}} \qquad (6\text{-}14)$$

式中　n_v——高压厂用变压器低压侧本分支母线电压互感器变比；

　　　$U_{k,max}$——保护范围末端发生金属性三相短路时，保护安装处的电压。

要求相间低电压灵敏系数 $K_{sen} \geqslant 1.3$。

4）负序电压定值的整定计算。

a）按躲过正常最大不平衡负序电压进行计算，即

$$U_{op,2} = (0.06～0.08)U_N \qquad (6\text{-}15)$$

式中　U_N——系统额定电压。

b）负序电压灵敏度校验时灵敏系数 K_{sen} 计算公式为

$$K_{sen} = \frac{U_{k2,min}}{U_{op,2}n_v} \qquad (6\text{-}16)$$

式中　$U_{k2,min}$——高压厂用变压器低压侧母线两相金属性短路时，保护安装处的最小负序电压值；

　　　n_v——高压厂用变压器低压侧本分支母线电压互感器变比。

要求 $K_{sen} \geqslant 1.3$。

（3）高压厂用变压器高压侧复合电流保护整定计算。

1）负序电流元件的动作值。变压器带额定负荷运行时，电流互感器一相断线，保护不应误动作，即

$$I_{2,op} = K_{rel}I_{2f} \qquad (6\text{-}17)$$

式中　K_{rel}——可靠系数，取 1.3；

　　　I_{2f}——额定负荷运行时，电流互感器一相断线时的负序电流值。

相电流元件 I_{op} 整定同式（6-3）、式（6-7）和式（6-8）。

2）保护灵敏系数。

a）负序电流元件

$$K_{sen} = \frac{I_{2k,min}^{(2)}}{I_{2op}} \qquad (6\text{-}18)$$

式中　$I_{2k,min}^{(2)}$——最小运行方式下，低压母线两相短路时负序电流值。

b）单相电流元件

$$K_{sen} = \frac{I_{k,min}^{(3)}}{n_a I_{op,1}} \qquad (6\text{-}19)$$

式中　$I_{k,min}^{(3)}$——最小运行方式下，低压母线三相短路时电流值。

4. 高压厂用变压器（电抗器）电源侧单相接地零序过电流保护

高压厂用变压器（电抗器）接于不接地系统的电源母线段时，单相保护动作电流按满足以下两个条件整定。

（1）动作电流的整定计算。保护动作电流应躲过被保护线路有电的联系的其他线路发生单相接地故障时，由被保护线路本身提供的接地电容电流，即

$$I_{op,0} = K_{rel} \times \frac{I_k^{(1)}}{n_{a0}} = K_{rel} \times \frac{3I_c}{n_{a0}} \qquad (6\text{-}20)$$

式中　K_{rel}——可靠系数，保护作用于瞬时信号时，考虑过渡过程的影响，采用 3.0～4.0，保护作用于延时信号时采用 2.0～2.5；

　　　n_{a0}——零序电流互感器变比；

　　　$I_k^{(1)}$——高压侧单相接地时被保护设备供给短路点的接地电流一次值（电容电流）；

　　　I_c——被保护设备的单相电容电流一次值。

（2）保护灵敏系数。保护灵敏系数按下式计算

$$K_{sen} = \frac{I_{k,\Sigma}^{(1)} - I_k^{(1)}}{I_{op,0} n_{a,0}} \qquad (6\text{-}21)$$

式中　$I_{k,\Sigma}^{(1)}$——被保护设备发生单相接地时，故障点
　　　　　　总的接地电容电流一次值，无补偿装置
　　　　　　时为自然电容电流，有补偿装置时为
　　　　　　补偿后的残余电流。

要求 $K_{sen} \geqslant 1.3$。

当接地零序电流保护灵敏系数不够时，可采用专用的接地检测装置，不需要配置上述保护。

5. 高压厂用变压器低压侧分支过电流保护

（1）限时电流速断保护的整定计算。

1）电流动作值的整定计算。动作电流定值 I_{op} 可按以下条件计算，并取最大值：

a）按躲过本分支母线所接需参与自启动的电动机自启动电流之和整定，即

$$I_{op} = K_{rel} K_{ast} I_{2N} \qquad (6\text{-}22)$$

$$K_{ast} = \frac{1}{\dfrac{U_k(\%)}{100} + \dfrac{S_{T,N}}{K_{st,\Sigma} S_{M,\Sigma}} \left(\dfrac{U_{M,N}}{U_{T,N}} \right)^2} \qquad (6\text{-}23)$$

式中　K_{rel}——可靠系数，取 1.15～1.20；
　　　K_{ast}——需要自启动的全部电动机在自启动时
　　　　　　的过电流倍数；
　　　I_{2N}——高压厂用变压器低压侧分支线的二次
　　　　　　额定电流；
　　　$U_k(\%)$——以高压厂用变压器低压分支绕组额定
　　　　　　容量为基准的阻抗电压百分值，对于
　　　　　　分裂绕组变压器，用半穿越阻抗值；
　　　$S_{T,N}$——高压厂用变压器低压分支绕组额定
　　　　　　容量；
　　　$K_{st,\Sigma}$——电动机自启动电流倍数，与备用电源
　　　　　　切换时间有关，备用电源为慢速切换
　　　　　　时取 5.0，备用电源为快速切换时取 2.5～
　　　　　　3.0；
　　　$S_{M,\Sigma}$——需要自启动的电动机额定视在功率
　　　　　　总和；
　　　$U_{M,N}$——高压电动机的额定电压；
　　　$U_{T,N}$——高压厂用变压器低压分支绕组的额定
　　　　　　电压。

b）按躲过本分支母线上最大容量电动机启动电流整定，即

$$I_{op} = K_{rel}[I_{1N} + (K_{st} - 1)I_{M,N,max}]/n_a \qquad (6\text{-}24)$$

式中　K_{rel}——可靠系数，取 1.15～1.20；
　　　I_{1N}——高压厂用变压器低压侧分支线的一次

额定电流；
　　　K_{st}——直接启动最大容量电动机的启动电流
　　　　　　倍数，可取 6～8；
　　　$I_{M,N,max}$——直接启动最大容量电动机的额定电流；
　　　n_a——高压厂用变压器低压侧分支电流互感
　　　　　　器变比。

c）按与下一级速断或限时速断的最大动作电流配合整定

$$I_{op} = K_{co} I_{op,dow,max}/n_a \qquad (6\text{-}25)$$

式中　K_{co}——配合系数，取 1.15～1.20；
　　　$I_{op,dow,max}$——下一级速断或限时速断的最大动作
　　　　　　电流。

n_a 的含义同式（6-24）。

d）按与熔断器-接触器（FC）回路最大额定电流的高压熔断器瞬时熔断电流配合整定

$$I_{op} = K_{rel} I_K/n_a = K_{co} \times (20\sim25) I_{FU,N,max}/n_a \qquad (6\text{-}26)$$

式中　K_{co}——配合系数，取 1.15～1.20；
　　　$I_{FU,N,max}$——下一级 FC 高压熔断器最大额定电流。

n_a 的含义同式（6-24）。

2）动作时间定值的整定计算。按与下一级速断或限时速断的最大动作时间 $t_{op,dow,max}$ 配合整定，即

$$t = t_{op,dow,max} + \Delta t$$

式中　Δt——时间级差。

3）灵敏度校验。灵敏系数 K_{sen} 按下式计算

$$K_{sen} = \frac{I_{k,min}^{(2)}}{n_a I_{op}} \qquad (6\text{-}27)$$

式中　$I_{k,min}^{(2)}$——最小运行方式下，高压厂用变压器
　　　　　　低压侧本分支母线两相金属性短路
　　　　　　电流。

要求 $K_{sen} \geqslant 1.5$。

（2）分支过电流保护。

1）电流动作值的整定计算。动作电流定值 I_{op} 可按下述方法计算，并取最大值：

a）按躲过本分支母线所接需参与自启动的电动机自启动电流之和整定，同限时电流速断保护的整定计算。

b）按躲过本分支母线上最大容量电动机启动电流整定，同限时电流速断保护的整定计算。

c）按与下一级限时速断或过电流保护的最大动作电流配合整定，即

$$I_{op} = K_{co} I_{op,oc,max}/n_a \qquad (6\text{-}28)$$

式中　K_{co}——配合系数，取 1.15～1.20；
　　　$I_{op,oc,max}$——下一级限时速断或过电流保护的最大
　　　　　　动作电流；

n_a ——高压厂用变压器低压侧分支电流互感器变比。

2）动作时间定值的整定计算。动作时间 t 按与下一级限时速断或过电流保护的最大动作时间 $t_{op,oc,max}$ 配合整定，取

$$t = t_{op,oc,max} + \Delta t$$

式中　Δt ——时间级差。

3）灵敏度校验。灵敏系数 K_{sen} 计算公式为

$$K_{sen} = \frac{I_{k,min}^{(2)}}{n_a I_{op}} \qquad (6-29)$$

式中　$I_{k,min}^{(2)}$ ——最小运行方式下，高压厂用变压器低压侧本分支母线两相金属性短路电流。

要求 $K_{sen} \geqslant 1.5$。

（3）低压侧低电压启动或复合电压启动的分支过电流保护。当高压厂用变压器低压侧过电流保护灵敏度不满足要求时，可采用低电压启动或复合电压启动方式。

1）电流动作值的整定计算。动作电流按躲过本分支线的额定电流整定，即

$$I_{op} = K_{rel} I_{2N} / K_r \qquad (6-30)$$

式中　K_{rel} ——可靠系数，取 $1.15 \sim 1.20$；

K_r ——返回系数，取 $0.85 \sim 0.95$；

I_{2N} ——高压厂用变压器低压侧分支线的二次额定电流。

2）灵敏度校验。分支复合电压闭锁过电流保护的灵敏度校验包含电流元件、相间低电压元件和负序电压元件的灵敏度校验，其校验方法如下：

a）电流元件的灵敏度校验按下式计算

$$K_{sen} = \frac{I_{k,min}^{(2)}}{n_a I_{op}} \qquad (6-31)$$

式中　$I_{k,min}^{(2)}$ ——最小运行方式下，高压厂用变压器低压侧分支母线两相金属性短路电流；

n_a ——高压厂用变压器低压侧分支电流互感器变比。

要求 $K_{sen} \geqslant 1.5$。

b）低电压定值的整定计算。低电压启动保护整定计算方法与高压侧低电压启动过电流保护整定计算方法相同。灵敏度校验按高压厂用变压器低压侧分支母线最长电缆末端发生金属性三相短路时，保护安装处的电压进行，要求 $K_{sen} \geqslant 1.3$。

c）负序电压定值的整定计算。负序电压启动保护整定计算方法与高压侧复合电压启动过电流保护整定计算方法相同。灵敏度校验按高压厂用变压器低压侧分支母线最长电缆末端发生两相金属性短路时，保护安装处的最小负序电压值，要求 $K_{sen} \geqslant 1.3$。

6. 高压厂用变压器低压侧单相接地保护

（1）中性点经小电阻接地系统计算方法一。

1）中性点零序过电流保护动作电流定值的整定计算。按与下一级单相接地保护最大动作电流 $3I_{0,L,max}$ 配合整定，即

$$I_{op,0} = K_{co} 3 I_{0,L,max} / n_{a0} \qquad (6-32)$$

式中　K_{co} ——配合系数，取 $1.15 \sim 1.20$；

n_{a0} ——高压厂用变压器低压侧中性点零序电流互感器变比。

2）中性点零序过电流保护动作时间定值的整定计算。

a）零序过电流保护一时限，按与下一级零序过电流保护最长动作时间 $t_{0,L,max}$ 配合整定，即

$$t_{0,op1} = t_{0,L,max} + \Delta t$$

式中　Δt ——时间级差。

b）零序过电流保护二时限，按与零序过电流保护一时限动作时间配合整定，即

$$t_{0,op2} = t_{0,op1} + \Delta t$$

式中　Δt ——时间级差。

3）灵敏度校验。灵敏系数 K_{sen} 计算公式为

$$K_{sen} = \frac{I_k^{(1)}}{n_{a0} 3 I_{op,0}} \qquad (6-33)$$

式中　$I_k^{(1)}$ ——高压厂用变压器低压侧单相接地流过中性点接地电阻的零序电流；

n_{a0} ——高压厂用变压器低压侧中性点零序电流互感器变比。

要求 $K_{sen} \geqslant 2$。

（2）中性点经小电阻接地系统计算方法二。根据灵敏度反推动作电流，其整定计算方法为：

1）中性点零序过电流保护动作电流定值的整定计算。动作电流定值应按单相接地短路时保护有足够灵敏度计算，计算出的保护动作值还应满足与下级零序保护的配合要求，即

$$I_{op,0} = \frac{I_k^{(1)}}{n_{a0} K_{sen}} \qquad (6-34)$$

式中　$I_k^{(1)}$ ——高压厂用变压器低压侧单相接地流过中性点接地电阻的零序电流；

n_{a0} ——高压厂用变压器低压侧中性点零序电流互感器变比；

K_{sen} ——灵敏系数，取 $2 \sim 3$。

2）中性点零序过电流保护动作时间定值的整定计算与计算方法一同。

7. 低压厂用变压器过电流保护整定计算

（1）电流速断保护。电流速断保护按照躲过变压器低压侧三相最大短路电流及躲过变压器励磁涌流整定，与高压厂用变压器计算方法类似。

（2）低压变压器高压侧过电流保护。

1）保护动作电流。保护动作电流按下列三个条件计算：

a）按躲过变压器所带负荷需要自启动的电动机最大启动电流之和整定，即

$$I_{op} = K_{rel} K_{ast} I_{2N} \tag{6-35}$$

式中　K_{rel}——可靠系数，取 $1.15 \sim 1.25$；

I_{2N}——低压厂用变压器高压侧的二次额定电流；

K_{ast}——需要自启动的全部电动机在自启动时的过电流倍数。

K_{ast} 根据不同情况可分别按以下各式求出：

①备用电源为明备用时：

未带负荷时

$$K_{ast} = \cfrac{1}{\cfrac{U_k(\%)}{100} + \cfrac{S_{T,N}}{K_{st,\Sigma} S_{M,\Sigma}} \left(\cfrac{U_{M,N}}{U_{T,N}}\right)^2} \tag{6-36}$$

已带一段厂用负荷，再投入另一段厂用负荷时

$$K_{ast} = \cfrac{1}{\cfrac{U_k(\%)}{100} + \cfrac{0.7 S_{T,N}}{1.2 K_{st,\Sigma} S_{M,\Sigma}} \left(\cfrac{U_{M,N}}{U_{T,N}}\right)^2} \tag{6-37}$$

②备用电源为暗备用时

$$K_{ast} = \cfrac{1}{\cfrac{U_k(\%)}{100} + \cfrac{S_{T,N}}{0.6 K_{st,\Sigma} S_{M,\Sigma}} \left(\cfrac{U_{M,N}}{U_{T,N}}\right)^2} \tag{6-38}$$

式（6-36）～式（6-38）中

$U_k(\%)$——低压厂用变压器的阻抗电压百分数；

$S_{T,N}$——低压厂用变压器的额定容量；

$K_{st,\Sigma}$——电动机启动电流倍数，可取 5；

$S_{M,\Sigma}$——需要自启动电动机额定视在功率的总和；

$U_{M,N}$——低压电动机的额定电压；

$U_{T,N}$——低压电动机所连接母线的额定电压。

b）按躲过低压侧一个分支负荷自启动电流和其他分支正常负荷总电流整定，即

$$I_{op} = K_{rel}(\Sigma I_{st} + \Sigma I_{fL})/n_a \tag{6-39}$$

式中　ΣI_{st}——低压侧一个分支负荷自启动电流折算到高压侧的一次电流；

ΣI_{fL}——低压侧其余分支正常负荷总电流折算到高压侧的一次电流。

c）按与低压侧分支过电流保护配合整定，即

$$I_{op} = K_{co}(K_{bt} I_{op,L} + \Sigma I_{qyfL})/n_a \tag{6-40}$$

式中　K_{co}——配合系数，取 $1.15 \sim 1.25$；

K_{bt}——变压器不同灵敏系数，Dy11 接线时

$K_{bt} = \cfrac{2}{\sqrt{3}}$，Yy 接线时 $K_{bt} = 1$；

$I_{op,L}$——低压侧一个分支过电流保护的最大动作电流折算到高压侧的一次电流；

ΣI_{qyfL}——低压侧其余分支正常负荷总电流折算到高压侧的一次电流。

2）灵敏度校验。灵敏系数 K_{sen} 计算公式为

$$K_{sen} = \frac{I_{k,min}^{(2)}}{n_a I_{op}} \tag{6-41}$$

式中　$I_{k,min}^{(2)}$——最小运行方式下，低压厂用变压器低压侧母线两相金属性短路折算到高压侧的一次电流。

要求 $K_{sen} \geqslant 1.3$。

3）动作时间定值的整定计算。动作时间 t 按与下一级过电流保护的最大动作时间 $t_{op,dow,max}$ 配合整定，即

$$t = t_{op,dow,max} + \Delta t$$

式中　Δt——时间级差。

（3）FC 回路大电流闭锁跳闸出口功能定值的整定计算。对于 FC 回路的过电流保护，有些保护装置具有大电流闭锁接触器跳闸的功能，计算公式如下

$$I_{art} = \frac{I_{brk,FC}}{K_{rel} n_a} \tag{6-42}$$

式中　$I_{brk,FC}$——接触器允许断开电流；

K_{rel}——可靠系数，取 $1.3 \sim 1.5$；

n_a——电流互感器变比。

8. 低压厂用变压器高压侧单相接地零序电流保护

（1）中性点不接地系统单相接地保护整定计算。

1）动作电流的整定计算。动作电流 $I_{op,0}$ 按躲过与低压厂用变压器直接联系的其他设备发生单相接地时流过保护安装处的接地电流整定，即

$$I_{op,0} = K_{rel} \times \frac{I_k^{(1)}}{n_{a0}} = K_{rel} \times \frac{3 I_c}{n_{a0}} \tag{6-43}$$

式中　K_{rel}——可靠系数，保护动作于跳闸时取 $3.0 \sim 4.0$，保护动作于信号时取 $2.0 \sim 2.5$；

$I_k^{(1)}$——高压侧单相接地时被保护设备供给短路点的接地电流一次值（电容电流）；

n_{a0}——零序电流互感器变比；

I_c——被保护设备的单相电容电流一次值。

2）灵敏度校验。灵敏系数 K_{sen} 计算公式为

$$K_{sen} = \frac{I_{k,\Sigma}^{(1)} - I_k^{(1)}}{I_{op,0} n_{a0}} \tag{6-44}$$

式中　$I_{k,\Sigma}^{(1)}$——被保护设备发生单相接地时，故障点总的接地电容电流一次值。

要求 $K_{sen} \geqslant 1.3$。

3）动作时间的整定计算。

a）当 3～10kV 单相接地电流大于 10A 时，保护

动作于跳闸，动作时间可取 0.5～1.0s。

b）当 3～10kV 单相接地电流小于 10A 时，300MW 及以上机组，根据计算，如果能满足选择性与灵敏性要求，建议作用于跳闸方式，动作时间取 0.5～1.0s。

c）当 3～10kV 接地电流小于 10A 时，根据计算，如不能很好地满足选择性与灵敏性要求，动作于信号方式，动作时间取 0.5～2.0s。

（2）中性点经小电阻接地系统单相接地保护整定计算方案一。

1）动作电流定值的整定计算。动作电流 $I_{op,0}$ 可按以下方法计算，并取最大值：

a）按躲过与低压厂用变压器直接联系的其他设备发生单相接地时流过保护安装处的接地电流整定，参见式（6-43）。

b）按躲过低压厂用变压器最大负荷及低压侧母线三相短路时最大不平衡电流计算，即

$$I_{op,0} = \frac{K_{rel}I_{unb}}{n_{a0}} \quad (6\text{-}45)$$

式中　K_{rel}——可靠系数，取 1.3；

I_{unb}——低压厂用变压器最大负荷及低压侧母线三相短路时最大不平衡电流一次值，可取（0.10～0.15）$I_{T,N}$；

$I_{T,N}$——低压厂用变压器高压侧一次额定电流；

n_{a0}——零序电流互感器变比。

无实测值时，可按经验公式简化整定为

$$I_{op,0} = K_{ub}\frac{I_{T,N}}{n_{a,0}} \quad (6\text{-}46)$$

式中　K_{ub}——不平衡电流系数，取 0.05～0.15。

K_{ub} 取值原则：小容量低压厂用变压器 K_{ub} 取较大系数，大容量低压厂用变压器 K_{ub} 取较小系数；未配置专用零序 TA 时，K_{ub} 可大于 0.2。

动作电流取两者较大值，一次值宜不小于 10A。

2）灵敏度校验。灵敏系数 K_{sen} 计算公式为

$$K_{sen} = \frac{I_k^{(1)}}{I_{op,0}n_{a,0}} \quad (6\text{-}47)$$

式中　$I_k^{(1)}$——低压厂用变压器高压侧电缆末端单相接地电流一次值；

n_{a0}——零序电流互感器变比。

要求 $K_{sen} \geq 2$。

3）动作时间定值的整定计算。

a）断路器：可取 0～0.1s。

b）FC 回路：保护装置有大电流闭锁保护跳闸出口功能时，可取 0.05～0.10s。保护装置无大电流闭锁

保护跳闸出口功能时，需根据熔断器熔断特性计算延时，可取 0.3s。

（3）中性点经小电阻接地系统单相接地保护整定计算方案二。计算方案二是根据灵敏度反推动作电流，其整定计算方法为：

1）动作电流定值的整定计算。动作电流 $I_{op,0}$ 按单相接地短路时保护有足够灵敏度计算，即

$$I_{op,0} = \frac{I_k^{(1)}}{n_{a0}K_{sen}} \quad (6\text{-}48)$$

式中　$I_k^{(1)}$——低压厂用变压器高压侧电缆末端单相接地流过中性点接地电阻的零序电流；

n_{a0}——低压厂用变压器高压侧中性点零序电流互感器变比；

K_{sen}——灵敏系数，取 5～6。

该方法计算出来的保护动作值应满足躲过低压厂用变压器最大负荷及低压侧母线三相短路时最大不平衡电流及正常最大电容电流的要求。

2）动作时间定值的整定计算。计算方法与中性点经小电阻接地系统单相接地保护整定计算方法相同。

9．低压厂用变压器中性点的零序过电流保护

（1）动作电流定值的整定计算。低压侧为中性点直接接地系统，其零序电流保护动作电流按以下两个条件整定，并取最大值。

1）按躲过低压厂用变压器最大负荷的不平衡电流计算，即

$$I_{op,0} = \frac{K_{rel}I_{unb}}{n_{a0}} \quad (6\text{-}49)$$

式中　K_{rel}——可靠系数，取 1.3～1.5；

I_{unb}——变压器最大负荷的不平衡电流一次值，可取（0.2～0.5）I_{IN}（I_{IN} 为变压器低压侧一次额定电流）；

n_{a0}——低压厂用变压器低压侧中性点零序电流互感器变比。

2）与低压厂用变压器低压侧下一级保护配合。

a）下一级有零序过电流保护时，应与零序过电流保护最大动作电流配合，即

$$I_{op,0} = \frac{K_{co}I_{op,0,L,max}}{n_{a0}} \quad (6\text{-}50)$$

式中　K_{co}——配合系数，取 1.15～1.20；

$I_{op,0,L,max}$——下一级零序过电流保护最大动作电流一次值；

n_{a0}——低压厂用变压器低压侧中性点零序电流互感器变比。

b）下一级无零序过电流保护时，应与相电流保护最大动作电流配合，即

$$I_{op,0} = \frac{K_{co}I_{op,L,max}}{n_{a0}} \qquad (6-51)$$

式中　K_{co}——配合系数，取 $1.15\sim1.20$；

　　$I_{op,L,max}$——下一级相电流保护最大动作电流一次值；

　　n_{a0}——低压厂用变压器低压侧中性点零序电流互感器变比。

（2）动作时间定值的整定计算。动作时间 t 按与下一级零序保护最长动作时间 $t_{op,L,max}$ 配合整定，即

$$t = t_{op,L,max} + \Delta t$$

式中　Δt——时间级差。

当下一级无零序保护时，应与下一级相电流保护最长动作时间 $t_{op,max}$ 配合整定，即

$$t = t_{op,max} + \Delta t$$

式中　Δt——时间级差。

（3）灵敏度校验。灵敏系数 K_{sen} 计算公式为

$$K_{sen} = \frac{I_k^{(1)}}{I_{op,0}n_{a0}} \qquad (6-52)$$

式中　$I_k^{(1)}$——变压器低压母线单相接地短路电流一次值；

　　n_{a0}——低压厂用变压器低压侧中性点零序电流互感器变比。

要求 $K_{sen} \geqslant 2$。

二、厂用电源测量及控制接线

（一）厂用电源测量

1. 厂用电源的测量回路

（1）计算机监控系统的测量既可以通过直流采样实现（如 DCS），也可以通过交流采样实现或者通过装置采集后通信至监控系统实现。

（2）计算机监控系统的直流采样可以由变送器或具有模拟量输出的综合保护装置实现。变送器和各装置的模拟量输出的参数要求符合计算机监控系统的要求。

（3）就地的测量表计可以由指示型表计及具有测量功能的综合保护装置、多功能数字型仪表实现。低压断路器回路还可以由具有测量功能的低压断路器智能脱扣器实现。

厂用电源测量仪表的配置应符合相关规程的要求，具体内容见第二章。

2. 高压厂用工作电源

分裂绕组的高压厂用变压器测量回路示例如图6-11 所示。

图 6-11 所示接线特点如下：

（1）高压厂用变压器高压侧测量量为单相电流和有功功率，低压侧测量量为单相电流。

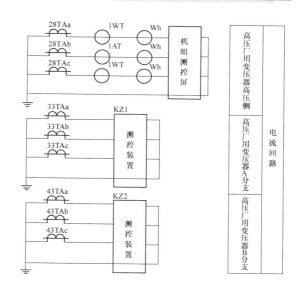

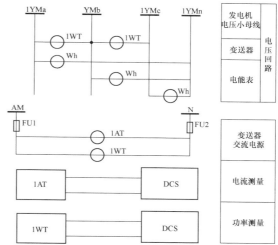

图 6-11　分裂绕组的高压厂用变压器测量回路图
1WT—功率变送器；Wh—电能表；1AT—电流变送器；
KZ1、KZ2—分支综合保护装置

（2）高压侧配置电能表用于电能量计量，安装于电能表屏上。

（3）开关柜内未配置专门的指示表计，就地低压侧分支回路电流测量由安装于开关柜内的综合保护装置实现。

（4）远方测量。

1）高压厂用变压器高压侧测量量由变送器转换为 $4\sim20mA$ 信号接入 DCS，变送器安装在机组变送器屏上。

2）高压厂用变压器低压侧分支回路由安装于开关柜内的综合保护装置输出 $4\sim20mA$ 电流信号至 DCS。

如果低压侧仅有一段母线，用电侧电流测量可根

据工程需要选择配置。启动/备用变压器测量回路与图 6-12 类似。

3. 高压车间电源

厂用高压段车间电源馈线回路测量回路示例如图 6-12 所示。

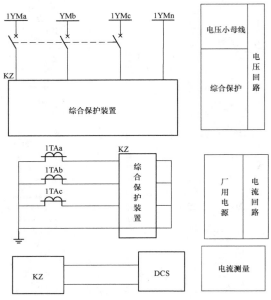

图 6-12 厂用高压段车间电源馈线回路测量回路

KZ—综合保护装置

图 6-12 所示接线特点如下：

（1）车间电源馈线回路测量包括单相电流和有功功率。

（2）电能测量功能由具有电能测量功能的综合保护装置实现。

（3）开关柜内未配置专门的指示表计，由综合保护装置实现。

4. 低压厂用变压器

低压厂用变压器测量回路示例如图 6-13 所示。

图 6-13 所示接线特点如下：

（1）低压厂用变压器低压侧接单段母线。

（2）高压侧测量为相电流和有功功率。

（3）电能测量功能由具有电能测量功能的综合保护装置实现。

（4）厂用低压变压器高压侧远方测量由综合保护装置转换为 4～20mA 信号接入 DCS。

（5）就地高压开关柜测量由开关柜内配置综合保护装置实现，就地低压侧分支回路电流测量配置综合测控装置实现。

5. 低压厂用备用变压器

低压厂用备用变压器测量回路示例如图 6-14 所示。

图 6-14 所示接线特点如下：

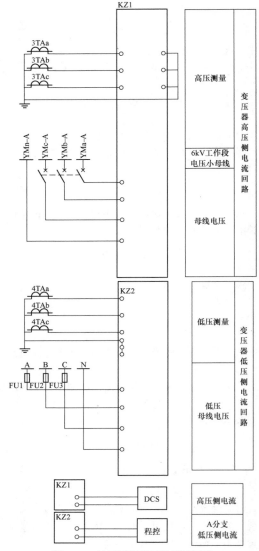

图 6-13 低压厂用变压器测量回路

KZ1—综合保护装置；KZ2—多功能测控装置

（1）低压厂用变压器低压侧为两段母线。

（2）高压侧测量为相电流和有功功率。

（3）高压侧电能测量功能由具有电能测量功能的综合保护装置实现，低压侧测量功能由多功能测控装置实现。

（4）厂用低压变压器高压侧的远方测量量，由综合保护装置转换为 4～20mA 信号接入 DCS。

（5）就地高压开关柜内配置综合保护装置，就地低压侧分支回路电流测量配置综合保护装置实现。

6. 厂用低压电源 PC 至 MCC 电源、母线分段断路器

厂用低压电源 PC 至 MCC 电源测量回路示例如图 6-15 所示。

图 6-15 所示接线特点如下：

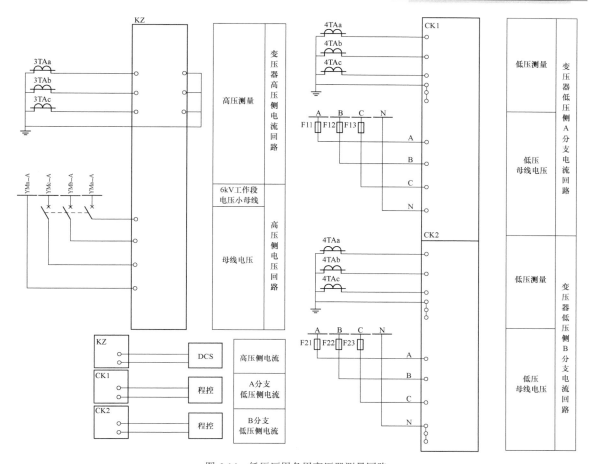

图 6-14　低压厂用备用变压器测量回路

KZ—综合保护装置；CK1、CK2—多功能测控装置

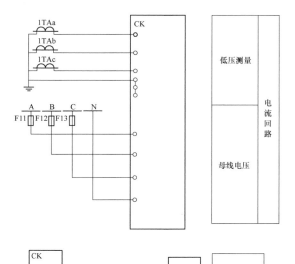

图 6-15　厂用低压电源 PC 至 MCC 电源测量回路

CK—多功能数字表

（1）测量量为相电流。

（2）电流测量配置多功能数字式表计或综合测控装置实现。

母线分段断路器回路与 PC 至 MCC 回路接线类似。

7．厂用母线电压互感器接线示例

（1）高压厂用母线段电压互感器接线示例如图6-16 所示。

图 6-16 所示接线特点如下：

1）母线配置电压测控保护装置，实现母线电压监视、绝缘监察、电压测量功能。

2）电压互感器剩余绕组接微机消谐装置，电压互感器发生电磁谐振后进行消谐。

3）就地测量功能由测控保护装置实现。

4）远方测量量由测控保护装置转换为 4～20mA信号接入 DCS。

5）电动机低电压保护由电动机综保装置实现。

（2）低压厂用母线段电压互感器接线示例如图6-17 所示，图中未示意至 DCS 的报警信号接线。

图 6-17 所示接线特点如下：

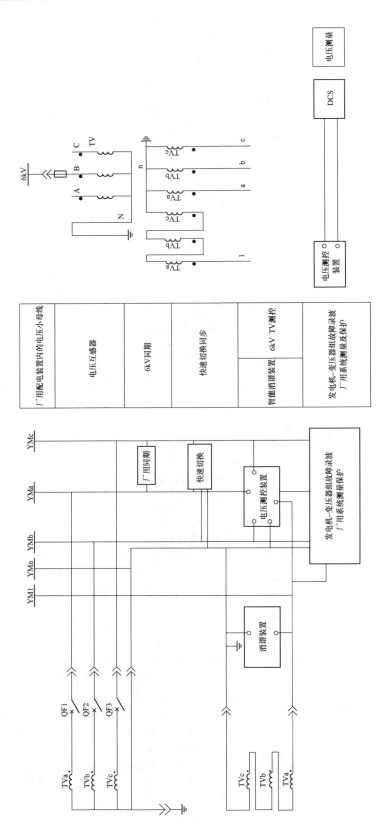

图 6-16 高压厂用母线段电压互感器接线图

1）电压互感器配置电压测控保护装置，实现电压测量功能。

2）就地测量功能由测控保护装置实现。

3）远方测量量由测控保护装置转换为 4～20mA 信号接入 DCS。

4）低电压保护通过电压继电器在母线电压互感器回路中实现，低电压保护接线具有判断断线和按不同电压值分别以 0.5s 和 9s 分别发出跳闸命令的功能。

（二）厂用电源控制信号接线

厂用电源的控制信号接线除要满足控制信号的基本要求外，还应按照厂用电源的特点考虑以下因素及特点：

（1）控制方式和控制地点的选择应全厂（站）一致。

（2）远方控制在 DCS 或电气计算机监控系统实现。

（3）厂用高压断路器控制回路需要考虑跳、合闸线圈的监视回路。

（4）厂用低压断路器可不监视跳合闸线圈的完整性，备用电源自动投入回路的断路器可以考虑合闸线圈的监视。

1. 高压厂用工作电源

高压厂用段工作电源进线断路器控制信号接线如图 6-18 所示。对应的一次接线为，高压厂用段工作电源取自厂用高压工作变压器，高压工作变压器 T 接于发电机封闭母线。

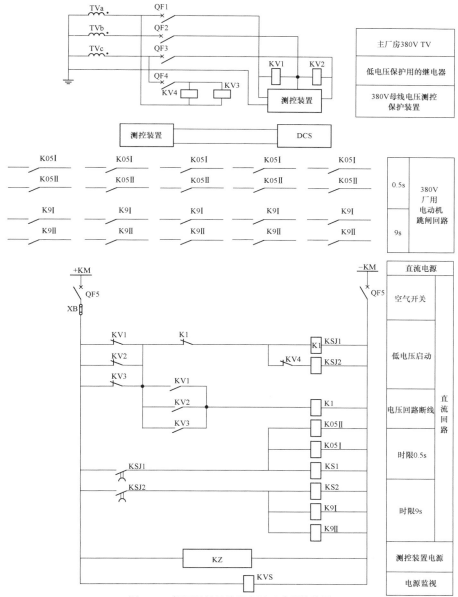

图 6-17 低压厂用母线段电压互感器接线图

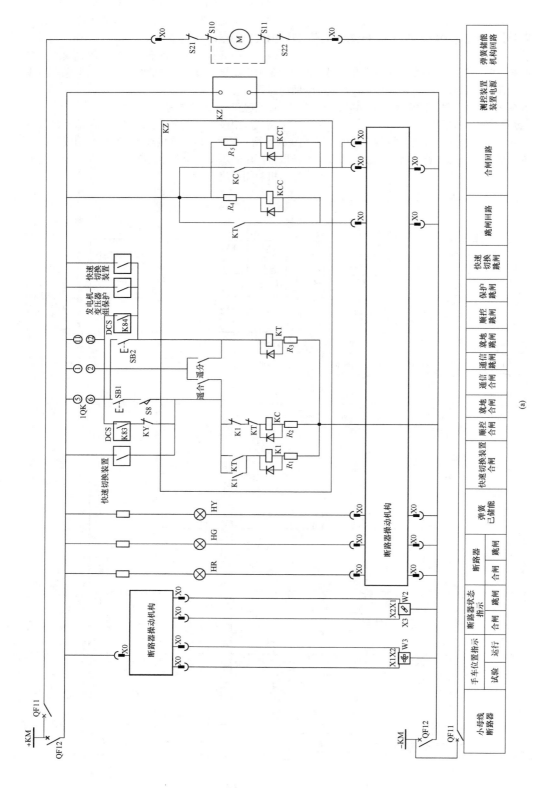

图 6-18 高压厂用段工作电源进线断路器控制信号接线图（一）

（a）控制回路；

（a）

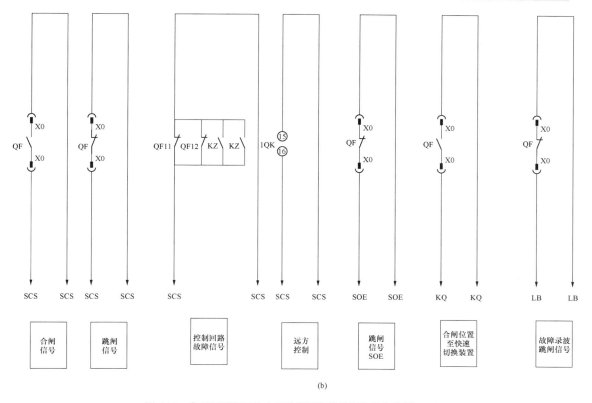

(b)

图 6-18 高压厂用段工作电源进线断路器控制信号接线图（二）

（b）信号回路

QF11、QF12—塑壳断路器；KZ—馈线微机综合测控装置；KY-同步检查继电器；HR—红灯；HG—绿灯；HY—储能指示灯
（黄色）；SB1—带灯按钮（红灯 HR）；SB2—带灯按钮（绿灯 HG）；1QK—转换开关；KC—合闸继电器；
KT—跳闸继电器；KCC—合闸位置继电器；KCT—跳闸位置继电器；KY—同步监察继电器

图 6-18 所示接线的特点如下：

（1）远方控制通过 DCS 硬接线控制，保留了 ECMS 通过网络通信方式进行操作的方式，作为后备调试手段。

（2）控制、保护的跳、合闸回路通过综合保护装置配置的操作回路实现。

（3）跳闸回路包括远方及就地跳闸、发电机-变压器组保护跳闸及快速切换装置跳闸。

（4）合闸回路包括远方及就地合闸，快速切换装置合闸。就地合闸仅允许手车在试验位置操作，远方手动合闸经过串联同步闭锁继电器触点后接入合闸回路。

（5）断路器防跳功能由断路器机构配置的防跳回路实现，断路器机构防跳回路通常采用并联防跳。

（6）本例通过综合保护装置配置的操作箱回路的跳闸位置继电器、合闸位置继电器实现对跳、合闸线圈和控制回路断线的监视。除了以上方式外，也可设计独立的监视回路实现控制回路的监视。断路器采用并联防跳时，需注意跳闸位置继电器的参数和防跳继电器的参数配合，避免回路正常时启动防跳继电器。

（7）如图 6-18 所示，断路器信号回路一般应包括

状态量、装置预告信号、事故信号、电源及回路监视信号等，设计中应根据回路特点和要求分别进行考虑。

2. 高压厂用备用电源

高压厂用备用电源进线断路器控制信号与工作进线回路类似，不再举图例说明。高压厂用备用电源一次接线通常为高压厂用段备用电源取自启动/备用变压器备用共箱母线分支，其特点如下：

（1）跳闸回路包括远方及就地跳闸、启动/备用变压器保护跳闸及快速切换装置跳闸。

（2）合闸回路包括远方及就地合闸和快速切换装置合闸。就地合闸仅允许手车在试验位置操作，远方合闸回路串联同步闭锁继电器触点后合闸。为了避免工作段无电压时同步闭锁继电器误闭锁，同步闭锁继电器可通过远方监控系统触点解除闭锁，也可在设计中增加连接片或并联工作电源开关动断触点进行解除闭锁。

3. 低压厂用变压器

（1）低压厂用变压器高压侧断路器控制信号。低压厂用变压器高压断路器控制信号接线如图 6-19 所示。其对应一次接线为：低压厂用变压器高压侧为断

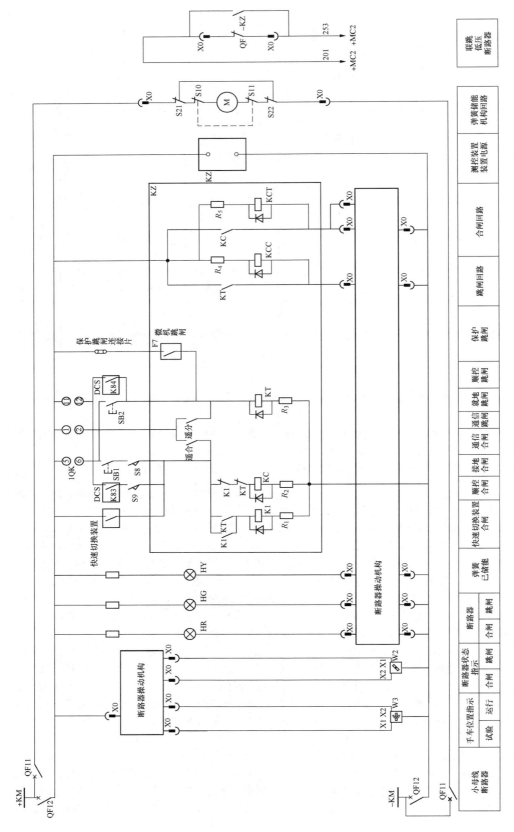

图 6-19 低压厂用变压器高压断路器控制信号接线图

QF11、QF12—塑壳断路器；KZ—馈线微机综合测控装置；KY—同步检查继电器；HG—绿灯；HY—储能指示灯；SB1—带灯按钮（红灯 HR）；
SB2—带灯按钮（绿灯 HG）；1QK—转换开关；KC—合闸继电器；KT—跳闸继电器；KCC—合闸位置继电器；KCT—跳闸位置继电器；KY—同步监察继电器

路器，接于厂用高压段。控制信号接线原则与工作进线回路类似，不同特点如下：保护跳闸为综合保护跳闸，并包括联跳低压侧的接线。联跳低压侧断路器的接线，可以仅由保护跳闸出口或和高压侧断路器动断触点并联后实现。

（2）低压厂用变压器高压侧接触器控制信号。低压厂用变压器高压侧为接触器，接于厂用高压段。控制信号接线原则与断路器控制信号类似。接触器回路的接线特点是应有熔断器熔断联跳接触器的回路。接触器防跳回路可由综合保护装置操作回路实现。

（3）低压厂用变压器低压侧断路器控制信号。低压厂用变压器低压侧断路器控制信号接线图较为简单，不举例说明，其主要特点如下：

1）低压厂用变压器低压侧采用框架断路器，操作电源可为直流或交流。

2）远方控制可通过 DCS 硬接线控制或 ECMS 通过网络通信方式进行操作。

3）跳闸回路包括远方、就地跳闸及变压器保护联跳回路。断路器脱扣器保护跳闸为断路器内部接线。

4）合闸回路包括远方及就地合闸。厂用低压段电气设备选择时不考虑两段之间并列运行的工况，因此理论上不允许并列运行。进线断路器及联络断路器之间是否考虑闭锁回路有以下几种方式：

a）当两段母线的电源不存在相位和频率差别，部分运行人员为了避免电源切换时负荷失电，进行短时间的并列。这种情况下可不考虑进线和联络断路器之间的闭锁，但应在 DCS 和 ECMS 中增加报警信号以提醒运行人员，避免长时间的并列运行。

b）当两段母线的电源由不同的电源供电时，进线断路器和联络断路器之间设计闭锁回路或由监控系统中实现逻辑闭锁，避免两段并列运行。

5）根据回路特点和监控要求设计信号回路。

第二节　厂用电动机保护及二次接线

一、厂用电动机保护的一般要求

随着计算机技术的不断发展，火力发电厂电动机的保护经历了由继电器式到晶体管式再到数字式的发展过程。目前大中型火力发电厂高压电动机全部采用数字式保护装置，低压电动机采用数字式保护装置或含有计算机芯片的电子脱扣器进行保护，这类保护的灵敏度及可靠性高，定值保护设定精确，易于组成网络进行后台监视，且现场调试方便，在工程实践中被广泛使用。

1. 厂用电动机保护

厂用电动机保护应符合 GB/T 14285《继电保护和

安全自动装置技术规程》、DL/T 5153《火力发电厂厂用电设计技术规程》和 DL/T 1502《厂用电继电保护整定计算导则》的要求。各类常用保护装置的灵敏系数不宜低于如下数值：

（1）纵联差动保护：1.5。

（2）电流速断保护：1.5（按保护安装处短路计算）。

（3）过电流保护：1.3。

（4）动作于信号的单相接地保护：1.2。

（5）动作于跳闸的单相接地保护：1.5。

2. 保护用电流互感器

保护用电流互感器（包括中间电流互感器）应为 P 级，其稳态比误差不应大于 10%。当技术上难以满足要求，且不致使保护装置不正确动作时，可允许有较大的误差。

保护装置与测量仪表不宜合用电流互感器的二次绕组，若受条件限制需合用电流互感器的二次绕组，应按下列原则处理：

（1）保护装置应设置在仪表之前，避免校验仪表时影响保护装置的工作。

（2）对于电流回路开路可能引起保护装置不正确动作，而又未装设有效的闭锁和监视时，仪表应经中间电流互感器连接。当中间电流互感器二次回路开路时，保护用电流互感器的稳态比误差仍应不大于 10%。

（3）应有防止因元件损坏而引起误跳闸的闭锁措施。

（4）保护和操作用继电器宜装设在高压开关柜及低压配电屏上。

二、高压厂用电动机保护及定值计算

火力发电厂中 3～10kV 电动机一般称为高压厂用电动机。在涉外工程中，一些国家高压厂用电动机的额定电压为 3.3、6.6、11kV 或 13.8kV。

（一）高压厂用电动机的保护配置

高压厂用电动机的保护配置如图 6-20 所示。

1. 采用断路器作为保护及操作电器的高压厂用电动机应配置保护

采用断路器作为保护及操作电器的高压厂用电动机应配置下列保护：

（1）纵联差动保护。纵联差动保护用于保护电动机绕组内及引出线上的相间短路故障，不反应定子绕组的匝间短路故障，2000kW 及以上的电动机应装设纵联差动保护。对于 2000kW 以下中性点具有分相引线的电动机，当电流速断保护灵敏性不够时，也应装设纵联差动保护。纵联差动保护瞬时动作于断路器跳闸，能防止电动机在自启动过程中误动作。

在工程实际中，保护用 TA 一组装在开关柜内，另一组装在电动机中性点柜或电动机中性点接线盒内。一般开关柜内的 TA 与电动机中性点 TA 往往由不同的厂家配套，而且型号不同，其特性也不同。为了使差动保护用 TA 的特性保持一致，减少不平衡电流，两侧 TA 在型号选择时应尽量保持一致，也可将差动

保护用 TA 分别装在电动机的出线端及中性点端（在签订技术协议时应向制造厂提出要求）。需要注意的是，差动保护所需 TA 装设在电动机的两端，由开关柜至电动机出线端的电缆需要装设速断及过电流保护。

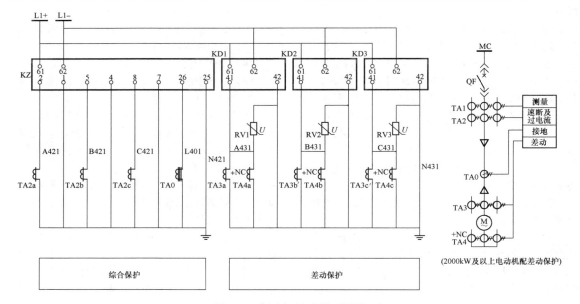

图 6-20　高压电动机保护配置图

（2）磁平衡差动保护。当纵联差动保护差电流来自开关柜 TA 及电动机中性点 TA 时，由于 TA 的特性可能不匹配，并且当电动机距开关柜较远时，两个 TA 至保护装置的电缆长度不一样，故在电动机启动过程中纵联差动保护可能误动。因此，可将纵联差动保护的定值分为两个，一个是运行中的纵联差动保护定值，另一个是启动过程中的纵联差动保护定值，或者将纵联差动保护的制动特性的最小动作电流及制动特性的斜率适当提高，但是这种方法降低了启动过程中纵联差动保护的灵敏度，同时为了躲过外部短路故障时电动机的反馈电流，或者外部短路故障切除后电动机自启动电流产生的不平衡电流，正常运行时保护的灵敏度也降低了。为了解决灵敏度降低问题，可采用磁平衡纵联差动保护。

磁平衡纵联差动保护接线如图 6-21 所示，即将电动机每相中性点电流引回至电动机每相机端，与机端出线一起穿过同一个 TA，组成一个纵联差动保护，TA 安装在电动机出线端。只要电动机绕组中始、末端流过的电流相同，则 TA 铁芯中的磁通就平衡，TA 的二次绕组就不会出现电流。

（3）电流速断保护。对未装设纵联差动保护或纵联差动保护的保护范围仅包括电动机绕组而不包括电缆时，应装设电流速断保护。为了提高保护的灵敏系数，电流速断保护瞬时动作于断路器跳闸。

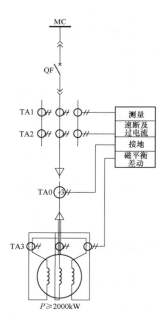

图 6-21　磁平衡纵联差动保护接线示意图

（4）过电流保护。作为纵联差动保护的后备，宜增设过电流保护。过电流保护装置采用定时限或反时限动作于断路器跳闸。

（5）单相接地保护。

1）不接地系统。

a）当系统的单相接地电流小于 10A 时，应装设接地检测装置。检测装置由反应零序电流或零序方向的元件构成，动作于就地信号，并宜具有记忆瞬间性接地的性能。

b）当系统的单相接地电流在 10A 及以上时，厂用电动机回路的单相接地保护瞬时动作于跳闸。

c）当系统的单相接地电流在 15A 及以上时，其他馈线回路的单相接地保护也应动作于跳闸。

2）高电阻接地系统。

a）当单相接地电流小于 10A 时，应装设接地故障检测装置。检测装置由反应零序电流或零序方向的元件构成，动作于就地信号，并宜具有记忆瞬间性接地的性能。

b）当单相接地电流在 10A 及以上时，单相接地保护瞬时动作于跳闸。

3）电感补偿并联电阻接地系统。电感补偿并联电阻接地系统，既可减少过电压，又可以不跳闸运行，厂用母线上的电动机回路应装设接地故障检测装置。

4）低电阻接地系统。厂用电动机及其他馈线回路的单相接地保护宜由安装在该回路上的零序电流互感器取得的零序电流来实现，保护动作后切除本回路。

（6）过负荷保护。下列电动机应装设过负荷保护：

1）生产过程易发生过负荷的电动机。保护装置应根据负荷特性，带时限动作于信号、跳闸或自动减负荷。

2）启动或自启动困难，需要防止启动或自启动时间过长的电动机。保护装置动作于跳闸。

（7）低电压保护。

1）对于Ⅰ类电动机，当装有自动投入的备用机械时，或为保证人身和设备安全在电源电压长时间消失后须自动切除时，均应装设 9～10s 时限的低电压保护，保护动作于断路器跳闸。

2）为了保证接于同段母线的Ⅰ类电动机自启动，对不要求自启动的Ⅱ、Ⅲ类电动机和不能自启动的电动机宜装设 0.5s 时限的低电压保护，保护动作于断路器跳闸。高压电动机低电压保护的定值见表 6-1。

表 6-1　高压电动机低电压定值

电动机分类	高压电动机低电压定值 [U_N（%）]
Ⅰ类电动机	45～50
Ⅱ、Ⅲ类电动机	65～70

3）对于压力侧未装设止回阀的循环水泵，为避免水泵在倒转情况下自启动而烧毁电动机，应装设电动机低电压保护，其整定时间应在实际运行中单独

整定，整定时间应小于水泵由额定转速下降至零所需的时间。

高压厂用电动机的低电压保护一般装设原则见表 6-2。

表 6-2　高压厂用电动机的低电压保护一般装设原则

厂用机械的电动机分类	序号	机械名称	低电压保护装置
Ⅰ类电动机	1	给水泵	当有自带投入的备用机械时，装设低电压保护装置，以 9～10s 时限动作于断路器跳闸，否则不设低电压保护
	2	凝结水泵	
	3	循环水泵	
	4	送风机	装设低电压保护，以 9～10s 时限动作于断路器跳闸[①]
	5	备用励磁机	不装设低电压保护
	6	除尘器洗涤水泵	
	7	消防水泵	
	8	排粉机	
Ⅱ、Ⅲ类电动机	9	引风机	装设低电压保护，以 9～10s 时限动作于断路器跳闸
	10	直吹炉制粉系统的磨煤机	
	11	有中间粉仓制粉系统的磨煤机	装设低电压保护，以 0.5s 时限动作与断路器跳闸
	12	灰渣泵	
	13	灰浆泵	
	14	碎煤机	
	15	扒煤绞车	
	16	空压机	
	17	热网水泵	
	18	冲洗水泵	
	19	热网凝结水泵	
	20	软水泵	
	21	喷射水泵	

① 当引风机与送风机不在同一电压母线上时，引风机所接母线上的低电压保护装置以 9～10s 时限动作于送风机断路器跳闸。此外尚应在引风机电压母线上设置带 9～10s 时限动作于送风机断路器跳闸，防止在运行过程中因引风机母线失压、送风机继续运转造成锅炉炉膛正压；当排粉机与送风机不在同一母线上时，排粉机应装设低电压保护装置，以 9～10s 时限动作于断路器跳闸。

（8）负序过电流保护。2000kW 及以上电动机应装设负序过电流保护，作为电动机两相运行、电源相序接反及电动机绕组两相短路的后备保护，保护动作于信号及跳闸。

（9）电动机启动时间过长保护。为防止电动机启动时间过长，超出电动机的允许值，造成电动机严重发热，烧毁电动机，应装设电动机启动时间过长保护。保护动作于跳闸。

（10）堵转保护。堵转保护可防止电动机在启动过程中发生堵转，超过允许时间后烧毁电动机。堵转保护作于跳闸。

（11）电动机过热保护。电动机过热保护防止电动机在运行过程中，由于某种原因导致正序电流增大或负序电流增大，从而引起电动机过热，烧毁电动机。电动机过热保护动作于信号及跳闸。

（12）电动机过电压保护。电动机过电压保护可防止电源电压过高，超过电动机的允许值，影响电动机的寿命。

2. 采用高压熔断器串接触器作为保护及操作电器的高压电动机回路应装设保护

采用高压熔断器串接触器作为保护及操作电器的高压电动机回路应装设下列保护：

（1）电流速断保护。当电动机绕组内部及引出线上发生相间短路故障后，在真空接触器的分断能力以内的故障电流可由高压接触器切断，故障电流超出高压接触器分断能力时，闭锁高压接触器，由高压熔断器根据其反时限特性熔断来切除故障。

（2）过电流保护。作为速断的后备保护，当电动机绕组内部及引出线上发生相间短路故障后，在真空接触器的分断能力以内的故障电流可由高压接触器切断，故障电流超出高压接触器分断能力时，闭锁高压接触器，由高压熔断器根据其反时限特性熔断来切除故障。

（3）过负荷保护。与采用断路器作为保护及操作电器的高压厂用电动机配置相同。

（4）单相接地保护。与采用断路器作为保护及操作电器的高压厂用电动机配置相同。

（5）断相保护。当电动机单相熔断后，断相保护跳真空接触器，以防止电动机回路缺相运行引发其他故障。

（6）低电压保护。与采用断路器作为保护及操作电器的高压厂用电动机配置相同。

（7）电动机启动时间过长保护。电动机启动时间过长保护可防止电动机启动时间过长，超出电动机的允许值，造成电动机严重发热，烧毁电动机。保护动作于跳接触器。

（8）堵转保护。堵转保护可防止电动机在启动过程中发生堵转，超过电动机允许时间后烧毁电动机。保护动作于跳接触器。

（9）电动机过热保护。电动机过热保护可防止电动机在运行过程中，由于某种原因导致正序电流增大或负序电流增大，从而引起电动机过热，烧毁电动机。保护动作于信号及接触器。

（10）电动机过电压保护。电动机过电压保护可防止电源电压过高，超过电动机的允许值，影响电动机的寿命。

3. 其他接线方式的电动机保护

（1）当1台设备由2台及以上的电动机共同拖动时，保护装置应满足对每台电动机的灵敏性要求，必要时可按每台电动机分别装设保护。

（2）对于双速电动机的差动保护、电流速断保护和过负荷保护，应按不同转速的容量分别装设。

（3）对于跨接在两段高压母线上容量大于2000kW 的电动机，应分别在两台高压开关柜内装设速断及过电流零序保护，其差动保护可装一套，可动作于另一台开关柜内的断路器跳闸。其零序保护应分别装设，各零序 TA 的二次绕组应串联后分别接至每台开关柜内的综合保护装置或零序电流继电器。跨接电动机保护配置如图 6-22 所示。

（4）采用变频器调速的电动机，变频器电源断路器侧的保护宜按隔离变压器、电力电子装置、电动机三个区域分别考虑保护功能。

（二）高压厂用电动机的保护整定计算

1. 纵联差动保护

高压厂用电动机纵联差动保护应满足以下要求：①应能躲外部短路产生的不平衡电流；②在电动机自启动时不应误动作；③在电流回路发生断线时应发出断线信号，电流回路断线允许差动保护动作跳闸；④在正常情况下，纵联差动保护的保护范围应包括电动机和电动机至开关柜的高压电缆，如不能包括开关柜至电动机的高压电缆，则开关柜应装设相应的速断及过电流保护。

各制造厂家的数字式纵联差动保护装置的原理不尽相同，工程中常用的有单斜率比率制动、双斜率比率制动、三斜率比率制动、变斜率比率制动等纵联差动保护装置。

（1）单斜率比率制动差动保护的保护整定计算。典型的带比率制动特性纵联差动保护的动作特性曲线如图 6-23 所示。

图 6-23 所示特性曲线由纵坐标 OA、拐点的横坐标 OB、折线 CD 的斜率 S 确定。OA 表示无制动状态下的动作电流，即保护的最小动作电流 $I_{op,min}$。OB 表示起始制动电流 $I_{res,0}$。

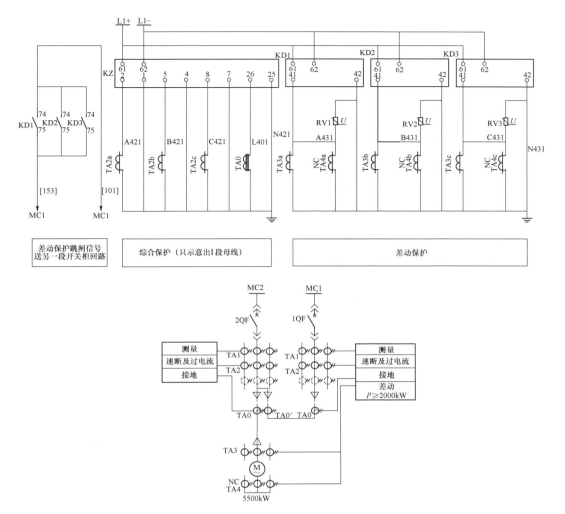

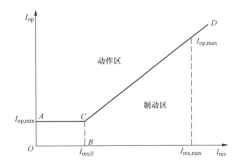

图 6-22　跨接电动机保护配置图

图 6-23　纵联差动保护动作特性曲线

$$K_{res} = S(1 - I_{res,0}/I_{res}) + I_{op,min}/I_{res} \quad (6\text{-}54)$$

对于只有一个折点的纵联差动保护，折线的斜率 S 是一个常数，制动系数 K_{res} 随制动电流 I_{res} 而变化。在实际应用中，保护装置一般直接通过整定折线的斜率来满足制动系数的要求。

1）电动机 TA 二次侧的额定电流为

$$I_{M,2N} = \frac{P_{MN}}{\sqrt{3}U_{MN}\eta\cos\varphi}\frac{1}{n_{TA}} \quad (6\text{-}55)$$

式中　$I_{M,2N}$ ——电动机二次侧额定电流；

　　　P_{MN} ——电动机额定功率；

　　　U_{MN} ——电动机额定线电压；

　　　η ——电动机额定效率；

　　　$\cos\varphi$ ——电动机额定功率因数；

　　　n_{TA} ——保护用 TA 的变比。

2）纵联差动保护最小动作电流 $I_{op,min}$ 的整定。最小动作电流 $I_{op,min}$ 应大于电动机正常运行时差动回路

在图 6-23 图中，折线上任一点动作电流 I_{op} 与制动电流 I_{res} 之比 $I_{op}/I_{res}=K_{res}$ 称为纵联差动保护的制动系数，根据图 6-23 中各参数之间的关系，可导出制动系数 K_{res} 与折线斜率之间的关系如下

$$S = \frac{K_{res} - I_{op,min}/I_{res}}{1 - I_{res,0}/I_{res}} \quad (6\text{-}53)$$

不平衡电流，即

$$I_{op,min} = K_{rel}(K_{ap}K_{cc}K_{er} + \Delta m)I_{M,2N} \qquad (6\text{-}56)$$

式中　K_{rel}——可靠系数，取 2；

　　　K_{ap}——外部故障切除引起 TA 误差增大系数（非周期分量系数），异步电动机 $K_{ap}=$ 1.5，同步电动机 $K_{ap} = 2$；

　　　K_{cc}——电流互感器同型系数，电流互感器型号相同时取 0.5，型号不同时取 1.0；

　　　K_{er}——电流互感器综合误差，$K_{er} = 0.1$；

　　　Δm——通道调整误差，取 $\Delta m = 0.01 \sim 0.02$。

在工程实用整定计算中，可选取 $I_{op,min} = (0.3 \sim 0.5)I_{M,2N}$。

根据实际情况，如果现场实测不平衡电流较大，确有必要时，最小动作电流值也可大于 $0.5 I_{M,2N}$。

3）起始制动电流 $I_{res,0}$ 的整定。起始制动电流 $I_{res,0}$ 的整定需根据纵联差动保护装置的动作特性进行，有些装置的起始制动电流是固定的，$I_{res,0}= I_{M,2N}$。当起始制动电流不固定时，可取

$$I_{res,0} = (0.5 \sim 0.8)I_{M,2N} \qquad (6\text{-}57)$$

4）动作特性曲线 S 的整定。根据经验公式

$$S = 0.4 \sim 0.6 \qquad (6\text{-}58)$$

5）启动时最大制动电流。各生产厂家的比率制动差动保护的制动原理不同，其制动电流的选择方式也不同，故导致不同产品所选取的最大制动电流的差别也较大。但制动电流的选取原则是外部电流短路时制动电流较大，不误动，而电动机启动时，制动电流较小，应不拒动。整定时，电动机的制动电流可取电动机启动电流，即

$$I_{res,max} = K_{st}I_{M,2N} \qquad (6\text{-}59)$$

式中　K_{st}——电动机启动电流倍数，$K_{st} = 7$；

　　　$I_{M,2N}$——电动机二次侧额定电流。

6）电动机启动时差动保护动作电流整定值

$$I_{st,op} = I_{op,min} + S(I_{res,max} - I_{M,2N}) \qquad (6\text{-}60)$$

7）灵敏系数计算。纵联差动保护的灵敏系数应按最小运行方式下差动保护区内电动机引出线上两相金属短路计算。图 6-24 所示为纵联差动保护灵敏系数计算说明图。根据计算最小短路电流 $I_{k,min}^{(2)}$ 和相应的制动电流 I_{res}，在动作特性曲线图上查出对应的 I'_{op}，则灵敏系数为

$$K_{sen} = \frac{I_{k,min}^{(2)}}{I'_{op}} \qquad (6\text{-}61)$$

要求 $K_{sen} \geqslant 1.5$。

8）差动保护速断保护动作电流

$$I_{ins,op} = (4 \sim 6)I_{M,2N} \qquad (6\text{-}62)$$

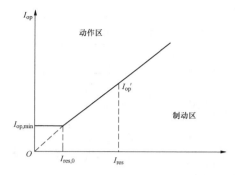

图 6-24　纵联差动保护灵敏系数计算说明图

（2）双斜率比率制动差动保护的保护整定计算。

1）最小动作电流整定计算方法与单斜率比率制动差动保护计算方法相同。

2）最小启动电流计算。

a）第一拐点 $I_{op,min 1}$ 取

$$I_{op,min 1} = (0.3 \sim 0.5)I_{M,2N} \qquad (6\text{-}63)$$

b）第二拐点 $I_{op,min 2}$ 取

$$I_{op,min 2} = (2 \sim 4)I_{M,2N} \qquad (6\text{-}64)$$

3）制动系数。根据经验，制动系数分别取：

第一拐点 S_1 取值为

$$S_1 = 0.4 \sim 0.5 \qquad (6\text{-}65)$$

第二拐点 S_2 取值为

$$S_2 = 0.6 \sim 0.7 \qquad (6\text{-}66)$$

4）灵敏系数计算公式与灵敏度要求与单斜率比率制动差动保护相同。

5）差动保护速断动作电流整定计算与单斜率比率制动差动保护相同。

2．磁平衡保护

磁平衡保护应躲过各种情况下出现的最大磁不平衡电流，根据经验，其值为

$$I_{unb,op} = (0.05 \sim 0.1)I_{M,2N} \qquad (6\text{-}67)$$

保护动作时间取 0s。

3．电流速断及过电流保护

电流速断保护一般设有高（Ⅰ段过电流）、低（Ⅱ段过电流）两个定值，低定值在启动结束后自动投入。

（1）动作高定值（Ⅰ段过电流保护）$I_{ins,op,H}$

$$I_{ins,op,H} = K_{rel}K_{st}I_{M,2N} \qquad (6\text{-}68)$$

式中　K_{rel}——可靠系数，取 1.5；

　　　K_{st}——电动机启动电流倍数，$K_{st} = 7$；

　　　$I_{M,2N}$——电动机二次侧额定电流。

（2）动作低定值（Ⅱ段过电流保护）$I_{ins,op,L}$。当

母线短路时，$I_{ins,op,L}$ 应躲过母线三相短路时电动机的反馈电流，同时也要躲过外部短路故障切除电源恢复过程中电动机的自启动电流。

1）电动机采用断路器操作时，动作定值按以下两种情况计算：

a）按躲过区外出口短路时电动机最大反馈电流计算，即

$$I_{ins,op,L} = K_{rel} K_{fb} I_{M,2N} \qquad (6-69)$$

式中　K_{rel}——可靠系数，取 1.3；

　　　K_{fb}——区外出口短路时最大反馈电流倍数，取 6；

　　　$I_{M,2N}$——电动机二次侧额定电流。

b）按躲过电动机自启动电流计算，即

$$I_{ins,op,L} = K_{rel} K_{ast} I_{M,2N} \qquad (6-70)$$

式中　K_{rel}——可靠系数，取 1.3；

　　　K_{ast}——电动机自启动电流倍数，取 5；

　　　$I_{M,2N}$——电动机二次侧额定电流。

动作电流值取上述两者的较大值。

2）电动机采用高压熔断器+高压接触器作为保护及操作电器时，当区内短路电流大于真空接触器允许开断电流（6kV 真空接触器的额定开断电流为3800A）时，熔断器应先于电流速断保护（Ⅱ段过电流）动作，保护必须带 0.3~0.4s 动作时限，故电流速断保护（Ⅱ段速断）只需要躲过电动机自启动电流，即

$$I_{ins,op,L} = K_{rel}(K_{ast} I_{M,2N}) \qquad (6-71)$$

式中　K_{rel}——可靠系数，取 1.3；

　　　K_{ast}——电动机启动电流倍数，$K_{ast} = 5$；

　　　$I_{M,2N}$——电动机二次侧额定电流。

闭锁电流 I_{lck} 为

$$I_{lck} = I_{brk}/(K_{rel} n_{TA}) \qquad (6-72)$$

式中　I_{brk}——高压接触器允许开断电流；

　　　K_{rel}——可靠系数，取 1.3~1.5；

　　　n_{TA}——电流互感器变比。

（3）动作时限。

1）对于采用真空断路器方式，电流速断高定值（Ⅰ段过电流）保护时间取 0s。电流速断低定值（Ⅱ段过电流）保护时间取 0.03~0.06s。

2）采用高压熔断器+接触器方式时，如保护装置无大电流闭锁，电流速断保护（Ⅱ段过电流）的动作时间应与高压熔断器熔断时间相互配合，电流速断保护（Ⅱ段过电流）动作时间取 0.3~0.4s。如保护装置采用大电流闭锁方式，当短路电流大于接触器的开断水平时，保护装置被闭锁，电流速断保护（Ⅱ段过电流）不动作。当短路电流小于接触器的开断水平时，电流速断保护（Ⅱ段过电流）动作，保护装置的动作

时间为固有动作时间，取 0.05~0.1s。

（4）灵敏系数计算。速断过电流保护的灵敏系数应按电动机机端两相短路进行校验，即

$$K_{sen} = \frac{I_k^{(2)}}{I_{ins,op,L}} \geq 1.5 \qquad (6-73)$$

4. 单相接地保护

（1）高压厂用电系统中性点为不接地时：

1）当单相接地电流 $I_k^{(1)} \geq 10A$ 时，用于跳闸，动作时间 $t_0 = 0.5~1.0s$。

2）当 $I_k^{(1)} < 10A$ 时，保护动作于发信号，可通过小电流接地选线装置进行故障线切除。

（2）高压厂用电系统中性点为电阻接地时，高压厂用电系统经小电阻 R_N 接地后，由于 $R_{0\Sigma} = 3R_N \gg X_{1\Sigma}$ 及 $X_{2\Sigma}$，故单相接地时，加在接地电阻上的电压为相电压，流过接地点的单相接地电流可近似于流过电阻 R_N 的电流，于是通过电阻的单相接地零序电流为

$$I_k^{(1)} = 3I_0 = \frac{U_N}{\sqrt{3} R_N} \qquad (6-74)$$

式中　U_N——高压厂用电系统额定电压；

　　　R_N——变压器低压侧中性点电阻。

保护整定如下：

1）动作电流应躲过区外单相接地电流 $3I_{0,op}$。

$$3I_{0,op} = K_{rel} I_k^{(1)} \qquad (6-75)$$

式中　K_{rel}——可靠系数，取 1.1~1.15。

2）动作电流应躲过电动机自启动时产生的零序不平衡电流。

$$3I_{0,op} = K_{rel} K_{unb} K_{st} I_{M,2N} \qquad (6-76)$$

式中　K_{rel}——可靠系数，取 1.5；

　　　K_{unb}——电动机启动时零序电流不平衡系数；

　　　K_{st}——电动机启动电流倍数，$K_{st} = 7$；

　　　$I_{M,2N}$——电动机二次额定电流。

根据经验公式：

$$3I_{0,op} = (0.05~0.1) I_{M,2N} \qquad (6-77)$$

电动机容量较大时可取 $3I_{0,op} = 0.05 I_{M,2N}$，电动机容量较小时可取 $3I_{0,op} = 0.1 I_{M,2N}$。

3）灵敏度校验。灵敏系数为

$$K_{sen} = \frac{I_k^{(1)}}{3I_{0,op} n_{TA}} \geq 2 \qquad (6-78)$$

5. 过负荷保护

（1）过负荷保护动作电流 $I_{ol,op}$

$$I_{ol,op} = \frac{K_{rel}}{K_{ret}} I_{M,2N} \qquad (6-79)$$

式中　K_{rel}——可靠系数，取 1.05~1.1；

K_{ret}——返回系数，$K_{ret} = 0.85 \sim 0.95$；

$I_{M,2N}$——电动机二次额定电流。

（2）动作时间 t_{ol}。整定动作时间应与电动机允许的最大启动时间配合，短时限用于发信号，长时限用于跳闸。短时限取最长启动时间 $t_{ol} = t_{st,max}$，长时限取 $10 \sim 15$ 倍最长启动时间，即 $t_{ol} = (10 \sim 15)t_{st,max}$。

6. 负序过电流保护

负序过电流保护作为电动机匝间短路、断相、相序接错、电源电压不平衡较大的保护，是电动机不对称短路的后备保护，需要考虑躲过保护区外两相短路时，流入电动机的负序电流。另外，当电动机采用高压熔断器+接触器方式进行保护及操作时，负序电流可能较大，有时会超过高压接触器的开断电流，负序过电流保护的动作时间需要与熔断器的熔断时间进行配合，或者加装外部短路闭锁功能。

（1）无外部短路故障闭锁负序过电流保护。无外部短路故障闭锁时，宜设置两段负序过电流保护，计算方法如下：

1）负序电流 I 段保护电流定值计算按躲过相邻设备两相短路时流入电动机的负序电流 $I_{2,op,I}$ 整定。

$$I_{2,op,I} = K_{rel}(3 \sim 4)I_{M,2N} \qquad (6\text{-}80)$$

式中 K_{rel}——可靠系数，取 $1.2 \sim 1.3$；

$I_{M,2N}$——电动机二次额定电流。

2）负序电流 II 段保护电流 $I_{2,op,II}$。定值计算按下列原则进行：

a）按躲过正常能运行时不平衡电压产生的负序电流整定。

$$I_{2,op,II} = (20\% \sim 30\%)I_{M,2N} \qquad (6\text{-}81)$$

b）按躲过 TA 回路二次断线产生的负序电流整定。

$$I_{2,op,II} = 33.3\%I_{M,2N} \qquad (6\text{-}82)$$

根据以上两点，考虑可靠系数后，动作电流 $I_{2,op,II} = (50\% \sim 100\%)I_{M,2N}$。

（2）有外部短路故障闭锁负序过电流保护。有外部短路故障闭锁时，外部两相短路故障产生负序电流由保护装置进行闭锁，宜设置两段负序过电流保护，I 段用于跳闸，II 段用于信号，计算方法如下：

1）躲过电动机正常运行时，不平衡电压产生的负序电流。电动机负序阻抗 Z_2 为

$$Z_2 \approx Z_{st} = \frac{1}{K_{st}} \qquad (6\text{-}83)$$

$$I_2 = \frac{U_2}{Z_2} = K_{st}U_2 \qquad (6\text{-}84)$$

式中 K_{st}——电动机启动电压倍数，取 7；

U_2——不平衡电压，一般小于 $5\%U_N$。

不平衡电压取 $3\% \sim 4\%U_N$ 时

$$I_{2,op,II} = (21\% \sim 28\%)I_{M,2N} \qquad (6\text{-}85)$$

2）躲过 TA 回路二次断线产生的负序电流

$$I_{2,op,II} = 33.3\%I_{M,2N} \qquad (6\text{-}86)$$

当有 TA 断线闭锁时，可不考虑 TA 断线的影响。故负序过电流保护采用两段时，动作电流整定为

$$I_{2,op,I} = (50\% \sim 100\%)I_{M,2N} \qquad (6\text{-}87)$$

$$I_{2,op,II} = (35\% \sim 40\%)I_{M,2N} \qquad (6\text{-}88)$$

（3）动作时间 $t_{2,op}$。

1）保护没有外部闭锁时，负序过电流保护 I 段动作时间取 $0.2 \sim 0.4s$，负序电流保护 II 段动作时间 $t_{2,op,II}$ 为

$$t_{2,op,II} = t_2 + \Delta t \qquad (6\text{-}89)$$

式中 t_2——高压厂用系统相间故障后备保护动作时限；

Δt——时间级差，取 $0.2 \sim 0.3s$。

2）保护有外部闭锁时，负序过电流保护 I 段动作于跳闸，动作时间取 $0.2 \sim 0.4s$；负序过电流保护 II 段动作于信号，动作时间取 $2 \sim 5s$。

7. 电动机启动时间 $t_{o,t}$ 过长保护

（1）动作电流定值。

动作电流 $I_{o,s}$ 为

$$I_{o,s} = K_{rel}I_{M,2N} \qquad (6\text{-}90)$$

式中 K_{rel}——可靠系数，取 $1.5 \sim 2$；

$I_{M,2N}$——电动机二次额定电流。

（2）电动机启动时间过长保护动作时间。电动机启动时间过长保护应在电动机启动结束后退出，动作时间 $t_{o,t}$ 应大于实测的电动机启动时间，即

$$t_{o,t} = t_{st,max} + \Delta t \qquad (6\text{-}91)$$

式中 $t_{st,max}$——实测电动机最大启动时间；

Δt——时间级差，取 $2 \sim 5s$。

8. 堵转保护

（1）无转速开关引入时。

1）动作电流 I_{op}

$$I_{op} = (2 \sim 3)I_{M,2N} \qquad (6\text{-}92)$$

2）动作时间 $t_{l,op}$。一般按照厂家提供的允许堵转时间整定，如无厂家提供的允许堵转时间，则

$$t_{l,op} = (0.4 \sim 0.7)t_{st,max} \qquad (6\text{-}93)$$

（2）有转速开关引入时。

1）动作电流 I_{op}

$$I_{op} = (1.5 \sim 2)I_{M,2N} \qquad (6\text{-}94)$$

2）动作时间 $t_{l,op}$。一般按照厂家提供的允许堵转时间整定，如无厂家提供的允许堵转时间，则

$$t_{1,op} = (0.4 \sim 0.7) t_{st,max} \qquad (6\text{-}95)$$

9. 电动机过热保护

常见的电动机过热保护的发热模型为

$$I_{eq} = \sqrt{K_1 I_1^2 + K_2 I_2^2} \qquad (6\text{-}96)$$

$$\int_0^t \left[\left(\frac{I_{eq}}{I_{M,2N}} \right)^2 - 1.05^2 \right] dt \geqslant \tau \qquad (6\text{-}97)$$

式中　I_{eq}——引起发热的等效电流；

K_1、K_2——系数，电动机启动过程中，$K_1 = 0.5$，启动结束后 $K_1 = 1$，$K_2 = 3 \sim 10$；

I_1、I_2——电动机正序、负序电流；

τ——电动机发热时间常数；

$I_{M,2N}$——电动机二次额定电流。

一般的，电动机过热保护需要整定的参数是：

（1）负序电流热效应系数 K_2，取 $K_2 = 6$。

（2）过热保护启动电流 $I_{oh,op}$，取 $I_{oh,op} = 1.1 I_{M,2N}$。

（3）发热时间常数 τ，τ 一般由电动机制造厂提供。如无，$\tau = 8 \sim 9 min$。

（4）散热时间常数 τ'。τ' 可取 $32 \sim 36 min$。大功率电动机，τ' 可取 $45 min$；一般取 $\tau' = 4\tau$。

（5）过热警告系数 θ_A，$\theta_A = 70\%$。

（6）过热闭锁跳闸系数 θ_B，$\theta_B = 50\%$。

不同厂家的保护装置，其需要整定的参数及定值略有不同，需要在计算过程中注意。

10. 电动机过电压保护

电动机过电压整定为

$$U_{ov,op} = 1.3 U_{M,2N} \qquad (6\text{-}98)$$

$$t_{ov,op} = 2s \qquad (6\text{-}99)$$

（三）高压厂用电动机的保护定值计算实例

某 600MW 工程高压厂用电源为 10kV，高压厂用母线三相短路电流为 37kA，高压厂用变压器 10kV 侧中性点采用 60Ω 电阻接地，引风机、循环水泵及磨煤机的电动机参数见表 6-3。

表 6-3　某工程引风机、循环水泵及磨煤机电动机参数

电动机名称	操作电器	额定功率（kW）	额定电流（A）	启动电流倍数	启动时间（s）	相电流TA变比	零序TA变比
引风机	真空断路器	4800	326	7	20	500/1A	100/1A
循环水泵	真空断路器	1650	120	7	20	200/1A	100/1A
磨煤机	高压熔断器+接触器	700	50	7	20	150/1A	100/1A

1. 断路器作为操作电器的保护定值计算

（1）纵差保护。纵差保护以引风机为例进行保护定值计算。

1）比率差动保护。

a）最小动作电流整定值。按躲过电动机额定工况时的最大不平衡电流计算，根据经验，取

$$I_{op,min} = 0.5 I_{M,2N} = 0.5 \times 326 / 500 = 0.326 \text{ (A)}$$

b）最小制动电流整定值取值为

$$I_{res,0} = 0.8 I_{M,2N} = 0.8 \times 326 / 500 = 0.522 \text{ (A)}$$

c）动作特性曲线 S 取值为 0.5。

d）电动机启动时差动保护动作电流整定值为

$$\begin{aligned} I_{st,op} &= I_{op,min} + S(I_{res,max} - I_{M,2N}) \\ &= 3.5 I_{M,2N} = 3.5 \times 326 / 500 \\ &= 2.282 \text{ (A)} \end{aligned}$$

e）动作时间整定值 $t_{ins,op} = 0s$。

f）灵敏系数计算为

$$\begin{aligned} K_{sen} &= \frac{I_{k,min}^{(2)}}{I_{st,op}} = 0.866 \times 37000 / (3.5 \times 326) \\ &= 28.1 \geqslant 1.5 \end{aligned}$$

2）差动速断。

a）保护动作电流整定值。按躲过电动机启动时的最大不平衡电流计算，电动机启动时最大不平衡电流一般不超过 $2.0 I_{M,2N}$，根据式（6-62），取

$$I_{ins,op} = 4 I_{M,2N} = 4 \times 326 / 500 = 2.608 \text{ (A)}$$

一次动作电流整定值

$$I_{ins,op} = 4 I_{M,1N} = 4 \times 326 = 1304 \text{ (A)}$$

b）动作时间整定值 $t_{ins,op} = 0s$。

c）灵敏系数计算

$$\begin{aligned} K_{sen} &= \frac{I_{k,min}^{(2)}}{I_{ins,op}} = 0.866 \times 37000 / (4 \times 326) \\ &= 24.5 \geqslant 1.5 \end{aligned}$$

（2）电流速断及过电流保护（以循环水泵为例）。循环水泵采用真空断路器作为操作电器，电流速断保护定值计算如下：

1）动作高定值（Ⅰ段过电流）。

a）动作值 $I_{ins,op,H}$ 为

$$\begin{aligned} I_{ins,op,H} &= K_{rel} K_{st} I_{M,2N} \\ &= 1.5 \times 7 \times 120 / 200 = 6.30 \text{ (A)} \end{aligned}$$

一次动作电流整定值 $I_{ins,op,H} = 6.30 \times 200 = 1260$ (A)

b）动作时间整定值取 $t_{ins,op,H} = 0s$。

2）动作低定值（Ⅱ段过电流）。

a）动作值 $I_{ins,op,L}$ 为

$$I_{ins,op,L} = K_{rel}K_{st}I_{M,2N}$$
$$= 1.3 \times 6 \times 120/200 = 4.68 \,(A)$$

一次动作电流整定值

$$I_{ins,op,L} = 4.68 \times 200 = 936 \,(A)$$

b）动作时间整定值。断路器的固有动作时间不大于 0.02s 时，取 $t_{ins,op,L}=0.03s$；断路器固有动作时间大于等于 0.05s 时，$t_{ins,op,L}=0s$。保护投入时间，为

$$t_{st,set} = 1.2t_{st,max} = 1.2 \times 20 = 24(s)$$

3）灵敏系数计算为

$$K_{sen} = \frac{I_{k,min}^{(2)}}{I_{ins,op,L}}$$
$$= 0.866 \times 37000/936 = 34.23 \geqslant 1.5$$

（3）单相接地保护（以循环水泵为例）。

1）接地电流。一次电流

$$I_k^{(1)} = \frac{U_N}{\sqrt{3}R_N} = \frac{10}{\sqrt{3} \times 60} \times 10^3 = 96.22 \,(A)$$

2）保护动作电流。一次侧电流

$$3I_{0,op} = 0.05I_{M,1N} = 6(A)$$

3）灵敏度校验。灵敏系数为

$$K_{sen} = \frac{I_k^{(1)}}{3I_{0,op}} = 96.22/6 = 16.04 \geqslant 2$$

（4）过负荷保护（以循环水泵为例）。

1）过负荷保护动作电流 $I_{ol,op}$ 为

$$I_{ol,op} = \frac{K_{rel}}{K_{ret} \times n_{TA}}I_{M,1N}$$
$$= \frac{1.1}{0.9 \times 200} \times 120 = 0.733 \,(A)$$

一次动作电流整定值

$$I_{ol,op} = 0.733 \times 200 = 146.67 \,(A)$$

2）动作时间应与电动机允许的最大启动时间配合，短时限用于发信号，长时限用于跳闸。动作时间 t_{ol} 为：

保护发信号时间

$$t_{ol} = t_{st,max} = 20s$$

保护动作时间

$$t_{ol} = (10\sim15)t_{st,max} = (10\sim15) \times 20 = 200\sim300 \,(s)$$

（5）负序过电流保护（以循环水泵为例，不带负序功率方向闭锁）。

1）负序保护动作电流 $I_{2,op,I}$ 为

$$I_{2,op,I} = 1.3 \times 3 \times I_{M,2N}$$
$$= 1.3 \times 3 \times 120/200 = 2.34 \,(A)$$
$$I_{2,op,II} = 0.5 \times I_{M,2N} = 0.5 \times 120/200 = 0.3 \,(A)$$

2）动作时间 $t_{2,op}$ 为

$$t_{2,op,I} = 0.3s$$
$$t_{2,op,II} = t_2 + \Delta t = 2 + 0.3 = 2.3 \,(s)$$

t_2 为高压厂用系统相间故障后备保护动作时限，此处取 2s。

（6）电动机启动时间过长保护（以循环水泵为例）。

1）动作电流 $I_{o,s}$ 为

$$I_{o,s} = 1.5I_{M,2N} = 1.5 \times 120/200 = 0.9 \,(A)$$

2）电动机启动时间过长保护，$t_{o,t}$ 应大于实测的电动机启动时间

$$t_{o,t} = t_{st,max} + \Delta t = 20 + (2\sim5) = 22\sim25 \,(s)$$

（7）堵转保护（以循环水泵为例）。

1）动作电流 I_{op} 为

$$I_{op} = (2\sim3)I_{M,2N} = 2 \times 120/200 = 1.2 \,(A)$$

2）动作时间 $t_{l,op}$ 一般按照厂家提供的允许堵转时间整定，如无厂家提供的允许堵转时间，则 $t_{l,op}$ 为

$$t_{l,op} = (0.4\sim0.7)t_{st,max} = (0.4\sim0.7) \times 20 = 8\sim14 \,(s)$$

取 $t_{l,op} = 8s$。

（8）电动机过热保护。

1）负序电流热效应系数 $K_2 = 6$。

2）过热保护启动电流 $I_{oh,op}$ 为

$$I_{oh,op} = 1.1I_{M,2N} = 1.1 \times 120/200 = 0.66 \,(A)$$

一次动作电流整定值

$$I_{oh,op} = 1.1I_{M,2N} = 1.1 \times 120 = 132 \,(A)$$

3）发热时间常数 τ 一般由电动机制造厂提供，如无，$\tau = 420s$。

4）散热时间常数 τ' 取 30min。

5）过热警告系数 $\theta_A = 70\%$。

6）过热闭锁跳闸系数 $\theta_B = 50\%$。

不同厂家的保护装置，其需要整定的参数及定值略有不同，需要在计算过程中注意。

（9）电动机过电压保护。

1）动作电压 $U_{ov,op}$ 为

$$U_{ov,op} = 1.3U_N = 130V$$

2）动作时间 $t_{ov,op} = 2s$。

（10）电动机低电压保护。

1）动作电压 $U_{lv,op}$ 为

$$U_{lv,op} = (0.45\sim0.5)U_N = 45\sim50(V)，取 50V$$

2）动作时间

$$t_{lv,op} = 9s$$

2. 高压熔断器+接触器的保护定值计算（以磨煤机为例）

（1）熔断器熔件额定电流按躲过电动机启动电流计算，$I_{FU,U}$ 为

$$I_{FU,U} = I_{st}/2.5 = 7 \times 50/2.5 = 140 \text{ (A)}$$

因此，取 $I_{FU,U} = 150 \text{ A}$。

（2）速断及过电流保护。

1）动作电流定值。由于采用高压熔断器进行保护，熔断器有 0.3～0.4s 延时，速断可采用低定值速断（II 段过电流），启动电流倍数可取 5，动作电流 $I_{ins,op,L}$ 为

$$\begin{aligned} I_{ins,op,L} &= K_{rel}K_{st}I_{M,2N} \\ &= 1.3 \times 5 \times 50/150 = 2.167 \text{ (A)} \end{aligned}$$

一次动作电流整定值 $I_{ins,op,L} = 2.167 \times 150 = 325 (\text{A})$

2）动作时间整定值

$$t_{ins,op,L} = 0.3s$$

保护投入时间 $t_{st,set} = 1.2t_{st,max}$，即

$$t_{st,set} = 1.2t_{st,max} = 1.2 \times 20 = 24 \text{ (s)}$$

3）灵敏系数计算

$$K_{sen} = \frac{I_{k,min}^{(2)}}{I_{ins,op,L}} = 0.866 \times 37000/325 = 98.6 \geqslant 1.5$$

（3）单相接地保护。

1）接地电流。一次电流

$$I_k^{(1)} = \frac{U_N}{\sqrt{3}R_N} = \frac{10}{\sqrt{3} \times 60} \times 10^3 = 96.22 \text{ (A)}$$

2）保护动作电流。一次侧

$$3I_{0,op} = 0.05I_{M,N} = 2.5 \text{ (A)}$$

3）灵敏度校验

$$K_{sen} = \frac{I_k^{(1)}}{3I_{0,op}} = 96.22/2.5 = 38.488 \geqslant 2$$

（4）过负荷保护。

1）过负荷保护动作电流 $I_{ol,op}$ 为

$$\begin{aligned} I_{ol,op} &= \frac{K_{rel}}{K_{ret}n_{TA}}I_{M,N} \\ &= \frac{1.1}{0.9 \times 150} \times 50 = 0.407 \text{ (A)} \end{aligned}$$

一次动作电流整定值

$$I_{ol,op} = 0.407 \times 150 = 61.05 \text{ (A)}$$

2）动作时间应与电动机允许的最大启动时间配合，短时限用于发信号，长时限用于跳闸。动作时间 t_{ol} 为：

保护发信号时间

$$t_{ol} = t_{st,max} = 20s$$

保护动作时间

$$\begin{aligned} t_{ol} &= 10 \sim 15t_{st,max} \\ &= (10 \sim 15) \times 20 = 200 \sim 300 \text{ (s)} \end{aligned}$$

（5）负序过电流保护。

1）负序保护动作电流。

$$\begin{aligned} I_{2,op,I} &= 1.3 \times 3 \times I_{M,2N} \\ &= 1.3 \times 3 \times 50/150 = 1.3 \text{ (A)} \end{aligned}$$

$$I_{2,op,II} = 0.5 \times I_{M,2N} = 0.5 \times 50/200 = 0.125 \text{ (A)}$$

2）动作时间

$$t_{2,op,I} = 0.3s$$

$$t_{2,op,II} = t_2 + \Delta t = 2 + 0.3 = 2.3 \text{ (s)}$$

t_2 为高压厂用系统相间故障后备保护动作时限，此处取 2s。

（6）电动机启动时间 $t_{o,t}$ 过长保护。

1）动作电流 $I_{o,s}$ 为

$$I_{o,s} = 1.5I_{M,2N} = 1.5 \times 50/150 = 0.5(\text{A})$$

2）电动机启动时间过长保护，$t_{o,t}$ 应大于实测的电动机启动时间，即

$$t_{o,t} = t_{st,max} + \Delta t = 20 + 2 \sim 5 = 22 \sim 25(\text{s})$$

（7）堵转保护。

1）动作电流 I_{op} 为

$$I_{op} = (2 \sim 3)I_{M,2N} = 2 \times 50/150 = 0.667 \text{ (A)}$$

2）动作时间 $t_{l,op}$ 一般按照厂家提供的允许堵转时间整定，如无厂家提供的允许堵转时间，则 $t_{l,op}$ 为

$$\begin{aligned} t_{l,op} &= (0.4 \sim 0.7) \ t_{st,max} \\ &= (0.4 \sim 0.7) \times 20 = 8 \sim 14 \text{ (s)} \end{aligned}$$

此处取 8s。

（8）电动机过热保护。

1）负序电流热效应系数 K_2 取值 6。

2）过热保护启动电流 $I_{oh,op}$ 为

$$I_{oh,op} = 1.1I_{M,2N} = 1.1 \times 50/150 = 0.367 \text{ (A)}$$

一次动作电流整定值

$$I_{oh,op} = 1.1I_{M,2N} = 1.1 \times 50 = 55 \text{ (A)}$$

3）发热时间常数 τ 一般由电动机制造厂提供，如无，τ 取 420s。

4）散热时间常数 τ' 取 30min。

5）过热警告系数 $\theta_A = 70\%$。

6）过热闭锁跳闸系数 $\theta_B = 50\%$。

不同厂家的保护装置，其需要整定的参数及定值略有不同，需要在计算过程中注意。

（9）电动机过电压保护。

1）动作电压 $U_{ov,op}$ 为

$$U_{ov,op} = 1.3U_N = 130(\text{V})$$

2）动作时间

$$t_{ov,op} = 2s$$

（10）电动机低电压保护。

1）动作电压

$$U_{lv,op} = (0.45 \sim 0.5)U_N = 45 \sim 50(\text{V})$$

取 50V。

2）动作时间

$$t_{lv,op} = 9s$$

三、380V 厂用电动机保护

火力发电厂中，1kV 以下电动机一般称为低压厂

用电动机，国内火力发电厂中低压电动机的电压一般为380V（单相220V）或400V（单相230V），在国外工程中也有415V（单相240V）或480V（单相277V）的低压电动机。

（一）低压厂用电动机的保护配置

低压厂用电动机应装设下列保护：

1. 相间短路保护

相间短路保护用于保护电动机绕组内及引出线上的相间短路故障。保护装置可按电动机的重要性及所选用的一次设备，由下列方式之一构成：

（1）熔断器与磁力启动器（或接触器）组成回路，由熔断器作为相间短路保护。

（2）断路器或断路器与操作设备组成保护回路，可用断路器本身的短路脱扣器作为相间短路保护。为使保护范围能伸入电动机内部，要求电动机出线端子处短路时，保护的灵敏系数不小于1.5。若保护的灵敏性达不到要求，应另装设继电保护，瞬时动作于断路器跳闸。

2. 单相接地短路保护

单相接地短路保护用于保护电动机内部及引出线上的单相接地短路故障。

（1）低压厂用电系统中性点经高电阻接地时，为了方便寻找接地故障点，低压电动机回路应装设接地故障检测器。可在厂用变压器中性点投入一个接地电阻，即经高电阻接地，使接地电流值在3A左右为宜。

（2）低压厂用电系统中性点为直接接地时，对容量为100kW以上的电动机宜装设单相接地短路保护。

对100kW以下的电动机，如相间短路保护能满足单相接地短路的灵敏性，可由相间短路保护兼作接地短路保护；当不能满足时，应另装接地短路保护，保护瞬时动作于跳闸。

单相接地短路保护装置由1个接于零序电流互感器上的电流继电器构成，瞬时动作于断路器跳闸。

3. 单相接地保护

（1）高电阻接地的低压厂用电系统，单相接地保护应利用中性点接地设备上产生的零序电压来实现，保护动作后应向值班地点发出接地信号。低压厂用中央母线上的馈线回路应装设接地故障检测装置，检测装置宜由反应零序电流的元件构成，动作于就地信号。

（2）为了保证单相接地保护动作的正确性，零序电流互感器套装在电缆上时，应使电缆头至零序电流互感器之间的一段金属外护层不致与大地相接触。此段电缆的固定应与大地绝缘，其金属外护层的接地线应穿过零序电流互感器后接地，使金属外护层中的电流不致通过零序电流互感器。如回路中有2根及以上电缆并联，且每根电缆上分别装有零序电流互感器时，则应将各零序电流互感器的二次绕组串联后接至继电器。

4. 过负荷保护

对易过负荷的电动机应装设过负荷保护，其构成方式如下：

（1）操作电器为磁力启动器或接触器的供电回路，其过负荷保护用热继电器或数字式电动机保护器构成。

（2）由断路器组成的回路，当装设单独的继电保护时，可采用电流继电器作为过负荷保护；当采用智能型断路器时，也可采用断路器本身的过载长延时脱扣器作为过负荷保护。

保护装置可根据负荷的特点动作于信号或跳闸。

5. 两相运行保护

当电动机由熔断器或塑壳开关作为短路保护时，应装断相保护。断相保护由热继电器或电动机保护器实现。

6. 低电压保护

低电压保护装设原则与3～10kV厂用电动机保护相同。

（二）低压厂用电动机的保护定值计算

1. 速断保护

（1）速断保护动作电流 $I_{\text{ins,op}}$

$$I_{\text{ins,op}} = K_{\text{rel}} K_{\text{st}} I_{\text{M,2N}} \tag{6-100}$$

式中　K_{rel}——可靠系数，$K_{\text{rel}} = 1.5 \sim 1.8$；

　　　K_{st}——启动电流倍数，$K_{\text{st}} = 7$；

　　　$I_{\text{M,2N}}$——电动机二次侧额定电流。

也可取

$$I_{\text{ins,op}} = 10.5 I_{\text{M,2N}} \tag{6-101}$$

或

$$I_{\text{ins,op}} = 12 I_{\text{M,2N}} \tag{6-102}$$

（2）灵敏度计算。灵敏系数为

$$K_{\text{sen}} = \frac{I_{\text{k}}^{(2)}}{I_{\text{ins,op}}} \geq 1.5 \tag{6-103}$$

式中　$I_{\text{k}}^{(2)}$——电动机机端两相短路电流。

2. 过电流保护（短延时）

（1）过电流保护动作电流 $I_{\text{s,op}}$

$$I_{\text{s,op}} = K_{\text{rel}} K_{\text{st}} I_{\text{M,2N}} \tag{6-104}$$

式中　K_{rel}——可靠系数，$K_{\text{rel}} = 1.5$；

　　　K_{st}——启动电流倍数，$K_{\text{st}} = 7$；

　　　$I_{\text{M,2N}}$——电动机二次侧额定电流。

也可取

$$I_{\text{s,op}} = 10.5 I_{\text{M,2N}} \tag{6-105}$$

（2）动作时间 t_{s}。动作时间取装置可整定的最小时间，$t_{\text{s}} = 0.1\text{s}$，$I^2 t$ 特性设为"OFF"。

（3）灵敏度计算。灵敏系数为

$$K_{\text{sen}} = \frac{I_{\text{k}}^{(2)}}{I_{\text{s,op}}} \geq 1.5 \tag{6-106}$$

式中　$I_k^{(2)}$——电动机机端两相短路电流。

3. 过负荷保护（长延时）

（1）过负荷动作电流 $I_{ol,op}$

$$I_{ol,op} = (1.15 \sim 1.2)I_{M,2N} \qquad (6\text{-}107)$$

（2）动作时间 t_{ol}。保护动作时间应大于电动机的启动时间，且需要根据保护装置厂家给出的动作时间公式来校验。

4. 单相接地短路保护

（1）中性点高阻接地。低压厂用系统经电阻 R_{380} 接地后，发生单相接地时，加在接地电阻上的电压为相电压，通过电阻的单相接地零序电流为

$$3I_0 = \frac{U_N}{\sqrt{3}R_{380}} \qquad (6\text{-}108)$$

式中　U_N——低压厂用系统额定电压；

R_{380}——变压器低压侧中性点电阻。

动作电流 $3I_{0,op}$ 为

$$3I_{0,op} = \frac{3I_0}{K_{rel}} \qquad (6\text{-}109)$$

式中　K_{rel}——可靠系数，$K_{rel} = 3 \sim 4$。

高阻接地时，单相接地可通过加装接地故障检测装置来发信号。

（2）中性点直接接地。

1）保护由套在电缆上的零序 TA 加零序继电器构成时，根据经验

$$3I_{0,op} = 1A \qquad (6\text{-}110)$$

2）保护由断路器自带电子脱扣器构成时，保护装置应采用零序电流（非剩余电流）原理，躲过电动机启动时的最大不平衡电流，动作电流取

$$3I_{0,op} = (25\% \sim 30\%)I_M \qquad (6\text{-}111)$$

5. 两相运行保护

当电动机由熔断器或塑壳开关作为短路保护时，应装断相保护。断相保护由热继电器或电动机保护器实现。

6. 低电压保护

低压电动机低电压保护的定值见表 6-4。

表 6-4　低压电动机低电压定值

电动机分类	高压电动机低电压定值 U_N（%）
Ⅰ类电动机	40～45
Ⅱ、Ⅲ类电动机	60～70

四、变频调速电动机保护

随着火力发电厂节能减排的要求，变频调速以其良好的调速性能及低负荷下节能显著的特点在发电厂中的应用越来越广泛。火力发电厂中凝结水泵、空气冷却风机、热网循环水泵等设备经常采用变频驱动，有些电厂中引风机、给水泵、增压风机等大型电动机经过技术经济对比后也采用变频器驱动。

（一）变频器保护配置

常见的变频器接线有"一拖一"方式及"一拖二"方式："一拖一"方式即一台变频器拖动一台水泵或风机，"一拖二"方式即两台被驱动设备配一台变频器。

1. "一拖一"方式中保护配置

"一拖一"变频器接线如图 6-25 所示。"一拖一"方式中，保护的配置应在满足变频工况时兼顾旁路工频运行工况，可配置数字式带旁路闭锁的变频器保护装置。该装置可接入旁路开关的状态，如果旁路开关闭合，则保护定值对应于工频电动机保护；如检测到旁路开关不闭锁，则定值对应于变频保护。

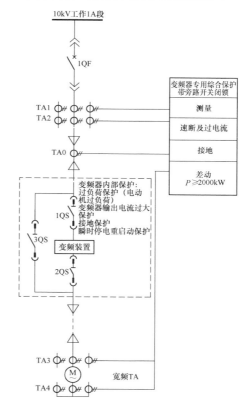

图 6-25　"一拖一"变频器接线示意图

2. "一拖二"方式

变频器"一拖二"方式的接线如图 6-26 和图 6-27 所示。

（1）在图 6-26 所示的接线方式中，3QF 回路配置数字式变频器保护装置，1QF 及 2QF 回路配数字式电动机保护装置，当电动机容量大于 2000kW 时，可给每台电动机单独配置差动保护，差动保护的出口分别动作于 3QF 及本段电动机所对应的断路器。

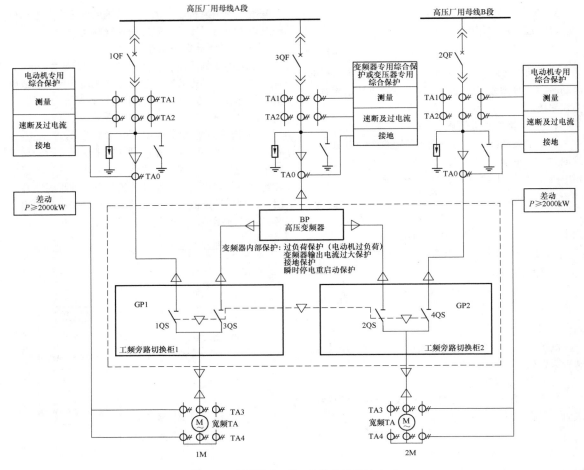

图 6-26 变频器 "一拖二" 接线示意图（一）

（2）在图 6-27 所示的接线方式中，1QF 及 2QF 回路配数字式带旁路闭锁变频器保护装置。通过旁路开关的状态选择对应于电动机保护定值或变频器保护定值。

（二）变频器回路应配保护

变频器回路应配下列保护：

（1）速断保护。

（2）过电流保护。

（3）负序过电流保护。

（4）单相接地保护。

（5）低电压保护。

（6）变频器内部过负荷保护（电动机过负荷引起）。

（7）变频器内部过负荷保护（变频器输出电流超过电动机额定电流引起）。

（8）变频器内部接地保护。

（9）变频器瞬时停电重启动保护。

（三）变频器保护整定计算

1. 速断保护

动作电流 $I_{\text{ins, op}}$ 应躲过断路器合闸时，移相隔离变压器产生的励磁涌流。

有低压预充电时

$$I_{\text{ins,op}} = (4\sim 6)I_{\text{T,2N}} \qquad (6\text{-}112)$$

无低压预充电时

$$I_{\text{ins,op}} = 8I_{\text{T,2N}} \qquad (6\text{-}113)$$

式中　$I_{\text{T,2N}}$——隔离移相变压器二次额定电流。

2. 过电流保护

（1）动作电流 $I_{\text{s,op}}$。变频运行时，电动机的最大负荷电流不超过 $1.5I_{\text{M,2N}}$；电动机在电源突然降低瞬时停运自恢复后最大电流不超过 $1.5I_{\text{T,2N}}$。变频过电流保护动作电流为

$$I_{\text{s,op}} = (1.5\sim 2)I_{\text{T,2N}} \qquad (6\text{-}114)$$

式中　$I_{\text{T,2N}}$——隔离移相变压器二次额定电流。

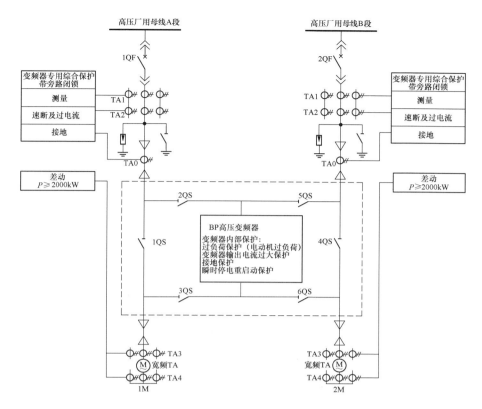

图 6-27　变频器"一拖二"接线示意图（二）

（2）动作时间 $t_{s,op}$ 为

$$t_{s,op} = 0.5 \sim 0.7s \qquad (6\text{-}115)$$

3. 负序过电流保护

变频器负序过电流保护计算与高压电动机回路负序过电流保护计算相同。

4. 单相接地保护

变频器单相接地保护计算与高压电动机回路零序电流保护计算相同。

5. 低电压保护

变频器配电回路的低电压保护应与变频器装置内部的瞬时低电压重启动保护相配合。

6. 变频器内部过负荷保护

（1）变频器内部过负荷报警电流 $I_{VFD,ola,op}$ 为

$$I_{VFD,ola,op} = 1.1 I_{M,2N} \qquad (6\text{-}116)$$

（2）变频器内部过负荷跳闸电流 $I_{VFD,olt,op}$ 为

$$I_{VFD,olt,op} = (1.1 \sim 1.15) I_{M,2N} \qquad (6\text{-}117)$$

（3）变频器内部过负荷跳闸时间 $t_{VFD,op}$。反时限特性计算为

$$t_{VFD,op} = \frac{T_{set}}{\left(\dfrac{I}{I_{M,2N}}\right)^2 - K^2} \qquad (6\text{-}118)$$

式中　T_{set}——动作时间整定常数；

　　　　I——变频器输出电流（电动机运行电流）；

　　　$I_{M,2N}$——电动机二次额定电流；

　　　　K——散热时间常数整定值。

变频器输出电流在电动机额定电流 110%～115% 时应启动过负荷保护。

7. 变频器内部过负荷保护

（1）变频器输出电流在电动机额定电流 120%～125% 时，允许运行 1min，即

$$\begin{cases} I_{VFD,olt,op} = (1.2 \sim 1.25) I_{M,2N} \\ t_{VFD,op} = 60s \end{cases} \qquad (6\text{-}119)$$

（2）变频器输出电流超过电动机额定电流 150% 时，不允许继续运行。

$$\begin{cases} I_{VFD,olt,op} = 1.5 I_{M,2N} \\ t_{VFD,op} = 0s \end{cases} \qquad (6\text{-}120)$$

8. 接地保护

变频器输出回路中性点一般为不接地运行，变频器内部应装设接地检查装置，由制造厂给出接地保护定值。

9. 变频器瞬时停电重启动保护

在高压厂用母线电源切换、电动机自启动或外部

电源故障导致母线电压波动或瞬时失电时，在规定的时间内，工作电源恢复后，变频器能重新自启动投入运行，能满足 3～10s 的失压或低电压要求。

10. 电动机差动保护的配置

当电动机容量大于 2000kW 时，应在电动机区域配置差动保护或磁平衡差动保护，差动保护的 TA 应选用宽频 TA，装设在电动机的头、尾端。

五、厂用电动机控制、信号及测量

（一）厂用电动机控制和信号

1. 厂用电动机的控制接线应满足的要求

（1）厂用电动机控制和信号回路的设计应符合 DL/T 5136《火力发电厂、变电站二次接线设计技术规程》的规定。

（2）厂用电动机宜采用计算机监控方式，电动机的控制地点参照 DL/T 5153《火力发电厂厂用电设计技术规程》设置。

（3）厂用电动机的控制应满足生产工艺专业的要求。

（4）主厂房内汽轮机、锅炉、发电机等设备所带的电动机应采用分散控制系统（DCS）控制，辅助厂房锅炉补给水、水处理、灰处理、燃料、电除尘等系统的电动机可采用分散控制系统（DCS）、现场总线（FCS）或可编程控制器（PLC）系统控制。

（5）高压电动机的控制接线应满足下列要求：

1）能监视电源和跳闸回路的完好性，以及备用设备自动合闸回路的完好性。

2）能指示断路器（或操作设备）的位置状态，备用设备自动合闸或事故跳闸时应有明显的信号，断路器的跳、合闸线圈和合闸接触器的线圈不允许用并联电阻来满足跳、合闸指示灯亮度的要求。

3）具有防止断路器跳跃的电气闭锁装置，"防跳"功能宜采用断路器本体防跳继电器实现。

4）断路器的合闸或跳闸动作完成后，命令脉冲能自动消除。

5）FC 单元宜设机械自保持。

6）电动机控制信号应能在计算机中显示画面并推出报警窗。

7）接线应简单可靠，采用硬接线时，电缆应芯数最少。

2. 厂用电动机信号应满足的要求

（1）厂用电动机信号量（开关量和模拟量）的设计应满足 DL/T 5153《火力发电厂厂用电设计技术规程》的规定及工艺要求。

（2）当单元机组采用计算机监控系统时，宜采用 DCS、PLC 或 FCS。

（3）锅炉—汽轮机—发电机单元控制室或中小型机组的汽轮机-锅炉控制室，以及化学水处理、输煤、除灰控制室的控制屏/台上控制的厂用电动机，其预告及事故信号宜与热工系统信号一致，采用计算机或闪光及重复音响系统。

（4）单机容量为 200MW 级及以上机组，主要电动机的开关量及模拟量信号宜按照工艺要求接入计算机监控系统。

（5）在输煤、电除尘、灰浆泵房、循环水泵房等辅助厂房程控室控制的厂用电动机，其开关量及模拟量信号宜根据工艺要求送入相应的程控系统。如采用上述车间的电动机的控制纳入全厂辅网控制系统，则其开关量及模拟量信号应送入全厂辅控系统。

（6）在控制屏上集中控制的电动机，应装设可以闪光的红、绿色指示灯；就地控制的电动机（开关设备在厂用配电装置内）采用不闪光的红、绿色指示灯；用磁力启动器或接触器就地控制的电动机，不装设灯光监视。

（7）电动机至计算机系统或 DCS 的测点见表 6-5。

（二）厂用电动机测量

1. 厂用电动机测量仪表配置的要求

（1）厂用电动机测量仪表的配置应满足 GB/T 50063《电力装置的电测量仪表装置设计规范》的相关要求。

表 6-5 电动机至计算机系统或 DCS 的测点

测点类型	测点名称	数量（点）	起点	终点	备注
1. 6kV 及以上电动机					
DO	跳闸指令	1	SCS 或 FSSS	高压开关柜	
	合闸指令	1	SCS 或 FSSS	高压开关柜	
DI	跳闸状态	1	高压开关柜	SCS 或 FSSS	
	合闸状态	1	高压开关柜	SCS 或 FSSS	
	跳闸状态	1	高压开关柜	SOE	
	合闸状态	1	高压开关柜	MFT/FSSS	磨煤机、循环水泵、一次风机、送风机、引风机、空气预热器

续表

测点类型	测点名称	数量（点）	起点	终点	备注
DI	事故跳闸	1	高压开关柜	SCS 或 FSSS	
	综合保护装置故障	1	高压开关柜	SCS 或 FSSS	
	控制电源消失	1	高压开关柜	SCS 或 FSSS	
	远方控制	1	高压开关柜	SCS 或 FSSS	
AI	电动机电流	1	高压开关柜	DAS	4～20mA
	电动机绕组温度	6	电动机本体	DAS	Pt100 热电阻（热工归口）
	电动机轴承温度	2	电动机本体	DAS	Pt100 热电阻（热工归口）
PI	电动机电能量	1	高压开关柜	DAS	脉冲量（根据需要）
		2. 低压电动机			
DO	跳闸指令	1	SCS 或 FSSS	低压开关柜	
	合闸指令	1	SCS 或 FSSS	低压开关柜	
DI	跳闸状态	1	低压开关柜	SCS 或 FSSS	
	合闸状态	1	低压开关柜	SCS 或 FSSS	
	跳闸状态	1	低压开关柜	SOE	
	事故跳闸	1	低压开关柜	SCS 或 FSSS	
	控制电源消失	1	低压开关柜	SCS 或 FSSS	55kW 及以上
	远方控制	1	低压开关柜	SCS 或 FSSS	
AI	电动机电流	1	低压开关柜	DAS	4～20mA（Ⅱ、Ⅲ类不在计算机或 DCS 控制的电动机除外）
	电动机绕组温度	3	低动机本体	DAS	Pt100 热电阻据合同要求（热工归口）
	电动机轴承温度	1	电动机本体	DAS	Pt100 热电阻根据合同要求（热工归口）
		3. 汽轮机交直流润滑油泵电动机			
DO	跳闸指令	1	SCS 或 FSSS	低压开关柜	
	合闸指令	1	SCS 或 FSSS	低压开关柜	
	合闸指令	1	集控室控制台	低压开关柜或控制箱	
DI	跳闸状态	1	低压开关柜	SCS 或 FSSS	
	合闸状态	1	低压开关柜	SCS 或 FSSS	
	跳闸状态	1	低压开关柜	SOE	
	事故跳闸	1	低压开关柜	SCS 或 FSSS	
	控制电源消失	1	低压开关柜	SCS 或 FSSS	55kW 及以上
	远方控制	1	低压开关柜	SCS 或 FSSS	
AI	电动机电流	1	低压开关柜	DAS	4～20mA（Ⅱ、Ⅲ类不在计算机或 DCS 控制的电动机除外）
		4. 消防水泵电动机			
DO	跳闸指令	1	消防控制盘	消防水泵开关柜	
	合闸指令	1	消防控制盘	消防水泵开关柜	
DI	合闸状态	1	开关柜	消防控制盘	
	合闸状态	1	开关柜	火灾报警盘	

测点类型	测点名称	数量（点）	起点	终点	备注
DI	跳闸状态	1	开关柜	消防控制盘	
	跳闸状态	1	开关柜	火灾报警盘	
	事故跳闸	1	开关柜	SCS 或 PLC	
	综合保护装置故障	1	开关柜	SCS 或 PLC	高压电动机
	控制电源消失	1	开关柜	SCS 或 PLC	
	远方控制	1	开关柜	SCS 或 PLC	
AI	电动机电流	1	压开关柜	DAS 或 PLC	4～20mA
	电动机绕组温度	6（3）	电动机本体	DAS 或 PLC	Pt100 热电阻（括号内用于低压电动机）
	电动机轴承温度	2（1）	电动机本体	DAS 或 PLC	Pt100 热电阻（括号内用于低压电动机）
PI	电动机电能量	1	压开关柜	DAS 或 PLC	脉冲量（根据需要）

5．高压变频器控制的电动机

1）			计算机或 DCS 与开关柜之间		
DO	跳闸指令	1	SCS 或 FSSS	开关柜	
	合闸指令	1	SCS 或 FSSS	开关柜	
DI	跳闸状态	1	高压开关柜	SCS 或 FSSS	
	合闸状态	1	高压开关柜	SCS 或 FSSS	
	跳闸状态	1	高压开关柜	SOE	
	合闸状态	1	高压开关柜	MFT/FSSS	磨煤机、循环水泵、一次风机、送风机、引风机、空气预热器
	事故跳闸	1	高压开关柜	SCS 或 FSSS	
	综合保护装置故障	1	高压开关柜	SCS 或 FSSS	
	控制电源消失	1	高压开关柜	SCS 或 FSSS	
	远方控制	1	高压开关柜	SCS 或 FSSS	
2）			计算机或 DCS 与高压变频器柜之间		
DO	跳闸指令	1	SCS 或 FSSS	变频器柜	
	合闸指令	1	SCS 或 FSSS	变频器柜	
DI	变频器运行状态	1	变频器柜	SCS 或 FSSS	
	变频器停止状态	1	变频器柜	SCS 或 FSSS	
	变频器停止状态	1	变频器柜	SOE	
	变频器停止状态	1	变频器柜	MFT/FSSS	一次风机、引风机、空气预热器等锅炉辅机
	变频器重事故		变频器柜	SCS 或 FSSS	
	变频器轻事故		变频器柜	SCS 或 FSSS	
	变频器风机故障报警		变频器柜	SCS 或 FSSS	
	变频器旁路运行		变频器柜	SCC 或 FSSS	
AI	电流		变频器柜	DAS	4～20mA
	频率		变频器柜	DAS	4～20mA
	输出转速（频率）给定	1	变频器柜	DAS	4～20mA
3）			开关柜与高压变频器柜之间		
DI	变频器允许开关柜断路器合闸	1	开关柜	变频器柜	串接在断路器的合闸回路中
	变频器事故跳开关柜断路器	1	开关柜	变频器柜	并接在断路器的跳闸按钮上

（2）电动机回路中测量仪表应能正确反映电动机的运行参数。

（3）电动机回路中的测量仪表是指装设在屏、台、柜上的电测量表计，包括数字式仪表、指针式仪表、记录型仪表及其各种仪表的附件和配件等。

（4）仪表可采用二次仪表测量、一次仪表测量和直接仪表测量方式。

（5）测量仪表的最低准确等级要求见第二章。

（6）电动机回路中仪用电流、电压互感器及附件、配件的准确度最低要求见第二章。

（7）高压电动机的测量仪表宜选用多功能数字式带 4～20mA 模拟量输出或带通信输出接口的综合保护装置。综合保护装置应带有电动机需要的各种保护功能，能够就地显示电动机的电流、电压、功率、功率因数、保护定值，以及电动机的电气量参数。

（8）低压电动机的测量仪表宜选用多功能数字式带 4～20mA 模拟量输出或带通信输出接口的测控单元，也可采用电动机保护器自身所带的 4～20mA 模拟量输出或通信输出测量模块。这些模块或测控单元的功能不应重复。

（9）电动机的模拟量需要在计算机系统或 DCS 显示时，可通过综合保护或测控单元所带 4～20mA 模拟量输出口或其所带的通信接口将模拟量送至计算机系统或 DCS。

（10）电动机的模拟量也可通过变送器送至计算机系统或 DCS 进行显示，变送器的准确度等级不低于互感器的准确度等级。

（11）需要进行技术考核的 75kW 及以上的电动机，可装设 2.0 级有功电能表，需配 1.0 级电流互感器。低压电动机宜采用单相电能表。

（12）指针式仪表的测量范围，宜使电力设备额定值指示在仪表标尺度的 2/3 左右。对有可能过负荷运行的电动机回路，测量仪表宜选用过负荷仪表。

（13）电动机回路需要单独设置电能量表计时，电能量表计宜安装在高压开关柜或低压配电柜上。

（14）厂用电动机应按表 2-38 配置测量仪表。

1）Ⅰ类电动机采用数字式综合保护或测控装置后，除电流送计算机系统后，就地也应能显示必要的电气量。

2）Ⅱ类及Ⅲ类 55kW 及以上电动机测量地点与电动机的控制地点相同。

3）55kW 以下易于过负荷的电动机及生产工艺要求监视的电动机可根据需要测量电流。

2．厂用电动机测量仪表的接线

（1）高压电动机测量仪表的电流电压回路。高压电动机测量仪表电流电压的基本接线如图 6-28 所示。

带综合自动化装置（或综合保护）的电动机电流、电压接线如图 6-29 所示。

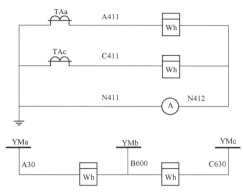

图 6-28　中压电动机测量仪表电流、电压基本接线图

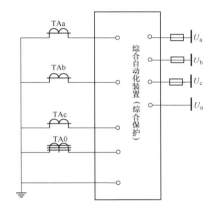

图 6-29　带综合保护装置（综合保护）的电动机电流、电压接线图

电流互感器的选择应满足短路动、热稳定的要求，为了满足高动、热稳定倍数的要求而采用大变比的电流互感器或二次绕组允许负荷较小的电流互感器时，可在电流互感器的二次回路增加一个低损耗的中间电流互感器，供电流表使用，其接线如图 6-30 虚线部分所示。当电流互感器的二次电缆较长、二次负荷较大时，电流互感器二次侧额定电流可选 1A。

（2）380V 电动机测量仪表的电流电压回路。380V 电动机测量仪表的基本原理接线如图 6-31 所示，为了满足电流互感器 10%误差及二次负荷的要求，380V 电动机测量回路宜采用三相式电流互感器。

采用数字式测控单元的电动机回路，可将专用测量 TA 及 TV 的二次侧接入测控单元的电流、电压输入端子，进行就地及远方显示。电流量可通过自带的 4～20mA 模拟量输出口或自带的通信接口以总线方式送至 DCS 或计算机。

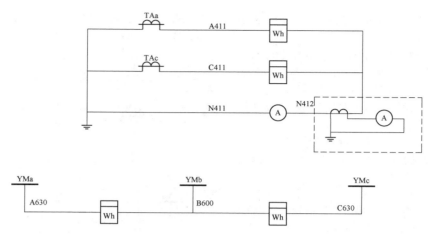

图 6-30 中压电动机测量仪表电流、电压回路接线图（TA 二次回路带中间 TA）

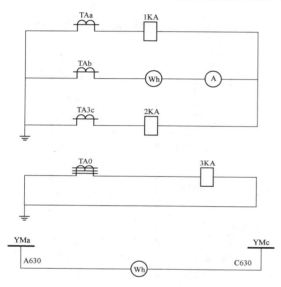

图 6-31 380V 电动机测量仪表基本原理接线图

当电动机回路的断路器采用带电流显示功能的电子脱扣器时，可直接通过断路器内置的电流互感器及断路器的显示单元显示电动机回路的电流量。如需要显示其他电气量时，需要将母线或回路的电压量引入。

当电动机回路采用电动机保护器时，可将回路或母线电压引入，利用内置电流互感器配就地显示模块显示电流、电压及功率等电气量，采用电动机保护器自带的 4~20mA 模拟量输出或自带的通信接口将需要的电气量送至 DCS 或电气控制管理系统（ECMS）。

采用测控单元或电动机保护器进行检测的低压电动机的电流、电压回路接线如图 6-32 所示。

3. 厂用电动机控制回路接线

随着电子技术的飞速发展，发电厂的控制水平大为提高。一方面由于发电厂采用了计算机控制系统或分散控制系统（DCS），使得电动机与工艺系统中相关

的诸如温度、压力、流量、转速、位置状态及与其他电动机之间的控制要求变得越来越容易实现，所有的这些控制量通过数据采集系统，送至计算机系统，由计算机系统进行组态编程处理后，根据相关的逻辑对电动机进行过程控制。另一方面，出现了带有数字式微处理器的"智慧型"可编程的现场元件，通过现场总线技术与上层网络进行通信，简单的下层逻辑可通过"智慧型"现场元件进行下层处理。通过计算机控制系统与现场总线等方式，电动机的接线图也变得越来越简单，其可靠性也大为提高。

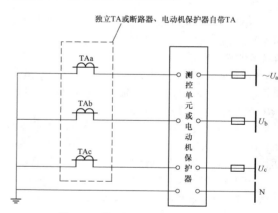

图 6-32 带测控单元或电动机保护器的电动机电流、电压回路接线图

（1）高压厂用电动机的接线图。高压厂用电动机根据容量及电压等级的不同，采用的操作设备也不同，6kV 电动机容量为 1000kW 及以上时，采用断路器进行操作。容量小于 1000kW 时，可采用"高压熔断器+真空接触器"作为保护及操作设备。

1）真空断路器配弹簧操动机构。真空断路器基本接线如图 6-33 所示。在本接线图中，KCF 为专用防跳继电器，当 1SBH 按钮在合闸后卡住时，在运行过程

中如保护跳闸，则启动 KCF 的电流线圈，合闸回路中 KCF 的动合触点闭合，将合闸回路中 KCF 的电压线圈接通，使得 KCF 的动断触点断开而使 YC 无法带电，避免了由于合闸脉冲未解除使得断路器在跳闸后合闸线圈带电重复合闸的现象。本回路的特点是当 1SBH 卡住后如果不跳闸，则 KCF 不启动，避免了 KCF 可能长期带电的可能。在本回路中如果 1SBH 卡住，则跳合后绿灯熄灭，故可知合闸回路有故障，运行人员应对合闸回路进行检查。跳闸回路中并联 KCF 动合触点的目的是防止保护触点的断开时间小于 QF 的断开时间，有可能烧毁保护触点，起到保护触点的作用。当保护出口不串联信号继电器时可取消 1R，串联 1R 的作用是保证信号继电器可靠掉牌。

图 6-34 是另一种断路器配弹簧操动机构的接线图。本图中防跳功能由断路器自带防跳继电器 KCF 来实现，断路器采用交直流操作，需要注意的是，由于绿灯 HG 与防跳继电器串联，HG、R0 及 K0 的阻抗应匹配，以免 KCF 误动，造成第一次合闸后，无法再正常合闸。在本回路中电动机储能回路可与操作回路

合在一起。

图 6-35 是由制造厂成套供货的断路器控制回路接线图，图中防跳回路与外部输入回路经过隔离，可避免外部回路电阻对防跳回路的影响。

典型的高压电动机采用真空断路器操作由 DCS 远方控制的电动机接线图见图 6-36。

图 6-36（a）为断路器的控制回路接线图，图中 KZ 为综合保护装置，实现对电动机的测量和保护。KZ 内含断路器跳、合闸回路监视及防跳功能，在工程中断路器的防跳功能一般采用断路器回路本身自带的防跳功能，解除综合保护装置内的防跳功能。K83 及 K84 为 DCS 合、跳闸指令输入，SBR、SBG 为开关柜面板上合、跳闸按钮，SBR 为就地事故按钮。电动机正常运行时，远方/就地选择开关 1SA 处于远方位置，断路器处于工作位置，工作位置小开关 S9 闭合，电动机由 DCS 进行启、停操作。电动机就地检修时，远方/就地选择开关 1SA 处于"就地"位置，断路器小车移至试验位置，试验位置小开关 S8 闭合，可对断路器二次回路就地进行跳、合试验。

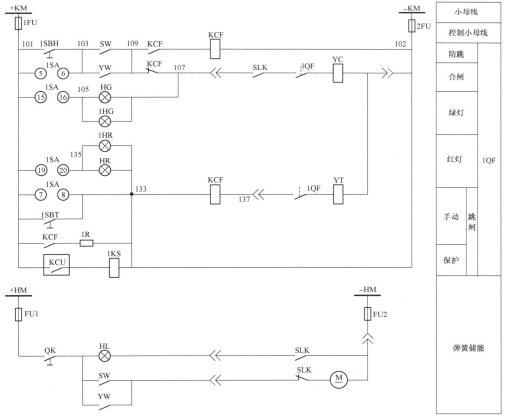

图 6-33　真空断路器基本接线图

SW—试验位置；YW—工作位置；1FU、2FU—熔断器；M—电动机；KCF—防跳继电器；KCO—保护出口继电器；

SA—转换开关；HR—红灯；HG—绿灯；1KS—信号继电器；YT—分闸线圈；YC—合闸线圈；QF—辅助触点；

SLK—弹簧机构行程开关；QK—储能开关；HL—信号灯；1SBH—合闸按钮；1SBT—跳闸按钮

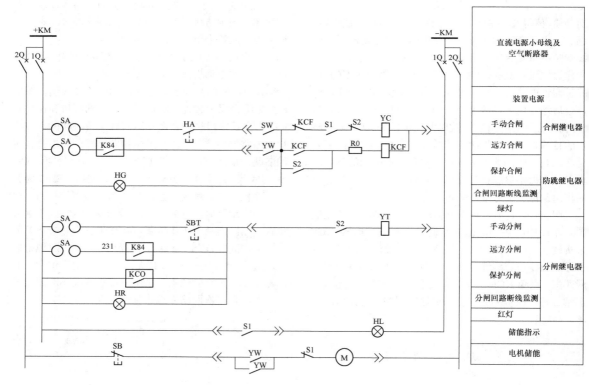

图 6-34 真空断路器弹簧操动机构接线

SW—试验位置；YW—工作位置；1Q、2Q—直流回路空气开关；KCF—防跳继电器；SA—转换开关；HR—红灯；

HG—绿灯；YT—分闸线圈；YC—合闸线圈；S2—辅助触点；S1—弹簧机构行程开关；R0—电阻；

QK—储能开关；HL—信号灯；SBH—合闸按钮；SBT—跳闸按钮

图 6-36（b）所示为综合保护装置的电流、电压输入回路，在本图中，综合保护装置带有差动保护功能。

图 6-36（c）所示为综合保护装置与 ECMS 的接口图，在本图中，综合保护装置与 ECMS 采用双以太网接口连接。

图 6-36（d）所示为电动机高压开关柜与 DCS 的接口图，在本图中，电动机高压开关柜与 DCS 系统采用硬接线连接。

图 6-36（e）所示为电动机高压开关柜面板上，智能操控装置的连接原理图。

2）真空接触器配机械自保持。典型的高压电动机采用真空接触器由 DCS 远方控制的电动机接线见图 6-37。

图 6-37 所示为高压接触器控制接线图，接触器带有机械（或电子自保持）功能，图中 KZ 为综合保护装置。由于本接线是采用操作高压交流接触器的合、

分来投切电动机，接触器开断短路电流的能力较小，故短路时，速断及过电流保护不跳接触器，由高压熔断器熔断来实现对电动机保护，在过负荷或电动机运行异常时，由综合保护来跳开接触器。

（2）低压厂用电动机的接线图。低压厂用电动机根据容量不同，采用的操作电器也不同。当电动机容量大于 100kW 时，采用空气断路器作为保护及操作电器。当电动机容量小于 75kW 时，采用"塑壳开关+接触器+热继电器"组合方式或采用"塑壳开关+接触器+电动机保护器"组合方式对电动机进行保护、控制。对于容量大于 75kW 需要频繁操作的电动机，可采用"空气断路器+接触器+热继电器"组合方式对电动机进行保护和控制，也可采用"空气断路器+接触器+电动机"保护器组合方式对电动机进行保护及控制。

典型的低压空气断路器配电子脱扣器回路的电动机接线如图 6-38 所示。

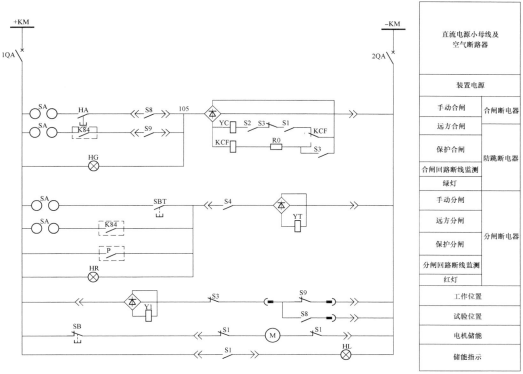

图 6-35　断路器弹簧操作机构控制回路接线图（交直流通用）

S8—试验位置；S9—工作位置；1QA、2QA—直流回路空气开关；M—电动机；KCF—防跳继电器；SA—转换开关；HK—红灯；
HG—绿灯；YT—跳闸线圈；YC—合闸线圈；S2—辅助触点；S1—弹簧机构行程开关；R—电阻；QK—储能开关；
HL—信号灯；Y1—合闸回路线圈

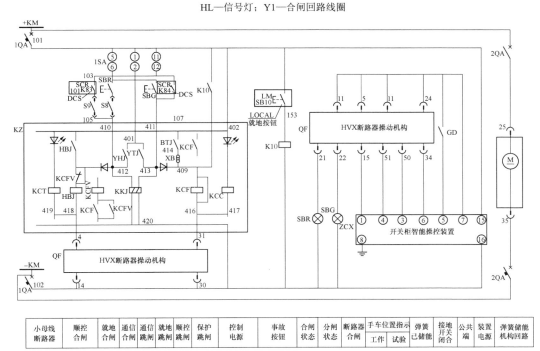

(a)

图 6-36　采用真空断路器由 DCS 远方控制电动机接线图（一）

（a）真空断路器控制回路

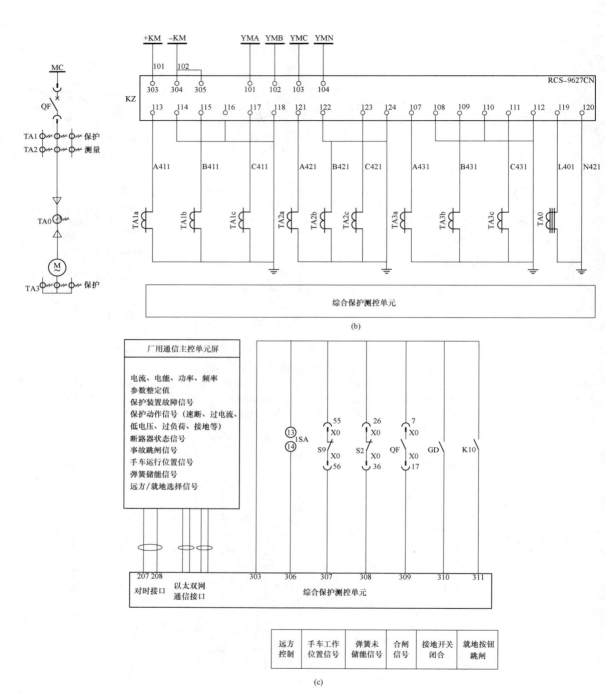

图 6-36 采用真空断路器由 DCS 远方控制电动机接线图（二）

（b）电流、电压输入回路；（c）与 ECMS 接口

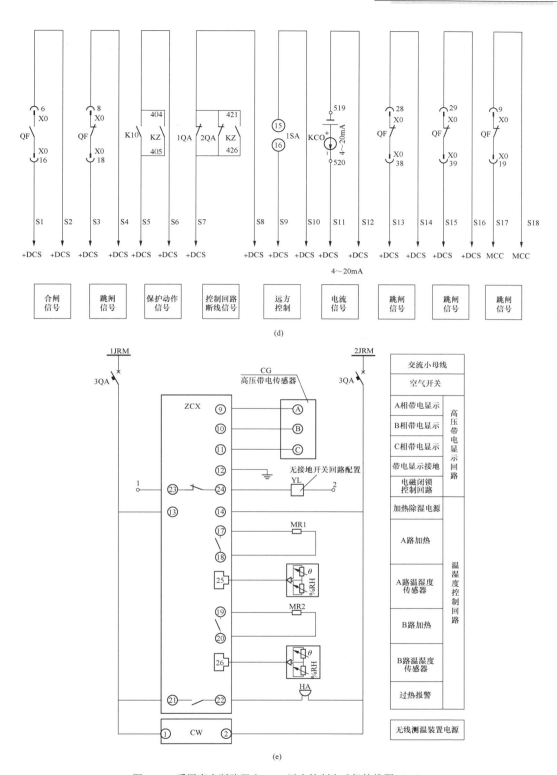

(d)

图 6-36　采用真空断路器由 DCS 远方控制电动机接线图（三）

（d）与 DCS 接口；（e）智能操控装置

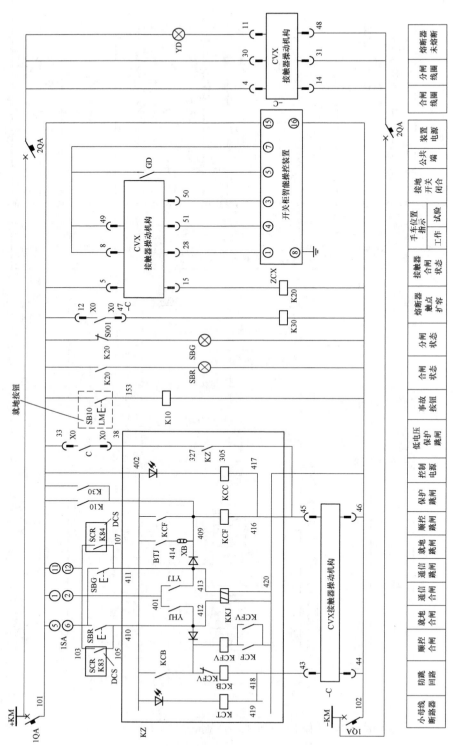

图 6-37　采用真空接触器由 DCS 远方控制电动机接线图

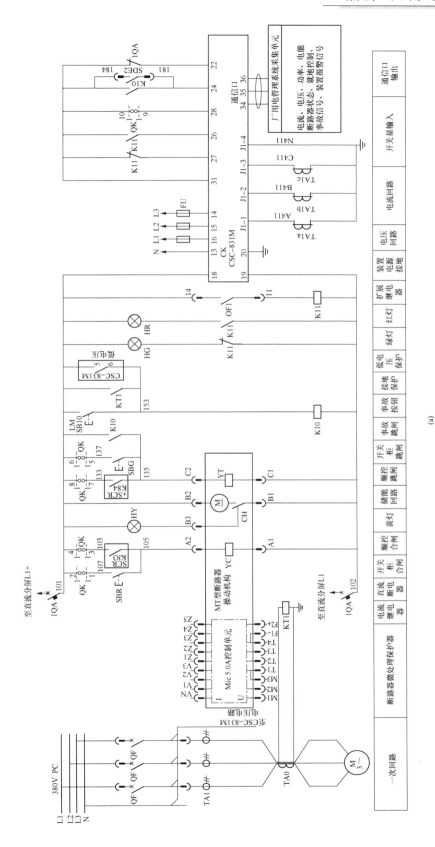

图 6-38　采用空气断路器配电子脱扣器的电动机接线图（一）

（a）断路器控制接线图及与 ECMS 接口图

(a)

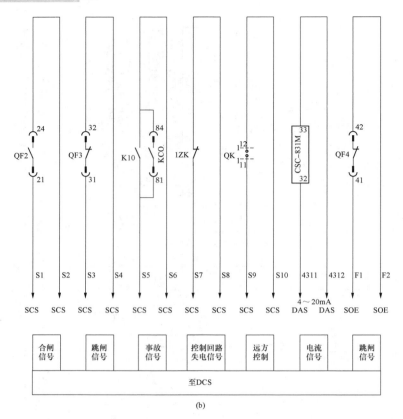

图 6-38 采用空气断路器配电子脱扣器的电动机接线图（二）

（b）与 DCS 接口图

图 6-38（a）所示为断路器的控制接线图及与 ECMS 的接口图，图中 CK 为测控装置，实现对电动机电气量的数据采集，并将其送至 ECMS，与 ECMS 采用以太网接口连接。K83 及 K84 为 DCS 合、跳闸指令输入，SBR、SBG 为开关柜上合、跳闸按钮，SB10 为就地事故按钮。电动机正常运行时远方就地选择开关 QK 处于远方位置，电动机由 DCS 进行启、停操作。

图 6-38（b）所示为电动机低压开关柜与 DCS 的接口图，在本图中，开关柜与 DCS 采用硬接线连接。

采用塑壳开关、接触器及电动保护器组合方式的电动机接线图见图 6-39。

图 6-39 中，QF 为塑壳断路器，对电动机短路进行保护。KM1 为接触器，电动机保护器通过接触器的线圈的开合来实现电动机的投切。K83 及 K84 为 DCS 合、跳闸指令输入，SBR、SBG 为开关柜上合、跳闸按钮，SB10 为就地事故按钮。电动机正常运行时远方就地选择开关 QK 处于远方位置，电动机由 DCS 进行启、停操作。图 6-39 中，电动机装设了外加零序电流互感器及电流继电器组成的零序保护，当发生单相接地短路时，由零序电流继电器跳塑壳开关的分励线圈来跳 QF。

电动机电气量的数据采集由电动机保护器完成，并通过通信接口送至 ECMS。电动机的异常运行保护由电动机保护器完成。低压开关柜与 DCS 采用硬接线连接。

控制回路用熔断器或小空气开关（带选择性的专用）的装设地点，应便于开关设备的维修试验和控制电源的引接。若电动机的开关设备在高低压开关柜内，熔断器或小空气开关应装在开关柜上；若电动机的开关设备在就地动力箱内，熔断器或小空气开关应装在控制屏上。

六、其他类型的电动机控制、信号及测量

（一）跨接在两段母线上的电动机控制、信号及测量

火力发电厂中一些重要的单套辅机的电动机，为了供电的可靠性和运行方式的灵活性，往往需要跨接在机组的两段高压母线上。在一些工程中，单台设置的重要公用备用辅机，常常跨接在两台机组的两段母线上。对于这些辅机，其控制、保护及测量应满足机组的可靠性和运行方式的需要。

有些工程中，设置 3 台电动给水泵（或循环水

泵），两台运行，一台备用（不指定备用，三台互为备用），三台给水泵电动机均跨接在两段母线上。在这种接线方式下，每台给水泵电动机有两个进线断路器，两个断路器互相闭锁。图 6-40 所示为跨接在两段母线上的电动机一次接线图。正常运行时，通过对断路器的设置，每段母线上只运行一台给水泵电动机。事故时，本段母线上事故电动机所对应的断路器跳闸后自动合备用电动机在本段上对应的断路器，本段母线上电动机的断路器与另一段母线上的断路器相互闭锁。如 1 号电动机在两段高压母线上所对应的断路器分别为 QF1A、QF1B，2 号电动机在两段高压母线上所对应的断路器分别为 QF2A、QF2B，3 号电动机在两段高压母线上所对应的断路器分别为 QF3A、QF3B。机组正常运行时，1 号电动机通过断路器 QF1A 由高压厂用母线 A 段供电，断路器 QF1B 与 QF1A 的辅助触点相互闭锁；2 号电动机通过断路器 QF2B 由高压厂用母线 B 段供电，断路器 QF2A 与 QF2B 的辅助触点相互闭锁；3 号电动机的断路器 QF3A 及 QF3B 均断开，其辅助触点相互闭锁，3 号电动机处于备用状态。当 1 号电动机故障后，断路器 QF1A 跳闸，合 3 号电动机的 QF3A 断路器，启动 3 号电动机。当 2 号电动机故障后，断路器 QF2B 跳闸，合 3 号电动机的 QF3B 断路器，启动 3 号电动机。同样，可以设置 1 号电动机或 2 号电动机为备用电动机，事故时，由工作电动机事故跳闸的断路器来联锁合上与其在同一段母线上的备用电动机的断路器，这样就可以实现每段母线上只运行一台跨接的电动机。

跨接在两段母线上的电动机的控制接线见图 6-41。

在图 6-41（a）中，合闸回路中串接了另一台断路器 QF 的动断触点及接地开关 ES 的动断触点进行闭锁，当另一台开关柜内的断路器及接地开关都断开时，本断路器才可合闸。KCO1 为综合保护装置的跳闸出口触点，KCO2 为差动保护装置测出口触点。每台开关柜中均应装设差动保护，其保护动作触点分别跳各自开关柜的断路器。KV 为母线低电压保护动作的触点，也可采用综合保护装置实现低电压保护功能。与工艺流程相关的控制逻辑包含在来自 DCS 的跳、合闸指令 K84、K83 中。

图 6-41（b）为跨接电动机的电流回路，TA2 为过电流及速断保护用电流互感器，TA3 为测量用电流互感器。TA1 及 TA4 为电动机第一套差动保护用电流互感器，用于 A 段断路器跳闸，TA1′及 TA4′为电动机第二套差动保护用电流互感器，用于 B 段断路器跳闸。

（二）双速电动机控制、信号及测量

为了提高机组运行的经济性，特别是机组在低负荷下长期运行时，降低辅机的转速可减少辅机的实际电耗量，减少厂用电率，一些机组的循环水泵或引风机、送风机采用双速电动机，当机组在额定出力时，这些辅机采用高速方式运行，当机组的额定出力降低时，这些辅机可根据出力采用部分或全部低速方式运行。

双速电动机一般为笼型异步电动机，通过改变异步电动机的磁极对数来改变转速。由于笼型转子没有固定的极对数，它的极对数随着定子极对数的改变而改变，故通过改变定子绕组的极对数，即可改变定子绕组磁场的极对数。例如，双速电动机在制造时，将每相绕组分为两部分，每一部分为一相绕组的一半，通常称为半相绕组。当每相的两个半相绕组顺次串联时，绕组电流产生的磁场为 4 极；当每相绕组的两个半相绕组并联时，第二个半相绕组的电流反相，此时电流所产生的磁场为 2 极。通过改变半相绕组的电流方向，可改变磁场的极对数，产生不同的变极对数的组合，如倍极变（4/8、2/4）和非倍极变（4/6、4/8），来达到调速的目的。

常用的变极双速电动机一般采用 Y-YY 变换或 △-YY 变换，Y-YY 为恒转矩调速，△-YY 变换为接近恒功率调速。图 6-42 所示为采用一台断路器控制的双速循环水泵电动机示意图，采用△-YY 变换。当切换开关 QS 在低速位置时，电动机 A 相半相绕组 1′通过 S4、W5 与 C 相半相绕组 6′相连，电动机 C 相半相绕组 3′通过 S8、W7 与 B 相半相绕组 5′相连，电动机 B 相半相绕组 2′通过 S6、W9 与 A 相半相绕组 4′相连，电动机进线端子与 S4、S6、S8 连接并连接到电源 A、B、C 相，将整个电动机绕组连接为三角形接线。当切换开关 QS 在低速位置时，W1 与 W5 连接，W2 与 W7 连接，W3 与 W9 连接，将电动机每相的两个半相绕组并联，并将并联后的两个半相绕组的中性点连接在一起，S1 与 S5 连接，S2 与 S7 连接，S3 与 S9 连接，形成 YY 接线，电源经 S5、S7、S9 向电动机的中间抽头 7、8、9 端子供电。

该电动机的控制及与 DCS 的接口与其他计算机控制的电动机接线基本一样，只是需要将电动机在高速及低速的位置送到 DCS。

图 6-43 所示为采用三台断路器控制的双速循环水泵电动机示意图，高速运行时，1QF 及 3QF 闭合，2QF 断开，电动机绕组为 YY 接线。低速运行时，2QF 闭合，1QF 及 3QF 断开，电动机绕组为△接线。

图 6-44 所示为双速电动机的电流回路接线图，TA2、TA3 为后备保护及测量用电流互感器。在低速工况下，差动保护用电流互感器由 TA32、TA42 构成。电动机抽头处电流互感器 TA5 为保护装置内部短路。在高速工况下，由于每相绕组的两个半相绕组并联，电动机绕组头尾的两个差动保护用电流互感器 TA31 与 TA41 并联，并与电动机绕组抽头处的电流互感器

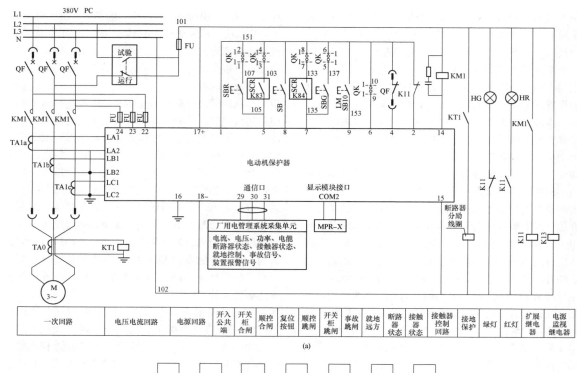

(a)

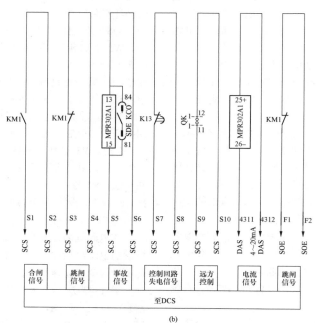

(b)

图 6-39 采用塑壳开关、接触器及电动机保护器组合方式的电动机接线图

（a）控制接线图；（b）与 DCS 接口

TA5 构成差动保护。在选取电流互感器时，电动机绕组头尾与中间抽头处共同组成差动保护的两个并联电流互感器 TA31 及 TA41 的变比应与抽头处电流互感器 TA5 的变比保持一致，TA5 的变比应按高速工况下的电流来选取。在本接线中需要装设两套差动保护，一套用于高速工况，另一套用于低速工况。两套

差动保护装置的投入由高、低速切换开关进行设置。

图 6-45 所示为采用两台断路器控制的双速电动机接线示意图，当断路器 QF1 合闸、QF2 断开时，电动机在高速位置，此时电动机定子绕组接为 16 极。当断路器 QF2 合闸、QF1 断开时，电动机在低速位置，此时电动机定子绕组接为 18 极。断路器 QF1 及 QF2 的合

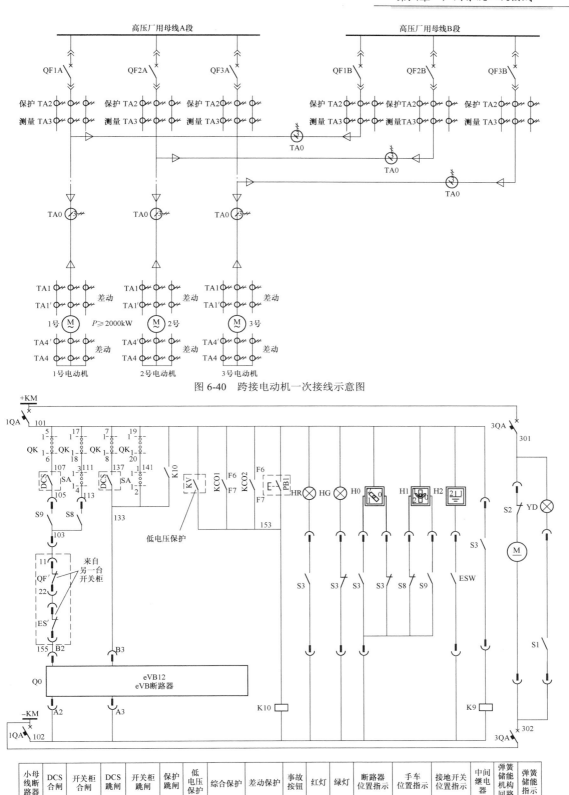

图 6-40　跨接电动机一次接线示意图

图 6-41　跨接电动机控制接线图（一）

（a）跨接电动机控制回路

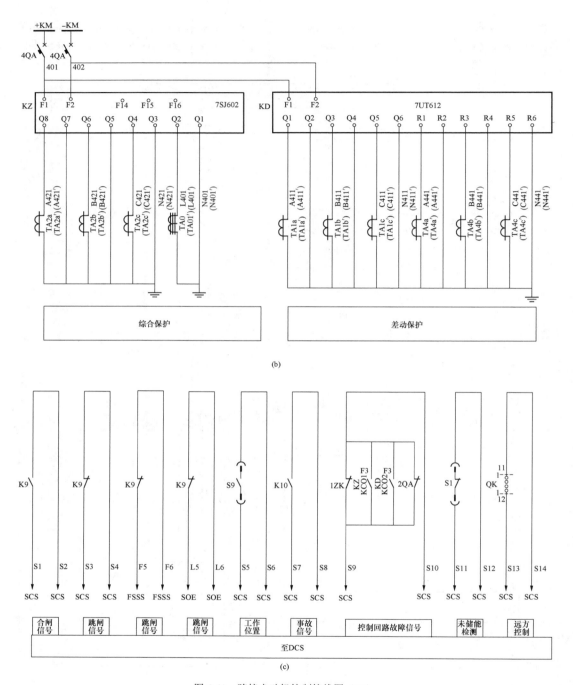

(b)

(c)

图 6-41　跨接电动机控制接线图（二）

（b）跨接电动机电流回路；（c）与 DCS 接口

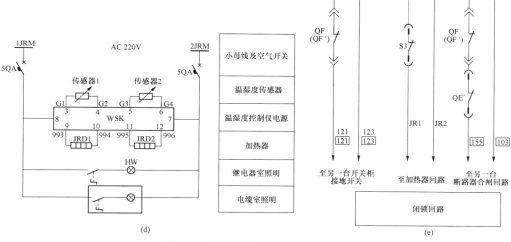

图6-41　跨接电动机控制接线图（三）

（d）加热器及温湿度器控制回路；（e）闭锁回路

S1～S2—储能微动开关；S3—合/分闸辅助开关；S8—手车试验位置辅助开关；S9—手车工作位置辅助开关；

M—储能电动机；ESW—接地开关位置开关

说明：1. 两段母线上的断路器互相闭锁。

2. 低电压保护信号来自母线 TV 柜，整定时间为 9s。

3. 差动保护分别装于两台开关柜上，其保护动作接点分别跳各自开关柜的断路器。

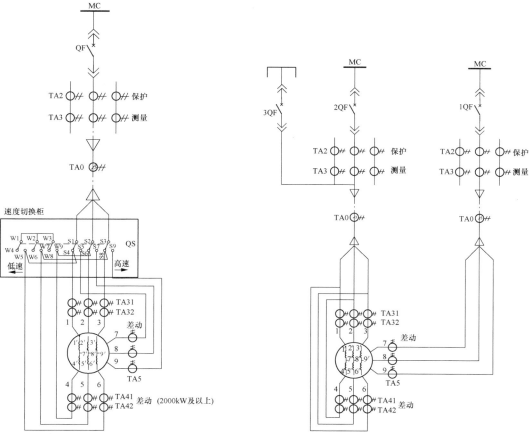

图6-42　△-YY 变换双速电动机手动切换示意图　　　　图6-43　△-YY 变换双速电动机三断路器切换示意图

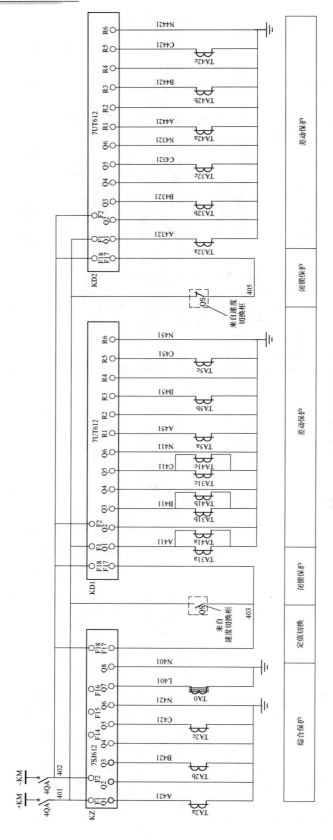

图 6-44 双速电动机电流回路接线图

闸回路相互加入了对方的辅助触点及接地开关的辅助触点，通过硬接线相互闭锁，保证两个断路器不能同时合闸。

（三）双驱动电动机及正反转双驱动控制、信号及测量

有些大容量锅炉的钢球磨煤机需要两台电动机同时拖动，也有一些长距离的皮带需要在皮带的头部及尾部分别设置电动机，由两台电动机同时运行来拖动皮带。双电动机驱动的负荷在运行时，应考虑两台电动机同时启动或同时停止的要求，以免出现不同时启动或停止造成一台电动机过载而烧毁电动机的事故发生，因此两台电动机应采用一台断路器或一台接触器来进行控制。断路器或接触器的控制接线与控制一台电动机的接线基本相同，所不同的是两台电动机的保护及测量装置应分别设置，任一台电动机故障后均应跳开断路器或接触器。双驱动电动机的接线示意图如图 6-46 所示。

根据工艺系统的设置，有时双驱动皮带还要求能够反向运行，即两台电动机可以同时正转也可以根据要求同时反转。双驱动电动机正反转接线示意图如图 6-47 所示。

在正转开关柜中，电源相序的排列为从左到右为 A、B、C 相，正转接触器 KM 闭合后综合保护装置 1 及 1′ 分别作为皮带头部及尾部电动机的保护及测量装置，不管哪套保护动作后，非速断及过流均跳正转接触器 KM，正转接触器投入时，闭锁反转接触器，使得反转接触器 KM′ 不能闭合，以防止出现短路故障。电流互感器 1TA1、1TA2、综合保护装置 1 及 2TA1、2TA2、综合保护装置 1′ 的相序与正转开关柜内的相序保持一致。而在反转开关柜中，电源相序的排列从左到右为 C、B、A 相，反转接触器 KM′ 闭合后综合保护装置 2 及 2′ 分别作为皮带头部及尾部电动机的保护及测量装置，不管哪个保护动作后均跳反转接触器 KM′，反转接触器投入时，闭锁正转接触器，使得正转接触器 KM 不能闭合，以防止出现短路故障。电流互感器 1TA1′、1TA2′、综合保护装置 2 及 2TA1′、2TA2′、综保装置 2′的相序与反转开关柜内的相序保持一致。

需要注意的是，在这种保护配置方式中，正转时综合保护装置 2 及 2′ 中也有电流信号，相序与综合保护 1 及 1′ 不对应，如果保护装置带有负序保护，保护装置 2 及 2′ 会动作，但由于综合保护装置 2 及 2′ 只动作于反转接触器 C′，此时 C′ 处于跳闸状态，故可引入 KM′ 的状态作为闭锁条件。同样在反转工况下，综合保护装置 1 及 1′ 中也有电流信号，相序与综合保护 2 及 2′ 不对应，如果保护装置 1 及 1′ 带有负序保护，则保护会动作，但由于综合保护装置 1 及 1′ 只动作于正转接触器 KM，此时 KM 处于跳闸状态，故可引入 KM 的状态作为闭锁条件。

（四）变频电动机控制、信号及测量

1.“一拖一”方式

“一拖一”方式见图 6-25，即一台变频器拖动一

台水泵或风机。其运行方式如下：

（1）正常运行时，旁路开关 3QS 断开，主回路 1QS 及 2QS 闭合，通过断路器 1QF 进行投切变频器，设备由变频器驱动。

（2）当变频器检修或变频器故障需要长时间修复时，断开 1QS 及 2QS，手动合上旁路开关 3QS，通过断路器 1QF 进行投切电动机，电动机处于工频状态。

图 6-48 所示为“一拖一”带旁路电动机的控制接线图。在变频运行位置，当变频器允许合闸时，VFA 触点闭合，可通过远方或就地启动变频器；变频器故障时，VFF 触点动作，跳断路器。在工频位置时，旁路开关 BF 的辅助触点闭合，可远方或就地启动电动机。当电动机容量大于 2000kW，在工频运行状态时，电动机需要装设差动保护，差动保护可引入旁路开关闭锁。如果在变频状态下仍需要装设差动保护，则电动机头尾处用于差动保护的电流互感器应采用宽频电流互感器。

2.“一拖二”方式

“一拖二”方式见图 6-26 和图 6-27，即两台被驱动设备配一台变频器。

（1）图 6-26 所示接线图的运行方式如下：

1）正常运行时，两台电动机 1M、2M 中一台变频运行，另一台工频备用。当 1M 电动机变频运行时，旁路开关 1QS 断开，断路器 1QF 断开，变频回路断路器 3QF 闭合，隔离开关 3QS 闭合；同时备用电动机 2M 的出口断路器 2QF 断开，旁路开关 4QS 闭合，隔离开关 2QS 断开。当 2M 电动机变频运行时，旁路开关 4QS 断开，断路器 2QF 断开，变频回路断路器 3QF 闭合，隔离开关 2QS 闭合；同时备用电动机 1M 的出口断路器 1QF 断开，旁路开关 1QS 断开，隔离开关 3QS 断开。1QS 与 3QS 相互闭锁，2QS 与 4QS 相互闭锁，2QS 与 3QS 相互闭锁。

2）1M 电动机变频运行时，如发生故障，则保护自动跳 3QF，合 2QF，2M 电动机自动投入工频状态运行。反之，2M 电动机变频运行时，如发生故障，则保护自动跳 3QF，合 1QF，1M 电动机自动投入工频状态运行。

3）当变频运行状态中的变频器或电动机需要检修时，手动启动工频备用电动机，停止变频运行电动机。

（2）图 6-27 所示接线图的运行方式如下：

1）正常运行时，两台电动机 1M、2M 一台变频运行，另一台工频备用。当 1M 电动机变频运行时，旁路开关 1QS 断开，变频回路隔离开关 2QS、3QS 闭合，由断路器 QF1 进行变频器的投切；2M 处于工频备用状态，隔离开关 5QS、6QS 断开，旁路开关 4QS 闭合，2QF 断开。反之，当 2M 电动机变频运行时，旁路开关 4QS 断开，变频回路 5QS、6QS 闭合，由 2QF 进行变频器的投切；1M 处于工频备用位置，2QS、

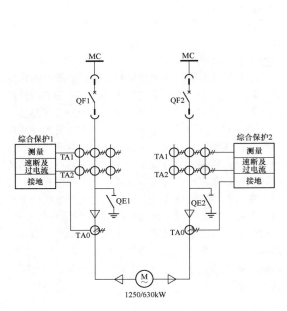

图 6-45 两台断路器控制的双速电动机接线示意图

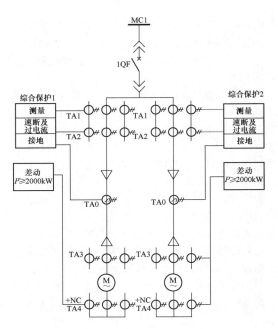

图 6-46 双驱动电动机接线示意图

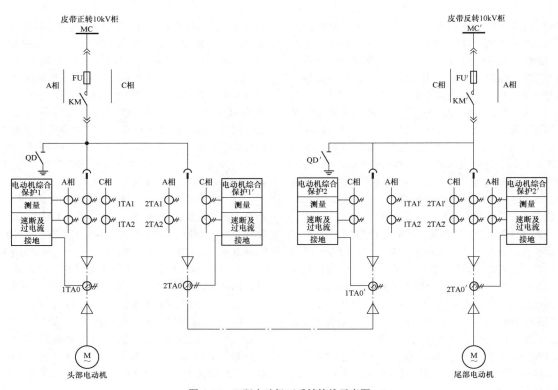

图 6-47 双驱电动机正反转接线示意图

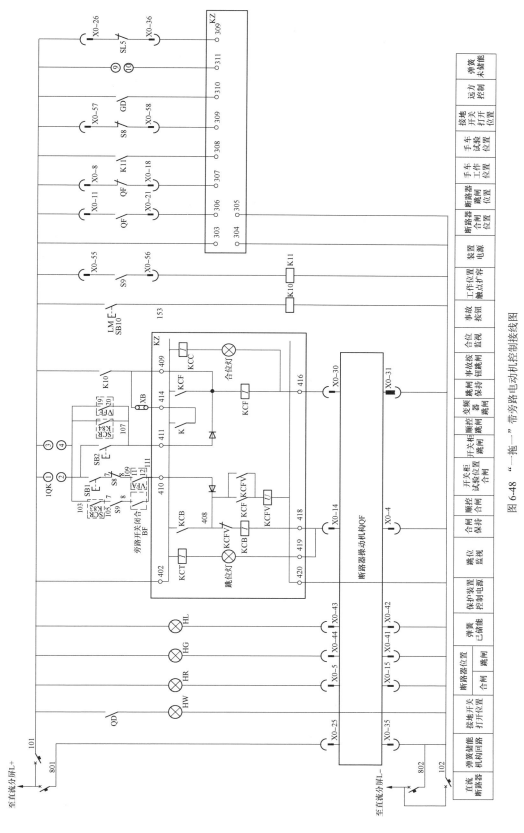

图 6-48　"一拖一"带旁路电动机控制接线图

3QS 断开，旁路开关 1QS 闭合，1QF 断开。1QF 与 2QF 相互闭锁，1QS 与 2QS、3QS 相互闭锁，4QS 与 QS5、QS6 相互闭锁。2QS 闭合时 5QS 及 6QS 不能闭合，5QS 闭合时，2QS 及 3QS 不能闭合。

2）当 1M 电动机变频运行时，如发生故障，则保护自动跳 QF1，合 QF2，2M 电动机自动投入工频状态运行。反之，当 2M 电动机变频运行时，如发生故障，则保护自动跳 2QF，合 1QF，1M 电动机自动投入工频状态运行。

3）当变频运行状态中的变频器或电动机需要检修时，手动启动工频备用电动机，停止变频运行电动机。

"一拖二"方式中断路器的控制原理基本与图 6-48 一样，不同的是在断路器合闸回路中加入了变频位置及旁路位置的隔离开关及断路器的闭锁逻辑触点。当电动机容量大于 2000kW 时，需要装设差动保护，并考虑在变频状态下，选择合适的宽频电流互感器。

（五）直流油泵电动机控制、信号及测量

火力发电厂中，全厂交流电源消失后，为了保证机组安全停机，或防止危及人身安全，需要设置一些由直流电源供电的负荷，如直流润滑油泵、氢侧密封油泵、直流顶轴油泵等。当全厂交流电源失去后，由这些直流电动机驱动这些负荷继续运行，直到机组安全停机。

直流电动机在全场交流电源消失后，由蓄电池供电，由于蓄电池的容量有限，要求直流电动机在启动时，直流母线的电压不应低于直流系统标称电压的 87.5%。直流电动机采用电枢绕组串接电阻分级切除方式启动时，启动电流不大于 2～2.5 倍额定电流，启动时间不大于 5s。采用电阻启动时，直流电动机启动电阻的选择见表 6-6。

当采用电子式高频斩波控制柜时，启动电流不大于 1.5 倍额定电流，启动时间不大于 10s。电子式高频斩波控制柜的选择见表 6-7。

有些发电机厂要求直流油泵的启动时间小于 1s，还有一些业主要求电子式直流油泵控制箱具有智能控制及硬手操双重化控制，适应于这样要求的直流油泵控制箱选型见表 6-8。

图 6-49 所示为直流油泵电动机采用电阻分三级切除启动的接线图。采用电阻分级切除启动时，时间继电器 KT1、KT2、KT3 的时间配合需要现场进行调整，双位置继电器的延时触点要躲开电源波动的时间，也需要现场调整，往往调试麻烦。

采用电子式高频斩波技术启动的直流油泵电动机控制柜接线如图 6-50 所示。电子式直流启动装置在直流电动机启动结束后自动退出主回路，为热备用状态。

图 6-51 所示为智能及硬手操双重化控制直流油泵电动机控制箱接线原理图。

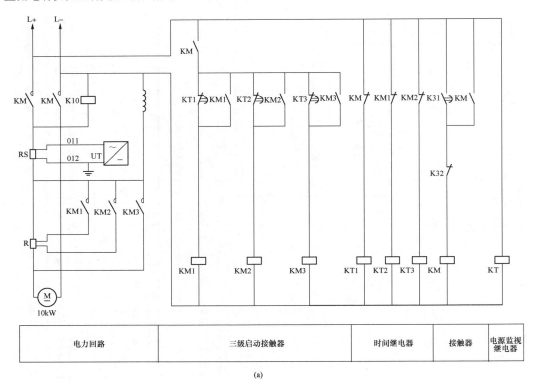

(a)

图 6-49　直流油泵电动机采用电阻分三级切除启动接线图（一）

（a）分级启动电阻切除回路接线图

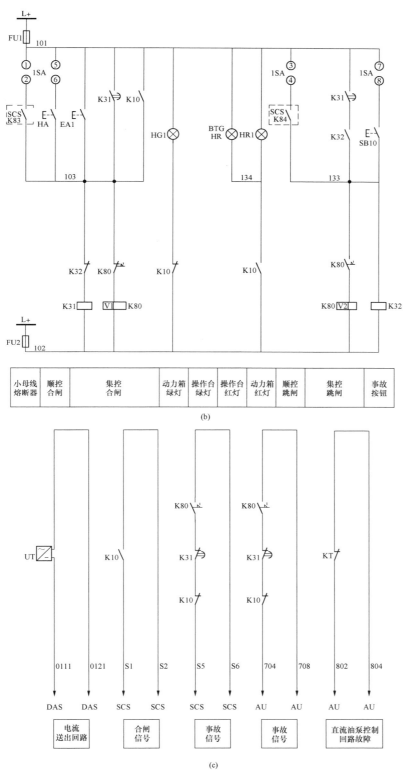

图 6-49　直流油泵电动机采用电阻分三级切除启动接线图（二）

（b）启、停控制回路接线图；（c）与 DCS 接口

表 6-6

Z2 型直流电动机启动电阻选择表

容量 (kW)	电压 (V)	电流 (A) 780r/min	1000r/min	1500r/min	3000r/min	熔管 RT0	熔件 RM10	型号	规范	数量 (个)	总计 (Ω)	发热时间常数 (s)
		Z2 型直流电动机参数				保护设备		选用启动电阻元件规范及数量				
2.2	220	13	12.73	12.34	12.2	50/20	60/20	ZT2-140	29A 0.14Ω	40	5.6	450
3	220	17.2	17.2	17	16.52	50/30	60/30	ZT2-105	33A 0.105Ω	40	4.2	490
4	220	23	22.3	22.3	21.65	50/30	60/35	ZT2-75	39A 0.075Ω	40	3	535
5.5	220	31.25	30.3	30.3	30.3	100/40	60/45	ZT1-110	46A 0.11Ω	20	2.2	445
7.5	220	42.1	41.3	40.8	40.3	100/50	60/45	ZT1-110	46A 0.11Ω	20	2.2	445
10	220	55.3	54.8	53.8	53.5	100/60	100/60	ZT1-80	54A 0.08Ω	20	1.6	490
13	220	72.1	70.7	68.7	68.7	100/80	100/80	ZT1-55	64A 0.055Ω	20	1.1	
17	220	93.2	92	90	88.9	100/100	100/100	ZT1-55	64A 0.055Ω	20	1.1	
22	220	119	118.2	115.4	113.7	200/120	200/120	ZT2-40	74A 0.04Ω	20	0.8	
30	220	160	158.5	156.9	155	200/200	200/200	ZT2-40	74A 0.04Ω	20	0.8	
40	220	214	212	210	208	400/250	350/225	ZT2-28	91A 0.028Ω	20	0.56	
55	220	289	289	285.5	284	400/300	350/300	ZT2-20	107A 0.02Ω	20	0.4	
75	220	387	387	385	385	400/400		ZT2-14	128A 0.014Ω	20	0.28	
100	220	514	514	511	511			ZT2-10	152A 0.01Ω	20	0.2	

表 6-7

电子式直流电动机用高频斩波控制柜的选择表

电动机功率 (kW)	额定电压 (V)	额定电流 (A)	产品型号	外形尺寸 (高×宽×厚, mm×mm×mm)	安装尺寸 (高×宽, mm×mm)	标准信号	对应真值	柜内总开关 (A)
4	220	23	JY-ZK-4/2	壁挂式 1000×750×360 落地式 1200×750×360	壁挂式 1081×590 落地式 690×220	4~20mA	0~100A	32A
5.5	220	32	JY-ZK-5.5/2				0~100A	50A
7.5	220	43	JY-ZK-7.5/2				0~100A	63A
10	220	57	JY-ZK-10/2				0~100A	80A
13	220	74	JY-ZK-13/2				0~100A	100A
15	220	85	JY-ZK-15/2				0~100A	125A

续表

电动机功率（kW）	额定电压（V）	额定电流（A）	产品型号	外形尺寸（高×宽×厚，mm×mm×mm）	安装尺寸（高×宽，mm×mm）	标准信号	对应真值	柜内总开关（A）
18.5	220	105	JY-ZK-18.5/2	壁挂式 1000×750×360　落地式 1200×750×360	壁挂式 1081×590　落地式 690×220	4~20mA	0~300A	160A
22	220	125	JY-ZK-22/2				0~300A	180A
30	220	160	JY-ZK-30/2				0~300A	250A
37	220	197	JY-ZK-37/2				0~300A	315A
40	220	213	JY-ZK-40/2				0~300A	315A
45	220	255	JY-ZK-45/2				0~300A	400A
55	220	278	JY-ZK-55/2				0~500A	500A
75	220	379	JY-ZK-75/2				0~500A	630A

表6-8　快速启动智能及硬手操双重化控制直流电动机控制柜选择表

电动机功率（kW）	额定电压（V）	额定电流（A）	产品型号	外形尺寸（高×宽×厚，mm×mm×mm）	安装尺寸（高×宽，mm×mm）	标准信号	对应真值	柜内总开关（A）
4	220	23	JY-JZK01-4/2	壁挂式 1000×750×360　落地式 1200×750×360	壁挂式 1081×590　落地式 690×220	4~20mA	0~100A	32A
5.5	220	32	JY-JZK01-5.5/2				0~100A	50A
7.5	220	43	JY-JZK01-7.5/2				0~100A	63A
10	220	57	JY-JZK01-10/2				0~100A	80A
13	220	74	JY-JZK01-13/2				0~100A	100A
15	220	85	JY-JZK01-15/2				0~100A	125A
18.5	220	105	JY-JZK01-18.5/2				0~300A	160A
22	220	125	JY-JZK01-22/2				0~300A	180A
30	220	160	JY-JZK01-30/2				0~300A	250A
37	220	197	JY-JZK01-37/2				0~300A	315A
40	220	213	JY-JZK01-40/2				0~300A	315A
45	220	255	JY-JZK01-45/2				0~300A	400A
55	220	278	JY-JZK01-55/2				0~500A	500A
75	220	379	JY-JZK01-75/2				0~500A	630A

说明：型号改为 JY-JZK02 时，不带硬手操功能。

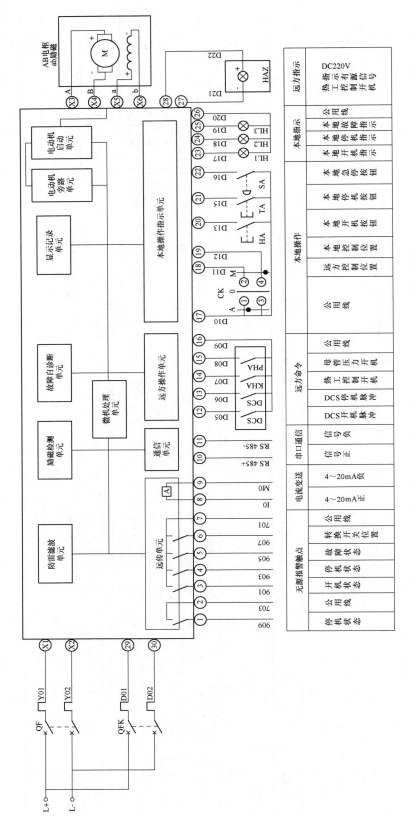

图 6-50 采用电子式高频斩波技术启动的直流泵电动机控制柜接线示意图

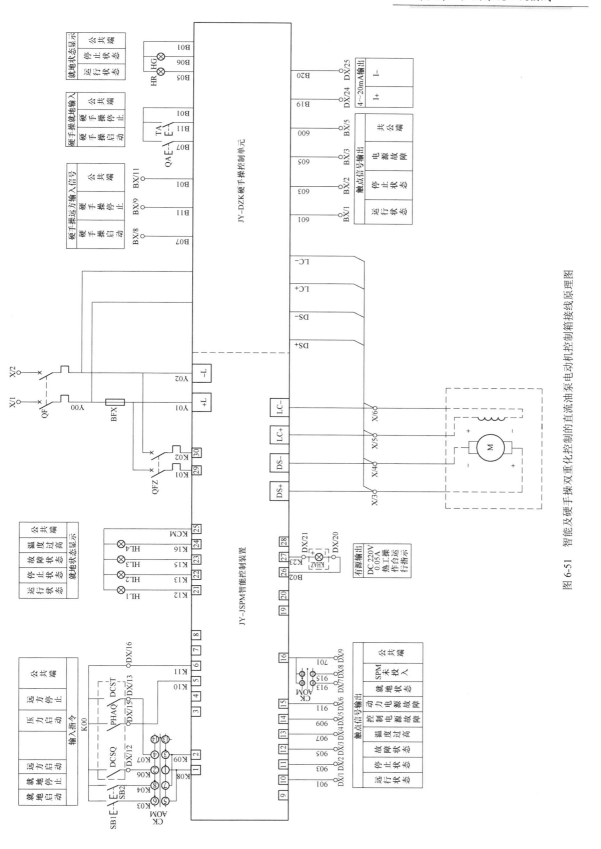

图 6-51 智能及硬手操双重化控制的直流油泵电动机控制箱接线原理图

第三节 保安电源保护及二次接线

容量为 200MW 及以上火力发电厂应设置快速启动的柴油发电机组作为交流事故保安电源，以保障在全厂失电的情况下，安全停机。

一、柴油发电机组保护及二次接线

（一）柴油发电机组的保护

1. 发电机应装设的保护

（1）差动保护。差动保护用于 1000kW 以上发电机组绕组内部及引出线上的相间短路保护。容量 1000kW 及以下速断保护灵敏度不能满足时，要求发电机也装设差动保护。差动保护动作于跳发电机出口断路器并灭磁。

（2）速断保护。速断保护用于保护 1000kW 及以下发电机组绕组内部及引出线上的相间短路保护，保护动作于跳发电机出口断路器并灭磁。

（3）过电流保护。过电流保护作为电流速断或差动保护的后备保护，带时限动作于发电机出口断路器并灭磁。过电流保护宜具有反时限特性。过电流保护装置宜装设在发电机中性点的引出线上，如果没有中性点引出线，则可装设在发电机出口。单独运行的柴油发电机组，宜在发电机出口装设低电压保护。当柴油发电机组与厂用电系统有并列运行方式时，宜在发电机出口装设低电压闭锁过电流保护。柴油发电机供给两个及以上分段时，每个分支回路应分别装设过电流保护，带时限动作于分支断路器跳闸。

（4）过负荷保护。过负荷保护为防止发电机长时间过负荷运行的保护，过负荷时限Ⅰ保护用于发信号，时限Ⅱ保护用于跳闸。

（5）单相接地及单相接地短路保护。当柴油发电机组中性点不接地或为高阻抗接地系统时，应装设接地检测装置，动作于发信号。当柴油发电机组中性点为直接接地时，应装设单相接地短路保护装置，装置宜由反应零序电流的元件构成，保护动作于延时或瞬时跳闸。

（6）柴油发电机过电压、欠电压保护。保护动作于跳发电机出口断路器，停柴油发电机组。

（7）柴油发电机组逆功率保护。保护动作于跳发电机出口断路器，停柴油发电机组。

（8）柴油发电机失磁保护。保护动作于跳发电机出口断路器，停柴油发电机组。

（9）无刷励磁方式应装设整流二极管故障保护。

（10）发电机励磁系统应装设自动电压调整器故障保护。

2. 柴油发电机应装设的保护

（1）冷却水温高、润滑油压低、润滑油温度高、日用油箱油位低、水位低、转速传感器失灵、启动电源电压低、超载等保护，这些保护均动作于信号。

（2）冷却水温过高、润滑油压过低、润滑油温度过高、超速等保护，这些保护均动作于停机。

（二）柴油发电机的保护整定

1. 差动保护

（1）差动保护动作电流 I_{op} 的整定。

1）柴油发电机的额定电流 I_N 为

$$I_N = \frac{P_N}{\sqrt{3}U_N\eta\cos\varphi} \quad (6-121)$$

式中　P_N ——柴油发电机额定功率，kW；
　　　U_N ——柴油发电机额定线电压，V；
　　　η ——柴油发电机额定效率，%；
　　　$\cos\varphi$ ——柴油发电机额定功率因数。

2）差动保护动作电流 $I_{df,op}$ 按躲过外部短路时最大不平衡电流整定。外部三相短路时，通过保护装置的最大短路电流 $I_k^{(3)}$ 为

$$I_k^{(3)} = \frac{1}{X_d''}I_N \quad (6-122)$$

式中　X_d'' ——以柴油发电机额定容量为基准的柴油发电机的次暂态电抗标幺值。

3）最大不平衡电流 $I_{unb}^{(3)}$ 为

$$I_{unb}^{(3)} = (K_{ap}K_{cc}K_{er} + \Delta m)\frac{I_k^{(3)}}{n_{TA}} \quad (6-123)$$

式中　K_{ap} ——外部故障切除引起 TA 误差增大系数（非周期分量系数），$K_{ap}=1.3$；
　　　K_{cc} ——电流互感器同型系数，电流互感器型号相同时取 0.5，型号不同时取 1.0；
　　　K_{er} ——电流互感器综合误差，$K_{er}=2\times0.03$；
　　　Δm ——通道调整误差，取 $\Delta m=0.01\sim0.02$。

4）保护动作电流 $I_{df,op}$

$$I_{df,op} = K_{rel}I_{unb}^{(3)} \quad (6-124)$$

式中　K_{rel} ——可靠系数，$K_{rel}=1.3\sim1.5$。

（2）灵敏度计算。按机端两相短路校验灵敏度，灵敏系数 K_{sen} 为

$$K_{sen} = 0.866\frac{I_k^{(3)}}{n_{TA}I_{df,op}} \geq 2 \quad (6-125)$$

2. 过电流保护

过电流保护Ⅰ段取 $I_{sI,op}=1.3I_N$，动作时间 t_I=5s。

过电流保护Ⅱ段取 $I_{sII,op}=1.2I_N$，动作时间 t_{II}=10s。

3. 接地和接地短路保护

可参考电动机的相关保护。

4. 过电压及欠电压保护

（1）过电压保护可取 110%额定电压，动作时间取 5s，动作于信号。

（2）欠电压保护可取 90%额定电压，动作时间取 5s，动作于信号。

5. 逆功率保护

逆功率动作值取 5%额定功率，动作时间为 3s。

6. 失磁保护

柴油发电机组在并网后失磁，则从系统中吸收无功功率，无功功率的定值为

$$Q_{op} = -10\%Q_N \qquad (6-126)$$

式中　Q_N——柴油发电机组的额定无功功率。

失磁保护动作时间 t 为 2～3s。

7. 柴油发电机组启动失败

柴油发电机组收到启动信号后，可启动 3 次，每次启动时间应小于 15s。3 次启动不成功后发出启动失败信号，停止启动柴油发电机组。

二、柴油发电机组的控制、测量及信号

（一）柴油发电机组的控制

柴油发电机组的控制应满足下列要求：

（1）柴油发电机组应设置运行方式选择开关。运行方式选择开关至少有"自动""手动""试验""零位"四个位置。

（2）机组正常运行时，运行方式选择开关处于"自动"位置。保安段工作电源经确认消失后，自动投入备用电源，自启动装置同时发出柴油发电机组启动命令。当柴油发电机组电压及频率达到额定值后，合上柴油发电机组出口开关，由柴油发电机组向保安段供电。如果连续 3 次启动失败，则自动发出柴油发电机组启动失败信号，并闭锁柴油发电机组自启动回路。

（3）柴油发电机组应能在就地控制柜上手动启动。

（4）柴油发电机组应就地装设紧急停机按钮。

（5）柴油发电机组应自带启动用浮充蓄电池，蓄电池的容量应能满足柴油发电机组 6 次成功启动用量。

（6）柴油发电机组应能在计算机系统或 DCS 上进行启停，并在集控室操作台上设置紧急启动按钮。

（7）柴油发电机组宜在就地控制屏上设置同步装置，当柴油发电机组进行并车及带荷试验时，保安段工作电源与柴油发电机组电源应通过同步装置进行并联切换。事故状态下，保安段工作电源与柴油发电机组电源采用串联切换。

（8）发电机宜配用无刷励磁方式。励磁调节装置应有自动和就地手动两种调节方式。励磁系统应具有自动调压和强行励磁性能。自动励磁调整装置，可调

电压满足±5%U_N（U_N 为额定励磁电压），强励倍数大于 2，反应时间不大于 0.05s。

（二）柴油发电机组的测量

（1）柴油发电机组就地控制屏应装设可显示发电机电流、电压、有功功率、功率因数、频率、启动电源电压、励磁电流的表计或数字式综合装置。指针式仪表的准确度等级应不低于 1.0 级，数字式仪表的准确度等级应不低于 0.5 级。

（2）柴油发电机组的电流、电压、有功功率、功率因数、频率及启动电源电压等电气量测量宜选用多功能数字式带 4～20mA 模拟量输出或带通信输出接口的装置，测量量送至计算机监控系统或 DCS。

（3）柴油发电机回路中仅用电流、电压互感器及附件、配件的准确度等级最低要求见表 6-9。

表 6-9　仪表用电流、电压互感器及附件、配件的准确度等级最低要求

仪表准确度等级	准确度等级最低要求			
	电流、电压互感器	变送器	分流器	中间互感器
0.5	0.5	0.5	0.5	0.2
1.0	0.5	0.5	0.5	0.2

注　0.5 级指数字式仪表的准确度等级。

（4）机械系统至少装设电动转速表、润滑油压力表、润滑油温度表、冷却水温度表等。

（三）柴油发电机组的信号

1. 柴油发电机组就地控制屏应能显示的信号

（1）运行。

（2）启动（3 次）失败。

（3）超速。

（4）发电机单相接地保护动作。

（5）发电机过负荷保护。

（6）发电机事故跳闸。

（7）启动电源电压低。

（8）发电机出口断路器合位。

（9）发电机出口断路器跳位。

（10）保安电源工作进线断路器合位。

（11）保安电源工作进线断路器跳位。

（12）保安电源备用进线断路器合位。

（13）保安电源备用进线断路器跳位。

（14）润滑油油压低、油压过低。

（15）冷却水水温高、水温过高。

（16）燃油箱油位低。

（17）直流启动电源电压消失。

（18）直流启动电源故障。

（19）旋转整流二极管故障。

（20）自动电压调整器故障。

（21）总故障。

（22）运行异常。

（23）运行方式选择开关位置信号。

2. 送至计算机监控系统或 DCS 的信号

（1）运行信号。

（2）启动（3 次）失败。

（3）柴油发电机三相电流。

（4）柴油发电机三相电压。

（5）柴油发电机组有功功率。

（6）柴油发电机组功率因数。

（7）柴油发电机组频率。

（8）柴油发电机组启动电源电压。

（9）超速信号。

（10）润滑油油压低。

（11）冷却水水温高。

（12）燃油箱油位低信号。

（13）启动电源电压低信号。

（14）运行异常信号。

（15）运行方式选择开关"自动"位置。

（16）柴油发电机组出口断路器位置。

三、保安电源切换

（一）保安电源切换方式分类

保安电源的切换分为自动切换和手动切换两种方式。

1. 保安电源自动切换方式

正常运行时，运行方式选择开关处于"自动"位置。保安段工作电源经过自动切换装置（或联锁回路）确认消失后，自动投入备用电源，自动切换装置（或联锁回路）同时发出柴油发电机组启动命令。如果柴油发电机组连续 3 次启动失败，则自动发出柴油发电机组启动失败信号，并闭锁柴油发电机组自启动回路。

2. 保安电源手动切换方式

手动切换方式分为三种情况：

（1）运行方式选择开关处于"手动"状态，自动启动回路退出运行，或由于某种原因（自动启动回路故障），需要运行人员人工就地手动启动柴油发电机组，此时所有保护及与"五防"有关的闭锁不退出，切换仍然是串联切换。

（2）柴油发电机组检修后需要进行试验，运行方式选择开关在"试验"位置，运行人员可在就地手动进行柴油发电机组启动、并车及带负荷试验，此种切换为并联切换。

（3）将运行方式选择开关置于"零位"位置，远方启动、自动启动回路均退出运行，将发电机出口断路器闭锁，不允许柴油发电机出口开关合闸，柴油发

电机组从系统中退出，仅对柴油发电机组进行检修。

（二）保安段双电源供电方式切换

1. 采用双断路器硬接线联锁方式的切换

采用双断路器硬接线联锁方式切换的保安电源接线如图 6-52 所示。

图 6-52 中每台机设置保安 A、B 段，每段保安电源有一路工作电源和一路备用电源。正常工况下，保安 A（B）段由锅炉 A（B）段提供电源，保安段母线电压失压后，由柴油发电机组向保安段供电。

图 6-53 所示为保安段备用电源进线断路器 1Q（2Q）接线图，其合闸回路串联了工作电源进线开关 3Q（4Q）的闭锁触点。正常运行时，当保安段工作电源断路器 3Q（4Q）处于合闸位置时，备用电源进线断路器 1Q（2Q）不能合闸；反之，在 3Q（4Q）的合闸回路中，也串接 1Q（2Q）的闭锁触点，以防止工作电源与备用电源误并列。

图 6-54 所示为保安段工作电源进线断路器 3Q（4Q）接线图，其合闸回路串联了备用电源进线断路器 1Q（2Q）的闭锁触点，当保安段备用电源断路器 1Q（2Q），处于合闸位置时，工作电源进线断路器 3Q（4Q）不能合闸，以防止工作电源与备用电源误并列。

正常运行时，柴油发电机组就地控制柜选择开关在自动位置，工作电源进线断路器 3Q（4Q）处于合闸位置，备用电源进线断路器 1Q（2Q）处于跳闸状态。如果保安段母线失电，经 0～9s 延时后由母线 TV 回路的低电压触点 2KM 及联锁开关的位置 S③-④来跳开 3Q（4Q），同时通过母线 TV 回路的低电压触点 2KM 及联锁开关的位置 S④-⑤来启动柴油发电机组，当柴油发电机组电压及频率达到额定值后，合柴油发电机组出口断路器 Q，通过 S①-②及 Q 合 1Q（2Q）保安段由柴油发电机组供电。

当柴油发电机组就地控制柜选择开关在试验位置时，可就地启动柴油发电机组，1Q（2Q）合闸回路中 SC⑮-⑯导通，如果同步条件满足，则同步触点闭合，自动合上 1Q（2Q），柴油发电机组与保安段工作电源进行并联运行，对柴油发电机组进行并车试验及带负荷试验。试验结束时，在柴油发电机控制屏上手动减负荷，逐步将柴油发电机组所带的负荷转移至工作电源侧，当柴油发电机组的负荷减少至零时，手动跳开柴油发电机组。为了减少硬接线的复杂性，提高控制回路的可靠性，图 6-54 所示的控制回路只允许由 1Q（2Q）作为同步点，不允许采用 3Q（4Q）作为同步点。

1Q（2Q）及 3Q（4Q）也可通过选择开关选择在就地或 DCS 上合闸。在选择就地或 DCS 进行操作时，合闸均通过电气硬接线闭锁，先跳开工作电源进线断路器，然后合上备用电源进线断路器，实现串联切换。

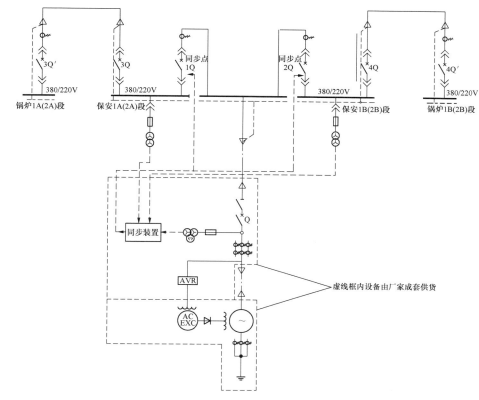

图 6-52　双断路器硬接线联锁方式切换的保安电源接线图

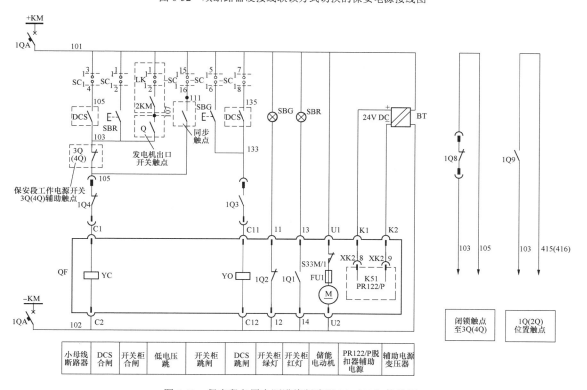

图 6-53　保安段备用电源进线断路器 1Q（2Q）接线图

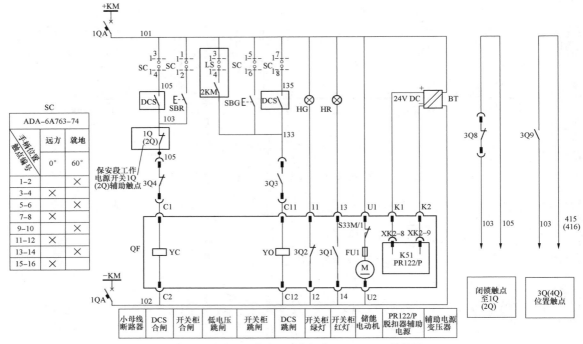

图 6-54 保安段工作电源进线断路器 3Q（4Q）接线图

图 6-55 所示为保安段母线 TV 的硬接线原理图，1KV、2KV、3KV 为 TV 二次侧 ab 相、bc 相、ca 相之间的电压继电器，由 1KV、2KV、3KV 的动合及动断触点通过 1KM 组成了 TV 断线监测回路。正常工作时，TV 柜上的联锁开关 S 位置触点处于工作位置，当保安段母线电压消失后，经过 1KT 延时 0～9s，由 2KM 发出母线电压消失信号，由 TV 柜上的联锁开关 S 位置触点与 2KM 串联，向柴油发电机组发出启动信号，并联跳保安段工作电源进线断路器 3Q（4Q）。当柴油发电机出口断路器合上后，合保安段备用电源进线断路器 1Q（2Q），完成保安段工作电源与备用电源的自动切换过程。在联锁启动柴油发电机组的信号回路中并联了集控室控制台上紧急启动柴油发电机的按钮触点，使得运行人员在紧急状况下，可在集控室直接启动柴油发电机组。

当现场分步调试保安段 PC 时，应将母线 TV 回路的联锁回路解除，以防止柴油发电机组误起，引起保安段短路从而造成设备损坏或人员伤亡。

图 6-56 所示为保安配电系统与 DCS 或计算机监控系统的控制及信号二次接线图。保安段工作电源及备用电源进线断路器的状态，母线电压，柴油发电机组的电流、电压、功率、频率，以及柴油发电机组本体的一些信号均应送到 DCS。

2. 采用双断路器加控制器或双断路器加备自投方式的切换

双电源进线保安电源切换采用硬接线方案后，当切换方式或运行方式较多时，需要考虑的硬接线闭锁回路较复杂，如果考虑不周，会使切换不成功或误投柴油发电机组，造成事故。采用 PLC 控制器、备用电源自动投入装置或专用双电源切换装置可以简化控制逻辑及接线，减少控制回路接线错误，提高保安系统的供电可靠性。

采用双断路器加控制器或双断路器加备用电源自动投入装置切换方式的保安系统电气一次接线原理图与图 6-52 相似，所不同的是采用带 PLC 的控制器或采用备用电源自动投入装置取代了由继电器或开关触点通过硬接线组成的闭锁回路及备用电源自动投入回路，将工作电源断路器、备用电源进线断路器及柴油发电机组出口断路器的状态、保安段母线电压、柴油发电机就地控制屏上位置开关的状态送至带 PLC 的专用控制器内或备用电源自动投入装置内，根据事先设定好的运行方式，由控制器或备用电源自动投入装置进行逻辑判断，完成自动启动柴油发电机组、跳开工作电源进线断路器、投入备用电源进线断路器等一系列进程，并将各种需要的信号送至 DCS。

当柴油发电机组就地控制柜选择开关在试验位置时，由控制器或备用电源自动投入装置进行同步判断，实现工作电源与柴油发电机组的并车试验。

3. 采用一台双电源自动切换装置（ATS）方式切换

采用一台 ATS 方式切换的保安电源接线示意如图 6-57 所示，在正常运行时，当保安 A 或 B 段工作电源

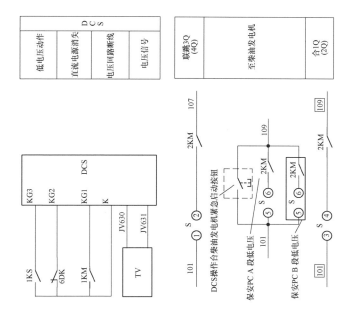

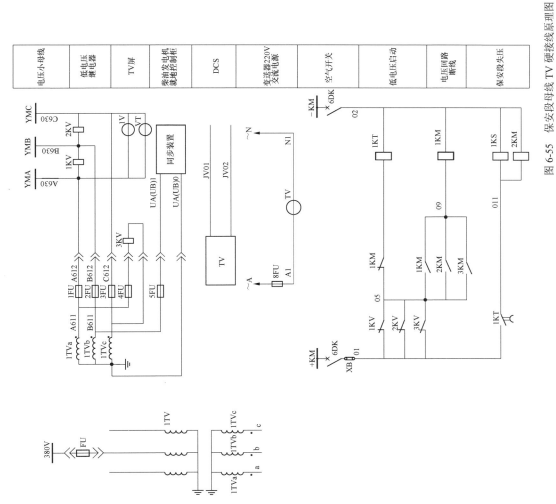

图 6-55　保安段母线 TV 硬接线原理图

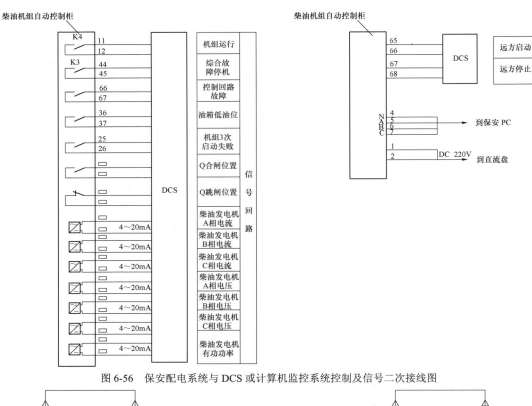

图 6-56 保安配电系统与 DCS 或计算机监控系统控制及信号二次接线图

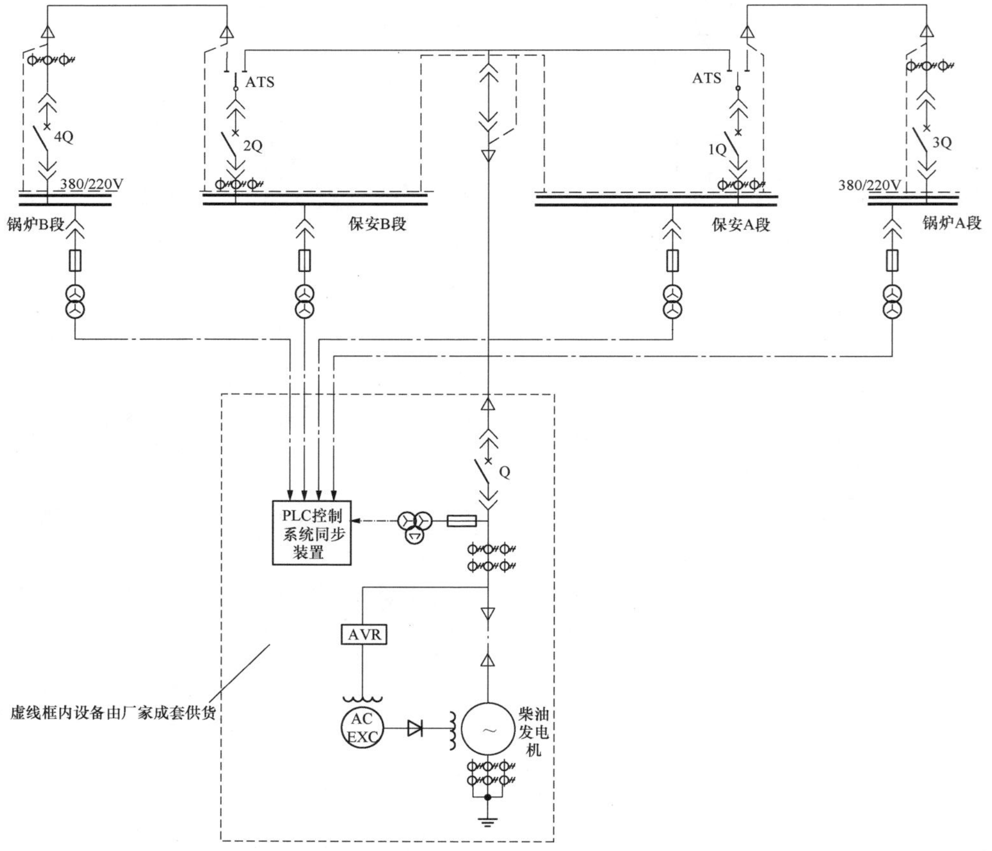

图 6-57 采用一台 ATS 方式切换的保安电源开关接线示意图

失电后，由 ATS 的控制器判断出主电源事故断电后，延时 1～9s（现场可调）向柴油发电机组发出启动信号，柴油发电机组的电压及频率达到额定值时，ATS 开关以 1/6s 的切换时间进行主备电源的切换，由备用电源向保安段供电。当保安段工作电源进线供电恢复正常后，ATS 控制器自动检测两路电源的电压、频率及相位角，当同步达到要求后，ATS 开关以"先接后断"方式，在负荷没有断开的情况下，采用手动或软手操方式切换回主电源供电方式，并延时 0～60min 向备用电源发出停机信号。

保安段备用电源进线开关 2Q、2Q'、3Q、3Q'，汽轮机段供给保安段的主电源开关 4Q、4Q'均作为保护电器，正常时处于合闸状态。

图 6-58 所示为自动切换开关控制器与 DCS 及柴油发电机就地控制柜之间的输入输出接口图。

保安电源进线采用 ATS 进行切换时，ATS 应能自动捕捉同步，具有切换时间较短、能够并联切换等功能。在正常情况下做柴油发电机组并车试验时，由 ATS 的同步功能进行同步检查，满足同步条件后，采用短时并联切换由工作电源切换至备用电源，保安母线上的运行负荷应小于发电机组首次带负荷的能力。由备用电源切换至工作电源时，应由控制器进行同步检查，满足同步条件后由控制器发出切换命令进行切换。

（三）保安段三电源供电方式切换

1. 双工作电源进线及一个备用电源进线采用控制器切换方式

有两个工作电源及一个备用电源采用控制器切换方式的保安配电系统如图 6-59 所示。图中每台机设置保安 PC A 段及保安 PC B 段，保安 PC 1A 段和保安 PC B 段每段均有两路工作电源进线及一路备用电源进线，保安 PC 1A 段的工作电源来自本机组的锅炉保安 PC A 段，保安 PC 2A 段的工作电源来自本机组汽轮机 PC A 段，备用电源来自柴油发电机组。保安 PC 1B 段的工作电源来自本机组的锅炉保安 PC B 段，保安 PC 2B 段工作电源来自本机组汽轮机 PC B 段，备用电源来自柴油发电机组。

本接线方式中保安 PC 各段的两个电源进线的电压信号、进线断路器的状态信号、母线电压信号、备用电源的电压信号、备用电源进线断路器的状态信号、柴油发电机组出口断路器的状态信号、柴油发电机组就地控制柜上运行方式的选择开关信号等均需送至控制器，在控制器内进行逻辑编程。在进行控制逻辑设计时，应考虑各种可能出现的情况，以保障逻辑控制正确无误。

控制器可以判断 TV 断线，发出 TV 故障信号。

在紧急情况下，集控室运行人员可通过柴油发电机组紧急启动按钮在集控室启动柴油发电机组，此时，

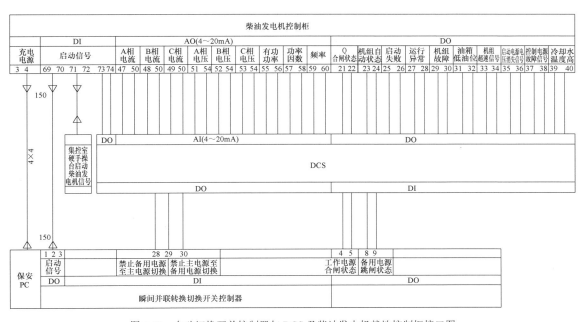

图 6-58 自动切换开关控制器与 DCS 及柴油发电机就地控制柜接口图

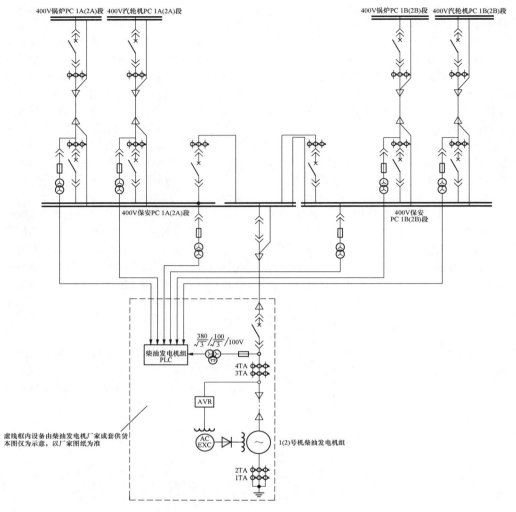

图 6-59 双工作电源及一个备用电源采用控制器切换方式的保安系统示意图

控制器可同时判断保安 PC A/B 段母线电压是否正常。如果母线电压均正常，则只启动柴油发电机，不合柴油发电机出口断路器；如果保安 PC 母线电压不正常，则程控系统跳开相应工作电源进线断路器，合备用电源进线断路器，待柴油发电机启动成功后合上柴油发电机组出口断路器。

2. 双工作电源进线及一个备用电源进线采用备用电源自动投入装置及一台双电源自动切换开关方式的切换

两个工作电源及一个备用电源采用备用电源自动投入装置及双电源自动切换开关组合进行切换的保安配电系统如图 6-60 所示。本接线图中，保安 PC 有两个工作电源进线及一个备用电源进线。两个工作电源之间采用备用电源自动投入装置进行切换，工作电源

全部失去后，由双电源自动切换开关将保安 PC 切换至备用电源进线供电。正常运行时，设定一个工作电源为主工作电源，另一个工作电源为辅工作电源。当主工作电源失电后，通过备用电源自动投入装置将保安 PC 切换至辅工作电源供电，当两个工作电源均失电后，由 ATS 开关的控制器判断出主电源事故断电后，延时 1～9s（现场可调）向柴油发电机组发出启动信号，柴油发电机组的电压及频率达到额定值时，ATS 开关以 1/6s 的切换时间进行主备电源的切换，由备用电源向保安段供电。当保安段主电源恢复正常后，经过确认，运行人员进行手动切换。当同步达到要求后，ATS 开关以先接后断方式切换回主电源供电方式，并延时 0～60min 向备用电源发出停机信号。

在本接线方式中，备用电源自动投入装置、双电源自动切换开关、柴油发电机组就地控制柜之间的切换顺序、闭锁、同步等逻辑判断中均应由专用的控制器实现。机组在正常运行时，整个系统应处于自动位置，主、辅工作电源的自动切换、闭锁逻辑投入运行，切换模式为"先跳后合"。本接线不建议进行柴油发电机组并车试验，因为 ATS 切换时两个电源的并联时间较短，柴油发电机组升负荷的时间较长，此时保安段正常运行的负荷有可能会大于柴油发电机组首次负荷加载能力，会对保安段正常运行的负荷造成冲击，可能会出现事故，影响机组安全运行。

3. 采用两级双电源自动切换开关（ATS）方式的切换

两个工作电源及一个备用电源采用两台 ATS 分级串联切换的保安配电系统如图 6-61 所示。本接线图中

保安 PC 有两个工作电源进线及一个备用电源进线。两个工作电源之间采用一台 ATS 进行切换，工作电源全部失去后，由下一级 ATS 将保安 PC 切换至备用电源进线供电。正常运行时，设定一个工作电源为主工作电源，另一个工作电源为辅工作电源。当主工作电源失电后，通过上级 ATS 将保安 PC 切换至辅工作电源供电；当两个工作电源均失电后，由下级 ATS 的控制器判断出工作电源失电后，延时 1~9s（现场可调）向柴油发电机组发出启动信号。柴油发电机组的电压及频率达到额定值时，下级 ATS 开关以 1/6s 的切换时间进行主备电源的切换，由备用电源向保安段供电。当保安段主电源恢复正常后，经运行人员确认，采用手动方式切换回主电源供电方式，并延时 0~60min 向备用电源发出停机信号。

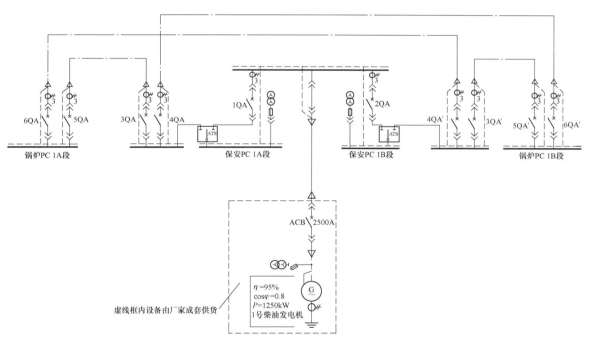

图 6-60　双工作电源及一个备用电源采用一台 ATS 切换方式的保安系统示意图

在图 6-61 所示接线方式中，双 ATS、柴油发电机组就地控制柜之间的切换顺序、闭锁、同步等逻辑判断与方式 2 相同，均应由专用的控制器来实现。机组在正常运行时，系统应处于自动位置，主、辅工作电源的自动切换，闭锁逻辑应安全可靠切换模式为"先跳后合"。

本接线也不建议进行柴油发电机组并车试验。

4. 采用一台三电源备用电源自动投入装置的切换

保安段三电源进线时，也可以采用一台三电源备用电源自动投入装置进行切换，采用三电源备用电源自动投入装置进行切换的保安段切换要求见第五章。

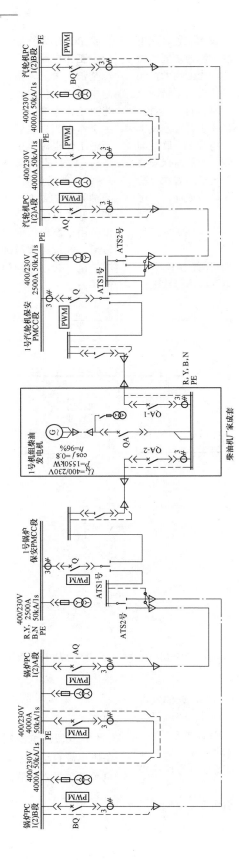

图 6-61 两个工作电源及一个备用电源采用两台 ATS 分级串联切换的保安配电系统示意图

第七章

其他辅助系统控制

第一节　输煤程控系统

一、总的要求

（1）新建发电厂一般设置一套输煤程控系统。输煤程控系统一般根据输煤系统规划容量进行设计，充分考虑输煤工艺系统和电厂运行管理的要求，并为后期扩建工程预留设备位置和接口。

（2）扩建发电厂的输煤系统，当规模较小且与原有输煤系统有关联时，输煤程控系统一般选用与厂内原有系统相兼容的软件和硬件设备，并与原有输煤系统合并监控。

（3）输煤系统自动化水平应根据电厂的运行管理模式确定。输煤程控系统的设计一般遵循以下原则：

1）提高输煤系统自动化运行水平，维护方便，达到减员增效的目的。

2）合理规划系统结构配置，避免监控设备重复设置，实现信息共享。

3）合理应用远程 I/O 站、分布式 I/O 和现场总线技术，节省控制电缆。

4）就地传感器等基础元件选型应安全可靠、技术先进、经济适用。

（4）输煤程控系统的监控范围如下：

1）输煤程控系统的监控范围应包括火力发电厂输煤系统的卸煤系统、贮煤系统、上煤系统、配煤系统、除尘系统及与输煤系统有关的其他辅助系统。

2）输煤系统中正常运行需要远方监控的设备，如带式输送机、管状带式输送机、带式输送机头部伸缩装置、碎煤机、筛煤机、给煤机、犁式卸料器、卸料小车、电动三通挡板、防闭塞振打器、除铁器、犁水器、链码校验装置等，均需由输煤程控系统进行集中监控，并由输煤程控系统实现逻辑联锁，实际工程中可根据工艺系统要求确定进入输煤程控系统的设备。

3）对于输煤工艺系统要求在就地控制的翻车机、斗轮堆取料机、螺旋卸车机、卸船机、门式或桥式抓煤机、汽车衡、翻车机衡、入厂（炉）煤采样装置等设备，一般都自带有独立控制系统进行就地控制，输煤程控系统与这些设备或系统一般只设置必要的联系和联锁接口，其中联锁接口一般采用硬接线，联系信号可采用通信方式。

4）带式输送机保护装置、筒仓或圆形煤场的安全监测、煤斗或煤仓料位及电子皮带秤等输煤系统的监测系统或设备信号，宜接入输煤程控系统。

5）输煤除尘系统的电除尘器、布袋除尘器、喷水抑尘系统等除尘设备宜通过输煤程控系统进行监控。

6）输煤工业电视监视系统宜与输煤程控系统设置通信接口，以实现故障自动定位功能。即当输煤系统发生故障时，输煤程控系统向工业电视辅助监视系统发出指令，工业电视辅助监视系统自动切换故障设备画面供运行参考。

7）输煤系统的冲洗水系统和废水处理等辅助系统，根据电厂运行管理模式的要求，可接入输煤程控系统进行监控。冲洗水系统一般包括排污泵和冲洗水泵，当输煤冲洗水系统与电厂其他系统共用冲洗水泵时，冲洗水泵可以进入其他控制系统进行控制。含煤废水处理一般由水处理系统控制，但根据运行管理模式及工艺系统布置位置的不同，部分工程含煤废水处理系统需由输煤程控系统监控，大部分含煤废水一般都自带控制系统，输煤程控系统只需监视其运行状态，通过通信方式接口可减少控制电缆用量。

（5）随着现场总线技术的迅速发展，总线方式的可靠性不断提高，通信功能逐步完善，针对输煤系统距离长、设备分散、现场环境差的特点，在输煤程控系统中采用分布 I/O 和现场总线技术，不仅可以降低工程电缆造价、简化电缆设施，还可以提高输煤程控系统的智能化和信息量，缩短系统调试和维护时间。但当前各种总线形式各有特点，互不相同，尚无统一的技术规范和标准，因此对总线技术的应用应根据输煤工艺系统的具体情况，结合总线产品的特点和工程的要求，选用成熟可靠、性能先进、经济合理的监控方式。

二、控制方式

（1）新建火力发电厂输煤系统应采用计算机程控。PLC 控制和 DCS 控制是目前火力发电厂输煤程控系统应用最为广泛的控制方式。

（2）输煤程控系统应采用操作员站对输煤系统进行监控。由于常规强电集中控制接线复杂、投资高，采用程控后，计算机控制系统完全能满足输煤系统各种运行方式下联锁、控制、监视和报警要求，不需要再设置常规强电集中控制系统作为备用。此外，操作员站与模拟控制屏相比，具有节省占地面积和功能齐全的优点，所以，也不需要再设置模拟控制屏。

（3）输煤系统的控制方式是根据电厂运行管理模式，并结合全厂自动化系统控制方案确定的。一般有以下两种控制方式：

1）输煤系统在输煤综合楼单独设置输煤控制室，其优点是控制地点紧邻被控制设备，便于运行维护和管理，缺点是增加了电厂的控制点及运行人员数量。

2）全厂设置一套辅助控制系统集中在辅控室控制，输煤系统与全厂其他辅助系统（如水处理系统、除灰系统等）集中在辅控室进行控制，以减少运行值班人员和控制点。采用该方式时输煤系统一般与其他辅助系统共用操作员站，所以对运行人员的运行管理能力要求较高。

一般情况下，输煤系统的控制地点宜设置在输煤控制室，也可根据电厂的运行管理模式在全厂辅控室控制。

（4）输煤系统控制方式有远方程序自动控制、远方联锁手动控制、远方解锁手动控制和现场设备就地无联锁手动控制。其中，远方程序自动控制、远方联锁手动控制和远方解锁手动控制是在操作员站实现的；现场设备就地无联锁手动控制是在就地实现单独启停带式输送机，除自身的保护装置外，没有与其他设备的任何联锁。大部分电厂的输煤程控系统都具有全部四种操作方式，只有少数电厂取消了现场设备就地无联锁控制方式，利用远方解锁手动控制方式实现对现场设备的检修和调试。

（5）远方程序自动控制是输煤系统正常运行时的主要操作方式，该方式能预先设定各种常用设备运行流程，需要时可采用"一键启动"或"一键停止"的方式进行操作，以减少系统启、停时的操作步骤。远方联锁手动控制是为了在特殊情况下对输煤系统进行远方操作，当作为正常操作时，则操作步骤多且烦琐。远方解锁手动控制由于没有联锁，不能保证系统安全运行，故仅作为系统远方调试用。现场设备就地无联锁控制是作为设备检修维护之用，为保证检修人员的

人身安全，就地手动控制时，远方控制应全部退出，但仍可对设备的运行状态进行监测。

（6）输煤程控系统应按预定程序自动完成所有输煤设备的运行操作，控制流程有程序上煤、程序配煤、故障联停等。当输煤系统采用自动程控方式时，应按工艺联锁关系启停设备。当系统采用远方手动或就地手动方式运行时，可解除某个设备的联锁，以便对该设备进行试验操作。

（7）当输煤系统的工艺设备具备远方控制条件时，均应进入输煤程控系统进行集中控制和监视。一般情况下，输煤系统中的带式输送机、管状带式输送机、带式输送机头部伸缩装置、碎煤机、筛煤机、给煤机、犁式卸料器、卸料小车、电动三通挡板、防闭塞振打器、除铁器、犁水器、链码校验装置及除尘器、喷水抑尘系统等，宜在输煤控制室进行集中控制。

（8）需要就地控制的设备，应保持与输煤程控系统必要的联锁及联系信号，其联锁功能应该按工艺系统运行要求具有联锁跳闸及允许启动等；联系信号应包括设备的运行状态、故障信号及异常报警等。一般情况下，翻车机、斗轮堆取料机、螺旋卸车机、卸船机、门式或桥式抓煤机、汽车衡、翻车机衡、入厂（炉）煤采样装置等宜通过自身配套的控制系统进行控制，与输煤程控系统有联锁和信息交换。

（9）采用程控时，在输煤设备就地宜设置转换开关，其位置触点应送入输煤程控系统。就地合、跳闸按钮仅用于设备的检修及调试。就地转换开关的设置有两种方式：①设置"远方-就地"转换开关；②设置"远方-解除-就地"转换开关。转换开关的作用是选择设备的受控对象且仅被一个对象操作。当开关置于"远方"位置时，设备只能接受控制系统的操作；当开关置于"就地"位置时，设备只能接受就地操作设备的操作。两种方式的区别在于后一种方式增加了一个"解除"位置，当开关置于"解除"位置时，远方和就地均不能启动设备。当采用"远方-解除-就地"转换开关时，开关手柄一般采用钥匙手柄，并且钥匙仅在"远方"及"解除"位置可取出。转换开关宜就地安装，为满足调试的需要应设置调试设备，对参与程控的电动机调试设备的设置地点，为了方便现场对设备的调试，供调试用的单机启、停设备宜设置在电动机附近，而不宜设置在相应的开关柜上。

三、系统结构及功能

（一）系统结构

（1）输煤程控系统应结合输煤系统规模、被控对象运行特点和控制设备的技术发展水平，采用适用的、性价比优越的系统结构。

（2）输煤程控系统宜由监控层、控制主站层、现

场层设备以及相互间联系的网络设备组成，即三层设备、两层网络结构。控制主站宜采用可编程控制器（PLC），也可采用分散控制系统（DCS）。

1）采用可编程控制器（PLC）的输煤程控系统一般是由人机接口、PLC 主机、远程 I/O 站组成的三层设备配置系统。随着现场总线控制技术的日趋成熟，通过以分布式 I/O 替代远程 I/O 站，简化 PLC 主控单元，可节省大量控制电缆，更好地适应输煤系统设备布置分散、被控对象多的特殊情况。

2）采用分散控制系统是指用类似于火电厂机组 DCS 设备（DPU）来实现输煤程控系统的方案，为了统一计算机硬件情况，可采用 DCS 硬件控制，但采用 DCS 硬件控制在投资方面要高于 PLC 系统。

（3）监控层与控制主站层设备之间的监控层网络宜采用以太网，监控层网络宜按双网冗余、热备用方式配置。

（4）控制主站层与现场层设备之间的现场层网络宜采用现场总线。在系统配置时可针对不同的现场总线型式和性能特性在组网方案、应用灵活性、工程造价等方面合理配置，选用性价比优越的现场总线。

（5）输煤程控系统网络抗干扰能力和传送速率应满足系统监控要求，对距离较远或运行环境恶劣的现场层，网络通信介质宜采用光纤。

（二）硬件设备

（1）输煤程控系统硬件应选用先进、成熟、可靠的工业级产品，应具有良好的可维护性和可扩充性。

（2）输煤程控系统硬件设备应由以下几部分组成：

1）监控层设备：包括操作员站、操作员站兼工程师站、打印机等。

2）控制主站层：包括主机、主站 I/O 柜等。

3）现场层设备：包括远程 I/O 站、分布式 I/O、现场智能设备。

4）网络设备：包括交换机、网络通信介质和接口设备。

远程 I/O 站是相对 PLC 主站 I/O 而言的，是指由 PLC 主站通过远程 I/O 网络连接一个或多个分散布置的 I/O 站。远程 I/O 站没有独立的编程功能，其他模块配置与主机基本相同，包括电源模块、机架、I/O 模块插槽、各种 I/O 模块及通信模块等。

分布式 I/O 是指分布 I/O 模块，具有体积小、不需要机架、自带电源和 I/O 点少（一般 8～32 点）且配置固定等特点。分布 I/O 模块通常没有独立的编程能力或仅有简单的编程能力。分布 I/O 模块可以分散到开关柜、控制箱中，通过网络连接起来，做到彻底的物理分散。分布 I/O 网络可以连接各种 PLC 主站、分布 I/O 模块及遵守同一网络协议的第三方控制设备。

网络通信介质一般指屏蔽双绞线、同轴电缆、光纤或中继站等。接口设备一般包括集线器（HUB）、网关（gateway）、路由器（router）、交换机等。各类网络通信介质或接口设备适用不同的系统、网络结构及不同的接口要求。

（3）输煤程控系统主机容量应与输煤系统规模相适应，并满足各种工况条件下主机负荷率要求。系统宜采用双主机、热备用配置。操作员站应按双套冗余配置，工程师站设置一套，宜由操作员站兼用。双机热备的 CPU 应为无扰切换。

（4）网络设备配置应满足输煤程控系统网络结构及系统功能要求，应保证整个系统的稳定性、冗余性及可靠性等性能指标要求。监控层网络宜采用双 10MB/100MB 以太网，现场层网络可采用 ProfibusDP、DeviceNet、CAN、工业以太网、低压电力线载波通信等。

（5）输煤程控系统现场层设备宜根据输煤工艺设备控制要求、区域划分及设备布置情况分散配置远程 I/O 站、分布式 I/O 和现场智能装置。

（6）远程 I/O 站数量和位置应按照输煤系统设备分布距离适当分散设置，远程 I/O 站宜留 10%～20% 备用 I/O 点。一般宜在煤仓间、筒仓、碎煤机室、转运站等设备相对集中的区域布置，远程 I/O 站站点数量、通信距离和通信速率是相互关联的，应注意针对不同厂家设备性能适当设置中继器等，以保证网络可靠和畅通。

（7）分布式 I/O 宜分散布置在开关柜、就地控制箱内，通过开放的现场总线网络连接起来。分布式 I/O 配置比较灵活，可以采用就地分散布置，也可按功能区划分，当按功能区划分时，一般要求设独立的分布式 I/O 子站。分布式 I/O 子站的型式应适应输煤系统特殊的、恶劣的运行环境条件。

（8）开关量 I/O 点宜采用弱电模块，也可采用强电模块。当采用弱电模块时，在现场设备与模块之间宜设置继电器隔离，提高输煤程控系统的抗干扰能力。

1）对于开关量输入，一般采用继电器隔离输入方式。采用继电器隔离后，开关量输入模块一般采用 32 点 DC 24V 弱电模块，以节省硬件投资。隔离继电器线圈电压宜选用 DC 48V 或 AC 220V，为消除长距离控制电缆分布电容对信号输入回路的干扰，继电器线圈电压一般采用 DC 48V。

2）对于开关量输出，由于其数量较少，可以结合工程实际情况，直接采用强电模块输出或采用继电器隔离输出的方式。目前综合智能测控装置在电气控制回路中得到了广泛的应用，如低压电动机采用电动机控制器、高压电动机采用综合保护测控装置等，PLC 的 DO 模块一般都不直接接入电动机的跳、合闸回路，所以当电动机控制回路对 PLC 的输出触点容量及电压无特殊要求时，DO 模块可采用 DC 110V 或 AC 220V 单点隔离模块。当开关量输出直接接入电动机控制回路时，则宜采用继电器隔离输出方式，此时开关量输出模块一般采用 32 点 DC 24V 弱电模块，继电器输出触点容量应满足控制回路电流、电压及功率要求。

（9）系统应设置打印机，技术性能应满足定时报表、召唤打印、事故打印等功能要求。

（三）软件

（1）输煤控制软件应由系统软件和应用软件组成。系统软件主要指上位机操作系统、必要的程序开发软件（如 PLC 编程软件、各种编程语言等）和工具软件（如实时数据库软件、图形管理软件、网络通信软件等），应用软件主要指数据采集和处理软件、监控软件、各种生产管理软件等。

（2）软件应为模块化结构，模块化结构不仅设计简单，而且结构独立，具有分散性和较好的可扩充性，操作人员可根据现场工作状况组织流程，方便地编辑、修改和维护。

（3）系统软件应具有成熟的实时多任务操作系统和完整的自诊断程序；应具有可升级的安全性和防攻击能力，可设有多重的登录密钥，防止误操作。系统软件的实时性指对执行任务请求的响应和处理是不需要等待的，多任务是系统软件自身的一种处理机制，允许多个执行不同功能的程序同时运行。

（4）应用组态软件是根据系统功能要求开发的软件，其质量直接影响系统实际运行效果，程序设计应充分考虑 PLC 的工作过程特点（循环扫描方式），必须满足系统的过程控制要求，且具有良好的实时响应速度和可扩充性。后台管理等应用软件可根据工程需要配置。

（5）网络通信软件应实现计算机网络各节点之间信息传输、数据共享和分布式处理等要求，通信速率应满足系统实时性要求。

（6）网络协议应采用开放的、可扩展的标准规约。

（7）软件应具有容错技术能力，在程序编制中采取措施提高软件抗干扰能力。

软件抗干扰也可以称作软件容错技术，软件容错是指系统中出现干扰信号时，为防止产生设备误动或拒动的严重后果，在程序编制中采取的抗干扰措施，主要有以下两种：

1）对于非严重影响设备运行的故障信号，采取延时执行方式，以防止输入触点抖动而产生"假故障"。延时后若信号仍然存在则执行动作，如对皮带打滑、皮带跑偏信号，按输煤系统设备运行速度，在程序中可以设置适当的延时后再执行。

2）利用信号间的组合逻辑关系进行判断，能防止个别信号出现错误时影响整个系统的正常运行。如在

程序编制中，皮带打滑、跑偏及拉绳开关等信号均同带式输送机运行信号联合使用，即控制逻辑只有在带式输送机运行时才能起作用。这种方法在实际生产中有很大灵活性，并能根据现场实际情况进行修改。

（四）电源

（1）输煤程控系统外部电源应采用来自不同母线的 AC 220V 双回路供电。交流输入电压的波动范围不大于±10%。对输煤程控系统，供电电源主要指向 PLC 主机、PLC 驱动模块和电源模块供电的电源。PLC 主机电源和电源模件电源一般采用 AC 220V，I/O 模块驱动电源可根据系统配置模块的类型而采取不同的供电电源。不论采用集中供电或分散供电，其外部供电电源应采用双回路电源，在程控系统电源柜设自动切换回路输出电源为整个系统供电，外供两路电源互为备用。对集中供电方式，两回路电源可分别取自输煤动力中心（PC）的不同段，但不论哪种供电方式，均应设置电源监视设备。

（2）输煤控制室应设置独立在线式 UPS 设备，UPS 的容量应满足输煤程控系统及工业电视辅助监视系统等设备的供电要求，蓄电池备电时间应不低于0.5h。

（3）输煤程控系统可采用就地分散供电方式或主站集中供电方式。当远程 I/O 站采用就地分散供电方式时，可配置单独的 UPS。就地分散供电方式是远程 I/O 站电源取自相应转运站 MCC 柜；主站集中供电方式是由主站根据各远程 I/O 站用电负荷情况（包括远程 I/O 站 PLC 电源、网络或总线通信接口设备），从输煤控制室分配电源至各远程 I/O 站。远程 I/O 站的供电方式应根据工程具体情况确定，对距离控制室较近的远程 I/O 站可通过输煤控制室 UPS 供电，对距离比较远的远程 I/O 站可以考虑就近加装 UPS，以便减少厂用电源系统电压波动对程控设备的影响。

（4）就地传感元件的供电电源宜取自相应的远程 I/O 站，智能传感元件电源宜按照总线型式取自相应的子站。就地传感元件一般包括带式输送机保护元件及筒仓、煤仓安全监测设备和专用煤量计算检测装置三部分，考虑到其重要性，一般采用远程站电源供电。带地址码的就地传感元件，应按现场总线供电方式分配电源。

（5）分布式 I/O 模块电源应取自各子站的主电源，采用总线电源实现对所有分布式 I/O 模块或现场 I/O 模块的供电。

（6）输煤系统工业电视辅助监视系统主电源宜取自输煤系统 UPS，相应的就地摄像头及解码器电源可引自主系统电源或就地电源。布置在输煤控制室的工业电视辅助监视系统的显示器、矩阵切换器、画面切割器等应取自输煤控制室的 UPS 主电源系统。就地摄

像头、解码器、光端机电源可根据布置位置情况确定引接方式。当系统规模不大、距离较近时，电源可取自输煤控制室；当系统规模较大、传输距离比较远时，因电压将较大，不易满足设备的正常工作电压，可考虑从就近远程 I/O 柜引接就地电源。

（五）技术指标

（1）输煤程控系统的系统可用率一般不小于 99.9%。按照 DL/T 5226—2005《火力发电厂电力网络计算机监控系统设计技术规定》的规定，系统可用率按下式考核

系统可用率=可使用时间（h）/［可使用时间（h）+维修停机时间（h）］

式中 可使用时间——考核时间内除维修停机占用时间之外的所有时间；

维修停机时间——包括故障维护时间、影响设备使用的预防性维修时间和扩充停机时间。

（2）系统平均无故障间隔时间（MTBF）不小于 20000h，现场层设备平均无故障间隔时间不小于 30000h。

（3）主机正常负荷率宜低于 30%，事故负荷率宜低于 50%。主机的正常负荷率指同时处理模拟量更新 30%、数字量更新 20%，任意 5min 内的负荷容量；事故负荷率指在同时处理模拟量更新 100%、数字量更新 50%，任意 10s 内的负荷容量。

（4）网络正常负荷率低于 20%，事故负荷率低于 40%。

（5）模拟量传送时间不大于 2s。模拟量传送时间是指从现场层 I/O 采集到模拟信号到监控层上位机显示此信号的时间差。

（6）开关量传送时间不大于 1s。开关量传送时间是指从现场层 I/O 采集到变位开关量信号到上位机显示此信号的时间差。

（7）远控操作正确率不小于 99.99%。远控操作是指在输煤控制室或辅控网终端的操作。

（8）动态画面响应时间不大于 2s。动态画面响应时间是指从现场层 I/O 发出信息至监控层上位机完成画面的时间。

（9）安装在控制室的设备，其电磁抗扰性要求可参照一般工业标准；安装在就地的远程 I/O 站、分布式 I/O 等现场设备，应具有该电磁环境下的抗扰性。由于输煤程控系统就地设备（如远程 I/O 站或分布式 I/O 设备）基本位于中压和低压厂用开关柜附近，属于安装在没有特别保护环境中的设备，所以对就地设备提出的最低试验等级要求为 3 级。对于控制主站设备，可根据布置环境采用 2 级或 3 级，一般符合以下试验等级要求：

1）对静电放电抗扰度：符合 GB /T 17626.2《电磁兼容 试验和测量技术 静电放电抗干扰试验》，3 级。

2）对射频辐射电磁场：符合 GB/T 17626.3《电磁兼容 试验和测量技术 射频电磁场辐射抗干扰试验》，3 级。

3）对电快速瞬变脉冲群：符合 GB/T 17626.4《电磁兼容 试验和测量技术 电快速瞬变脉冲群抗扰度试验》，3 级。

4）对冲击（浪涌）抗扰度：符合 GB/T 17626.5《电磁兼容 试验和测量技术 浪涌（冲击）抗扰度试验》，3 级。

5）对射频场感应的传导骚扰抗扰度：符合 GB/T 17626.6《电磁兼容 试验和测量技术 射频场感应的传导骚扰抗扰度》，3 级。

6）对工频磁场抗扰度：符合 GB/T 17626.8《电磁兼容 试验和测量技术 工频磁场抗扰度试验》，3 级。

7）对脉冲磁场抗扰度：符合 GB/T 17626.9《电磁兼容 试验和测量技术 脉冲磁场抗扰度试验》，3 级。

8）对阻尼振荡磁场抗扰度：符合 GB/T 17626.10《电磁兼容 试验和测量技术 阻尼振荡磁场抗扰度试验》，3 级。

（六）典型组网方案

输煤程控系统一般有两种典型组网方案。

1. 方案一

典型组网方案一是采用双主机、热备用配置，操作员站按双套冗余配置，工程师站由操作员站兼用，双机热备的 CPU 无扰切换，监控层网络采用双 10MB/100MB 以太网，现场层网络可采用 ProfibusDP、DeviceNet、CAN、工业以太网、低压电力线载波通信等。

图 7-1 所示为该方案的网络图。

2. 方案二

典型组网方案二不设专用的输煤程控主机，将输煤程控作为全厂辅控 DCS 的一个子系统，各厂房 DCS 机柜通过以太网构成的主网将数据送至辅控 DCS。

图 7-2 所示为该方案网络图。

（七）功能

1. 控制功能

（1）输煤程控系统应具有控制方式选择、流程选择、程序启动、程序停机、联锁停机和紧急停机功能。

（2）输煤程控系统应具有以下基本控制功能：

1）系统上煤流程程控功能。

2）系统卸煤/贮煤流程程控功能。

3）原煤仓及筒仓自动配煤功能。

4）远方联锁手动控制功能。

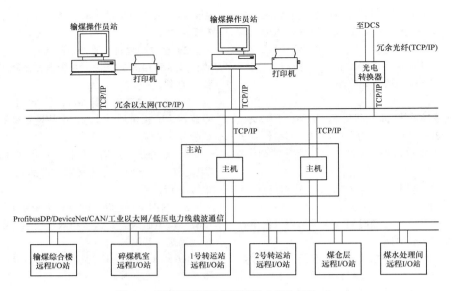

图 7-1　输煤程控系统的网络图（典型方案一）

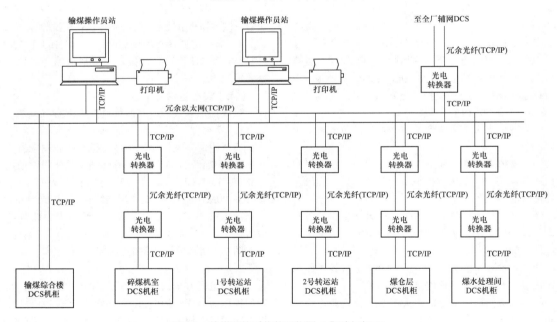

图 7-2　输煤程控系统的网络图（典型方案二）

5）远方解锁手动控制功能。

（3）对于输煤系统的上煤控制，为了保证现场人员的人身安全，在程序启动前，应接通程序所涉及的带式输送机沿线警铃或报警器，提醒现场人员注意。报警接通时间一般为 15～20min，时间可根据现场情况调整。输煤系统上煤控制功能包括：

1）流程预启。在操作员站上选择运行流程，启动相应流程上的预启动设备，同时启动就地预告警铃，启动预告信号未接通或响铃时间未到规定时间不应启动输煤设备。

2）程序启动。系统自动检测该流程相关的设备，该流程所有工艺设备均处于可控状态时，在操作员站上发出流程启动命令，输煤系统主设备按预定程序顺序自动启动。

3）程序停机。在操作员站上发出流程停止命令，先停止煤源设备，然后输煤系统主设备按预定程序顺序自动停止。

4）联锁停机。当运行流程中的输煤系统主设备发生故障时，应瞬时联锁停止设备故障点到煤源之间的相关主设备，有特殊规定的设备除外。其他设备按正常程序停机。

（4）输煤系统卸煤控制功能包括：

1）翻车机、卸船机、螺旋卸车机等有独立控制的卸煤设备，宜通过自身配套的控制系统控制，并与输煤系统实现联锁和信息交换。

2）在启动卸煤设备前，应提前启动输煤系统相应的带式输送机及相关辅助设备，待确认输煤程控系统启动完成后，再启动卸煤设备。

3）当输煤系统出现故障时，应瞬时联锁停卸煤设备；当卸煤设备出现故障时，输煤程控系统宜按正常程序停机。

（5）输煤系统贮煤控制功能包括：

1）斗轮堆取料机、圆形煤场堆料机和取料机、门式抓煤机、桥式抓煤机等有独立控制的设备，宜通过自身配套的控制系统控制，并与输煤系统实现联锁和信息交换。

2）贮煤设备应与输入、输出的带式输送机设有联锁，当贮煤设备出现故障时，按煤流方向，故障点上游设备应瞬时停机，故障点下游设备宜按正常程序停机。

（6）自动配煤程序应按输煤系统工艺要求实现按煤仓顺序配煤、定量配煤、低料位优先配煤、设置检修仓、自动隔离故障犁等基本功能，配煤设备有按煤仓固定安装的犁式卸料器或可移动的卸料小车。输煤系统配煤控制功能包括：

1）顺序配煤。仓顶带式输送机启动后，根据煤仓料位或设定时间依次配煤，直到所有参加配煤的煤仓发出高料位信号，程序自动停机并把带式输送机上余煤均匀分配给各煤仓或全部送入尾仓。

2）低料位优先配煤。当有煤仓出现低料位信号时，应停止顺序配煤，优先给低料位煤仓配煤，低料位消失后（经延时）再返回到原记忆煤仓顺序配煤；当多个原煤仓同时出现低料位时，应按这些煤仓的前后顺序轮换配煤，直到低料位信号消失后再恢复顺序配煤。

3）在配煤过程中程序应能自动跳过满仓、高料位仓、超高料位仓及检修仓，检修仓和尾仓可通过上位机（操作员站）人为设定。

4）程序自动配煤宜考虑单路配煤和两路配煤两种方式。

（7）输煤系统还应设置远方手动联锁控制功能，实现对单个设备的操作。操作命令均应经联锁条件判断，联锁条件满足时才执行。

（8）输煤系统采用程控时应设置供调试和检修用的远方解锁手动控制功能和就地无联锁单机启停功能。无联锁操作方式严禁带负荷运行。在解除联锁时，电动机电气保护和事故拉绳开关应保留，保证在发生事故时能安全停机。

（9）输煤系统应在输煤控制室设置"紧急停机"按钮，采用双按钮配置，在出现危害设备或对人身产生危险的意外情况时，可瞬时停止输煤系统运行主设备。输煤程控系统"紧急停机"命令发送有两种方式：一是将"紧急停机"按钮触点接入输煤程控系统，当现场发生紧急情况时，通过程序系统输出信号瞬时跳开相应的输煤设备；二是"紧急停机"按钮信号通过硬接线直接接到所有被控设备，这种方式可以在 PLC 设备完全无法工作的情况下实现输煤系统的全线瞬时停机，但接线较为复杂。考虑到 PLC 设备（或 DCS 的 DPU）是冗余配置，可靠性比较高，一般采用第一种方式。

2. 联锁功能

（1）输煤程控系统应按下列输煤系统工艺联锁要求进行设计：

1）正常启动。输煤系统宜按逆煤流方向依次联锁启动，直到程序相关设备全部启动后，才允许上煤。特殊情况，也可采用顺煤流方向联锁启动。常规的正常启动顺序是按逆煤流启动，待流程相关的所有带式输送机启动后，再开始上煤。但对部分规模很大、带式输送机非常长的输煤系统，逆煤流启动方式会造成输煤系统启动时间过长、生产率低的问题，可以利用煤流信号实现顺煤流启动方式。

2）正常停机。输煤系统应先停煤源设备，然后按顺煤流方向依次联锁停机；程控系统按预定的延时时间发停机命令，保证输煤设备的余煤清除后再停止运行。正常停机顺序是按顺煤流方向，顺煤流停带式输送机延时时间 t 不小于（机头滚筒至机尾滚筒的距离/该带式输送机的带速），延时时间应在程序中可调，保证将带式输送机上的余煤运送完。对于碎煤机等不允许重载启动的设备应延时停机。联锁功能在软件中实现，延时时间可在软件中调整。

3）故障停机。输煤系统故障点及其上游设备应瞬时停机，故障点下游设备保持原工作状态不变。

（2）输煤系统还包括以下设备联锁：

1）当卸煤斗（槽）上设置清算机时，清算机与机械卸车装置应设置联锁。

2）带式输送机头部伸缩装置、电动三通挡板、旁路挡板等设备应随程序联动。带式输送机头部伸缩装置宜在带式输送机空转运行时进行切换，在切换到位后，带式输送机再进行带负荷运行。如在带式输送机停止时对头部伸缩装置进行切换，头部伸缩装置要克服很大的胶带阻力才能进行切换。电动三通挡板、旁路挡板等设备宜在流程选择后自动动作到位。

3）悬臂式斗轮堆/取料机或门式滚轮堆/取料机机上带式输送机应与地面带式输送机联锁。

4）桥式抓斗卸船机受煤斗下的给料机、连续式卸船机和自卸船向岸上给煤的带式输送机，均应与码头转运带式输送机联锁，码头转运带式输送机应与从码头至储煤场的带式输送系统联锁。

5）翻车机前设置的入厂煤采样装置，应与翻车机重车调车机联锁。

6）给煤机、筛碎设备、除铁器应与带式输送机联锁。除本身发生故障停机外，其余设备故障不联锁停机，按正常程序延时停机。

7）除铁器和除尘设备等辅助设备应随程序开机，在相关输煤设备停机后延时停机。

8）电子皮带秤、入炉煤取样装置等辅助设备宜与带式输送机联锁。

9）犁式卸料器、卸料小车应与带式输送机、料位信号联锁。

10）系统事故报警宜与输煤工业电视监视系统联锁。

11）制动器应与对应的带式输送机联锁。

3．监测功能

（1）输煤程控系统应能实时监视纳入输煤程控的所有设备状态。对实时采集的开关量信号应进行抗干扰处理，对实时采集的模拟量信号应进行有效性检查。由于输煤系统就地传感器运行环境恶劣，经常会出现误发信号的情况，为减少误发信号对控制系统运行的影响，系统应考虑设置传感器屏蔽功能以及抗触点抖动和抗现场干扰功能。

（2）输煤程控系统宜提供以下信号：

1）流程预示信号。

2）系统或设备启动前预示信号。

3）输煤系统所有设备运行状态信号。

4）各设备转换开关在远方位置信号。

5）电动三通挡板、旁路挡板和带式输送机头部伸缩头位置信号。

6）犁式卸料器和卸料小车位置信号。

7）纳入程控的可移动设备（如叶轮给煤机等）位置信号。

8）通过自身配套控制系统控制的输煤设备与程控系统之间的联系信号。

9）重要高压电动机主轴承温度、绕组温度和振动监测信号。

10）带式输送机头喷雾抑尘、煤场喷洒系统运行信号。

11）输煤系统各重要电动机电流信号。

12）原煤仓或筒仓连续料位信号。

13）入厂煤和入炉煤煤量信号。

14）其他与输煤系统相关设备信号。

（3）输煤程控系统应提供以下报警信号：

1）输煤设备运行异常信号。

2）输煤设备电气故障信号。

3）输煤系统带式输送机就地传感元件动作信号。

4）各煤斗或筒仓高、低料位信号。

5）各落煤管堵煤、振打信号。

6）输煤程控系统报警信号。

7）就地传感元件电源消失信号。

4．管理功能

（1）设备管理。对输煤系统主设备、辅助设备进行运行参数和历史数据记录，分析设备运行状态。

（2）安全性管理。对不同级别的运行人员提供使用权限和密码，对操作记录和交接班记录进行管理。

（3）事故处理。对输煤系统突发事故提供事故报警信号，分析事故原因。

（4）运行维护和操作指导。按输煤系统工艺要求开列运行和检修操作票。对典型的输煤设备异常和事故提出指导意见。

（5）统计报表。对输煤系统运行的各种常规参数和主要设备的运行状况进行统计计算，并充分利用以上各种数据，生成不同格式的生产运行报表。

四、保护装置及传感器

（1）输煤系统工艺设备应配置控制及信号传感器，在满足工艺系统要求的情况下，力求可靠、合理，不宜重复设置。

（2）带式输送机应装设速度开关、跑偏开关、事故拉绳开关等安全监测开关，必要时还应装设防撕裂装置，并满足下列要求：

1）速度开关装置宜安装在带式输送机头部或尾部从动滚筒处，以保证皮带打滑情况下可靠动作。

2）跑偏开关应成对安装在带式输送机的头部、尾部及易跑偏的部位两侧，每条带式输送机不少于2对跑偏开关，对于有移动设备（如斗轮机、配煤小车等）的带式输送机或超长带式输送机可酌情增加。跑偏开关宜选用两级。

3）采用程控的输煤系统带式输送机应在皮带两侧设置双向事故拉绳开关，碎煤机等重要输煤设备可就地设置紧急停机设备，紧急停机设备宜采用手动复位型。事故开关应直接接入电动机控制回路；事故拉绳开关宜在带式输送机每侧线长30～50m处沿线布置，并在间隔10m左右处安装吊环起支撑作用。对坡度较大的带式输送机，可适当缩短两个拉线开关之间的距离，还可考虑在带式输送机上方增设横向事故拉绳开关，便于带式输送机上的人员紧急停机。事故拉绳开关应选择保持型，采用经确认后手动复归方式，以确保安全。

4）碎煤机前易撕裂的带式输送机应装设纵向撕裂检测保护装置，必要时，可装设多级防撕裂装置。

（3）在带式输送机进、出口处可装设煤流监测装置，对长距离的带式输送机，可分多级设置。

（4）在落煤管处宜装设堵煤监测装置和振打装置。落煤管堵煤监测装置通常与堵煤振打装置相配合，安装在落煤管两侧易堵煤的地方。堵煤监测装置动作应启动相应的振打装置，当振打失效时应联锁跳停相关设备，堵煤监测装置可选用阻旋式堵煤开关或射频导纳式堵煤开关。

（5）原煤仓和筒仓应装设料位监测装置。高料位计应按落煤点设置，可采用接触或非接触式料位计。低料位信号宜采用非接触式料位计。原煤仓和筒仓宜设置连续测量料位计。

料位计是输煤系统能否实现自动配煤的关键，料位计选型应根据原煤仓及筒仓的形状和落料、出料位置及对环境的影响综合考虑，设计中应选择质量好、原理可靠的料位计，同时还要考虑料位计安装和现场运行维护是否方便。料位计一般分为接触式（如重锤式、射频导纳式、阻旋式等）和非接触式（如超声波式、雷达式等）。目前发电厂煤仓高料位大多采用接触式料位计，如射频导纳式，也有采用阻旋式和重锤式。射频导纳式料位计安装简单，无可动件，维修量小，工程中有较多应用，但受环境和介质影响有时候会出现误报。阻旋式料位计性能可靠、安装简便，但因电动机和叶片处在不断的旋转中，现场维护工作量大。重锤式料位计由重锤探测器和仪表两部分组成，运行比较稳定可靠，缺点是操作复杂，不能实时在线监测。低料位信号若采用接触式料位计，因位置在煤仓底部，现场安装和运行维护都不方便，故一般采用非接触式料位计。超声波料位计属于非接触式测量，通常用于电厂煤仓连续料位测量和煤仓低料位信号。

（6）电动三通挡板及沿轨道行走的斗轮机、叶轮给煤机、卸车机、可逆配仓带式输送机等设备应设置行程限制装置，并宜直接接入控制回路。行走设备应设置行走区间位置定位装置，位置定位可采用接触式或非接触式多点定位设备，由于接触式易受到机械损伤和周围恶劣环境的影响，可靠性差，因此，位置定位装置宜采用非接触式。

（7）当输煤系统设备采用程控操作时，输煤系统带式输送机应在沿线设置程序启动预报警铃或声光报警器。设置预报警铃或声光报警器的目的是在输煤系统机械启动前，必须将输煤机械沿线的工作人员疏散，避免造成人身伤亡事故，每条皮带输送机宜每隔40～50m设置一处。

（8）筒仓和封闭式煤场应设置安全监测系统。安全监测系统应具备温度、可燃气体（包括CH_4和CO）、烟气、粉尘浓度检测报警等功能。筒仓安全监测系统一般随工艺设备成套供货，由厂家负责整套系统的设计和供货，该监测系统独立于输煤程控系统运行，既可将报警信号送入输煤程控系统，也可将筒仓安全监测系统上位机布置在输煤控制室内。

（9）安装在现场的保护装置及传感器的防护等级宜不低于IP65。

五、工业电视

（1）输煤系统应配置工业电视作为辅助监视系统，对输煤系统沿线设备进行全面监视。输煤工业电视系统的设计应符合输煤工艺操作及管理的需要，并满足运行可靠、操作简单、维修方便和适应工程环境条件等要求。工业电视辅助监视系统是对输煤程控系统的补充，可提高输煤系统的监视水平，达到减员增效的目的。

（2）工业电视辅助监视系统监视范围宜包括码头、煤场、卸煤设施、带式输送机头部和尾部、碎煤机、原煤仓顶部犁式卸料器和落料口、入炉（厂）煤采样装置等。

（3）工业电视摄像机应根据输煤系统现场实际情况配置。监视固定目标的摄像机宜选用定焦距、高清晰度、低照度黑白/彩色一体化摄像机；在煤场等室外大范围监视区域宜选用电动可变焦距黑白/彩色一体化摄像机。摄像机应配置全天候防护罩，具有防尘、防水、防腐蚀、恒温功能。

1）摄像机变焦倍数应根据场地大小和镜头到监视目标的距离确定。摄像机分为数字式和模拟式：数字式摄像机的视频信号和控制信号均可通过数字信号传输，该方式因投资较大，目前应用较少；模拟式摄像机的摄像头通过数字矩阵（视频服务器）将模拟视频信号转为数字信号在网络（以太网）传输，性价比较高，应用较为广泛。

2）由于输煤系统现场环境恶劣，煤尘污染严重，输煤栈桥经常需要进行水冲洗，煤场需要进行喷洒水，因此为确保工业电视辅助监视系统正常工作，摄像机应采用工业级的产品，室内摄像机防护等级应不低于IP55，室外摄像机应配备全天候室内防护罩。

3）输煤系统现场照度标准值一般为30～150lx（不含控制室），摄像机应能适应输煤系统现场的标准照度值，如不满足要求，应设置辅助光源。由于在低照度时黑白图像比较清晰，因此，一般采用黑白/彩色一体化摄像机，在低照度时能自动从彩色变为黑白。

（4）工业电视辅助监视系统的视频监控硬件宜由数字矩阵主机、网络视频服务器、网络视频存储服务器、画面分割器、前端相机、解码器、监视器等设备组成。

（5）工业电视辅助监视系统在输煤控制室内可设

置 2~6 个监视器，也可采用多媒体功能实现图像监视。当卸煤系统采用翻车机时，可单独配置工业电视监视系统。在翻车机控制室可设置 1~2 个监视器。

（6）工业电视辅助监视系统的基本功能包括：

1）系统应实时监视输煤系统各个监视点所监视的区域，所有监视器均可按预置设定的流程成组或单独自动巡视各监视区域，也可手动定点监视重要区域。

2）系统对摄像机及电动云台进行控制，并支持多种云台解码器，支持网络遥控。

3）系统宜具有故障自动跟踪功能，当系统监测到被监视点区域发生事故时，自动联锁智能切换控制器切换至事故区域的画面显示。

4）系统应采用模块化设计，局部元件故障不影响整个系统正常运行。

5）系统应具有画面储存、检索、画面回放功能，画面图像质量满足运行监视要求。

（7）传输与线路敷设应满足下列要求：

1）摄像机视频信号传输应考虑传输距离和抗干扰情况，传输介质一般选用 SYV75-5 同轴电缆，远距离传输可选用 SYV75-7 电缆加放大补偿器。对现场视频信号较多、距离较远的区域，宜就地将模拟信号转换为数字信号，通过光纤通信传输，可防止干扰和信号衰减，若采用光纤通信，两端需加光端机（单路、多路信号），可选用多模光缆或单模光缆。

2）工业电视缆线敷设路径应符合路径短、便于施工维护及避开环境条件恶劣或易使管线损伤地段的要求。

3）室外工业电视缆线敷设可采用架空敷设方式、管道敷设方式或直埋敷设方式。

4）室内工业电视缆线敷设宜采用沿墙明敷方式，在要求管线隐蔽的建筑物内，则宜采用暗敷方式。

5）交流电源电缆与视频电缆宜分开敷设。

（8）工业电视辅助监视系统应包括与其他系统的接口。

1）应具有与全厂工业电视系统的通信接口。

2）宜有与输煤程控系统事故报警画面联动接口。

（9）输煤工业电视摄像机配置参考。

1）卸煤系统（监视对象含翻车机、煤沟下叶轮给煤机、煤沟上螺旋卸车机、皮带给煤机落料以及入厂煤采样装置等）配置见表 7-1。

2）贮煤系统（监视对象含斗轮堆取料机、门式抓煤机、桥式抓煤机、筒仓环式给煤机、贮煤场等）配置见表 7-2。

3）上煤系统（监视对象含带式输送机、碎煤机、入炉煤取样装置等）配置见表 7-3。

4）配煤系统（监视对象含犁式卸料器和落料口、卸料小车等）配置见表 7-4。

表 7-1　　　　　　　　　　　　卸 煤 系 统 配 置

序号	监测点		数量	摄像机			云台		防护罩		解码器	备注
				定焦	变焦	黑白彩色一体化	固定	电动	室内	室外		
1	翻车机（单独配置工业电视监视系统）	翻车机室内 0m 以上	1	√		√	√		√			
2		翻车机室内 0m 以下	1	√		√	√		√			煤
3		迁车台	1		√	√		√		√	√	
4		空调	1		√	√		√		√	√	
5		重调	1		√	√		√		√	√	
6	煤沟下叶轮给煤机		1		√	√		√	√		√	
7	煤沟上螺旋卸车机		1	√		√	√		√		√	
8	皮带给煤机落料点		1	√		√	√		√		√	
9	汽车衡		1	√		√	√		√			
10	入厂煤采样装置		1	√		√	√		√			

表 7-2　　　　　　　　　　　　贮 煤 系 统 配 置

序号	监测点	数量	摄像机			云台		防护罩		解码器	备注
			定焦	变焦	黑白彩色一体化	固定	电动	室内	室外		
1	不封闭（室外）贮煤场	*		√	√		√		√	√	监测对象含斗轮堆取料机、门式抓煤机、桥式抓煤机、贮煤场等

续表

序号	监测点	数量	摄像机			云台		防护罩		解码器	备注
			定焦	变焦	黑白彩色一体化	固定	电动	室内	室外		
2	封闭（室外）贮煤场	*		√	√		√	√		√	监测对象含斗轮堆取料机、门式抓煤机、桥式抓煤机、贮煤场等
3	筒仓环式给煤机	*	√		√	√		√			

* 摄像机的安装数量应根据贮煤场的空间大小来确定。

表 7-3　上 煤 系 统 配 置

序号	监测点	数量	摄像机			云台		防护罩		解码器	备注
			定焦	变焦	黑白彩色一体化	固定	电动	室内	室外		
1	带式输送机头部	1	√		√	√		√			
2	带式输送机尾部	1	√		√	√		√			
3	带式输送机中部或转角处	1	√		√	√		√			*
4	碎煤机和筛煤机	1	√		√	√		√			
5	入炉煤采样装置	1	√		√	√		√			

* 适用于较长的皮带或者一部分发生倾斜角度比较大的皮带。

表 7-4　配 煤 系 统 配 置

序号	监测点	数量	摄像机			云台		防护罩		解码器	备注
			定焦	变焦	黑白彩色一体化	固定	电动	室内	室外		
1	犁式卸料器和落料口	1	√		√	√		√			*
2	卸料小车	1		√	√		√			√	

* 如原煤仓采用变焦电动摄像机，数量可根据实际情况确定。

六、与其他设备的接口

1. 接口要求

根据全厂辅助车间自动化水平和业主运行管理模式的要求，输煤程控系统应具备与上一级监控系统或管理系统的通信接口能力。对进入输煤程控系统监控的就地智能装置和辅助设备配套的控制系统，在具备通信能力的条件下一般采用通信接口传送现场信息。具体要求如下：

（1）输煤程控系统应设有与全厂辅助车间控制系统或厂级监控信息系统（SIS）的网络通信接口，预留所需的软件和硬件。

（2）输煤程控系统宜设有与输煤辅助设备配套控制系统的通信接口。

（3）输煤程控系统宜设有与分布式 I/O、现场智能设备的通信接口。

（4）输煤程控系统与输煤工业电视辅助监视系统宜设有通信接口。

（5）输煤程控系统宜预留与输煤调度通信或呼叫广播系统的接口。

（6）输煤程控系统宜具有与火灾报警系统的接口。

2. 输煤系统主要设备典型 I/O 清单

输煤系统主要设备典型 I/O 清单见表 7-5。

3. 输煤设备与程控系统之间通信信号清单

输煤设备与程控系统之间的通信信号清单见表 7-6。

4. I/O 清单典型格式

I/O 清单典型格式见表 7-7。

表 7-5　输煤系统主要设备典型 I/O 清单

序号	监控设备名称	典型 I/O 清单				
		AI	AO	DI	DO	备注
1	带式输送机（单向）	电流 轴承温度* 绕组温度*		运行 停止 远控位置 不可用	启动 停止	仅高压电动机有

续表

序号	监控设备名称	典型I/O清单				备注
		AI	AO	DI	DO	
2	带式输送机（双向）	电流 轴承温度* 绕组温度*		正转运行 反转运行 停止 远控位置 不可用	正转启动 反转启动 停止	仅高压电动机有
3	带式输送机头部 伸缩装置			伸长运行 缩短运行 停止 不可用 远控位置 伸缩装置1～3	伸长启动 缩短启动 停机	
4	带式输送机制动器			制动器已抱闸 制动器远方控制	制动器松闸 制动器抱闸	当制动器与胶带机主电动机共电源时无此信号
5	环式碎煤机	电流 左轴承振动 右轴承振动 左轴承温度 右轴承温度 绕组温度		已运行 已停止 远控位置 不可用 堵塞跳闸 左轴承超振 右轴承超振 左轴承超温 右轴承超温 事故停机按钮	启动 停止	
6	筛煤机			运行 停止 远控位置 不可用 故障报警 旁路允许 筛面运行	启动 停止 经过旁路 经过筛面	
7	清算破碎机			运行 远控位置 破碎故障 行走故障 联锁	破碎启动 破碎停止 车前启 车后启 联锁	
8	振动给煤机	振动频率反馈	振动频率给定	运行 停止 远控位置 故障报警 就地变频/工频	启动 停止	
9	带式给煤机	速度反馈	速度给定	运行 停止 远控位置 故障报警 就地变频/工频	启动 停止	
10	叶轮给煤机	调速反馈	速度给定	左行 右行 远控位置 调速运行 工频运行 行走故障 拨轮故障 位置反馈×n 撞车信号	启动 停止 前进 后退	n为位置开关数量

序号	监控设备名称	典型 I/O 清单				备注
		AI	AO	DI	DO	
11	犁式卸料器			抬到位 落到位 远控位置	抬犁 落犁 停止	
12	卸料小车			准备就绪 停机故障 报警故障 左偏报警 左偏停机 右偏报警 右偏停机 工作位置×n	启动 停止 急停 点动工作 移动工作	n 为煤仓数量
13	电动三通挡板			挡板 A 到位 挡板 B 到位 挡板远控位置 挡板不可用 挡板落煤管堵煤 A 挡板落煤管堵煤 B	挡板 A 位启动 挡板 B 位启动	
14	防闭塞振打器			已启动 已停止 远控位置 不可用 落煤管堵煤	启动 停止	
15	盘式除铁器			已运行 在弃铁位（A 皮带） 在弃铁位（B 皮带） 远控位置 故障	A 位启动 A 位停止 B 位启动 B 位停止	
16	带式除铁器			已运行 远控位置 故障 皮带跑偏	启动 停止	
17	犁水器			抬犁到位 落犁到位 远控位置 不可用	抬犁 落犁	
18	链码校验装置			已启动 远控位置 装置故障 装置校验位	启动 停运	
19	翻车机			翻车机运行 翻车机故障	允许翻车 停止翻车	
20	斗轮堆取料机	电流		允许堆料 允许取料 堆料运行 取料运行 斗轮机故障	堆料请求 取料请求 停止堆料 停止取料	
21	入炉煤采样装置			A 皮带位置已运行 B 皮带位置已运行 装置故障 远控位置	启动 停止 A 皮带位置 B 皮带位置	
22	带式输送机皮带保护			重跑偏 轻跑偏	开车预告 （警铃）	

序号	监控设备名称	典型 I/O 清单				备注
		AI	AO	DI	DO	
22	带式输送机皮带保护			事故拉绳动作 速度信号 料流信号 撕裂信号 电源消失信号	开车预告 （警铃）	
23	原煤仓料位	连续料位×n		A 侧高料位×n B 侧高料位×n 传感器故障×n 电源消失信号	投 A 侧高料位 投 B 侧高料位	当采用阻旋传感器时有此信号 n 为煤仓数量
24	电子皮带秤	瞬时煤量		已运行 远控位置 煤量累计脉冲 故障报警 链码运行禁止输煤	启动 停止 空载运行 禁止链码运行	皮带秤与链码校验装置之间的闭锁也可在就地实现
25	筒仓安全监测装置			装置故障 综合报警信号		
26	除尘器			除尘器运行 除尘器故障 除尘器远控位置	除尘器启动 除尘器停止	
27	喷雾抑尘系统			电磁阀已开 电磁阀已关	电磁阀开启 电磁阀关闭	
28	煤水处理装置			远控位置 系统运行 系统故障	系统启动 系统停止	
29	煤场喷洒系统			运行 故障 远控位置	启动 停止	
30	运煤系统直流电源	直流母线电压		直流电压异常 直流系统故障		

表 7-6　　　　　　　　　　　输煤设备与程控系统之间的通信信号清单

序号	监控设备名称	上行信号		下行信号		备注
		DI	AI	DO	AO	
1	叶轮给煤机	主电动机运行 主电动机停止 行走电动机左行 行走电动机右行 行走停止 除尘电动机运行 除尘电动机停止 远控位置 控制电源消失 主电动机故障 行走电动机故障 除尘电动机故障 位置信号×n 左极限位置 右极限位置 撞车信号	主电动机电流 主电动机转速	主电动机启动 主电动机停止 行走电动机左行 行走电动机右行 行走电动机停止 除尘启动 除尘停止	主电动机 转速给定	n 为位置开关数量

续表

序号	监控设备名称	上行信号		下行信号		备注
		DI	AI	DO	AO	
2	带式输送机（高压）	已启动 已停止 远控位置 控制电源消失 小车工作位 小车试验位 断路器未储能 接地开关合位 电流速断 过电流 零序电流（接地） 过热保护 低电压 过负荷 堵转 长启动保护 保护装置故障 制动器抱闸 事故总信号 告警总信号	三相电流 三相电压 有功功率 绕组温度 轴承温度	启动 停止		
3	带式输送机（低压）	已启动 已停止 远控位置 控制电源消失 电动机缺相 电动机过热 电动机过负荷 电动机堵转 电动机接地 电动机启动超时 电动机低电压 事故总信号 告警总信号	三相电流 三相电压 有功功率	启动 停止		
4	带式输送机保护装置	轻跑偏×n_1 重跑偏×n_1 拉绳×n_2 撕裂 料流 速度		开车预告（警铃）		n_1 为跑偏开关数量 n_2 为拉绳开关数量
5	犁式卸料机	抬犁运行 抬犁到位 落犁运行 落犁到位 控制电源消失 远控位置 高料位 抬犁卡死 落犁卡死	连续料位	抬犁 落犁 停止 故障复位 检修挂牌		每个卸料器的信号
6	碎煤机	已运行 已停止 远控位置 控制电源消失 电动机缺相	三相电流 三相电压 有功功率 左轴承振动 右轴承振动	启动 停止		

续表

序号	监控设备名称	上行信号		下行信号		备注
		DI	AI	DO	AO	
6	碎煤机	电动机过热 电动机过负荷 电动机堵转 电动机接地 电动机启动超时 电动机低电压 事故总信号 告警总信号 事故按钮 左轴承超振 右轴承超振 左轴承超温 右轴承超温	左轴承温度 右轴承温度 绕组1温度 绕组2温度 绕组3温度	启动 停止		
7	斗轮机	允许堆料 堆料运行 取料运行 斗轮机故障		允许取料 停止取料 皮带取料 皮带堆料 皮带故障		
8	煤场喷洒系统	程控喷水运行 就地喷水运行 电磁阀回路断线就地 模块断线		启动 停止		每个电磁阀的信号

表 7-7　　I/O 清单典型格式

序号	属性名称	单位	属性值	属性说明
1	测点编号			
2	测点名称			
3	测点类型			
4	SOE			事件记录
5	信号类型			
6	量程下限			
7	量程上限			
8	工程单位			
9	触点闭合			
10	触点断开			
11	长信号			
12	报警			
13	信号来源			
14	回路编号1			

续表

序号	属性名称	单位	属性值	属性说明
15	回路编号2			
16	回路编号3			
17	备注			

七、典型设备的控制接线图

输煤系统的主要设备有带式输送机、斗轮堆取料机、碎煤机、犁煤器、防闭塞装置、电动三通挡板、除铁器、入炉煤采样装置、除尘器、微雾抑尘装置等。一般情况下，犁煤器、防闭塞装置、电动三通挡板、除铁器、入炉煤采样装置、除尘器和微雾抑尘装置厂家都自带控制箱，这里主要说明带式输送机、斗轮堆取料机和碎煤机的典型控制接线图。

6kV 皮带电动机典型控制接线如图 7-3 所示，380V 皮带电动机典型控制接线如图 7-4 所示，头尾双驱动 380V 皮带电动机典型控制接线如图 7-5 所示。

斗轮堆取料机典型控制接线如图 7-6 所示，碎煤机典型控制接线如图 7-7 所示。

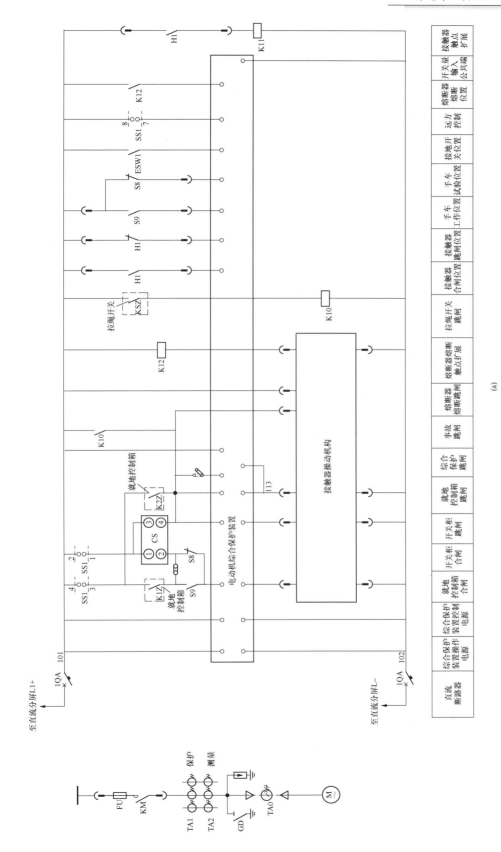

图 7-3　6kV 皮带电动机典型控制接线图（一）

（a）控制回路

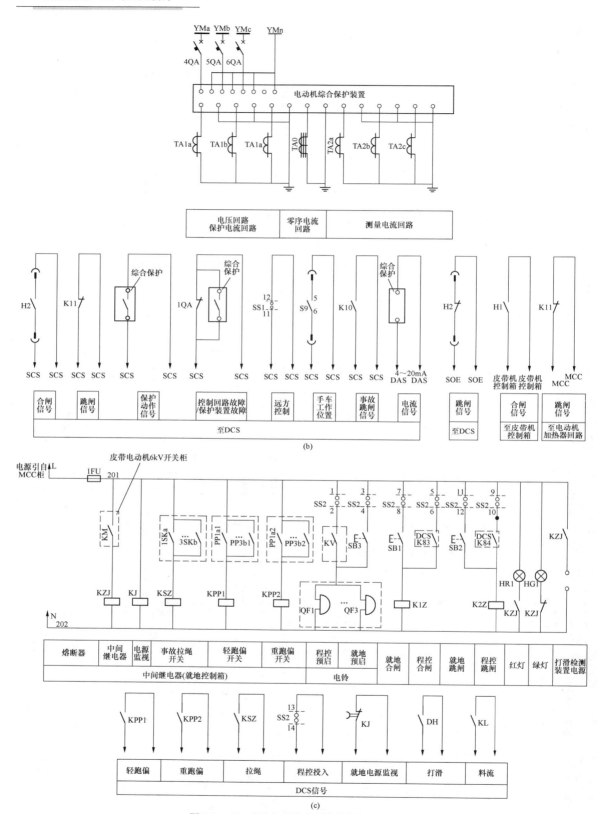

图 7-3　6kV 皮带电动机典型控制接线图（二）
（b）电流、电压和信号回路；（c）皮带电动机控制箱二次接线图

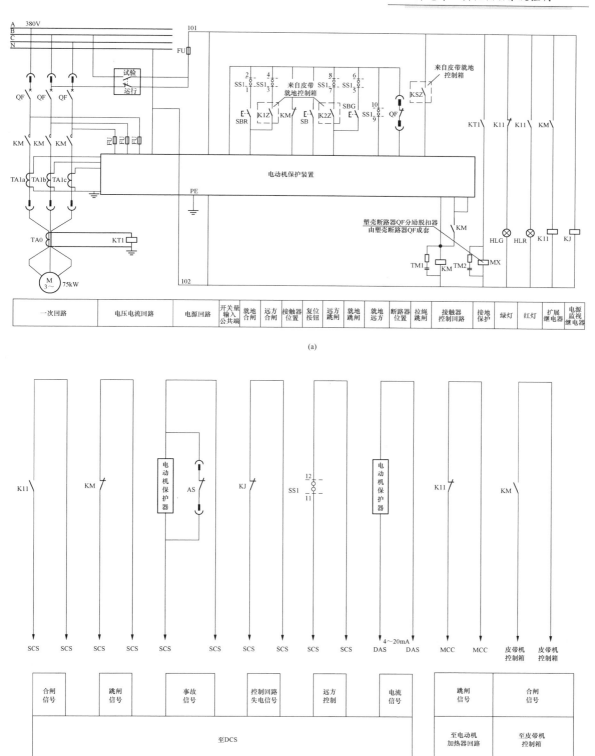

图 7-4 380V 皮带电动机典型控制接线图（一）

（a）电流、电压和控制回路；（b）信号回路

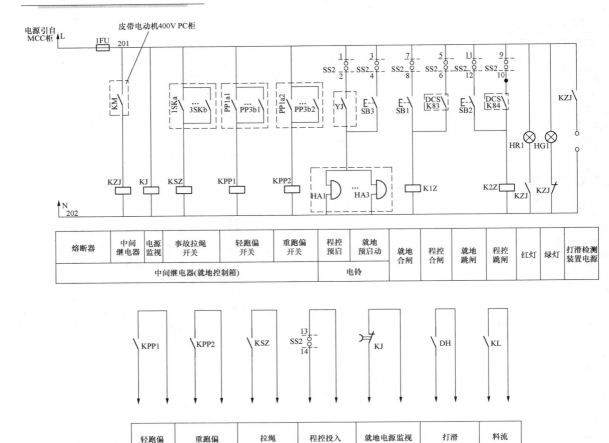

图 7-4　380V 皮带电动机典型控制接线图（二）

（c）皮带电动机控制箱二次回路

八、布置及环境要求

（一）设备布置

1. 输煤控制室

（1）输煤控制室应设置在输煤负荷中心或输煤动力中心配电装置附近，使控制电缆最短。当电厂设置全厂辅控网集中监控时，若输煤系统监控距离输煤负荷中心较远，为方便输煤程控系统调试和集中监控的后备，宜在就地保留输煤控制室。

（2）输煤控制室面积与输煤系统控制方式有关，应按发电厂输煤系统规划容量设计，适当留有扩展余地，并保证运行值班和调试人员的活动空间，控制室面积宜不大于 70m²，房间净高宜为 3～3.3m。当采用独立的输煤程控系统时，通过合理设置远程 I/O 站、分布 I/O 站或现场总线方式，可有效减少在控制室内的设备数量。如输煤系统采用辅控网监控时，就地保留的输煤控制室面积可进一步缩减。

（3）输煤控制室布置的设备有操作员工作站/工程师站、工业电视系统监视器、火灾报警系统区域盘等。

（4）输煤电子设备间布置的设备有控制主机柜、主站 I/O 柜、网络设备、电源柜、工业电视系统主机柜等。

（5）输煤控制室和电子设备间宜相邻布置，可用工业电视监视墙或隔断分开。运行人员与工业电视监视器屏幕之间的最佳距离，可按 4～7 倍监视器屏幕高度取定。

（6）输煤控制室和电子设备间屏柜布置应符合 DL/T 5136《火力发电厂、变电站二次接线设计技术规程》的有关规定。

2. 就地设备

（1）电厂输煤系统现场环境恶劣，将 MCC、远程 I/O 站等电气设备布置在单独的房间内，防尘效果明显，有利于改善设备运行环境，也可适当降低柜体的防护等级。因此，输煤系统煤仓间、各转运站等

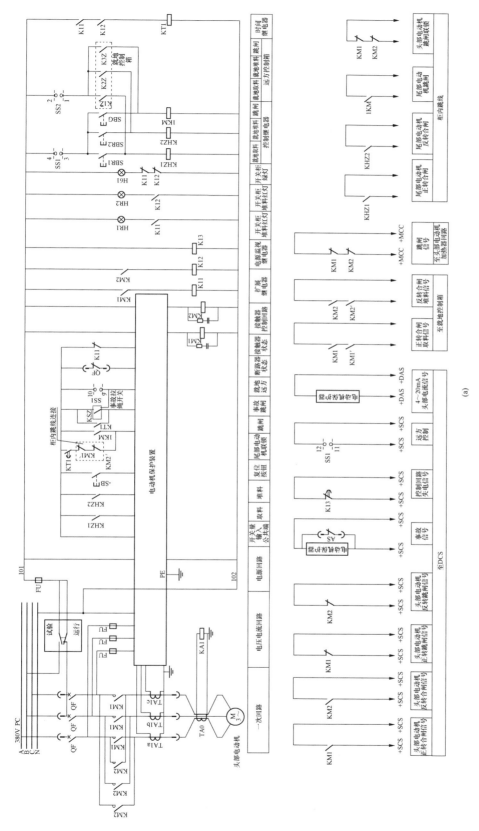

图 7-5　头尾双驱动 380V 皮带电动机典型控制接线图（一）

（a）头部皮带电动机二次接线图

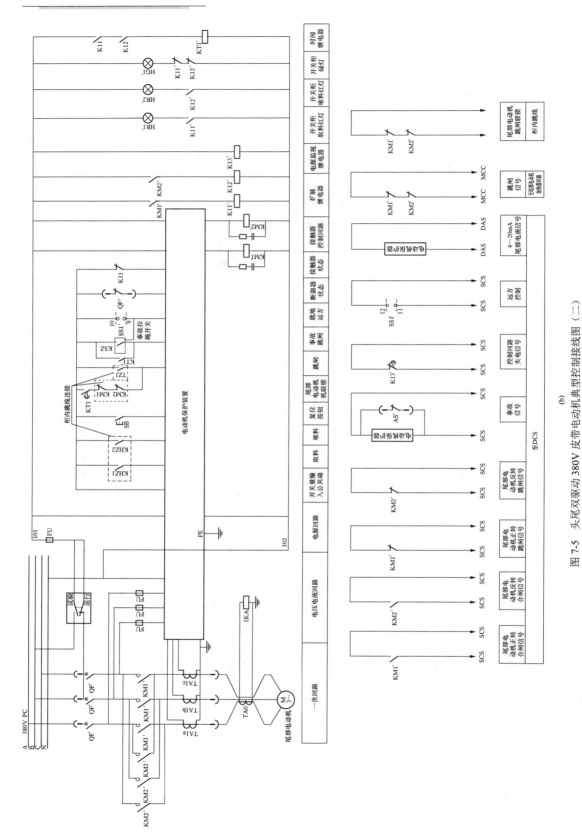

图 7-5 头尾双驱动 380V 皮带电动机典型控制接线图（二）

(b) 尾部皮带电动机二次接线图

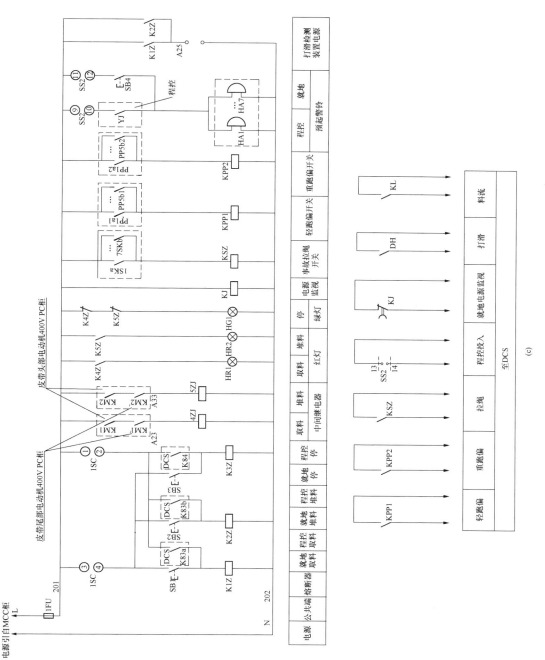

图 7-5 头尾双驱动 380V 皮带电动机典型控制接线图（三）

(c) 皮带电动机控制箱二次接线图

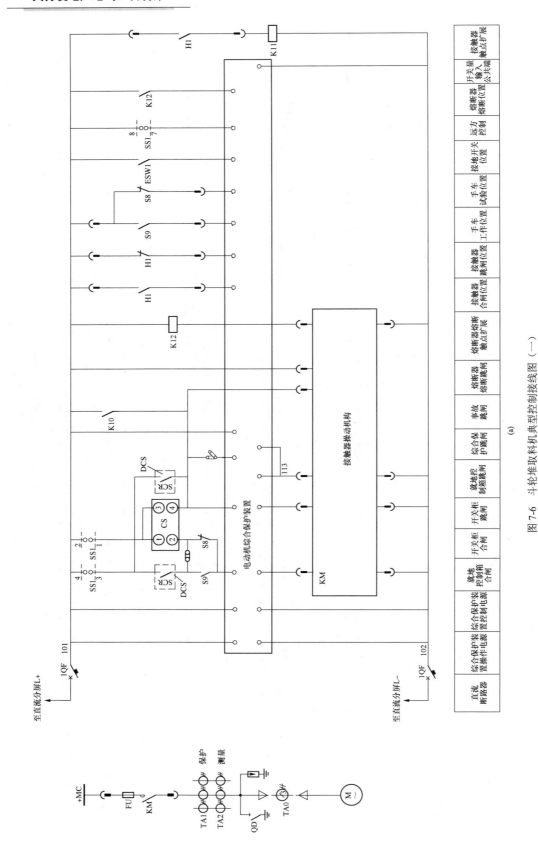

图 7-6 斗轮堆取料机典型控制接线图（一）

（a）控制回路

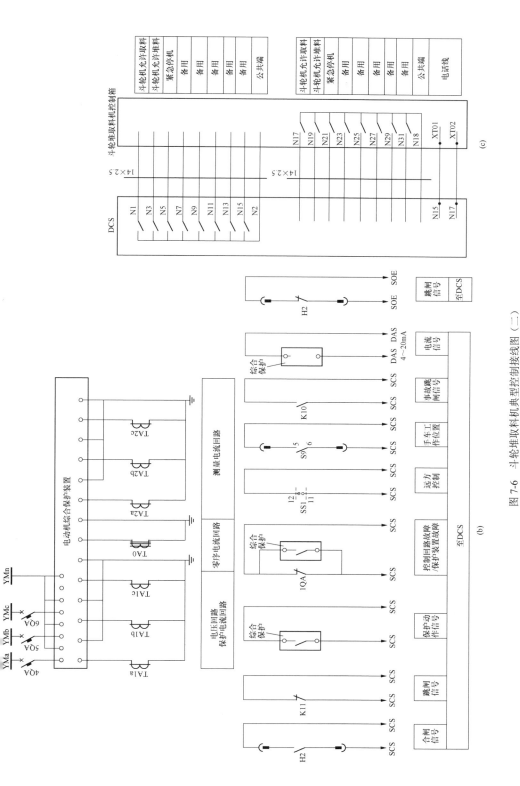

图 7-6 斗轮堆取料机典型控制接线图（二）

(b) 电流、电压和信号回路；(c) 控制箱信号回路

H1、H2—接触器辅助开关；S8—手车试验限位开关；S9—手车工作限位开关

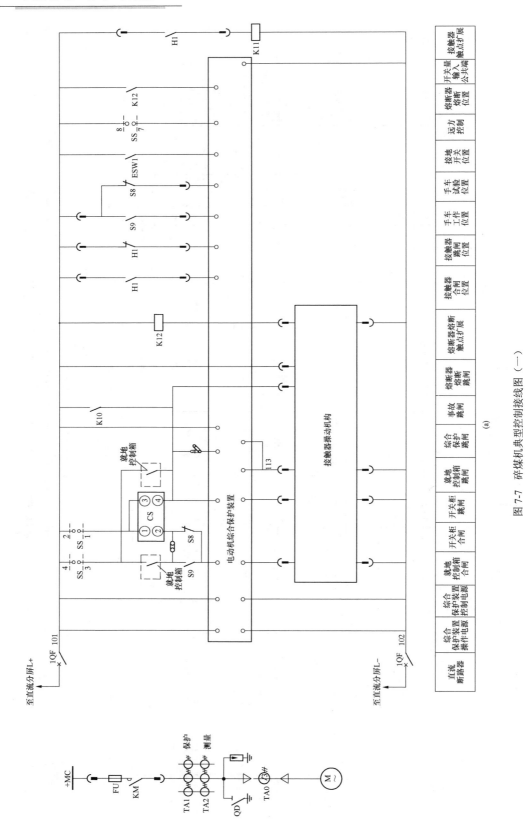

图 7-7　碎煤机典型控制接线图（一）

（a）控制回路

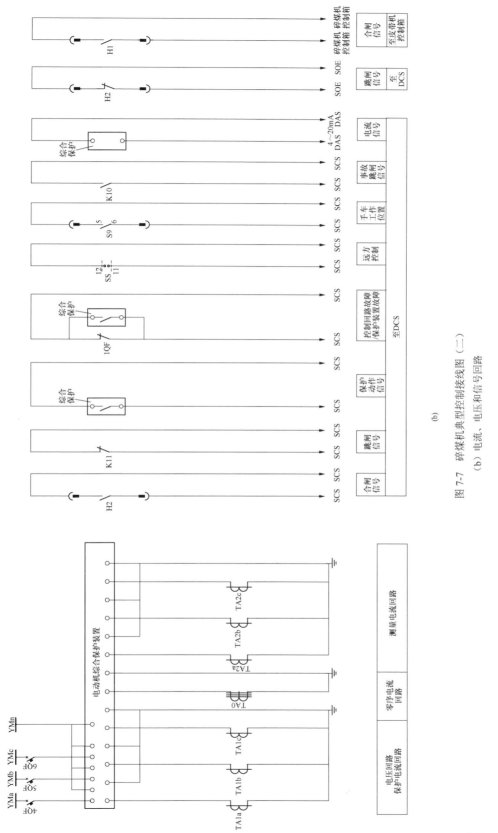

图 7-7　碎煤机典型控制接线图（二）

(b) 电流、电压和信号回路

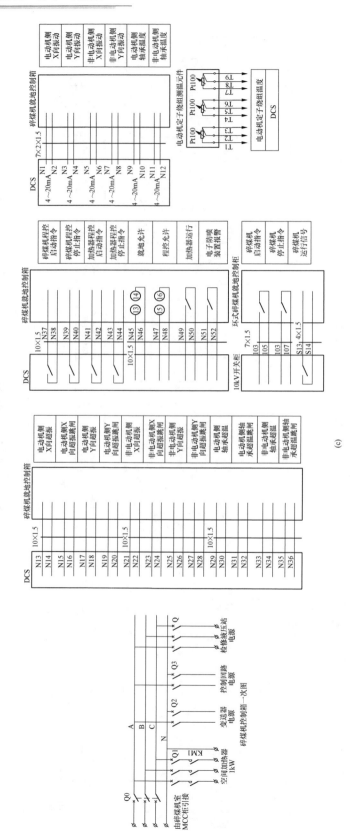

图 7-7 碎煤机典型控制接线图 (三)

(c) 控制箱回路

H1、H2—接触器辅助开关;S8—手车试验限位开关;S9—手车工作限位开关

处的远程 I/O 站屏柜宜布置在单独密闭小间内或在各运煤转运站的配电间内,防护等级可为 IP44。特殊情况也可采用敞开布置方式,但应有足够的防护等级。当采用落地式屏柜时,应将其基础抬高 200mm,以防止水冲洗时电气设备底部进水。

(2)输煤系统就地端子箱和就地控制箱宜采用悬挂式布置。对于必须布置在就地的电气控制箱、端子箱、分布 I/O 模块等电气设备,应有足够的防护等级。电气控制箱应做成双层箱门,第一层为带玻璃窗的密封门,第二层为控制面板门,既有利于提高控制箱的密封性,又便于现场清洗。当电气设备敞开布置时,柜体防护等级不应低于 IP54。

(3)分布式 I/O 宜就近布置在就地端子箱内,当分布式 I/O 模块外壳防护等级达到 IP65 时,也可布置在带式输送机支架外侧。

3. 翻车机控制室

(1)翻车机及调车系统应设置单独的就地控制室。

(2)控制室的位置和设备布置应便于操作人员监视翻车机的运行情况。

4. 工业电视辅助监视系统

(1)摄像机宜布置在远离恶劣环境的地方,在远处进行监视;否则,应采取防护措施。

(2)摄像机镜头应避免强光直射,在镜头视场内,不应有遮挡监视目标的物体。

(3)监视器的设置位置,应使屏幕避免外来光直射。监视器设置在柜内时,柜子应有适当的通风散热孔。

5. 屏柜结构

(1)布置在控制室内和电子设备间的屏柜设备防护等级不低于 IP31。

(2)远程 I/O 站机柜应采用防尘、防水、防小动物侵入的结构设计,防护等级不低于 IP54。

(3)输煤程控系统的就地设备外壳防护等级不低于 IP65。

(二)场地与环境

(1)输煤控制室应符合以下要求:

1)输煤控制室和电子设备间应避开强电磁场、强振动源和强噪声源的干扰。

2)输煤控制室的位置一般布置在输煤综合楼内最高层。输煤控制室地面宜采用防滑砖地面或水磨石地面,电子设备间宜采用防滑地面或防静电活动地板。

3)建筑应考虑防尘、防潮、防噪声、防静电的措施,并符合防火标准要求。

4)输煤控制室和电子设备间应设置空气调节装置,温度宜控制在 18~28℃ 范围内,温度变化率不大于 5℃/h,相对湿度宜为 45%~75%,任何情况下无凝露。

(2)远程 I/O 站布置应符合以下要求:

1)远程 I/O 站宜布置在运行管理方便、电缆长度较短、电磁干扰较弱的地点。

2)远程 I/O 站宜布置紧凑,满足定期巡视维护要求。

3)建筑应防尘、防水、防噪声,并符合防火标准要求。

4)远程 I/O 站房间应设有通风,运行环境温度为 -5~40℃,月平均相对湿度应不超过 90%,任何情况下无凝露。

(3)输煤控制室、电子设备间、远程 I/O 站房间照明应符合 DL/T 5390《发电厂和变电站照明设计技术规定》的有关规定。

(三)防雷与接地

(1)输煤程控系统的接地应符合 DL/T 5136《火力发电厂、变电站二次接线设计技术规程》的规定。工作接地(也称逻辑接地)与保护接地(设备外壳的接地)一般不能混接。控制室每面屏柜的工作接地至控制室总接地板,总接地板再与主地网一点连接。注意总接地板与主地网连接处应避开可能有大电流的接地点。

(2)输煤程控系统当采用没有隔离的通信口从一处引接至另一处时,两处应共用同一接地系统,若不能实现,则需增加电气隔离措施。输煤程控系统主站与远程 I/O 站以及一些可通信的设备之间一般距离较远,难以实现共用同一接地系统,而且由于该线路传送的低电平信号容易受到干扰,因此通常应考虑采用光缆。

(3)置于户外的摄像机,其视频线、控制信号线、电源线宜设置相应的浪涌保护器。

(4)对于输煤程控系统网络通信线、现场总线通信线,宜安装适配的浪涌保护器。输煤程控系统防雷设计宜根据通信线路的长度、进出建筑物的情况、通信线介质等条件进行设计。

(四)电缆选择与敷设

(1)输煤系统设备分散,控制及供电设备也相对分散,一般在带式输送机附近设置就地操作设备。动力、控制电缆长距离并行敷设,不可避免受到电磁干扰,因此,电缆选择及敷设应符合 GB 50217《电力工程电缆设计规范》、DL/T 5136《火力发电厂、变电站二次接线设计技术规程》的有关规定。

(2)输煤程控系统监控层以太网络一般选用超五类屏蔽双绞线,如监控层以太网需要引到控制室外,则一般采用光纤电缆。主站与远程 I/O 站之间的通信介质宜选用光纤,也可采用阻燃屏蔽双绞线或同轴电缆。现场总线通信电缆的选择取决于采用的总线型式和总线长度,当采用 RS-485 串口通信时,通信电缆可采用阻燃屏蔽双绞线，当采用 ProfibusDP 现场总线时，可采用专门通信电缆及附件，以满足电磁兼容性和电磁抗干扰的性能要求。

（3）输煤控制室开关量电缆宜选用阻燃屏蔽控制电缆。模拟量及脉冲量弱电回路宜选用阻燃计算机屏蔽电缆，线芯截面积不小于 1.0mm^2。不同类别的信号回路不宜共用同一根电缆。电缆屏蔽层型式一般采用铜带屏蔽。

（4）输煤系统就地传感器电缆连接要求应与输煤程控系统控制方式、传感器特性相适应。就地传感器连接宜按区域汇总电缆或经总线连接后接入远程 I/O 站或主站。就地传感器采用电缆连接时，一般将电缆汇总到相应的带式输送机就地端子箱，再从端子箱接入对应的远程 I/O 站或输煤控制室内的主站。如就地传感器采用总线通信或分布 I/O，通信电缆可直接接入对应的远程 I/O 站或主站。

（5）对斗轮堆取料机、叶轮给煤机等移动设备的控制或传感器弱电电缆，宜选择高性能的、抗电磁干扰强的阻燃屏蔽扁平软电缆。一般上述移动设备的电缆选择和敷设是由设备厂家设计和成套供货的。由于现场环境狭窄，存在大量的动力和控制电缆，并且电磁干扰十分严重，因此一般在设备采购时提出对电缆选型及敷设要求，采取必要措施避免电磁干扰等。

（6）通信电缆和计算机信号电缆敷设应远离高压动力电缆，有条件时，冗余的通信电缆宜按不同路径敷设。原则上，通信电缆和计算机电缆与高压电力电缆应有适当的间隔距离，宜防止通信干扰。如敷设通信电缆与高压电力电缆必须交叉时，应保证为直角交叉。

九、燃煤管控系统

燃煤管控系统通过对燃煤从计划、采购、入厂、采样、计量、制样、化验、存放、掺配、上卸、核算以及数字化煤场管理等所有环节的管理，实现对电厂燃料全流程的数字化管理。该系统是一套独立运行的系统，有专属的软件和硬件设备，通过光缆接入全厂 MIS，并能够实现与上级公司燃煤管控系统的连接。

燃煤管控系统涉及的硬件主要有：①入厂煤信息网络系统建设所需硬件；②数字化煤场建设所需固定式盘煤仪等设备；③监控、门禁等其他必需的硬件配置；④入厂化验室、管控中心等标准化配置所需设备，化验室的温、湿度测量设备等；⑤汽车运输入厂煤无人值守自动计量、采样、制样等所需设备。

燃煤管控系统涉及的软件包括计划管理、供应商管理、合同管理、调运管理、入厂燃料验收管理（包括数量验收和质量验收，质量验收包含采制化编码、化验数据管理、存查样管理等）、接卸管理、数字化煤场管理、结算管理、厂内费用管理、燃料成本核算等方面的软件。

燃煤管控系统典型架构如图 7-8 所示。

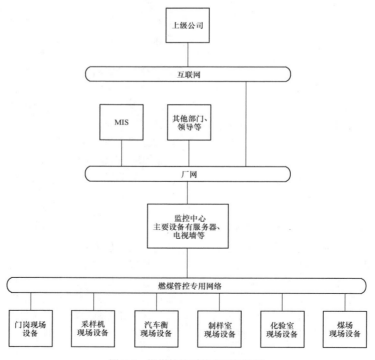

图 7-8　燃煤管控系统典型架构图

第二节　电除尘器程控系统

一、电除尘器原理及种类

火力发电厂的燃烧过程中不可避免地要产生飞灰及氧化硫、氧化氮等有害气体,大量的飞灰及有害气体排入大气会造成电厂周围环境严重污染。为了减少飞灰对周围环境的污染,火力发电厂中必须装设除尘装置。在大中型火力发电厂中,除尘装置的选择以静电除尘器为主,也可以采用布袋除尘器和电袋除尘器。

静电除尘器的原理是在除尘器的正负电极上通高压直流电源,使两极间维持一个足以使气体分离的静电场,利用强电场电晕放电,使气体电离产生大量自由电子和离子,并吸附在通过电场的粉尘颗粒上,使烟气中的粉尘颗粒荷电,并在电场库仑力的作用下,使带电尘粒向极性相反的电极移动,沉积在电极上,从而将尘粒从含尘气体中分离出来,然后通过周期性振打电极的方法使尘粒降落在除尘器的集灰斗内,净化的空气经出气烟箱排出。

布袋除尘器是利用纤维性滤袋捕集粉尘的除尘装置。滤袋的材质一般是天然纤维、化学合成纤维、玻璃纤维和金属纤维等。用这些材料制造成滤布,再把滤布缝制成各种形状的滤袋(如圆形、扇形、波纹形或菱形等)。用滤袋进行过滤和分离粉尘颗粒时,可以让含尘气体从滤袋外部进入到内部,把粉尘分离在滤袋外表面,也可以使含尘气体从滤袋内部流向外部,将粉尘分离在滤袋内表面。含尘气体通过滤袋过滤完成除尘过程。

电袋除尘器是静电除尘与布袋除尘有机结合的一种除尘器。电袋除尘器在前级设置一定级数电场的静电除尘器,收集烟尘中大部分粉尘,并使流经该电场但未被收集下来而到达后级除尘器的微细粉尘电离荷电;后级设置布袋除尘器,使含尘浓度低并已荷电的微细粉尘通过滤袋而被收集起来,以达到除尘的效果。

本章所述的电除尘器指静电除尘器和电袋除尘器。由于电袋除尘器的前级仍是静电除尘器,因此,静电除尘器程控系统与电袋除尘器程控系统类似,本章主要介绍静电除尘器程控系统的设计,电袋除尘器程控系统可参照应用。

二、电除尘器高压电源型式

(一)高压电源分类

1. 按工作频率分类

高压电源可分为工频高压电源和高频高压电源。工频高压电源的工作频率为市电 50Hz 或 60Hz;高频高压电源采用逆变工作方式,工作频率一般在 10kHz

以上。

2. 按电源输入形式分类

高压电源可分为单相电源输入的高压电源和三相电源输入的高压电源。高频高压电源的输入电源一般为三相。

3. 按输出形式分类

高压电源可分为直流高压电源和脉冲高压电源。直流高压电源一般具有直流输出和间歇脉冲输出两种工作方式,工频直流高压电源的间歇脉冲输出电压波形的宽度一般(全导通的情况下)为 10ms 或 8.33ms,高频直流高压电源可输出最小脉冲电压波形宽度为毫秒级至几百微秒;脉冲高压电源的脉冲电压波形宽度一般在 100μs 以下,脉冲电压波形宽度在几微秒或更低的脉冲电源称为窄脉冲电源。

(二)高压电源配置方案

电除尘器高压电源的配置方案多种多样,但均应满足国家标准和相关国家机构关于大气污染物排放浓度限值的要求。以 2×660MW 火力发电机组为例,电除尘高压电源典型配置方案如图 7-9～图 7-11 所示。

图 7-9　2×660MW 机组电除尘高压电源典型
配置方案一(全高频)

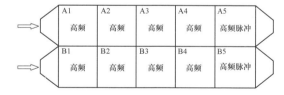

图 7-10　2×660MW 机组电除尘高压电源典型
配置方案二(高频+末电场脉冲)

图 7-11　2×660MW 机组电除尘高压电源典型
配置方案三(高频+次末电场脉冲)

(三)常用高压电源工作原理

1. 工频高压电源工作原理

(1)单相电源输入的工频高压电源采用单相 380V 交流输入,通过两只晶闸管反并联调压,经单相变压器升压整流实现对电除尘器的供电，原理框图如图7-12 所示。

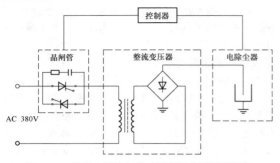

图 7-12 单相电源输入的工频高压电源原理框图

（2）三相电源输入的工频高压电源是采用三相交流 380V、50Hz 交流输入，各相电压、电流、磁通的大小相等，相位上依次相差 120°，通过 3 路 6 只晶闸管反并联调压，经三相变压器升压整流，对电除尘器供电。三相工频高压电源供电平衡，无缺相损耗，可以减少初级电流，设备效率较常规电源高。同单相电源输入的高压电源比较，三相电源输出电压的纹波系数较小，二次平均电压高，输出电流大，对于中、低比电阻粉尘、需要提高运行电流的场合，可以显著提高除尘效率。三相电源输入的工频高压电源原理框图如图 7-13 所示。三相电源输入的工频高压电源的输出电压波形如图 7-14 所示。

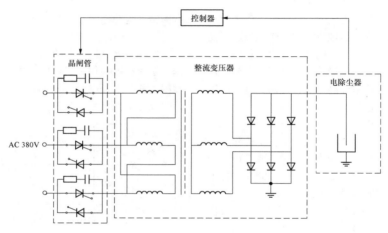

图 7-13 三相电源输入的工频高压电源原理框图

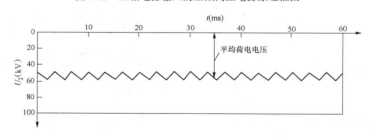

图 7-14 三相电源输入的工频高压电源的输出电压波形图

（3）工频高压电源的特点。

1）目前工频高压电源一般采用智能型控制器，比传统的模拟控制具有更强的智能控制性能和更高的可靠性，确保电除尘器高效运行。它内置了自动分析电除尘器的电场工况特性、降功率振打和反电晕控制等技术，具备了独立的控制和优化能力，拥有更加完善的火花跟踪和处理功能。

2）采用智能控制器作为电除尘核心控制器，具有节能功能，通过专业工程师现场优化设定以后，运行能耗将不大于额定设计容量的 1/3。工频高压电源具有灵活多变的控制方式，根据不同的工况状态，可选

择不同的工作方式。一般具有以下几种工作方式：火花跟踪控制方式，最高平均电压控制方式，间歇脉冲控制方式，恒定火花率控制方式，反电晕检测控制方式，临界火花控制方式等。

3）采用多种先进的数字通信方式，如以太网通信（TCP/IP 通信）方式、现场总线通信方式、串行通信方式等，与上位机系统通信；接受上位机传达的操作指令和向上传送运行参数和状态设定；能在上位机上设定电流和控制方式，能远程启动、停机。在上位机失效情况下，智能控制器可以作为一个独立单元进行操作，控制柜可完全独立运行，并接受操作人员的手

动控制。

　　4）具有负载短路保护、负载开路保护、SCR 短路保护、过电流保护、偏励磁保护、油温超限保护和自检恢复等功能。

　　5）可以实现高、低压控制一体化设计，在高压控制柜实现部分低压控制，控制器除了控制整流变压器外，还有另外的 I/O 接口，用来控制振打电动机、加热器或排灰电动机。

　　6）三相电源输入的工频高压电源输出的直流电压平稳，较单相电源波动小，运行电压可提高 20%以上，可提高除尘效率。

　　7）三相电源输入的工频高压电源的三相供电平衡，可提高设备效率，有利于节能。

　　8）三相电源输入的工频高压电源的三相电源在电场闪络时的火花强度大，火花封锁时间更长，需要采用有效的火花控制技术和抗干扰技术。

　　工频电源和高频电源目前一般都采用智能型控制器，都具有以上 3）、4）、5）类似的技术特点，不再

另行描述。

　　2. 高频高压电源

　　高频高压电源将三相工频电源经三相整流成直流，经逆变电路逆变成 10kHz 以上的高频交流电流，然后通过高频变压器升压，经高频整流器进行整流滤波后输出直流高压电供给电除尘器的电场。高频高压电源原理框图如图 7-15 所示。高频电源的主要部件包括逆变器、升压变压器、高频整流器和控制器。其中逆变器实现直流到高频交流的转换，高频变压器和高频整流器实现升压整流输出，为电除尘器提供供电电源。其功率控制方法有脉冲高度调制、脉冲宽度调制和脉冲频率调制三种方法。高频电源的供电电流由一系列窄脉冲构成，其脉冲幅度、宽度及频率均可以调整。这就意味着可以给电除尘器提供从纯直流到窄脉冲的各种电压波形，因而可以根据电除尘器的工况，提供最佳电压波形，达到节能减排的效果。高频高压电源输出纯直流电压波形如图 7-16 所示。

　　（1）高频高压电源的特点。

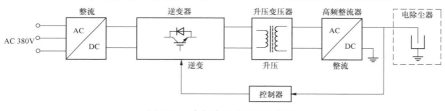

图 7-15　高频高压电源原理框图

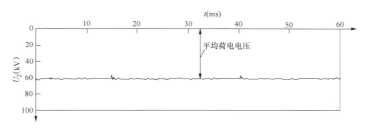

图 7-16　高频高压电源输出纯直流电压波形

　　1）高频电源在纯直流供电条件下，可以在逼近电除尘器的击穿电压下稳定工作，这样就可以使其供给电场内的平均电压比工频电源供给的电压提高 25%～30%。一般纯直流方式应用于电除尘器的第一、二电场，电晕电流可以提高一倍，粉尘排放降低约 30%。

　　2）高频电源工作在脉冲方式时，其脉冲宽度在几百微秒到几毫秒之间，在较窄的高压脉冲作用下，可以有效提高脉冲峰值电压，增加粉尘荷电量，克服反电晕，增加粉尘驱进速度，提高电除尘器的除尘效率并大幅度节能。

　　3）控制方式灵活，可以根据电除尘器的具体工况提供最合适的波形电压，提高电除尘器对不同运行工

况的适应性。

　　4）高频电源本身效率和功率因数均可达 0.95，远远高于常规工频电源。同时高频电源具有优越的脉冲供电方式，所以节能效果比常规电源更为显著。

　　5）高频电源可在几十微秒内关断输出，在很短的时间内使火花熄灭，5～15ms 恢复全功率供电。在 100 次/min 的火花率下，平均输出高压无下降。

　　（2）高频高压电源的工作方式。高频高压电源的工作方式分为自动跟踪控制方式和充电比节能控制方式两种，如图 7-17 所示。

　　1）自动跟踪控制方式。高频高压电源的高频控制器根据现场工况自动控制逆变器频率（频率范围 0～

20kHz），从而调节输入到电除尘电场的功率，提供合适的电晕电压电流。

2）充电比节能控制方式。高频高压电源的高频控制器不但可调节逆变器频率，而且还可对电除尘电场粉尘荷电时间进行控制，脉冲宽度为电场粉尘荷电时间，脉冲周期减去脉冲宽度为电场荷电粉尘在阳极板的放电时间。通过不同充电比脉冲宽度与脉冲周期的组合，可以适应各种类型的粉尘比电阻，降低反电晕的发生，同时降低了电除尘的能耗。

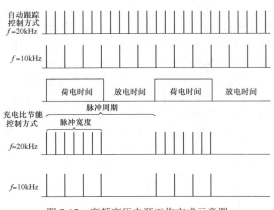

图 7-17　高频高压电源工作方式示意图

3. 脉冲高压电源

脉冲高压电源以窄脉冲（120μs 及以下）电压波形输出为基本工作方式，其主要目的是在不降低或提高除尘器运行峰值电压的情况下，通过改变脉冲重复频率调节电晕电流，以抑制反电晕的发生，使电除尘

器在收集高比电阻粉尘时有更高的收尘效率。

（1）工频基波脉冲电源。工频基波脉冲电源由两组独立电源并联耦合组成，即工频基波电源和脉冲电源。

1）工频基波电源工作原理同三相电源输入的工频高压电源，其作用是产生基波电压。

2）脉冲电源工作原理是将三相 380V 低压交流电，在控制回路控制下，经反并联晶闸管，将移相调压后的交流电压送至三相高压整流变压器一次侧，经三相高压整流变压器二次侧升压、高压硅堆整流后输出高压直流电压，然后，经高压全波逆变器逆变为高压脉冲电压。最后，与基波电压叠加产生电除尘器所需电压，即在电除尘器负载上得到了基波电压与脉冲电压叠加的电压波形。

工频基波脉冲电源原理框图如图 7-18 所示，其波形图如图 7-19 所示。

（2）高频基波脉冲电源。高频基波脉冲电源总电路整体分为两大部分——高频基波部分和脉冲部分，如图 7-20 所示。

1）高频基波部分的工作原理同高频高压电源，其作用是产生基波电压。

2）对脉冲部分而言，输入的三相工频交流电源经过晶闸管调压、三相变压器升压、三相全桥整流后，变成直流电，经高压全波逆变器逆变为高压脉冲电压，最后，经脉冲变压器将低压脉冲升压至负高压脉冲，然后送到叠加电路与高频基波部分送来的高压基波电压相叠加，得到基波叠加脉冲的高压电，供给电除尘器电场使用。高频基波脉冲电源二次电压如图 7-21 所示。

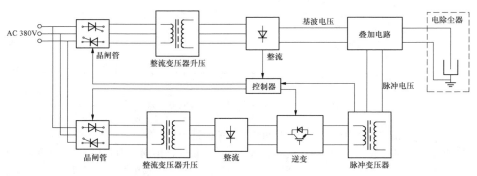

图 7-18　工频基波脉冲电源原理框图

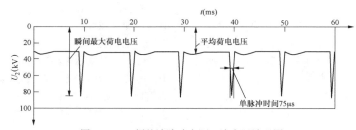

图 7-19　工频基波脉冲电源二次电压波形图

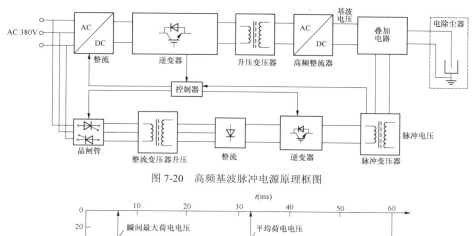

图 7-20　高频基波脉冲电源原理框图

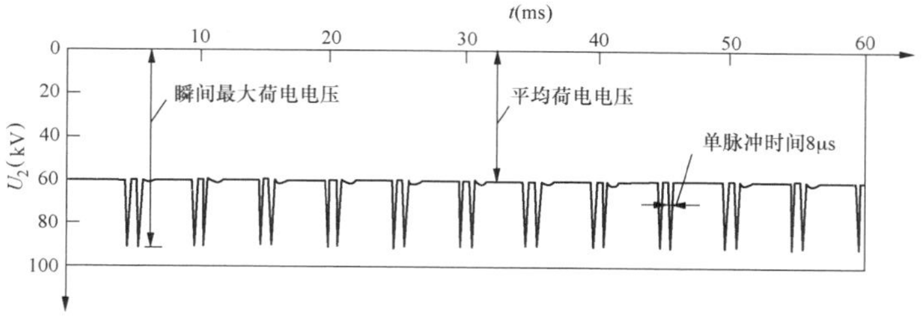

图 7-21　高频基波脉冲电源二次电压波形图

（3）脉冲高压电源的主要特点。脉冲电源既提高了瞬间的荷电电压，又降低了平均荷电电压，即使是高比电阻粉尘，粉尘层中的电位也很容易在阳极板上得到中和，阳极板表面电位降低，不会产生与放电极相对电位的提高，抑制了反电晕现象的发生。脉冲波瞬间高电压更易使粉尘荷电，所以除尘效率得到较大提高。

（四）电除尘器对供电电源输出波形频率的响应

电除尘器的结构由极板、极线平行交错排布而成，可视为容性负荷。根据电除尘器的伏安特性曲线，其不同阶段数学模型是不同的，如图 7-22 所示。电阻和电容串联组合，代表电除尘器伏安特性曲线的 0～起晕电压段；电阻和电容并联组合，代表电除尘器伏安特性曲线的起晕电压～击穿电压段。

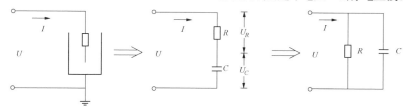

图 7-22　电除尘器数学模型

X_R 为电阻 R 的电抗，是电除尘器极板极线间粉尘介质对气体电离的阻碍程度；X_C 为电容 C 的电抗，是电除尘器极板和极线间距离、面积对气体电离的阻碍程度，是频率的函数。

$$X_C = 1/(2\pi f C) \tag{7-1}$$

当电阻和电容串联时

$$I = \frac{U}{X_R + X_C} \tag{7-2}$$

当电阻和电容并联时

$$I = \frac{U}{X_R} + \frac{U}{X_C} \tag{7-3}$$

可见，当电压为定值时，容抗减小，电流增加。电除尘器是物理实体，提高其供电电源频率，对提高除尘效率是有效的。

三、电除尘器低压设备的控制

电除尘器低压设备主要有阴阳极振打电动机、瓷套磁轴加热器、灰斗振打电动机和灰斗加热器等。

1. 阴阳极振打电动机

当灰尘荷电被吸附到阳极板和阴极线上后，需要通过振打系统把这些灰敲落到灰斗中，否则阳极板或阴极线积灰严重，会影响除尘效果。振打系统通过控制器的时序控制自动进行。

需要注意振打的周期，即电除尘器相同电场阴阳极的振打周期和不同电场的振打周期。振打的周期设置会直接影响到除尘效果好坏，由于各个电场粉尘浓度和粒径不一样,在相同时间内收尘极表面所堆积的粉尘厚度也不相同,较好的振打周期应该是粉尘堆积到合适厚度再进行振打,这样才能使粉尘形成块状后从集尘板掉落下来。若振打的时间间隔较短,集尘板表面还未形成粉尘块,振打时粉尘为细小微粒,甚至有的还是单粒子,导致落入灰斗速度较小,有的小粒子会被气流带出烟囱;而振打的间隔时间较长,集尘板上粉尘积得太厚,将不容易被完全振打下来,粉尘不容易完全掉落极板,积累到一定的程度,会导致阳极板上的粉尘块无法去除,除尘效率降低。因此,每台电除尘器都存在一个最佳的振打清灰周期。

可以通过不断地观察效果来调整振打周期。振打电动机的典型控制接线如图 7-23 所示。图 7-23(a)为主回路,当 QF 闭合,接触器 KM 吸合,热继电器 KR 不跳闸的情况下,振打电动机 M 开始运行;图 7-23(b)为控制回路,LS 为行程开关,试验位置时接通。SA1 为自动/手动选择开关。控制回路中还设置了运行和故障指示灯,可以方便地判断回路是否正常运行。

2. 瓷套磁轴加热器

高压电源输出引入阴极框架的绝缘部分以及阴极振打的传动轴需要有加热器来使绝缘器件保持干燥,否则因为潮湿等原因造成耐压降低,会引起爬电而导致绝缘器件的损坏。瓷套磁轴加热器典型控制接线如图 7-24 所示。图 7-24(a)为主回路,当 QF 闭合,接触器 KM 吸合,热继电器 KR 不欠流时,加热器 HT

开始加热;图 7-24(b)为控制回路,在抽屉上有手动/自动操作选择,虚线框的 PLC 表示 DO 信号来自 PLC,抽屉中同样也设置了运行和故障指示灯,可以方便地判断回路是否正常运行。

3. 灰斗振打电动机和灰斗加热器

灰斗振打可以使附着在灰斗内壁上的灰尘通过振动掉落下来。灰斗振打振动的力较大,不能长时间连续运行。应通过控制器的时间设置,由程序自动控制灰斗的振动。此外,为了使灰不粘结在一起,需要使用灰斗加热器。

灰斗振打电动机的控制接线图与阴阳极振打电动机的控制接线图一样,而灰斗加热器的控制接线图与瓷套磁轴加热器的控制接线图类似,只需把主回路的输入由两相改为三相即可。

四、电除尘程控系统构成及功能

国内大中型火力发电厂的电除尘程控系统一般采用上下位机方式,上位机布置在电除尘控制室内,下位机布置在低压控制柜和高压控制柜内,上下位机之间采用计算机双工通信方式进行通信,上位机每炉一套(包括打印机、监视器等)。

(一)程控系统构成

对于电除尘器程控系统,高压电源控制设备可设置独立的高压控制柜,也可与高压电源采取一体化设计,并安装在电除尘顶部。与此对应,主要有两种典型组网方案。

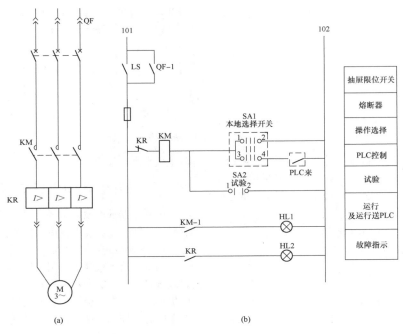

图 7-23 振打电动机典型控制接线图

(a)主回路;(b)控制回路

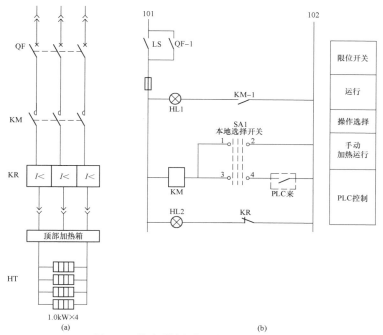

图 7-24 瓷套磁轴加热器典型控制接线图

（a）主回路；（b）控制回路

1. 典型方案一

每台炉配置一台上位机或两台炉配置一台上位机，每台炉配置一台主控单元，主控单元之间、外设（打印机、绘图仪等）及外部系统的连接采用双冗余高速以太网，连接介质采用双绞线或光缆。各高压控制柜和低压控制柜上装设的就地测控单元之间采用现场总线方式（CAN/RS-485/ProfibusDP）连接，所有数据均送到以太网。

典型方案一电除尘器程控系统的组网如图 7-25

所示。

2. 典型方案二

两台炉配置一台上位机，不设置独立的高压控制柜，高压控制器与高压电源采取一体化设置，并安装在电除尘顶部，就地设现场通信箱，现场通信箱与上位机、外设及外部系统通过网关以冗余以太网连接。

典型方案二电除尘器程控系统的组网图如图 7-26 所示。

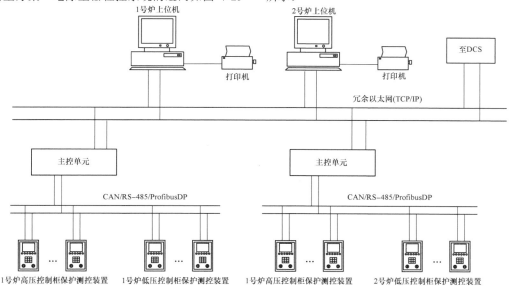

图 7-25 电除尘器程控系统的组网图（典型方案一）

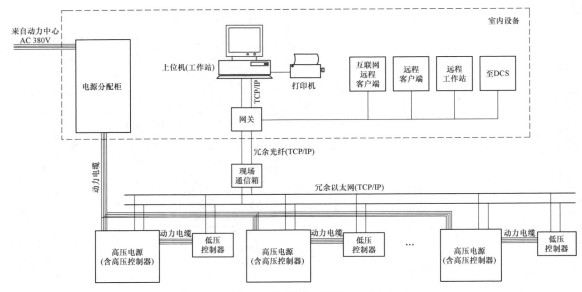

图 7-26　电除尘器程控系统的组网图（典型方案二）

（二）通信方案

下面主要阐述高压控制器与高压电源采取一体化设计的通信方案。

1. 单台高压电源通信方案

单台高压电源通信方案如图 7-27 所示，当只有一台高压电源或没有上位机监控软件时，可在运行人员的控制室设高压电源手操器，通过 RS-485 总线连接至高压电源，对高压电源进行监视控制等所有操作。高压电源与高压控制器的最大通信距离一般为 500m。

2. 单室四电场通信方案

单室四电场通信方案如图 7-28 所示，一、二、三、四电场高压电源和低压控制系统分别连接到 RS-485 总线上，RS-485 总线再连接至远方上位机，上位机对所有电场进行操作、监控及优化。高压电源与上位机的最大通信距离约为 500m。

图 7-27　单台高压电源通信方案

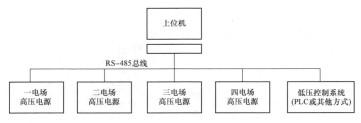

图 7-28　单室四电场通信方案

3. 双室四电场（以上）通信方案一

双室四电场（以上）通信方案如图 7-29 所示，A～D 电场高压电源和低压控制系统通过以太网网线连接至工业以太网交换机，然后再通过光电转换器、光纤连接到远方上位机。上位机对所有电场进行操作、监控及优化，同时在工业以太网后面连接一只无线路由器，可通过无线手操器对所有电场进行操作、监控及优化。

4. 双室四电场（以上）通信方案二

双室四电场（以上）通信方案二如图 7-30 所示，A～D 电场高压电源和单电场低压控制器通过以太网

网线连接至工业以太网交换机，然后再通过光电转换器、光纤连接到远方上位机。上位机对所有电场进行操作、监控及优化，同时在工业以太网后面连接一只无线路由器，可通过无线手操器对所有电场进行操作、监控及优化。

（三）程控系统的主要功能

1. 高压电源控制器应具有的功能

（1）控制功能。

1）火花跟踪控制。

2）峰值跟踪控制。

3）闪频跟踪控制。

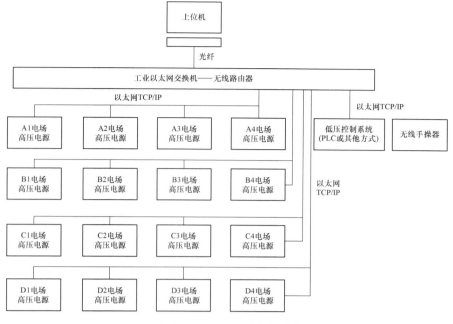

图 7-29 双室四电场（以上）通信方案一

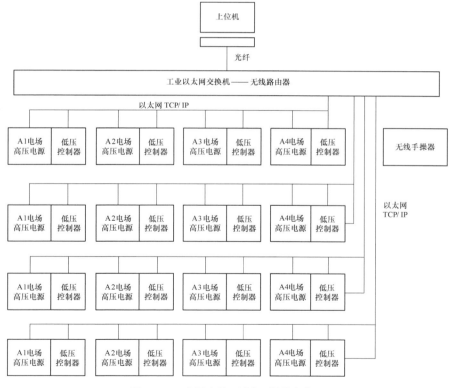

图 7-30 双室四电场（以上）通信方案二

4）阶段恢复跟踪控制。

5）间歇供电和脉冲供电控制。

6）粉尘浓度反馈控制。

（2）通信联网控制功能。

1）标准 RS-485 串行口或以太网接口，双向，光电隔离。

2）向上位机传送运行的一次电压和电流、二次电压和电流、晶闸管导通角、火花率、设备启/停状态、设备故障、变压器故障、除尘器故障等信号。

3）可接受上位机对设备的启动、停止、升压、降压、调整和粉尘浊度反馈控制指令。

4）留有与 SIS 的通信接口。

（3）保护功能。当任意一台高压电源出现开路、短路、欠电压、过负荷、过热及通信失败等异常情况时，高压电源会作出相应的保护处理，上位机应及时报警。保护功能如下：

1）负荷开路、短路保护。

2）过电流限制保护。

3）输出欠电压保护。

4）变压器油温超限及偏励磁保护。

5）变压器油位低保护。

6）晶闸管短路保护。

7）晶闸管开路保护。

（4）显示功能。

1）一次电压、电流运行值，二次电压、电流运行值，以及整定值显示。

2）晶闸管导通角显示。

3）高压硅整流器油温显示。

4）闪络频率运行值、整定值显示。

5）闪络封锁整定值显示。

6）幅度比整定值显示。

7）占空比整定值显示。

8）时间值显示。

9）设备号显示。

10）打印时间显示。

11）主回路接通、设备故障、变压器故障、除尘器故障显示。

2．低压控制柜应具有的功能

（1）控制功能。

1）能够按照程序自动或手动控制各加热器的启/停。

2）能够按照程序自动或手动控制各振打电动机的启/停。

3）可编辑振打周期，所有控制程序均可编辑。

（2）通信联网控制功能。

1）标准 RS-485 串行口或以太网接口，双向，光电隔离。

2）向上位机传送运行的振打电动机和加热器的电流、启/停状态、故障信号。

（3）保护功能。

1）短路保护。

2）过电流限制保护。

3）输出欠电压保护。

（4）显示功能。

1）设备的电流显示。

2）运行状态、事故状态显示。

3）时间值显示。

4）设备号显示。

5）打印时间显示。

3．上位机功能

上位机应具有控制、管理、网络及远程等功能。

（1）控制功能。

1）在上位机上能直观、快捷、方便地修改设备运行参数。

2）系统中能实现级别管理，防止无关人员的误操作。

3）可对各点的温度、开关状态、灰斗料位及其他相关设备状态进行监视。

4）实现对各电场运行参数及各控制设备的运行状态（包括投运、停运、故障、通信故障等）进行显示。

5）电场运行参数的显示方式应有单元显示、控制面板显示、参数模拟表头显示、参数列表浏览显示、实时伏安曲线显示等。

6）可与其他系统进行信息交换，如与 DCS、除灰程控系统等进行信息交换。

（2）管理功能。

1）记录历史运行参数，可以随时提供用户查询，追踪设备的运行情况，而且对以上所有记录的参数均可以随时打印输出。

2）故障报警实时显示与打印、运行参数定时打印功能。

3）为用户提供系统设定功能，用户根据自己的实际情况，对系统进行高级配置（如操作级别的限制与口令、打印输出的设定、保存参数设定、是否进行闭环控制、浊度控制范围等），使系统更加有效可靠地运行。

（3）网络及远程功能。

1）系统能够通过局域网与其他计算机相连，如果赋予相应的操作级别，管理人员在办公室就可查看电除尘的运行状态与运行参数，也可对设备进行部分操作。

2）数据库采用开放型数据库，实时数据与历史数据可同时送往用户网络服务器，使电除尘的数据信息实现共享。

（4）其他功能。

1）专家诊断。当电除尘设备发生故障，电除尘程控系统能及时发出报警，同时启动相关设备自动诊断功能，帮助用户分析故障原因，指导运行维护人员及时判断和解决故障。

2）友好的人机界面。电除尘程控系统界面友好、直观，操作简便易学。高压电源、振打设备、加热器、灰斗等按电厂实际布局，外接开关量、模拟量按接线图显示，操作面板的操作完全跟现场一致，菜单、工具条、快捷菜单方便操作，完全符合 Windows 操作规范。

3）电除尘程控系统具有丰富的联机帮助，帮助系统条理清楚，指导性强。

五、电除尘程序控制器选择

高压电源及低压供电装置一般采用 PLC、DSP 或单片机控制，上位机一般采用 DCS 或 PLC 控制。PLC 在电除尘程控系统中有着广泛的应用，下面以 PLC 为例说明控制器的选择。

（一）PLC 的基本构成

PLC 可以看成是一种计算机，它与普通的计算机相比，具有更强的与电除尘器过程相连的接口，更直接地适用于控制要求的编程语言，可以在较恶劣的环境下运行，它一般由中央处理器（CPU）、存储器和 I/O 接口构成，如图 7-31 所示。

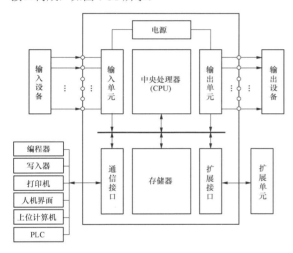

图 7-31　PLC 的基本构成

（1）中央处理器（CPU）。中央处理器（CPU）是 PLC 控制系统的核心，主要用来完成逻辑判断、算数运算等功能。

（2）存储器。在 CPU 内有两种存储器，即内部存储器和程序存储器，内部存储器用于存放操作系统、监控程序、模块化应用功能子程序、命令解释及功能子程序的调用管理程序和系统参数等，程序存储器主要用来存储通过编程器输入的用户程序。当用户程序量较大时，可对用户存储器进行扩展。

（3）I/O 接口。将工业过程信号与 CPU 联系起来的接口称为 I/O 接口，它包括数字量 I/O 接口和模拟量 I/O 接口。

（4）通信接口。PLC 配有各种类型的通信接口，

可实现"人—机""机—机"之间的对话。通过这些通信接口，可实现与打印机、监视器、其他 PLC 或其他计算机系统相连。

（5）扩展接口。扩展接口是一种用于连接中心单元与扩展单元，以及扩展单元与扩展单元的模块。

（二）PLC 的主要特点

（1）产品系列化。

（2）机体小型化、结构模块化。

（3）多处理器。

（4）存储能力较强。

（5）I/O 接口能力强。

（6）可靠性高，抗干扰能力强。

（7）外围接口智能化。

（8）通信能力强，宜于网络化。

（9）通俗化编程语言与高级语言并存。

（三）对电除尘程控系统中 PLC 的要求

1. 一般要求

PLC 主要根据使用场合、控制对象、工作环境及其他特殊要求选择，使得既在功能上满足要求，又经济合理。应注意以下几项：

（1）开关量输入总点数及电压等级。

（2）开关量输出总点数及输出功率。

（3）模拟量输入/输出总点数。

（4）是否有特殊的控制功能，如高速计数、PID 定位、通信等智能模块的选用。

（5）现场设备对响应速度、采样周期的要求。

（6）控制室离现场的距离。

（7）是否预留扩展的可能。

2. 输入/输出（I/O）点数的估算

控制系统总的 I/O 点数由每个单体设备的 I/O 点数决定，对电除尘程控系统来说，可按实际的 I/O 点数另加 10%～20%备用量来考虑。

六、与其他系统的接口

电除尘程控系统上位机一般采用抗干扰能力强的工业计算机，并能与 DCS、SIS 等系统进行通信，其通信速率和规约满足 DCS、SIS 通信的要求，具有控制优先级设置及操作权限设置，最终实现既可在上位机的 LCD 上对电除尘系统实现监控，也可在集控室的操作员站实现对电除尘系统的监控，在集控操作员站实现的监控功能应包括电除尘器的投、退控制等，此外，电除尘系统的所有运行和异常信号均应送入集控进行运行监视和报警。

电除尘程控系统除提供通信接口与 DCS 通信外，对电除尘系统主要运行状态、故障、异常、系统准备就绪信号以及 DCS 发出的启、停、控制方式选择命令等还应提供硬接线接口（启、停控制一般为短脉冲信

号。信号触点一般采用无源干触点，触点容量一般为DC 220V、5A），所有硬接线接口均汇总至低压控制柜。同时，除尘器系统应能接受每台锅炉 MFT 硬接线联锁跳闸信号。

七、电除尘程控系统布置与环境要求

（1）高压电源、高压隔离开关布置在除尘器本体顶部，为户外安装的设备，应满足全天候运行条件。高压电源可配置可拆卸遮阳棚，棚顶一般采用不锈钢材质，并具有抵御现场极端气象条件的能力。

（2）高压电源一般为水平侧出线，接线盒密闭，防尘防水。顶部电缆连接处有不锈钢罩子且密封良好。

（3）高压电源工作时，不得影响无线电、电视、电话、自动化设备、通信设备的正常工作，必要时，应加装电抗器等滤波设备，电气控制线路中如受到干扰会影响正常工作的回路应设置电磁屏蔽。

（4）高频电源就地控制柜预留进出风口以备进行冷却改造时用，预留位置应保证柜内设备冷却效果，可暂时可靠封堵。

（5）高频电源的低压进线应装有进线电缆的固定装置。

（6）电除尘程控系统电气设备需要接地的位置应有明显的接地标志并配有接地端子。

（7）高频电源及户外端子箱、转接箱的外壳防护等级一般为 IP65。

（8）电除尘器本体上的所有检修门、人孔门、通向除尘器高压电气设备的门均与高压电源系统有可靠的联锁措施，即只有在电源被切断并消除残留电荷的情况下才能进入除尘器内部，以保证人身安全。

（9）电除尘程控系统户内电气设备布置应满足《电力工程设计手册　火力发电厂电气一次设计》第十二章和 DL/T 5153《火力发电厂厂用电设计技术规程》的要求。

第八章

主设备继电保护

第一节 主设备继电保护设计原则

随着电力系统容量的增大，大机组不断增多，在电力主设备上装设完善的或者双重化的继电保护装置，不但对电力系统的可靠运行具有重大的意义，而且可以减少主设备在各种故障和异常运行条件下所造成的损坏，在经济效益上也有着显著的效果。因此，主设备的保护设计应符合现行的规程规范，对于具体的工程设计项目，要求保护配置及原理接线等方面，根据电气主接线和被保护设备的一次接线以及主设备的运行工况和结构特点，力求达到可靠性、灵敏性、速动性和选择性的四性要求。当灵敏性与选择性产生矛盾时，首先要保证灵敏性，没有灵敏性即失去了装设保护的意义。当速动性与选择性产生矛盾时，宜优先满足选择性，但特殊情况下也可以考虑快速无选择性动作并采取补救措施。

继电保护装置有电磁型、整流型、晶体管型、集成电路型、微机型等几种形式。随着数字技术的飞速发展和信息化要求的提高，前面几种保护装置已渐渐被微机型保护所代替。今后发电厂保护装置将主要采用微机型保护。

本章主要包括火力发电厂发电机、主变压器、发电机-变压器组等设备的继电保护设计、保护配置、保护整定及二次接线等内容。高压厂用变压器、启动备用变压器的保护配置在第六章中已介绍。

一、保护出口及对外接口要求

（一）保护出口

1. 跳闸出口方式

（1）按保护配置的要求，不同的出口要分别设独立的出口继电器。

（2）出口继电器的触点数量与切断容量应满足断路器跳闸回路可靠动作的要求。

（3）如要求出口继电器具有自保持性能，则该继电器自保持线圈的参数应按断路器跳闸线圈的动作电流选择，灵敏系数宜大于2。

由于主设备保护由多种保护组成，为简化接线，一般保护装置不单独设出口回路，而按保护出口要求可设总出口回路。另外，多绕组变压器或发电机-变压器组，按保护要求可设分出口回路。常用的方法是按保护的选择性要求，利用各保护的出口元件触点启动各分出口回路或总出口回路。

出口跳闸回路应使用硬连接片进行投退，有明显的断开点。而出口回路的划分则应以保护功能和动作指向以及被保护设备的安装单位等情况设计分出口。分出口的动作对象应根据需要装设，其动作对象明确只动作于一定的范围，如三绕组变压器高、中、低压各侧的分出口。分出口可缩小故障时的切除范围，有利于较快恢复正常运行。另一种为总出口，如变压器纵联差动保护必须动作于全跳。是否需要装设分出口及总出口应视具体工程装置订货情况而定。

2. 信号出口方式

保护装置一般包括就地信号和远方信号。

对信号回路的要求如下：

（1）动作可靠、准确，不因外界干扰而误动作。

（2）信号触点数量和切断容量应满足回路要求，接线力求简单可靠。

（3）信号回路动作后，应自保持，待运行人员手动复归。保护装置屏内动作信号常为发光二极管、数码管或液晶显示屏等形式，引出触点常为微型中间继电器触点。

（4）微机型保护宜尽可能信息共享，充分利用通信方式，以减少有限的继电器触点接线和端子排的数量。

（二）对外接口

保护对外接口主要包括交流回路接口、开关量输入与输出回路接口、跳闸出口回路接口、通信接口、信号回路接口、电源回路接口等。

（1）交流回路接口。主要指电流互感器与电压互感器的二次输入回路的接口，设计应注意标明主设备的容量和 TA、TV 的变比，以便其保护装置内部交流模件与之配合，特别是确保差动保护各侧的电流量相互平衡。

（2）开关量输入与输出回路接口。主要是指保护装置所需要外部提供的断路器及隔离开关的辅助触点以及与外部相关的保护闭锁或联动触点等，以及与其他装置及回路的开关量信号输出回路。

（3）跳闸出口回路接口。指保护装置提供的断路器跳闸命令等出口触点，其触点输出容量一般要求较大，往往采用触点容量足够大的中间继电器，并且应能根据需要满足自保持的要求。跳闸出口回路应设连接片，以便跳闸回路的投退。

（4）通信接口。指保护装置提供的与监控系统、保护信息子站等其他系统的数字通信接口。随着控制水平的提高，微机型保护应尽可能充分利用通信接口，与相关装置通信要及早规划好通信规约，必要时设置规约转换装置。

（5）信号回路接口。主要是指保护装置输出的保护动作信号及装置报警信号触点等。信号输出的内容及数量应满足设备运行的需要。

（6）电源回路接口。包括直流电源或不停电电源及保护屏内所需要的交流辅助电源。

二、保护电源配置原则

保护电源配置应满足以下基本原则：

（1）保证供电可靠。成套装置一般消耗功率较大，由直流母线单独供电，对供电回路应设电源监视。

（2）对双重化配置的保护，电厂有两组蓄电池，为满足双重化要求，两套保护应由两组蓄电池分别供电。

（3）电源应有优越的抗干扰性能。

第二节 发电机保护

一、发电机故障、异常运行及保护配置要求

发电机是电力系统最重要的设备之一，因此，必须针对发电机可能发生的各种不同故障和异常的运行状态配置完善的继电保护装置。

（一）发电机故障及异常运行方式

发电机保护主要针对发电机特有的故障及异常运行方式而配置相应的保护，以达到迅速隔离故障、保护设备和人身安全的作用。

发电机故障及异常运行方式主要包括：定子绕组相间短路；定子绕组接地；定子绕组匝间短路；发电机外部相间短路；定子绕组过电压；定子绕组过负荷；

转子表层（负序）过负荷；励磁绕组过负荷；励磁回路接地；励磁电流异常下降或消失；定子铁芯过磁；发电机逆功率；频率异常；失步；发电机突然加电压；发电机启停机；其他故障和异常运行方式。

（二）大型发电机特点及对保护的要求

1. 机组设计特点

（1）大型机组材料有效利用率的提高，造成机组的惯性常数 H 明显下降和发电机的热容量与铜损、铁损之比显著下降。机组惯性常数下降，使发电机易于失步，因此大型发电机组更有装设失步保护的必要。机组热容量的下降直接影响定子、转子的过负荷能力，为了在确保大型机组安全运行的条件下，充分发挥机组的过负荷能力，定子绕组和转子绕组的过负荷保护、转子表层的过负荷保护（即负序电流保护）都不能再沿用以往的定时限继电器，而是应采用反时限特性的过负荷保护。

（2）发电机参数的变化，主要是 X_d、X_d'、X_d'' 等电抗的普遍增大，而定子绕组的电阻相对减小。

这些现象导致下述结果：

1）X_d'' 增大，使短路电流水平相对下降，要求继电保护有更高的灵敏系数。

2）X_d 增大，使发电机的静稳储备系数减小，因此，在系统受到扰动或发电机发生低励磁故障时，很容易失去静态稳定。

3）X_d、X_d'、X_d'' 等参数增大，使发电机平均异步转矩大大降低，因此，大型机组失磁、异步运行的滑差大，从系统吸收感性无功多，允许异步运行的负载小，时间短，所以大型发电机更需要性能完善的失磁保护。

4）X_d' 增大，使大型机组在满载突然甩负荷时，变压器过励磁现象比中、小型机组严重，因此大型发电机组装设过励磁保护。发电机-变压器组接线通常为发电机与变压器共用。

2. 机组结构和工艺方面的改变

（1）由于大型机组的材料利用率高，就必须采用复杂的冷却方式，导致转子承受负序能力降低，因此要求发电机单相接地保护和负序反时限保护有良好的性能。

（2）单机容量增大，汽轮发电机轴向长度与直径之比明显增大，将使机组运行的振动加剧、匝间绝缘磨损加快，因此，宜装设灵敏的匝间短路保护。

3. 运行方面对大机组保护提出的要求

（1）由于单机容量增大，发电机保护的拒动或误动将造成十分严重的损失，因此，对大型机组继电保护的可靠性、灵敏性、选择性和速动性有更高的要求。

（2）大型汽轮发电机的启停特别费时，费用较高，

以停机 7～8h 的热启动为例，100MW 机组约 2h；300MW 机组就需要 7h。工程有条件时结合工程造价、机组的性能等因素可采用解列、解列灭磁等出口方式。保护出口设计非必需的情况下，不应使大型机组频繁启停，更不轻易使其紧急突然停机。

由于大型机组保护比较复杂，其保护配置将分别在本节和第六节结合发电机-变压器组的保护配置进行介绍。

二、发电机有关保护出口

发电机各项保护装置，根据故障和异常运行方式的性质及热力系统、电气主接线具体条件，动作出口一般有停机、解列灭磁、解列、减出力、缩小故障影响范围、程序跳闸、减励磁、励磁切换、厂用电源切换等分出口和信号。对于不同的接线形式，出口会有所区别。

（一）发电机-变压器组接线保护出口

1. 未设发电机断路器的保护出口

当发电机未安装发电机断路器时，发电机与变压器将保持成组单元运行。在这种接线情况下，作为保护配置和事故跳闸出口，应把它们视作一个扩大的元件进行保护设计。相关的保护动作出口如下：

（1）全停。单元机组停机常称为全停。主要动作于断开主变压器高压侧断路器、断开发电机灭磁开关、关闭汽轮机主汽门、断开高压厂用工作变压器分支断路器、启动厂用工作电源切换装置、启动断路器失灵保护出口，其中非电量保护不启动失灵保护。

对于发电机-变压器组内部短路性的故障，停机是最好的选择，不需要企业承担不应有的风险。对于内部的相间短路故障及其后备保护、大电流接地系统的单相接地短路故障、发电机匝间短路故障、发电机励磁回路两点接地故障、发电机单相接地且电流超过允许值时，反时限正（负）序过负荷等保护都应尽快停机。

（2）解列。反应机组外部短路故障或机组本体非短路性故障的后备保护，可动作于解列。解列要求断开主变压器高压侧断路器、汽轮机甩负荷、启动断路器失灵保护出口，其中非电量保护不启动失灵保护。装设解列出口的目的是在发电机-变压器组故障时，后备保护动作切除故障后，能尽快恢复发电。是否能够设置解列出口，依据单元机组在甩负荷后仅带厂用电稳定运行的能力。母管制/热电厂当一台机解列，机炉能稳定运行时，也可设解列出口。

（3）解列灭磁。反应机组非短路性故障的后备保护，有条件时可动作于解列灭磁，即断开主变压器高压侧断路器、断开发电机灭磁开关、汽轮机甩负荷、断开高压厂用工作变压器分支断路器、启动厂用工作电源切换装置。其目的是在后备保护动作切除故障后，

能较快恢复发电。通常当没有条件设解列出口时也不具备条件设解列灭磁出口。

（4）减负荷。定子对称过负荷保护动作于减负荷，当实现自动减负荷有困难时，该出口改为发信号，在过负荷保护动作时把负荷电流减到额定电流以下。

（5）减出力。将原动机出力减到给定值。失磁保护动作时，为快速减负荷，需由热工自动化系统配合完成，实现自动减出力。而失磁时的减出力一般要求减到额定负荷的 40%（根据发电机要求设定）左右。

（6）缩小故障影响范围。例如双母线系统断开母线联络断路器等。为了避免扩大事故范围或故障引起全厂停电，部分后备保护可以较短时限先动作于缩小故障影响范围，一般由部分后备保护的第一段时限先断开母联或分段断路器实现。

作用于缩小故障影响范围的保护常由主变压器零序过电流、低电压/复合电压闭锁过电流等保护的第一段时限实现。

（7）程序跳闸。程序跳闸是为了避免或减少发电机突然甩负荷而引起的汽轮机超速，其方法是首先动作于关主汽门，造成发电机逆功率，再由逆功率保护动作和汽轮机主汽门已关闭的辅助触点构成与门，启动延时后，再跳开发电机断路器并灭磁（解列灭磁）。

程序跳闸有从发电机转为电动机运行的过程，需要一定的时间，这对短路故障是不允许的，采用程序跳闸出口的保护只能是非短路性的保护。

动作于程序跳闸的保护有发电机断水；主变压器冷却器故障；主变压器温度高；频率保护；失磁故障的延时出口；转子一点接地保护；励磁系统故障等。

（8）减励磁。将发电机励磁电流减至给定值。当励磁回路过负荷或过励磁时，保护延时动作于自动调整励磁装置，减小励磁输出，直至该保护返回。

一般由接于直流励磁回路或交流励磁机（励磁变压器）交流回路的励磁绕组过负荷保护及发电机过励磁保护动作于减励磁。

（9）励磁切换。将励磁电源由工作励磁电源系统切换到备用励磁电源系统。当设有备用励磁电源，有条件时，发电机失磁后可将励磁电源切换到备用励磁电源。半导体整流励磁系统一般不设备用励磁电源，不进行励磁切换。无备用励磁电源切换条件时不进行切换。

（10）厂用电源切换。由厂用工作电源供电切换到备用电源供电。发电机-变压器组单元接线，高压厂用变压器经封闭母线直接与发电机定子回路连接，中间不设断路器。当发电机、主变压器或高压厂用变压器发生故障等，不能保证厂用电稳定可靠运行时，其相应保护应动作于厂用电源切换，由专设的厂用电源自动切换装置进行切换。

厂用电源切换可由全停、解列灭磁等出口启动完成，通常由厂用电源自动切换装置实现。

（11）跳厂用分支。跳相应分支厂用电源断路器。当因厂用段发生故障或厂用馈线保护拒动等原因，厂用分支保护动作时，其相应保护应动作于相应分支厂用电源断路器跳闸，并且应闭锁厂用电源自动切换装置，以保证备用电源不投在故障母线上。为保证备用电源不投在故障母线上，厂用分支限时电流速断保护、分支过电流保护应闭锁备用电源自动投入。

（12）跳发电机灭磁开关。启、停机保护跳发电机灭磁开关。

（13）信号。除保护本体的显示信号外，声光信号由监控装置最终实现，由保护装置给出信号触点，由于屏内外端子排数量有限，对外信号触点不宜超过 3 对，监控系统可利用通信口传输信号，并商定好通信规约。

2. 设有发电机断路器的保护出口

当发电机与变压器之间设有发电机断路器时，发电机与变压器应分别配置保护，即满足单独运行工况的要求。并且在成组单元运行时也应满足不同元件故障，保护各出口的选择性要求。如发电机故障跳发电机断路器；主变压器故障、高压厂用工作变压器（高压侧不装设断路器）故障时，跳主变压器、高压厂用工作变压器各侧断路器。

（1）发电机保护设置如下出口：

1）发电机停机。断开发电机断路器、断开发电机灭磁开关、关闭汽轮机主汽门，非电量保护不启动失灵保护。

2）发电机解列。断开发电机断路器、汽轮机甩负荷。

3）发电机解列灭磁。断开发电机断路器、断开发电机灭磁开关、汽轮机甩负荷。

4）减负荷、减出力、程序跳闸、减励磁、励磁切换、跳发电机灭磁开关、信号等出口与未设发电机断路器的接线保护出口要求相同。

保护出口根据断路器失灵的配置情况设置启动断路器失灵出口。

（2）主变压器、高压厂用工作变压器保护需设置的出口如下：

1）全停。断开主变压器高压侧断路器、断开高压厂用工作变压器分支断路器、启动失灵保护、装有电源切换装置的启动厂用工作电源切换装置、断开发电机断路器、断开发电机灭磁开关、关闭汽轮机主汽门。

2）跳厂用分支。高压厂用工作变压器分支断路器跳闸，闭锁厂用电源切换。

3）厂用电源切换。厂用工作段母线正常工作电源

进线跳闸，停机/备用电源进线合闸。

4）缩小故障影响范围。跳开母联或分段断路器。

5）机组解列。主要应用于具有机组小岛运行功能的发电机-变压器组，动作于断开主变压器高压侧断路器、汽轮机甩负荷、启动高压侧断路器失灵保护。

3. 对发电机-变压器组保护出口的设计

对发电机-变压器组保护出口的设计可按以下方式考虑：

（1）如果机组（锅炉、汽轮机）具备仅带厂用负荷就能稳定运行的条件，根据需要，保护出口可设计为解列、解列灭磁、全停及程序跳闸等出口。

（2）如果机组（锅炉、汽轮机）不具备低负荷稳定运行的条件，应简化保护出口，保护出口宜设计为全停、程序跳闸等出口，不设解列、解列灭磁出口。

（二）具有发电机母线接线的保护出口

对于发电机直接接母线并带有发电机负荷的接线，发电机保护出口与发电机-变压器组接线发电机出口设断路器的出口方式类似。

（1）停机。断开发电机断路器、灭磁开关，关闭主汽门。

（2）解列。断开发电机断路器，汽轮机甩负荷。

（3）解列灭磁。断开发电机断路器、灭磁开关，汽轮机甩负荷。

（4）减出力。将原动机出力减到给定值。

（5）缩小故障影响范围。断开预定的其他断路器。

（6）程序跳闸。对汽轮发电机首先关闭主汽门，待逆功率继电器动作后，再跳发电机断路器并灭磁。

（7）减励磁。将发电机励磁电流减至给定值。

（8）励磁切换。将励磁电源由工作励磁电源系统切换到备用励磁电源系统。

（9）分出口。动作于单独回路。

（10）信号。发出声光信号。

（三）发电机保护出口方式与工艺专业及控制系统的关系

为了保证在发电机-变压器组出口开关断开后，机组不超速，并能在低负荷下带厂用电稳定运行（解列），一般来说需要具备四个条件：①有良好的调速和功频调节系统；②设有快速旁路系统；③有快速断煤投油自动装置；④厂用电自动切换。其中第④项条件是指，在有些情况下，伴随汽轮发电机组的跳闸，把带有公用负荷的工作变压器也切掉了，为了保证公用负荷的供电，需要进行厂用电的切换。

从多年来工程应用情况看，并不是所有大型机组都具有上述条件。由于工艺系统不完善（如未设大旁路、控制系统不佳等）、设备缺陷或设备检修，上述条

件未能同时处于良好的运行状态，这时汽轮发电机组在断路器断开之后，仅带厂用电低负荷稳定运行十分困难，甚至是根本不可能的，于是还要手动停机。也就是说在不具备上述四项基本条件的情况下，采用解列和解列灭磁停机将失去意义。处在上述情况下的机组不设置解列和解列灭磁出口。

三、定子绕组回路相间短路主保护

1. 装设原则

对发电机定子绕组及其引出线的相间短路故障，应按下列规定配置相应的保护作为发电机的主保护：

（1）1MW 及以下单独运行的发电机，如中性点侧有引出线，则在中性点侧装设过电流保护；如中性点侧无引出线，则在发电机端装设低电压保护。

（2）1MW 及以下与其他发电机或电力系统并列运行的发电机，通常装设电流速断保护。如电流速断灵敏系数不符合要求，一般可装设纵联差动保护；对中性点侧没有引出线的发电机，可装设低压过电流保护。

（3）1MW 以上的发电机，装设纵联差动保护。

（4）对 100MW 以下的发电机-变压器组，当发电机与变压器之间有断路器时，发电机与主变压器分别装设单独的纵联差动保护。

（5）对 100MW 及以上的发电机-变压器组，装设双重主保护，每一套主保护宜具有发电机纵联差动保护和变压器纵联差动保护功能。

（6）应对纵联差动保护采取措施，在穿越性短路及自同步或非同步合闸过程中，减轻不平衡电流所产生的影响，以尽量降低动作电流的整定值。

（7）纵联差动保护应装设电流回路断线监视装置，断线后动作于信号。电流回路断线允许纵联差动保护跳闸。

（8）按上述拟装设的过电流保护、电流速断保护、低电压保护、低压过电流保护和纵联差动保护，均动作于停机。

2. 纵联差动保护

较早期的纵联差动保护可以由串接附加电阻的电流继电器、带平衡线圈和差动线圈的差动电流继电器实现，也可以由具有比率制动特性的集成差动电流继电器实现。但随着微机保护技术的发展，微机型保护通常采用比率制动特性原理的保护，以避免外部故障时差动保护误动。

（1）比率制动式差动保护基本动作原理。比率制动特性就是继电器的动作电流随外部短路电流的增大而自动增大，而且动作电流的增大速度比不平衡电流的增大速度还要快。这样就可以避免由于外部短路电流的增大而造成电流互感器引起不平衡电流增大的影

响，也就是说可以避免继电器误动。实现这种动作特性的差动继电器以差动电流作为动作电流，引入一侧或多侧短路电流作为制动电流，微机型保护通过程序实现差动电流和制动电流的计算。图 8-1 表示比率制动式差动保护的接线原理和制动特性，其中，I_{res} 是制动电流，即外部短路时流过制动线圈的电流；I_d 是差动电流，即差动继电器的动作电流。图 8-1（b）中 EB 为不平衡电流 I_{unb} 随外部短路电流增长的情况。设最大外部短路电流为 OD，相应的最大不平衡电流为 DB，为了保护继电器不误动，动作电流 I_d 至少应大于 DB，取 $\dot{I}_d = DC$，从图 8-1（b）中可知，只有在最大外部短路电流（OD）时，继电器才有必要取如此大的整定值，在其他外部短路情况时，不平衡电流较小，因此动作电流就不必取 $\dot{I}_d$。当制动电流流入继电器制动线圈时，就能使继电器的动作电流随外部短路电流增减而自动增减。继电器制动电流的引入是通过图 8-1（a）中的电抗变压器 TAM1 实现的，它的一次绕组 W1 和 W2 同极性地分别流过电流 $\dot{I}_{n2}$ 和 $\dot{I}_{t2}$。当 $N_{W1} = N_{W2} = \frac{1}{2} N_{W3}$ 时，TAM1 和 TAM2 的二次匝数相同，设电流互感器变比等于 n_a，则有

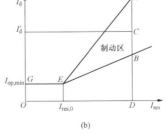

(a)

(b)

图 8-1　比率制动式差动保护的接线原理和制动特性
（a）接线原理；（b）制动特性

$$\dot{I}_{res} = \frac{1}{2}(\dot{I}_{t2} + \dot{I}_{n2}) = \frac{1}{n_a} \times \frac{1}{2}(\dot{I}_{t1} + \dot{I}_{n1}) \quad (8\text{-}1)$$

$$\dot{I}_d = \dot{I}_{t2} - \dot{I}_{n2} = \frac{1}{n_a}(\dot{I}_{t1} - \dot{I}_{n1}) \quad (8\text{-}2)$$

式中　$\dot{I}_{res}$ ——制动电流；

$\dot{I}_d$——差动电流；

$\dot{I}_{t1}$、$\dot{I}_{t2}$——流过机端侧电流互感器的一次和二次电流；

$\dot{I}_{n1}$、$\dot{I}_{n2}$——流过中性点侧电流互感器的一次和二次电流；

n_a——电流互感器的变比。

当外部（k 点）短路时，由于 $\dot{I}_{t2}=\dot{I}_{n2}=\dot{I}_k$，所以 $\dot{I}_{res}=\dfrac{1}{n_a}\dot{I}_k$，$\dot{I}_d=0$。实际上电流互感器有一定的误差，即 $\dot{I}_d=I_{unb}\neq0$，随着 $\dot{I}_k$ 的增大，虽然 I_{unb} 增大，但制动电流也随之增大。

图 8-1 中，OG 表示最小动作电流 $I_{op,min}$；$GE=I_{res,0}$，表示继电器开始具有制动作用的最小制动电流，通常取 $I_{res,0}$ 等于或小于负荷电流。因为在负荷电流下，电流互感器误差很小，不平衡电流也很小，$I_{op,min}>I_{unb}$。所以，此时没有制动作用的继电器也不会误动作。而当外部短路电流大于负荷电流，I_{unb} 随 I_k 增大时，若 $I_{unb}/I_k=I_d/I_{res}=K$，调整继电器的制动特性使之具有 $K_{res}=I_d/I_{res}>K$，如图 8-1（b）直线 EA 所示，则继电器具有这样的性能：不管外部短路电流多大，继电器都不会误动。K_{res} 被称为制动系数。

当发电机发生内部相间短路时，若发电机与系统相连，则系统将向故障点送短路电流 I_{t1}，发电机向故障点送短路电流 I_{n1}，此时

$$I_d=\frac{1}{n_a}I_{k\Sigma} \tag{8-3}$$

式中 n_a——电流互感器的变比；

$I_{k\Sigma}$——总短路电流。

$$I_{res}=\frac{1}{n_a}\times\frac{1}{2}(I_{n1}-I_{t1}) \tag{8-4}$$

若发电机孤立运行，当发电机发生内部相间短路时，$I_{t1}=0$，则

$$I_d=\frac{1}{n_a}I_{n1} \tag{8-5}$$

$$I_{res}=\frac{1}{n_a}\times\frac{1}{2}I_{n1} \tag{8-6}$$

为保证继电器动作，制动系数 K_{res} 不得大于 1，因为 $K_{res}=1$ 表示继电器在动作电流等于制动电流时刚刚动作。

（2）几种微机型比率制动式差动保护的原理。

1）两折线比率制动差动保护。

a）保护原理及动作判据。差动动作方程如下

$$I_{d,op}\geqslant I_{op,min} \quad (I_{res}\leqslant I_{res,0}\text{ 时}) \tag{8-7}$$

$$I_{d,op}\geqslant I_{op,min}+K_{res}(I_{res}-I_{res,0}) \quad (I_{res}>I_{res,0}\text{ 时}) \tag{8-8}$$

$$I_{d,op}\geqslant I_i \quad (I_{res}>I_i\text{ 时}) \tag{8-9}$$

式中 $I_{d,op}$——差动动作电流；

$I_{op,min}$——差动最小动作电流；

I_{res}——制动电流；

$I_{res,0}$——最小制动电流；

K_{res}——制动系数；

I_i——差动速断电流。

各侧电流的方向都以指向发电机为正方向，如图 8-2 所示。

其中，差动电流为

$$I_d=\left|\dot{I}_{t2}+\dot{I}_{n2}\right| \tag{8-10}$$

制动电流为

$$I_{res}=\left|\frac{\dot{I}_{t2}-\dot{I}_{n2}}{2}\right| \tag{8-11}$$

式中 $\dot{I}_{t2}$、$\dot{I}_{n2}$——机端、中性点侧电流互感器（TA）二次电流。

TA 的极性如图 8-2 所示，图中极性按减极性标示。根据工程情况，也可将极性端定义为靠近发电机侧。

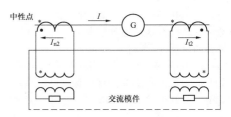

图 8-2 电流极性接线示意图

b）保护的动作特性曲线。两折线比率制动特性曲线如图 8-3 所示。其中 I_i 为防止 TA 饱和引起拒动而增设的差动速断电流。

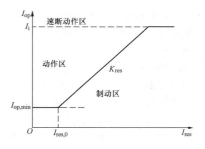

图 8-3 两折线比率制动特性曲线

2）标积制动式纵联差动保护。

a）保护原理及动作判据。设发电机机端和中性点侧电流分别为 $\dot{I}_t$ 和 $\dot{I}_n$，它们的相位差为 φ，令标积 $I_tI_n\cos\varphi$ 为制动量，$|\dot{I}_t-\dot{I}_n|^2$ 为动作量，构成标积制动式纵联差动保护，其动作判据为

$$|\dot{I}_t - \dot{I}_n|^2 \geqslant K_{res} I_t I_n \cos\varphi \qquad (8\text{-}12)$$

式中　K_{res}——制动系数，取 $0.8\sim1.2$。

外部短路时 $\varphi=0°$，式（8-12）右侧表现为很大的制动作用。当发电机内部短路时，可能呈现 $90°<\varphi<270°$，使 $\cos\varphi<0$，式（8-12）右侧呈现负值，即不再

是制动量而是助动量，保护动作。本保护仅反应相间短路故障。

实用的标积制动式纵联差动保护，还要考虑最小动作电流的整定及制动拐点电流等，其动作方程如下

$$\begin{cases} |\dot{I}_n + \dot{I}_t| \geqslant K[\sqrt{I_n I_t \cos(180°-\theta)} - I_{res,0}] + I_{op,min} & \text{当}\cos(180°-\theta)>0\text{时} \\ |\dot{I}_n + \dot{I}_t| \geqslant K(\sqrt{0} - I_{res,0}) + I_{op,min} & \text{当}\cos(180°-\theta)\leqslant0\text{时} \qquad (8\text{-}13) \\ |\dot{I}_n + \dot{I}_t| \geqslant I_{op,min} \end{cases}$$

式中　$I_{res,0}$——制动曲线拐点（最小）制动电流；

$I_{op,min}$——差动起始（最小）动作电流；

θ——发电机机端电流与中性点反向电流之间的相位差；

K——制动曲线斜率。

制动曲线斜率不同于制动系数，标积制动式纵联差动保护不能直接使用制动系数值。

b）保护的动作特性曲线。标积制动式发电机纵联差动保护的动作特性曲线如图 8-4 所示。

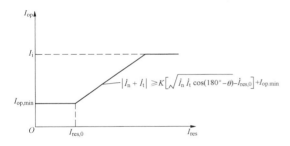

图 8-4　标积制动式发电机纵联差动
保护的动作特性曲线

c）单相出口方式发电机纵联差动保护逻辑。单相出口方式发电机纵联差动保护逻辑框图如图 8-5 所示。单相差动方式的逻辑关系是任一相差动动作即可出口跳闸，另配有 TA 断线检测功能，但当差电流大于解除 TA 断线闭锁电流 I_{TA} 时可解除 TA 断线判别功能。因 TA 断线时可能产生危及人身和设备的过电压，此时不闭锁保护，差动保护即使动作于跳闸也认为属

于正确动作。

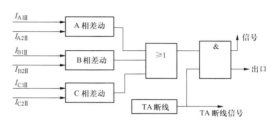

图 8-5　单相出口方式发电机纵联差动保护逻辑框图

d）循环闭锁方式发电机纵联差动保护逻辑。循环闭锁方式发电机纵联差动保护逻辑框图如图 8-6 所示。循环闭锁至少两相差动动作才启动出口，可有效防止误动。为保证一点在区内、一点在区外时保护动作的可靠性，采用负序电压解除循环闭锁（即单相出口方式）。对于循环闭锁方式，当一相差动动作又无负序电压时，即判定为 TA 断线。因为发电机中性点不直接接地，所以内部相间短路时一般两相差动或三相差动都会同时动作。这种保护逻辑一般用于较大机组。

3）变斜率比率差动保护。随着外部故障短路电流的增大，由于电流互感器饱和等原因出现的不平衡电流也会增加，变斜率比率差动保护随着外部故障短路电流的增大进一步增大制动系数，从而有效预防外部故障时差动保护的误动。

a）保护原理及动作判据。差动保护动作方程如下

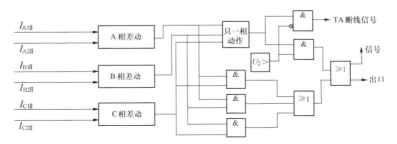

图 8-6　循环闭锁方式发电机纵联差动保护逻辑框图

$$\begin{cases} I_d > K_{res}I_{res}+I_{op,min} & I_{res} < nI_{GN}时 \\ K_{res} = K_1+\Delta K(I_{res}/I_{GN}) \\ I_d > K_2(I_{res}-nI_{GN})+b+I_s & I_{res} \geqslant nI_{GN}时 \quad (8\text{-}14) \\ \Delta K = (K_2-K_1)/(2n) \\ b = (K_1+\Delta Kn)\cdot nI_{GN} \end{cases}$$

式中 I_d——差动电流，为 $|\dot{I}_n+\dot{I}_t|$；

K_{res}——制动系数；

I_{res}——制动电流，为 $\dfrac{|\dot{I}_n+\dot{I}_t|}{2}$；

$I_{op,min}$——最小差动动作电流，A；

I_{GN}——发电机额定电流，A；

ΔK——比率制动系数增量，由保护装置根据给定的 K_2 和 K_1 及 n 计算；

K_1——起始比率差动斜率；

K_2——最大比率差动斜率，由计算确定，见第七节示例；

n——最大比率制动系数时的制动电流倍数，由计算确定，见第七节示例，小于 4 时取 4；

b——最大斜率拐点动作值增量。

b）保护的动作特性曲线。变斜率比率差动保护的动作特性曲线如图 8-7 所示，它包括差动速断电流动作曲线（横直线）、比率差动动作特性曲线，该曲线实质由三段组成，对应于横坐标 I_{res} 和 nI_{GN}，第一部分为起始比率斜率部分；第二部分为变比率斜率部分（主要随制动系数增量变化，它可根据相关参数通过保护由软

件自行计算）；第三部分为最大比率差动斜率部分。

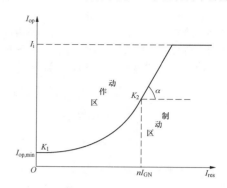

图 8-7 变斜率比率差动保护的动作特性曲线

4）高值比率差动保护原理。为避免区内严重故障时 TA 饱和等因素引起的比率差动延时动作，也可采用高比例和高启动值的比率差动保护，利用其比率制动特性抗区外故障时 TA 的暂态和稳态饱和，而在区内故障 TA 饱和时也能可靠正确快速动作。稳态高值比率差动保护的动作方程如下

$$\begin{cases} I_d > 1.2I_{GN} \\ I_d > I_{res} \end{cases} \quad (8\text{-}15)$$

其中：差动电流和制动电流的选取同变斜率比率差动保护。

装置中依次按每相判别，当满足以上条件时，差动保护动作。变斜率比率差动保护逻辑框图如图 8-8 所示。

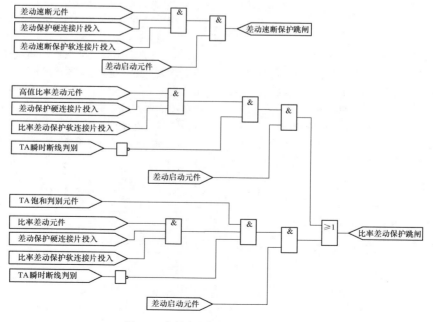

图 8-8 变斜率比率差动保护逻辑框图

图 8-8 中包括差动速断、高值比率差动和比率差动三个模块，其中差动速断见本节第 7）条。

5）三折线比率制动差动保护。

a）保护原理及动作判据。动作方程如下

$$\begin{cases} I_d > I_{op,min} & (I_{res} \leq I_{res,0}) \\ I_d \geq I_{op,min} + K(I_{res} - I_{res,0}) & (I_{res,0} < I_{res} \leq 4I_{GN}) \\ I_d \geq I_{op,min} + K(4I_{GN} - I_{res,0}) + 0.6(I_{res} - 4I_{GN})(I_{res} > 4I_{GN}) \end{cases}$$

$$(8-16)$$

式中　I_d——差动电流；

$I_{op,min}$——最小差动动作电流；

I_{res}——制动电流；

$I_{res,0}$——最小制动电流，A；

K_{res}——比率制动系数。

各侧电流的方向都以指向发电机为正方向。

b）保护的动作特性曲线。三折线比率差动保护的动作特性曲线如图 8-9 所示。三折线比率制动原理与两折线比率制动原理相同，但增加了一段固定斜率为 0.6 的折线段，在外部故障电流进一步增大时增大了制动系数。

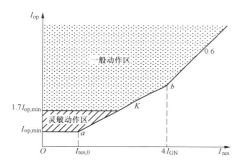

图 8-9　三折线比率差动保护的动作特性曲线

6）体现故障变化量的纵联差动保护。

a）故障分量比率制动式纵联差动保护。该保护只与发生短路后的故障分量（或称增量）有关，与短路前的穿越性负荷电流无关，故有提高纵联差动保护灵敏度的效果。本保护仅反应相间短路故障，其动作判据为

$$|\Delta \dot{I}_t - \Delta \dot{I}_n| \geq K \left| \frac{\Delta \dot{I}_t + \Delta \dot{I}_n}{2} \right| \qquad (8-17)$$

式中　$\Delta \dot{I}_t$——发电机机端侧故障分量电流；

$\Delta \dot{I}_n$——发电机中性点侧故障分量电流。

故障分量比率制动式纵联差动保护的动作特性曲线如图 8-10 所示，其中 $\Delta \dot{i}_d = \Delta \dot{I}_t - \Delta \dot{I}_n$，$\Delta \dot{i}_{res} = \frac{1}{2}$ $|\Delta \dot{I}_t + \Delta \dot{I}_n|$。直线 1 为故障分量纵联差动保护在正常

运行和外部短路时的制动特性曲线；直线 2 为故障分量纵联差动保护在内部短路时的动作特性曲线，其斜率 $K \geq 2.0$；直线 3 为故障分量纵联差动保护的整定特性曲线。

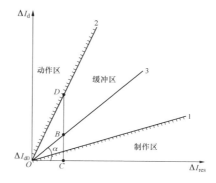

图 8-10　故障分量比率制动式纵联差动
保护的动作特性曲线

纵联差动保护动作特性曲线（直线 3）的倾角 α，一般取 $45°$，即制动系数 $K=1.0$。最小动作电流 $\Delta I_{d0} \approx 0.1 I_{GN}/n_a$ 或 ΔI_{d0} 大于负荷状态下微机输出最大不平衡增量差流。

b）工频变化量比率差动保护。动作判据为

$$\begin{cases} \Delta I_d > 1.25\Delta I_{op} + I_{op,min} \\ \Delta I_d > 0.6 I_{res} & \Delta I_{res} < 2I_{GN} 时 \quad (8-18) \\ \Delta I_d > 0.75 I_{res} - 0.3 I_{GN} & \Delta I_{res} \geq 2I_{GN} 时 \end{cases}$$

其中

$$\begin{cases} \Delta I_{res} = |\Delta \dot{I}_n| + |\Delta \dot{I}_t| \\ \Delta I_d = |\Delta \dot{I}_n + \Delta \dot{I}_t| \end{cases} \qquad (8-19)$$

式中　ΔI_{op}——浮动定值，随变化量增大而自动提高；

$I_{op,min}$——最小动作电流；

ΔI_d——差动电流的工频变化量；

ΔI_{res}——制动电流的工频变化量；

I_{GN}——发电机的额定电流；

$\Delta \dot{I}_n$——发电机中性点侧电流的工频变化增量；

$\Delta \dot{I}_t$——发电机机端侧电流的工频变化增量。

该保护可提高发电机内部小电流故障检测的灵敏度，其动作特性曲线如图 8-11 所示。由图 8-11 可见，其纵横坐标都以增变量为准，工频变化量比率差动保护的制动电流选取与稳态比率差动保护不同。工频变化量比率差动的各相关参数由装置内部设定，不需要专门进行整定计算。

7）差动速断保护。为了避免在严重故障情况下较高短路电流水平时，由于电流互感器饱和产生制动电

流时比率制动差动保护不动作,通常还配置差动速断保护,保护不考虑电气制动量,当任一相差动电流大于差动速断整定值时保护瞬时动作于出口继电器。

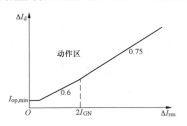

图 8-11 工频变化量比率差动保护的动作特性曲线

3. 不完全纵联差动保护

不完全纵联差动保护的保护原理与比率制动式差动保护和标积制动式纵联差动保护的原理相同。不完全纵联差动保护和完全纵联差动保护的差别在于引入到保护装置的电流量不一样。

采用完全纵联差动保护时,发电机中性点电流的引入量为相电流。采用不完全纵联差动保护时,发电机中性点电流的引入量为单个分支或其组合的电流量。

保护既反应相间和匝间短路,又兼顾分支开焊故障。设定子绕组每相并联分支数为 α,在构成纵联差

动保护时,机端接入相电流[见图 8-12(a)中的 TA2],但中性点侧 TA1 每相仅接入 N 个分支,α 与 N 的关系为

$$1 \leq N \leq \alpha/2 \qquad (8\text{-}20)$$

其中,α 与 N 的取值见表 8-1。

表 8-1 α 与 N 的取值

α	2	3	4	5	6	7	8	9	10
N	1	1	2	2	2 或 3*	2 或 3*	3 或 4*	3 或 4*	4 或 5*

* 与装设一套或两套单元件横差保护有关。

图 8-12(a)中互感器 TA1 与 TA2 构成发电机不完全纵联差动保护。TA5 与 TA6 构成发电机-变压器组不完全纵联差动保护,而 TA3 与 TA4 构成变压器完全纵联差动保护。TA1 的变比按 $n_a = \dfrac{I_{GN}}{\alpha} N / I_{2N}$ 的条件选择;TA2 的变比按 I_{GN}/I_{2N} 的条件选择,因此 TA1 的变比一定不同于 TA2。对于微机保护,TA1、TA2 可取相同变比,两侧二次电流的不相等由软件调平衡。

图 8-12(b)表示发电机中性点侧引出 4 个端子的情况,TA1 和 TA5 装设在每相的同一分支中。

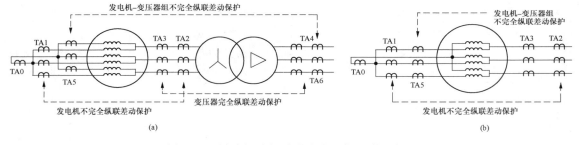

图 8-12 不完全纵联差动保护电流互感器引接示意图
(a) 发电机-变压器组不完全纵差示意图;(b) 中性点引出 4 个端子的不完全纵差示意图

4. 横差保护

(1)单元件横差保护。对于定子绕组为星形接线、每相有并联分支且中性点侧有分支引出端子的发电机,应装设横差保护。保护可反应匝间短路和分支开焊以及机内绕组相间短路。横差保护的电流取自装在两组星形绕组中性点连线上的电流互感器二次回路,反应两个支路电流之差。横差保护电流互感器引接如图 8-13 所示。

为了降低保护的动作电流值,保护需增加三次谐波滤过功能,使保护只反应基波分量。发电机转子绕组发生间歇性两点接地短路时,发电机气隙磁场畸变可能致使保护误动,保护通常考虑转子一点接地后横差保护带短延时动作。另外保护还采用电流比率制动的横差保护原理,以提高其灵敏度。

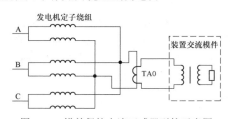

图 8-13 横差保护电流互感器引接示意图

(2)裂相横差保护。裂相横差保护将一台每相并联分支数为偶数的发电机定子绕组一分为二,各配以电流互感器。将各组分支电流引到保护装置中计算差流。当差流大于整定值时,保护动作。保护采用比率制动原理,即外部故障制动量相对较大,内部故障差动量相对较大。裂相横差保护电流互感器引接如图 8-14 所示。

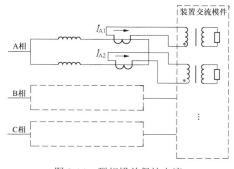

图 8-14　裂相横差保护电流
互感器引接示意图

四、定子绕组匝间短路保护

1. 装设原则

（1）对于定子绕组为星形接线、每相有并联分支且中性点侧有分支引出端的发电机，应装设零序电流型横差保护或裂相横差保护、不完全纵联差动保护。

（2）对于 50MW 及以上发电机，当定子绕组为星形接线，中性点只有三个引出端子时，根据用户和制造厂的要求，也可装设专用的匝间短路保护。

发电机是否装设匝间短路保护，有两种不同的意见：一种认为发电机定子绕组的结构不会引起匝间短路，可不装设；另一种意见认为，发电机定子绕组有发生匝间短路的可能，如引线部分，希望装设匝间保护。目前国内保护装置基本上均配有匝间保护，工程设计时一般都按装设匝间保护设计。

2. 零序电压式匝间保护

当定子绕组为星形接线且中性点只有三个引出端子时，一般采用专用零序电压式保护装置，保护瞬时动作于全停。

有并联分支的发电机定子匝间短路时，会有零序电流和零序电压产生；发电机单相接地时，也会有零序电流和零序电压产生。因此，两者必须区分，可采用图 8-15 所示的零序电压式匝间保护的原理接线来区分。

如图 8-15 所示，把发电机中性点与发电机出口端电压互感器的中性点用电缆连接起来，该电压互感器的一次侧中性点不能接地（要求该电压互感器为全绝缘），当定子绕组发生匝间短路时，就有零序电压加到电压互感器的一次侧，于是，在其二次侧开口三角形出口处就有零序电压输出，使电压继电器动作。

当发电机定子绕组发生单相接地故障时，虽然一次系统也出现零序电压，但发电机输出端每相对中性点的电压仍然是对称的。因此，电压互感器的一次侧三相对中性点的电压同样是完全对称的，它的开口三角形绕组输出电压仍为零，故保护不会动作。

当外部相间短路时，零序电压式匝间保护也反应不平衡电压，为了保证保护动作有足够的灵敏系数，在外部短路时又不误动作，可增设防止误动作的闭锁元件。一般选用负序功率方向、负序功率增量 ΔP_2、谐波制动及电流比率制动等原理作为匝间保护情况下的辅助判据，各种保护采用专用TV纵向零序电压作为主要判据。

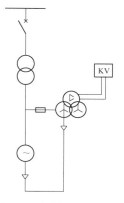

图 8-15　发电机零序电压式
匝间保护原理接线图

为使一次设备安全，电压互感器的高压侧通常装设熔断器。为防止熔断器熔断而导致保护误动作，还要增设电压断线闭锁装置。

零序电压式匝间保护及横差保护对发电机定子绕组开焊故障均能反应。发电机定子绕组的焊接质量（不开焊）应由发电机制造厂保证，然而在实际运行中，发电机定子绕组开焊故障也不是绝对没有的。因此，发电机定子绕组匝间短路保护能兼顾发电机定子开焊故障也具有很大意义。

3. 微机型匝间保护

微机型匝间保护以专用零序电压为主要判据，不同保护装置具有三次谐波增量制动、负序功率方向、负序功率增量及电流比率制动等不同的辅助判据，避免外部故障时保护装置误动。

（1）发电机负序功率方向及三次谐波制动闭锁式匝间短路保护。发电机负序功率方向及三次谐波制动闭锁式匝间短路保护反应发电机纵向零序电压的基波分量，并用其三次谐波增量作为制动量。保护的逻辑框图如图 8-16 所示。

（2）发电机纵向零序过电压及故障分量负序方向（ΔP_2）匝间保护。当发电机三相定子绕组发生相间短路、匝间短路及分支开焊等不对称故障时，在故障点出现负序源。为防止外部短路时纵向零序不平衡电压增大造成保护误动，利用故障分量负序方向作为辅助判据，用于判别是发电机内部短路还是外部短路。纵向零序电压元件及故障分量负序方向元件组成"与"门实现匝间保护；在并网前，因 $\Delta I_2=0$，则故障分量负序方向元件失效，仅由纵向零序电压元件经短延时 t_1 实现匝间保护。并网后不允许纵向零序电压元件单独出口，为此以过电流 $I>I_{set}$ 闭锁该判据，某些保护装置中固定 $I_{set}=0.06I_N$。保护逻辑框图如图 8-17 所示。

（3）发电机纵向零序过电压及电流比率制动匝间保护。保护分为高定值段及灵敏段匝间保护。

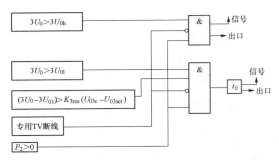

图 8-16　发电机负序功率方向及三次谐波制动
闭锁式匝间短路保护逻辑框图

$3U_0$—零序电压基波；$3U_{03c}$—三次谐波计算值；$3U_{0l}$—零序电压
基波低定值；$3U_{0h}$—零序电压基波高定值；K_{3res}—三次谐波制动
系数；U_{03set}—三次谐波整定值；P_2—负序功率方向判据

1）高定值段匝间保护。按躲过区外故障最大不平衡电压整定，经工频变化量负序功率方向元件闭锁。

2）灵敏段匝间保护。装置采用电流比率制动的纵向零序电压保护原理，其动作方程为

$$\begin{cases} U_{zo} > [1 + K_{res} I_{res} / I_{GN}] \times U_{zozd} \\ I_{res} = 3I_{t2} & I_{max} < I_{GN} \\ I_{res} = (I_{max} - I_{GN}) + 3I_{t2} & I_{max} \geqslant I_{GN} \end{cases} \quad (8\text{-}21)$$

式中　U_{zo}——零序电压动作值；

K_{res}——制动系数，受工频变化量负序功率方向影响；

I_{res}——制动电流；

I_{GN}——发电机额定电流；

U_{zozd}——零序电压定值；

I_{t2}——发电机机端负序电流；

I_{max}——发电机机端最大相电流。

发电机纵向零序过电压及电流比率制动匝间保护逻辑框图如图 8-18 所示。

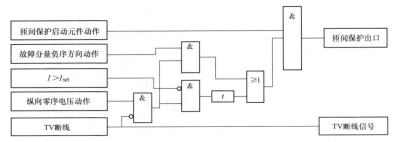

图 8-17　发电机纵向零序过电压及故障分量负序方向匝间短路保护逻辑框图

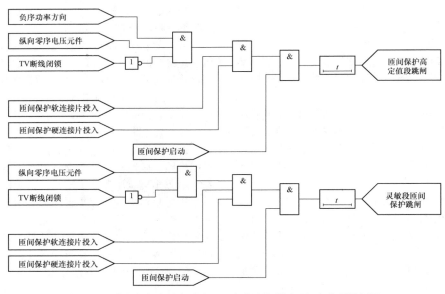

图 8-18　发电机纵向零序过电压及电流比率制动匝间保护逻辑框图

五、相间短路后备保护

在发电机出线侧，如连接在母线上的变压器、线路发生短路且相应的保护或断路器拒绝动作，或在发电机母线上发生短路且其上未装设专用的母线保护时，为可靠切除故障，在发电机上应装设防御相间短路的后备保护。该保护也同时作为发电机相间短路主保护的后备保护。

1. 相间短路后备保护的装设原则

作为发电机主保护的后备保护，保护装置宜配置在发电机的中性点侧，应按下列规定配置相应的保护：

（1）对于 1MW 及以下与其他发电机或电力系统并列运行的发电机，应装设过电流保护。

（2）1MW 以上的发电机，宜装设复合电压（包括负序电压及线电压）启动的过电流保护。当灵敏度不满足要求时，可增设负序过电流保护。

（3）自并励（无串联变压器）发电机，宜采用带电流记忆（保持）的低压过电流保护。

（4）并列运行的发电机和发电机-变压器组的后备保护，对所连接母线的相间故障，应具有必要的灵敏系数。

（5）以上各项保护装置，宜带有二段时限，以较短的时限动作于缩小故障影响的范围或动作于解列，以较长的时限动作于停机。

（6）对于装设了定子绕组反时限过负荷及反时限负序过负荷保护，且保护综合特性对发电机-变压器组所连接高压母线的相间短路故障具有必要的灵敏系数，并满足时间配合要求，可不再装设复合电压启动的过电流保护。保护宜动作于停机。

2. 保护原理及判据

发电机微机型复合电压启动的过电流（带记忆）保护逻辑框图如图 8-19 所示。

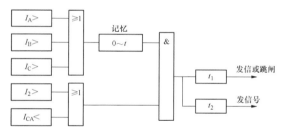

图 8-19　发电机微机型复合电压启动的
过电流（带记忆）保护逻辑框图

对于自并励励磁的发电机，采用带记忆的复合电压启动的过电流保护，当主保护动作跳闸后，带记忆元件会形成过电流保护持续动作，过电流元件无法返回。虽然主保护已动作，但会再由过电流保护出口于缩小故障范围（如跳母联断路器），导致故障范围扩大。可以考虑利用发电机或发电机-变压器组出线侧的电流保护第一时限跳母联断路器，发电机带记忆的复合电压启动的过电流仅保留一段时限跳发电机断路器或停机；或在保护装置中通过断路器位置闭锁电流记忆。

六、定子绕组过负荷保护

发电机因负荷变化及调节系统的原因可能产生过负荷，需装设定子绕组对称过负荷保护。对于大容量发电机，由于材料利用率高，其热容量（W²/℃）和铜损、铁损之比显著减小，因此承受过负荷的裕度较小。发电机允许过负荷的时间与过负荷的大小有关，通常呈反时限特性。为了使保护动作特性与发电机的温升特性相配合，以确保机组的安全运行和充分发挥其过负荷能力，对称过负荷保护一般由定时限和反时限两部分组成。

1. 装设原则

对过负荷引起的发电机定子绕组过电流，应按下列规定装设定子绕组过负荷保护：

（1）定子绕组非直接冷却的发电机，应装设定时限过负荷保护，带时限动作于信号。

（2）定子绕组直接冷却且过负荷能力较低（如低于 1.5 倍、60s）的发电机，过负荷保护由定时限和反时限两部分组成。

1）定时限部分。动作电流按在发电机长期允许的负荷电流下能可靠返回的条件整定，带时限动作于信号，在有条件时，可动作于自动减负荷。

2）反时限部分。动作特性按发电机定子绕组的过负荷能力确定，动作于停机。保护反映发电机定子绕组的电流大小，保护发电机定子以免过热。在灵敏系数和时限方面，可不考虑与其他相间短路保护相配合。

2. 保护原理及判据

微机型定子绕组过负荷保护逻辑框图如图 8-20 所示。定时限和反时限定子绕组过负荷保护的整定与发电机过负荷曲线配合。定时限定子绕组过负荷保护作用于信号或减负荷，减负荷信号需与热控专业配合，当自动化系统能够实现自动减负荷时可考虑此出口；反时限定子绕组过负荷保护按发电机制造厂提供的反时限要求作用于全停。

发电机定子绕组过负荷曲线如图 8-21 所示。

反时限曲线特性由上限定时限、反时限和下限定时限三部分组成。

当发电机电流大于上限整定值时，则按上限定时限动作；当电流大于下限整定值，但不足以使反时限部分动作时，则按下限定时限动作；电流在此之间则按反时限规律动作。

七、不对称过负荷保护

1. 装设原则

对不对称负荷、非全相运行及外部不对称短路引起的负序电流，应按下列规定装设发电机转子表层过负荷保护：

（1）50MW 及以上，A 值大于 10 的发电机，应装设定时限负序过负荷保护。保护装置的动作电流按躲

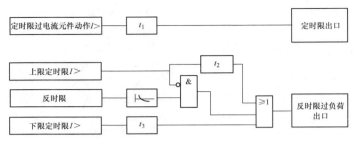

图 8-20　微机型定子绕组过负荷保护逻辑框图

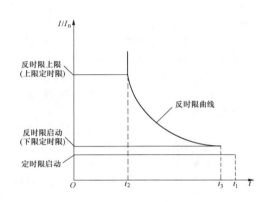

图 8-21　发电机定子绕组过负荷曲线

过发电机长期允许的负序电流值和最大负荷下负序电流滤过器的不平衡电流值整定，带时限动作于信号。

（2）100MW 及以上，A 值小于 10 的发电机，应装设由定时限和反时限两部分组成的转子表层过负荷保护。

1）定时限部分。动作电流按躲过发电机长期允许的负序电流值及最大负荷下负序电流滤过器的不平衡电流值整定，带时限动作于信号。

2）反时限部分。动作特性按发电机承受负序过电流的能力确定，动作于停机。保护应能反应电流变化时发电机转子的热积累过程。在灵敏系数和时限方面，不考虑与其他相间短路保护相配合。

2．保护原理及判据

发电机承受负序过电流的能力不仅与转子楔条材料、线负荷、几何尺寸等因素有关，还间接与 I_2 的大小有关（I_2 影响转子钢的透入深度 d_c）。在实际测定发电机短时承受负序能力的允许值 A 时，首先应规定转子各部件的短时极限温度，然后在一定大小的负序电流 I_2 下，观察转子各部件达到极限温度所经历的时间 t，则 $I_2^2 t$ 的数值是这台发电机所能承受负序过电流的能力 A。

发电机组 A 值允许值见表 8-2，具体工程以与制造厂签订的技术协议数据为准。

发电机的负序反时限保护就是根据发电机的动作

特性构成的。定时限动作于信号；反时限与发电厂过负荷曲线配合，保护特性曲线在发电机允许曲线之下，动作于停机。发电机负序反时限保护逻辑框图如图 8-22 所示。

表 8-2　　发电机组 A 值允许值

项号	电机形式		连续运行时的 I_2/I_N 最大值	在故障状态下运行的 $(I_2/I_N)^2 \times t$（s）最大值
凸极电机				
1	间接冷却绕组	电动机	0.1	20
		发电机	0.08	20
		同步调相机	0.1	20
2	直接冷却（内冷）定子和/或磁场绕组	电动机	0.08	15
		发电机	0.05	15
		同步调相机	0.08	15
圆柱形转子同步电机				
3	间接冷却转子绕组	空冷	0.1	15
		氢冷	0.1	10
4	直接冷却（内冷）转子绕组		0.08	8
	≤350MVA			
	>350	≤900MVA	①	②
	>900	≤1250MVA	①	5
	>1205	≤1600MVA	0.05	5

① 对于此类电机，I_2/I_N 按下式计算：$I_2/I_N = 0.08 - \dfrac{S_N - 350}{3 \times 10^4}$。

② 对于此类电机，t 以秒为单位的 $(I_2/I_N)^2$ 按下式计算：$(I_2/I_N)^2 t = 8 - 0.0545 (S_N - 350)$。式中 S_N 为额定视在功率，单位为 MVA。

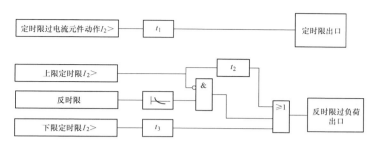

图 8-22 发电机负序反时限保护逻辑框图

不对称过负荷保护由两部分组成，即定时限过负荷保护和反时限过电流保护。电流为发电机中性点（或机端）电流。

负序反时限曲线特性由上限定时限、反时限和下限定时限三部分组成。

当发电机电流大于上限整定值时，则按上限定时限动作；当电流大于下限整定值，但不足以使反时限部分动作时，则按下限定时限动作；电流在此之间则按反时限规律动作。

发电机转子表层负序反时限保护的动作时间见式（8-60）。

八、定子绕组单相接地保护

1. 装设原则

发电机定子绕组单相接地保护应符合以下要求：

（1）发电机定子绕组单相接地故障电流允许值按制造厂的规定值，如无制造厂提供的规定值，可参照表 8-3 所列数据。

表 8-3　　发电机定子绕组单相接地故障电流允许值

发电机额定电压（kV）	发电机额定容量（MW）		故障电流允许值（A）
6.3	≤50		4
10.5	汽轮发电机	50～100	3
	水轮发电机	10～100	
13.8～15.75	汽轮发电机	125～200	2*
	水轮发电机	40～225	
18～27	300～1000		1

* 氢冷发电机为 2.5A。

（2）与母线直接连接的发电机。当单相接地故障电流值（不考虑消弧线圈的补偿作用）大于允许值（参照表 8-3）时，应装设有选择性的接地保护装置。

（3）发电机-变压器组。对于 100MW 以下的发电机，应装设保护区不小于 90% 的定子接地保护；对于 100MW 及以上的发电机，应装设保护区为 100% 的定子接地保护。保护带时限动作于信号，必要时也可以动作于停机。

为检查发电机定子绕组和发电机回路的绝缘状况，保护装置应能监视发电机端的零序电压值。

2. 发电机中性点接地方式

发电机定子接地保护方式与发电机中性点接地方式有关，而发电机中性点接地方式又与定子单相接地电流的大小、定子绕组的过电压、定子接地保护的实现方案等因素有关。国内外应用较多的大型发电机中性点接地方式大致分为以下三类：

（1）中性点不接地方式。为了接地保护可以在中性点装设单相电压互感器，且在其二次侧获得良好的电压波形，其铁芯磁通密度不应太高，其额定一次电压一般选择为发电机的额定电压。

（2）若发电机电压系统对地电容电流超过允许值（参照表 8-3），则可采用中性点经消弧线圈接地的方式，将接地电流补偿到低于允许值。

（3）中性点经配电变压器（二次侧接电阻 R_N）接地，又称为经高阻抗接地。

3. 发电机定子接地保护的保护原理

（1）基波零序电压保护。发电机定子回路中性点和定子绕组引出线及主变压器低压绕组和电压互感器一次绕组的基波零序电压均相同。因此，作为发电机定子接地保护动作量的基波零序电压，可取自发电机中性点单相电压互感器二次侧或接地消弧线圈的二次电压，也可取自机端三相电压互感器的第三绕组（开口三角接线）的电压。采用发电机中性点经变压器接地方式时，基波零序电压可取自变压器二次侧的接地电阻抽头，基波零序电压接地保护原理接线如图 8-23 所示。

对于接在机端电压互感器（TV）开口三角形的保护，由于发电机三相对地电容的差异以及电压互感器在制造上不可能三相完全平衡，因此正常运行时，其二次侧开口三角形输出有不平衡电压；由于发电机制造上的原因，在发电机相电动势中含有三次谐波，因此电压互感器（TV）的开口三角形有三次谐波电压输出。另外，当变压器高压侧发生接地故障时，高压系统中的零序电压通过变压器高、低压绕组间的电容耦合，也会传送到发电机电压侧。所以，为了保证保护动作的选择性和灵敏性，发电机定子绕组保护装置的动作电压应避开上述不平衡电压。为了减少死区，提高保护灵敏性，通常采取以下措施：

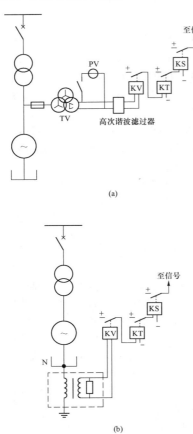

图 8-23　基波零序电压接地保护原理接线图

（a）基波零序电压取自机端；

（b）基波零序电压取自中性点侧

1）减小三次谐波电压值。微机型保护在电压互感器与继电器之间加装三次谐波滤过器或采用数字滤波滤去三次谐波，滤去 TV 开口三角形出口处的三次谐波电压。实践证明，采用三次谐波滤过，基波零序电压型定子接地保护的动作电压可以减小到 5～10V，即将动作区增大到 90%～95%。

2）对于大容量发电机-变压器组。其高压侧均为大电流接地系统，若直接传递给发电机的零序电压超过其定子接地保护的动作电压，则保护定值中应予以考虑，具体见本章第三节相关内容。

（2）三次谐波电压定子接地保护。它利用正常运行时发电机中性点三次谐波电压 U_{3n} 比机端三次谐波电压 U_{3t} 大，而靠近中性点附近定子接地时则好相反的原理构成保护装置，与基波零序电压配合可以构成 100%定子接地保护。

当发电机正常运行时，恒有 $|\dot{U}_{3n}|/|\dot{U}_{3t}| > 1$；当发电机中性点附近发生接地故障时，恒有 $|\dot{U}_{3n}|/|\dot{U}_{3t}| < 1$。有直接比较 $\dot{U}_{3n}$ 和 $\dot{U}_{3t}$ 绝对值大小原理的保护装置，也有利用 U_{3n} 和 U_{3t} 的组合量进行绝对值比较的保护装置。

1）以 $|\dot{U}_{3n}| \leq |\dot{U}_{3t}|$ 为动作条件的定子接地保护，继电器的信号电压取自发电机机端三相电压互感器二次开口三角形绕组和中性点单相电压互感器二次绕组。常用的判据为 $|\dot{U}_{3t}|/|\dot{U}_{3n}| > \alpha$。

2）以 $|K_p\dot{U}_{3n} - \dot{U}_{3t}| > \beta|\dot{U}_{3n}|$ 或 $|\dot{U}_{3n} - K_p\dot{U}_{3t}| > \beta|\dot{U}_{3n}|$ 或 $|\dot{U}_{3t} - K_p\dot{U}_{3n}|/\beta > |\dot{U}_{3n}|$ 等作为动作条件的几种判据，虽然表现形式不同，但是其实质基本相同（其中，K_p 为动作量调整系数；β 为制动量调整系数）。$\dot{U}_{3n}$ 表示取自中性点处电压互感器二次侧或消弧线圈二次侧的三次谐波电压，$\dot{U}_{3t}$ 表示取于机端电压互感器开口三角形的三次谐波电压。正常运行时，由于调整 $|K_p\dot{U}_{3n} - \dot{U}_{3t}|$ 近似为零，并且加上适当的制动量 $\beta\dot{U}_n$，保护不动作；当发生单相接地故障后，$|K_p\dot{U}_{3n} - \dot{U}_{3t}|$ 增大，而 $\beta|\dot{U}_{3n}|$ 减小，当满足 $|K_p\dot{U}_{3n} - \dot{U}_{3t}| > \beta|\dot{U}_n|$ 时，保护动作，启动出口回路。

基于基波零序电压的保护原理比较简单，不再多述。下面以一种基于三次谐电压比或自调整式三次谐波电压保护，由基波零序电压构成的 100%发电机定子接地保护为例介绍，其逻辑图如图 8-24 所示。

图 8-24 中闭锁非门条件之一，主要考虑当发电机启停机时，三次谐波电动势较小，各判据计算误差可能较大，造成保护误动。闭锁条件之二主要考虑 TV 小车推入 TV 柜时可能接触不良或由于震动导致接触不良，可能造成三次谐波判据误动。另外该逻辑中的三次谐波比是先相量比再取绝对值，通常用的是绝对值比。基于三次谐波原理的保护较灵敏，但容易误动，通常出口设计为动作于信号。

3）三次谐波定子接地保护的灵敏系数。利用绝对值比较方式，即以 $|\dot{U}_{3t}|/|\dot{U}_{3n}| > 1$ 为判据的三次谐波定子接地保护，能简单可靠地实现消除基波零序电压保护的动作死区，但灵敏系数不高。以 $|K_p\dot{U}_{3n} - \dot{U}_{3t}| > \beta|\dot{U}_{3n}|$ 为判据的定子接地保护，只要合理调平衡和确定制动电压，灵敏系数就将高于以 $|\dot{U}_{3t}|/|\dot{U}_{3n}| > 1$ 为判据的保护。

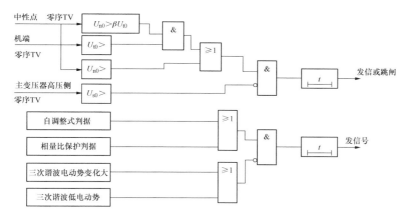

图 8-24　100%发电机定子接地保护逻辑图

（3）外加交流电源式 100%定子接地保护。国内应用的外加交流电源式定子接地保护有两种注入电源，即 20Hz 电源和 12.5Hz 电源。对定子绕组外加电源通过装置计算定子对地绝缘，实现外加电源的 100%定子接地保护。外加交流电源式 100%定子接地保护具有灵敏系数高，且与接地故障点位置、发电机三相对地电容大小无关，能检测定子绝缘的均匀老化，不受高压系统接地故障的影响等优点。外加 20Hz 电源原理的定子接地保护原理接线图如图 8-25 所示。

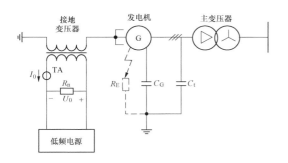

图 8-25　外加 20Hz 电源原理的定子
接地保护原理接线图

在图 8-25 中，R_E 为故障点的接地过渡电阻；C_G 为发电机定子绕组对地总电容；C_t 为发电机定子绕组外部连接设备对地总电容；R_n 为接地变压器负载电阻；U_0 为负载电阻两端电压；I_0 为电流互感器 TA 测量的电流。保护装置通过测量 U_0 和 I_0，计算接地过渡电阻 R_E，从而实现 100%定子接地保护。保护除有接地电阻主判据外，还设有取自 TA 的接地零序电流判据。该判据反应流过发电机中性点接地连线上的电流，作为电阻判据的后备，其动作值按保护距发电机机端 80%～90%范围的定子绕组接地故障的

原则整定。

外加交流电源式定子接地保护设计时需注意和制造厂的配合。发电机接地电阻的阻值需要满足保护装置的需要，由保护装置制造厂进行核算，并且对注入电源的电缆的规格和长度也要注意满足保护装置的需要。

对于 600MW 及以上机组容量较大的发电机组，可以考虑配置外加电源注入式定子接地保护。

4. 与母线连接的发电机定子接地保护

保护装置由装于机端的零序电流互感器和电流继电器构成。其动作电流按躲过不平衡电流和外部单相接地时发电机稳态电容电流整定。接地保护带时限动作于信号，但当消弧线圈退出运行或由于其他原因使残余电流大于接地电流允许值时，应切换为动作于停机。

当未装接地保护，或装有接地保护但由于运行方式改变及灵敏系数不符合要求等原因不能动作时，可由单相接地监视装置动作于信号。

为检查发电机定子绕组和发电机回路的绝缘状况，保护装置应能监视发电机端零序电压值。

九、发电机励磁回路的继电保护

（一）励磁绕组过负荷保护

对励磁系统故障或强励时间过长的励磁绕组过负荷，在 100MW 及以上采用半导体励磁的发电机，应装设励磁绕组过负荷保护。

对于 300MW 以下采用半导体励磁系统的发电机，可装设定时限励磁绕组过负荷保护，保护装置带时限动作于信号和降低励磁电流。

对于 300MW 及以上的发电机，励磁绕组过负荷保护可由定时限和反时限两部分组成。

定时限部分：动作电流按正常运行最大励磁电流

下能可靠返回的条件整定，带时限动作于信号和降低励磁电流。

反时限部分：动作特性按发电机励磁绕组的过负荷能力确定，并动作于解列灭磁或程序跳闸。保护应能反应电流变化时励磁绕组的热积累过程。

大型发电机的励磁系统通常由交流励磁电源经可控或不可控整流装置组成。对于这种励磁系统，发电机励磁绕组的过负荷保护可以配置在直流侧，也可以配置在交流侧。当有备用励磁机时，保护装置配置在直流侧的好处是使用备用励磁机时，励磁绕组不会失去保护，但此时需要装设比较昂贵的直流变换设备（直流互感器或大型分流器）。

为了使励磁绕组过负荷保护能兼作励磁机、整流装置及其引出线的短路保护，一般将保护配置在励磁机中性点的电流互感器上。当中性点没有引出线时，则将保护配置在励磁机的机端。保护配置在交流侧时，保护装置的动作电流要计及整流系数，并换算到交流侧。

为防止励磁绕组过电流，现代自动调整励磁装置都有过励磁限制环节，它与励磁绕组过负荷保护有类似的功能。从保护功能方面看，励磁绕组过负荷保护可看作励磁限制环节的后备保护。

（二）励磁变压器及励磁机的保护

自并励发电机的励磁变压器宜采用电流速断保护作为主保护，采用过电流保护作为后备保护。

由于励磁变压器高压侧可以包括在机组纵联差动保护的范围之内，并且鉴于励磁变压器电流较小，高压侧装设满足动热稳定的电流互感器存在困难，故机端励磁方式的励磁变压器一般可不装设差动保护。对于交流励磁机，由于供电回路的单一性，保护不存在选择性困难，一般可以整定得比较灵敏，采用电流速断保护即可满足对主保护的要求。若大容量的交流励磁机，有条件在励磁机端和中性点两侧装设差动保护电流互感器，则可以装设励磁机的差动保护。

对于交流励磁发电机主励磁机的短路故障，宜在中性点侧的电流互感器回路上装设电流速断保护作为主保护，装设过电流保护作为后备保护。

（三）励磁回路的接地保护

当发生一点接地故障后，虽然并不构成电流通路，但是励磁绕组对地绝缘介质上的电压将有所增加，在最不利的情况下，将增加一倍，即增加到工作励磁电压。当发生一点接地后，发电机仍继续运行时，当其他点绝缘水平有所降低时，就有可能发生转子回路的第二点接地，尤其是对水内冷发电机，由于漏水发生转子一点接地后，很可能立即发生转子两点甚至一片的接地故障。

1. 励磁回路的接地保护配置原则

对 1MW 及以下发电机的转子一点接地故障可装设定期检测装置。1MW 及以上的发电机应装设专用的转子一点接地保护装置，延时动作于信号，宜减负荷平稳停机。有条件时可动作于程序跳闸。对旋转励磁的发电机宜装设一点接地故障定期检测装置。

转子一点接地保护动作后宜减负荷（自动或手动依据工程具体条件）平稳停机。转子一点接地故障扩大为两点接地故障对设备损坏较大，现场转子磁化消磁等都有困难。因此应当特别做好转子一点接地保护配置。

2. 转子一点接地的几种保护方案

转子一点接地保护可采用切换采样、叠加直流电压、叠加交流电压、注入式等原理。上述各种原理的保护，其共同点都是测量励磁回路对地绝缘电阻的变化。励磁回路对地电容较大，为此，各种保护方式都必须消除对地电容对保护的影响。

叠加直流电压原理的转子一点接地保护，在发电机转子绕组上叠加直流电压，先后两次测量不同附加电阻时转子对地电流值，通过保护装置计算转子回路接地电阻值 R_g。虽然保护无死区，也不受转子对地电容的影响，但其缺点是在正极或负极接地的灵敏系数相差很大。

叠加交流电压原理的转子一点接地保护，接线简单，没有死区，整个励磁绕组上任一点接地的灵敏系数与故障点位置基本无关，但受对地电容的影响。由于大型发电机转子绕组的等效对地电容相当大，在正常运行时就有较大的电流流经该保护，因此，这类保护用于大型发电机时灵敏系数会降低。

另一种采用方波注入式的转子接地保护，可以消除转子绕组对地电容的影响，并不受高次谐波分量的影响；保护灵敏度与转子接地位置无关，在转子绕组上任一点接地都有很高的灵敏度；并且在未加励磁电压的情况下，也能监视转子绝缘情况。

除了注入式原理的转子接地保护配置单独的装置外，国内成套的发电机保护装置通常都具有转子接地保护功能。保护按双重化配置时，采用不同原理的转子接地保护在测量接地绝缘时会互相影响，即使相同原理的保护也会引起接地绝缘测量的不准确。转子接地保护双重化配置，并随发电机保护装置成套的，运行时只投入一套。要求转子接地保护安装在就地发电机励磁小室的工程，转子接地保护配置独立的装置，由励磁制造厂成套或由保护制造厂供货安装于励磁小室或励磁柜中，可配置一套装置。

（1）切换采样式转子接地保护。切换采样式转子接地保护的一种常见形式为乒乓式转子一点接地保护，原理如图 8-26 所示。

励磁绕组中任一点 E 经过渡电阻 R_{tr}（即对地绝缘电阻）接地，励磁电压 U_{fd} 由 E 点分为 U_1 和 U_2。

电子开关 S1 闭合，S2 打开时（此时设 $U_{fd}=U_{fd1}$），有

$$I_1 = \frac{U_1}{R_0 + R_{tr}} \qquad (8\text{-}22)$$

式中 R_0——保护的固定电阻，Ω；

R_{tr}——励磁回路对地绝缘电阻，Ω。

电子开关 S2 闭合，S1 打开时（此时设 $U_{fd}=U_{fd2}$），有

$$I_2 = \frac{U_2}{R_0 + R_{tr}} \qquad (8\text{-}23)$$

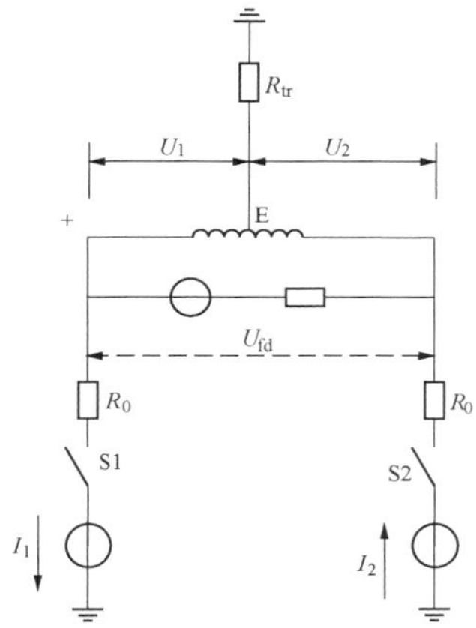

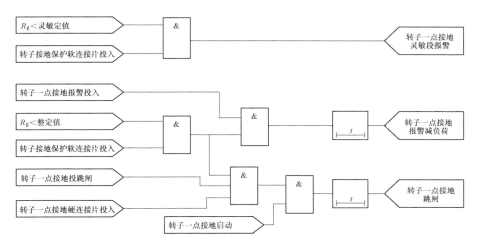

图 8-26 乒乓式转子一点接地保护原理

电导为

$$G_1 = \frac{I_1}{U_{fd1}} = \frac{\dfrac{U_1}{U_{fd1}}}{R_0 + R_{tr}} = \frac{K_1}{R_0 + R_{tr}} \qquad (8\text{-}24)$$

$$K_1 = \frac{U_1}{U_{fd1}}$$

$$G_2 = \frac{I_2}{U_{fd2}} = \frac{\dfrac{U_2}{U_{fd2}}}{R_0 + R_{tr}} = \frac{K_2}{R_0 + R_{tr}} \qquad (8\text{-}25)$$

$$K_2 = \frac{U_2}{U_{fd2}}$$

因 S1、S2 切换前后接地点 E 为同一点，故 $K_1+K_2=1$。

保护的动作判据为

$$G_{set} \leqslant G_1 + G_2 \quad 或 \quad R_{set} \geqslant R_{tr} + R_0 \qquad (8\text{-}26)$$

一种乒乓式转子一点接地保护的逻辑框图如图 8-27 所示。

（2）叠加直流原理转子一点接地保护。转子一点接地保护的注入直流电源由保护装置自产。在发电机运行及不运行时，均可监视发电机励磁回路的对地绝缘。

保护的输入端与转子负极及大轴连接。保护有两段出口，其动作方程为

$$\begin{cases} R_g < R_{g1} \\ R_g < R_{g2} \end{cases} \qquad (8\text{-}27)$$

式中 R_g——转子对地测量电阻；

R_{g1}、R_{g2}——转子一点接地保护整定值。

叠加直流原理转子一点接地保护的逻辑框图如图 8-28 所示。

图 8-27 一种乒乓式转子一点接地保护的逻辑框图

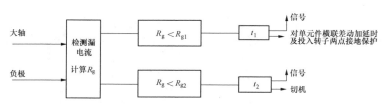

图 8-28　叠加直流原理转子一点接地保护的逻辑框图

（3）注入式转子接地保护。保护装置通过外加电源模块输出偏移方波电压，根据现场转子绕组的引出方式，可选择双端注入式或单端注入式转子接地保护原理，注入电源从转子绕组的正负两端（或负端）与大轴之间注入，实时求解转子一点接地电阻，反应发电机转子对大轴绝缘电阻的下降。双端注入式和单端注入式转子接地保护原理如图 8-29 和图 8-30 所示，其中 R_x 为测量回路电阻，R_y 为注入大功率电阻，U_s 为注入电源模块，R_g 为转子绕组对大轴的绝缘电阻。

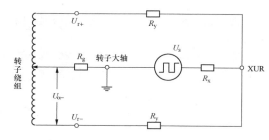

图 8-29　双端注入式转子接地保护原理

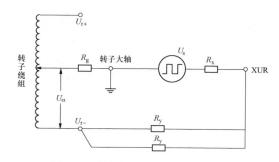

图 8-30　单端注入式转子接地保护原理

十、发电机失磁保护

（一）发电机失磁保护的装设原则

不允许失磁运行的发电机及失磁对电力系统有重大影响的发电机应装设专用的失磁保护。

对汽轮发电机，失磁保护宜瞬时或短延时动作于信号，有条件的机组可进行励磁切换。失磁后母线电压低于系统允许值时，带时限动作于解列。当发电机母线电压低于保证厂用电稳定运行要求的电压时，带

时限动作于解列，并切换厂用电源。有条件的机组，失磁保护也可动作于自动减出力。当减出力至发电机失磁允许负荷以下，其运行时间接近于失磁允许运行时限时，可动作于程序跳闸。

（二）发电机失磁保护的构成

发电机低励磁和失磁是常见的故障形式。特别是大容量机组，励磁系统的环节较多，接线较复杂，因而增加了发生低励磁和失磁的机会。不论是设备故障或人员过失造成的低励磁和失磁故障，都会使同步发电机定子回路中的参数发生变化。因此，同步发电机的低励磁、失磁保护多利用定子回路参数的变化来鉴别和尽快检测出发电机的低励磁或失磁故障。

1. 基本原理

定子回路可以作为低励磁、失磁保护判据的特征主要有以下几种：

（1）无功功率改变方向；

（2）超越静稳边界；

（3）进入异步边界；

（4）转子功角变化。

在正常情况下，发电机有可能进相运行，或在发生短路、系统振荡、长线充电、自同步或回路断线等异常运行方式下，机端测量阻抗的轨迹都可能进入第三、四象限，超越静稳边界和异步边界。因此，上述几种特征并非发电机低励磁、失磁过程中独有的特征，要保证保护的选择性还必须加上其他特征作为保护的辅助判据。

常用的辅助判据有：

（1）低励磁、失磁过程中，励磁电流和励磁电压都要下降；而在短路、系统振荡过程中，励磁回路中电流、电压的直流量不会下降，反而会因强行励磁的作用而上升。为此，可以利用励磁电流或励磁电压下降作为辅助判据。

（2）低励磁、失磁过程中没有负序分量；而在短路、短路引起的振荡过程中或最初瞬间，总是有负序分量产生。因此，可用负序分量来区分是低励磁、失磁故障还是其他故障。

（3）系统振荡过程中，振荡阻抗的轨迹只是短时穿过低励磁、失磁继电器的动作区，而不会长时间停留在动作区内。因此，可利用动作时间来躲过振荡。

（4）正常情况下的长线充电、自同步并列都属于正常操作，可以利用操作特性来防止误动作。而事故状态下引起的长线充电，可把电压升高的特征作为判据。

（5）电压回路断线时，可利用断线后三相电压失去平衡的特点构成断线闭锁元件。

不论采用上述哪一种辅助判据，都不能保证在任何情况下均能可靠地防止保护装置误动作。要保证保护装置的选择性，必须同时运用两种或两种以上的辅助判据。目前国内辅助判据用得较多的是下述两种组成方式：

（1）用励磁低电压元件和时间元件对短路故障、系统振荡和电压回路断线均能实现闭锁。

（2）用负序元件、延时元件和电压回路断线闭锁元件实现闭锁。其中负序电压（或电流）元件用于防止在短路情况下保护误动作；延时元件用于躲过振荡；电压回路断线闭锁元件用于防止断线时保护装置误动作。此外，对发电机的自同步并列方式及正常进行长线充电均可用操作闭锁方式来防止保护误动作。

各种闭锁方式在非正常运行方式下的动作行为见表 8-4。

表 8-4　　各种闭锁方式在非正常运行
方式下的动作行为

辅助判据 故障类型	负序 元件	励磁低电 压元件	延时 元件	电压回路断线 闭锁元件	操作 闭锁	备 注
短路故障	+	+	+	−		
短路伴随振荡	+	+	+	−		
振荡	−	±	+			
长线充电	−	±			±	
自同步						
电压回路断线	±	+	−	+		

注　+表示能够可靠地防止误动作；−表示不能防止误动作；
　　±表示不能可靠地防止误动作。

上述各种闭锁方式都因闭锁而增加了保护装置的复杂性，而且用延时元件降低了保护装置的性能。就上述两种闭锁方式相对而言，励磁低电压元件加延时元件的闭锁方式较简单。

目前工程设计中，低励磁、失磁保护的构成方案很多，但用来作为保护判据和闭锁元件的常用上述几种，有的保护还增加了突变量闭锁环节。

2. 保护构成及出口逻辑

失磁保护常由阻抗判据、转子低电压判据、机端低电压判据、系统低电压判据和闭锁（启动）判据组成。

阻抗元件用于检出失磁故障，常用的阻抗元件按

静稳阻抗圆、异步阻抗圆整定。发电机失磁保护阻抗圆特性如图 8-31 所示。发电机失磁后机端阻抗最终轨迹一定进入圆 1 中，圆 1 称为异步阻抗圆。异步阻抗圆的动作判据主要用于与系统联系紧密的发电机，它能反应失磁发电机机端的最终阻抗（动作较晚）。

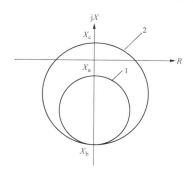

图 8-31　发电机失磁保护阻抗圆特性
1—异步阻抗圆；2—静稳阻抗圆

静稳阻抗圆（图 8-31 中圆 2）动作较快，但由于圆有一部分区域在 Ⅰ、Ⅱ 象限，故易发生非失磁误动。为了满足发电机进相运行的需要，某些保护原理通过过原点的两根切线切去一部分阻抗或用进相无功切线切去一部分阻抗以满足发电机进相运行要求。

阻抗元件的电压取自发电机机端 TV，电流取自发电机机端或中性点 TA。

高压侧电压取自主变压器高压侧 TV，励磁电压取自发电机转子。

母线低电压元件用于监视母线电压，保障系统安全。母线低电压元件的动作电压，按由稳定运行条件决定的临界电压整定，应取发电机断路器（或发电机-变压器组高压侧断路器）连接母线的电压。

闭锁元件用于防止保护装置在其他异常运行方式下误动作。在外部短路、系统振荡及电压回路断线情况下阻抗元件都可能误动作，为防止保护误动作，应装设闭锁元件。过去曾用负序电流闭锁，用以防止在短路和振荡时阻抗元件误动作，但因为振荡不全是由短路引起的，且振荡时间可能超过负序保持的闭锁时间，所以不再推荐用负序电流闭锁。另外还有用负序电压（突变量）作为闭锁元件的，它也能对三相短路进行闭锁，但负序电压元件动作后需要延时返回，时间要大于后备保护切除故障的时间。对振荡则要靠延时来躲过。这种闭锁方式较复杂，也不够理想，所以目前有条件时采用转子低电压元件作为闭锁元件。当为旋转半导体励磁，无法取得转子直流电压时，对短路故障只能采用负序电压量（延时返回）进行闭锁。由于这种闭锁方式要用延时躲过系统振荡，所以实际上会把失磁保护的动作时间推迟，不利

于电厂安全运行。

一种阻抗型失磁保护逻辑框图如图 8-32 所示。

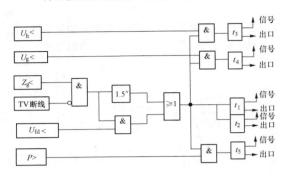

图 8-32 阻抗型失磁保护逻辑框图

失磁保护的出口回路可归纳为以下几条：

（1）发电机 TV 断线未闭锁+失磁判据+转子低电压判据⇒时间元件 t_1（t_2）⇒信号及程序跳闸出口（程跳/可切换到解列）。

（2）发电机 TV 断线未闭锁+失磁判据+转子低电压判据+系统低电压+系统侧 TV 断线未闭锁⇒时间元件 t_3⇒解列。

（3）发电机 TV 断线未闭锁+失磁判据+转子低电压判据+机端低电压⇒时间元件 t_4⇒切换厂用分支。

（4）发电机 TV 断线未闭锁+失磁判据+转子低电压判据+机组功率超过整定值⇒时间元件 t_5⇒发出信号、减出力。

失磁保护主判据由阻抗元件或复功率判别原理构成，要能明确区别进相运行和失磁。进相运行不允许失磁保护误动作。

t_3 是系统对发电机失磁允许的时间要求，一般时间较短，可取 0.5～1s，动作于解列或解列灭磁。不宜动作于程序跳闸，程序跳闸时间较长，系统不允许。

t_5 应根据失磁后保证机组本身安全的条件来整定，一般要求较快动作于减出力。

如果失磁后发电机侧电压不能保证厂用电稳定运行，则应切换厂用电源。有的设计为简化保护，减出力同时切换厂用电源。严格地说，失磁后母线电压不一定会低到正常运行所不允许的地步，如不必要地切换厂用电源，则引起的扰动对电厂的稳定运行反而不利。尽可能少地引起厂用电源波动，避免影响机炉稳定运行。也就是说，如果母线电压降低不多，则不需切换厂用电源。

t_3 和 t_2 没有固定的配合关系，一旦有一个启动条件满足，就按自己的整定时限动作。

t_2 对应的是发电机失磁后出力减至允许值以下时，一般为额定负荷的 40%～50%，具体要求可由发电机制造商提供。允许异步运行的时间，通常在 15min

左右，为避免机组超速，可动作于程序跳闸。

（三）设计注意事项

（1）应根据规程规定结合机组和系统要求装设失磁保护，实际上除直流励磁的小机组，有根据系统情况可不装设专用失磁保护（用灭磁开关动断触点连跳发电机）外，发电机通常都要求装设专用失磁保护。

（2）有条件时失磁保护宜尽可能采用转子低电压作为闭锁条件，以提高失磁保护动作的可靠性。

（3）失磁保护减出力宜采用功率判据（减出力的设置以及减出力的速率要根据热力系统情况确定）。

（4）失磁后宜先报警；有条件时应优先动作于减出力；当在预定时间内未减到规定值时，应动作于解列；失磁危及系统稳定运行时，保护也宜动作于解列（但与前者解列没有必然的时间配合关系）；当减出力到预定值，但运行超过了发电机允许的无励磁运行时间时，宜动作于程序跳闸；当机端电压降低到危及厂用电安全运行时，应切换厂用电源到备用电源。

十一、发电机失步保护

大机组一般与变压器成单元接线，随着送电网络的不断扩大，发电机和变压器的阻抗值增加，而系统的等效阻抗值下降，因此，振荡中心常落在发电机端或升压变压器的范围内，使振荡过程对机组的影响趋于严重。机端电压周期性地严重下降，对汽轮发电机的安全运行极为不利，有可能造成机组损坏。

振荡过程常伴随着短路故障出现。发生短路故障和故障切除后，汽轮发电机轴可能发生扭转振荡，使大轴遭受机械损伤，甚至造成严重事故。

鉴于上述原因，对于大型汽轮发电机，需要装设失步保护，用以及时检测出失步故障，迅速采取措施，以保障机组和电力系统的安全运行。

（一）发电机失步保护的装设原则

300MW 及以上发电机宜装设失步保护。在短路故障、系统稳定振荡、电压回路断线等情况下，保护不应误动作。

通常保护动作于信号。当振荡中心在发电机-变压器组内部，失步运行时间超过整定值或电流振荡次数超过规定值时，保护还应动作于解列，并保证断路器断开时的电流不超过断路器额定失步开断电流。

（二）发电机失步保护的构成原理

各种原理的失步保护均应满足：正确区分系统短路与振荡；正确判定失步振荡与稳定振荡（同步摇摆）。

失步保护应只在失步振荡情况下动作。失步保护动作后，通常发信号，根据当时实际情况采取解列等技术措施。当振荡中心位于发电机-变压器组内部或失步振荡持续时间过长、对发电机安全构成威胁时动作于跳闸。并且，发电机跳闸还应考虑断路器的断开容量，以免断路器的断开容量过大，造成断路器损坏。通常在两侧电动势相位差小于90°的条件下使断路器跳开。

1. 三元件式失步保护

三元件式失步保护特性由三部分组成，如图 8-33 所示。

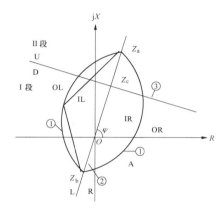

图 8-33 三元件式失步保护特性

第一部分是透镜特性（见图 8-33 中①），它把阻抗平面分成透镜内的部分 I 和透镜外的部分 A。

第二部分是遮挡器特性（见图 8-33 中②），它平分透镜并把阻抗平面分为左半部分 L 和右半部分 R。

上述两种特性的结合，把阻抗平面分为四个区，将测量阻抗在四个区内的停留时间作为是否发生失步的判据。

第三部分是电抗线特性（见图 8-33 中③），它把动作区一分为二，电抗线以下为 I 段（D），电抗线以上为 II 段（U）。

2. 双遮挡器原理失步保护

双遮挡器原理失步保护的动作特性如图 8-34 所示。失步保护反映发电机机端测量阻抗的变化轨迹。失步保护只反映发电机的失步情况，能可靠躲过系统短路和稳定振荡，并能在失步开始的摇摆过程中区分加速失步和减速失步。

图 8-34 中，R_1、R_2、R_3、R_4 将阻抗平面分为 0～IV 五个区，加速失步时测量阻抗轨迹从 +R 向 −R 方向变化，0～IV 区依次从右到左排列。减速失步时测量阻抗轨迹从 −R 向 +R 方向变化，0～IV 区依次从左到右排列。当测量阻抗从右向左穿过 R_1 时判定为加速，当测量阻抗从左向右穿过 R_4 时判定为减速。当测量阻抗穿过 I 区进入 II 区，并在 I 区及 II 区停留的时间分别大于 t_1 和 t_2 后，对于加速过程发加速失步信号，对于减速过程发减速失步信号。加速失步信号或减速失步信号作用于降低或提高原动机出力。若在加速或减速失步信号发出后，没能使振荡平息，则测量阻抗继续穿过 III 区进入 IV 区，并在 III 区及 IV 区停留的时间分别大于 t_3 和 t_4 后，进入滑极计数。当滑极累计达到整定值 N 时，动作于出口跳闸。

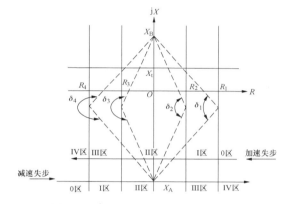

图 8-34 双遮挡器原理失步保护动作特性

无论是在加速过程还是在减速过程，测量阻抗在任一区（I～IV 区）内停留的时间小于对应的延时时间（t_1～t_4）就进入下一区，都判定为短路。

当测量阻抗轨迹部分穿越这些区域后以相反的方向返回，则判断为可恢复的振荡（或称稳定振荡）。

阻抗元件电压取自发电机机端 TV，电流取自发电机机端或中性点 TA。

发电机双遮挡器原理失步保护逻辑框图如图 8-35 所示。

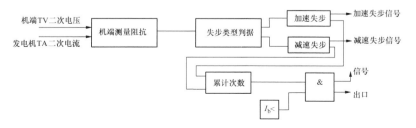

图 8-35 发电机双遮挡器原理失步保护逻辑框图

加速失步信号有条件时应降低出力，减速失步信号有条件时应提高出力，但出口需与热工专业配合。已经判断为失步保护可发信或跳闸。

十二、发电机过电压保护

当发电机突然甩负荷或者带时限切除距发电机较近的外部故障时，由于转子电枢反应及外部故障时强行励磁装置动作等原因，发电机端电压将升高。

对于汽轮发电机，由于它装有快速动作的调速器，当转速超过额定值的10%以后，汽轮发电机的危急保安器会立即动作，关闭主汽门，以防止由于机组转速升高而引起的过电压。因此，对于100MW以下的汽轮发电机，一般可不考虑装设过电压保护。

而在运行实践中，大型汽轮发电机出现危及绝缘安全的过电压是比较常见的现象。对于100MW及以上的汽轮发电机，宜装设过电压保护，其整定值根据定子绕组绝缘状况决定。过电压保护宜动作于解列灭磁或程序跳闸。

发电机过电压只有在并列前或发电机与系统解列时，才可能发生，故如果发电机-变压器组设有过励磁保护，过电压保护就可以取消。但微机型保护装置中这两种保护均进行配置，并且不增加接线和保护装置，因此也常常同时配置这两种保护。

十三、发电机过励磁保护

大容量发电机在设计和用材方面裕度都比较小，其工作磁通密度接近于饱和磁通密度。当由于调压器故障或手动调压时甩负荷或频率下降等原因，使发电机产生过励磁时，其后果是很严重的，有可能造成发电机金属部分的严重过热，在极端情况下，能使局部硅钢片很快熔化。因此，大容量发电机宜装设过励磁保护。

300MW及以上发电机，应装设过励磁保护。保护装置可装设由低定值和高定值两部分组成的定时限过励磁保护或反时限过励磁保护，有条件时应优先装设反时限过励磁保护。

定时限过励磁保护：低定值部分带时限动作于信号和降低励磁电流；高定值部分动作于解列灭磁或程序跳闸。

反时限过励磁保护：反时限过励磁保护特性曲线由上限定时限、反时限、下限定时限三部分组成。上限定时限、反时限动作于解列灭磁，下限定时限动作于信号。反时限过励磁保护特性曲线应与发电机的允许过励磁能力相配合。

汽轮发电机装设了过励磁保护可不再装设过电压保护。对于发电机-变压器组，其过励磁保护装于发电机机端。

1. 发电机（变压器）过励磁保护原理

发电机（变压器）会由于电压升高或者频率降低而出现过励磁，发电机的过励磁能力比变压器的过励磁能力要低一些，因此发电机-变压器组保护的过励磁特性一般应按发电机的特性整定。

过励磁保护反映的是过励磁倍数。过励磁倍数定义如下

$$N = \frac{\Phi}{\Phi_N} = \frac{U/f}{U_N/f_N} = \frac{U_*}{f_*} \tag{8-28}$$

式中　Φ、Φ_N——磁通量和额定磁通量；

　　　U、f——电压、频率；

　　　U_N、f_N——额定电压、额定频率；

　　　U_*、f_*——电压、频率标幺值。

过励磁电压取自机端TV线电压（如 U_{AB} 电压）。

2. 保护逻辑框图及动作特性

（1）发电机定时限过励磁保护逻辑框图。发电机定时限过励磁保护逻辑框图如图8-36所示，保护判据为电压标幺值与频率标幺值之比。保护根据发电机过励磁能力倍数设定定值，可分别动作于信号或跳闸，有解列灭磁出口时可动作于解列灭磁。

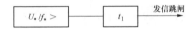

图 8-36　发电机定时限过励磁保护逻辑框图

（2）发电机反时限过励磁保护逻辑框图及保护动作特性。

1）发电机反时限过励磁保护逻辑框图如图8-37所示，分为动作于信号的瞬时段及反时限动作于跳闸或信号的跳闸段两部分。

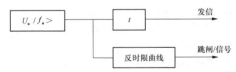

图 8-37　发电机反时限过励磁保护逻辑框图

2）发电机反时限过励磁保护动作特性如图8-38所示。

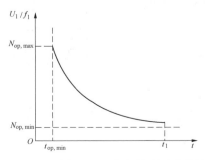

图 8-38　发电机反时限过励磁保护动作特性

反时限曲线特性由上限定时限、反时限、下限定时限组成。当发电机（变压器）过励磁倍数大于整定值时，如果倍数超过下限整定值，则按下限定时限动作；倍数在此之间则按反时限规律动作；达到上限动作值时则按设定时间快速动作。

十四、逆功率保护

逆功率保护常用于保护燃气轮机或汽轮机，当由于各种原因使汽轮机主汽门突然关闭时，如果发电机断路器没有跳闸，则发电机将逐渐过渡到电动机运行状态，即由向系统发出有功功率转为从系统吸收有功功率。逆功率运行对主机最主要的危害是汽轮机尾部长叶片的过热。长时间的逆功率运转，残留在汽轮机尾部的蒸汽与叶片摩擦，使叶片温度达到材料所不允许的程度。对于燃气轮机，也有装设逆功率保护的需要，目的在于防止未燃尽物质有爆炸和着火的危险。一般逆功率运行不得超过 1～3min。

（一）发电机逆功率保护的装设原则

对于发电机变电动机的异常运行方式，200MW 及以上的汽轮发电机，宜装设逆功率保护。对于燃气轮发电机，应装设逆功率保护。保护装置由灵敏的功率继电器构成，带时限动作于信号，经汽轮机允许的逆功率时间延时动作于解列。

（二）小容量机组逆功率保护措施

我国以往对于小型发电机是不装设专门逆功率保护的。当发生主汽门突然关闭而出口断路器尚未跳开时，采取下述措施：

（1）当主汽门关闭时，在控制室内发出声光报警信号。如系误关闭，则迅速予以恢复，机组即可正常运行。如果在几分钟内不能恢复供汽，则由值班人员将机组从系统切除。

（2）采用联锁切除发电机断路器的办法。在主汽门关闭后，用主汽门的辅助触点经延时去切除发电机。

通常，上述措施是有效的，但从提高大容量机组的运行安全水平来考虑，还应装设逆功率保护。装设逆功率保护有如下好处：

1）如果由于某种原因关闭主汽门但并未关严，发电机还没有变电动机运行，但主汽门的关闭联锁触点使断路器跳闸，或者发出"主汽门关闭"的声光信号，使值班人员误将断路器跳闸，此时，进汽虽然不多，但断路器已跳闸，故可能造成发电机超速，甚至有飞车的危险。装设逆功率继电器可防止这种故障的发生，即在逆功率未达到预定值的条件下，断路器一定不跳闸。

2）装设逆功率继电器后，值班人员在处理主汽门误关闭的过程中，不必担心由于时间过长而损坏汽轮机。因此，对于 200MW 及以上的汽轮发电机，宜装

设逆功率保护。为保证可靠，一般设逆功率和程序跳闸逆功率保护，前者不受主汽门触点的控制，如图 8-39 所示；后者必须受主汽门触点的控制，如图 8-40 所示。

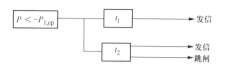

图 8-39　发电机逆功率保护出口逻辑框图

图 8-40　发电机程序跳闸逆功率保护出口逻辑框图

（三）发电机程序跳闸逆功率保护

逆功率保护，除了作为汽轮机的保护之外，尚作为发电机组的程序控制跳闸启动元件，称为程序跳闸逆功率保护。程序跳闸逆功率保护引入了主汽门触点，当主汽门关闭后且发电机吸收的有功功率大于整定值时保护出口动作于解列灭磁。

十五、发电机频率异常保护

汽轮机叶片有自己的自振频率。并网运行的发电机，当系统频率异常时，汽轮机叶片可能产生机械振动，从而使叶片产生疲劳，长久下去可能损坏汽轮机的叶片。因此，在大型汽轮机上宜装设低频率保护。因低频运行对汽轮机的损害是积累性的，与低频值和持续时间有关，故频率异常保护由低频或过频继电器和时间积算器及时间继电器等元件组成。

（一）发电机频率异常保护的装设原则

对于低于额定频率带负荷运行的 300MW 及以上汽轮发电机，应装设低频率保护。保护动作于信号，并有累计时间显示。

对于高于额定频率带负荷运行的 100MW 及以上汽轮发电机，应装设高频率保护。保护动作于解列灭磁或程序跳闸。

（二）发电机频率异常保护的构成

发电机频率异常保护可由低（过）频保护及频率累加保护构成。低（过）频保护由低（过）频判断元件和时间延时元件构成，保护逻辑不再进行说明。低频累加保护逻辑框图如图 8-41 所示，保护通过 f_1、f_2、f_3、f_4 等将频率范围分为几个频率段，且 $f_1 > f_2 > f_3 > f_4$。每个时间计数器应能显示汽轮发电机在该特定频率下运行的总累积时间。

Ⅰ、Ⅱ、Ⅲ、Ⅳ段累加到时间上限时动作于跳闸或发信号。频率保护的投入应受断路器辅助触点的控制。当频率保护为过频段时，保护逻辑与图 8-41 相同。

各段频率的取值及累积时间，应根据汽轮机制造厂提供的数据乘以可靠系数进行整定。

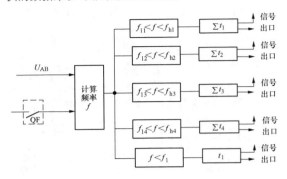

图 8-41　低频累加保护逻辑框图

U_{AB}—机端 TV 二次相间电压；QF—断路器辅助触点，断路器合上时闭合；f_1—频率保护Ⅰ段的整定值；t_1—频率保护Ⅰ段的延时时间定值；f_{l1}、f_{h1}—频率积累Ⅰ段下限和上限定值；f_{l2}、f_{h2}—频率积累Ⅱ段下限和上限定值；f_{l3}、f_{h3}—频率积累Ⅲ段下限和上限定值；f_{l4}、f_{h4}—频率积累Ⅳ段下限和上限定值；Σt_1、Σt_2、Σt_3、Σt_4—频率Ⅰ段、Ⅱ段、Ⅲ段、Ⅳ段累积时间

十六、发电机的其他几种异常运行保护

对于发电机启停机过程中可能发生的电气故障、断路器断口闪络造成对发电机的冲击和系统的扰动等故障与异常运行方式，可根据机组特点和电力系统运行要求，采取措施或增设相应保护。

1. 发电机突加电压保护

在停机或盘车期间，无论由于什么原因，断路器突然合闸，造成发电机变异步电动机运行或使其加速。在加速期间，其转子感应出一个大电流，在几秒钟内就会使转子、定子或轴损坏。此时，虽然失磁保护、逆功率保护或阻抗保护等均可能动作，但上述保护存在动作有延时或其他缺点。因此，300MW 及以上大机组宜装设突加电压保护（或称误上电）。

2. 发电机启停机保护

对于低转速可能加励磁的发电机，如果其他保护不能在低频率时发生故障的情况下可靠动作，则应装设启停机保护。

启停机保护由一套相间短路保护（一般用不受频率影响的电流或差电流保护）及一套零序电压原理的定子接地保护共同构成（可以取较低整定值），该保护应由断路器辅助触点控制。保护动作于跳灭磁开关。如果机组装设的相间短路保护已能适应其对频率的影响（如微机保护在算法上已作处理），则可不再另设相间短路的保护。

3. 断路器闪络保护

接在超高压系统的发电机-变压器组，在未并列前，当断路器两侧电动势的相角差为 180°时，则可能有两倍上下的运行电压加在断口上，当断口绝缘强度不够时，有时会发生断口一相或两相闪络，从而产生负序电流，使发电机转子表层过热，对发电机造成损坏。

断路器闪络保护可以用断路器的动断触点、灭磁开关的动合触点和负序电流保护与门构成，第一时限动作于灭磁，失效时第二时限启动断路器失灵保护。

4. 发电机断水保护

水内冷发电机组还应配置发电机断水保护，发电机断水信号由热工系统送出，并经发电机允许运行时间后动作于解列灭磁或程序跳闸。发电机断水保护可配置双套由第一套和第二套电量保护装置实现，也可配置一套由非电量保护回路实现。

5. 励磁系统故障保护

能够送出励磁系统故障信号的励磁系统装置，保护应根据励磁系统故障信号要求，发信、动作于程序跳闸或停机。

6. 零功率保护

零功率保护又称零功率突降保护，主要用于与系统联系薄弱或出线线路较少的机组，如采取发电机-变压器-线路接线形式的机组、仅有一条线路或同杆双回线路送出的电厂。防止因电厂外部原因导致的机组负荷中断，热工控制系统不能及时反映事故，避免机组进入超速状态。零功率保护按机组配置，出口动作于停机。

第三节　发电机保护的整定计算

一、发电机比率制动纵联差动保护整定

（一）比率制动特性纵联差动保护整定

两折线的比率制动特性纵联差动保护需要整定计算以下三个参数：

（1）确定差动保护的最小动作电流。按躲过正常发电机额定负荷时的最大不平衡电流整定，最小动作电流为

$$I_{op,min} = K_{rel}(K_{er} + \Delta m)I_{2N} \text{ 或 } I_{op,min} = K_{rel}I_{unb,0} \quad (8\text{-}29)$$

式中　K_{rel}——可靠系数，取 1.5～2.0；

K_{er}——电流互感器的综合误差，取 0.1；

Δm——装置通道调整误差引起的不平衡电流系数，可取 0.02；

I_{2N}——发电机的二次额定电流；

$I_{unb,0}$——发电机额定负荷下实测不平衡电流。

发电机内部短路时，特别是靠近中性点经过渡电阻短路时，机端或中性点侧的三相电流可能不大，为保证内部短路的灵敏度，最小动作电流 $I_{op,min}$ 不

应无根据地增大，考虑保护装置通道调整误差、同一母线上其他机组投运冲击以及区外故障切除后制动电流减小、两侧 TA 特性差异等原因，有可能进入动作区，实际可取$(0.2\sim0.3)I_{2N}$，故推荐为 $0.3I_{2N}$。也可实测差动保护中的不平衡电流后，再对定值进行修正。

（2）确定制动特性的拐点。拐点电流的大小可按外部故障切除后的暂态过程中产生的最大不平衡差流整定。定子电流等于或小于额定电流时，差动保护不必具有制动特性，因此，拐点横坐标为

$$I_t=(0.7\sim1.0)I_{2N} \qquad (8-30)$$

（3）比率制动系数 K 整定。应按躲过区外最大短路电流所产生的最大不平衡电流来整定，即

$$
\begin{aligned}
I_{op,max} &= K_{rel}I_{unb,max} \\
&= K_{rel}(K_{ap}K_{cc}K_{er}+\Delta m)I_{k,max}^{(3)}/n_a
\end{aligned}
\qquad (8-31)
$$

式中　K_{rel}——可靠系数，取 1.5～2.0；

$\qquad K_{ap}$——非周期分量系数，P 级电流互感器取 1.5～2.0，TP 级电流互感器可取 1；

$\qquad K_{cc}$——互感器同型系数，取 0.5；

$\qquad K_{er}$——电流互感器的综合误差，取 0.1；

$\qquad I_{k,max}^{(3)}$——区外最大三相短路电流，简单计算可取

$$I_{k,max}^{(3)}=I_{2N}/X_d''；$$

$\qquad n_a$——电流互感器变比。

按机端区外发生三相金属性短路故障计算，即

$$K \geqslant \dfrac{I_{op,max}-I_{op,min}}{I_{res,max}-I_t} \qquad (8-32)$$

最大制动电流为

$$I_{res,max}=\left|I_t-I_n\right|/2=I_{k,max}^{(3)}/n_a \qquad (8-33)$$

通常 K 取 0.3～0.5。

（4）灵敏度计算。按上述原则整定的比率制动特性，当发电机机端发生两相金属性短路时，差动保护的灵敏系数一定满足 $K_{sen}\geqslant2.0$ 的要求，不必进行灵敏度校验。

（二）发电机变斜率完全纵联差动保护整定

（1）确定起始斜率 K_1。因不平衡电流由电流互感器相对误差确定，所以 K_1 应为

$$K_1=K_{rel}K_{cc}K_{er} \qquad (8-34)$$

符号含义同式（8-31）。当 $K_{rel}=2$、$K_{cc}=0.5$、$K_{er}=0.1$ 时，$K_1=0.1$。工程上可取 $K_1=0.05\sim0.10$。

（2）确定最小动作电流。$I_{op,min}$ 按躲过正常发电机额定负荷时的最大不平衡电流整定，参见式（8-29）。

在工程上，可取 $I_{op,min}=(0.2\sim0.3)I_{2N}$。对于正常工作情况下回路不平衡电流较大的情况，应查明原因。

（3）确定最大斜率。最大斜率 K_2 按区外短路故障最大穿越性短路电流作用下可靠不误动条件整定，计算步骤如下：

1）机端保护区外三相短路时通过发电机的最大三相短路电流为 $I_{k,max}^{(3)}$，差动回路最大不平衡电流 $I_{unb,max}$ 见式（8-31）。

2）此时最大制动电流 $I_{res,max}=I_{k,max}^{(3)}/n_a$，所以应满足关系式

$$
\begin{aligned}
&I_{op,min}+(K_1+nK_\Delta)nI_{2N}+ \\
&K_2(I_{res,max}-nI_{2N}) \geqslant K_{rel}I_{unb,max}
\end{aligned}
\qquad (8-35)
$$

3）计及 $K_\Delta=(K_2-K_1)/2n$，式（8-35）可简化为

$$K_2 \geqslant \dfrac{K_{rel}I_{unb,max}-\left(I_{op,min}+\dfrac{n}{2}K_1I_{2N}\right)}{I_{res,max}-\dfrac{n}{2}I_{2N}} \qquad (8-36)$$

式中，取可靠系数 $K_{rel}=2$。在工程上，一般取 $K_2=0.3\sim0.7$。

（4）灵敏度计算。按上述计算设定的整定值，K_{sen} 总能满足要求，故不必进行灵敏度校验。

（三）差动速断动作电流整定

差动速断动作电流按躲过机组非同步合闸产生的最大不平衡电流整定。对于大型机组，一般取 $I_i=(3\sim5)I_{2N}$，建议取 $4I_{2N}$。

发电机并网后，当系统处于最小运行方式时，机端保护区内发生两相短路时的灵敏度应不低于 1.2。

二、定子绕组匝间短路保护整定计算

1. 纵向零序过电压保护

该电压由电压互感器一次侧中性点与发电机中性点相连而不接地的电压互感器开口三角绕组取得。

（1）动作电压。动作电压 $U_{0,op}$ 按躲过发电机正常运行时基波最大不平衡电压 $U_{unb,max}$ 整定，表示式为

$$U_{0,op}=K_{rel}U_{unb,max} \qquad (8-37)$$

式中　K_{rel}——可靠系数，取 2.5。

当无实测值时，对应专用 TV 开口三角电压为 100V，可取 $U_{0,op}=1.5\sim3V$。

（2）动作时限。按躲过专用 TV 一次侧断线的判定时间整定，可取 0.2s。

（3）出口方式。动作于停机。

为防止外部短路时保护误动，可增设负序方向闭锁元件。三次谐波电压滤过比应大于 80。该保护应有电压互感器断线闭锁元件。

2. 故障分量负序方向（ΔP_2）匝间保护

当发电机三相定子绕组发生相间短路、匝间短路及分支开焊等不对称故障时，负序源在故障发生点，系统侧是对称的，则必有负序功率由发电机流出。设

机端负序电压和负序电流的故障分量分别为 $\Delta\dot{U}_2$ 和 $\Delta\hat{I}_2$，则负序功率的故障分量 ΔP_2 为

$$\Delta P_2 = 3\mathrm{Re}[\Delta\dot{U}_2 \times \Delta\hat{I}_2 \times \mathrm{e}^{-\mathrm{j}\varphi}] \qquad (8\text{-}38)$$

式中　$\Delta\hat{I}_2$ —— $\Delta\dot{I}_2$ 的共轭相量；

φ —— 故障分量负序方向继电器的最大灵敏角，一般在 $75°\sim85°$（$\Delta\hat{I}_2$ 滞后 $\Delta\dot{U}_2$ 的角度）之间。

故障分量负序方向保护的动作判据可近似表示为

$$\mathrm{Re}[\Delta\dot{U}_2 \times \Delta\hat{I}_2'] > \varepsilon_{p2} \qquad (8\text{-}39)$$

$$\Delta\hat{I}_2' = \Delta\dot{I}_2' \mathrm{e}^{\mathrm{j}\varphi}$$

实际应用动作判据综合为

$$|\Delta\dot{U}_2| > \varepsilon_u \qquad (8\text{-}40)$$

$$|\Delta\dot{I}_2| > \varepsilon_i \qquad (8\text{-}41)$$

$$\Delta P_2 = \Delta U_{2r} \cdot \Delta I_{2r}' + \Delta U_{2i} \cdot \Delta I_{2i}' > \varepsilon_p \qquad (8\text{-}42)$$

式中　ε_u、ε_i、ε_p —— 动作门槛。

1）ε_u 的整定。根据经验，建议 $\varepsilon_u < 1\%$。

2）ε_i 的整定。根据经验，建议 $\varepsilon_i < 3\%$。

3）ε_p 的整定。根据发电机定子绕组内部故障的计算实例，ΔP_2 在 0.1% 左右，因此保护 ε_p 固定选取 $\varepsilon_p < 0.1\%$（以发电机额定容量为基准）。

上述 ε_u、ε_i、ε_p 的整定值是初选数值，应根据机组实际运行情况作适当修正。

三、相间短路后备保护整定计算

（1）保护一次动作电流为

$$I_{op,1} = \frac{K_{rel}}{K_r} I_{GN} \qquad (8\text{-}43)$$

式中　K_{rel} —— 可靠系数，采用 $1.3\sim1.5$；

K_r —— 返回系数，采用 $0.9\sim0.95$；

I_{GN} —— 发电机额定电流。

继电器动作电流为

$$I_{op} = \frac{I_{op,1}}{n_a} \qquad (8\text{-}44)$$

（2）负序电压继电器的动作电压按躲过正常运行时的不平衡电压整定，即

$$U_{op,2} = (0.06\sim0.08) U_{2N} \qquad (8\text{-}45)$$

式中　U_{2N} —— 发电机二次额定电压。

（3）接在相间的低电压继电器的动作电压。发电机接有发电机母线，动作电压按躲过电动机自启动的条件整定，此外还应躲过失去励磁时的低电压，即

$$U_{op,1} = (0.5\sim0.7) U_{GN} \qquad (8\text{-}46)$$

式中　U_{GN} —— 发电机额定电压。

继电器动作电压为

$$U_{op} = \frac{U_{op,1}}{n_v} \qquad (8\text{-}47)$$

式中　n_v —— 电压互感器的变比。

（4）灵敏系数按后备保护范围末端短路进行校验。

1）电流元件。当发电机定子绕组为星形接线，并且保护用的电流互感器也接成星形时

$$K_{sen} = \frac{I_{k,min}^{(2)}}{I_{op} n_a} \qquad (8\text{-}48)$$

式中　$I_{k,min}^{(2)}$ —— 后备保护范围末端发生金属性不对称短路时，通过保护的最小一次稳态短路电流，取主变压器高压侧母线两相短路时流过保护的最小电流。

电流元件的灵敏系数 $K_{sen} \geqslant 1.3$。

2）负序电压元件

$$K_{sen} = \frac{U_{2,min}}{U_{op,2}} \qquad (8\text{-}49)$$

式中　$U_{2,min}$ —— 后备保护范围末端发生金属性不对称短路时，保护安装处最小负序二次电压。负序电压元件的灵敏系数 $K_{sen} \geqslant 1.5$。

3）相间电压元件

$$K_{sen} = \frac{U_{op,1}}{U_{k,max}} \qquad (8\text{-}50)$$

式中　$U_{k,max}$ —— 后备保护范围末端发生金属性三相短路时，保护安装处的最大相间电压。

相间电压元件的灵敏系数 $K_{sen} \geqslant 1.2$。

保护的动作时限应大于下一级后备保护一个级差 Δt 的动作时限，一般取 $0.3\sim0.5\mathrm{s}$。

四、定子绕组对称过负荷保护整定计算

（一）定时限过负荷保护

动作电流按发电机长期允许的负荷电流下保护能可靠返回的条件整定，即

$$I_{op} = K_{rel} \frac{I_{GN}}{K_r n_a} \qquad (8\text{-}51)$$

式中　K_{rel} —— 可靠系数，取 1.05；

K_r —— 返回系数，取 $0.90\sim0.95$，条件允许时应取较大值；

n_a —— 电流互感器的变比；

I_{GN} —— 发电机额定电流。

保护延时（与线路后备保护的最大延时配合）动作于信号或自动减负荷。

（二）反时限过电流保护

1. 反时限特性曲线

反时限过电流保护的动作特性，即过电流倍数与相应的允许持续时间的关系，由制造厂提供的定子绕组允许的过负荷能力确定。

反时限过电流保护可按式（8-52）计算配合。

整定发电机定子绕组承受的短时过电流倍数与允许持续时间的关系为

$$t = \frac{K_{tc}}{I_*^2 - K_{sr}^2} \qquad (8\text{-}52)$$

式中　K_{tc}——定子绕组热容量常数，机组额定容量 $S_N \leqslant 1200\text{MVA}$ 时，$K_{tc} = 37.5$（当有制造厂提供的参数时，以厂家参数为准）；

　　　I_*——以定子额定电流为基准的标幺值；

　　　t——允许的持续时间，s；

　　　K_{sr}^2——散热系数，按照以往习惯 $K_{sr} = 1 + \alpha$（α 是与定子绕组温升特性和温度裕度有关的系数），取大于1，考虑到利用机组的散热效应，可取 1.02～1.05，如偏重于机组安全，可考虑保证保护曲线落在制造厂保证曲线以下的综合系数 K_{sr} 取小于1的系数，以确保机组安全。

定子绕组反时过电流保护配合曲线如图8-42所示。

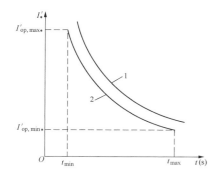

图 8-42　定子绕组反时限过电流保护配合曲线
1—定子绕组允许的过电流曲线；2—保护特性曲线

2. 反时限跳闸特性的上限（高定值）动作电流整定

反时限跳闸特性的上限（高定值）动作电流整定分为两种情况：

（1）发电机端装有断路器，发电机电压母线有负荷的接线时。反时限跳闸特性的上限动作电流按机端发生三相金属短路的条件整定，即

$$I_{op,max} = I_{GN}/(K_{sen}\,X_{d*}''\,n_a) \qquad (8\text{-}53)$$

式中　$I_{op,max}$——反时限跳闸特性的保护上限动作电流，A；

　　　I_{GN}——发电机额定电流，A；

　　　K_{sen}——保护动作灵敏系数，应符合规程要求；

　　　X_{d*}''——发电机次暂态电抗（饱和值）标幺值；

　　　n_a——电流互感器的变比。

其动作时限为

$$t_{h,op} = K_{tc}/(I_{k,max*}^2 - K_{sr}^2) \qquad (8\text{-}54)$$

式中　K_{tc}——定子绕组热容量常数；

　　　$I_{k,max*}$——机端三相短路电流为发电机额定电流的标幺值；

　　　K_{sr}^2——取值同式（8-52）。

（2）发电机端未装断路器的发电机-变压器组。反时限跳闸特性的上限动作电流 $I_{op,max}$ 宜按躲过变压器高压母线三相短路最大短路电流整定。

1）动作电流计算式为

$$I_{op,max} = K_{rel}I_{k,max}^{(3)}/n_a \qquad (8\text{-}55)$$

式中　$I_{op,max}$——反时限跳闸特性的保护上限动作电流，A；

　　　K_{rel}——可靠系数，取 1.0～1.2；

　　　$I_{k,max}^{(3)}$——变压器高压母线三相短路最大短路电流，A；

　　　n_a——电流互感器的变比。

2）保护灵敏性校验。应当指出，该保护主要是为了保护发电机而装设的，可按满足发电机出口三相短路灵敏系数要求校验，即

$$K_{sen} = I_{GN}/(X_{d*}''\,n_a\,I_{op,max}) \geqslant 1.5 \qquad (8\text{-}56)$$

式中符号同式（8-53）。

3）动作时限要求。上限最小延时应与出线快速保护的动作时限配合。

从理论上讲，也可以按式（8-54）求出允许时间 t。但带较长时限对保护发电机不利，可以取小于计算值的短延时。

3. 反时限动作特性的下限动作电流和时限整定

（1）反时限动作特性的下限动作电流 $I_{op,min}$ 按与定时限过负荷保护配合整定，即

$$I_{op,min} = K_{co}I_{op} = K_{co}K_{rel}I_{GN}/K_r n_a \qquad (8\text{-}57)$$

式中　K_{co}——配合系数，取 1.0～1.05；

　　　I_{op}——定时限过负荷保护的整定动作电流；

　　　K_{rel}——可靠系数，取 1.05；

　　　I_{GN}——发电机额定电流，A；

　　　K_r——返回系数，取 0.90～0.95；

　　　n_a——电流互感器的变比。

（2）反时限动作特性的下限（低定值）动作时限为

$$t_{1,op} = K_{tc} / (I_{op,min*}^2 - K_{sr}^2) \tag{8-58}$$

式中 K_{tc} ——定子绕组热容量常数;

       $I_{op,min*}^2$ ——以额定电流为基准的下限动作电流标

           幺值;

       K_{sr}^2 ——取值同式(8-52)。

五、定子绕组不对称过负荷保护整定计算

(一)负序定时限过负荷保护

保护的动作电流按发电机长期允许的负序电流 $I_{2\infty}$ 下保护能可靠返回的条件整定,即

$$I_{2,op} = \frac{K_{rel}I_{2\infty*}I_{GN}}{K_r n_a} \tag{8-59}$$

式中 K_{rel} ——可靠系数,取 1.2;

       $I_{2\infty*}$ ——发电机长期允许的负序电流标幺值;

       K_r ——返回系数,取 0.90~0.95,条件允许时

           应取较大值。

保护延时需躲过发电机-变压器组后备保护最长动作时限,动作于信号。

(二)发电机负序反时限过电流保护

1. 反时限特性曲线

负序反时限过电流保护的动作特性,由制造厂提供的转子表层允许的负序过负荷能力确定。为保证机组安全,其保护动作时间与电流的关系可按式(8-60)进行计算

$$t = \frac{A}{I_{2*}^2 - I_{2\infty*}^2} \tag{8-60}$$

式中 A ——转子表层承受负序电流能力的常数;

       I_{2*} ——发电机负序电流标幺值;

       $I_{2\infty*}$ ——发电机长期允许的负序电流标幺值。

散热系数可使保护曲线在下,发电机允许曲线在上,并相互配合。

转子表层允许的负序反时限过电流曲线如图 8-43 曲线 1 所示,因为主要用来保护发电机,所以曲线 2 应当在曲线 1 的下面,如图 8-43 曲线 2 所示。

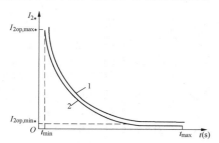

图 8-43   转子表层负序反时限过电流保护配合曲线
1—转子表层允许的负序反时限过电流曲线;
2—保护特性曲线

2. 反时限跳闸特性的上限动作电流整定

反时限跳闸特性的上限动作电流整定也分为两种情况:

(1)发电机端装有断路器,发电机电压接有负荷回路时。

1)反时限跳闸特性的上限动作电流按机端发生两相金属短路的条件整定,即

$$I_{2,op,max} = I_{GN} / K_{sen}(X_{d*}'' + X_{2*})n_a \tag{8-61}$$

式中 $I_{2,op,max}$ ——负序反时限跳闸特性的保护二次上

              限动作电流;

       I_{GN} ——发电机额定电流,A;

       K_{sen} ——保护动作灵敏系数,应符合规程

           要求;

       X_{d*}'' ——发电机次暂态电抗(饱和值)标幺值;

       X_{2*} ——发电机负序电抗标幺值;

       n_a ——电流互感器的变比。

2)其动作时限 t 可按式(8-60)求出。

(2)机端未装断路器的发电机-变压器组。反时限跳闸特性的上限动作电流 $I_{2,op,max}$ 按躲过变压器高压母线两相短路最大短路电流整定。

1)动作电流计算式为

$$I_{2,op,max} = K_{rel}I_{2,max}/n_a \tag{8-62}$$
$$I_{2,max} = I_{GN}/(X_{d*}'' + X_{2*} + 2X_{t*})$$

式中 $I_{2,op,max}$ ——负序反时限跳闸特性的保护上限动

              作电流,A;

       K_{rel} ——可靠系数;

       $I_{2,max}$ ——变压器高压母线两相短路流经发电

              机的最大负序短路电流,A;

       I_{GN} ——发电机额定电流,A;

       X_{d*}'' ——发电机次暂态电抗(饱和值)标幺值;

       X_{2*} ——发电机负序电抗标幺值;

       X_{t*} ——主变压器电抗标幺值;

       n_a ——电流互感器的变比。

2)动作时限要求。上限最小延时应与快速主保护配合。

从理论上讲,也可以按式(8-60)求出时间 t。但带较长时限对保护发电机不利,可以取小于计算值的短延时。

3)保护灵敏性校验。应当指出,该保护主要是为了保护发电机而装设的,可按发电机出口两相短路灵敏系数不小于 1.5 校验,即

$$K_{sen} = [I_{GN}/(X_d'' + X_2)n_a]/I_{2,op,max} \geqslant 1.5 \tag{8-63}$$

式中,符号意义同式(8-61)。

3. 负序反时限动作特性的下限动作电流和时限整定

(1)反时限动作特性的下限动作电流 $I_{2,op,min}$ 按与

负序定时限过负荷保护配合整定，即

$$I_{2,op,min}=K_{co}K_{rel}I_{2\infty*}I_{GN}/K_r n_a \qquad (8-64)$$

式中　$I_{2,op,min}$ ——定时限过负荷保护的整定动作电流，A；

K_{co} ——配合系数，取 1.05～1.10；

K_{rel} ——可靠系数，取 1.2；

$I_{2\infty*}$ ——发电机长期允许负序电流的标幺值；

I_{GN} ——发电机额定电流，A；

K_r ——返回系数，取 0.90～0.95；

n_a ——电流互感器的变比。

（2）反时限动作特性的下限（低定值）动作时限。可按式（8-60）计算

根据经验，当计算值大于 1000s 时，可取 $t_{op}=1000s$。此时反时限下限电流的标幺值为

$$I_{2,op,min*}=\sqrt{\frac{A}{1000}+I_{2\infty*}^2} \qquad (8-65)$$

然后乘以发电机实际在 TA 二次侧的额定电流，即可求出其保护整定值的有名值。

六、定子绕组单相接地保护整定计算

1. 基波零序过电压保护

该保护低定值段的动作电压应按躲过正常运行时中性点单相电压互感器或机端三相电压互感器开口三角绕组的最大不平衡电压整定，即

$$U_{0,p}=K_{rel}U_{0,max} \qquad (8-66)$$

式中　K_{rel} ——可靠系数，取 1.2～1.3。

$U_{0,max}$ 为机端或中性点实测不平衡基波零序电压，实测之前，可初设 $U_{0,op}=(5\%～10\%)U_{0n}$，$U_{0n}$ 为机端单相金属性接地时中性点或机端的零序电压（二次值）。$U_{0,max}$ 中含有大量三次谐波。为了减小 $U_{0,op}$，可以增设三次谐波滤过环节，使 $U_{0,max}$ 包含很小的基波零序电压，大大提高了灵敏度，此时 $U_{0,op} \geq 5V$，动作于信号。

为防止系统高压侧单相接地短路时，通过升压变压器高低压绕组间的耦合电容使该保护误动作，可通过延时及调整电压整定值两方面着手，投运前定值由运行单位校验确定。

应校核系统高压侧单相接地短路时，通过升压变压器高低压绕组间的每相耦合电容传递到发电机侧的零序电压大小。传递电压计算用的近似简化电路如图8-44所示。

图 8-44 中，E_0 为系统侧接地短路时产生的基波零序电动势，由系统实际情况确定，一般可取 $E_0 \approx 0.6U_{Hn}/\sqrt{3}$（$U_{Hn}$ 为系统额定线电压）；$C_{G\Sigma}$ 为发电机及机端外接元件每相对地总电容，C_M 为主变压器

低压绕组间的每相耦合电容（由变压器制造厂在设备手册或出厂试验报告中提供）；Z_n 为 3 倍的发电机中性点对地基波阻抗。

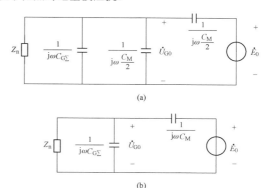

图 8-44　传递电压计算用近似简化电路

（a）主变压器高压侧中性点直接接地时；

（b）主变压器高压侧中性点不接地时

由图 8-44（a）可得，并联部分的等值阻抗 $Z_{con(a)}=$

$$\frac{Z_n}{j\omega\left(C_{G\Sigma}+\dfrac{C_M}{2}\right)Z_n+1}，则$$

$$\dot{U}_{G0}=\frac{Z_{con(a)}}{Z_{con(a)}+\dfrac{1}{j\omega\dfrac{C_M}{2}}}\dot{E}_0 \qquad (8-67)$$

由图 8-44（b）可得，并联部分的等值阻抗 $Z_{con(b)}=$

$$\frac{Z_n}{j\omega C_{G\Sigma}Z_n+1}，则$$

$$\dot{U}_{G0}=\frac{Z_{con(b)}}{Z_{con(b)}+\dfrac{1}{j\omega C_M}}\dot{E}_0 \qquad (8-68)$$

U_{G0} 可能引起基波零序过电压保护误动作。因此，定子单相接地保护动作电压整定值或延时应与系统接地保护配合，可分为以下三种情况：

（1）若动作电压已躲过主变压器高压侧耦合到机端的零序电压，在可能的情况下延时应尽量取短，可取 0.3～1.0s；

（2）具有高压侧系统接地故障传递过电压防误动措施的保护装置，延时可取 0.3～1.0s；

（3）若动作电压低于主变压器高压侧耦合到机端的零序电压，则延时应与高压侧接地保护配合。

高定值段的动作电压应可靠躲过传递过电压，可取（15%～25%）U_{0n}，延时可取 0.3～1.0s。

2. 三次谐波电压单相接地保护

对于 100MW 及以上的发电机，装设无动作死区（100%动作区）单相接地保护。常用的一种保护方案

是基波零序过电压保护与三次谐波电压单相接地保护共同组成100%单相接地保护。

（1）三次谐波电压比率接地保护。三次谐波电压比率接地保护的判据如下

$$|\dot{U}_{3t}|/|\dot{U}_{3n}|>\alpha \qquad (8\text{-}69)$$

式中 $\dot{U}_{3t}$ ——发电机机端三次谐波电压；

$\dot{U}_{3n}$ ——发电机中性点三次谐波电压。

当 $\alpha=(1.2\sim1.5)\alpha_o$ 时较为可靠，其中 α_o 为实测正常运行时最大三次谐波电压比值。

此方式保护灵敏度较低。

（2）三次谐波电压差接地保护。三次谐波电压差接地保护的判据为

$$|\dot{U}_{3t}-\dot{K}_P\dot{U}_{3n}|/\beta|\dot{U}_{3n}|>1 \qquad (8\text{-}70)$$

式中 $\dot{U}_{3t}$ ——发电机机端三次谐波电压；

K_P ——动作量调整系数，调至正常时动作量最小，可由保护装置自动进行计算；

$\dot{U}_{3n}$ ——发电机中性点三次谐波电压；

β ——制动量调整系数，调至正常时 $\beta|\dot{U}_{3n}|$ 恒大于动作量，一般 β 取 0.2～0.3。

三次谐波原理保护误动较多，通常将该部分切换至信号。

3. 外加交流电源式 100%定子绕组单相接地保护

如图 8-25 所示，采用外加交流电源式 100%定子绕组单相接地保护，可在发电机静止状态下模拟中性点位置经过渡电阻的接地故障，根据实测结果确定电阻判据的定值，一般故障点的接地过渡电阻定值 R_E 可取 1～5kΩ。定值整定的原则是能够可靠地反映接地过渡电阻值。定值可分为高定值段和低定值段，高定值段一般延时 1～5s 发告警信号；低定值段延时可取 0.3～1.0s 动作于停机。

接地零序电流动作值按保护距发电机机端 80%～90%范围的定子绕组接地故障的原则整定。动作电流为

$$I_{0,op}>I_{set}=\left(\frac{\alpha U_{Rn}}{R_n}\right)/n_a \qquad (8\text{-}71)$$

式中 α ——取 10%～20%；

U_{Rn} ——当发电机为额定电压，机端发生金属性接地故障时，负荷电阻 R_n 上的电压；

R_n ——发电机中性点接地变压器二次侧负荷电阻。

需要校核系统接地故障传递过电压（见图 8-44）对零序电流判据的影响。接地零序电流判据的动作时限取 0.3～1.0s。

七、发电机励磁系统继电保护整定计算

1. 发电机励磁绕组过负荷保护

（1）定时限过负荷保护。

1）当采用半导体励磁，取交流侧电流时，动作电流为

$$I_{op}=\frac{0.816K_{rel}I_{fd}}{K_r n_a} \qquad (8\text{-}72)$$

式中 K_{rel} ——可靠系数，取 1.05；

I_{fd} ——桥式二极管整流后的额定直流励磁电流，A；

K_r ——返回系数，取 0.90～0.95；

n_a ——励磁电源回路交流侧 TA 的变比。

2）当采用直流励磁电流时，动作电流为

$$I_{op}=\frac{K_{rel}I_{fd}}{K_r} \qquad (8\text{-}73)$$

式中，K_{rel}、K_r 含义同式（8-72）。

3）动作时限。动作时限应略大于强励最长时限。定时限报警单元动作于信号，必要和可行时动作于减励磁或励磁切换。

（2）反时限过负荷保护。

1）反时限单元。当励磁电流小于强励顶值而大于过负荷允许的电流时，保护按反时限特性动作。反时限动作时限

$$t_i=\frac{C}{I_{fd*}^2-1} \qquad (8\text{-}74)$$

式中 C ——转子绕组允许的发热时间常数（由制造厂提供）；

I_{fd*} ——励磁电流标幺值。

2）反时限下限电流定值。

a）反时限下限电流。反时限下限电流与定时限过负荷保护配合，有

$$I_{op,min}=(1.05\sim1.1)I_{op} \qquad (8\text{-}75)$$

可简化为

$$I_{op,min*}=1.1\times\frac{1.05}{0.95}I_{fd*}=1.21I_{fd*}$$

式中 $I_{op,min}$ ——反时限动作特性的下限电流。

b）动作时限

$$t=\frac{C}{I_{op,min*}^2-1} \qquad (8\text{-}76)$$

式中 C ——转子绕组允许的发热时间常数；

$I_{op,min*}$ ——转子下限动作电流标幺值。

3）反时限上限电流定值。

a）采用半导体励磁时，上限动作电流为

$$I_{op,max}=0.816n_{fd}I_{fd} \qquad (8\text{-}77)$$

b）当采用直流励磁电流时，上限动作电流为

$$I_{op,max}=n_{fd}I_{fd} \qquad (8\text{-}78)$$

式中 n_{fd} ——强行励磁顶值电流倍数；

I_{fd} ——额定励磁电流，A。

c）动作时限。动作时限取值与强励时间配合。

2. 励磁变压器保护

（1）电流速断保护时，动作电流为

$$I_{op,2} = \frac{K_{rel} I_{k,max}^{(3)}}{n_a} \qquad (8-79)$$

式中　K_{rel}——可靠系数，取 1.2～1.3；

$I_{k,max}^{(3)}$——励磁变压器低压侧三相最大短路电流（高压侧取无穷大系统）；

n_a——励磁变压器高压侧 TA 变比。

另一种方法可按保证低压侧母线短路灵敏度为 2 整定。

（2）过电流保护时，动作电流为

$$I_{op,2} = \frac{K_{rel} I_{e,max}}{K_r n_a} \qquad (8-80)$$

式中　K_{rel}——可靠系数，取 1.2～1.3；

$I_{e,max}$——强行励磁时最大交流电流，按强励倍数算（当励磁变压器额定电流 $I_N > I_{e,max}$ 时，可取 I_N）；

K_r——返回系数，取 0.90～0.95；

n_a——励磁变压器高压侧 TA 变比。

（3）动作时限 t_{op} 可取略于强励允许时间。

3. 交流主励磁机保护

（1）电流速断保护时，动作电流为

$$I_{op} = \frac{I_{k,max}^{(3)}}{K_{sen}} \qquad (8-81)$$

式中　$I_{k,max}^{(3)}$——主励磁机机端三相最大短路电流；

K_{sen}——灵敏系数，可取 2。

（2）过电流保护。整定计算同式（8-80），其中 n_a 取励磁机中性点侧 TA 变比。$t_{op}=0\sim3$s，动作于跳灭磁开关。

4. 转子接地保护

汽轮发电机通用技术条件规定：对于空冷及氢冷的汽轮发电机，励磁绕组的冷态绝缘电阻不小于 1MΩ，直接水冷却的励磁绕组，其冷态绝缘电阻不小于 2kΩ。

高定值段：对于空冷及氢冷的汽轮发电机，可整定为 10～30kΩ；转子水冷机组可整定为 5～15kΩ；一般动作于信号。

低定值段：对于空冷及氢冷的汽轮发电机，可整定为 0.5～10kΩ；转子水冷机组可整定为 0.5～2.5kΩ；可动作于信号或跳闸。

动作时限：一般可整定为 5～10s，可取 5s。

以上的定值在发电机运行时与转子绕组绝缘电阻实测值相比较后可修正。

八、发电机失磁保护整定计算

（1）失磁保护主判据如下：

1）低电压判据包括系统低电压判据和机端低电压判据。

2）定子侧阻抗判据包括异步边界阻抗判据、静稳极限阻抗判据。

3）转子侧判据包括转子低电压判据、变励磁电压判据。

4）闭锁元件包括电压回路断线闭锁元件。

（2）失磁保护整定。

1）系统低电压判据。本判据主要用于防止由发电机低励失磁故障引发无功储备不足的系统电压崩溃，造成大面积停电，三相同时低电压的动作电压 $U_{op,3ph}$ 为

$$U_{op,3ph} = (0.85\sim0.95)U_{H,min} \qquad (8-82)$$

式中　$U_{H,min}$——高压母线最低正常运行电压。

2）机端低电压判据。机端低电压动作值按不破坏厂用电安全和躲过强励启动电压条件整定，可取

$$U_{op,G} = (0.85\sim0.90)U_{GN} \qquad (8-83)$$

式中　U_{GN}——发电机额定电压。

3）异步边界阻抗判据。汽轮发电机可参见图 8-31 失磁保护阻抗圆特性中的圆 1 整定，如式（8-84）、式（8-85）

$$X_a = -0.5X_{d*}' \frac{U_{GN}^2 n_a}{S_{GN} n_v} \qquad (8-84)$$

$$X_b = -X_{d*} \frac{U_{GN}^2 n_a}{S_{GN} n_v} \qquad (8-85)$$

式中　X_{d*}'、X_{d*}——发电机暂态电抗和同步电抗标幺值（取不饱和值）；

U_{GN}、S_{GN}——发电机额定电压和额定视在功率；

n_a、n_v——电流互感器和电压互感器变比。

异步边界阻抗圆的动作判据主要用于与系统联系紧密的发电机失磁故障检测，它能反应失磁发电机机端的最终阻抗，但动作可能较晚。

4）静稳极限阻抗判据。汽轮发电机可参见图 8-31 失磁保护阻抗圆特性中的圆 2 整定，其整定值为

$$X_C = X_{con*} \frac{U_{GN}^2 n_a}{S_{GN} n_v} \qquad (8-86)$$

$$X_{con} = X_t + X_s$$

式中　X_{con*}——发电机与系统间的联系电抗（包括系统电抗 X_s 和升压变压器电抗 X_t）标幺值（以发电机额定值为基值）。

5）转子低电压判据。转子低电压表达式为

$$U_{fd,op} = K_{rel} U_{fd0} \qquad (8-87)$$

式中　K_{rel}——可靠系数，可取 0.80；

U_{fd0}——发电机空载励磁电压。

6）变励磁电压判据。与系统并列运行的发电机，对应某一有功功率 P，将有为维持静态稳定极限所必需的励磁电压 U_{fd}。对于水轮发电机和中小型汽轮发电机，式（8-87）比较合适。对于大型汽轮发电机，按

式（8-87）得出的 $U_{fd,op}$ 定值偏大，当进相运行时可能励磁电压 $U_{fd} < U_{fd,op}$，励磁低电压辅助判据会处于动作状态，失磁保护失去辅助判据的闭锁作用，此时宜用变励磁电压判据。按照静稳极限条件（如汽轮发电机的功角 $\delta = 90°$），输送一定的有功功率 P，应有相应的励磁电压 U_{fd}。P 值不同，静稳极限条件下的 U_{fd} 也不同。

动作判据为

$$U_{fd,op} \leqslant K_{set} \times (P - P_t) \tag{8-88}$$

K_{set} 为整定系数，即图 8-45 中的变励磁电压判据的动作特性直线斜率，计算式为

$$K_{set} = \frac{P_{GN}}{P_{GN} - P_t} \times \frac{C_n(X_d + X_{con})U_{fd0}}{U_s E_{d0}} \tag{8-89}$$

式中　P_{GN}——发电机额定功率，MW；

　　　P_t——发电机凸极功率（对于隐极机，$P_t = 0$）；

　　　C_n——修正系数，以 $K_n = P_N / P_t$ 值查 K_n-C_n 表（见表 8-5）或 K_n-C_n 曲线（见图 8-46）得到（对于隐极机，$C_n = 1$）；

　　X_d、X_{con}——发电机同步电抗、系统联络阻抗值，Ω；

　　　U_{fd0}——发电机空载励磁电压，kV；

　　　U_s——归算到发电机机端的无穷大系统母线电压值，kV；

　　　E_{d0}——发电机空载电动势，kV。

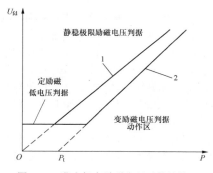

图 8-45　发电机变励磁电压动作特性

1—汽轮发电机变励磁电压动作特性曲线；
2—水轮发电机变励磁电压动作特性曲线

表 8-5　变励磁电压判据 K_n-C_n 表

K_n	C_n	K_n	C_n	K_n	C_n
3.3	0.847	5.6	0.941	7.7	0.968
3.6	0.869	6.0	0.948	8.0	0.970
4.0	0.891	6.3	0.953	8.3	0.972
4.3	0.904	6.6	0.957	8.7	0.975
4.7	0.919	6.8	0.959	9.0	0.976
5.0	0.927	7.1	0.962	9.5	0.979
5.3	0.935	7.4	0.965	10.0	0.981

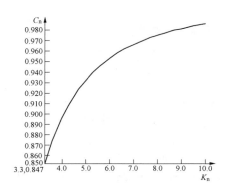

图 8-46　变励磁电压判据 K_n-C_n 曲线

P_t 计算式为

$$P_t = \frac{U_s^2(X_d - X_q)}{2(X_d + X_{con})(X_q + X_{con})} \tag{8-90}$$

式中　X_q——发电机 q 轴同步电抗，Ω。

（3）低励磁失磁保护的辅助判据。对于应用负序电压、负序电流闭锁的保护，整定公式为：

1）负序电压元件（闭锁失磁保护）。动作电压为

$$U_{op} = (0.05 \sim 0.06)U_{GN}/n_v \tag{8-91}$$

2）负序电流元件（闭锁失磁保护）。动作电流为

$$I_{op} = (1.2 \sim 1.4)I_{2\infty}/n_a \tag{8-92}$$

式中　$I_{2\infty}$——发电机长期允许的负序电流（有名值）。

由负序电流元件构成的闭锁继电器，在出现负序电压或电流大于 U_{op} 或 I_{op} 时，瞬时启动闭锁失磁保护，经 8~10s 自动返回。

这些辅助判据元件与主判据元件"与门"输出，防止非失磁故障状态下主判据元件误出口。

（4）失磁保护的动作时间整定。

1）不允许失磁长时间运行时，保护跳发电机断路器。动作于跳开发电机的延时元件，其延时应防止系统振荡时保护的误动作。振荡周期由电网主管部门提供，按躲过振荡所需的时间整定。对于不允许发电机失磁运行的系统，其延时一般取 0.5~1.0s，以下定值供参考：

异步边界：母线低电压取 0.5s，阻抗判据取 0.5s。

静稳极限：母线低电压取 0.8s，阻抗判据取 1s。

2）允许失磁后在有限时间内运行时，失磁保护功能时限。允许失磁后发电机转入异步运行的低励磁失磁保护装置动作后，应切断灭磁开关，防止在转入异步运行时仍存在有损大轴的同步功率。

动作于励磁切换及发电机减出力的时间元件，其延时由设备的允许条件整定。

失磁异步运行情况下，动作于发电机解列的延时，由发电机制造厂和电力部门共同决定允许发电机失磁带 $0.4P_{GN}$ 的失磁异步运行时间。

a）励磁切换（有备用励磁），0~10s 可满足要求，

可取 0.3s。切换成功即不失磁。

b）厂用电源切换，设计可整定 1～1.5s。

c）启动 DEH 减出力，可整定 0.5s 动作。

d）无励磁运行时跳发电机断路器，由失磁保护启动，一般取小于 15min。

上述动作时间在现场应根据系统及发电机具体参数和使用的具体保护装置功能原理最后结合厂家资料计算确定。

九、发电机失步保护整定计算

三元件式失步保护特性如图 8-33 所示，透镜两个半圆以内为动作区，被 Z_a、Z_b 线分为左半部和右半部，动作区电抗线以上为 II 段，电抗线以下为 I 段，动作判别如下：

（1）遮挡器特性整定

$$Z_a = (X_{s*} + X_{t*}) \times \frac{U_{GN}^2 n_a}{S_{GN} n_v} \qquad (8\text{-}93)$$

$$Z_b = -X'_{d*} \times \frac{U_{GN}^2 n_a}{S_{GN} n_v} \qquad (8\text{-}94)$$

$$Z_c = X_{con*} \times \frac{U_{GN}^2 n_a}{S_{GN} n_v} \qquad (8\text{-}95)$$

$$\varphi = 80° \sim 85°$$

式中　X'_{d*}——发电机暂态电抗标幺值；

　　　X_{t*}——主变压器电抗标幺值（基准容量为发电机视在功率）；

　　　X_{s*}——系统电抗（一般考虑最小运行方式时阻抗）标幺值（基准容量为发电机视在功率）；

　　X_{con*}——系统联系电抗标幺值（即 $X_{t*}+X_{s*}$，基准容量为发电机视在功率）；

　　　　φ——系统阻抗角；

U_{GN}、S_{GN}——发电机额定电压和额定视在功率；

　n_a、n_v——电流互感器和电压互感器变比。

（2）α 角整定。

三元件失步保护特性的整定如图 8-47 所示。对于某一给定的 Z_a+Z_b，透镜内角 α（即两侧电动势摆开角）决定了透镜在复平面上横轴方向的宽度。确定透镜结构的步骤如下：

1）确定发电机最小负荷阻抗，一般取

$$R_{L,min} = 0.9 \times \frac{U_{GN}/n_v}{\sqrt{3} I_{2N}} \qquad (8\text{-}96)$$

式中　U_{GN}——发电机额定电压；

　　　I_{2N}——发电机电流互感器的额定电流。

2）确定 Z_r

$$Z_r \leqslant \frac{1}{1.3} R_{L,min} \qquad (8\text{-}97)$$

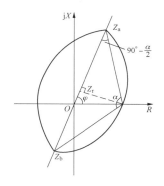

图 8-47　三元件失步保护特性的整定

3）确定内角 α

由 $Z_r = \dfrac{Z_a + Z_b}{2} \tan\left(90° - \dfrac{\alpha}{2}\right)$ 得

$$\alpha = 180° - 2\arctan \frac{2Z_r}{Z_a + Z_b} \qquad (8\text{-}98)$$

α 值一般可取 90°～120°，建议整定为 120°。

（3）电抗线 Z_c 的整定。电抗线是失步振荡中心的分界线，一般选取变压器阻抗 Z_t 的 0.9 倍。

（4）跳闸允许电流 I_{off} 整定。装置自动选择在电流变小时作用于跳闸，跳闸允许电流定值为辅助判据，根据断路器允许遮断容量选择。

判据为 $I_{op} < I_{off}$，当 $I_{op} < I_{off}$ 时允许跳闸出口。I_{off} 按断路器允许遮断电流 I_{brk} 计算，断路器（在系统两侧电动势相差达 180°时）允许遮断电流 I_{brk} 需由断路器制造厂提供，如无提供值，可按 25%～50% 的断路器额定遮断电流 $I_{brk,N}$ 考虑。

跳闸允许电流整定值为

$$I_{off} = K_{rel} I_{brk} \qquad (8\text{-}99)$$

式中　K_{rel}——可靠系数，取 0.85～0.90。

断路器允许开断电流判据的元件取主变压器高压侧开关 TA 电流量。

（5）失步保护滑极定值整定。振荡中心在区外时，失步保护动作于信号，滑极可整定 2～15 次。振荡中心在区内时，滑极一般整定 1～2 次。

十、发电机过电压和过励磁保护整定计算

1. 定子过电压保护整定计算

定子过电压保护的整定值，应根据电机制造厂提供的允许过电压能力或定子绕组的绝缘状况整定。

1）报警定值

$$U_{op} = 1.1 U_{2N} = 1.1 \times 100V = 110V \qquad (8\text{-}100)$$

$t_{op} = 2s$ 时发报警信号。

2）跳闸定值

$$U_{op} = (1.2 \sim 1.3)U_{2N} = (1.2 \sim 1.3) \times 100V \quad (8\text{-}101)$$
$$= 120 \sim 130V$$

$t_{op} = 0.5s$ 时动作于解列灭磁，无解列灭磁出口时动作于全停。

2. 定子铁芯过励磁保护整定计算

（1）整定原则。

1）发电机和主变压器共用一套过励磁保护时，以两者过励磁特性较低者为整定标准。

2）可设定时限或反时限特性过励磁保护。前者分为两段；后者查设备特性，使保护与过励磁特性相配合。

（2）定时限过励磁保护。

1）低定值报警定值

$$N_1 = \frac{\Phi}{\Phi_N} = \frac{U_*}{f_*} = 1.1 \quad (8\text{-}102)$$

出口为报警或减励磁。

2）高定值跳闸定值

$$N_2 = \frac{\Phi}{\Phi_N} = \frac{U_*}{f_*} = 1.3 \quad (8\text{-}103)$$

出口为解列灭磁或程序跳闸。

上两式中　N_1、N_2——过励磁倍数；

Φ、Φ_N——磁通量及额定磁通量；

U_*、f_*——电压和频率的标幺值。

（3）反时限过励磁保护。反时限过励磁保护按制造厂提供的反时限过励磁特性曲线（参数）整定。反时限过励磁特性曲线一般不易用一个数学表达式来精确表达，而是用分段式内插法来确定 $N(t)$ 的关系，进行曲线拟合。一般在曲线上自由设定 $8 \sim 10$ 个分点（N_i, t_i），$i=1$，2，3，…。原则是曲率大处，分点设的密一些。设分点顺序要求为

$$N_i > N_{i+1}, \quad t_i < t_{i+1} \quad (8\text{-}104)$$

或

$$N_i < N_{i+1}, \quad t_i > t_{i+1} \quad (8\text{-}105)$$

反时限过励磁保护定值整定过程中，宜考虑一定的裕度，可以从动作时间和动作定值上考虑裕度（两者取其一）。从动作时间上考虑时，可以考虑整定时间为发电机过励磁曲线时间的 $60\% \sim 80\%$；从动作定值上考虑时，可以考虑整定定值为该曲线的值除以 1.05，最小定值应与定时限低定值配合。

过励磁保护的动作倍数及动作时间应结合不同保护装置的整定要求确定，不能一概而论。但基本配合原则是，均要求保护动作曲线与过励磁能力特性曲线相互配合，保护动作曲线应位于过励磁能力特性曲线的下方。

十一、发电机逆功率保护整定

发电机逆功率保护动作判据为

$$P \leqslant -P_{op} \quad (8\text{-}106)$$

式中　P——发电机有功功率，输出有功功率为正，输入有功功率为负；

P_{op}——逆功率继电器的动作功率。

1）动作功率 P_{op} 的计算公式为

$$P_{op} = K_{rel}(P_1 + P_2) \quad (8\text{-}107)$$
$$P_2 \approx (1-\eta)P_{GN}$$

式中　K_{rel}——可靠系数，取 $0.5 \sim 0.8$；

P_1——汽轮机在逆功率运行时的最小损耗，由制造厂提供，一般取额定功率的 $1\% \sim 4\%$；

P_2——发电机在逆功率运行时的最小损耗；

η——发电机效率，由制作厂提供；

P_{GN}——发电机额定功率。

在过负荷、过励磁、失磁等异常运行方式下，用于程序跳闸的逆功率继电器作为闭锁元件，其定值整定原则同上。

燃气轮机装设逆功率保护的目的在于防止未燃尽物质有爆炸和着火的危险。这些发电机组在作电动机状态运行时所需逆功率大小，粗略地按铭牌值（kW）的百分比进行估计，工程实际整定有条件时可按制造厂提供的相关资料进行。

2）逆功率动作时限。经主汽门触点时，延时 $1.0 \sim 1.5s$ 动作于解列；不经主汽门触点时，延时 15s 动作于信号。根据汽轮机允许的逆功率运行时间，动作于解列时一般取 $1 \sim 3min$。

十二、发电机频率异常保护整定

发电机频率异常保护包括低频率或高频率两种情况，具体需要的频段应根据不同机组的具体要求设定。低频率保护一般动作于信号，高频率保护可动作于跳闸和信号。

低频率保护反映系统频率的降低，并受出口断路器辅助触点闭锁。低频率继电器和其相应的时间计数器应整定为在汽轮机叶片达到疲劳极限前使汽轮发电机退出运行或报警。保护可整定为不同的频率，与不同的时间计数器相连接。

1）低频率保护动作范围为

$$f_{n-1} > f > f_n \quad (8\text{-}108)$$

2）高频率保护动作范围为

$$f_{n-1} < f < f_n \quad (8\text{-}109)$$

式中　f_{n-1}、f_n——本段频率动作范围上、下限值。

各段动作时限范围可调，累计允许运行时间和每

次允许的持续运行时间应综合考虑发电机组和电力系统的要求，并根据制造厂提供的技术参数确定，可参考表 8-6 进行整定。

表 8-6　大机组频率异常运行允许时间建议值

频率（Hz）	允许运行时间		频率（Hz）	允许运行时间	
	累计（min）	每次（s）		累计（min）	每次（s）
51.5	30	30	48.0	300	300
51.0	180	180	47.5	60	60
48.5～50.5	连续运行		47.0	10	10

当频率异常保护需要动作于发电机解列时，其低频段的动作频率和延时应注意与电力系统的低频减负荷装置进行协调。一般情况下，应通过低频减负荷装置减负荷，使系统频率及时恢复，以保证机组的安全；仅在低频减负荷装置动作后频率仍未恢复，从而危及机组安全时才进行机组的解列。因此，要求在电力系统减负荷过程中频率异常保护不应解列发电机，防止出现频率联锁恶化的情况。

第四节　变压器保护

变压器在实际运行中，有可能发生各种类型的故障和异常运行方式，为了保证电力系统安全连续运行，并将故障和异常运行对电力系统的影响缩小到最小范围，必须根据电气主接线、变压器容量及电压等级等因素，装设满足运行要求的、动作可靠性高的继电保护装置。

一、变压器的故障类型和异常运行状态

对变压器的下列故障及异常运行状态，应装设相应的保护装置：绕组及其引出线的相间短路和中性点直接接地或经小电阻接地侧的接地短路；绕组的匝间短路；外部相间短路引起的过电流；中性点直接接地或经小电阻接地电力网中外部接地短路引起的过电流及中性点过电压；过负荷；过励磁；中性点非有效接地侧的单相接地故障；油面降低；变压器油温、绕组温度过高及油箱压力过高和冷却系统故障。

二、变压器电流速断保护

电流速断保护作为变压器的主保护，为瞬动过电流保护。保护装设在变压器的电源侧，与瓦斯保护配合能反映变压器油箱内部、高压侧套管和引出线的相间和接地短路故障，它单独一般不能保护变压器全部，故仅用于小型变压器。

电压在 10kV 及以下、容量在 10MVA 及以下的变压器，主保护采用电流速断保护，并瞬时断开变压器的各侧断路器。本保护常作为小容量发电厂厂用变压器保护的主保护。

三、变压器纵联差动保护

纵联差动保护是变压器内部故障的主保护，主要反映变压器油箱内部、套管和引出线的相间和接地短路故障。

1. 装设原则

（1）电压在 10kV 以上、容量在 10MVA 及以上的变压器，采用纵联差动保护。对于电压为 10kV 的重要变压器，当电流速断保护灵敏度不符合要求时也可采用纵联差动保护。

（2）电压为 220kV 及以上的变压器装设数字式保护时，除电量保护外，应采用双重化保护配置。当断路器具有两组跳闸线圈时，两套保护宜分别动作于断路器的一组跳闸线圈。

（3）对于大容量的单相变压器可以考虑配置分侧差动保护。

（4）纵联差动保护应满足下列要求：

1）应能躲过励磁涌流和外部短路产生的不平衡电流。

2）在变压器过励磁时不应误动作。

3）在电流回路断线时应发出断线信号，电流回路断线允许差动保护动作跳闸。

4）在正常情况下，纵联差动保护的保护范围应包括变压器套管和引出线，如不能包括引出线，应采取快速切除故障的辅助措施。在设备检修等特殊情况下，允许差动保护短时利用变压器套管电流互感器，此时套管和引出线间的故障由后备保护动作切除；如电网安全稳定运行有要求，应将纵联差动保护切至旁路断路器的电流互感器。

2. 实现方式

差动保护在正常运行和外部故障时，在理想情况下，流入差动继电器的电流等于零。但实际上由于变压器的励磁电流、接线方式和电流互感器误差等因素的影响，保护中会产生差电流。由于这些特殊因素的影响，变压器差动保护的不平衡电流远比发电机差动保护大。因此，变压器差动保护需采取多种措施避越不平衡电流的影响。

（1）变压器励磁涌流所产生的不平衡电流对差动保护的影响。当变压器空载投入和外部故障切除后电压恢复时，可能出现数值很大的励磁电流，又称为励磁涌流，其值可达额定电流的 5～10 倍。大型变压器励磁涌流的倍数比中小型变压器励磁涌流的倍数小。变压器的励磁电流只流过变压器的电源侧，它通过电流互感器构成差动回路不平衡电流的部分。

按避越励磁涌流的方法不同，变压器差动保护可

按不同的原理来实现。目前，国内主要应用以下几种判别励磁涌流的保护判据：

1）二次谐波制动的差动保护；

2）鉴别波形是否对称判别励磁涌流的差动保护；

3）五次谐波制动的差动保护；

4）鉴别间断角或波宽的差动保护；

5）模糊识别原理的差动保护；

6）高次谐波制动原理的差动保护。

为了可靠，有的保护往往采用几种原理的组合。不论采用什么原理，对差动保护的基本要求是相同的。

（2）变压器两侧的电流相位不同产生的不平衡电流对变压器差动保护的影响。变压器通常采用 Yd 接线，对于这种变压器，其两侧电流之间有 30°的相位差，即使变压器两侧电流互感器二次电流的数值相等，但由于两侧电流存在着相位差，也将在保护装置的差动回路中出现不平衡电流。为了消除这种不平衡电流的影响，传统的方法是将变压器星形接线侧的电流互感器二次侧接成三角形，变压器三角形接线侧的电流互感器二次侧接成星形，从而把电流互感器二次电流的相位校正过来。与集成电路式或电磁型差动保护不同，微机型变压器保护一般各侧 TA 均可采用星形接线，在保护装置上由软件进行相位校正和平衡。

（3）两侧电流互感器型号不同和计算变比与实际变比不同引起的不平衡电流对变压器差动保护的影响。在实际应用中，变压器两侧的电流互感器都采用定型产品，所以实际的计算变比与产品的标准变比往往不同，而且对变压器两侧的电流互感器来说，这种差别的程度又不同，这样就在差动回路中引起了不平衡电流。为了考虑由此而引起的不平衡电流，必须适当地增大保护的动作电流，所以在整定计算保护动作电流时，引入一个同型系数 K_{cc}。当两侧电流互感器的型号相同时，取 $K_{cc}=0.5$；当两侧电流互感器的型号不同时，取 $K_{cc}=1$。

（4）变压器带负荷调整分接头产生的不平衡电流对变压器差动保护的影响。当变压器带负荷调节分接头位置时，由于分接头的改变，变压器的变比也随之改变，两侧电流互感器二次电流的平衡关系被破坏，产生了新的不平衡电流，通常在保护整定时考虑这一因素的影响。

（5）微机型变压器差动保护。微机型纵联差动保护原理与发电机差动保护原理相同，也采用比率制动原理的纵联差动算法。为了防止励磁涌流引起保护误动，需要考虑励磁涌流闭锁；另外为了防止变压器过励磁时差流过大引起差动保护误动，又增加了过励磁闭锁模块。此外，在纵联差动保护区内发生严重故障时，为防止因为电流互感器饱和而使差动保护延时动作，保护通常还设置差电流速断辅助保护，以快速切除上述故障。

变压器纵联差动保护方框图如图 8-48 所示。

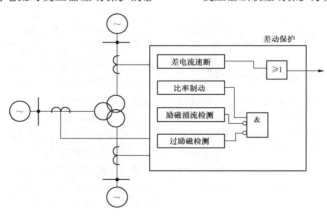

图 8-48　变压器纵联差动保护方框图

（6）变压器分侧差动保护。变压器分侧差动可以把变压器各侧绕组及引线作为一个独立的单元实现电流差动。分侧差动需要在引线和中性点侧安装电流互感器，考虑变压器结构的复杂性，分侧差动主要应用于单相变压器的保护。例如可将自耦变压器的高压、中压、公共绕组侧作为被保护对象，双绕组的变压器高压侧作为保护对象等，并且无须考虑励磁涌流、过励磁、调压开关等的影响。分侧差动保护宜通过比率制动方式构成，其动作特性曲线为折线型、变斜率等形式。

（7）变压器零序差动。单相接地短路是变压器的主要故障形式之一。特别是分相变压器，变压器油箱内部不会发生相间短路。变压器零序差动保护在反应单相接地短路时有较高的灵敏度，如图 8-49 所示，保护接入变压器中性点侧电流互感器和出线侧电流互感器。图中变压器进线侧的电流互感器变比与变压器中性点侧的电流互感器变比宜采用相同变比。在采用微机保护时，当两侧接入的电流互感器变比不一致时可以由软件计算通道系数（或称平衡系数）加以校正，但应注意两侧变比的差值不能过大。

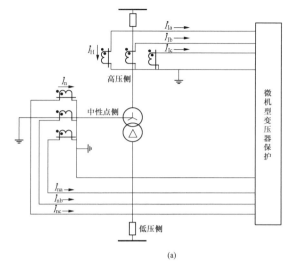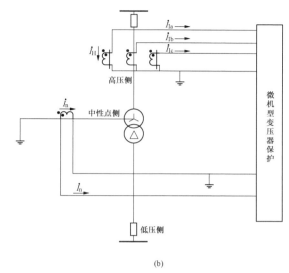

图 8-49　Ynd 接线普通变压器零序差动保护
（a）中性点取自三相电流互感器；（b）中性点电流取自零序电流互感器

四、变压器瓦斯保护及其他非电量保护

瓦斯继电器较规范的说法是气体继电器。气体继电器安装在变压器油箱与储油柜之间的连接管道中。变压器运行时油箱内任何一种故障，产生的短路电流或电弧的作用，将使变压器油及其他绝缘材料因受热而分解产生气体，当故障严重时，油会迅速膨胀并有大量气体产生，此时会有剧烈的油流和气流冲向储油柜的上部。油箱内气体通过气体继电器流向储油柜，使气体继电器动作。

如果气体继电器装设在户外变压器上，则在其端盖部分和电缆引线端子箱上，应采取适当的防水措施，以免由于雨水浸入气体继电器而造成瓦斯保护误动作。

为防止变压器油对橡皮绝缘的侵蚀，从而导致保护误动作，气体继电器的引出线通常采用防油导线或玻璃丝导线。气体继电器的引出线和电缆，一般分别连接在电缆引出端子箱内端子排的两侧。

1. 变压器瓦斯保护装设原则

0.4MVA 及以上车间内油浸式变压器和 0.8MVA 及以上油浸式变压器，均应装设瓦斯保护。当壳内故障产生轻微瓦斯或油面下降时，应瞬时动作于信号；当壳内故障产生大量瓦斯时，应瞬时动作于断开变压器各侧断路器。

带负荷调压变压器充油调压开关，亦应装设瓦斯保护。

瓦斯保护应采取措施，防止因气体继电器的引线故障、震动等引起瓦斯保护误动作。

瓦斯保护的主要优点是能反应变压器油箱内的各种故障，灵敏性高、结构简单、动作迅速。瓦斯保护的缺点是不能反应变压器油箱外的故障，例如变压器引出端上的故障或变压器与断路器之间连接导线上的故障，因此瓦斯保护不能作为变压器各种故障的唯一保护。

2. 瓦斯保护实现方式

微机保护一般均通过保护装置中的小型中间继电器完成保护出口跳闸及报警功能。瓦斯保护返回较慢可能引起失灵保护误启动而扩大事故，故瓦斯保护跳闸不启动失灵保护。

轻瓦斯继电器的触点动作于信号，而重瓦斯触点则应去启动出口中间继电器。

瓦斯保护装置接线由信号回路和跳闸回路组成。变压器内部发生轻微故障时，继电器触点闭合，瞬时发出"轻瓦斯动作信号"；变压器内部发生严重故障时，油箱内产生大量气体，强烈冲击继电器挡板，继电器触点闭合，发出重瓦斯保护跳闸脉冲，经过出口继电器跳开变压器各侧断路器。

3. 瓦斯保护定值

（1）一般气体继电器的气体容积整定范围为 $250 \sim 300 \text{cm}^3$，变压器容量在 10MVA 以上时整定值为 250cm^3。

（2）重瓦斯保护油流速度的整定。重瓦斯保护动作的油流速度整定范围为 0.6～1.5m/s,在整定流速时均以导油管中的流速为准,而不依据继电器处的流速。

根据运行经验,管中油流速度整定为 0.6～1m/s 时,保护反应变压器内部故障是相当灵敏的。但是,在变压器外部故障时,由于穿越性故障电流的影响,在导油管中油流速度约为 0.4～0.5m/s。因此,为了防止穿越性故障时瓦斯保护误动作,可将油流速度整定在 1m/s 左右。

4. 变压器本体其他非电量保护

非电量保护可分为动作于信号和动作于跳闸的非电量保护。动作于信号的非电量保护除变压器轻瓦斯外,还有变压器温度、变压器油位等。动作于跳闸的非电量保护除变压器重瓦斯外,还有变压器压力释放、变压器温度(如油温、绕组温度)超高等。对于变压器的冷却系统故障,也应动作于跳闸或信号。

5. 非电量保护装置

变压器本体瓦斯及其他非电量保护装置的继电器触点输出容量均较小,一般不超过 220V、0.3A,并且继电器本体触点数量有限,无法满足运行的信号、跳闸、故障录波等功能的需要。因此非电量保护通常通过中间继电器或专门的非电量保护装置实现,以扩充触点数量和容量。

五、变压器相间短路后备保护

对由外部相间短路引起的变压器过电流,变压器应装设相间短路后备保护,保护带延时跳开相应的断路器。相间短路后备保护宜选用过电流保护、复合电压(负序电压和线间低电压)启动的过电流保护或复合电流保护。

1. 装设原则

(1)35～66kV 及以下中小容量的降压变压器,宜采用过电流保护。保护的整定值要考虑变压器可能出现的过负荷。

(2)110～500kV 降压变压器、升压变压器和系统联络变压器,相间短路后备保护用过电流保护不能满足灵敏性要求时,宜采用复合电压启动的过电流保护或复合电流保护。

2. 保护配置

对降压变压器、升压变压器和系统联络变压器,根据各侧接线、连接的系统和电源情况的不同,应配置不同的相间短路后备保护,该保护宜考虑反映电流互感器与断路器之间的故障。

(1)单侧电源双绕组变压器和三绕组变压器,相间短路保护宜装于各侧。非电源侧保护可带两段或三段时限,用第一时限断开本侧母联或分段断路器,缩小故障影响范围;用第二时限断开本侧断路器;用第三时限断开变压器各侧断路器。电源侧保护可带一段时限,断开变压器各侧断路器。非电源侧的第三段时限与电源侧的第一段时限配合应尽可能不延迟保护动作时间,同时动作于全跳的保护也可取相同时限,不用额外增加级差。

(2)两侧或三侧有电源的双绕组变压器和三绕组变压器各侧相间短路后备保护可带两段或三段时限。为满足选择性的要求或降低后备保护的动作时间,相间后备保护可带方向,方向宜指各侧母线,但断开变压器各侧断路器的后备保护不带方向。各侧后备保护的方向指向各侧母线只需配合各自保护与本侧系统保护即可,而变压器内部相间短路保护主要靠主保护双重化及不带方向的过电流保护来切除。

(3)低压侧有分支,并接至分开运行母线段的降压变压器,除在电源侧装设保护外,还应在每个分支装设相间短路后备保护。

(4)如变压器低压侧无专用母线保护,变压器高压侧相间短路后备保护对母线相间短路灵敏度不够时,为提高切除低压侧母线故障的可靠性,可在变压器低压侧配置两套相间短路后备保护,该两套后备保护接至不同的电流互感器。

(5)发电机-变压器组,在变压器低压侧不另设相间短路后备保护,而利用装于发电机中性点侧的相间短路后备保护,作为高压侧外部、变压器和分支线相间短路后备。

3. 复合电压启动的过电流保护

复合电压启动的过电流保护的逻辑框图如图 8-50 所示。只有负序电压和低电压判据同时动作,过电流元件才能出口。对于发电机-主变器的复合电压启动的过电流保护,电压信号取自高压侧电压互感器,保护灵敏度较高。高压厂用工作变压器和启动/备用变压器的复合电压取自负荷侧,保护灵敏度较高。

4. 复合电压方向过电流保护

复合电压方向过电流保护的逻辑框图如图 8-51 所示。

六、变压器接地短路后备保护

(1)与 110kV 及以上中性点直接接地电网连接的降压变压器、升压变压器和系统联络变压器,对外部单相接地短路引起的过电流,应装设接地短路后备保护,该保护宜考虑能反映电流互感器与断路器之间的接地故障。

1)在中性点直接接地的电网中,如变压器中性点直接接地运行,对单相接地引起的变压器过电流,应装设零序过电流保护,保护可由两段组成,其动作电流与相关线路零序过电流保护相配合。每段保护可设两个时限,并以较短时限动作于缩小故障影响范围,或动作于本侧断路器,以较长时限动作于断开变压器各侧断路器。

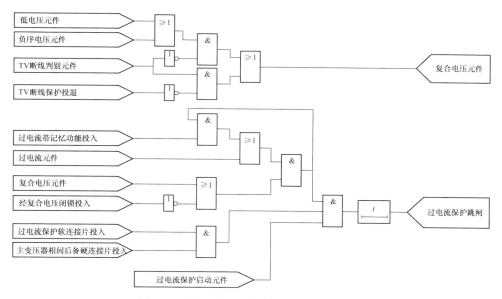

图 8-50　复合电压启动的过电流保护的逻辑框图

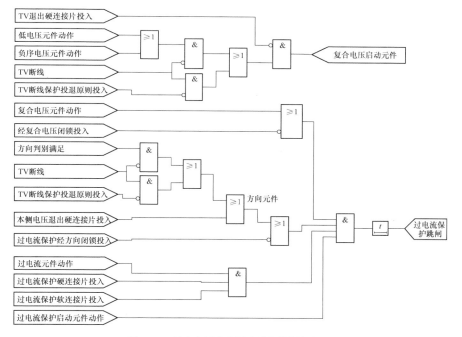

图 8-51　复合电压方向过电流保护逻辑框图

2）对 330kV 和 500kV 变压器，为降低零序过电流保护的动作时间和简化保护，高压侧零序 I 段只带一个时限，动作于断开变压器高压侧断路器；零序 II 段也只带一个时限，动作于断开变压器各侧断路器。

3）对自耦变压器和高、中压侧均直接接地的三绕组变压器，为满足选择性要求，可增设零序方向元件，方向宜指向各侧母线。

4）普通变压器的零序过电流保护，宜接至变压器中性点引出线回路的电流互感器，零序方向过电流保护宜接到高、中压侧三相电流互感器的零序回路；自耦变压器的零序过电流保护应接到高、中压侧三相电流互感器的零序回路。

5）对自耦变压器，为增加切除单相接地短路的可靠性，可在变压器中性点回路增设零序过电流保护。

6）为提高切除自耦变压器内部单相接地短路的可靠性，可增设只接入高、中压侧和公共绕组回路电流互感器的星形接线电流分相差动保护或零序差动保护。

中性点接地变压器零序电流保护原理接线如图8-52所示。保护由两段组成，以较短时限动作于母联断路器，以较长时限动作于断开变压器各侧断路器。

（2）中性点可能接地运行或不接地运行变压器的接地保护。在110kV、220kV及330kV中性点直接接地的电网中，当低压侧有电源的变压器中性点可能接地运行或不接地运行时，对外部单相接地短路引起的过电流，以及对因失去接地中性点引起的变压器中性点电压升高，应按规定装设后备保护。

1）全绝缘变压器。应在中性点侧装设零序过电流保护，满足变压器中性点直接接地运行的要求。此外，应增设零序过电压保护，当变压器所连接的电网失去接地中性点时，零序过电压保护经0.3～0.5s时限动作于断开变压器各侧断路器。保护示意图如图8-53所示。

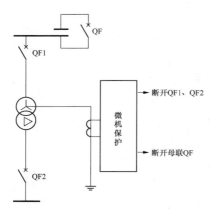

图8-52　中性点接地变压器零序
电流保护原理接线图

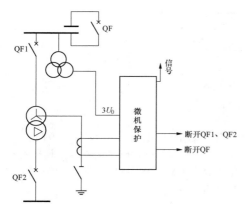

图8-53　中性点可能接地或不接地变压器
（全绝缘）的接地保护示意图

2）分级绝缘变压器。为限制此类变压器中性点不

接地运行时可能出现的中性点过电压，在变压器中性点应装设放电间隙。此时应装设用于中性点直接接地和经放电间隙接地的两套零序过电流保护。此外，还应增设零序过电压保护。当变压器所接的电网失去接地中性点，又发生单相接地故障时，此电流、电压保护动作，经0.3～0.5s时限动作于断开变压器各侧断路器。

分级绝缘变压器在不接地运行时，是靠间隙零序电流保护和零序电压保护构成或门，启动同一时限段动作于变压器各侧断路器全跳的。中性点经放电间隙接地的分级绝缘变压器接地保护原理如图8-54所示。

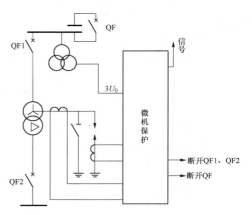

图8-54　中性点经放电间隙接地的分级
绝缘变压器接地保护原理图

（3）10～66kV系统专用接地变压器应配置主保护和相间后备保护。主保护采用电流速断保护。对低电阻接地系统的接地变压器，还应配置零序过电流保护。零序过电流保护宜接于接地变压器中性点回路中的零序电流互感器。当专用接地变压器不经断路器直接接于变压器低压侧时，零序过电流保护宜有三个时限，第一时限断开低压侧母联或分段断路器，第二时限断开主变压器低压侧断路器，第三时限断开变压器各侧断路器。当专用接地变压器接于低压侧母线上时，零序过电流保护宜有两个时限，第一时限断开母联或分段断路器，第二时限断开接地变压器断路器及变压器各侧断路器。

七、变压器过负荷保护

在可能发生过负荷的变压器上，需要装设过负荷保护。对于双绕组变压器，防止由于过负荷而引起异常电流的过负荷保护通常装设在被保护变压器电源侧。

变压器事故过负荷的允许值应遵守制造厂的规定。无制造厂规定时，对于自然冷却和风冷的油浸式电力变压器，允许过负荷倍率和持续时间参考表8-7。

表 8-7　　变压器允许过负荷倍率和持续时向

事故过负荷与额定负荷之比（%）	1.3	1.45	1.60	1.75	2.0
过负荷允许的持续时间（min）	120	80	45	20	10

0.4MVA 及以上数台并列运行的变压器和作为其他负荷备用电源的单台运行变压器，根据实际可能出现的过负荷情况，应装设过负荷保护。过负荷保护可具有定时限或反时限的动作特性。对经常有人值班的厂站，过负荷保护动作于信号。

需要过负荷闭锁带负荷调压变压器调压开关时，一般取调压开关侧的电流，设一级时限，输出一对动合或动断触点，通过中间继电器断开调压机构的操作电源。

对于自耦变压器和多绕组变压器，过负荷保护应能反映公共绕组及各侧过负荷的情况。根据变压器各侧绕组及自耦变压器的公共绕组可能出现的过负荷情况，应装设过负荷保护。

八、变压器过励磁保护

对于高压侧为 330kV 及以上的变压器，为防止由于频率降低或电压升高引起变压器磁通密度过高，损坏变压器，应装设过励磁保护。变压器过励磁保护的原理与发电机过励磁保护相同，但允许的过励磁特性曲线与发电机不同，应根据变压器厂家给出的数据进行配合。保护应具有定时限或反时限特性并与被保护变压器的过励磁特性相配合。定时限保护由两段组成，低定值动作于信号，高定值动作于跳闸。反时限保护动作于跳闸。

第五节　变压器保护的整定计算

一、变压器电流速断保护整定计算

（1）保护动作电流按避越变压器外部故障的最大短路电流来整定，即

$$I_{op} = K_{rel} I_{k,max}^{(3)} \qquad (8-110)$$

式中　K_{re1}——可靠系数，取 1.3～1.6；

$I_{k,max}^{(3)}$——降压变压器低压侧母线发生三相短路时，流过保护装置的最大短路电流。

（2）电流速断保护的动作电流还应躲过空载投入变压器时的励磁涌流，一般动作电流应大于变压器额定电流的 3～12 倍，可参考本节纵联差动保护的其他辅助整定计算及经验数据推荐的相关内容。

（3）保护装置的灵敏系数为

$$K_{sen} = \frac{I_{k,min}^{(2)}}{I_{op}} \qquad (8-111)$$

式中　$I_{k,min}^{(2)}$——系统最小运行方式下，变压器引出端发生两相金属性短路时，流过保护装置的最小短路电流。

要求保护装置的灵敏系数 $K_{sen} \geqslant 2$。

二、变压器纵联差动保护整定计算

1. 纵联差动保护整定计算内容

1）与纵联差动保护有关的变压器参数，包括变压器的额定容量、各侧额定电压、电流互感器变比等。

2）纵联差动保护动作特性参数的整定。

3）纵联差动保护灵敏系数的校验。

4）其他定值的推荐，如谐波制动比（对谐波制动原理的差动保护）、波形对称度（对波形对称原理的差动保护）和闭锁角（对间断角原理的差动保护）的推荐。

2. 变压器参数的计算

部分变压器保护装置能通过额定容量、各侧额定电压、电流互感器变比等参数自动计算出各侧二次额定电流、差动保护计算用平衡系数等相关参数。变压器纵联差动保护有关参数计算可参见表 8-8。

表 8-8　　　　　　　　　　变压器纵联差动保护有关参数计算表（举例）

序号	名　称	各　侧　参　数		
		高压侧（h）	中压侧（m）	低压侧（1）
1	额定一次电压 U_{1N}	U_{1Nh}	U_{1Nm}	U_{1Nl}
2	额定一次电流 I_{1N}	$I_{1Nh} = \dfrac{S_{TN}}{\sqrt{3}U_{1Nh}}$	$I_{Nm} = \dfrac{S_{TN}}{\sqrt{3}U_{1Nm}}$	$I_{Nl} = \dfrac{S_{TN}}{\sqrt{3}U_{1Nl}}$
3	各侧接线	Y	Y	△
4	各侧电流互感器的二次接线 [a]	Y	Y	Y
5	电流互感器实际选用变比 n_a	n_{ah}	n_{am}	n_{al}
6	各侧二次电流 I_{2N}	$I_{2Nh}=I_{1Nh}/n_{ah}$	$I_{2Nm}=I_{1Nm}/n_{am}$	$I_{2Nl}=I_{1Nl}/n_{al}$

序号	名　　称	各　侧　参　数		
		高压侧（h）	中压侧（m）	低压侧（l）
7	基本侧的选择[b]	√		
8	平衡系数[c]	$k_{bh}=1$	$K_{bm}=\dfrac{I_{2Nh}}{I_{2Nm}}$	$K_{bl}=\dfrac{I_{2Nh}}{I_{2Nl}}$

a 对于通过软件实现电流相位和幅值补偿的微机型保护，各侧电流互感器二次均可按 Y 形接线。

b 基本侧一般根据保护装置的要求选择。选各侧 TA 载流裕度（TA 一次额定电流/变压器该侧的额定电流）较小侧为基本侧较好。

c 以上仅是以高压侧为基准侧作为示例进行平衡系数计算的，其中平衡系数和二次额定电流满足 $k_{bh}I_{2Nh}=k_{bm}I_{2Nm}=k_{bl}I_{2Nl}$。

对于微机型保护，当各侧二次电流相差不是很大时，往往可以直接通过整定平衡系数调整各侧 TA 变比不同造成的不平衡电流。不同保护装置对基本侧的选取要求不同。有些保护装置基本侧固定在变压器某一侧，并且平衡系数也在软件中自动计算，这部分保护装置基本侧不需要选取，平衡系数不需要整定。虽然微机保护装置能够通过平衡系数进行差电流的平衡，但设计中电流互感器的变比选择时要注意使平衡系数不宜太大，以免增大保护的误差。当小容量变压器接入较高电压等级系统，采用 3/2 断路器接线或类似接线时，如变压器高低压两侧电流互感器变比相差较大时，可考虑配置变压器高压套管至配电装置的短线差动。变压器差动电流可取自高压套管电流互感器和低压侧电流互感器。

以高压侧二次额定电流 I_{2Nh} 为基准，则中、低压侧的通道平衡系数（不同厂家对基准电流有的是设在分子上，有的是设在分母上）可以为

$$K_{bm}=\frac{I_{2Nh}}{I_{2Nm}} \tag{8-112}$$

$$K_{bl}=\frac{I_{2Nh}}{I_{2Nl}} \tag{8-113}$$

式中　I_{2Nm}——变压器中压侧二次额定电流；
　　　I_{2Nl}——变压器低压侧二次额定电流。

3. 纵联差动保护动作特性参数的计算

带比率制动特性的纵联差动保护动作特性曲线如图 8-55 所示。折线 ACD 的左上方为保护的动作区，折线的右下方为保护的制动区。

这一动作特性曲线由纵坐标 OA、拐点的横坐标 OB、折线 CD 的斜率三个参数所确定，OA 表示无制动状态下的动作电流，即保护的最小动作电流 $I_{op,min}$。OB 表示起始制动电流 $I_{res,0}$。

（1）比率制动差动常规整定计算项目如下：

1）纵联差动保护最小动作电流的整定。最小动作电流应大于变压器额定负荷时的不平衡电流，即

$$I_{op,min}=K_{rel}(K_{er}+\Delta U+\Delta m)I_{TN}/n_a \tag{8-114}$$

式中　K_{rel}——可靠系数，取 1.3～1.5；

K_{er}——电流互感器的误差，10P 型取 0.03×2，5P 型和 TP 型取 0.01×2；

ΔU——变压器调压引起的误差，取调压范围中偏离额定值的最大值（百分值）；

Δm——由于电流互感器变比未完全匹配产生的误差，初步计算时取 0.05；

I_{TN}——变压器额定电流；

n_a——电流互感器的变比。

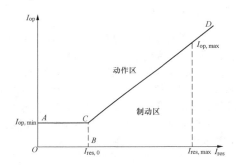

图 8-55　比率制动特性的纵联差动
保护动作特性曲线图

按躲过正常最大负荷时的不平衡电流整定，动作电流值较小。实际工程中出现当变压器带一定负荷，在区外发生短路切除时，变压器负荷电流小于 I_{TN}，但变压器纵联差动保护的差动电流却大于 0.4 倍的额定电流，发生变压器差动误动跳闸。因此，实际整定中应考虑变压器带负荷外部切除故障后，因为各侧电流互感器暂态特性和二次回路衰减时间常数不同及电压恢复造成的变压器励磁涌流等原因引起的不平衡电流。另外还要考虑相邻变压器空载合闸产生的合应涌流的影响，可根据情况取大于 0.5。

当差动保护以标幺值形式整定时，变压器额定电流仅为基准值单位，不需代入计算其具体数值；当差动保护以有名值方式整定时，I_{TN} 为基准侧额定电流，需要代入计算其具体数值。例如，经过计算，$K_{rel}(K_{er}+\Delta U+\Delta m)$ 为 0.5，当差动保护以标幺值形式整定时，整定值取 0.5；当差动保护以有名值方式整定时（如保

护装置有名值以高压侧为准，数值为 0.8A），则整定值取 $0.5×0.8=0.4$（A）。

在工程实用整定计算中可选取 $I_{op,min}=(0.3 \sim 0.6)I_{TN}/n_a$。由于变压器差动影响误差因素多，根据实际情况（现场实测不平衡电流）确有必要时也可大于 $0.6I_{TN}/n_a$。

2）起始制动电流 $I_{res,0}$ 的整定。起始制动电流宜取

$$I_{res,0}=(0.4 \sim 1.0)I_{TN}/n_a \qquad (8\text{-}115)$$

3）动作特性折线斜率的整定。纵联差动保护的动作电流应大于外部短路时流过差动回路的不平衡电流。变压器种类不同，不平衡电流计算也有较大差别，下面给出普通双绕组和三绕组变压器差动保护回路最大不平衡电流 $I_{unb,max}$ 的计算公式。

a）双绕组变压器

$$I_{unb,max}=(K_{ap}K_{cc}K_{er}+\Delta U+\Delta m)I_{k,max}/n_a \qquad (8\text{-}116)$$

式中　K_{ap}——非周期分量系数，两侧同为 TP 级电流互感器时取 1.0，两侧同为 P 级电流互感器时取 $1.5 \sim 2.0$；

　　K_{cc}——电流互感器的同型系数，取 1.0；

　　$I_{k,max}$——外部短路时，最大穿越短路电流周期分量；

K_{er}、ΔU、Δm、n_a——含意同式(8-114)，但 K_{er} 取 0.1。

b）三绕组变压器（以低压侧外部短路为例说明）

$$I_{unb,max}=K_{ap}K_{cc}K_{er}I_{k,max}/n_a+\Delta U_h I_{k,h,max}/n_{ah}$$
$$+\Delta U_m I_{k,m,max}/n_{am}+\Delta_{m\,I}I_{k,\,I,max}/n_{ah}$$
$$+\Delta_{m\,II}I_{k,\,II,max}/n_{am} \qquad (8\text{-}117)$$

式中　ΔU_h、ΔU_m——变压器高、中压侧调压引起的相对误差（对 U_N 而言），取调压范围中偏离额定值的最大值；

　　K_{ap}、K_{cc}、K_{er}——含义同式(8-114)；

　　$I_{k,max}$——低压侧外部短路时，流过靠近故障侧电流互感器的最大短路电流周期分量；

　　$I_{k,h,max}$、$I_{k,m,max}$——在所计算的外部短路时，流过高、中压侧电流互感器电流的周期分量；

　　$I_{k,\,I,max}$、$I_{k,\,II,max}$——在所计算的外部短路时，相应地流过非靠近故障点两侧电流互感器电流的周期分量；

　　n_a、n_{ah}、n_{am}——各侧电流互感器的变比；

　　$\Delta_{m\,I}$、$\Delta_{m\,II}$——由于电流互感器（包括中间电流互感器）的变比未完全匹配而产生的误差。

差动保护的动作电流为

$$I_{op,max}=K_{re1}I_{unb,max} \qquad (8\text{-}118)$$

最大制动系数为

$$K_{res,max}=\frac{I_{op,max}}{I_{res,max}} \qquad (8\text{-}119)$$

式中，最大制动电流 $I_{res,max}$ 的选取，在实际工程计算时根据差动保护制动原理的不同以及制动电流的选择方式不同而会有较大差别。制动电流的选择原则应使外部故障时制动电流较大，而内部故障时制动电流较小。

可计算出差动保护动作特性曲线中折线的斜率 K，当 $I_{res,max}=I_{k,max}$ 时有

$$K=\frac{I_{op,max}-I_{op,min}}{\dfrac{I_{k,max}}{n_a}-I_{res,0}} \qquad (8\text{-}120)$$

或

$$K=\frac{K_{res}-I_{op,min}/I_{res}}{1-I_{res,0}/I_{res}} \qquad (8\text{-}121)$$

采用以上方法计算的特性曲线斜率 K，虽然已经考虑了非周期分量和暂态过程的影响，但是根据运行经验计算结果偏小。暂态过程难以准确计算，考虑即使制动斜率取 0.5，其灵敏度也是足够的，所以实际计算中往往根据经验公式，可取 $K=0.5 \sim 0.7$。

4）灵敏系数的计算。纵联差动保护的灵敏系数应按最小运行方式下差动保护区内变压器引出线上两相金属性短路计算。根据计算最小短路电流 $I_{k,min}$ 和相应的制动电流 I_{res}，在图 8-56 上查得对应的动作电流 I'_{op}，则灵敏系数为

$$K_{sen}=\frac{I_{k,min}}{I'_{op}} \qquad (8\text{-}122)$$

要求　　　　　　$K_{sen} \geqslant 1.5$

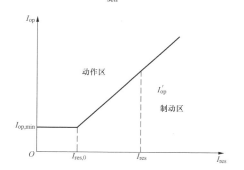

图 8-56　纵联差动保护灵敏系数计算说明图

（2）纵联差动保护的其他辅助整定计算及经验数据推荐。

1）差电流速断的整定。对 $220 \sim 500$kV 变压器，差动速断保护是纵联差动保护的一个辅助保护。当内部故障电流很大时，防止由于电流互感器饱和可能引起纵联差动保护延迟动作。差动速断保护的整定值应按躲过变压器可能产生的最大励磁涌流或外部短路最

大不平衡电流整定，一般取

$$I_{op}=KI_{TN}/n_a \quad \text{或} \quad I_{op}=K_{re1}I_{unb,max} \quad (8\text{-}123)$$

式中　I_{op}——差电流速断的动作电流；

　　　K——倍数；

　　　I_{TN}——变压器额定电流。

视变压器容量和系统电抗大小，K 的推荐值如下：容量为 6300kVA 及以下时，K 取 7～12；容量为 6300～31500kVA 时，K 取 4.5～7.0；容量为 40000～120000kVA 时，K 取 3.0～6.0；容量为 120000kVA 及以上时，K 取 2.0～5.0。容量越大，系统电抗越大，K 取值越小。

按正常运行方式下保护安装处两相短路计算灵敏系数，要求 $K_{sen} \geq 1.2$。

$I_{unb,max}$ 见式（8-116）。

2）二次谐波制动系数的整定。利用二次谐波制动来防止励磁涌流误动的纵联差动保护中，整定值指差动电流中的二次谐波分量与基波分量的比值，通常称这一比值为二次谐波制动系数。根据经验，二次谐波制动系数可整定为 15%～20%，一般推荐整定为 15%。

（3）涌流间断角的推荐值。按鉴别涌流间断角原理构成的变压器差动保护，根据运行经验，闭锁角可取为 60°～70°。有时还采用涌流导数的最小间断角 θ_d 和最大波宽 θ_w，其闭锁条件为：$\theta_d \geq 65°$；$\theta_w \leq 140°$。

4. 分侧差动保护的整定计算

分侧差动保护的整定计算原则同发电机纵联差动保护。

（1）最小动作电流 $I_{op,min}$ 的计算。整定原则为躲过分侧差动回路中正常运行情况下最大的不平衡电流，即

$$I_{op,min}=K_{re1}I_{unb,max} \quad (8\text{-}124)$$

一般可以直接根据电流互感器的二次额定值来计算最大不平衡电流，即

$$I_{op,min}=K_{rel}\times 2\times 0.03I_{2N} \quad (8\text{-}125)$$

也可以根据变压器对应侧绕组额定电流（差动参与侧的额定电流最大侧）来计算最大不平衡电流，即

$$I_{op,min}=K_{rel}(K_{ap}K_{cc}K_{er}+\Delta m)I_{2N} \quad (8\text{-}126)$$

式中　K_{rel}——可靠系数，取 1.3～1.5；

　　　K_{ap}——非周期分量系数，取 1.5～2.0；

　　　K_{cc}——互感器同型系数，同型号取 0.5，不同型号取 1；

　　　K_{er}——电流互感器的综合误差，取 0.1；

　　　Δm——由于电流互感器变比未完全匹配产生的误差，取 0.05；

　　　I_{2N}——变压器基准侧二次额定电流。

工程中一般取 $I_{op,min}=(0.2\sim 0.5)I_{2N}$。根据实际情况（现场实测不平衡电流）确有必要时，最小动作定值也可大于 $0.5I_{2N}$。

（2）起始制动电流 $I_{res,0}$ 的整定

$$I_{res,0}=(0.5\sim 1.0)I_{TN}/n_a \quad (8\text{-}127)$$

式中　I_{TN}——变压器额定电流；

　　　n_a——电流互感器变比。

（3）动作特性折线斜率 K 的整定。首先计算最大制动系数 $K_{res,max}$，即

$$K_{res,max}=K_{rel}K_{ap}K_{er}K_{cc} \quad (8\text{-}128)$$

式中　K_{re1}——可靠系数，取 1.5；

　　　K_{ap}——非周期分量系数，TP 级电流互感器取 1.0，P 级电流互感器取 1.5～2.0；

　　　K_{er}——电流互感器的比误差，取 0.1；

　　　K_{cc}——同型系数，取 0.5。

按式（8-120）或式（8-121）计算 K 值，可取 0.3～0.5。

（4）灵敏系数计算。按最小运行方式下变压器绕组引出端两相金属性短路，灵敏系数 $K_{sen} \geq 2$ 校验，即

$$K_{sen}=\frac{I_{k,min}}{I'_{op}n_a} \quad (8\text{-}129)$$

式中　$I_{k,min}$——最小运行方式下，绕组引出端两相金属性短路的短路电流值；

　　　I'_{op}——根据 $I_{k,min}$ 在动作特性曲线上查得的动作电流。

5. 零序差动保护的整定计算

（1）当采用比率制动型差动保护时，其整定计算方法与本节相关比率制动计算方法类似。

1）最小动作电流的整定。整定原则为躲过零序差动回路中正常运行情况下最大的不平衡电流，即

$$I_{op,min}=K_{rel}I_{unb,0} \quad (8\text{-}130)$$

一般可以直接根据二次额定电流值来计算最大不平衡电流，可取

$$I_{op,min}=K_{rel}\times 2\times 0.1I_{2TN} \quad (8\text{-}131)$$

也可以根据变压器对应侧绕组额定电流（差动参与侧的额定电流最大侧）来计算最大不平衡电流，计算公式为

$$I_{op,min}=K_{rel}(K_{ap}K_{cc}K_{er}+\Delta m)I_{2TN} \quad (8\text{-}132)$$

式中　K_{rel}——可靠系数，取 1.3～1.5；

　　　K_{ap}——非周期分量系数，取 1.5～2.0；

　　　K_{cc}——互感器同型系数，同型号取 0.5，不同型号取 1；

　　　K_{er}——电流互感器的综合误差，取 0.1；

　　　Δm——由于电流互感器变比未完全匹配产生

的误差，取 0.05；

I_{2TN}——变压器基准侧二次额定电流。

在工程实用整定计算中可选取 $I_{op,min}=(0.3\sim0.5)I_{2TN}$。根据实际情况（现场实测不平衡电流）确有必要时，最小动作定值也可大于 $0.5I_{2TN}$。

2）制动系数定值在工程实用整定计算中可取 $0.4\sim0.5$。

（2）当采用不带比率制动特性的普通差电流保护时整定计算方法如下：

1）按躲过外部单相接地短路时的不平衡电流整定，即

$$I_{op,0}=K_{re1}(K_{ap}K_{cc}K_{er}+\Delta m)\times 3I_{0,max}/n_a \quad (8-133)$$

式中　$I_{op,0}$——零序差动保护的动作电流；

K_{re1}——可靠系数，取 1.3～1.5；

K_{ap}——非周期分量系数，TP 级电流互感器取 1.0，P 级电流互感器取 1.5～2；

K_{cc}——电流互感器同型系数，互感器同型号时取 0.5，不同型号时取 1.0；

K_{er}——电流互感器的综合误差，取 0.1；

Δm——由于电流互感器（包括中间电流互感器）变比未完全匹配而产生的误差，初步计算时取 0.05；

$3I_{0,max}$——保护区外部最大单相或两相接地短路零序电流的 3 倍。

2）按躲过外部三相短路时的不平衡电流整定，即

$$I_{op,0}=K_{re1}K_{ap}K_{cc}K_{er}I_{k,max}/n_a \quad (8-134)$$

式中　K_{re1}——可靠系数，取 1.3～1.5；

K_{ap}——非周期分量系数，TP 级电流互感器取 1.0，P 级电流互感器取 1.5～2；

K_{cc}——电流互感器同型系数，互感器同型号时取 0.5，不同型号时取 1.0；

K_{er}——电流互感器的综合误差，取 0.1；

$I_{k,max}$——外部最大三相短路电流。

3）按躲过励磁涌流产生的零序不平衡电流整定。普通变压器或自耦变压器一次侧励磁涌流对零序差动保护而言都是穿越性电流，但考虑互感器的非线性，不可避免地会在零序差动回路中产生不平衡电流。根据经验，为躲过励磁涌流产生的不平衡电流，零序差动保护整定值的参考值为

$$I_{op,0}=(0.3\sim0.4)I_{TN}/n_a \quad (8-135)$$

取式（8-133）～式（8-135）中的最大值作为 $I_{op,0}$ 的整定值。

（3）灵敏系数校验。按零序差动保护区内发生最小金属性接地短路校验灵敏系数，要求不小于 1.2。在大电流接地系统中，单相接地短路电流计算在 220kV 系统中应取正常运行方式（运行可改变变压器接地台

数，调整零序电流基本不变），在 500kV 系统中则取最小运行方式。

三、变压器相间短路后备保护整定计算

1. 过电流保护整定计算

为了保证选择性，过电流保护的动作电流应能躲过可能流过变压器的最大负荷电流，当故障切除后或馈线重合闸或备用回路自动投入等引起自启动电流时，应适当考虑自启动系数，即

$$I_{op}=\frac{K_{rel}}{K_r n_a}I_{L,max} \quad (8-136)$$

式中　K_{rel}——可靠系数，取 1.2～1.3；

K_r——返回系数，取 0.90～0.95；

$I_{L,max}$——最大负荷电流。

最大负荷电流 $I_{L,max}$ 可按以下情况考虑并取其最大者：

（1）对并列运行的变压器，应考虑切除一台时，余下变压器所产生的过负荷电流，当各台变压器容量相等时

$$I_{L,max}=\frac{m}{m-1}I_{TN} \quad (8-137)$$

式中　m——并列运行变压器的最少台数；

I_{TN}——每台变压器的额定电流。

当并列运行的变压器容量不等时，应考虑容量最大的一台变压器断开后引起的过负荷。

（2）当降压变压器低压侧接有大量异步电动机时，应考虑电动机的自启动电流，即

$$I_{L,max}=K_{ast}I'_{L,max} \quad (8-138)$$

式中　$I'_{L,max}$——正常运行时的最大负荷电流；

K_{ast}——电动机自启动系数，其值与负荷的性质及电源间的电气距离有关，一般应视具体情况而定。

（3）对两台分列运行的降压变压器，在负荷侧母线分段断路器上装有备用电源自动投入装置时，应考虑备用电源自动投入后负荷电流的增加，即

$$I_{L,max}=I_{I,L,max}+K_{ast}K_{rem}I_{II,L,max} \quad (8-139)$$

式中　$I_{I,L,max}$——所在母线段正常运行时的最大负荷电流；

$I_{II,L,max}$——另一母线段正常运行时的最大负荷电流；

K_{ast}——电动机自启动系数，其值与负荷的性质及电源间的电气距离有关，一般应视具体情况而定；

K_{rem}——剩余系数，母线停电后切除不重要负荷，保留下来的负荷与原负荷之比。

（4）与下一级过电流保护相配合，则

$$I_{L,max}=1.1\,I'_{op}+I_{m,L,max} \qquad (8\text{-}140)$$

式中　I'_{op}——分段断路器或与之相配合的馈线过电流保护的动作电流；

　　　$I_{m,L,max}$——本变压器所在母线段正常运行时的最大负荷电流。

（5）灵敏系数校验。保护的灵敏系数为

$$K_{sen}=\frac{I_{k,min}^{(2)}}{I_{op}n_a} \qquad (8\text{-}141)$$

式中　$I_{k,min}^{(2)}$——后备保护区末端发生两相金属性短路时流过保护的最小短路电流。

要求 $K_{sen}\geqslant1.3$（近后备）或 1.2（远后备）。

2. 低电压启动的过电流保护整定计算

对升压变压器或容量较大的降压变压器，当过电流保护的灵敏度不够时，可采用低电压启动的过电流保护。

（1）过电流保护的整定计算。过电流保护的动作电流应按躲过变压器的额定电流整定，即

$$I_{op}=\frac{K_{rel}}{K_r n_a}I_{TN} \qquad (8\text{-}142)$$

式中　K_{rel}——可靠系数，取 1.2～1.3；

　　　K_r——返回系数，取 0.85～0.95；

　　　n_a——电流互感器变比；

　　　I_{TN}——变压器额定电流。

（2）低电压启动元件的动作电压整定计算。低电压启动元件的整定应考虑以下情况：

1）按躲过正常运行时可能出现的最低电压整定，即

$$U_{op}=\frac{U_{min}}{K_{rel}K_r n_v} \qquad (8\text{-}143)$$

式中　U_{min}——正常运行时可能出现的最低电压，一般取 $0.9U_N$（U_N 为额定相电压或线电压）；

　　　K_{rel}——可靠系数，取 1.1～1.2；

　　　K_r——返回系数，取 1.05～1.25；

　　　n_v——电压互感器变比。

2）按躲过电动机自启动时的电压整定。当低电压保护的电压取自降压变压器低压侧电压互感器或带有负荷的发电机母线的电压互感器时，应按躲过电动机自启动条件计算，即

$$U_{op}=(0.5\sim0.6)U_{N1}/n_v \qquad (8\text{-}144)$$

式中　U_{N1}——变压器低压侧母线额定电压；

　　　n_v——电压互感器变比。

3）对发电厂中的升压变压器，当低电压保护的电压取自发电机侧时，还应考虑躲过发电机失磁运行时出现的低电压，取

$$U_{op}=(0.6\sim0.7)U_{N1}/n_v \qquad (8\text{-}145)$$

式中　U_{N1}——变压器低压侧母线额定电压；

　　　n_v——电压互感器变比。

4）灵敏系数校验。过电流保护的灵敏系数校验与过电流保护计算方法相同。低电压继电器的灵敏系数为

$$K_{sen}=\frac{U_{op}}{U_{r,max}/n_v} \qquad (8\text{-}146)$$

式中　U_{op}——低电压元件的动作电压；

　　　$U_{r,max}$——在运行方式下，灵敏系数校验点发生金属性相间短路时，保护安装处的最高残压。

要求 $K_{sen}\geqslant1.3$（近后备）或 1.2（远后备）。

在校验电流保护和低电压保护的灵敏系数时，应分别采用各自的不利正常系统运行方式和不利的短路类型。当低电压保护灵敏系数不够时，可在变压器各侧装设低电压元件。

3. 复合电压启动的过电流保护

（1）电流保护、低电压的整定计算同低电压启动的过电流保护。

（2）负序电压继电器的动作电压整定计算。负序电压继电器应按躲过正常运行时出现的不平衡电压整定，不平衡电压值可通过实测确定，当无实测值时，可取

$$U_{op,2}=(0.06\sim0.08)U_N/n_v \qquad (8\text{-}147)$$

式中　U_N——额定相间电压；

　　　n_v——电压互感器变比。

（3）灵敏系数校验。电流继电器的灵敏系数校验同式（8-114），接相间电压的低电压继电器的灵敏系数校验同式（8-146）。

负序电压继电器的灵敏系数为

$$K_{sen}=\frac{U_{k,2,min}}{U_{op,2}n_v} \qquad (8\text{-}148)$$

式中　$U_{k,2,min}$——后备保护区末端发生两相金属性短路时，保护安装处的最小负序电压值；

　　　$U_{op,2}$——闭锁保护负序电压动作值；

　　　n_v——电压互感器变比。

要求 $K_{sen}\geqslant2.0$（近后备）或 1.5（远后备）。

（4）相间故障后备保护方向元件的整定。三侧有电源的三绕组升压变压器，相间故障后备保护为了满足选择性要求，在高压侧或中压侧可设置过电流方向元件，其方向通常指向本侧母线。

高压侧及中压侧有电源或三侧均有电源的三绕组降压变压器和联络变压器，相间故障后备保护为了满足选择性要求，在高压侧或中压侧可设置过电

流方向元件，其方向通常指向变压器，也可指向本侧母线。

（5）相间故障后备保护动作时间的整定。变压器各侧均宜配置相间故障后备保护，变压器后备保护动作切除的原则为尽量缩小被切除的范围，一般为先断开分段断路器、母联断路器，再断开本侧（对侧）断路器，最后断开各侧断路器。如果不满足稳定要求或者配合原则，可以考虑先断开本侧（对侧）断路器，再断开各侧断路器，或者仅断开本侧断路器。

当相间后备保护方向指向母线时，可以以 $t_1=t_0+\Delta t$（t_0 为与之配合的线路保护动作时间，Δt 为时间级差）跳开本侧分段断路器、母联断路器，再以 $t_2=t_1+\Delta t$ 跳开本侧断路器，最后以 $t_3=t_2+\Delta t$ 跳开变压器各侧断路器。

当相间后备保护方向指向变压器时，可以以 $t_1=t_0+\Delta t$（t_0 为与之配合的线路保护动作时间，Δt 为时间级差）跳开对侧分段断路器、母联断路器，再以 $t_2=t_1+\Delta t$ 跳开对侧断路器，最后以 $t_3=t_2+\Delta t$ 跳开变压器各侧断路器。

当相间后备保护不带方向时，可以以 $t_1=t_0+\Delta t$（t_0 为与之配合的线路保护动作时间，Δt 为时间级差）跳开本侧断路器，再以 $t_2=t_1+\Delta t$ 跳开各侧断路器。

实际应用过程中还应考虑各地区的后备保护配合原则，以决定后备保护的段数和时限数，以及方向的指向。

四、直接接地系统变压器零序后备保护整定计算

1. 普通变压器接地零序过电流保护整定计算

（1）直接接地零序过电流保护的整定。Ⅰ段零序过电流继电器的动作电流应与对应配合的零序过电流保护第Ⅰ段或第Ⅱ段或快速主保护相配合。通常与相邻线路零序过电流保护相配合，Ⅱ段零序过电流保护的动作电流通常与相邻线路零序过电流保护的后备保护相配合。

（2）与线路零序过电流保护配合，其Ⅰ段（Ⅱ段）零序一次动作电流可归纳为

$$I_{0,op,t} = K_{rel}K_{0,br}I_{0,op,l} \qquad (8-149)$$

式中　$I_{0,op,t}$——变压器零序过电流保护Ⅰ段（Ⅱ段）动作电流；

K_{rel}——可靠系数，取 1.1；

$K_{0,br}$——零序电流分支系数，其值一般等于线路零序过电流保护Ⅰ段（或Ⅱ段）相应保护区末端或Ⅲ段（Ⅳ段）线路保护末段发生接地短路时，流过本保护的零序电流与流过线路的零序电流

之比，前者对应变压器零序保护Ⅰ段，后者对应变压器零序保护Ⅱ段，各种运行方式取最大值；

$I_{0,op,l}$——与之相配合的零序过电流保护相关段动作电流。

（3）保护动作时间整定。

1）110kV 及 220kV 变压器Ⅰ段零序过电流保护以 $t_1=t_0+\Delta t$（t_0 为线路保护配合段的动作时间）的较短时间断开母联或分段断路器；以较长时间 $t_2=t_1+\Delta t$ 断开变压器各侧断路器。

2）330kV 及 500kV 变压器高压Ⅰ段零序过电流保护只设一个时限，即 $t_1=t_0+\Delta t$，断开变压器本侧断路器。

3）110kV 及 220kV 变压器Ⅱ段零序过电流保护以 $t_3=t_{1max}+\Delta t$ 断开母联或分段或本侧断路器，t_{1max} 为线路零序过电流保护后备段或接地距离保护后备段的动作时间，以 $t_4=t_3+\Delta t$ 断开变压器各侧断路器。

4）330kV 及 500kV 变压器高压Ⅱ段零序过电流保护只设一个时限，即 $t_3=t_{1max}+\Delta t$，断开变压器本侧断路器。

（4）灵敏系数校验

$$K_{sen} = \frac{3I_{k,0,min}}{I_{op,0}n_a} \qquad (8-150)$$

式中　$I_{k,0,min}$——Ⅰ段（或Ⅱ段）对端母线接地短路时流过保护安装处的最小零序电流；

$I_{op,0}$——Ⅰ段（或Ⅱ段）零序过电流保护的动作电流；

n_a——电流互感器的变比。

要求 $K_{sen} \geqslant 1.5$。

2. 分级绝缘中性点经间隙接地的零序电流保护整定计算

对中性点可能接地或不接地运行的变压器，应配置两种接地保护：一种接地保护用于变压器中性点接地运行状态，通常采用两段式零序过电流保护，其整定值及灵敏系数计算与普通变压器相同；另一种接地保护用于变压器中性点不接地运行状态，这种保护的配置、整定值计算、动作时间等与变压器的中性点绝缘水平、过电压保护方式以及并列运行的变压器台数有关。

（1）间隙零序过电流保护的整定。在放电间隙回路的零序过电流保护的动作电流与变压器零序阻抗、间隙放电的电弧电阻等因素有关，难以准确计算，根据经验数据，保护一次动作电流可取 100A。

（2）保护动作时间的整定。本保护动作时间一般同其零序电压保护动作时间，可取 0.3～0.5s。间隙零序过电流保护延时可取 0.3～0.5s，也可考虑与出线接

地后备保护时间配合。

3. 零序电压保护的整定计算

（1）零序电压的整定。对全绝缘变压器或分段绝缘不接地运行的变压器的零序电压保护，其过电压保护动作值整定为

$$U_{sat} < U_{op,0} \leqslant U_{0,max} \qquad (8-151)$$

式中　U_{sat}——用于中性点直接接地系统的电压互感器，在失去接地中性点时发生单相接地，开口三角绕组可能出现的最低电压；

$U_{op,0}$——零序过电压保护动作值；

$U_{0,max}$——在部分中性点接地的电网中发生单相接地时，保护安装处可能出现的最大零序电压。

考虑到中性点直接接地系统 $X_{0\Sigma}/X_{1\Sigma} \leqslant 3$，建议 $U_{op,0}=180V$（高压系统电压互感器开口三角绕组每相额定电压为100V）。

（2）动作时间的整定。用于中性点经放电间隙接地的零序电流、零序电压保护或全绝缘的零序电压保护动作后经一较短延时（躲过暂态过电压时间）断开变压器各侧断路器，这一延时可取为0.3s。

当有两组以上变压器并列运行时，零序电流、电压保护先切除中性点不接地的变压器，后切除中性点直接接地的变压器。此方案不推荐使用。

五、变压器过负荷保护整定计算

过负荷保护的动作电流应按躲过绕组的额定电流整定，即

$$I_{op} = \frac{K_{rel}}{K_r n_a} I_N \qquad (8-152)$$

式中　K_{rel}——可靠系数，采用1.05；

K_r——返回系数，0.85~0.95；

I_N——被保护绕组的额定电流。

过负荷保护动作于信号。保护的动作时间应与变压器允许的过过负荷时间相配合，同时应大于相间故障后备保护及接地故障后备保护的最大动作时间。

六、变压器过励磁保护整定计算

在整定变压器过励磁保护时，应有变压器制造厂提供的变压器允许过励磁能力曲线。变压器过励磁保护有定时限和反时限两种。

1. 定时限变压器过励磁保护整定计算

定时限变压器过励磁保护通常设置两段，第一段为信号段，第二段为跳闸段。图8-57所示允许过励磁曲线应由变压器制造厂提供。

过励磁保护的第一段动作值 N 一般可取为变压器额定励磁的 1.1~1.2 倍。N 的含义为

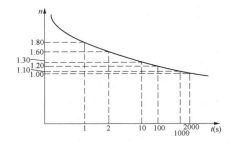

图 8-57　变压器制造厂提供的允许过励磁曲线

$$N = B/B_{TN} = \frac{U}{f} / \frac{U_N}{f_N} = \frac{U_*}{f_*} \qquad (8-153)$$

式中　N——过励磁倍数，可整定为1.1~1.2；

B、B_N——变压器铁芯磁通密度的实际值和额定值；

U、U_N——加在变压器绕组的实际电压和额定电压；

f、f_N——实际频率和额定频率；

f_*、U_*——频率和电压的标幺值。

第一段的动作时间可根据允许的过励磁能力适当整定。例如，设 $N=1.1$，从曲线上查得对应的允许时间约为 1000s（A 点），第一段的时间可整定为 200s（A'点），考虑从发信号到允许时间还有 800s，使运行人员有足够的时间处理变压器的过励磁。信号段的动作时间不宜太短，防止变压器短时过励磁时不必要的发信号。

第二段为跳闸段，可整定 $N=1.25~1.35$ 倍，例如取 $N=1.3$，从曲线上查得允许的过励磁时间约为 10s，跳闸时间可整定为 8s，即为保障变压器的安全，取跳闸时间适当小于实际允许的时间。

2. 反时限变压器过励磁保护整定计算

反时限变压器过励磁保护的保护特性应与变压器的允许过励磁能力相配合，如图8-58所示。微机保护中的反时限过励磁保护一般采用分段线性化的方法实现，整定时需要输入（n_1,t_1）、（n_2,t_2）……（n_m,t_m）等若干组定值来模拟反时限曲线，一般 $m \leqslant 10$。整定时

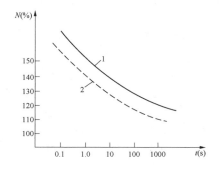

图 8-58　反时限变压器过励磁保护整定图例

1—制造厂给出的变压器允许过励磁能力曲线；

2—过励磁保护整定的动作特性曲线

可从制造厂提供的变压器过励磁曲线图中提取相应数量的点，将其对应的（n,t）作为整定定值。可按照曲线斜率较大处，取点宜稀疏；曲线斜率较小处，取点宜密集的原则取点。

反时限过励磁保护定值整定过程中，宜考虑一定的裕度，可以从动作时间和动作定值上考虑裕度（两者只取其一）。从时间上考虑时，可以考虑整定时间为曲线时间的 60%～80%；从动作定值上考虑时，可以考虑整定定值为曲线定值除以 1.05，最小定值应可以躲过系统正常运行时的最大电压。

第六节　发电机-变压器组保护

随着机组容量的不断增大以及电厂远离负荷中心的情况日益突出，目前发电机-变压器组的接线方式已经非常普遍。当发电机电压没有直配电负荷时，发电机可直接经过与之连接的升压变压器与系统连接，即发电机-变压器组接线。

在发电机-变压器组上装设的继电保护与在发电机和变压器上装设的保护大致相同。但由于它们共同构成了同一工作单元，因此有些保护可以合并或简化。这样发电机-变压器组总的保护在数量上将少于发电机与变压器分别单独装设保护时的总合。如发电机与双绕组变压器构成的发电机-变压器组可以共用过负荷保护装置、复合电压启动的过电流保护装置等，使总的保护装置得到简化。

图 8-59 列出了发电机-变压器组的几种接线方式。

根据图 8-59 可见，不同的发电机-变压器组接线方式有一些各自的特色。其中图 8-59（a）是发电机-变压器组最为常见的接线方式，高压厂用变压器为分裂绕组的变压器，从电气上一方面可以降低分支的短路电流，另一方面可以减少对不同分支厂用系统的影响。图 8-59（b）与图 8-59（a）的不同主要在于在发电机侧装设了断路器，这种接线可以通过主变压器从系统倒送电启动机组，再由发电机断路器并网发电。图 8-59（c）是 600～1000MW 及以上发电机-变压器组常见的接线方式，它接有两台带分裂绕组的高压厂用变压器。图 8-59（d）为发电机与三绕组变压器组成的发电机-变压器单元接线，高压厂用变压器为分裂绕组变压器，在高压侧不装设断路器的接线方式。图 8-59（e）也为发电机与三绕组变压器组成的发电机-变压器单元接线，高压厂用变压器为分裂绕组变压器，但在高压侧装设断路器的接线方式（这种接线当高压厂用变压器故障，厂用电源切换后仍然可以发电）。图 8-59（f）也是发电机与三绕组变压器组成的发电机-变压器单元接线，但高压厂用变压器为双绕组变压器，且低压侧分为两个支路给两段母线供电，在高压侧装设断路器的接线方式，这种接线当高压厂用变压器故障，厂用电源切换后同样可以发电（一般用在短路电流不太大，容量较小的电厂）。图 8-59（g）也是发电机与三绕组变压器组成的发电机-变压器单元接线，高压厂用变压器为双绕组变压器，且低压侧分为两个支路给两段母线供电，但在高压侧未装设断路器，显然

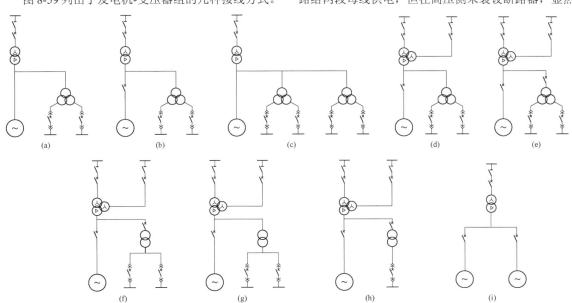

图 8-59　发电机-变压器组的几种接线方式

（a）～（c）发电机-双绕组变压器单元接线；（d）～（h）发电机-三绕组变压器单元接线；

（i）发电机-双绕组变压器扩大单元接线

这种接线当高压厂用变压器故障时必须跳闸停机。图8-59（h）也是发电机与三绕组变压器组成的发电机-变压器单元接线，但高压厂用变压器为双绕组变压器，在高压侧装设断路器的接线方式，而低压侧只设一段厂用电，它一般用在小机组的电厂。图8-59（i）是扩大单元接线的发电机-变压器组接线方式，它通常适用于小容量机组，并且两台发电机和主变压器都需要分别装设独立的保护装置。

一、发电机-变压器组继电保护的特点

发电机-变压器组单元接线主要分为两种接线类型。

当发电机与变压器之间没有安装断路器时，发电机与变压器将保持为成组单元运行。不论是发电机的短路故障，还是主变压器的短路故障、高压厂用变压器的短路故障都得停机处理，在这种接线情况下，作为保护配置和事故跳闸出口，应把它们视作一个扩大的元件进行保护设计。

当发电机与变压器之间有断路器时，发电机与变压器应分别装设独立的保护，满足单独运行工况的要求，并且在成组单元运行时也应满足不同元件故障、保护各自出口的选择性要求。如发电机故障出口为动作于发电机有关的出口；当高压厂用变压器高压侧不装设断路器时，主变压器故障、高压厂用变压器故障，跳主变压器、高压厂用变压器各侧断路器，并动作于发电机相关出口。

二、发电机-变压器组保护配置特点

由于发电机与变压器组成一个单元，所以，发电机-变压器组的保护与发电机、变压器单独工作时的保护相比，某些保护是可以合并的，例如，发电机-变压器组差动保护（发电机与变压器之间没有安装断路器时）、相间短路后备保护、过负荷保护等。上述特点要求其与一般单纯的发电机保护和变压器保护设计有所不同，应当充分认识，并按相关要求做好设计。

1. 发电机-变压器组的纵联差动保护

发电机-变压器组的纵联差动保护也就是经常所说的大差，通常由主变压器高压侧 TA（3/2 断路器接线时，有两个分支 TA）、发电机中性点侧 TA、高压厂用变压器低压侧（一般为两个分支）TA 或高压侧 TA 电流信号输入共同构成纵联差动保护。励磁变压器回路 TA 不需接入。往往为了避免高压厂用变压器装设高压侧大变比 TA 的困难，常将其接至高压厂用变压器的低压侧分支 TA，也有接高压厂用变压器高压侧TA 的。此外，当为三绕组变压器时还需接至中压侧 TA，但此类接线使用不多。由于发电机-变压器组大

差，往往各侧 TA 二次电流相差甚大，需要采取平衡措施，如微机保护采用通道平衡系数予以平衡。

发电机-变压器组纵联差动保护的整定计算方法同变压器差动保护，可参见变压器保护的有关内容。

当电量保护采用双重化配置时，不配置发电机-变压器组纵联差动保护，由双重化的发电机差动保护、主变压器差动保护、高压厂用变压器差动保护作为机组的主保护。当电量保护未采用双重化配置时，可配置发电机-变压器组纵联差动保护作为主保护，或者与发电机差动保护、主变压器差动保护、厂用变压器差动保护实现主保护的双重化。

2. 发电机-变压器组的相间短路后备保护

通常由发电机的过电流保护、低压启动的过电流保护或复合电压启动的过电流保护兼作变压器的相间短路后备保护。在设置发电机-变压器组相间故障后备保护时，将发电机-变压器组作为一个整体考虑。其相间故障后备保护既作为发电机-变压器组的后备，又作为高压母线相间故障的后备。

对发电机侧装设断路器的双绕组变压器接线，作为发电机断开运行时主变压器的后备保护，需设主变压器高压侧后备过电流保护。为提高灵敏性，保护可用复合电压闭锁，电压宜接于主变压器低压侧电压互感器，电流接于主变压器高压侧套管电流互感器，保护设一段一时限，动作于跳开变压器各侧断路器。

对发电机侧装设断路器的三绕组变压器接线，当高中压侧相间后备保护方向指向系统侧时，发电机的过电流保护可兼作变压器的后备保护。变压器还需另装设不带方向的后备保护，作为发电机断路器断开后变压器单独运行时的内部故障后备保护。对于中小型机组，相间短路后备保护装在发电机中性点侧。中性点侧的相间短路后备保护通过负序电流和低电压过电流保护或复合电压启动的过电流保护实现。

3. 发电机-变压器组的过负荷保护

由发电机的过负荷保护兼作变压器的过负荷保护。

4. 发电机-变压器组的过励磁保护

发电机-变压器组的过励磁保护原则是按允许过励磁倍数低的设计保护。由于发电机允许的过励磁倍数一般比变压器低，通常由发电机的过励磁保护兼作变压器的过励磁保护。保护电压信号取自发电机机端 TV。

发电机侧装设断路器的主变压器设过励磁保护，实现主变压器独立运行。保护采集高压侧 TV 电压，按定时限和反时限配置。定时限动作于发信，反时限

保护动作于跳开主变压器各侧断路器。

5.　发电机与变压器的单相接地保护

发电机-变压器组的接地故障后备保护包括升压变压器高压侧接地保护、发电机电压侧接地保护和高压厂用变压器低压侧接地保护。

发电机电压侧的接地保护，一般由发电机的定子接地零序电压保护兼任。发电机定子接地零序电压保护见本章第二节。

发电机侧装设断路器时主变压器低压侧△接线需配置单相接地保护，用于主变压器独立运行时的绝缘监察。保护采集发电机断路器主变压器侧电压互感器零序电压，判断接地后动作于发信；升压变压器高压侧接地保护配置原则见本章第四节，具体配置参见本节示例。

高压厂用变压器低压侧的接地保护方式与高压厂用变压器低压侧中性点接地方式有关。当中性点经低电阻接地时，厂用变压器低压侧装设二段式零序过电流保护，一段跳厂用变压器低压侧断路器，二段动作于全停；或装设一段式零序过电流带两级时限，第一级时限动作于跳变压器低压侧断路器，第二级时限动作于全停，详细配置见第六章。

三、发电机-变压器组单元接线继电保护配置

（一）配置基本要求

对于100MW及以上容量的发电机-变压器组装设数字式保护时，除非电量保护外，电量保护进行双重化配置。每套保护均设有完整的主、后备保护，保护配置能够反应被保护设备的各种故障及异常状态。两套保护的跳闸回路与断路器的两个跳闸线圈分别对应。两套保护的电压回路宜分别接入电压互感器不同的二次绕组，电流回路应分别取自电流互感器互相独立的绕组，并合理分配电流互感器二次绕组，避免出现保护死区。双重化的保护每套主保护宜配置发电机纵联差动保护和变压器纵联差动保护，可不再配置发电机-变压器组差动保护。装设两套相互独立的发电机纵联差动保护和变压器纵联差动保护，可提高发电机保护的灵敏性；两套保护采用相同配置可以简化设计和生产制造，便于运行维护。

从安全角度考虑，对仅需配置一套主保护的小机组接线，应采用主保护与后备保护相互独立的微机保护装置。对100MW以下的发电机-变压器组，当发电机与变压器之间有断路器时，发电机与主变压器宜分别装设单独的纵联差动保护。当发电机与变压器之间没有断路器时，也可只装设发电机-变压器组共用的纵联差动保护，对发电机来说，保护灵敏性略有降低，但仍能满足灵敏性要求。

（二）发电机变压器组保护的配置

1.　未设发电机断路器保护的配置

配置较为齐全的大型发电机-变压器组保护一般装设下列相应的保护：

（1）发电机保护。包括定子绕组相间短路（纵联差动等）保护；定子绕组接地保护；定子绕组匝间短路保护；发电机外部相间短路（低电压/复合电压闭锁过电流、过电流、负序过电流等）保护；定子绕组过电压保护；定子绕组过负荷（定时限或反时限过电流）保护；转子表层过负荷（定时限或反时限负序过电流）保护；励磁绕组过负荷（定时限或反时限过电流）保护；励磁回路接地（一点或两点接地）保护；励磁电流异常下降或消失（失磁保护）；定子铁芯过励磁（过励磁）保护；发电机逆功率保护；低频率保护；失步保护；发电机突然加电压保护；发电机启停机保护；其他故障和异常运行的保护（断水、励磁系统故障、TV断线、TA断线）。

（2）主变压器保护。包括主变压器差动保护；主变压器中性点零序过电流保护（根据接地方式选配）；主变压器间隙零序电流及零序过电压保护（根据接地方式选配）；变压器油面降低；变压器油温过高，温度超高；变压器绕组温度过高，温度超高；轻瓦斯保护，重瓦斯保护；压力释放阀动作；冷却系统故障。

（3）高压厂用工作变压器保护。差动保护；高压侧复合电压闭锁的过电流保护；低压复合电压分支限时速断保护；低压复合电压分支过电流保护；低压分支零序电流保护；高压厂用变压器非电量保护（包括瓦斯、绕组温度、油温等）。

（4）励磁变压器保护。如果发电机为自并励系统，则励磁变压器宜配置如下保护：励磁变压器速断保护；励磁变压器高压侧过电流保护；励磁变压器绕组温度过高，绕组温度超高。

2.　设发电机断路器的保护配置

设发电机断路器的接线应考虑发电机和变压器保护配置的独立，又有联合运行的工况。电流互感器、电压互感器和保护的配置与未设发电机断路器接线保护的配置不同。

（1）发电机保护配置。与不设发电机断路器的接线相同，但应注意增加发电机断路器失灵保护。

（2）变压器保护配置。变压器保护与不设发电机断路器的发电机-变压器组接线的主变压器、高压厂用工作变压器、励磁变压器的保护配置相同，但应注意在主变压器倒送电运行状态下需增加如下保护配置：

1）主变压器过励磁保护。

2）主变压器低压侧接地保护。

3）主变压器复合电压过电流保护。

四、发电机-变压器组保护与系统保护的接口

发电机-变压器组保护装置与系统继电保护具有如下接口：

1）双母线接线失灵保护。双母线接线高压断路器的失灵保护配置，在母线保护中实现失灵保护判别；发电机-变压器组保护装置仅送出保护动作启动失灵信号。也可在发电机-变压器组保护装置中配置失灵判别保护，失灵判别保护启动母线差动保护出口。

2）3/2 断路器接线失灵保护。3/2 断路器接线失灵保护由专门的断路器保护装置提供，发电机-变压器组保护由保护动作触点接至断路器保护装置启动断路器失灵保护。并且相关断路器失灵保护跳闸需接入发电机-变压器组保护中实现机组停机。

3）安全稳定装置。当配置安全稳定装置时发电机-变压器组保护应考虑安全稳定装置跳闸的接口以及与安全稳定装置电流、电压回路的接口。

4）线路保护。当电厂主接线为发电机-变压器-线路组或不完全单母线接线形式时，线路保护动作应发命令至发电机-变压器组保护作用于停机。

5）分相操作的断路器机构通常具有非全相自动跳闸回路，并能够发出断路器非全相信号。如断路器机构中未配置非全相跳闸回路，则应为断路器配置三相不一致保护。并且对于发电机回路，机构中的三相不一致保护无法满足要求时可利用保护装置中的非全相保护。如双母线的发电机-变压器组回路出现非全相时会对发电机造成较大影响，断路器非全相直接跳闸可能会引起汽轮机超速。因此发电机-变压器组回路断路器非全相保护也可由发电机-变压器组保护装置实现，非全相保护第一时重跳本断路器，第二时限启动断路器失灵。

五、断路器失灵保护的启动回路

对于双母线的变压器间隔，失灵保护启动回路可在发电机-变压器组保护装置内实现，也可由母线保护装置实现。当失灵保护检测到失灵启动触点动作时，任一相电流大于三相失灵相电流定值或零序电流大于零序电流定值或负序电流大于负序电流定值，逻辑框图如图 8-60 所示。

双母线变压器间隔，失灵启动需解除母线保护电压闭锁。"解除电压闭锁"的目的是防止变压器低压侧故障高压侧断路器失灵时，高压侧母线的电压闭锁灵敏度有可能不够的情况。

对于 3/2 断路器接线变压器间隔，失灵启动回路由专门的断路器保护装置实现。当保护三相跳闸启动失灵且相电流判据满足失灵保护相电流定值时或保护

三相跳闸启动失灵的低功率辅助判据满足或保护三相跳闸启动失灵与负序电流或零序电流判据满足可判定断路器失灵。失灵动作时以第一时限跳开本侧断路器，以第二时限跳开相邻断路器。

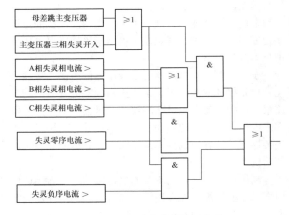

图 8-60 双母线接线断路器失灵
保护启动逻辑框图

六、发电机-变压器组保护及其接线示例

发电机-变压器组微机保护的设计，应根据现行的继电保护规程，按主接线方式、不同励磁系统、高压厂用电源的配备及接地方式、发电机中性点的接地方式以及保护的不同配置等，设计较合理的方案。

（一）保护的配置图

保护配置图应反映机组的主接线、机组容量、电压等级，能清楚地表示各类保护所接的电流互感器、电压互感器及其编号，保护的动作段、时限段及保护的出口逻辑等内容。

1. 300MW 双母线接线发电机-变压器组保护配置

本例机组设计为高压侧接入 220kV 及以上双母线接线系统；发电机出口侧无断路器；励磁方式为自并励静态励磁的发电机-变压器组单元接线。发电机出口侧引接有一台三相分裂绕组高压厂用工作变压器。接地方式：发电机中性点为经变压器（二次侧接电阻）接地；主变压器高压侧中性点为直接接地或经间隙接地；高压厂用分裂变压器 6kV 侧为低电阻接地系统。

300MW 双母线接线发电机-变压器组保护配置如图 8-61 和表 8-9 所示，配置双重化的电量保护，双套保护之间互相独立。发电机-变压器组的非电量保护按单套配置。

2. 600MW 3/2 断路器接线发电机-变压器组保护配置

本例机组设计为高压侧接入 3/2 断路器接线系统；发电机出口侧无断路器；励磁方式为自并励静态励磁的发电机-变压器组单元接线。发电机出口侧引接有一

台三相分裂绕组高压厂用工作变压器。接地方式：发电机中性点为经变压器（二次侧接电阻）接地；主变压器高压侧中性点为直接接地或经间隙接地；高压厂用分裂变压器 6kV 侧为中阻接地系统。

600MW 3/2 断路器接线发电机-变压器组保护配置如图 8-62 和表 8-10 所示。

3. 1000MW 带 GCB 3/2 断路器接线发电机-变压器组保护配置

本机组设计为高压侧接入 3/2 断路器接线系统；发电机出口侧配置断路器；励磁方式为自并励静态励磁的发电机-变压器组单元接线。发电机出口侧引接有两台三相分裂绕组高压厂用工作变压器。接地方式：发电机中性点为经变压器（二次侧接电阻）接地；主变压器高压侧中性点为直接接地或经间隙接地；高压厂用分裂变压器 6kV 侧为中阻接地系统。

1000MW 带 GCB 3/2 断路器接线发电机-变压器组保护配置如图 8-63 和表 8-11 所示。

4. 100MW 以下发电机保护配置举例

（1）100MW 以下发电机应装设下列故障及异常运行保护装置：

1）定子绕组相间短路主保护和后备保护；

2）定子绕组接地保护；

3）定子绕组匝间短路保护；

4）对称过负荷、不对称过负荷保护；

5）励磁回路一点接地保护；

6）失磁保护。

（2）保护接线示例。下面对定子绕组为星形接线、容量为 12～25MW 发电机-变压器组（机端变压器励磁）的保护原理接线进行简单介绍。如图 8-64 所示，其中所用的几种保护是常用到的基本保护。

该机组容量为 25MW，为机端变压器静态励磁。根据机组容量和一次接线要求，可装设发电机差动保护作为发电机短路的主保护。因为该机组是机端变压器励磁，为防止短路故障引起机端励磁电压降低导致短路电流衰减，致使发电机电流保护返回，故装设了复合电压启动带电流记忆的过电流保护，为防止内部故障主保护跳开发电机断路器后，过电流（记忆）保护再断开母联断路器而扩大故障，应当在二次接线设计时特别注意在发电机断路器断开后，立即解除电流记忆。另外为防止发电机失磁运行，还装设了失磁保护（当机组允许失磁运行的可不装设）。根据接线要求还在机端装设了反映零序电流的定子接地保护，当零序电流大于允许值时应动作于跳闸（当母线系统装设有零序电流选线保护装置时，该保护可以取消）。为了保护发电机转子，对发电机转子绕组装设了一点接地保护，它不仅可反映转子绕组的一点接地，还包括了励磁回路直流出线回路连接设备及引接电缆。发电

机对称过负荷及不对称过负荷原理简单，较容易实现，因此配置这两种保护避免发电机过负荷运行。匝间保护可根据需要进行配置，横差保护或零序电压式的匝间保护根据发电机的出线形式及要求进行选配。

此外，励磁变压器的主保护为电流速断保护，后备保护为过电流保护，励磁变压器高压侧进线的短路故障可以由发电机差动保护动作来切除。励磁变压器内部绕组或低压侧的短路故障则可由过电流保护或电流速断保护动作来切除，另外还配置有反映励磁绕组过负荷的过负荷保护等。因为励磁变压器为干式变压器，所以厂家应配套设有温度保护。

定子绕组为星形接线、容量为 12～25MW 发电机保护原理接线图如图 8-64 所示。

（二）保护订货原理接线图

1. 电源回路接线图

双重化的两套保护电源均相互独立，电量保护柜每面保护柜配置一路 110V 或 220V 直流电源，非电量保护装置配置独立的电源。电源回路接线示意图示例见图 8-65。

2. 交流回路及模拟量输入原理接线图

交流回路及模拟量输入原理接线图指保护装置的交流电流、电压和直流电压输入回路，并显示出输入量的电流互感器、电压互感器编号及回路编号、保护装置输入量通道信息等内容。交流回路原理接线图示例见图 8-66。

3. 保护数字量输入回路图

保护数字量输入量指保护装置所需要的开关量输入信号，如断路器状态位置、发电机断水、主汽门关闭信号等，并显示出开关输入量的回路编号、状态量信息、保护装置对应的输入通道信息等内容。保护数字量输入回路图示例见图 8-67。

4. 保护出口回路图

保护出口回路指保护装置动作出口的输出回路，还应包括跳闸出口触点接线、回路编号、跳闸信息、跳闸投退连接片等内容。保护出口回路图示例见图 8-68。

5. 信号回路图

信号回路指输出保护装置动作及装置报警等开关量信号，通常包括接入监控系统的报警信号、接入故障录波装置的事故记录信号、至远动装置的信号等。信号回路图包含出口信号触点的接线、回路编号、信息内容、信号接收侧信息等内容。信号回路图示例见图 8-69。

6. 非电量保护接口图

非电量保护接口图指变压器等元件的非电量保护装置的非电量保护输入回路，包括非电量的保护信息、回路编号、所接保护装置的输入端等信息。

除了以上几种图纸类型外，另外还包括保护屏面布置图、端子排接线图等组成完整的保护装置订货施工图。

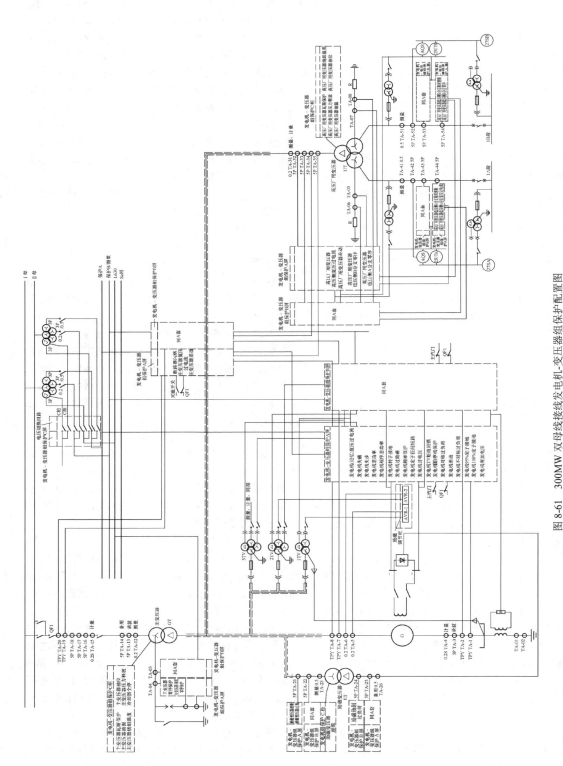

图 8-61　300MW 双母线接线发电机-变压器组保护器组保护配置图

25UTA—高压厂用工作变压器 A 分支同步继电器；25UTB—高压厂用工作变压器 B 分支同步继电器；25G—发电机并网同步装置；27SA—6kV 厂用母线 A 段低电压；27SB—6kV 厂用母线 B 段低电压；AQS—厂用电快切

表 8-9

300MW 双母线接线发电机-变压器组保护配置表

序号	保护名称		出口方式	高压断路器		励磁系统		热工自动化系统			高压厂用工作变压器						母线解列		启动失灵	备注
				跳高压断路器1线圈	跳高压断路器2线圈	跳灭磁开关I	跳灭磁开关II	关主汽门	减出力	用负荷	跳厂用A分支	启动厂用A分支切换	闭锁厂用A分支切换	跳厂用B分支	启动厂用B分支切换	闭锁厂用B分支切换	跳高压母联断路器I	跳高压母联断路器II	启动高压断路器失灵	信号
1	发电机差动		全停	√	√	√	√	√			√	√	√	√	√	√			√	√
2	发电机定子匝间保护		全停	√	√	√	√	√			√	√	√	√	√	√			√	√
3	发电机定子接地	三次谐波	信号																	√
		基波	全停	√	√	√	√	√			√	√	√	√	√	√			√	√
4	励磁变压器速断		全停	√	√	√	√	√			√	√	√	√	√	√			√	√
5	发电机转子接地	高定值	信号																	√
		低定值	程序跳闸					√												√
6	发电机复压过电流		全停	√	√	√	√	√			√	√	√	√	√	√			√	√
7	发电机启停机保护		跳灭磁开关			√	√													√
8	发电机绕组对称过负荷	定时限	信号、减负荷						√											√
		反时限	全停	√	√	√	√	√			√	√	√	√	√	√			√	√
9	发电机绕组负序过负荷	定时限	信号																	√
		反时限	全停	√	√	√	√	√			√	√	√	√	√	√			√	√
10	励磁绕组过电流	定时限	全停	√	√	√	√	√			√	√	√	√	√	√			√	√
11	励磁绕组过负荷	定时限	信号、减励磁			△1	△1	△2		△1	△1	△1	△1	△1	△1	△1			△1	√
		反时限	解列灭磁1/程序跳闸2	△1	△1	△1	△1	△2		△1	△1	△1	△1	△1	△1	△1			△1	√
12	发电机过励磁	定时限低	信号、减励磁			△1	△1			△1	△1	△1	△1	△1	△1	△1			△1	√
		定时限高	解列灭磁1/程序跳闸2	△1	△1	△1	△1			△1	△1	△1	△1	△1	△1	△1			△1	√
		反时限	解列灭磁	√	√	√	√				√	√	√	√	√	√			√	√

续表

序号	保护名称	出口方式	跳高压断路器1线圈	跳高压断路器2线圈	跳灭磁开关I	跳灭磁开关II	减励磁	关主汽门	减出力	甩负荷	跳厂用A分支	启动厂用A分支切换	闭锁厂用A分支切换	跳厂用B分支	启动厂用B分支切换	闭锁厂用B分支切换	跳高压母联断路器I	跳高压母联断路器II	启动高压断路器失灵	信号	备注
			高压断路器		励磁系统		热工自动化系统				高压厂用工作变压器						母线解列		启动失灵		
13	发电机过电压	解列灭磁1/程序跳闸2	△1	△1	△1	△1		△2		△1	△1	△1	△1	△1	△1	△1			△1	√	
14	发电机逆功率	全停	√	√	√	√		√		√	√	√	√	√	√	√			√	√	
15	发电机程序逆功率	全停	√	√	√	√		√		√	√	√	√	√	√	√			√	√	
16	发电机失磁 系统电压低 (t)	信号，减出力							√											√	
	机端电压低 (t)	解列	√	√															√	√	
		解列、厂用电源切换	√	√							√	√		√	√				√	√	
	(t)	程序跳闸						√												√	
17	发电机低频率保护	信号																		√	
18	发电机高频率保护	解列灭磁1/程序跳闸2	△1	△1	△1	△1		△2		△1	△1	△1	△1	△1	△1	△1			△1	√	
19	励磁系统故障	程序跳闸						√												√	
20	发电机失步 区外	信号																		√	
	区内	解列	√	√															√	√	
21	发电机断水	解列灭磁1/程序跳闸2	△1	△1	△1	△1		△2		△1	△1	△1	△1	△1	△1	△1			△1	√	
22	发电机突加电压	解列灭磁	√	√	√	√					√	√		√	√				√	√	
23	励磁变压器温度 高	信号																		√	
	超高	解列灭磁	√	√	√	√					√	√		√	√				√	√	
24	主变压器差动	全停	√	√	√	√		√		√	√	√	√	√	√	√			√	√	
25	高压厂用变压器差动	全停	√	√	√	√		√			√		√	√		√			√	√	

续表

序号	保护名称	类别	出口方式	跳高压断路器1线圈	跳高压断路器2线圈	跳灭磁开关I	跳灭磁开关II	关主气门	减出力	减负荷	切电负荷	跳厂用A分支	启动厂用A分支切换	闭锁厂用A分支切换	跳厂用B分支	启动厂用B分支切换	闭锁厂用B分支切换	跳高压母联断路器I	跳高压母联断路器II	启动高压断路器失灵	信号
26	主变压器瓦斯	轻	信号																		✓
	主变压器瓦斯	重	非电量全停	✓	✓	✓	✓	✓				✓	✓		✓	✓					✓
27	主变压器速动油压（可选）		非电量全停	✓	✓	✓	✓	✓				✓	✓		✓	✓					✓
28	主变压器压力释放		非电量全停	✓	✓	✓	✓	✓				✓	✓		✓	✓					✓
29	高压厂用变压器瓦斯	轻	信号																		✓
	高压厂用变压器瓦斯	重	非电量全停	✓	✓	✓	✓	✓				✓	✓		✓	✓					✓
30	高压厂用变压器压力释放		非电量全停	✓	✓	✓	✓	✓				✓	✓		✓	✓					✓
31	主变压器零序	I1 t_1	缩小故障范围															✓			
		I1 t_2	全停	✓	✓	✓	✓	✓				✓	✓		✓	✓				✓	
		I2 t_1	缩小故障范围																✓		
		I2 t_2	全停	✓	✓	✓	✓	✓				✓	✓		✓	✓				✓	
32	主变压器间隙零序		解列灭磁			✓	✓				✓									✓	
33	高压厂用变压器低压侧 A（B）分支零序	t_1	跳厂用A（B）分支									✓		（✓）	✓		（✓）				✓
		t_2	全停	✓	✓	✓	✓	✓				✓	✓		✓	✓					✓
34	主变压器高压侧（复压）过电流		缩小故障范围															✓	✓	✓	
35	高压厂用变压器高压侧复压过电流		全停	✓	✓	✓	✓	✓				✓	✓		✓	✓				✓	
36	高压厂用变压器低压侧 A（B）分支限时速断		跳厂用A（B）分支									✓		（✓）	✓		（✓）				✓
37	高压厂用变压器低压侧 A（B）分支过电流		跳厂用A（B）分支									✓		（✓）	✓		（✓）				✓

续表

序号	保护名称	级别	出口方式	高压断路器		励磁系统			热工自动化系统			高压厂用工作变压器						母线解列		启动失灵	备注
				跳高压断路器1线圈	跳高压断路器2线圈	跳灭磁开关I	跳灭磁开关II	减励磁	关主汽门	减出力	甩负荷	跳厂用A分支	启动厂用A分支支切换	闭锁厂用A分支支切换	跳厂用B分支	启动厂用B分支支切换	闭锁厂用B分支支切换	跳高压母联断路器I	跳高压母联断路器II	启动高压断路器失灵	信号
38	高压厂用变压器过负荷（可选）		信号																		√
39	主变压器油温	高	信号																		√
		超高	解列1/程序跳闸2	△1	△1				△2		△1										√
40	主变压器绕组温度	高	信号																		√
		超高	解列1/程序跳闸2	△1	△1				△2		△1										√
41	主变压器油位		信号																		√
42	主变压器冷却器全停		解列1/程序跳闸2	△1	△1				△2		△1										√
43	高压厂用变压器油温	高	厂用电源切换									√	√		√	√					
		超高	厂用电源切换									√	√		√	√					
44	高压厂用变压器绕组温度	高	厂用电源切换									√	√		√	√					
		超高	厂用电源切换									√	√		√	√					
45	高压厂用变压器油位		信号																		√
46	断路器闪络		灭磁、启动失灵			√														√	√
47	TV断线		信号																		√
48	TA断线		信号																		√

注：
1. 减负荷出口有条件时自动减负荷。
2. 失步跳闸需与备用电流闭锁，保证不超过断路器允许失步开断电流。
3. 当机组不具备解列条件时，解列、解列灭磁出口可改为全停出口。
4. 主变压器、高压厂用变压器保护还具有根据电流启动变压器通风回路的出口。
5. √为动作，△为出口可切换选择。

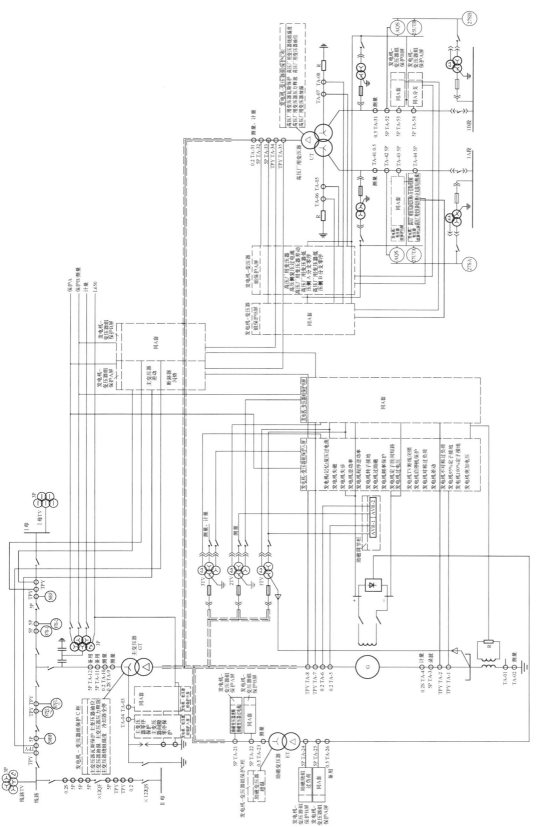

图8-62 600MW 3/2 断路器接线发电机-变压器组保护配置图

表8-10

600MW 3/2断路器接线发电机-变压器组保护配置表

序号	保护名称		出口方式	t	高压断路器				励磁系统			热工自动化系统			高压厂用工作变压器						启动失灵		信号	备注
					跳边侧高压断路器1线圈	跳边侧高压断路器2线圈	跳中间高压断路器1线圈	跳中间高压断路器2线圈	跳灭磁开关I	跳灭磁开关II	减励磁	关主汽门	减出力	减负荷	跳厂用A分支	启动厂用A分支切换	闭锁厂用A分支切换	跳厂用B分支	启动厂用B分支切换	闭锁厂用B分支切换	启动边侧高压断路器失灵	启动边侧高压断路器器失灵		
1	发电机差动		全停		√	√	√	√	√	√		√			√	√		√	√		√	√		√
2	发电机定子匝间保护		全停		√	√	√	√	√	√		√			√	√		√	√		√	√		√
3	发电机定子接地	三次谐波	信号																				√	√
		基波	全停		√	√	√	√	√	√		√			√	√		√	√		√	√		√
4	励磁变压器速断		全停		√	√	√	√	√	√		√			√	√		√	√		√	√		√
5	发电机转子接地	高定值	信号																				√	
		低定值	程序跳闸		√		√		√			√			√			√						√
6	发电机复压过电流		全停		√	√	√	√	√	√		√			√	√		√	√		√	√		√
7	发电机启停机保护		跳灭磁开关						√	√															注
8	发电机绕组对称过负荷	定时限	信号,减负荷											√											
		反时限	全停		△1	△1	△1	△1	△1	△1		△2			△1	△1	△1	△1	△1	△1	△1	△1		√
9	发电机绕组负序过负荷	定时限	信号																					√	
		反时限	全停		△1	△1	△1	△1	△1	△1		△2			△1	△1	△1	△1	△1	△1	△1	△1		√
10	励磁变压器过流		全停		√	√	√	√	√	√		√			√	√		√	√		√	√		√
11	励磁绕组过负荷	定时限	信号,减励磁								√													√	
		反时限	解列灭磁1/程序跳闸2		△1	△1	△1	△1	△1	△1					△1	△1	△1	△1	△1	△1	△1	△1		√
12	发电机过励磁	定时限低	信号,减励磁								√													√	
		定时限高	解列灭磁1/程序跳闸2		△1	△1	△1	△1	△1	△1					△1	△1	△1	△1	△1	△1	△1	△1		√
		反时限高																						
13	发电机过电压		解列灭磁1/程序跳闸2		√	√	√	√	△1	△1					△1	△1	△1	△1	△1	△1	△1	△1		√
14	发电机逆功率		全停		√	√	√	√	√	√		√			√	√		√	√		√	√		√
15	发电机程序逆功率		全停		√	√	√	√	√	√		√			√	√		√	√		√	√		√
16	发电机失磁	系统电压低	信号,减励磁	t							√		√											√	
		系统电压低	解列	t										√	△1	△1	△1	△1	△1	△1				
		机端电压低	解列,厂用电源切换	t											△1	△1	△1	△1	△1	△1	√	√		
			程序跳闸	t																				√

续表

序号	保护名称		出口方式	高压断路器				励磁系统			热工自动化系统			高压厂用工作变压器						启动失灵		信号	备注
				跳边侧高压断路器1线圈	跳边侧高压断路器2线圈	跳中间高压断路器1线圈	跳中间高压断路器2线圈	跳灭磁开关Ⅰ关Ⅰ	跳灭磁开关Ⅱ关Ⅱ	减励磁	关主汽门	减出力	甩负荷	跳厂用A分支	启动厂用A分支切换	闭锁厂用A分支切换	跳厂用B分支	启动厂用B分支切换	闭锁厂用B分支切换	启动边侧高压断路器失灵	启动中高压断路器失灵		
17	发电机低频率保护		信号																			√	√
18	发电机高频率保护		解列灭磁1程序跳闸2	△1		△1	△1	△1	△1		△2		△1	△1	△1		△1	△1		△1	△1		√
19	励磁系统故障		程序跳闸								√												√
20	发电机失步	区外	信号																			√	√
		区内	解列	√		√	√						√										√
21	发电机断水		解列灭磁1程序跳闸2	△1		△1	△1	△1	△1		△2		△1	△1	△1		△1	△1		△1	△1		√
22	发电机突加电压		解列灭磁	√	√	√	√	√	√	√			√	√	√		√	√		√	√		√
23	励磁变压器温度	高	信号																			√	√
		超高	解列灭磁	√	√	√	√	√	√	√			√	√	√		√	√		√	√		√
24	主变压器差动		全停	√	√	√	√	√	√		√			√	√		√	√		√	√		√
25	高压厂用变压器差动		全停	√	√	√	√	√	√		√			√	√		√	√		√	√		√
26	主变压器瓦斯	轻	信号																			√	√
		重	非电量全停	√	√	√	√	√	√		√			√	√		√	√					√
27	主变压器速动油压		非电量全停	√	√	√	√	√	√		√			√	√		√	√					√
28	主变压器压力释放		非电量全停	√	√	√	√	√	√		√			√	√		√	√					√
29	高压厂用变压器瓦斯	轻	信号																			√	√
		重	非电量全停	√	√	√	√	√	√		√			√	√		√	√					√
30	高压厂用变压器压力释放		非电量全停	√	√	√	√	√	√		√			√	√		√	√					√
31	主变压器零序	I_1 t_1	全停	√	√	√	√	√	√		√			√	√		√	√		√	√		√
		I_2 t_1	全停	√	√	√	√	√	√		√			√	√		√	√		√	√		√
32	高压厂用变压器低压侧A（B）中性点零序	t_1	跳厂用A（B）分支											√		（√）	√		（√）				√
		t_2	全停	√	√	√	√	√	√		√			√	√		√	√		√	√		√
33	高压厂用变压器高压侧复压过流		全停	√	√	√	√	√	√		√			√	√		√	√		√	√		√
34	高压厂用变压器低压侧A（B）分支（复压）限时速断		跳厂用A（B）分支											√		（√）	√		（√）				√

续表

序号	保护名称	出口方式	高压断路器				励磁系统			热工自动化系统			高压厂用工作变压器						启动失灵		备注
			跳边侧高压断路器1线圈	跳边侧高压断路器2线圈	跳中间高压断路器1线圈	跳中间高压断路器2线圈	跳灭磁开关I关I	跳灭磁开关II关II	减励磁	关主汽门	减出力	减负荷	跳厂用A分支	启动厂用A分支切换	闭锁厂用A分支切换	跳厂用B分支	启动厂用B分支切换	闭锁厂用B分支切换	启动边高压侧断路器失灵	启动高压断路器失灵	信号
35	高压厂用变压器低压侧A（B）分支过电流	跳厂用A（B）分支（复压）											√		（√）			（√）			√
36	高压厂用变压器过负荷（可选）	信号																			√
37	主变压器油温 高	信号																			√
	主变压器油温 超高	解列1/程序跳闸2	△1	△1	△1	△1				△2		△1							△1	△1	
38	主变压器绕组温度 高	信号																			√
	主变压器绕组温度 超高	解列1/程序跳闸2	△1	△1	△1	△1				△2		△1							△1	△1	
39	主变压器油位	信号																			√
40	主变压器冷却器全停 高	解列1/程序跳闸2	△1	△1	△1	△1				△2		△1							△1	△1	
	主变压器冷却器全停 超高	信号																			√
41	高压厂用变压器油温 高	信号																			√
	高压厂用变压器油温 超高	厂用电源切换											√	√		√	√				
42	高压厂用变压器绕组温度 高	信号																			√
	高压厂用变压器绕组温度 超高	厂用电源切换											√	√		√	√				
43	高压厂用变压器油位	信号																			√
44	断路器闪络	灭磁、启动失灵					√	√												√	
45	TV断线	信号																			√
46	TA断线	信号																			√

注：
1. 减负荷出口有条件时自动减负荷。
2. 失步跳闸需与电流闭锁，保证不超过断路器允许失步开断电流。
3. 当机组不具备解列条件时，解列出口可改为全停出口。
4. 主变压器、高压厂用变压器保护还具有根据电流启动通风回路的出口。
5. △为出口切换选择，√表示动作。

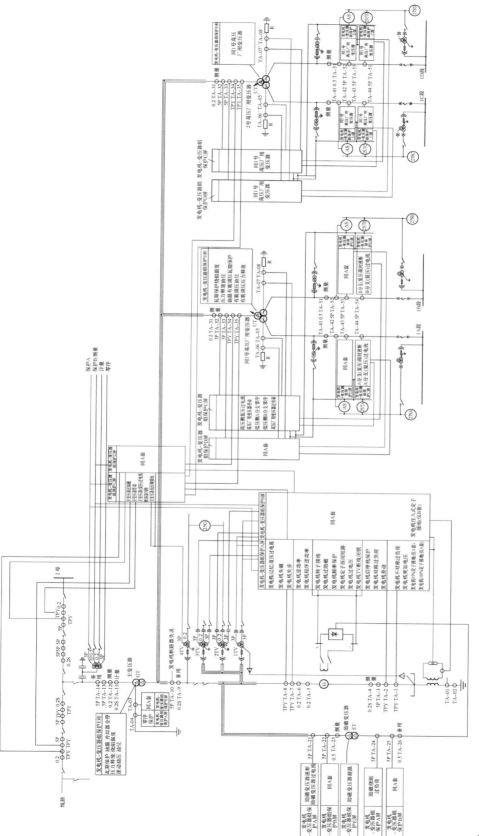

图 8-63　1000MW 带 GCB 3/2 断路器接线发电机-变压器组保护配置图

表8-11　1000MW 带 GCB 3/2 断路器接线发电机-变压器组保护配置表

序号	保护名称	出口方式	跳高压边侧断路器1线圈	跳高压边侧断路器2线圈	跳高压中断同路断路器1线圈	跳高压中断同路断路器2线圈	跳发电机断路器1线圈	跳发电机断路器2线圈	跳灭磁开关I关I	跳灭磁开关II关II	减励磁	关主汽门	减出力	减负荷	用负荷	跳A用厂分A支切换	闭锁厂用A分支切换	跳B用厂分B支切换	启动B用厂分B支切换	闭锁厂用B分支切换	启动边侧高压断路器失灵	启动边侧高压断路器失灵	启动发电机断路器失灵	备注信号
1	发电机差动	发电机全停	√	√			√	√	√	√		√											√	√
2	发电机定子匝间保护	发电机全停	√	√			√	√	√	√		√											√	√
3	励磁变压器速断	发电机全停	√	√			√		√	√		√											√	√
4	发电机定子接地　三次谐波	信号																						√
	发电机定子接地　基波	发电机全停	√	√			√	√	√	√		√											√	√
5	发电机转子接地　灵敏段	信号																						√
	发电机转子接地　非灵敏段	程序跳闸							√			√												√	√
6	发电机复压过电流	定时限　发电机全停	√	√			√	√	√	√		√											√	√
7	发电机启停机保护	反时限　跳灭磁开关							√	√															√
8	励磁变压器过流	定时限　发电机全停	√	√			√	√	√	√		√											√	√
9	发电机绕组对称过负荷	定时限　信号，减负荷												√										√
	发电机绕组对称过负荷	反时限　发电机全停	√	√			√	√	√	√		√			△1	△1							√	√
10	发电机绕组负序过负荷	定时限　信号																						√
	发电机绕组负序过负荷	反时限　发电机全停	√	√			√	√	√	√		√											√	√
11	励磁绕组过负荷	定时限　信号，减励磁									√													√
	励磁绕组过负荷	反时限　解列灭磁1/程序跳闸2	△1	△1			△1	△1	△1	△1	△1	△2			△1	△1							△1	√
12	发电机过励磁	定时限低定值　信号，减励磁									√													√
	发电机过励磁	定时限高定值　解列灭磁1/程序跳闸2	△1	△1			△1	△1	△1	△1	△1	△2			√	√							△1	√
	发电机过励磁	反时限　解列灭磁	√				√		√	√	√												√	√

续表

序号	保护名称		出口方式	高压断路器				发电机断路器		励磁系统			热工自动化系统			号1（2号）高压厂用工作变压器						启动失灵			备注
				跳高压边侧断路器1线圈	跳高压边侧断路器2线圈	跳高压中同断路器1线圈	跳高压中同断路器2线圈	跳发电机断路器1线圈	跳发电机断路器2线圈	跳灭磁开关关I	跳灭磁开关关II	减励磁	关主汽门	减出力	减负荷	跳厂用A分支分支	启动厂用A分支切换	闭锁厂用A分支切换	跳厂用B分支分支	启动厂用B分支切换	闭锁厂用B分支切换	启动边侧高压断路器失灵	启动高压侧断路器失灵	启动发电机断路器失灵	信号
13	发电机过电压		解列灭磁1/程序跳闸2	△1				△1	△1	△1	△1		△2		△1									△1	√
14	发电机逆功率		发电机全停					√	√	√	√		√											√	√
15	发电机程序逆功率		发电机全停					√	√	√	√		√											√	√
16	发电机失磁	t	信号、减出力											√											√
		系统电压低 t	发电机解列					√	√	√	√		√											√	√
		机端电压低 t	发电机解列					√	√	√	√		√											√	√
17	发电机低频率保护		程序跳闸										√												√
18	发电机高频率保护		解列灭磁1/程序跳闸2	△1				△1	△1	△1	△1		△2		△1									△1	√
19	励磁系统故障		程序跳闸										√												√
20	发电机失步	区外	信号																						√
		区内	发电机解列					√	√	√	√				√									√	√
21	发电机断水		解列灭磁1/程序跳闸2	△1				△1	△1	△1	△1		△2		△1									△1	√
22	发电机突加电压		解列灭磁					√	√	√	√				√									√	√
23	励磁变压器温度	高	信号																						√
		超高	解列灭磁					√	√	√	√				√									√	√

续表

序号	保护名称		出口方式	跳高压边压侧断路器1路线圈	跳高压边压侧断路器2路线圈	跳高压中压同断路器1路线圈	跳高压中压同断路器2路线圈	跳发电机断路器1线圈	跳发电机断路器2线圈	跳灭磁开关I	跳灭磁开关II	减励磁	关主汽门	减出力	减负荷	跳A用分支切换	启动A用分支切换	闭锁厂用分A支切换	跳B用分支切换	启动B用分支切换	闭锁厂用分B支切换	启动边压侧高压断路器失灵	启动高压侧断路器失灵	启动发电机断路器失灵	信号
				高压断路器				发电机断路器		励磁系统			热工自动化系统			1号(2号)高压厂用工作变压器						启动失灵			备注
24	主变压器差动		发电机-变压器组全停	✓	✓	✓	✓	✓	✓	✓	✓		✓			✓	✓		✓	✓			✓	✓	✓
25	1号(2号)高压厂用变压器差动		发电机-变压器组全停	✓	✓	✓	✓	✓	✓	✓	✓		✓			✓	✓		✓	✓			✓	✓	✓
26	主变压器瓦斯	轻	信号																						✓
		重	非电量发电机-变压器组全停	✓	✓	✓	✓	✓	✓	✓	✓		✓			✓	✓		✓	✓					✓
27	1号(2号)高压厂用变压器瓦斯	轻	信号																						✓
		重	非电量发电机-变压器组全停	✓	✓	✓	✓	✓	✓	✓	✓		✓			✓	✓		✓	✓					✓
28	主变压器压力释放		非电量发电机-变压器组全停	✓	✓	✓	✓	✓	✓	✓	✓		✓			✓	✓		✓	✓					✓
29	1号(2号)高压厂用变压器压力释放		非电量发电机-变压器组全停	✓	✓	✓	✓	✓	✓	✓	✓		✓			✓	✓		✓	✓					✓
30	1号(2号)高压厂用变压器有载调压压力释放		非电量发电机-变压器组全停	✓	✓	✓	✓	✓	✓	✓	✓		✓			✓	✓		✓	✓					✓
31	主变压器速动油压(可选)		非电量发电机-变压器组全停	✓	✓	✓	✓	✓	✓	✓	✓		✓			✓	✓		✓	✓					✓
32	主变压器零序	I1 t_1	发电机-变压器组全停	✓	✓	✓	✓	✓	✓	✓	✓		✓			✓	✓		✓	✓		✓	✓	✓	✓
		I2 t_1	发电机-变压器组全停	✓	✓	✓	✓	✓	✓	✓	✓		✓			✓	✓		✓	✓		✓	✓	✓	✓
33	主变压器(复压)过电流		发电机-变压器组全停	✓	✓	✓	✓	✓	✓	✓	✓		✓			✓	✓		✓	✓		✓	✓	✓	✓

续表

序号	保护名称	出口方式	高压断路器			发电机断路器		励磁系统		热工自动化系统			1号（2号）高压厂用工作变压器						启动失灵			备注
			跳高压边侧断路器1路器1线圈	跳高压边侧断路器2路器2线圈	跳高压中断同断路器2线圈	跳发电机断路器1线圈	跳发电机断路器2线圈	跳灭磁开关Ⅰ关Ⅱ	减励磁	关主汽门	减出力	甩负荷	跳厂用A分支	启动厂用A分支切换	闭锁厂用A分支切换	跳厂用B分支	启动厂用B分支切换	闭锁厂用B分支切换	启动边侧高压断路器失灵	启动高压侧断路器失灵	启动发电机断路器失灵	
34	1号（2号）高压厂用变压器低压侧中性点零序	跳厂用A（B）分支　t_1											√	√	√	(√)	(√)	(√)				√
		发电机-变压器组全停　t_2	√	√	√	√	√	√		√				√			√		√	√	√	√
35	1号（2号）高压厂用变压器高压侧复压过流	发电机-变压器组全停	√	√	√	√	√	√		√			√	√		√	√		√	√	√	√
36	1号（2号）高压厂用变压器低压侧（复压）支限时速断	跳厂用A（B）分支	√										√	√	√	(√)	(√)	(√)		√		注
37	1号（2号）高压厂用变压器低压侧（复压）过电流	跳厂用A（B）分支	√										√	√	√	(√)	(√)	(√)		√		注
38	1号（2号）高压厂用变压器过负荷（可选）	信号																				√
39	主变压器过励磁	定时限低定值　信号																				√
		定时限高定值　机组解列	√	√	√							√	√									√
		反　机组解列	√	√	√							√	√									√
40	主变压器油温	高　信号																				√
		超高　机组解列1/程序跳闸2	△1	△1	△1					△2		△1	△1						△1	△1		√
41	主变压器低压侧接地	信号																				√
42	主变压器绕组温度	高　信号																				√
		超高　机组解列1/程序跳闸2	△1	△1	△1					△2		△1	△1						△1	△1		√

续表

序号	保护名称	高/超高	出口方式	跳高压边侧断路器1线圈	跳高压边侧断路器2线圈	跳高压中断同断路器1线圈	跳高压中断同断路器2线圈	跳发电机断路器1线圈	跳发电机断路器2线圈	跳灭磁开关1线圈	跳灭磁开关2线圈	减励磁	关主汽门	减出力	减负荷	用负荷	跳厂用A分支切换	启动厂用A分支切换	跳厂用B分支切换	启动厂用B分支切换	闭锁厂用B分支切换	启动边侧高压断路器失灵	启动边侧高压断路器失灵	启动发电机断路器失灵	信号	备注
				高压断路器				发电机断路器		励磁系统			热工自动化系统				1号(2号)高压厂用工作变压器					启动失灵				
43	主变压器油位		信号																						√	
44	1号(2号)高压厂用变压器油温	高	信号																						√	
		超高	发电机-变压器组全停电源切换1/厂用电源切换2	△1	△1	△1	△1	△1	△1	△1	△1		△1				△1/△2	△1/△2	△1/△2	△1/△2			△1	△1	√	
45	1号(2号)高压厂用变压器绕组温度	高	信号																						√	
		超高	发电机-变压器组全停电源切换1/厂用电源切换2	△1	△1	△1	△1	△1	△1	△1	△1		△1				△1/△2	△1/△2	△1/△2	△1/△2			△1	△1	√	
46	1号(2号)高压厂用变压器油位		信号																						√	
47	1号(2号)高压厂用变压器有载调压油位		信号																						√	
48	主变压器冷却器全停		机组解列1/程序跳闸2	△1			△1	△1		△1			△2			△1								△1	√	
49	断路器闪络		灭磁、启动跳闸					√	√	√	√											√	√	√	√	
50	发电机断路器失灵		发电机-变压器组全停	√	√	√	√	√	√	√	√		√				√	√	√	√		√	√	√	√	
51	TV断线		信号																						√	
52	TA断线		信号																						√	

注：
1. 减负荷出口有条件时自动减负荷。
2. 失步跳闸需与电流闭锁，保证不超过断路器允许失步开断电流。
3. 当机组不具备解列条件时，解列、解列不具备解列条件，解列出口可改为全停出口。
4. 主变压器、高压厂用变压器保护还具有根据电流回路的出口。
5. △为出口可切换选择，√表示动作。
6. 对于2号高压厂用变压器A、B段改为C、D段。
7. 机组解列适用于具有小岛运行工况的机组，否则应改为发电机-变压器组全停出口。

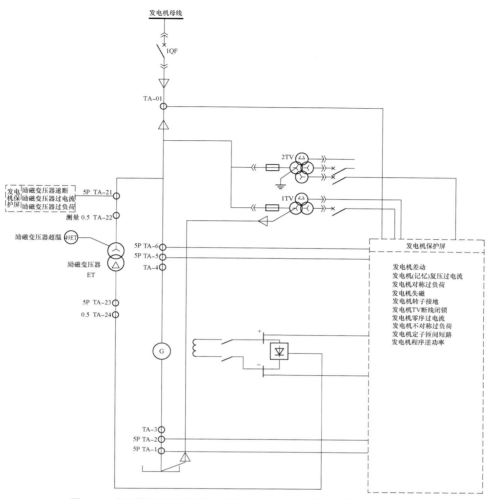

图 8-64　定子绕组为星形接线、容量为 12～25MW 发电机保护原理接线图

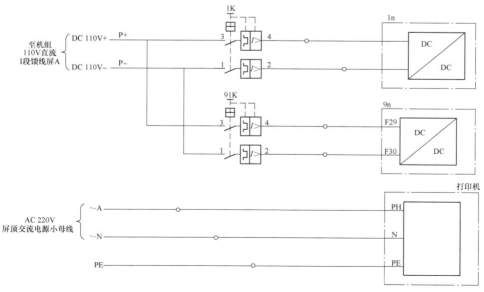

图 8-65　电源回路接线图

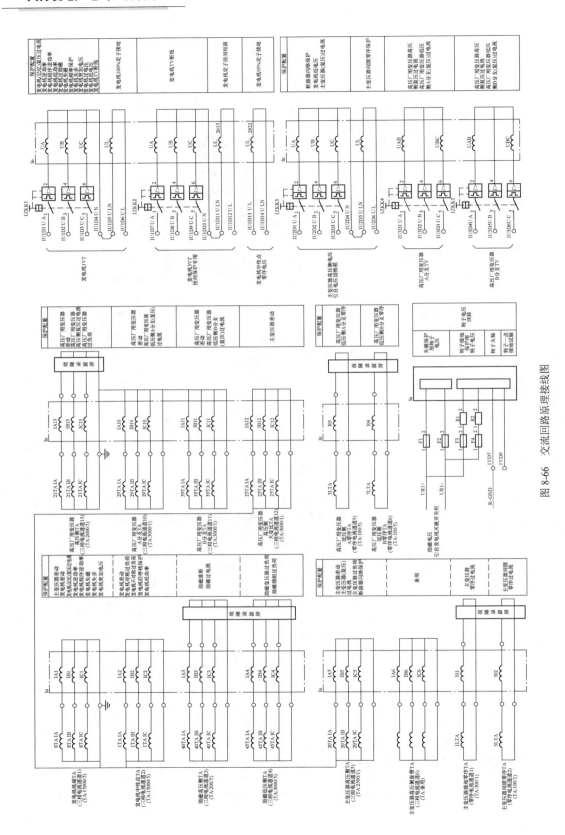

图 8-66 交流回路原理接线图

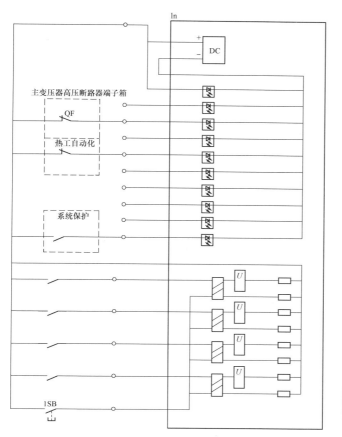

图 8-67 保护数字量输入回路图

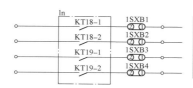

图 8-68 保护出口回路图

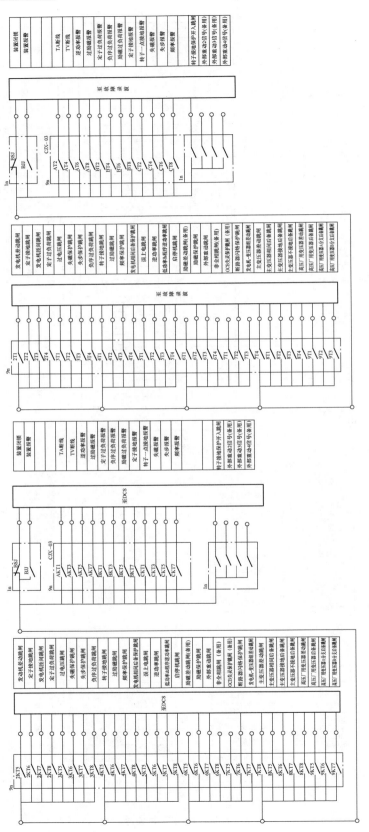

图 8-69　信号回路图

第七节　发电机-变压器组保护算例

本章包括对发电机-变压器组保护整定计算举例。本节示例的目的是展示整定计算的主要方法、步骤或思路。在工程具体整定计算中，必须密切结合工程实际，按现行的规程规范和保护厂家的技术说明书，或在厂家技术人员的指导下，按所在工程的电气接线和被保护设备的实际要求进行整定计算。

应当指出由于不同厂家同种保护在构成原理或动作判据上虽多为大同小异，但有的也会有较大区别，在整定时要善于具体对待、灵活处理。

一、发电机差动保护定值计算

【例8-1】 发电机额定功率为135MW；额定功率因数为0.85；额定电压为15.75kV；发电机最大外部短路电流为36.25kA，差动保护两侧采用5P20型TA的变比均为8000/5，TA均采用星形接线，差动保护为比率制动式。

（1）保护最小动作电流定值（倍数）的确定。发电机的额定工作电流为

$$I_{GN} = \frac{P_N / \cos\theta}{\sqrt{3}\,U_{GN}} = \frac{135/0.85}{\sqrt{3}\times15.75} = 5822(A)$$

根据式（8-29），则 $I_{op,min}=K_{rel}(K_{er}+\Delta m)I_{GN}/n_a=2\times(0.1+0.02)$

$I_{GN}/n_a=0.24I_{GN}/n_a$

根据运行经验为避免误动取

$I_{op,min}=0.3I_{GN}/n_a=0.3\times5822/1600=1.09(A)$

（2）确定制动特性的拐点。拐点横坐标见式（8-30）为

$$I_t=(0.7\sim1.0)I_{GN}/n_a$$

取1倍额定电流

$$I_t=I_{GN}/n_a=5822/1600=3.64(A)$$

（3）按最大外部短路电流下差动保护可能的最大不平衡动作电流整定，根据式（8-31）得最大动作电流为

$$\begin{aligned} I_{op,max} &= K_{rel}I_{unb,max} = K_{rel}(K_{ap}K_{cc}K_{er}+\Delta m)I_{k,max}^{(3)}/n_a \\ &= 2\times(2\times0.5\times0.1+0.02)I_{k,max}^{(3)}/n_a = 0.24\,I_{k,max}^{(3)}/n_a \\ &= 5.44(A) \end{aligned}$$

（4）比率制动特性曲线的斜率K。根据式（8-32）得

$$K \geq \frac{I_{op,max}-I_{op,min}}{I_{res,max}-I_t} = \frac{5.44-1.09}{22.66-3.64} = 0.23$$

根据运行经验和厂家推荐值，一般取 0.3～0.5，现取0.4。

按上述原则整定的比率制动特性，当发电机机端发生两相金属性短路时，差动保护的灵敏系数一定满足要求，通常不进行灵敏度校验。

（5）TA断线动作值为

$$I_{op} = 0.15I_{2N} = 0.15\times3.64 = 0.546(A)$$

TA断线动作值，如果厂家已在装置中实现，就可以不用整定。

（6）差动速断。对于发电机的差动速断电流，可取

$$I_i=4I_{2N}=4\times5822/1600=14.55(A)$$

【例8-2】 发电机额定功率为125MW；额定功率因数为0.85；额定电压为13.8kV；发电机最大外部短路电流为46.95kA，差动保护两侧采用5P20型TA的变比均为8000/5，TA均用星形接线，采用变制动系数（斜率）比率差动保护。

保护动作判据见式（8-14），保护动作特性曲线如图8-7所示。

（1）保护最小动作（启动）电流定值的确定。发电机的额定电流为

$$I_{GN} = \frac{P_N / \cos\theta}{\sqrt{3}\,U_{GN}} = \frac{125/0.85}{\sqrt{3}\times13.8} = 6152(A)$$

$$I_{2N} = \frac{I_{1GN}}{n_a} = \frac{6152}{8000/5} = 3.85(A)$$

根据式（8-29）计算同［例8-1］。

结合运行经验，为避免误动取

$$I_{op,min} = (0.2\sim0.3)I_{2N} = 0.3\times3.85 = 1.15(A)$$

（2）确定起始斜率。根据式（8-34）得

$$K_1 = K_{rel}K_{cc}K_{er} = 2\times0.5\times0.1 = 0.1$$

（3）确定最大不平衡电流。发电机外部短路时，差动保护的最大不平衡电流参考式（8-31）进行估算

$$\begin{aligned} I_{unb,max} &= (K_{ap}K_{cc}K_{er}+\Delta m)I_{k,max}^{(3)}/n_a \\ &= 0.12\times29.34 = 3.52(A) \end{aligned}$$

（4）确定比率制动系数。K_1为起始比率差动斜率，取0.1；K_2为最大比率差动斜率，参考式（8-36）有

$$\begin{aligned} K_2 &\geq \frac{K_{rel}I_{unb,max}-\left(I_{op,min}+\dfrac{n}{2}K_1I_{2N}\right)}{I_{res,max}-\dfrac{n}{2}I_{2N}} \\ &= \frac{2\times3.52-(1.15+2\times0.1\times6152/1600)}{46950/1600-2\times6152/1600} \\ &= 0.24 \end{aligned}$$

厂家可整定范围为0.30～0.70，经验值一般取0.5。

ΔK 为比率差动制动系数增量，由保护装置根据给定的K_1和K_2及n进行计算。

（5）差动速断。动作电流整定方法与［例8-1］相同，即

$$I_i=4I_{2N}=15.4(A)$$

二、发电机复压闭锁过电流保护定值计算

【例 8-3】 发电机额定功率为 125MW；额定功率因数为 0.85；额定电压为 13.8kV；保护用发电机中性点侧 TA 变比为 8000/5，星形接线；发电机机端 TV 变比为 $\dfrac{13.8}{\sqrt{3}}\Big/\dfrac{0.1}{\sqrt{3}}\Big/\dfrac{0.1}{3}$，主变压器阻抗折算到以 100MW 为基准的阻抗标幺值为 0.087。

（1）电流保护元件。

1）动作电流。根据式（8-43）得

$$I_{op,1} = \frac{K_{rel}}{K_r} I_{GN}$$

$$I_{op,2} = \frac{K_{rel} I_{2N}}{K_r} = \frac{1.25 \times 3.84}{0.95} = 5.05(A)$$

式中 K_{rel} ——可靠系数；

K_r ——保护返回系数；

I_{2N} ——发电机二次额定电流。

2）灵敏系数校验

$$K_{sen} = \frac{I_{k,min}^{(2)}}{I_{op,2} \times n_a} = \frac{4.56 \times 4183.6}{5.05 \times 1600} = 2.36 > 1.3$$

式中 $I_{k,min}^{(2)}$ ——由发电机提供给高压侧母线的两相短路电流，以 100MVA 为基准的标幺值，取 4.56；

n_a ——保护用的电流互感器变比。

（2）发电机低电压元件

$$U_{op} = \frac{0.7 U_{GN}}{n_v} = \frac{0.7 \times 13.8 \times 10^3}{138} = 70(V)$$

灵敏系数

$$K_{sen} = \frac{U_{op*}}{X_{t*} I_{*k1,max}^{(3)}} = \frac{0.7}{0.087 \times 5.68} = \frac{0.7}{0.494} = 1.42 > 1.3$$

式中 U_{op*} ——低电压元件的动作电压（也可用标幺值校验）；

X_{t*} ——主变压器以 100MW 为基准的阻抗标幺值，取 0.087；

$I_{*k1,max}^{(3)}$ ——由发电机提供给高压侧母线的以 100MW 为基准的最大短路电流标幺值，取 5.68。

（3）发电机负序电压元件动作电压

$$U_{op,2} = \frac{0.07 U_{GN}}{n_v} = \frac{0.07 \times 13.8 \times 10^3}{138} = 7(V)$$

式中 U_{GN} ——发电机额定电压；

n_v ——电压互感器的变比。

三、发电机定子过负荷保护定值计算

【例 8-4】 发电机额定功率为 125MW；额定功率

因数为 0.85；额定电压为 13.8kV；保护用中性点侧 TA 变比为 8000/5，发电机允许过负荷的发热时间常数为 37.5（s）。发电机技术协议允许的过负荷特性见表 8-12。

表 8-12 发电机允许的过负荷特性

过负荷倍数	2.26	1.54	1.3	1.16
允许时间（s）	10	30	60	120

（1）定时限过负荷。

1）定时限过负荷动作电流为

$$I_{op,2} = K_{rel} \frac{I_{GN}}{K_r n_a} = 1.05 \times \frac{6152}{0.95 \times 1600} = 4.25(A)$$

式中 K_{rel} ——可靠系数；

K_r ——返回系数；

I_{GN} ——发电机额定电流；

n_a ——保护用的电流互感器变比。

2）动作延时。一般取 9s 以下，现取 t_{op}=5s。

（2）反时限过负荷。

1）上限动作电流为

$$I_{op,max} = K_{rel} \frac{I_{k1,max}^{(3)} n_T}{n_a}$$

$$= 1.2 \times \frac{5.68 \times 502 \times (121/13.8)}{1600}$$

$$= 18.75(A)$$

式中 K_{rel} ——可靠系数；

$I_{k1,max}^{(3)}$ ——由发电机提供给高压侧母线的最大短路电流，以 100MVA 为基准短路电流标幺值，取 5.68，110kV 侧基准电流取 502A；

n_T ——变压器的变比；

n_a ——保护用的电流互感器变比。

2）动作时限。按式（8-52）计算动作时间。厂家给出的保护动作判据为

$$t = \frac{K_{tc}}{I_*^2 - 1^2}$$

式中 K_{tc} ——发电机允许过负荷的发热时间常数，s；

I_* ——以发电机额定电流为基准的过负荷倍数。

根据与发电机厂的技术协议，1.3 倍时允许 60s，可求得

$$K_{tc} = t(I_*^2 - 1^2) = 60 \times (1.3^2 - 1^2) = 41.4$$

为可靠保护发电机，K_{tc} 取推荐值 37.5，即为

$$t = \frac{K_{tc}}{I_*^2 - 1^2}$$

再根据发电机技术协议，各点分别校验如下

$$t = \frac{K_{tc}}{I_*^2 - 1^2} = \frac{37.5}{2.26^2 - 1^2} = 9.12(s) < 10s$$

$$t = \frac{K_{tc}}{I_*^2 - 1^2} = \frac{37.5}{1.54^2 - 1^2} = 27.3(s) < 30s$$

$$t = \frac{K_{tc}}{I_*^2 - 1^2} = \frac{37.5}{1.3^2 - 1^2} = 54.35(s) < 60s$$

$$t = \frac{K_{tc}}{I_*^2 - 1^2} = \frac{37.5}{1.16^2 - 1^2} = 108.5(s) < 120s$$

校验结果见表 8-13。

表 8-13　发电机的过负荷保护曲线校验

过负荷倍数	2.26	1.54	1.3	1.16
允许时间（s）	10	30	60	120
保护动作时间（s）	9.12	27.3	54.35	108.5

可见保护曲线能满足发电机过负荷保护的要求。

（3）下限动作定值。

1）下限动作电流为

$$I_{op,min} = K_{co}I_{op} = K_{co}K_{rel}I_{GN}/K_r n_a$$
$$= 1.05 \times 1.05 \times 3.84/0.95$$
$$= 4.45(A)$$

式中　K_{co}——配合系数，取 1.0～1.05；

I_{op}——定时限过负荷保护的整定动作电流；

K_{rel}——可靠系数，取 1.05；

I_{GN}——发电机额定电流；

K_r——返回系数，取 0.9～0.95；

n_a——电流互感器的变比。

2）动作时间为

$$t = \frac{K_{tc}}{I_*^2 - 1^2} = \frac{37.5}{\left(\frac{1.05 \times 1.05}{0.95}\right)^2 - 1^2} = 108.12(s)$$

四、发电机负序过负荷保护定值计算

【例 8-5】发电机额定功率为 125MW；额定功率因数为 0.85；额定电压为 13.8kV；保护用中性点侧 TA 变比为 8000/5，发电机长期运行允许的负序电流为 8%；转子表层承受负序电流的时间常数为 A 值，本机为 10。

（1）定时限电流保护。

1）动作电流为

$$I_{2,op} = \frac{K_{rel}I_{2\infty}I_{GN}}{K_r n_a} = \frac{1.2 \times 8\% \times 6152}{0.95 \times 1600} = 0.389(A)$$

式中　K_{rel}——可靠系数；

$I_{2\infty}$——发电机长期运行允许的负序电流；

I_{GN}——发电机额定电流；

K_r——保护返回系数；

n_a——电流互感器变比。

2）动作延时

$$t_{op} = 5s（发信号）$$

（2）负序反时限过电流保护。

1）动作判据。根据式（8-60）可得

$$t = \frac{A}{I_{2*}^2 - I_{2\infty*}^2} = \frac{10}{I_{2*}^2 - 0.08^2}$$

式中　A——转子表层承受负序电流的时间常数，本机为 10；

I_{2*}^2——发电机负序电流的标幺值；

$I_{2\infty*}$——发电机长期允许负序电流的标幺值。

2）上限电流按躲过高压侧两相短路计算。根据式（8-62）可得

$$I_{2,op,max} = \frac{K_{rel}I_{GN}}{(X_{d*}'' + X_{2*} + 2X_{t*})n_a} = 7.15(A)$$

式中　K_{rel}——可靠系数，可取 1～1.3，本例取 1.2；

X_{d*}''——发电机次暂态电抗标幺值；

X_{2*}——发电机负序电抗标幺值；

X_{t*}——主变压器电抗标幺值。

3）上限时限按式（8-60）计算。

4）保护灵敏性校验。应当指出，该保护主要是为了保护发电机而装设的，可按发电机出口两相短路校验。

$$K_{sen} = \frac{K_{k3}''^{(2)}}{I_{op,2,max}n_a} = 1.53 > 1.5 \quad （满足条件）$$

5）负序反时限动作特性的下限动作电流。

根据式（8-64），与负序过负荷保护配合整定时

$$I_{2,op,min} = K_{co}K_{rel}I_{2\infty*}I_{GN}/K_r n_a = 1.05 \times 0.389 = 0.408(A)$$

通常下限动作时限计算值大于 1000s，可取 $t_{1,op} = 1000s$。也可根据式（8-65）再反求反时限下限电流的标幺值为

$$I_{2,op,min*} = \sqrt{\frac{A}{1000} + I_{2\infty*}^2} = 0.128$$

然后再乘以发电机实际在 TA 二次的额定电流即可求出其保护整定值为

$$I_{2,op} = 0.128 \times 3.84 = 0.492(A)$$

五、发电机失步保护定值计算

【例 8-6】发电机额定功率为 300MW；功率因数为 85%；额定电压为 20kV；发电机机端 TV 变比为 $\frac{20}{\sqrt{3}} \Big/ \frac{0.1}{\sqrt{3}} \Big/ \frac{0.1}{\sqrt{3}} \Big/ \frac{0.1}{3}$，发电机机端（或中性点侧）TA 变比为 15000/5。以 100MVA 为基准的系统阻抗为 0.029，主变压器额定容量为 370MVA，$U_d\% = 14\%$，折算到 100MVA 基准值下标幺值为 0.038。拟采用三元件式失步保护。

本保护的整定计算参见图 8-33。

（1）动作判别。透镜两个半圆以内为动作区，被

Z_a、Z_b 线分为左半部和右半部，动作区电抗线以上为 II 段，电抗线以下为 I 段，动作判别：

1）遮挡器由参数 Z_a、Z_b、φ 确定。

2）α 角的整定决定了给定条件下透镜在复数平面横轴方向的宽度，即透镜的形状。

3）发电机加速失步，从右端进阻抗透镜。从右向左移动，在透镜内停留时间大于给定时间（约 50ms 或模式另有约定）。

4）发电机减速失步，从左端进入阻抗透镜。从左至右移动，在透镜内停留时间大于给定时间。

（2）保护整定。

1）遮挡器特性整定。决定遮挡器特性的参数是 Z_a、Z_b、φ。

a）归算发电机的基准电抗为

$$Z_B = \frac{U_B^2}{S_B} = \frac{20^2}{300/0.85} = 1.133(\Omega)$$

$$Z_{b,2} = Z_B \times \frac{n_a}{n_v} = 1.133 \times \frac{3000}{200} = 17(\Omega)$$

b）将主变压器短路阻抗折算到以 100MVA 为基准的标幺值，计算 Z_a 并归算至以发电机为基准的二次的阻抗

$$Z_a = X_{con} Z_{b,2} = (0.038 + 0.029) \times \frac{353}{100} \times 17 = 4.02(\Omega)$$

c）计算 Z_b

$$Z_b = -X_d' Z_{b,2} = 0.22589 \times 17 = 3.84(\Omega)$$

d）选取 φ 角

$\varphi = 80° \sim 85°$，取 $\varphi = 82°$。

以上式中　　Z_a——正向阻抗定值，Ω；

　　　　　　Z_b——负向阻抗定值，Ω；

　　　　　　U_B——基准电压，以发电机的额定电压为基准（20kV）；

　　　　　　S_B——基准容量，以发电机的额定容量为基准（353MVA）；

　　　　　　$Z_{b,2}$——以发电机额定值为基准，归算至二次的基准阻抗；

　　　　　　n_a——保护用的电流互感器变比；

　　　　　　n_v——保护用的电压互感器变比；

　　　　　　Z_B——归算至发电机的基准电抗；

　　　　　　X_d'——发电机暂态电抗，取 0.22589；

　　　　　　X_{con}——系统联系电抗（变压器阻抗与系统电抗之和）；

　　　　　　φ——系统阻抗角。

2）α 角的整定及透镜结构的确定。对于某一给定的 $Z_a + Z_b$，透镜内角 α（即两侧电动势摆开角）决定了透镜在复平面上横轴方向的宽度。参考图 8-47，确定透镜结构的步骤如下：由式（8-96）可确定发电机最

小负荷阻抗 $R_{L,min}$ 并确定 Z_r。

a）确定发电机最小负荷阻抗（设为额定负荷时）

$$R_{L,min} = 0.9 \times \frac{U_{GN}/n_v}{\sqrt{3} I_{2N}} = 0.9 Z_{b,2}$$
$$= 0.9 \times 17 = 15.3(\Omega)$$

式中　　U_{GN}——发电机额定电压；

　　　　I_{2N}——发电机电流互感器的二次额定电流；

　　　　$Z_{b,2}$——以发电机额定值为基准，归算至二次的基准阻抗。

b）确定 Z_r

$$Z_r \leq \frac{1}{1.3} R_{L,min} = 15.3/1.3 = 11.77(\Omega)$$

c）确定内角 α。由式（8-98）可计算得

$$\alpha = 180° - 2\arctan\frac{2Z_r}{Z_a + Z_b} = 180° - 143° = 37°$$

但为了可靠，取 $\alpha \geq 90°$，使之为圆或扁透镜圆，现取 $\alpha = 90°$。

3）电抗线 Z_c 的整定。一般 Z_c 选定为变压器阻抗 Z_T 的 90%，即 $Z_c = 0.9 Z_T$。图 8-47 中过 Z_c 作 $Z_a Z_b$ 的垂线，即为失步保护的电抗线。电抗线是 I 段和 II 段的分界线，失步振荡在 I 段还是在 II 段取决于阻抗轨迹与遮挡器相交的位置，在透镜内且低于电抗线为 I 段，高于电抗线为 II 段。

$$Z_c = 0.9 Z_T = 0.9 \times 0.038 \quad Z_b = 0.9 \times 0.038 \times 60 = 2.052(\Omega)$$

式中　　Z_T——主变压器阻抗折算到发电机二次侧的有名值；

　　　　Z_b——100MVA、20kV 的基准值为 60Ω。

4）跳闸允许电流整定。跳闸允许电流定值，根据断路器允许遮断容量选择。因为发电机-变压器组断路器允许遮断容量裕度较大，现取断路器开断容量的 1/4（归算至发电机电压侧）为跳闸电流闭锁定值。按式（8-99）可得

$$I_{op,b,2} = \frac{K_{rel} n_T I_{brk}}{n_a} = \frac{0.25 \times 12.1 \times 50 \times 10^3}{15000/5} = 50.4(A)$$
$$\approx 50A。$$

式中　　$I_{op,b,2}$——断路器跳闸电流闭锁二次定值；

　　　　K_{rel}——可靠系数（小于1），取 0.25；

　　　　n_T——变压器变比，取 242/20kV；

　　　　n_a——保护发电机侧的电流互感器变比；

　　　　I_{brk}——发电机-变压器组断路器允许的开断电流。

5）失步保护滑极定值整定。振荡中心在区外时，失步保护动作于信号，滑极可整定为 2～15 次；动作于跳闸，整定不小于 15 次。振荡中心在区内 I 段时，滑极一般整定为 2 次。II 段次数可整定较大，也可将其退出。

六、发电机逆功率保护定值计算

【例 8-7】 300MW 发电机机端（或中性点侧）TA 变比为 15000/5；发电机机端 TV 变比为 $\dfrac{20}{\sqrt{3}} \Big/ \dfrac{0.1}{\sqrt{3}} \Big/ \dfrac{0.1}{\sqrt{3}} \Big/ \dfrac{0.1}{3}$；汽轮机逆功率最小机械损耗为 911kW（参考）；发电机空载损耗为 1690kW。

（1）动作功率为

$$P_{op,1} = K_{rel}(P_1 + P_2) = 0.5 \times (911 + 1690) = 1300.5(\text{kW})$$

式中 K_{rel}——可靠系数，取 0.5；

P_1——汽轮机逆功率最小机械损耗；

P_2——发电机空载损耗。

归算至二次为

$$P_{op,2} = \frac{P_{op,1}}{n_v n_a} = \frac{1300.5 \times 10^3}{200 \times 3000} = 2.17(\text{W})$$

（2）动作时限。

1）经主汽门闭锁的程序跳闸逆功率。

$T_1 = 0.5\text{s}$ 启动并发信；$t_1 = 1.5\text{s}$ 动作于全停（时间元件）。

2）不经主汽门闭锁的逆功率。

$t_1 = 0.5\text{s}$ 启动并发信；$t_2 = 60\text{s}$ 动作于全停（时间元件）。

七、发电机过电压保护定值计算

【例 8-8】发电机机端 TV 变比为 $\dfrac{20}{\sqrt{3}} \Big/ \dfrac{0.1}{\sqrt{3}} \Big/ \dfrac{0.1}{\sqrt{3}} \Big/ \dfrac{0.1}{3}$，过电压保护可作为过励磁保护的后备保护。

（1）报警值。

1）动作电压为

$$U_{op,2} = K_{rel}U_{2N} = 1.1U_{2N} = 1.1 \times 100 = 110(\text{V})$$

式中 K_{rel}——可靠系数；

U_{2N}——发电机电压互感器的二次额定电压（线）。

2）动作延时为 $t_{op} = 5\text{s}$。

（2）跳闸值。

1）动作电压为

$$U_{op} = K_{rel}U_{2N} = 1.3U_{2N} = 1.3 \times 100 = 130(\text{V})$$

式中 K_{rel}——可靠系数；

U_{2N}——发电机电压互感器的二次额定电压（线）。

2）动作延时为 $t_{op} = 0.5\text{s}$。

八、主变压器差动保护定值计算

【例 8-9】 主变压器额定容量为 150MVA；变压器变比为 $121 \pm 2 \times 2.5\%/13.8\text{kV}$；YnD11 接线。主变压器高压侧电流互感器变比为 1200/5；发电机侧电流互感器变比为 8000/5；高压厂用变压器高压侧电流互感器

变比为 2000/5；电流互感器均采用 5P 级。

1）变压器高、低压侧额定一次电流为

$$I_{1Nh} = \frac{S_{TN}}{\sqrt{3}U_{1Nh}} = \frac{150}{\sqrt{3} \times 121} = 0.7157(\text{kA})$$

$$I_{1Nl} = \frac{S_{TN}}{\sqrt{3}U_{1Nl}} = \frac{150}{\sqrt{3} \times 13.8} = 6.2755(\text{kA})$$

式中 S_{TN}——变压器的额定容量，MVA；

U_{1Nh}——变压器高压侧的额定一次电压，kV；

U_{1Nl}——变压器低压侧的额定一次电压，kV。

2）变压器额定二次电流为

$$I_{2Nh} = \frac{I_{2Nh}}{n_{a1}} = \frac{715.7}{1200/5} = 2.98(\text{A})$$

$$I_{2Nl} = \frac{I_{2Nl}}{n_{a2}} = \frac{6275.5}{8000/5} = 3.92(\text{A})$$

$$I_{2Nha} = \frac{I_{2Nl}}{n_{a3}} = \frac{6275.5}{2000/5} = 15.69(\text{A})$$

（高压厂用变压器高压侧）

3）差动各侧平衡系数为

$$K_{blh} = \frac{3.92}{2.98} = 1.315$$

$$K_{bla} = \frac{3.92}{15.69} = 0.25 \quad （高压厂用变压器高压侧）$$

选主变压器低压侧为基准侧。当按厂家要求在定值表中输入系统参数后，某些装置平衡系数不需要再计算，装置软件可自动平衡。

4）纵联差动保护最小动作电流的整定。根据式（8-114）可得

$$I_{op,min} = K_{rel}(K_{er} + \Delta U + \Delta m)I_{TN}/n_a$$
$$= 1.5 \times （0.02 + 0.05 + 0.05）I_{TN}/n_a$$
$$= 0.18I_{TN}/n_a$$

根据经验及推荐数据取 0.5，得

$$I_{op,min} = 0.5I_{2Nl} = 0.5 \times 3.92 = 1.96(\text{A})$$

5）起始制动电流 $I_{res,0}$ 的整定。按式（8-115）起始制动电流现取 1 倍额定电流，即

$$I_{res,0} = 1.0I_{2Nl} = 3.92(\text{A})$$

6）动作特性折线斜率 K 的整定。根据式（8-116）可得最大不平衡电流 $I_{unb,max}$ 为

$$I_{unb,max} = (K_{ap}K_{cc}K_{er} + \Delta U + \Delta m)I_{k,max}/n_a$$
$$= (2 \times 1 \times 0.1 + 0.05 + 0.05)I_{k,max}/n_a$$
$$= 0.3I_{k,max}/n_a$$

根据式（8-118）可得

$$I_{op,max} = K_{rel}I_{unb,max} = 1.5 \times 0.3I_{k,max}/n_a = 0.45I_{k,max}/n_a$$
$$= 0.45 \times 5.68 \times 4183/1600 = 6.683(\text{A})$$

$I_{k,max}$ 取主变压器高压侧母线故障时流过主变压器的最大短路电流。5.68 为由发电机提供高压侧以

100MW 为基准的最大短路标幺值。

当 $I_{res,max}=I_{k,max}$ 时，有

$$K = \frac{I_{op,max} - I_{op,min}}{\frac{I_{k,max}}{n_a} - I_{res,0}} = 0.43$$

根据经验 K 取 0.5。

7）差动速断保护。按躲过励磁涌流考虑，取（5～6）I_{2N}，发电机-变压器组区外故障短路电流不大，现取 5I_{2N}，则

$$I_{k,in}=5I_{2N}=5×3.92=19.6(A)$$

九、励磁变压器保护

【例 8-10】 干式励磁变压器额定容量为 3.2MVA；高压侧额定电压为 20kV；低压侧额定电压为 0.9kV；以变压器额定容量为基准的短路阻抗标幺值为 8%；保护用高压侧电流互感器的变比为 200/5。

1. 瞬时电流速断保护计算

为保护全部变压器，按低压侧端子两相短路保证灵敏系数为 2 整定（是一种提高灵敏度的方法，单一供用电回路，不影响下级负荷的供电可靠性）。（n_a=200/5）

$$I_{op} = \frac{I_{k,min}^{(2)}}{K_{sen}} = \frac{0.34×2886}{2} = 490.6(A)$$

式中　$I_{k,min}^{(2)}$ ——励磁变压器低压侧母线最小两相短路电流，以 100MVA 为基准的短路电流标幺值 $I_{k,min*}^{(2)}$ 为 0.34。

2. 励磁变压器过电流保护计算

（1）动作电流计算。根据躲过强行励磁电流（按归算到高压侧交流）整定。（n_a=200/5）

1）强励最大负荷电流为

$$I_{LO,max} = \frac{2×0.816I_N}{n_T}$$
$$= \frac{2×0.816×2075}{20/0.9}$$
$$= 152.39(A)$$

式中　I_N ——励磁变压器的额定（直流）励磁电流，本例取 2075，A；

n_T ——励磁变压器的电压变比，取 20/0.9。

2）过电流保护动作电流为

$$I_{op,2} = \frac{K_{rel}I_{LO,max}}{K_r n_a} = \frac{1.3×152.39}{0.95×40} = 5.21(A)$$

（2）动作时间为 t_{op}=1s。

（3）灵敏系数校验

$$K_{sen} = \frac{I_{k,min}^{(2)}}{I_{op,2}×n_a} = \frac{0.34×2886}{5.21×40} = 4.7>2$$

式中　$I_{k,min}^{(2)}$ ——励磁变压器低压侧母线最小两相短路电流。

第八节　并联电抗器保护及其整定计算

在发电厂中，高压并联电抗器通常用于 330kV 及以上电压系统。通常分为两类：一类为线路高压并联电抗器；另一类为接于母线的高压并联电抗器。线路并联电抗器通过隔离开关或直接与线路相连，这种方式的电抗器与输电线连为一体，运行方式欠灵活。但因为投资小并且电抗器可靠性高，不需要经常检修和改变运行方式，所以这种接线被广泛采用。母线电抗器接入系统的方式与其他电力元件相同，通常通过专门的断路器接于系统母线上。线路电抗器中性点需装设中性点接地电抗器，起到补偿相间、相对地耦合电容电流以及限制谐振过电压的作用。母线电抗器则不需要装设中性点接地电抗器。

一、并联电抗器保护配置

超高压系统的并联电抗器通常为单相油浸式，并联电抗器下列故障及异常运行状态，应装设相应保护：

1. 内部及其引出线的相间和单相接地短路

并联电抗器内部线圈及引出线单相接地或相间短路故障，可装设纵联差动保护，采用比率差动原理。保护电流取自并联电抗器高压侧电流互感器及中性点侧电流互感器。电抗器差动的两侧电流互感器的额定值相同、无转角，与发电机差动保护类似。与变压器差动保护不同，电抗器的励磁涌流对差动保护来说是穿越性电流，原理上不会影响差动保护的正确动作；当电抗器外部发生短路时，基本上也没有穿越电流。电抗器差动保护的整定方法与其他比率差动保护的整定方法类似，但因短路的穿越电流小，动作电流可取相对于发电机保护动作电流小。保护动作于跳闸。

作为差动保护的后备保护，应装设过电流保护，保护整定值按躲过最大负荷电流整定。保护可采用定时限或反时限特性，反时限保护与电抗器过电流反时限特性配合。保护电流取自并联电抗器高压侧电流互感器。保护经延时动作于跳闸。

2. 绕组的匝间短路

电抗器的匝间短路是高压电抗器的内部故障形式，但当并联电抗器短路匝数很少时，一相匝间短路引起的三相不平衡电流很小，很难被保护装置检测出来，保护灵敏度较低。而且不管短路匝数多大，纵联差动保护不能反映匝间保护的故障，需配置专门的匝间短路保护。可采用零序功率方向原理的匝间保护。保护电流取自并联电抗器高压侧电流互感

器，保护电压取自并联电抗器电压互感器。零序电压和零序电流均可为自产零序。保护经延时动作于跳闸。

零序过电流保护作为并联电抗器内部匝间短路及单相接地故障的后备保护。电流输入量取自并联电抗器高压侧电流互感器，零序电流由保护装置自产。当并联电抗器自产零序电流 $3I_0$ 大于动作电流整定值时，带时限动作于跳闸。

3. 电源电压升高并引起并联电抗器过负荷

当电源电压升高时会引起并联电抗器过负荷，应装设过负荷保护，保护可采用定时限或反时限特性，保护电流取自并联电抗器高压侧电流互感器，保护经延时动作于发信。

超高压并联电抗器在额定频率下，允许过电压倍数与时间的关系，应以具体工程中的技术规范和制造厂的资料为依据，表 8-14 和表 8-15 可供工程参考。

表 8-14　并联电抗器从备用状态投入运行允许过电压倍数与时间的关系

过电压倍数	1.15	1.2	1.25	1.3	1.4	1.5
允许时间（min）	120	40	20	10	1	20s

表 8-15　并联电抗器在额定电压下允许过电压倍数与时间的关系

过电压倍数	1.05	1.15	1.2	1.25	1.3	1.4	1.5
允许时间（min）	连续	60	20	10	3	20s	8s

4. 中性点接地电抗器过负荷

中性点接地电抗器正常运行时，基本无电压、电流，也不会有高电压和大电流。但在系统单相接地故障或单相断开线路期间，接地电抗器将流过较大电流。对由三相不对称等原因引起的接地电抗器过负荷故障可装设过负荷保护。当并联电抗器有中性点零序电流互感器时保护电流取自零序电流互感器，当无零序电流互感器时保护电流由保护装置自产。保护经延时动作于发信或跳闸。

5. 非电量故障

超高压并联电抗器为油浸式并联电抗器，通常装有气体继电器、油面温度指示器、压力释放装置等。这些装置是检测和发现并联电抗器内部故障和异常状态的有效措施，与变压器非电量保护类似，通过非电量保护装置实现保护发信和保护跳闸功能。

本体非电量故障配置如下保护：

（1）并联电抗器油面降低发信号；

（2）并联电抗器油温温度过高，根据制造厂要求动作于信号和跳闸；

（3）并联电抗器绕组温度过高，根据制造厂要求动作于信号和跳闸；

（4）并联电抗器轻瓦斯保护发信号，重瓦斯保护跳闸；

（5）中性点电抗器油面降低发信号；

（6）中性点电抗器油温温度过高，根据制造厂要求动作于信号和跳闸；

（7）中性点电抗器轻瓦斯保护发信号，重瓦斯保护跳闸。

二、并联电抗器保护出口

（1）线路并联电抗器保护出口主要有：

1）跳闸：跳开线路断路器。

2）远跳：通过线路保护装置及通道远跳对侧断路器。

3）信号：发出声光信号或输出报警触点。

4）启动断路器失灵保护：电气量保护启动失灵，非电量保护不启动失灵。

（2）母线并联电抗器保护出口主要有：

1）跳闸：跳开电抗器断路器。

2）信号：发出声光信号或输出报警触点。

3）启动断路器失灵保护：电气量保护启动失灵，非电量保护不启动失灵。

三、电抗器保护示例

（一）线路并联电抗器保护

综上所述，线路并联电抗器通常为 330kV 及以上电压等级，需配置双重化电量保护。双重化电量保护的电流和电压回路相互独立，电源宜取自不同的直流段。线路并联电抗器保护配置如下保护：差动保护、过电流保护、零序方向匝间保护、零序过电流保护、中性点过电流保护、过负荷保护、中性点电抗器过负荷保护、非电量保护等。保护配置示例如图 8-70 所示。保护配置见表 8-16。

（二）母线并联电抗器保护

综上所述，母线并联电抗器通常为 330kV 及以上电压等级，按照规范需配置双重化电量保护。双重化电量保护的电流和电压回路相互独立，电源宜取自不同的直流段。母线并联电抗器保护配置如下保护：差动保护、过电流保护、零序方向匝间保护、零序过电流保护、中性点过电流保护、过负荷保护、非电量保护。

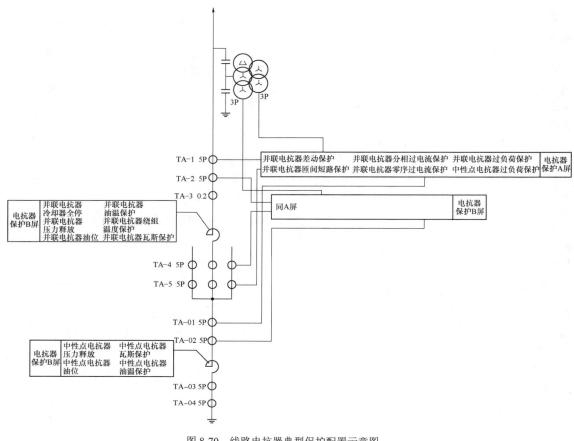

图 8-70　线路电抗器典型保护配置示意图

表 8-16　　　　　　　　　　　　　　　线路电抗器保护配置表

序号	保护名称		线路断路器跳闸	远方跳闸	信号	启动断路器失灵	备注
1	并联电抗器差动保护		√	√	√	√	
2	并联电抗器瓦斯保护	轻			√		
		重	√	√	√		
3	并联电抗器压力释放		△	△	√		
4	中性点电抗器瓦斯保护	轻			√		
		重	√	√	√		
5	并联电抗器匝间短路保护	t	√	√	√		
6	并联电抗器过电流保护	t_1	√	√	√	√	
7	并联电抗器零序过电流保护	t_1	√	√	√	√	
8	并联电抗器过负荷保护				√		
9	中性点电抗器过负荷保护		△	△	√	√	
10	并联电抗器油温	高			√		
		超高	△	△	√		

续表

序号	保护名称		线路断路器跳闸	远方跳闸	信号	启动断路器失灵	备注
11	并联电抗器绕组温度	高			√		
		超高	△	△	√		
12	并联电抗器油位				√		
13	TV 断线				√		
14	TA 断线				√		

注　√表示动作；△表示可切换到该状态。

第九章

操作电源系统

发电厂中给控制、保护、信号、自动装置等二次设备供电的电源系统，且在正常和故障情况下都可靠供电，称为操作电源。操作电源有直流操作电源和交流操作电源两种。直流操作电源又可分为蓄电池直流电源、电源变换式直流电源、复式整流直流电源、硅整流电容储能直流电源。蓄电池直流电源由蓄电池组、充电装置及直流屏等设备构成，广泛运用于各等级发电厂中；电源变换式直流电源是一种DC/DC变换器，将一个固定的直流电压变换为可变的直流电压；复式整流直流电源，是将厂用交流电源以及电压和电流互感器输出电源，各自经整流装置变化为直流电源；硅整流电容储能直流电源采用大容量的储能电容器，正常运行时，电容器充电储能；当发生故障时，储能电容器向控制、保护设备供电。通过多年实践运行证明，蓄电池组直流电源保证发电厂操作电源供电可靠，并有良好的供电质量，具有其他方式不能比拟的优势；由于复式整流直流电源、硅整流电容储能直流电源在发电厂基本不再使用，故本章不介绍。

交流操作电源采用交流不间断电源系统UPS，向发电厂不允许停电的交流负荷供电，如计算机监控系统、热机监测和自动装置等。

第一节　直流电源系统
配置和接线

一、系统电源和电压

（一）系统电源

系统电源设置原则如下：

（1）发电厂应设置向控制和动力负荷供电的直流电源。

（2）220V和110V直流采用蓄电池组。48V及以下的直流可采用由220V或110V蓄电池组供电的电力用DC/DC变换装置。

（3）正常运行方式下，每组蓄电池的直流网络应独立运行，不应与其他蓄电池组有任何直接电气连接。

（4）当发电厂升压站设有电力网络计算机监控系统时，应设置独立的发电厂升压站直流电源系统。

（5）当单机容量为300MW级及以上，发电厂辅助车间需要直流电源时，应设独立的直流电源系统。当供电距离主厂房较远时，其他发电厂的辅助车间宜设置独立的直流电源系统。

（6）蓄电池组正常应以浮充电方式运行。

（7）铅酸蓄电池组不应设置端电池；镉镍碱性蓄电池设置端电池时，宜减少端电池个数。

发电厂工程中采用220V和110V直流系统，其电源多为独立的蓄电池组供电。工程中有需要采用48V及以下电压操作电源的，可采用由220V或110V蓄电池组供电的直流电力系统通过设置直流电源变换器（DC/DC变换装置）供电；也可要求48V操作电源由设备厂家自身设备转换完成。

若发电厂每组蓄电池直流电源网络电气不独立，则会造成直流系统绝缘水平降低，以及两个蓄电池组直流系统环网问题。且当直流系统发生接地故障、交流电源窜入直流电源系统等故障时，可能引起发电厂大范围停电事故，据了解近些年在大型发电厂已发生多起因直流系统网络问题造成的全厂停机事故，因此通常要求每组蓄电池直流电源系统独立。

发电厂机组直流电源系统一般按单元设置，布置在主厂房内，而升压站设备属于全厂公用，且距离主厂房较远。为避免单元机组与升压站之间相互影响运行安全，发电厂升压站直流电源系统单独设置蓄电池组。当工程中采用发电机-变压器-线路组接线，或其他简化接线时，升压站可不单独设蓄电池组，由机组直流电源系统供电。

单机容量为300MW级及以上，发电厂辅助车间（如输煤区域、脱硫岛）设置中压配电装置时，需要直流操作电源，由主厂房的直流系统供电，由于电缆很长、投资较大，且影响整个直流系统的可靠性，故一般设置独立的直流电源系统。当供电距离较远的辅助车间（如江岸水泵房、灰场管理站等），对控制保护电源的可靠性要求较高，需要直流电源时，可设独立的直流电源系统,该系统可采用直流成套装置。

对于有端电池的铅酸蓄电池,存在的普遍问题是因端电池部分正常不接入母线,常由于自放电和维护不良而导致硫化,并且安装维护麻烦、使用机会少,又增加设备投资,因此,目前绝大部分发电厂直流系统不设端电池,在选择计算时选取适当的电池个数,设定合适的充电、放电电压值,直流母线不会超过最高允许电压值,事故放电末期也不会低于最低允许电压值。对于镉镍碱性蓄电池,因单个电池电压较低(1.2V),正常浮充电电压较高,而放电时电压下降幅度较大、终止电压低,无降压装置不能保证直流母线电压在允许范围之内,故镉镍碱性蓄电池需设置端电池,尽量减少端电池个数;工程中也有不设置端电池的方式,但会增大蓄电池容量,造成较大容量浪费。

(二)系统电压

系统电压设置原则如下:

(1)专供控制负荷的直流电源系统电压一般采用110V,也可采用220V。

(2)专供动力负荷的直流电源系统电压一般采用220V。

(3)控制负荷和动力负荷合并供电的直流电源系统电压也可采用220V或110V。

(4)全厂直流控制电压采用相同电压。扩建和改建工程,电压与已有厂(站)直流电压一致。

(5)在正常运行情况下,直流母线电压应为直流电源系统标称电压的105%。

(6)在均衡充电运行情况下,直流母线电压应满足如下要求:

1)专供控制负荷的直流电源系统,不应高于直流电源系统标称电压的110%;

2)专供动力负荷的直流电源系统,不应高于直流电源系统标称电压的112.5%;

3)对控制负荷和动力负荷合并供电的直流电源系统,不应高于直流电源系统标称电压的110%。

(7)在事故放电末期,蓄电池组出口端电压不应低于直流电源系统标称电压的87.5%。

直流电源系统标称电压的确定将直接影响蓄电池个数、充电装置容量、电缆截面积大小及相关设备的选择,直流系统的标称电压应根据工程具体情况,通过技术、经济比较决定,应全面考虑:

发电厂专供机组控制负荷,升压站继电器室、发电厂辅助车间(如脱硫岛)直流系统,无电动机负荷,基本上都是控制负荷,每个回路电流较小(一般不大于5A),且供电距离也不太长,采用110V直流电压更有利于直流电源系统安全运行,减少直流电源系统的接地故障,所以推荐采用110V电压等级。工程需要注意的是,当110V直流电压供电敷设距离大于

250m时,按工作电流为5A计算,直流电缆允许电压降已超过直流电源系统标称电压的6%,控制电缆截面积也大于6mm²,因此110V直流电压的供电范围不宜大于250m。这对于500kV及以上配电装置,继电器室至最远端的断路器的电压降要限制在距离内有时是有困难的,对较远距离的负荷供电时,操作电压较高,从经济上比较,控制电缆的投资占比例较大,一般采用220V电压比110V电压可节约较大的投资。

直流动力负荷功率较大,供电距离较长,采用220V电压可以减小电缆截面积,节约投资,方便施工,因此直流动力负荷推荐采用220V电压等级。

对于单元机组动力控制合一的直流电源系统电压,由于有直流电动机等动力负荷,故推荐采用220V。

对于直流供电范围不大于250m的升压站,其直流电源系统电压推荐采用110V,当升压站直流供电范围大于250m或者老厂机组升压站扩建,直流电源系统需要采用220V电压等级时,为保持全厂直流控制电压的一致性,机组直流专用控制电压也采用220V。这样是为了避免在控制、保护柜内同时出现两种不同的电压,例如与升压站有关联的发电机-变压器组的控制和保护柜中,方便运行人员检修和维护,防止误操作造成不必要的事故。对于扩建和改建的发电厂,推荐采用与老厂相同的机组直流控制电压。

直流系统的电压水平,要求正常和蓄电池充、放电时都应满足要求,对阀控蓄电池满足均衡充、放电要求,对防酸隔爆型蓄电池应满足核对性充、放电要求,故在工程设计时要根据负荷的性质、容量和距离等情况计算。

在正常运行情况下,考虑向直流负荷供电时有5%的电缆压降,以保证供电电压水平,故母线电压高于直流电源系统标称电压的5%。

在均衡充电运行情况下,直流母线电压主要是保证用电设备对电压水平的要求:

控制负荷主要是控制、信号和继电保护装置等,它们正常允许的最高电压,一般不高于直流电源系统标称电压的110%。

动力负荷主要是直流电动机和交流不间断电源装置等,它们正常时一般均不运行,但是,当投入时则电流很大,为保证电缆压降,所以允许将最高电压提高到直流电源系统标称电压的112.5%,同时也不会对用电设备造成损坏。

控制负荷和动力负荷合并供电时,允许最高电压不能超过直流电源系统标称电压的110%,这是控制负荷首先要满足的要求。

对防酸隔爆型铅酸蓄电池,有的电厂采用核对性

充、放电方式。因核对性充电电压较高，约为 $2.75\sim2.8V$，此时直流母线电压过高，应采取措施，如设降压措施或蓄电池接线采用可脱开母线单独进行核对性充、放电。

在事故放电情况下，蓄电池组出口端电压不应低于直流电源系统标称电压的 87.5%。此处特别指出"蓄电池组出口端电压"，而不是"直流母线电压"，主要是为了计算方便，如果用"直流母线电压"，则需要减去从蓄电池组出口端至直流柜上直流母线间的电缆压降。为满足直流保护电器选择性配合需要，将蓄电池组出口的事故放电末期的终止电压选择为 $87.5\%U_n$（U_n 为标称电压）。首先，这有利于直流电缆的选择，电缆截面积可以普遍减小；其次，由于各断路器之间电缆压降增加，电流差值加大，有利于直流断路器的选择性动作。当然，将事故放电末期的电压抬高，理论上意味着蓄电池容量也将加大，但从实际应用来说，目前阀控密封铅酸蓄电池的终止电压一般选用 $1.85\sim1.87V$，已基本满足 $87.5\%U_n$ 终止电压的要求，因此实际蓄电池组容量选择基本不会加大。

二、接线方式、网络设计及要求

直流系统接线方式的主要原则如下：

（1）系统接线必须安全可靠、简单清晰，采用单母线或单母线分段接线。

（2）供电网络必须可靠、灵活、方便，宜采用辐射式供电方式。

（3）蓄电池及其充电装置满足运行要求，有利于延长蓄电池寿命。

（4）提高直流系统的自动化水平，如蓄电池自动检测，蓄电池充、放电程序控制，直流绝缘监测等。

（一）接线方式

（1）一组蓄电池的直流电源系统的接线方式应符合下列要求：

1）一组蓄电池配置一套充电装置时，采用单母线接线。

2）一组蓄电池配置两套充电装置时，采用单母线分段接线，两套充电装置应接入不同母线段，蓄电池组跨接在两段母线上。

3）一组蓄电池的直流电源系统，经直流断路器与另一组相同电压等级的直流电源系统相连。正常运行时，该回路应为断开状态。

（2）两组蓄电池的直流电源系统的接线方式应符合下列要求：

1）直流电源系统采用两段单母线接线，两段直流母线之间应设联络电器。正常运行时，两段直流母线应分别独立运行。

2）两组蓄电池配置两套充电装置时，每组蓄电池及其充电装置应分别接入相应母线段。

3）两组蓄电池配置三套充电装置时，每组蓄电池及其充电装置应分别接入相应母线段。第三套充电装置应经切换电器对两组蓄电池进行充电。

4）两组蓄电池的直流电源系统应满足在正常运行中两段母线切换时不中断供电的要求。在切换过程中，两组蓄电池应满足标称电压相同，电压差应小于规定值，且直流电源系统均处于正常运行状态，允许短时并联运行。

（3）蓄电池组及其充电装置应经隔离和保护电器接入直流电源系统。

（4）铅酸蓄电池组不设降压装置，有端电池的镉镍碱性蓄电池设有降压装置。

（5）每组蓄电池设有专用的试验放电回路。试验放电设备经隔离和保护电器直接与蓄电池组出口回路并接。放电装置宜采用移动式设备。

（6）220V 和 110V 直流电源系统应采用不接地方式。

（二）直流系统典型接线方案

（1）一组蓄电池，一套充电装置，单母线接线如图 9-1 所示。

1）接线特点：一组蓄电池直流电源系统采用单母线，系统接线简单，运行可靠。

一组蓄电池的直流电源系统，允许从相同电压的另一直流电源系统接入一应急电源回路供短时使用，解决紧急情况下的急需，主要针对不同机组之间的直流电源系统应急联络回路。由于本机组蓄电池容量选择时没有考虑另一组蓄电池的负荷，故该联络回路应按直流馈线考虑，装设直流断路器。正常运行时，该回路应为断开状态。

2）适用范围：适用于小容量发电厂，以及大容量发电厂中远离主厂房的辅助车间。

（2）一组蓄电池，两套充电装置，单母线接线如图 9-2 所示。

1）接线特点：采用两套充电装置互为备用。

2）适用范围：适用于小容量发电厂，以及大容量发电厂中远离主厂房的辅助车间。

（3）一组蓄电池，两套充电装置，单母线分段接线，如图 9-3 所示。

1）接线特点：蓄电池经分段隔离开关接至两段母线，两套充电装置分别接至两段母线，满足双套保护电源分别引接要求。

2）适用范围：适用于小容量发电厂，以及大容量发电厂中远离主厂房的辅助车间。

（4）两组蓄电池，两套充电装置，单母线分段接线，如图 9-4 所示。

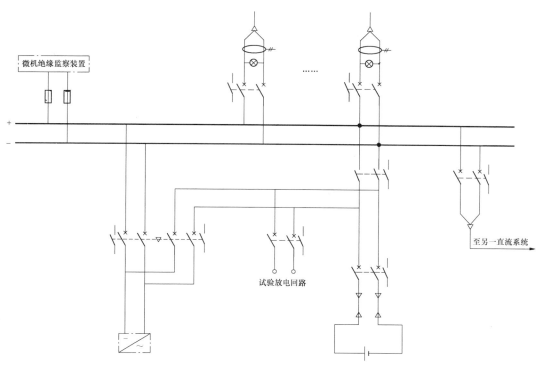

图 9-1 一组蓄电池，一套充电装置，单母线接线

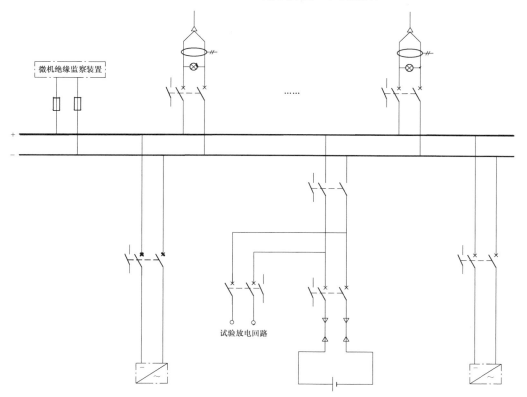

图 9-2 一组蓄电池，两套充电装置，单母线接线

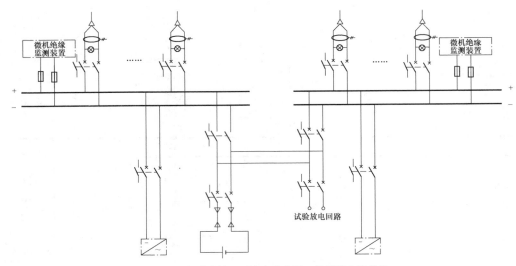

图 9-3　一组蓄电池，两套充电装置，单母线分段接线

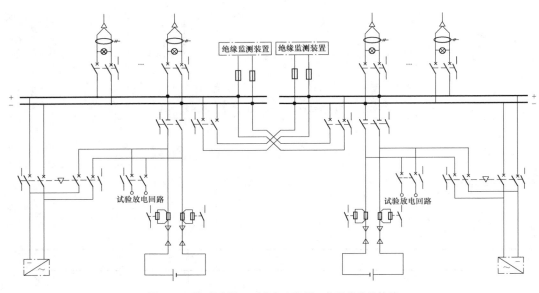

图 9-4　两组蓄电池，两套充电装置，单母线分段接线

1）接线特点：整个直流系统由两套蓄电池、两套充电装置和两段单母线接线组成，两段母线之间设分段隔离开关，正常时两套直流电源系统各自独立运行。考虑到定期充、放电试验要求，为了转移直流负荷，对同一电压等级的两组蓄电池，当电压相差不大，即不超过直流电源系统标称电压的 2%，且两组蓄电池型号相同、投运时间和运行环境类似时，其老化速度及特性比较接近，短时并联不会对蓄电池组造成伤害。此外，两组蓄电池切换过程中还应避免直流电源系统电压波动过大，或某个直流电源系统存在接地故障而影响两个直流电源系统的安全运行。

图 9-4 中有"▽"符号的断路器有闭锁措施。充电装置经切换实现对蓄电池充电或直接上母线选择，

解决蓄电池退出运行时，直流母线由充电装置暂时供电，以保证不中断直流母线供电。

当两个直流电源系统间设有联络线时，对发电厂控制专用直流电源系统，联络开关采用隔离开关；对发电厂动力专用直流电源系统和动力、控制合并供电的直流电源系统，联络开关选用直流断路器。

两组蓄电池组的直流系统，应满足在运行中两段母线切换时不中断供电的要求，切换过程中允许两组蓄电池短时并联运行，禁止在两个系统都存在接地故障的情况下进行切换。

2）适用范围：适用于大、中型容量发电厂。

（5）两组蓄电池，三套充电装置，单母线分段接线，如图 9-5 所示。

1）接线特点：一组蓄电池和一套充电装置接于一段母线上，公用的充电装置经两台断路器接于两段母线上，三套充电装置为同容量，充电模块数为 N，不设备用模块。正常时两段母线分开运行，如一组蓄电池退出进行充、放电时，该段蓄电池和充电装置的母线侧断路器断开，公用充电装置接于该段母线上，供直流负荷，此时可将两台分段断路器接通，由另一段母线的蓄电池供两段母线负荷。公用充电装置接入后可立即断开另一段母线的充电装置，这种接线和操作较复杂，无专用分段断路器，但柜面布置较简单。

2）适用范围：适用于大容量发电厂及 220kV 以上升压站网控直流系统。

（6）两组蓄电池，三套充电装置，单母线分段接线，如图 9-6 所示。

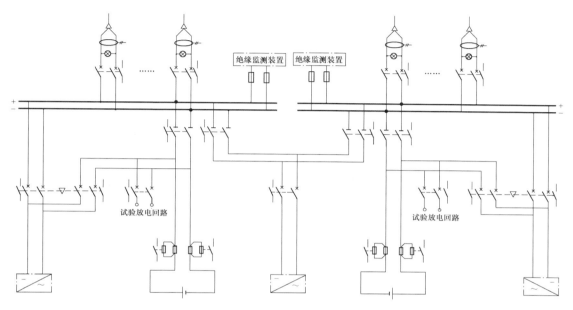

图 9-5 两组蓄电池，三套充电装置，单母线分段接线

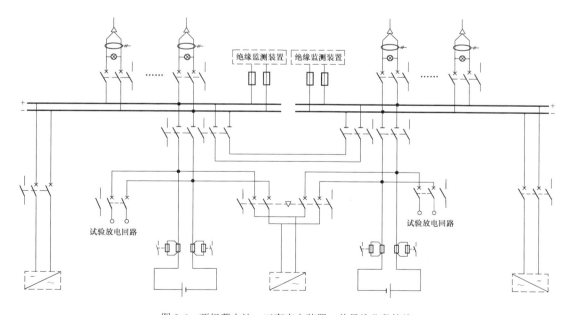

图 9-6 两组蓄电池，三套充电装置，单母线分段接线

1）接线特点：一组蓄电池和一套充电装置接于一段母线上，公用充电装置分别经一台断路器接在蓄电池组引线上。三套充电装置为同容量，充电模块数可为 N，不设备用模块。正常时两段母线分开运行，一组蓄电池进行充、放电时，退出母线，由公用充电装置单独向蓄电池充、放电，由另一组蓄电池向两段母线同时供电。这种接线比图 9-5 所示接线复杂，但操作运行方便，可靠性较高。

图 9-6 中有"▽"符号的断路器有闭锁措施。公用充电装置有闭锁措施，只能给一组蓄电池充电；充电装置一般只作浮充运行，蓄电池充、放电由公用充电装置实现。

2）适用范围：适用于大容量发电厂及 220kV 以上升压站网控直流系统。

每组蓄电池设有专用的试验放电回路，蓄电池试验放电设备经隔离和保护电器直接与蓄电池组出口回路并接，主要是为了试验时蓄电池组可方便退出，简化操作步骤和接线，避免误操作，同时不影响直流母线的运行。由于蓄电池试验放电次数不多，为提高试验设备利用率，不固定连接，工程采用移动式设备，便于多组蓄电池公用。

蓄电池出口回路可采用熔断器，也可采用直流断路器，选型要求详见本章第二节。

（三）网络设计及要求

直流系统馈电网络有辐射形供电和环形供电两种方式，为了提高供电可靠性，一般采用辐射形供电方式。直流网络辐射形供电方式细分为集中辐射形供电方式和分层辐射形供电方式。集中辐射形供电方式和分层辐射形供电方式的回路，接线原则如下：

（1）下列回路应采用集中辐射形供电方式：

1）直流应急照明、直流油泵电动机、交流不间断电源；

2）DC/DC 变换器；

3）热工总电源柜和直流分电柜电源。

对于直流油泵电动机等动力负荷或交流不间断电源等大容量负荷，选用的直流断路器额定电流值较大，如从直流分电柜上引接，必然会使上一级选用更大的直流断路器，增加了保护间级差的配合难度，同时也降低了直流供电的可靠性，因此这些负荷应采用集中辐射形供电方式，即直接从直流柜母线引接。

（2）下列回路宜采用集中辐射形供电方式：

1）发电厂系统远动、系统保护等；

2）发电厂主要电气设备的控制、信号、保护和自动装置等；

3）发电厂热控控制负荷。

对于发电厂机组保护柜、测量控制柜、快切柜等，以及系统远动、系统通信的直流电源，虽然每个直流回路容量不大，但考虑到对机组安全运行的重要性，推荐采用从直流柜母线直接引接方式。但当电厂采用分散布置方式，直流柜距离电子设备间或继电器室较远时，也可考虑从直流分电柜引接电源。

（3）分层辐射形供电网络应根据用电负荷和设备布置情况，合理设置直流分电柜。直流分电柜应设在负荷中心处，如发电厂中高/低压厂用配电装置可按电压等级以及配电间的布置分别设置若干直流分电柜。

（4）直流分电柜接线应符合下列要求：

1）直流分电柜每段母线宜由来自同一蓄电池组的两回直流电源供电，电源进线经隔离电器接至直流分电柜母线。

2）对于要求双电源供电的负荷，应设置两段母线，两段母线宜分别由不同蓄电池组供电，每段母线宜由来自同一蓄电池组的两回直流电源供电，母线之间不设联络电器。

3）公用系统直流分电柜每段母线应由不同蓄电池组的两回直流电源供电，采用手动断电切换方式。

（5）直流分电柜典型接线方案。

1）单段母线直流分电柜接线，如图 9-7 所示。

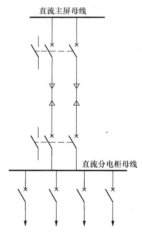

图 9-7　单段母线直流分电柜接线

采用两回直流电源供电是由于直流分电柜分散布置在直流负荷中心处，距离直流柜较远，供电电缆较长，如果该电缆发生故障，则更换需要很长时间，为保障直流分电柜的供电可靠性，推荐每段直流母线由两回直流电源供电。正常运行时一路工作，另一路备用，两路直流电源来自同一组蓄电池，允许采用手动并联切换方式。每个直流分电柜电源进线侧应装设隔离电器，供电缆维护和试验用，隔离电器一般采用隔离开关或带隔离功能、无脱扣器的直流断路器。为避免在运行、检修时将两段直流母线并联给直流电源系统正常运行带来安全隐患，不推荐直流分电柜同时从两段直流电源系统引入电源。

2）两段母线直流分电柜接线，如图9-8所示。

图9-8中直流分电柜设置两段母线，分别由不同蓄电池组母线段供电，母线之间不设分段断路器。直流分电柜每段母线均由同一蓄电池组的两回直流电源供电，因此其供电可靠性已有保证，不同的两段母线之间不必再设置分段断路器，以避免在直流分电柜处将两个直流电源系统并列。适用于要求双电源供电的负荷，如机组锅炉、汽轮机段 PC 段直流分电柜。

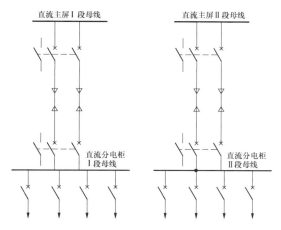

图9-8　两段母线直流分电柜接线

3）单母线分段直流分电柜接线，如图9-9所示。

图9-9中全厂公用直流分电柜，两回直流电源来自不同机组蓄电池组母线段，设置分段断路器，在一台机组检修时，采用手动断电切换方式进行供电切换。用于公用 PC 段、集中控制楼分电柜等全厂公用直流分电柜。

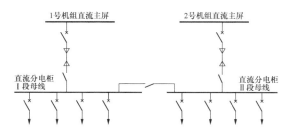

图9-9　单母线分段直流分电柜接线

（6）当采用环形网络供电时，环形网络应由两回直流电源供电，直流电源应经隔离电器接入，正常时为开环运行。当两回直流电源由不同蓄电池组供电时，宜采用手动断电切换方式。

由于部分重要直流负荷在运行过程中要求直流电源不间断，因此有在负荷侧通过二极管隔离两路直流电源后同时向负荷供电的接线方式，该接线将会导致两段直流电源系统不能完全电气隔离，影响整个直流

电源系统运行安全的情况。对于此类负荷建议采用直流电源专用切换装置实现直流电源的不断电切换或加装直流隔离装置。

第二节　直流电源设备选择

一、蓄电池组

（一）蓄电池型式

发电厂使用的蓄电池主要是铅酸蓄电池，个别小型发电厂和国外工程采用镉镍碱性蓄电池。本节重点介绍铅酸蓄电池和镉镍碱性蓄电池。

铅酸蓄电池具有可靠性高、容量大和承受一定的冲击负荷等优点，故被发电厂广泛采用。铅酸蓄电池主要分为固定型排气式和阀控式两类。固定型排气式铅酸蓄电池国内外使用历史长，比较成熟，运行中可以加液，便于监视，寿命较长，价格较低。但它存在体积大；运行中产生氢气，伴随着酸雾，对环境带来污染；维护复杂等缺点。目前主要应用在对直流电源系统运行稳定性要求较高的核电站。

阀控式密封铅酸蓄电池是装有密封气阀的密封铅酸蓄电池，它分为大型、中型和小型三种，单体电池容量300Ah 及以上为大型，20～300Ah 为中型，20Ah 以下为小型。阀控式密封铅酸蓄电池有以下优点：

（1）大电流放电性能优良，特别是冲击放电性能较好；

（2）自放电电流小，25℃下每天自放电率 2%以下，约为铅酸蓄电池的 1/4～1/5；

（3）不漏液，无酸雾，不腐蚀设备及不伤害人，对环境无污染；

（4）无须添加水和调酸的密度等维护工作，基本上做到免维护功能；

（5）结构紧凑，密封性好，可直接装在柜内或与设备同室安装，可立式或卧式布置，占空间较小，抗振性良好；

（6）不存在镉镍电池的"记忆效应"，记忆效应指在循环工作时，容量损失大。

缺点是电池寿命相对较短，对环境温度要求较高，一般在 25℃浮充电状态使用，电池寿命可达 8～12 年。

当前，阀控式铅酸蓄电池有贫液式（即阴极吸收式极板细玻璃纤维隔膜电池）和胶体电池两类。贫液式国内制造厂使用较多。胶体电池的电解液采用凝结胶状态的胶体，不流动、无漏雾、无酸液分层现象，电池热容量大，散热性好，不易产生热失控现象。主要技术指标：电池自放电小、深放电能力良好，气体复合效率高于99%，循环使用寿命长，浮充运行12～

14 年（25℃），但也存在初期（半年左右）性能不稳定及冲击放电能力较差等缺点。选用贫液式或胶体电池都满足要求。

多年运行经验证明，阀控式密封铅酸蓄电池能够满足发电厂对直流电源系统安全和可靠运行的要求。

镉镍碱性蓄电池具有放电倍率高、安装方便和使用寿命长等优点，但它有单体电池电压低，使电池数量增加，需要设调压设备以及有爬碱等缺点。目前在国内发电厂已经极少应用，但在国外项目中仍有部分应用。

三类蓄电池的主要技术参数见表 9-1。

表 9-1　　三类蓄电池主要技术参数

项目名称	电 池 类 别				
	固定型排气式铅酸蓄电池	阀控式密封铅酸蓄电池	镉镍碱性蓄电池		
			超高（GNC）	高（GNG）	中（GNZ）
额定电压（V）	2	2	1.2	1.2	1.2
放电倍率	≤1C	≤3C	≥6C	(3～6)C	(1～3)C
均衡充电电压值（V）	2.40	2.35	1.55	1.55	1.55
浮充充电电压值（V）	2.15	2.25	1.40	1.40	1.40
放电终止电压值（V）	1.75	1.8	1.00	1.00	1.00

注　C用来表示蓄电池放电电流大小的比率。

蓄电池型式应符合下列要求：

（1）直流电源宜采用阀控式密封铅酸蓄电池，也可采用固定型排气式铅酸蓄电池；

（2）小型发电厂可采用镉镍碱性蓄电池；

（3）铅酸蓄电池应采用单体为 2V 的蓄电池，直流电源成套装置组柜安装的铅酸蓄电池宜采用单体为 2V 的蓄电池，也可采用 6V 或 12V 组合电池。

2V 蓄电池的设计寿命相对 6V 或 12V 组合电池的设计寿命要长。发电厂、升压站直流电源系统，应采用单体 2V 的蓄电池，阀控式密封铅酸蓄电池设计寿命不应低于 10 年，固定型排气式铅酸蓄电池设计寿命不应低于 15 年。直流电源成套装置的蓄电池也推荐采用单体 2V 的蓄电池，当蓄电池容量小于 200Ah，选择 2V 蓄电池有困难时，也可采用 6V 或 12V 的蓄电池。

（二）蓄电池组数

为保证直流系统的可靠性、运行调度的灵活性及

维护管理方便等，蓄电池组数应满足下列要求：

（1）单机容量为 125MW 级以下机组的火力发电厂，当机组台数为两台及以上时，全厂宜装设两组控制负荷和动力负荷合并供电的蓄电池。对机炉不匹配的发电厂，可根据机炉数量和电气系统情况，为每套独立的电气系统设置单独的蓄电池组。

目前单机容量在 125MW 以下火力发电厂虽然装机容量较小，但其重要性及企业管理和自动化水平并不低，装设的蓄电池组数应与电厂的要求相适应。当全厂安装的机组台数为两台及以上时，推荐装设两组蓄电池。对于母管制的供热机组，因机炉数量不匹配，存在汽轮机容量小、数量少，而锅炉容量大、台数多的情况，应根据工艺系统配置和电气接线情况，适当增加蓄电池组数，防止直流电源系统规模过大，影响全厂机组运行的可靠性。当电厂只有一台机组时，装设一组蓄电池也应是合理的。

（2）单机容量为 200MW 级及以下机组的火力发电厂，当控制系统按单元机组设置时，每台机组宜装设两组控制负荷和动力负荷合并供电的蓄电池。

（3）单机容量为 300MW 级机组的火力发电厂，每台机组宜装设三组蓄电池，其中两组对控制负荷供电，一组对动力负荷供电，也可装设两组控制负荷和动力负荷合并供电的蓄电池。

（4）单机容量为 600MW 级及以上机组的火力发电厂，每台机组应装设三组蓄电池，其中两组对控制负荷供电，一组对动力负荷供电。

（5）对于燃气-蒸汽联合循环发电厂，可根据燃机形式、接线方式、机组容量和直流负荷大小，按套或按机组装设蓄电池组，蓄电池组数应符合本要求（1）～（3）的规定。

（6）发电厂升压站设有电力网络计算机监控系统时，220kV 及以上的配电装置应独立设置两组控制负荷和动力负荷合并供电的蓄电池组。当高压配电装置设有多个网络继电器室时，也可按继电器室分散装设蓄电池组。110kV 配电装置根据规模可设置两组或一组蓄电池。

现工程中发电机组用直流电源系统与发电厂升压站用直流电源系统设置相互独立，无任何电气联系，是为了当机组直流系统出现故障时，把故障范围减少到最小，不影响电网的稳定性，保证电网安全可靠运行。

（三）阀控式密封铅酸蓄电池的主要技术数据

阀控式密封铅酸蓄电池的技术指标很多，现将其主要指标介绍如下。

1. 额定容量

额定容量是指蓄电池容量的基准值，容量是在基准温度 25℃条件下蓄电池能放出的电量，以 C_e 表示

（e 为放电小时数）。我国电力系统用 10h 放电率放电容量，以 C_{10} 表示。

2. 放电率电流和容量

在 25℃ 的环境下，蓄电池的容量为：

——10h 率放电容量为 C_{10}；

——3h 率放电容量为 C_3，$C_3=0.75C_{10}$；

——1h 率放电容量为 C_1，$C_1=0.55C_{10}$。

放电电流为：

——10h 率放电电流 I_{10}，数值为 $1I_{10}$（$0.1C_{10}$）；

——3h 率放电电流 I_3，数值为 $2.5I_{10}$（$0.25C_{10}$）；

——1h 率放电电流 I_1，数值为 $5.5I_{10}$（$0.55C_{10}$）。

3. 充电电压、充电电源

蓄电池在环境温度为 25℃ 条件下，按运行方式不同，分为浮充电和均衡充电两种。

浮充电电压：单体电池的浮充电电压为 2.23～2.27V；

均衡充电电压：单体电池的均衡充电电压为 2.30～2.4V。

浮充电电流：一般为 1～3mA/Ah；

均衡充电电流：$1.0I_{10}$～$1.25I_{10}$。

各单体电池开路电压最高值与最低值的差值不大于 20mV。

4. 终止电压

阀控式密封铅酸蓄电池在 eh 放电率放电末期的最低电压：

——10h 率蓄电池放电单体终止电压为 1.8V；

——1h 率蓄电池放电单体终止电压为 1.75V；

——0.5h 率蓄电池放电单体终止电压为 1.65V。

5. 电池间连接的电压降

阀控式密封铅酸蓄电池按 1h 率放电时，两只电池间连接的电压降，在电池各极柱根部的测量值应小于 10mV。

此外，为保证阀控式密封铅酸蓄电池的安全可靠运行，还有以下技术指标：

（1）试验容量。在规定的试验条件下，蓄电池的容量能达到的标准。标准要求：试验 10h 率容量，第一次循环不低于 $0.95C_{10}$，第三次循环应达到 C_{10}，1h、0.5h 率容量分别达到 $0.45C_{10}$ 和 $0.35C_{10}$。

（2）最大放电电流。在电池外观无明显变形、导电部件不熔断的条件下，电池所能容忍的最大放电电流。我国有关规定为：以 $30I_{10}$（A）放电 3min，极柱不熔断、外观无异常。

（3）耐过充电电压。完全充电后的蓄电池所能承受的过充电能力。蓄电池在运行过程中不能超过耐过充电电压。按规定条件充电后，外观无明显的渗液和变形。

（4）荷电保持性。电池达到完全充电之后，静置数十天，由保存前后容量计算出的百分数。我国规定静置 90 天，不低于 80%。

（5）密封反应性能。在规定的试验条件下，电池在完全充电状态，每安时放出的气体量（mL）。密封反应效率不低于 95%。

（6）安全阀的动作。为了防止阀控式密封铅酸蓄电池内压异常升高损坏电池槽而设定的开阀压。为了防止外部气体自安全阀侵入，影响电池循环寿命而设立了闭阀压。开阀压为 10～49kPa，闭阀压为 1～10kPa。

（7）防爆性能。在规定的试验条件下，遇到蓄电池外部明火时，在电池内部不引燃、不引爆。

（8）防酸雾性能。在规定的试验条件下，蓄电池在充电过程中，内部产生的酸雾被抑制向外部泄放的性能。每安时充电电量析出的酸雾应不大于 0.025mg。

（9）耐过充电性能。蓄电池所有活性物质返到充电状态，称为完全充电。电池已达完全充电后的持续充电称为过充电。按规定要求试验后，电池应有承受过充电的能力。

（四）蓄电池设备选择

（1）蓄电池个数的选择应符合下列原则：

1）无端电池的铅酸蓄电池组，应根据单体电池正常浮充电电压值和直流母线电压为 1.05 倍直流电源系统标称电压值确定电池个数。

2）有端电池的镉镍碱性蓄电池组，应根据单体电池正常浮充电电压值和直流母线电压为 1.05 倍直流电源系统标称电压值确定基本电池个数，同时应根据该电池放电时允许的最低电压值和直流母线电压为 1.05 倍直流电源系统标称电压值确定整组电池个数。

（2）蓄电池浮充电电压应根据厂家推荐值选取，当无产品资料时可按下列参数选取：

1）固定型排气式铅酸蓄电池的单体浮充电电压值宜取 2.15～2.17V；

2）阀控式密封铅酸蓄电池的单体浮充电电压值宜取 2.23～2.27V；

3）中倍率镉镍碱性蓄电池的单体浮充电电压值宜取 1.42～1.45V；

4）高倍率镉镍碱性蓄电池的单体浮充电电压值宜取 1.36～1.39V。

（3）单体蓄电池放电终止电压应根据直流电源系统中直流负荷允许的最低电压值和蓄电池的个数确定，但不得低于蓄电池规定的最低允许电压值。

（4）单体蓄电池均衡充电电压应根据直流电源系统中直流负荷允许的最高电压值和蓄电池的个数确定，但不得超出蓄电池规定的电压允许范围。

（5）蓄电池容量的选择应符合下列原则：

1）满足全厂事故全停电时间内的放电容量；

2）满足事故初期（1min）直流电动机启动电流和其他冲击负荷电流的放电容量；

3）满足蓄电池组持续放电时间内随机冲击负荷电流的放电容量。

（6）蓄电池容量选择的计算应符合下列原则：

1）按事故放电时间分别统计事故放电电流，确定负荷曲线。

2）根据蓄电池型式、放电终止电压和放电时间，确定相应的容量换算系数 K_c。

3）根据事故放电电流，按事故放电阶段逐段进行容量计算，当有随机负荷时，应叠加在初期冲击负荷或第一阶段以外的计算容量最大的放电阶段。

4）选取与计算容量最大值接近的蓄电池标称容量 C_{10} 或 C_5，作为蓄电池的选择容量。

二、充电装置

（一）充电装置的选型

充电装置主要有高频开关电源模块型和晶闸管相控型两种。

1. 高频开关电源模块型

高频开关电源模块型充电装置为模块化结构，模块冗余配置。每个模块设有简单的控制功能，单块模块额定电流一般为 5、10、20、30、40A 等，具有技术性能和指标先进、体积小、质量轻、效率高、便于运行维护、自动化水平高等优点，故广泛用于发电厂工程中。

2. 晶闸管相控型

晶闸管相控型充电装置接线简单，输出功率较大，性能稳定，价格相对便宜，同时有较成熟的运行经验，但由于其性能指标和效率方面低于高频开关电源模块型，且体积较大，在常规发电厂中已较少应用，但在核电常规岛等项目中仍有应用。

晶闸管相控型与高频开关电源模块型技术比较见表 9-2。

发电厂充电装置宜选用高频开关电源模块型充电装置，也可选用晶闸管相控式充电装置。目前广泛应用的是高频开关电源模块型充电装置。

表 9-2   晶闸管相控型与高频开关电源模块型技术比较

序号	项目	晶闸管相控型	高频开关电源模块型
1	交流额定输入电压（V）	380(1±10%)	380V(1±10%)
2	频率（Hz）	50(1±2%)	50(1±2%)
3	直流额定输出电压（V）	220、110	220、110
4	充电装置直流输出电流（A）	10～200	10～200
5	蓄电池额定容量（Ah）	20～1000	20～1000
6	浮充电电压稳定范围（V）	198～260、99～130	198～260、99～130
7	恒压充电稳定范围（V）	250～286、125～143	250～286、125～143
8	充电电压调整范围（V）	198～320、99～160	198～320、99～160
9	充电电流调整范围（A）	$(0.2～1.00)I_N$	$(0.2～1.00)I_N$
10	负荷电流调整范围（A）	$(0～1.00)I_N$	$(0～1.00)I_N$
11	稳压精度（%）	≤±1	≤±0.5
12	稳流精度（%）	≤±2	≤±1
13	纹波系数（%）	≤1	≤0.5
14	噪声（dB）	≤60	≤55
15	充电或运行方式	微机控制自动转换	微机控制自动转换
16	高频谐波干扰	无	无
17	智能化"三遥"系统	有	有
18	值班方式	无人值班	无人值班
19	采用充电浮电装置的类型	磁放大式充电装置 晶闸管式充电装置	高频开关电源 模块型充电装置

（二）充电装置的配置

充电装置应根据工程中所配置的蓄电池组数和充电装置的型式进行配置。

（1）工程设一组蓄电池时，充电装置的配置如下：

1）采用晶闸管相控式充电装置时，宜配置两套充电装置；

2）采用高频开关电源模块型充电装置时，宜配置一套充电装置，也可配置两套充电装置。

（2）工程设两组蓄电池时，充电装置的配置如下：

1）采用晶闸管相控式充电装置时，宜配置三套充电装置；

2）采用高频开关电源模块型充电装置时，宜配置两套充电装置，也可配置三套充电装置。

对于晶闸管相控式充电装置，可配置一套备用充电装置，即一组蓄电池配置两套充电装置，两组蓄电池配置三套充电装置。高频开关电源模块型充电装置的整流模块可以更换，且有冗余，其可靠性相对较高，可不设整套充电装置的备用。当全厂仅设有一组蓄电池时，也可配置两套高频开关电源模块型充电装置。

（三）晶闸管相控式充电装置

晶闸管充电装置主要有手动调压，手动、自动调压和可逆变运行的手动、自动调压三类，其主要产品性能见表 9-3。

表 9-3　晶 闸 管 充 电 装 置

类　型	主要技术性能
手动调压	晶闸管整流，手动调压；具有自动、稳流功能；电压为 48、110、220V；电流一般为 200A 及以上
手动、自动调压	晶闸管整流，有稳压整流功能，适用于浮充、均充等方式。微机控制。电压为 48、110、220V，电流为 200A 及以下，有些设备厂可达到 400A
可逆变运行的手动、自动调压	晶闸管三相全控整流、微机控制，生产 250A、230V 产品

整闸管充电装置的原理框图如图 9-10 所示。

（四）高频开关电源模块型充电装置

阀控式密封铅酸蓄电池对充、放电的要求较高，不允许严重的过充电和欠充电，在电池初充电及正常维护的均衡充电时，均要求有性能良好的按蓄电池运行程序要求的自动均充、放电、浮充的转换和恒流、恒压等功能的充电装置。同时电力系统的可靠性要求充电装置有较好的稳流、稳压和波纹系数等，高频开关电源模块型充电装置能较好地满足上述要求。

目前，生产高频开关电源模块型充电装置的制造厂较多，接线有差异及各自的特点，其工作原理及主要技术性能相似。现简单介绍如下：

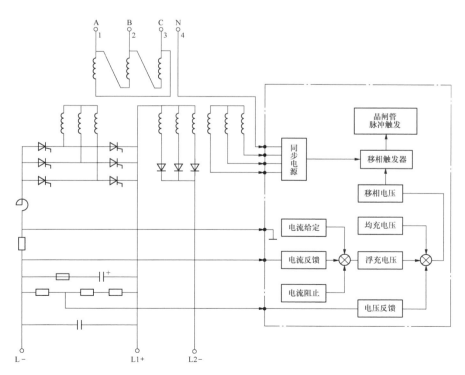

图 9-10　晶闸管充电装置原理框图

高频开关电源模块型充电装置结合脉宽调制（PWM）技术的研究和应用，已将纵向金属氧化物半导体场效应管（MOSFET）、绝缘栅双极晶体管（CRT）和其他新型器件等用于高频开关电源回路，进一步提高了开关频率及技术性能，使电源设备更小型化、轻量化。目前高频开关已有多种（110V 为 10～80A，220V 为 5～50A），为满足充电装置的负荷要求（可为几十安至几百安），多由多个模块组成。高频开关电源模块型充电装置的直流系统框图如图 9-11 所示，高频开关电源模块型充电装置的原理框图如图 9-12 所示。

模块由交流输入整流单元、高频逆变单元（DC/AC）、直流输出单元和控制监测单元等组成。交流输入整流单元由 AC 380/220V 或 AC 220V 输入，经防御雷击和其他高压冲击的抑制尖峰电压设备和滤波阻容保护等组成。经全波整流器输出，电压经滤波器后变为直流，有些单位在直流侧装设电容器和非线性电阻，再次防止交流侧输入的过压，保证高频逆变单元的元器件免受损坏及干扰信号不进入直流侧，同时也可抑制高频电源对电网交流侧的干扰。高频逆变单元将直流变为高频交流电，逆变的高频开关由脉冲调制电路输出信号控制，输出高频方波或正弦电压，接到高频变压器的输入侧，PWM 脉宽调制电路及部分软开关谐振回路，根据电网和负载的变化自动调节高频开关

的脉冲宽度和移相角，使输出电流在任何允许的情况下保持稳定，高频变压器的铁芯由铁氧体或非晶体制成，有很好的高频传递特性，效率高、体积小，变压器输出经整流桥和滤波器等组成直流输出单元后输出平稳直流。

充电装置由若干个模块并联组成，一般都为 N+1 备份冗余方式，充电电流由 N+1 模块输出提供，采用自动均流措施（不平衡度不大于 5%），直流负荷为 50A 时选用 6 块 10A 模块，即 5+1。6 块模块同时工作，每个模块平均分配电流为 50/6=8.34(A)，当其中一个模块故障时，装置发出报警信号，这时负荷内 5 个模块均流负担，不会影响正常供电，并将故障模块更换。当一组蓄电池设两套充电装置或两组蓄电池设三套充电装置时，可不设冗余模块。

（五）充电装置的性能

（1）充电装置的技术性能应满足以下要求：

1）充电装置应为长期连续工作制，满足蓄电池组的充电和浮充电要求。

2）充电装置应有自动和手动浮充电、均衡充电及自动转换功能，具有稳压、稳流及限压、限流特性和软启动特性。

3）充电装置的交流电源输入宜为三相输入，额定频率为 50Hz，额定电压为 380V（1±10%）。

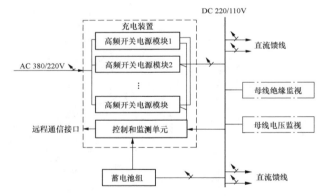

图 9-11 高频开关电源模块型充电装置的直流系统框图

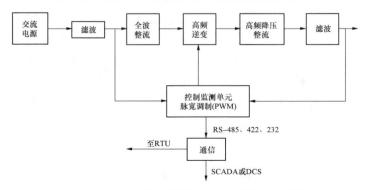

图 9-12 高频开关电源模块型充电装置的原理框图

4）一组蓄电池配一套充电装置的直流电源系统时，充电装置宜设置两路交流电源，一回工作，一回备用，可自动投切。一组蓄电池配置两套充电装置或两组蓄电池配置三套充电装置时，每个充电装置宜设置一路交流电源。

5）充电装置应有抗干扰措施，有很强的电磁兼容能力。

6）充电装置的主要技术参数见表 9-4。

表 9-4　充电装置的主要技术参数

项　　目	晶闸管相控式	高频开关电源模块型
稳压精度	≤±1%	≤±0.5%
稳流精度	≤±2%	≤±1%
波纹系数	≤1%	≤0.5%
效率	≥75%	≥90%
噪声	<60dB	<55dB

7）高频开关电源模块的基本性能要求如下：

a）均流。在多个模块并联工作状态下运行时，各模块随通过的电流应能做到自动均分负荷，实现均流；在两个及以上模块并联运行时，其输出的直流电流为额定值时，均流不平衡度不应大于±5%额定电流值。

b）功率因数。功率因数应不小于 0.90。

c）谐波电流含量。在模块输入端施加的交流电源符合标称电压和额定频率要求时，在交流输入端产生的各高次谐波电流含有率应不大于 30%。

（2）充电装置额定电流的选择要求如下：

1）满足浮充电要求，其浮充电输出电流应按蓄电池自放电电流与经常负荷电流之和计算。

2）满足蓄电池均衡充电要求，其充电输出电流应按下列条件选择：

a）蓄电池脱开直流母线充电时，铅酸蓄电池应按 $1.0I_{10} \sim 1.25I_{10}$ 选择；镉镍碱性蓄电池应按 $1.10I_5 \sim 1.25I_5$ 选择。

b）蓄电池充电同时还向经常负荷供电时，铅酸蓄电池应按 $1.0I_{10} \sim 1.25I_{10}$ 并叠加经常负荷电流选择；镉镍碱性蓄电池应按 $1.10I_5 \sim 1.25I_5$ 并叠加经常负荷电流选择。

（3）高频开关电源模块的选择配置原则如下：

1）一组蓄电池配置一套充电装置时，应按额定电流选择高频开关电源基本模块。当基本模块数量为 6 及以下时，可设置一个备用模块；当基本模块数量为 7 个及以上时，可设置两个备用模块。

2）一组蓄电池配置两套充电装置或两组蓄电池配置三套充电装置时，应按额定电流选择高频开关电源基本模块，不宜设备用模块。

3）高频开关电源模块数量宜根据充电装置额定电流和单个模块额定电流选择，模块数量宜控制在 3～8 个。

（4）充电装置的输出电压调节范围应满足蓄电池放电末期和充电末期电压的要求，见表 9-5。

表 9-5　充电装置的输入/输出电压和电流调节范围

交流输入		相数	三相
		额定频率	$50 \times (1 \pm 2\%)$ Hz
		额定电压	$380 \times (85\% \sim 120\%)$ V
直流输出	额定值	电压	220V 或 110V
		电流	10、20、30、40、50、60、80、100、160、200、250、315、400、500A
	恒流充电	电压调节范围　阀控式密封铅酸蓄电池	$(90\% \sim 120\%)U_n$
		电压调节范围　固定型排气式铅酸蓄电池	$(90\% \sim 135\%)U_n$
		电压调节范围　镉镍碱性蓄电池	$(90\% \sim 135\%)U_n$
		电流调节范围	$(20\% \sim 100\%)I_N$
	浮充电	电压调节范围　阀控式密封铅酸蓄电池	$(95\% \sim 115\%)U_n$
		电压调节范围　固定型排气式铅酸蓄电池	$(95\% \sim 115\%)U_n$
		电压调节范围　镉镍碱性蓄电池	$(95\% \sim 115\%)U_n$
		电流调节范围	$(0 \sim 100\%)I_N$
	均衡充电	电压调节范围　阀控式密封铅酸蓄电池	$(105\% \sim 120\%)U_n$
		电压调节范围　固定型排气式铅酸蓄电池	$(105\% \sim 135\%)U_n$
		电压调节范围　镉镍碱性蓄电池	$(105\% \sim 135\%)U_n$
		电流调节范围	$(0 \sim 100\%)I_N$

注　U_N 为直流电源系统标称电压，I_N 为充电装置直流额定电流。

三、蓄电池试验放电装置

为了提供蓄电池放电试验及检测蓄电池的容量和寿命，需配置放电装置，因该装置不是经常运行，一般在发电厂中同电压等级的蓄电池共用一套。

放电设备有放电电阻和有源逆变放电装置、高频开关式放电装置。

1.　放电电阻

放电电阻采用 PTC 电阻器件，只发热，不是明火，使用较方便。主要技术参数见表 9-6。

表 9-6   放电电阻的主要技术参数

标准规格	电 压 等 级	
直流额定电压（V）	110	220
直流输入范围（V）	90～130	180～260
额定放电电流（A）	60、100	30、60
电流调节范围	额定电流的20%～100%	
恒流放电精度	≤±0.5%	
电压显示精度	≤±0.5%	
通信口	RS-232 和 RS-485	
噪声（dB）	≤65	
大气压力（kPa）	80～110	
环境温度（℃）	−5～+40	
最大相对湿度	≤90%（不允许凝露）	
质量（kg）	10	

2. 有源逆变放电装置

YND 和 MKF 型有源逆变放电装置可作为蓄电池的备用充电和放电装置，也可作为逆变电源，主要技术参数见表 9-7。

表 9-7   YND 和 MKF 型有源逆变放（充）电装置

项 目	YND 型	MKF 系列
额定输出容量（kVA）	10、15、25、35、45	4.5～90
额定输出功率（kW）	8、12、20、28、36	
额定直流电压（V）	110、220	48、60、110、220
额定直流电流（A）	30、50、80、100、150、200、250、300、400	15～330
输入电压（AC，V）	380（1±15%）	380（1+20%）～380（1+40%）
输入频率（Hz）	50±2	50±2
输出电压（V）	0～400	
稳压精度（%）	≤±1（负荷变化 0%～100%）	≤+1

续表

项 目	YND 型	MKF 系列
稳流精度（%）	≤±2	≤±1
稳波系数（%）	≤5	≤1
电源效率（%）	90	
噪声（dB）	≤55	55
外形尺寸（高×宽×深，mm×mm×mm）	2260×800×600	2260×800×600（固定型）1600×800×600（移动型）

YND 型有源逆变放电装置的主电路为三相全控桥接线，原理接线如图 9-13 所示。

控制电路由数字电路构成，当输入交流电流有 6 个过零点时，以 6 个过零点为基准均延迟时间 t，再分别发出控制信号触发对应的晶闸管，就能得到一定的输出电压。当 t 值小时，输出电压高；当 t 值大时，输出电压低。本装置有 6 个等级计数器，反馈电压及给定电压控制振荡器，将电压控制振荡器的输出接到 6 个计数器的输入端。当振荡器频率高时，相当于 t 值小，反之相当于 t 值大，因而控制晶闸管的触发角，自动控制放（充）电的电压和电流。

MKF 型放电装置利用有源逆变原理制成，接线如图 9-14 所示。晶闸管全控桥工作于第二象限对蓄电池进行定电流放电。放电电流不随电池组电压降低和电网电压波动变化，将电池中的直流电能有源逆变反馈回电网，达到回馈电能的目的。作为充电装置时，可对电池组进行恒定充电，当电池组电压达到预定值时，装置可自动转为浮充电运行，也可选择为手动均衡充电。该装置以微处理器为核心，配合用户可变参数的控制软件，可通过触摸键选择菜单及设定参数。

3. 高频开关式放电装置

目前生产的高频开关式放电装置，其主回路为改进型 CUK 拓扑，大功率高频 IGBT 为主功率器件，控制回路采用"柔性"恒流电路，电压电源双环反馈。高频开关式放电装置原理接线图如图 9-15 所示，主要技术参数见表 9-8。

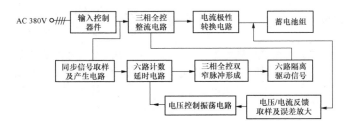

图 9-13 YND 型有源逆变放电装置原理接线图

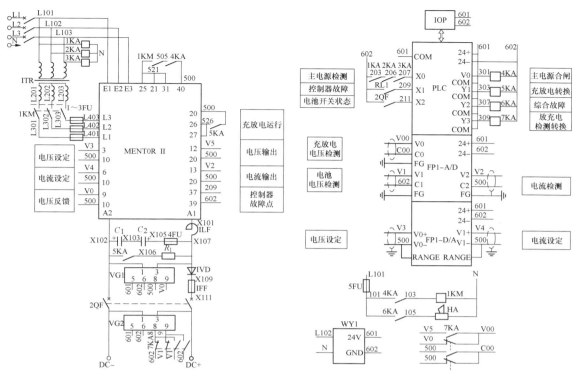

图 9-14　MKF 型放电装置原理接线图

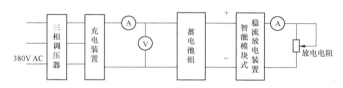

图 9-15　高频开关式放电装置原理接线图

表 9-8　　　　　　　　　　　　　放电装置的主要技术性能数据

项　目	指　标			测　试　条　件
	最小值	标称值	最大值	
蓄电池输入电压范围（V）	184	220	300	见 JB/T 577.4—2000《电力系统直流电源设备通用技术条件及安全要求》
输出恒流调节范围（A）	0～10	0～15		见 JB/T 577.4—2000，可选择设定调节范围以满足 0～15A，并根据输入电压而定
稳流精度（%）	±0.5	±0.8	±1	见 JB/T 577.4—2000
效率（%）	95	97	98	全输出段
响应速度（μs）	100	150	500	额定输出 20%～75%负荷跃变
纹波系数（%）		≤0.1		频宽 0～2MHz
恒流电流（A）	10	15		根据输入电压而定

续表

项　　目	指　　标			测　试　条　件
	最小值	标称值	最大值	
内部散热器温升	≤25℃，环境温度 45℃			有超温保护功能，强迫风冷
质量	5kg			

高频开关式放电装置主要功能：

（1）在蓄电池组放电过程中，放电电流自动稳在整定值（I_{10}）上，电流的波动范围不超过 ±0.5%～±1%，电流整定和控制是无级调节。

（2）放电试验过程中，只要开始调定好放电电流和电阻，以后则不需要再调有关参数。无论是电池电压变化还是电流变化，装置都能够自动调节，维持放电电流的稳定，调节时间小于 500ms，这样测得的容量准确性高，有效地延长了电池的使用寿命。

（3）与微机监控器接口，可实现电源系统对蓄电池的智能充、放电，提高了电源系统的自动化和可靠性。

（4）装置有过放电保护、自动计时和故障报警装置。

（5）装置可分为固定安装和携带式两种结构，模块实现 $N+1$ 冗余配置。输入/输出模拟量、开关量均可编程。该系列产品集控制、功率器件和诊断功能于一体，功能强，可靠性高。监控单元采用进口工业级编程控制器 D/A、A/D 转换单元和全汉化智能触摸式操作显示单元，实现全部监控操作、状态画面显示、查询和设定及显示蓄电池组相关参数，以适应蓄电池组充、放电需要。

ZYNB 系列有源逆变蓄电池放电装置是采用 IGBT 新器件、高频 PWM 整流逆变电路及微机控制等技术制成的，ZYNB11 系列逆变放电装置适用于 300Ah 以内蓄电池放电，ZYNB13 系列逆变放电装置适用于 600～2000Ah 的蓄电池放电。

主要技术指标如下：

额定输入电压：110、220V；

输入电压范围：90～132V（110V）、170～264V（220V）；

额定放电电流：ZYNB11 系列为 20、30A；ZYNB13 系列为 60、80、100、120、160、200A；

额定输出电压：ZYNB11 系列为 220V，ZYNB13 系列为 380V；

输出电压变化范围：ZYNB11 系列为 190～250V；ZYNB13 系列为 330～430V；

放电电流设定范围：30%～100%的额定值；

放电稳流精度：≤±2%；

放电电流纹波系数：≤3%；

输出电流总的谐波失真（THD）：≤5%；

效率：≥85%；

噪声：≤60dB。

ZYNB11 系列逆变放电装置为反向单相交流输出，包含高频直流变换电路和单相 PWM 整流逆变电路。高频直流变换电路控制蓄电池恒流放电和起到与交流电网电气隔离作用；单相 PWM 整流逆变电路的作用是将蓄电池释放的能量反馈回电网。ZYNB11 系列逆变放电装置工作原理如图 9-16 所示。

ZYNB13 系列逆变放电装置为三相交流输出，采用三相高频 PWM 整流逆变电路，一方面控制蓄电池恒流放电，另一方面将蓄电池释放的能量反馈回电网，并控制流入电网的电流接近正弦波。ZYNB13 系列逆变放电装置工作原理如图 9-17 所示。

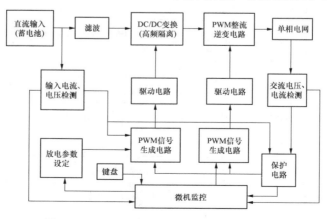

图 9-16　ZYNB11 系列逆变放电装置工作原理框图

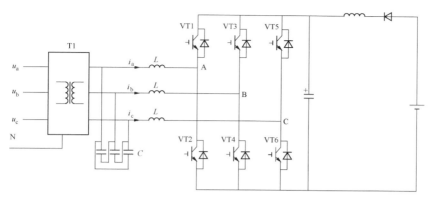

图 9-17　ZYNB13 系列逆变放电装置工作原理框图

BFD 系列智能型蓄电池放电装置采用功率元件，体积小、质量轻，放电电流在大范围内连续可调，稳流精度高，不产生谐波电流，采用大屏幕液晶汉字显示，操作方便，智能化程度高。在达到放电终止电压及设定时间后能自动停止放电，自动处理并保存放电数据和曲线，断电后数据不丢失。BFD 系列为便携式放电装置，可并机运行，即一台主机可带任意台从机，主、从机结构相同，可通过键盘任意设定为主机或从机。若设为主机则可独立运行，若设为从机则需主机控制。BFD 系列放电装置的主要技术指标如下：

工作电源：90～270V（DC）；

电池电压：110/220（1±25%）V；

放电电流：0.25～1.20 倍额定电流；

稳流精度：<0.5%；

显示精度：<0.2%；

环境温度：−10～40℃；

数据存储量：可存储 10 组蓄电池放电数据及曲线；

通信接口：RS-232/RS-485；

质量：14.5kg/20A，18kg/30A，23.5kg/50A。

逆变放电试验装置用于大型发电厂，回收给电网的电能较多，有显著的经济效益；而对小容量发电厂，回收电能少，经济效益不显著，为节约投资、简化系统和结构，建议采用放电装置即可。

4. 试验放电装置的额定电流

试验放电装置的额定电流应根据蓄电池试验时的放电电流选取。铅酸蓄电池一般按 $1.10I_{10}$ 放电，镉镍碱性蓄电池一般按 $1.10I_5$ 放电。考虑到装置额定电流的选择需要有一定的范围和裕量，故选择时铅酸蓄电池可取 $1.10I_{10}$～$1.30I_{10}$，镉镍碱性蓄电池取 $1.10I_5$～$1.30I_5$。

四、直流系统绝缘监测装置

直流系统接地的危害不仅使继电保护装置误动、拒动，还会造成采用直流控制的一次设备误动、拒动，严重危及电力系统的安全稳定运行。因此必须实时在线监测直流系统的对地绝缘状况，出现接地时要及时排除故障，在直流母线上装设绝缘监测装置。

绝缘监测装置采用非平衡电桥或者平衡电桥原理进行检测。平衡电桥原理根据直流智能互感器监测系统的漏电流，按照欧姆定律算出对地的电阻值。非平衡电桥的原理是切换电桥的状态，系统模拟平衡和非平衡两个状态，依据平衡状态的正、负母线对地电压和漏电流，非平衡状态的正、负母线对地电压和漏电流，按照解算二元一次方程组，计算出母线的正、负对地电阻。

工程中不建议采用交流注入法测量直流电源系统的绝缘状态，因为基于低频注入原理的直流电源系统绝缘监测装置在直流系统的绝缘并没有被破坏时，低频电流与地形成不了回路，无法定位接地支路，故无法检测出故障。

直流电源系统绝缘监测装置的功能如下：

（1）正常工作时，能显示母线电压值，正、负母线对地绝缘电阻值；

（2）兼直流电压监察功能，母线电压过高、过低或欠压时报警；

（3）具备自检功能；

（4）具备监测蓄电池组和单体蓄电池绝缘状态的功能；

（5）具备交流窜直流故障的测记和报警功能；

（6）具有标准通信接口。

直流电源系统绝缘监测装置测量精度指标见表 9-9。

表 9-9　　直流电源系统绝缘监测装置
测量精度指标

项　目	技　术　指　标
母线电压 U_b 检测精度	$80\%U \leqslant U_b \leqslant 130\%U_n$；精度为 $\pm 1\%$
母线对地电压 U_d 检测精度	$10\%U_n \leqslant U_d \leqslant 130\%U_n$；精度为 $\pm 1\%$
母线对地电容检测精度	$3 \sim 270\mu F$；精度为 $\pm 10\%$
母线接地电阻 R_i 检测精度	$10k\Omega \leqslant R_i \leqslant 60k\Omega$；精度为 $\pm 5\%$ $60k\Omega < R_i \leqslant 200k\Omega$；精度为 $\pm 10\%$
支路对地电阻 R_i 检测精度	$R_i < 10k\Omega$；精度为 $\pm 10\%$ $10k\Omega \leqslant R_i \leqslant 50k\Omega$；精度为 $\pm 15\%$ $50k\Omega < R_i \leqslant 100k\Omega$；精度为 $\pm 25\%$
交流窜入电压 U_a 测量精度	$10V \leqslant U_a \leqslant 242V$；精度为 $\pm 5\%$
检测支路数目	每台装置 $\leqslant 128$ 路
主机带从机数目	最多带 30 台从机
同时监测母线段数	2 段

五、蓄电池巡检装置

蓄电池巡检装置在线检测蓄电池容量及损坏情况，许多制造厂利用各种数据和原理研制的蓄电池检测装置，其判据有测量电压、测量电池内阻和导纳等。

蓄电池巡检装置可在线检测每节电流的电压、动态放电测量电池的内阻及负载能力、静态测量电池的容量，综合上述监测数据判定电池的性能，并对失效电池予以显示和报警，同时具有远传通信功能。

蓄电池巡检装置是根据电力系统的蓄电池必须提供足够大的瞬时电流和长期的小电流放电，即要求有较小内阻和较大容量的放电装置，对放电曲线的分析，采用以下检测方法：

（1）巡测蓄电池组每节电池电压，以检测蓄电池的充、放电状态。

（2）大电流（>100A）冲击负荷放电，在很短时间测得蓄电池瞬间的放电曲线，并得出内阻 r_0 值，即

$$r_0 = \frac{E_b - U_b}{I_m} \qquad (9-1)$$

式中　r_0——蓄电池内阻；

E_b——蓄电池的电动势；

U_b——蓄电池电压；

I_m——放电电流。

（3）静态小电流恒流放电，测得蓄电池 10h 放电率标称容量为

$$C_{10} = I_m t \qquad (9-2)$$

式中　C_{10}——蓄电池 10h 放电率标称容量；

I_m——放电电流；

t——放电时间。

（4）对以上参数用计算机进行综合计算判断，即可得出蓄电池好坏的准确评估。

蓄电池巡检装置的主要技术数据为：

输入电源：DC 220V、0.2A；DC 110V、0.4A。

动态放电电流：DC 220V 时大于 100A；DC 110V 时大于 200A。

静态放电电流：DC 220V 时为 5～15A；DC 110V 时为 5～30A。

放电模块功率：22kW（允许时间不大于 2s）。

电压检测范围：9～16V（12V 成组电池）；1.7～2.6V（单体 2V 电池）。

电压检测精度：±0.5%。

电流检测范围：0±100A。

电流检测精度：±1%。

温度测量精度：±0.5℃。

数据记录间隔：0.5s（在线监测运行状态）；100ms（放电检测运行状态）。

可检测电池数：200 节。

通信方式：RS-232、RS-485 或调制解调器（MODEM）。

外形尺寸：550mm×450mm×18mm。

质量：约 27kg。

FXJ 系列微机型蓄电池巡检装置在线监测蓄电池及电池组的在线电性能参数，主要是电压。当发生欠压、过压情况，测量线路发生故障时就发出声光警报，并指出故障原因和位置，如果接监控器，则可以实现遥测。

FXJ 系列微机型蓄电池巡检装置的主要技术数据如下：

工作电源：DC 90～260V，纹波系数不大于 5%。

精度：整组蓄电池电压检测精度不低于标定值的 ±0.5%；单只蓄电池电压检测精度不低于标定值的 ±0.2%。

端电压/内阻检测量程：2V/10mΩ；12V/50mΩ。

BATM30 系列蓄电池巡检装置与放电装置相连接，定时检测蓄电池组的单节电池电压、环境温度，将检测到的数据初步处理后上传至上位机，由上位机进行分析、处理并显示。装置采用模块化结构，每个巡检模块可采集 18 节电池，独立工作，由电脑控制，采用串行总线方式，通过 RS-232/RS-485 等通信接口

与集中监控器相连。

六、电缆

（1）直流系统电缆选择和敷设应符合 GB 50217《电力工程电缆设计规范》的有关规定，设计主要原则如下：

1）为了保证在外部着火的情况下，直流电缆能够维持一定时间的直流电源供电，直流电源系统明敷电缆应选用耐火电缆。控制和保护回路直流电缆应选用屏蔽电缆。

2）蓄电池组引出线为电缆时，电缆宜采用单芯电缆，当选用多芯电缆时，其允许载流量可按同截面单芯电缆数值计算。蓄电池电缆的正极和负极不应共用一根电缆，该电缆宜采用独立通道，沿最短路径敷设。

（2）蓄电池组与直流柜之间连接电缆截面的选择满足两个条件，长期允许载流量和电缆允许压降要求如下：

1）蓄电池组与直流柜之间连接电缆长期允许载流量的计算电流应大于事故停电时间的蓄电池放电率电流；

2）电缆允许压降宜取直流电源系统标称电压的 0.5%～1%，其计算电流应取事故停电时间的蓄电池放电率电流或事故放电初期（1min）冲击负荷放电电流二者中的较大值。

（3）高压断路器合闸回路电缆截面的选择原则如下：

1）当蓄电池浮充运行时，应保证最远一台高压断路器可靠合闸所需的电压，其允许压降可取直流电源系统标称电压的 10%～15%。

2）当事故放电，直流母线电压在最低电压值时，应保证恢复供电的高压断路器能可靠合闸所需的电压，其允许压降应按直流母线最低电压值和高压断路器允许最低合闸电压值之差选取，不宜大于直流电源系统标称电压的 6.5%。

（4）采用集中辐射形供电方式时，直流柜与直流负荷之间的电缆截面的选择原则如下：

1）电缆长期允许载流量的计算电流应大于回路最大工作电流；

2）电缆允许压降应按蓄电池组出口端最低计算电压值和负荷本身允许最低运行电压值之差选取，宜取直流电源系统标称电压的 3%～6.5%。

（5）采用分层辐射形供电方式时，直流电源系统电缆截面的选择原则如下：

1）根据直流柜与直流分电柜之间的距离确定电缆允许压降，宜取直流电源系统标称电压的 3%～5%，其回路计算电流应按直流分电柜最大负荷电流

选择；

2）当直流分电柜布置在负荷中心时，与直流终端断路器之间的允许压降宜取直流电源系统标称电压的 1%～1.5%；

3）根据直流分电柜布置地点，可适当调整直流分电柜与直流柜、直流终端断路器之间的允许压降，但应保证直流柜与直流终端断路器之间允许总压降不大于直流电源系统标称电压的 6.5%。

（6）直流柜与直流电动机之间的电缆截面的选择原则如下：

1）电缆长期允许载流量的计算电流应大于电动机额定电流；

2）电缆允许压降不宜大于直流电源系统标称电压的 5%，其计算电流应按 2 倍电动机额定电流选取。

（7）两台机组之间 220V 直流电源系统应急联络断路器之间采用电缆连接时，互联电缆压降不宜大于直流电源系统标称电压的 5%，其计算电流可按 1.0h 放电电流的 50%选取。

七、直流断路器

（1）直流断路器应具有瞬时电流速断保护和反时限过电流保护，当不满足选择性保护配合时，可增加短延时电流速断保护。

（2）直流断路器的选择原则如下：

1）额定电压应大于或等于回路的最高工作电压。

2）额定电流应大于回路的最大工作电流，各回路额定电流应按下列条件选择：

a）蓄电池出口回路应按事故停电时间的蓄电池放电率电流选择，应按事故放电初期（1min）冲击负荷放电电流校验保护动作的安全性，且应与直流馈线回路保护电器相配合；

b）高压断路器电磁操动机构的合闸回路可按 0.3 倍的额定合闸电流选择，但直流断路器过载脱扣时间应大于断路器固有合闸时间；

c）直流电动机回路可按电动机的额定电流选择；

d）直流断路器宜带有辅助触点和报警触点。

3）断流能力应满足安装地点直流电源系统最大预期短路电流的要求。

4）直流电源系统应急联络断路器的额定电流不应大于蓄电池出口熔断器额定电流的 50%。

5）当采用短路短延时保护时，直流断路器额定短时耐受电流应大于装设地点最大短路电流。

6）各级断路器的保护动作电流和动作时间应满足上、下级选择性配合要求，且应有足够的灵敏系数。

八、熔断器

（1）直流回路采用熔断器作为保护电器时，应装

设隔离电器。隔离电器可采用隔离开关，也可采用熔断器式隔离开关。

（2）蓄电池出口回路熔断器应带有报警触点，其他回路熔断器也可带有报警触点。

（3）熔断器的选择原则如下：

1）额定电压应大于或等于回路的最高工作电压。

2）额定电流应大于回路的最大工作电流，最大工作电流的选择应符合下列要求：

a）蓄电池出口回路熔断器应按事故停电时间的蓄电池放电率电流和直流母线上最大馈线直流断路器额定电流的 2 倍选择，两者取较大值；蓄电池出口回路熔断器应采用具有 G 特性的低压熔断器，即采用全范围分断能力的熔断体。

b）高压断路器电磁操动机构的合闸回路可按 0.2～0.3 倍的额定合闸电流选择，但熔断器的熔断时间应大于断路器固有合闸时间。

3）断流能力应满足安装地点直流电源系统最大预期短路电流的要求。

九、隔离开关

（1）隔离开关的选择原则如下：

1）额定电压应大于或等于回路的最高工作电压。

2）额定电流应大于回路的最大工作电流，最大工作电流的选择应符合下列要求：

a）蓄电池出口回路应按事故停电时间的蓄电池放电率电流选择。

b）高压断路器电磁操动机构的合闸回路可按 0.2～0.3 倍的额定合闸电流选择。

c）直流母线分段断路器可按全部负荷的 60%选择。考虑到允许直流母线采取并联切换方式，选择的隔离开关应具有切断负荷电流的能力。

（2）断流能力应满足安装地点直流电源系统短时耐受电流的要求。

（3）隔离开关宜配置辅助触点。

十、降压装置

1. 降压装置的构成

降压装置由硅元件、控制器、继电器、切换开关等构成，应有防止硅元件开路的措施。

硅元件接入直流系统的位置取决于直流负荷的种类及性质，一般分为两种，一种是控制负荷降压；另一种是总负荷降压。降压装置示意图如图 9-18 所示。

2. 降压装置的选择

硅元件的额定电流应满足所在回路最大持续负荷电流的要求，并应有承受冲击电流的短时过负荷和承受反向电压的能力。

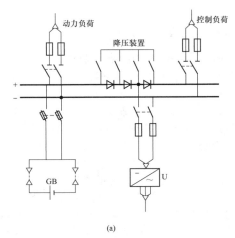

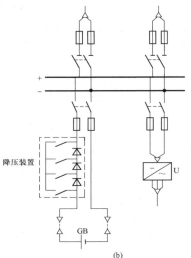

图 9-18　降压装置示意图

（a）控制负荷降压；（b）总负荷降压

硅元件的额定电流可按式（9-3）计算

$$I_{Ng} \geqslant K_{rel} I_{Lm} \qquad (9-3)$$

式中　I_{Ng} ——硅元件的额定电流，A；

　　　K_{rel} ——可靠系数，取 1.5～2.0；

　　　I_{Lm} ——通过降压装置的最大持续负荷电流，A。

当有冲击电流通过硅元件时，还应校验该电流是否超过硅元件的短时过负荷能力，如果超过了，则应加大硅元件的额定电流，以保证安全运行。

硅元件所在的工作回路电压不是很高，但考虑到直流电源系统中可能出现暂态过电压，将会击穿硅元件，所以，硅元件的额定反向电压应为直流电源系统标称电压的 2 倍及以上，以保证有足够的裕度。

3. 降压装置接线图

虽然铅酸蓄电池个数的选择已基本满足直流电源

系统电压波动范围的要求，但降压装置增加了回路的复杂性，降低了直流电源系统的可靠性，因此在发电厂铅酸蓄电池直流系统不推荐采用降压装置。

对于镉镍碱性蓄电池，在浮充电、事故放电末期和均衡充电等运行工况下，若无法同时满足直流母线电压在允许范围之内时，则需考虑采取降压措施，对直流母线电压进行调整。其降压装置推荐接入蓄电池组与直流母线之间，取消控制母线，从而简化接线和提高可靠性。镉镍碱性蓄电池直流系统接线图如图9-19所示。

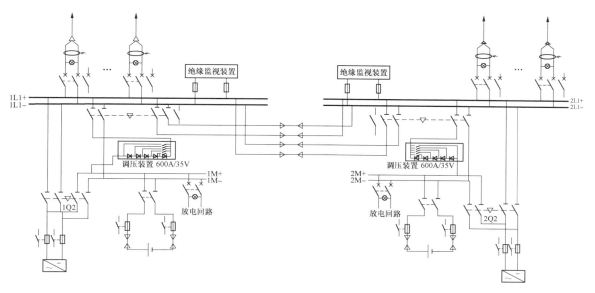

图 9-19 镉镍碱性蓄电池直流系统接线图

十一、直流柜

（1）直流柜宜采用加强型结构，防护等级不宜低于 IP20。布置在交流配电间内的直流分电柜防护等级应与交流开关柜一致。

（2）直流柜分为直流电源进线柜、直流馈线柜、充电装置柜、蓄电池柜及直流分电柜。

（3）直流柜外形尺寸的宽×深×高宜为 800mm×600mm×2200mm。

（4）直流柜正面操作设备的布置高度不应超过 1800mm，距地高度不应低于 400mm。隔离开关、熔断器或直流自动空气开关的布置应利于通风、操作和维护，并考虑建设规模，留足备用。

（5）直流柜正面可按模数分隔成多个功能单元格，各自独立，通过插件或插头实现相互间的联系。每一单元格集中布置 1 个单元的设备，操作设备布置在中央，测量表计可布置在侧上方。

（6）直流柜内采用微型断路器的直流馈线应经端子排出线。

（7）直流柜内的母线宜采用阻燃绝缘铜母线，应按事故停电时间的蓄电池放电率电流选择截面，并应进行额定短时耐受电流校验和短时最大负荷电流校验，其温度不应超过绝缘体的允许事故过负荷温度。

蓄电池回路设备及直流柜主母线的选择应满足表9-28的要求。

（8）直流柜内的母线及其相应回路应能满足直流母线出口短路时额定短时耐受电流的要求。当厂家未提供阀控式密封铅酸蓄电池的短路电流时，直流柜内元件应可参考设计：

1）阀控式密封铅酸蓄电池容量为 800Ah 以下的直流电源系统，可按 10kA 短路电流考虑；

2）阀控式密封铅酸蓄电池容量为 800～1400Ah 的直流电源系统，可按 20kA 短路电流考虑；

3）阀控式密封铅酸蓄电池容量为 1500～1800Ah 的直流电源系统，可按 25kA 短路电流考虑；

4）阀控式密封铅酸蓄电池容量为 2000Ah 的直流电源系统，可按 30kA 短路电流考虑；

5）阀控式密封铅酸蓄电池容量为 2000Ah 以上时，应进行短路电流计算。

（9）直流柜体应设有保护接地，接地处应有防锈措施和明显标志。直流柜底部应设置接地铜排，截面积不应小于 100mm²。

（10）蓄电池柜内的隔架距地最低不宜小于150mm，距地最高不宜超过 1700mm。

（11）直流柜布置方案。

1）单母线分段接线，一组蓄电池，一套充电装置直流柜布置，如图 9-20 所示。

2）单母线分段接线，两组蓄电池，两套充电装置直流柜布置，如图 9-21 所示。

十二、直流电源成套装置

（1）直流电源成套装置包括蓄电池组、充电装置和直流馈线，根据设备体积大小，它们可以合并组柜或分别设柜。

（2）直流电源成套装置宜采用阀控式密封铅酸蓄电池、高倍率镉镍碱性蓄电池或中倍率镉镍碱性蓄电池。蓄电池组容量不宜太大，可按下列原则：

1）阀控式密封铅酸蓄电池，容量为 300Ah 及以下；

2）高倍率镉镍碱性蓄电池，容量为 40Ah 及以下；

3）中倍率隔镍碱性蓄电池，容量为 100Ah 及以下。

十三、DC/DC 变换装置

（1）DC/DC 变换装置原理。发电厂中除供控制负荷和动力负荷的 220V 和 110V 直流系统外，还有 48V 或更低电压等级的直流负荷和小功率交流负荷。

1）远动通信用 48V 直流电源系统。较多电厂的远动、通信直流系统由通信专业负责管理，有独立的蓄电池 48V 直流系统。近年来为简化管理体制，通信电源由统一部门管理，由电厂的 220（110）V 直流系统经 DC/DC 变换器供电，且通信直流负荷较小，为 5～10kW，不会影响 220（110）V 直流系统的蓄电池容量。如果通信负荷较大，则要增加蓄电池容量或单独设置通信用蓄电池，在设计时要综合考虑。

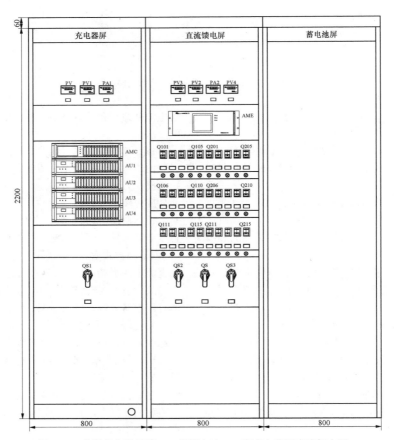

图 9-20　单母线分段接线，一组蓄电池，一套充电装置直流柜布置

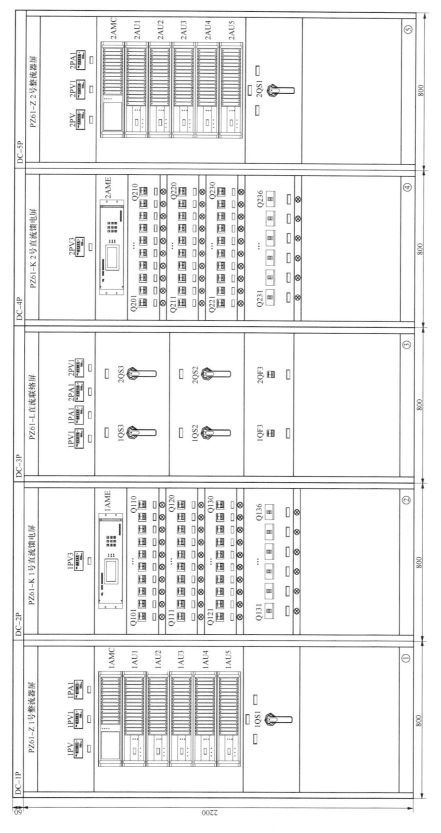

图 9-21 单母线分段接线、两组蓄电池、两套充电装置直流柜布置

2）成套监控系统或微机保护和自动装置用电源，也属于电厂的控制负荷范畴，但其电压较低，如24、48V，因微机型监控、保护和自动装置容量较小，一般由制造厂配套的 DC/DC 电源变换装置供电，也有一些单位要求直流柜制造厂提供。

小功率的 DC/DC 或 DC/AC 电源变换装置，除用于电力系统外，还被其他工业系统及电子、自动仪表和家用电器行业广泛采用，已有成套系列产品。DC/DC、DC/AC 装置多为模块结构。图 9-22 和图 9-23 为典型的 DC/DC 和 DC/AC 变换装置模块原理框图，可供参考。

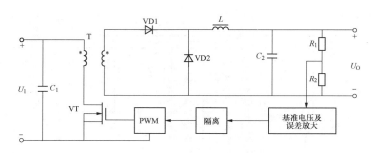

图 9-22　DC/DC 变换装置模块原理框图

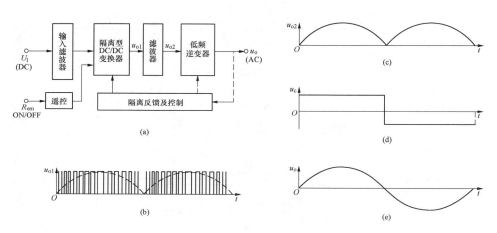

图 9-23　DC/AC 变换装置模块原理图

（a）原理框图；（b）变换器输出的 SPWM 波形；（c）滤波器滤波后波形；
（d）低频逆变器驱动波形；（e）低频逆变器输出电压 U_0 波形

ZBG31 系列 DC/DC 变换器采用全桥移相软开关技术。其工作原理是：四个主功率开关管的驱动脉冲为占空比不变（$D=50\%$）的固定频率脉冲。其中一个桥臂功率开关管的驱动脉冲的相位固定不变，另一个桥臂功率开关管的驱动脉冲的相位是可调的。通过调节该桥臂功率开关管的驱动脉冲的相位，即调节对角桥臂功率开关管在该周期内同时导通时间，来调节直流输出电压。当对角桥臂功率开关管在该周期内同时导通时，全桥逆变部分对后一级输出功率；在该周期内的其余时间内，因为上桥臂（或下桥臂）功率开关管处于同时导通状态，同时谐振电感需要释放储能，并与谐振电容产生谐振，所以在全桥逆变电路内部存在环流。该环流创造了功率开关管的零电压开通条件，从而实现了功率开关管的零电压开通，不仅极大地减少了功率开关管的电压、电流应力和损耗，还极大地减少了功率开关管在开关状态下产生的 EMI 噪声，进而提高了整机的可靠性、使用寿命和效率。ZBG31 系列 DC/DC 变换器原理框图如图 9-24 所示，直流输入后，先经 EMI 滤波，经全桥相逆变，整流为 140kHz 左右的脉冲电压波，经滤波后输出 48V 的直流电。

ZBG31 系列 DC/DC 变换器技术参数见表 9-10。

表 9-10 ZBG31 系列 DC/DC 变换器技术参数

型 号	ZBG31-5048/220	ZBG31-3048/220	ZBG31-3048/110
输入电压（V，DC）	187～275		99～143
输入过压保护值（V，DC）	285±5		150±4
输入欠压保护值（V，DC）	175±5		88±4
满载效率（%）	≥92	≥85	
最大输入功率（W）	3000	2000	
限流值设定范围（A）	5～52	3～32	
最大输出电流（A）	52	32	
输出过压保护值（V，DC）	59～60		
输出电压（V，DC）	40～57.6 可调		
音响噪声（dB）	<60		
纹波峰峰值（mV）	≤200		
稳压精度（%）	≤0.5		
出厂输出电压设定（V）	48.0		

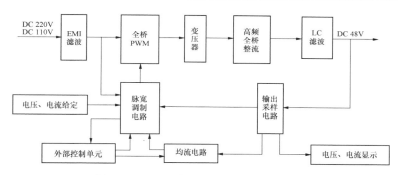

图 9-24 ZBG31 系列 DC/DC 变换器原理框图

（2）DC/DC 变换装置原理的技术特性。

1）应为长期连续工作制，并具有稳压性能，稳压精度应为额定电压值的±0.6%；

2）直流母线反灌纹波电压有效值系数不应超过0.5%；

3）具有输入异常和输出限流保护功能，故障排除后可自动恢复工作；

4）具有输出过电压保护功能，故障排除后可人工恢复工作；

5）当用于通信电源时，杂音电压和其他技术参数还应符合现行行业标准的有关规定。

（3）DC/DC 变换装置在选择时应满足馈线短路时直流断路器可靠动作，并具有选择性。DC/DC 电源系统配置原则如下：

1）总输出电流不宜小于馈线回路中最大直流断路器额定电流的 4 倍，保证馈线开关的过电流保护能够动作。

2）加装储能电容，增强 DC/DC 电源输出冲击电流的能力，保证馈线开关的速断保护能够可靠动作。在加装储能电容后，短路发生时会提供额外的附加冲击电流，但是因为电容放电电流与回路中的电气参数有关，故当附加冲击电流达到一定限值后，即使进一步增大储能电容的容量，也只能起到延长电容放电时间的作用。

3）馈线断路器宜选用 B 型脱扣曲线的直流断路器。

（4）每套 DC/DC 变换装置的直流电源宜采用单电源供电。

第三节 直流电源系统保护与监控

一、直流系统保护

（1）蓄电池出口回路、充电装置直流侧出口回路、直流馈线回路和蓄电池试验放电回路等应装设保护电器。

（2）保护电器的选择要求如下：

1）熔断器存在更换熔丝，以及熔丝是否正常不易检测等问题，但熔断器又具有简单、经济，与下一级保护比较好配合的特点，且有明显断口，方便检修和维护，目前发电厂蓄电池出口回路采用熔断器作为保护电器。在能确保直流断路器的性能满足上、下级级差保护配合和短路容量的条件下，也可采用具有保护选择性的直流断路器作为蓄电池出口回路的保护电器。

2）充电装置直流侧出口回路、直流馈线回路和蓄电池试验放电回路宜采用直流断路器，当直流断路器有极性要求时，对充电装置回路应采用反极性接线，这是由于充电装置通常都具有短路限流保护功能，因此当充电装置出口发生短路时，短路电流主要是由蓄电池提供，从直流柜母线反向流向充电装置。因此，充电装置回路推荐采用无极性要求的直流断路器，当有极性要求时，直流断路器应采用反极性接线，即按直流馈线方式接线。

3）直流断路器的下级不应使用熔断器。由于直流断路器动作比熔断器熔断要快，当熔断器装设在直流断路器的下一级时，级差要求大，即使如此，也很难做到有选择性的动作，所以，不允许直流断路器装设在熔断器之前。

（3）直流电源系统保护电器的选择性配合原则如下：

1）熔断器装设在直流断路器上一级时，熔断器额定电流应为直流断路器额定电流的 2 倍及以上。

2）各级直流馈线断路器宜选用具有瞬时保护和反时限过电流保护的直流断路器。当不能满足上、下级保护配合要求时，可选用带短路短延时保护特性的直流断路器。

3）充电装置直流侧出口宜按直流馈线选用直流断路器，以便实现与蓄电池出口保护电器的选择性配合。

4）两台机组之间 220V 直流电源系统应急联络断路器应与相应的蓄电池组出口保护电器实现选择性配合。

5）采用分层辐射形供电时，直流柜至直流分电柜的馈线断路器宜选用具有短路短延时特性的直流塑壳断路器。直流分电柜直流馈线断路器宜选用直流微型断路器。

（4）各级保护电器的配置应根据直流电源系统短路电流计算结果，保证具有可靠性、选择性、灵敏性和速动性。

二、直流系统测量

（1）直流电源系统宜装设下列常测表计：

1）直流电压表宜装设在直流柜母线、直流分电柜

母线、蓄电池回路和充电装置输出回路上；

2）直流电流表宜装设在蓄电池回路和充电装置输出回路上。

（2）直流电源系统测量表计宜采用 $4\frac{1}{2}$ 位精度数字式表计，准确度不应低于 1.0 级。

三、直流系统信号

（1）直流电源系统重要故障信号宜采用干触点输出，采用硬接线接入监控系统。

（2）直流电源系统信息见表 9-11。

表 9-11　　　直流电源系统信息表

序号	名　称	直流柜或就地		发电厂监控系统	
		开关量	模拟量	开关量	模拟量
1	蓄电池及其回路（按每组蓄电池统计）				
1.1	蓄电池组出口电压	—	√	—	√（*）
1.2	蓄电池组电流	—	√	—	√（*）
1.3	蓄电池浮充电电流	—	√	—	√
1.4	蓄电池试验放电电流	—	√	—	△
1.5	单体蓄电池电压（1～N）	—	△	—	△
1.6	单体蓄电池内阻（1～N）	—	△	—	△
1.7	蓄电池组或蓄电池室温度	—	√	—	△
1.8	蓄电池组过充电	△	—	△	—
1.9	单只蓄电池电压异常	√	—	√	—
1.10	蓄电池组出口断路器状态	√	—	√	—
1.11	蓄电池组出口断路器故障跳闸	√	—	√（*）	—
1.12	蓄电池组出口熔断器熔断	√	—	√（*）	—
1.13	蓄电池组出口熔断器异常	△	—	△	—
1.14	蓄电池组巡检装置故障	√	—	√	—
1.15	蓄电池组巡检装置通信异常	√	—	√	—
2	充电装置（按每套充电装置统计）				
2.1	充电装置输出直流电压	—	√	—	√（*）
2.2	充电装置输出直流电流	—	√	—	√（*）
2.3	充电装置浮充电电压设定值	—	△	—	△
2.4	充电装置均充电电压设定值	—	△	—	△
2.5	充电装置交流电源电压	—	△	—	△
2.6	充电装置交流电源电流	—	△	—	△

续表

序号	名　称	直流柜或就地 开关量	模拟量	发电厂监控系统 开关量	模拟量
2.7	充电装置运行状态（浮充、均充）	√	—	√	—
2.8	充电装置防雷器故障	△	—	△	—
2.9	充电装置故障总信号	√	—	√（*）	—
2.10	充电装置整流模块过热	△	—	△	—
2.11	充电装置交流输入电源异常	√	—	√	—
2.12	充电装置交流侧断路器状态	√	—	△	—
2.13	充电装置交流电源自动切换	√	—	√	—
2.14	充电装置直流侧断路器状态	√	—	√	—
2.15	充电装置直流侧断路器故障跳闸	√	—	√	—
3	直流母线绝缘监测装置（按每套装置统计）				
3.1	直流母线电压	—	√	—	√（*）
3.2	直流母线正对地电压	—	√	—	△
3.3	直流母线负对地电压	—	√	—	△
3.4	直流母线正对地电阻	—	√	—	△
3.5	直流母线负对地电阻	—	√	—	△
3.6	直流电源系统接地支路编号	—	√	—	√
3.7	直流母线电压异常（过压或欠压）	√	—	√（*）	—
3.8	直流电源系统接地	√	—	√（*）	—
3.9	直流母线绝缘异常（绝缘电阻降低或接地）	√	—	√	—
3.10	绝缘监测装置故障	√	—	√	—
3.11	绝缘监测装置通信异常	√	—	√	—
3.12	交流窜电故障报警	√	—	√	—
3.13	直流电源合环故障报警	√	—	√	—
3.14	硅堆调压装置异常（保护或故障）	√	—	√	—
4	直流电源系统微机监控装置和直流馈线				
4.1	直流电动机主回路电流	—	√	—	√
4.2	直流馈线断路器状态	√	—	√	—
4.3	直流馈线断路器故障跳闸	√	—	√	—
4.4	直流母线联络断路器合闸报警	√	—	√（*）	—

续表

序号	名　称	直流柜或就地 开关量	模拟量	发电厂监控系统 开关量	模拟量
4.5	母线联络断路器和分段断路器状态	√	—	√	—
4.6	直流馈线断路器故障跳闸且告警	√	—	√（*）	—
4.7	微机监控装置故障	√	—	√	—
4.8	微机监控装置通信异常	√	—	√	—
5	DC/DC 变换装置				
5.1	DC/DC 变换装置输入电压	—	√	—	√
5.2	DC/DC 变换装置输出电压	—	√	—	√
5.3	DC/DC 变换装置输出电流	—	√	—	√
5.4	DC/DC 变换装置故障	√	—	√	—
5.5	DC/DC 变换装置模块过热	△	—	△	—
5.6	DC/DC 变换装置限流保护动作	√	—	√	—
5.7	DC/DC 变换装置电源侧断路器状态	√	—	√	—
5.8	DC/DC 变换装置电源侧断路器故障跳闸	√	—	√	—
5.9	DC/DC 变换装置负荷侧断路器状态	√	—	√	—
5.10	DC/DC 变换装置负荷侧断路器故障跳闸	√	—	√	—

注　1．"√"表示该项应列入；"△"表示该项在有条件时或需要时可列入。
　　2．"*"表示采用硬接线传送的信息。

四、直流系统监控

（1）直流电源系统应按每组蓄电池装设一套绝缘监测装置，装置测量准确度不应低于 1.5 级。绝缘监测装置测量精度不应受母线运行方式的影响。绝缘监测装置应具备下列功能：

1）实时监测和显示直流电源系统母线电压、母线对地电压和母线对地绝缘电阻；当直流电源系统绝缘电阻低于规定值时，即 110V 直流电源系统绝缘电阻低于50kΩ 或 220V 直流电源系统绝缘电阻低于100kΩ时，应及时发出报警信号。

2）具有监测各种类型接地故障的功能，实现对各支路的绝缘检测功能；

3）具有自检和故障报警功能；

4）具有对两组直流电源合环故障报警的功能；

5）具有交流窜电故障及时报警并选出互窜或窜

入支路的功能；

6）具有对外通信功能。

（2）直流电源系统宜按每组蓄电池组设置一套微机监控装置。微机监控装置应具备下列功能：

1）具有对直流电源系统各段母线电压、充电装置输出电压和电流及蓄电池组电压和电流等的监测功能；

2）具有对直流电源系统各种异常和故障报警、蓄电池组出口熔断器检测、自诊断报警以及主要断路器/开关位置状态等的监视功能；

3）具有对充电装置开机、停机和充电装置运行方式切换等的监控功能；

4）具有对设备的遥信、遥测、遥调及遥控功能；

5）具备对时功能；

6）具有对外通信功能，直流系统的其他自动装置，包括充电装置、绝缘监测装置等均应将信号先传送至直流电源系统微机监控装置，所有直流电源系统信息统一通过微机监控装置通信接口机组监控系统传送。

（3）每组蓄电池宜设置蓄电池自动巡检装置。蓄电池自动巡检装置宜监测全部单体蓄电池电压，以及蓄电池组温度，并通过通信接口将监测信息上传至直流电源系统微机监控装置。

第四节 直流电源设备计算

一、直流负荷的分类及统计

（一）直流负荷的分类

（1）直流负荷按功能可分为控制负荷和动力负荷。

1）控制负荷包括下列负荷：

a）电气控制、信号、测量负荷；

b）热工控制、信号、测量负荷；

c）继电保护、自动装置和监控系统负荷。

2）动力负荷包括下列负荷：

a）各类直流电动机；

b）高压断路器电磁操动合闸机构；

c）交流不间断电源装置；

d）DC/DC变换装置；

e）直流应急照明负荷；

f）热工动力负荷。

（2）直流负荷按性质可分为经常负荷、事故负荷和冲击负荷。

1）经常负荷是要求在正常和事故工况下均应可靠供电的负荷。经常负荷包括下列负荷：

a）长明灯；

b）连续运行的直流电动机；

c）逆变器；

d）电气控制、保护装置等；

e）DC/DC变换装置；

f）热工控制负荷。

2）事故负荷是要求在交流电源系统事故停电时需可靠供电的负荷。事故负荷包括下列负荷：

a）事故中需要运行的直流电动机；

b）直流应急照明；

c）交流不间断电源装置；

d）热工动力负荷。

3）冲击负荷是在短时间内承担的较大负荷电流。冲击负荷出现在事故初期（1min）称初期冲击负荷，出现在事故末期或事故过程中称随机负荷。冲击负荷包括下列负荷：

a）高压断路器跳闸；

b）热工冲击负荷；

c）直流电动机启动电流。

（3）直流负荷的性质见表9-12。

表9-12　　　　　　　　直流负荷的性质

序号	负荷名称	负荷性质	正常状态			事故状态		
			是否允许间断供电	用电时间	正常允许电压变动范围（%）	是否允许间断供电	用电时间	正常允许电压变动范围（%）
1	控制、信号装置	经常负荷	允许有计划停电	长时间	70～105	允许有计划停电	长时间	70
2	控制室长明灯		允许有计划停电	长时间	95～105	不允许	部分长时间	85
3	继电保护装置和安全自动装置	部分经常负荷	不允许	部分长时间	70～110	不允许	短时间	70
4	断路器跳闸回路		不允许	短时间	65～120	不允许	短时间	65
5	隔离开关操作及闭锁回路		允许有计划停电	短时间	85～110	允许	短时间	80
6	汽轮机调速电动机		允许有计划停电	短时间	95～105	允许	短时间	80

续表

序号	负荷名称	负荷性质	正常状态			事故状态		
			是否允许间断供电	用电时间	正常允许电压变动范围（%）	是否允许间断供电	用电时间	正常允许电压变动范围（%）
7	交流不间断电源装置	事故负荷	允许有计划停电	短时间	85～110	不允许	长时间	85
8	事故照明		允许有计划停电	短时间	85～105	不允许	长时间	85
9	汽轮机直流润滑油泵和发电机氢冷直流密封油泵		允许有计划停电	短时间	85～110	不允许	长时间	85
10	断路器合闸机构	冲击负荷	允许有计划停电	短时间	85～110	不允许	短时间	80～85

（二）直流负荷的统计

1. 直流负荷统计

（1）装设两组控制专用蓄电池组时，控制负荷属于经常负荷，为保证安全，允许切换到另一组蓄电池运行，每组应按全部负荷统计；

（2）装设两组动力和控制合并供电蓄电池组时，每组负荷应按全部控制负荷统计，动力负荷宜平均分配在两组蓄电池上，其中直流应急照明负荷，每组应按全部负荷的60%统计，对有保安电源的发电厂可按100%统计；

（3）事故后恢复供电的高压断路器合闸冲击负荷按随机负荷考虑，对于断路器合闸冲击负荷，为保证其安全和可靠运行，按随机负荷叠加在最严重的放电阶段，每组蓄电池均应考虑；

（4）两个直流系统间设有联络线时，仅临时和紧急备用，每组蓄电池仍按各自所连接的负荷考虑，不因互联而增加负荷容量的统计。

2. 事故停电时间

（1）与电力系统连接的发电厂，厂用交流电源事故停电时间应按1h计算；

（2）不与电力系统连接的孤立发电厂，厂用交流电源事故停电时间应按2h计算。

3. 事故初期（1min）的冲击负荷统计

（1）备用电源断路器应按备用电源实际自投断路器台数统计；

（2）低电压、母线保护、低频减载等跳闸回路按实际数量统计；

（3）电气及热工的控制、信号和保护回路等按实际负荷统计；

（4）事故停电时间内，恢复供电的高压断路器合闸电流（随机负荷），应按断路器合闸电流最大的1台统计，并应与事故初期冲击负荷之外的最大负荷或出现最低电压时的负荷相叠加。

4. 直流负荷统计计算时间

直流负荷统计计算时间见表9-13。

表9-13中，直流润滑油泵供电的计算时间，是根据汽轮发电机组惰走时间而决定的。据调查，不同容量汽轮发电机组惰走时间为：12～25MW机组，17～24min；50～125MW机组，18～28min；200～300MW机组，22～29min；600MW级以上机组，80～85min。

表9-13 直流负荷统计计算时间表

序号	负荷名称		经常	事故放电计算时间						随机
				初期	持续（h）					
				1min	0.5	1.0	1.5	2.0	3.0	5s
1	控制、保护、监控系统	与电力系统连接的发电厂	√	√		√				
		不与电力系统连接的孤立发电厂	√	√				√		
2	高压断路器跳闸			√						
3	高压断路器自投（电磁机构）			√						
4	恢复供电高压断路器合闸									√
5	氢（空）密封油泵	200MW及以下机组		√		√				
		300MW及以上机组		√					√	

序号	负荷名称		经常	事故放电计算时间						随机
				初期	持续（h）					
				1min	0.5	1.0	1.5	2.0	3.0	5s
6	直流润滑油泵	25MW 及以下机组		√	√					
		50～300MW 机组		√		√				
		600MW 及以上机组		√			√			
7	交流不间断电源（UPS）	与电力系统连接的发电厂		√		√				
		不与电力系统连接的孤立发电厂		√				√		
8	直流长明灯	与电力系统连接的发电厂	√	√		√				
		不与电力系统连接的孤立发电厂	√	√				√		
9	直流应急照明	与电力系统连接的发电厂		√		√				
		不与电力系统连接的孤立发电厂		√				√		
10	DC/DC 变换装置	采用一体化电源向通信负荷供电	√	√						

注　1.“√”表示具有该项负荷时，应予以统计的项目。

　　2.通信用 DC/DC 变换装置的事故放电时间应满足通信专业的要求，一般为 2～4h。

所以，25MW 及以下机组按 0.5h 计算可满足要求，大容量机组虽然装设有柴油机组，但为保证安全和可靠，事故停机时间按 1.0h 和 1.5h 统计。氢密封油泵的计算时间，是根据汽轮发电机组事故停机后检查或检修需要排氢时所需要的时间而决定的。据调查，200MW 及以下机组按 1.0h 统计，大容量机组按 3.0h 统计可以满足要求。

交流不间断电源装置的事故放电计算时间与厂用交流电源事故停电时间保持一致。

5. 直流负荷统计负荷系数

直流负荷统计负荷系数见表 9-14。

表 9-14　　直流负荷统计负荷系数表

序号	负荷名称	负荷系数
1	控制、保护继电器	0.6
2	监控系统、智能装置、智能组件	0.8
3	高压断路器跳闸	0.6
4	高压断路器自投	1.0
5	恢复供电高压断路器合闸	1.0
6	氢（空）密封油泵	0.8
7	直流润滑油泵	0.9
8	发电厂交流不间断电源	0.5
9	DC/DC 变换装置	0.8
10	直流长明灯	1.0
11	直流应急照明	1.0
12	热控直流负荷	0.6

表 9-14 中，因监控系统、智能装置、智能组件的经常负荷是同时持续存在的，考虑到厂家提供的设备功率消耗都有一定的裕量，故负荷系数取 0.8。

高压断路器跳闸是指事故初期高、低压厂用备用电源自投失败后，紧接着发生低电压保护动作，使大量断路器跳闸。这些负荷的动作时间可能有先后，精确统计困难较大，为了计算方便和偏于安全考虑，故将这些负荷之和乘以 0.6 进行统计。

高压断路器自投是指厂（站）备用电源自动投入。此时，实际动作的断路器，其台数与实际高压厂用电接线有关，一般为 2 台，最多为 3 台。目前发电厂高压厂用断路器已很少采用电磁操动机构，额定合闸电流不大，对蓄电池容量选择影响有限，负荷系数可取 1.0。

恢复供电高压断路器合闸是指事故处理完毕，为恢复供电进行的操作，一般只考虑 1 台断路器，故负荷系数取 1.0。

直流润滑油泵和氢（空）密封油泵，选择电动机时，一般电动机的电磁功率比油泵所需的轴功率大 15%～30%，所以负荷系数可小于 1.0。汽轮机直流润滑油泵、氢冷发电机密封油泵及汽动给水泵直流润滑油泵等负荷，应按机组实际台数统计，并按实际负荷率计算。一般按制造厂提供的上述负荷的额定功率乘以负荷系数 K 计算，对于汽轮机和汽动给水泵的直流润滑油泵的 K 值，有端电池系统可取 0.8，无端电池系统可取 0.9；氢冷密封油泵的 K 值，有端电池系统可取 0.7，无端电池系统可取 0.8。

考虑到发电厂交流不间断电源事故停电时间为

1h，且发电厂交流不间断电源负荷工作时间有一定的分散性，为避免对蓄电池容量选择造成太大影响，发电厂交流不间断电源负荷系数取 0.5。

6. 直流负荷统计注意事项

直流负荷统计注意事项如下：

（1）项目完整，不能遗漏；

（2）负荷容量力求准确、合理；

（3）正确分析事故放电过程，合理选择直流设备工作时间。

7. 发电厂的负荷容量

发电厂的负荷容量应按实际负荷的技术数据计算。无准确数据可查时，可按表 9-15～表 9-21 计算。

表 9-15　　　　　　　　　　　　　　　　火力发电厂经常负荷统计表

电厂机组台数（台）及容量（MW）	4×6	4×12	4×25	4×50	2×100	2×100
控制方式	主控制室	主控制室	主控制室	主控制室	单元集控室	单元集控室
机炉台数	4 机 4 炉	4 机 4 炉	4 机 4 炉	4 机 4 炉	2 机 2 炉	2 机 4 炉
经常负荷容量（kW）／每台机组容量（kW）	3.0／0.75	4.0／1.0	5.2／1.3	6.6／1.65	3.3／1.65	4.2／2.1
经常负荷电流（A）／每台机组电流（A）	14(28)／3.4(0.8)	18(36)／4.5(9)	24(48)／6(12)	30(60)／7.5(15)	15(30)／7.5(15)	19(38)／9.5(19)
电厂机组台数（台）及容量（MW）	2×135	2×200	2×300	2×600	2×1000	
控制方式	单元集控室二机一室	单元集控室二机一室	单元集控室二机一室	单元集控室二机一室	单元集控室二机一室	
机炉台数	1 机 1 炉	2 机 2 炉	2 机 2 炉	2 机 2 炉	2 机 2 炉	
经常负荷容量（kW）／每台机组容量（kW）	2.2／2.2	4.4／2.2	15／15	23.76／23.76	23.76／23.76	
经常负荷电流（A）／每台机组电流（A）	10(20)／10(20)	20(40)／10(20)	68(136)／68(136)	108(216)／108(216)	108(216)／108(216)	

注　1. 电流值括号外为直流系统电压为 220V 时，括号内为直流系统电压为 110V 时。

　　2. 本表仅供参考，工程中应以实际工况进行计算。

表 9-16　　　　　　　　　　　　　　　　电 气 回 路 功 耗

序号	负 荷 名 称	标称容量（W）	负荷系数		计算容量（W）		负荷电流（A）			
							220V		110V	
			正常	事故	正常	事故	正常	事故	正常	事故
1	100MW 以下发电机组	200	0.6	0.8	120	160	0.550	0.730	1.090	1.450
2	100～300MW 发电机组	400	0.6	0.8	240	320	1.090	1.450	2.180	2.910
3	300～600MW 发电机组	500	0.6	0.8	300	400	1.360	1.820	2.720	3.640
4	500kV 以上线路保护	400	0.6	0.8	240	320	1.090	1.450	2.180	2.910
5	330～500kV 线路保护	300	0.6	0.8	180	240	0.820	1.090	1.640	2.180
6	220kV 线路保护	200	0.6	0.8	120	160	0.550	0.730	1.090	1.450
7	110kV 线路保护	100	0.6	0.8	60	80	0.270	0.360	0.550	0.730
8	35～66kV 线路保护	50	0.6	0.8	30	40	0.136	0.180	0.270	0.360
9	3～20kV 线路保护	30	0.6	0.8	18	24	0.082	0.109	0.164	0.218
10	0.4kV 线路保护	20	0.6	0.8	12	16	0.055	0.073	0.109	0.145
11	跳合闸电源	600	0.6	0.8	360	480	1.640	2.180	3.270	4.360
12	断路器储能电动机	1000	0.6	0.8	600	800	2.730	3.640	5.450	7.270
13	500kV 以上监控装置	1000	0.6	0.8	600	800	2.730	3.640	5.450	7.270

续表

序号	负 荷 名 称	标称容量（W）	负荷系数		计算容量（W）		负荷电流（A）			
			正常	事故	正常	事故	220V		110V	
							正常	事故	正常	事故
14	220～500kV 监控装置	500	0.6	0.8	300	400	1.360	1.820	2.730	3.640
15	66～110kV 监控装置	300	0.6	0.8	180	240	0.820	1.090	1.640	2.180
16	备自投装置	20	0.6	0.8	12	16	0.055	0.073	0.109	0.145
17	计量电源	20	0.6	0.8	12	16	0.055	0.073	0.109	0.145
18	330～500kV 断路器	80	0.6	0.8	48	64	0.218	0.291	0.436	0.582
19	110kV 及以上母线保护	150	0.6	0.8	90	120	0.410	0.550	0.820	1.090
20	110kV 及以上故障录波器	150	0.6	0.8	90	120	0.410	0.550	0.820	1.090

注 1. 正常是指交流系统正常运行时，直流设备所消耗的功率。

　　2. 事故是指交流系统故障情况下，直流设备所消耗的功率。

　　3. 计算容量由标称容量与负荷系数相乘而得。

　　4. 本表仅供参考，工程中应以实际工况进行计算。

表 9-17　　　　　　　　　　　各类机组热工经常负荷

序号	机组容量（MW）	负荷类别	标称容量（kW）	负荷系数	计算容量（kW）	负荷电流（A）	
						220V	110V
1	125	经常	4	0.3	1.2	5.45	10.91
		事故	4	0.6	2.4	10.90	21.82
2	200	经常	5	0.3	1.5	6.82	13.64
		事故	5	0.6	3.0	13.64	27.27
3	300	经常	6	0.3	1.8	8.18	16.36
		事故	6	0.6	3.6	16.36	32.72
4	600	经常	8	0.3	2.4	10.91	21.82
		事故	8	0.6	4.8	21.82	43.64
5	1000	经常	10	0.3	3	13.63	27.27
		事故	10	0.6	6	27.27	54.54

注　本表仅供参考，工程中应以实际工况进行计算。

表 9-18　　　　　　　　　　　各类机组热工（1min）负荷

序号	机组容量（MW）	负荷类别	标称容量（kW）	负荷系数	计算容量（kW）	负荷电流（A）	
						220V	110V
1	125	热工保护控制	3	0.6	1.8	8.18	16.36
		热工动力操作	4	0.6	2.4	10.91	21.82
2	200	热工保护控制	5	0.6	3.0	13.64	27.27
		热工动力操作	6	0.6	3.6	16.36	32.73
3	300	热工保护控制	8	0.6	4.8	21.82	43.64
		热工动力操作	9	0.6	5.4	24.55	49.09
4	600	热工保护控制	10	0.6	6.0	27.27	54.55
		热工动力操作	12	0.6	7.2	32.72	65.45
5	1000	热工保护控制	10	0.6	6.0	27.27	54.55
		热工动力操作	12	0.6	7.2	32.72	65.45

注　本表仅供参考，工程中应以实际工况进行计算。

表 9-19 事故照明用直流负荷

序号	类 别	装设地点或车间名称	计算负荷	备 注
1	长明灯（W）	电子设备间控制台前	60～100W	
2		电子设备间	100～200W	
3		网控继电器室	50～100W	
4	事故照明（kW）	100～200MW 机组发电厂单元控制室（1 机 1 控）	1.0～1.5kW	采用交流时可不计
5		100～200MW 机组发电厂单元控制室（2 机 1 控）	1.5～2.0kW	
6		300MW 机组发电厂单元控制室（1 机 1 控）	2.0～2.5kW	
7		300MW 机组发电厂单元控制室（2 机 1 控）	2.5～3.0kW	
8		600MW 机组发电厂单元控制室（1 机 1 控）	3.0～3.5kW	
9		600MW 机组发电厂单元控制室（2 机 1 控）	3.5～4.0kW	
10		网控继电器室	0.5～1.0kW	
11		6～10kV 户内配电装置（每段）	0.1～0.2kW	
12		35kV 户内配电装置（每段）	0.1～0.2kW	
13		110kV 户内配电装置（每段）	0.2～0.3kW	
14		220kV 户内配电装置（每段）	0.3～0.4kW	
15		柴油机室	2.0kW	

注 对 300MW 以上机组，事故照明一般由交流保安电源供电。由直流电源供电的事故照明只在单元控制室、柴油机室等装设。单元控制室的负荷按本表计算。柴油机室一般为 1～2kW。工程中采用 LED 光源时，容量可相应减少。

表 9-20 发电机辅机装置容量技术数据

负荷名称	机组容量（MW）	装置容量（kW）												备注
		东电			上电			哈电			北重			
		单流环	双流环		单流环	双流环		单流环	双流环		单流环	双流环		
			空侧	氢侧		空侧	氢侧		空侧	氢侧		空侧	氢侧	
发电机直流密封油泵	300	7.5	—	—	10	4	—	13	5.5	7.5	—	—	
	600	7.5	—	—	15	—	—	22	5.5	15	—	—	
	1000	10	—	—	15	—	—	7.5	—	—	—	—	

表 9-21 汽轮机辅机装置容量技术数据

负荷名称	机组容量（MW）	装置容量（kW）			备 注
		东电	上电	哈电	
汽轮机直流润滑油泵	300	22	30	30	
	600	37	30	55	
	1000	75	30（40）	90	

注 括号内的值用于二次再热机型。

二、蓄电池的选择计算

（一）蓄电池参数选择

1. 蓄电池个数选择

蓄电池个数应满足在浮充电运行时直流母线电压为 $1.05U_n$ 的要求，蓄电池个数为

$$n = 1.05 \frac{U_n}{U_f} \qquad (9-4)$$

式中 n ——蓄电池个数；

U_n ——直流电源系统标称电压，V；

U_f ——单体蓄电池浮充电电压，V。

2. 蓄电池均衡充电电压选择

蓄电池需连接负荷进行均衡充电时，蓄电池均衡充电电压应根据蓄电池个数及直流母线电压允许的最高值选择单体蓄电池均衡充电电压值。

对于控制负荷

$$U_c \leq 1.10 U_n/n \qquad (9\text{-}5)$$

对于动力负荷

$$U_c \leq 1.125 U_n/n \qquad (9\text{-}6)$$

对于控制负荷和动力负荷合并供电

$$U_c \leq 1.10 U_n/n \qquad (9\text{-}7)$$

式中　U_c——单体蓄电池均衡充电电压，V。

3. 蓄电池放电终止电压选择

根据蓄电池个数及直流母线电压允许的最低值选择单体蓄电池事故放电末期终止电压，即

$$U_m \geq 0.875 U_n/n \qquad (9\text{-}8)$$

式中　U_m——单体蓄电池放电末期终止电压，V。

4. 各类蓄电池参数选择

各类蓄电池参数选择可参考表 9-22～表 9-24。

表 9-22　　　固定型排气式和阀控式密封铅酸蓄电池组的单体 2V 电池参数选择数值表

系统标称电压（V）	浮充电电压（V）	2.15		2.23		2.25	
	均充电电压（V）	2.30		2.33		2.33	2.35
220	蓄电池个数	104	107*	103	104*	104	103*
	浮充时母线电压（V）	223.6	230	229.7	231.9	234	231.8
	均充时母线电压（%）	108.7	111.9	109.1	110.2	110.15	110
	放电终止电压（V）	1.85	1.80	1.87	1.85	1.85	1.87
	母线最低电压（%）	87.5	87.6	87.6	87.5	87.5	87.6
110	蓄电池个数	52	53*	52*	53	52*	52
	浮充时母线电压（V）	111.8	114	116	118.2	117	117
	均充时母线电压（%）	108.7	110.8	110.2	112.3	110.2	111.1
	放电终止电压（V）	1.85	1.85	1.85	1.85	1.85	1.85
	母线最低电压（%）	87.5	89.1	87.5	89.1	87.5	87.5

* 推荐值。

表 9-23　　　阀控式密封铅酸蓄电池组的 6V 和 12V 电池参数选择数值表

系统标称电压（V）	组合电池电压（V）	蓄电池个数	浮充电电压（V）	浮充时母线电压（%）	均充电电压（V）	均充时母线电压（%）	放电终止电压（V）	母线最低电压（%）
220	6	34	6.75	104.3	7.05	109	5.7	88.1
		34+1（2V）		105.3		110	5.61	87.6
	12	17	13.50	104.3	14.10	109	11.4	88.1
		17+1（2V）		105.3		110	11.22	87.6
110	6	16+1（2V）	6.75	106.4	6.99	108	5.55	87.5
		17		104.3	7.05	109	5.7	88.1
	10	10+1（4V）	11.25	104.3	11.75	109	9.25	87.5
	12	8+1（8V）	13.50	104.3	14.10	109	11.10	87.5

表 9-24　　　镉镍碱性蓄电池组的电池参数选择数值表

系统标称电压（V）	浮充电电压（V）	1.36	1.38	1.39	1.42	1.43	1.45
	均充电电压（V）	1.47	1.48		1.52	1.53	1.55
220	浮充电电池个数	170	167	166	162	161	159
	母线浮充电电压（V）	231.2	230.5	230.7	230	230	230.6
	均充电电池个数	164	163		159	158	156

续表

220	母线均充电电压（%）	109.1	109.7		109.9	109.9	109.9
	整组电池个数	180					
	放电终止电压（V）	1.07					
	母线最低电压（%）	87.6					
110	浮充电电池个数	85	83		81	80	79
	母线浮充电电压（V）	115.60	114.5	115.4	115	114.4	114.6
	均充电池个数	82	81		79		78
	母线均充电电压（%）	109.6	109		109.2	110	110
	整组电池个数	90					
	放电终止电压（V）	1.07					
	母线最低电压（%）	87.6					

（二）蓄电池容量选择

蓄电池容量计算方法有两种：一种是简化计算法，即容量换算法，按事故状态下直流负荷消耗的安时值计算容量，并在事故放电末期或其他不利条件下校验直流母线电压水平；另一种是阶梯计算法，即电流换算法，按事故状态下直流负荷电流和放电时间来计算容量。另外，还有查表法进行容量的选择计算。计算方法见第九节交流不间断电源自带蓄电池容量选择计算。

蓄电池容量的计算步骤包括：

（1）直流负荷统计；

（2）绘制负荷曲线；

（3）根据直流母线允许最低电压要求，确定单体蓄电池放电终止电压。

容量换算系数可按式（9-9）计算

$$K_c = \frac{I_t}{C_{10}} \tag{9-9}$$

式中 K_c——容量换算系数，1/h；

I_t——事故放电时间 t 小时的放电电流，A；

C_{10}——蓄电池 10h 放电率标称容量，Ah。

1. 简化计算法

（1）直流负荷统计表见表 9-25。

表 9-25 直流负荷统计表（用于简化计算法）

序号	负荷名称	装置容量（kW）	负荷系数	计算电流（A）	经常负荷电流（A）	事故放电时间及放电电流（A）					
						初期	持续（min）				随机
						1min	1~30	30~60	60~120	120~180	5s
				I_{jc}	I_{cho}	I_1	I_2	I_3	I_4		I_R
1											
2											
3											
4											
5											
6											
7											
8											
	合计										

（2）计算公式。按照直流母线允许最低电压要求，确定单体蓄电池放电终止电压。计算容量时，根据不同蓄电池型式、终止电压和放电时间，从表9-33～表9-41中查找容量换算系数（K_c）。

1）满足事故放电初期（1min）冲击放电电流容量要求，初期（1min）冲击蓄电池10h（或5h）放电率计算容量计算公式为

$$C_{cho} = K_{rel} \frac{I_{cho}}{K_{cho}} \tag{9-10}$$

式中　C_{cho}——初期（1min）冲击蓄电池10h（或5h）放电率计算容量，Ah；

　　　K_{rel}——可靠系数，取1.40；

　　　I_{cho}——初期（1min）冲击放电电流量，A；

　　　K_{cho}——初期（1min）冲击负荷的容量换算系数，1/h。

2）满足事故全停电状态下持续放电容量要求，不包括初期1min冲击放电电流，各个阶段计算容量应按下列公式计算：

第一阶段计算容量

$$C_{c1} = K_{rel} \frac{I_1}{K_{c1}} \tag{9-11}$$

第二阶段计算容量

$$C_{c2} \geq K_{rel} \left[\frac{1}{K_{c1}} I_1 + \frac{1}{K_{c2}} (I_2 - I_1) \right] \tag{9-12}$$

第三阶段计算容量

$$C_{c3} \geq K_{rel} \left[\frac{1}{K_{c1}} I_1 + \frac{1}{K_{c2}} (I_2 - I_1) + \frac{1}{K_{c3}} (I_3 - I_2) \right] \tag{9-13}$$

第n阶段计算容量

$$C_{cn} \geq K_{rel} \left[\begin{array}{l} \frac{1}{K_{c1}} I_1 + \frac{1}{K_{c2}} (I_2 - I_1) + \frac{1}{K_{c3}} (I_3 - I_2) + \\ \cdots + \frac{1}{K_{cn}} (I_n - I_{n-1}) \end{array} \right] \tag{9-14}$$

式中　$C_{c1} \sim C_{cn}$——蓄电池10h（或5h）放电率各阶段的计算容量，Ah；

　　　$I_1 \sim I_n$——各阶段的负荷电流，A；

　　　K_{c1}——各计算阶段中全部放电时间的容量换算系数，1/h；

　　　K_{c2}——各计算阶段中除第一阶段时间外放电时间的容量换算系数，1/h；

　　　K_{c3}——各计算阶段中除第一、二阶段时间外放电时间的容量换算系数，1/h；

　　　K_{cn}——各计算阶段中最后一个阶梯外放电时间的容量换算系数，1/h。

随机负荷计算容量

$$C_r = \frac{I_r}{K_{cr}} \tag{9-15}$$

式中　C_r——随机负荷的计算容量，Ah；

　　　I_r——随机负荷电流，A；

　　　K_{cr}——随机（5s）冲击负荷的容量换算系数，1/h。

将C_r叠加在$C_{c1} \sim C_{cn}$中最大的阶段上，然后与C_{cho}比较，取较大值，即为蓄电池的计算容量。

2．阶梯计算法

（1）直流负荷统计表见表9-26。

表9-26　　　　　　直流负荷统计表（用于阶梯计算法）

序号	负荷名称	装置容量（kW）	负荷系数	计算电流（A）	经常负荷电流（A）	事故放电时间及放电流（A）					随机
						初期	持续（min）				
						1min	1～30	30～60	60～120	120～180	5s
						I_{jc}	I_1	I_2	I_3	I_4	I_5	I_R
1											
2											
3											
4											
5											
6											
7											
8											
合计											

（2）计算公式。按照直流母线允许最低电压要求，确定单体蓄电池放电终止电压。计算容量时，根据不同蓄电池型式、终止电压和放电时间，从表9-33～表9-41中查找容量换算系数（K_c）。

第一阶段计算容量

$$C_{c1} = K_{rel} \frac{I_1}{K_{c1}} \quad (9-16)$$

第二阶段计算容量

$$C_{c2} \geq K_{rel} \left[\frac{1}{K_{c1}} I_1 + \frac{1}{K_{c2}} (I_2 - I_1) \right] \quad (9-17)$$

第三阶段计算容量

$$C_{c3} \geq K_{rel} \left[\frac{1}{K_{c1}} I_1 + \frac{1}{K_{c2}} (I_2 - I_1) + \frac{1}{K_{c3}} (I_3 - I_2) \right] \quad (9-18)$$

第 n 阶段计算容量

$$C_{cn} \geq K_{rel} \left[\frac{1}{K_{c1}} I_1 + \frac{1}{K_{c2}} (I_2 - I_1) + \frac{1}{K_{c3}} (I_3 - I_2) + \cdots + \frac{1}{K_{cn}} (I_n - I_{n-1}) \right] \quad (9-19)$$

式中　K_{rel}——可靠系数，取 1.40；

$C_{c1} \sim C_{cn}$——蓄电池 10h（或 5h）放电率各阶段的计算容量，Ah；

$I_1 \sim I_n$——各阶段的负荷电流，A；

K_{c1}——各计算阶段中全部放电时间的容量换算系数，1/h；

K_{c2}——各计算阶段中除第一阶段时间外放电时间的容量换算系数，1/h；

K_{c3}——各计算阶段中除第一、二阶段时间外放电时间的容量换算系数，1/h；

K_{cn}——各计算阶段中最后一个阶段外放电时间的容量换算系数，1/h。

随机负荷计算容量

$$C_r = \frac{I_r}{K_{cr}} \quad (9-20)$$

式中　C_r——随机负荷的计算容量，Ah；

I_r——随机负荷电流，A；

K_{cr}——随机（5s）冲击负荷的容量换算系数，1/h。

将 C_r 叠加在 $C_{c2} \sim C_{cn}$ 中最大的阶段上，然后与 C_{c1} 比较，取较大值，即为蓄电池的计算容量。

3. 简化计算法和阶梯计算法的差别

简化计算法和阶梯计算法的差别在于：前者是以容量换算，并用初期（1min）冲击负荷电流计算出实际最低母线电压值和校验计算容量；后者是用电流换算，事先设定母线电压值，不再进行校验计算，因最终选择的蓄电池容量总是大于计算值，所以，实际最低母线电压值只高不低。二者使用的系数可以互换，本质相同。

（1）简化计算法是将负荷分为初期冲击负荷和持续负荷，分别计算出所需容量，然后取较大值；阶梯计算法是将全部负荷视为不同大小的阶梯，按阶梯计算所需容量，然后取较大值。

（2）简化计算法的计算时间只有 1min、0.5h、1.0h、2.0h 等整数，计算相对简化，可少计算两个阶梯。简化计算法与阶梯计算法的计算结果很相近。

（3）当蓄电池厂家能够提供完整的容量换算系数时，宜采用阶梯计算法计算蓄电池容量；当蓄电池厂家只能提供相应时间的放电电流值时，宜采用简化计算法选择蓄电池。

4. 蓄电池可靠系数

蓄电池可靠系数是由裕度系数、老化系数和温度修正系数构成的，经计算，可靠系数=裕度系数×老化系数×温度修正系数=1.15×1.10×（1.10～1.4）。当蓄电池的环境温度低于规定值时（阀控式密封铅酸蓄电池宜为 15～30℃，固定型排气式铅酸蓄电池宜为 5～35℃），应考虑调整蓄电池温度修正系数。

5. 工程计算

工程中可采用表格方式计算。按照步骤进行直流负荷统计、绘制负荷曲线，制成通用表格，见表9-27，填写有关数据。

表 9-27　　　　　　　　　　　　　　阶梯负荷计算表

单个蓄电池终止电压：　　V　　　　　　选用蓄电池型号：　　　　　　最低环境温度：　　℃

（1）分段序号	（2）负荷（A）	（3）负荷变化（A）	（4）放电时间时段 M（min）	（5）放电分段时间 t_{ai}（min）	（6）容量换算系数 K_c	（7）各分阶段所需容量（Ah）
第一阶段，如果 $I_2 > I_1$ 见第二阶段						
1	$I_1 =$	$I_1 - 0 =$	$M_1 = 1$	$T_{11} = M_1 = 1$		
第一阶段					总计	
第二阶段，如果 $I_3 > I_2$ 见第三阶段						
1	$I_1 =$	$I_1 - 0 =$	$M_1 =$	$T_{21} = M_1 + M_2 =$		
2	$I_2 =$	$I_2 - I_1 =$	$M_2 =$	$T_{22} = M_2$		

续表

单个蓄电池终止电压： V		选用蓄电池型号：			最低环境温度： ℃	
（1）分段序号	（2）负荷（A）	（3）负荷变化（A）	（4）放电时间时段 M（min）	（5）放电分段时间 t_{ai}（min）	（6）容量换算系数 K_c	（7）各分阶段所需容量（Ah）
		第二阶段				
					总计	
		第三阶段，如果 $I_4>I_3$ 见第四阶段				
1	$I_1=$	$I_1-0=$	$M_1=$	$T_{31}=M_1+M_2+M_3=$		
2	$I_2=$	$I_2-I_1=$	$M_2=$	$T_{32}=M_2+M_3$		
3	$I_3=$	$I_3-I_2=$	$M_3=$	$T_{33}=M_3$		
		随机负荷			总计	
		随机负荷（根据需要）				
R	I_R	$I_R-0=$	$M_R=5s$	$T_R=M_R=5s$		

注 第 $4\sim n$ 阶段的计算与本表相同。

表 9-27 各栏数据的填写方法如下：

1）将负荷电流（I_i）填入表 9-27（2）栏中。

2）计算负荷变化（I_i-I_{i-1}）填入表 9-27（3）栏中。

3）将各放电阶段（M）和放电阶段的终止时间（t_{ai}）填入表 9-27 的（4）、（5）栏中。（4）栏表示各阶段包含的时段：第一阶段的时段为 M_1，第二阶段的时段为 M_1 和 M_2，第三阶段的时段为 M_1、M_2 和 M_3···依次类推。（5）栏是各放电阶段的时间（t_{ai}），是（4）栏中相应时段 M 的时间之和。

4）根据 t_{ai} 和终止电压，在表 9-33～表 9-41 中查出相应的容量换算系数，填入表 9-27（6）栏。

5）计算每一放电分段和阶段所需的蓄电池容量，每一阶段所需容量为本阶段内各分段容量的代数和，填入表 9-27（7）栏。

6）计算随机负荷所需容量，并与第一阶段（1min）以外其他各阶段中最大计算容量相加，然后再与第一阶段所需容量进行比较，取较大值之后，即求出蓄电池计算容量，最后选用不小于计算容量的蓄电池标准容量 C_{10}。

（三）蓄电池回路设备选择

（1）固定型排气式和阀控式密封铅酸蓄电池回路设备选择，见表 9-28。

（2）中倍率镉镍碱性蓄电池回路设备选择见表 9-29。

表 9-28 **固定型排气式和阀控式密封铅酸蓄电池回路设备选择**

蓄电池容量（Ah）	100	200	300	400	500	600
回路电流（A）	55	110	165	220	275	330
电流测量范围（A）	±100	±200		±300	±400	
放电试验回路电流（A）	12	24	36	48	60	72
主母线铜导体截面积（mm²）	50×4			60×6		
蓄电池容量（Ah）	800	1000	1200	1500	1600	1800
回路电流（A）	440	550	660	825	880	990
电流测量范围（A）	±600	±800		±1000		
放电试验回路电流（A）	96	120	144	180	192	216
主母线铜导体截面积（mm²）	60×6			80×8		
蓄电池容量（Ah）	2000	2200	2400	2500	2600	3000
回路电流（A）	1100	1210	1320	1375	1430	1650
电流测量范围（A）	±1500			±2000		
放电试验回路电流（A）	240	264	288	300	312	360
主母线铜导体截面积（mm²）	80×8			80×10		

注 容量为 100Ah 以下的蓄电池，其母线最小截面积不宜小于 30mm×4mm。

表 9-29 中倍率镉镍碱性蓄电池回路设备选择

蓄电池容量（Ah）	10	20	30	50	60	80	100
回路电流（A）	7	14	21	35	42	56	70
熔断器及隔离开关额定电流（A）	63					100	
直流断路器额定电流（A）	32			63		100	
电流测量范围（A）	±20		±40		±50	±100	
放电试验回路电流（A）	2	4	6	10	12	16	20
主母线铜导体截面积（mm²）	30×4					50×4	

（四）工程算例

火力发电厂 600MW 机组 220V 动力用直流系统，按阀控式密封铅酸蓄电池组选择（用阶梯计算法计算）。

1）蓄电池个数选择。按浮充运行时，直流母线电压为 $1.05U_n$，选择蓄电池个数，按式（9-4）计算，单体蓄电池浮充电压 U_f 按 2.23V 选取，得

$$n=1.05\frac{U_n}{U_f}=1.05\times\frac{220}{2.23}=103.58（个）$$

蓄电池个数推荐采用 104 个。

按式（9-6）对单体蓄电池均衡充电电压进行校验，蓄电池均衡充电电压 U_c 取 2.33V，则

$$U_c\leqslant 1.125U_n/n=\frac{1.125\times 220}{104}=2.37(V)\quad 满足要求$$

按式（9-8）对蓄电池单体终止放电电压 U_m 进行校验，蓄电池单体终止放电电压 U_m 取 1.87V，则

$$U_m\geqslant 0.875U_n/n=1.85(V)\quad 满足要求$$

2）600MW 机组直流动力负荷统计见表 9-30。

表 9-30 600MW 机组直流动力负荷统计表

序号	负荷名称	装置容量（kW）	负荷系数	计算容量（kW）	考虑负荷系数的计算电流（A）	经常负荷电流（A） I_{jc}	事故放电时间及电流（A） 初期（min） 0～1 I_1	持续（min） 1～30 I_2	30～60 I_3	60～90 I_4	90～180 I_5	随机或事故末期（5s） I_R
1	直流长明灯	6	1.0	6	27.27	27.27	27.27	27.27	27.27			
2	汽轮机直流事故润滑油泵	55	0.9	49.5	225.00		450.00	225.00	225.00	225.00		
3	空侧备用油泵	15	0.8	12	54.55		272.73	54.55	54.55	54.55	54.55	
4	给水泵汽轮机事故油泵 A	5.5	0.9	4.95	22.50		45.00	22.50	22.50	22.50		
5	给水泵汽轮机事故油泵 B	5.5	0.9	4.95	22.50		45.00	22.50	22.50	22.50		
6	事故照明	6	1.0	6	27.27		27.27	27.27	27.27			
7	主厂房 UPS 电源 I	80	0.6	48	218.18		218.18	218.18				
8	主厂房 UPS 电源 II	80	0	0	0.00		0.00	0.00				
9	继电器室 UPS	20	0.6	12	54.55		54.55	54.55				
10	柴油机室长明灯	4	0.6	2.4	10.91	10.91	10.91	10.91				
	正常电流					38.18						
计算	电流统计（A）	本放电阶段放电电流总和					1273.64	785.45	379.09	324.55	54.55	0
	容量统计（Ah）	本放电阶段的放电容量（It）					21.23	392.725	189.545	162.275	81.825	
	容量累加（Ah）	放电开始阶段至本放电阶段末的放电容量和					21.23	413.955	603.5	765.775	847.6	

3）计算步骤。蓄电池带动力负荷，根据表 9-30 给出直流负荷曲线：$I_1=1273.64A$；$I_2=785.45A$；$I_3=$ 379.09A；$I_4=324.55A$；$I_5=54.55A$。

各阶段的事故放电电流见表 9-31。

表 9-31　　各阶段的事故放电电流

事故放电时段	事故放电电流（A）	持续放电时间（min）
M_1	$I_1=1273.64$	1
M_2	$I_2=785.45$	29
M_3	$I_3=379.09$	30
M_4	$I_4=324.55$	59
M_5	$I_5=54.55$	60

根据电池终止电压 $U_m=1.87V$，由表 9-35 查出不同放电时间的 K_c，根据公式分别求出各阶段所需的电池容量，如：

第一阶段：$U_m=1.87V$，$M_1=t_{11}=1min$，查得 $K_{c11}=1.18$，根据式（9-16）求得

$$C_{c1}=K_{rel}\frac{I_1}{K_{c11}}=1.4\times\frac{1273.64}{1.18}=1511.09(Ah)$$

第二阶段：$U_m=1.87V$，$M_1=1min$，$M_2=29min$，$t_{21}=M_1+M_2=30min$，查得 $K_{c1}=0.755$；$U_m=1.87V$，$M_2=29min$，

$t_{22}=M_2=29min$，查得 $K_{c2}=0.764$。

根据式（9-17）求得

$$C_{c2}\geq K_{rel}\left[\frac{1}{K_{c1}}I_1+\frac{1}{K_{c2}}(I_2-I_1)\right]=1467.13(Ah)$$

第三阶段计算过程同第一阶段和第二阶段，$U_m=1.87V$

$t_{31}=M_1+M_2+M_3=60min$，查得 $K_{c31}=0.520$，

$t_{32}=M_2+M_3=59min$，查得 $K_{c32}=0.548$，

$t_{33}=M_3=30min$，查得 $K_{c33}=0.755$。

根据式（9-18）求得

$$C_{c3}\geq K_{rel}\left(\frac{I_1}{K_{c1}}+\frac{I_2-I_1}{K_{c2}}+\frac{I_3-I_2}{K_{c3}}\right)=1428.31(Ah)$$

同上方法计算得第四阶段 $C_{c4}=1520.27$（Ah）

第五阶段 $C_{c5}=1185.08$（Ah）

计算结果列表见表 9-32，为阶梯负荷计算结果表。

根据计算结果，选择蓄电池的额定容量为 1600Ah。

表 9-32　　　　　　　　600MW 机组 220V 阶梯负荷计算结果表

蓄电池放电末期终止电压 $U_m=\underline{1.87}$ V　　　　　　　　　　　　　　　　　　可靠系数 $K_{rel}=\underline{1.4}$

序号	负荷	负荷变化 I_n-I_{n-1}	放电时间	放电阶段终止时间	容量换算系数		选择容量
	（A）	（A）	（min）	（min）	符号	数值	（Ah）
第一阶段							
1	1273.64	1273.64	$M_1=1$	$T=M_1=1$	$K_c=$	1.18	1079.36
				阶段计算容量（加可靠系数 K_{rel}）$C_{c1}=$			1511.09
第二阶段							
1	1273.64	1273.64	$M_1=1$	$T=M_1+M_2=30$	$K_{c1}=$	0.755	1686.94
2	785.45	−488.19	$M_2=29$	$T=M_2=29$	$K_{c2}=$	0.764	−638.99
				阶段计算容量（加可靠系数 K_{rel}）$C_{c2}=$			1467.13
第三阶段							
1	1273.64	1273.64	$M_1=1$	$T=M_1+M_2+M_3=60$	$K_{c1}=$	0.52	2449.31
2	785.45	−488.19	$M_2=29$	$T=M_2+M_3=59$	$K_{c2}=$	0.548	−890.86
3	379.09	−406.36	$M_3=30$	$T=M_3=30$	$K_{c3}=$	0.755	−538.23
				阶段计算容量（加可靠系数 K_{rel}）$C_{c3}=$			1428.31
第四阶段							
1	1273.64	1273.64	$M_1=1$	$T=M_1+M_2+M_3+M_4=90$	$K_{c1}=$	0.408	3121.67
2	785.45	−488.19	$M_2=29$	$T=M_2+M_3+M_4=89$	$K_{c2}=$	0.413	−1182.06
3	379.09	−406.36	$M_3=30$	$T=M_3+M_4=60$	$K_{c3}=$	0.52	−781.46
4	324.55	−54.54	$M_4=30$	$T=M_4=30$	$K_{c4}=$	0.755	−72.24
				阶段计算容量（加可靠系数 K_{rel}）$C_{c4}=$			1520.27
第五阶段							
1	1273.64	1273.64	$M_1=1$	$T=M_1+M_2+M_3+M_4+M_5=180$	$K_{c1}=$	0.258	4936.59

续表

序号	负荷 （A）	负荷变化 I_n-I_{n-1} （A）	放电时间 （min）	放电阶段终止时间 （min）	容量换算系数 符号	容量换算系数 数值	选择容量 （Ah）
2	785.45	−488.19	$M_2=29$	$T=M_2+M_3+M_4+M_5=179$	$K_{c2}=$	0.259	−1892.21
3	379.09	−406.36	$M_3=30$	$T=M_3+M_4+M_5=150$	$K_{c3}=$	0.296	−1372.84
4	324.55	−54.54	$M_4=30$	$T=M_4+M_5=120$	$K_{c4}=$	0.334	−163.29
5	54.55	−270	$M_5=90$	$T=M_5=90$	$K_{c5}=$	0.408	−661.76
阶段计算容量（加可靠系数 K_{rel}）$C_{c5}=$							1185.08
随机负荷							
R	0	0	$M_R=5s$	$T=M_R=5s$	$K_{cR}=$	1.27	0.00
随机（5s）负荷计算容量 $C_R=$							0.00

计算结果：

内　　容	数值（Ah）
最大阶段计算容量 （第一阶段除外）	1520.27
随机负荷计算容量	0.00
上述两项容量合计	1520.27
第一阶段计算容量	1511.10
计算结果	1520.27
选择蓄电池的容量	1600.00

表 9-33　　　　　　**GF 型 2000Ah 及以下固定型排气式铅酸蓄电池的容量换算系数表**

放电终 止电压 （V）	不同放电时间的 K_c 值																	
	5s	1min	29min	0.5h	59min	1.0h	89min	1.5h	119min	2.0h	179min	3.0h	4.0h	5.0h	6.0h	7.0h	479min	8.0h
1.75	1.010	0.900	0.590	0.580	0.467	0.460	0.402	0.400	0.332	0.330	0.261	0.260	0.220	0.180	0.162	0.140	0.124	0.124
1.80	0.900	0.780	0.530	0.520	0.416	0.410	0.354	0.350	0.302	0.300	0.241	0.240	0.190	0.170	0.150	0.130	0.115	0.115
1.85	0.740	0.600	0.430	0.420	0.355	0.350	0.323	0.320	0.262	0.260	0.210	0.210	0.175	0.160	0.140	0.122	0.107	0.107
1.90	—	0.400	0.330	0.320	0.284	0.280	0.262	0.260	0.221	0.220	0.180	0.180	0.165	0.140	0.125	0.114	0.102	0.102
1.95	—	0.300	0.228	0.221	0.200	0.192	0.180	0.180	0.160	0.160	0.130	0.130	0.124	0.110	0.108	0.100	0.088	0.088

表 9-34　　　　**GFD 型 3000Ah 及以下固定型排气式铅酸蓄电池（单体 2V）的容量换算系数表**

放电终 止电压 （V）	不同放电时间的 K_c 值																	
	5s	1min	29min	0.5h	59min	1.0h	89min	1.5h	119min	2.0h	179min	3.0h	4.0h	5.0h	6.0h	7.0h	479min	8.0h
1.75	1.010	0.890	0.630	0.620	0.477	0.470	0.395	0.392	0.323	0.320	0.272	0.270	0.220	0.190	0.160	0.148	0.130	0.130
1.80	0.900	0.740	0.530	0.520	0.416	0.410	0.356	0.353	0.292	0.290	0.251	0.250	0.205	0.170	0.142	0.130	0.115	0.115
1.85	0.740	0.610	0.420	0.410	0.345	0.340	0.286	0.283	0.271	0.270	0.221	0.220	0.180	0.144	0.130	0.118	0.104	0.104
1.90	—	0.470	0.330	0.320	0.275	0.271	0.252	0.250	0.221	0.220	0.190	0.190	0.155	0.124	0.102	0.094	0.084	0.084
1.95	—	0.280	0.180	0.221	0.185	0.182	0.173	0.171	0.166	0.166	0.150	0.150	0.150	0.104	0.087	0.077	0.068	0.068

表 9-35　　　　　　　　阀控式密封铅酸蓄电池（贫液式）（单体 2V）的容量换算系数表

放电终止电压（V）	不同放电时间的 K_c 值																	
	5s	1min	29min	0.5h	59min	1.0h	89min	1.5h	119min	2.0h	179min	3.0h	4.0h	5.0h	6.0h	7.0h	479min	8.0h
1.75	1.540	1.530	1.000	0.984	0.620	0.615	0.482	0.479	0.390	0.387	0.291	0.289	0.234	0.195	0.169	0.153	0.135	0.135
1.80	1.450	1.430	0.920	0.900	0.600	0.598	0.476	0.472	0.377	0.374	0.282	0.280	0.224	0.190	0.166	0.150	0.132	0.132
1.83	1.380	1.330	0.843	0.823	0.570	0.565	0.458	0.455	0.360	0.357	0.272	0.270	0.217	0.184	0.160	0.145	0.127	0.127
1.85	1.340	1.240	0.800	0.780	0.558	0.540	0.432	0.428	0.347	0.344	0.263	0.262	0.214	0.180	0.157	0.140	0.123	0.123
1.87	1.270	1.180	0.764	0.755	0.548	0.520	0.413	0.408	0.336	0.334	0.259	0.258	0.209	0.177	0.155	0.137	0.120	0.120
1.90	1.190	1.120	0.685	0.676	0.495	0.490	0.383	0.381	0.323	0.321	0.254	0.253	0.200	0.170	0.150	0.131	0.118	0.118

表 9-36　　　　　　　阀控式密封铅酸蓄电池（贫液式）（单体 6V 和 12V）的容量换算系数表

放电终止电压（V）	不同放电时间的 K_c 值																	
	5s	1min	29min	0.5h	59min	1.0h	89min	1.5h	119min	2.0h	179min	3.0h	4.0h	5.0h	6.0h	7.0h	479min	8.0h
1.75	2.080	1.990	1.010	1.000	0.708	0.700	0.513	0.509	0.437	0.435	0.314	0.312	0.243	0.200	0.172	0.157	0.142	0.142
1.80	2.000	1.880	1.000	0.990	0.691	0.680	0.509	0.504	0.431	0.429	0.307	0.305	0.239	0.198	0.170	0.155	0.14	0.140
1.83	1.930	1.820	0.988	0.979	0.666	0.656	0.498	0.495	0.418	0.416	0.299	0.297	0.234	0.197	0.168	0.153	0.138	0.138
1.85	1.810	1.740	0.976	0.963	0.639	0.629	0.489	0.487	0.410	0.408	0.297	0.295	0.231	0.196	0.167	0.152	0.136	0.136
1.87	1.750	1.670	0.943	0.929	0.610	0.600	0.481	0.479	0.401	0.399	0.291	0.289	0.220	0.194	0.165	0.149	0.133	0.133
1.90	1.670	1.590	0.585	0.841	0.576	0.571	0.464	0.462	0.389	0.387	0.281	0.279	0.211	0.189	0.160	0.143	0.127	0.127

表 9-37　　　　　　　　阀控式密封铅酸蓄电池（胶体）（单体 2V）的容量选择系数表

放电终止电压（V）	不同放电时间的 K_c 值																	
	5s	1min	29min	0.5h	59min	1.0h	89min	1.5h	119min	2.0h	179min	3.0h	4.0h	5.0h	6.0h	7.0h	479min	8.0h
1.80	1.230	1.170	0.820	0.810	0.530	0.520	0.430	0.420	0.333	0.330	0.251	0.250	0.196	0.166	0.144	0.127	0.116	0.116
1.83	1.120	1.060	0.740	0.730	0.500	0.490	0.390	0.380	0.313	0.310	0.231	0.230	0.190	0.162	0.138	0.120	0.114	0.114
1.87	1.000	0.940	0.670	0.660	0.460	0.450	0.376	0.370	0.292	0.290	0.221	0.220	0.180	0.156	0.134	0.117	0.110	0.110
1.90	0.870	0.860	0.650	0.600	0.430	0.424	0.360	0.350	0.276	0.274	0.211	0.210	0.172	0.150	0.130	0.116	0.102	0.102
1.93	0.820	0.790	0.550	0.540	0.410	0.400	0.320	0.310	0.262	0.260	0.191	0.190	0.165	0.135	0.118	0.105	0.099	0.099

表 9-38　　　　　　　中倍率 GNZ 型 200Ah 及以上镉镍碱性蓄电池（单体 1.2V）的容量换算系数表

放电终止电压（V）	不同放电时间的 K_c 值															
	30s	1min	29min	0.5h	59min	1.0h	1.5h	119min	2.0h	2.5h	179min	3.0h	239min	4.0h	229min	5.0h
1.00	2.460	2.200	1.320	1.310	0.845	0.840	0.690	0.603	0.600	0.550	0.521	0.520	0.480	0.480	0.460	0.460
1.05	2.120	1.830	1.040	1.030	0.699	0.690	0.600	0.542	0.54	0.480	0.461	0.460	0.430	0.430	0.400	0.400
1.07	1.900	1.720	0.880	0.870	0.648	0.640	0.560	0.492	0.490	0.440	0.411	0.410	0.380	0.380	0.360	0.360
1.10	1.700	1.480	0.770	0.760	0.567	0.560	0.480	0.422	0.420	0.390	0.371	0.370	0.350	0.350	0.330	0.330
1.15	1.550	1.380	0.710	0.700	0.507	0.500	0.440	0.392	0.390	0.360	0.341	0.340	0.320	0.320	0.290	0.290
1.17	1.400	1.280	0.680	0.670	0.478	0.470	0.410	0.371	0.370	0.340	0.311	0.310	0.280	0.280	0.260	0.260
1.19	1.300	1.200	0.650	0.640	0.456	0.450	0.390	0.351	0.350	0.320	0.291	0.290	0.260	0.260	0.240	0.240

表9-39　中倍率 GNZ 型 200Ah 以下镉镍碱性蓄电池（单体 1.2V）的容量换算系数表

放电终止电压（V）	不同放电时间的 K_c 值									
	30s	1min	5min	10min	15min	20min	29min	0.5h	59min	1.0h
1.00	3.00	2.75	2.20	2.00	1.87	1.70	1.55	1.54	1.04	1.03
1.05	2.50	2.25	1.91	1.75	1.62	1.53	1.39	1.38	0.98	0.97
1.07	2.20	2.01	1.78	1.64	1.55	1.46	1.31	1.30	0.94	0.93
1.10	2.00	1.88	1.63	1.50	1.41	1.33	1.22	1.21	0.91	0.90
1.15	1.91	1.71	1.52	1.40	1.32	1.25	1.14	1.13	0.87	0.86
1.17	1.75	1.60	1.45	1.35	1.28	1.20	1.09	1.08	0.83	0.82
1.19	1.60	1.50	1.41	1.32	1.23	1.16	1.06	1.05	0.80	0.79

表9-40　高倍率 GNFG（C）20Ah 及以下镉镍碱性蓄电池（单体 1.2V）的容量换算系数表

放电终止电压（V）	不同放电时间的 K_c 值					
	30s	1min	29min	0.5h	59min	1.0h
1.00	10.5	9.60	2.64	2.63	1.78	1.77
1.05	9.60	9.00	2.35	2.34	1.69	1.68
1.07	9.40	8.20	2.25	2.24	1.62	1.61
1.10	8.80	7.60	2.11	2.10	1.51	1.50
1.14	7.20	6.50	1.91	1.90	1.40	1.39
1.15	6.50	5.70	1.80	1.79	1.34	1.33
1.17	5.30	4.98	1.54	1.53	1.20	1.19

表9-41　高倍率 40Ah 及以上镉镍碱性蓄电池（单体 1.2V）的容量换算系数表

放电终止电压（V）	不同放电时间的 K_c 值					
	30s	1min	29min	0.5h	59min	1.0h
1.00	10.5	9.80	2.65	2.64	1.85	1.84
1.05	9.80	9.00	2.37	2.36	1.71	1.70
1.07	9.20	8.10	2.26	2.25	1.61	1.60
1.10	8.50	7.30	2.06	2.05	1.50	1.49
1.14	7.00	6.40	1.91	1.90	1.38	1.37
1.15	6.20	5.80	1.81	1.80	1.33	1.32
1.17	5.60	5.20	1.69	1.68	1.21	1.20

三、充电装置选择计算

（一）充电装置选择

1. 充电装置额定电流选择

（1）满足蓄电池浮充电要求，浮充输出电流应按蓄电池自放电电流与经常负荷电流之和计算。浮充输出电流应按下列公式计算：

铅酸蓄电池

$$I_N \geqslant 0.01 I_{10} + I_{jc} \qquad (9-21)$$

镉镍碱性蓄电池

$$I_N \geqslant 0.01 I_5 + I_{jc} \qquad (9-22)$$

（2）满足蓄电池充电要求，充电时蓄电池脱开直流母线，充电输出电流应按下列公式计算：

铅酸蓄电池

$$I_N = 1.0 I_{10} \sim 1.25 I_{10} \qquad (9-23)$$

镉镍碱性蓄电池

$$I_N = 1.0 I_5 \sim 1.25 I_5 \qquad (9-24)$$

（3）满足蓄电池均衡充电要求，蓄电池充电时仍对经常负荷供电，均衡充电输出电流应按下列公式计算：

铅酸蓄电池

$$I_N=(1.0I_{10}\sim1.25I_{10})+I_{jc} \qquad (9\text{-}25)$$

镉镍碱性蓄电池

$$I_N=(1.0I_5\sim1.25I_5)+I_{jc} \qquad (9\text{-}26)$$

以上式中 I_N——充电装置额定电流，A；

I_{jc}——直流电源系统的经常负荷电流，A；

I_{10}——铅酸蓄电池 10h 放电率电流，A；

I_5——镉镍碱性蓄电池 5h 放电率电流，A。

2. 充电装置输出电压选择

充电装置输出电压选择应按式（9-27）计算

$$U_N=nU_{cm} \qquad (9\text{-}27)$$

式中 U_N——充电装置额定电压，V；

n——蓄电池组单体个数；

U_{cm}——充电末期单体蓄电池电压，固定型排气式铅酸蓄电池为 2.70V，阀控式密封铅酸蓄电池为 2.40V，镉镍碱性蓄电池为 1.70V，V。

（二）高频开关电源整流装置选择

（1）每组蓄电池配置一组高频开关电源模块，其模块选择方法如下

$$n=n_1+n_2 \qquad (9\text{-}28)$$

式中 n——高频开关电源模块选择的数量，当模块选择数量不为整数时，可取邻近值；

n_1——基本模块数量；

n_2——附加模块数量。

基本模块的数量 n_1 为

$$n_1=\frac{I_N}{I_{mN}} \qquad (9\text{-}29)$$

式中 I_N——充电装置额定电流，A；

I_{mN}——单个模块额定电流，A。

附加模块的数量为：当 $n_1\leqslant6$ 时，n_2 为 1；当 $n_1\geqslant7$ 时，n_2 为 2。

（2）一组蓄电池配置两组高频开关电源模块或两组蓄电池配置三组高频开关电源模块，其模块选择方法如下

$$n=\frac{I_N}{I_{mN}} \qquad (9\text{-}30)$$

式中 n——高频开关电源模块选择的数量，当模块选择数量不为整数时，可取邻近值；

I_N——充电装置额定电流，A；

I_{mN}——单个模块额定电流，A。

（三）充电装置回路设备选择

充电装置回路设备选择见表 9-42。

表 9-42 充电装置回路设备选择

充电装置额定电流（A）	10	20	25	30	40	50	60	80
熔断器及隔离开关额定电流（A）	63						100	
直流断路器额定电流（A）	32			63			100	
电流表测量范围（A）	0～30			0～50		0～50		0～100
充电装置额定电流（A）	100	120	160	200	250	315	400	500
熔断器及隔离开关额定电流（A）	160		200	300		400	630	
直流断路器额定电流（A）	225				400		630	
电流表测量范围（A）	0～150		0～200	0～300		0～400	0～500	

注 充电装置额定电流不包括备用模块。

（四）工程算例

某工程 600MW 机组，选用 220V 动力系统 1600Ah 阀控式密封铅酸蓄电池，选择充电器容量。

（1）按式（9-21）满足浮充电要求

$$I_N=0.01I_{10}+I_{jc}$$

根据表 9-30，经常负荷电流 $I_{jc}=38.18A$，$I_N=39.78A$。

（2）按式（9-23）满足初充电要求

$$I_N=(1\sim1.25)I_{10}$$
$$I_N=200A$$

（3）按式（9-25）满足均衡充电要求

$$I_N=(1.0\sim1.25)I_{10}+I_{jc}$$

$$I_N=238.18A$$

故整流装置选用 270A 充电器可以满足要求。

计算高频开关模块数量，暂按单个模块额定电流为 30A，按式（9-29）

$$n_1=\frac{I_N}{I_{mN}}=9（只）$$

模块大于 7，配置 2 只备用模块。

四、电缆截面选择计算

1. 计算方法

电缆截面应按电缆长期允许载流量和回路允许压

降两个条件选择，其计算公式如下：

按电缆长期允许载流量

$$I_{pc} \geq I_{cal} \tag{9-31}$$

按回路允许压降

$$S_{cac} = \frac{\rho \cdot 2LI_{ca}}{\Delta U_p} \tag{9-32}$$

式中　I_{pc}——电缆允许载流量，A；

I_{cal}——回路长期工作计算电流，A；

I_{ca}——回路允许压降计算电流（见表 9-43，取 I_{ca1} 和 I_{ca2} 中较大者），A；

S_{cac}——电缆计算截面积，mm^2；

ρ——电阻系数，铜导体 $\rho=0.0184\Omega \cdot mm^2/m$，铝导体 $\rho=0.031\Omega \cdot mm^2/m$；

L——电缆长度，m；

ΔU_p——回路允许压降（见表 9-44），A。

表 9-43　　　　　　　　　　　　　直流电源系统不同回路的计算电流

回　路　名　称		回路计算电流和计算公式	备　　注
蓄电池回路		$I_{cal}=I_{d,1h}$ $I_{ca2}=I_{cao}$	I_{ca1}——回路长期工作计算电流； $I_{d,1h}$——事故停电时间的蓄电池 1h 放电率电流； I_{ca2}——回路短时工作计算电流； I_{cao}——事故初期（1min）冲击放电电流
充电装置输出回路		$I_{cal}=I_{ca2}=I_N$	I_N——充电装置额定电流
直流负荷馈线	直流电动机回路	$I_{ca1}=I_{MN}$ $I_{ca2}=I_{stM}=K_{stM}I_{MN}$	K_{stM}——电动机启动电流系数，取 2.0； I_{stM}——电动机启动电流； I_{MN}——电动机额定电流
	断路器合闸回路	$I_{ca2}=I_{C1}$	I_{C1}——合闸线圈合闸电流
	交流不间断电源输入回路	$I_{ca1}=I_{ca2}=I_{un}/\eta$	I_{un}——装置的额定功率/直流电源系统标称电压； η——装置的效率
	事故应急照明回路	$I_{ca1}=I_{ca2}=I_{cl}$	I_{cl}——照明馈线计算电流
	控制、保护和监控回路	$I_{ca1}=I_{ca2}=I_{cc}$ $I_{ca1}=I_{ca2}=I_{cp}$ $I_{ca1}=I_{ca2}=I_{cs}$	I_{cc}——控制馈线计算电流； I_{cp}——保护馈线计算电流； I_{cs}——信号馈线计算电流
	直流分电柜回路	$I_{ca1}=I_{ca2}=I_c$	I_c——直流分电柜计算电流
	DC/DC、变换器回路	$I_{ca1}=I_{ca2}=I_{Tn}/\eta$	I_{Tn}——变换器的额定功率/直流电源系统标称电压； η——变换器的效率
	直流电源系统应急联络回路	$I_{ca1}=I_{ca2}=I_L$	I_L——负荷统计表中 1h 放电电流的 50%
	直流母线分段回路	$I_{ca1}=I_{ca2}=I_L$	I_L——全部负荷电流的 60%

表 9-44　　　　　　　　　直流电源系统不同回路允许压降（ΔU_p）计算公式

回　路　名　称		允许压降ΔU_p（V）	备　　注
蓄电池回路		$0.5\%U_n \leq \Delta U_p \leq 1\%U_n$	（1）U_n—直流电源系统标称电压； （2）蓄电池回路电流按事故停电时间的蓄电池放电率电流计算； （3）直流分电柜负荷电流可按 220V 系统 80A×0.8、110V 系统 100A×0.8 计算； （4）集中辐射形供电的直流柜到终端回路负荷电流按 10A 计算； （5）分层辐射形供电的直流分电柜到终端回路负荷电流按 10A 计算
直流柜至直流分电柜回路		$\Delta U_p=3\%U_n \sim 5\%U_n$	
直流负荷馈线	直流电动机回路	$\Delta U_p \leq 5\%U_p$ （计算电流取 I_{ca2}）	
	断路器合闸回路	$\Delta U_p=3\%U_n \sim 6.5\%U_n$	
	交流不间断电源回路	$\Delta U_p=3\%U_n \sim 6.5\%U_n$	
	应急照明回路	$\Delta U_p=2.5\%U_p \sim 5\%U_p$	
	DC/DC 变换器回路	$\Delta U_p=3\%U_n \sim 6.5\%U_n$	
	集中辐射形供电的直流柜到终端回路	$\Delta U_p=3\%U_n \sim 6.5\%U_n$	
	分层辐射形供电的直流分电柜到终端回路	$\Delta U_p=1\%U_n \sim 1.5\%U_n$	
	直流电源系统应急联络回路	$\Delta U_p \leq 5\%U_p$	

注　1. 计算断路器合闸回路压降应保证最远一台断路器可靠合闸。在环形网络供电时，应按任一侧电源断开的最不利条件计算。

　　2. 对环形网络供电的控制、保护和信号回路的压降，应按直流柜至环形网络最远断开点的回路计算。

2. 电缆选择算例

（1）计算参数。设分层辐射形 110V 直流电源系统：阀控式密封铅酸蓄电池组选择容量为 600Ah，蓄电池组至直流柜 L_1 距离按 20m 计算、直流柜至直流分电柜 L_2 距离按 50m 计算、直流分电柜至直流终端负荷 L_3 平均距离按 20m 计算。参见表 9-46 中附图。

（2）电缆截面选择。对有选择性配合要求回路的电缆，电缆截面选择既要满足载流量要求，同时电缆的压降不大于规定值。一般按压降要求选择的电缆截面积比按载流量要求选择的截面积要大。

1）L_1 电缆选择。L_1 电缆计算电流应大于蓄电池组 1h 放电率电流，即 $I_{ca1} \geq 5.5 I_{10} = 330A$，电缆允许压降 $0.5\% U_n \leq \Delta U_{p1} \leq 1\% U_n$。

按 $5.5 I_{10}$ 电流的载流量要求可选择电缆截面积为 185mm²；按压降计算 $S = \rho \times 2 L_1 \times I_{ca1} / \Delta U_{p1} = 0.0184 \times 2 \times 20 \times 330 / 1.1 = 220.8$（mm²），选 240mm² 电缆。

2）L_2 电缆选择。根据表 9-46，L_2 计算电流取 80A，按载流量要求选择电缆截面积为 25mm²；按压降计算 $\Delta U_{p2} = 3\% U_n \sim 5\% U_n$，取 $5\% U_n = 5.5V$，$S = 0.0184 \times 2 \times 50 \times 80 / 5.5 = 26.8$（mm²），选 35mm² 电缆。

3）L_3 电缆选择。根据表 9-46，L_3 电缆截面积计算电流取 10A，电缆截面积一般选用 4mm²。其压降为 $\Delta U_{p3} = 0.0184 \times 2 \times 20 \times 10 / 4 = 1.84$（V），1.84/110 = 1.67% U_n，大于 $\Delta U_{p3} = 1\% U_n \sim 1.5\% U_n$。此时，电缆截面积也可选用 6mm²，校验其压降为 $\Delta U_{p3} = 1.23/110 = 1.12\% U_n$，符合要求。$L_2$ 和 L_3 电缆之间的压降可适当调整，使两根电缆压降之和不超过 6.5% U_n。若 L_3 电缆选用 4mm²，则 $L_2 + L_3$ 两根电缆压降之和为 $3.82\% U_n + 1.67\% U_n = 5.49\% U_n$，不超过 6.5% U_n 要求，所以 L_3 电缆仍可选用 4mm² 电缆。

五、直流断路器选择

（一）直流断路器的种类

1. 标准型二段式直流断路器

（1）微型直流断路器。B 型脱扣器瞬时脱扣范围为 $4 I_N \sim 7 I_N$；C 型脱扣器瞬时脱扣范围为 $7 I_N \sim 15 I_N$。

（2）塑壳直流断路器。瞬时脱扣整定值为 $10 \times (1 \pm 20\%) I_N$。

2. 高精度二段式微型直流断路器

针对标准型断路器瞬时脱扣范围比较大，不易实现上、下级断路器的选择性配合的问题，推荐高精度二段式微型直流断路器。

（1）GM 系列直流断路器。高倍率、高精度二段式微型直流断路器脱扣器瞬时脱扣范围为 $12 I_N \sim 15 I_N$；低倍率、高精度二段式微型直流断路器脱扣器瞬时脱扣范围为 $7 I_N \sim 10 I_N$。

（2）ND 系列直流断路器。二段式微型直流断路器瞬时脱扣整定值为 $13 \times (1 \pm 10\%) I_N$。

3. 三段式直流断路器

（1）微型直流断路器。短延时脱扣整定值为 $10 I_N \times (1 \pm 20\%)$、瞬时脱扣动作范围为 1200～1680A。

（2）塑壳直流断路器。

1）GM 系列直流断路器。三段式塑壳直流断路器短延时脱扣整定值为 $10 I_N \times (1 \pm 20\%)$、瞬时脱扣整定值根据其短时耐受值 $I_{cw}(0.1s)$ 按不高于 $75\% I_{cw}$ 整定；具有熔断器特性的选择性直流断路器短路短延时电流整定范围为 $5 I_N \sim 7 I_N$，短路短延时动作时间为反时限特性。

2）ND 系列直流断路器。短延时脱扣整定值为 $10 I_N \times (1 \pm 20\%)$，瞬时脱扣整定值为 $18 I_N \times (1 \pm 20\%)$；需注意的是，当仅选用带短路短延时保护或瞬时脱扣没有灵敏系数时断路器的短时耐受电流问题。

（二）直流断路器额定电压

直流断路器额定电压应大于或等于回路的最高工作电压。

（三）直流断路器额定短路分断电流

直流断路器额定短路分断电流及短时耐受电流应大于通过直流断路器的最大短路电流。

（四）直流断路器额定电流（额定电流即为过流脱扣器的整定电流）

1. 充电装置输出回路

充电装置输出回路直流断路器额定电流应按充电装置额定输出电流选择，即

$$I_N \geq K_{rel} I_{rN} \qquad (9\text{-}33)$$

式中 I_N ——直流断路器额定电流，A；

K_{rel} ——可靠系数，取 1.2；

I_{rN} ——充电装置额定输出电流，A。

2. 直流电动机回路

$$I_N \geq I_{MN} \qquad (9\text{-}34)$$

式中 I_N ——直流断路器额定电流，A；

I_{MN} ——电动机额定电流，A。

3. 高压断路器电磁操动机构合闸回路

$$I_N \geq K_{co} I_c \qquad (9\text{-}35)$$

式中 I_N ——直流断路器额定电流，A；

K_{co} ——配合系数，取 0.3；

I_c ——高压断路器电磁操动机构合闸电流，A。

4. 控制、保护、监控回路

控制、保护、监控回路直流断路器额定电流应按下列要求选择，并选取大值。

（1）直流断路器额定电流

$$I_N \geq K_s (I_{cc} + I_{cp} + I_{cs}) \qquad (9\text{-}36)$$

式中 I_N ——直流断路器额定电流，A；

K_s ——同时系数，取 0.8；

I_{cc} ——控制负荷计算电流，A；

I_{cp}——保护负荷计算电流，A；

I_{cs}——信号负荷计算电流，A。

（2）上、下级断路器的额定电流应满足选择性配合要求，选择性配合电流比符合表 9-45～表 9-48 的要求。

由于各个厂家产品和不同系列产品的特性不尽相同，它们配合的额定电流比值也会不同，设计中应根据实际情况计算后选用。表 9-45、表 9-46 中提供了标准的直流保护电器选择性配合表，对于按国家标准生产的直流断路器均适用。表 9-47、表 9-48 中分别提供了根据国内两个厂家产品所做的直流电源系统保护电器选择性配合表，供在实际工程中选用。

表 9-45　　　　　　　　　　　集中辐射形系统保护电器选择性配合表（标准型）

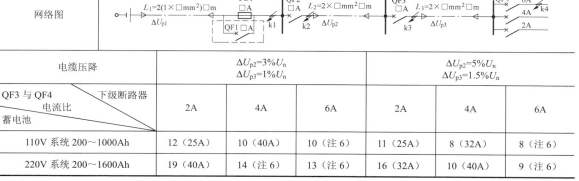

电缆压降	$\Delta U_{p2}=3\%U_n$（110V 系统） $\Delta U_{p2}=2\%U_n$（220V 系统）			$\Delta U_{p2}=5\%U_n$（110V 系统） $\Delta U_{p2}=4\%U_n$（220V 系统）		
QF1 与 QF2 电流比　下级断路器 蓄电池组	2A	4A	6A	2A	4A	6A
110V 系统 200～1000Ah	10（20A）	7（32A）	6.5（40A）	8（16A）	5（20A）	5（32A）
220V 系统 200～2400Ah	17（40A）	12（50A）	10.5（63A）	12（25A）	7（32A）	6（40A）

注　1. 蓄电池组出口电缆 L_1 压降按 $0.5\%U_n \leqslant \Delta U_{p1} \leqslant 1\%U_n$，计算电流为 1.05 倍蓄电池 1h 放电率电流（取 $5.5I_{10}$）。

　　2. 电缆 L_2 计算电流为 10A。

　　3. 断路器 QF2 采用标准 C 型脱扣器直流断路器，瞬时脱扣范围为 $7I_N \sim 15I_N$。

　　4. 断路器 QF3 采用标准 B 型脱扣器直流断路器，瞬时脱扣范围为 $4I_N \sim 7I_N$。

　　5. 断路器 QF2 应根据蓄电池组容量选择微型断路器或塑壳断路器，直流断路器分段能力应大于断路器出口短路电流。

　　6. 括号内数值为根据 QF1 与 QF2 电流比，推荐选择的 QF2 额定电流。

表 9-46　　　　　　　　　　　分层辐射形系统保护电器选择性配合表（标准型）

电缆压降	$\Delta U_{p2}=3\%U_n$ $\Delta U_{p3}=1\%U_n$			$\Delta U_{p2}=5\%U_n$ $\Delta U_{p3}=1.5\%U_n$		
QF3 与 QF4 电流比　下级断路器 蓄电池	2A	4A	6A	2A	4A	6A
110V 系统 200～1000Ah	12（25A）	10（40A）	10（注6）	11（25A）	8（32A）	8（注6）
220V 系统 200～1600Ah	19（40A）	14（注6）	13（注6）	16（32A）	10（40A）	9（注6）

注　1. 蓄电池组出口电缆 L_1 压降按 $0.5\%U_n \leqslant \Delta U_{p1} \leqslant 1\%U_n$，计算电流为 1.05 倍蓄电池 1h 放电率电流（取 $5.5I_{10}$）。

　　2. 电缆 L_2 计算电流：110V 系统为 80A，220V 系统为 64A，电缆 L_3 计算电流为 10A。

　　3. 断路器 QF3 采用标准型 C 型脱扣器直流断路器，瞬时脱扣范围为 $7I_N \sim 15I_N$。

　　4. 断路器 QF4 采用标准型 B 型脱扣器直流断路器，瞬时脱扣范围为 $4I_N \sim 7I_N$。

　　5. 断路器 QF2 为具有短路短延时保护的断路器，短延时脱口值为 $10\times（1\pm20\%）I_N$。

　　6. 根据电流比选择的 QF3 断路器额定电流不应大于 40A，当额定电流大于 40A 时，QF3 应选择具有短路短延时保护的微型直流断路器。

　　7. 括号内数值为根据上、下级断路器电流比计算结果，推荐选择的上级断路器额定电流。

表 9-47 分层辐射形系统保护电器选择性配合表（一）

| 网络图 | $L_1=2(1\times\square\text{mm}^2)\square\text{m}$, ΔU_{p1} — FU1 $\square$A / QF1 $\square$A — k1 — QF2 $\square$A — $L_2=2\times\square\text{mm}^2\square\text{m}$ — k2 ΔU_{p2} — QF3 $\square$A — k3 — $L_3=2\times\square\text{mm}^2\square\text{m}$ — ΔU_{p3} — S4 6A/4A/2A k4 |

电缆压降	$\Delta U_{p2}=3\%U_n$ $\Delta U_{p3}=1\%U_n$			$\Delta U_{p2}=5\%U_n$ $\Delta U_{p3}=1.5\%U_n$		
QF3 与 QF4 电流比 / 蓄电池组 — 下级断路器	2A	4A	6A	2A	4A	6A
110V 系统 200～1000Ah	4（16A）	4（16A）	3（20A）	4（16A）	3（16A）	3（20A）
220V 系统 200～1600Ah	6（16A）	5（20A）	4（25A）	5（16A）	4（16A）	3（20A）

QF2 与 QF3 电流比 / 蓄电池组 — 下级断路器	16A	20A	25A	32A	40A	16A	20A	25A	32A	40A
110V 系统 200～1000Ah / 220V 系统 200～1600Ah	3（63A）		3（100A）		3（125A）	3（63A）		3（100A）		3（125A）

注 1. 蓄电池组出口电缆 L_1 压降按 $0.5\%U_n\leqslant\Delta U_{p1}\leqslant1\%U_n$，计算电流为 1.05 倍蓄电池 1h 放电率电流（取 $5.5I_{10}$）。

2. 电缆 L_2 计算电流：110V 系统为 80A、220V 系统为 64A，电缆 L_3 计算电流为 10A。

3. 断路器 QF2 采用 GM5FB 型直流断路器，短路短延时整定范围为 $5I_N\sim7I_N$。

4. 断路器 QF3 采用 GM5-63/CH 型直流断路器，瞬时脱扣范围为 $12I_N\sim15I_N$。

5. 断路器 QF4 采用 GM5-63/CL 型直流断路器，瞬时脱扣范围为 $7I_N\sim10I_N$。

6. 括号内数值为根据上、下级断路器电流比计算结果，推荐选择的上级断路器额定电流。

表 9-48 分层辐射形系统保护电器选择性配合表（二）

| 网络图 | $L_1=2(1\times\square\text{mm}^2)\square\text{m}$, ΔU_{p1} — FU1 $\square$A / QF1 $\square$A — k1 — QF2 $\square$A — $L_2=2\times\square\text{mm}^2\square\text{m}$ — k2 ΔU_{p2} — QF3 $\square$A — k3 — $L_3=2\times\square\text{mm}^2\square\text{m}$ — ΔU_{p3} — QF4 6A/4A/2A k4 |

电缆压降	$\Delta U_{p2}=3\%U_n$ $\Delta U_{p3}=1\%U_n$			$\Delta U_{p2}=5\%U_n$ $\Delta U_{p3}=1.5\%U_n$		
QF3 与 QF4 电流比 / 蓄电池组 — 下级断路器	2A	4A	6A	2A	4A	6A
110V 系统 200～1000Ah	6（16A）	6（25A）	6（40A）	5（16A）	5（20A）	5（32A）
220V 系统 200～1600Ah	9（20A）	8（32A）	7（40A）	7.5（16A）	6（25A）	5（32A）

QF2 与 QF3 电流比 / 蓄电池组 — 下级断路器		16A	20A	25A	32A	40A	16A	20A	25A	32A	40A
110V 系统	200Ah	6	5	4	3	2.5	5	4	3	2.5	2
		（100A）					（80A）				
	300～500Ah	7.5	6	5	4	3	5.5	4.5	4	3	2.5
		（125A）					（100A）				

网络图		$L_1=2(1\times\square\ mm^2)\square m$　FU1　$\square$A　QF2 $\square$A　$L_2=2\times\square\ mm^2\square m$　QF3　$L_3=2\times\square\ mm^2\square m$　QF4　6A 4A k4 2A ΔU_{p1}　QF1$\square$A　k1　k2　ΔU_{p2}　k3　ΔU_{p3}									
110V 系统	600～1000Ah	9	7	5.5	4.5	3.5	6	4	4	3	2.5
		（140A）					（100A）				
220V 系统	200～300Ah	6	5	4	3	2.5	4	4	3	2.5	2
		（100A）					（80A）				
	400～1000Ah	7.5	6	5	3.5	3	5	4	3	2.5	2
		（125A）					（80A）				
	1200～1600Ah	8	6.5	5.5	4	3.5	6	4	4	3	2
		（140A）					（100A）				

注 1. 蓄电池组出口电缆 L_1 压降按 $0.5\%U_n\leqslant\Delta U_{p1}\leqslant1\%U_n$，计算电流为 1.05 倍蓄电池 1h 放电率电流（取 $5.5I_{10}$）。

2. 电缆 L_2 计算电流：110V 系统为 80A、220V 系统为 64A，电缆 L_3 计算电流为 10A。

3. 断路器 QF2 采用 NDM2ZB 型直流断路器，短延时脱扣值为 $10\times（1\pm20\%）I_N$，瞬时脱扣值为 $18\times（1\pm20\%）I_N$。

4. 断路器 QF3 采用 NDB2Z-C（G）型直流断路器，瞬时脱扣范围为 $13\times（1\pm10\%）I_N$。

5. 断路器 QF4 采用 B 型直流断路器，瞬时脱扣范围为 $4I_N\sim7I_N$。

6. 括号内数值为根据上、下级断路器电流比计算结果，推荐选择的上级断路器额定电流。

（3）上、下级断路器选择性配合时应符合下列要求：

1）对于集中辐射形供电的控制、保护、监控回路，直流柜母线馈线断路器额定电流不宜大于 63A；终端断路器宜选用标准型二段式 B 型脱扣器微型断路器，额定电流不宜大于 10A。

2）对于分层辐射形供电的控制、保护、监控回路，直流分电柜馈线断路器宜选用二段式微型断路器，当不满足选择性配合要求时，可采用带短延时保护的微型断路器；终端断路器选用 B 型脱扣器，额定电流不宜大于 6A。

3）环形供电的控制、保护、监控回路断路器可按照集中辐射形供电方式选择。

4）当断路器采用短路短延时保护实现选择性配合时，该断路器瞬时速断整定值的 0.8 倍应大于短延时保护电流整定值的 1.2 倍，并应校核断路器短时耐受电流值。

5. 直流分电柜电源回路

直流分电柜电源回路断路器额定电流按直流分电柜上全部用电回路的计算电流之和选择，即：

（1）直流断路器额定电流为

$$I_N\geqslant K_c\sum(I_{cc}+I_{cp}+I_{cs})\qquad(9\text{-}37)$$

式中 I_N——直流断路器额定电流，A；

K_c——同时系数，取 0.8；

I_{cc}——控制负荷计算电流，A；

I_{cp}——保护负荷计算电流，A；

I_{cs}——信号负荷计算电流，A。

（2）为保证保护动作选择性的要求，上一级直流母线馈线断路器的额定电流还应大于直流分电柜馈线断路器的额定电流，它们之间的电流级差不宜小于 4 级。若不满足选择性要求，可采用带短路短延时特性直流断路器。

6. 蓄电池组出口回路

蓄电池组出口回路熔断器或断路器额定电流应选取以下两种情况中电流较大者，并应满足蓄电池出口回路短路时灵敏系数的要求，同时还应按事故初期（1min）冲击放电电流校验保护动作时间。蓄电池组出口回路熔断器或断路器额定电流应按下列公式确定：

（1）按事故停电时间的蓄电池放电率电流选择，熔断器或断路器额定电流为

$$I_N\geqslant I_1\qquad(9\text{-}38)$$

式中 I_N——直流熔断器或断路器额定电流，A；

I_1——蓄电池 1h 或 2h 放电率电流，A。

I_1 可按厂家资料选取，无厂家资料时，铅酸蓄电池可取 $5.5I_{10}$（A）；中倍率镉镍碱性蓄电池可取 $7.0I_5$（A）；高倍率镉镍碱性蓄电池可取 $20.0I_5$（A）。其中，I_{10} 为铅酸蓄电池 10h 放电率电流（A）；I_5 为镉镍碱性蓄电池 5h 放电率电流（A）。

（2）按保护动作选择性条件选择，即熔断器或断路器额定电流应大于直流母线馈线中最大断路器的额定电流，即

$$I_N > K_{co}I_{N,max} \tag{9-39}$$

式中　I_N——直流熔断器或断路器额定电流，A；

　　　K_{co}——配合系数，一般取 2.0，必要时可取 3.0；

　　　$I_{N,max}$——直流母线馈线中直流断路器最大的额定电流，A。

（五）直流断路器保护整定

1. 直流断路器过负荷长延时保护的约定动作电流

（1）按断路器的额定电流整定

$$I_{op} \geqslant KI_N \tag{9-40}$$

式中　I_{op}——断路器过负荷长延时保护的约定动作电流，A；

　　　K——断路器过负荷长延时保护热脱扣器的约定动作电流系数，根据断路器执行的现行国家标准可取 1.3 或 1.45；

　　　I_N——对于断路器过负荷电流整定值不可调节的断路器，可为断路器的额定电流，对于断路器过负荷电流整定值可调节的断路器，可取与回路计算电流相对应的断路器整定值电流，A。

（2）根据上、下级断路器的额定电流或动作电流和电流比进行整定

$$I_{N1} \geqslant K_{ib}I_{N2} \quad 或 \quad I_{op1} \geqslant K_{ib}I_{op2} \tag{9-41}$$

式中　I_{N1}、I_{N2}——上、下级断路器额定电流或整定值电流，A；

　　　K_{ib}——上、下级断路器电流比系数，可按表 9-45～表 9-48 选取；

　　　I_{op1}、I_{op2}——上、下级断路器过负荷长延时保护约定动作电流，A。

原则上应选择微型、塑壳型、框架型等不同系列的直流断路器，额定电流应从小到大，它们之间的电流级差不宜小于 4 级。

（3）根据 GB 10936.2《家用及类似场所用过电流保护断路器　第 2 部分：用于交流和直流断路器》的相关规定：对于单极断路器额定直流电压不超过 220V，二极不超过 440V，额定电流不超过 125A，额定直流短路能力不超过 10kA 的直流断路器，在基准温度 $\left(30℃ \pm \dfrac{5℃}{0℃}\right)$ 下，断路器约定不脱扣电流是其额定电流的 1.13 倍；断路器约定脱扣电流是其额定电流的 1.45 倍。$I_N \leqslant 63A$ 时，约定时间为 1h。$I_N > 63A$ 时，约定时间为 2h。

根据 GB 14048.2《低压开关设备和控制设备　低压断路器》中相关规定：直流断路器在基准温度（30℃±2℃）下，约定不脱扣电流为 1.05 倍整定电流；约定脱扣电流为 1.30 倍整定电流。$I_N > 63A$ 时，约定时间为 2h；$I_N \leqslant 63A$ 时，约定时间为 1h。

如果采用的直流断路器校准温度与基准温度不同，则制造厂应给出关于脱扣器特性变化的资料。直流断路器过负荷长延时脱扣特性应与电缆载流量相匹配，以保护直流电缆运行安全。

2. 短路瞬时保护（脱扣器）

（1）短路瞬时保护整定。

1）按本级断路器出口短路，断路器瞬时保护（脱扣器）可靠动作整定

$$I'_{op1} \geqslant K_N I_N \tag{9-42}$$

2）按下一级断路器出口短路，短路瞬时保护（脱扣器）电流配合整定

$$I'_{op1} \geqslant K_{ib}I'_{op2} > I_{k2} \tag{9-43}$$

以上式中　I'_{op1}、I'_{op2}——上、下级断路器瞬时保护（脱扣器）动作电流，A；

　　　K_N——额定电流倍数，脱扣器整定值正误差或脱扣器瞬时脱口范围最大值，一般取 10；

　　　I_N——断路器额定电流，A；

　　　K_{ib}——上、下级断路器电流比系数，可按表 9-45～表 9-48 选取；

　　　I_{k2}——下一级断路器出口短路电流，A。

（2）当直流断路器具有限流功能时，整定式可写为

$$I'_{op1} \geqslant K_N I'_{op2}/K_{XL} \tag{9-44}$$

式中　I'_{op1}、I'_{op2}——上、下级断路器瞬时保护（脱扣器）动作电流，A；

　　　K_N——额定电流倍数，脱扣器整定值正误差或脱扣器瞬时脱口范围最大值，一般取 10；

　　　K_{XL}——限流系数，其数值应由产品厂家提供，一般可取 0.60～0.80。

（3）断路器短路保护脱扣范围值及脱扣整定值应按照直流断路器厂家提供的数据选取，如无厂家资料，可按表 9-45、表 9-46 的数据选取。

（4）灵敏系数校验。应根据计算的各断路器安装处短路电流校验各级断路器瞬时脱扣的灵敏系数，还应考虑脱扣器整定值的正误差或脱扣范围最大值后的灵敏系数。灵敏系数校验公式为

$$I_k = U_N/[n(r_b + r_1) + \Sigma r_j + \Sigma r_k] \tag{9-45}$$

$$K_{sen} = I_k/I_{op} \tag{9-46}$$

式中　I_k——断路器安装处短路电流，A；

　　　U_N——直流电源系统额定电压，取 110V 或 220V，V；

　　　n——蓄电池组单体个数；

　　　r_b——蓄电池内阻，Ω；

　　　r_1——蓄电池间连接条或导体电阻，Ω；

$\sum r_j$——蓄电池组至断路器安装处连接电缆或导体电阻之和，Ω；

$\sum r_k$——相关断路器触头电阻之和，Ω；

K_{sen}——灵敏系数，不宜低于 1.05；

I'_{op}——断路器瞬时保护（脱扣器）动作电流，A。

直流断路器内阻及单芯（铜）电缆直流电阻参考值见表 9-49、表 9-50。

表 9-49　直流断路器内阻参考值

壳架电流（A）	63（微型断路器）										
额定电流（A）	2	4	6	10	16	20	25	32	40	50	63
单极内阻（mΩ）	365	123	45	18	6.2	3.9	3.1	2.3	2.1	1.9	1.9

壳架电流（A）	63（塑壳断路器）							
额定电流（A）	10	16	20	25	32	40	50	63
单极内阻（mΩ）	8.2	8	5	3.6	3.1	3.1	2.2	0.8

壳架电流（A）	125（塑壳断路器）									
额定电流（A）	16	20	25	32	40	50	63	80	100	125
单极内阻（mΩ）	6	5.5	4.5	4.1	3	2.1	2	0.4	0.3	0.3

壳架电流（A）	250（塑壳断路器）							400（塑壳断路器）			
额定电流（A）	125	140	160	180	200	225	250	225	250	315	350	400
单极内阻（mΩ）	0.5	0.4	0.4	0.3	0.3	0.3	0.3	0.3	0.3	0.2	0.2	0.2

壳架电流（A）	630（塑壳断路器）			63（带短延时保护微型断路器）				
额定电流（A）	400	500	630	16	20	25	32	40
单极内阻（mΩ）	0.2	0.2	0.2	8.7	6.5	5.5	5.2	4.3

表 9-50　单芯（铜）电缆直流电阻参考值（20℃）

标称截面积（mm²）	16	25	35	50	70	95	120
内阻（mΩ/m）	1.150	0.727	0.524	0.387	0.268	0.193	0.153
标称截面积（mm²）	150	180	240	300	400	500	630
内阻（mΩ/m）	0.124	0.099	0.075	0.060	0.047	0.037	0.028

3. 短路短延时保护（脱扣器）

（1）当上、下级断路器安装处较近，短路电流相差不大，下级断路器出口短路引起上级断路器短路瞬时保护（脱扣器）误动作时，上级断路器应选用短路短延时保护（脱扣器）。

（2）各级短路短延时保护的时间整定值应在保证选择性前提下，根据产品允许时间级差，选择其最小值，但不应超过直流断路器允许短时耐受时间值。

（六）直流电源系统保护电器选择性配合计算例

1. 计算参数

设分层辐射形 110V 直流电源系统阀控式密封铅酸蓄电池组选择容量为 600Ah，蓄电池组至直流柜距离按 20m 计算、直流柜至直流分电柜距离按 50m 计算、直流分电柜至直流终端负荷平均距离按 20m 计算。利用电缆截面选择算例计算结果。

2. 保护电器选择

（1）按 GM 系列产品选用：

1）蓄电池组出口熔断器 FU1 按 $5.5I_{10}=330A$ 选择，选用 NT2-355A 或 350A 具有熔断器特性的选择性直流断路器；

2）直流柜至直流分电柜电源断路器 QF2（$\geqslant 1.20I_N$），暂用 100A 具有熔断器特性的选择性直流断路器（根据选择性配合计算后确定）；

3）直流分电柜隔离开关 QS1（$=1.20I_N$），选用 100A 隔离开关；

4）直流分电柜至直流终端回路电源断路器 QF3（$\geqslant$

1.20I_N)，根据经验暂选用 25A 微型断路器（根据选择性配合计算后确定）；

5）测控柜（或开关柜）内终端断路器 QF4（≤6A），选用 2～6A 的 B 型脱扣器微型断路器。

（2）按 ND 系列产品选用：

1）蓄电池组出口熔断器 FU1 按 5.5I_{10}=330A 选择，选用 NT2-355A 或 350A 三段式塑壳直流断路器；

2）直流柜至直流分电柜电源断路器 QF2（≥1.20I_N），暂用 125A 三段式塑壳直流断路器（根据选择性配合计算后确定）；

3）直流分电柜隔离开关 QS1（1.20I_N），选用 125A 隔离开关。

4）直流分电柜至直流终端回路电源断路器 QF3（≥1.20I_N），根据经验暂选用 32A 微型断路器（根据选择性配合计算后确定）；

5）测控柜（或开关柜）内终端断路器 QF4（≤6A），选用 2～6A 的 B 型脱扣器微型断路器。

3. 选择性配合计算网络及电阻图

计算网络图如图 9-25 所示。

计算电阻图如图 9-26 所示。

图 9-25　计算网络图

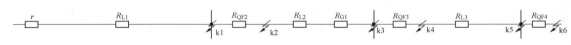

图 9-26　计算电阻图

4. 短路电流计算

（1）根据计算网络图及电阻图计算各电阻值。

r 为 110V、600Ah、52 个蓄电池组内阻，r=11.83mΩ（见表 9-54）；

R_{L1} 为电缆 L1 的电阻，R_{L1}=0.0184×2×20/240=3.1（mΩ）；

FU1 或 QS1 内阻忽略不计；

R_{QF2} 为 QF2 断路器内阻，R_{QF2}=0.3×2=0.6（mΩ）（见表 9-49，100A/125A 断路器内阻）；

R_{L2} 为电缆 L2 的电阻，R_{L2}=0.0184×2×50/35=52.5（mΩ）；

R_{QS1} 为 QS1 隔离开关内阻，R_{QS1}=0.3×2=0.6（mΩ）（见表 9-49，100A/125A 断路器内阻）

R_{QF3} 为 QF3 断路器内阻，R_{QF3}=3.1×2=6.2（mΩ）（见表 9-49，25A 断路器内阻）

R_{QF3}=2.3×2=4.6（mΩ）（见表 9-49，32A 断路器内阻）

R_{L3} 为电缆 L3 的电阻，R_{L3}=0.0184×2×20/4=184（mΩ）；

R_{QF4} 为 QF4 断路器内阻，R_{QF4}=45×2=90（mΩ）（见表 9-49，6A 断路器内阻）。

（2）计算各短路点的短路电流。

k1 点的短路电流为

I_{k1}=110/(r+R_{L1})=110/14.93=7.368（kA）

k2 点的短路电流为

I_{k2}=110/(r+R_{L1}+R_{QF2})=110/15.53=7.083（kA）

k3 点的短路电流为

I_{k3}=110/(r+R_{L1}+R_{QF2}+R_{L2}+R_{G1})

=110/68.63=1.603（kA）

k4 点的短路电流为

I_{k4}=110/(r+R_{L1}+R_{QF2}+R_{L2}+R_{G1}+R_{QF3})

=110/74.83=1.47（kA）

I_{k4}=110/(r+R_{L1}+R_{QF2}+R_{L2}+R_{G1}+R_{QF3})

=110/73.23=1.502（kA）

k5 点的短路电流为

I_{k5}=110/(r+R_{L1}+R_{QF2}+R_{L2}+R_{G1}+R_{QF3}+R_{L3})

=110/258.83=425（A）

I_{k5}=110/(r+R_{L1}+R_{QF2}+R_{L2}+R_{G1}+R_{QF3}+R_{L3})

=110/257.23=428（A）

k6 点的短路电流为

I_{k6}=110/(r+R_{L1}+R_{QF2}+R_{L2}+R_{G1}+R_{QF3}+R_{L3}+R_{QF4})

=110/348.83=315（A）

I_{k6}=110/(r+R_{L1}+R_{QF2}+R_{L2}+R_{G1}+R_{QF3}+R_{L3}+R_{QF4})

=110/347.23=317（A）

5. 保护电器选择及选择性配合分析

（1）QF4 断路器选择。k6 点预期最大短路电流为 315A。QF4 断路器选用标准型二段式 6A、B 型脱扣器微型直流断路器。断路器脱扣器瞬时脱扣值 7I_N=7×6=42（A）。I_{k6}=315A＞42A，QF4 断路器可靠瞬时动作。

（2）QF3 断路器选择。

1）QF3 选用标准型二段式 C 型脱扣器微型直流断路器。直流分电柜馈线断路器 QF3 选用标准型二段式 40A、C 型脱扣器微型直流断路器，瞬时脱扣值 7I_N=7×40=280（A），I_{k6}=315A＞280A，处于 QF3 断路器可能动作区间，QF3 与 QF4 配合可能无选择性。

2）QF3 选用高精度二段式微型直流断路器。

a）GM 系列。k6 点最大预期短路电流为 315A，该断路器瞬时脱扣值为 $12I_N \sim 15I_N$，且具有大空程延迟动作特性。按断路器瞬时脱扣最小值与标准型二段断路器配合，当标准型二段断路器出口短路电流低于 QF3 的 $15I_N$ 时，厂家 GM 系列的高精度微型直流断路器瞬时脱扣仍可返回（经试验验证）。因此 $15I_N > I_{k6} = 315A$，则 $I_N > 21.2A$，QF3 选用 25A 高精度二段式微型断路器即可满足选择性配合。k4 点短路 $I_{k4} = 1470A$，QF3 断路器 $15 \times 25 = 375$（A）可靠动作，满足 QF3 与 QF4 选择性配合和灵敏系数要求。

b）ND 系列。k6 点预期最大短路电流为 317A，该断路器瞬时脱扣值为 $13I_N$（$1 \pm 10\%$）（动作范围为 $11.7I_N \sim 14.3I_N$）。按断路器瞬时脱扣负误差值选用 $11.7I_N > I_{k6} = 317A$，则 $I_N > 27.1A$。QF3 选用 32A 高精度二段式微型直流断路器可满足选择性配合。k6 点短路，QF3 断路器（$11.7 \times 32A = 374.4A > 317A$）不动作，k4 点短路 $I_{k4} = 1502A$，QF3 断路器（$1502A > 14.3 \times 32A = 457.6A$）可靠动作，满足 QF3 与 QF4 选择性配合和灵敏系数要求。

3）QF3 选用三段式微型直流断路器，其脱扣器特性见表 9-51。

表 9-51　三段式微型直流断路器脱扣器特性

序号	脱扣特性	试验电流	起始状态	脱扣时限	预期结果
1	过负荷长延时	$1.05I_N$	冷态	1h	不脱扣
2		$1.3I_N$	热态	≤1h	脱扣
3		$2I_N$	冷态	5s≤t≤60s	脱扣
4	短路短延时	$8I_N$	−5～+70℃	t≤0.2s	不脱扣
5		$12I_N$		0.007s≤t≤0.040s	脱扣
6		$12I_N \sim$ 1200A		Δt≤0.007s	可返回不脱扣
7	短路瞬时	1200A	冷态	t≤0.007s	不脱扣
8		1680A		t<0.010s	脱扣

注　1．"冷态"指试验前没带负荷，且在基准温度 30℃±2℃下进行。

　　2．"热态"指紧接着 $1.05I_N$ 不脱扣后做试验。

　　3．Δt 短路短延时时间。

　　4．执行 GB 14048.2《低压开关设备和控制设备　低压断路器》。

三段式微型直流断路器短路短延时脱扣值范围宽，短路瞬时脱扣值大。在本算例中，直流分电柜断路器出口 k4 点短路预期最大短路电流约为 1.38kA（25A 微型断路器），则 QF3 三段式微型直流断路器瞬时短路保护（1680A）没有灵敏度，只能依靠短路短

延时脱扣。根据要求：三段式微型直流断路器短时耐受电流应大于安装点最大预期短路电流，短路短延时也应满足要求。根据表 9-51 可知：三段式微型直流断路器应能承受 $1200 \sim 1680A$ 短时耐受电流。

（3）QF2 断路器选择。

1）QF2 选用二段式塑壳断路器。由于 L2 馈线末端 k3 短路点与 QF3 出口 k4 短路点距离很近，k3 点短路电流与 k4 点短路电流相差很小，要满足 QF2 与 QF3 断路器之间选择性配合，QF2 按断路器瞬时脱扣负误差值选用 $8I_N > I_{k4} = 1470A$，$I_N > 184A$，QF2 选用二段式塑壳断路器（200A），则在 k3 点短路时 QF2 断路器瞬时短路保护不会动作[$10I_N(1 \pm 20\%)$]，只能用过负荷长延时来断开 k3 短路点，长延时时间要超过 5s 以上。此时，直流母线电压可能下降到 80% 左右，对直流电源系统影响较大。

2）QF2 选用具有熔断器特性的塑壳直流断路器。具有熔断器特性的塑壳直流断路器短路短延时脱扣电流值为 $5I_N \sim 7I_N$。QF2 断路器按断路器在 $I_{k4} = 1.47kA$ 短路电流时可返回时间不小于 20ms 来选取，由于该直流断路器短路短延时动作范围内可返回时间均不小于 20ms，因此只需 $5I_N$ 大于 QF3 瞬动值（375A）或短路短延时动作启动最大值即可，可选用 100A 具有熔断器特性的塑壳直流断路器。

3）QF2 选用三段式塑壳直流断路器。三段式塑壳直流断路器瞬时脱扣值为 $18 \times (1 \pm 20\%)I_N$，QF2 断路器按断路器 $14.4I_N > I_{k4} = 1.502kA$，即 $I_N > 104.3A$ 选择，QF2 选用 125A 三段式塑壳直流断路器可满足选择性配合要求。QF2 断路器瞬时脱扣灵敏系数为 $7083/2700 = 2.62 > 1.2$。

三段式塑壳直流断路器短路短延时脱扣值为 $10 \times (1 \pm 20\%)I_N$，时间为 10ms，在馈线末端 k3 点短路时，$I_{k3} = 1603A > 12I_N = 1500A$，断路器短路短延时脱扣器能可靠动作。

如果选用 140A 三段式塑壳直流断路器，在馈线末端 k3 点短路时，$I_{k3} = 1603A < 12I_N = 1680A$，断路器处于短路短延时 10ms 脱扣可动不可动区域，不能保证断路器可靠动作。若依靠过负荷长延时脱扣，则动作时间约为 1s。

（4）蓄电池组出口保护电器选择。

1）蓄电池组出口熔断器 FU1 选择。蓄电池组出口熔断器 FU1 按 $5.5I_{10} = 330A$ 或馈线最大断路器额定电流的 2 倍（设馈线最大断路器额定电流为 140A）二者取大者选择，选用 NT2-355A。k2 点的短路电流为 7.083kA，熔断器在 k2 点短路时的弧前时间约为 40ms。满足 FU1 与 QF2 选择性配合要求。

2）蓄电池组出口断路器 QF1 选择。

a）GM 系列。QF1 断路器选用具有熔断器特性的

选择性直流断路器，QF1 与 QF2 均为具有熔断器特性的塑壳直流断路器时，只需保证 QF1 额定电流不小于 3 倍的 QF2 额定工作电流即可实现选择性，因此，QF1 选用的 350A 塑壳直流断路器与 QF2 的 100A 塑壳直流断路器可以实现选择性。

b）ND 系列。QF1 断路器选用三段式塑壳直流断路器。断路器的选择条件与熔断器相同，选用 350A 塑壳直流断路器。为了满足 QF1 与 QF2 断路器之间

的选择性配合，QF1 断路器取消瞬时脱扣部分，用短路短延时脱扣实现保护配合。短路短延时脱扣值为 $10\times(1\pm20\%)I_N$，短延时时间 ≥下级断路器短延时时间 +30ms。灵敏系数为 $10I_N\times120\%=10\times350\times120\%=$ 4.2kA，7.368/ 4.2=1.75＞1.2。断路器短时耐受电流不小于 8.5kA。

6. 直流保护电器选择性配合结果

直流保护电器选择性配合结果见表 9-52。

表 9-52　　　　　　　　　　　　　　直流保护电器选择性配合结果

短路点	熔断器 FU1/塑壳直流断路器 QF1（熔断器特性/三段式）		塑壳直流断路器 QF2（熔断器特性/三段式）		微型直流断路器 QF3（高精度二段式）		微型直流断路器 QF4（标准二段式）	选择性
	355A/350A		GM 系列 100A	ND 系列 125A	GM 系列 25A	ND 系列 32A	6A（二段式）	
I_{k6}	不动作		不动作		不动作		动作	有选择性
I_{k4}	不动作		不动作		动作		—	有选择性
I_{k2}	不动作		动作		—		—	有选择性
I_{k1}	熔断器反时限断路器短延时		—		—		—	有选择性

7. 保护电器与电缆的配合

每个短路保护电器应满足以下两个条件：

1）分断能力不应小于保护安装处的预期短路电流。

2）在回路任一点上由短路引起的所有电流，应在不超过该电流使导体达到允许的极限温度的时间内分断。

对于持续时间不超过 5s 的短路，极限温度时间可近似地计算为

$$\sqrt{t}=k\times\frac{S}{I_k}\qquad(9\text{-}47)$$

式中　t——持续时间，s；

　　　k——导体温度系数，铜导体绝缘 PVC≤300mm² 取 115、XLPE 取 143；

　　　I_k——短路电流，A；

　　　S——电缆截面积，mm²。

（1）直流电源系统各段电缆与保护电器的配合。根据 IEC 60364-5-523《铜芯电线电缆载流量标准》中的规定，考虑电缆绝缘型式和电缆敷设方式，确定与直流电源系统保护电器配合的电缆截面。

1）QF3 直流断路器。选用 GM 系列高精度二段式微型直流断路器，I_N=25A，电缆截面积为 4mm²；选用 ND 系列高精度二段式微型直流断路器，I_N=32A，PVC 电缆截面积为 6mm²；XLPE 电缆截面积为 4mm²。

2）QF2 直流断路器。选用 GM 系列具有熔断器特

性的塑壳直流断路器，I_N=100A，电缆截面积为 35mm²；选用 ND 系列三段式塑壳直流断路器，I_N=125A，PVC 电缆截面积为 50mm²；XLPE 电缆截面积为 35mm²。

3）FU1/QF1 直流保护电器。如 355A 熔断器，选用 GM 系列 350A 具有熔断器特性的塑壳直流断路器；选用 ND 系列 350A 三段式塑壳直流断路器，XLPE 电缆截面积为 240mm²。

（2）导体与保护电器的配合校验。

1）塑壳直流断路器 QF1 与 L1 电缆的配合。对于短路电流 I_{k1}=7368A，直流断路器保护动作切除故障时间为 $t=t_p+t_b$，其中 t_p 为短延时保护时间，取 30～60ms，t_b 为塑壳直流断路器全分断时间，为 20～50ms。保护动作最大切除故障时间为 $t=t_p+t_b$=110（ms）。XLPE 导体温度系数 k=143，电缆截面积 S=240mm²。根据公式可得

$$\sqrt{t}=k\times\frac{S}{I_k}=4.658(\text{s})\qquad t=21.7\text{s}＞0.11\text{s}$$

选用的交联聚乙烯电缆允许极限温度的持续时间远大于故障切除时间。

对于过负荷保护时，选用的直流断路器 QF1 满足以下要求：

$$I_B=330\text{A}\leqslant I_N=350\text{A}\leqslant I_z=400\text{A}；$$
$$I_2=1.3\times350\text{A}\leqslant1.45I_z=1.45\times400\text{A}$$

因此，直流断路器 QF1 能够作为 L1 电缆的过负荷保护。

2）塑壳直流断路器 QF2 与 L2 电缆的配合。对于短路电流 I_{k3}=1603A，直流断路器保护动作切除故障

时间为 $t=t_p+t_b$，其中 t_p 为短延时保护时间，取 $20\sim40\text{ms}$，t_b 为塑壳直流断路器全分断时间，为 $20\sim50\text{ms}$。保护动作最大切除故障时间为 $t=t_p+t_b=90$（ms）。PVC 导体温度系数 $k=115$，电缆截面积 $S=35\text{mm}^2$。根据公式可得

$$\sqrt{t}=k\times\frac{S}{I_k}=2.51(\text{s})\qquad t=6.3\text{s}>0.09\text{s}$$

选用的 PVC 电缆允许极限温度的持续时间大于故障切除时间。

对于过负荷保护时，选用的直流断路器 QF2 满足以下要求：

$$I_B=80\text{A}\leqslant I_N=125\text{A}\leqslant I_z=130\text{A};$$
$$I_2=1.3\times125\text{A}\leqslant1.45I_z=1.45\times130\text{A}$$

因此，直流断路器 QF2 能够为 L2 电缆的过负荷保护。

3）微型直流断路器 QF3 与 L3 电缆的配合。对于短路电流 $I_{N0}=428\text{A}$，直流断路器保护动作切除故障时间为 $t=t_p+t_b$，当采用二段式直流断路器时，$t_p=0\text{s}$；当采用三段式直流断路器时，t_p 为短延时保护时间，取 10ms。t_b 为小型直流断路器全分断时间，小于 10ms。保护动作切除故障时间为 $t=t_p+t_b=10\sim20\text{ms}$。PVC 导体温度系数 $k=115$，电缆截面积 $S=4\text{mm}^2$。根据公式可得

$$\sqrt{t}=k\times\frac{S}{I_k}=1.075(\text{s})\qquad t=1.16\text{s}>0.02\text{s}$$

选用的 PVC 电缆允许极限温度的持续时间大于故障切除时间。

对于过负荷保护时，选用的 GM 系列直流断路器 QF3 满足以下要求：

$$I_B=10\text{A}\leqslant I_N=25\text{A}\leqslant I_z=25\text{A};$$
$$I_2=1.45\times25\text{A}\leqslant1.45I_z=1.45\times25\text{A}$$

因此，选用的 GM 系列直流断路器 QF3 能够与 L2 电缆截面积 4mm^2 相匹配。

选用 ND 系列直流断路器 QF3，$I_N=32\text{A}$，若仍采用 4mm^2 PVC 电缆，则不满足规定要求。电缆截面积采用 6mm^2，$I_B=10\text{A}\leqslant I_N=32\text{A}\leqslant I_z=32\text{A}$；$I_2=1.45\times32\text{A}\leqslant1.45I_z=1.45\times32\text{A}$，满足标准规定。因此，选用的 ND 系列直流断路器 QF3 能够与 L2 电缆截面积 6mm^2 相匹配。

8. 直流电源系统保护电器选择性配合说明

根据工程实际状况，保护柜、测控柜以及高/低压厂（站）用配电装置内的直流终端路器额定电流一般不大于 6A，当确定冲击负荷不大于 4 倍断路器额定电流时，终端路器推荐采用 B 型微型直流断路器，主要是考虑与上级直流分电柜馈线开关的 C 型微型直流断路器配合。

在发电厂中，直流分电柜一般布置在交流配电间，一般离直流终端设备较近，当距离直流终端设备较远时，直流分电柜馈线电缆长度与直流柜至直流分电柜电缆长度相差不多，在这种情况下，可适当调整两段电缆允许压降的分配比例，使电缆截面的选择更合理。但要注意总压降不能超过允许的直流电源系统标称电压的 6.5%。

表 9-53 中，提供的熔断器和直流断路器额定电流值是按事故停电时间的蓄电池放电率电流选择的，但在实际工程中，还应校核是否满足直流柜母线最大一台馈线断路器额定电流的 2 倍。对于分层辐射形系统直流保护电器选择配合，蓄电池出口保护电器额定电流一般均会大于表中数值。

表 9-53　　　　　　　　直流电源系统蓄电池出口保护电器选择性配合表

蓄电池容量范围（Ah）		200	300	400	500	600	800	900
短路电流（$\Delta U_{p1}=0.5\%U_n$，kA）		2.74	4.08	5.38	6.66	8.16	10.76	12.07
熔断器	额定电流（A）	125~400			224~500		500	500
断路器	额定电流（A）	125~400			224~500		500	500
	短时耐受电流（kA）	≥3.00	≥4.50	≥5.50	≥7.00	≥8.50	≥11.00	≥12.50
蓄电池容量范围（Ah）		1000	1200	1500	1600	1800	2000	2400
短路电流（$\Delta U_{p1}=0.5\%U_n$，kA）		13.33	16.31	20.00	21.49	24.48	27.29	32.31
熔断器	额定电流（A）	630	700	1000	1000	1000	1250	1400
断路器	额定电流（A）	630	700	1000	1000	1000	1250	1600
	短时耐受电流（kA）	≥13.50	≥16.50	≥20.00	≥21.50	≥25.00	≥27.50	≥32.50

注　1. 蓄电池出口保护电器的额定电流是按不小于 $5.5I_{10}$ 或按直流柜母线最大一台馈线断路器额定电流的 2 倍选择，两者取大者。

　　2. 当蓄电池出口保护电器选用断路器时，应选择仅有过载保护和短延时保护脱扣器的断路器，与下级断路器按延时时间配合，其短时耐受电流应不小于表中相应数值，短时耐受电流的时间应大于断路器短延时保护时间加断路器全分闸时间。

在根据选择性配合原则选择各级直流断路器后，还应注意校核直流断路器与电缆截面之间是否满足匹配要求，以确保在过负荷电流流过电缆导体引起的温升造成损害前，直流断路器反时限过电流保护能够分断过负荷电流。但有时可能出现满足选择性要求的直流断路器，却不满足与电缆的匹配要求或反之，在这种情况下，推荐采用高精度直流断路器或三段式直流断路器，尽可能降低直流断路器的额定电流，也可采用载流量较大的 XLPE 电缆替代 PVC 电缆，以实现直流断路器与电缆截面的匹配。

六、蓄电池短路电流计算

（1）蓄电池短路电流计算。

1）直流电源系统短路电流计算电压应取系统标称电压 220V 或 110V。

2）短路计算中不计及充电装置助增电流及直流电动机反馈电流。

3）如在蓄电池引出端子上短路，则短路电流为

$$I_{bk} = \frac{U_n}{n(r_b + r_1)} \qquad (9-48)$$

式中 I_{bk}——蓄电池引出端子上的短路电流，kA；

U_n——直流电源系统标称电压，V；

n——蓄电池个数；

r_b——蓄电池内阻，mΩ；

r_1——蓄电池连接条的电阻，mΩ。

4）如在蓄电池连接的直流母线上短路，则短路电流为

$$I_k = \frac{U_n}{n(r_b + r_1) + r_c} \qquad (9-49)$$

式中 I_k——蓄电池组连接的直流母线上的短路电流，kA；

U_n——直流电源系统标称电压，V；

n——蓄电池个数；

r_b——蓄电池内阻，mΩ；

r_1——蓄电池连接条的电阻，mΩ；

r_c——蓄电池组端子到直流母线的连接电缆或导线电阻，Ω。

（2）阀控式密封铅酸蓄电池电阻及出口短路电流参考数值，见表 9-54。

（3）固定型排气式铅酸蓄电池内阻及出口短路电流，见表 9-55。

（4）镉镍碱性蓄电池的性能，见表 9-56。

表 9-54　　　　　阀控式密封铅酸蓄电池电阻及出口短路电流参考数值

蓄电池容量（Ah）	连接条数量、类型及电阻			蓄电池组的电池数量及其电阻（含连接条）（mΩ）					短路电流（A）
	数量	连接条电阻（mΩ）		110V			220V		
				51 个	52 个	53 个	103 个	104 个	
200	1	硬连接	0.015	34.425	35.100	35.755	69.525	70.200	3.134
		软连接	0.0382	35.608	36.306	37.004	71.914	72.612	3.030
300	1	硬连接	0.015	23.205	23.660	24.115	46.865	47.320	4.649
		软连接	0.0382	24.388	24.886	25.384	49.250	49.733	4.420
400	1	硬连接	0.015	17.595	17.940	18.285	35.535	35.880	6.132
		软连接	0.0382	18.778	19.146	19.514	37.925	38.293	5.745
500	1	硬连接	0.015	14.229	14.508	14.787	28.737	29.016	7.582
		软连接	0.0382	15.412	15.714	16.016	31.127	31.429	7.000
600	2	硬连接	0.0075	11.603	11.830	12.057	23.433	23.660	9.298
		软连接	0.0191	12.194	12.433	12.672	24.627	24.866	8.847
800	2	硬连接	0.0075	8.798	8.970	9.142	17.768	17.940	12.263
		软连接	0.0191	9.389	9.573	9.757	18.963	19.146	11.491
900	2	硬连接	0.0075	7.854	8.008	8.162	15.862	16.061	13.736
		软连接	0.0191	8.445	8.611	8.777	17.507	17.223	12.774
1000	2	硬连接	0.0075	7.115	7.254	7.393	14.369	14.508	15.164
		软连接	0.0191	7.706	7.857	8.008	15.563	15.714	14.000
1200	4	硬连接	0.0038	5.802	5.915	6.029	11.717	11.830	18.597
		软连接	0.0095	6.097	6.217	6.336	12.314	12.433	17.693

续表

蓄电池容量（Ah）	连接条数量、类型及电阻			蓄电池组的电池数量及其电阻（含连接条）(mΩ)					短路电流（A）
	数量	连接条电阻（mΩ）		110V			220V		
				51个	52个	53个	103个	104个	
1500	3	硬连接	0.005	4.743	4.836	4.929	9.246	9.672	22.746
		软连接	0.0127	5.137	5.238	5.339	10.376	10.476	21.000
1600	4	硬连接	0.0038	4.399	4.485	4.571	8.883	8.970	24.526
		软连接	0.0095	4.695	4.787	4.879	9.482	9.573	22.929
1800	6	硬连接	0.0025	3.868	3.943	4.018	7.808	7.887	27.896
		软连接	0.0064	4.065	4.144	4.223	8.209	8.289	26.544
2000	8	硬连接	0.0019	3.463	3.531	3.599	6.994	7.062	31.153
		软连接	0.0048	3.611	3.682	3.753	7.292	7.363	29.875
2400	6	硬连接	0.0025	2.933	2.990	3.047	5.923	5.980	36.789
		软连接	0.0064	3.129	3.191	3.252	6.321	6.715	34.472
3000	8	硬连接	0.0019	2.341	2.387	2.433	4.728	4.774	46.840
		软连接	0.0048	2.489	2.538	2.587	5.026	5.075	44.057

注　1．同容量 110V（52 个电池）和 220V（104 个电池）蓄电池的出口短路电流相同。

　　2．同容量、同电压的蓄电池组，蓄电池个数不同时，短路电流有差异。

表 9-55　　　　　　　　　　固定型排气式铅酸蓄电池内阻及出口短路电流表

GF、GM 系列				GFD 系列			
蓄电池容量（Ah）	一片正极板容量（Ah）	蓄电池内阻（mΩ）	短路电流（kA）	蓄电池容量（Ah）	一片正极板容量（Ah）	蓄电池内阻（mΩ）	短路电流（kA）
800	100	0.285	7.298	600	100	0.387	5.375
1000		0.228	9.122	800		0.290	7.172
1200		0.190	10.947	1000		0.232	8.966
1400		0.163	12.760	1200		0.193	10.777
1600		0.143	14.545	1500	125	0.200	10.400
1800		0.127	16.378	1875		0.160	13.000
2000		0.114	18.246	2000		0.150	13.867
2400	125	0.121	17.190	2500		0.120	15.600
2600		0.112	18.570	3000		0.100	20.800
2800		0.104	20.000	—		—	—
3000		0.097	21.440	—		—	—

表 9-56　　　　　　　　　　镉镍碱性蓄电池的性能

项　目　名　称		开　启　式			密　封　式
		低倍率	中倍率	高倍率	
−18℃时的放电容量（Ah）		≥50% C_N	≥60% C_N	≥70% C_N	≥70
电压	额定电压（V）	1.20			
	浮充电压（V）	1.47～1.50	1.42～1.45	1.38±0.02	
	均衡充电电压（V）	1.52～1.55		1.47～1.48	
内阻		0.15～0.20	0.10	0.03～0.06	0.03～0.04

项　目　名　称		开　启　式			密　封　式
		低倍率	中倍率	高倍率	
放电时间	$0.2C_5$（A）、1.00V	285min			
	$1.0C_5$（A）、0.90V		50min	60min	60min
	$5.0C_5$（A）、0.80V			4min	8min
	$10C_5$（A）、0.80V				2min
自放电（28昼夜）		<20	<20	<30	<35
使用寿命	循环（次）	>900	>900	>500	>400
	浮充运行（年）	>20	>20	>15	>5
短路电流		15.3A/Ah		58A/Ah	

注　C_N为蓄电池额定容量。

七、国内外主要制造厂的阀控式密封铅酸蓄电池技术参数

（1）国内外主要制造厂的200Ah阀控式密封铅酸蓄电池外形尺寸及质量，见表9-57。

（2）国内外主要制造厂的500Ah阀控式密封铅酸蓄电池外形尺寸及质量，见表9-58。

（3）国内外主要制造厂的1000Ah阀控式密封铅酸蓄电池外形尺寸及质量，见表9-59。

（4）国内外主要制造厂的2000Ah阀控式密封铅酸蓄电池外形尺寸及质量，见表9-60。

表9-57　　　　国内外主要制造厂的200Ah阀控式密封铅酸蓄电池外形尺寸及质量

制造厂名称	型　号	额定电压（V）	10h率放电容量（Ah）	外形尺寸（mm）				质量（kg）	备注
				长	宽	高	总高		
长沙丰日	GFM-200	2	200	108	172	328	362	17	
广东番禺	GFM-200	2	200	151	171	330	365	16.5	
哈尔滨九洲	GFM-200	2	200	106	170	325	350	10	
哈尔滨蓄电池厂	GFM-200	2	200	128	170	205	227	14	
杭州南都	GFM-200Ⅱ	2	200	120	200	366	385	16	
江苏双登	GFM-200	2	200	101	180	363	400	15	
江苏双登	GFM(OP2V)-200	2	200	103	206	354	380	20	胶体式
沈阳东北蓄电池厂	GFMD-200	2	200	103	206	358	399	20.5	胶体式
	GFM-200	2	200	106	170	330	365	16	
四川金马	FM-210	2	200	112	180	358	415	19	210Ah
威海文隆	GFM-200	2	200	107	175	340	365	15.3	
武汉长江电源厂	GFM-200	2	200	206	103	355	390	16	
武汉永利	GFM-200	2	200	106	175	330	365	16	
武汉洲际银泰	GFM-200	2	200	110	170	330	365	15	
无锡星林	MSE-200	2	200	106	170		365	13	
新乡八达	GM-200	2	200	106	170	330	365	14	
宜兴凯旋	GFM-200	2	200	106	170	334		18	
宜兴凯旋	GFM(OGV)-200	2	200	104	207	356	385	16	

续表

制造厂名称	型号	额定电压（V）	10h 率放电容量（Ah）	外形尺寸（mm）				质量（kg）	备注
				长	宽	高	总高		
淄博大洋	GFM-200	2	200	113	180	358	382	17	
北京标定汤浅	UXL220-2	2	200	170	106	330	362	16	
深圳市瑞达	RL2-200	2	200	173	111	330	365	15	
深圳市瑞达	RA2-200G	2	200	173	111	330	365	15.5	胶体式
深圳理士奥	DJ200	2	200	170±2	105±2	328±2	364±2	15	
德国"阳光"	A600/200	2	200	208	105	398		19.5	胶体式
日本日立	MSJ-200	2	200	106±3	170±3	330±3	365	15	
江苏双登	3-GFM-200	6	200	375	172	213	236	38	
深圳理士奥	DJM6200	6	200	374±3	170±2	211±2	217±2	36	
新乡八达	3-GM-200	6	200	350	170	212	245	38	
广东番禺	6GFM200	12	200	497	260	207	241	67.5	
深圳华达	6GFM1-200	12	200	437	330	218		70	
深圳理士奥	DJM12200	12	200	522±3	238±2	217±2	223±2	64	
江苏双登	6-GFM-200	12	200	499	260	227	248	76	
威海文隆	6GFM-200	12	200	520	240	220	248	75	
武汉永利	6-GFM-200	12	200	520	235	225	258	67	
武汉洲际银泰	6-GFM-200	12	200	520	220	220	260	67	
新乡八达	6-GM-200	12	200	520	240	220	250	73	
美国 GNB 电池	50A09	12	200	665	218	412		114	210Ah
美国德克 AVR 电池	AVR45-9	12	190	428.75	739.7	215.14		122.93	
美国德克 SOLAR 电池	8G8D	12	210	527	279	254		61.2	
深圳市瑞达	RA12-200G	12	200	522	240	219	224	63	胶体式

表 9-58　国内外主要制造厂的 500Ah 阀控式密封铅酸蓄电池外形尺寸及质量

制造厂名称	型号	额定电压（V）	10h 率放电容量（Ah）	外形尺寸（mm）				质量（kg）	备注
				长	宽	高	总高		
长沙丰日	GFM-500	2	500	247	177	330	362	40	
广东番禺	GFM-500	2	500	241	171	330	365	39.5	
哈尔滨九洲	GFM-500	2	500	241	170	325	350	33	
哈尔滨蓄电池厂	GFM-500	2	500	242	170	330	350	36	
杭州南都	GFM-500Ⅱ	2	500	242	200	366	385	38	
江苏双登	GFM-500	2	500	215	180	363	400	36	
江苏双登	GPMJ(OP2V)-500	2	500	166	206	470	496	42	胶体式
沈阳东北蓄电池厂	GFMD490	2	500	166	206	471	512	42	胶体式490Ah
	GFM-500	2	500	241	171	330	365	38	
四川金马	FM-510	2	500	244	180	358	415	44	510Ah
威海文隆	GFM-500	2	500	241	175	340	365	34.8	

续表

制造厂名称	型号	额定电压（V）	10h率放电容量（Ah）	外形尺寸（mm）				质量（kg）	备注
				长	宽	高	总高		
武汉长江电源厂	GFM-500	2	500	206	145	471	506	34	
武汉永利	GFM-500	2	500	245	175	330	365	38	
武汉洲际银泰	GFM-500	2	500	240	171	330	365	35	
无锡星林	MSE-500	2	500	241	171		365	38	
新乡八达	GM-500	2	500	241	170	330	365	34	
宜兴凯旋	GFM-500	2	500	241	171	334		40	
淄博蓄电池厂	GFM(OGiV)-490	2	500	167	207	472	501	34	490Ah
	GFM(MSE)-500	2	500	244	180	358	382	38	
淄博大洋	GFM-500	2	500	244	180	358	382	38	
深圳市瑞达	RL2-500	2	500	241	175	330	366	33	
深圳市瑞达	RL2-500G	2	500	241	175	330	366	34	胶体式
深圳理士奥	DJ500	2	500	238±2	169±2	328±2	364±2	34	
德国"阳光"	A700/500	2	500	208	147	513		35.5	胶体式
日本日立	MU-500	2	500	228±3	182±3		368	33	
	MSJ-500	2	500	241±3	171±3	330±3	365	35	
日本日立	MU-500-12	12	500	1196±3	386±3	306±3		235	
深圳华达	3GFM1-500	6	500	737	330	218		120	
深圳华达	6GFM2-500	12	500	957	516	218			
美国GNB电池	90A13	12	500	894	218	599		253	540Ah
美国德克AVR电池	AVR85-13-550	12	550	676.15	968.25	215.14		273.2	
美国德克SOLAR电池	8G4D-3-510	12	510	577	974	354		244.8	胶体式

表 9-59 **国内外主要制造厂的1000Ah阀控式密封铅酸蓄电池外形尺寸及质量**

制造厂名称	型号	额定电压（V）	10h率放电容量（Ah）	外形尺寸（mm）				质量（kg）	备注
				长	宽	高	总高		
长沙丰日	GFM-1000	2	1000	485	178	330	368	80	
广东番禺	GFM-1050	2	1000	185	320	619	665	82	1050Ah
哈尔滨九洲	GFM-1000	2	1000	479	175	340	380	62	
哈尔滨蓄电池厂	GFM-1000	2	1000	479	175	330	365	70	
杭州南都	GFM-1000Ⅱ	2	1000	218	244	609	629	76	
江苏双登	GFM-1000	2	1000	419	180	363	400	70	
江苏双登	GPMJ(OP2V)-1000	2	1000	233	210	646	471	82	胶体式
沈阳东北蓄电池厂	GFMD1000	2	1000	233	210	647	688	82	
	GFM-1000	2	1000	471	171	330	365	76	
四川金马	FM-1000	2	1000	480	180	358	415	84	
威海文隆	GFM-1000A	2	1000	480	175	340	365	68	
	GFM-1000B	2	1000	182	320	622	645	93	
武汉长江电源厂	GFM-1000	2	1000	272	210	473	508	76	
武汉永利	GFM-1000	2	1000	477	175	335	365	75	
武汉洲际银泰	GFM-1000	2	1000	480	175	335	365	70	
无锡星林	MSE-1000	2	1000	471	171	330	365	76	

续表

制造厂名称	型号	额定电压（V）	10h率放电容量（Ah）	外形尺寸（mm）				质量（kg）	备注
				长	宽	高	总高		
新乡八达	GM-1000	2	1000	471	171	330	365	66	
宜兴凯旋	GFM-1000	2	1000	478	171	335		80	
淄博蓄电池厂	GFM(OGiV)-1000	2	1000	234	211	647	676	81	
	GFM(MSE)-1000	2	1000	480	180	358	382	76	
淄博大洋	GFM-1000	2	1000	480	180	358	382	76	
深圳市瑞达	RL2-1000	2	1000	475	175	330	367	66.5	
深圳市瑞达	RL2-1000G	2	1000	475	175	330	367	67	胶体式
深圳理士奥	DJ1000	2	1000	470±3	170±2	328±2	362±2	66	
日本日立	MU-1000	2	1000	303±3	172±3		508	66	
	MSJ-1000	2	1000	471±3	171±3	330±3	365	70	
深圳华达	3GFM12-1000	6	1000	915	516	218		226	
美国 GNB 电池	100A21	6	1000	737	218	670		234	1030Ah
美国德克 AVR 电池	AVR85-23	6	1000	676.15	701.55	216.66		252.66	
日本日立	MU-1000-12	12	1000	1145±3	500±3	339±3		435	
美国德克 SOLAR 电池	8G4D-6-1020	12	1020	577	974	354		244.8	胶体式

表 9-60　　国内外主要制造厂的 2000Ah 阀控式密封铅酸蓄电池外形尺寸及质量

制造厂名称	型号	额定电压（V）	10h率放电容量（Ah）	外形尺寸（mm）				质量（kg）	备注
				长	宽	高	总高		
长沙丰日	GFM-2000(B)	2	2000	491	350	346	378	165	
广东番禺	GFM-2000	2	2000	330	320	619	665	167	
哈尔滨九洲	GFM-2000	2	2000	490	350	340	380	146	
哈尔滨蓄电池厂	GFM-2000	2	2000	491	352	340	375	140	
杭州南都		2	2000						
江苏双登	GFM-2000	2	2000	495	354	363	400	140	
江苏双登	GPMJ(OP2V)-2000	2	2000	399	212	772	797	160	胶体式
沈阳东北蓄电池厂	GFMD2000	2	2000	399	210	772	813	160	胶体式
	GFM-2000	2	2000	476	337	340	375	146	
四川金马	FM-2000	2	2000	540	360	383	440	182	
威海文隆	GFM-2000A	2	2000	491	351	340	380	142	
	GFM-2000B	2	2000	327	320	622	645	180	
武汉永利	GFM-2000	2	2000	491	351	340	375	146	
武汉洲际银泰	GFM-2000	2	2000	490	350	345	390	135	
无锡星林	MSE-2000	2	2000	476	337		375	146	
新乡八达	GM-2000	2	2000	476	337	340	375	146	
宜兴凯旋	GFM-2000	2	2000	493	353	345		154	
淄博蓄电池厂	GFM(OGiV)-2000	2	2000	400	215	773	802	167	
淄博大洋	GFM-2000	2	2000	490	350	340	380	148	
深圳市瑞达	RL2-2000	2	2000	490	350	345	382	132	
深圳市瑞达	RL2-2000G	2	2000	490	350	345	382	133	胶体式

续表

制造厂名称	型　号	额定电压（V）	10h率放电容量（Ah）	外形尺寸（mm）				质量（kg）	备注
				长	宽	高	总高		
深圳理士奥	DJ2000	2	2000	490±3	350±3	346±2	385±2	136	
美国 GNB 电池	100A45	2	2000	563	218	670		170	2160Ah
日本日立	MSJ-2000	2	2000	476±3	337±3	340±3	375	140	
	MU-2000-6	6	2000	1145±3	500±3	339±3		435	
美国德克 AVR 电池	AVR85-46	6	2000	676.15	1158.75	216.66		252.66	

第五节　直流设备布置及安装

一、直流设备布置

（1）对单机容量为 200MW 级及以上的机组，直流电源系统的电源进线柜、直流馈线柜、充电装置柜布置在蓄电池室附近的专用直流电源室，这样可以减少由蓄电池出口至直流柜母线之间的压降，以保证直流母线的电压水平，该电缆截面也不致选择太大。直流配电间按单元机组设置。对于单机容量为 125MW 级以下的机组，直流柜可布置在电气继电器室或直流配电间内。

（2）包含蓄电池的直流电源成套装置柜可布置在继电器室或配电间内。由于直流电源成套装置中，采用 300Ah 以下阀控式密封铅酸蓄电池组柜布置，蓄电池容量小，所以允许与其他直流柜一起布置在继电器室或配电间内，虽然阀控式密封铅酸蓄电池是密封的，正常运行过程中基本没有氢气泄漏，但在均衡充电，特别是发生过充情况时，还会有氢气泄漏，所以室内应保持良好通风，如果房间没有良好的通风，氢气聚集，久而久之还是很危险的。

（3）直流分电柜宜布置在该直流负荷中心附近，是为了缩短电缆长度和减小电缆截面。

（4）直流柜前后应留有运行和检修通道。直流系统电源柜布置的距离和通道宽度见表 9-61。

表 9-61　直流系统电源柜布置的距离和通道宽度（mm）

距离名称	采　用	
	一般	最小
柜正面至柜正面	1800	1400
柜正面至柜背面	1500	1200
柜背面至柜背面	1500	1000
柜正面至墙	1500	1200
柜背面至墙	1200	1000
边柜至墙	1200	800
主要通道	1600～2000	1400

（5）配电间环境温度宜为 15～30℃，室内相对湿度宜为 30%～80%，不得凝露，温度变化率应小于 10℃/h。

二、蓄电池组布置

发电厂单元机组蓄电池室应按机组分别设置，避免机组之间的相互影响，保证各机组的安全运行。全厂公用的两组蓄电池宜布置在不同的蓄电池室。蓄电池一般布置在集控楼（主控楼、网控楼、单元控制楼）的底层。同类型、不同容量、不同电压的蓄电池可同室布置，不同类型（即酸性和碱性）的蓄电池不能同室布置。蓄电池室内应设有运行和检修通道。通道一侧装设蓄电池时，通道宽度不应小于 800mm；通道两侧均装设蓄电池时，通道宽度不应小于 1000mm。

1. 阀控式密封铅酸蓄电池组布置

（1）阀控式密封铅酸蓄电池容量在 300Ah 以上时，应设专用蓄电池室。专用蓄电池室宜设置在 0m 层。

（2）胶体式的阀控式密封铅酸蓄电池宜采用立式安装；贫液吸附式的阀控式密封铅酸蓄电池可采用卧式或立式安装。

（3）蓄电池安装宜采用钢架组合结构，可多层叠放。应便于安装、维护和更换蓄电池。台架的底层距地面为 150～300mm，整体高度不宜超过 1700mm。

（4）同一层或同一台上的蓄电池间宜采用有绝缘的或有护套的连接条连接，不同一层或不同一台上的蓄电池间采用电缆连接。

2. 固定型排气式铅酸蓄电池组和镉镍碱性蓄电池组布置

（1）固定型排气式铅酸蓄电池组和容量为 100Ah 以上的中倍率镉镍碱性蓄电池组应设置专用蓄电池室。专用蓄电池室宜设置在 0m 层。

（2）蓄电池应采用立式安装，宜安装在瓷砖台或水泥台上，台高为 250～300mm。台与台之间应设有运行和检修通道，通道宽度不得小于 800mm。蓄电池与大地之间应有绝缘措施。

（3）中倍率镉镍碱性蓄电池组的端电池宜靠墙布置。

（4）蓄电池有液面指示计和密度计的一面应朝向运行和检修通道。

（5）在同一台上的蓄电池间宜采用有绝缘的或有护套的连接条连接，不在同一台上的蓄电池间宜采用电缆连接。

（6）蓄电池的裸露导电部分间的距离：

1）非充电时，当两部分间的正常电压超过 65V 但不大于 250V 时，不应小于 800mm；

2）电压超过 250V 时，不应小于 1000mm；

3）导线与建筑物或其他接地体之间的距离不应小于 50mm，母线支持点间的距离不应大于 2000mm。

三、专用蓄电池室布置要求

1. 专用蓄电池室的通用要求

（1）蓄电池室应选择在无高温、不潮湿、无震动、少灰尘、避免阳光直射的场所，宜靠近直流配电间或布置有直流柜的电气继电器室。

（2）蓄电池室内的窗玻璃应采用毛玻璃或涂以半透明油漆的玻璃，阳光不应直射室内。

（3）蓄电池室应采用非建筑材料，顶棚宜做成平顶，不应吊天棚，也不宜采用折板或槽形天花板。

（4）蓄电池室内照明灯具应为防爆型，布置在通道的上方，不要布置在蓄电池的上方，蓄电池室内至少有一盏事故照明灯。地面最低照度应为30lx，事故照明最低照度应为3lx。室内不应装设开关和插座。蓄电池室内的地面照度和照明线路敷设应符合 DL/T 5390《发电厂和变电站照明设计技术规定》的有关规定。

（5）基本地震烈度为 7 度及以上地区，蓄电池组应有抗震加固措施，并应符合 GB 50260《电力设施抗震设计规范》的有关规定。

（6）蓄电池室走廊墙面不宜开设通风百叶窗或玻璃采光窗，采暖和降温设施与蓄电池间的距离不应小于 750mm。蓄电池室内的采暖散热器应为焊接的钢制采暖散热器，室内不允许设有法兰、丝扣接头和阀门等。

（7）蓄电池室内应有良好的通风设施。室内的通风换气量应按保证室内含氢量（按体积计算）低于 0.7%，含酸量小于 2mg/m³ 计算。蓄电池室的采暖通风和空气调节应符合 DL/T 5035《火力发电厂采暖通风与空气调节设计技术规程》的有关规定。通风电动机应为防爆式。

（8）蓄电池室的门应向外开启，应采用非燃烧体或难燃烧体的实体门，门的尺寸不应小于 750mm× 1960mm（宽×高）。

（9）蓄电池室不应有与蓄电池无关的设备和通道。与蓄电池室相邻的直流配电间、电气配电间、电气继电器室的隔墙不应留有门窗及孔洞。

（10）蓄电池组的电缆引出线应采用穿管敷设，且穿管引出端应靠近蓄电池的引出端。穿金属管外围应涂防酸（碱）油漆，封口处应用防酸（碱）材料封堵。电缆弯曲半径应符合电缆敷设要求，电缆穿管露出地面的高度可低于蓄电池的引出端子 200～300mm。

（11）包含蓄电池的直流电源成套装置柜布置的房间，宜装设对外机械通风装置。

2. 阀控式密封铅酸蓄电池组专用蓄电池室的特殊要求

（1）蓄电池室内温度宜为 15～30℃。温度对阀控式密封铅酸蓄电池组的寿命和容量影响较大，其工作环境温度宜控制在 15～30℃。在极端严寒地区，最低工作环境温度可适当降低，但在蓄电池容量选择时需要考虑温度的影响，适当增大蓄电池容量。

（2）当蓄电池组采用多层叠装且安装在楼板上时，楼板强度应满足荷重要求。

3. 固定型排气式铅酸蓄电池组和镉镍碱性蓄电池组专用蓄电池室的特殊要求

（1）蓄电池室应为防酸（碱）、防火、防爆建筑，入口宜经过套间或储藏室，应设有储藏硫酸或碱液、蒸馏水及配制电解液器具的场所，还应便于蓄电池的气体、酸（碱）液和水的排放。

（2）蓄电池室内的门、窗、地面、墙壁、天花板、台架均应进行耐酸（碱）处理，地面应采用易于清洗的面层材料。

（3）蓄电池室内温度宜为 5～35℃。

（4）蓄电池室的套间内应砌水池，水池内外及水龙头应做耐酸（碱）处理，管道宜暗敷，管材应采用耐腐蚀材料。

（5）蓄电池室内的地面应有约 0.5%的排水坡度，并应有泄水孔。蓄电池室内的污水应进行酸碱中和或稀释，达到环保要求后排放。

四、蓄电池工程布置实例

大、中容量蓄电池多应由制造厂提供支架布置在蓄电池室内，小容量的一般组柜布置，与直流系统柜一起成排布置。

（1）600MW 及以上机组主厂房阀控式密封蓄电池布置，设一组 1800Ah 动力用 220V 蓄电池与两组 1000Ah 控制用 110V 蓄电池，蓄电池布置在集控楼内。600MW 及以上机组主厂房单台机组蓄电池室面积尺寸不小于 120m²。蓄电池布置如图 9-27 所示。

（2）300MW 机组主厂房设动力控制合并用 220V 两组 1600Ah 阀控式密封蓄电池布置，蓄电池布置在集控楼内，300MW 机组主厂房单台蓄电池室面积尺寸不小于 70m²。蓄电池布置如图 9-28 所示。

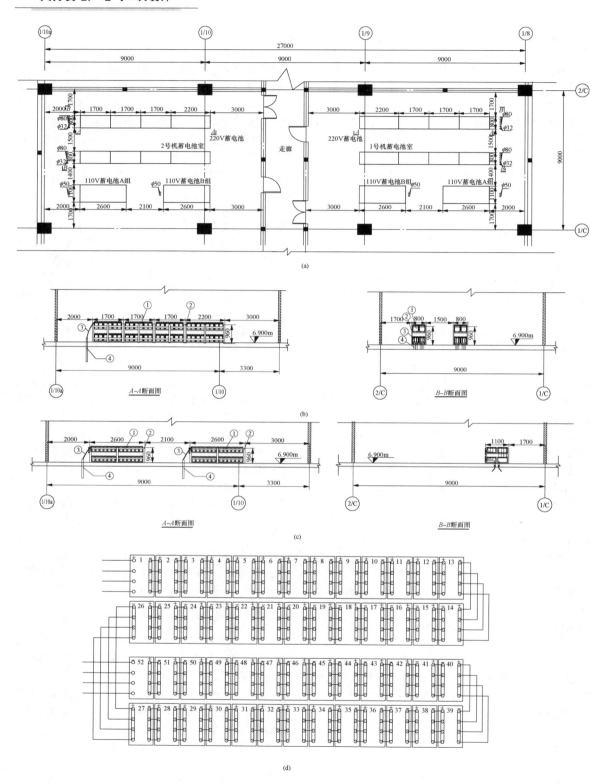

图 9-27　主厂房一组动力用 220V 蓄电池与两组控制用 110V 蓄电池布置图（一）

（a）平面布置图；（b）220V 断面图；（c）110V 断面图；（d）110V 蓄电池连接图

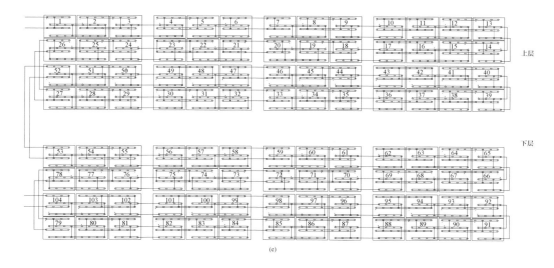

图 9-27 主厂房一组动力用 220V 蓄电池与两组控制用 110V 蓄电池布置图（二）

（e）220V 蓄电池连接图

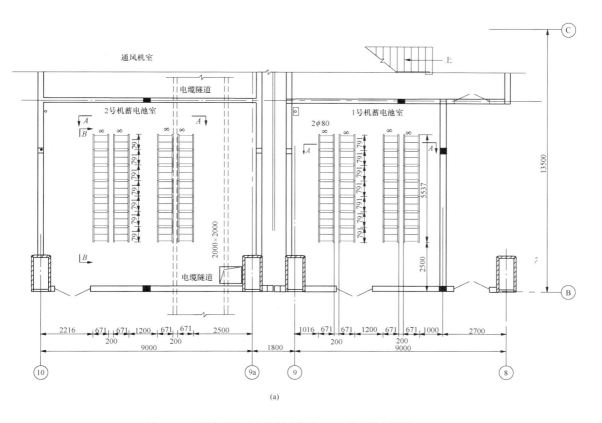

（a）

图 9-28 主厂房两组动力控制合并用 220V 蓄电池布置图（一）

（a）平面布置图

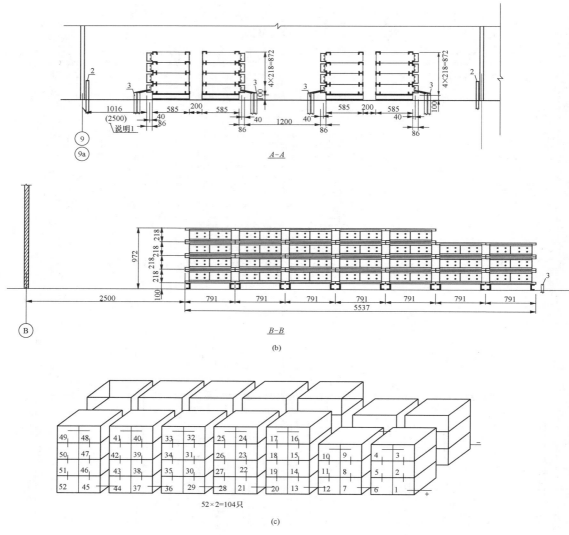

图 9-28　主厂房两组动力控制合并用 220V 蓄电池布置图（二）

（b）断面图；（c）蓄电池连接图

（3）网控继电器设两组 220V 阀控式密封蓄电池，布置在升压站继电器室内，基于安全性考虑，两组蓄电池布置在不同的蓄电池室，避免全厂公用设备失去直流电源情况发生。一组蓄电池室面积尺寸不小于 20m²。蓄电池布置如图 9-29 所示。

（4）固定型排气式铅酸蓄电池支架安装布置，单一固定型排气式铅酸蓄电池比阀控式密封铅酸蓄电池尺寸要稍大些，并考虑布置套间及调酸室，调酸室面

积不小于 8m²，调酸室设有水龙头和水池，并设储放蒸馏水和硫酸的设施。其布置如图 9-30 所示。

（5）固定型排气式铅酸蓄电池在水泥台架安装布置，布置如图 9-31 所示。

（6）辅助厂房蓄电池组柜布置，如图 9-32 所示。

图 9-27～图 9-32 为蓄电池室工程布置实例。因各蓄电池厂的产品尺寸有差异，工程设计时，应按照所选蓄电池型号和工程具体布置情况进行合理的布置。

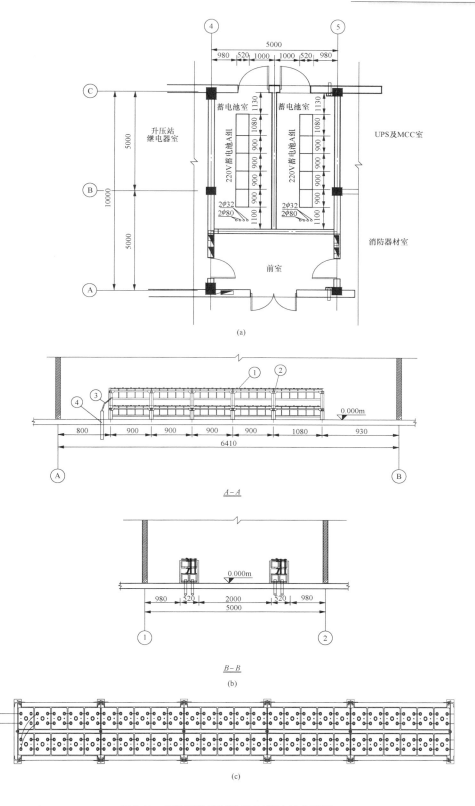

图 9-29　网控两组控制用 220V 蓄电池布置图

（a）平面布置图；（b）断面图；（c）蓄电池连接图

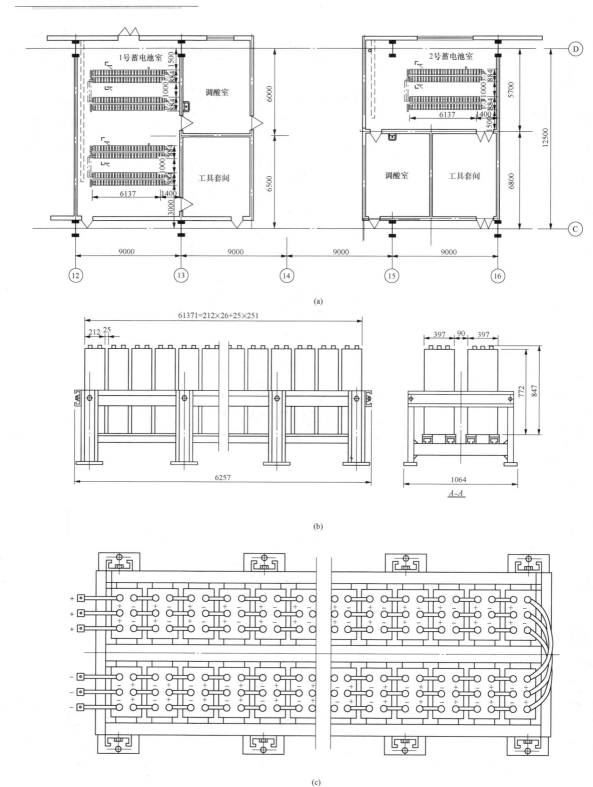

图 9-30　固定型排气式铅酸蓄电池支架安装布置图

（a）平面布置图；（b）断面图；（c）蓄电池连接图

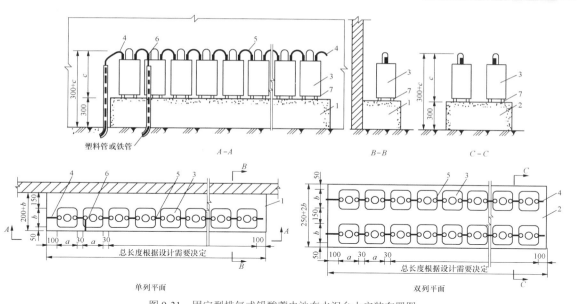

图 9-31 固定型排气式铅酸蓄电池在水泥台上安装布置图

1—单列转基础水泥台架；2—双列转基础水泥台架；3—蓄电池；4—引出线；5—连接线（与蓄电池成套供应）；
6—中间抽头引线；7—软胶垫（与蓄电池成套供应）；a、b、c—单体蓄电池的长、宽、高

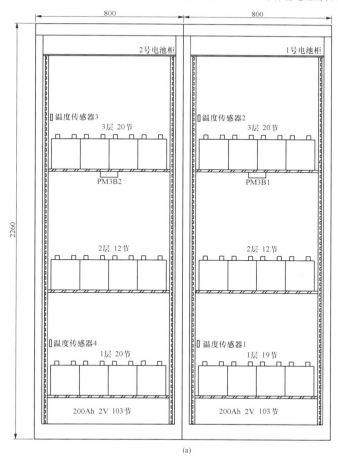

(a)

图 9-32 蓄电池组柜的布置（一）

（a）柜面布置图

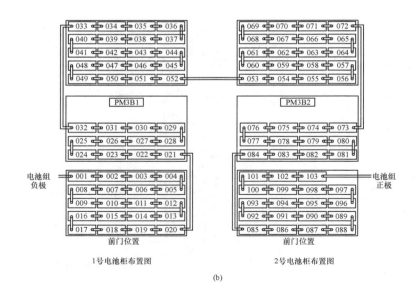

(b)

图 9-32　蓄电池组柜的布置（二）

（b）接线图

第六节　交流不间断电源系统配置及接线

一、交流不间断电源基本形式

按逆变器的工作特点分为在线式和后备式（或离线式）两大类。在线式 UPS 的特点是不管交流输入电源情况如何，负荷始终由逆变器供电，其输出电压波形为连续正弦波；后备式 UPS 的特点是交流输入正常时由交流电源供电，可能会经过附加设备（如变压器、调压器等），只有当交流电源故障或消失时才切换到逆变器供电，由于逆变器正常时不工作，所以也称作离线式，后备式 UPS 电路结构如图 9-33 所示。

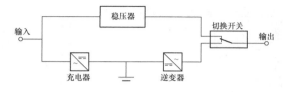

图 9-33　后备式 UPS 电路结构

按运行方式将 UPS 分为双变换式、互动式和后备式三类：

1）双变换式 UPS 是目前电力工程中常用的 UPS 结构形式，其电路结构如图 9-34 所示，由于采用了 AC/DC、DC/AC 双变换结构，可以完全消除来自电网的任何电压波动、频率变化、波形畸变及干扰产生的影响，供电质量高，是在线式 UPS 的典型结构形式。

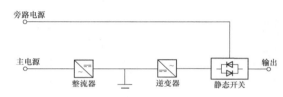

图 9-34　双变换式 UPS 电路结构

2）互动式 UPS 的定义为"在正常运行方式，由合适的电源，通过并联的交流输入和 UPS 逆变器向负载供电"。互动式 UPS 的逆变器或电源接口的功能是为了调节输出电压和/或给蓄电池充电，其输出频率取决于交流输入频率。当交流输入电压或频率超出允许范围时，则由蓄电池通过逆变器向负荷供电。由于其逆变器正常处于工作状态，所以也被称为准在线式，市场上的三端口式 UPS 和双向逆变串并联补偿式 UPS 均属于互动式 UPS 范畴。三端口式 UPS 电路结构如图 9-35 所示，双向逆变串并联补偿式 UPS 电路结构如图 9-36 所示。

根据 600MW 及以上机组在系统中的重要性，为保证供电质量，大容量机组建议采用双变换式 UPS。

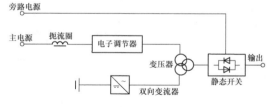

图 9-35　三端口式 UPS 电路结构

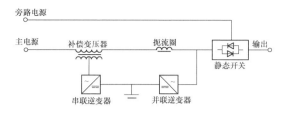

图 9-36　双向逆变串并联补偿式 UPS 电路结构

UPS 的配置接线如下：

1）单台 UPS。这是最简单的也是最常用的配置方式，UPS 工作于双变换方式。

2）串联备用冗余 UPS。这种配置方式不需要额外的切换装置，主机的旁路输入接在从机的输出上。主机故障自动转旁路后，便由从机向负荷供电。图 9-37 所示为一用一备串联备用冗余，适用于单 AC 母线的系统。图 9-38 所示为二用一备串联备用冗余，适用于双 AC 母线的系统。

图 9-37　一用一备串联备用冗余

图 9-38　二用一备串联备用冗余

3）并联备用冗余 UPS。UPS 本身不具有并机功能，需要另外配置并机切换装置，两台 UPS 的旁路输入必须是同一个 AC 电源。图 9-39 所示为一用一备并联冗余，适用于 AC 输出单母线的系统。图 9-40 所示为两台各带一段 AC 母线互为备用冗余，适用于 AC 输出双母线的系统。

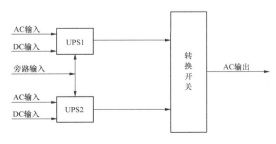

图 9-39　一用一备并联冗余

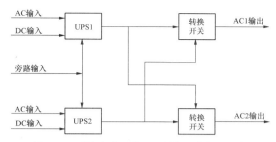

图 9-40　两台各带一段 AC 母线互为备用冗余

4）1+1 并联冗余 UPS。UPS 本身具有并机功能，图 9-41 所示为两台并联冗余 UPS。

图 9-41 与图 9-39 比较，优点是正常时两台 UPS 均分负荷，缺点是一台 UPS 故障有可能影响另一台 UPS 的运行。

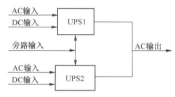

图 9-41　两台并联冗余 UPS

5）n+1 并联冗余 UPS。适用于具有并机功能的 UPS 模块，n+1 个 UPS 模块并联运行。主要接线方式有两种：直接并联（分散旁路）和通过并机柜并联（集中旁路，集中旁路宜采用冗余设计），如图 9-42、图 9-43 所示。在由 n+1 个 UPS 模块构成的冗余系统中，n 不宜过大，建议 n 不超过 3。当 n 过大时，系统的可用度提高有限，而故障率较高。

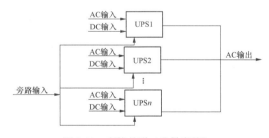

图 9-42　直接并联（分散旁路）

图 9-43　通过并机柜并联（集中旁路）

目前并联冗余技术一般可以做到 9 台 UPS 并联，并且采用智能控制来提高整个系统的工作效率和可用性，如当负荷较低时，自动关闭其中的一台或几台 UPS，并根据事先编程的间隔时间和顺序，循环的让每一台 UPS 带负荷运行；当负荷上升时，关闭的 UPS 立即自动投入运行。并联冗余方式的优点是它不但可以提高供电可靠性，而且由于正常运行时系统中存在备用容量，所以其过载能力、动态性能较好，并且在一些特殊情况下还可以增容运行。并联冗余的缺点是为了解决功率均分问题，技术含量较高，正常运行时，并联的 UPS 之间存在环流，如果环流问题处理不好，则会增大功率损耗并影响系统的运行可靠性。

近几年进入市场的新产品，模块化 UPS（也称作电源阵列）作为一种全新的模块化理念，已经被制造商和用户所广泛关注。模块化 UPS 是并联冗余的改进形式，并联冗余是采用 UPS 冗余，模块化 UPS 则是采用可热插拔的 UPS 模块按 n+1 或 n+x 方式冗余。其特点是将 UPS 设计成模块，一台 UPS 由多个 UPS 模块组成，任一模块故障时，可在线更换，更换模块时 UPS 不停机。所以模块化 UPS 是通过减小设备的故障平均修复时间（mean time to restoration, MTTR）来提高 UPS 的可靠性。

二、交流不间断电源配置

（1）采用计算机监控的火力发电厂 UPS 的配置原则：

1）单机容量为 200MW 级及以下机组的发电厂，当采用单元制控制方式时，每台机组宜配置 1 台 UPS；

2）容量为 300～600MW 级机组的火力发电厂，每台机组宜配置 1 套 UPS，当控制系统需要两路互为备用不间断电源时，每台机组可配置 2 台 UPS；

3）单机容量为 1000MW 级机组的发电厂，每台机组应配置 2 台 UPS；

4）采用非单元控制方式的火力发电厂，当全厂机组总容量为 100MW 及以上时，宜配置 2 套 UPS，其他情况可配置 1 套 UPS。

（2）采用单元控制方式的火力发电厂，主厂房公用控制系统的不间断负荷宜采用不同机组 UPS 供电方式，也可根据控制系统的要求，设置全厂公用 UPS 供电。

（3）网络继电器室的 UPS 宜与网络直流系统合并考虑，采用直流和交流一体化不间断电源设备供电，也可独立设置 UPS 供电。

（4）远离主厂房的辅助车间或相对独立的计算机监控系统，宜根据负荷情况设置独立的 UPS。

（5）发电厂管理信息系统（MIS）宜装设独立的 UPS。

单元机组交流不间断电源的配置与机组控制方式和交流不间断负荷的要求有关。为保证计算机监控系统的独立性，UPS 一般对应于监控系统设置，故当控制系统按单元机组配置时，UPS 也应按机组设置。对于 200MW 及以下机组，考虑其在系统中的重要性较低，为简化系统，一般配置 1 套 UPS。容量为 300～600MW 级机组的火力发电厂，根据热工专业对 UPS 电源的要求配置 UPS。根据 GB 50660—2011《大中型火力发电厂设计规范》的规定，DCS 供电电源应有 2 路，并互为备用，一路应采用 UPS 供电，另一路应采用 UPS 或厂用保安电源供电。目前各设计院对 DCS 供电方式不一，有的采用 1 路 UPS 和 1 路保安电源供电，有的采用 2 路 UPS 供电，工程中应与热工专业密切配合，确定 UPS 的配置方案。1000MW 机组在系统中的地位重要，计算机监控系统的 2 路电源均采用 UPS 电源供电，以保证可靠性，设 2 套 UPS。

主厂房公用控制系统主要指 DCS 公用部分、ECMS 公用部分以及 NCS 操作员站等主厂房内不属于单元机组控制系统的公用控制系统。由于各工程公用控制系统配置方式不同，对电源要求也不同，当控制系统仅需 1 路 UPS 电源时，可设置 1 台 UPS 或从不同机组 UPS 引接 1 路不间断电源经静态开关切换后供电，当控制系统需要 2 路互为备用的 UPS 电源时，公用 UPS 可设置 2 台，如采用由不同机组 UPS 引接不间断电源经静态开关切换后供电方式，可设置 2 套相同的切换电路，分别从不同机组引接 2 路电源，以满足双重化供电的要求。

远离主厂房的辅助车间和相对独立的系统，主要指地理位置距离主厂房较远的循环水泵房、补给水泵房、输煤以及除灰等辅助车间和脱硫脱硝系统，由于负荷小且供电距离较远，采用主厂房集中供电，电缆投资较大且影响机组 UPS 的可靠性，推荐独立设置。

发电厂生产辅助系统（如 MIS）、安全监视系统等的 UPS 独立设置，主要是为了使管理与生产独立，保证生产系统 UPS 的供电可靠性。

三、交流不间断电源工程接线原则及方案

（一）交流不间断电源接线原则

（1）UPS 宜由 1 路交流主电源、1 路交流旁路电源和 1 路直流电源供电。

（2）发电厂主厂房内 UPS 交流主电源和交流旁路电源应由不同厂用母线段引接。对于设置有交流保安电源的发电厂，交流主电源宜由保安电源引接。

（3）发电厂 UPS 直流电源宜由机组的直流系统引接。当直流电源由机组或站内直流系统引接时，UPS 输入/输出回路应装设隔离变压器，直流回路应装设逆止二极管。

（4）冗余配置的两套 UPS 的交流电源应由不同厂用电源母线引接。

（5）UPS 旁路应设置隔离变压器，当输入电压变

化范围不能满足负荷要求时，旁路还应设置自动调压器。

（6）双重化冗余配置的 2 台 UPS 宜分别设置旁路装置，2 台 50%容量并联运行的 UPS 宜共用 1 套旁路装置。

（二）母线接线

（1）发电厂交流不间断电源系统母线应采用单母线接线，其母线接线原则为：

1）1 台或 2 台并联 UPS 构成的不间断电源系统，宜采用单母线接线；

2）双重化冗余配置的两套 UPS 构成的不间断电源系统，应采用两段单母线接线。

（2）UPS 应经隔离电器接入交流母线。

（三）配电网络设计

（1）交流不间断电源系统宜采用辐射形供电方式。

（2）当发电厂内不间断负荷供电距离较远且相对集中时，可就近设置分配电柜供电，分配电柜接线应符合下列要求：

1）分配电柜应有 2 回电源进线，电源进线应经隔离电器接至母线。

2）主配电柜为单母线的不间断电源系统，分配电柜母线宜采用单母线接线，并由主配电柜引接 2 回电源供电。

3）主配电柜为两段单母线或单母线分段接线的不间断电源系统，分配电柜母线宜采用单母线分段接线，也可采用两段单母线接线。当采用单母线分段接线时，每段母线应由主配电柜对应母线引接 1 回电源供电；当采用两段单母线接线时，每段母线应由主配电柜对应母线引接 2 回电源供电。

（四）工程常用 UPS 接线方案

（1）1 台 UPS 接线，如图 9-44 所示。

（2）并联 UPS 接线，如图 9-45 所示。

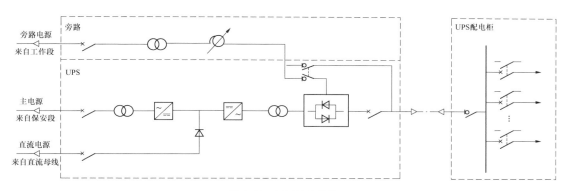

图 9-44　1 台 UPS 接线

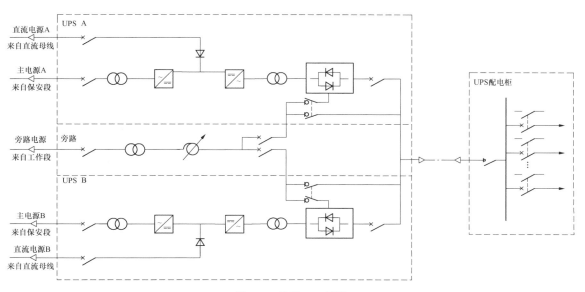

图 9-45　并联 UPS 接线

正常工作时，UPS 主机 B 和主机 A 同时运行，各带 50%负荷，当其中 1 套故障时，另外 1 套即自动、瞬时带上全部负荷。并联冗余接线采用两套主机输出并联，在 1 套故障时可无延时的实现负荷转移，并能自动均衡负荷而不受馈电回路负荷变化的影响。其缺

点是两套 UPS 装置必须采用同一制造商的同型号设计产品，且两台主机输出需要保持同步。并联冗余方式下馈电母线一般为单母线接线。

（3）双重化冗余 UPS 接线，如图 9-46 所示。

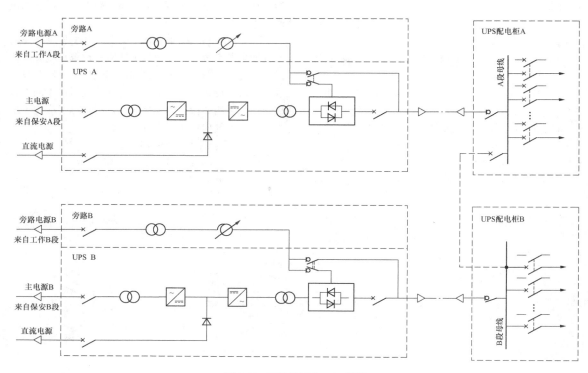

图 9-46　双重化冗余 UPS 接线

正常工作时，分段断路器断开，UPS 主机 B 和主机 A 分别带一段馈电母线。在任一套主机故障时，主机跳开后通过手动合分段断路器将另两段馈电母线均接于无故障的主机。当任一段馈电母线故障时，仅跳开故障段的 UPS 主机和相应断路器，不影响另一段的运行。双重化冗余接线方式是两套主机之间无电气联系，不要求两台主机输出的电压、频率、相位同步，实现方式简单。当一套主机或一段馈电母线故障时，不影响另一套的运行。其缺点是当一套主机故障时，失电母线的负荷供电需手动切换实现，而且每台主机的工作负荷由连接于对应母线的负荷决定，不能自动地均衡负荷。双重化冗余方式下馈电母线应为单母线分段接线。

由于两套 UPS 各自配置了独立的旁路，每段 UPS 母线均能从其连接的 UPS 或旁路获得可靠的电源，分段断路器作用不大，故可根据运行管理水平结合工程具体情况考虑有无必要装设分段断路器。

（4）串联冗余 UPS 接线，如图 9-47 所示。

串联冗余 UPS 主机 B 接至馈电母线，主机 A 接入主机 B 的自动旁路回路。正常工作时，由 UPS 主机 B 带全部负荷，在主机 B 故障时系统通过静态开关自动切换至主机 A 供电。串联冗余方式接线简单，产品选择灵活，可混用不同制造商或不同型号的产品。主机 B 工作时，主机 A 为旁路热备用，当主机 B 故障时可基本无延时（5ms 内）的实现负荷转移。其缺点是备机主机 A 正常时工作在 0%负荷下，在主机 B 故障时其负荷需要能瞬时从零阶跃至满负荷，对主机的阶跃负荷能力要求较高。串联冗余方式下馈电母线均为单母线接线。

工程中主厂房 UPS 的主电源和旁路电源要求从不同电源母线引接，可保证供电可靠性，主电源一般由保安段引接，主电源由保安电源引接一是可以在机组事故停电期间保证 UPS 有连续电源供给；二是当保安电源不稳定时通过主电源经整流-逆变后能保证供电质量；三是对于单相输出的 UPS，由于主电源为三相输入而旁路为单相输入，主电源采用保安电源有利

于柴油发电机三相负荷平衡。旁路电源从保安段一段 母线引接,也可从厂用电源引接。

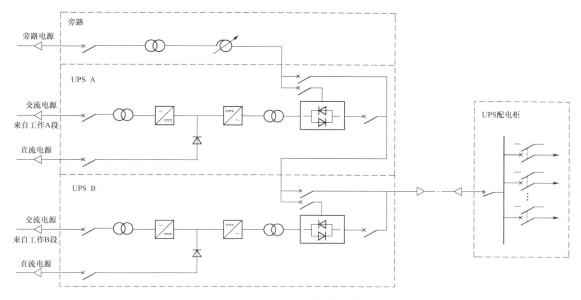

图 9-47 串联冗余 UPS 接线

辅助车间 UPS 由于容量较小,有条件推荐从保安段不同段引接,如受条件限制,可从不同厂用母线段引接 2 回电源。

UPS 直流电源由机组直流系统引接可节省投资及减少运行维护工作量,但有个别电厂发生过事故停电时由于油泵启动引起直流系统电压低造成 UPS 失电的事故,也有采用设置专用蓄电池组的方案。从节省投资、减少运行维护工作量、保证系统运行可靠性的角度出发,工程中 UPS 直流电源推荐由机组直流系统引接。

当直流电源由机组直流系统引接时,UPS 输入/输出回路设设隔离变压器是因为 UPS 输入及输出端均为接地系统,隔离变压器的作用除电源隔离外,可避免机组直流系统接地误报警。直流回路装设逆止二极管的作用是防止 UPS 整流器给机组蓄电池充电,当直流电源采用 UPS 自带蓄电池组时,无须设置逆止二极管。

(五)交流不间断电源设备接地

(1)交流不间断电源配电系统宜采用 TN-S 系统,也可采用 IT 系统。当交流不间断电源配电系统采用 TN-S 系统时,接地应符合下列要求:

1)交流不间断电源系统应设置工作接地和保护接地,其工作接地与保护接地可共用接地装置。

2)交流不间断电源系统宜采用安装于主配电柜内的截面积不小于 100mm² 的接地铜排作为接地装置。UPS 输出端的中性线(N 线)应在主配电柜内与接地铜排可靠连接。

(2)当交流不间断电源配电系统采用 IT 系统时,宜装设绝缘监察装置。

(3)当计算机监控系统与发电厂共用接地网时,交流不间断电源系统的接地装置应与发电厂的主接地网连接,接地电阻应符合规范要求。当计算机监控系统设置专用接地网时,交流不间断电源系统的工作接地宜与计算机专用接地网连接,接地电阻应符合计算机监控系统的要求。

UPS 的接地方式一般根据计算机监控系统的要求确定,当计算机监控系统要求电源接地时,采用 TN-S 系统主要是为了消除因中性线电流造成接地电位升高对计算机负荷的影响,保证计算机系统安全稳定运行。当计算机监控系统要求电源不接地时,UPS 配电系统则应采用 IT 系统,其优点是发生单相接地时,保护不跳闸,能连续对负荷供电,但应注意 IT 系统的过电压对敏感电子设备的影响。

交流不间断电源系统的接地按功能分为工作接地和保护接地。工作接地是 UPS 三相输出的中性点或单相输出的中性线(N 线)在 UPS 输出端的接地;保护接地是为了防止因绝缘损坏而遭受触电的危险,设备的金属外壳或构架的接地。

当 UPS 配电系统采用 IT 系统时,如系统发生一点接地或绝缘损坏时,系统可以连续供电,为及时消除故障,避免发生第二点接地造成供电中断,需装设绝缘监察装置以发现接地或绝缘损坏故障。

第七节　交流不间断电源设备选择

一、交流不间断电源主机设备

（1）整流器。整流器应包括隔离输入变压器、可控整流桥、控制板。当整流器容量较大时，输入变压器宜由三相输入供电。当容量较小时可用单相输入变压器。整流器用以提供逆变器一个恒压直流电源。该直流电压应不小于蓄电池直流母线最高运行电压，即蓄电池组均衡充电时的母线电压，可取最高运行电压不小于 1.125 倍的直流母线额定电压。整流器输入电压的允许变化率应不小于额定输入电压的 +10%～-15%，允许频率变化率应不小于额定输入频率的 ±5%。整流器应具有全自动限流特性，以防止输出电流超过安全的最大值，当限流元件故障时，其后备保护应能使整流器跳闸。由厂内蓄电池组供电的 UPS，采用双绕组隔离变压器。整流装置的主要技术性能为：

1）输入电压：AC 380（$1\pm10\%$）V。

2）输出电压：DC 220V 或 110V，$\pm20\%$ 可调。

3）稳压精度：负荷电流 5%～100% 变化时，不大于 $\pm1\%$。

4）效率：$\geqslant95\%$。

5）整流器容量：蓄电池组的再充电时间，取决于蓄电池自身的特性和整流器（或充电装置）的输出特性；整流器的容量应按带逆变器静态负荷加蓄电池充电电流 $0.1C_{10}$ 来选择。

（2）逆变器。逆变器是 UPS 中的核心部分。目前，较先进的逆变器已采用 DSP（数字信号处理）数字技术和 IGBT（绝缘栅双极性晶体管）；逆变器的输入由整流器直流输出及带闭锁二极管的蓄电池直流馈线并联供电。当整流器输出电源消失时，切换由蓄电池直流馈线供电。当整流器输入电压和频率在允许的规定值范围内变化或蓄电池组直流母线电压变化率为额定值的 $\pm12.5\%$ 时，逆变器在各种工况运行时，其输出电压的变化率应不超过额定值的 $\pm1\%$，频率变化率应不超过额定值的 $\pm0.5\%$，逆变器的总谐波有效值应不大于 5%，任何单一谐波有效值应不大于 2%。逆变器具有全自动限流特性。过载或出口短路时，应将输出电流限制在安全范围内。当短路切除后能自动恢复正常运行。限流元件故障时，后备保护应能将逆变器跳闸，并向控制室发出报警信号。逆变器在功率因数为 0.7～0.9 运行，最大冲击负荷为额定值的 1.5 倍时，应能承受 60s。逆变器设置高精度的短路保护系统及超载限流装置，当输出端出现超载时，系统将自动限流调节输出电压，继续向负荷供电；当输出端出现短路

时，逆变器将输出极限电流并自动将输出电压调至零点，短路消失后，逆变器自动恢复到正常状态。逆变器的主要技术性能为：

1）额定输入电压：DC 220V，DC 110V。

2）工作电压范围：DC 187～264V（-20%～15%），适用于 DC 220V。DC 93.5～132V（-20%～15%），适用于 DC 110V。

3）极限工作电压：DC 165～275V（$\pm25\%$），适用于 DC 220V。DC 82.5～137.5V（$\pm25\%$），适用于 DC 110V。

4）自动关机电压：DC $\dfrac{286(+30\%)}{163(-26\%)}$ V；DC $\dfrac{143(+30\%)}{81.5(-26\%)}$ V。

5）额定输出电压：AC 220V 或 380V。

6）效率：$\geqslant90\%$。

7）启动特性：应能在额定负荷下可靠启动。

8）同步跟踪：能自动跟踪旁路系统相位、频率或并联运行逆变器的相位、频率和电压。

（3）闭锁二极管。当 UPS 直流电源由电厂直流系统引接时，其直流电压允许变化范围应适应直流系统变化的要求；防止 UPS 充电器向机组直流系统的蓄电池充电，直流输入回路应配置逆止二极管，逆止二极管反向击穿电压应不低于输入直流额定电压的 2 倍。

（4）UPS 有单进/单出形式、三进/单出形式、三进/三出形式。由于计算机负荷均为单相负荷，故发电厂 UPS 宜采用单相输出形式，当存在三相负荷或 UPS 容量较大时，技术经济合理也可采用三相输出形式，通过配电柜或 DCS 电源柜将负荷分配到三相上。UPS 输出端的负荷不平衡度控制在不超过 30%～40% 范围内。

（5）UPS 交流主电源输入宜采用 380V 三相三线制输入，容量小于 10kVA 的 UPS 交流输入可采用 220V 单相输入。

（6）当采用模块化 UPS 时，模块能在线热插拔，当模块数量小于 7 时，可采用 $n+1$ 配置方式；当模块数量不小于 7 时，宜采用 $n+2$ 配置方式。

二、交流不间断电源旁路设备

发电厂常用的旁路电源系统由隔离变压器、稳压器、调压变压器和手动旁路开关组成。由逆变器跟踪旁路电源的频率和相位，由旁路系统的稳压器和调压变压器跟踪逆变器的输出电压。

（1）隔离变压器。为简化提供给 UPS 的旁路电源和隔离备用电源与 UPS 的不同接地方式，选用一台 380（220）/380（220）V 干式变压器，其容量等于逆

变器容量。旁路隔离变压器采用干式自冷结构，有利于设备布置及满足防火要求。UPS 主机的最大输出电流一般为额定电流的 3 倍左右，当交流不间断电源配电系统发生短路，主机不能提供短路电流时，UPS 会自动切换到旁路供电来提供足够的短路电流，从而快速切除故障回路，也就是说 UPS 配电系统的短路电流实际上是旁路回路提供的，由于配电系统保护设备一般选用塑壳直流断路器或微型直流断路器，特别是微型直流断路器，短路电流太大时不能保证选择性，故需合理选择隔离变压器短路阻抗，限制短路时的短路电流，保证 UPS 配电系统上、下级断路器（或熔断器）之间的选择性。

（2）稳压器和调压变压器。用于实现对逆变器输出电压的自动跟踪。稳压器由补偿电路、电压检测、伺服电动机及其控制回路和传动装置、开关电器及相应的测量保护回路组成。电压检测回路从稳压器输出端采样，与基准电压进行比较，根据比较结果来确定是否发出指令来驱动伺服电动机。实现无级调压来维持输出电压稳定，调压变压器是干式变压器。二次输出电压的自动调压回路较复杂，故较多 UPS 装置的旁路回路不设稳压器和调压隔离变压器，用自耦调压器调节电压作旁路电源系统。自耦调压器也采用干式自冷结构。自耦调压器宜配置自动调压装置，电压调节范围可根据厂用电系统电压变化范围选择，一般采用 ±15%调压范围，特殊情况也可采用±20%调节范围。

（3）静态切换开关。静态开关分别由逆变器输出静态开关和旁路静态开关组成，在正常情况下，逆变器输出静态开关处于常闭状态，旁路静态开关处于常开状态。在逆变器输出电压消失、受到过度冲击、过负荷或 UPS 负荷回路短路时，静态切换开关应自动将配电柜负荷切换到旁路交流电源。静态切换开关用于由四个晶闸管及其触发电路组成的电源切换回路。静态切换开关投入运行后，经过检测确定其工作状态，输出为逻辑"1"时，表示由逆变器向负荷供电；输出为"0"时，表示由旁路电源向负荷供电，由"1"变为"0"的过程即为切换时间。静态切换开关有同步切换和反相切换两种方式：同步切换是备用电源的频率和相位均在逆变器跟踪范围内发生的切换，这种切换，发生在逆变器输出电压突然为零（如快速熔丝熔断）或逆变器输出电压异常（电压过高或过低）时。反相切换是在系统发生故障时，因逆变器输出电压异常而发生的切换，此时，逆变器输出与备用电源间可能已失去同步，频率和相位均已发生变化。这两种切换，切换时间、切换状态有很大差异。同步切换时，延时200μs 触发备用电源晶闸管，这一延时主要是为了等待连接逆变器输出的晶闸管完全关断，以防止产生环流而损坏装置。200μs 的时间对负荷造成的影响可忽

略不计，所以可认为同步切换的切换时间为零，这种切换，由于工作电源和备用电源之间的电压、频率、相位均相同，对负荷含有电感的回路来说，不会出现电流突变，因而也不会造成 UPS 输出电压的扰动。反相切换最不利的情况是在两个电源系统失去同步后且相位差在 180°左右时发生的切换。按照静态切换开关在切换过程中不应对负荷含有电感的供电回路中造成电流突变的要求，需等待备用电源的电流过零时才能进行切换，这样，最长可能要等待约 10ms 的时间。此时，电源将间断约 10ms。这种情况虽然发生的概率极小，但有可能发生。一般要求从逆变器输出电流消失到切换至旁路电源，总的切换时间应不大于 5ms。当电源切至旁路时，应经适当延时，向控制室发出信号。当逆变器恢复正常运行时，静态切换开关应经适当延时自动将负荷切至逆变器输出。根据需要，也应能手动控制解除静态切换开关的自动反相切换。

静态切换开关的主要技术性能如下：

1）功能及工作方式。用于在逆变器和旁路系统之间进行切换。具有双向切换、自动或手动切换功能。当逆变器输入电压高于或低于极限工作值或输出失压时，能自动无间断地切换至旁路系统。

2）静态切换开关的转换时间不大于 5ms。

3）逆变器输出恢复正常后，经同步检测延时 5～10s 自动切换至逆变器供电。

（4）手动旁路开关多选用二闭一开先合后开的开关，旁路系统的主要技术要求如下：

1）调压变压器的调节范围应不小于逆变器输出电压范围的宽度。变压器的容量应大于逆变器输出容量。调压器输出应自动跟踪逆变器输出电压。

2）手动旁路开关为先合后开。

3）旁路系统承受短路能力不小于 10 倍额定电流，持续时间 1s。

4）手动检修旁路开关应具有同步闭锁功能，以保证逆变器输出与旁路电源同步。如果电厂频率偏离限定值，逆变器应保持其输出频率在限定值之内。当电厂频率恢复正常时，逆变器应自动地以 1Hz/s 或更小的频差与电厂电源自动同步。同步闭锁装置应能防止不同步时手动将负荷由逆变器切换至旁路。UPS 控制屏上应设有同步指示。手动切换时逆变器输出应与旁路电源同步。逆变器故障或外部短路由静态切换开关自动切换时则不受此条件控制。

（5）当 UPS 为单相输出时，旁路宜采用 380V 两相两线制输入，即采用厂用电的线电压输入，可减少不平衡负荷对厂用电的影响。但对于一路由 UPS 供电、一路由保安电源供电的负荷，应注意核对两路电源的相位，当要求两路电源相位一致时，旁路需采用

220V 单相输入。当 UPS 输出为三相时，其旁路应采用 380V 三相输入。

三、交流不间断电源自带蓄电池设备

发电厂的 UPS 装置的直流电源大多由厂内直流系统供给，经反向二极管接入逆变器输入端。也有自带蓄电池组的 UPS 装置，其系统电压、放电时间、蓄电池容量均应满足 UPS 要求。300MW 级以上机组，如 80kVA 的 UPS，以 1h 放电容量计算，蓄电池需增加 200Ah 左右容量，采用机组直流供电方式。对于容量较小的 UPS，如升压站 UPS、生产办公楼 MIS 的 UPS，容量为 15～20kVA，也可采用自带蓄电池供电方式。

（1）UPS 蓄电池宜采用阀控式密封铅酸蓄电池或防酸式铅酸蓄电池，可根据容量及寿命的要求，经技术经济比较，选用 2V、6V 或 12V 的产品。选择蓄电池时，应选用寿命不小于 5 年的产品。

（2）蓄电池事故放电电流宜按 UPS 额定容量计算，与电力系统连接的火力发电厂，蓄电池的事故放电计算时间宜按 0.5h 计算；孤立发电厂，蓄电池的事故放电计算时间宜按 1h 计算。

在表 9-13 中与电力系统连接的发电厂，交流厂用电事故停电时间按 1h 计算，孤立发电厂交流厂用电事故停电时间按 2h 计算。作为交流不间断电源自带蓄电池，UPS 的备用时间建议按 UPS 额定容量计算不小于 0.5h 和 1h 计算，主要考虑了以下几个因素：

1）按 UPS 产品标准，UPS 的备用时间是按其额定容量计算的。

2）发电厂 UPS 的容量与实际负荷相比有较大裕度，当备用时间按 UPS 额定容量选择时，由于事故放电功率比 UPS 额定功率小得多，所以实际备用时间较长。

3）UPS 在厂用电故障时实际负荷较难统计，按实际负荷计算备用时间困难。

4）单机容量 200MW 及以上的机组都设有保安电源，当保安电源投入后能为 UPS 提供电源，保证 UPS 能持续供电。所以 UPS 的备用时间按 0.5h 和 1h 计算。

（3）蓄电池的个数应根据蓄电池单体电压和 UPS 直流输入电压允许范围确定。

由于交流不间断电源自带蓄电池，其直流电压允许范围一般与厂（站）直流电压变化范围不同，故蓄电池的个数应根据电池单体电压和 UPS 直流输入电压允许范围计算。交流不间断电源自带蓄电池组的标称电压可比机组直流系统高，不宜高于 500V，一般为 314～500V，采用较高的直流电压可节约逆变器投资，要求 UPS 应具有蓄电池监视、管理等功能。

四、交流不间断电源断路器

（1）断路器额定电压应大于或等于回路的最高工作电压。

（2）断路器脱扣额定电流应大于或等于回路的最大连续工作电流，并满足上、下级断路器保护选择性的要求。

UPS 主配电柜断路器应注意核实上、下级之间的选择性，可采用塑壳直流断路器。当所接负荷为终端负荷，对选择性无要求时，也可采用微型直流断路器，需注意核算其分断能力。

（3）断路器应根据其在系统中的安装位置配置速断、短延时或过电流保护。

（4）当 UPS 采用单相输出时，电源及馈线回路采用二极断路器，当 UPS 为三相输出时，电源及三相负荷回路采用四极断路器，单相负荷回路宜采用二极断路器。避免中性线电流对地电位的影响，保证对计算机等电子信息系统设备的供电质量。

（5）断路器开断电流应满足 UPS 交流系统短路电流的要求，发生短路时，供电回路中各级断路器应能选择性动作。

由于 UPS 主机提供的短路电流较小，一般为 3 倍额定电流左右，故短路电流按旁路提供的短路电流计算。由于旁路容量在厂用电系统中所占容量较小，故其短路电流可按式（9-50）估算

$$I_k = \frac{100 \times S_N}{U_N \times (U_{d1} + U_{d2})} \quad (9-50)$$

式中　S_N ——UPS 旁路系统隔离变压器容量，kVA；

U_N ——UPS 输出侧额定电压，V；

U_{d1} ——旁路隔离变阻抗电压百分值（以隔离变额定容量为基准）；

U_{d2} ——旁路调压器阻抗电压百分值（以隔离变额定容量为基准）；

I_k ——UPS 输出侧短路电流，kA。

（6）当采用熔断器作为保护电器时，应装设隔离电器，如刀开关，也可采用熔断器和刀开关组合的刀熔开关。

（7）UPS 输入端装设交流断路器或熔断器，由于直接与厂用电系统连接，且电厂厂用电系统电流较大，因此交流输入端的开关设备应满足厂用电系统的动、热稳定性要求。

五、电涌保护器

（1）交流不间断电源系统的电源及信号线路设置电涌保护器。UPS 的交流电源输入端、直流电源输入端、交流输出端及配电柜母线宜配置电涌保护器。电涌保护器安装位置及耐冲击电压类别如图 9-48 所示。

耐冲击过电压类别	II		I	
耐冲击过电压额定值	2.5kV		1.5kV	0.5kV
SPD安装位置	UPS机柜		UPS主配电柜	UPS分配电柜或DCS电源柜

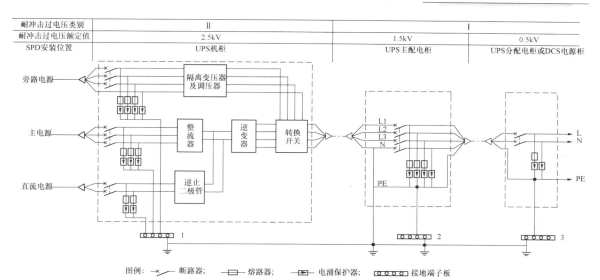

图例：—×— 断路器；—☐— 熔路器；—⊡— 电涌保护器；〔⊙⊙⊙〕接地端子板

图 9-48　电涌保护器安装位置及耐冲击电压类别

1—UPS 室接地铜排或等电位接地板；2—UPS 配电柜接地铜排；3—分配电柜（DCS 电源柜）接地铜排

（2）电涌保护器选择。

1）电涌保护器的额定电压及持续工作电压应根据交流不间断电源系统的标称电压选择。

2）电涌保护器的电压保护水平应低于或等于被保护设备的冲击耐受电压，交流不间断电源系统设备的冲击耐受电压水平见表 9-62。

表 9-62　交流不间断电源系统设备的
冲击耐受电压水平

设备类型	电源处的设备	配电线路和最后分支线路的设备	用电设备	需要特殊保护的电子信息设备
耐冲击过电压类别	IV	III	II	I
设备名称	PC 柜	MCC 柜电源切换装置	UPS 主机柜旁路柜	UPS 主配电柜	DCS 电源柜分配电柜
耐冲击过电压额定值	6kV	4kV	2.5kV	1.5kV	0.5kV

3）电源线路电涌保护器标称放电电流可按表 9-63 配置。

表 9-63　电源线路电涌保护器标称
放电电流参数值

安装位置	交流主电源输入端	交流旁路电源输入端	直流电源输入端	UPS 主配电柜母线	UPS 分配电柜母线
保护级别	第二级	第二级	第三级	第三级	第四级
标称放电电流波形	8/20μs	8/20μs	8/20μs	8/20μs	8/20μs
标称放电电流（kA）	≥40	≥40	≥10	≥20	≥10
保护水平电压（kV）	<2.5	<2.5	<1.5	<1.5	<0.5

电源线路的电涌保护器应安装在各级被保护设备电源线路的前端，连接导线宜采用铜导线，最小截面积宜符合表 9-64 的规定。

表 9-64　电涌保护器线径选择

保护级别	电涌保护器类型	电涌保护器连接铜导线截面积（mm²）	
		相线端	接地端
一级	开关型或限压型	16	25
二级	限压型	10	16
三级	限压型	6	10
四级	限压型	4	6

注　组合型电涌保护器参照相应保护级别的截面积选择。

当 UPS 通信接口采用电接口且传输距离较远时，其信号线路宜配置电涌保护器，电涌保护器参数按表 9-65 配置。

表 9-65　信号线路电涌保护器参数

线缆类型	非屏蔽双绞线	屏蔽双绞线	同轴电缆
标称导通电压	≥1.2U_n	≥1.2U_n	≥1.2U_n
测试波形	（1.2/50μs、8/20μs）混合波	（1.2/50μs、8/20μs）混合波	（1.2/50μs、8/20μs）混合波
标称放电电流（kA）	≥1	≥0.5	≥3

信号线路电涌保护器应连接在被保护设备的信号端口上，其接地端宜采用截面积不小于 1.5mm² 的铜芯导线与接地端子连接。

4）电涌保护器应设保护，可采用断路器或熔断器进行保护，电涌保护器的断流容量大于安装处最大短路电流。

六、交流不间断电源设备电缆

（1）根据 UPS 在控制、保护中的重要性，发电厂 UPS 配电回路推荐采用铜芯耐火电缆。

（2）电缆截面应按电缆长期允许载流量和回路允许压降两个条件选择，且其热稳定电流应与断路器或熔断器配合。电缆截面选择原则如下：

1）UPS 主机或旁路至主配电柜的电缆截面，电流宜按 UPS 额定电流选择，压降不宜超过系统标称电压的 0.5%。

2）主配电柜至分配电柜的电缆截面，应根据回路最大负荷电流选择，压降不宜超过系统标称电压的 1%。

3）主配电柜及分配电柜馈线回路电缆，应根据回路最大负荷电流，并按用电设备允许压降选择。

当 UPS 为单相输出时，馈线回路宜采用三芯电缆；当 UPS 为三相输出时，三相负荷馈线回路宜采用五芯电缆，单相负荷馈线回路宜采用三芯电缆。采用三芯或五芯电缆，主要是满足 TN-S 系统要求，保证接地可靠性，提高计算机监控系统运行稳定性。当 UPS 采用三相输出时，由于负荷电流中三次谐波电流在中性线的叠加效应，选择五芯电缆时中性线的截面不应小于相线截面。

第八节　交流不间断电源设备保护和监控

一、UPS 测量

（1）交流不间断电源系统测量仪表的设计应符合 GB/T 50063《电力装置的电测量仪表装置设计规范》的有关规定。

（2）UPS 主机宜采用数字式多功能仪表显示各种运行参数，测量内容应包括下列参数：

1）交流输入电压；
2）直流输入电压；
3）输出电压；
4）输出频率；
5）输出功率。

（3）UPS 旁路宜测量交流输入电压、频率及输出电压。

（4）UPS 主配电柜宜测量进线电流、母线电压及频率。

（5）UPS 分配电柜宜测量母线电压。

（6）UPS 输出电压、输出频率和输出功率或电流应能在控制室进行监视。

（7）UPS 主机柜上的测量仪表精度应不低于 1.0 级，当旁路柜、配电柜上的测量仪表采用常规仪表时，其测量精度应不低于 1.5 级。

二、UPS 保护

（1）UPS 的交流输入侧、直流输入侧应装设保护电器。

（2）UPS 配电各馈线回路应装设保护电器。

（3）保护电器宜采用断路器，也可采用熔断器。

（4）各级保护装置的配置，应根据其装设地点的短路电流计算结果，保证上、下级断路器或熔断器之间具有选择性。

（5）各级保护装置可根据安装位置配置瞬时电流速断保护、短延时电流速断保护、过电流保护和接地保护。

三、UPS 信号

（1）交流不间断电源系统故障时应发出信号，信号系统设计应符合 DL/T 5136《火力发电厂、变电所二次接线设计技术规程》的有关规定。

（2）交流不间断电源系统应具有交流输入电压低、直流输入电压低、逆变器输入/输出电压异常、整流器故障、逆变器故障、静态开关故障、风机故障、馈线跳闸等故障报警及旁路运行、蓄电池放电等异常运行报警功能。

（3）交流不间断电源系统综合故障等重要信号应采用干触点输出，并采用硬接线接入监控系统。交流不间断电源系统测点信息见表 9-66。

表 9-66　交流不间断电源系统测点信息表

序号	测点名称	硬接线	通　信
1	模拟量测点		
1.1	UPS 主配电屏母线电压	√	—
1.2	UPS 主配电屏母线频率	√	—
1.3	UPS 主配电屏母线电流	√	—
1.4	UPS 输出功率	—	√
1.5	UPS 输出功率因数	—	√
1.6	UPS 输出电压	—	√
1.7	UPS 输出频率	—	√
1.8	UPS 输出电流	—	√
1.9	整流器输入电流	—	√
1.10	整流器输入电压	—	√
1.11	整流器输入频率	—	√
1.12	整流器输入功率因数	—	√

续表

序号	测点名称	硬接线	通信
1.13	整流器输出电压	—	√
1.14	整流器输出电流	—	√
1.15	直流输入电压	—	√
1.16	蓄电池充电电流	—	√
1.17	蓄电池放电电流	—	√
1.18	旁路输入电流	—	√
1.19	旁路输入电压	—	√
1.20	旁路输入频率	—	√
1.21	旁路输出电压	—	√
2	开关量测点		
2.1	UPS 综合故障报警	√	—
2.2	UPS 蓄电池放电	√	—
2.3	UPS 旁路运行	√	—
2.4	UPS 配电系统故障	√	—
2.5	整流器输入电压低报警	—	√
2.6	直流输入电压低报警	—	√
2.7	旁路输入电压	—	√
2.8	逆变器输入电压异常报警	—	√
2.9	逆变器输出电压异常报警	—	√
2.10	静态开关处于旁路位置报警	—	√
2.11	静态开关处于主机位置	—	√
2.12	手动维修旁路开关位置	—	√
2.13	整流器故障报警	—	√
2.14	逆变器故障报警	—	√
2.15	静态开关故障报警	—	√
2.16	同步跟踪故障	—	√
2.17	UPS 装置故障报警	—	√
2.18	UPS 熔丝熔断	—	√
2.19	UPS 温度异常	—	√
2.20	UPS 冷却风扇故障	—	√
2.21	UPS 过负荷锁机	—	√
2.22	UPS 输出短路	—	√
2.23	主电源进线开关失电	—	√
2.24	主电源进线开关事故跳闸	—	√
2.25	直流电源进线开关失电	—	√
2.26	直流电源进线开关事故跳闸	—	√
2.27	交流旁路电源进线开关失电	—	√
2.28	旁路电源进线开关事故跳闸	—	√

四、UPS 通信

交流不间断电源系统应具有与厂站内计算机监控系统进行通信的功能。一般采用标准接口（RS-232 或 RS-485）。

第九节　交流不间断电源设备计算

一、交流不间断电源负荷的分类及统计

根据各类负荷对停电时间要求不同，UPS 负荷分为计算机负荷和非计算机负荷。计算机负荷对供电连续性要求高，电源短时（0.1s）中断就会造成系统紊乱或停止运行，必须由 UPS 供电。非计算机负荷对电源供电连续性要求比计算机负荷低，电源短时中断（如厂用电切换）一般不影响其正常工作，这类负荷不一定要求由 UPS 供电，但考虑其供电可靠性要求，少量小容量负荷可由 UPS 供电。另外根据负荷的阻抗特性，负荷可分为线性负荷和非线性负荷，由于 UPS 负荷大部分为计算机负荷，计算机负荷均属非线性负荷，其特点是启动电流大和功率因数低，故选择 UPS 容量时应考虑其负荷特点，通过合理选择 UPS 峰值系数解决启动电流冲击的问题。

（一）负荷分类

1. 按类型分类

（1）计算机负荷。对供电连续性要求较高的交流负荷，电源的短时中断会影响系统的安全运行。

（2）非计算机负荷。对供电可靠性要求较高的控制、保护类交流负荷，在电源中断恢复后能快速恢复到原来工作状态的负荷。

2. 按性质分类

（1）线性负荷。其阻抗参数为常数的负荷，如电阻、电容、电感或其组合的负荷，可分为感性负荷、阻性负荷和容性负荷。

（2）非线性负荷。其阻抗参数不总为常数，会随如电压、时间等参数变化的负荷，如带有电解电容的整流滤波型负荷。

3. 按工作性质分类

（1）经常负荷。在正常和事故工况下均应可靠供电的负荷。

（2）事故负荷。在厂（站）用交流电源系统事故停电期间需可靠供电的负荷。

（3）冲击负荷。在短时间内施加较大冲击的负荷。

（二）负荷统计

（1）负荷统计原则：

1）连续运行的负荷应予统计计算；

2）当机组运行时，对于不经常而连续运行的负荷，应予统计计算；

3）经常而短时及经常而断续运行的负荷，应予统计计算；

4）由同一 UPS 供电的互为备用的负荷只计算运行的部分；

5）互为备用而由不同 UPS 供电的负荷，应计算全部负荷。

UPS 负荷统计应项目完整，无遗漏，负荷容量力求准确、合理。

（2）当 UPS 采用三相输出时，单相负荷应均匀分配到 UPS 三相上，分别计算每相负荷。

（3）常用 UPS 负荷见表 9-67。

表 9-67　　　　　　　　　　　　　　常用 UPS 负荷

序号	负 荷 名 称	负荷类型	运行方式	功率因数	备　　注
1	分散控制系统（DCS）	计算机负荷	经常、连续	0.98	—
2	汽轮机数字电液控制（DEH）系统	计算机负荷	经常、连续	0.95	—
3	紧急跳闸系统（ETS）	计算机负荷	经常、连续	0.95	—
4	锅炉炉膛安全监控系统（FSSS）	计算机负荷	经常、连续	0.95	—
5	给水泵汽轮机电液控制系统（MEH）	计算机负荷	经常、连续	0.95	—
6	旁路控制（BPC）系统	计算机负荷	经常、连续	0.95	—
7	汽轮机监视仪表（TSI）	非计算机负荷	经常、连续	0.90	—
8	给水泵汽轮机本体监视仪表（MTSI）	非计算机负荷	经常、连续	0.90	—
9	锅炉火检装置	非计算机负荷	经常、连续	0.80	—
10	汽轮机水位电视系统	非计算机负荷	经常、连续	0.80	—
11	炉膛火焰电视系统	非计算机负荷	经常、连续	0.80	—
12	电磁阀	非计算机负荷	经常、连续	0.65	适用于失电动作型
13	热工仪表、变送器	非计算机负荷	经常、连续	0.70	—
14	厂级监控信息系统（SIS）	计算机负荷	经常、连续	0.80	—
15	管理信息系统（MIS）	计算机负荷	经常、连续	0.80	—
16	辅助车间程序控制系统	计算机负荷	经常、连续	0.90	—
17	电气监控管理系统（ECMS）	计算机负荷	经常、连续	0.95	—
18	电力网络计算机监控系统（NCS）	计算机负荷	经常、连续	0.95	—
19	电气变送器	非计算机负荷	经常、连续	0.70	—
20	故障录波装置、电能计费系统	计算机负荷	经常、连续	0.80	—
21	时钟同步系统	计算机负荷	经常、连续	0.80	—
22	火灾报警系统	非计算机负荷	经常、连续	0.80	—
23	调度数据网络和安全防护设备	计算机负荷	经常、连续	0.95	—
24	RTU、同步向量测量装置	非计算机负荷	经常、连续	0.90	—
25	系统主机或服务器	计算机负荷	经常、连续	0.98	—
26	操作员工作站	计算机负荷	经常、连续	0.90	—
27	工程师工作站	计算机负荷	不经常、连续	0.90	—
28	网络打印机	计算机负荷	不经常、间断	0.60	—

注　1．各负荷的功率因数应以设备制造厂提供的参数为准，当设备制造厂不能提供参数时可取表中数值。

2．ETS：emergency trip system。

3．MEH：micro-electro-hydraulic control system。

4．BPC：bypass control。

5．TSI：turbine supervisory instruments。

二、交流不间断电源容量计算

UPS 的额定容量通常指逆变器交流输出的视在功率，根据热控和电气专业提供准确的负荷资料，UPS 向不允许停电且在动态和静态状态下能保证频率、电压扰动和谐波不允许超出一定范围的负荷供电。

在选择 UPS 额定容量时，除要按负荷的视在功率计算外，还要计及动态（按负荷从 0～100%突变）稳压和稳频精度的要求，以及温度变化、蓄电池端电压下降和设计冗余要求等因素的影响。

（一）影响 UPS 负荷计算

（1）功率因数。UPS 装置在额定视在功率下，能适应的功率因数范围在 0.9（超前）～0.4（滞后）范围内，在不同的负荷功率因数下，UPS 提供的容量也不相同，由于各品牌 UPS 内部电气原理设计、元器件参数等各不相同，各品牌 UPS 的输出特性与负荷的功率因数之间的对应关系也不相同，图 9-49 为负荷功率因数对 UPS 输出特性影响曲线。

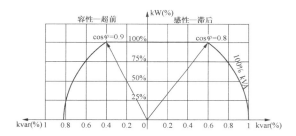

图 9-49　负荷功率因数对 UPS 输出特性影响曲线

从图 9-49 上可以看出，在负荷功率因数为 0.8（滞后）～0.9（超前）时，输出有功功率基本保持不变，而视在功率是随负荷功率因数的不同而变化的，因此，在确定 UPS 设计容量时，还应考虑品牌的 UPS 输出特性。在制造厂不能提供数据参数时，可根据表 9-69 进行计算，负荷功率因数为感性 0.8～1.0 时的数据采用图 9-49 换算得出。

（2）当负荷突变时，输出电流可能出现浪涌，电压产生陡降，为保证稳压精度和缩短恢复时间，提高频率稳定性和减少波形失真度，一般适当加大 UPS 的容量，并用动态稳定系数计及这一因素对 UPS 的影响。

（3）事故放电过程时，蓄电池端电压下降，UPS 的事故计算时间按 60min 计算，此时的直流系统电压下降至额定电压的 90%左右。虽然该电压仍在逆变器输入工作电压范围内，对逆变器输出电压影响不大，但输出容量却随输入电压下降而下降。

（4）UPS 输出容量受海拔影响，当 UPS 安装地点海拔大于 1000m 时，应考虑降容，根据制造厂提供的降容要求，或参照表 9-70 进行容量校正。

（5）UPS 输出容量受环境温度影响，环境温度过高将引起 UPS 降容。当 UPS 与直流屏一起布置在直流设备室或 UPS 室时，该室的环境温度较高，一些南方电厂夏季可达 35℃；同时因 UPS 柜内布置比较紧凑，且有大量发热元件，柜内温度将超过 40℃。容量选择应考虑温度影响。

（6）设备元器件运行时间过长而老化，运行过程中增加负荷，容量计算中应计及老化和设计裕度。

（二）UPS 负荷计算

1. 负荷统计计算

（1）根据各负荷的铭牌容量、功率因数和换算系数，计算负荷的总有功功率、总无功功率、总视在功率及负荷综合功率因数，即

$$P_c = \sum KS_i \cos\varphi_1 \qquad (9-51)$$

$$Q_c = \sum KS_i \sqrt{1 - \cos\varphi_1^2} \qquad (9-52)$$

$$S_c = \sqrt{P_c^2 + Q_c^2} \qquad (9-53)$$

$$\cos\varphi_2 = \frac{P_c}{Q_c} \qquad (9-54)$$

式中　S_i——负荷铭牌容量，kVA；

$\cos\varphi_1$——单个负荷功率因数

$\cos\varphi_2$——负荷综合功率因数

S_c——计算负荷容量，kVA；

P_c——计算负荷有功功率，kW；

Q_c——计算负荷无功功率，kvar；

K——换算系数，可按表 9-68 选择。

表 9-68　常用交流不间断负荷容量换算系数

序号	负　荷　名　称	负荷系数
1	分散控制系统（DCS）	0.5
2	汽轮机数字电液控制（DEH）系统	0.5
3	紧急跳闸系统（ETS）	0.5
4	给水泵汽轮机电液控制（MEH）系统	0.5
5	锅炉炉膛安全监控系统（FSSS）	0.5
6	旁路控制（BPC）系统	0.5
7	汽轮机监视仪表（TSI）	0.5
8	给水泵汽轮机本体监视仪表（MTSI）	0.5
9	热工电源柜	
9.1	锅炉火检装置	0.8
9.2	汽包水位电视系统	0.8
9.3	炉膛火焰电视系统	0.8
9.4	热工电磁阀	0.6
9.5	热工仪表、变送器	0.8
10	辅助车间程序控制系统	0.8

续表

序号	负 荷 名 称	负荷系数
11	电能量计费系统	0.8
12	时钟同步系统	0.8
13	火灾报警系统	0.8
14	电气变送器	0.8
15	系统主机或服务器	0.7
16	操作员工作站	0.7
17	交换机及网络设备	0.7
18	工程师工作站	0.5
19	网络打印机	0.5

（2）当 UPS 所连接负荷类型一致或各负荷功率因数相近时，有

$$S_c = \sum (KS_i) \tag{9-55}$$

2. UPS 容量选择

根据计算负荷容量，按式（9-56）计算 UPS 容量，根据计算负荷容量，选择大于或等于该计算负荷容量的 UPS 容量作为选择容量，即

$$S = K_{rel} \frac{S_c}{K_f K_d} \tag{9-56}$$

式中　S ——UPS 计算容量，kVA；

S_c ——计算负荷容量，kVA；

K_{rel} ——可靠系数，取 1.25；

K_f ——功率校正系数，取 0.8～1.0，负荷综合功率因数由制造厂提供，当制造厂无数据时可按表 9-69 选择；

K_d ——降容系数，由制造厂提供，当制造厂无数据时可按表 9-70 选择。

表 9-69　功率校正系数 K_f

负荷特性	容性		阻性	感性					
负荷综合功率因数	0.80	0.90	1.00	0.95	0.90	0.85	0.80	0.70	0.60
功率校正系数 K_f	0.55	0.74	0.80	0.84	0.89	0.94	1.00	0.84	0.75

表 9-70　降容系数 K_d

海拔（m）	1000	1500	2000	2500	3000	3500	4000	4500	5000
降容系数 K_d	1.00	0.95	0.91	0.86	0.82	0.78	0.74	0.70	0.67

3. 算例

某工程 600MW 机组 UPS 选择计算。

UPS 负荷统计见表 9-71。

表 9-71　UPS 负荷统计表

序号	负荷名称	装置容量（kVA）	负荷系数	功率因数（感性+；容性−）	有功功率（kW）	无功功率（kvar）
1	热控 DCS 电源柜	35	0.5	0.95	16.625	5.464
2	热控 UPS/保安电源柜	30	0.5	0.8	12.000	9.000
3	汽轮机电液控制系统（DEH）	5	0.5	0.7	1.750	1.785
4	汽轮机 ETS 柜	2	0.5	0.8	0.800	0.600
5	SIS 系统网络	6	0.5	0.8	2.400	1.800
6	热控火灾报警系统	6	0.5	0.8	2.400	1.800
7	热控辅助系统控制网络	6	0.5	0.8	2.400	1.800
8	发电机-变压器组电度表屏	0.5	0.8	0.8	0.320	0.240
9	发电机-变压器组变送器屏	0.5	0.8	0.7	0.280	0.286
10	发电机-变压器组故障录波	0.2	0.6	0.7	0.084	0.086
11	厂用快切屏	0.1	0.6	0.7	0.042	0.043
12	发电机-变压器组保护柜	0.2	0.6	0.7	0.084	0.086
13	发电机在线监测装置	1	0.8	0.7	0.560	0.571
14	时钟同步系统	1	0.8	0.7	0.560	0.571

负荷功率合计

$$P_c = \Sigma KS_i \cos\varphi + \Sigma KS_j \cos\varphi = 40.305 \text{(kW)}$$
$$Q_c = \Sigma KS_i \sin\varphi + \Sigma KS_j \sin\varphi = 24.132 \text{(kvar)}$$

计算负荷容量

$$S_c = \sqrt{P_c^2 + Q_c^2} = 46.98 \text{(kVA)}$$

UPS 计算容量

$$S = K_{rel} S_c / K_f = 61.17 \text{（kVA）}$$

UPS 选择容量 80kVA。

（三）交流不间断电源自带蓄电池选择计算

1. 蓄电池个数选择

（1）按 UPS 直流标称电压选择。按浮充电运行时 UPS 直流输入标称电压选择蓄电池个数，当蓄电池布置得较远时，按 1.05 倍 UPS 直流输入标称电压选择蓄电池个数，即

$$n = \frac{U_n}{U_f} \tag{9-57}$$

或

$$n = 1.05 \frac{U_n}{U_f} \tag{9-58}$$

（2）按蓄电池均衡充电电压选择。按蓄电池均衡充电时 UPS 直流电压输入允许的最高值校验蓄电池

个数，即

$$U_c \leq \frac{U_{max}}{n} \qquad (9-59)$$

（3）按蓄电池放电终止电压选择。按蓄电池事故放电时，UPS 直流电压输入允许的最低值校验蓄电池个数，即

$$U_m \geq \frac{U_{min}}{n} \qquad (9-60)$$

以上式中 U_n——UPS 直流输入标称电压，V；

U_{max}——UPS 直流输入最高允许电压，V；

U_{min}——UPS 直流输入最低允许电压，V；

U_f——单体蓄电池浮充电电压，V；

U_c——单体蓄电池均衡充电电压，V；

U_m——单体蓄电池放电末期终止电压，V；

n——蓄电池个数。

2. 蓄电池容量选择

（1）查表法。

1）电流法。按 UPS 直流输入允许的最低电压及蓄电池个数，计算单只蓄电池放电终止电压

$$U_m = \frac{U_{min}}{n} \qquad (9-61)$$

式中 U_m——单体蓄电池放电终止电压，V；

U_{min}——UPS 直流输入最低允许电压，V；

n——蓄电池个数。

按 UPS 输出功率及允许的最低电压，计算蓄电池放电电流

$$I = K \frac{S\cos\varphi}{\eta U_{min}} \qquad (9-62)$$

式中 I——放电电流，A；

K——可靠系数；

S——UPS 额定容量，VA；

η——UPS 逆变器效率；

$\cos\varphi$——UPS 功率因数。

根据放电终止电压、放电时间及放电电流，从蓄电池制造厂提供的对应终止电压下恒流放电安培/安时数据表中，找出等于或大于计算放电电流对应的蓄电池型号。

2）功率法。按 UPS 直流输入允许的最低电压及蓄电池个数，计算单只蓄电池放电终止电压

$$U_m = \frac{U_{min}}{n} \qquad (9-63)$$

式中 U_m——单体蓄电池放电终止电压，V；

U_{min}——UPS 直流输入最低允许电压，V；

n——蓄电池个数。

按 UPS 输出功率，计算单只蓄电池放电功率

$$P_{nc} = K \frac{S\cos\varphi}{\eta n} \qquad (9-64)$$

式中 P_{nc}——单只蓄电池放电功率，W；

K——可靠系数，有空调时取 1.25，无空调时取 1.4；

S——UPS 额定容量，VA；

η——UPS 逆变器效率；

$\cos\varphi$——UPS 功率因数。

根据放电终止电压、放电时间及放电功率，从蓄电池制造厂提供的对应终止电压下恒功率放电数据表中，找出等于或大于 P_{nc} 功率值所对应的蓄电池型号。

（2）电源法。按 UPS 直流输入允许的最低电压及蓄电池个数，计算单只蓄电池放电终止电压

$$U_m = \frac{U_{min}}{n} \qquad (9-65)$$

式中 U_m——单体蓄电池放电终止电压，V；

U_{min}——UPS 直流输入最低允许电压，V；

n——蓄电池个数。

按 UPS 输出功率及允许的最低电压，计算蓄电池放电电流

$$I = \frac{S\cos\varphi}{\eta U_{min}} \qquad (9-66)$$

式中 I——放电电流，A；

S——UPS 额定容量，VA；

η——UPS 逆变器效率；

$\cos\varphi$——UPS 功率因数。

蓄电池组容量

$$C_c \geq \frac{KIT}{K_{cc}[1 + \alpha(t - 25)]} \qquad (9-67)$$

式中 K——可靠系数，取 1.25；

T——事故放电小时数，h；

K_{cc}——容量系数，见表 9-72；

α——电池温度系数，当放电小时<1h 时，取 α=0.01，当 1h≤放电小时≤10h 时，取 α=0.008，℃$^{-1}$；

t——实际电池所在地最低温度值，℃。

表 9-72　　　　　　　　　　铅酸蓄电池容量系数（K_{cc}）表

放电小时（h）	0.5			1			2	3	4	6	8	10	≥20
终止电压（V）	1.65	1.70	1.75	1.70	1.75	1.80	1.80	1.80	1.80	1.80	1.80	1.80	≥1.85
防酸式铅酸蓄电池	0.38	0.35	0.3	0.53	0.5	0.40	0.61	0.75	0.79	0.88	0.94	1.00	1.00
阀控式密封铅酸蓄电池	0.48	0.45	0.4	0.58	0.55	0.45	0.61	0.75	0.79	0.88	0.94	1.00	1.00

（3）电流换算法（阶梯负荷法）。按电流法计算蓄电池终止电压和放电电流，根据放电电流及终止电压，按阶梯计算法计算蓄电池容量。

3. 算例

某 220V、50kVA、$\cos\varphi=0.8$ 逆变装置，备用供电时间为 30min，正常条件下温度为（20±5）℃，装置允许最高充电压为 260V，最低电压为 198V，逆变器效率为 85%，按查表法，蓄电池参数计算如下：

（1）型式选择。拟采用镉镍碱性蓄电池，根据供电时间可选中倍率，也可选高倍率。本例选 GNZ 系列蓄电池。

（2）浮充电压 $U_f=1.44V$/只。

（3）电池个数 $n=260/1.44=180.6$，取 180 只。

（4）发电终止电压

$$U_m=198/180=1.10（V/只）$$

（5）蓄电池放电流

$$I=\frac{S\cos\varphi}{\eta U_{min}}=(50\times0.8)\times1000/[0.85\times(1.1\times180)]$$
$$=237.9(A)$$

（6）选择蓄电池容量。查 GNZ 中倍率镉镍碱性蓄电池在电解液温度（20±5）℃的条件下，终止放电电压为 1.10V 时的放电电流特性，见表 9-73。

表 9-73　　　　　　中倍率镉镍碱性蓄电池终止放电电压 1.10V 的放电电流特性表

电池型号	额定容量（Ah）	放电时间																
		h							min							s		
		10	8	5	3	2	1.5	1	45	30	20	15	10	5	1	30	5	1
GNZ50	50	5.10	6.39	10.2	16.4	22.6	27.6	33.9	37.2	42.6	51.3	54	60.7	68.7	90	95.2	119	140
GNZ60	60	6.15	7.66	12.2	19.6	27.1	33.1	40.7	44.6	60.0	61.5	64.8	72.9	82.4	108	114	143	171
GNZ75	75	7.69	9.58	15.3	24.6	33.9	41.4	50.9	55.8	65.8	76.9	81	91.1	103	135	142	179	207
GNZ85	85	8.72	10.8	17.3	27.8	38.4	46.9	57.7	63.2	74.3	87.2	91.8	103	116	153	161	203	235
GNZ100	100	10.2	12.7	20.4	32.8	45.2	55.2	67.9	74.4	84.9	102	108	121	137	180	190	239	282
GNZ120	120	12.3	15.3	24.5	39.3	54.2	66.3	81.5	89.2	103	123	129	145	164	216	228	287	335
GNZ150	150	15.3	19.1	30.6	49.2	67.8	82.8	101	111	128	153	162	182	206	270	285	359	421
GNZ200	200	20.5	25.5	40.9	65.6	90.4	110	135	148	170	205	216	243	274	360	381	478	559
GNZ250	250	25.5	31.8	51.0	82.0	113	138	169	186	212	255	270	303	343	450	475	598	705
GNZ300	300	30.7	38.3	61.3	98.4	135	165	203	223	253	307	324	364	412	540	571	718	839
GNZ350	350	35.9	44.7	71.6	114	158	193	237	260	299	359	378	425	480	630	666	837	978
GNZ400	400	41.0	51.1	81.8	131	180	221	271	297	343	410	432	486	549	720	762	957	1115
GNZ500	500	51.3	63.9	102	164	226	276	339	372	430	513	540	607	687	900	952	1197	1385
GNZ600	600	61.5	76.6	122	196	271	331	407	446	511	615	648	729	824	1080	1143	1436	1669
GNZ700	700	71.8	89.4	143	229	316	386	475	520	597	718	756	850	961	1260	1333	1675	1942
GNZ800	800	82.1	102	163	262	361	442	543	595	679	820	864	972	1099	1440	1524	1915	2225

查表 9-73，选 GNZ300 型，根据放电特性参数表，放电终止电压为 1.10V，在放电时间为 30min 条件下，放电电流为 253A，满足 237.9A 的要求。

由于不同品牌的蓄电池在相同放电时间和相同放电终止电压下的放电电流都有不同，查表法可适用于蓄电池已选定工程中电池的容量选定。

由于可靠系数影响因素较多，本算例未考虑可靠系数。实际工程中根据蓄电池厂家提供的资料，考虑裕度、老化系统、环境温度等因素。

第十节　交流不间断电源设备布置

一、交流不间断电源设备布置

（1）UPS 由设备厂成套供货，包括主机柜、旁路隔离稳压柜、配电柜。交流不间断电源设备的布置应结合主厂房、控制室及电子设备间的布置予以确定，应节省电缆用量和便于运行维护，并避开潮湿和多灰的场所。UPS成套柜的外形图如图9-50所示。

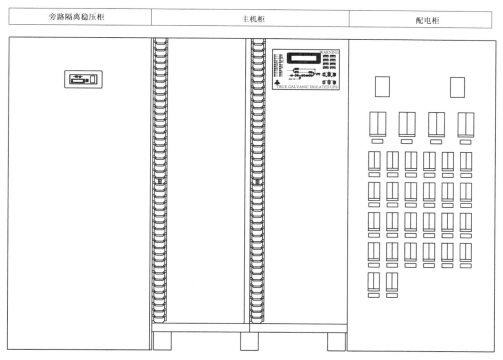

| 旁路隔离稳压柜 | 主机柜 | 配电柜 |

图9-50 UPS成套柜的外形图

（2）发电机单元机组UPS的主机柜、旁路隔离稳压柜和主配电柜宜设置专用的UPS配电室或与直流屏共用配电室，辅助系统UPS可布置于相应电子设备间或控制室内。

（3）UPS分配电柜应布置在负荷的中心附近。

（4）对于UPS专用的蓄电池组，如采用6V或12V单体时，一般采用组柜方式安装，可采用与UPS主机同室布置；如采用2V单体，蓄电池体积较大，不适宜组柜安装，推荐采用与机组蓄电池相同的安装方式，与机组蓄电池共用蓄电池室布置。

（5）按单元机组配置的不同，机组的交流不间断电源设备宜布置在不同的配电室内。

（6）UPS配电室的门应是向外开的防火门，并装有内侧不用钥匙开启的锁。相邻配电室之间的门，应能双向开启。

（7）UPS柜前应留有运行和检修通道。通道宽度可按表9-61执行。

二、交流不间断电源设备环境要求

（1）交流不间断电源设备布置应避开水、汽、导电尘埃或强电磁干扰的场所。

（2）UPS设备为发热量较大的设备，一般发热容量占UPS总容量的8%左右，是一个非常突出的问题。UPS作为电子设备，对环境温度比较敏感，必须保证环境气温不高于允许值。交流不间断电源设备宜设置空气调节装置，温度变化率不宜大于10℃/h，相对湿度宜为30%～60%，在任何情况下无凝露。必要时可于UPS柜顶装设通风管道，将柜内热量由UPS通风机排于室外。这样不但有利于UPS散热，而且避免室内温度过高。当交流不间断电源设备与阀控式密封铅酸蓄电池不同室布置时，室内温度宜为5～35℃；当交流不间断电源设备与阀控式密封铅酸蓄电池同室布置时，室内温度宜为15～30℃。

第十章

励 磁 系 统

第一节　励磁系统的分类及要求

一、励磁系统的分类

励磁系统是提供同步发电机磁场电流的装置，包括所有调节与控制元件、励磁功率单元、励磁过电压抑制和灭磁装置以及其他保护装置。

励磁系统是同步发电机组的重要构成部分，它的技术性能及运行的可靠性对供电质量、继电保护的可靠动作、加速异步电动机自动启动和发电机与电力系统的安全稳定运行具有重大的影响。随着超高压远距离输电系统的建立以及大容量发电机标幺电抗的增大，可按电网的条件采用高起始响应和高顶值电源的励磁系统。

励磁系统在电力系统中具有以下作用：

（1）提高电力系统稳定性。

（2）维持电力系统的电压。

（3）提高发电机的功率极限和系统的传输功率能力。

（4）改善电力系统及发电机的运行状态。

近年来，随着大功率半导体技术的发展及广泛应用，计算机技术在控制领域的应用越来越广泛。本章重点介绍在当前工程中常用的采用计算机励磁调节器控制的交流励磁机静止整流器、旋转整流器励磁方式及静止励磁系统中的自并励励磁方式，其他励磁系统仅作简要介绍。

（一）发电机励磁功率单元种类

1. 励磁机励磁功率单元

励磁机励磁功率单元指使用由本同步电机或其他电机轴上取得机械功率的旋转电机的励磁功率单元。

（1）直流励磁机励磁功率单元。使用换向器与电刷提供直流的励磁机励磁功率单元。

（2）交流励磁机励磁功率单元。使用整流器提供直流的励磁机励磁功率单元。

1）静止整流器交流励磁机励磁功率单元。使用静止整流器的交流励磁机励磁功率单元，其输出与同步电机励磁绕组集电环的电刷相连接。

2）旋转整流器交流励磁机励磁功率单元。使用与同步电机同轴的旋转整流器的交流励磁机励磁功率单元，其输出不经过集电环或电刷，而直接与同步电机的磁场绕组相连接。

以上励磁机励磁功率单元的整流器可以是可控的，也可以是不可控的。

2. 静止励磁功率单元

静止励磁功率单元指从一个或多个静止电源取得功率，使用静止整流器提供磁场电流的励磁功率单元。

（1）电势源静止励磁功率单元。仅从电势源取得功率并使用可控整流器的静止励磁功率单元。

（2）复合源静止励磁功率单元。从与同步电机机端量相关的电流源和电压源取得功率的静止励磁功率单元。两个电源可以在整流器交流侧或直流侧叠加，可以以串联或并联方式叠加。整流器可以设计成可控的或不可控的。

（二）发电机励磁系统种类

1. 励磁机励磁系统

励磁机励磁系统指使用励磁机励磁功率单元的励磁系统。

（1）直流励磁机励磁系统。使用直流励磁机励磁功率单元的励磁系统。有他励和并励两种方式。

（2）交流励磁机励磁系统。使用交流励磁机励磁功率单元的励磁系统。

采用与主机同轴的交流发电机作为交流励磁电源，经硅整流或晶闸管整流，供给发电机励磁。励磁系统的电源来自发电机外的其他独立电源，故称为他励，并且半导体整流元件是静止状态，也称为他励静止半导体励磁方式。按整流元件不同又可分为静止硅整流和静止可控硅整流。

交流励磁机静止硅整流器励磁系统原理接线图如图 10-1 所示。

这种励磁系统属于他励方式，发电机励磁电流由交流励磁机经硅整流装置供给。它与直流励磁机励磁方式不同，直流励磁机电枢产生的交流电动势，经过换相器的机械整流过程，变为直流输出，供给发电机励磁。这种励磁系统通过静止硅整流器将交流励磁机产生的交流电动势经过整流输出给发电机励磁。半导体整流器代替了机械的换相过程，不但减少了换相器和电刷运行的维护工作量，而且交流励磁的容量也不受限制，因此能适应较大容量发电机的要求。图中交流励磁机的励磁电流通常由中频副励磁机（400Hz 或 500Hz）经硅整流装置供给主发电机的励磁调节器，机组的调节通过控制交流励磁机的励磁电流来进行。交流副励磁机的励磁，通常通过自励恒压方式进行控制。

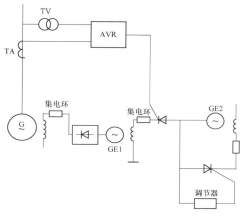

图 10-1　交流励磁机静止硅整流器励磁系统原理接线图
AVR—自动电压调节器；GE1—励磁机；GE2—副励磁机

交流励磁机静止可控硅励磁系统原理接线图如图 10-2 所示。

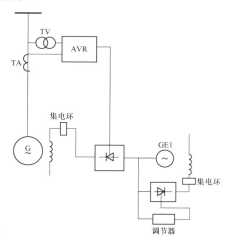

图 10-2　交流励磁机静止可控硅励磁系统原理接线图
AVR—自动电压调节器；GE1—励磁机

这种励磁系统也属于他励方式。交流励磁机的励

磁一般采用晶闸管自励恒压方式进行控制。发电机的励磁电流由交流励磁机经过晶闸管整流装置供给。发电机自动电压调节器直接控制发电机转子的晶闸管整流装置。励磁机调节器及晶闸管整流装置的响应时间比较快，因此这种励磁方式调节的快速性比图 10-1 所示的励磁方式好。

（3）无刷励磁系统。使用旋转整流器交流励磁机励磁功率单元的励磁系统。

硅整流元件和交流励磁机电枢与主轴一同旋转，给发电机励磁绕组供给励磁电流，不需要经过转子集电环和电刷引入，因此称为无刷励磁方式，或称为旋转半导体他励方式。按整流元件的不同又可分为静止硅整流和静止可控硅整流。

交流励磁机的励磁绕组电源由副励磁机引接，交流励磁机的电枢绕组感应电动势经整流桥后，送到发电机转子供给励磁。交流励磁机的励磁电流由副励磁机通过自动电压调节器调节时，原理接线图如图 10-3 所示。

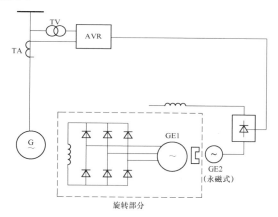

图 10-3　三机组式无刷励磁系统原理接线图
AVR—自动电压调节器；GE1—励磁机；GE2—副励磁机

交流励磁机的励磁电流由励磁变压器通过自动电压调节器调节时，原理接线图如图 10-4 所示。

无刷励磁系统的交流励磁机采用旋转电枢式发电机。硅整流装置与主轴一同旋转。交流励磁机产生的交流电动势，经过旋转整流器变换为直流后，供给发电机转子励磁绕组。交流励磁机的三相交流绕组、硅整流器及发电机的转子都在同一个轴上一同旋转，因此不需要集电环和电刷。

无刷励磁有以下优点：

1）因为没有集电环和电刷，也没有机械换相装置，所以运行可靠性提高。

2）没有碳粉和铜末的污染，电枢绕组绝缘寿命变长。

3）发电机运行时不会因电刷产生火花，因此可以适用于较恶劣的环境。

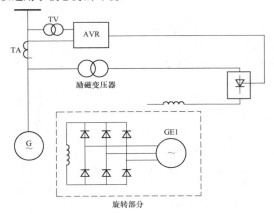

图 10-4　两机组式无刷励磁系统原理接线图

AVR—自动电压调节器；GE1—励磁机

　　无刷励磁方式对硅元件的可靠性要求高，对发电机转子不能直接灭磁，只能在励磁机励磁回路灭磁，灭磁时间较长。发电机的转子电流、电压不能直接测量。并且旋转元件要承受较大的离心力，对旋转元件的故障检测与报警技术要求较高。另外，由于发电机的励磁电流是通过交流励磁机的励磁电流进行控制的，所以励磁电压响应的快速性差些。

　　2. 静止励磁系统

　　静止励磁系统指使用静止励磁功率单元的励磁系统。

　　采用变压器或变流器作为交流励磁电源，励磁变压器或变流器接在发电机出口或厂用电母线上。励磁变压器、整流器等都是静止的，故称为静态励磁系统。如果励磁变压器并联在发电机端，则称为自并励方式；如果除了并联的励磁变压器外还有与发电机定子电流回路串联的励磁变流器，则构成自复励方式。

　　（1）自并励励磁系统。自并励励磁系统原理图如图 10-5 所示。

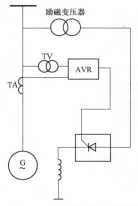

图 10-5　自并励励磁系统原理图

AVR—自动电压调节器

　　自并励励磁系统是静止励磁系统中最简单的一种励磁方式。采用接在发电机端的励磁变压器作为励磁电源，通过晶闸管整流装置直接控制发电机的励磁。这种励磁系统的优点是：设备和接线简单，没有旋转元件，可靠性较高；造价低；励磁变压器的布置较方便。因为没有副励磁机等设备，发电机的轴系长度变短，缩短了机组的长度；通过晶闸管调节发电机转子励磁电流，励磁调节速度快。并且整流器采用三相全控桥时，可实现逆变灭磁。这种励磁方式在开始初步应用时期，技术人员有发电机近端短路时是否能满足强励要求，机组是否会失磁；由于短路电流迅速衰减，带时限的继电保护可能会拒动等顾虑。但是，通过技术分析研究、实验及工程实践，这些顾虑已经可以打消。近年来，这一系统获得普遍应用，工程中的发电机组大多数采用这种励磁方式。

　　（2）复励-可控整流励磁系统。复励-可控整流励磁系统是自复励的一种，其接线图如图 10-6 所示。

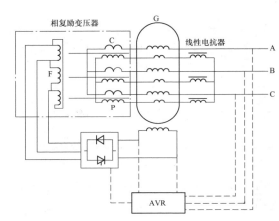

图 10-6　复励-可控整流励磁系统接线图

AVR—自动电压调节器；F—相复励变压器输出绕组；

C—相复励变压器电流源输入绕组；

P—相复励变压器电压源输入绕组

　　这种励磁系统是电流源与电势源磁耦合的相复励励磁系统。其特点是相复励变压器与发电机在结构上有机地结合为整体。三台单相的相复励变压器及三台单相的线性电抗器都装在发电机壳内定子铁芯的背部，它们密封在一个圆形顶罩内，并利用发电机冷却风道冷却。装有整流桥的整流装置紧靠发电机布置，并装在发电机外罩内。励磁系统的主要设备都在发电机外罩内，成为一个整体，仅自动电压调节器装设在继电器室内，以屏蔽电缆与主机及励磁系统相联系，如图 10-6 虚线所示。这种结构方案减少了相复励变压器及线性电抗器的布置位置，并缩短了机组的总长度。

二、励磁系统的要求

（一）性能要求

发电机采用交流励磁机励磁系统，带静止整流器或带旋转整流器（无刷励磁系统）。发电机采用静止励磁系统的电势源静止励磁系统和复合源静止励磁系统。励磁系统的基本性能应达到以下要求：

（1）当同步发电机的励磁电压和电流不超过其额定值的 1.1 倍时，励磁系统应能保证长期连续运行。

（2）励磁设备的短时过负荷能力应大于发电机转子的短时过负荷能力。

（3）交流励磁机励磁系统顶值电压倍数不低于 2.0 倍，自并励静止励磁系统顶值电压倍数在发电机额定电压时不低于 2.25 倍。

（4）励磁系统顶值电压倍数应根据电网情况及发电机在电网中的地位确定。当励磁系统顶值电压倍数不超过 2 倍时，励磁系统顶值电流倍数与励磁系统顶值电压倍数相同；当励磁系统顶值电压倍数大于 2 倍时，励磁系统顶值电流倍数为 2 倍。

（5）励磁系统允许顶值电流持续时间不低于 10s。

（6）励磁系统标称响应如下：交流励磁机励磁系统的标称响应不小于 2 倍/s。高起始响应励磁系统和自并励静止励磁系统的励磁系统电压响应时间不大于 0.1s。

（7）励磁自动调节应保证发电机端电压静差率小于 1%，此时励磁系统的稳态增益一般应不小于 200 倍。在发电机空负荷运行情况下，频率每变化 1%，发电机端电压的变化应不大于额定值的 ±0.25%。

（8）励磁系统的动态增益应不小于 30 倍。

（9）发电机电压的调差采用无功调差，无功电流补偿率的整定范围应不小于 ±15%，整定可以是连续的，也可以在全程内均匀分挡，分挡不大于 1%。

（10）发电机空负荷阶跃响应特性如下：

1）按照阶跃扰动不使励磁系统进入非线性区域来确定阶跃量，一般为 5%。

2）自并励静止励磁系统的电压上升时间不大于 0.5s，振荡次数不超过 3 次，调节时间不超过 5s，超调量不大于 30%。

3）交流励磁机励磁系统的电压上升时间不大于 0.6s，振荡次数不超过 3 次，调节时间不超过 10s，超调量不大于 40%。

（11）发电机带负荷阶跃响应特性如下：发电机额定工况运行时，阶跃量为发电机额定电压的 1%～4%，阻尼比大于 0.1，有功功率波动次数不大于 5 次，调节时间不大于 10s。

（12）发电机零起升压时，发电机端电压应稳定上升，其超调量应不大于额定值的 10%。

（13）发电机甩额定无功功率时，机端电压应不大于甩前机端电压的 1.15 倍，振荡次数不超过 3 次。

（14）自动电压调节器的调压范围如下：

1）自动励磁调节时，发电机空负荷电压能在额定电压的 70%～110% 范围内稳定平滑的调节。

2）手动励磁调节时，上限不低于发电机额定磁场电流的 110%，下限不高于发电机空负荷磁场电流的 20%。

（15）在发电机空负荷运行时，自动励磁调节的调压速度，应不大于发电机额定电压 1%/s，不小于发电机额定电压 0.3%/s。

（16）自并励静止励磁系统引起的轴电压应不破坏发电机轴承油膜，否则应采取措施。

（17）对励磁系统及其部件绝缘耐电压试验能力的要求如下：

1）与发电机磁场绕组直接连接或经整流器相连接的电气组件，当额定励磁电压等于或小于 500V 时，其出厂试验电压值为 10 倍额定励磁电压，最低不小于 1500V。而当额定励磁电压大于 500V 时，其出厂试验电压为 2 倍额定励磁电压加 4000V。

2）试验电压以波形畸变系数不大于 5% 的工频交流正弦电压有效值计，耐电压时间为 1min。

3）对其余不与励磁绕组直接连接的电气与电子组件的要求按照相关电气和电子组件的耐压规定执行。

（18）励磁系统温升限值。励磁系统各部位温升限值不超过表 10-1 所列数据。

表 10-1　　励磁系统各部位温升限值

部位名称		温升限值（K）	测量方法
干式励磁变压器	绕组　A 级绝缘	60	电阻法或温度计法
	绕组　F 级绝缘	80（无风扇时）	
		60（有风扇时）	
	铁芯	在任何情况下不出现使铁芯本身、其他部件或与其相邻的材料受到损害的程度	温度计法
油浸励磁变压器（字母代号为 O）绕组		65	电阻法
铜母线		35	热电偶法或其他校验过的等效方法
铜母线连接处	无保护层	45	
	有锡和铜保护层	55	
	有银保护层	70	
铝母线		25	
铝母线连接处		30	

续表

部位名称		温升限值（K）	测量方法
电阻元件	距电阻表面30mm处的空气	25	热电偶法或其他校验过的等效方法
	印刷电路板上电阻表面	30	
塑料、橡皮、漆布绝缘导线		20	
硅整流元件（与散热器接合处）		按元件标准规定，一般不超过45	按元件标准规定
晶闸管		按元件标准规定，一般不超过40	
熔断器		按元件标准规定，一般不超过45	

注 引自 DL/T 843—2010《大型汽轮发电机励磁系统技术条件》。

（二）功能要求

1. 励磁装置操作与控制

（1）励磁装置能够进行就地、远方控制磁场断路器分/合、调节方式和通道的切换，以及增减励磁和电力系统稳定器的投退操作。

（2）励磁装置能够与自动准同步装置和计算机监控系统等装置接口。

（3）励磁装置在一路工作电源失去和恢复时应保持发电机工作状态不变，且不误发信号。

2. 励磁系统监视

（1）励磁系统与监控系统的接口。励磁系统是发电机控制的重要部分，与机组的可靠稳定运行息息相关。为了运行人员能够及时掌握励磁系统的运转状态，励磁系统要求能送出必要的状态量和信号量至监控系统。不同的励磁装置发送至监控系统的具体信号不一定相同，但均要能够准确反映装置的运行状态。

1）励磁系统通常提供以下故障及动作信号至监控系统，以满足运行的要求：励磁机故障；励磁变压器故障；功率整流装置故障；电压互感器断线；励磁控制回路电源消失和励磁调节装置工作电源消失；励磁调节装置故障；稳压电源故障；触发脉冲故障；调节通道自动切换动作；欠励限制动作；过励限制动作；伏/赫兹限制动作；启励故障；旋转整流元件故障等。

2）励磁系统提供表明运行状态的信号给监控系统或其他二次设备，通常包括自动电压调节器调节方式、运行通道、电力系统稳定器投/退、磁场断路器分/合等。

3）励磁系统应向监控系统和故障录波装置提供必要的测量信号、状态信号、报警和故障信号。

4）励磁装置应能显示发电机电压、电流、有功功率和无功功率（正、负双向），以及磁场电压（或励磁机磁场电压）和磁场电流（或励磁机磁场电流）。

5）励磁系统的电测量量。励磁系统的电测量量要求见第二章相关章节。

（2）励磁系统与其他电气设备的二次接口。除了监控系统的接口外，励磁系统与其他电气设备也有较多的接口。励磁系统通常与发电机自动准同步装置、发电机-变压器组保护装置、故障录波装置、自动电压控制器（AVC）、同步相量测量装置（PMU）等电气二次设备均有接口。

励磁系统与自动准同步装置的接口主要是同步装置发出的升压和降压命令。

励磁系统与发电机-变压器组保护装置的接口，除了必要的保护跳闸接口外，还包括励磁系统的灭磁开关状态量，并且励磁系统输出发电机励磁电压作为发电机保护的辅助判据。某些原理的发电机转子接地保护还通过励磁柜将信号接入发电机励磁绕组。

励磁系统与故障录波装置的接口，主要包括反映灭磁开关分/合闸的状态量及励磁电压、励磁电流等模拟量，具体测点见第五章相关内容。励磁电压、励磁电流的模拟量应注意与故障录波装置的输入参数配合，较高的励磁电压和较大的励磁电流可经过分压器或分流器接入故障录波装置，经过分压器和分流器接入的励磁电压和励磁电流信号具有较好的实时性。也有通过变送器输出 4～20mA 信号至故障录波装置的方式。

励磁系统与自动电压控制器（AVC）、同步相量测量装置（PMU）的主要接口是励磁系统输出的 4～20mA 的励磁电压和励磁电流信号。

（三）励磁系统其他部件及其性能

1. 交流励磁机

交流励磁机静止整流方式的交流励磁机采用静止电枢式交流励磁机，该系统励磁机电枢静止，转子由原动机（汽轮机）通过发电机直接拖动，励磁机的转速与发电机转速相同。静止电枢式交流励磁机绕组一般采用三相，接成星形或三角形，出线数目可为三个、四个或六个。

交流励磁机旋转励磁方式的交流励磁机采用旋转电枢式交流励磁机（无刷交流励磁机），交流励磁机电枢及整流元件与发电机转子一同旋转。电枢绕组可采用三相，接成星形或三角形；也可采用多相绕组，接成环形整流。

交流励磁机的励磁电流由永磁副励磁机或接在发电机定子出线端的励磁变压器，经励磁装置提供。

交流励磁机一般采用空气冷却，也可采用氢气冷却或其他冷却方式。交流励磁机一般采用独立的密闭通风系统，亦可与副励磁机或主发电机共用一个通风系统。冷却系统应有必要的防尘措施。对小功率汽轮同步发电机用的交流励磁机，也可采用开启式空气冷却系统。

交流励磁机应符合带整流负荷交流发电机的要求，并应有较大的储备容量。当发电机的励磁电压和电流不超过其额定励磁电压和电流的 1.1 倍时，交流励磁机应能保证连续运行。交流励磁机在机端三相短路或不对称短路时不应损坏。

无刷励磁机整流环的每个整流桥臂二极管的 80% 反向峰值电压应大于 4 倍汽轮同步发电机额定励磁电压，带有阻容换相过电压保护时，可按 3.5 倍计算。

对于三相无刷励磁机，当整流器件并联支路数等于或大于 4，其中一支路退出运行时，应保证包括强励在内的所有运行工况所需要的励磁电流；整流器件有两支路退出运行时，仍能满足额定励磁，应退出强励，安排停机。整流器件并联支路数小于 4 而有一支路退出运行时，应保证透平同步发电机额定工况运行时所需的励磁电流；有两条支路退出运行时，应立即停机。整流器件并联支路数为 1 而有 1 桥臂退出运行时，应先退出强励后安排停机。

对于多相无刷励磁机，当一相退出运行时应报警并限制强励；当两相退出运行时，应停机。

对无刷励磁汽轮同步发电机励磁电流，应有必要的检测装置或提供励磁机等值负荷电阻的调整特性曲线。无刷励磁机相应配备必要的旋转熔断器检测装置。无刷励磁机系统应有对透平型同步发电机转子绕组定期检测的接地报警信号输出端子。

无刷励磁机可采用其励磁回路灭磁方式，发电机转子回路可以不设灭磁开关和转子过电压保护。

（1）交流励磁机绕组及电器组件耐压试验数值见表 10-2。

表 10-2　交流励磁机绕组及电器组件耐压试验数值

序号	电机部件	工频试验电压（有效值，历时 1min）
1	静止电枢交流励磁机电枢绕组	主发电机额定励磁电压 350V 及以下：10 倍发电机额定励磁电压，最低 1500V；主发电机额定励磁电压超过 350V。2 倍发电机额定励磁电压+2800V
2	交流励磁机励磁绕组	10 倍交流励磁机的额定励磁电压，最低 1500V
3	旋转电枢绕组和旋转整流环电器组件	主发电机额定励磁电压 350V 及以下：10 倍发电机额定励磁电压，最低 1500V；主发电机额定励磁电压超过 350V。2 倍发电机额定励磁电压+2800V

注　引自 JB/T 7784—2006《透平同步发电机用交流励磁机技术条件》。

（2）采用交流励磁机励磁系统，交流励磁机的温升限值见表 10-3。

表 10-3　　交流励磁机温升限值

主要部分	温度测量方法		冷却气体温度为 40℃时的允许温升（K）
	无刷交流励磁机	静止电枢式交流励磁机	
电枢绕组	测温片法	槽内上下层间埋置检温计法	85
励磁绕组	电阻法	电阻法	90
二极管与散热器接合处	测温片法		45
二极管与连线接合处	测温片法		80
熔断器与散热器或连线接合处	测温片法		45
集电环		温度计法	80

注　1. 电枢绕组和励磁绕组以及电枢铁芯采用其他耐热等级更高的绝缘材料时，可按 GB 755 相关规定，由制造厂与用户协商确定其考核等级。
　　2. 引自 JB/T 7784—2006《透平同步发电机用交流励磁机　技术条件》。

2. 副励磁机

副励磁机应采用永磁式同步发电机。

副励磁机负荷从空负荷到相当于励磁系统输出顶值电流时，其端电压变化应不超过 10%～15%额定值。

采用交流励磁机励磁系统，永磁副励磁机的温升限值见表 10-4。

表 10-4　　永磁副励磁机温升限值

部件	测量方法	允许温升（K）
定子绕组	埋置检温计法	80
定子铁芯	温度计或检温计法	80

注　引自 JB/T 9578—1999《稀土永磁同步发电机　技术条件》。

3. 励磁变压器

励磁变压器安装在户内时应采用干式变压器，安装在户外时可采用油浸自冷式变压器。励磁变压器绕组一般采用 Yd 或 Dy 接线。励磁变压器高压绕组与低压绕组之间应有静电屏蔽。励磁变压器设计应充分考虑整流负荷电流分量中高次谐波所产生的热量。

励磁变压器的容量和参数应能满足发电机空负荷试验和短路试验的要求。

励磁变压器短路阻抗的选择应使直流侧短路时短路电流小于磁场断路器和功率整流装置快速熔断器的

最大分断电流。

4. 功率整流装置

功率整流装置的一个桥（或者一个支路）退出运行时应能满足输出顶值电流和 1.1 倍发电机额定磁场电流连续运行要求，并要求在发电机机端短路时产生的磁场过电流不损坏功率整流装置，功率整流装置的均流系数应不小于 0.9。

整流装置采用全控桥方式较多。全控桥方式在三相全波整流接线中，六个桥臂元件全部采用晶闸管。它不同于三相全波半控整流电路，晶闸管元件都要靠触发换相，并且一般要求触发脉冲的宽度应大于 60°，但小于 120°，一般取 80°～100°，即宽脉冲触发。

全控整流电路的工作特点是既可工作于整流状态，将交流转变成直流；也可工作于逆变状态，将直流转变成交流。

在触发控制角 $\alpha > 90°$ 时，输出平均电压 U 则为负值，三相全控桥工作在逆变状态，将直流转变为交流。在半导体励磁装置中，如采用三相全波全控整流电路，当发电机内部发生故障时能进行逆变灭磁，将发电机转子磁场原来储存的能量迅速反馈给交流电源，以减轻发电机损坏的程度。

当发电机发生内部故障时，继电保护装置给一控制信号至自动电压调节器，使控制角 α 由小于 90° 的整流运行状态，突然后退到 α 大于 90° 的某一个适当的角度，进入逆变运行状态，将发电机转子励磁绕组贮存的磁场能量迅速反馈到交流侧，使发电机的定子电动势迅速下降，进入逆变灭磁方式。逆变性能的好坏还与主回路的接线方式有关，例如对于他励接线，逆变能迅速完成，性能较好；对于自并励接线，则逆变性能较差。

功率整流装置应设交流侧过电压保护和换相过电压保护，每个支路应有快速熔断器保护，快速熔断器的动作特性应与被保护元件的过电流特性相配合。

并联整流柜交、直流侧应有与其他柜及主电路隔断的措施。

功率整流装置可采用开启式风冷、密闭式风冷、直接水冷或热管自冷等冷却方式。采用开启式强迫风冷时整流柜应密封，冷风经过滤装置进入，以保持柜内清洁，强迫风冷整流柜的噪声应小于 75dB。

对于风冷功率整流装置，风机的电源应为双电源，工作电源故障时，备用电源应能自动投入。如采用双风机，则两组风机接在不同的电源上，当一组风和停运时应能保证励磁系统正常运行。冷却风机故障时应发出信号。

5. 自动电压调节器

对于大型机组的自并励系统中的自动电压调节器，多采用基于微处理器的微机型数字电压调节器。

自动电压调节器测量发电机电气量，并与给定值进行比较。例如：当机端电压高于给定值时，增大晶闸管的控制角，减小励磁电流，使发电机机端电压回到设定值；当机端电压低于给定值时，减小晶闸管的控制角，增大励磁电流，维持发电机机端电压为设定值。自动电压调节器应有两个独立的自动电压调节通道，含各自的电压互感器、测量环节、调节环节、脉冲控制环节、限制环节、电力系统稳定器和工作电源等。两个通道可并列运行或互为热备用。

自动电压调节器应具有电压互感器回路失压时防止误强励的功能。

自动电压调节器的各通道间应实现互相监测、自动跟踪，任一通道故障时均能发出信号。运行的自动电压调节通道在任一测量环节、硬件和软件故障时均应自动退出并切换到备用通道运行，不应造成发电机停机，稳定运行时通道的切换不应造成发电机无功功率的明显波动。

自动电压调节器的直流稳压电源应由两路独立的电源供电，其中一路应取自厂用直流系统。

自动电压调节器应提供模拟量的输入、输出接口和相应手段，以便进行励磁系统参数测试和电力系统稳定器频率特性试验。

自动电压调节器具有以下限制功能：

（1）过励限制。自动电压调节器的过励磁反时限限制单元应具有符合发电机磁场过电流特性的反时限特性，在达到允许发热量时，将磁场电流限制到额定值附近。因励磁机饱和难以与发电机磁场过电流特性匹配时，宜采用非函数形式的多点表述反时限特性。顶值电压倍数大于顶值电流倍数的励磁系统应有顶值电流瞬时限制功能。无刷励磁系统的过励限制和顶值电流瞬时限制信号应来自励磁机磁场电流，限制值应计及励磁机的饱和。

过励限制整定的一般原则如下：

a）励磁系统顶值电流一般应等于发电机标准规定的最大磁场过电流值，当两者不同时按小者确定。

b）过励磁反时限特性函数类型与发电机磁场过电流特性函数类型一致。

c）过励磁反时限特性与发电机转子绕组过负荷保护特性之间留有级差。顶值电流下的过励磁反时限延时应比发电机转子过负荷保护延时适当减少，但不宜过大，一般可取 2s。

d）过励磁反时限启动值小于发电机转子过负荷保护的启动值，一般为 105%～110%发电机额定磁场电流。

e）过励磁反时限限制值一般比启动值减少 5%～10%发电机额定磁场电流，以释放积累的热量。也可限制到启动值，再由操作人员根据过励磁限制动作信号，减少磁场电流。

（2）欠励限制。自动电压调节器的欠励限制特性应由系统静稳定极限和发电机端部发热限制条件确定。欠励动作特性应计及发电机机端电压的变化。

欠励限制动作曲线是按发电机不同有功功率静稳定极限及发电机端部发热限制条件确定的。由系统静稳定条件确定进相曲线时，应根据系统最小运行方式下的系统等值阻抗，确定该励磁系统的欠励限制动作曲线。如果对进相没有特别要求，一般可按有功功率 $P=P_N$ 时允许无功功率 $Q=-0.05Q_N$ 和 $P=0$ 时 $Q=-0.3Q_N$ 两点来确定欠励限制的动作曲线，其中 P_N、Q_N 分别为额定有功功率和额定无功功率。要求有较大进相时，一般可按静稳定极限值留 10% 左右储备系数整定，但不能超过制造厂提供的 P-Q 运行曲线，欠励限制的动作曲线应注意与失磁保护配合。

为了防止电力系统暂态过程中欠励限制回路动作，影响励磁调节，欠励限制回路应有一定的时间延迟。在磁场电流过小或失磁时欠励限制应首先动作；如限制无效，则应在失磁保护继电器动作以前自动投入备用通道。

（3）伏/赫兹限制。自动电压调节器的伏/赫兹限制特性与发电机及主变压器的过励磁特性匹配，应具有定时限和反时限特性，发电机动态过程的励磁调节应不受电压/频率比率限制单元动作的影响。反时限特性宜采用非函数形式的多点表述方式，应与过励磁保护的定时限和反时限特性配合。

（4）电力系统稳定器。由于快速励磁系统的普遍应用，在一些大型输电系统中频繁地出现低频功率振荡以及在大扰动事故后动态稳定恢复过程中的振荡失步的情况。

自动电压调节器应配置电力系统稳定器或具有同样功能的附加控制单元。电力系统稳定器可以采用电功率、频率、转速或其组合作为附加控制信号。电力系统稳定器信号测量回路时间常数应不大于 40ms，输入信号应经过隔直环节处理，当采用实测转速信号时，应具有衰减轴系扭振频率信号的滤波措施。

电力系统稳定器或其他附加控制单元应具有下列功能：

1）发电机功率达到一定值时能自动投切。

2）可手动投切。

3）输出值限幅。

4）故障时应自动退出运行。

5）发电机有功功率调节时，无功功率不出现较大波动。

6. 手动励磁调节器

手动励磁调节器一般作励磁装置和发电机-变压器组试验之用，也可兼作自动电压调节器故障时的短时备用。手动励磁调节器应简单、可靠。

7. 启励电源

励磁系统的启励电源容量一般应满足发电机建立电压大于 10% 额定电压的要求。

自励发电机通常会存在启励问题，如励磁变压器接在机端的自并励发电机，当机组启动后，转速接近额定值时，机端电压仅为残压，其值一般较低（约为额定电压的 1%～2%）。这时自动电压调节器中的触发电路，由于同步电压太低，还不能正常工作，晶闸管不开放，不能送出励磁电流使发电机建立电压。因此必须采用专门的启励电源。

励磁变压器接在机端时，可采用他励启励或残压启励。他励启励即另设启励电源及启励回路，供给初始励磁。残压启励即利用机组剩磁所产生的残压，供给初始励磁。

图 10-7 为励磁变压器接在机端的自并励方式的他励启励原理图。基本做法是另设启励回路，由另外的电源供给初始励磁电流。启励电源可以用电厂的直流电源提供，也可以用厂用交流电整流。图 10-7（a）中，KM 为直流接触器，担任启励回路的接入及切除；二极管 VD 的作用是防止发电机建立电压过程中反充电。启励时接触器 KM 闭合，由启励回路供给初始励磁电流，发电机电压便逐渐升高。当达到或超过发电机电压额定值的 30% 时，可断开启励回路进行自励。图 10-7（b）中由厂用电整流的启励回路，其工作原理与图 10-7（a）相同。

他励启励方式要增加一些设备。如果启励电源用蓄电池，则将增加电厂蓄电池的负担。

当发电残压较高时，可考虑不用另外启励电源，而采用残压启励。残压启励的建立电压时间比他励启励时间要长。工程应用中采用他励启励方式较广泛。

8. 灭磁装置和转子过电压保护

根据运行经验及试验分析，大型汽轮发电机励磁绕组过电压产生的原因及幅值如下：

发电机失步、再同步及异步运行时，可产生反复的较长时间的幅值为励磁绕组额定电压 3～3.5 倍的过电压。严重的不对称短路（特别是短路前发电机进相运行）可产生励磁绕组过电压，但运行时很少发生，且幅值一般较小。自动准同步时，因设有非同步闭锁，故不会产生危险的励磁绕组过电压。定子侧感应的大气过电压或操作过电压为微秒级，幅值也较小。唯有灭磁时产生的过电压较严重，尤其是采用短弧栅灭磁原理和灭磁开关不正常工作时。所以对大机组的励磁绕组过电压保护的设计必须与灭磁结合在一起考虑。

发电机内部或发电机-变压器组的变压器内部，以及发电机端至发电机或发电机-变压器组断路器之间发生短路事故时，继电保护将动作跳闸，但短路点并未切除，发电机转子电流在定子中产生的电动势将继续维持短路点的短路电流。在很短的短路持续时间内，往往也可能造成设备的严重损坏。此时，需要迅速的

灭磁，使短路电流尽快地衰减，使短路电弧尽快熄灭。故在继电保护动作跳闸停机的同时，将启动灭磁系统对发电机进行灭磁，使转子电流尽快地衰减，以快速降低发电机电动势和短路电流。

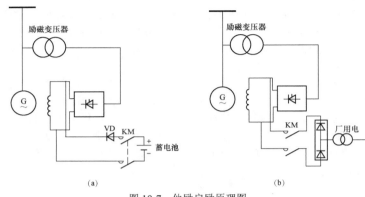

图 10-7 他励启励原理图

（a）直流启励；（b）厂用电启励

灭磁及过电压保护均为励磁系统成套设备。发电机灭磁系统的主要要求是可靠而迅速地消耗储存在发电机中的磁场能量。在灭磁原理上有两种不同的方式：

（1）耗能型灭磁装置。耗能型灭磁装置将磁能消耗在灭磁开关装置中，当灭磁开关主触头打开后，储存在发电机励磁回路中的磁场能量形成电弧并在燃烧室中燃烧，将电能转换为热能直至熄弧。

国内较早的机组采用的短弧栅灭磁方式为耗能型灭磁装置，短弧栅灭磁原理的优点是在灭磁过程中励磁回路中串入固定的反向过电压，短弧即相当于非线性电阻，其电阻随电流减小而增大，灭磁时间短。短弧栅灭磁方式在国内已有多年运行经验，配置适当的转子过电压保护，也可满足 200～300MW 汽轮发电机。缺点是空负荷灭磁时，如建立不起短弧，则产生很大的过电压 。现在国内外大机组的灭磁方式多采用线性电阻或非线性电阻等移能型灭磁方式。

（2）移能型灭磁装置。磁场能量不由灭磁开关装置耗能，由灭磁开关将磁场能量转移到线性或非线性电阻耗能元件中。如采用非线性灭磁电阻，当主触头断开后产生一过电压，将使与发电机励磁绕组并联的非线性灭磁电阻导通，由此电阻消耗发电机的磁场能量。如采用线性电阻，则预先合弧触头，然后打开主触头即可完成灭磁。

研究表明，当发电机电压降低至 500V 以下时，发电机内部短路的电弧将不能维持而自动熄灭。大、中型发电机定子的残压通常可达 300V，故灭磁过程中当由转子励磁电流产生的发电机定子电压降低到 200V 时，可认为短路电流将不能继续维持而使灭磁结束。

励磁系统应装设励磁绕组过电压保护装置。对于旋转励磁系统，因无法在发电机励磁绕组回路中接入灭磁开关，故在交流励磁机励磁绕组侧进行灭磁，而发电机励磁回路则经旋转整流器进行自然灭磁。除旋转励磁系统外，其他励磁系统应装设自动灭磁装置。对采用交流主、副励磁机的静止整流器励磁系统，国外有在交流主励磁机励磁回路设置灭磁开关作为典型灭磁方式，国内则有在发电机主励磁回路设置灭磁开关及线性灭磁电阻作为主要灭磁方式。

发电机并网运行时，定子回路和外部发生短路以及在发电机空负荷强励情况下，灭磁装置应保证可靠灭磁。

灭磁装置应简单、可靠。交流励磁机励磁系统应采用交流励磁机励磁回路灭磁方式，逆变灭磁和交流励磁机磁场断路器分断两种灭磁方式。

自并励静止励磁系统灭磁方式可采用直流侧磁场断路器分断灭磁或交流侧磁场断路器分断灭磁；可采用逆变灭磁和/或切除晶闸管整流装置脉冲灭磁，无论采用哪种方式，都应具有两种措施以保证可靠灭磁。对灭磁速度不作规定，可以采用自然灭磁。如采用移能型磁场断路器的弧压应保证在最严重灭磁情况下可靠地转移磁场电流至灭磁电阻中。灭磁时磁场断路器可延时断开，以降低对磁场断路器的弧压和分断电流的要求。

灭磁电阻宜采用线性电阻，灭磁电阻值可为磁场电阻热态值的 1～3 倍。任何情况下灭磁时发电机转子过电压不应超过转子出厂工频耐压试验电压幅值的 60%，应低于转子过电压保护动作电压。

磁场断路器在操作电压额定值的 80%时应可靠合

闸，在 65%时应可靠分闸，低于 30%时应不跳闸。

发电机转子回路不宜设大功率转子过电压保护，如装设发电机转子过电压保护装置以吸收瞬时过电压，则应简单、可靠，动作电压值应高于灭磁和异步运行时的过电压值，应低于转子绕组出厂工频耐压试验电压幅值的 70%，其容量可只考虑瞬时过电压。过电压保护动作应能自动复归，一般不应使发电机跳闸。

三、励磁系统的布置及环境要求

（1）励磁系统盘柜布置在室内，一般布置在励磁小室，励磁小室应有良好的通风设施。屏前应留有操作通道，屏侧及屏后一般留有不少于 800mm 的检修通道。

（2）交流励磁机静止整流励磁系统及交流励磁机静止可控整流励磁系统，功率柜容量较大。励磁调节柜、灭磁柜、整流柜通常布置在发电机附近的励磁小室。励磁小室布置在汽机房中间层或运转层，位置考虑在发电机集电环附近，尽量缩短励磁母线的长度。

（3）自并励静止励磁系统和交流励磁机静止整流励磁系统条件类似，功率柜的容量均较大。励磁调节柜、灭磁柜、整流柜通常也布置在发电机附近的励磁小室。

（4）交流励磁机-旋转整流器励磁系统的功率柜容量较少，设备布置的限制条件相对较少。励磁调节柜和功率柜等可以根据工程情况布置到发电机出线附近或布置到运行环境较好的电子设备间或电气继电器室内。

（5）励磁系统设备应满足环境温度−5～40℃及相对湿度 95%的要求。当布置在房间内时，室内应有通风、散热及防潮等措施。

第二节 直流励磁机励磁系统及其二次接线

直流励磁机励磁系统采用与发电机同轴的直流发电机供给励磁系统的电源，系统简单、运行可靠。但由于受到直流励磁机制造容量的限制，作为汽轮发电机高转速的直流励磁机换向技术困难，并且励磁调节响应较慢。这些问题使直流励磁机的应用受到限制，仅做到与 125MW 以下容量发电机配套。直流励磁机的励磁方式多用于原有的老旧机组或小容量发电机组。随着大功率硅整流器和晶闸管整流技术的发展，小容量机组也越来越多地应用交流励磁机或静态励磁的励磁方式。

一、直流励磁机励磁系统

使用直流励磁机励磁系统的机组容量较小，对于不同容量的机组，灭磁方式有在发电机转子回路装设灭磁电阻、在励磁机磁场回路装设灭磁电阻及不装设灭磁电阻回路的方式，如图 10-8 和图 10-9 所示。

在发电机转子装设灭磁开关及灭磁电阻的直流励磁机励磁系统如图 10-8 所示。

发电机励磁由直流励磁机提供，灭磁开关动作后打开，在励磁机磁场回路中串入灭磁电阻 RLM，在发电机转子回路中接入灭磁电阻 RFM，完成灭磁。

仅在励磁机回路串接灭磁电阻的直流励磁机励磁系统如图 10-9 所示。

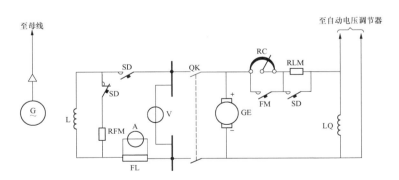

图 10-8 发电机转子装设灭磁开关及灭磁电阻直流励磁机励磁系统

G—发电机；L—发电机励磁绕组；GE—励磁机；LQ—励磁机励磁绕组；RFM—发电机转子灭磁电阻；FL—分流器；
SD—灭磁开关；RC—磁场变阻器；RLM—励磁机磁场灭磁电阻；QK—刀开关；FM—强行励磁接触器

发电机灭磁通过打开灭磁直流接触器 SD 在励磁机励磁回路中串入励磁机灭磁电阻实现。

不装设灭磁电阻的直流励磁机系统如图 10-10

所示。

对于容量较小、电压为 400V 的发电机组，绝缘裕度较大，一般不设灭磁电阻。

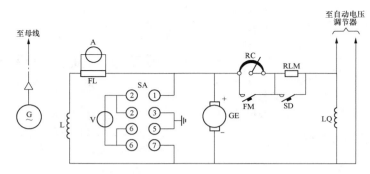

图 10-9　励磁机回路串接灭磁电阻直流励磁机励磁系统

G—发电机；L—发电机励磁绕组；GE—励磁机；LQ—励磁机励磁绕组；RLM—励磁机磁场灭磁电阻；FL—分流器；

SD—灭磁开关；RC—磁场变阻器；FM—强行励磁接触器；SA—转换开关

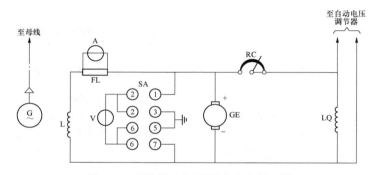

图 10-10　不装设灭磁电阻的直流励磁机系统

G—发电机；L—发电机励磁绕组；FL—分流器；SA—转换开关；GE—励磁机；RC—磁场变阻器；LQ—励磁机励磁绕组

　　旧的励磁系统自动电压调节器多由机电型或电磁型组成。直流励磁机励磁系统通过晶闸管装置调节励磁电流的系统如图 10-11 所示。

　　图 10-11 以 FJL-2EDI-PADAB 产品为例，直流励磁机励磁系统通常用于较小容量机组。本例中：机组容量为 100MW；额定励磁电压为 335V；额定励磁电流为 1240A；发电机空负荷励磁电压为 135V；发电机空负荷励磁电流为 640A；励磁机额定励磁电流为 40A；励磁机额定励磁电压为 50V；励磁机励磁变压器容量为 30kVA。

　　发电机转子励磁绕组电源取自直流励磁机，直流励磁机通过机端励磁变压器励磁。直流励磁机的励磁电流由晶闸管对进行调节。自动电压调节器采用双通道，A、B 双通道电压分别取自不同的电压互感器。电流回路根据机组电流互感器的配置数量不同，可取自同一组电流互感器，如条件允许应取自不同组电流互感器。本例图中虚线框中设备均由励磁系统制造厂成套提供。励磁变压器电源取自发电机机端，经过 Q20 励磁交流电源也可以切换至厂用电源。

　　如图 10-12 所示，这套系统共两面柜，一面励磁调节柜 ER，一面励磁功率柜 EG。功率柜给直流励磁

机励磁，整流装置容量较小，因此励磁系统屏柜可布置于电子设备间或根据厂房的布置情况布置于发电机附近励磁小室内。

　　如图 10-13 所示，励磁电源取自励磁变压器，可经过 Q20 切换至手动厂用变压器电源。三相交流电输入给整流桥电源，同时供电给安装于励磁调节柜的同步变压器 TC01、TC02 作为同步信号。

　　如图 10-14 所示，励磁变压器供给的三相交流电源，分别经过交流开关 QS21、QS31 供给两组晶闸管整流桥。整流为直流后供给直流励磁机励磁。整流桥晶闸管触发角经脉冲功率放大板 MCB21、MCB31 触发。

　　如图 10-15 所示，直流励磁机正常励磁电源来自整流桥，直流励磁机需要的启励电源经过 Q61 后作为机组启动时的启励电源。励磁电压就地测量由功率柜上电压表 P62 实现，电压表回路前接熔断器 FU63、FU64 作为保护元件。同时并接电压变送器作为远方测量信号，可输出至 DCS 或其他监控系统。励磁电流通过分流器 RS61 接于功率柜上电流表 P61 作为就地测量指示，并接给电流变送器作为远方测量信号。非线性电阻 GB 完成过电压保护。

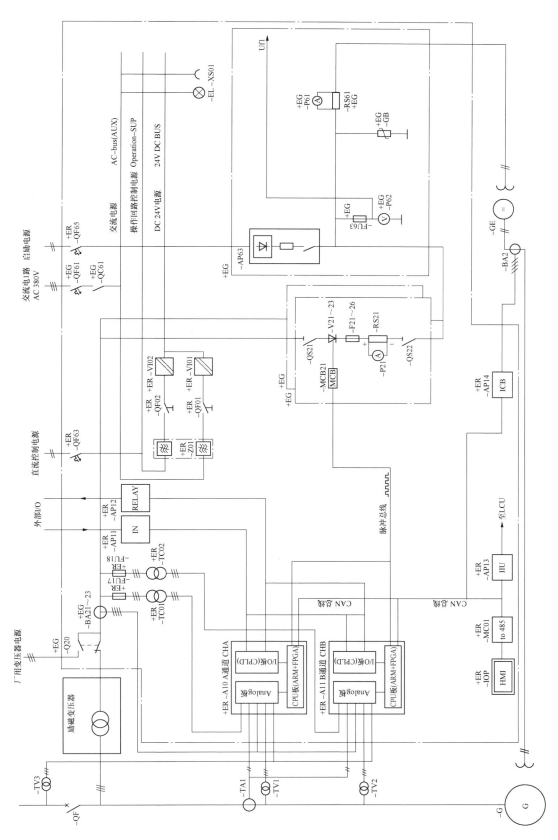

图 10-11 通过晶闸管调节的直流励磁机系统

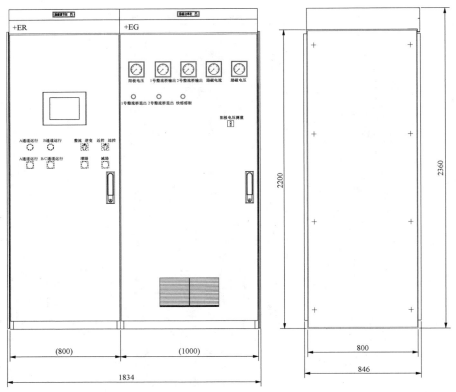

图 10-12 直流励磁系统柜体排列图

EG—励磁功率柜；ER—励磁调节柜

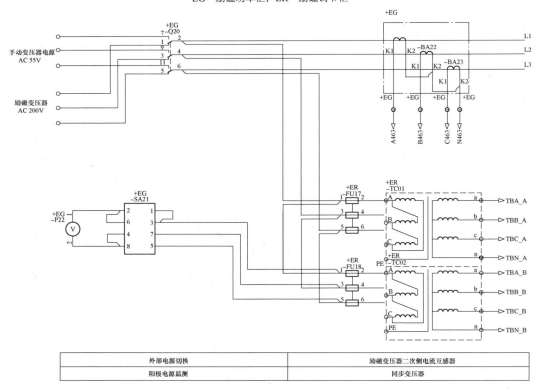

外部电源切换	励磁变压器二次侧电流互感器
阳极电源监测	同步变压器

图 10-13 直流励磁机整流桥交流输入回路

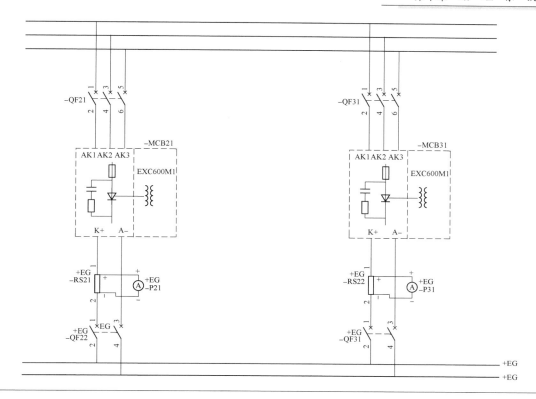

图 10-14 直流励磁机整流桥原理图

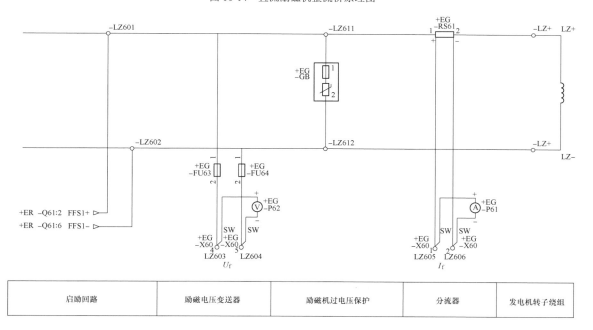

图 10-15 直流励磁机直流输出回路原理图

二、直流励磁机励磁系统二次接线

自动电压调节器由 A、B 两个调节通道构成，采用主/从工作方式，A/B 通道间对等冗余、互为主备用，从测量回路到脉冲输出回路完全独立，A/B 调节通道都含有自动方式/手动方式控制单元。自动方式为恒机端电压调节，手动方式为恒励磁电流调节。并且手动方式是辅助运行方式，不允许长时间投入运行。自动电压调节器上电或复位后，即默认转入自动方式。

调节器的工作电源采用两路独立电源供电，其中一路取自机组直流系统，另一路由励磁变压器经过降压得到交流电源供电。两路电源经过隔离后作为调节器的控制和脉冲电源，失去任何一路都不会影响自动电压调节器的正常运行。

调节通道（A 或 B 通道）自动方式运行时，手动方式处于跟踪状态；切换到手动方式运行时，自动方式处于跟踪状态。

不同励磁方式的二次接线回路要求基本相同，包括励磁系统电源回路、自动电压调节器开关量输入回路、自动电压调节器开关量输出回路、励磁调节系统测量回路、灭磁开关控制信号回路等。根据不同系统的要求，进行相应的具体设计。可参考第四节相关二次接线示例。

第三节　交流励磁机励磁系统及其二次接线

一、交流励磁机励磁系统

交流励磁机励磁系统采用与主机同轴的交流发电机作为励磁电源，经过硅整流或晶闸管整流元件整流后供给发电机励磁。整流器采用静止或旋转的形式。交流励磁机-静止励磁系统的整流器在发电机运行时处于静止状态。采用旋转整流元件和交流励磁机电枢及主轴一起旋转，直接供给转子励磁绕组励磁电流的励磁系统，不经过转子集电环及电刷，这种系统通常称为无刷励磁系统。

（一）交流励磁机-静止整流励磁系统

由于交流励磁机-静止整流励磁系统不存在直流励磁的整流子问题，所以，适用的交流励磁机的容量可提高，能配套应用于大容量的发电机。并且励磁电源与发电机同轴的交流励磁机，因此励磁不受电力系统运行状况的影响。

该系统一般设同轴的永磁副励磁机，经过晶闸管整流器供给励磁机励磁电流。由自动电压调节器控制晶闸管整流器的触发角，达到调整发电机电压或强行

励磁的作用。为了缩小体积及减少励磁系统的时间常数，主励磁机和副励磁机通常采用中频发电机，可缩小体积和减少励磁系统的时间常数。

交流励磁机-静止整流励磁系统如图 10-16 所示。

图 10-16 以 FJL-TEDIAPADB2A 产品为例，其中，机组容量为 135MW；额定励磁电压为 292V；额定励磁电流为 1807A；发电机空载励磁电压为 109V；发电机空载励磁电流为 785A；交流励磁机额定容量为 1320kVA；额定励磁电流为 102A；励磁机额定励磁电压采用 84V。发电机励磁电源取自交流励磁机 GE1，交流励磁机励磁电源取自永磁副励磁机 GE2。交流励磁机采用三相整流桥整流，发电机的励磁电流是通过调节励磁机的励磁电流进行调节的。本例图中虚线框中设备均随励磁系统成套提供。

如图 10-17 所示，这套系统共七面柜，一面励磁调节柜 ER，一面励磁机功率灭磁柜 EG，三面发电机功率柜 EZ.1～3，一面交流进线柜，一面发电机灭磁柜 ES。其中，励磁机功率灭磁柜供给交流励磁机励磁电源，三面发电机功率柜将交流励磁机输出的交流电压整流后供给发电机转子。

如图 10-18 所示，副励磁机提供的三相交流电源，分别经过交流开关 QS11、QS21 供给两组整流桥，经过整流桥整流后供给交流励磁机励磁。

整流桥整流原理图如图 10-19 所示，整流桥安装在灭磁柜 EG，同时供给同步变压器 TC01、TC02 作为同步信号输入。

图 10-20 所示为主励磁机励磁回路的灭磁开关、过电压保护及测量回路。发电机灭磁开关断开时，通过辅助触点将灭磁电阻 RSF 接入励磁绕组，吸收绕组能量以达到降低过电压的目的。励磁机励磁电压及励磁电流分别通过励磁电压表 P22 及励磁电流表 P21 就地显示，并通过变送器 R22、R21 输出 4～20mA 信号至监控系统。其中励磁电流测量回路通过分流器 RS23 将直流电流转换为 75mV 信号送出。

如图 10-21 所示，发电机励磁由三组整流桥供电，三组整流桥分别安装于三块整流柜 EG.1～3 中。三块整流柜接线相同，整流桥交流侧和直流侧均安装隔离开关便于检修隔离，整流桥的运行参数和信号由功率柜智能板 AP37 采集。

如图 10-22 所示，三相整流桥回路每个整流元件并联阻容吸收保护，以限制过电压，并且配置熔断器 F31～F36 作为整流元件的过电流保护，熔断器熔断后可以通过辅助触点发出信号至监控 AP37。

如图 10-23 所示，整流后的直流电经过灭磁开关输出至发电机励磁绕组。其中示意了发电机励磁回路的灭磁开关、过电压保护及测量回路。发电机灭磁开

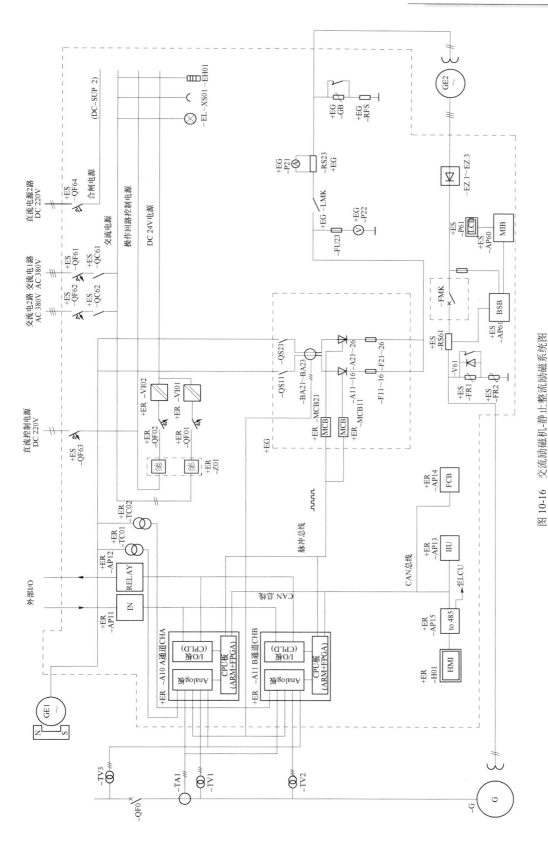

图 10-16 交流励磁机-静止整流励磁系统图

CHA—A通道; CHB—B通道; HMI—人机界面; IIU—智能I/O板; IN—开关量输入板; RELAY—继电器输出板; ICB—智能控制板; MCB—脉冲板; ER—调节柜; EG—励磁机功率灭磁柜; IIU—智能I/O板; BSB—变送器板; MIB—灭磁柜智能板; GE1—副励磁机; GE2—主励磁机;

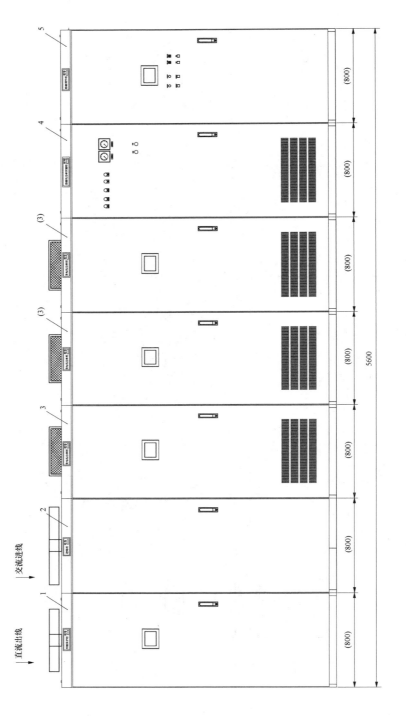

图 10-17　交流励磁机-静止整流励磁系统柜体排列图

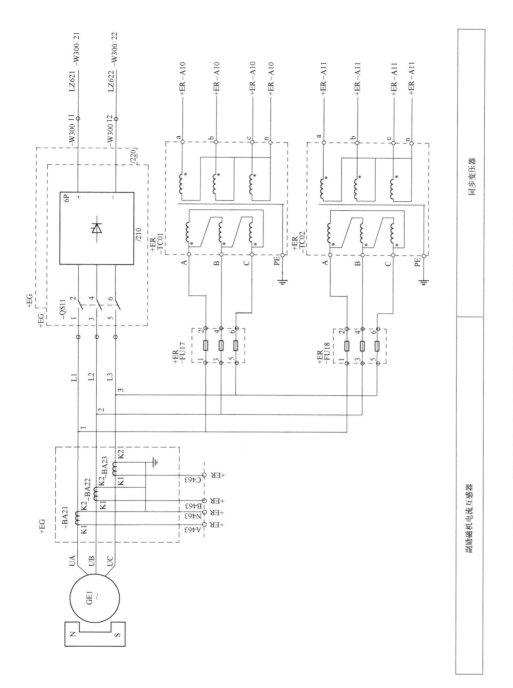

图 10-18 交流励磁机-静止整流励磁系统励磁机整流桥交流输入回路图

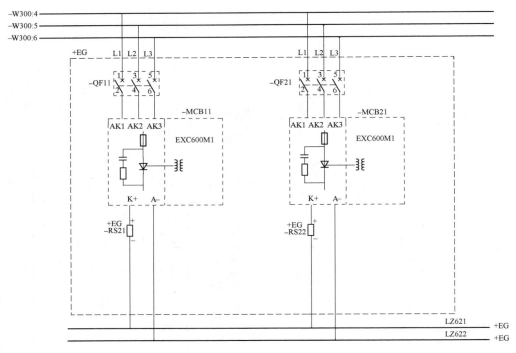

图 10-19　交流励磁机-静止整流励磁系统励磁机整流桥原理图

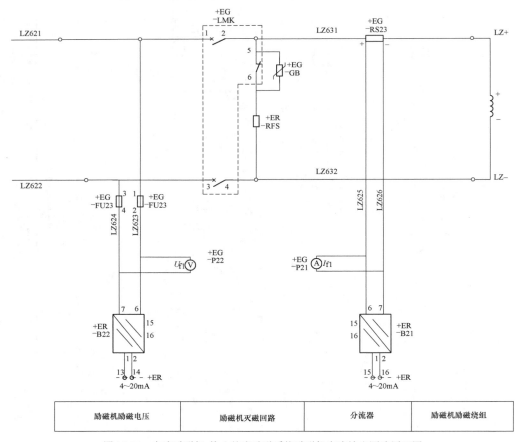

励磁机励磁电压	励磁机灭磁回路	分流器	励磁机励磁绕组

图 10-20　交流励磁机-静止整流励磁系统励磁机直流输出回路原理图

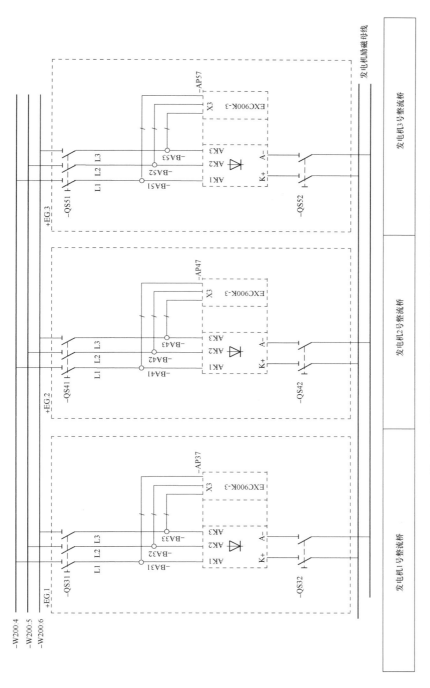

图 10-21 交流励磁机静止整流励磁系统发电机整流桥原理图

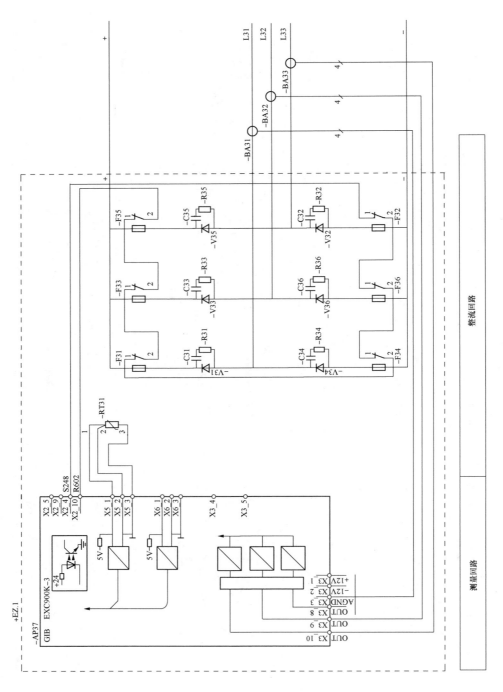

图 10-22 交流励磁机-静止整流励磁系统发电机功率柜原理图

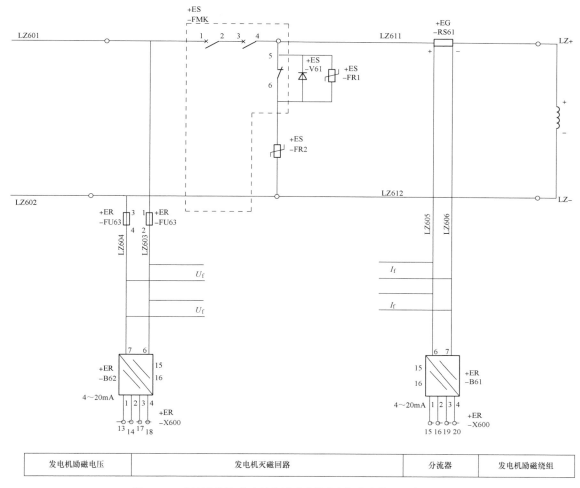

发电机励磁电压	发电机灭磁回路	分流器	发电机励磁绕组

图 10-23　交流励磁机-静止整流励磁系统发电机直流输出回路原理图

关 FMK 断开时，通过辅助触点将非线性电阻 FR2 接入励磁绕组，吸收绕组能量以达到降低过电压的目的。发电机励磁电压及励磁电流输入自动电压调节器控制系统就地显示及监控，并通过变送器 B62、B61 输出 4～20mA 信号至监控系统。

（二）交流励磁机-旋转整流器励磁系统

交流励磁机-旋转整流器励磁系统中的励磁机是旋转电枢式的，交流励磁机是一个大的惯性环节，它的时间常数大小对励磁系统反应速度起主要影响，因此，交流励磁机的时间常数应该尽量小，为了减少时间常数，通常采用提高励磁机频率的措施，提高频率可以通过增加交流励磁机的极数实现。增加极数后交流励磁机的频率可以做到 100～200Hz。

交流励磁机-旋转整流器励磁系统如图 10-24 所示。

图 10-24 中以 VNITROL-6080 为例，发电机组采用交流励磁机-旋转整流器励磁，发电机转子电源取自交流励磁机 JFL2。交流励磁机励磁电源由永磁直流励磁机供给，并通过调节晶闸管对励磁机的励磁电流进行调节。本例中：机组容量为 1000MW；交流励磁机额定容量为 4500kW，额定电压为 600V，额定电流为 7500A；副励磁机额定容量为 65kVA，额定电压为 220V，额定电流为 195A，频率为 400Hz，励磁方式为永磁；旋转整流元件的额定电流为 690A，每臂每相的并联元件数为 20 个，每臂每相的串联元件数为 1 个，快速熔断器的数量为 10 个，快速熔断器的额定电流为 800A。调节系统采用 A、B 双通道。

如图 10-25 所示，这套系统共 3 面柜，一面励磁调节柜 EM，一面励磁机功率灭磁柜 ER.1，一面励磁机功率柜 ER.2。

图 10-26 示意了交流励磁机-旋转整流励磁系统励磁机励磁回路。励磁机励磁电源由副励磁机供电，

交流电经过 A0、A02 两个整流装置整流后给励磁机励磁。A10、A20 采用三相晶闸管整流桥，通过自动电压调节器控制交流励磁机的励磁，从而达到控制发电机励磁的目的。线性灭磁电阻 R02 在励磁绕组产生过电压时，通过 V02 投入，起到消除过电压的作用。

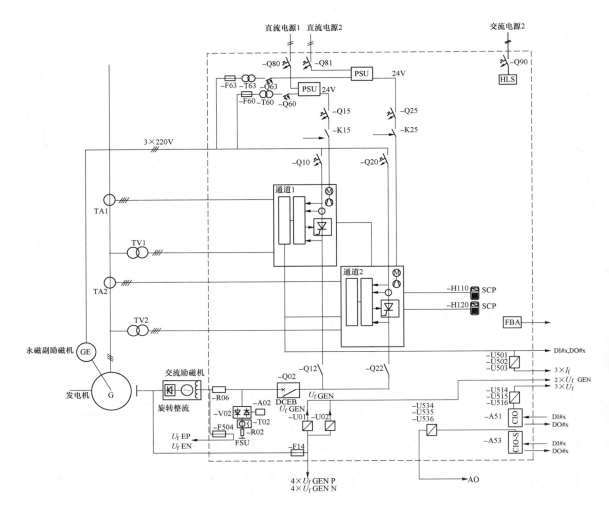

图 10-24　交流励磁机-旋转整流器励磁系统图

AO—模拟量输出；　CIO—输入/输出板；CIO-S—带隔离输入/输出板；DCEB—灭磁开关；

DI—数字量输入；DO—数字量输出；FBA—励磁母线接口；FSU—灭磁回路；

HLS—加热、照明、插座；PIN—电源接口；PSU—电源单元；SCP—控制盘

二、交流励磁机励磁系统二次接线

交流励磁机励磁系统二次接线回路包括励磁系统电源回路、自动电压调节器开关量输入回路、自动电压调节器开关量输出回路、励磁调节系统测量回路等。

如图 10-24 所示，灭磁开关装在交流励磁机励磁回路。交流励磁机-旋转整流器励磁系统在发电机励磁回路不设灭磁开关。不同系统的二次接线要求基本相同，可参考本章第四节相关二次接线示例。

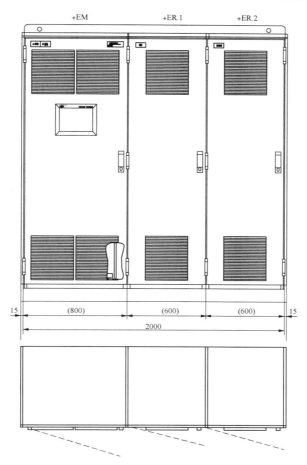

图 10-25 交流励磁机-旋转整流器励磁系统盘柜布置图

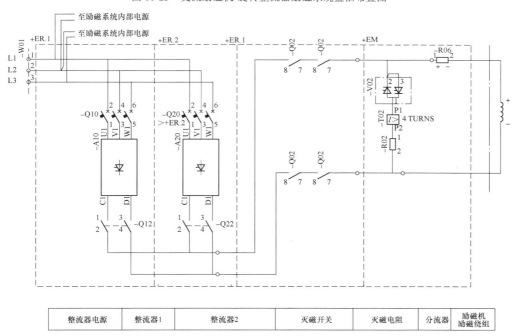

整流器电源	整流器1	整流器2	灭磁开关	灭磁电阻	分流器	励磁机励磁绕组

图 10-26 交流励磁机-旋转整流励磁系统励磁机励磁回路图

第四节　自并励静止励磁系统及其二次接线

一、自并励静止励磁系统

（一）自并励静止励磁系统特点

自并励静止励磁系统属于静止励磁系统。利用发电机端所接的励磁变压器供给励磁交流电源。随着大容量晶闸管整流元件的产品可靠性和容量的不断提高，越来越多的机组采用这一励磁系统。自并励静止励磁系统的特点如下：

（1）由于不需要同轴励磁机，因此缩短了机组长度，有利于减少主厂房面积。机组轴系变短，有利于提高机组振动水平。

（2）采用晶闸管整流器，与无交流励磁机励磁系统相比，无须考虑同轴励磁机时间常数的影响，可以获得很高的电压响应速度。

（3）发电机端附近三相短路切除时间较长时，缺乏足够的强励能力。

（4）励磁变压器接到发电机端时需要在封闭母线上增加一个接口。

（5）励磁变压器可采用 Yd11 接线，有利于减少谐波电流。变压器短路阻抗不宜过大，一般为 4%～8%。变压器宜布置在距离功率柜较近的地方。变压器高压侧可不设熔断器，但变压器应包括在发电机或发电机-变压器组的差动保护范围内。

（6）当励磁变压器接在发电机端时，可采用厂用电源或厂内直流电源作为启励电源。

（7）自并励励磁系统发电机短路电流衰减较快，对发电机及系统带延时的后备保护动作不利。为此，应采取必要的措施。一般过电流保护可采用电流记忆原理的保护。

（二）系统接线及配套设备

自并励励磁系统如图 10-27 所示。

图 10-27 以 NES6100 产品为例，发电机组采用自并励励磁系统，励磁电源经励磁变压器降压后，通过调节晶闸管触发角对励磁电流进行调节，整流为直流后经电刷接至发电机转子。其中：发电机组容量为 350MW；额定励磁电压为 424.4V；额定励磁电流为 2389A；发电机空载励磁电压为 140.9V；发电机空载励磁电流为 848.5A；励磁变压器容量为 3500kVA，采用 Yd11 接线三相一体变压器，变比为 20/0.85kV。调节系统采用 A、B 双通道，双通道电压、电流信号及电源等回路均独立。本例图中虚线框中设备均由励磁系统成套提供。

自并励励磁系统主要由励磁变压器、励磁调节柜、功率柜、灭磁柜几部分组成。如图 10-28 所示，这套系统共八面柜，一面励磁调节柜 ER，三面励磁功率柜 EG，一面灭磁柜，一面灭磁电阻柜，一面交流进线柜，一面直流出线柜。励磁电流较大，因此励磁设备布置于发电机附近励磁小室内。

1. 励磁变压器

自并励励磁系统励磁变压器通常连接在发电机出口端。大容量机组发电机机端通常采用封闭母线连接，可靠性较高，励磁变压器可直接由封闭母线 T 接。自并励励磁系统接线比较简单清晰，发电机运行时就能提供机组的励磁电源。但如果较长时间短路未被切除，则会影响励磁能力。如果励磁变压器电源取自系统侧，则励磁电压受系统影响较大，并且主接线也较复杂，因此这种接线方式很少采用。励磁变压器也可接自厂用电源。励磁变压器接到厂用电母线上，不但增加了厂用变压器的容量，而且受厂用电运行情况的影响，供电可靠性也差些。当厂用大容量电动机启动或成组启动时，在厂用变压器上造成较大的电压降落，从而影响励磁装置的励磁电压及强励能力，这种接线在装设备用励磁电源时可以考虑。

自并励励磁系统的励磁变压器，通常不设断路器。变压器高压侧接线可包括在发电机的差动保护范围之内。励磁变压器绕组的联结组别，对于低压侧电流大的情况，通常采用 Yd11 组别。励磁变压器可选用干式变压器，也可采用油浸式变压器。干式变压器不需要考虑防火及事故放油等问题，并且可以布置在主厂房内，减少了交流励磁母线及电缆的长度，因此在工程中广泛采用。根据励磁变压器的容量可以采用三相变压器或单相变压器，实际工程中 600MW 以上机组通常采用单相变压器，350MW 及以下机组通常采用三相变压器。干式变压器本体设温度控制器及温度测量装置，温度高信号可接入发电机-变压器组保护装置作用于报警或跳闸。油浸式变压器通常布置于主厂房外，采用三相变压器，容量较大的油浸式励磁变压器设置瓦斯保护。当励磁变压器装在户外时，由变压器到整流桥之间的馈线，由于有电抗压降，特别在励磁电流很大的情况下不宜太长。

自并励励磁系统的励磁变压器的容量可按式（10-1）估算。

2. 启励回路

如图 10-29 所示，启励采用厂用电启励，380V 厂用电经启励变压器 60B，由 64D 整流后经过直流接触器 62HC 接入励磁母线回路。启励控制由启励控制 FLK 启动接触器线圈实现。

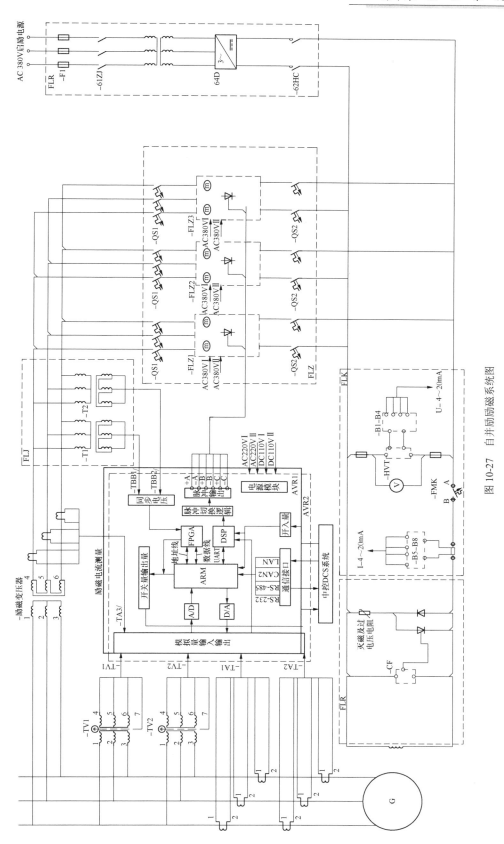

图 10-27 自并励励磁系统图

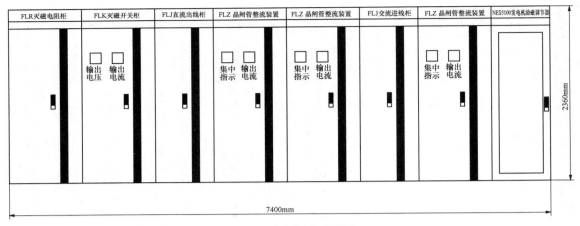

图 10-28　励磁盘柜布置图

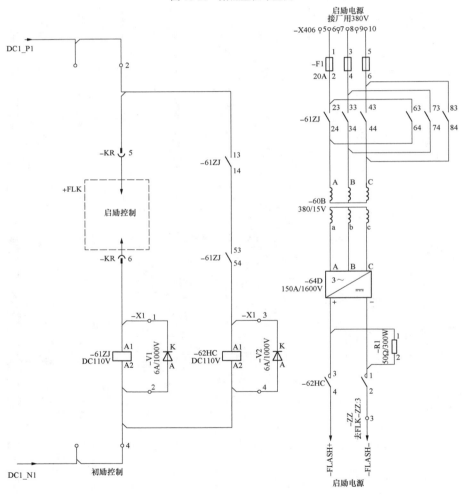

图 10-29　启励原理图

　　如果励磁变压器不是接在机端,而是接在厂用电母线上,则不需要另外考虑启励措施。

　　3. 励磁整流柜、灭磁开关柜和过电压保护装置

　　根据机组励磁系统容量,不同的机组功率元件和功率柜数量不同,但要符合规程对整流回路数量及冗余量的要求。

　　(1) 励磁功率单元。自并励系统中的大功率整流装置采用三相桥式接线。这种接法的优点是半导体元件承受的电压低，而变压器的容量利用率高。三相桥式电路可采用半控桥或全控桥方式。目前在国内外自并励励磁系统中多采用全控桥方式。

本例励磁系统由三面整流柜组成，图 10-30 所示为一面整流柜整流元件接线。整流元件采用三相全波整流，交流侧配交流开关 QS1，电源来自励磁变压器低压侧。直流侧输出配置开关 QS2，输出至直流母线。每个晶闸管整流元件配有熔断器作为短路保护，阻容

回路作为过电压保护吸收运行中可能产生的过电压。每面整流柜配置指示电流表 PA1 完成就地测量指示。

整流元件运行过程中会产生大量的热量，如果通风散热回路有问题，则会使整流元件损坏，从而威胁机组运行。因此整流柜内风机及电源均考虑了冗余配置。如图 10-31 所示，风机电源分别由低压厂用电引入两路独立的交流 380V 电源，在励磁系统内分配至不同整流柜。

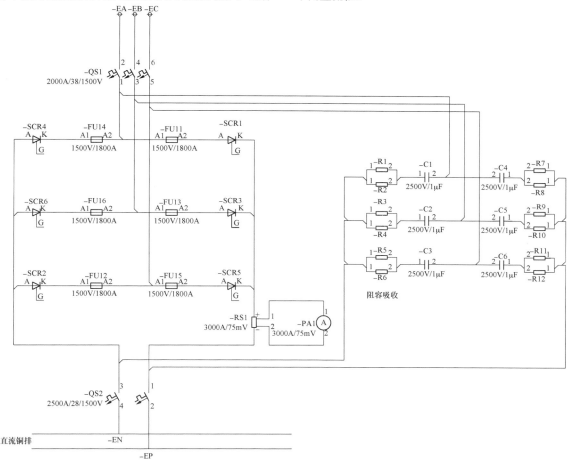

图 10-30 自并励整流元件原理图

风机控制回路原理图如图 10-32 所示，每块整流柜均冗余配置 2 台风机，风机经温度控制器重动继电器 K5 控制，在温度高时启动风机。自动电压调节器通过中间继电器 K2、K3 可启动 1 号风机或 2 号风机。

（2）灭磁及过电压保护。现在国内外大机组的灭磁方式多采用线性电阻或非线性电阻等移能型灭磁方式。

如图 10-33 所示，与交流励磁机励磁系统相同，整流后的直流电经过灭磁开关直流输出至发电机励磁绕组，配置了灭磁过电压保护回路及测量回路。PV、PA 为励磁柜发电机的励磁电压表、励磁电流表。

转子过电压保护装置详细接线如图 10-34 所示。在发电机转子回路中产生很高的感应电压，CF 模块检测到转子正向过电压超过定值时，马上触发 61SCR 晶闸管，将非线性灭磁电阻 61FR 并入转子回路，将产生的过电压能量在电阻中消耗；而转子回路反向过电压时，信号则直接经过 61D 二极管接入灭磁电阻耗能，以确保发电机转子始终不会出现开路，从而可靠地保护转子绝缘不会遭受破坏。由于这种保护的存在，转子绕组会产生相反的磁场，抵消定子负序电流产生的反转磁场，以保护转子表面及转子护环不至于烧坏。

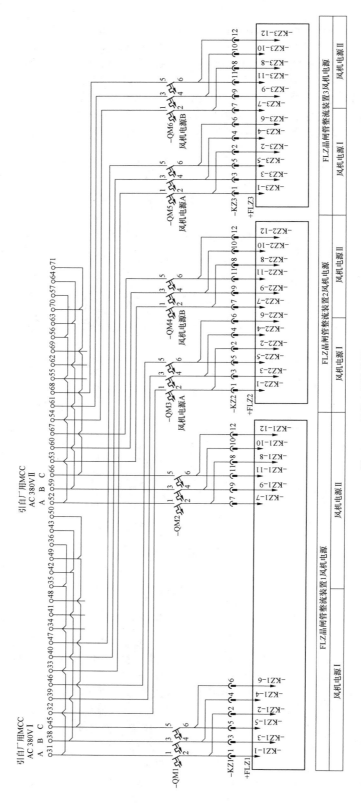

图 10-31 风机电源接线图

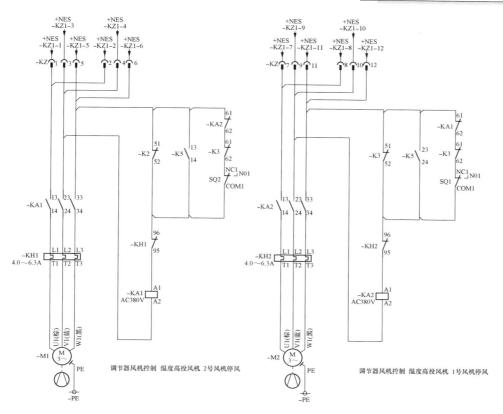

图 10-32 风机控制回路原理图

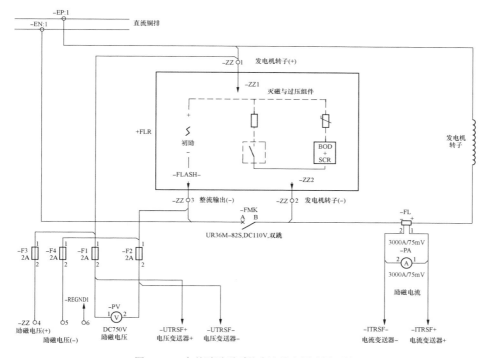

图 10-33 自并励励磁系统直流输出回路原理图

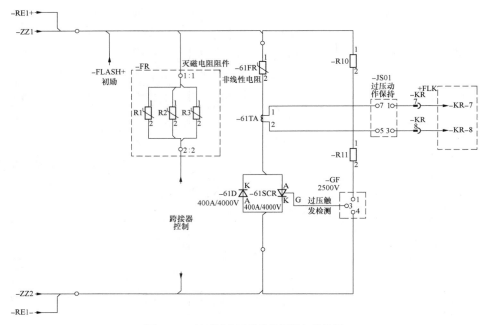

图 10-34　转子过电压保护装置详细接线图

当灭磁电阻单元 FR 回路由于正向或反向导通而流过电流时，可通过监测电流互感器 TA 的电流信号而由灭磁开关柜智能板报出"过压保护动作"信号。灭磁电阻的设计要考虑磁场断路器的电弧电压和励磁绕组允许的最大电压以及励磁绕组中可能的最大能量。

（3）励磁调节控制。励磁调节控制采用 A、B 双通道，并且通过两个独立的自动通道的互相跟踪。自动跟踪功能保证可能是由于故障（如 TV 断线）引起的自动切换或人工切换的平稳性，使从自动电压调节（AVR）模式到磁场电流调节（FCR）模式、A 通道到 B 通道的平稳切换。

调节器将采样及计算所得到的相关数值，与预先整定的限制保护值相比较，分析发电机组的实时工况，判断发电机的工作区域，对过负荷和欠负荷工况进行限制，实现低励限制、过励限制、伏/赫兹限制等功能。防止发电机进入不安全或不稳定区域，从而保护机组的安全可靠运行。

二、自并励静止励磁系统二次接线

励磁系统二次接线包括励磁系统的电源回路；自动电压调节器的输入、输出回路；灭磁开关的控制信号回路；励磁系统的测量回路等。以某电厂 350MW 机组自并励静止励磁系统为例，励磁系统的控制由 DCS 硬接线接至励磁回路，信号送至 DCS。

不同励磁系统所需要的电源不同，但都考虑了电源的冗余配置，配置直流电源或 UPS 电源。如图 10-35 所示，励磁调节柜引入两路 110V 直流电源、两路 UPS 交流电源。其中直流电源由不同直流母线段引接，以满足系统冗余的需要。

现代自动电压调节器均为微机型，开关信号的输入均通过开关量采集实现，图 10-36 为励磁调节柜开关量输入回路图。自动电压调节器的开关量输入信号包括命令信号，如增、减励磁命令，DCS 输入的远方手动调节命令，同步回路调节发电机电压的增、减励磁命令；另外，还包括发电机保护装置输入的减励磁命令，以及监控系统（DCS）发出的其他控制励磁系统和调节励磁系统状态的外部命令。

励磁调节柜开关量输出回路图如图 10-37 所示，主要包括励磁调节系统输出的反映装置故障及状态的信号触点，通常接入监控系统的开关量输入回路中。

按照保护双重化配置要求，如图 10-38（a）、（b）所示，发电机灭磁开关配置双跳闸线圈，控制电源分别取自直流系统的不同段，以保证保护双重化跳闸出口的要求。跳、合闸操作回路包括远方控制回路、保护跳闸回路、紧急按钮回路等。

如图 10-38（c）所示，灭磁开关提供辅助触点信号至发电机-变压器组保护、监控系统（DCS）、故障录波装置等。

如图 10-39 所示，励磁系统的电测量回路应符合规程的规定，在控制室监控系统测量励磁电压及励磁电流。励磁电流和电压通过变送器转换为 4～20mA 信号输出至监控系统（DCS），并且满足故障录波、AVC、同步相量测量装置等装置的需要。

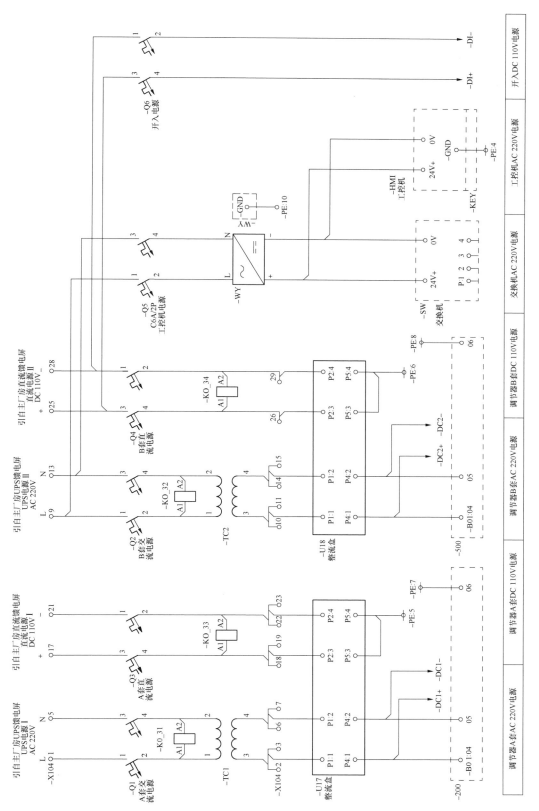

图 10-35 自动电压调节器电源回路图

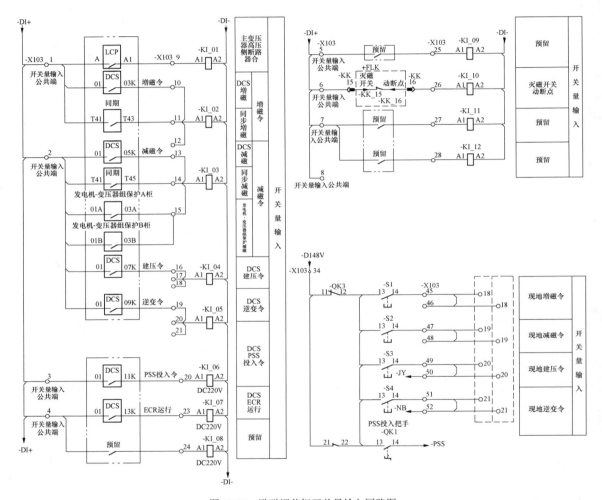

图 10-36　励磁调节柜开关量输入回路图

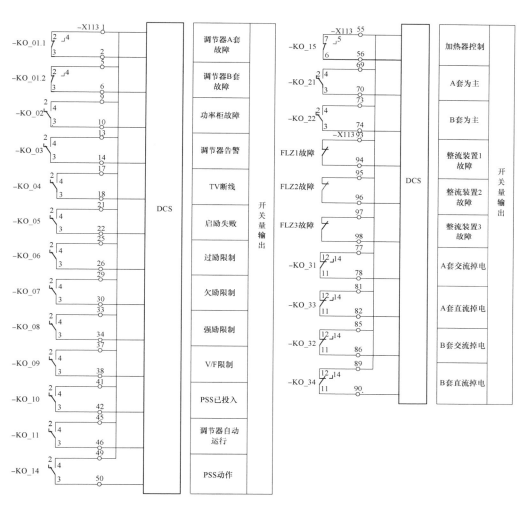

图 10-37 励磁调节柜开关量输出回路图

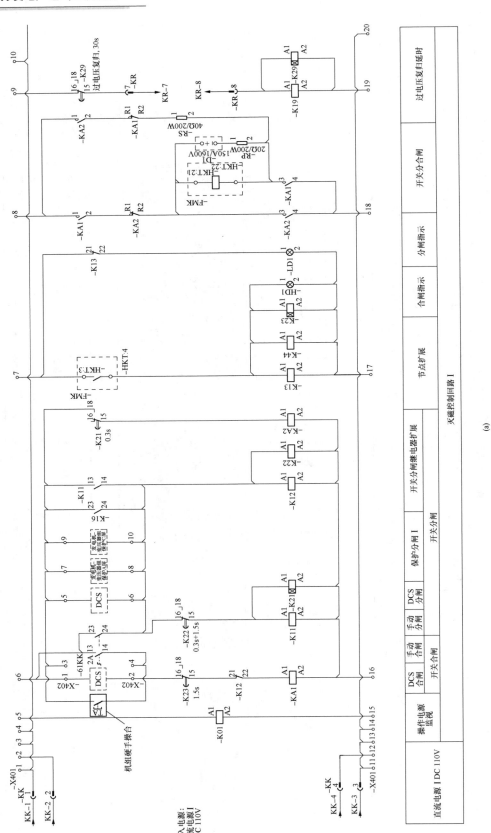

图 10-38　灭磁开关控制信号回路图（一）

（a）发电机灭磁开关控制回路 I

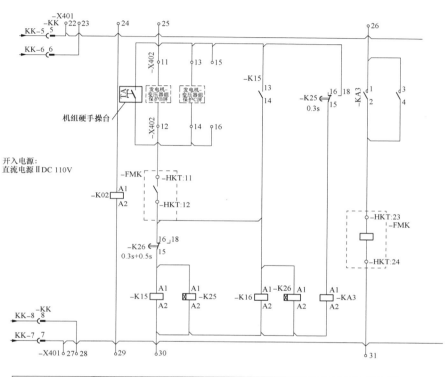

(b)

图 10-38 灭磁开关控制信号回路图（二）

（b）发电机灭磁开关控制回路Ⅱ

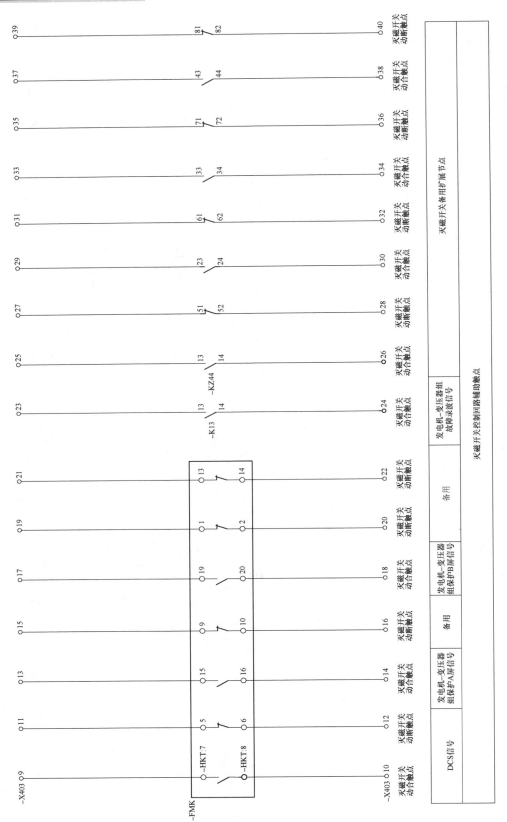

图 10-38 灭磁开关控制信号回路图（三）

（c）发电机灭磁开关辅助触点信号

图 10-39 励磁系统测量回路图

第五节 励磁系统设备的选择及计算

一、自并励静止励磁系统设备的选择及计算

自并励静止励磁系统的励磁电源由发电机端经励磁变压器降压，再通过晶闸管整流后，向发电机励磁绕组提供直流电流励磁。励磁变压器绕组电流含有较多的高次谐波，变压器除了正常的损耗外，还有各高次谐波产生的附加涡流损耗，绕组温升会增加。所以，在变压器设计和选择时，必须考虑非正弦电流下的总负荷损耗，才能确保变压器安全运行。

（1）励磁变压器一次线电压选择。励磁变压器一次侧线电压 U_H 按所接发电机的额定电压选择取。

（2）励磁变压器二次侧线电压计算。计算公式为

$$U_L = \frac{K_c \cdot U_{fd} + \frac{3}{\pi} \cdot K_c \cdot I_{fd} \cdot X_e + \Sigma \Delta U}{1.35 \cos \alpha_{min}} \quad (10\text{-}1)$$

式中 K_c——强励电压倍数；

U_{fd}——发电机额定励磁电压，V；

I_{fd}——发电机额定励磁电流，A；

X_e——换弧电抗，Ω；

$\Sigma \Delta U$——集电环和线路等的压降，V；

α_{min}——晶闸管最小触发角，（°）。

简单计算时可用

$$U_L = \frac{K K_c U_{fd}}{1.35 \cos \alpha_{min}} \quad (10\text{-}2)$$

式中 K——考虑换弧压降、线路压降及集电环压降等因素的系数，可取 1.1。

（3）励磁变压器二次侧电流计算。计算公式为

$$I_L = \sqrt{\frac{2}{3}} \times K I_{fd} \quad (10\text{-}3)$$

式中 K——系数，取 1.1～1.3；

I_{fd}——发电机额定励磁电流，A。

（4）励磁变压器容量。当机组在最大工况下连续运行时，励磁系统应能保证长期连续运行，其对应的励磁变压器容量为

$$S_N = \sqrt{3} U_{Nl} I_{Nl} / 1000 \quad (10\text{-}4)$$

式中 S_N——励磁变压器额定容量，kVA；

U_{Nl}——励磁变压器低压侧额定线电压，V；

I_{Nl}——励磁变压器低压侧额定线电流，A；

如考虑变压器谐波损耗、涡流损耗和杂散损耗等因素，变压器容量可考虑 15% 的裕度。

二、自动调整励磁全控整流桥电力电缆的选择及计算

交流励磁机-静止整流系统励磁系统晶闸管整流桥交流侧由中频副励磁机供电，直流输出侧接至励磁机励磁绕组。当晶闸管整流桥随自动电压调节器装设在电子设备间时，其交流侧和直流侧的电缆均约百米长，且交流电缆流过中频电流，由于临近效应和集肤效应电缆阻抗较大。所以，电力电缆截面积的选择应按强行励磁时允许的电压降选择，而不是按负荷电流选择。

（1）工频电缆用于中频时的参数。目前无合适的中频电缆产品，可用工频电缆代替。根据理论计算和实际测试，列出一部分工频电缆用于中频时的参数，见表 10-5～表 10-8。

（2）全控桥交、直流侧的电力接线图。图 10-40 为全控桥交、直流侧的电力接线图。永磁副励磁机 GE1 经三相电缆接入三相全控桥，整流桥直流输出经两极电缆接至交流励磁机 GE。

图 10-40　全控桥交、直流侧电力接线示意图

GE1—永磁副励磁机；GE—励磁机；G—发电机；U_{AC1}—强励时永磁副励磁机的线电压；U_{AC2}—强励时全控桥交流侧线电压的有效值；U_{DC1}—强励对全控桥直流侧电压的平均值；U_{DC2}—强励时励磁机励磁绕组的电压；ΔU_{AC}—强励时交流电缆的压降；ΔU_{DC} 强励时直流电缆的压降

（3）直流电缆的选择。

1）电缆允许压降

$$\Delta U_{DC}=U_{DC1}-U_{DC2} \quad (10\text{-}5)$$

式中　ΔU_{DC}——电缆允许压降，V；

U_{DC1}——强励时全控桥输出直流电压的平均值，V；

U_{DC2}——主励磁机励磁绕组强励电压，V。

2）电缆截面积

$$S \geqslant \frac{2LI_{DC}\rho_{20}[1+\alpha(\theta_t-20)]}{\Delta U_{DC}} \quad (10\text{-}6)$$

式中　S——电缆截面积，mm^2；

L——电缆长度，m；

I_{DC}——强励时全控桥输出直流电流的平均值，A；

ρ_{20}——导线在20℃时的电阻系数，铜芯时 $\rho_{20}=0.0184\Omega\cdot mm^2/m$，铝芯时 $\rho_{20}=0.0310\Omega\cdot mm^2/m$；

α——电阻温度系数，铜芯时 $\alpha=0.00391$，铝

芯时 $\alpha=0.00403$；

θ_t——电缆芯温度，根据所选电缆形式计算，纸绝缘电缆时 $\theta_t=80℃$，塑料绝缘和橡皮绝缘时 $\theta_t=65℃$。

（4）交流电缆的选择。

1）根据电流 I_{DC} 算出 I_{AC}。当三相全控桥负荷为大电感，忽略换流过程，强励时晶闸管触发角 α_q 范围在 $0\leqslant\alpha_q\leqslant\pi/3$ 时，则有

$$I_{AC}=\sqrt{\frac{2}{3}}I_{DC} \quad (10\text{-}7)$$

式中　I_{AC}——强励时全控桥交流侧电流的有效值，A；

I_{DC}——强励时全控桥输出直流电流的平均值，A。

2）强励时永磁副励磁机的端电压。由永磁副励磁机外负载特性曲线及强励负载电流 I_{AC}，查取永磁副励磁机的端电压 U_{AC1}。

3）由晶闸管整流桥的直流电压 U_{DC1} 求取交流电压 U_{AC2}，即

$$U_{AC2}=\frac{U_{DC1}}{1.35\cos\alpha_q} \quad (10\text{-}8)$$

式中　U_{AC2}——强励时全控桥交流侧线电压的有效值，V；

U_{DC1}——强励时全控桥输出直流电压的平均值，A；

α_q——强励时晶闸管的触发角，由该自动电压调节器的特性决定，一般取 5°～20°。

4）交流电缆允许压降 ΔU_{AC} 为

$$\Delta U_{AC}=U_{AC1}-U_{AC2} \quad (10\text{-}9)$$

式中　ΔU_{AC}——强励时交流电缆允许压降，V；

U_{AC1}——强励时永磁副励磁机的线电压，V；

U_{AC2}——强励时全控桥交流侧线电压的有效值，V。

5）交流电缆的选择

$$\Delta U_{AC}=\sqrt{3}\,I_{AC}Lz$$
$$Z=\frac{\Delta U_{AC}\times10^3}{\sqrt{3}I_{AC}L} \quad (10\text{-}10)$$

式中　Z——电缆单位长度的阻抗，$m\Omega/m$；

ΔU_{AC}——电缆允许压降，V；

I_{AC}——强励时电缆流过的电流，A；

L——电缆长度，m。

由式（10-10）计算求得电缆单位长度的阻抗 Z 值，查表 10-5～表 10-8，可选择电缆的截面积。选择时有两种情况：一种是采用多根电缆并联；另一种是采用单根大截面的电缆。前者可大大降低电抗，经济效果显著。此外，对于高起始响应的励磁系统，该电缆采用多根小截面积的电缆并联，可以在降低阻抗的条件下相对地增加电缆的电阻，从而减小励磁系统的时间常数。

表 10-5   **塑料绝缘工频电缆用于 500Hz 时的参数**

芯数×截面积 (mm²)		直流电阻 (mΩ/m)		交流电阻 (mΩ/m)		电抗 (mΩ/m)	阻抗 (mΩ/m)		电缆型号及 10℃时允许载流（A）			
									VV	VLV	VV$_{29}$	VLV$_{29}$
标称	实际	铜	铝	铜	铝	平均值	铜	铝	铜	铝	铜	铝
3×25	3×25.7	0.867	1.466	0.889	1.476	0.802	1.197	1.679	72.6	56.8	74.5	57.8
3×35	3×35.7	0.624	1.055	0.656	1.068	0.774	1.014	1.319	87	68.3	87.3	69.3
3×50	3×51	0.437	0.739	0.482	0.767	0.771	0.909	1.088	105.6	83.8	108.3	86.2
3×70	3×71.6	0.311	0.526	0.372	0.567	0.750	0.837	0.940	126.6	102.7	128.3	104.6
3×95	3×95.5	0.223	0.395	0.306	0.448	0.747	0.807	0.871	148.2	123.1	149.6	124.1
3×120	3×120.9	0.184	0.312	0.264	0.376	0.733	0.779	0.824	161.9	137.4	166	139.2
3×150	3×151.4	0.147	0.249	0.234	0.322	0.724	0.761	0.792	182.8	155.8	182.8	155.8
3×185	3×185.3	0.120	0.203	0.209	0.283	0.724	0.754	0.777	200.6	172.6	200.6	172.6
3×240	3×242.6	0.09	0.155	0.177	0.242	0.720	0.741	0.759	222.2	19	222.2	193.6

表 10-6   **橡皮绝缘工频电缆用于 500Hz 时的参数**

芯数×截面积 (mm²)		直流电阻 (mΩ/m)		交流电阻 (mΩ/m)		电抗 (mΩ/m)	阻抗 (mΩ/m)		电缆型号及 10℃时允许载流（A）			
									XL	XLV	XL$_{29}$	XLV$_{29}$
标称	实际	铜	铝	铜	铝	平均值	铜	铝	铜	铝	铜	铝
3×25	3×24.7	0.894	1.510	0.92	1.53	0.839	1.245	1.745	78.4	61.4	76.4	60.4
3×35	3×34.4	0.642	1.084	0.683	1.11	0.808	1.058	1.373	95.1	76.2	91.2	73.3
3×50	3×50	0.441	0.746	0.497	0.783	0.797	0.939	1.117	117.5	96.0	111.9	91.1
3×70	3×67.1	0.328	0.556	0.402	0.606	0.775	0.873	0.984	122.3	114.2	130.5	108.5
3×95	3×93.3	0.237	0.399	0.326	0.465	0.768	0.834	0.898	157.7	135.8	149.6	128.3
3×120	3×116.2	0.189	0.321	0.290	0.402	0.747	0.801	0.848	172.5	149.5	162.8	140.6
3×150	3×145.8	0.151	0.256	0.257	0.347	0.746	0.789	0.822	189.4	166.8	178.6	157.4
3×185	3×181.6	0.122	0.205	0.229	0.304	0.744	0.778	0.804	207.3	184.5	192.7	171.4
3×240	3×240	0.092	0.155	0.196	0.261	0.732	0.758	0.777				

表 10-7   **塑料绝缘工频电缆用于 400Hz 时的参数**

芯数×截面积 (mm²)		直流电阻 (mΩ/m)		交流电阻 (mΩ/m)		电抗 (mΩ/m)	阻抗 (mΩ/m)		电缆型号及 10℃时允许载流（A）			
									VV	VLV	VV$_{29}$	VLV$_{29}$
标称	实际	铜	铝	铜	铝	平均值	铜	铝	铜	铝	铜	铝
3×25	3×25.7	0.867	1.466	0.882	1.475	0.641	1.09	1.61	73.4	56.8	75.2	57.4
3×35	3×35.7	0.624	1.055	0.645	1.068	0.619	0.894	1.23	87.9	68.3	88.2	69.3
3×50	3×51	0.437	0.739	0.467	0.757	0.617	0.773	0.977	107.8	84.6	110.6	87.1
3×70	3×71.6	0.311	0.526	0.352	0.553	0.611	0.705	0.824	130.8	104.9	132.5	106.8
3×95	3×95.5	0.233	0.395	0.285	0.431	0.597	0.662	0.736	154.1	125.8	156.5	126.7
3×120	3×120.9	0.184	0.312	0.244	0.356	0.587	0.636	0.687	170.8	141.9	174	143.8
3×150	3×151.4	0.147	0.249	0.212	0.30	0.579	0.617	0.652	192.1	161.9	192.1	161.9
3×185	3×185.3	0.120	0.203	0.189	0.261	0.579	0.609	0.635	209.8	178.6	209.8	178.6
3×240	3×242.6	0.09	0.155	0.159	0.219	0.576	0.598	0.616	235.9	203.3	235.9	203.3

表 10-8 　　　　　　　　　　　　橡皮绝缘工频电缆用于 **400Hz** 时的参数

芯数×截面积 （mm²）		直流电阻 （mΩ/m）		交流电阻 （mΩ/m）		电抗 （mΩ/m）	阻抗 （mΩ/m）		电缆型号及 10℃时允许载流（A）			
									XL	XLV	XL$_{29}$	XLV$_{29}$
标称	实际	铜	铝	铜	铝	平均值	铜	铝	铜	铝	铜	铝
3×25	3×24.7	0.894	1.510	0.912	1.52	0.671	1.13	1.66	79.2	61.4	77.2	60.1
3×35	3×34.4	0.642	1.084	0.629	1.10	0.646	0.902	1.28	96.0	76.2	92.1	73.4
3×50	3×50	0.441	0.746	0.479	0.77	0.637	0.797	0.999	120.0	96.0	114.2	91.1
3×70	3×67.1	0.328	0.556	0.382	0.592	0.619	0.727	0.857	138.9	115.4	133.4	109.6
3×95	3×93.3	0.237	0.399	0.303	0.444	0.614	0.685	0.758	162.8	137.2	154.9	129.7
3×120	3×116.2	0.189	0.321	0.266	0.378	0.597	0.654	0.707	178.9	154.6	168.9	145.4
3×150	3×145.8	0.151	0.256	0.233	0.322	0.597	0.641	0.678	196.8	172.7	185.6	162.9
3×185	3×181.6	0.122	0.205	0.209	0.279	0.595	0.630	0.657	215.8	191.3	200.6	177.7
3×240	3×240	0.092	0.155	0.178	0.236	0.586	0.612	0.632				

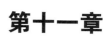

第十一章

抗　干　扰　与　接　地

第一节　常规二次回路和设备接地

二次系统接地的种类主要分为安全保护接地、逻辑接地和交流接地三种。安全保护接地是指对设备的外壳、机架、屏体等接地，以防止在设备绝缘损坏时漏电对人员造成的触电危险；逻辑接地是指将逻辑信号系统的公用端接到地网，使其成为稳定的参考零电位，也称为信号接地；交流接地是指交流电源中性点的接地，以使故障电流经中性线流入大地。

除了上述安全保护性接地和功能性接地外，二次系统的接地还有抗干扰接地，即减少通过感应、传导、辐射等各种途径进入二次设备和回路中的来自外界的各种干扰。

额定控制电压为 110V 及以上的回路和设备的抗电磁干扰的性能较好，一般不需采取特殊的抗干扰措施。这些回路和设备接地的目的是保证人身和设备安全，防止高电压或雷电的侵入，采取的措施主要是将二次机柜的金属外壳、电缆的金属外铠和电缆设施（如电缆支架、桥架、金属穿管等）接地。接地线的截面、材料、接地引线的配置等参见《电力工程手册　火力发电厂电气一次设计》第十六章中的相关内容。

二次设备的交流接地与接零必须分别独立，不允许混淆。交流接地指连接至接地网，接零指接至交流电源的中性线。有交流电源输入的二次机柜要有接零，二次机柜的接零仅在电源端与接地网相连接。电源电缆中要含中性线芯，中性线芯不允许与二次机柜的金属外壳相连接。当为三相五线制交流电源向二次机柜供电时，电源电缆中要含中性线（N）芯和保护接地线（PE）芯，接地线（PE）芯要与二次机柜的金属外壳相连接。

第二节　抗　干　扰　接　地

一、电子装置的逻辑接地

电子装置除遵守安全保护接地和交流接地外，还应进行逻辑接地。逻辑（信号）地是所有逻辑电路的公共基准点，对接地电阻的要求较严（一般要求不大于 1Ω）。微机中使用的各种 TTL 门电路的逻辑"1"和"0"电平的电位差约为 2V，如果处理不当，在信号地线上就会形成电位波动，即噪声电压，造成装置不能正常工作，甚至会烧毁元件。因此，逻辑信号地电位必须要十分稳定。为此，装有电子装置的屏柜，要设有供公用零电位基准点逻辑接地的总接地板，构成电阻很小的零电位母线，保证各装置零电位为同一基准点，总接地铜排的截面积应不小于 100mm²。

（1）当单个屏柜内部的多个装置的信号逻辑零电位点分别独立并且不需要引出装置小箱（浮空）或需与小箱壳体连接时，总接地铜排可不与屏体绝缘。各装置小箱的接地引线要分别与总接地铜排可靠连接。

非绝缘接地铜排连接示意如图 11-1 所示。屏柜内的小箱中电子装置逻辑地电位浮空或接小箱壳体时，小箱壳体起到屏蔽作用，小箱壳体在结构上与屏体有接触性连接。为了保证可靠，小箱壳体以接地线与接地铜排相连。由于接地铜排与小箱相连，小箱又与屏体相连，所以接地铜排是不绝缘的。各屏内的接地铜排首尾相连，并在铜排上一点用电缆接至发电厂接地网，避免地中电流在各屏内接地铜排上产生电位差。

（2）当屏柜上多个装置组成一个系统时，屏柜内部各装置的逻辑接地点均要与装置小箱壳体绝缘，并分别引接至屏柜内总接地铜排。总接地铜排要与屏柜壳体绝缘。组成一个控制系统的多个屏柜组装在一起时，只允许一个屏柜的总接地铜排有接地引线连接至接地网，其他屏柜的绝缘总接地铜排均要分别用绝缘铜绞线接至有接地引线的屏柜的绝缘总接地铜排上。

绝缘接地铜排连接示意如图11-2所示。当屏柜上多个装置组成一个系统时，为避免各装置的逻辑接地点产生噪声电位差，使整个系统无法正常工作，各装置的逻辑接地点必须直接以接地引线连接至接地铜排，并与小箱壳体绝缘。小箱壳体在结构上与屏体相连。接地铜排要与小箱壳体和屏体绝缘。各屏内的接地铜排首尾相连，并在铜排上一点用电缆接至发电厂接地网，避免地中电流在各屏内接地铜排上产生电位差。

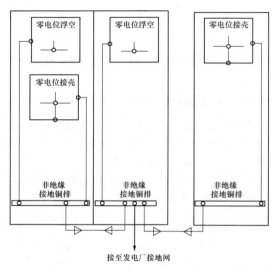

图 11-1　非绝缘接地铜排连接示意图

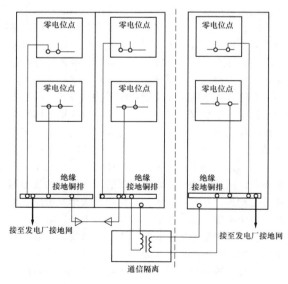

图 11-2　绝缘接地铜排连接示意图

当不同建筑物中的电气系统采用没有隔离措施的远程通信时，它们必须共用同一逻辑接地系统。如果不能将各建筑物中的电气系统都接到一个公共的逻辑接地系统，则它们彼此的通信必须实现电气上的隔离，如采用变压器隔离、继电器触点隔离、光电隔离或短程调制解调器隔离等。在图11-2中，虚线左侧为两个柜在同一房间的接地方式，虚线右侧为不同房间之间距离较远无法实现共用一个公共逻辑接地网需要采用隔离措施的接地方式。

逻辑接地的零电位母线仅允许在一点用绝缘铜绞线或电缆就近连接至接地干线上，如控制室、电子设备间夹层的环形接地母线。逻辑接地与发电厂接地网间的连接示意如图11-3所示。

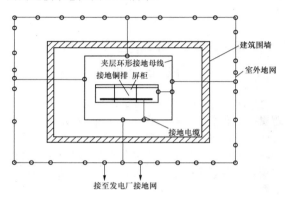

图 11-3　逻辑接地与发电厂接地网间的连接示意图

逻辑接地的零电位母线与发电厂主接地网相连处不得靠近有可能产生较大故障电流和较大电气干扰的场所，如避雷器、高压隔离开关、旋转电机附近及其接地点。

逻辑接地系统接地线的选型及安装方式要符合下列规定：

（1）为了防止逻辑接地线与发电厂接地网相碰而造成多点接地，逻辑接地线采用绝缘铜绞线或电缆，不允许使用裸铜线，不允许与其他接地线混用。

（2）逻辑接地绝缘铜绞线或电缆的截面积要符合下列规定：

1）零电位母线（接地铜排）至接地网之间：不小于 $35mm^2$。

2）屏间零电位母线间的连接线：不小于 $16mm^2$。

（3）逻辑接地线与接地体的连接应采用焊接方式，不允许采用压接，以防止振动、腐蚀和不同金属的膨胀率影响连接的可靠性。

（4）逻辑接地线的布线要尽可能短。逻辑接地线除供零电位基准点的连接外，还具有泄流高频干扰电流的作用。接地线的效果与其长度和接地线中传播的干扰源的频率有关。接地线要尽可能短，以防接地引线电阻增大，与零电位基准点的电位偏差加大和引起干扰。

二、等电位接地

为了防止空间磁场对二次回路的干扰，需要采取有效措施，并根据发电厂升压站和一次设备安装的实际情况，敷设与发电厂主接地网紧密可靠连接的等电位接地网，在系统发生近区故障和雷击事故时，降低二次设备之间的电位差。

（一）等电位接地网的敷设原则

等电位接地网的敷设原则如下：

（1）在发电厂控制室、电子设备间、保护继电器室、敷设二次电缆的沟道、发电厂升压站的就地端子箱及保护用结合滤波器等处，使用截面积不小于100mm² 的单芯裸铜缆（排）敷设与发电厂主接地网紧密连接的等电位接地网。

（2）分散布置的保护继电器小室、通信小室与继电器室之间，要使用截面积不小于 100mm² 并与发电厂主接地网相连接的单芯裸铜缆（排）将保护继电器小室与继电器室的等电位接地网可靠连接。

（3）等电位接地网通常采用接地铜排。

（4）微机型继电保护装置屏屏内的交流供电电源（照明装置、打印机和调制解调器）的中性线（零线）不允许接入等电位接地网，防止以上设备启动时在接地线上产生较大的干扰信号。

发电厂等电位接地网连接示意图如图 11-4 所示。

（二）等电位接地网的应用方式

1. 控制室、电子设备间和继电器室内等电位接地网的应用方式

（1）原则要求：

1）在控制室、电子设备间和继电器室屏、柜下层的电缆室、电缆沟道内，按屏、柜布置的方向敷设不小于100mm² 的专用铜排（缆），将该专用铜排（缆）首末端连接（目字结构），形成控制室、电子设备间和继电器室内的等电位接地网。

2）控制室、电子设备间和继电器室内的等电位接地网与发电厂主接地网只能存在唯一连接点。要使用至少 4 根以上、截面积不小于50mm² 的铜缆（排）与发电厂主接地网在外部电缆沟道或竖井的入口处一点连接，这 4 根铜缆（排）取自目字结构等电位接地网与电厂主接地网靠近的位置。

3）二次电缆沟道内敷设的接地铜排（缆）引入控制室、电子设备间和继电器室时，要与控制室、电子设备间、继电器室内主接地网在外部电缆沟道或竖井的入口处一点连接，此接地网要与室内等电位接地网的接地点布置在一处。

4）当控制、电子设备间和继电器室存在多个外部电缆入口时，各二次电缆沟道内敷设的接地铜排（缆）要汇集到室内等电位接地网的接地点所处的电缆沟道

或竖井入口处，与发电厂主接地网一点连接。此接地网要与室内等电位接地网的接地点布置在一处。

（2）施工要求：

1）铜排与铜排的连接采用放热焊接。

2）控制室、电子设备间和继电器室内的等电位接地网通常采用支柱绝缘子固定。

3）控制室、电子设备间和继电器室下方是电缆夹层：支柱绝缘子通常固定在第一层桥架与结构梁之间的桥架立柱上，距离梁底和第一层桥架的距离不小于100mm。

4）控制室、电子设备间和继电器室下方是活动地板：支柱绝缘子通常固定在屏（柜）体的土建基础上，距离地面约150mm。

5）控制室、电子设备间和继电器室下方是电缆沟：支柱绝缘子通常固定在电缆支架立柱上，距离第一层支架80mm。

2. 保护和控制装置屏、柜内铜排与等电位接地网的连接方式

（1）原则要求：

1）保护和控制装置的屏、柜下部要设有截面积不小于100mm² 的接地铜排。

2）控制室、电子设备间和继电器室内电气和电子设备的金属外壳、机柜、机架、金属管、槽、屏蔽电缆外层通常采用共用接地铜排并以最短的距离与室内等电位接地网相连。

3）屏柜上装置的接地端子要用截面积不小于4mm² 的多股铜线与接地铜排相连。

4）接地铜排要用截面积不小于 50mm² 的铜缆与保护继电器室内的等电位接地网相连。

（2）施工要求：

1）屏、柜内的铜排与等电位接地网的连接采用螺栓连接。

2）屏、柜内的铜排预留 ϕ6mm 的孔 20 个，均匀分布在屏内铜排上。

3）屏、柜体接地线可直接连接在屏内不小于100mm² 的接地铜排上。

3. 电缆沟道内等电位接地网的应用方式

（1）原则要求：

1）沿发电厂升压站二次电缆的沟道敷设截面积不小于100mm² 的铜排（缆），构建室外等电位接地网。

2）每根铜排（缆）在二次电缆沟道内除在控制室、电子设备间和继电器室侧与发电厂主接地网连接外，还要在二次电缆沟道远端采用截面积不小于100mm² 的铜排（缆）与发电厂主接地网连接。

3）等电位接地网与发电厂主接地网连接时，尽可能远离高压母线、避雷器和避雷针的接地点，以及并联电容器、电容式电压互感器、结合滤波器及电容式

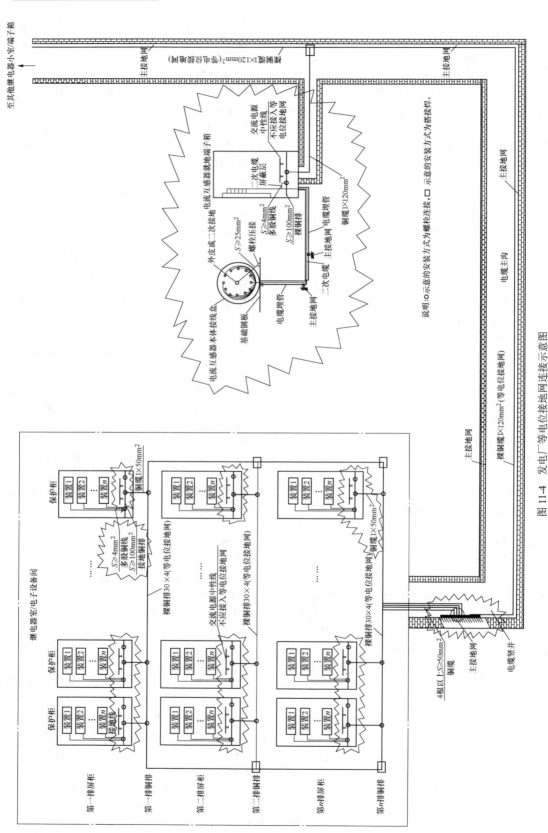

图 11-4　发电厂等电位接地网连接示意图

套管等设备。

4）室外等电位接地网接入发电厂主接地网的接地点与大电流入地点沿接地导体的地内距离一般不小于15m。

（2）施工要求：

1）铜排与铜排的连接方式采用放热焊接。

2）二次电缆沟道的铜排（缆）通常安装在敷设二次电缆的电缆支架最上层中间位置，并采用支柱绝缘子固定在电缆支架上。

4. 发电厂升压站就地端子箱内铜排与等电位接地网的连接方式

（1）原则要求：

1）发电厂升压站就地端子箱内要设置截面积不小于100mm²的保护接地铜排，并使用截面积不小于100mm²的铜缆与电缆沟道内的等电位接地网连接。

2）发电厂升压站就地端子箱下方的等电位接地网应采用截面积不小于100mm²的铜排（缆）与发电厂主接地网连接。

3）发电厂升压站就地端子箱外壳要连接至发电厂主接地网。

（2）施工要求：

1）发电厂升压站就地端子箱内的不小于100mm²保护接地铜排与电缆沟道内等电位接地网的连接方式采用螺栓连接。

2）等电位接地网与发电厂主接地网的连接采用放热焊接。

（三）等电位接地网的其他要求

（1）采用电力载波作为纵联保护通道时，要沿高频电缆敷设不小于100mm²铜导线，在结合滤波器处，该铜导线与高频电缆屏蔽层相连且与结合滤波器一次接地引下线隔离，铜导线及结合滤波器二次的接地点要设在距结合滤波器一次接地引下线入地点3～5m处；铜导线的另一端要与保护继电器室的等电位接地网可靠连接。

（2）发电厂升压站的变压器、断路器、隔离开关、电流互感器、电压互感器等设备至发电厂升压站就地端子箱之间的二次电缆要经金属管从一次设备的接线盒（箱）引至电缆沟，并将金属管的上端与上述设备的底座和金属外壳良好焊接，下端就近与发电厂主接地网良好焊接。上述二次电缆的屏蔽层使用截面积不小于4mm²的多股铜质软导线连接至就地端子箱内的不小于100mm²保护接地铜排并可靠连接至等电位接地网，在一次设备的接线盒（箱）处不接地。

（3）在保护继电器室，继电保护及相关二次回路和高频收发信机的电缆屏蔽层使用截面积不小于4mm²的多股铜质软导线可靠连接至屏、柜下部的接地铜排上。

（4）在干扰水平较高的场所，或是为了取得必要的抗干扰效果，通常在敷设等电位接地网的基础上使用金属电缆托盘（架），将各段电缆托盘（架）与等电位接地网紧密相连，并将不同用途的电缆分类、分层敷设在金属电缆托盘（架）中。

三、计算机系统的接地

发电厂计算机系统要有稳定、可靠的接地。计算机系统的保护性接地和功能性接地通常共用一组接地装置，其接地电阻值按照其中最小值确定。

计算机系统通常利用发电厂接地网，与发电厂接地网一点相连。一般不设置独立的计算机接地系统。

计算机系统要设有截面积不小于100mm²的零电位接地铜排，以构成零电位母线。零电位母线应仅由一点焊接引出至少两根并联的绝缘铜绞线或电缆，并于一点与最近的发电厂接地网的接地干线焊接，如焊接至控制室电缆夹层的环形接地母线上。环形接地母线要与室外发电厂主接地网可靠连接。计算机零电位母线接入发电厂主接地网的接地点与大电流入地点沿接地导体的距离一般不小于15m。

计算机系统内的逻辑地、屏蔽地均应采用绝缘铜绞线或电缆接至总接地铜排，达到一点接地的要求。

计算机系统主机及外设的接地方式规定如下：

（1）主机和外设机柜要与基础绝缘，对地绝缘电阻要大于50MΩ，并与钢制电缆管、电缆槽道等绝缘。

（2）集中布置机柜的接地，应采用绝缘铜绞线或电缆引接至总接地铜排。

（3）距离主机较远的外设（如I/O通道、计算机控制台等）接地，应采用绝缘铜绞线或电缆直接引接至总接地铜排。

（4）打印机等噪声较大的外设，可以通过三孔电源插座的接地脚接地。

（5）继电器柜、操作台等与基础不绝缘的机柜，不允许接到总接地铜排，可以就近接地。

计算机系统与外部的联系要经过隔离，可采用继电器触点隔离、光电隔离、变压器隔离或调制解调器隔离等。

计算机系统各种用途接地导体（线）的截面积选择应符合表11-1的规定。

表11-1　各种用途接地导体（线）的截面积选择

序号	连接对象	接地铜线最小截面积（mm²）
1	总接地板——接地点	35
2	计算机系统地——总接地板	16
3	机柜间链式接地连接线	2.5
4	机柜与钢筋接地连接线	2.5
5	外设经三孔插头接地	按厂家预供电缆规范

注　1. 表中接地导体（线）采用绝缘铜绞线或电缆。
　　2. 计算机系统地包括逻辑地、屏蔽地。

第三节　其他抗干扰措施

（1）消除继电保护二次回路配置引起的干扰，应注意解决下列问题：

1）控制回路及直流配电网络的电缆通常采用辐射状敷设。当特殊情况下采用环路供电时，环路供电的工作回路和备用工作回路之间必须设有可断开的开环点，避免构成环路闭环运行。

2）高压电流互感器二次绕组及二次回路要有且只允许有一个接地点。接地的目的是防止电流互感器高压绕组击穿，将高电压传至二次回路而危及人身和设备安全；只允许一点接地的目的是防止多点接地时可能因地电位差在中性线上引起环流，造成继电保护特别是零序电流保护的不正确动作。

独立的与其他电流互感器二次绕组间无电路联系的电流互感器二次绕组的接地点通常设在配电装置侧，当发生电流互感器一次绕组击穿时，接地线最短，可有效限制高电压传至二次回路。

当多组电流互感器二次绕组之间有电路联系时，如差动保护，接地点应设在保护屏侧。每组电流互感器的中性线都要分别引至保护屏，避免电磁干扰产生零序电流。当差动保护的各组电流回路之间因没有电路联系而选择在电厂升压站就地接地时，必须考虑由于发电厂升压站发生接地短路故障，将不同接地点之间的地电位差引至保护装置后所带来的影响。

电流互感器每组二次绕组的相线和中性线必须处于同一根电缆中，且不得与其他电缆共用。

3）为防止多点接地造成二次回路短路或产生环流，有电路联系的电压互感器的二次回路只允许在继电器室或电子设备间内有一点接地。独立的与其他电压互感器二次绕组间无电路联系的电压互感器二次绕组的接地点可设在配电装置侧。为保证接地可靠，各电压互感器的中性线不得接有可能断开的开关或熔断器等。已在继电器室或电子设备间一点接地的电压互感器二次绕组，通常可在配电装置中将二次绕组中性点经放电间隙或氧化锌阀片接地。

电压互感器每组二次绕组的相线和中性线必须处于同一根电缆中，且不得与其他电缆共用；电压互感器每组开口三角绕组的电压线和中性线必须处于同一根电缆中，且不得与其他电缆共用中性线。

4）交流电流和交流电压回路、交流回路和直流回路、不同供电电压等级回路，均要使用各自独立的电缆。

5）保护继电器小室与通信室之间的信号优先采用光缆传输。若使用电缆传输，则采用双绞双屏蔽电缆并可靠接地。

（2）二次回路中可能产生过电压时，要注意解决下列限幅消弧措施：

1）已在继电器室或电子设备间一点接地的电压互感器二次绕组，通常在配电装置中将二次绕组中性点经放电间隙或氧化锌阀片接地。其击穿电压峰值要大于 $30I_{max}$，其中 I_{max} 为电网接地故障时通过变电站的可能最大接地电流有效值，单位为 kA。

2）用电容或反向二极管直接并接在中间继电器线圈的端子上作限压回路时，电容或反向二极管必须串接数百欧姆的低值电阻。反向二极管的击穿电压一般不允许低于 1000V，绝对不允许低于 600V。要注意限压回路接入后引起中间继电器延时返回对相关控制回路的影响。

3）不得在控制回路触点上并接电容或电阻来实现消弧。

（3）电子回路的导体和电缆要尽可能远离干扰源，必要时要设置干扰隔离措施：

1）电缆通道的走向要尽可能不与高压母线平行接近。

2）高压配电装置侧电缆屏蔽层接地时，接地点要尽量远离大接地短路电流接地点和其他高频暂态电流的入地点，如避雷器、避雷针、电容式电压互感器的接地点等。

3）不同电平的二次回路接线不允许安排在同一根电缆中。不允许电力线与二次弱电回路共用一根电缆。

（4）电子装置的电源进线要设置必要的滤波去耦措施。

1）电子装置由整流装置供电时，为抑制来自电网的高频噪声干扰，通常在整流变压器一次绕组之前串接线路滤波器。滤波器要置于屏蔽罩内并将屏蔽罩接地。接地点应为电子装置参考地电位点。

2）对由电子装置共用的直流电源内阻引起的干扰的抑制，除选用高质量的稳压电源和采用有效的电源滤波措施外，各级电子装置通常还需设电容、阻容或感容去耦电路。在高频电路中，去耦电容应并接小容量的无感电容。

3）微机型继电保护装置的交、直流电源进线，要先经去耦电容（最好接在装置箱体的接线端子上），然后再进入柜内。去耦电容的一端直接焊接在电源引入线上，电容器的另一端相互焊接后接到柜体的接地端子（母排）上。

（5）保护继电器小室、电子设备间要有可靠的屏蔽措施：

1）抑制低频磁场（100kHz 及以下）时，屏蔽体要选用高磁导率材料。单纯磁屏蔽时，屏蔽体要选用高电导率材料；屏蔽电场或辐射交变电磁场时，屏蔽体必须接地，接地线要尽可能短。

2）控制室、继电器室或电子设备间的屏蔽措施，只考虑防止频率为 15MHz 以下的电磁波，故可用 40mm×4mm 的扁钢在小间屋面和四周焊接成 2m×2m 的方格网，并与周边的接地网相连（门窗沿周边敷设扁钢而后接地）。15MHz 以上的屏蔽可由装置本身采取措施。

3）微机型继电保护装置或其他电子装置采用金属柜式结构时，外壳要接至参考地。当柜上设有玻璃门或通风孔时，通常设铜网屏蔽并接至参考地。网格导体之间的间距不大于 3cm。

电磁兼容措施有效性的极限频率见表 11-2。

表 11-2　电磁兼容措施有效性的极限频率

区域	频率上限	波长λ（m）	0.1λ（m）
升压站	100kHz	3000	300
建筑物	1MHz	300	30
控制室	10MHz	30	3
柜	15MHz	20	2
装置	100～1000MHz	3～0.3	0.3～0.03

（6）电缆屏蔽层的接地要符合下列要求：

1）直接接入微机型继电保护装置的所有二次电缆均要使用屏蔽电缆，电缆屏蔽层要在电缆两端可靠接地。为避免电位差引起干扰，不得采用将电缆中的备用芯两端接地来代替屏蔽层接地。

2）屏蔽电缆的屏蔽层要在发电厂升压站至继电器室或电子设备间内两端接地。在继电器室或电子设备间内屏蔽层通常在保护屏上接于屏柜内的接地铜排；在发电厂升压站内屏蔽层在与高压设备有一定距离的端子箱上接地。互感器每相二次回路经屏蔽电缆从高压箱体引至端子箱，该电缆屏蔽层在高压箱体和端子箱两端接地。

3）计算机监控系统的模拟信号回路控制电缆屏蔽层，不得构成两点或多点接地，必须集中式一点接地。对于双层屏蔽电缆，内屏蔽一端接地，外屏蔽两端接地。

4）电力线载波用同轴电缆屏蔽层要在两端分别接地，并紧靠同轴电缆敷设截面积不小于 100 mm² 两端接地的铜导线。

5）传送音频信号应采用屏蔽双绞线，其屏蔽层要在两端接地。

6）传送数字信号的保护与通信设备间的距离大于 50m 时，应采用光缆。

7）对于低频、低电平模拟信号的电缆，如热电偶用电缆，屏蔽层必须在不平衡端或电路本身接地处一点接地。

8）两端接地的屏蔽电缆，通常要采取相关措施防止在暂态电流作用下屏蔽层被烧熔。二次电缆屏蔽层两端接地后，当发生接地故障时会有部分故障电流流过二次电缆屏蔽层，如果故障电流较大，则有可能烧毁屏蔽层。因此，要在电缆沟道中与二次电缆平行布置一根扁铜或铜绞线且接至接地网，二次电缆与扁铜可靠连接。这样接地故障时，由于扁铜的阻抗比二次电缆屏蔽层的阻抗小得多，因此故障电流主要从扁铜中流过，而流过二次电缆屏蔽层的电流较小，可以消除屏蔽层双端接地时可能烧毁二次电缆的危险。

（7）为了有效防止和减少雷电电涌过电压通过交流 220/380V 供电系统对电子设备的危害，发电厂电子信息系统中心的电源电气设备需配置电源电涌保护装置。电源电涌保护装置的冲击电流及标称放电电流按照雷电防护等级（见表 11-3）和雷电防护区划分（见表 11-4 和图 11-5）选择：

1）大中型发电厂在安装有电子信息设备的电源入口处装设电涌保护装置，电涌保护装置的冲击电流及标称放电电流参数通常按 A 级选择；

2）小型发电厂在安装有电子信息设备的电源入口处装设电涌保护装置，电涌保护装置的冲击电流及标称放电电流参数通常按 B 级选择。

表 11-3　电源电涌保护装置的冲击电流及标称放电电流参数值

保护分级	LPZ0 区与 LPZ1 区交界处	LPZ1 与 LPZ2、LPZ2 与 LPZ3 区交界处			直流电源标称放电电流（kA）
	第一级冲击电流（kA）	第二级标称放电电流（kA）	第三级标称放电电流（kA）	第四级标称放电电流（kA）	8/20μs
	10/350μs	8/20μs	8/20μs	8/20μs	
A	≥20	≥40	≥20	≥10	≥10
B	≥15	≥40	≥20		直流配电系统中根据线路长度和工作电压选用标称放电电流不小于 10kA 适配的电涌保护器
C	≥12.5	≥20			
D	≥12.5	≥10			

注　电涌保护器的外封装材料应为阻燃型材料。

表 11-4　雷电防护区划分

雷电防护区	规　　定
LPZ0_A 区	受直接雷击和全部雷电电磁场威胁的区域。该区域的内部系统可能受到全部或者部分雷电浪涌电流的影响

续表

雷电防护区	规定
LPZ0_B 区	直接雷击的防护区域，但该区域的威胁仍是全部雷电电磁场。该区域的内部系统可能受到部分雷电浪涌电流的影响
LPZ1	由于边界处分流和电涌保护器的作用使电涌电流受到限制的区域。该区域的空间屏蔽可以衰减雷电电磁场
LPZn	后续防雷区，由于边界处分流和电涌保护器的作用使电涌电流受到进一步限制的区域。该区域的空间屏蔽可以进一步衰减雷电电磁场

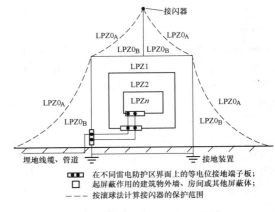

图 11-5　雷电防护区（LPZ）划分

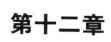

第十二章

电气设备在线监测

第一节 在线监测装置的配置和选型

一、在线监测与故障诊断

在线监测是与主设备同时投运，在线跟踪、监测主设备及其运行状况的一类监测设备和监测方式。故障诊断是利用获得的在线监测信息，根据设备的不同特性，利用科学的诊断方法通过比对分析，对设备及运行状态作出诊断评价的技术。

在线监测装置（或称为系统）一般由信息采集、信息传输、信息处理和存储、信息输出、故障分析诊断、信息反馈（或技术措施实施）组成，如图12-1所示。故障分析诊断不都是有固定的硬件配置，故障分析和诊断系统可以有硬件配置，也可以与信息处理和存贮系统共用硬件配置或是一个远方的装置或由专家组成的诊断团体。并且对于比较复杂的设备或比较复杂的监测对象，诊断分析还是一个多次反复，诊断专家系统与用户多次互动的过程。对于发电机的在线监测系统，大多数用户不选配独立的诊断专家系统，而是与供应商达成协议，定期和不定期的由供应商提供诊断服务。

根据诊断结果可以提出较可行的技术反馈或现场应采取的实施方案的合理建议。

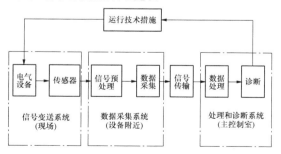

图 12-1　在线监测系统组成框图

目前在发电厂、变电站工程中都配置有一定数量

的在线监测装置，发电机和变压器及一些重要的电气设备的在线监测装置，在新建工程中已普遍选用，特别是 300MW 及以上机组都随主机选配了发电机局部放电、绝缘过热、匝间短路及氢、油、水系统的监测设备；断路器和 GIS 配置了局部放电、SF_6 泄漏、SF_6 气体中微水监测等；变压器、电抗器配置有油中气体、局部放电、油中微水、套管介质损耗等；高压容性互感器也开始配置油中气体、局部放电等在线监测装置；中压开关柜和电动机等也开始配置局部放电、光纤测温等在线监测装置；较重要的电力电缆，特别是较长距离户外敷设的电力电缆也开始配置监视绝缘、机械、电气损坏和缺陷及防火防盗的在线监测装置；避雷器配置全电流及阻性电流、动作次数计数监测装置等。

由于在线监测是较新兴的技术，我国电力系统对它的使用尚处于设备研究和使用摸索阶段，发电机在线监测装置根据 GB/T 7064《隐极同步发电机技术要求》中的有关要求进行配置。

变压器、高压断路器等高压电气设备在 Q/GDW Z410《高压设备智能化技术导则》的指导下配置了不同程度的在线监测装置。

具体对电气设备在线监测的运行和配置作出规定的导则和规范主要是 GB/T 20833.2—2016《旋转电机 旋转电机定子绕组绝缘 第 2 部分：在线局部放电测量》、DL/T 1163—2012《隐极发电机在线监测装置配置导则》、DL/Z 249—2012《变压器油中溶解气体在线监测配置选用导则》、DL/T 1506—2016《高压交流电缆在线监测系统通用技术规范》、DL/T 1430《变电设备在线监测系统技术导则》、DL/T 1498《变电设备在线监测装置技术规范》。

《防止电力生产事故的二十五项重点要求》（国能安全〔2014〕161 号）中也从保证电力系统设备安全运行角度提出了一些在线监测装置的配置要求。

另外一些主设备技术条件中提出了对有关现象的监测要求和具体监测指标，也可以作为在线监测装置配置和选型的参考。

二、遵循的标准和规范

截至目前，电气设备在线监测装置的要求和规定主要来自设计规定、主设备技术规范和技术条件书等。应在使用过程中及时跟进电气设备技术条件的发展和GB/T 7064《隐极同步发电机技术要求》及Q/GDW Z410《高压设备智能化技术导则》等规范的有效版本，逐步纳入新的规程、规范，合理配置各种在线监测装置。

目前收集到的作为电气设备在线监测装置配置选型有指导性作用，或具有参考作用，可间接指导确定在线监测装置的配置和选型的标准和规范及有关内容如下：

（1）GB/T 7064—2008《隐极同步发电机技术要求》中指出"对功率200MW及以上的电机，可根据需要配备必要的、质量可靠的监测器，以提高电机运行的可靠性，如配备漏水监测器，漏氢、漏油监测器，氢气纯度监测器，氢湿度、温度监测仪；并可根据发电机的运行状况选配发电机绝缘过热监测器（generatror coil insulate superheat measurement，G.C.M），局部放电监测仪（partial discharge measurement，P.D.M）……；对功率200MW及以上的电机，有功、无功负荷及电气参数，振动、各测温点温度、冷却、密封及润滑介质参数等测量，必须配有与计算机相连接的监测系统接口。"

（2）Q/GDW Z 410《高压设备智能化技术导则》和GB/T 51072—2014《110（66）kV～220kV智能变电站设计规范》中分别对各电压等级变电站中变压器、断路器和高压线、缆等在线监测装置的配置有较详细的规定，如变压器油中气体及微水监测、局部放电，断路器漏气监测及绝缘监测，GIS气体和绝缘监测等。

（3）IEC-60076-2《电力变压器 第2部分：变压器温升》中要求变压器绕组安装光纤测温。

（4）DL/Z 249—2012《变压器油中溶解气体在线监测装置选用导则》，对变压器油中气体在线监测设备选型、各组成部分的功能要求、性能安全要求、技术指标等都有较具体的规定。

1）特征气体。3.2规定，能反映充油电气设备内部故障特征的溶解气体一般包括氢气（H_2）、甲烷（CH_4）、乙烷（C_2H_6）、乙烯（C_2H_4）、乙炔（C_2H_2）、一氧化碳（CO）、二氧化碳（CO_2）。

2）油中特征气体的最低检出限和检测范围见表12-1。

表12-1 在线监测装置对油中特征气体的最低检出限和检测范围

特征气体	最低检出限（μL/L）	检测范围（μL/L）
氢气（H_2）	5	5～2000
一氧化碳（CO）	5	5～5000

续表

特征气体	最低检出限（μL/L）	检测范围（μL/L）
甲烷（CH_4）	0.5	0.5～2000
乙烯（C_2H_4）	0.5	0.5～2000
乙炔（C_2H_2）	0.5	0.5～500
乙烷（C_2H_6）	0.5	0.5～2000
二氧化碳（CO_2）	25	25～10000

3）测量精度。

a）当油中溶解气体含量大于10μL/L时，在线监测装置对油样的测量重复性应小于10%；

b）当油中溶解气体含量不大于10μL/L时，在线监测装置对油样的测量重复性应小于20%；

c）在线监测装置和实验室色谱仪对同一油样的测量误差应符合DL/T 722《变压器油中溶解气体分析和判断导则》中不同实验室间相差不应大于平均值的30%的要求。

（5）《防止电力生产事故的二十五项重点要求》（国能安全〔2014〕161号）中有些条文说明和确定了发电机、变压器、GIS等电气设备的状态和故障监测装置的装设和使用要求。

1）（10.1）……或加装定子绕组端部振动在线监测系统监视运行，运行限值按照GB/T 20140－2016《隐极同步发电机定子绕组端部动态特性和振动测量方法及评定》设定。

2）（10.2.3）水内冷定子绕组内冷水箱应加装氢气含量检测装置，定期进行巡视检查，做好记录。在线监测限值按照《隐极同步发电机技术要求》（GB/T 7064—2008）设定，氢气含量检测装置的探头应结合机组检修进行定期校验。具备条件的宜加装定子绕组绝缘局部放电和绝缘局部过热监测装置。

3）（10.3.7）按照《汽轮发电机运行导则》（DL/T 1164—2012）要求，加强监视发电机各部位温度，当发电机（绕组、铁芯、冷却介质）的温度、温升、温差与正常值有较大的偏差时，应立即分析、查找原因。温度测点的安装必须严格执行规范，……。

4）（10.4.1）……有条件时可加装转子绕组动态匝间短路在线监测装置。

5）（10.5.1）发电机出线箱与封闭母线连接处应装设隔氢装置，并在出线箱顶部适当位置设排气孔。同时应加装漏氢监测报警装置，当氢气含量达到或超过1%时，应停机查漏消缺。（10.5.2）严密监测氢冷发电机油系统、主油箱内的氢气体积含量，确保避开含量在4%～75%的可爆炸范围。内冷水箱中含氢（体积含量）超过2%应加强对发电机的监视，超过10%应立即停机消缺。内冷水系统中漏氢量达到0.3m³/d

时应在计划停机时安排消缺，漏氢量大于 $5m^3/d$ 时应立即停机处理。

6)（10.6.1） 发电机绝缘过热监测器发生报警时，运行人员应及时记录并上报发电机运行工况及电气和非电气量运行参数，……。

7)（10.14.1） 加强封闭母线微正压装置的运行管理。……有条件时在封闭母线内安装空气湿度在线监测装置。

8)（12.2.19） 应严格按照试验周期进行油色谱检验，必要时应装设在线油色谱检测装置。

9)（13.1.12） 室内或地下布置的 GIS、六氟化硫开关设备，应配置相应的六氟化硫泄漏检测报警、强力通风及氧含量监测系统。（13.1.21）应加强运行中 GIS 和罐式断路器的带电局部放电检测工作。

10)（13.2.11） 定期用红外测温设备检查隔离开关设备的接头、导电部分，特别是在重负荷或高温期间，加强对运行设备温升的监视，发现问题应及时采取措施。

11)（13.3.11） 定期开展超声波局部放电检测、暂态地电压检测，及早发现开关柜内绝缘缺陷，防止由开关柜内局部放电演变成短路故障。（13.3.12）开展开关柜温度检测，对温度异常的开关柜强化监测、分析和处理，防止导电回路过热引发的柜内短路故障。（13.3.14）加强高压开关柜巡视检查和状态评估，对操作频繁的开关柜要适当缩短巡检和维护周期。

12)（14.6.3） 110kV 及以上电压等级避雷器应安装交流泄漏电流在线监测表计。

13)（15.1.11） 应用可靠、有效的在线监测设备加强特殊区段的运行监测；……。

14)（15.3.4） 积极应用红外测温技术监测直线接续管、耐张线夹等引流连接金具的发热情况，高温大负荷期间应增加夜巡，发现缺陷及时处理。

15)（17.2.4） 电缆终端场站、隧道出入口、重要区域的工井井盖应有安全防护措施，并宜加装在线监控装置。（17.2.7）应监视电缆通道结构、周围土层和邻近建筑物等的稳定性，……。

16)（17.3.4） 应监视重载电缆线路因运行温度变化产生的蠕变，出现异常应及时处理。（17.3.5）应严格按照试验规程对电缆金属护层的接地系统开展运行状态检测、试验。

（6）DL/T 722《变压器油中溶解气体分析和判断导则》规定变压器及其他油绝缘设备，对油中气体进行监测的技术要求和方法，并对监测气体组分及含量给出标定值。

（7）NB/T 42025—2013《额定电压 72.5kV 及以上智能气体绝缘金属封闭开关设备》中规定智能开关和智能 GIS 要配置智能组件，可实现一次开关设备

的智能控制、在线监测和诊断。状态在线监测主要包括监测功能组主 IED 智能电力监测设备（intelligent electronic device，IED）监测、气体状态监测、局部放电在线监测、断路器状态在线监测、避雷器在线监测等。

（8）从安全角度考虑，在线监测装置的性能应该满足我国对电力设备监测装置的基本要求，如 GB/T 7354—2003《局部放电测量》、DL/T 417—2006《电力设备局部放电现场测量导则》等标准中的有关要求和规定。

（9）DL/T 615—2013《高压交流断路器参数选用导则》，其中规定了 20℃温度下，SF_6 容器中的湿度标准。

（10）GB/T 6451—2015《油浸式电力变压器技术参数和要求》，提出了 1000kVA 及以上的变压器，需装设户外测温装置，其触点容量在交流 220V 时，不低于 50VA，直流有感负载时，不低于 15W，测温装置的安装位置应便于观察，且准确度应符合相应标准；800kVA 及以上的变压器宜装设气体继电器，气体继电器的接点容量在交流 220V 或 110V 时不小于 66VA，直流有感负载时，不小于 15W。且规定积聚在气体继电器内的气体数量达到 250～300mL 或油速达整定范围时，应分别接通相应的触点。流经气体继电器的油流速度达到 1.0m/s（偏差为±20%）时，触点应接通。气体继电器的安装位置及结构应能观察到分解气体的数量和油速标尺，而且应便于取气；还规定变压器应有供温度计用的管座，管座应设在油箱的顶部，并伸入油内 120mm±10mm。明确变压器有测温要求，并且规定对于强油循环的变压器应装有 2 个测温装置，测温装置的安装位置应便于观察，准确度应满足相应标准。

（11）NB/T 42020—2013《750kV 和 1000kV 级油浸式电力变压器技术参数和要求》中也提出了同以上类似的要求，还规定变压器应装有远距离测温用的测温元件，对于强油循环的变压器应装有 2 个远距离测温元件。并有局部放电水平值的规定。

（12）DL/T 728—2013《气体绝缘金属封闭开关设备选用导则》中规定，GIS 气体检测系统可包括 SF_6 气体密度监视的气体密度监视装置、SF_6 湿度监测装置以及 GIS 室空气含氧量和 SF_6 气体浓度自动检测报警装置等。并规定可根据需要设置 SF_6 气体湿度在线监测装置检测有关隔室的 SF_6 气体湿度。对于局部放电规定根据用户需要可设置局部放电检测装置。局部放电监测装置的安装位置和数量由用户与制造厂协商确定。

（13）DL/T 573—2010《电力变压器检修导则》中指出，检修策略推荐采用计划检修和状态检修相结合的策略。

（14）GB/T 1094.7—2008《电力变压器 第 7 部

分：油浸式电力变压器负载导则》，增加了用光纤传感器直接测量变压器热的内容，从根本上增大了获取电力变压器正确热模型的可能性。

（15）DL/T 735—2000《大型汽轮发电机定子绕组端部动态特性的测量及评定》给出了发电机绕组端部振动的动态特性和根据振动数据评定发电机状况的方法。

（16）IEEE 1434：2014《交流电机局部放电测量导则》，是一个发电机局部放电测量的指导性文件。

（17）IEC 60599：2015《使用中的浸渍矿物油的电气设备溶解和游离气体分析结果解释的指南》、ANSI/IEEE C57.104：2008《油浸式变压器产生气体的描述指南》等国际相关标准，提出了油气相色谱数据标准及根据气体数据分析变压器等油绝缘电气设备的绝缘情况和存在的故障情况。

三、配置和选型原则

（1）配置选型应本着安全可靠、技术先进、投资经济的原则。

（2）在配置发电厂在线监测装置时应考虑其实用性，避免选配不能发挥作用的低档产品。

（3）应遵守 Q/GDW Z 410《高压设备智能化技术导则》中规定的原则，以及"二、遵循的标准和规范"中规程、规范的有关要求。

（4）在线监测装置应满足我国对电气检测设备的通用标准。

（5）电气设备配置的在线监测装置（系统）应满足各电气设备测量、监测、检修等相关标准和导则要求。

（6）应根据用户的运行能力配置适当的在线监测装置，避免闲置不用造成投资浪费。

（7）优先选择使用业绩好、运行效果好、微机型或数字型、信息完整，可给出故障趋势信息、组网能力强的设备。

（8）在配置上合理选择监测对象，优先对较重要电气设备进行配置，顺序应是发电机，变压器，断路器（包括 GIS、HGIS），开关柜，互感器、电力电缆、避雷器等容性设备。

（9）电气设备对应在线监测装置有成功运行经验或业界使用广泛的优先配置，在线监测设备不成熟的暂不配置。

（10）应优先配置技术先进，数字化、智能化产品，通信方式应作为在线监测装置的主要条件，数据共享规约公开是确定在线监测装置的一个优选条件。

（11）故障率较高的电气设备或部位优先配置如下：

1）据统计，发电机 50%的故障来自于轴承和绕组端部振动，发电机定子绕组绝缘故障占发电机故障的 40%，转子绕组问题占 10%。

因此，应优先配置发电机振动在线监测装置，包括汽轮机侧和励磁侧轴系振动在线监测装置和发电机端部振动在线监测装置。

应配置反应发电机绝缘问题的局部放电在线监测装置和绝缘局部过热、匝间短路、转子接地在线监测装置。

2）当带有有载调压开关的变压器故障时，有载调压开关的故障占 40%，线圈绝缘的故障占 30%，套管故障占 14%；不带有载调压开关的变压器的主要故障是变压器线圈绝缘的故障。

因此变压器在线监测装置主要应配置反应线圈绝缘问题的油中气体在线监测装置、测温在线监测装置，有条件时可选配套管局部放电、绕组接地故障、铁芯接地电流等的在线监测装置。

3）SF_6 气体绝缘断路器（包括 GIS、HGIS）的主要故障是绝缘故障，约占 50%～60%，SF_6 气体绝缘断路器和 GIS（HGIS）最常见的电气故障特征是在绝缘完全击穿或闪络前发生局部放电。SF_6 气体绝缘断路器和 GIS（HGIS）内部 SF_6 气体微水含量超标会引起 SF_6 气体绝缘断路器和 GIS（HGIS）绝缘及灭弧能力的降低，SF_6 气体绝缘断路器和 GIS（HGIS）内部 SF_6 气体的泄漏，特别是户内断路器和 GIS（HGIS），会对现场巡视、检修人员的安全产生极大的危害。

因此 SF_6 气体绝缘断路器和 GIS（HGIS）应优先考虑装设局部放电、SF_6 气体微水含量、SF_6 气体泄漏的在线监测装置，有条件时还可考虑装设套管绝缘等在线监测装置。当采用户内 GIS 或 SF_6 气体绝缘断路器配电装置时必须装设 SF_6 气体泄漏的在线监测装置。

4）电流互感器和电容式电压互感器故障主要是因雷击、系统短路故障、接地故障等产生的过电压、过电流侵入互感器，或者绝缘老化引起的接地故障，二次故障或一次故障引起的二次回路故障等，或受潮、漏气和漏油等。

因此，电流互感器和电容式电压互感器在线监测装置应监测电容性设备的介电特性，可以有效地发现早期绝缘缺陷，容性互感器的在线监测主要是监测介质损耗角的正切值。目前互感器的在线监测影响因素较多，准确性有待提高，采用的还比较少。

5）电力电缆故障主要是机械损伤、电气损伤、化学损伤、老化及电缆接头接触不良等问题造成电缆无法正常工作，由此导致的事故检修越来越多，几乎占电力设备事故的一半，因此近年来电力电缆在线监测装置（系统）越来越受到重视。

电力电缆主要配置的是局部放电、火灾、防盗、故障定位等电缆在线监测装置。

6）避雷器故障多是由于外部故障、污闪、老化等引起的阻性电流增加，会使阀片温度上升而发生热崩溃，甚至引起爆炸。

因此避雷器主要配置监测全电流或阻性电流的电流在线监测装置或过热监测装置。

第二节　电气设备在线监测装置的分类

一、按使用对象的分类

针对电力设备的在线监测装置种类繁杂，技术和生产水平更是参差不齐，目前电力系统中应用较普遍，运行人员较关注的主要是发电机在线监测装置，变压器（含电抗器）在线监测装置，SF_6 断路器（含 GIS、HGIS）在线监测装置，以及高压开关柜、高压电动机、容性电气设备、高压电缆、封闭母线等的在线监测装置。按适用对象作如下分类：

（1）发电机在线监测装置。其中较重要的主要是发电机局部放电的在线监测装置、绝缘过热在线监测装置、旋转机械（汽轮机、发电机等）振动在线监测装置、匝间短路在线监测装置和光纤测温在线监测装置，发电机氢、油、水系统监测仪等。

（2）变压器（含电抗器）在线监测装置。主要是油中气体和微水含量、套管绝缘局部放电、介质损耗及铁芯接地电流在线监测装置。

（3）SF_6 断路器（含 GIS、HGIS）在线监测装置。主要是油绝缘的油中气体、微水含量，SF_6 气体绝缘的气体泄漏、微水含量，局部放电等在线监测装置。

（4）高压开关柜在线监测装置。主要是局部放电、光纤测温、真空断路器真空泄漏、SF_6 断路器 SF_6 气体泄漏等在线监测装置。

（5）电流电压互感器在线监测装置。主要是油绝缘互感器的绝缘油中气体、微水、局部放电等在线监测装置，SF_6 气体绝缘的 SF_6 气体绝缘的气体泄漏、微水含量及局部放电 SF_6 气体绝缘的气体泄漏、微水含量等。

（6）电缆在线监测装置。电缆接头状况，机械、电气损伤，防火、防盗在线监测装置等。

（7）避雷器在线监测装置。泄漏电流（阻性电流、全电流）、动作计数等在线监测装置。

（8）高压电动机在线监测装置。局部放电、振动、光纤测温等在线监测装置。

（9）封闭母线在线监测装置。温、湿度，微水含量，内部压力等在线监测装置。

高压电动机和封闭母线在线监测的使用还较少，目前对原理及安装了解不多。

二、按监测数据读取方式的分类

在线监测装置按监测数据读取方式分为两大类，即解析式和直读式。

（1）解析式在线监测装置。主要有发电机、变压器、GIS 等电气设备局部放电在线监测装置，发电机匝间短路在线监测装置，发电机状态在线监测装置，发电机、变压器绝缘过热在线监测装置，变压器油中气体在线监测装置，GIS 漏气在线监测装置，SF_6 等气体绝缘设备气体泄漏在线监测装置，容性电气设备在线监测装置等，这些在线监测装置监视的对象是大型电气设备本体，反映的是关乎设备能否继续运行的指标，是实行状态检修技术的关键设备。但这些在线监测装置的构成原理复杂，对技术手段要求非常高。

（2）直读式在线监测装置。主要是氢气纯度分析仪，定子冷却水导电率仪，气体微水监测器，氢气露点仪，氢气监测仪，以及变压器、断路器等电气设备的一些检测设备，这类直读式设备可信度高，较少有漏、误报现象。

本手册中的在线监测装置主要是指解析式在线监测装置。

三、在线监测装置分类统计

按照在线监测装置的设置、安装位置及对电气设备的监测作用分类统计见表 12-2。

表 12-2　　　　　　　　　　　　　电气设备在线监测装置分类

序号	应用设备	装置名称	安装地点	主　要　作　用
1	发电机	发电机局部放电在线监测装置	采集设备安装在发电机机端、封闭母线或定子槽中，上位机可安装在控制室	可在发电机带负荷运行的情况下及时在线评估绕组的绝缘状态，掌握绕组内部绝缘可能出现的劣化情况，给出风险预报，避免突发性故障发生，还可辅助发现导致绝缘故障的主要原因。借助于远程专家系统对发电机运行状态作出综合评估，为状态检修提供依据
		发电机绕组、端部振动在线监测装置	采集传感器安装在发电机轴瓦上；上位机可安装在控制室	通过对机组的振动信号及相关状态参数进行实时采集分析，及时识别机组的状态，发现故障早期征兆，分析故障原因，监视故障程度，判断故障发展趋势，以便及时消除故障隐患，避免严重事故发生

序号	应用设备	装置名称	安装地点	主 要 作 用
1	发电机	发电机绝缘过热在线监测装置	采集设备安装在发电机底部运转平台上，上位机安装在控制室	对发电机的过热进行监视，并发出预警，以便采取纠正措施
		发电机转子匝间短路在线监测装置	采集传感器安装在发电机铁芯径向通风道、发电机气隙间，上位机可安装在控制室	根据采集到的发电机气隙磁场在微分探测线圈中所感应的波形信号，配合监测到的振动幅度及无功出力等信息，综合处理、诊断发电机是否发生匝间短路故障及故障程度
		发电机漏氢在线监测装置	用于氢冷却器监测口	监测氢冷却系统的完好性
		氢气湿度在线监测装置	安装在氢冷却器中	根据 IEEE 1434《旋转电机局部放电测量导则》的要求配置，配合发电机的其他在线监测装置，实现发电机的完整在线监测
		发电机集电环、电刷放电监测装置	集电环和碳刷，可与发电机局部放电在线监测装置集成解决	在线监测发电机集电环和电刷的绝缘及连接完好性，是发电机在线监测的组成部分
		发电机运行状态在线监测装置	集发电机多种在线监测功能于一体，并可采集发电机和系统的电流、电压模拟量及发电机的键相脉冲，采集装置柜可放在就地和电子设备间等。信息显示和分析系统主机可放在控制室或值班室	为现场运行人员提供连续可视化的发电机启励、并网、带负荷运行、解列、灭磁等在线运行状态。 为现场运行人员提供发电机在线监测信息
2	变压器（含电抗器）	套管介质损耗、局部放电在线监测装置	传感器安装在变压器放油口阀门的外侧、套管末屏、铁芯、夹件及中性点接地引下线、铁芯外壳地线上，上位机可安装在控制室	帮助运行人员及时发现变压器的局部放电故障，从而减少或杜绝由局部放电引起的危害设备和造成危险的事故的发生，从设备所发生故障的统计规律来看，设备投运初期及设备运行中后期都是发生局部放电故障的高发期
		变压器油中气体在线监测装置	安装在变压器油箱取油口，上位机可安装在控制室	通过监视变压器油中溶解的气体组分和含量，尽早发现设备内部存在的潜伏性故障并随时掌握故障的发展情况，发现隐患，避免事故，减少损失。特别是对老旧、已知有缺欠、有怀疑的设备进行在线监视，可及时发现问题、及时退出，以便最大限度地利用这类设备的剩余寿命
		变压器油中微水监测装置	传感器安装在变压器油箱中，上位机可安装在控制室	通过监测变压器油中水分含量监视变压器运行状况
		变压器光纤温度在线监测装置	光纤传感器安装在变压器绕组上，上位机可安装在控制室	通过监测变压器绕组温度、铁芯温度、油面温度，从而监测变压器的绝缘状况，并通过温度监视确定变压器工作在最合理的负荷，达到延长、管控变压器运行寿命的目的
		变压器铁芯接地电流在线监测装置	穿心式互感器安装在变压器接地地线上，上位机可安装在控制室	感应两点或多点接地等故障现象，防止因铁芯接地电流过大引发的故障
3	SF_6 气体绝缘断路器（含 GIS、HGIS）	SF_6 气体绝缘断路器（含 GIS、HGIS）局部放电在线监测装置	安装在 SF_6 气体绝缘断路器（含 GIS、HGIS）气体检测窗、绝缘子等处，上位机可安装在控制室	及时监测到 SF_6 气体绝缘断路器（含 GIS、HGIS）的局部放电故障，并对局部放电的类型进行诊断，对放电源进行定位。通过软件实现对局部放电信号的在线数据采集、处理、存储局部放电的谱图显示。可输出诊断意见、发出报警信号等
		SF_6 气体绝缘断路器（包括 GIS、HGIS）SF_6 气体泄漏量测量装置	安装在 SF_6 气体绝缘断路器（包括 GIS、HGIS）检漏口、SF_6 充气嘴、法兰连接面等气体易漏部位低位区。上位机可安装在控制室	是为安装 SF_6 设备的配电装置室的工作人员的健康和安全而设计的。系统主要监测环境空气中的 SF_6 气体含量和氧气含量，当 SF_6 气体含量超标和缺氧时，能实时进行报警，并自动开启通风设施
		SF_6 气体绝缘断路器（包括 GIS、HGIS）SF_6 气体密度和微水在线监测装置	安装在 SF_6 气体绝缘断路器（包括 GIS、HGIS）SF_6 气体绝缘的气室，上位机可安装在控制室	可以实时监测 SF_6 气体绝缘断路器（包括 GIS、HGIS）的 SF_6 气室指标，并根据用户需求提供较长时间的数据记录，绘制气体的变化趋势图，使用户可以预测气体状态变化。有关指标达到报

续表

序号	应用设备	装置名称	安装地点	主 要 作 用
3	SF₆气体绝缘断路器（含GIS、HGIS）	SF₆气体绝缘断路器（包括GIS、HGIS）SF₆气体密度和微水在线监测装置	安装在SF₆气体绝缘断路器（包括GIS、HGIS）SF₆气体绝缘的气室，上位机可安装在控制室	警状态时，自动报警或启动报警装置；有关指标达到危险状况时，自动报警或启动闭锁装置，禁止断路器动作，用以保障设备和变电站（或配电装置）整套系统的安全
4	容性设备（包括电压互感器、电流互感器、高压套管、耦合电容器、避雷器等）	容性设备绝缘在线监测系统	采集传感器安装在设备连接母线、互感器、套管末屏等处。上位机可安装在控制室	可连续、实时、在线监测高压套管、高压互感器等电力设备的介质损耗、末屏电流及电容量、泄漏电流等，可及时掌握设备的绝缘状况，并根据同类设备的横向比较、同一设备的纵向比较，以及绝缘特性的发展趋势，及早发现潜伏故障，提出预警
5	开关柜	真空断路器在线监测装置	安装在真空断路器屏蔽罩上，上位机可安装在控制室	通过非接触式传感器实时捕捉运行状态中的真空断路器在真空度下降时发生的特征变化，在真空泄漏初期及时报警，提醒运行人员及时处理，杜绝因真空泄漏导致的开关爆炸
		SF₆气体绝缘断路器在线监测装置	安装在SF₆气体绝缘断路器的气室内和气体检测窗、检漏口、SF₆充气嘴、法兰连接面等处	监测断路器中SF₆气体泄漏、气压、温湿度、微水等，监测断路器的运行状况
		开关柜绝缘在线监测装置	传感器安装在母排穿过开关柜的绝缘处，开关触头附近、柜体表面等处，上位机可安装在控制室	监视开关柜外绝缘对地闪络击穿，内绝缘对地闪络击穿，相间绝缘闪络击穿，雷电过电压闪络击穿，绝缘子套管、电容套管闪络、污闪、击闪、击穿、爆炸，提升杆闪络，TA闪络、击穿、爆炸，绝缘子断裂等
		光纤测温在线监测装置	传感器安装在母排穿过开关柜的绝缘处，开关触头附近、柜体表面等处，上位机可安装在控制室	监视开关柜由于绝缘损坏、动静触头接触不良引起的发热故障
6	电缆	电缆局部放电在线监测装置	传感器安装在电缆接头接地线上，主机可放在控制室	实时显示各个接头及各段电缆局部放电幅值、频次，确定放电点的相对位置、报警信息等
		电缆分布式光纤在线测温系统	感温光缆分布在电缆通道中，整根光纤就是一个大型传感器，主机可放在控制室	连续监测电缆区域的温度信息，及时发现被监测区域的火灾危险
		电缆防盗智能在线监测装置	监测器置于接地回路中，主机可放在控制室	防盗、防外力破坏监测报警，并可对外力破坏点定位
7	电动机	电动机局部放电在线监测装置		在线监测电动机的局部放电
		电动机运行状态在线监测装置		电动机的状态监视
		电动机转子笼断条在线监测装置		在线监视电动机的转子笼条

注 空白处内容暂缺。

第三节 在线监测信息管理系统

一、发电厂在线监测信息管理系统

发电厂在线监测信息管理系统将就地装设的各种在线监测装置监测到的信息借助于现代通信手段送达电厂控制室，使电厂的运行管理人员可随时调看电气设备在线监测装置的工作状态及监测到的设备状况信息，使在线监测装置更好地为发电厂电力设备运行、维护、管理服务。系统采用分层分布式结构，设站控层、信息管理层（或中间汇集层）、信息采集层。

站控层：负责各类在线监测装置信息的管理、查看，以一定的格式输出和上传。

信息管理层：负责各类在线监测装置信息的连接汇集和规约转换等。

信息采集层：负责各类在线监测装置信息的就地采集、转换、处理。

二、在线监测信息管理系统功能要求

1. 组网采集功能

通过组网设备完成各电气设备在线监测装置信息的收集，针对各种不同电气设备的在线监测装置，其信息的输出方式可能有很大的不同，在线监测信息管理系统要通过各种接口方式，甚至是硬接线方式收集电厂内所有电气设备的在线监测装置的信息。

2. 通信功能

支持多种开放协议（如 MODBUS、PROFIBUS-DP、INTBUS、LFP、CDT、CAN 、LONTALK、DEVICE NET 以及 IEC 60870-101、IEC 60870-103、IEC 61850 等电力规约），能通过 MODBUS SERVER 和 OPC 等方式实现系统数据通信。应具有通信故障监视上报和报警功能。

3. 信息管理功能

对在线监测信息进行处理，形成带时标的数据表和数据曲线，并画面显示和报警（变位报警和越限报警），显示上送来的各种图、表、曲线、开关量、模拟量（电压量、电流量、功率等）和各种报警、动作信号，以便运行人员实时监控在线监测系统的运行状态。

4. 信息存储功能

要求系统具有较大的存储空间，因为电气设备的绝缘老化、局部放电、气体泄漏等可能是一个较漫长的渐变过程，不同设备及设备的不同部位故障发生的速度、趋势都有很大不同，有时需要较长时间的数据对比才能找到规律，帮助人们作出正确的判断。更新数据同时存储历史数据。

5. 信息输出功能

能将信息以数据表、曲线等形式带时标的保存和输出，输出可为画面、数据表，可书面打印，具体由运行人员决定和操控。

6. 操作界面要求

友好，易操作，人机交互界面，正常运行时全部中文显示，事故或电气设备维护时可调用原文数据和曲线。

7. 数据调用功能

具有调用进口在线监测装置预存储比较数据和在线诊断功能的能力。

8. 自检和报警功能

在线监测信息管理系统应具有自检、故障报警功能。

9. 软件

支持版本升级，能在线或离线更新系统软件。

三、在线监测信息管理系统软、硬件基本要求

（1）在线监测信息管理系统可能集成在发电厂内电气设备的监控管理系统中。

1）使用、扩容和增加所用载体（具体监控系统）设备的硬件，不与载体主监控系统发生矛盾；

2）满足在线监测信息管理系统对硬件布置、容量、操作空间的需求，满足所有在线监测装置或系统接入的需求，与监控系统间有可靠的隔离设备；

3）管理软件应与集成的在线监测装置自带软件无痕接口，具有防止外部入侵的防护功能。

（2）独立的在线监测信息管理系统。

1）工控机以上级计算机载体；

2）满足接入所有发电厂内在线监测装置的接口及设备；

3）同以上（1）中2）、3）的要求。

（3）操作系统采用中文（软件可以是中文或英文），可选择易于和国内外在线监测装置接口的操作体系。

（4）具备 100M 以上以太网接口，可采用双以太网。

（5）具有与国内外各种在线监测装置接口并实现规约转换、信息共享的能力。

（6）具备存储 10 年以上新老数据的内存空间。

四、在线监测信息管理系统组网设计

1. 组网设计原则

发电厂电气设备在线监测信息管理系统设计最重要的内容是在线监测装置提供的信息和数据的管理，必须将这些信息和数据呈献给运行人员，这样这些在线监测装置的配置才有意义。根据现代技术的发展，合理组网是在线监测信息管理的关键。组网设计的原则如下：

（1）利用通信接口将配置的在线监测装置的信息上送到运行人员可监看的地方，让它们发挥对电气设备的监测作用。

（2）充分利用现场总线技术将发电厂中已选配好的在线监测装置进行组网，实现在线监测信息的集中管理。

（3）信息集中管理系统的设置，可考虑利用发电厂和变电站中配置的电气监控设备作为在线监测系统的集中监视管理的载体，在发电厂电气监控管理系统中建立在线监测管理系统子系统；或设立独立的在线监测装置后台管理系统和显示终端，实现独立组网。

（4）发电厂电气设备在线监测装置组网可按信息采集层、信息管理层、站控层三级组网，根据具体情况做适当的简化。

2. 基本组网方式

（1）第一种组网方式。按在线监测装置监测对象相同的装置分别跨机组连接（管理层）后，在站控层

组网。这种方式较好实现，因为同一个发电厂中，同一种设备的同类在线监测装置多数情况下应该是同制造厂同型号的产品，它们的连接不需要规约转换，并且可使用一个后台工控机，节省了购买在线监测设备的成本，各种设备的在线监测装置在站控层由管理系统所在的监控系统统一规约转换。这种组网方式可分为三个基本层，即站控层、同种设备信息中间汇集层、信息采集层。如图 12-2 所示。

（2）第二种组网方式。按机组单元将每一台发电机组的各种在线监测装置纵向连接（管理层），通过规约转换后，按机组将信息上送至站控层。这种方式管理性好，每个机组的信息集中管理，较容易综合分析，判断机组是否需要局部检修或退出运行。但各种在线监测装置很难做到都是同种规约，需经过较复杂的规约转换，转换的过程中将失去部分信息，互相之间的信息共享困难，除非所有在线监测装置都采用同一制造厂产品或全部采用 IEC 61850 标准，这两点目前都不容易实现，对于采用同制造厂产品，没有几个制造厂可以做到统揽所有电气设备的在线监测装置，都采用 IEC 61850 协议目前也难以做到。

这种组网方式可分为三个基本层，即站控层、信息管理层、信息采集层，如图 12-3 所示。

（3）第三种组网方式。各在线监测装置直接上传组网，组网结构简化为两层，如图 12-4 所示，这种组网方式，组网结构简单，但较浪费连接电缆，每套装置都要有电缆或光缆接至主控室。并且这种组网方式对在线监测装置和在线监测信息管理系统载体的组网

能力要求都较高。要么所有联网的在线监测装置采用同种接口和规约，要么在线监测信息管理系统载体需要具有较高的接口集成和规约转换能力。比较理想的条件是所有在线监测装置和在线监测信息管理系统载体都采用 IEC 61850 标准和协议。

以上三种组网方式是比较典型条件下的组网方案，实际使用时需要灵活掌握，根据发电厂内配置的在线监测装置的具体情况确定。

3. 建立在线监测信息管理系统载体

经了解，在线监测装置除个别产品外都带有通信接口，没有通信口的经设备转换后具备可组网条件，下面要研究的是在线监测装置组网后，能否有合适的信息管理系统载体。为此对综合性在线监测系统、后台管理系统及行业内广泛使用的监控系统进行了研究。按两种方式考虑，建立独立的信息管理系统和借助于发电厂内已有监控系统集成。

（1）建立独立在线监测信息管理系统。针对发电厂的在线监测信息管理系统的制造厂和产品相对较少。可利用的产品现状如下：

1）发电机在线监测信息系统。一些制造厂可提供这样的系统，可用于接入发电机运行和设备安全状态有关信息量，可作为现场或远方监测、诊断的运行状态及安全信息综合管理系统。系统采用模块式设计，具有数据的实时监测、存储、状态台账、历史趋势分析、专家诊断等功能。利用这类信息系统建立在线监测信息管理系统在实际工程中已有使用，但多限于在线监测装置出自同一制造厂或同一集成商。

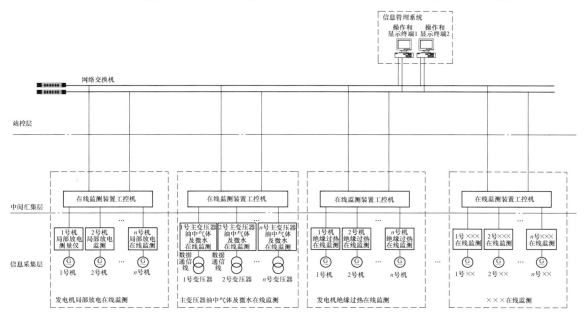

图 12-2　第一种组网方式示意图

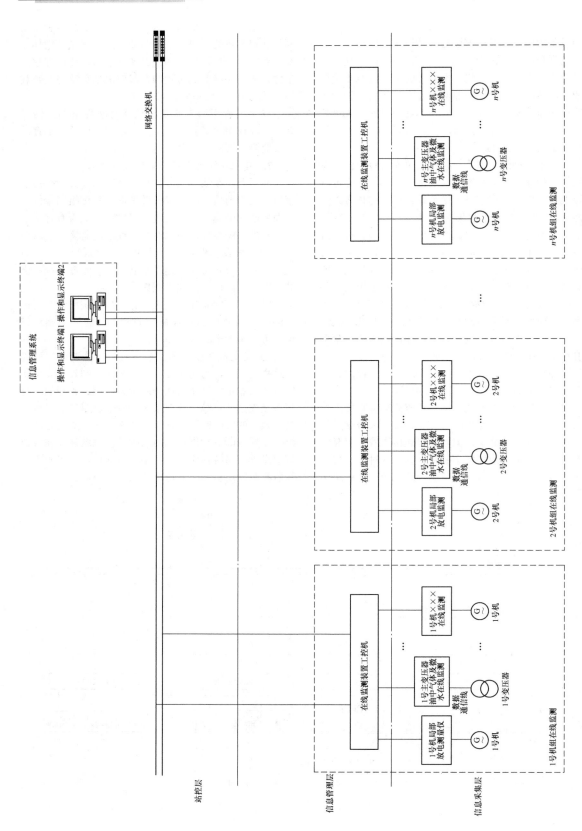

图 12-3 第二种组网方式示意图

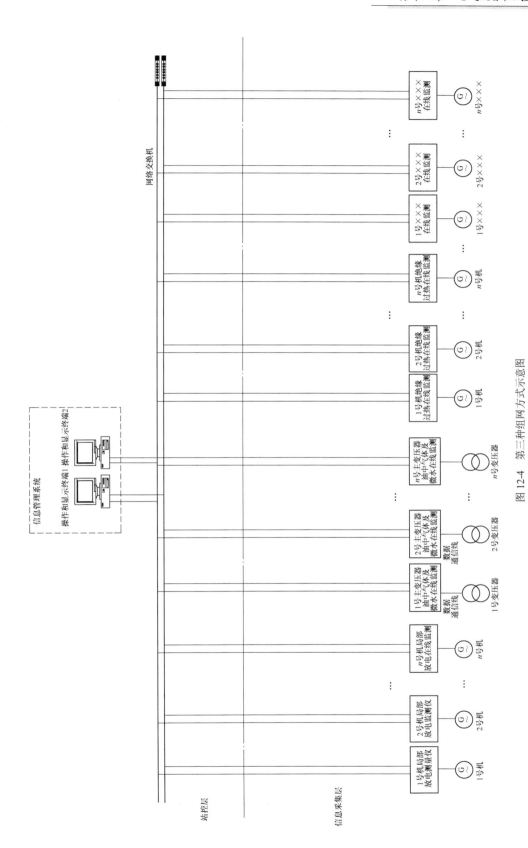

图 12-4　第三种组网方式示意图

2）大型发电机状态监测及安全信息管理系统。系统设计意向是能够通过多种规约与发电机定子绝缘、转子绝缘、绝缘过热、定子绕组端部振动、机组振动、漏氢、漏水以及主变压器油色谱等一系列监视发电机、变压器安全运行的监测装置进行通信，对它们监测的数据进行采集、管理并记录，并可随时调取显示各监测装置的各种参量数据及变化趋势，从制造厂提供的系统参量和能力看，应能够胜任建立全电厂电气设备在线监测信息管理系统，但未见实例。

3）发电机运行状态在线监测装置。装置通过模拟图形在线连续显示发电机运行状态，模拟图形可从机械和电气两方面监测发电机工作状态，界定发电机参数变化的允许范围。主要是装置预留接口，可根据用户需要增加发电机监测范围：可连接发电机定子绝缘检测、发电机转子绝缘检测、发电机漏氢检测、发电机氢湿度检测、发电机漏水检测、发电机绕组振动检测等就地设备，并将检测结果显示并记录报表。实际上目前电厂对此设备的使用基本是作为发电机运行情况的辅助监视系统，主要用于监测发电机自动电压调节器、电力系统稳定器、自动电压控制装置、同步装置等，没有对发电机局部放电、绝缘过热等在线监测装置的信息作出完整的信息管理监测。有条件和需求时对此类设备提出要求，开发新功能，以此为载体建立发电厂在线监测信息管理系统。

4）变压器、断路器 GIS 或升压站综合在线监测系统。这类系统都具有接入本制造厂生产的各类在线监测装置的能力，具有基本的软件，并且有的还采用了现代网络技术和模糊数学等计算方法，甚至还有的采用了 IEC 61850 规约，对于变压器、配电装置的电气设备在线监测装置的接入问题不大，困难的是发电机各种在线监测装置信息的接入，特别是局部放电在线监测这种设备的历史数据的管理和调用，而且发电机在线监测装置多为进口产品，存在着规约开放、数据共享的问题，但如果只是建立一个集成系统，对电气设备在线监测装置信息进行管理、显示、报警、报表打印输出等还是可以实现的。

下一步再考虑逐步的提出要求提高这类系统的兼容能力。与发电机在线监测装置制造厂协调，提高数据共享程度。

（2）借助于发电厂中的监控系统。为提高发电厂的控制水平，每个发电厂都配置有具有相当强大功能的监控系统，如机组分散控制系统（DCS）、网络计算机监控系统（NCS）及电气监控管理系统（ECMS）。

1）机组分散控制系统（DCS）。其组网和信息管理功能虽然很强大，但主要监控对象都是发电厂中热力系统、电气系统的重要部件和系统，并且制造厂多为国外或中外合资企业，集成一个电气设备的在线监测管理系统配合上困难较多，不宜选用。

2）网络计算机监控系统（NCS）。其监控的设备主要是发电厂高压配电装置的与电网有联系的断路器和隔离开关、接地开关及母线设备。并且现代 NCS 还多数集成有远动终端设备，信息采集与远动系统共用，集成电厂调频设备 AGC，调频和电压自动控制装置的命令上送和下达都可能经过 NCS，同时因为 NCS 的主要功能是对网控设备信息的监控，对应接入设备主要是二次设备输出的信号及接受 DCS 和调度之间的命令，其接口能力和信息管理多数针对调度要求，对接收和管理发电厂内的电气设备在线监测装置信息有一定的局限，也不是最好的选择，但具有可开发利用的潜能。

3）电气监控管理系统（ECMS）。电气监控管理系统是应用计算机、测量保护与控制、现场总线技术及通信技术，实现发电厂电气系统的电气运行、保护、控制、故障信息管理及故障诊断、电气性能优化等功能的综合自动化在线监控管理系统。它通过现场总线技术的应用，将电气系统连接成电气监控网络，通过接入电气主站系统，充分利用电气系统联网后信息全面的优势，加强电气信息的应用，完成较为复杂的电气运行管理工作。通过以太网连接设备将数据库服务器、电气运行工作站、维护工程师站、远动工作站等组网构成电气监控管理上位机系统。

电气信息量的交换不受限制，电气运行工作站（电气工程师站）除实现画面显示、报表生成、打印人机接口、事件记录、报警、事故追忆、分析、系统维护等功能外，还可以充分利用电气系统联网后信息全面的优势，加强电气信息的应用，完成较为复杂的电气运行管理工作，如实现自动抄表、小电流接地选线、故障信息管理、设备管理等高级应用功能。

特别是电气监控管理系统的开放性为在线监测信息管理系统的集成提供了方便，如采用高速交换式以太网络结构，提高网络通信的带宽，保证数据的高速交换；具有标准的网络接驳设备和协议，保证网络的开放性；软件开放，支持第三方软件的嵌入，提供二次开发接口；数据开放，即通过开放客户服务的中间层开放对数据库的存取；通过 XML、COM/DCOM 技术实现 Internet/Intranet 上数据的访问；通信开放，使用标准、通用的通信部件和协议（TCP/IP 协议），保证系统内部、系统与外界互联的开放性，支持各种基于不同协议的设备与系统的互联。

4. 在线监测管理系统载体选择

建立独立载体在线监测管理系统。对具体发电厂，在线监测管理系统载体选择应视具体情况而定。

从信息管理独立完整方面考虑应该是首选建立一

个完整、独立的发电厂在线监测管理系统，具有管理终端、传输接口，既方便信息的管理又可防止对其他系统的干扰，也使本系统不宜受其他系统的影响，但纵观目前的管理系统终端产品，针对变压器、升压站设备的在线监测综合管理系统比较多，针对发电机在线监测的综合性管理系统较少，所带后台管理机多数只限于本设备或另一台机组相同设备的在线监测装置的接入。基本不具备连接市场上较多数产品的能力，只能连接单一制造厂的在线监测装置，或极个别附属产品，并且产品功能也不够完善，因此利用这种后台管理机建立独立载体在线监测管理系统一般只适用于电厂选用的在线监测装置主要集中在某一制造厂的情况。

1）由某一在线监测装置制造厂完成发电厂在线监测信息管理系统。目前在线监测装置制造厂都是单一化生产，一个制造厂一般只生产一种产品或系列同类产品，而且国外制造厂出于对制造厂之间的产权保护，一般不与其他制造厂生产的在线监测装置兼容，包括接口、规约转换，特别是软件的嵌入和兼容、数据的共享和格式转换。因此由某一在线监测装置制造厂完成发电厂在线监测信息管理系统的方案仅适用于发电厂在线监测装置采用同一制造厂产品的情况，或某一类电气设备采用同样在线监测装置的情况，仅对这一类在线监测装置的信息进行管理。

2）借助于发电厂内监控系统集成在线监测管理系统。由于目前发电厂在线监测装置的采购方式仍然是随电气设备集成配置，各电气设备在线监测装置多来自较多制造厂，鉴于在线监测装置通信接口方式、规约、协议较难统一，特别是发电机在线监测装置制造厂还不能完全公开规约和信息共享，首推采用规约转换功能较强的发电厂电气监控管理系统集成一个在线监测管理系统，也可考虑采用前面分析的几种发电机状态信息管理系统及变压器、断路器（含 GIS）或升压站综合在线监测系统建立发电厂电气设备的在线监测信息管理系统。

五、在线监测信息管理系统实例

1. 利用发电厂电气监控系统建立在线监测信息管理系统

某电厂本期两台 630MW 机组，配电装置电压等级为 750kV，采用 GIS，由于两台机分属于两个业主，所有电气设备分开采购，在线监测装置也随机组分别配置。

（1）电厂配置的电气设备在线监测装置。

1）每台机配置一套发电机局部放电在线监测装置，如 BusTrac 型发电机局部放电在线监测装置，BusTrac 型装置是为汽轮发电机定子绕组提供自动连续局部放电在线监测的仪器，由母线耦合器、BusTrac 监测仪、工程师站及局部放电监测分析软件组成。配置有工程师站，具有 RS-485 通信口。一台工程师站可同时管理多台机组的局部放电数据。本工程由于所属关系，两台机设有两台工程师站。

2）每台机配置一套 FJR-IIA 型发电机绝缘过热监测装置，主要包括如下组件：过滤器、三通电磁阀、离子室、检测流量计、取样电磁阀、取样管、取样流量计、信号放大器、微型控制器、指示电路、单板微处理机、液晶显示器和打印机等。装置不具有通信传输接口，只输出报警触点。

3）每台主变压器配置一套 TM8+TMM 在线监测系统，该系统是一套完整的在线监测系统，集成了油中气体、高压套管、微水等在线监测子系统，实时监视变压器各相关特征参数，可通过专家软件分析判断，最终得出设备目前的运行状态。该系统各个子系统配置统一的中文后台管理软件。具有通信传输接口，采用 MODBUS RTU/TCP/IP、DNP3.0 及 IEC 60870 规约。

4）GIS 配置 SDM 型六氟化硫压力及微水在线监测仪，SDM 系统主要由气体密度计、微水传感器、现场监控单元和后台监控计算机等组成。密度计和传感器实时测量各气室内 SF_6 气体的压力和微水含量，并将数据发送至现场监控单元，监控单元对数据进行处理后上传至后台监控计算机。监控主机具有以太网口 OPC。750kV 配置了两套 SDM 型 GIS 在线监测仪，一个监控主机。

（2）在线监测信息管理系统载体确定。

1）在线监测载体选择。该电厂电气设备在线监测装置由多家制造厂产品构成，各在线监测装置的通信方式、接口形式、信息报文格式都不相同，并受投资限制不宜采用独立载体的在线监测信息管理系统，也不宜采用某种在线监测装置自带监控主机或工程师站对全站的在线监测装置进行管理。因此，选择借助于电厂内监控系统集成。

电厂内设置的监控系统主要是分散控制系统，由热控专业设计和管理，不宜将电气设备的信息管理系统集成其中；NCS 主要监控、管理配电装置设备，如母线、隔离开关、接地开关及系统保护和调度自动化等系统二次设备的状态和动作信息，经了解相关制造厂对于在线监测信息的集成能力较弱；ECMS 监控和管理的对象主要是电厂各级厂用系统，相关制造厂具有一定的集成能力，并且电厂电气监控系统完全由电气设计和管理。

经对电厂内设立的几个监控系统的综合比较最终选定由 ECMS 集成本电厂电气设备在线监测管理系统，即在本电厂的电气监控系统主站层监控管理机中集成一个在线监测信息管理系统。

2）本工程配置的电厂电气监控管理系统的构成和功能。本电厂经过招标采购选用的 ECMS 采用分层分布式结构，系统自上而下分为主站层、通信控制站、现场测控单元三层，主站层是整个厂用电监测、监控及管理系统的监测、管理中心。通信控制站或称电气监测管理系统的中间监控单元，是为分布主站功能、优化信息传播及系统结构层次、方便通信协议转换、方便电气监测管理系统组网而设置的中间层。实现所辖范围内的监测和控制、信息汇集、处理、协议转换、与发电厂其他计算机控制系统通信、通信监视等功能。本电气监控系统支持多种开放协议（MODBUS、PROFIBUS-DP、INTBUS、LFP、CDT、CAN、LONTALK、DEVICE NET 以及 IEC 60870-101、IEC 60870-103 等电力规约等），能通过 MODBUS SERVER 和 OPC 方式实现系统数据通信

系统自上而下采用双网结构，主站层采用双 100M 以太网，主站层与 DCS、SIS 通信采用双 100M 以太网，现场测控单元采用双 PROFIBUS 现场总线，通信控制站向上与主站层设备通信、向下与现场测控单元设备通信，均采用双 PROFIBUS 现场总线。主站层管理系统和中间层通信控制系统布置在主厂房控制室和电子设备间。

（3）在线监测信息管理系统组网方案。由于在线监测装置是随电气设备集成的，各装置来自不同的制造厂，有串行口也有以太网口，协议和规约不尽相同，需针对不同接口形式做适当的组网连接。通信管理机与 ECMS 服务器采用双网，GIS 在线监测主机与 ECMS 直接相连采用双网，通信管理机与发电机局部放电工程师站、变压器在线监测装置、多直流测控装置采用单网。具体组网方式如下：

1）为节省电气监控系统中间通信控制层的接口，也为了数据隔离，配置 2 台通信管理机，分别用于 2 台机组在线监测装置的信息接收，并将在线监测装置的上传信息数据送给电气监控系统的后台机。

2）由于发电机绝缘过热在线监测装置不具有通信接口，只能送出报警信号开关量干触点，而电气监控系统不能直接接收开关量触点，需配置一台多直流测控装置，用于 2 台机绝缘过热在线监测装置数据的采集（直流模拟量和开关量），并通过 CAN 网与通信管理机通信，将采集到的数据上送到通信管理机。

3）2 台机的发电机局部放电在线监测装置都分别带有数据接收、储存和管理的工程师站，而工程师站具有 RS-485 接口，组网采用 2 台机的局部放电在线监测装置分别通过各自工程师站直接与通信管理机接口，上传数据，距离较近时采用屏蔽双绞线连接。

4）主变压器配置的变压器油中气体及微水在线监测装置具有 RS-485 接口，组网采用通信口直接与通信管理机通信，上传数据。

5）SDM 型 GIS 气体压力及微水在线监测主机具有以太网口，并采用 OPC 协议，组网采用以太网口直接与 ECMS 网络交换机连接，上传数据，由于距离较远，故采用光缆连接。双网两侧需要配置 4 个光电转换器。

该电厂在线监测组网示意图详见图 12-5。

（4）在线监测组网设备。为完成该电厂电气设备在线监测信息管理系统组网，需增加如下设备和材料：

1）ECM-5908 型通信管理机 2 台；

2）WDZ-5287 型多直流测控装置 1 台；

3）光电转换器 4 台；

4）屏蔽双绞线约 1300m；

5）光缆 1200m。

从图 12-5 可以看出，这个组网方案既不是前述的第一种组网方案，也不是第二种和第三种组网方案，而是根据具体在线监测装置的结构和通信情况，灵活掌握下的集三种方案于一体的组网方案。

2. 建立一个独立的在线监测信息管理系统

某电厂建设规模为 4×300MW 机组，分为一期、二期各建设 2 台机组。一期早已建成投产，本期为二期工程，建设机组为电厂的 3、4 号机，应业主要求较重要电气设备配置局部放电在线监测装置，并组网管理。

（1）电厂装设的在线监测装置。该电厂的在线监测装置主要是局部放电在线监测装置，并要求局部放电在线监测装置组网管理，构成电厂局部放电在线监测信息管理系统。

1）局部放电在线监测系统主要监测对象包括：

2 台发电机，分别是 3、4 号发电机，容量为 300MW，出口电压为 20kV；

2 台机组的共约 315m 离相封闭母线；

2 台主变压器，即 3 号主变压器和 4 号主变压器，均采用 3 台容量为 120MVA 的单相变压器，高压侧出线电压为 500kV；

135 面中压开关柜，分别是 6.6kV 工作 3A 段 27 面、6.6kV 工作 3B 段 26 面、6.6kV 工作 4A 段 27 面、6.6kV 工作 4B 段 26 面、6.6kV 公用 0C 段 15 面以及 6.6kV 公用 0D 段 14 面，以上中压开关柜均布置在主厂房配电室内。

额定功率在 1000kW 以上的中压电动机共计 20 台，包括 6 台电动给水泵电动机、4 台磨煤机电动机、4 台引风机电动机、2 台循环水泵电动机和 4 台送风机电动机。循环水泵电动机布置在厂外的取水泵房，其余电动机均布置在主厂房区域内。

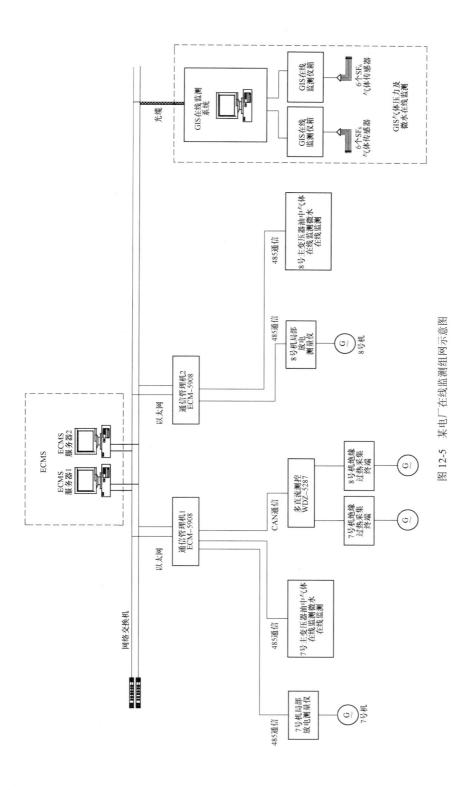

图 12-5　某电厂在线监测组网示意图

2）局部放电在线监测装置系统构成。根据监测对象的不同，该电厂局部放电在线监测系统由 4 个子系统组成，分别为：

a）发电机及封闭母线局部放电在线监测系统，型号是 W-PD6；

b）主变压器局部放电在线监测系统，型号是 W-PD2；

c）开关柜局部放电在线监测系统，型号是 GFM；

d）电动机局部放电在线监测系统，型号是 IP2000。

（2）在线监测信息管理系统载体确定。该电厂电气设备在线监测装置主要是局部放电在线监测装置，全部由一个集成商提供，各在线监测装置的通信方式、接口形式、信息报文格式都已经过集成处理，并研发有数字厂站运行状态监控系统，可用于对大型发电厂电气设备的运行状态，包括局部放电和其他绝缘状态指标进行实时监测管理。因此，本工程宜采用独立载体的在线监测信息管理系统，并选用 PN5000 型数字厂站运行状态监控系统作为电厂在线监测管理系统的独立载体终端。

（3）在线监测信息管理系统组网方案。根据电厂局部放电在线监测配置情况，组网装置为同一类，采用直接上传组网，即第三种组网方式。

从局部放电放在线监测系统的构成上讲，包括就地传感器、监测主机和上位机系统（后台监测软件）。

1）局部放电传感器安装在被监测设备本体上，采集被监测设备局部放电产生的高频脉冲信号，并且通过同轴电缆将采集到的信号传送至监测主机进行初步的处理、储存和分析，监测主机安装在被监测设备附近的监测仪箱内。

2）监测主机采用 RS-485 接口、ModBus 协议，直接与数字电厂状态监测系统后台上位机连接。

3）后台上位机布置在控制室内，安装有后台监测软件，能进行数据显示并对数据进行进一步的分析诊断。距离主控室较近，不超过 150m 的监测仪箱通过屏蔽双绞通信线将现场采集的数据送至后台上位机；距离超过 150m 的监测仪箱通过光缆通信线将现场采集的数据送至后台上位机。

该电厂在线监测信息管理系统组网示意图如图 12-6 所示。

第四节 发电机在线监测

一、发电机配置的主要在线监测装置

1. 发电机的基本结构

分析发电机的结构，并总结以往发生的事故，确定对发电机哪些部位、哪些异常状况进行监测是非常重要的。应从发电机的构成、运行中易出现的问题入手。图 12-7 是发电机的基本结构断面图。

由图 12-7 可见发电机的机械系统主要由定子、转子组成，主要附件是轴系、端盖、护环、出线端及冷却系统。而定子由铁芯和线圈组成，转子由励磁导线和铁芯组成，在励磁电流作用下，形成两个次级，在高速运转的轴系带动下切割磁力线产生电流而达到发电的目的。

2. 发电机故障及在线监测

发电机运行时，绕组上要承受 100Hz（两倍工频）的交变电磁力，由此产生 100Hz 的绕组振动。该振动力与电流的平方成正比，因此容量越大的发电机中交变电磁力越大。发电机定子是由众多导体线棒捆扎而成的，虽然发电机制造厂做了大量努力来提高制造水平，但由于定子始终处在一个较强的电磁场交换状态，并运行在温度非常高的状态，特别是定子绕组端部类似悬臂梁结构，难以像槽中线棒那样较牢固的固定，更易受到电磁力的破坏。因此发电机定子绕组绝缘损坏是造成非计划停机事故的主要原因，据以往事故统计分析，发电机绝缘损坏类事故占发电机本体事故的 50% 以上。发电机端部紧固结构的松动极易引起线棒绝缘的磨损。若不能得到及时处理，将可能发展成灾难性的相间短路事故，具有突发性和难以修复的特点。因此加强对发电机绝缘损坏的监测非常重要。

事故统计分析还证实发电机定子绕组端部振动过大可能会发展成严重的突然短路接地事故，造成发电机停机，而设备检修费用极其昂贵，并且检修消缺不利，还可能继续发生同类事故，在有发电机在线监测装置之前的措施只能是检修时注意外观检查和试验，如果能够加强此类问题的在线监测，时刻掌握发电机的运行状态，将可以合理地选择和确定发电机检修时间和检修方案，避免发电机重大事故的发生，提高检修针对性。

发电机的另一种常见故障是转子绕组的匝间短路。转子故障主要是转子轴系故障、本体故障和绕组故障，前两项属机械故障，不属于电气故障，而绕组故障为电气故障，主要故障形式是绕组断线、接地故障及匝间短路故障，而其中发生率较高，影响较大的是匝间短路故障。匝间短路发生的主要原因是部件在设备运行过程中承受较大的电流及离心力，在超过部件承受能力情况下引起线匝绝缘的移动、转子端部热变形、绕组端部垫块松动或护环绝缘衬垫的老化。转子匝间短路可能引起转子的热不平衡，导致转子振动增大和励磁系统能耗增大等。

上述所有故障导致的直接结果主要是引起发电机内部局部放电、局部过热、绕组及铁芯以及绕组的端部振动、轴系不平衡，进而引起轴系振动等。

据此并总结发电机事故，结合发电机结构确定发电机在线监测的主要方向和部位，如图 12-8 所示。

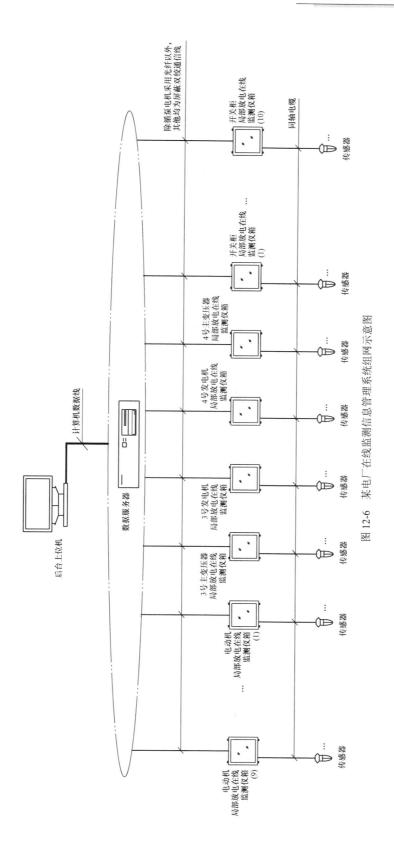

图 12-6　某电厂在线监测信息管理系统组网示意图

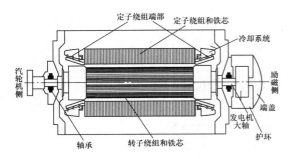

图 12-7 发电机的基本结构断面图

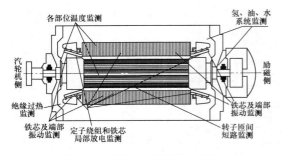

图 12-8 发电机在线监测示意图

根据 GB/T 7064《隐极同步发电机技术要求》中的规定及对现有机组在线监测装置配置情况的了解，发电机配置的在线监测装置主要有以下几种：

（1）解析式在线监测装置。解析式在线监测装置主要指发电机局部放电在线监测装置、定子绕组端部振动在线监测装置、转子匝间短路在线监测装置、绝缘过热在线监测装置、定子绕组测温在线监测装置等。这是本节主要介绍的内容。

（2）直读式在线监测装置。直读式在线监测装置主要是发电机氢、油、水系统的在线监测装置。这部分监测系统随发电机配置，信息直接送到 DCS，属热控专业负责。

二、发电机局部放电在线监测装置

1. 发电机局部放电在线监测装置的使用

自 GB/T 7064—2008《隐极同步发电机技术要求》发布以来，国内大多数大、中型发电机基本都配置了局部放电在线监测装置，并取得较好效果，多次及时、正确报警，对预防发电机重大危险事故的发生起到了较好的作用。

在总结多年运行经验及所积累的历史数据基础上，还可开展在线诊断，根据发电机的运行状态确定检修计划，减少检修次数，合理、准确地确定设备的重点检修项目和检修部位及检修时间，使发电机的运行处于更科学的状态。

发电机局部放电在线监测装置主要通过监测绝缘

来达到监测局部放电的目的。而发电机绝缘在线监测有早期的无线频率监测法即射频监测法和局部放电（耦合电容器）监测法两种。

（1）射频监测法。利用射频电流传感器、罗柯夫斯基（Rokowski）线圈 RC 阻容高通滤波器监测定子绕组内部的放电现象。其原理是采用安装在发电机中性点上的射频电流互感器、传感器耦合发电机内部传来的中高频信号，一般频段为 5～500kHz，借以评估发电机的整体绝缘水平。射频监测法原理如图 12-9 所示。

射频监测法的优点是传感器安装在中性点上，对系统的影响小。缺点是信号灵敏度低，局部放电信号从局部放电点传播到中性线时已经有了很大的衰减和变形，信噪比差，数据很难解译。

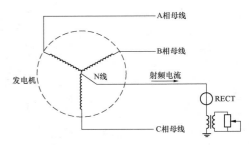

图 12-9 射频监测法原理示意图
RECT—射频电流互感器

由于射频监测法只采用单个射频电流互感器，设备无法定位故障发生的位置，只能评估发电机的整体绝缘水平，而目前我国发电厂中大部分采用中性点通过接地变压器接地的方式，由于变压器电抗的隔离作用，高频信号无法通过射频电流互感器，使射频监测法监测到的频段限制在 500kHz 以下，这种频率刚好与发电机的励磁触发引起的干扰信号及外界无线电信号频段重叠。因此导致射频监测法在线监测装置的误判率较高。

（2）局部放电耦合电容器监测法。是通过云母耦合电容器，直接测量发电机内部的局部放电信号的方法。由于局部放电耦合电容器监测法采用了耦合电容传感器直接安装在发电机端部，局部放电高频信号通过电容接地，从而避免了低频段电气噪声信号的干扰，有效降低了设备的误判率，弥补了射频监测法的缺陷。并且由于电容式传感器是按相安装的，可以方便的定位绝缘放电发生的位置，同时还采用了定向和定时差分降噪技术、励磁机附近装设噪声传感器、软件降噪等方法提高局部放电耦合电容器监测法的准确率，在国内外都得到了较成功的使用。

GB/T 7064—2008《隐极同步发电机技术要求》已放弃射频监测法的使用，改为采用局部放电耦合电容器监测法。

局部放电在线监测装置基本是引进产品，主要由发电机制造厂成套提供。之所以采用发电机成套提供的方式，主要是因为这种在线监测装置的配置要求是在发电机技术条件中提出的，并且有些部分的安装需要发电机制造厂配合在发电机制造过程中完成。

虽然产品的结构和信号采集方法有所不同，但原理都是耦合电容传感器直接采集发电机内部局部放电信号的方法。不同制造厂的产品采用不同的安装方式、耦合电容器数量及分离噪声的方法。

一直以来，局部放电在线监测装置在发电厂现场的实际使用上大部分处于就地安装采集装置，后台机放于电子设备间的独立屏柜中的使用方法，制造厂提供的历史数据及监测到的信息等数据都存储在后台机中，巡检或检修设备时才会看这些数据。而一旦发现问题只能与原制造厂联系，由制造厂或指定机构做诊断分析，没有起到在线监测装置应起的作用，利用率不高。主要原因是重视不够和技术力量跟不上，还有局部放电在线监测装置制造厂技术保护意识造成很多信息不能共享。

目前已开展电气设备在线监测信息管理系统设计工作，发电机局部放电在线监测装置使用方式也在发生变化，可将采集到的信息引进控制室，使现场运行人员随时可以看到采集到的发电机局部放电情况的数据和信息。

2. 发电机局部放电在线监测装置的基本构成原理和监测方法

发电机局部放电在线监测的方法主要是电容耦合监测法，即局部放电监测法（partial discharge assistant，PDA），如图 12-10 所示。具体主要采用的是 80pF（或 1000pF）电容耦合器（epoxy mica capacitance，EMC）监测法、定子槽传感器（stator slot coupler，SSC）监测法、电阻测温元件（resistor temperature detector，RTD）监测法、并辅以定时、定向噪声分离技术，软件辅以噪声传感器等抗干扰措施。

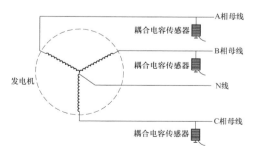

图 12-10　发电机局部放电监测法基本原理示意图

（1）电容耦合器监测法。研究发现局部放电脉冲具有超窄脉宽、单极性、无摆动、频率较高、上升时间非常快的特点（只有 1～5ns），经计算放电脉冲的频率为 50～250MHz，并且高幅值的电子噪声信号的频率都低于 20MHz，针对这一结论，研制出发电机局部放电监测耦合器，实际上就是一个 80pF（或 1000pF）的、用环氧云母树脂制作的电容器。如图 12-11 所示是 80pF 的电容器外形。它的采样范围是 40～350MHz 的高频段，这样既覆盖了绝大多数的局部放电信号，同时还滤掉了高幅值的电子噪声。

一般发电机运行现场存在着类似的局部放电脉冲，这种脉冲可与探测到的定子绕组局部放电信号相混杂。由耦合电容器测出的这种类似局部放电信号的脉冲上升时间远远大于 10ns，而定子绕组局部放电信号脉冲上升的时间是 1～5ns，远小于 10ns，这样通过检测到的脉冲的上升时间可以区分是局部放电信号还是类似局部放电信号的干扰脉冲。采用以上方法还不能有效地消除上升时间与局部放电脉冲一样快的干扰噪声，经研究可通过在每相绕组上至少安装两个耦合器，利用脉冲到达安装在汇流排上的两个耦合器的时间来判断脉冲传递方向，从而有效地区分局部放电信号和噪声信号。这就是定时、定向噪声分离技术。

图 12-11　（80pF 的电容器）

（2）定子槽传感器监测法。由于采用双传感器比值法比较区分信号和噪声，只能区分外部噪声，无法区分发电机内某些部位的局部放电信号和噪声。为此研究出了定子槽（耦合器）传感器，如图 12-12 所示，它需要永久性地被安装在发电机定子绕组槽中，它可以使局部放电监测设备能够辨认局部放电信号的来源并区分放电信号和噪声信号，同时监测绕组端部和线槽内的局部放电信号，从而避免误诊断的风险。但安装有些困难，特别是定子槽较窄的汽轮发电机，新发电机在出厂前安装，对于已投入运行的发电机则必须改造定子绕组方可实施，所以目前国内各汽轮机厂很少安装过这种传感器，水轮发电机由于定子槽较宽和深，用的较多些。对于 600MW 及以上大型发电机建议探讨安装定子槽传感器，用以辅助发电机局部放电装置去除噪声信号。

图 12-12　定子槽传感器

（3）电阻测温元件监测法。另一种用于区分发电机内部噪声信号的传感器是：RTD-PD 局部放电测量传感器，它是把定子槽预埋的电阻式测温元件引线当作槽内部定子局部放电测量传感器使用，图 12-13 是利用 RTD 监测局部放电信号的原理接线图，同时并不影响发电机的一次回路及绕组测温的检测。这种传感器安装方便，频率特性很宽（3～30MHz），便于将局部放电脉冲与噪声区别开来。但需要所有定子槽都埋设 RTD，避免当没有埋设 RTD 的定子槽产生局部放电时，无法反应，这也需要在发电机订货时明确，预埋足够的 RTD，并需与热工自动化专业配合，提供引出端子。当 RTD 数量不足时，影响监测的准确度。

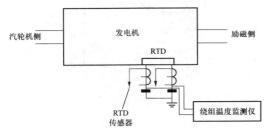

图 12-13　利用 RTD 监测局部放电信号的原理接线图

（4）定时噪声分离技术。对于在 40～350MHz 频段存在的其他外部噪声可采用定时噪声分离技术解决，为此发电机每相绕组至少需要装设两个耦合电容器，一般是一个并联绕组支路安装一个耦合电容器。这些耦合电容器以差分配置模式安装。如图 12-14 所示，两个耦合器的一端分别安装在每相绕组的端部。连接两个耦合器另一端的同轴电缆的长度经过适当配置，使得来自发电机外部的噪声脉冲信号到达采集装置的两个输入端的时间刚好相等，而来自发电机绕组的局部放电脉冲信号到达采集装置两个输入端（M、S）的时间是不同的，这样就可以通过监测到的信息到达局部放电在线监测采集装置两个输入端的时间来区分是局部放电信号还是外部噪声。

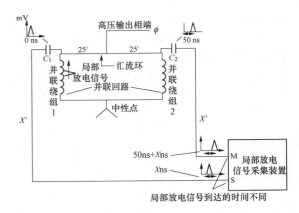

图 12-14　定时噪声分离技术单相接线图

（5）定向噪声分离技术。对于在 40～350MHz 频段存在的其他外部噪声的另一个解决办法是定向噪声分离技术。发电机每相需要安装 2 个耦合电容器，三相共需要 6 个耦合电容器，其中三个母线耦合器安装在发电机的高压输出端上，另外 3 个安装在远离发电机高压输出端的靠近系统的母线上。如图 12-15 所示，每相上的两个母线耦合器通过相同长度的电缆连接到局部放电在线监测采集装置的两个输入端 M 和 S，来自发电机外部的噪声信号首先到达 S 端，来自发电机的局部放电脉冲信号先到达 M 端，这样通过监测脉冲信号先到达 M 端还是 S 端就可区分是发电机局部放电信号还是外部干扰信号。

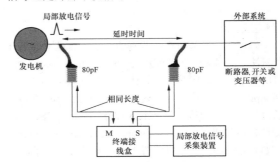

图 12-15　定向噪声分离技术单相接线图

（6）软件辅以噪声传感器去除噪声。除采用定时、定向分离技术去除噪声外，还有一种方式是利用软件辅以噪声传感器来去除噪声，这种去噪方法主要用于去除励磁系统励磁触发时产生的干扰脉冲、主变压器等电气设备引起的干扰信号。构成原理是在发电机定子绕组端部每相配置一个耦合电容器作为发电机局部放电在线监测装置的采集器，同时在可能会产生较大干扰信号的励磁设备、主变压器等电气设备附近安装噪声传感器，当发电机局部放电在线监测装置通过耦合电容传感器监测到的脉冲信号与噪声传感器测到的信号脉冲相同时，局部放电在线监测装置内的软件模块就会消除这个噪声信号,从而达到消除噪声的目的,噪声传感器使用示意如图 12-16 所示。另外,据分析,局部放电信号与噪声信号的波形也有较大的不同,真正的局部放电信号只发生在工频电压波形的第一和第三象限,第一象限的定义为负放电,第三象限的定义为正放电,而噪声无此特征,IEEE 1434《旋转电机局部放电测量导则》中采用正、负放电的组合特征,用于判断局部放电发生在绕组绝缘层的位置。发电机局部放电在线监测装置也利用这一特征,由软件去除一部分噪声。

3. 发电机局部放电在线监测装置的选型及性能要求

(1)选型和布置。正确选择发电机局部放电在线监测装置,主要是根据设备需求、投资能力、配置发电机局部放电在线监测装置的期望值,综合确定装置的选型和制造厂,因为不同制造厂提供的产品及其构成方式和监测重点不尽相同。

由于发电机局部放电在线监测装置的特殊构成原理和方式,无论是采用哪种、哪个制造厂设备,现场的安装都需要发电机厂配合在线监测装置制造厂完成。

在理解制造厂配置在线监测装置的构成原理情况下,留出一定的布置空间(耦合电容器、抗干扰设备、后台管理机、电缆等),根据不同制造厂或同一制造厂不同构成方案需要安装的设备和安装地点有较大的不同。

鉴于以上几点,发电机的各种在线监测装置的配置建议方案应在发电厂初步设计阶段提出,而具体配置方案和接线方案应在发电机招标及签署技术协议时确定。有些设备和元件(SSC、RTD)应在发电机制造过程中预先埋设,现场再根据具体的发电机布置及

周围环境确定耦合电容器的安装位置,按照定时或定向降噪方法进行电缆敷设和耦合器的安装。

具体有以下几种基本模式:

1)单纯的耦合电容器 EMC 监测方案;

2)耦合电容器 EMC,按定向分离技术配置和接线的方案;

3)耦合电容器 EMC,按定向分离技术配置和接线,辅以 RTD 监测法的方案;

4)耦合电容器 EMC,按定向分离技术配置和接线,辅以 SSC 监测法的方案;

5)耦合电容器 EMC,按定时分离技术配置和接线的方案;

6)耦合电容器 EMC,按定时分离技术配置和接线,辅以 RTD 监测法的方案;

7)耦合电容器 EMC,按定时分离技术配置和接线,辅以 SSC 监测法的方案。

实际工程中可以在上述基本工程方案基础上加装噪声传感器或去噪装置,方案的不同,投资和效果也不尽相同。目前火力发电厂流行的配置是单纯的 EMC 监测法,即方案 1)辅以 RTD 降噪法或其他简单的去噪措施。优点是投资较经济,但受一定的噪声干扰。

通过前面的原理分析,不难得出结论,想要达到较好的局部放电监测效果应该推荐的配置方案是 2)、5)、6)方案,即耦合电容器,按定时或定向分离技术接线的方案,这种配置比单纯的 EMC 法要多配置一倍的耦合电容器,可以较好地去除外部噪声,缺点是投资较高。

其他降噪措施可以根据机组情况、制造厂情况选配。

SSC 建议 600MW 级及以上机组可逐步研究采用,需要各发电机制造厂给予协助[即方案 4)、7)]。

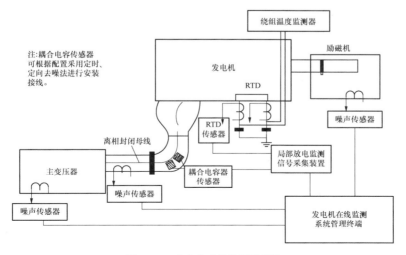

图 12-16　噪声传感器使用示意图

单纯的耦合电容器 EMC 监测方案传感器和采集装置可放在就地发电机出口,定时分离去噪法和定向分离技术法都是需要在发电机出口和远离出口的封闭母线侧安装专门的耦合电容器,信息处理器(包含处理软件)应在控制室或电子设备间。

(2)基本性能要求。

1)发电机局部放电在线监测装置应包括足够的局部放电信号监测耦合电容传感器(80pF 或 1000pF 云母电容),来构成满足监测要求的发电机局部放电在线监测装置。

2)发电机局部放电在线监测装置的信息采集装置应能够采集、记录,并可以按照规定的格式输出所采集到的发电机内部局部放电信息数据。

3)发电机局部放电在线监测装置信息管理终端提供的数据应具体到发生故障的相及故障类型,包括电晕、表面放电、气隙、绝缘损坏、槽放电、高压连接松动。

4)发电机局部放电在线监测装置信息管理终端输出的信息数据应包括实时信息、局部放电趋势变化数据和曲线。

5)发电机局部放电在线监测装置应有区分发电机局部放电信号和干扰信号的措施。

6)发电机局部放电在线监测装置应带有后台处理机(含有处理软件),并要求至少是工控机级别以上。

7)发电机局部放电在线监测装置信息管理终端应能支持多种输出方式,可以上传、打印。

8)发电机局部放电在线监测装置应有足够的信息数据存储功能和空间,应携带同类机组历史数据,具有可以组网的信息数据输出接口,规约开放共享。

9)发电机局部放电在线监测装置供应商应具有随时现场或远程诊断能力。

三、定子绕组端部振动在线监测装置

1. 定子振动在线监测装置的使用

发电机定子绕组端部承受着正常运行时的交变电磁力作用和突然短路时的巨大电磁力冲击,是发电机组中承受应力最高的部件之一,随着发电机单机容量的不断增高,绕组端部的振动和随之而来的磨损现象也越来越突出,并且越磨损也会越引起更大的振动,造成恶性循环。

发电机定子绕组在机械振动和电磁振动,有时是谐振的作用下会松动,从而导致主绝缘损坏,造成线圈损坏引起短路和接地故障,而机组线棒振动最剧烈的部位是线棒的端部,因此对线棒端部振动进行监测具有重要意义。

对发电机端部振动进行在线监测,根据实际的振动值来调整发电机的负荷,可以避免由于端部的长期振动而导致的线棒疲劳断裂、绝缘破损等突发性事故。对于端部结构存在 100Hz 左右椭圆型的发电机更需要安装端部振动在线监测装置,时刻监视、提供振动变化情况。

总结几十年的运行经验,若发电机制造或设计不尽合理,在运行时很有可能发生端部紧固结构的松动,进而使线棒绝缘发生磨损,如果得不到及时处理可能就会发展成灾难性的相间短路事故,并且这种相间短路故障具有突发性和难以简单修复的特点,造成的损失往往都很严重。因此在《防止电力生产事故的二十五项重点要求》(国能安全〔2014〕161 号)中 10.1条提出"防止定子绕组端部松动引起相间短路",并要求"……,或加装定子绕组端部振动在线监测系统监视运行,运行限值按照 GB/T 20140—2006《透平型发电机定子绕组端部动态特性和振动试验方法及评定》设定"。

发电机定子绕组端部的电气和机械环境都十分恶劣,目前 300MW 及以上的发电机组的端部额定电压都在 20kV 左右,最高可达 28kV,额定电流达到十到几十千安左右,是一个高压、交变电磁场的特殊运行环境。

传统的振动监测使用的是压电式或压阻式加速度传感器,测得的振动信息以电压量或电流量输出。在强电磁场作用下,压电式或压阻式加速度传感器易产生放电,电磁振动和涡流发热,对发电机本体,甚至是运行人员都有可能构成危险。因此之前较少采用发电机端部振动在线监测,都是在大修或定期检查时,由专业人员进行离线式监测。

随着科学技术的发展,出现了涡流传感器、光纤传感器,用于发电机绕组端部振动在线监测,也使目前推进和推广使用发电机的绕组端部振动在线监测成为可能。压电式或压阻式加速度传感器已较少使用,以下主要介绍采用光纤振动加速传感器和采用电涡流传感器并速度传感器构成振动在线监测装置的原理。

2. 定子振动在线监测装置的构成原理

(1)采用光纤振动加速传感器的构成原理。采用光纤振动加速传感器,利用光学原理反应振动的变化,其主体由非金属元件构成,如陶瓷、聚合树脂、半导体等,具有非常好的电气绝缘性能,并能够在充满氢气的环境下运行。测量信号利用光纤输出,不受强电磁干扰,可真实传递被测物体的振动数据。并且具有体积小、质量轻、可方便安装固定在被测物体上的特点。

定子振动在线监测装置由光纤振动加速传感器、光纤及信号电缆、振动监测采集装置、后台计算机、专家软件等构成,关键是光纤振动加速传感器及其分布和安装。如图 12-17 所示,振动测点包含了各轴瓦

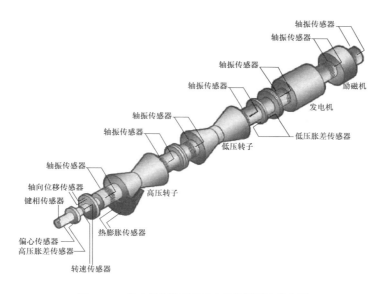

图 12-17　发电机组轴系振动在线监测测点分布图

的 X/Y 两方向轴振、瓦振和键相，过程量的主要测点是主汽温、主汽压、再热气温、润滑油温度、推力瓦温、缸温、轴向位移、胀差等。整个轴系包括汽轮机和发电机及同轴励磁机，其中属于电气专业的部分是图中发电机和励磁机的振动传感器，如图 12-18 所示。

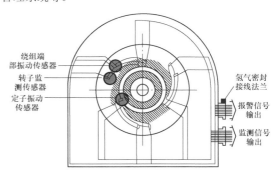

图 12-18　发电机端部及常规振动传感器
的安装位置示意图

图 12-19 为发电机振动传感器安装引线示意图。发电机定子绕组端部所处电气环境是高电压、强交变电磁场、高温、强干扰。对绕组端部振动传感器的要求是：不能有任何金属部件，应采用光纤加速度传感器，信号不能采用电气连接，传感器探头不能有金属部件，信号光缆可经发电机厂氢气密封接线法兰引出。

由安装在绕组端部及轴系上的传感器采集发电机绕组的振动信号，经光电转换成与振动加速度成正比的电信号，再通过光纤将采集的振动信号传递给振动在线监测采集装置，振动在线监测采集装置对监测到的信号进行数字滤波、信号调理等处理，之后通过后台管理机（包括后台计算机、专家软件等）对监测信号进行处理、转换、存储，按一定格式输出，并同时传给远程的振动监测显示系统或发电厂内的电气监控管理系统等。

利用后台软件，运行维护人员在集控室或工程师站可查看振动数据的实时值、历史数据、趋势曲线等，从而分析诊断发电机端部振动的情况，制订相应的运行维护计划和维修重点部位。

由光纤振动加速传感器构成的发电机端部振动在线监测装置，发电机端部振动信号由光纤加速传感器采集并传递到采集器中，进行数据转换，成为位移量，由监测分析软件，结合机组容量、负荷、温度等工况进行分析。

光纤加速传感器选型需注意以下几个方面：

1）要求光纤加速传感器性能稳定，不发生信号漂移现象。

2）采用光学检测原理，并采用光纤传输信号，在发电机内的部分不得含有任何金属部件。

3）由于一般大型发电机多采用的是氢冷，因此传感器引出光纤出口一定要做好密封处理。

4）应在发电机的励磁端和汽轮机端都安装传感器，参考图 12-17 和图 12-18，具体测点和测点数量根据机组的具体情况确定，应满足反映全部机组振动情况的需要。

5）应满足现场 $2U_N+1000V$（U_N 为发电机额定电压）耐压试验要求。

（2）采用电涡流传感器并速度传感器的构成原理。构成原理与传统的振动在线监测装置基本相同，只是利用电涡流传感器代替传统的压电式或压阻式加速度传感器，是一种非接触性检测方式，利用涡流线圈中感应电流的大小判断被测物体的位移情况，从而检测出被测物体的振动信息，避免了涡流发热等引起的设备发热和运行危险。

电涡流位移传感器，通过测量金属被测体与探头端面的相对位置，感应并处理成相应的电信号输出。传感器可长期可靠工作、灵敏度高、抗干扰能力强、非接触测量、响应速度快、不受油水等介质的影响，在大型旋转机械的轴位移、轴振动、轴转速等参数进行长期实时监测中被广泛应用。

一套完整的传感器系统主要包括探头、延伸电缆（用户可以根据需要选择）、前置器和附件。

还有一类发电机端部振动在线监测装置，当较大型发电机已装设机组振动保护测试仪（turbine swing instrument，TSI）时，可采用硬接线或通信接口方式间接取得发电机组的振动参量，包括各轴瓦瓦振信息、各轴瓦轴、径 2 个方向的轴振信号及键相信号，利用 TSI 采集的机组振动信息实现机组振动的在线监测。当机组没有配置 TSI 时则直接通过涡流传感器或速度传感器直接采集机组的振动和速度信号构成发电机组的振动在线监测装置。

除此之外还引入发电机组运行的过程状态参量，主要包括机组容量，发电机出口电压、电流，负荷，励磁电压、电流，偏心，轴位移，轴胀差、轴的热膨胀，主汽温，主汽压，再热器压力，再热器温度，轴承乌金温度，轴承回油温度，缸温，推力瓦温，真空、氢压等。这些数据可从 DCS 及发电厂内其他控制系统或智能仪表取得，间接获得发电机组的振动监测量。

3. 发电机定子振动在线监测装置的性能要求

（1）具有较好的开放性，软、硬件系统应能够根据用户不同的需求进行灵活的配置；

（2）配置的软、硬件应是采购年较先进产品；

（3）应具有较好的可扩展性，用户可以根据逐步投入机组情况方便地扩容，满足全电厂最终装机规模

的需求；

（4）具备足够数量和种类的输入/输出硬接线和通信接口，规约共享，方便与发电厂内监控系统或智能仪表共享信息及组网的需求，方便与站内外远程专家系统连接；

（5）具有多数据存储功能，存储容量至少应能够满足一个检修周期，历史数据可管理、查询；

（6）数据显示输出图表应全面反映机组振动组态，能够按照用户需求修改图表格式；

（7）具有全面的抗干扰措施，将干扰降到规定范围，对于有不利影响的组件具有相应的补偿措施；

（8）具有完善的振动故障诊断功能，为用户提供具有参考价值的诊断报告；

（9）设备机箱应尽可能地小型化、标准化，以利于组屏和布置安装。

四、转子匝间短路在线监测装置

1. 转子匝间短路在线监测装置的使用

发电机在进行机械能转换成电能的过程中需要一个旋转磁场，是由转子绕组通入直流电流即励磁电流建立的，磁通势的大小由转子电流和转子的匝数决定。

转子匝间短路故障是发电机常见故障，当短路发生时，将使转子励磁电流增加、绕组局部温度升高、短路点出现铜线烧损和加速绝缘损坏，较轻的绕组短路可能引起转子局部过热和振动增大，减少发电机无功出力，严重时可能造成机组振动加剧，并可发展为转子绕组接地或大轴磁化故障，威胁发电机安全运行。转子匝间短路在线监测装置可在发电机运行状态下监测和分析发电机转子的绝缘状况。

随着调峰需求增加，发电机转子绕组匝间短路故障有上升趋势。交流阻抗试验和直流电阻测量法判断匝间短路的灵敏度和准确度都不能满足。通过探测线圈波形法实现匝间短路的在线监测可以有效掌握转子运行状态，做到有针对性地进行检修，避免因突发故障造成事故停机。对大型发电机进行实际运行状态下的匝间短路监测已成为确保发电机安全稳定运行的重要监测项目。

《防止电力生产事故的二十五项重点要求》（国能安全〔2014〕161 号）中 10.4 防止转子匝间短路中 10.4.1 条指出："频繁调峰运行或运行时间达到 20 年的发电机，或者运行中出现转子绕组匝间短路迹象的发电机（如振动增加或与历史比较同等励磁电流时对应的有功和无功功率下降明显），或者在常规检修试验（如交流阻抗或分包压降测量试验）中认为可能有匝间短路的发电机，应在检修时通过探测线圈波形法或 RSO（重复脉冲波形）脉冲测试法等试验方法进行动态及静态匝间短路检查试验，确认匝间短路的严重

情况，以此制订安全运行条件及检修消缺计划，有条件的可加装转子绕组动态匝间短路在线监测装置。"

根据 JB/T 8446—2005《隐极式同步发电机转子匝间短路测定方法》，在发电机运行时可利用探测线圈波形法实现匝间短路的在线监测，即在发电机定子和转子之间的气隙处安装气隙磁通探头，测量气隙中径向磁通值，通过比较两个磁极同号线圈磁通量的差值，判断匝间短路的严重程度。

新型磁通探测器可以在不抽出转子的情况下安装，传感器永久固定在铁齿上。通过转子匝间短路传感器输出信号，比较两个磁极同号线圈磁通量的差值，判断匝间短路的严重程度。

新一代匝间短路在线监测装置通过实时监测发电机定、转子间的气隙磁通数据，自动计算气隙磁通变化规律，辅助判断转子各槽的匝间短路状态，同时对异常数据进行报警。

在测量过程中存在着一个干扰因素，即气隙磁通密度，气隙磁通密度对磁通峰值有着明显的干扰作用，只有在气隙磁通密度曲线过零点附近（与功率相关）才能将磁通密度的干扰降至最低，从而使测量获得最大灵敏度。而磁通密度曲线的过零点随着机组输出功率的变化而变化。

为了准确判断绕组的匝间短路状况，应引入有功功率、无功功率等工况参数。可通过通信方式或硬接线方式引入有功、无功等工况参数。

2. 转子匝间短路在线监测装置的原理

磁场发生变化时，磁场中闭合导体内的感应电流将产生变化，发电机转子匝间短路监测装置正是通过在发电机旋转状态下，采集发电机气隙磁场在微分探测线圈中所感应出的波形信号，并对线圈中的动态波形进行比较分析的方法为基础而研制的。

发电机转子匝间短路在线监测装置由气隙磁通探测器、数据采集单元及监测分析软件组成，并可通过网络与在线监测信息管理装置或厂内其他监控监测系统连接。图 12-20 是一个典型的发电机匝间短路在线监测装置构成示意图，其中发电机在线监测系统平台可以由独立的硬件和软件系统构成，也可以是集成在发电厂内监控系统（DCS、NCS、ECMS）中的子系统，设有独立软件。

为了能够实现短路故障的准确测量与定位，需将每个磁极下所有的线槽进行编号，如图 12-21 所示，从而实现故障的准确定位。

气隙磁通探测器　　　　　数据采集单元　　　　　发电机在线监测
系统平台

图 12-20　匝间短路在线监测装置构成示意图

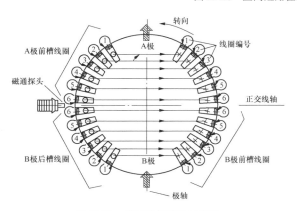

图 12-21　转子线槽编号示意图

（1）气隙磁通探测器。在发电机转子匝间短路在线监测装置中，气隙磁通探测器是重要元件之一。它安装在发电机定、转子之间的气隙之间，测量发电机气隙磁场，感应气隙磁通并将其转化为电压信号。如果转子绕组存在匝间短路，在气隙磁通中就会有所反映，通过测量、分析气隙磁通的幅值和波形，可以分析出故障的严重性。气隙磁通探测器的安装如图 12-22 所示。

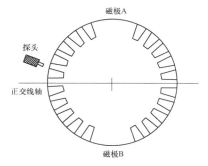

图 12-22　气隙磁通探测器安装示意

（2）数据采集单元。可高速采集发电机转子气隙磁通传感器输出的发电机磁通密度波形信号，通过信号处理、对比和计算最后确认转子槽中绕组是否有匝间短路发生，并辅助判断匝间短路发生的位置（槽位）。1个数据采集箱可同时监测多台机组的气隙磁通传感器的输出信号。数据采集单元可安装在机柜内，通过系统配置的显示器可实现就地监测与分析。通过系统联网功能，可将相关数据发布到电厂监控系统或专门的在线监测信息管理系统。

（3）监测分析系统。一般由采集单元、计算机和专用分析软件组成。监测分析系统通过数据采集单元采集感应电压信号，并在测试过程中同时记录机组的负荷状态，以备后期分析。主要功能如下：

1）实时波形显示。通过观察波形特征值，可以判断中等和严重的转子匝间短路。

2）根据实时波形，用相应判据通过专用程序进行判断，可以判断轻微转子匝间短路或不稳定匝间短路。

3）数据记录和统计功能。记录波形特征变化，建立数据库，用于匝间绝缘状态的长期分析判断。如果出现转子绕组匝间短路，可以通过软件判断把故障区域定位到两个槽以内。

3. 转子匝间短路在线监测装置的性能要求

（1）对于发电机转子匝间短路在线监测装置，应满足规程、规范及反事故措施的要求，满足发电机运行时对匝间短路进行实时、准确监测的要求；

（2）采集装置应具有较好的开放性，软、硬件系统应能够根据用户不同的需求进行灵活的配置；

（3）配置的软、硬件应是采购年较先进产品；

（4）应具有较好的可扩展性，用户可以根据逐步投入机组情况方便地扩容，满足全电厂最终装机规模的需求；

（5）系统可实现对气隙磁通数据的连续监测，并实时显示气隙磁通波形信号；

（6）系统应能够自动地存储所采集到的气隙磁通波形数据，具有多数据存储功能，存储容量至少应能够满足一个检修周期，历史数据可管理、查询，系统应具有完备的数据检索功能，对气隙磁通波形数据进行检索，可对存储的所有数据或用户所检索到的数据进行备份，并提供备份数据回放功能；

（7）具备足够数量和种类的输入/输出硬接线和通信接口，规约共享，方便与发电厂内监控系统连接及组网，方便与站内、外远程专家系统连接；

（8）数据显示输出图表应全面反映机组转子导体、线棒的运行状态，能够按照用户需求修改图表格式；

（9）具有全面的抗干扰措施，将干扰降到规定范围，对于有不利影响的组件具有相应的补偿措施；

（10）具有完善的转子匝间短路故障诊断功能，为用户提供具有参考价值的诊断报告；

（11）设备机箱应尽可能地小型化、标准化，以利于组屏和布置安装。

在目前已投运的机组中，大部分机组已随主机配套安装了气隙磁通探测器。对于没有预装气隙磁通探测器的发电机可按图12-23所示进行安装，并将信号引线由发电机密封盖处引出。

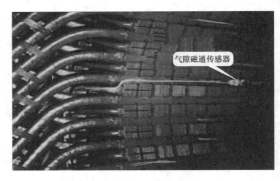

气隙磁通传感器

图12-23　气隙磁通传感器现场安装图

五、绝缘过热在线监测装置

1. 绝缘过热在线监测装置的使用

只要发电机中的任何材料加热到足够高温度而出现热分解时，就会产生高浓度的亚微粒子（热解产物）。如果不及时检测出来，这些"热点"就会导致灾难性故障。当热解产物存在于氢气中时，就会很快被绝缘过热在线监测装置的敏感电离室检测出来。

GCM通过监视气流中亚微细粒子浓度，能在故障发生前检测到这些"热污点"，发出警报，提醒运行人员及时采取措施，阻止故障发展和扩大，避免重大事故的发生，提高发电机运行的安全性。

事实上，绝缘过热在线监测装置对即将发生故障发出警告时，比温度传感器（如电阻式温度检测器或热电偶）更快、更可靠。

如果出现紧急情况，绝缘过热在线监测装置微处理器就会根据热点的检测情况启动和监控警报验证顺序。如果警报已经确认，将显示已验证的警报，警报开关打开，定量的氢气流自动流过取样系统。然后，收集粒子用于实验室分析以确定其来源。

自动报警验证系统会快速确认警报，并可激活筛选器/电磁阀组件中的电磁阀。然后，所有氢气通过筛选器，除去亚微粒子。

如果警报有效，且存在热产生的粒子，则除去这些粒子将使电离室检测器返回到正常水平，可确认是否存在热解粒子和过热情况。

2. 绝缘过热在线监测装置的原理

任何材料加热到足够高温度都将出现热分解现象，电气设备绝缘过热监测装置正是利用这一现象，结合电离理论，用电离时可检测到电离电流的变化来实现电气设备绝缘过热在线监测的。

为了及时检测到材料热解时产生的亚微粒子，在绝缘过热在线监测装置中采用具有敏感特性的电离室，并通过通信接口将信息传至计算机系统，与历史数据做对比，判断绝缘设备的过热和过热程度。

发电机绝缘过热监测装置对亚微粒子的采集和送到电离室的方式，各制造厂略有不同。

某种绝缘过热在线监测装置需接通冷却气体管路，将连接管路与发电机本体构成密闭循环系统。在发电机风扇压力作用下，发电机内的冷却气体流经装置内部，冷却气体介质受到离子室内 α 射线轰击，使冷却气体电离，产生正、负离子对，又在直流电场作用下，形成极为微弱的电离电流，再放大并送入电流表。当发电机运行中有局部过热时，过热的绝缘材料热解后，产生冷凝核，冷凝核随气流进入装置内。由于冷凝核远比气体介质分子大而重，负离子附着在冷凝核上，负离子运行速度受阻，使电离电流大幅度下降，并且电离电流下降率与发电机的过热程度有关，根据试验值即可判断发电机绝缘是否有过热及过热的程度。

另一种绝缘过热在线监测装置的原理是当热解产物存在于氢气中时，就会很快被电离室检测出来。如果出现紧急情况，微处理器就会根据热点的检测情况启动和监控警报验证顺序。如果警报已经确认，则将显示已验证的警报，警报开关打开，定量的氢气流自动流过取样系统。然后，收集粒子用于实验室分析以确定其来源。自动报警验证系统会快速确认警报，并可激活过滤器/电磁阀组件中的电磁阀。然后，所有氢气通过过滤器，除去亚微粒子。

如果警报有效，且存在热产生的粒子，则除去这些粒子将使电离室检测器返回到正常水平，可确认是否存在热解粒子和过热情况。绝缘过热在线监测装置原理如图 12-24 所示。

3. 绝缘过热在线监测装置的性能要求

（1）尽可能采用微处理器，有自诊断功能；

（2）具有警告和故障指示及信号输出；

（3）具有足够的硬接点或通信接口，满足信号输出和上传的要求，并最好采用通信口输出；

（4）具有防火和内在的安全设计，具有良好的防爆性能和防辐射、防触电措施；

（5）设备机箱应尽可能地小型化、标准化，以利于组屏和布置安装。

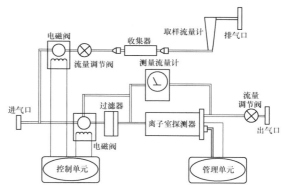

图 12-24　绝缘过热在线监测装置原理图

六、定子绕组测温在线监测装置

1. 定子绕组测温在线监测装置的使用

对发电机的过热预警采取纠正措施意味着小修和大修之间的差异，小修只需要短时间停工，而大修可能需要数周甚至数月的停工时间，花费极大。

发电机定子温度与有功、无功、定子电流、定子冷水进水温度、冷风温度等多个运行参数有关，而在运行中发电机运行工况千变万化，即对无数个运行工况就有与之对应的无数个出水和槽温的正常值，因此，面对千变万化的运行工况，在线实时提供与之对应的温度正常值是实现对定子热状态科学监测的关键。

《汽轮发电机运行规程》（国电发〔1999〕579 号）和《防止电力生产重大事故的二十五项重点要求》（国能安全〔2014〕161 号）中要求：（10.3.7）按照《汽轮发电机运行导则》（DL/T 1164—2012）要求，加强监视发电机各部位温度，当发电机（绕组、铁芯、冷却介质）的温度、温升、温差与正常值有较大的偏差时，应立即分析、查找原因。温度测点的安装必须严格执行规范……

之前绕组测温在线监测装置配置的不多，但根据以上标准要求，应给予重视，在可能的情况下积极配置。

2. 定子绕组测温在线监测装置的原理

《汽轮发电机运行规程》（国电发〔1999〕579 号）和《防止电力生产重大事故的二十五项重点要求》（国能安全〔2014〕161 号）中要求，通过对发电机结构设计、制造工艺等理论的深入研究，结合对发电机大量的实际运行数据的分析，以热平衡理论为基础，构建发电机每个出水温度和每个槽温度的数学模型，可在线实时计算出每个运行工况下发电机每个出水温度（温升）和槽温度（温升）的正常值。将正常值与实测值进行对比，从而监测出发电机各个部位的发热程度，这就是指纹技术。

此技术可以实现对定子绕组热故障的早期准确诊断，将故障消灭于萌芽状态，为提高设备管理水平、保证安全运行提供得力的技术保障。

通过定子绕组测温在线监测装置可以得到如下监视信息：

1）状态监测。包括定子绕组温度、同型测点、水电连接、铁芯—氢气温度、其他参数、温度分布示意图，可以全面、专业地与相关运行参数有序组合。

2）趋势分析。包括发展趋势、历史比较、状态比较、极限工况比较、阶段最高温度、历史工况温度。通过纵横向趋势图观察各测点温度的变化情况，了解发电机状况。

3）故障预警。包括设备异常、测点异常。可预警100多种故障。

4）异常统计。包括设备异常明细、测点异常明细、设备异常统计、测点异常统计。用于评估发电机状态，找出薄弱环节，合理制定反事故措施和检修方案。

用于绕组测温的技术有光纤测温和电类测温两大类，由于电类测温技术参与调制参数多（电容、电感、电阻）、电信号传递、易受干扰、可靠性差、寿命短，目前已较少采用，现在广泛应用的是光纤测温技术，光纤测温方法较多，有荧光式、光纤光栅式、拉曼/布里渊方法、F-P 法、半导体吸收法等。其中的荧光式监测法是目前较先进的方法。以下仅对目前使用较多的荧光式监测法、光纤光栅监测法、半导体监测法做简单介绍。

（1）荧光式监测法。荧光物质在受到一定波长（受激谱）的光激励后，受激辐射出荧光能量。激励撤销后，荧光余辉的持续性只取决于荧光物质特性、环境温度这两个因素。如图 12-25 所示，这种受激发荧光通常是按指数方式衰减的，衰减的时间常数称为荧光寿命或荧光余辉时间。

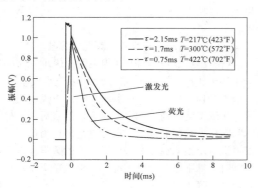

图 12-25　荧光余辉指数衰减曲线

人们发现，在不同的环境温度下，荧光余辉衰减

也不同。因此通过测量荧光余辉寿命的时间常数，就可以得知当时的环境温度。光纤温度传感器就是基于这一原理制成的，荧光式光纤温度传感器由多模光纤和在其顶部安装的荧光物体（膜）组成。

光纤温度传感器由于其无源、抗电磁干扰、抗腐蚀等特点，在电力、石油和微波医疗等领域，尤其在智能电网的输配电领域的高压环境下，具有无法替代的优势。

荧光式光纤温度传感器的优越性：

1）纯光纤探头具有本质安全、高压绝缘、对电磁干扰天然免疫的特点；

2）系统可靠稳定，无漂移，全寿命无须标定校验；

3）具有自我诊断功能，防止测温系统误报、漏报；

4）探头及解调器小巧灵活，易于安装及维护；

5）采用模块化设计，可随意灵活组网，随时无限扩展，无资源浪费；

6）数字及模拟输出，便于进行自动化的实时控制及数据管理。

（2）半导体监测法。半导体光纤传感器由光纤（二氧化硅）、半导体砷化镓（GaAs）、反射薄膜、聚四氟乙烯（PTEE）护套组成。

半导体监测法原理如图 12-26 所示，探头顶部是微型半导体砷化镓（GaAs）及绝缘介质镜面反射薄膜，入射光通过微型半导体薄膜反射回控制器，发射出去的光波和返回的光波不同，因为半导体 GaAs 在不同的温度下吸收的光子数不同导致光波的波长变化不同，并且温度和波长变化存在特定的函数关系，使用特定的信号分析运算法则就能准确计算出温度值。并且信号分析计算的结果与特定仪器的光信号强度无关，只取决于光波的波长。因此，光纤长度、连接数量和质量、光纤直径、弯曲半径造成的光强度损耗不会影响系统的测量，这是半导体传感器的优点。

半导体具有反应一致性的特性，尤其构成的传感器可互换，且交换传感器时无须校准或输入校准因素。

（3）光纤光栅检测法。光纤光栅利用光纤材料的光敏性，在光芯内形成空间相位光栅，其作用实质是在光纤心内形成一个窄带的（透射或反射）滤波器或反射镜，其光学性质受控于外界环境物理量，从而构成了光纤光栅传感器。

利用温度变化引起光纤光栅布拉格波长的漂移，建立并标定光纤光栅中心波长的变化与被测设备温度的关系，从而测得温度变化。

光纤光栅传感系统的基本构成包括宽带光源、分路器、光纤光栅、解调器。

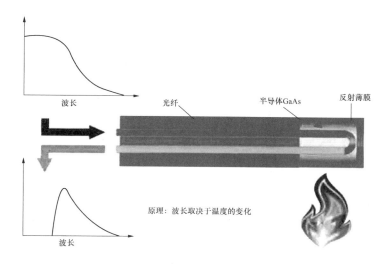

图 12-26　半导体监测法原理图

第五节　变压器（含电抗器）在线监测

配置变压器（含电抗器）在线监测装置意在尽早发现潜在的故障，避免故障引起停电和联锁破坏；连续监控，进行准确的运行状态描述，实现状态检修，降低运营成本；了解变压器的寿命及其实时寿命损耗，预测变压器的剩余使用寿命，优化运行和寿命管理，延长变压器的寿命；监测过负荷能力。

变压器及电抗器在线监测主要是变压器（含电抗器）油中气体在线监测、变压器（含电抗器）套管绝缘监视和局部放电、变压器（含电抗器）油中微水含量、变压器（含电抗器）铁芯接地电流在线监测等。国内外一些制造厂推出变压器绝缘综合在线监测装置，可集上述变压器（含电抗器）在线监测为一体，为变压器（含电抗器）提供全面的在线监测。

变压器（含电抗器）在线监测装置的配置方案可参考 Q/GDW Z 410—2010《高压设备智能化技术导则》，并随时跟进执行最新版本。

一、变压器（含电抗器）油中气体在线监测装置

1. 变压器（含电抗器）油中气体在线监测装置的使用

油中溶解气体分析法是诊断变压器潜伏性故障比较有效的方法之一，现在已经建立了一系列国际、国内标准。近年来，由于状态检修的需要，油中气体在线监测装置的应用规模不断扩大，并从单氢等关键气体的预警性分析阶段向在线监测阶段过渡。Q/GDW Z 410—2010《高压设备智能化技术导则》规定 110、

220kV 变压器可采用、500kV 及以上变压器宜采用变压器油中气体在线监测装置。

对于火力发动电厂，建议油浸式主变压器，启动备用变压器，高压厂用电变压器，配电装置处升、降压变压器及高压电抗器装设油中气体在线监测装置。其他油浸式变压器根据需要和经济状况决定是否选配。

目前用的较普遍的变压器（含电抗器）油中气体在线监测装置主要是传统的气相色谱（gas chromatography，GC）原理装置，近年来采用光生光谱（photo acoustic spectroscopy，PAS）原理的变压器油中气体在线监测装置也开始得到应用，近红外光谱（near infrared spectrum instrument，NIR）技术变压器油中气体在线监测分析装置也已问世。

（1）气相色谱法变压器（含电抗器）油中气体在线监测装置，构成方案较多，油气分离的方法很多，气体检测的方法也较多，由不同的气体分离方法和不同的气体检测方法构成多种气相色谱法变压器（含电抗器）油中气体在线监测装置，并且由于方法的不同，业主要求的监测气体及目的的不同，有多组分和单组分装置，监测的气体一般是 4～9 种气体。

气相色谱法的变压器（含电抗器）油中气体在线监测装置安装时需要对变压器阀门进行选择，因为变压器（含电抗器）油中气体在线监测装置的油循环回路需要从变压器中抽取油样，脱气后随即将油样重新返回变压器，因而取油、回油的位置对于准确分析油中气体含量至关重要。总的来说，从一个阀门取出变压器油样后，应从另一个阀门返回变压器内。而变压器上选取的进样阀位置应能够保证获取变压器的典型油样。一般建议从变压器中部取油，以便获取的油样比较干净而且是变压器主循环回路的油样。变压器上可以利用的阀门有注油阀、排空阀、辅助阀门、冷却回

路阀门、取样阀等。选择其中两个，进油口取靠下部位置，出油口取靠上部位置，使油形成回路。在位置确认后，要对阀门的状态进行确定，必须保证阀门能可靠的关闭和开启。同时提供阀门尺寸给在线监测装置制造厂，制造厂据此尺寸设计加工用于油管连接的法兰。

需确定安装现场、安装位置场地，即具体决定变压器油中气体在线监测装置安装位置，安装位置与主变压器法兰接口的距离以就近为佳。同时要注意保障安全距离，现场设备安装必须符合电力系统设备安装规范要求。

（2）光声光谱原理的变压器及电抗器油中气体在线监测装置，实际是一种红外光谱技术，其中有一个光声到声信而得到光谱的过程，使用光声光谱原理实现油中气体在线监测，综合了在线气相色谱和在线傅里叶红外光谱的许多优点，消除了在线气相色谱中复杂的气体分离系统，可以直接测量 H_2，用 2～3mL 的小气池即可以实现对全部故障特征气体的高灵敏度宽范围的测量，其测量指标超越了现有的在线气相色谱和傅里叶红外光谱。

（3）近红外光谱技术的变压器（含电抗器）油中气体在线监测装置，是一种创新性的产品，在原理上与光声光谱相同，但改进了气体分离中的机械旋转调制盘为特殊滤波器，利用近红外线的特性筛选和监测特征气体，采用专门的微型脱气装置（PLUG&PLAY）代替传统的脱气方法和油管路。从原理和结构上看，克服了气相色谱和光声光谱原理的变压器及电抗器油中气体在线监测装置的一些缺欠，它的成功使用将给变压器及电抗器油中气体在线监测带来一场革命，目前产品正开始走向市场。

红外光谱技术代表着未来变压器油中溶解气体及微水在线监测的发展趋势。

2. 变压器（含电抗器）油中气体在线监测装置的原理

充油的电力变压器和电抗器在运行中由于受到热和电的作用，油和绝缘材料将逐渐发生老化和分解，产生少量 CO_2、CO 等气体，属正常现象；当存在潜在过热或放电性故障时，这些气体产生的速度会迅速加快，随着故障的发展，分解出的气体在油中产生气泡，经流动、扩散不断溶解在油中。DL/Z 249—2012《变压器油中溶解气体在线监测装置选用导则》规定，变压器及电抗器内部故障气体主要是：氢气（H_2）、甲烷（CH_4）、乙烷（C_2H_6）、乙烯（C_2H_4）、乙炔（C_2H_2）、一氧化碳（CO）、二氧化碳（CO_2），称为故障特征气体（characteristic gases），并把甲烷（CH_4）、乙烷（C_2H_6）、乙烯（C_2H_4）、乙炔（C_2H_2）含量的总和称为烃类气体的总含量，或称总烃。故障特征气体的成分、含量

及增长速率与变压器内部故障的类型及故障的严重程度有密切关系。通过监测变压器油中溶解的故障特征气体，可以实现对变压器内部故障的在线监测。

变压器（含电抗器）油中气体在线监测装置的关键是油中气体的提取，即油气分离技术；多组分混合气体的分离，即气体分离技术；气体的浓度和组分含量的监测，即气体检测技术。

（1）油气分离技术。油气分离的方法有很多，目前常用的主要有高分子聚合物分离膜的油中气体分离和真空取气的油气分离两种方法，以下对这两种方法做简单介绍。

1）高分子聚合物分离膜的油中气体分离方法。高分子聚合物膜渗透脱气的原理是：油中溶解气体渗透分离膜的过程是一个扩散过程，气体分子从油中向气室的一侧扩散，在一定温度下和一定时间后，膜两侧的气体压力趋于平衡，达到动态平衡即自动实现油气分离。气体在膜内溶解符合亨利定律，扩散符合菲克定律，据此可推导出渗透膜两侧气体组分的气、液浓度关系。通过检测气室中气体的组分比例，可推导出液体（油）中各组分气体的含量。

2）真空取气的油气分离方法。利用真空取气的方法。根据产生真空的方式不同，可分为波纹管法、真空泵脱气法和油中吹气法三种。

a）波纹管法。利用小型电动机带动波纹管反复压缩，多次抽真空，将油中气体抽出来，用过的油仍回到变压器中。

b）真空泵脱气法。利用常规色谱分析中的抽真空脱气原理，由真空泵抽真空来抽取油中的溶解气体，用过的油仍回到变压器中。

c）油中吹气法。采用不同的吹气方式，将溶解于油中的气体替换出来，使油面上某种气体的浓度与油中的浓度逐渐达到平衡，吹气结束后将油面上的气体送入检测器。

截至目前，高分子聚合物分离膜的油中气体分离方法在实际的变压器（含电抗器）油中气体在线监测装置中使用较多。

（2）气体分离技术。目前主要是气相色谱法，光声光谱法及近红外光谱法正在不断发展当中。

1）气相色谱法。气相色谱（GC）原理的变压器（含电抗器）油中气体在线监测装置工作原理如下：系统首先进行充分的油循环，以保证所取分析的油样能反映变压器内部的真实油样；变压器中油样通过充分的循环后再获取少量油样，进入油气分离装置（高分子聚合物分离膜分离法或真空装置抽取真空将特征气体与被检测油样分离），被分离后的特征气体进入色谱柱进行气体组分的分离，在载气的推动下经过气体传感器，将气体浓度值转换成电压信号，此电压信号通过高精度

A/D 转换器转换成数字序列信号，并通过通信口上传到后台控制系统进行详尽的分析、存储和显示。

同是气相色谱原理的变压器及电抗器油中气体在线监测装置，油气分离和气体检测方法都不尽相同，应用较多的是采用高分子聚合物分离膜的油中气体分离方法和真空取气的油气分离方法，同时还可能辅以其他

的油气分离方法做补充，或几种分离技术组合起来进行油气分离。气体检测也可以采用一种或多种检测方式。图 12-27 所示为气相色谱油中气体在线监测装置的原理图。其中油气分离采用的是真空取气的油气分离方法，气体分离采用的是气相色谱柱，气体检测采用的是气体互感器。不同产品可能采用不同的方法。

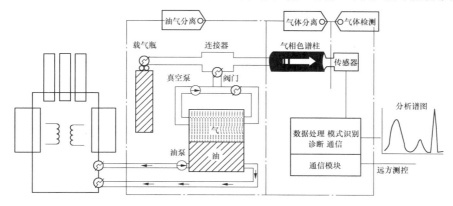

图 12-27　气相色谱油中气体在线监测装置原理图

2）光声光谱原理。光声光谱原理的变压器（含电抗器）油中气体在线监测，是以光声效应为基础的一种新型光谱分析检测技术。其原理是光线经调制、滤光以后进入气体样品池，其上开孔并用以恒定速率转动的调制盘将光线调制成交变的闪烁信号，并由一组滤光片实现分光。经调制后的各气体特征频率处的光线反复激发样品池中相应的气体分子，被激发的气体分子通过辐射和非辐射两种方式回到基态，非辐射弛豫过程中，体系能量最终转化为分子的平动能，引起气体局部加热，从而在气池中产生压力波，可由麦克风一样的检测器检测到，这种声波的强度只与吸收该窄带光谱的特征气体的体积分数有关，根据声波强度的定量关系就能够测量气池中气体的体积份数。光声光谱检测原理如图 12-28 所示。

和振动。近红外光谱技术的变压器油中气体在线监测的检测原理与光声光谱的红外吸收光谱理论基本一致，首先是把已脱气的油中溶解气体抽进测量气室，特殊频谱的近红外光束由红外发生器射出，经过反射镜片组多次穿射气室内的气样，近红外的部分能量被气样内的分子吸收，特殊滤波器只筛选特定的 C_xH_x 和 C_xO_x 气体吸收红外光谱通过后置的光电传感器，代替了机械旋转的调制盘和光声转换环节，减少了机械故障和振动对声音信号的影响。经过专业的函数换算，得到筛选监测气体的组分和浓度。图 12-29 是一种近红外光谱技术的气体监测装置。

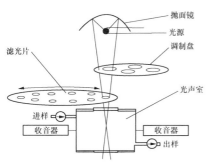

图 12-28　光声光谱检测原理图

3）近红外光谱（NIR）法。近红外线（near infraed）为载高能量的光波，不仅应用于物质的量测上，还能诱发分子的谐振超频共振，也可用于量测物质的运动

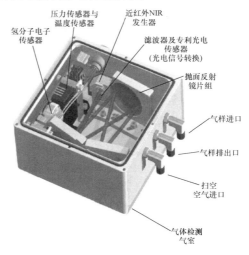

图 12-29　近红外光谱技术的气体检测装置

（3）气体检测技术。随着人们对变压器油中气体

在线监测技术的重视，大批科研力量投入到这项技术的研究中，有众多的气体检测技术不断出现，现介绍几种主要方法。

1）催化燃烧型传感器的气体检测技术。催化燃烧型传感器的基本原理是在一根铂丝上涂上燃烧性催化剂，在另一根铂丝上涂上惰性气体层，组成阻值相等的一对元件，由这一对元件和外加的两个固定电阻组成桥式检测回路。在温度一定的桥流下，当与可燃气体接触时，一根铂丝发生无烟燃烧反应，发热，其阻值发生变化；另一根铂丝不燃烧，阻值不变，使原来的平衡电桥失去平衡，输出一个电信号，该信号与可燃气浓度成线性比例关系，从而检测出该气体的浓度。

2）半导体传感器的气体检测技术。利用某种半导体极场效应或半导体加入不同的催化剂使半导体对某种气体敏感并控制敏感程度的方法监测气体的组分及浓度。这种方法可监测的气体种类比较少，灵敏度也比较低。

3）燃料电池型传感器的气体检测技术。以燃料电池检测油中溶解 H_2 的原理是基于作为燃料的氢在氧化还原的同时，燃料电池输出正比于 H_2 浓度的电流，从而检测出 H_2 浓度。

4）光敏气体传感器的气体检测技术。是一种基于红外原理的气体检测技术，由于 C_2H_2 在红外区域存在固定的吸收光谱，如果将可允许此相应波长的光线能够通过的干扰滤波器安于光谱接收器，则根据热电检测器所接收的光强度变化可测得气室中的 C_2H_2 含量。

3. 变压器（含电抗器）油中气体在线监测装置的构成

根据不同的监测气体，选择不同的油气分离技术和气体检测技术，配合不同的气体检测方法，可以组合成多种变压器（含电抗器）油中气体在线监测装置。

（1）基于气相色谱原理的变压器（含电抗器）油中气体在线监测装置的基本构成如图 12-30 所示。它由油气分离模块、气体分离和监测模块、数据采集故障诊断及通信模块组成，可通过通信接口将信息送到在线监测信息管理系统。

图 12-30　基于气相色谱原理的变压器（含电抗器）油中气体在线监测装置的基本构成

（2）基于光声光谱原理变压器（含电抗器）油中气体在线监测装置的基本构成如图 12-31 所示。它由激发光源、光声池、监测终端（或数据采集装置及故障诊断系统）组成。光声池中包括气体的激发，通过反复的无辐射弛豫过程产生热量，从而产生声波，由发生器感应再转变成电信号的整个过程。由不同的特征气体产生的声波不同得到特征气体频谱，经傅里叶计算得到各特征气体的组分和含量。

光声光谱技术的特点是选取适当的波长并检测压力波强度，就可验证各种气体的存在及其含量，甚至定性、定量分析出某些混合物或化合物。

（3）基于近红外光谱技术的变压器（含电抗器）油中气体在线监测装置构成如图 12-32 所示。它由脱气装置（不需要油管路引接）、测气室和监测终端组成。测气室包括近红外光源、反射镜、特别滤波器（只筛选特征气体到达后置的光电传感器）、光电传感器。

采用气相色谱原理的系统结构相对复杂、性能稳定，大多数 GC 原理的系统需要较多固定成分的耗材。

采用光声光谱原理的系统结构和操作简单，不需要耗材，但一次性投资较高，且与气相色谱法构成的系统一样需要通过外接油路，而最薄弱的环节是调制盘长期处于旋转状态，易发生故障和受振动影响。

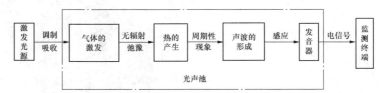

图 12-31　基于光声光谱原理的变压器（含电抗器）油中气体在线监测装置的基本构成

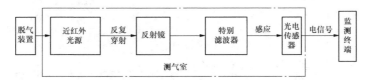

图 12-32　基于近红外光谱技术的变压器（含电抗器）油中气体在线监测装置构成

采用近红外光谱技术构成的系统结构简单、易操作，特别是体积小、质量轻；采用了专门的微型脱气技术，不需要外接油路；采用了特制的滤波器，不需要旋转的调制盘；克服了气相色谱和光声光谱原理的缺点，但产品才刚刚问世，还需要实践检验。

二、变压器（含电抗器）局部放电在线监测系统

1. 变压器（含电抗器）局部放电在线监测系统的应用

（1）设备选型。Q/GDW Z 410—2010《高压设备智能化技术导则》5.1.5.1 的表 6 中规定，110/220kV 新制造变压器可采用局部放电监测，500kV 及以上新制造变压器宜采用局部放电监测。若要实现连续的局部放电监测，必然要采用局部放电在线监测。

较大型变压器（含电抗器）一般都配置有局部放电在线监测，检测标定执行 GB/T 7354—2003《局部放电测量》、DL/T 417—2006《电力设备局部放电现场测量导则》。后两个标准都规定了局部放电的测量标定。

有各种不同类型的变压器（含电抗器）局部放电在线监测系统，有的是单独的变压器（含电抗器）局部放电在线监测系统，有的是与变压器（含电抗器）的其他在线监测装置同时组合起来。

构成方案如下：

1）传感器+采集装置+信息处理器。

2）超高频天线+采集装置+信息处理器。

无论何种方式都要求具有强大的后台管理系统和处理软件，信息处理器要求具有工控机及以上的计算机和管理软件，具有较大的历史数据传出能力，要求具有抗干扰能力，传感器可以是高频脉冲电流传感器也可以是超声波传感器，代表脉冲监测法和超声波监测法。

（2）抗干扰技术和措施。由于局部放电测量受运行环境影响较大，为提高变压器（含电抗器）局部放电在线监测系统的抗干扰能力，人们研制了一系列的抗干扰技术和措施，较常用的有以下几种：

1）定向耦合差动平衡系统；

2）极性鉴别系统；

3）数字滤波器（finite impulse response，FIR）数字滤波法；

4）数字陷波器（infinite impulse response，IIR）数字陷波法；

5）小波阈值去噪法。

（3）系统组成。图 12-33 是较典型的变压器（含电抗器）局部放电在线监测系统构成方案。

2. 变压器（含电抗器）局部放电在线监测系统的原理

对变压器套管或其他电器元件之间产生的局部放电（partial discharge，PD）所诱发的许多物理和化学效应有很多检测方法，大致可分为电检测法和非电检测法两大类。

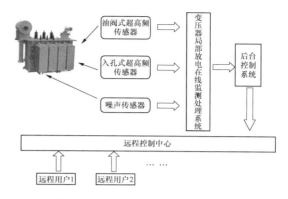

图 12-33　变压器（含电抗器）局部放电
在线监测系统构成方案

非电检测法包括超声波检测法、光检测法和化学检测法；电检测法主要包括传统脉冲电流检测法（IEC 60270 标准推荐方法）和超高频（或甚高频）检测法等。目前取得较好效果的局部放电检测法主要是脉冲电流监测法、超声波监测法和超高频检测法。由于超声波检测法灵敏度低，无法确定局部放电量，故较少独立使用，一般作为脉冲电流监测法的辅助定位，脉冲电流监测法虽然灵敏度高，但易受电磁干扰影响，定位性差，目前变压器（含电抗器）局部放电在线监测设备采用较多的是超高频（ultra high frequency，UHF）监测法。

（1）脉冲电流监测法。基于脉冲电流监测法的局部放电在线监测系统的原理是采用高频脉冲电流测量法和多端测量的方法确定局部放电发生的相段。其基本原理是：变压器内任何一个部位放电，都会向变压器所有在外部接线的测量端子传送信号，而这些信号在各个测量端子上显示出不同的幅值。如果将校正脉冲依次加到某两个测量端子之间，则校正脉冲同时向各个测量端子传送，在各个测量端子上测出其校正电荷量值，并将各测量端子上的校正电荷量值依次作出比值。在实际的变压器局部放电在线监测中，监测系统自动测量并记录出各个端子上的放电量值，并将各端子上的放电量值同样依次作出比值。若放电的比值序列与校正时某个比值序列相似，则可认为放电点在相应的校正端子邻近部位上。而局部放电脉冲信号的取得采用的是脉冲电流传感器，脉冲电流传感器一般安装在套管末屏最后一个伞裙与法兰之间和套管末屏接地线上。基于脉冲电流监测法的局部放电在线监测系统构成原理如图 12-34 所示。

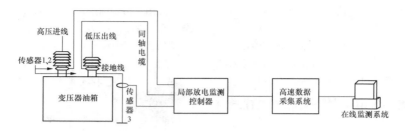

图 12-34 基于脉冲电流监测法的局部放电在线监测系统构成原理

脉冲电流传感器有窄带型和宽带型两种。

1）窄带型脉冲电流传感器采用空心罗氏线圈绕制而成，传感器的中心频率常在几兆赫兹，监测带宽较窄，通常是几兆赫兹，优点是能够抑制工频大电流和低频干扰，缺点是灵敏度低，使测量信号的畸变较大。传感器安装在变压器套管末屏最后一个伞裙和法兰之间，见图 12-34 中的传感器 1、2。

2）宽带型脉冲电流传感器采用磁芯罗氏线圈绕制而成，磁芯可选用锰锌材料或镍锌材料，传感器的监测带宽通常为几兆赫兹到几百兆赫兹，优点是灵敏度高，监测信号畸变小，缺点是抗干扰能力差，且在工频大电流作用下很容易饱和。套管末屏接地线上可选用宽带型高频无源电流传感器，如图 12-34 中的传感器 3。宽带型高频无源电流传感器的脉冲分辨率高，能较好地反映原始信号的频率成分，有利于在线监测系统充分获得局部放电信息和正确提取局部放电特征，并进行局部放电的定位和判别。

传感器无源化使传感器的寿命大大提高，减小了传感系统的维护工作量。

基于脉冲电流传感器的变压器（含电抗器）局部放电在线监测系统一般由传感器组、局部放电采集装置、信号处理系统组成。其中传感器组由安装在变压器（含电抗器）套管末屏和其他各部位的脉冲电流传感器组成，局部放电采集装置通常由前置电路、信号放大电路、滤波元件等组成，信号处理系统一般可采用工控机及以上的微型计算机，主要用于对采集到的高频信号做模数转换、信息处理，形成连续的在时间轴上的信号曲线、数据表等。

（2）超高频监测法。变压器（含电抗器）局部放电超高频监测技术，利用的是超高频天线接收由局部放电陡脉冲所激发并传播的超高频电磁波来检测局部放电信号。局部放电超高频测量中心频率一般可达数百甚至上千兆赫兹，带宽为几十兆赫兹。通常，在超高频范围内测量局部放电电磁波放电信号，不会受到外部电晕等脉冲干扰的影响，因而能有效提高测量系统信噪比。

实际上在变压器油及油、纸绝缘和套管中发生的局部放电所激发的放电脉冲信号具有非常高的频谱，

一般可在 300～3000MHz，而变电站、发电厂高压配电装置等现场的电气设备电晕放电等干扰信号只有 150MHz，且在空气中传播衰减很快。因此通过超高频天线监测变压器的超高频放电信号，可实现在线监测它们的局部放电。基于超高频监测法的变压器局部放电在线监测系统的基本结构如图 12-35 所示，图 12-36 是基于超高频监测法的变压器局部放电在线监测原理框图。

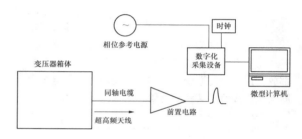

图 12-35 基于超高频监测法的变压器局部放电在线监测系统基本结构图

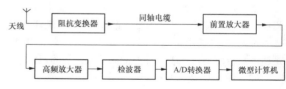

图 12-36 基于超高频监测法的变压器局部放电在线监测原理框图

基于超高频监测法的变压器局部放电在线监测系统的关键是用于监测局部放电信号的超高频天线。目前，超高频监测法中应用的超高频天线种类较多，有单极子天线、双极子天线、倒锥体天线、阿基米德双臂平面螺旋天线等。

1）倒锥体天线。形状类似一个倒锥体，馈电单位位于锥尖，一般选用 NK 型电缆接头，匹配 50Ω 的同轴电缆，如图 12-37 所示，灵敏度在 400～1600MHz 之间大于 10dB。

2）阿基米德双臂平面螺旋天线。外形结构如图 12-38（a）所示，随频率变化的天线灵敏度，如图 12-38（b）所示，采用 A、B 两点对称馈电。

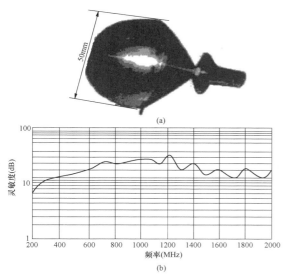

图 12-37　倒锥体天线

（a）外形图；（b）随频率变化的天线灵敏度图

（3）超声波监测法。采用超声波监测法的变压器（含电抗器）局部放电在线监测系统利用超声波传感器接收变压器内部的局部放电发出的超声波信号，属于非电监测法，因此可避开现场的电磁干扰，并且具有较高的灵敏度。监测频带介于几十千赫兹至几百千赫兹之间。由于超声波传感器无法确定局部放电量，故较少独立使用，一般作为脉冲电流监测法的辅助定位。超声波监测法和脉冲电流监测法同时用于变压器（含电抗器）的局部放电在线监测可实现电声联合定位。

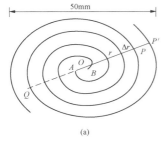

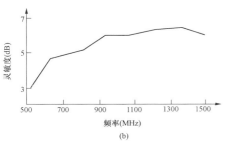

图 12-38　阿基米德双臂平面螺旋天线

（a）外形结构图；（b）随频率变化的天线灵敏度图

超声波传感器主要分为电压式传感器、磁致伸缩式传感器和静电换能器三种。

1）电压式传感器。体积小，声电转化系数大，成本低，监测频带介于 20kHz～10MHz。

2）磁致伸缩式传感器。监测频带较低，通常不高于 40kHz，但优化设计的传感器也能达到 100MHz。

3）静电换能器。既可以用作低强度超声波发射器，又可以用作超声波接收器，监测频率最高可达 100MHz。

三、变压器（含电抗器）高压套管电容及介质损耗在线监测系统

1. 变压器及电抗器高压套管电容及介质损耗在线监测系统的使用

绝缘套管和 TA 的智能诊断设备，可以连续监测套管和 TA 的绝缘情况，通过嵌入式专家系统，可以监测绝缘系统中的异常状况，并在适当时发出警告，可在本地和远端显示警告，最重要的是可让运行人员始终了解其绝缘套管的最新状况，提前确定相应的解决措施。

采用变压器（含电抗器）高压套管电容及介质损耗在线监测系统，通过对绝缘套管漏电流量进行分析，提供绝缘系统评估。找到有故障的绝缘套管，即识别显示异常的绝缘套管，为采取必要的解决措施提供信息。

在配置及选型时应注意以下几点：

（1）变压器套管在线监测系统应能用西林电桥原理连续在线监测功率因数。

（2）根据用户设定的时间间隔来监视、存储、分析连续变化趋势。

（3）变压器套管在线监测系统应可扩展到 16 个传感器，以便接入足够的 TA 套管在线监测传感器。

（4）现场信号处理单元提供总的报警信号可是硬接点也可是通信接口（最好符合 IEC 61850 标准），接至需方计算机监控系统。

（5）变压器运行状态监测系统应能对变压器保护、监测信息进行组态管理。

（6）变压器本体、冷却器所有保护、监测装置除提供报警干触点到相关的保护系统外，还需提供数据接口到变压器运行状态监测系统，系统对监测信息进行组态、保存和分析，并通过通信送入需方计算机监控系统。

（7）系统定期提供变压器状态信息报表和绝缘状态报表，当出现异常情况时可通过系统调用变压器相关监测设备的历史分析数据。

（8）就地在线监测系统全套设备包括传感器、末屏适配器、相关 I/O 板（各种类型至少 20％备

用）、主机、主机与适配器之间的联系电缆、主机防护箱；

（9）主机防护箱采用不锈钢材质，箱内配有加热器及温度控制器，根据设定温度或凝露点自动启停加热器。主机防护箱有防进水、防雨淋措施。主机防护箱的防护等级为 IP55 以上。

（10）末屏适配器及传感器安装后满足距变压器本体各裸露点的带电距离要求，并不影响变压器出线。末屏适配器与主机的联系电缆敷设时与变压器控制电缆协调，需与变压器厂配合该部分电缆的敷设路径及要求。

（11）主机应可通过硬接线接入控制系统的报警输出触点，配有以太网适配器或系统提供 RS-485、MODBUS RTU、IEC 61850 通信接口，带光电转换，便于光缆连接。

（12）满足可与厂内计算机监控系统接口，并可在厂内计算机监控系统中查看各种参数的要求，提供可在需方计算机监控系统设备上运行的相关专家系统软件。

2. 变压器（含电抗器）高压套管电容及介质损耗在线监测系统的原理

流经套管抽头的泄漏电流是由套管高压侧的电容值和介质损耗值所决定的，通过对一组 3 只套管的电流求和，可得到一个和套管状态成比例的信号，系统调试时将平衡单元电位调整为零，当套管的电容值或介质损耗值发生变化时，利用测得的幅值判断问题的严重程度。

故障之后，专家系统会计算问题套管的功率因数、介质损耗及电容的绝对值和变化率，为确定故障的严重性提供相应等级的诊断数据。同时采用先进的信号处理和经过现场验证的算法，消除噪声及电磁静电干扰等，以及其他可能导致绝缘套管状态错误诊断和不适当解决措施的环境条件的影响，避免误报警；借助于行业标准、协议和监控 I/O 接口，使运行人员可以远程监控变压器（含电抗器）高压套管电容及介质损耗情况。报警信息采用分级别报警指示，最关键的是可以为计划解决措施提供重要的信息。

绝缘套管和 TA 的智能诊断，是一个具有成本效益的解决方案，用于持续评估使用中的绝缘套管和 TA 的状况，用于测量绝缘套管和 TA 末屏上的电信号。通过监控各个末屏测得的漏电流量来评估绝缘套管和 TA 的状况。分析需要检测的三相设备中的所有绝缘套管或 TA。一般，每个绝缘套管和 TA 的智能诊断设备最多可以监控与同一设备相关的四组绝缘套管、两组 TA。末屏适配器专为特定的绝缘套管、TA 而设计，安装在末屏上，允许绝缘套管和 TA 的智能诊断设备测量漏电流。

四、变压器（含电抗器）油中微水含量在线监测装置

1. 变压器（含电抗器）油中微水含量在线监测装置的使用

变压器油中水分和油中气体都是由变压器运行时不断出现的瞬时性或延续性故障所致，变压器（含电抗器）油中微水含量在线监测装置应能够对变压器（含电抗器）油中微水连续地进行高精度的监测与分析，油中微水的精度应不低于 $2\mu L/L$。大部分的变压器（含电抗器）油中微水含量在线监测装置和变压器（含电抗器）油中气体在线监测系统集成在一起提供，也有的装置只提供变压器（含电抗器）油中气体含量在线监测，不提供微水含量在线监测，也有些装置只提供变压器（含电抗器）油中微水含量在线监测，在设备选择时应注意核实产品说明，招标时与制造厂进行沟通落实。

2. 变压器（含电抗器）油中微水含量在线监测装置的原理

吸湿后的高分子材料的介电系数，因吸附水分量的不同而有明显的变化，也就是说其介电系数随周围环境的含水量而变化，从而引起电容值的变化。高分子湿度传感器的感湿原理是基于高分子膜吸入水分子后组成异质层的介电常数随环境相对湿度的变化而改变的特性。

高分子薄膜电容式湿度传感器是变压器（含电抗器）油中微水含量在线监测装置常用的湿度传感器，具有线性好、重复性好、滞后小、影响快、尺寸小、能在较大湿度变化范围内使用的优点。

由于材料温度与湿度间存在一定的关系，为了准确测量油中的微水含量，需要将湿度传感器和温度传感器安装在变压器（含电抗器）的油流回路中。同时对湿度、温度信号进行采样，以便能真实地测出油中的微水含量。图 12-39 为变压器（含电抗器）油中微水含量在线监测装置的结构示意图。温、湿度传感器通过电缆接入采集装置，数据处理后送入信息处理器，以满足一定要求的形式输出和显示。

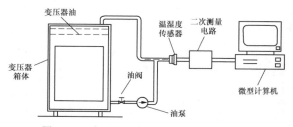

图 12-39　变压器（含电抗器）油中微水含量
在线监测装置的结构示意图

五、变压器绕组温度在线监测装置

1. 变压器绕组温度在线监测装置的应用

（1）变压器绕组温度在线监测装置配置依据。

1）GB/T 1094.7—2008《电力变压器　第7部分：油浸式电力变压器负载导则》与GB/T 15164：1994《油浸变压器负载导则》的主要差别在于增加了用光纤传感器直接测量变压器热的内容，从根本上增大了获取电力变压器正确热模型的可能性。

2）IEC 60076-2：2011《电力变压器　第2部分：液浸式变压器的温升》规定："对额定容量不小于20/3MVA/相的变压器，绕组热点温升可以通过直接测量得到，将一定数量的温度传感器（如光纤温度传感器）安装在绕组内部认为最热点的位置。"

光纤绕组测温已作为一个重要的在线监测项目列入Q/GDW Z 410—2010《高压设备智能化技术导则》，并且提出"光纤绕组测温宜用于电压等级为220kV及以上的重要变压器"。

Q/GDW 11478—2015《变电设备光纤温度在线监测装置技术规范》规定：对变电设备进行温度在线监测是保障变电设备安全运行的最有效的措施之一。光纤温度在线监测装置可以直接监测变电设备内部运行温度，有效提升变电设备的在线监测水平。

（2）变压器绕组温度在线监测装置使用。高压油浸式电力变压器的寿命主要取决于固体绝缘（纤维纸）的寿命，促使绝缘老化的主要因素是温度、水分和氧气。热效应是变压器老化的决定性因素，热点温度的高低决定变压器的使用寿命。从变压器绝缘运行寿命看，一般认为应遵循6℃法则：年平均温度为98℃时具有正常寿命，当超过或达不到98℃时，每上升或降低6℃，变压器寿命降低一半或延长一倍。而油浸式电力变压器温度量测技术受制于变压器内部环境高电压、大电流、高绝缘以及强电磁场干扰的影响，基于传统电信号测量技术使用的热电偶、热电阻传感器无法满足变压器内部绕组温度测量的技术需求。由于长期缺乏变压器热点温度监测技术和设备，出于安全考虑，国内诸多变压器仅运行在50%～60%的额定容量下，造成现有容量的极大浪费，非常不经济。

变压器热点温度监测能够带来以下收益：

1）可在保证安全的情况下输送更大负荷，获得更大的经济收益；

2）更加直观地监测和评估变压器的运行情况，保障变压器的安全；

3）提前发现过热问题，提前采取措施，避免恶性事故的发生；

4）避免变压器超高温运行，降低绝缘的老化速度，延长变压器寿命。

变压器绕组温度在线监测的发展历程和方法与发电机基本相同，并且在使用上比发电机应用的更成熟和广泛，目前，使用较多的是光纤式，在变压器绕组制造过程中埋入光纤，由光纤传播信号在高电压、高磁场条件下实现在线、实时准确测量绕组的热点温度，埋入点越多越精确。以前主要用于变压器在实验过程中与热模拟测量法进行比较，校对热模拟测量的误差，现阶段随着技术的发展，采用光纤直接测量绕组温度逐渐成为监测变压器绕组热点的首选方法。其中应用较好的是荧光技术测温。

采用光纤测温可以构成完整全方案的变压器测温在线监测系统，通过变压器内置的光纤传感器直接监测绕组的热点、铁芯和顶部油温以及其他位置产生的温度，通过对绕组热点数据的精确采集可以获得一个最佳的、精确的绕组热点模型，这个模型可以存入后台，总结多个变压器的这个热点模型，可以摸索出最理想、精准的变压器热点模型，应用到更多的变压器中，以最低的成本提供多台变压器上的光纤测温需求。

（3）荧光光纤测温探头的安装。

1）在饼式绕组中的安装。把光纤测温探头插入相邻线饼间的垫块中，探头在垫块中的安装如图12-40所示。把垫块处理好后放入探头部位。

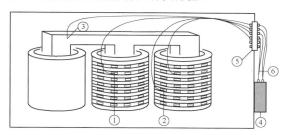

图12-40　探头安装位置示意图

2）在筒式绕组中的安装。在筒式绕组中由于没有水平撑条，因此，为了不破坏绕组绝缘结构，将探头安装在垂直撑条上，安装时在垂直撑条上开槽，开槽高度为事先计算好的热点高度。在撑条对应的位置开槽，探头应能与绕组接触。

（4）采用荧光技术的变压器绕组测温在线监测装置配置。IEC 60076-2中提出了三相变压器建议安装光纤的最少数量，详见表12-3。

表12-3　三相变压器建议安装光纤的最少数量

额定容量（MVA）	冷却方式	数量	中间相		边相	
			高压	低压	高压	低压
$S>100$	所有	8	2	2	1	1
$100 \geqslant S \geqslant 20$	自然风冷（ON-OF）	6	1	1	1	1
	强迫油冷却（OD）	8	1	1	1	1

2. 变压器绕组温度在线监测装置的原理

采用荧光技术的变压器绕组测温在线监测装置的原理是：在光纤末端镀上荧光物质，或者在光纤末端焊接掺杂荧光物质的荧光光纤，荧光物质经过一定波长的光激励后，会受激辐射出荧光能量，受激辐射能量按指数方式衰减，衰减的时间常数根据温度的不同而不同，通过测量衰减时间，从而得出测量点的温度。

应用荧光技术的测温方法的优点是被测目标的温度只取决于荧光材料的时间常数，而与监测系统中的其他变量和元器件无关，如光源强度、传输效率、耦合程度等，都不影响测量结果。测温单元的组成结构如图 12-41 所示，由光纤探头、传导光缆、光源/光发生器、光传感器组成，内置于变压器绕组内部适当的位置。

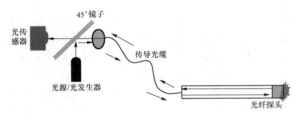

图 12-41　测温单元的组成结构图

完整的变压器绕组测温在线监测装置应有足够数量的测温单元、外置传导光缆、温度监测装置。一般情况下需要变压器每相高、中、低压侧各一个测点，铁芯两个测点，油温一个测点。

六、其他变压器在线监测

1. 变压器铁芯接地电流在线监测

电力变压器正常运行时，铁芯必须有一点可靠接地，否则铁芯对地会产生悬浮电压或铁芯多点接地而产生过热故障，严重威胁变压器及电网的安全。

变压器铁芯接地电流在线监测的原理就是利用穿心式电流传感器，感应变压器铁芯因两点或多点接地等故障现象出现时的铁芯接地电流的异常数据。

变压器铁芯接地电流在线监测装置（或系统）一般由穿心式电流传感器、就地采集装置和远端信息处理器（或称监控主机）组成。当变压器铁芯接地电流有异常变化时及时报警，从而防止铁芯接地电流过大而引发的故障，保证电力变压器的可靠运行。

变压器铁芯接地电流在线监测装置（或系统）具有铁芯接地电流实时监测，铁芯接地电流越限报警，历史数据存储、查询等功能。

由于现代技术的发展，为克服传感器自身由于感应引起的电磁反应问题，有的产品采用高导磁超微晶互感器。

2. 变压器有载分接开关在线监测

对于有载调压变压器，有载分接开关是变压器完成有载调压的核心部件，其性能状态是保证有载调压变压器安全运行的关键。据统计，有载分接开关的故障约占有载调压变压器故障的 50%。因此，开展对有载分接开关的在线监测是很有必要的。

有载分接开关故障包括电气和机械性能两种类型的故障。电气性能故障主要是触头松动、烧损导致的接触头接触电阻增大，引起触头过热和烧损；机械性能故障是有载分接开关操作过程中选择开关和切换开关等部件的动作顺序和时间配合问题，以及切换过程中是否存在卡塞及触头切换不到位等。有载分接开关的机械故障也可导致触头、过渡电阻甚至变压器绕组烧损的严重故障。

变压器有载分接开关在线监测的主要方法是：

（1）通过测量变压器主油箱和有载分接开关油箱的外壳温度差值来监测有载分接开关触头的发热情况；

（2）应用力矩传感器，通过测量转轴力矩、电动机电流或功率来监测有载分接开关的机械驱动力；

（3）通过测量有载分接开关操作时的机械振动强度、波形或代表波形的各种特征量及时间间隔特征量的范围来监测有载分接开关的机械状态和触头状态；

（4）选择开关和切换开关的动作与有载分接开关传动杆旋转角度之间有一定的固定关系，通过测量主轴转角来监测有载分接开关机构转角。

3. 变压器直流偏磁在线监测

直流偏磁主要有两种成因：

（1）地磁感应电流（GIC）。是由剧烈的太阳活动引起的地磁暴产生的，地磁暴期间形成空间与地面的电流系统，对地面的电力设施产生影响。严重时可能造成电力设备的损坏，甚至是永久性损坏。

（2）直流输电产生的地中直流电流。直流输电线路在单极大地回线方式下，流入地中的直流电流通过变压器中性点流经变压器后，形成变压器的直流偏磁。

直流偏磁导致变压器励磁电流急剧增加，引起变压器励磁回路发热、产生振动和噪声加大，严重时会造成变压器铁芯饱和以及高频振动，可能导致变压器保护误动，威胁变压器的安全运行。

变压器直流偏磁在线监测是通过接入中心点直流分量的霍尔电流传感技术来实现的。在变压器在线监测装置中，并不是所有的装置都带有监测直流偏磁的功能，当使用的变压器处于有直流偏磁可能区域时应注意此功能的选择。

4. 综合变压器在线监测

随着变压器在线监测日益受到重视，各制造厂纷纷将变压器的各种在线监测功能综合在一套装置中，推出综合变压器在线监测系统。

　　综合变压器在线监测系统是将多种变压器在线监测装置功能综合在一起所组成的系统，对一台或多台变压器及电抗器的多种参数同时进行在线监测，实时反映各运行变压器及电抗器的绝缘状况，并对绝缘状况作出分析、诊断和预测，为变压器及电抗器的长期运行提供安全保障。综合变压器在线监测系统主要集成了变压器套管局部放电在线监测、变压器油中气体在线监测、变压器油中微水含量在线监测、变压器油温在线监测、套管介质损耗在线监测、铁芯接地故障在线监测等在线监测功能。不同制造厂的产品组合上略有不同。

　　由于综合变压器在线监测系统集成了主要的变压器在线监测系统的功能，并且其中有一些在线监测功能可公用传感器，使原来配齐一整套完善在线监测功能所需要的传感器数量减少，共用采集装置和数据处理器使变压器在线监测功能更齐全、节省设备和空间，是未来变压器在线监测的发展方向。

第六节　高压断路器（含 GIS）在线监测

　　高压断路器（含 GIS）是电力系统中重要的运行设备及控制保护设备。一旦高压断路器或 GIS 发生故障，就可能造成整个电力系统的故障。机械、绝缘、控制电路等都是高压断路器（含 GIS）的主要故障部位和主要故障设备，操动机构和传动系统的故障、电气控制及其辅助回路的故障是造成高压断路器（含 GIS）拒动和误动的主要原因。绝缘缺陷引发的故障往往会引起重大事故的发生。SF_6 气体绝缘断路器和气体绝缘组合电器的主要问题出在绝缘损坏故障上。此外，运行经验证明在 SF_6 气体绝缘电力设备故障中，含水量超标和 SF_6 气体泄漏也是造成电力设备事故的主要原因之一。

　　因此，目前在高压断路器（含 GIS）在线监测上较关注的是高压断路器（含 GIS）的绝缘问题、SF_6 含水量超标和 SF_6 气体泄漏问题。对应的在线监测装置主要是高压断路器（含 GIS）局部放电在线监测装置、高压断路器（含 GIS）SF_6 气体泄漏在线监测装置、高压断路器（含 GIS）微水密度在线监测系统或多功能于一体的在线监测装置。

一、高压断路器（含 GIS）局部放电在线监测装置

　　由于高压断路器（含 GIS）绝缘故障的早期表现主要是局部放电，局部放电脉冲具有非常陡的上升前沿，特别是 GIS，所激发的电磁能量在 GIS 气室里来回传播，同时微小的火花或电晕放电都会使电离气体

通道发生扩散，产生超声压力波，出现被激励的原子发光，致使 SF_6 气体产生化学分解物。

　　GIS 产生的局部放电与变压器的局部放电非常类似，检测的方法也是电检测法和非电检测法两大类。非电检测法主要包括超声波检测法、光电检测法和化学检测法；电检测法主要包括电容耦合、低频脉冲等电气检测法和超高频检测法。

　　1. 高压断路器（含 GIS）在线监测方法

　　（1）光电检测法。因为局部放电一定伴随着发光现象，所以可通过安装在 GIS 中的光电传感器，如光电二极管或光电倍增器进行光测量来评价局部放电的强弱。此方法因为需要内置光电传感器，也需要 GIS 制造厂的配合，故已投运 GIS 一般无法使用。

　　（2）化学检测法。运行中的 GIS 气室中含有多种气体杂质，并且大多数是在 GIS 长期运行过程中，在放电过程中 SF_6 气体发生分解及一系列复杂的物理化学反应的产物，因此通过定期地对这些气体组分的监测可以判断出放电的总体水平和发展趋势，甚至可推断放电原因。对这些分解气体的检测有检测管法、气体传感器法、气相色谱法、红外光谱法等。其中气相色谱法是目前国内外用于 SF_6 放电分解气体组分检测的最常用方法，也是 IEC 60480：2004 和 GB/T 18867—2014《电子工业用气体　六氟化硫》的推荐方法。

　　（3）超声波检测法。在 GIS 中出现局部放电时，放电区域内的分子间产生激烈撞击，宏观上表现为压力波，放电点可以看成是声源，以球面波的形式向四周传播。通过超声波传感器即可在线监测此超声信号，进而获得局部放电的信号情况。用于超声波检测法的传感器主要有压电式加速传感器、压电超声换能器、光纤传感器。其中，压电式加速传感器、压电超声换能器与变压器（含电抗器）局部放电超声波监测法用的此类传感器类似。

　　对于光纤传感器，将光纤传感器伸入到电气设备内部，当局部放电产生的声波在电气设备中传播时，产生的机械压力波挤压光纤传感头，引起光纤传感头变形，导致光纤中的光路长度发生变化。利用外输光源测量出变形的程度，从而计算出声波强度。

　　（4）常规电气检测法。包括外部电极法、内部电极法和脉冲电流法。

　　（5）超高频检测法。SF_6 中的局部放电脉冲持续时间很短，约几纳秒，其波头上升时间仅为 1ns 左右，激发的电磁波频率可达数百甚至上千兆赫兹，主要在 $300 \sim 3000MHz$ 范围内。GIS 的腔体是一个同轴波导腔结构，激发的电磁波信号能在腔体内有效传播，且衰减很小。特高频检测法就是通过监测局部放电发出的电磁波的特高频段信号来检测局部放电。这种方法可以避开常规电气检测法无法避开的电力设备运行电

晕等的干扰。此方法是目前局部放电监测中用的最广泛也是最有潜质的方法。根据传感器安装位置的不同，超高频传感器分为内置式和外置式两种。

1）内置式超高频传感器通过法兰、压力窗、手孔等安装，与 GIS 固定连接为一体，成为绝缘的一部分，处于高电压场和高气压场运行环境下，其设计在电气和机械方面都有较高的要求，并应在断路器（含 GIS）出厂前预装。

2）外置式超高频传感器是天线型传感器，比内置式传感器灵敏度低，但安装方便，适合于出厂前没有预装内置式传感器的 GIS。

2. 高压断路器（含 GIS）局部放电在线监测装置的构成原理

高压断路器（含 GIS）局部放电在线监测装置主要由超高频传感器、采集装置和信息处理器组成，其中超高频传感器负责超高频局部放电信号的检测，采集装置负责信号的放大、调理、处理，然后通过电线光缆送到信息处理器，信息处理器负责信号的进一步处理，形成一定格式的输出文件、图表等，存储历史数据，输出历史数据，并具有上传和组网功能。图 12-42 是 GIS 局部放电在线监测装置结构图，图 12-43 是 GIS 局部放电在线监测装置安装示意图。

3. 高压断路器（含 GIS）局部放电在线监测装置的抗干扰方法

GIS 同轴结构对电磁波的传播等同于一个良好的波导，信号在其内的传播衰减很小。并且，为了抑制局部放电干扰信号，人们做了大量的研究工作，干扰抑制技术主要有专用抗干扰电路技术、数字滤波技术和时频联合分析技术。其中专用抗干扰电路速度快，在局部放电在线监测中得到较多地使用，主要方法有时域开窗法、极性鉴别法、差动平衡法、定向耦合差动平衡法。

二、高压断路器（含 GIS）SF₆ 气体泄漏在线监测装置

GIS 的绝缘水平和高压断路器的开断能力由 GIS 所处的电场结构、SF₆ 气体的性能和压力决定，运行时必须保证 SF₆ 气体在额定运行压力下。但由于设备老化、制造质量等原因，很可能出现 GIS 气室密封不严，造成 SF₆ 气体泄漏、GIS 绝缘水平下降，严重情况下将影响 GIS 的正常运行。国际大电网会议（CIGRE）和国际电工协会（ICE）都作出规定，SF₆ 气体的年泄漏量不超过 1%。为此对 GIS 内气体压力、密度及泄漏情况的监测和检测对保证 GIS 电气设备运行及电力系统安全都非常重要。

为检测 SF₆ 气体绝缘电气设备绝缘气体的状态，采用最新技术的传感器和计算机处理技术，有些产品采用的是声速测量原理，克服了传统测量方法只能定性判别指标是否越限的缺点，能够准确得到气体中的 SF₆ 含量。通过通信接口远程传输检测信号和信息，包括气体变化趋势数据和曲线。

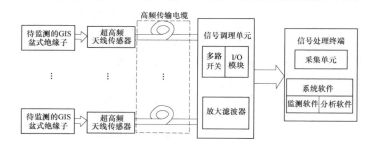

图 12-42　GIS 局部放电在线监测装置结构图

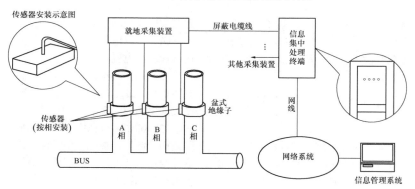

图 12-43　GIS 局部放电在线监测装置安装示意图

（1）GIS 中 SF$_6$ 气体压力监测。对 GIS 中 SF$_6$ 气体的压力有表压和绝对压力两种表示方法，采用压力表测量，但在运行参数计算或查对曲线时采用的是绝对压力，两者相差一个大气压。GIS 断路器间隔中 SF$_6$ 气体的额定运行压力是 0.6～0.7MPa，GIS 非断路器间隔中 SF$_6$ 气体的额定运行压力是 0.3～0.4MPa。

由于压力传感器的技术比较成熟，所以选用压阻应变式压力传感器等作为 SF$_6$ 气体压力监测的传感器，再配合在线监测系统的采集终端、信息处理器等构成 GIS 中 SF$_6$ 气体压力在线监测系统。

（2）GIS 中 SF$_6$ 气体密度监测。根据 GIS 容量的不同，GIS 中 SF$_6$ 气体密度计有两种类型：一种是两对触点的，温度为 20℃时，压力范围是 200～400kPa，用于较低容量的 GIS 中 SF$_6$ 气体密度的检测；另一种是三触点的，温度为 20℃时，压力范围是 350～800kPa，用于较高容量的 GIS 中 SF$_6$ 气体密度的检测。再配合在线监测系统的采集终端、信息处理器等构成 GIS 中 SF$_6$ 气体密度在线监测系统。

（3）GIS 中 SF$_6$ 气体泄漏情况监测。高压断路器及 GIS 中 SF$_6$ 气体泄漏可以采用体外非接触监测的方法，可采用红外线激光照相机似的设备，不断拍摄所测目标附近的电视图像，从设备中泄漏的 SF$_6$ 气体在目标附近所形成的气体云会吸收红外线，从而在图像上形成暗区。高压断路器及 GIS 中 SF$_6$ 气体泄漏在线监测装置即是在上述检测装置的基础上，配以采集终端、信息处理器等构成。

三、高压断路器（含 GIS）微水密度在线监测系统

高压断路器（含 GIS）中 SF$_6$ 气体本身的绝缘强度基本不受所含水分的影响，但 SF$_6$ 气体中存在固体绝缘件，附着在绝缘件表面的水分就会影响沿面的绝缘特性，另外 SF$_6$ 气体放电时产生的分解物很容易与之化合产生化学稳定性强、毒性强、腐蚀性大的 SOF$_2$、SO$_2$F$_2$、FH 等不利物质，因此应尽量控制高压断路器（含 GIS）中 SF$_6$ 气体中的微水含量。

目前监测高压断路器（含 GIS）中 SF$_6$ 气体中的微水含量的方法主要有重量法、露点法、电解法、电容法，但除电容法外，其他检测法只适用在线取气样、离线检测。电容法可以实现连续的在线监测。

电容法采用高分子薄膜电容技术，当气体中的水分通过高分子薄膜时，介电常数发生变化，导致电容发生变化，通过信号处理技术把电容转换成电信号，再经过一定的软件处理形成可读的、符合一定标准格式的数据集合，从而实现高压断路器（含 GIS）中 SF$_6$ 气体中的微水含量在线监测。

高压断路器（含 GIS）微水密度在线监测系统在原理上与变压器微水密度在线监测系统基本相同，只是安装地点、方式不同，对互感器尺寸要求更高。

第七节 其他电气设备在线监测

一、开关柜在线监测

高压开关柜内环境恶劣、绝缘材料和元器件选择不当是绝缘故障的主要原因；开关柜隔离触头接触不良有可能造成触头过热甚至烧融，引起弧光，严重时可能造成短路，出现载流故障。

1. 开关柜局部放电在线监测

高压开关柜的绝缘故障主要表现在外绝缘对地闪络击穿，内绝缘对地闪络击穿，相间绝缘闪络击穿，雷电过电压闪络击穿，绝缘子套管、电容套管闪络、污闪、击闪、击穿、爆炸，提升杆闪络，TA 闪络、击穿、爆炸，绝缘子断裂等。各类绝缘缺陷发展到最终击穿、酿成故障之前，大多都经过局部放电阶段，局部放电的强弱能够及时反映绝缘状况。高压开关柜内部导体连接及触头接触不好也极有可能造成局部放电，对安全运行造成威胁。因此有必要通过局部放电在线监测来监视开关柜的绝缘和开关触头的接触情况。

高压开关柜局部放电在线监测可采用 GIS 局部放电监测的超高频监测法隔空监测，还可以采用高频传感器借助磁坐贴附在开关柜表面进行监测。

开关柜伴随局部放电而产生的电磁波频率基本在 10～100MHz，目前采用的大部分高压开关柜局部放电在线监测系统采用感知这一频段的超高频传感器。检测局部放电信号并采用计数方式累计开关柜发生局部放电的次数，探测是否有局部放电及其发展趋势。

2. 开关柜光纤测温在线监测

运行中的高压开关柜始终处于高电压、大电流工作状态，动、静触头的结合处，母线连接处等部位因表面氧化、腐蚀、紧固螺栓松动、触点老化等原因，极有可能造成接触电阻增大，引起触头或接头处温度升高，并且随着运行时间的推移，过热程度会不断加剧，会对绝缘和寿命造成不利影响。据此市场推出高压开关柜光纤测温在线监测装置，其原理与变压器光纤测温在线监测装置基本相同，只是测点位置不同，由于开关柜的开放性，它比变压器光纤测温在线监测装置安装更方便。

二、金属氧化物避雷器在线监测

金属氧化物避雷器具有极为优越的非线性特性，在电力系统中得到广泛应用。正常运行时，流经避雷器的泄漏电流很小，且以容性电流为主，阻性电流非

常小。当避雷器出现阀片老化、避雷器受潮、内部绝缘受损及表面污秽等绝缘缺陷时阻性电流分量急剧增加，会使阀片温度上升而发生热崩溃，严重时可能引起避雷器的爆炸事故。避雷器在线监测装置主要就是监测避雷器阻性泄漏电流的大小及变化。

监测方法有：

（1）全泄漏电流法。采用交流或整流型电流表，监测法简单易行，但不易发现早期的老化问题，对因受潮引起的泄漏电流突然增加有较高的灵敏性。

（2）阻性电流分量法。采用阻性电流仪，易于发现早期的老化问题，但构成比较复杂。

（3）功率损耗法。采用功率损耗测量仪，主要用于测量阻性电流引起的功率损耗的变化。

（4）元件温度法。采用红外摄像仪，测量因功率损耗增大而引起的避雷器温度升高。

三、电流互感器及电容式电压互感器在线监测

互感器的故障一般是由于电力系统故障产生的过电流、过电压入侵，或绝缘老化、受潮和绝缘油、气泄漏等引起的。

互感器在线监测主要是通过监测设备的介电特性，即在单位时间内每单位体积中，将电能转化为热能而消耗的能量，从而监测到早期的绝缘缺陷。实际使用的是介质损耗角的正切值 $\tan\delta$。

绝缘良好的电容性设备 $\tan\delta = f(u)$ 曲线基本上不随外部电压的升高而变化，当主绝缘严重受潮时，互感器的介质损耗值随外部电压的升高具有不同的变化情况。

四、电缆在线监测

电缆在线监测主要是监视电缆头局部放电和电缆机械性损伤，防止电缆被盗窃等。具体在线监测装置主要有电缆局部放电监视装置，电缆故障定位系统（装置），智能型电缆防火、防盗装置等。

电缆局部放电监视装置主要采用高频电流传感器的高频脉冲监测法及红外成像法、光纤测温法等。

电缆故障定位系统（装置）采用的监测方法主要是低压脉冲法、脉冲电流法、多次脉冲法等。对电缆的高闪络故障，高、低阻性接地、短路和电缆断线、接触不良等故障进行监测。

智能型电缆防火、防盗装置较早使用的主要是红外线入侵探测法、电流检测法和电力线载波通信法等，较新型的装置采用光纤测温、高频信号监测电力电缆的接地完整性，结合信号调制解调技术、抗浪涌电压电流技术、抗干扰技术、计算机和电子地理信息技术等。

五、直读式在线监测装置

国内正在使用的有氢气纯度分析仪（hydrogen purity analytical instrument，HPA）、定子冷却水导电率仪（stator cooling water electrical conductivity instrumentation，SCW）、氢气漏入水中监测器（hydrogen leakage meter，HLM）、氢气露点仪（hydrogen dew point instrument，HDM）、漏氢监测仪（hydrogen leakage ondometer，HLOM）。这类装置在线监测获得的数据或趋势曲线可直接读到，无须专家解读，可从数值中得知某参数的状况。这与早已掌握的发电机电参数（有功、无功、电压、电流……）、某些非电参数（温度、压力、流量、轴振……）等在线监测十分相似，其中 HPA、SCW、HDM 还大量使用国外产品。这类直读式设备可信度较高，很少有漏报、误报现象。下面分别介绍这些装置的特点。

（1）氢气纯度分析仪（HPA）。一套自动测量氢气中其他气体含量的设备，有防爆要求，当氢纯度小于95%时，可越限报警和自动补、排氢气，也可预警氢侧密封油超量、密封油过热等异常情况。

（2）定子冷却水导电率仪（SCW）。通过测量定子冷却水的导电率以防止定子空芯铜线积垢堵塞，保持水导率为 0.5～1.5μs/cm。对定子接地、树脂离子器失效、空芯导线堵塞、聚四氟乙烯管闪络、水化学性能不平衡有预警作用。

（3）氢气漏入水中监测器（HLM）。在定子密封水箱中安装压力表，当氢漏量超过规定值时，自动开启排气阀，并通过气体流量表记录排气量。由于机内氢压高于定子水压，因此当定子内部水系统回路组成元件有问题时（如空芯导线裂纹、水接头漏水、汇流管接头渗水、密封垫失效等），HLM 就会预警。HLM 在我国很多电站及时成功地预报了定子漏水故障，从而避免了故障的扩大，显示了简易可靠、不可替代的作用。GB/T 7064—2008《隐极同步发电机技术要求》规定，当内冷水系统中含氢量超过 3%（1.5%）时，应加强对发电机的监视；若超过 20%（8%），应立即停机处理。或当内冷水系统中漏氢量大于 0.5m³/h（0.25m³/d）时，可在计划停机时安排消缺；若漏氢量超过10m³/d（4m³/d）时，应立即停机处理。美国 GE、日本东芝、法国 ALSTOM 公司认为此要求太松，应改为括号内的数值，这值得我们参考。

（4）氢气露点仪（HDM）。测量机内氢气湿度并以露点表示。可以预示转子护环应力腐蚀、冷却器漏水、氢气干燥器失效等故障。但目前普遍使用的 VAISALA 产品寿命还不能满足要求。

（5）漏氢监测仪（HLOM）。相当于液压机械组件（hydromechanical unit，HMU），在指定的可能泄漏位

置取样检测，并以声、光、电形式给出预警信息，以避免氢爆发生。过去国产的 HLOM 受感元件寿命不够长，现已有所改进。目前 HLOM 已得到了市场的认可，但要注意漏油堵塞管路造成仪器失灵时，要及时清洗管路。

第八节　故障分析和诊断

一、发电机故障分析和诊断

发电机的故障分析和诊断一般依靠历史数据和专家诊断，依据是对同制造厂、同型号机组几十年监测数据的积累，以及具有非常专业的理论基础、丰富的运行经验的专家团体。因此，发电机的故障诊断还主要依赖制造厂提供的远程诊断方法。

通过对局部放电在线监测装置监测到的信息、历史信息和当前信息对比，结合绝缘过热在线监测装置的报警情况，匝间短路在线监测装置、振动在线监测装置等发电机在线监测各装置数据的综合分析，确定发电机的运行状况，对绝缘可能存在的问题、轴系可能存在的问题作出预测和判断。

1. 利用局部放电在线监测数据诊断发电机故障

局部放电是绕组绝缘故障的先兆，在线监测发电机组的局部放电，可提前对发电机绝缘故障作出预警。

（1）特征数据。在发电机发生局部放电时有一些特征数据，并且采用合适的方法是可以监测到的，具体方法在本章第四节中已有描述，主要是放电幅值 Q_m、放电数量 N_{QN}，放电幅值 Q_m 是指局部放电脉冲幅度在每秒 10 个脉冲处的峰值，放电数量 N_{QN} 是局部放电脉冲活动的总数。

每相局部放电特征数据有：正向放电幅值 $+Q_m$、负向放电幅值 $-Q_m$；正向放电数量 $+N_{QN}$、负向放电数量 $-N_{QN}$。

（2）通过特征数据趋势变化分析发电机局部放电的发展趋势。局部放电值趋势分析是最有效和最可靠的解释方法，能客观反映发电机局部放电发展趋势和确定发电机维修效果。

如果 Q_m 值较低且发展平稳，则绕组绝缘良好；如果 Q_m 值有小于 25% 的增长，则绕组绝缘稳定；如果 Q_m 值每隔 6～12 个月呈现成倍增长，则绕组绝缘正在加速恶化。

（3）结合局部放电脉冲的极性及相位分析故障类型和定位。在交流电的一个周波内，每个空隙内可能发生两次放电。在一个周波内有正半周和负半周，因此，产生两种放电类型，即负局部放电和正局部放电。

在相电压 360° 的相位之间，局部放电倾向于集中在 45° 和 225° 的相位附近，即负局部放电集中在 45°

相位附近，正局部放电集中在 225° 相位附近。图 12-44 为发电机局部放电脉冲极性分析图。

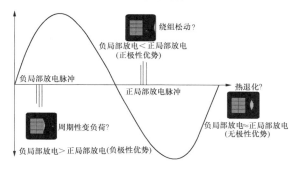

图 12-44　发电机局部放电脉冲极性分析图

当正极性优势时，如图 12-45 所示，局部放电多半发生在绕组绝缘表面，产生的根源有绕组松动、电压应力涂层恶化（半导体涂层或分级涂层恶化）等。

当负极性优势时，如图 12-46 所示，局部放电多半发生在转子绕组铜导体表面，产生的根源有周期性变负荷及过热（由于过热而导致的绕组铜导体表面的空隙）等。

当无极性优势时，如图 12-47 所示，局部放电多半发生在绝缘内部的空隙中，产生的根源有热退化、浸渍不良等。

（4）诊断实例。定子绕组的局部放电活动经常受到绕组温度、负荷和电压及环境湿度等运行状况的影响。要客观评价局部放电数据，局部放电监测装置应结合负荷、温度、湿度对局部放电数据进行深入的综合分析。在充分解析监测到的局部放电信号、趋势、放电象限、极性基础上，参照绝缘过热、匝间短路、振动等在线监测数据，了解发电机所处运行环境（湿度、温度、气象等），在调看同类发电机及自身历史数据的基础上综合判断发电机故障情况、程度、部位和性质，为发电机的运行维护提供帮助。

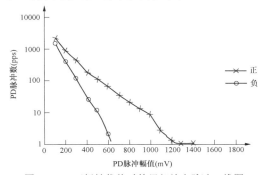

图 12-45　正极性优势时的局部放电脉冲二维图

（+PD>-PD）

如某电厂的一台发电机，A 相局部放电极性二维图和脉冲相位图如图 12-48 所示，从图可见正局部放

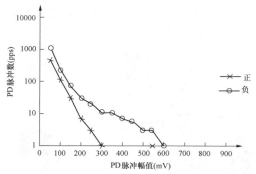

图 12-46　负极性优势时的局部放电脉冲二维图
（+PD<-PD）

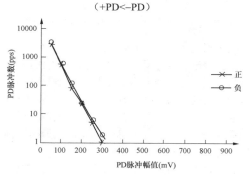

图 12-47　无极性优势时的局部放电脉冲二维图
（+PD～-PD）

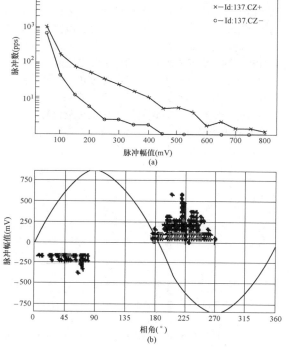

图 12-48　某发电机 A 相局部放电极性
二维图和脉冲相位图

（a）A 相局部放电极性二维图；（b）A 相局部放电脉冲相位图

电较大，且集中在 225°附近，推断属于线棒表面放电，可能是由于线棒松动造成的，由于 Q_m 的增长不超过 25%、趋势平稳，建议可继续运行，注意观察。后与大修时的测试结果对比，基本一致。

图 12-49 是某发电厂某台发电机的 B 相局部放电极性二维图和脉冲相位图，由图可见，正负放电幅值、频次基本相同，相位分布较为分散，初步诊断属于端部局部放电，经现场检查该相高压侧线棒端部有油污污染。

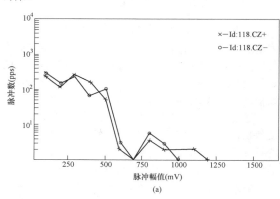

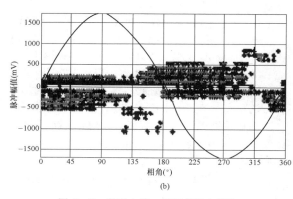

图 12-49　某发电机 B 相局部放电极性
二维图和脉冲相位图

（a）B 相局部放电脉冲极性二维图；
（b）B 相局部放电脉冲极性相位图

2. 利用匝间短路在线监测数据诊断发电机故障

（1）关键数据。由图 12-50 可知，测得的气隙磁通存在若干峰值，此峰值位置与转子线槽相对应，而峰值的大小则与其有效匝数之间存在一定的函数关系，因此将该线槽的峰值与另一极下的同号线槽相比较即可检测出短路故障，而对于一些无法通过比较进行判断的对称性故障，则可通过相同负荷条件下的历史数据对比判断。

在测量过程中存在着一个干扰因素——气隙磁通密度，气隙磁通密度对磁通峰值有着明显的干扰作用，即只有在气隙磁通密度曲线过零点附近才能将磁通密

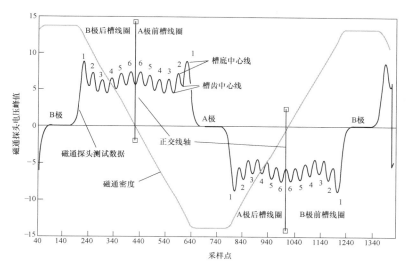

图 12-50 零负荷条件下磁通密度测试图

度的干扰降至最低，从而使测量获得最大灵敏度。而气隙磁通密度曲线的过零点随着机组负荷的变化而变化。下面将通过对一 2 极 8 槽/极发电机匝间短路测试数据的分析来对匝间短路的测试方法进行具体说明。图 12-51 所示为该发电机在三种不同负荷条件下，气隙探测器获得的气隙磁通曲线图。综合这三张图可知，随着机组负荷的增加，磁通密度过零点逐渐由正交线轴线向前槽 1 号线圈方向过渡；图 12-51（a）为"零"负荷状态下的气隙磁通，当机组带有 25%的负荷时[见图 12-51（b）]，磁通密度过零点位于前槽 6 号线圈处，两个磁极下方对应的 6 号线圈磁通波形具有明显的不对称性，B 极峰值小于 A 极，则可判断 B 极前槽 6 号线圈存在匝间短路故障；当机组带有 70%的负荷时 [见图 12-51（c）]，磁通密度过零点位于前槽 4 号线圈处，两个磁极下方对应的 4 号线圈磁通波形具有明显的不对称性，A 极峰值小于 B 极，则可判断 A 极前槽 4 号线圈存在匝间短路故障，而此时 6 号线圈处磁通密度远离过零点，存在较大的干扰，致使无法明确判断 6 号线圈的匝间短路状况。由此可知，该方法只可对磁通密度过零点附近的线圈进行准确判断。

（2）数据分析与诊断。通过匝间短路在线监测分析系统，对监测到的漏磁通数据进行计算分析，结合发电机的当前运行工况，对发电机的运行和故障状况给出基本诊断意见。

1）当发电机运行时，转子上每个线槽逐一经过磁通探头，反映转子绕组内有效线圈匝数的漏磁通峰值就可以以感应电压的形式被检测出来。如果某一极线

圈内出现匝间短路，则其漏磁通峰值会比另一极对应线圈的峰值小，因此可通过计算一个磁极上的线圈电压与另一磁极上相对应的同号线圈电压之间的差值与两者较大值之比是否大于规定阈值来确定该号线圈是否发生匝间短路故障。系统可自动将不同磁极同号线圈的气隙磁通波形进行叠加比较，如图 12-52 所示，并自动计算电压、计算各线圈气隙磁通幅值变化值与设置报警值进行比较，判断是否存在匝间短路故障，如图 12-53 所示。

2）历史趋势分析。可通过分析机组的历史数据并生成相应的趋势图，提早发现机组潜在的故障隐患与监测故障发展趋势，从而为合理的安排检修时间提供依据，如图 12-54 所示。

二、变压器（含电抗器）故障诊断

由于造成变压器故障的原因比较复杂，并且常常不是单一原因，所以变压器（含电抗器）故障诊断也是较复杂的判断过程，监测方法和诊断方法较多，目前应用较普遍和熟知的主要是变压器（含电抗器）油中气体分析法，并参照变压器其他在线监测装置监测到的数据进行综合分析，作出诊断结论。

1. 变压器（含电抗器）油中特征气体分析法

故障性质、程度的不同产生的气体组分和气体量都不同，故障产生的烃类气体的不饱和度与故障点及故障源能量密度有一定的关联。采用特征气体判断法对故障进行诊断有较强的针对性，直观、方便，缺点是没有明确的量的概念。

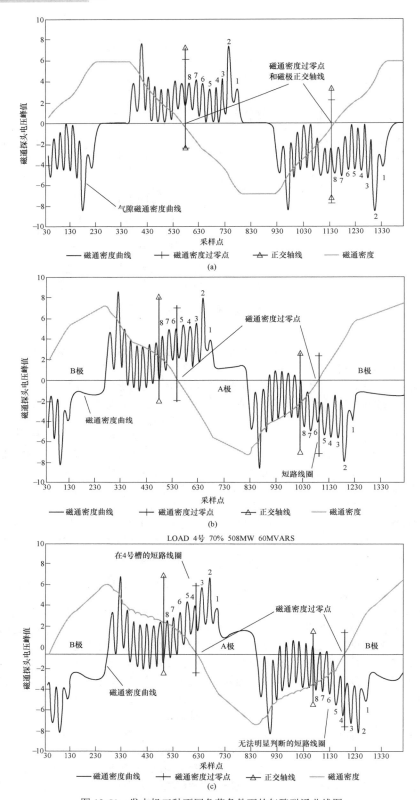

图 12-51　发电机三种不同负荷条件下的气隙磁通曲线图
（a）近于"零"负荷状态下的气隙磁通；（b）25%负荷状态下的气隙磁通；（c）70%负荷状态下的气隙磁通

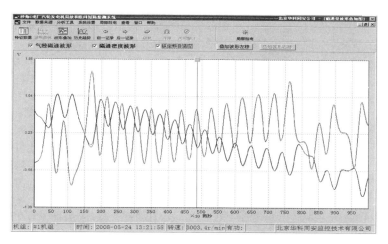

图 12-52　气隙磁通波形叠加比较图

转子槽号	前半周磁通 (V)	后半周磁通 (V)	差值百分比%	一级报警 (%)	二级报警 (%)	匝间短路状态
01号槽	1.582	-1.543	2.465	5.0	7.0	合格
02号槽	1.018	-0.998	1.964	5.0	7.0	合格
03号槽	0.882	-0.864	1.985	5.0	7.0	合格
04号槽	0.808	-0.789	2.474	5.0	7.0	合格
05号槽	0.766	-0.754	1.566	5.0	7.0	合格
06号槽	0.744	-0.728	2.283	5.0	7.0	合格
07号槽	0.747	-0.732	2.008	5.0	7.0	合格
08号槽	0.754	-0.747	0.994	5.0	7.0	合格
09号槽	0.794	-0.784	1.260	5.0	7.0	合格
10号槽	0.891	-0.879	1.402	5.0	7.0	合格
11号槽	1.023	-1.006	1.662	5.0	7.0	合格
12号槽	1.092	-1.079	1.145	5.0	7.0	合格
13号槽	1.115	-1.110	0.448	5.0	7.0	合格
14号槽	1.377	-1.367	0.726	5.0	7.0	合格

图 12-53　各线圈气隙磁通特征数据分析及状态显示图

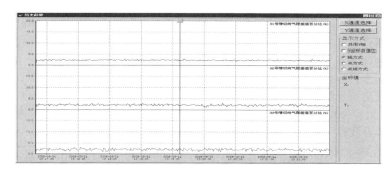

图 12-54　历史趋势图

　　从统计学的角度出发，通过大量的故障变压器色谱分析数据与故障类别的统计分析，人们总结出表12-4所示变压器油中溶解气体组分含量变化与故障类型的统计关系，以此根据监测到的变压器油中气体组分及含量判断变压器（含电抗器）的故障类型、潜在危险和程度。

表 12-4　特征气体与变压器故障类型的关系

主要特征气体	故障类型
H_2 高，总烃不高，CH_4 为总烃的主要成分，有微量 C_2H_2	油中电晕
C_2H_2 高，总烃和 H_2 较高，C_2H_2 为总烃的主要成分	高温电弧放电

续表

主要特征气体	故障类型
总烃及 H_2 较高，但 C_2H_2 未构成总烃的主要成分	高温热点或局部高温过热
C_2H_4、H_2、CO、CO_2 及总烃均较高	绝缘局部过热或固体绝缘散热不良
总烃高，H_2 和 C_2H_2 均较高	油中裸金属过热并有电弧放电，固体绝缘损伤
总烃不高，$H_2>100\mu L/L$，但 CH_4 为总烃的主要成分	局部放电

（1）根据总烃含量及产气速率诊断故障。当变压器（含电抗器）油经过真空滤油脱气后，做好绝对产气速率的测量，并可利用以下经验进行诊断。

1）总烃的绝对值和总烃产气速率都小于注意值，则可断定变压器（含电抗器）正常；

2）总烃大于注意值，但不超过注意值的 3 倍，总烃产气速率小于注意值，则可断定变压器（含电抗器）有故障，但故障发展缓慢，还可继续运行，但要注意观察；

3）总烃大于注意值，但不超过注意值的 3 倍，总烃产气速率为注意值的 1～2 倍，则可断定变压器及电抗器有故障，可继续运行，但要注意观察，并增加试验次数，密切注意故障发展趋势；

4）总烃大于注意值的 3 倍，总烃产气速率大于注意值的 3 倍，则可断定变压器（含电抗器）有故障，并且故障发展迅速，不能继续运行，立即采取必要的措施，有条件时应进行吊罩检修。

（2）总烃伏安法诊断故障。当变压器发生磁路故障时，油色谱分析得出的各种气体成分、组分、总和及总烃的含量及其变化量、变化速率基本与电压平方成正比；当变压器发生导电回路过热故障时，以上变压器油中气体的各参量与电流平方成正比。据此由总烃含量与变压器某段时间内的日平均电压及电流变化的趋势曲线来诊断变压器的故障类型和故障程度及发展趋势。这种诊断方法称为总烃伏安法，有曲线比较、直线拟合及相关系数三种基本分析方法，可单独使用一种方法，也可组合 2～3 种方法进行综合分析。

（3）油中气体组分比值法诊断故障。大型变压器发生低温过热性故障时，因温度不高，往往油的分解不剧烈，烃类气体含量并不高，而 CO、CO_2 含量变化却很大。因此可以用 CO 和 CO_2 的产气速率和绝对值来诊断变压器的固体绝缘老化状况，辅以油的糠醛分析完全可能发现和诊断出一些绝缘老化和低温过热性故障。

但正如 DL/T 722—2014《变压器油中溶解气体分析和判断导则》中明确指出的那样，当故障涉及固体绝缘时，会引起 CO、CO_2 含量的明显增长，但无论是油中 CO、CO_2 的含量和规律都不好区分是固体绝缘正常老化过程还是故障情况下的劣化分解，因此，IEC 标准和 DL/T 722—2014《变压器油中溶解气体分析和判断导则》中都规定用油中 CO_2 和 CO 的比值来诊断变压器固体绝缘老化引起的故障。

油中特征气体组分比值诊断故障的方法有 IEC 三比值法、改良三比值法、四比值法和无编码比值法。DL/T 722—2014《变压器油中溶解气体分析和判断导则》推荐的是改良三比值法。因此，以下主要介绍三比值法及其使用。但应注意比值法的使用是建立在根据气体组分含量的注意值或气体增长率的注意值可以断定变压器存在故障的情况下。

1）三比值法的基本原理。三比值法的原理就是根据充油电气设备内油、纸绝缘在故障下裂解产生气体组分含量的相对浓度与温度的相互依赖关系，从 5 种特征气体中选用溶解度和扩散系数相近的气体组分组成三对比值，以不同的编码表示，根据编码原则及故障类型判断方法进行变压器故障诊断。

热动力学研究及大量实践经验表明，随着故障点温度的升高，变压器油裂解产生的烃类气体按 $CH_4 \rightarrow C_2H_6 \rightarrow C_2H_4 \rightarrow C_2H_2$ 的顺序推移，并且 H_2 是低温时局部放电的离子碰撞游离所产生。基于这一观点，产生了以 CH_4/H_2、C_2H_6/CH_4、C_2H_4/C_2H_6、C_2H_2/C_2H_4 的四比值法。其中 C_2H_6/CH_4 的比值只能有限的反映分解的温度范围，于是 IEC 将其删去，推荐三比值法。之后又在大量使用三比值法的基础上对与编码相应的比值范围、编码组合及故障类别进行了改良，得到目前推荐的、较广泛使用的改良三比值法。

改良的三比值（五种气体的三种比值）法作为判断充油电气设备故障类型的主要方法。编码规则和故障类型判断方法见表 12-5 和表 12-6。

表 12-5　　　编　码　规　则

气体比值范围	比值范围的编码		
	C_2H_2/C_2H_4	CH_4/H_2	C_2H_4/C_2H_6
<0.1	0	1	0
0.1≤比值<1	1	0	0
0.1≤比值<3	1	2	1
≥0.1	2	2	2

表 12-6　　　　　　故障类型判断方法

编码组合			故障类型判断	故障实例（参考）
C_2H_2/C_2H_4	CH_4/H_2	C_2H_4/C_2H_6		
0		1	低温过热（低于150℃）	绝缘导线过热，注意 CO 和 CO_2 的含量以及 CO_2/CO 比值
	2	0	低温过热（150～300℃）	分接开关接触不良，引起夹件螺栓松动或接头焊接不良；涡流引起铜过热，铁芯漏磁、局部短路、层间绝缘不良；铁芯多点接地等
	2	1	中温过热（300～700℃）	
	0、1、2	2	高温过热（高于700℃）	
	1	0	局部放电	高湿度、高含气量引起油中低能量密度的局部放电
2	0、1	0、1、2	低能放电	引线对电位未固定的部件之间连续火花放电，分接抽头引线和油隙闪络，不同电位之间的油中火花放电或悬浮电位之间的火花放电
	2	0、1、2	低能放电兼过热	
1	0、1	0、1、2	电弧放电	绕组匝间、层间短路，相间闪络、分接头引线间油隙闪络引起对箱壳放电，线圈熔断，分接开关飞弧，因环路电流引起对其他接地体放电等
	2	0、1、2	电弧放电兼过热	

2）三比值法的使用原则。只有当根据气体组分含量的注意值或气体增长率的注意值能基本判断设备可能存在故障时，气体比值才是有效的，并需予以计算。

若气体的比值与以前的不同，则可能有新的故障重叠在老故障或正常老化上。要得到新故障产生的对应气体比值，需要从这次的检测结果中减去上一次检测的气体分析数据，重新计算比值，特别是 CO、CO_2 含量较大的情况，并且要注意在相同的负荷、相同的温度和相同的取样位置条件下进行，才能作出有效的比较。

由于油中溶解气体分析方法本身存在试验误差，导致气体比值存在误差。利用 DL/T 722《变压器油中溶解气体分析和判断导则》中所推荐方法分析油中溶解气体结果的重复性和再现性。对于浓度大于 10μL/L 的气体，两次的测试误差不应大于平均值的 10%，而在计算气体比值时，误差提高到 20%。当气体浓度低于 10μL/L 时，误差会更大，使比值的精度迅速降低。因此在使用比值法判断设备故障性质时，应注意各种可能降低精度的因素。

3）三比值法的不足。由于故障本身存在模糊性，每一组编码与故障类型之间也具有模糊性，三比值还没能包括和反映变压器故障的所有形态，存在一定的缺欠和不足，比如，当有多种故障重合作用时，可能在表中找不到对应的比值组合；在三比值编码边界模糊的比值区间内的故障很容易误判。因此这种方法还需要不断地总结经验，不断进行补充、改进和完善。

因此在 DL/T 722《变压器油中溶解气体分析和判断导则》中还推荐了其他几种辅助方法，如比值 CO_2/CO、比值 O_2/N_2、比值 C_2H_2/H_2 和图示法等。

4）三比值法的影响因素。

a）首先是变压器组件问题的影响。绕组及绝缘中残留吸收的气体，强制冷却系统附属设备故障，压紧装置故障，切换开关室的油渗漏，变压器套管端部接线松动过热，传导到油箱本体内也会引起油受热分解产生气体；冷却系统风扇故障、散热器堵塞等异常情况下都可能引起变压器油温的升高，导致变压器油的分解产生气体。以上变压器组件问题产生的气体溶解于油中，增加了变压器油中特征气体组分含量，很容易导致对变压器内部故障的误诊断。

b）还有一些外部影响因素的影响。如假油位、变压器油箱补焊、超负荷运行等。

5）三比值法故障诊断步骤。当根据实验结果怀疑有故障时，应结合各种检查性试验，按如下步骤对变压器的故障形式和故障成因都作出综合诊断。

将试验结果的特征气体（总烃、甲烷、乙炔、氢）与 DL/T 722《变压器油中溶解气体分析和判断导则》中列出的溶解气体含量注意值和产气速率注意值进行比较。短期内气体含量迅速增加，即使未超过油中气体含量注意值，也可诊断为内部有异常状况；而有些设备特别是使用时间较长的设备，由于一些其他原因引起气体含量基值较高，甚至超过气体含量注意值，但增长速率低于产气速率注意值，确仍可认为是正常设备。

2. 综合诊断

当认为设备存在故障时，利用特征气体法、三比值法及其他辅助方法，对故障类型进行诊断。

根据 CO 和 CO_2 含量的比值进行诊断。

在气体继电器出现气体的情况下，将气体继电器中气样的分析结果按本节所述方法进行诊断。

根据上述各步的结果及其他检查性试验（绝缘、空载特性、绕组直流电流测量、局部放电、微水含量监测等）结果，结合设备结构、运行、检修等情况，进行综合分析，诊断设备的故障类型、部位等。根据不同的故障情况、现场条件等给出处理措施。

三、电气设备故障分析和诊断方法

电气设备的故障诊断经过几十年，特别是近年来业内的不断努力，总结出了几种主要的故障诊断方法。现有的故障诊断仍然是建立在有标准值比对的基础上，阈值诊断法简单易行，是目前主要采用的故障诊断方法。这些方法对变压器、断路器、互感器、避雷器等设备的故障分析和诊断都是较有效的方法。

（1）阈值诊断法。阈值诊断法是一种通过测试，按照所得特征及状态是否超过规定值域范围来判断设备状态的方法。根据设备特点和设备运行经验，在国家的各项标准、规范及导则中，规定了反映设备绝缘状况或其他状况的特征参数的正确值和注意值。阈值诊断法以此为标准进行故障的诊断和评估。阈值诊断法简单易行，但存在判断不够全面、易误报等缺点。需经过专业技术人员进行各种技术数据比较，并借助于各种逻辑分析推理，以及多参数综合分析才能取得较好的效果。

（2）时域波形诊断法。是将设备监测到的特征数据信息随时间变化的曲线，与事先存储或测得的曲线进行对比，从而判断电气设备状态的诊断方法。

（3）频率特性诊断法。系统对正弦输入信号的稳态反应是用以描述系统性能的一种普遍工程方法，频率特性诊断法就是利用输入系统的正弦信号经过系统后输出信号的频率特性或频谱与已知的标准频谱进行对比，从而诊断设备是否存在故障。

（4）指纹诊断法。由设备监测到的数据进行统计分析处理后，可得到一些特殊的谱图，如三维谱图或二维谱图，是通过分析谱图或将谱图与已知的标准图形进行对比，从而判断设备状态的一种方法，很像是人类的指纹对比，称为指纹诊断法。

（5）智能诊断法。是指在传统的人工诊断法、阈值诊断法、时域波形诊断法、频率特性诊断法、指纹诊断法的基础上，将智能化数学方法与人工经验结合对设备的特征参数进行综合分析判断的方法。主要是人工神经网络诊断、模糊诊断等。

第九节　电气设备在线监测装置情况

一、电气设备在线监测装置制造情况

发电机解读式在线监测装置大部分是国外制造厂产品，特别是发电机局部放电在线监测装置，国内没有制造厂，其他装置有原装进口、集成商集成提供，也有引进技术国内生产。国内目前可生产发电机匝间短路在线监测装置、发电机绝缘过热在线监测装置、发电机在线监测信息系统和发电机状态监测装置（或系统）。

国内制造厂主要生产变压器和 GIS（HGIS）及 SF$_6$ 断路器、容性互感器等设备，高压开关柜、避雷器、电力电缆等电气设备的在线监测装置以及发电机直读式在线监测装置。

二、电气设备在线监测装置统计

对目前可供选择的主要在线监测装置做了初步统计，见表 12-7，供设计选型时参考，由于并没有做全面的业绩、使用效果调研，并且技术在不断发展，表中所列设备只是本手册编写时根据所收集到的资料做的整理，还不够全面不能作为选择依据，仅供参考。具体设备的性能和参数应核实当时制造厂提供的资料数据。

表 12-7　　　　　　　　　　在 线 监 测 装 置

序号	产品名称	产品型号	技术特点	适用范围
1	发电机局部放电在线监测装置	BUSTRAC	EMC 或 EMC+SSC 采用定向或定时降噪配置安装方式。有后台管理机，可带通信口	EMC 用于所有发电机组；EMC+SSC 适用于较大型汽轮发电机组或水轮机组
2	发电机局部放电在线监测装置	RMM-PDM	EMC+RTD+线棒耦合，采用定向降噪，辅以降噪传感器配置安装方式。有后台管理机，可带通信口。指纹分析技术	适用所有发电机组
3	发电机局部放电在线监测装置及专家分析软件	W-PD6/60	EMC+RTD，采用定向降噪，辅以降噪传感器配置安装方式。有后台管理机，可带通信口	适用所有发电机组
4	发电机转子匝间短路在线监测装置	RMM-RSM	线圈动态波形法	在线监测发电机转子匝间短路
5	发电机转子匝间短路在线监测装置	FZGL-10	采集发电机气隙磁场在微分探测线圈中感应的波形信号。并可远程管理与监测	发电机转子匝间短路、温度、振动监测及运行监测、历史数据记录查询

续表

序号	产品名称	产品型号	技术特点	适用范围
6	发电机转子匝间短路在线监测装置	ROM	线圈动态波形法	发电机转子
7	转子气隙磁通量的在线监测（预知匝间短路）	Flux Trac	线圈动态波形法	发电机转子
8	发电机绝缘过热在线监测装置	RMM-OHM	电离室	测量发电机绝缘过热
9	发电机绝缘过热在线监测装置	FJR-IIA	电离室	测量发电机绝缘过热
10	发电机绝缘过热在线监测装置	OHM	电离室	测量发电机绝缘过热
11	发电机端部光纤振动在线监测系统	RMM-OVM	光纤非接触传感器	监测发电机端部振动
12	发电机端部光纤振动在线监测系统	EWM	光纤非接触传感器	监测发电机端部振动
13	机组振动在线监测分析故障诊断系统	TN8000	通过涡流传感器和速度传感器采集振动信号，也可与 TSI 共用信号，并通过 DCS 或其他测量仪表采集机组运行工况的过程参数	监测发电机端部及绕组振动，诊断机组故障情况
14	发电机状态在线监测装置	TFJC-3 系列	采用发电机弹性力学模型，可作为集中信息管理处理终端	可视化监视发电机启励、并网、带负荷运行、解列、灭磁等；监视发电机组的性能状况、在线运行状态
15	发电机运行信息管理系统	GenGuard	接入与发电机运行和设备安全状态有关的信息（即各种在线监测装置输出的信息），采用模块化设计	远方监测、诊断运行状态及安全信息综合管理系统
16	发电机状态在线监测装置	LIFEVIEW	局部放电采用 1000pF 电容耦合器；模块化设计，包括局部放电模块、轴电压模块、气隙模块、端部振动模块等，用户可根据需要选配。可作为集中信息管理处理终端	能够对发电机绕组绝缘内部放电、槽部放电、绕组端部放电、导体和绝缘体间放电、电弧放电等放电情况进行实时监测，是一个综合型发电机状态监测装置
17	数字电厂的状态监测系统	PN5000	在 SigmaTech/GE/WH/wonderware 等电站管理系统基础上研发。可作为集中信息管理处理终端	设备运行状态监控和信息管理。可采集和管理发电机、变压器、GIS、封闭母线、高压电缆、电动机、开关柜等设备的在线监测系统的信息
18	大型发电机在线状态监测系统	GSW-1000	集运行监视、故障记录分析、电气试验等功能于一体，可作为集中信息管理处理终端	发电机运行状态实时监视，对发电机 P-Q 曲线、进相运行、功角、谐波不对称度、低频振荡、失磁进行监视，有历史数据记录、故障记录和分析。实现发电机总启动时试验自动化
19	变压器油中溶解气体（DGA）及微水在线监测系统	MULTITRANS	光声光谱原理	在线监测变压器油中气体及微水
20	变压器油中九种气体及微水在线监测装置	PGM-9	光声光谱原理，光声光谱模块采用无刷技术。循环鼓泡动态脱气方式。测量气体除 DL/Z 249—2012《变压器油中溶解气体在线监测装置选用导则》中规定的特征气体还有氧气（O_2）、氮气（N_2）	在线监测变压器油中 9 种气体及微水（H_2O）含量：氢气（H_2）、乙烷（C_2H_6）、乙炔（C_2H_2）、甲烷（CH_4）、乙烯（C_2H_4）、一氧化碳（CO）、二氧化碳（CO_2）、氧气（O_2）、氮气（N_2）
21	变压器油中三种气体及微水在线监测装置	MINI PGM	光声光谱原理，光声光谱模块采用无刷技术	在线监测变压器油中 3 种气体及微水（H_2O）含量，可检测：氢气（H_2）、乙炔（C_2H_2）、乙烯（C_2H_4）、一氧化碳（CO）

序号	产品名称	产品型号	技术特点	适用范围
22	变压器油色谱在线监测系统	OCMS-1000	真空脱气，气相色谱	在线监测变压器油中气体
23	变压器油中溶解气体在线监测系统（多组分）	QRDM-300	气相色谱原理	在线监测变压器油中 6～7 种气体及微水含量，可监测：氢气（H_2）、乙烷（C_2H_6）、乙炔（C_2H_2）、甲烷（CH_4）、乙烯（C_2H_4）、一氧化碳（CO）、二氧化碳（CO_2）。CO、CO_2 可选配
24	变压器油中溶解气体在线监测系统（单组分）	QRDM-200	气相色谱原理	在线监测变压器油中 4～5 种气体的混合浓度及微水含量。监测气体：氢气（H_2）、乙炔（C_2H_2）、乙烯（C_2H_4）、一氧化碳（CO）、二氧化碳（CO_2）。CO、CO_2 可选配，适用于监测油中气体含量和趋势，不适于全组分气体色谱分析
25	变压器油中故障气体及微水监测系统	T-DGA 系列	磷光光纤热点传感器，非分光红外技术（一种光声光谱原理）	在线监测变压器油中气体（有 3 种气体、4 种气体、9 种气体三种产品）
26	变压器油色谱在线监测系统（多组分）	JSM3000	气相色谱原理	在线监测变压器油中 6～7 种气体及微水含量，可监测：氢气（H_2）、乙烷（C_2H_6）、乙炔（C_2H_2）、甲烷（CH_4）、乙烯（C_2H_4）、一氧化碳（CO）、二氧化碳（CO_2）
27	变压器油色谱在线监测系统（单组分）	JSM2000	气相色谱原理	在线监测变压器油中 4～5 种气体的混合浓度及微水含量。监测气体：氢气（H_2）、乙炔（C_2H_2）、乙烯（C_2H_4）、一氧化碳（CO），适用于监测油中气体含量和趋势，不适于全组分气体色谱分析
28	变压器油中故障气体及微水监测装置	TRANSFIX-DGA	光声光谱原理，气体渗透膜	在线监测变压器油中 9 种气体及微水（H_2O），智能终端可以一拖三。可监测：氢气（H_2）、乙烷（C_2H_6）、乙炔（C_2H_2）、甲烷（CH_4）、乙烯（C_2H_4）、一氧化碳（CO）、二氧化碳（CO_2）、氧气（O_2）、氮气（N_2）
29	变压器在线监测装置	DTM	气相色谱原理	在线监测变压器油中气体
30	变压器监测系统	MS3000	气相色谱原理	在线监测变压器油中气体
31	变压器油中气体在线监测装置及专家分析系统	W-PD2G	气相色谱原理，气体传感器监测法	在线监测变压器油中气体及微水含量，并带有专家分析系统。（可捕捉：油屏障绝缘及介质损耗增大问题，局部放电超标，夹件松动，纤维素绝缘材料过热，变压器油温过热，固体绝缘屏障缺陷、老化，有载分接开关问题，绝缘受潮等）。监测 4～8 种气体（标准配置为氢气、一氧化碳、乙烯、乙炔）和微水含量
32	变压器色谱在线监测系统	MGA2000-6	气相色谱原理	在线监测变压器油中气体，6 种气体监测
33	变压器油中气体在线监测装置	NS-TMS	气相色谱原理	在线监测变压器油中气体，最多可监测 9 种气体
34	变压器油中溶解气体及水分在线监测装置	MAGNUS DGA	气相色谱原理，无耗材，RS-485 通信口，可提供 IEC 61850 规约	在线定量监测变压器油中气体的组分含量，可监测 9 种气体

续表

序号	产品名称	产品型号	技术特点	适用范围
35	变压器油色谱在线监测装置	HNPSE 1000	复合色谱柱	在线监测变压器油中气体浓度,监测7种气体
36	变压器油色谱在线监测装置	GTCA-3600	气相色谱原理	在线监测变压器油中气体浓度,6种气体监测
37	变压器油中气体在线监测系统	RS-201	气相色谱原理,改良模糊三比值法	在线监测变压器油中气体组分含量,6种气体监测
38	变压器油中溶解气体在线监测系统	TOA-1000/2000	气相色谱法,有多组分和单组分选择	在线监测变压器油中气体组分和含量
39	变压器油色谱在线监测系统(多组分)	HSM3000	色谱柱法,采用 IEC 60599 标准及改良的模糊三比值法、大卫三角形及立方图示法。支持有线和无线通信方式	在线监测变压器及电抗器等油油浸式电力设备的油中溶解特征气体组分和含量。可检测7种特征气体
40	变压器油色谱在线监测系统(单组分)	HSM2000	气相色谱原理	在线监测变压器油中 4~5 种气体的混合浓度及微水含量。监测气体:(H_2)、(C_2H_2)、(C_2H_4)、(CO),适用于监测油中气体含量和趋势,不适于全组分气体色谱分析
41	变压器油中气体在线监测分析装置	HC1005/1008	近红外光谱技术体积小、质量轻,不超过20kg	在线监测变压器油中气体组分,HC1005 监测 4 种特征气体(H_2)、(C_2H_2)、(C_2H_4)、(CO);HC1008 监测7种特征气体
42	变压器油中气体在线监测分析装置	HC1001	近红外光谱技术体积小、质量轻,只有几千克	在线监测变压器油中除 CO_2 外的6种特征气体的混合浓度
43	变压器油中溶解气体分析智能诊断设备	IDD for DGA	内置传感器法	在线监测变压器油中溶解气体的变化趋势
44	变压器油中微水分析智能诊断设备	IDD for DGA	内置传感器法	在线监测变压器油中微水及一段时间内的平均值
45	变压器内置式局部放电特高频监测系统	PS-PDM-T01/T02	内置式	在线监测变压器局部放电
46	变压器局部放电在线监测系统	RS-202A	超高频传感器固定安装在出油口法兰上,配有噪声传感器,去除通信、电弧等噪声	包含以下基本参量:最大放电量及放电相位、放电次数、平均放电量
47	在线式变压器局部放电监测系统	HNPJF-1500B	超高频传感器固定安装在放油阀或人孔盖板上,配有噪声传感器	在线监测变压器内部局部放电情况,形成风险评估报告
48	变压器局部放电在线监测系统	HS9000	超高频传感器,安装于变压器手孔、放油口或变压器本体专门增开的检测孔上	在线监测变压器局部放电情况
49	变压器、GIS、断路器局部放电检测及诊断系统	PowerPD:PD-TM500A,PD-TP500A	同时采用超声波传感器和射频电流互感器	适用于变压器、GIS、断路器的局部放电在线电监测及诊断
50	变压器在线监测系统	W-PD2 系列	油温监测,采用末屏矢量叠加电流补偿法;具有直流偏磁监测功能	在线监测变压器局部放电、介质损耗、油中气体、运行状态,铁芯直流偏磁,铁芯接地及避雷器绝缘,油流、油温,老化指数等综合状态
51	变压器套管在线监测装置及专家分析系统	TRANALIZER	顶层油温探测技术,双功能末屏传感器,由现场信号处理和诊断软件组成	实时反映变压器、电流互感器、电抗器高压电容型套管的电容值和介质损耗值
52	变压器套管监测及其局部放电在线监测装置	Intellix BMT 300	仅需一个适配器,可监测套管和主油箱	在线监测变压器套管工作状态(电容、功率因数),同时监测主油箱局放电产生的位置

续表

序号	产品名称	产品型号	技术特点	适用范围
53	变压器局部放电在线监测装置	PDM-2000T	超高频检测法	在线监测变压器局部放电
54	变压器局部放电在线监测系统	OM.R921	监测放电量、放电相位、发电次数等基本放电参数，显示工频周期放电图谱、二维及三维放电图谱。IEC 61850 协议，CAN、TCP/IP 接口	用于实时监测并分析变压器内部局部放电信号，评估变压器设备的绝缘性能
55	变压器局部放电在线监测系统	PDOMS-831T	内置特高频天线接收式	监测变压器监测点放电幅值、放电相位和放电次数
56	变压器局部放电在线监测系统	HSBJFX1	超高频检测法，有 RS-485 通信口	在线监测变压器局部放电。监测量主要是最大放电量、放电相位、放电次数、平均放电量
57	变压器套管绝缘介质损耗在线监测系统	PFLivePlusSOS Tanδ	和电流	在线监测变压器套管
58	变压器套管介质损耗在线监测系统	HSTG500	采用离散傅里叶变换对采集的信号进行谐波分析，得到两者的基波，再求出介质损耗角	通过监测套管末屏电流来监测套管的绝缘状况及电容值
59	变压器套管绝缘介质损耗在线监测系统	TBM Live Plus	和电流	在线监测变压器套管
60	变压器套管在线监测系统	TBMS-1000	采集电压和电流信号，利用优化傅里叶分析法。采用薄膜合金铁芯单匝穿心式传感器	容性设备的泄漏电流、电容和介质损耗
61	变压器套管电容及介质损耗在线监测装置	BHM	采用和电流法原理，BAU 套管末屏传感器	在线监测变压器的套管和介质损耗
62	变压器套管及局部放电在线监测装置	DTM	BAU 套管末屏传感器，ROGS 罗格斯线圈、HFCT 高频电流传感器、EMC 耦合电容器、RFVT 射频电压传感器、RTD-PD 局部放电测量传感器。采用脉冲时间和幅值、时间到达法、脉冲极性识别法等除藻技术	在线监测变压器的套管和局部放电情况
63	变压器超声波局部放电在线监测装置	APM	采用 AE 超声波传感器和 HFCT 高频电流传感器及数字处理技术	在线监测变压器局部放电情况
64	变压器超高频局部放电在线监测装置	UPM	采用超高频天线，100Base 网口	在线监测变压器局部放电情况
65	变压器绕组"热点"荧光光纤监测系统	HQ-406	荧光光纤传感器 2～6 通道可选，RS-485 口、USB 口	在线监测变压器绕组热点温度
66	变压器绕组"热点"荧光光纤监测系统	HQ-500/220	荧光光纤传感器 1～16 通道可选，RS-485/RS-232 口、LAN 总线	在线监测变压器绕组热点温度
67	变压器绕组温度在线监测系统	TWMS-1000	磷光温度传感器	在线监测变压器绕组温度
68	变压器绕组光纤测温在线监测装置	FTM	磷化物和砷化镓光纤测温传感器	在线监测变压器绕组、铁芯、顶部油温及其他位置产生的温度
69	变压器光纤绕组测温监测装置	Dipulse	荧光光纤传感器	在线监测变压器绕组热点温度，可适用于油浸、干式变压器，电抗器，开关柜，发电机定子，电缆头，高压母线接头等
70	铁芯和绕组紧固力在线监测装置	TNC/VAA	装置不需要专门的传感器，通过变压器的低载和满载情况下的参数即可测定变压器铁芯和绕组的振动程度和紧固力情况	铁芯偏磁及振动在线监测

续表

序号	产品名称	产品型号	技术特点	适用范围
71	变压器直流偏磁及紧固力在线监测装置	DBM	高精度单匝穿芯式电流传感器，高导磁率薄膜合金铁芯，深度负反馈技术，三层屏蔽，带全智能数字监测单元	铁芯偏磁及振动在线监测
72	变压器铁芯接地在线监测系统	IEM-615/B	零磁通穿心式传感器，数字信号处理技术，每周波 24 点采样。采用傅氏算法计算接地电流中的 50Hz 基波量，双量程双输出	在线监测变压器铁芯接地电流
73	变压器铁芯接地电流在线监测系统	OM.R902	可测量并显示变压器铁芯接地电流，MODBUS、RTU、IEC 61850 协议	高压变压器铁芯两点或多点接地电流的监测与保护
74	变压器铁芯接地在线监测系统	TCMS－1000	单匝穿心式传感器，TI 无线式解决方案	监视变压器铁芯两点或多点接地电流
75	变压器铁芯漏电流在线监测系统	RS-205A	"软、硬结合"自动补偿励磁电流的单匝穿芯式电流传感器，与主设备无电的联系，保证系统安全	采集铁芯和夹件的泄漏电流，并在线监测，进行评估、预警和风险分析
76	变压器铁芯接地电流在线监测装置	ICM	采用高精度穿芯式电流传感器和数字信号处理技术。MODBUS-RTU 协议，RS-485 通信口	监视变压器铁芯/夹件两点或多点接地电流
77	变压器铁芯接地在线监测系统	HSTX500	采用高导磁超微晶无感式传感器，采用 FFT（快速傅氏变换计算法）计算，采用分布式结构、数字式传输，采用相互比较和趋势分析等智能分析方法	在线监测电容型高压电气设备的绝缘状态，判断其安全可靠性
78	变压器铁芯接地电流在线监测系统	NTL-7000	接地电流实时监测，RS-485 通信口，可远程就地显示数据	在线监测系统变压器铁芯接地电流
79	变压器综合在线监测系统	SAMS-1000	包含变压器油色谱在线监测系统、局部放电在线监测系统、套管在线监测系统、铁芯接地在线监测系统、绕组温度在线监测系统等，可根据需求选配	构成变压器在线监测全面解决方案
80	变压器综合在线监测系统	PBS 系列	油中气体：采用三比值法，小波理论，F_{46} 高分子气体渗透膜和高精度智能传感器，监测 H_2、CH_4、C_2H_2、C_2H_4、C_2H_6 等。局部放电：采用高频脉冲电流法。油中微水含量：内置传感器法	集变压器油中气体、局部放电、微水及温度在线监测于一体，采用模糊数学理论、人工智能神经网络进行故障诊断。也可独立分别采用各子系统
81	变压器综合在线监测系统	QRDM	包括套管介质损耗、冷却系统、LTC 有载开关、气体及微水、绕组光纤测温、变压器局部放电、绕组变形、环境温湿度、本体振动等变压器在线监测功能	构成变压器在线监测全面解决方案
82	变压器运行信息管理系统	TransGuard	采集高压侧负载电流；套管介质损耗角测量值；顶层及底层油温；环境温度；风扇和油泵的运行状态；油中故障气体及微水含量；有载调压开关挡位；有载调压开关驱动电机功率等	系统根据 IEC 60354 及 GB/T 1094.7《电力变压器　第 7 部分：油浸式电力变压器负载导则》中的相关规定计算老化系数和救急运行时间。采集存储信息，并远程诊断变压器的运行状态
83	变压器综合智能在线监测系统	TIQ	模块化设计，可兼容大部分国内外变压器在线监测装置，配有微处理器，采用以太网或 RS-485 接口、DashBoad 软件	是变压器综合集成管理系统，可扩展和集成变压器油中气体、套管介质损耗、微水、局部放电、绕组温度、铁芯接地电流等变压器在线监测装置模块，并可提供有载分接开关、顶层和底层油温监测功能，还包括对变压器负荷的动态管理等

序号	产品名称	产品型号	技术特点	适用范围
84	智能变电站电气设备状态在线监测与评估系统	OM.A100	可根据变电站监测要求，构成各种规模的监控软件平台。具有数据报表、趋势分析、设备状态分析。采用 IEC 61850 协议	采用数字化技术、嵌入式计算机技术、广域分布通信技术、在线监测技术以及故障诊断技术，实现各类电气设备运行状态的实时感知、分析、预测、故障诊断和评估
85	变电站电气设备状态监测系统	CM3000	采用一站式解决方案，分层、分布式结构。可集成变电站中各电气设备的在线监测装置的信息，采用 IEC 61850（DL/T 860）标准统一建模、组网	可实现数据管理、设备管理、远程通信、数据分析、诊断决策、系统报表、信息共享等功能
86	变电设备在线监测及故障诊断系统	HMS-1000	采用分布式结构，模块化就地采集系统	系统监测范围包括变压器、电流互感器、避雷器、电容型套管、电容耦合器和断路器等高压设备的在线监测及故障诊断
87	GIS 运行信息管理系统	W-PD8（集成 SwitchGuard 软件）	各参量传感器采用世界通用 IEEE/NEMA、IEC 标准设备，局部放电传感器采用非侵入或标准窗型局部放电探头，结合差分式探测设备对故障点进行有效定位。采用局部放电探头、传感器、HFCT 高频电流传感器	可接入所有与设备有关的参量：SF_6 气体压力、温度数据，SF_6 气体泄漏状态，各间隔局部放电情况，运行电流，跳闸事件记录，故障录波数据，各间隔 SF_6 微水含量
88	GIS 局部放电在线监测系统	PDM（S）-2000G	超高频检测法	在线监测 GIS 局部放电情况
89	GIS 局部放电在线监测系统	RS-202B	超高频检测法	在线监测 GIS 局部放电情况
90	在线式 GIS 局放监测系统	HNPJF-1000MS	超高频检测法，模块化设计，具有分析软件	在线监测 GIS 局部放电情况
91	GIS 局部放电在线监测系统	HS9000A	超高频检测法	在线监测 GIS 局部放电情况
92	GIS 局部放电在线监测系统	IEM-613	超高频检测法，以 GIS 母线为窗口	在线监测 GIS 局部放电情况
93	GIS 局部放电在线监测系统	GZPD-01G	超高频检测法	在线监测 GIS 局部放电情况
94	GIS 局部放电在线监测系统	ST-4000	超高频检测法，有内、外置传感器两种方法	在线监测 GIS 局部放电情况
95	SF_6 气体压力及微水在线监测装置	SDM		在线监测 GIS 的 SF_6 气体压力及微水含量
96	SF_6 气体密度及微水在线监测装置	ST-3000	有液晶和数码两种，安装于断路器补气口或测气口	在线监测 SF_6 断路器及 GIS 的 SF_6 气体密度及微水含量
97	SF_6 气体泄漏在线监测装置	GLM		在线监测 GIS 的 SF_6 气体泄漏情况
98	SF_6-O_2 气体泄漏报警装置	HNP6000B	低浓度气体检测技术、现场总线技术	检测环境空气中的 SF_6 气体和氧气含量浓度，并报警
99	定量泄漏报警监控系统	HNP8000B	光学平台调制红外光源原理，定量检测气体浓度，误差小于 50×10^{-6}，支持 RTU 遥测遥信	定量检测环境空气中的 SF_6 气体和氧气含量浓度，并报警
100	数字式 SF_6 气体微水与密度在线监测系统	HSWD/HSMD	基于 PC 机的光机电一体化工业生产过程监控系统，采用 RS-485 总线	用于 SF_6 断路器的 SF_6 气体在线监测与控制

续表

序号	产品名称	产品型号	技术特点	适用范围
101	在线式 SF_6 微水密度监测系统	HNPWS-10F	配有 RS-485 口和 CAN 总线	用于监测 SF_6 气体绝缘电气设备气体中微水、密度、温度及其变化趋势
102	SF_6 气体状态在线监测系统	IEM-610	微水密度采样器具有自动校准程序,微循环系统使主气室和采样点湿度快速平衡。通过浪涌、EMC、静电放电等测试	可用于封闭式组合电器,高、中压开关柜断路器气室的 SF_6 气体密度、微水、湿度等检测
103	GIS 局部放电在线监测系统	OM.R920	二维波形及三维相位图谱技术,直观显示放电状态,五年局部放电经验数据库,专家智能分析与诊断。内置式传感器,采用 IEC 61850 协议,CAN、RS-485 数据接口	用于 SF_6 断路器、GIS、开关柜、变压器、互感器等的监测与诊断。主要用于实时监测并分析 GIS 内部局部放电信号,评估 GIS 的绝缘性能,避免 GIS 高压设备突发事故
104	在线式 GIS 局部放电监测系统	PDMS-1000G	特高频检测法,高频天线安装在 GIS 体外的盘式绝缘子上	专家诊断系统实时显示 GIS 局部放电事件的特高频信号幅值（Q）、相位（φ）、放电次数（N）等参数,绘制满足放电触发条件的 $\varphi-Q-T$ 三维图谱和 $N-Q$、$Q-T$、$N-T$、$Q-\varphi$ 二维图谱,放电类型的概率统计,故障预测、报警,故障发展趋势统计等
105	GIS 设备局部放电在线监测系统	HSGJFX2	采用超高频检测技术、分布式模块化设计,一条总线最多可集成 256 个间隔设备。可通过互联网进行远程传输和监控	对局部放电的强度、密度进行实时在线分析。对局部放电倾向性的推移进行实时监控和分析,放电程度进行评估
106	断路器 SF_6 气体在线监测系统	IEM-A		在线监测 SF_6 气体浓度和泄漏情况
107	室内 SF_6 气体泄漏报警系统	HSJ9000系列	采用多组新型高灵敏度环境中 SF_6 气体、氧气、温湿度传感器。灵敏度达到 50×10^{-6}（或体积比 μL/L）	环境中 SF_6 气体、氧气含量定性、定量检测,SF_6 气体浓度超标、缺氧检测和报警,温湿度检测和显示
108	断路器特性在线监测系统	IEM-611	采用光栅式位移传感器	对断路器运行状态进行监视,包括分合闸位置、分合闸线圈电流、储能电机参数、分合闸时间、速度行程、动作时数等
109	断路器 SF_6 气体在线监测装置,专家分析软件	BEM-3HG/3HM		在线监测 SF_6 气体浓度和泄漏情况
110	断路器（GIS）SF_6 综合在线监测装系统	PBS-S	局部放电:特高频法,小波去噪。SF_6 泄漏:内、外置声速原理传感器,红外语音检测。微水:内置传感器加带修正补偿功能的变送器。配有 RS-485/RS-232 口、TCP/IP 协议	在线监测断路器、GIS 局部放电,SF_6 气体浓度和泄漏情况,SF_6 气体中微水含量
111	SF_6 气体泄漏监控报警系统	NTL 3000系列	双传感器自动校准,其中 B 型采用红外光谱测量原理（激光、双光束）	在线定性、定量监测 SF_6 气体浓度和泄漏情况及微水密度
112	真空断路器在线监测装置	RS-301	灭弧室微波探测,非接触式传感技术	监测开关柜真空泄漏及真空度,防止开关柜爆炸
113	分布式光纤温度监测系统	W-PD7		中压开关柜温度监测
114	电力设备光纤在线监测系统	Sentinel II EasyGrid EasyGrid LT（三种光纤信号控制器）	光纤传感器探头组成材料:光纤（二氧化硅）、砷化镓（GaAs）半导体、反射薄膜、PTEE（聚四氟乙烯）护套	适用于变压器、电抗器、发电机绕组测温

序号	产品名称	产品型号	技术特点	适用范围
115	接地故障监测装置	GFM		中压开关柜接地故障监测
116	电动机局部放电在线监测装置	IP2000		在线监测电动机的局部放电
117	电动机运行状态在线监测装置	IP2000-MCA		电动机的状态监视
118	电动机转子笼断条在线监测装置	RBM		在线监视电动机的转子笼条
119	SF$_6$密度（微水）在线监测系统	OM.800 OM.860	集中监视厂（站）内所有开关绝缘气体状态，数字化、网络化、智能化在线监测和状态趋势分析，智能诊断给出检修建议和计划。兼容 IEC 61850 协议，CAN、RS-485 数据接口	实时监测气体绝缘高压电气设备腔体内 SF$_6$气体密度和微水含量，用于 SF$_6$断路器、充气柜等电气设备 SF$_6$气体质量的监测和诊断
120	SF$_6$微水密度在线监测系统	RS-306M	双电源，主动微循环设计，克服采样死区，全不锈钢，全密封	在不排放 SF$_6$气体的条件下对 SF$_6$气体的含水量、密度和温度进行实时数据采集显示、信息远传、低压报警、泄漏报警、后台数据显示与分析等。适用于室外和低温环境
121	SF$_6$气体泄漏在线监测系统	RS-306X	敏感的 SF$_6$传感器作为核心元件，多种风机控制方式	$0\sim5000\times10^{-6}$ 范围内精确测量空气中 SF$_6$气体含量，全量程定量显示，SF$_6$气体浓度越限报警，实时氧气浓度检测
122	SF$_6$泄漏监控报警系统	OM.Y300 系列	全触控监控操作方式，有 SF$_6$超标检测和显示，并可查询历史数据。具有 CAN 总线、RS-485 数据接口	集室内环境 SF$_6$浓度和氧气含量监控功能于一体，温湿度监控，并与风机联动控制
123	SF$_6$开关室环境智能化监控报警系统	EM8000	双气检测，现场总线设计，可多点组网。具有通风、红外线探测及语音播报功能	环境中 SF$_6$气体、氧气含量检测，SF$_6$气体浓度超标、缺氧检测和报警，温湿度检测和显示
124	在线式 SF$_6$气体泄漏监测报警系统（定性）	GLMS-1000P	支持轮询监测，显示开关柜各气体探测单元传感器处的 SF$_6$和 O$_2$浓度，带有历史数据查询功能。具有 RS-485 接口	在线监测开关柜 SF$_6$气体泄漏情况，并报警
125	在线式 SF$_6$气体泄漏监测报警系统（定量）	GLMS-1000Q	在 GLMS-1000P 基础上，利用光学平台调制红外光源原理，可定量检测 SF$_6$和 O$_2$浓度，误差小于 50×10^{-6}，支持 RTU 遥测遥信，具有 RS-485 接口	在线监测开关柜 SF$_6$气体泄漏情况，并报警
126	在线式 SF$_6$气体特性监测系统	GPMS-1000		SF$_6$气体
127	开关柜温升点在线监测	NTL-306 系列	采用无线电射频技术	在线监测中压开关柜温升
128	开关柜荧光光纤在线温度监测系统	HQ-28/29	采用荧光光纤探针，6 通道（可级联扩展），具有 RS-485 接口	在线监测中压开关柜动、静触头及电缆头的温度变化
129	智能绝缘在线监测系统	ZHLD1000系列	微晶铁芯和零磁通技术，采用 TCP/IP 协议、Modbus-RTU 通信协议，具有 RS-485 接口	适用于低压大电流（TN-S，TT）系统供电末端线路绝缘劣化监测、电动机匝间短路故障预警、电压小电流（IT）系统的电气漏电分级预警、单相接地选线报警等
130	容性设备绝缘在线监测系统	OM.R900	单匝穿芯式安装，不对一次设备做任何改动。兼容 IEC 61850 协议，具有 CAN、RS-485、RJ45 及光纤等多种数据接口	实时周期性监测高压容性设备的介质损耗和等效电容、环境温湿度变化趋势

序号	产品名称	产品型号	技术特点	适用范围
131	避雷器绝缘在线监测系统	OM.R910	采用高频阻尼器件，确保雷电流窜入弱电系统不造成损坏。兼容 IEC 61850 协议	实时监测氧化锌避雷器（MOA）的泄漏电流和阻性电流，智能诊断分析，就地告警
132	智能数字式避雷器在线监测仪	KT-DTMT	信息可上传配电装置主 IED 及远传	实时监测氧化锌避雷器（MOA）的泄漏电流变化情况
133	避雷器在线监测系统	RS-205C	采用分布式结构，现场总线技术。由就地测量、数字传输、集控采集单元或安装在控制室内的集中管理系统等组成	监视 MOA 运行阻性电流、全电流及记录 MOA 动作次数，反映 MOA 运行中诸如受潮、机械缺损等不良状况
134	避雷器泄漏电流自动监测系统	NTL-6000	采用光纤取样，将泄漏电流的大小转换成脉冲频率变化，利用避雷器运行时的接地电流	在线监测避雷器泄漏电流
135	避雷器在线监测系统	IEM-612	采用零磁通穿心式电流传感器，阻性电流采用相位计算法（参考母线电压），数字化无线传输，采用太阳能电池供电，连续阴天可工作 7 天	在线监测避雷器的全电流和阻性电流及其变化趋势。自动报警或启动报警装置
136	智能数字式避雷器在线监测仪	KD-DTMT-II	在线监测避雷器的全电流，阻性电流，动作次数，环境温、湿度，具有 RS-485 通信口	适用于 10～500kV 电力系统
137	断路器真空度在线监测装置	RS-301	非接触式微波传感技术	通过非接触式传感器实时捕捉运行状态中的真空断路器（VCB）在真空度下降时发生的特征变化，在 VCB 发生真空泄漏初期及时告警，提醒运行人员及时处理，杜绝因真空泄漏导致的开关爆炸
138	断路器温度在线监测系统	RS-302	采用无线温度接收和发射模块，温度发射模块安装在需要监测温度的部位上（如动触头），发射模块和接收模块之间通过无线进行通信，解决了隔离问题	高压开关柜触头及触点、隔离开关、高压电缆中间头、干式变压器、低压大电流柜等设备的温度监测
139	高压电缆在线监测装置	W-PD7S/W-PD7P		高压电缆分布式温度光纤和电缆探头局部放电在线监测
140	在线式电缆局部放电监测系统	PDOMS-831C	采用高频电流传感器，HFCT 直接卡在电缆接地线上，安装方便，具有以太网接口。兼容 IEC 61850 协议	高、低压电力电缆局部放电监测
141	电缆综合在线监测系统	HSDL	采用无线（GPRS/4G）通信方式，辅以 GIS 地理信息系统准确定位，上位机基于 NET 平台 B/S 网络架构	在线监测电缆头温度，电缆沟、隧道内的可燃和有害气体、积水情况、环境温湿度、火灾等。并可现场视频监视和远传
142	电力电缆分布式光纤在线测温系统	PCTMS-1000	利用感温光缆，敷设到被测电缆通道区域，大功率扫描激光光源，外形尺寸小	高、低压电力电缆温度变化监测
143	电缆故障测试定位系统	CFT-1000	测试方法较多，包括低压脉冲法、脉冲电流法、多次脉冲法、高压电桥法，针对不同的监测对象可选；具有波形及数据显示	50km 长度内电力电缆
144	电力电缆智能在线监测防盗系统	ATS-1000C	采用基于高频信号的电缆接地回路完整性检测法，调制解调、抗浪涌电压电流技术	克服红外线入侵探测法、电流监测法、电力线载波通信法等传统方法的缺陷，在线防止电缆的被偷盗
145	电气设备绝缘在线监测及分析系统	Cronus TM	集容性设备（套管、TA、高压 TV/TA）绝缘监测于一体	在线监测电力变压器，电抗器，电流、电压互感器，开关柜等相线及母线桥设备，中压断路器、电缆等的局部放电

序号	产品名称	产品型号	技术特点	适用范围
146	电气设备局部放电在线监测系统	PDMS-1000（D）	采用分层、分布式架构，采用内置式传感器、地电波传感器与超声波传感器分布布置在开关柜易出现故障的柜室内	在线监测开关柜运行过程中的局部放电状态
147	电气设备光纤式温度在线监测预警系统	DATMS-1000F	基于光纤布拉格（FBG）原理的准分布式光纤光栅测温技术	在线实时监测开关柜、电力电缆等电气设备内高压触点和长距离电缆的温度变化，并发送预警信息
148	热像测温与故障定位巡视系统	HSRX2000	红外传感器加可见光传感器，双视系统	针对电气设备的热像测温与故障定位

第十三章

电气试验与检修设备的配置

火力发电厂电气试验室可分为高压试验室、测量仪表试验室和继电保护试验室，主要工作如下：

（1）按照国家或行业标准要求配置的试验设备进行电气设备高压试验。

（2）对继电保护、自动装置及二次接线的调整试验和对电测量表计、继电器的调整试验。

（3）对电测量仪表、继电器等进行不太复杂的机械和电气方面的修理。

电气试验室的设计内容为提出电气试验室的设备配置清单和电气试验室的布置，试验室设备配置要满足承担全厂电气设备的日常维护、定期检验、校准、检验维修等工作的要求。

第一节 试验设备的配置

一、试验设备的配置原则

火力发电厂电气试验设备应按照 DL/T 5004《火力发电厂试验、修配设备及建筑面积配置导则》配置，其配置原则如下：

（1）试验设备的配置应能应能满足额定电压为 35kV 及以下电气设备的高压试验。

（2）测量仪表的配置应能满足 0.5 级测量仪表的需要。

（3）继电保护试验设备配置应满足在电厂完成高压及低压线路保护、母线保护、各种主设备保护、厂用电保护、各种电气自动装置的调整试验的需要，以及二次回路运行维护的需要。

根据发电厂的总容量和单机容量的不同，配置的试验设备标准不同，按照近期规划容量划分，电厂可分为三类，见表 13-1。

表 13-1　　按近期规划容量的电厂分类

类别	I	II	III
总容量	125MW≤总容量<800MW	800MW≤总容量≤1200MW	总容量>1200MW
单机容量	125MW≤单机容量<200MW	200MW≤单机容量<300MW	单机容量≥300MW

新建和扩建的电厂，一般应按照表 13-1 的电厂类别，根据表 13-2～表 13-4 配置试验设备和仪表。

表 13-2　　　　　　　电气高压试验室仪器仪表和设备配置参考表

序号	设备名称	规　范	单位	数　量			用　途	备　注
				I	II	III		
1	变频谐振试验装置	70～210kVA，35～70kV	套	1	1	1	发电机、电缆交流耐压	变频谐振试验装置电抗器、容量及输出电压，根据设备参数选择
2	工频试验变压器及测量系统	10kV 100/0.38kV	套	1	1	1	35kV 电气设备耐压	
3		10kV 70/0.38kV	套	1	1	1	20kV 电气设备耐压	
4		5kV，50/0.38kV	套	1	1	1	10kV 电气设备耐压	
5		1kV，10/0.38kV	套	2	2	1	低压电气设备耐压	

续表

序号	设备名称	规　范	单位	数　量			用　途	备　注
				I	II	III		
6	直流高压发生器及测量系统	0～120kV，5mA	套	1	1	1	35kV 氧化锌避雷器试验	
7		0～60kV，2mA	套	1	2	2	高压电气设备耐压	
8		0～100kV，0.5mA	套	1	1	1	水内冷发电机耐压试验	
9	油试验仪	0～60kV	套	1	1	1	击穿电压	绝缘油介电强度测试仪
10	高压绝缘电阻测试仪	5000V，0～150000MΩ	套	1	2	2	10000V 及以上的电气设备	
11	绝缘电阻表	2500V，0～100000MΩ	套	1	2	2	10000V 以下至3000V 的电气设备	
12		1000V，0～10000MΩ	套	1	2	2	3000V 以下至500V 的电气设备	
13		500V，0～500MΩ	套	1	2	2	500V 以下至100V 的电气设备	
14	直流电阻快速测试仪	电流为 10、20A	套	1	1	1	变压器绕组直流电阻	
15	接地电阻测试仪	精度：±5%	套	1	2	2	测独立避雷针等接地装置	
16	介质损耗测试仪	10kV	套	1	1	1	电气设备介质损耗及电容值，绝缘油介质损耗	
17	电缆故障探测仪		套	1	1	1		
18	SF_6 湿度仪		套	1	1	1	检测 SF_6 气体含水量	
19	SF_6 检漏仪		套	1	1	1	检测 SF_6 设备漏气量	
20	万用表		块	4	6	8		
21	频率表		块	1	1	1		
22	点温计		块	1	1	1		
23	钳形毫安表		块	1	1	1		
24	电容表		块	1	1	1		
25	电感表		块	1	1	1		
26	直流电桥		块	1	1	1		
27	变比电桥		块	1	1	1		
28	万能电桥		块	1	1	1		
29	相位表		块	1	1	1		
30	相序表		块	1	1	1		
31	标准件（包括电容、电流互感器等）		套	1	1	1		

序号	设备名称	规　范	单位	数　量			用　途	备　注
				I	II	III		
32	开关动作特性测试仪		套	1	1	1		
33	调压器		台	1	1	1		
34	绕线电阻		套	1	1	1		
35	蓄电池测试仪		台	1		1		采用免维护蓄电池时取消

表 13-3　　　　　　　　　　　　　继电保护试验室仪器仪表和设备配置参考表

序号	设备名称	规范	单位	数量			用　途	备　注
				I	II	III		
1	继电保护微机型试验装置	四相交流电压源和六相交流电流源	套	1	1	1	各种继电保护试验	
2	继电保护微机型试验装置	四相交流电压源和三相交流电流源	套	1	1	1	除差动保护外的各种继电保护试验	当机组数量超过4台时,可增配1套
3	继电保护微机型试验装置	单相电压和单相电流	套	1	1	1	单继电器及厂用保护试验	
4	数字万用表		块	3	3	3		
5	绝缘电阻表	500V	块	1	1	1	绝缘电阻测量	
6	绝缘电阻表	1000V	块	1	1	1	绝缘电阻测量	
7	相序表		个	1	1	1		
8	旋转式电阻箱	0.1～1111.11Ω	个	1	1	1	发电机转子接地保护试验	
9	三相钳形多功能相位伏安表	三相电流电压测量	个	1	1	1	差动保护试验	
10	仪用电流互感器	一次 0.1～100A；5～600；100～2500A	个	各 1	各 1	各 1	单体试验用	选用
11	交直流电压表	0～150～300～600V	个	2	2	2	单体试验用	选用
12	交直流电流表		个	2	2	2	单体试验用	选用
13	滑线电阻	不同电阻及电流	个	适量	适量	适量	单体试验用	选用
14	对讲机		对	2	2	2		
15	电缆芯线对号器		副	2	2	1		
16	标牌印字机		台	1	1	1		
17	套管印字机		台	1	1	1		

表 13-4　　　　　　　　　　　　　电测仪表标准试验室仪器仪表和设备配置参考表

序号	设备名称	规　范	单位	数量			用　途	备　注
				I	II	III		
1	多功能电测产品检定装置	0.1 / 0.05 级	套	1	1	1	检定交、直流电压表、电流表、功率表、变送器	
2	高阻箱	0.2 级	台	1	1	1	检定绝缘电阻表	

序号	设备名称	规 范	单位	数量			用 途	备 注
				I	II	III		
2	恒速器	—	台	1	1	1	检定绝缘电阻表	
	端电压测定器	—	台	1	1	1		
3	接地电阻表检定装置	0.1 级	套	1	1	1	检定接地电阻表	选用
4	互感器检定装置	0～3000A/1A（5A）、6、10、35、66/0.1kV，0.05 级	套	1	1	1	检定电压、电流互感器	包括升压器、升流器、调压器负载箱及大电流导线、标准互感器等
5	绝缘电阻表	500V	块	1	1	1		
6	绝缘电阻表	1000V	个	1	1	1		
7	绝缘电阻表	2500V	个	1	1	1		
8	数字万用表	直流电压：±200mV/2/20/200/1000V，±0.3%；直流电压：±200mV/2/20/200/1000V，±1.5%；直流电流：±20/200mA，±0.8%；直流电流：±20/200mA，±2%；电阻：200Ω/2kΩ/20kΩ/200kΩ/2MΩ，±0.5%	个	5	5	6		
9	三相交流采样交直流变送器检验装置	0.05 级	套	1	1	1	变送器检验	
10	便携式三相电能电测仪表检验装置		套	1	1	1		
11	三相钳形多功能相位伏安表		个	1		1		选用
12	滑线电阻	不同电阻及电流	个	各1	各1	各1		选用
13	钳形电流表		个	1	1	1		选用

二、电气设备试验

（一）主要试验内容

发电厂内电气试验设备应能满足日常运行维护需要及检修期间要求的主要试验项目。试验是为了发现运行中设备的隐患，预防发生事故或设备损坏，对设备进行的检查、试验或监测，也包括取油样或气样进行的试验。

1. 6000kW 及以上的同步发电机

（1）定子绕组的绝缘电阻、吸收比或极化指数试验。

1）各相或各分支绝缘电阻值的差值不应大于最小值的 100%。在相近试验条件（温度、湿度）下，如降低到历年正常值的 1/3 以下时，应查明原因。额定电压（U_N）为 1000V 以上时，采用 2500V 绝缘电阻表，量程一般不低于 10000MΩ，水内冷定子绕组用专用绝缘电阻表。

2）200MW 及以上机组推荐测量极化指数，沥青浸胶及烘卷云母绝缘吸收比不应小于 1.3 或极化指数不应小于 1.5；环氧粉云母绝缘吸收比不应小于 1.6 或极化指数不应小于 2.0；水内冷定子绕组自行规定。

（2）定子绕组的直流电阻测量。汽轮发电机各相或各分支的直流电阻值，在校正由于引线长度不同而引起的误差后，相互间差别以及与初次（出厂或交接时）测量值比较，相差不得大于最小值的 1.5%（水轮发电机为 1%）。超出要求者，应查明原因。

（3）定子绕组直流耐压试验。定子绕组直流耐压试验电压要求见表 13-5。

表 13-5　定子绕组直流耐压试验电压要求

试　验　项　目		试验电压
全部更换定子绕组并修好后		$3.0U_N$
局部更换定子绕组并修好后		$2.5U_N$
大修前	运行 20 年及以下者	$2.5U_N$
	运行 20 年以上与架空线直接连接者	$2.5U_N$
	运行 20 年以上不与架空线直接连接者	（$2.0\sim2.5$）U_N
小修时和大修后		$2.0U_N$

试验时，试验电压按每级 $0.5U_N$ 分阶段升高，每阶段停留 1min。

（4）定子绕组交流耐压试验。定子绕组交流耐压试验电压要求见表 13-6。

表 13-6　　定子绕组交流耐压试验电压要求

试验条件	试　验　项　目		
	容量（kW 或 kVA）	额定电压 U_N（V）	试验电压（V）
全部更换定子绕组并修好后	小于 10000	>36	$2U_N+1000$但最低为1500
	10000 及以上	<6000V	$2.5U_N$
		6000～24000V	$2U_N+1000$
		24000V 以上	按专门协议
大修前或局部更换定子绕组并修好后	运行 20 年及以下者		$1.5U_N$
	运行 20 年以上与架空线路直接连接者		$1.5U_N$
	运行 20 年以上不与架空线路直接连接者		（$1.3\sim1.5$）U_N

（5）转子绕组的绝缘电阻。绝缘电阻值在室温时一般不小于 $0.5M\Omega$，水内冷转子绕组绝缘电阻值在室温时一般不应小于 $5k\Omega$。测量通常采用 1000V 绝缘电阻表，水内冷发电机用 500V 及以下绝缘电阻表或其他测量仪器。

（6）转子绕组的直流电阻。在冷态下进行测量，与初次（交接或大修）所测结果比较，其差别一般不超过 2%。

（7）转子绕组交流耐压试验。转子绕组交流耐压试验电压要求见表 13-7。

表 13-7　　转子绕组交流耐压试验电压要求

试验条件	试验电压
显极式和隐极式转子全部更换绕组并修好后	额定励磁电压 500V 及以下者为 $10U_N$，但不低于 1500V；500V 以上者为 $2U_N+4000V$

续表

试验条件	试验电压
显极式转子大修时及局部更换绕组并修好后	$5U_N$，但不低于 1000V、不大于 2000V
隐极式转子局部修理槽内绝缘后及局部更换绕组并修好后	$5U_N$，但不低于 1000V、不大于 2000V

隐极式转子拆卸套箍只修理端部绝缘时，可用 2500V 绝缘电阻表测绝缘电阻代替。

2.　交流电动机

（1）绕组的绝缘电阻。

1）额定电压 1000V 以下者，室温下不应低于 $0.5M\Omega$。

2）额定电压 1000V 及以上者，交流耐压前，定子绕组在接近运行温度时的绝缘电阻值不应低于 $1M\Omega/kV$；投运前室温下（包括电缆）不应低于 $1M\Omega/kV$。

3）转子绕组不应低于 $0.5M\Omega$。

（2）绕组的直流电阻。1000V 及以上或 100kW 及以上的电动机，各相绕组直流电阻值的相互差别不应超过最小值的 2%；中性点未引出者，可测量线间电阻，其相互差别不应超过 1%。

（3）定子绕组泄漏电流和直流耐压试验。

1）试验电压：全部更换绕组时为 $3U_N$，大修或局部更换绕组时为 $2.5U_N$。

2）泄漏电流相间差别一般不大于最小值，泄漏电流为 $20\mu A$ 以下者不做规定。

（4）定子绕组的交流耐压试验。大修时不更换或局部更换定子绕组后试验电压为 $1.5U_N$，但不低于 1000V；全部更换定子绕组后试验电压为 $2U_N+1000V$，但不低于 1500V。

（5）绕线式电动机转子绕组的交流耐压试验电压要求见表 13-8。

表 13-8　　绕线式电动机转子绕组的交流耐压试验电压要求

试验条件	试　验　电　压	
	不可逆式	可逆式
大修不更换转子绕组或局部更换转子绕组后	$1.5U_k$，但不小于 1000V	$3.0U_k$，但不小于 2000V
全部更换转子绕组后	$2U_k+1000V$	$4U_k+1000V$

注　1.　绕线式电动机已改为直接短路启动者，可不做交流耐压试验。

　　2.　U_k 为转子静止时在定子绕组上加额定电压于集电环上测得的电压。

3. 电力变压器

（1）绕组直流电阻。绕组的直流电阻可以采用直流电阻快速测试仪测量，试验应满足以下要求：

1）1.6MVA 以上变压器，各相绕组电阻相互间的差别不应大于三相平均值的 2%；无中性点引出的绕组，线间差别不应大于三相平均值的1%。

2）无励磁调节开关、容量在 1.6MVA 及以下的变压器，相间差别一般不大于三相平均值的 4%，线间差别一般不大于三相平均值的 2%。

3）有载调压变压器绕组直流电阻应与以前相同部位测得值比较，其变化不应大于 2%。

（2）绕组绝缘电阻。测量采用 2500V 或 5000V 绝缘电阻表，测量前被试绕组应充分放电，测量温度以顶层油温为准，尽量使每次测量温度相近。

（3）绕组的介质损耗测量。测量介质损耗时，非被试绕组应接地或屏蔽，同一变压器各绕组介质损耗因数 $\tan\delta$ 的要求值相同，测量温度以顶层油温为准，尽量使每次测量的温度相近。

（4）交流耐压试验。电力变压器的耐压试验可以参考 GB 1094.3《电力变压器　第 3 部分：绝缘水平　绝缘试验和外绝缘空气间隙》的相关要求进行。66kV 及以下全绝缘变压器，现场条件不具备时，可只进行外施工频耐压试验。

（5）二次回路试验。电力变压器的二次回路包括气体继电器回路和控制回路等，试验时要求绝缘电阻一般不低于 1MΩ。测量绝缘电阻采用 2500V 绝缘电阻表。

4. 互感器

电流互感器和电压互感器的试验项目和电力变压器比较接近，主要有：

（1）绝缘电阻。一次绕组用 2500V 绝缘电阻表，二次绕组用 1000V 或 2500V 绝缘电阻表。

（2）绕组的介质损耗测量。

1）对于电流互感器，主绝缘介质损耗因数 $\tan\delta$ 测量采用的试验电压为 10kV，末屏对地 $\tan\delta$ 测量采用的试验电压为 2kV。油纸电容型 $\tan\delta$ 一般不进行温度换算。

2）对于电压互感器，串级式电压互感器 $\tan\delta$ 的试验方法建议采用末端屏蔽法，其他试验方法与要求自行规定。

（3）交流耐压试验。一次绕组试验电压按出厂值的 85% 进行，出厂值不明的，按表 13-9 所列电压进行试验。二次绕组之间及末屏对地耐压试验的试验验电压为 2kV。

5. 高压开关设备

（1）SF₆ 气体泄漏试验。测量按 GB 11023《高压开关设备六氟化硫气体密封试验方法的要求》进行。

对于定性检漏，可抽真空检漏或配置专用的检漏仪，测得数值不低于规定值，则可认为密封良好。对检测到的漏点，可采用局部包扎法检漏，每个密封部位包扎后历时 5h，测得的 SF₆ 气体含量（体积分数）不大于 30μL/L。

表 13-9　互感器一次绕组交流耐压试验电压要求

电压等级（kV）	3	6	10	15	20	35	66
试验电压（kV）	15	21	30	38	47	72	120

（2）交流耐压试验。交流耐压或操作冲击耐压的试验电压为出厂试验电压值的 80%。对于 12kV 及以下断路器，断路器在分、合闸状态下分别进行，试验电压值采用 DL/T 593《高压开关设备和控制设备标准的共用技术要求》规定值，见表 13-10 和表 13-11。试验电压一般由升压试验变压器产生。

表 13-10　额定电压范围 I 的绝缘水平

额定电压 U_N（有效值，kV）	额定工频短时耐受电压 U_d（有效值，kV）		额定雷电冲击耐受电压 U_P（峰值，kV）	
	通用值	隔离断口	通用值	隔离断口
（1）	（2）	（3）	（4）	（5）
3.6	25/18	27/20	40/20	46/23
7.2	30/23	34/27	60/40	70/46
12	42/30	48/36	75/60	85/70
24	65/50	79/64	125/95	145/115
40.5	95/80	118/103	185/170	215/200
72.5	160	200	350	410
126	230	230（+70）	550	550（+100）
252	460	460（+145）	1050	1050（+200）

注　1. 根据我国电力系统的实际，本表中的额定绝缘水平与 IEC 62271-1：2007 表 1a 的额定绝缘水平不完全相同。

2. 本表中项（2）和项（4）的数值取自 GB/T 311.1—2012《绝缘配合　第 1 部分：定义、原则和规则》，斜线下的数值为中性点接地系统使用的数值。

3. 126kV 和 252kV 项（3）中括号内的数值是 $U_N/\sqrt{3}$，是加在对侧端子上的工频电压有效值；项（5）中括号内的数值为 $\sqrt{2}\,U_N/\sqrt{3}$，是加在对侧端子上的工频电压峰值。

4. 隔离断口是指隔离开关、负荷-隔离开关的断口以及起联络作用的负荷开关和断路器的断口。

表 13-11　　　　　　　　　　　　　　　　　　额定电压范围Ⅱ的绝缘水平

额定电压 U_N （有效值，kV）	额定短时工频耐受电压 U_d（有效值） kV		额定操作冲击耐受电压 U_s （峰值，kV）			额定雷电冲击耐受电压 U_P （峰值，kV）	
	相对地及相间	开关断口及隔离断口	相对地	相间	开关断口及隔离断口	相对地及相间	开关断口及隔离断口
（1）	（2）	（3）	（4）	（5）	（6）	（7）	（8）
363	510	510（+210）	950	1425	850（+295）	1175	1175（+295）
550	740	740（+315）	1300	1950	1175（+450）	1675	1675（+450）
800	960	960（+460）	1550	2480	1425（650）	2100	2100（+650）
1100	1100	1100（+635）	1800	2700	1675（+900）	2400	2400（+900）

注　1. 根据我国电力系统的实际，本表中的额定绝缘水平与 IEC 62271-1：2007 表 2a 的额定绝缘水平不完全相同。
　　2. 本表中项（2）、项（4）、项（5）、项（6）和项（7）根据 GB 311.1—2012《绝缘配合　第 1 部分：定义、原则和规则》的数值提出。
　　3. 本表中项（3）中括号内的数值为 $U_N/\sqrt{3}$，是加在对侧端子上的工频电压有效值；项（6）和项（8）中括号内的数值为 $\sqrt{2}\,U_N/\sqrt{3}$，是加在对侧端子上的工频电压峰值。
　　4. 本表中 1100kV 的数值是根据我国电力系统的需要而选定的。

（3）二次回路试验。试验电压通常为 2kV，要求绝缘电阻一般不低于 2MΩ。测量绝缘电阻采用 500V 或 1000V 绝缘电阻表。

6. 蓄电池系统

（1）蓄电池电压及稳定测量。每月要检查一次蓄电池的电压，单支电池的电压应按厂家推荐值选取，发生异常情况要及时处理。电池温度超过 40℃时要减小充电电流，发现电压落后的电池时要立即更换。发现电池表面有爬碱现象要立即清除，防止漏电或短路。

（2）绝缘电阻测量。直流系统直流母线及各支路的绝缘电阻不小于 10MΩ，采用 1000V 绝缘电阻表测量。有多组电池时轮流测量。

（3）耐压试验。直流系统在做耐压试验前，应将电子仪表、自动装置从直流母线上脱开，试验电压为工频 2kV，耐压 1min。

7. 电力电缆线路

（1）绝缘电阻。

1）对电缆的主绝缘做直流耐压试验或测量绝缘电阻时，应分别在每一相上进行。对一相进行试验或测量时，其他两相导体、金属屏蔽或金属套和铠装层一起接地。额定电压 0.6/1kV 电缆用 1000V 绝缘电阻表进行测量；0.6/1kV 以上电缆用 2500V 绝缘电阻表（6/6kV 及以上电缆也可用 5000V 绝缘电阻表）进行测量。

2）对电缆外护套或内衬测量绝缘电阻时，每千米绝缘电阻值不应低于 0.5MΩ，用 1000V 绝缘电阻表进行测量。

（2）耐压试验。

1）对金属屏蔽或金属套一端接地、另一端装有护层过电压保护器的单芯电缆主绝缘做直流耐压试验时，必须将护层过电压保护器短接，使这一端的电缆金属屏蔽或金属套临时接地。

2）耐压试验后，使导体放电时，必须通过约 80kΩ/kV 的限流电阻反复几次放电直至无火花后，才允许直接接地放电。

各类电缆的试验电压见表 13-12～表 13-14。

表 13-12　　纸绝缘电力电缆的
直流耐压试验电压　　　　　　（kV）

电缆额定电压 U_{pN}/U_{IN}	直流试验电压	电缆额定电压 U_{pN}/U_{IN}	直流试验电压
1.0/3	12	6/10	40
3.6/6	17	8.7/10	47
3.6/6	24	21/35	105
6/6	30	26/35	130

注　U_{pN}—电缆额定相电压；
　　U_{IN}—电缆额定线电压。

表 13-13　聚氯乙烯绝缘、交联聚乙烯绝缘和
乙丙橡皮绝缘电力电缆的直流
耐压试验电压　　　　　　（kV）

电缆额定电压 U_{pN}/U_{IN}	直流试验电压	电缆额定电压 U_{pN}/U_{IN}	直流试验电压
1.8/3	11	21/35	63
3.6/6	18	26/35	78
6/6	25	48/66	144
6/10	25	64/110	192
8.7/10	37	127/220	305

注　U_{pN}—电缆额定相电压；
　　U_{IN}—电缆额定线电压。

表 13-14 自容式充油电缆主绝缘
直流耐压试验电压 （kV）

电缆额定电压 U_{pN}/U_{IN}	GB 311.1《绝缘配合第 1 部分：定义、原则和规则》规定的雷电冲击耐受电压	直流试验电压
48/66	325	163
	350	175
64/110	450	225
	550	275
127/220	850	425
	950	475
	1050	510
190/330	1050	525
	1175	590
	1300	650
290/500	1425	715
	1550	775
	1675	840

注　U_{pN}—电缆额定相电压；
　　U_{IN}—电缆额定线电压。

（二）主要试验设备

1. 交流耐压试验设备

电气设备的耐压试验，一般采用工频耐压试验。对于冲击高压试验，由于试验设备较复杂，一般不在电厂进行。

交流耐压试验变压器电压的选择，由被试验设备的耐压试验标准决定。试验变压器的容量和被试物体的试验电压和电容量有关，试验变压器容量可按下式决定

$$S_{sb} = \frac{\omega C U_{sb}^2}{1000}$$

$$\omega = 2\pi f$$

式中　S_{sb}——试验变压器容量，kVA；

　　　ω——角频率；

　　　C——被试物体的电容，μF；

　　　U_{sb}——试验电压，kV；

　　　f——频率（50Hz）。

发电机的耐压试验，应根据发电机的参数和要求配置一台耐压试验变压器。发电机的试验电压较低，但其电容电流较大，用上述试验变压器一般不能满足要求。发电机试验变压器按下述条件选择：①试验变压器的额定电压大于发电机的试验电压；②试验变压器的额定容量大于发电机的试压容量。

为了测定变压器油、绝缘子和安全工具（绝缘板、安全手套和胶鞋）的电气强度，可配置一台移动式试油机。该装置高压绕组中性点接地，不宜用于现场。

因现场设备本身为一处接地，获得电压只有一半，所以移动式试油机一般用于试验室内。

调压设备一般随试验变压器成套配备。当试验变压器容量较小时，宜用自耦调压器调压；试验变压器容量较大时（如 25kVA 以上），则用感应调压器为宜。只有当被试验设备的电容极小时（如绝缘油），才采用电阻调压器调压。

调压设备按下列条件选择：①自耦调压器的容量为 0.7～1.0 倍试验变压器容量；②感应调压器的容量与试验变压器的容量相等，若感应调压器性能良好，可考虑 1.25 倍过负荷；③电阻调压器的容量大于 0.4 倍试验变压器的容量。

在发电厂中，对二次回路设备、380V 及以下电动机、控制及电力电缆均进行相应的耐压试验。以上设备较多，进行试验频繁，因此试验设备必须便于携带至现场，并可保证工作人员及设备安全。可以配置 10kV 电压互感器一台，电厂可自行制造试验箱。

对于无并联电阻的阀型避雷器，在每年雷雨季节前及泄漏电流试验不合格时，要做工频击穿电压试验，也可用上述高压试验变压器进行。

2. 介质损耗因数测定（即 $\tan\delta$ 的测量）设备

油断路器、绝缘子、变压器、互感器等设备及绝缘油都必须定期进行 $\tan\delta$ 的测量。

$\tan\delta$ 的测量方法一般有三种：①高压电桥（即用西林电桥测量）；②介质损耗测试仪；③功率表法。

在上述三种方法中，测试时应根据电厂运行需求开列相应设备。

3. 直流耐压及泄漏试验设备

发电机定子绕组、避雷器、电缆等按试验规程要进行直流耐压及泄漏试验。试验最高电压决定于电力电缆，泄漏电流一般不会超过 1000μA，故选用直流耐压设备主要决定于电压。

如需监视泄漏电流，需配置 0.5 级、0～1000μA 多量程直流微安表一只。

4. 绝缘电阻及吸收比的测量装置

用 500～1000V 或 2500V 的绝缘电阻表进行测量。该项试验较频繁，试验室应配置多台相应设备。

5. 电测量仪表的校验设备

校验设备多采用 DDS 波形合成、CPLD 复杂可编程逻辑阵列、大规模集成功率放大器等测试技术，适用于检定、校准、修理各种数字式或指针式三用表（万用表）和各种交直流电压、电流、电阻、频率等指示仪表。

仪表的校验一般应在试验室内进行，为了减少接线的时间及错误，提高工作效率，大、中型发电厂的仪表试验室内可配置 1 台仪表校验台。

校验台采用交直流标准源输出，为表源一体结构，可校各种交直流指示仪表、变送器和电能表。电流电压

和相位设有多个常用试验点，常用点的调节一次到位。

6. 继电保护及自动装置的调试设备

线路及主设备的继电保护及自动装置、各种继电器的调试工作，一般在电厂内进行。这些调试校验均采用一般试验仪器和表计，可按照表 13-3 开列。

调试设备能对保护设备的外部接线进行分析，指出错误接线，测试时设备应不受系统中谐波分量影响。

7. 电流互感器等特性曲线的试验设备

电流互感器的伏安特性曲线试验一般可通过在二次侧用电流、电压表来完成。电流、电压互感器的角差和比差可用互感器校验器进行校验。电流互感器的变比测定试验，需要用大电流发生器。电厂正式投产前进行交接验收试验时，由安装单位进行变比测定试验，投产后在电流互感器无损坏时一般可不再进行这项测定，试验设备定额一般不配置大电流发生器。如电厂需要做这项试验，可与就近的试验所协作。当电厂偏远、又需要做这项试验时，可在试验室设备定额外增加大电流发生器。该设备还可用于自动空气开关脱扣电流整定和熔断器的特性试验。大电流发生器的选型一般按 5000A 配置，对于 200MW 及以上机组的发电机出线回路通常为封闭母线，电流互感器不易损伤，电厂可不考虑进行变比测定。电流互感器等试验的标准用仪用互感器的变比与被试互感器的变比尽可能相同，标准互感器的级别应高于被试互感器的级别，通常选用 0.2 级或 1.0 级仪用互感器。

8. 其他设备

对于发电机、电动机、变压器等绕组的直流电阻，各种型式断路器的接触电阻及合闸、跳闸时间等均需进行测量。电厂应配置准确精度较高的直流电桥（准确度等级为 0.2 级）及电气秒表等设备。

对于装设双水内冷发电机的电厂，当制造厂随机不配置定子和转子绕组绝缘测量设备时，可配置专用水内冷发电机绝缘电阻测试仪。

三、电气试验室布置的一般原则与参考方案

（一）面积配置

发电厂中电气试验室的面积可按表 13-15 配置。

表 13-15　　　　电气试验室面积

试验室类别	工作间类别	面积（m²）	小计（m²）
高压试验室	试验大厅（兼做仪器室、仪表室）	50	110
	办公室	40	
	储藏室	20	

续表

试验室类别	工作间类别	面积（m²）	小计（m²）
测量仪表试验室	标准室	50	100
	检修间（储藏室）	20	
	办公室	30	
继电保护试验室	试验室	40	120
	仪表室（检修间）	30	
	办公室	50	
合　计			330

（二）物品配置

1. 高压试验室

高压试验大厅，在无特殊要求时，层高不宜小于 6.5m；周围的墙壁应设置适当的屏蔽，并应设有单轨或单梁起吊设备及搬运门。为了便于试验，高压试验大厅应设试验电源箱，并应设有可靠、方便的接地端子。

高压试验室各房间物品摆放见表 13-16。

表 13-16　　高压试验室各房间物品摆放

房间名称	摆　放　物　品
试验大厅	工频、直流耐压试验装置，绝缘油试验装置，电气试验台 1 张，防静电试验仪器架 1 个，椅子 2 张
仪表室	绝缘电阻测试仪、电缆探伤仪、油介质损耗测量仪，电桥、SF$_6$ 检测设备及其他通用仪表，试验台 1 张，防静电试验仪器架 2 个，椅子 2 张
储藏室	试验设备配件等

2. 测量仪表试验室

测量仪表试验室宜设置在生产办公楼或其他远离振动、烟尘和强电磁干扰的场所。标准室应装设空调和去湿机，其温度和湿度应符合仪表检定有关规定的要求。

测量仪表试验室各房间物品摆放见表 13-17。

表 13-17　　测量仪表试验室各房间物品摆放

房间名称	摆　放　物　品
标准室	直流电压、电流表检定装置，互感器检定装置，接地电阻表检定装置，变送器检定装置，三相电能表检定装置，万用表检定装置，交流电压、电流表和功率表检定装置，三相多功能标准表、交流采样检测装置，电气试验台（1 张），椅子（2 把），净化加湿器、温湿度计
检修间	电气试验台（1 张），椅子（2 把），其他仪器仪表、通用仪表设备，文件柜（1 个）

3. 继电保护试验室

继电保护试验室应设置试验室、仪表室（检修间）和办公室，其位置宜靠近主控制室或网络控制室或继电器室。

在主控制室或网络控制室或继电器室，应设存放保护试验车及笨重仪器的小室或场所。

仪表室应通风良好，并有防潮措施。继电保护试验室的仪表配置，应满足在电厂完成高压及低压线路保护、母线保护、各种主设备保护、厂用电保护、各种电气自动装置的调整试验，以及二次回路运行维护的需要。应配备必要的试验仪表，对常用仪表应在数量上或品种上考虑几个调试组同时工作的需要。对微机型和集成电路型的复杂保护，应配置微机型的多功能保护试验装置；对于晶体管型、整流型和电磁型复杂保护，应配置组合式多功能保护试验装置（车）；对于简单保护，应配置小型的继电器综合试验装置。同时，还应配备必要的通用仪表及其他调试设备。对具有光纤、微波、特高频等新型保护装置及特殊的系统安全自动装置的发电厂，可根据需要增设必要的试验设备。

继电保护试验室各房间物品摆放见表 13-18。

表 13-18　继电保护试验室试验室各房间物品摆放

房间名称	摆 放 物 品
试验室	各型继电保护仪、调压器、拖线盘、货架（1 张）、试验推车、试验台（1 张）、继电器综合试验装置、直流稳压源、工频电源、温湿度计（1 个）、其他测试仪设备
仪表室	电流电压仪表、标签机、电缆标牌印号机、电缆芯线对号器、绝缘电阻表、货架等
检修间	电烙铁、吹风机、应急灯、试验台 1 张、货架等

第二节　检修设备的配置

一、发电厂的电气检修设备

（一）发电厂电气检修内容

根据我国现行体制，火力发电厂的检修工作由电厂的专业检修队伍承担。各电厂的检修班组配置及分工不尽相同。

1. 变电班组

变电班组负责从发电机出线小室至升压站的各种电气一次设备大、小修及维护工作，其中包括发电机出线小室、主变压器、厂用高低压变压器和屋内外配电装置。

（1）变压器检修工作的主要内容：吊罩吊芯检查，绕组绝缘检查及修复，变压器油的过滤与处理，变压器干燥、变压器套管检查修复及干燥和变压器其他附件的检查修复。

（2）配电装置的检修内容。

1）断路器的检修内容包括油断路器的滤油处理、断路器各部件的检查与修复和灭弧室干燥。

2）电流互感器、电压互感器检修内容包括：绕组的绝缘检查与修复以及整体修复、干燥等。

3）对断路器和互感器的外绝缘瓷套进行清扫。

4）对隔离开关、避雷器瓷套的清扫，对损坏部件进行更换修复。

5）对绝缘子进行清扫、更换。

6）对导线连接线夹进行更换。对导线进行更换以及对配电装置设备支架防腐蚀维修等。

2. 配电及厂用班组

配电及厂用班组的分工范围为高、低压厂用配电装置，车间专用屏、动力箱及就地装设的启动电器（如组合开关、铁壳开关等）；水源地、灰场等地的电气设备的检修也应列入配电及厂用班组，但由于一般距离电厂较远，有的电厂成立灰水分场，由灰水分场的电气检修人员检修。配电及厂用班组分管检修范围的除高压厂用配电装置的设备损坏后需要修复外，对 380/220V 的电气设备损坏后的主要工作是更换相应设备。

3. 电机班组

分工范围为检修发电机及各种高低压电动机。

1）发电机的检修内容主要有绝缘检查与修复，发电机、励磁系统的检查与修复，发电机及其他附件的检查与修复，发电机的绝缘干燥等。

2）各种高低压电动机的检修内容主要是绕组绝缘的检查和修复，绕组机械损伤修复，以及电动机干燥等。

4. 其他班组

二次线设备及励磁系统的设备由继电保护班组维护、检修，通信系统的检修由通信班组进行。

（二）发电厂的电气检修设施

发电厂电气检修的常用检修设施和设备没有统一规定标准，根据我国大多数电厂常用检修设施和设备的实际配置情况，对新建电厂电气检修设施的配置提出以下参考意见：

1. 变压器检修设施

主要考虑主变压器、高压厂用变压器的检修。我国常用的检修方式为就地检修，部分为拖出汽机房检修或设单独的变压器检修间三种。

专用的变压器检修间投资较大，使用率较低，因此发电厂一般可不设变压器检修间，但应为变压器在就地或其附近检修准备必要的条件。当条件合适时，变压器也可以在汽机房内检修。

在汽机房内检修可以节省起吊设备，仅利用汽机房内的检修场地，如必要时可以适当增加检修场地的面积，其投资比设专用的变压器检修间省。室内检修的条件好，但是容易与汽轮发电机组的检修时间冲突，造成场地拥堵；同时变压器大修时难免有油污，有火灾隐患；变压器的搬运也十分费事，特别是大容量变压器，会延长检修工期。

变压器就地检修是国内普遍使用的检修方法，投资省，检修工期短。我国南方一般安排在旱季，北方在冬季同样可以大修。严寒地区可以在冬季采用搭棉帐篷检修。就地检修主要考虑的是变压器大修时的起吊设施。

2. 干燥设施

（1）变压器干燥。变压器受潮后常用的干燥方法为短路法、感应加热法或零序电流法及利用真空净油机进行热油循环干燥等。当配置真空净油机时，最好利用真空净油机进行热油循环干燥，这种方法安全可靠，干燥效果好。以上这些方法都不需要专门添置干燥设备。

（2）干燥间（箱）。干燥间主要供干燥厂用低压变压器、断路器灭弧室、大型变压器高压套管，电动机以及电压互感器、电流互感器铁芯等。干燥方式一般为电热干燥。不设干燥间的电厂也可用干燥箱。干燥间的尺寸一般由主变压器和高压电流、电压互感器及大型电动机决定。主变压器高压套管可平放，但长度比其他干燥件长，因此干燥间的长度应由主变压器高压套管的长度决定。

3. 常用检修设备

电厂常用的检修设备一般应配置起重用的手动葫芦、倒链葫芦、千斤顶，电焊用的交直流电焊机，加工零部件用的小型车床、钻床、砂轮机，绕线用的小型手动绕组机，工作台上用虎钳及移动式小型空压机、转速表等。

4. SF_6 断路器检修设施

SF_6 断路器大修时应在专用的检修间内进行，SF_6 断路器检修间要求滤尘净化。SF_6 气体是无毒的，但在电弧作用下分解产生的高氟或低氟化硫有剧毒，随后在常温下又还原为 SF_6 气体，但在断路器多次动作后，灭弧室内难免有残留有毒气体。因此，SF_6 断路器的检修间有特殊要求。

由于 SF_6 断路器大修周期长，一般为 10～20 年，设置检修间利用率低，造价又高，因此，一般电厂不应设 SF_6 断路器检修间，而应按地区设置。电厂只配置一些专用工具，包括气体回收装置、充气装置、扳手和灭弧室吊具等。

（三）电气和热机部分精密机件的修理设备

发电厂内电气仪表及继电器数量很多，这些设备发生故障的情况较多，如线圈、游丝烧坏或断线、铁芯不正、轴承变形、轴尖变秃、触点熔化或脱落等，故设计中可适当考虑配置一套电气仪表的修理工具，如仪表用小车床、小钻床、绕线机和双目放大镜，以及类似钟表修理用的精密机具，以供电厂自行检修众多的配电屏仪表和继电器。

热机部分的热工测量仪表和自动装置等，同样需要进行检修，电厂可考虑统一配置，这样能提高设备的利用率。

二、电气检修间的配置

1. 电气检修间的位置

（1）应位于服务对象中心，尽量减少搬运。

（2）与电气试验班组靠近，以便相互联系。

（3）与电气车间靠近，便于管理。

根据上述要求，电气检修间的布置有集中和分散两种：集中布置方式是和机炉检修间一起设立综合检修楼，位置尽量靠近主厂房，便于检修；分散布置方式是根据各班组的主要服务对象，将检修间布置在服务对象的中心。

2. 常用电气检修间设备的配置

（1）检修间内应有工作台。

（2）检修间内应有 380/220V 电源。

（3）检修间内应有工具间，并有水池，供工作完毕后洗手用。

（4）检修间内应有单轨吊或倒链葫芦，一般应布置在零米，以便搬运设备。

（5）干燥间或电热烘箱应靠近电机检修班组。

发电厂通常不设置变压器检修间，但应在就地或变压器附近为检修准备必要的条件。当条件合适时，变压器在汽机房内检修。当个别电厂需要设变压器检修间时，变压器检修间应布置在主变压器附近。变压器检修间的布置主要考虑起吊设备、变压器吊罩检修面积、附件检修场地及电源等。

第十四章

厂 内 通 信

第一节　概　　述

一、厂内通信的分类

发电厂根据通信需要可采用或部分采用以下通信方式：

1. 生产管理通信

生产管理通信包括生产管理及行政事务管理系统的对内、对外通信联系，主要靠电话交换机来进行。交换机要完成的主要功能如下：

（1）完成厂内各生产及非生产岗位用户之间的电话交换。

（2）完成本厂与主管电力部门之间的电话交换。

（3）完成本厂用户与市话局用户之间的电话交换。

（4）根据厂的位置及重要性，可使本厂交换机具备组网的功能。

2. 生产调度通信

为了满足厂内各单元控制室、网络控制室或主控制室的值长或调度人员指挥与监督生产、处理事故，应设专门的生产调度通信。调度通信装置的主要功能是：

（1）通过调度专用电话，值长或调度员可向各生产岗位下达命令、听取汇报、召开生产会议。

（2）通过调度专用广播，值长或调度员可向各生产岗位呼叫寻人，发生事故时发出统一指挥命令和事故报警信号，也可利用广播解决主厂房等高噪声地区的通话。

（3）具有录音功能，以便判断及分析事故处理的正确性。

3. 直通对讲通信

需要经常联系的分场或某些工作岗位之间，当调度通信、生产管理通信系统的电话不能满足要求或使用不便时，可设置直通对讲通信。直通对讲通信分有线对讲和无线对讲两种方式，对于移动岗位或有线通道到达有困难的地方，可采用无线对讲方式。

4. 生产检修通信

生产检修通信由电话机、插孔站组成，分布在厂内主要设备和表盘附近，利用插孔站插入专用的话机进行双方或多方的通话。近几年厂内通信已很少使用该种方式。

二、厂内通信组织措施和要求

（1）通信组织系统是设计的基础，应满足电厂生产运行安全、方便生产管理和生产调度指挥的要求。

（2）根据电厂的性质、特点和运行方式，确定通信组织和设备型号。

（3）全厂通信（包括系统通信）的设备安装、房屋面积、电源和音频线路网络设计。

（4）应符合通信网规定的通信传输设计质量指标。

（5）通信中继方式应符合通信组织要求。

（6）通信组织应考虑整个厂的总体规划和远近期发展情况。

（7）节省投资，方便施工，便于维护管理。

第二节　生产管理通信

一、设计要求

1. 通信室平面布置总体要求

（1）厂内通信设备，其布置应满足安全净距并符合防火要求。通信设备布置在通信机房内，设备之间应考虑检修和搬运通道。通信机房内一般设有防静电活动地板，并应考虑与厂区电缆通道贯通。

（2）室内设备间的距离和通道宽度见表14-1。

表14-1　通信室内设备间的距离和通道宽度　　（m）

机柜间名称	间距	机柜间名称	间距
机柜正面－机柜正面	1.5～2.0	机柜正面－墙	1.5
机柜正面－机柜背面	1.2～1.5	机柜侧面－墙	0.8～1.0
机柜背面－机柜背面	0.9～1.2	主要通道	1.2～1.5
机柜背面－墙	0.8～1.0		

（3）机架排列。根据设备的机架品种和数量，一般可按一字形、双列形或多列形排列。一般电厂所需交换机容量有限，机架数量较少，采用一字形方式较多，机架正面最好正对控制室（安装维护终端所在处）。

2. 机架安装方式

程控交换机的电缆走线，有上出线和下出线两种。现在通信机房一般采用防静电活动地板，因此程控交换机的安装以下出线为主。具体安装方式为：活动地板下预埋基础槽钢，与机架采用焊接方式固定。

二、设备选择

（一）交换概述

1. 基本概念

简单说，能够将多个输入和多个输出随意（一般是两两连通或切断）连通或切断的设备叫交换机。

交换设备与连接在其上的用户终端设备以及它们之间的传输线路便构成了最简单的通信网，而由多个交换设备便可以构成实际的大型通信网，如图 14-1 所示。处于通信网中的任何一部交换设备都可称作一个交换节点。

由多台交换机组成的通信网如图 14-1 所示。图中，直接与电话机或终端连接的交换机称为本地交换机或市话交换机，相应的交换局称为端局（或市话局）；仅与各交换机连接的交换机称为汇接交换机。当距离很远时，汇接交换机又称为长途交换机。用户终端与交换机之间的线路称为用户线，其接口称为用户网络接口；交换机之间的线路称为中继线，其接口称为网络接口。

图 14-1 中的用户交换机（private branch exchange，PBX）常用于一个企业或单位的内部。PBX 与市话交换机之间的中继线数目常常远比 PBX 所连接的用户线数目少，因此当单位中的电话主要用于内部通信时，采用 PBX 要比将所有话机都接至市话交换机更经济。当 PBX 具有自动交换能力时，又称为程控用户交换机（private automatic branch exchange，PABX）。

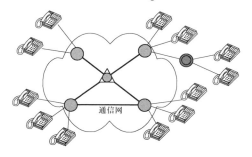

△ 汇接
交换机；　● 市话
交换机；　◉ 用户
交换机；　━━ 中继线；　── 用户线

图 14-1　由多台交换机组成的通信网

综上所述，所谓交换就是指各通信终端之间（如计算机之间、电话机之间、计算机与电话机之间等），为交换信息所采用的一种利用交换设备（交换机或节点机）进行连接的工作方式。

具有交换功能的网络称为交换网，交换中心称为交换节点。通常，交换节点泛指网内的各类交换机。

2. 交换机

一台交换机通常由交换网络、通信接口、控制系统三个部分组成，如图 14-2 所示。

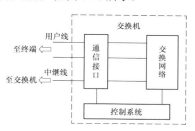

图 14-2　交换机的组成

（1）通信接口分为用户接口和中继接口两种。其作用是将来自不同的终端（如电话机、计算机等）或其他交换机的各种传输信号转换成统一的交换机内部工作信号，并按信号的性质分别将信令传送给控制系统，将消息传送给交换网络。信令是通信网中各交换局在完成各种呼叫连接时所采用的一种通信语言。通信接口技术主要由硬件实现，部分功能也可由软件或固件实现。

（2）交换网络的作用是实现各入、出线上信号的传递或接续。

（3）控制系统负责处理信令，并按信令的要求控制交换网络完成接续，通过接口发送必要的信令，协调整机工作及管理整个通信网。由图 14-2 可见，交换网络、通信接口都与控制系统有关。不同类型的交换系统有不同的控制技术，这也与通信协议密切相关。

交换技术从人工交换开始至今，历经了四个发展阶段：①人工交换阶段；②机电式自动交换阶段；③电子式自动交换阶段；④信息包交换发展阶段。经过不断的努力和发展，现在的交换技术已从单一方式发展为多种形式，如电路交换、报文交换、分组交换、ATM交换等，而这些交换技术大都是随着计算机网络的发展应运而生。

3. 通信网

通信网是指多用户通信系统在一定的范围相互连接构成的通信系统。通信网以通信设备和交换设备为点，以传输设备为线，并按一定的顺序点线相连构成有机组合的系统，完成多个用户对多个用户的通信。

构成通信网的基本要素是终端设备、传输链路和转接交换设备。其中，终端设备是通信网中的源点和终点，其主要功能是把输入信息变换为适宜于在信道中传输的信号，并参与控制通信工作。对应不同的通信业务有不同的终端，如电话业务的终端设备是话机终端，传真业务的终端是传真终端，数据业务的终端是数据终端，此外还有图像通信终端、移动通信终端和多媒体终端等。

转接交换设备是通信网的核心，其主要功能有交换、控制、管理及执行等。对于不同业务的网路的转接交换设备的性能要求是不同的。

通信网有不同的分类方法，常见的有以下几种：①按照运营方式分，有公用网和专用网；②按照网络服务范围分，有市内网、长途网和国际网等；③按照业务范围分，有电话通信网、数据通信网和广播电视网等。

在通信网中，专用网的分类更多，如各个部门行业按其自身信息技术的需求而建设的网，如气象网、邮政综合计算机网、各银行组建的金融网，以及大型工矿企业控制网、监控网，电力系统通信网等。

（二）程控交换机

程控交换机是程序存储控制（stored program control，SPC）交换机的简称。它是现代数字计算机、大规模集成电路和数字传输技术的综合产物。在程控交换机中，控制系统依靠事先存储在存储器中的程序和数据，引导微处理器对各种信令进行适当处理，对交换网络和接口实行必要的控制。

SPC 技术的引入，使交换机的控制功能发生了根本的变化。它除能明显改善呼叫处理的速度、质量和效率外，还为网络运行、管理和故障诊断的全面自动化提供了可能。

1. 优点

程控交换机较传统纵横制交换机有明显的优点，主要优点如下：

（1）灵活性大，适应性强。程控交换机的全部运行工作依赖于电子计算机，它依赖必要的硬件和软件完成交换接续的各种功能。它能仅通过改动或增加软件即达到改变交换机组态和工作性能的目的，便于增容及改进系统功能，极大地提高了通信网络的灵活性。采用不同的硬件和软件模块后，就能满足各种话局的应用要求。

（2）能为话局和用户提供日益增多的新服务和新业务。程控交换机功能多达数十种，这些功能为用户带来了极大的方便，但同时对其控制系统的设计提出了更高的要求。程控交换机依靠软件实现缩位拨号、优先呼叫、热线电话、转移呼叫、会议电话、呼叫等待、自动报警、同组代答、通信组、自动处理呼叫和自动改变用户电话号码等新的服务和业务。

（3）便于向综合业务数字网的方向发展。采用 SPC 交换技术，对于各种数字业务信息，不需进行 D/A 和 A/D 转换，速度快，实时处理信息能力大，因此 SPC 交换机是实现综合业务数字网（integrated services digital network，ISDN）的重要保证。

（4）提供了采用公共信道传输局间信号的条件。

（5）易于实现无阻塞交换。

（6）易于实现维护自动化和集中化，维护管理方便，可靠性高。

（7）体积小，质量轻，节省机房面积。

在电网自动电话交换网设计中，SPC 交换机的选型应满足组网的基本要求。不同的交换局所选用的 SPC 交换机应能完成该局的职能，且所选的 SPC 交换机应满足邮电部门的进网要求，并且便于扩容发展，可以过渡到 ISDN。

现代技术的发展日新月异，交换机的更新换代很快，在选用交换机时，应结合发电厂的特点和组网要求，向制造厂提出使用要求和技术条件。

2. 选型配置原则

程控交换机的选型配置原则如下：

（1）生产管理程控交换机的选型应满足公用网、电力系统行政交换网的进网要求。

（2）生产管理程控交换机采用无阻塞时分数字程控交换机。

（3）交换机应具备扩容功能，以满足电厂扩建规模的要求。

3. 容量确定

应根据发电厂的性质、机组台数、初期和终期容量、控制方式和厂址所处的地理位置，再参考电厂的管理体制、人员编制和自动化水平，综合考虑程控交换机容量。

根据 DL/T 5041—2012《火力发电厂厂内通信设计技术规定》，发电厂生产管理通信用的电话交换机的用户线容量，建议配置如下：

（1）容量为 300MW 以下的机组，应以 80 线为基础，每台机组增加 50 线。

（2）容量为 300MW 级机组，应以 160 线为基础，每台机组增加 80 线。

（3）容量为 600～1000MW 级机组，应以 320 线为基础，每台机组增加 80 线。

三、设计注意事项

厂内通信设计应注意以下事项：

（1）对于小型电厂，值班室与维修室、仪表室与机房，可考虑合并布置。

（2）对于装有多种通信设施的电厂，应统一考虑电源系统的设计，辅助房间（例如库房、检修间、配线架室等）尽可能合并。

（3）要考虑不同通信方式之间的相互接口，以便充分发挥各种通信设施的综合效益。

（4）远离电厂的生活区，由当地市话局统一考虑对外通信。若生活区设在电厂附近，电厂交换机容量可适当考虑生活区的需要。

（5）总配线架的容量可按生产管理程控交换机、生产调度程控交换机、系统通信设备（如 PCM、载波机）等设备总容量的 1.5～2.0 倍确定，一般不宜小于 1000 回。总配线架的外侧需装设保安单元，保安单元至少按配线架总容量的 50%配置，保安单元必须具有过电压、过电流保护功能。

第三节　生产调度通信

一、设计要求

根据 DL/T 5041—2012《火力发电厂厂内通信设计技术规定》，发电厂应设置一台生产调度程控交换机，生产调度交换机宜与系统调度程控交换机合用。对于装机容量较小的发电厂，可以将生产调度和生产管理程控交换机合并，采用虚拟分区运行，总容量满足生产调度通信和生产管理通信的要求。

根据 GB 50660—2011《大中型火力发电厂设计规范》，火力发电厂的输煤系统，可根据系统的规模大小设置扩音/呼叫系统。

300MW 级及以上机组的火力发电厂可设置检修通信设施，厂内通信可配置无线对讲机。

（1）设备布置总体要求。对于程控调度交换机，一般为主机与调度台分开，主机通常与程控交换机布置在通信机房，调度台布置在控制室。发电厂系统通信和厂内通信设备宜合并布置在同一通信机房。输煤系统扩音/呼叫设备应布置在输煤集控楼控制室内。

（2）设备安装方式。调度机主机安装方式与程控交换机相同。调度机主机与调度台间的电缆为专用电缆，由调度机厂家配套。

二、设备选择

（一）生产调度用程控交换机

程控调度交换机综合了调度机和 SPC 交换机的优点，有线调度、无线调度合一，行政用户、调度用户合一，具有话音、数据、调度、会议、计费等多种服务功能。它可以小到十几门，大至 1000 多门，具有丰富的用户中继接口，满足不同的用户要求。各型号的程控调度交换机功能和组成各有差异，但一般都包括调度主机、调度台、维护终端、数字录音系统和远端

用户模块等几部分。

1. 主要功能

程控调度交换机应具有以下功能：

（1）SPC 交换机的一般功能，如特服功能，呼叫权限等级设置，分机连选功能等。

（2）调度机的一般功能。

（3）分组调度功能。

（4）强接、强拆功能。

（5）调度会议功能。

（6）数字录音功能。

（7）监听和广播功能。

（8）用 4W E/M 或 2M 口组网功能。

2. 程控调度交换机的选型

生产调度程控交换机应采用无阻塞时分数字程控交换机，并满足电力系统调度交换网的进网要求。除满足上述要求外，程控调度机选型时应考虑的几个问题如下：

（1）规格容量应满足远期发展规划需要。在程控调度交换机选型时，对其容量的确定不能只考虑近期用户数量，必须满足远期或相当时期的发展规划需要。如果发展规划尚未确定或有其他不定因素难以估计时，设备容量可根据近期用户数量，参照相同类型的建设规模和发展特点，并结合本单位的实际情况和可能发展的因素，适当预留发展的容量。根据国内过去工程资料分析和经验积累，一般预留 10%～30%的备用量为宜，最多不超过 40%。

（2）技术功能必须适应通信网络的组网要求。程控调度通信设备除应合理组织本身调度通信网路外，还需与公用通信网和本身的专用通信网（包括各种制式的通信设备）相连接，组成整体网路。因此，所选用的调度通信设备必须具有很强的组网能力和齐全的技术功能。要根据相连接的网路结构和设备制式，统一考虑中继线的方向和线路数量，以及设备接口配置等。例如所选用的调度通信设备应设置适应各种制式设备的接口，以中继线路来说，应具有模拟、数字等接口，并有中继转接或汇接及会议电话等功能。此外，要根据构成调度通信网路的繁简程度来考虑，对于连接的局向和线路数量较多的复杂网路，应选用具有多个局向连接功能的设备。目前，国内设备的局向数量多少不一，有的设备可达几十个。在设备选型时，必须结合实际网路条件，选用相应的规格、型号及技术功能的程控调度通信设备，以适应通信网路的组网需要，使之能与各种通信设施协调配合工作。

（3）必须符合使用场合和环境条件的要求。程控调度通信设备的类型和品种较多，它们的适用场合和工作环境各不相同。因此，在设备选型时，必须根据业务性质、通信线路的分布状况、设备安装的环

境条件等实际情况，选用与上述诸多因素相适应的技术性能和设备结构，以满足各种客观环境和使用场合的要求。

3. 程控调度交换机容量的确定

根据 DL/T 5041—2012《火力发电厂厂内通信设计技术规定》，发电厂生产调度通用的调度机的容量配置如下：

（1）容量为 300MW 以下的机组，每两台机组配置 48 线。

（2）容量为 300MW 级机组，每两台机组配置 64 线。

（3）容量为 600～1000MW 级机组，每两台机组配置 96 线。

（二）扩音/呼叫系统

当发电厂只设有一般调度交换机时，在噪声较大、使用调度电话机不方便的地方，如输煤等区域，可以采用生产扩音通信。

扩音设备主要包括扩音机、话筒、扬声器。

扩音设备的质量指标如下：

1）动态范围：一般不小于 55dB，最小值应为 25～30dB。

2）非线性畸变：对质量优良的按不超过 2% 计，一般不超过 10%。

3）频率响应：在 50～10000Hz 范围内一般不超过中频 800Hz 测得的振幅相差 1dB；若在 150～4000Hz 时，频率响应不超过 2.5dB，也认为是满意的。

4）输出电压变动：当线路阻抗从额定值变到空载时，其电压的升高应小于 1V，一般不要超过 2～3V。此项指标只适应于定电压式的扩音设备。

1. 扩音设备的选用

（1）扩音机的选择要求如下：

1）扩音机的容量应根据扩音网的需要，考虑电厂最终容量时，同时考虑收听广播的用户设备所需功率来确定扩音机容量，可按下式确定为

$$P = k_1 k_2 P_{fh} \qquad (14\text{-}1)$$

式中　P——扩音机输出总电功率，W；

　　　k_1——线路衰减补偿系数，见表 14-2；

　　　k_2——备用系数，取 1.2～1.3；

　　　P_{fh}——近期用户同时收听广播时最大电功率，W。

表 14-2　　线路衰减补偿系数

线路衰减（dB）	1	2	3	4
k_1	1.26	1.58	2.00	2.51

2）选择扩音机时，以采用定电压输出为宜。因为定电压输出的扩音机输出阻抗较低，当负荷在一定范围内变化时，其输出电压仍能保持一定值，使用

方便。如果采用定阻式扩音机，则要求线路的输入阻抗和扩音机输出阻抗相匹配，负荷不宜随意变化，使用不便。

3）扩音机的频率响应最好选择在 80～7000Hz 范围内，频率畸变相对于 800Hz 时不大于 ±2dB。

4）信号杂音比不小于 −50dB。

5）非线性畸变在 1000Hz 时，不大于 5%。

（2）扬声器的选择要求。扬声器有电动式纸盒扬声器、号筒式扬声器和舌簧式扬声器等。一般电动式纸盒扬声器音质好，规格品种较多，但效率较低，适用于办公室、控制室、走道等处。号筒式扬声器容量大、效率高，但音质较差，可用于厂区及厂房内。舌簧式扬声器虽效率高、便宜，但音质差、频率范围小，一般在电厂中不选用。

2. 扬声器的配置

生产办公楼、行政办公楼可在楼道两端、门厅及中间适当地点装 3W 的纸盒扬声器。办公室、控制室内可装 0.5W 或 3W 的纸盒扬声器。电话会议室内可采用音箱。主厂房及辅助厂房可采用 10W 或 15W 的号筒式扬声器。

扬声器的布置应考虑其安装角度、位置、各点的声音强度、清晰度、混响时间及墙壁吸音措施等。话筒与扬声器的布置应避免产生声的回授。

扬声器的传输范围应根据扬声器的灵敏度计算出在其轴向的衰减来确定。

扬声器的数量应根据扬声器在传输范围内的声电平值及周围环境噪声来确定，一般应使声电平高于噪声电平 10dB。

3. 功率馈送形式

常用的功率馈送形式有单环网、双环网和三环网。在发电厂内，三环网一般不适用，主要用单环网和双环网。

单环网路见图 14-3，适用于网路容量和服务范围较小，用户点较集中的情况。

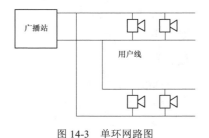

图 14-3　单环网路图

双环网路见图 14-4。

4. 扩音网的计算

（1）电压衰减的计算。当线路的传输频率为

1000Hz 时，线路始端电压（一般指扩音机输出电压）传输到线路上最远的用户点上的电压衰减不应大于 4dB，即

$$B=20\lg\left|\frac{U_{as}}{U_{zs}}\right|\leqslant 4 \qquad (14\text{-}2)$$

式中　B——电压衰减值，dB；

　　　U_{as}——线路始端电压；

　　　U_{zs}——线路终端电压。

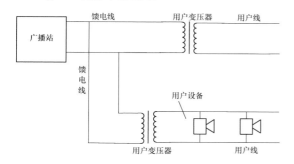

图 14-4　双环网路图

对于双环网路，由于变压器的作用而使电压下降的数值，不应包括在线路的电压衰耗内，此时，应分段计算线路的衰耗。

（2）导线截面直径选择。当网络上的用户分布、扬声器接受的功率、功率馈送形式、线路上电压已定，且网络的分路及分路上各段广播线的长度也确定以后，就可以根据允许线路电压的衰耗值，选用网路导线的截面直径。

根据各段线路电压衰耗限制的固定值，求出线路每千米允许的阻抗 Z_L。

1）当用户点为任意分布时，Z_L 计算为

$$Z_L=\frac{n^2\eta^2 Z_p}{M_H}\left(10^{\frac{B}{20}}-1\right) \qquad (14\text{-}3)$$

$$M_H=\sum_{x=1}^{K}N_x L_x$$

式中　Z_L——线路每千米阻抗（1000Hz 时），Ω/km；

　　　n——变压器变比；

　　　η——变压器效率；

　　　Z_p——变压器一次侧阻抗，Ω；

　　　M_H——系数；

　　　B——计算线路段的电压衰耗，dB；

　　　N_x——每支路用户数；

　　　L_x——每支路距线路始端的距离，km。

2）当用户均匀分布在线路时，Z_L 计算为

$$Z_L=\frac{2n^2\eta^2 Z_p}{NL}\left(10^{\frac{B}{20}}-1\right) \qquad (14\text{-}4)$$

式中　N——扬声器总数；

　　　L——线路总长，km。

3）当用户集中在线路末端时，Z_L 计算为

$$Z_L=\frac{n^2\eta^2 Z_p}{NL}\left(10^{\frac{B}{20}}-1\right) \qquad (14\text{-}5)$$

在同一分路内，用户设备的阻抗可能不一样，如果部分用户阻抗为 Z_p，另一部分用户阻抗为 Z'_p，只需将 Z'_p 阻抗以 Z_p 为基准归并为 $\dfrac{Z_p}{Z'_p}$，代入式（14-5）计算即可。

如果计算的线路中间没有用户变压器时，则取 $n=1$、$\eta=1$ 进行计算。

按式（14-3）～式（14-5）计算结果，查表 14-3 选择导线截面直径。

表 14-3　　　　　　　　　　　线路阻抗数据（双线回路）

线质	线径 (mm)	频率为 1000Hz 时线路参数			频率为 400Hz 时线路参数		
		R（Ω/km）	L（mH/km）	Z_L（Ω/km）	R（Ω/km）	L（mH/km）	Z_L（Ω/km）
铜绞线	0.5	190	0.8	190	190	0.8	190
	0.6	131.6	0.8	131.6	131.6	0.8	131.6
	0.7	96	0.8	96	96	0.8	96
	0.8	72.2	0.8	72.2	72.2	0.8	72.2
	0.9	57	0.8	57.2	57	0.8	57.2
	1.0	47	0.8	47.2	47	0.8	47.2
	1.2	32.8	0.8	33.2	32.8	0.8	33.2
铜线	1.4	23.8	0.8	24.3	23.8	0.8	24.3
铝绞线	1.2	59	1.07	59.3	59	1.07	59.3
铝线	1.4	42.8	0.97	43.3	42.8	0.97	43.3
	1.6	32.8	0.88	33.3	32.8	0.88	33.3
钢绞线	1.2	290	12.3	300	245.3	12.3	246.8

线质	线径 （mm）	频率为1000Hz时线路参数			频率为400Hz时线路参数		
		R（Ω/km）	L（mH/km）	Z_L（Ω/km）	R（Ω/km）	L（mH/km）	Z_L（Ω/km）
	1.6	150.2	15.3	178	140.6	13.19	144.5
	2.0	108.8	14.17	140.5	91.4	12.90	97.0
钢线	2.6	79.2	12.17	110	57.4	12.39	65.3
	3.0	69.2	11.05	97.8	45.5	11.94	54.6
	4.0	48.8	8.64	73	31.0	10.52	42

电厂内广播线路不长时，负荷阻抗较小，使用频率不高，线路电容 C 和导纳 G 可以忽略不计，故表14-3中的 Z_L 可计算为

$$Z_L=\sqrt{R^2+(\omega L)^2} \qquad (14-6)$$

式中　R——电阻值，Ω；

　　　ω——角频率，Hz；

　　　L——电感量，mH。

当线路导线确定后，则计算线路的电压衰耗为

$$B=20\lg\left(1+\frac{Z_L M_H}{n^2 Z_p \eta^2}\right) \qquad (14-7)$$

计算结果应小于规定的衰耗值。

（3）线路输入阻抗的计算。对于定阻抗输出的扩音机，为使线路输入阻抗与扩音机输出阻抗匹配和选择分路的假负荷电阻，需要计算各分路的线路输入阻抗。

当广播线路较短（如在一个办公楼内敷设的广播线）时，线路阻抗可忽略不计，此时用户设备的阻抗即为该分路的输入阻抗。

对于较大的广播网，导线的阻抗影响较大，不可忽略，可计算为

$$Z_H=\frac{Z_p n^2 \eta^2}{N}+\frac{Z_L L V}{2}\quad(1+V^2) \qquad (14-8)$$

$$n=\frac{U_o}{U_N}$$

$$U_N=\sqrt{P_N Z}$$

$$V=\frac{M_H}{NL}$$

$$M_H=\sum_{x=1}^{K} N_x L_x$$

式中　Z_H——分路的线路输入阻抗，Ω；

　　　Z_p——用户设备阻抗，或归并到变压器的一次侧阻抗，Ω；

　　　n——用户变压器的变比；

　　　η——用户变压器的效率；

　　　N——用户总数；

　　　Z_L——线路每千米的阻抗，Ω/km；

　　　L——分路线路的最长长度，km；

N_x、L_x——分别为分路段内用户数及长度；

　　　U_o——扩音机输出电压，V；

　　　U_N——扬声器额定电压，见表14-4，V；

　　　P_N——扬声器额定功率，W；

　　　Z——扬声器的阻抗，Ω。

表14-4　　　　　　　　扬声器额定电压

扬声器规格	25W	15W	12.5W	10W	10W	8W	5W	3W	3W	2W	1W
	16Ω	16Ω	8Ω	15Ω	8Ω	8Ω	4Ω	8Ω	6Ω	4Ω	3.5Ω
额定电压（V）	20	15.5	10	12.25	8.95	8	4.47	4.9	4.24	2.8	1.87

（4）线路的配接。

1）定压式输出扩音机与线路的配接。由于定电压输出，扩音机的输出电压基本不变。当负荷阻抗变化时，对输出电压影响很小，所以对线路配接要求不严格，一般只考虑各分路总的用户功率不大于扩音机各分路的额定输出功率即可。但当线路较长时，导线的阻抗较大，要消耗一定功率，这样负荷功率就要小一些。各分路所需功率为

$$P_H=\frac{U_o^2}{Z_H} \qquad (14-9)$$

式中　P_H——分路所需功率，W；

　　　U_o——扩音机输出电压，V；

　　　Z_H——分路输入阻抗，按式（14-8）计算，Ω。

各分路所需功率总和，不大于扩音机容量。

2）采用定阻抗输出扩音机与线路的配接。要求线路阻抗与扩音机输出阻抗相匹配。扬声器功率之和应等于或稍小于扩音机额定输出功率。每个扬声器所得功率不得超过其额定功率，最好为额定功率的80%，这样虽声音轻些，但音质较好，又不易使扬声器损坏。

当广播线路很短时，只要考虑扬声器与扩音机输出阻

抗相匹配，即可采用低阻抗输出配接，配接方法有串接、并接、混接等，其阻抗归并和功率计算可按一般方法计算，计算结果要求

$$Z_\Sigma = Z_{SC} \qquad (14\text{-}10)$$

$$P_\Sigma \geqslant P_{SC} \qquad (14\text{-}11)$$

$$P_{SI} \leqslant P_N \qquad (14\text{-}12)$$

式中　Z_Σ——归并后的总阻抗；

　　　Z_{SC}——扩音机输出端阻抗；

　　　P_Σ——全线路所接扬声器额定功率总和；

　　　P_{SC}——扩音机输出功率；

　　　P_{SI}——扬声器在线路中所得实际功率；

　　　P_N——扬声器额定功率。

当线路较长时，线路阻抗不能忽略不计，为提高扬声器效率，扩音机可采用高阻抗输出，即扬声器需加变压器，其配接方法为串接、并接、混接。其阻抗归并和功率计算的结果也应符合式（14-10）～式（14-12）的要求。

无论是低阻抗或高阻抗的配接，当扬声器的功率低于扩音机额定功率的80%时，需接假负荷电阻。

5. 扩音设备的选择

实际工程设计中可供选择的生产扩音通信系统有很多种，而通常采用的有两种：①无主机模式；②有主机模式。

（1）无主机模式。无主机扩音/呼叫通话系统是由两个至几百个站并联组成的用于工业企业生产调度的现代化通信系统。通常均匀地设置在厂区生产人员经常走过的地方或有关的生产性建筑物内。每个标准站包括一个手机、一个双重放大器、连接控制件及一个呼叫扬声器（一般分开设置），另外，每个系统还需有一个线路平衡组件（line balance assembly）。

该系统应提供能适应各种环境的器件（如防爆站、保安站、防风雨站、普通站等），并提供单通道话站系统和多通道话站系统两种广播呼叫系统。该系统适用于生产连续性强、环境较为恶劣的场所进行喊人、对讲、播发通知、召集小型会议、报警等。

无主机扩音/呼叫通话系统的主要特点有：

1）模块化设计，可任意扩展到数百个站，随时增减，灵活方便。

2）采用分散式控制，大大降低了单一主机控制方式因主机故障而造成全局瘫痪的可能性。

3）放大器有A、G、C输入，控制了输入失真。

4）送话器具有噪声抑制功能，在比较高的噪声环境下仍可清晰通话。

5）可多达五对同线对讲，互不影响。

6）供电点选择自由。

7）安装维护简便。

8）可与电话等其他通信系统接口。

（2）有主机模式。该系统主要由交换机柜、放大器柜组成。其中放大器柜主要配置有一定功率的放大器，其输入、输出以及开启电源控制线都和主机柜交换矩阵网络相连，由主机控制使用。本设备的主体是交换机柜，由计算机控制部分、用户电路、话路接续交换部分、广播部分、记发、馈电部分、信号源和电源部分等组成。

该设备的主要技术特点有：

1）主机采用计算机控制，软件修改简单可行。

2）系统采用模块化结构，用户线可增加。

3）系统具备双音多频收号器，可连接双音双频或脉冲端局。

4）系统具备齐呼、组呼功能。

5）任意端局可临时设置为调度端局，下达调度指令，特别适合于流动调度的场合。

6）广播传输采用特别的技术，运用普通二线可以实现大功率的远距离扩音传输，扩音部分集中设置、集中管理。

7）端局种类繁多，具有普通室内、室外、防爆、防噪扩音对讲等型号，适应于各种场合。

8）可进行功能设置，每个话站均具有扩音振铃、指令呼叫功能，通过广播呼叫，可以随时找到流动工作人员。

9）可进行各种生产调度的双工通话。

10）每个话站独立工作，任何一个故障，不影响其余话站工作。

11）抗噪声终端在115dB的环境中，双方仍可保持清晰通话。

12）话站采用无触点结构设计，IP65防护等级，使设备能在任何恶劣环境中正常使用。

13）与普通电话机兼容。

14）自适应功率控制电路，可适应任何种类扬声器。

15）接口丰富，可以在模拟网、数字网、模拟混合网中使用。

16）可配置调度指挥台，兼具调度的全部功能。

6. 扩音/呼叫系统容量的确定

根据DL/T 5041—2012《火力发电厂厂内通信设计技术规定》，单台发电机组的额定容量不小于300MW的火力发电厂，输煤系统宜设置一套扩音/呼叫系统，扩音/呼叫系统的话站数量如下：

（1）容量为300MW级机组设20～30个话站。

（2）容量为600～1000MW级机组设30～50个话站。

扩音/呼叫系统应能扩容，以满足电厂扩建规模的

要求。

（三）无线电移动通信

移动通信是指在运动中实现的通信。此时，通信双方或至少一方处于运动状态。移动通信包括移动台（汽车、火车、船舶、飞机等移动体）与固定台之间的通信，或移动台之间的通信，以及移动台通过基站与有线用户的通信等。

1. 移动通信的特点

移动通信应用广泛，特别是在有线通信难以实现的情况下，移动通信的优越性更为突出。移动通信几乎集中了有线和无线通信的所有最新技术成果，使其传输功能大大增强，不仅传输语音信息，而且传输数据、图像和多媒体等信息。由于采用无线方式通信，并且通信是在运动中进行的，与有线通信和固定无线通信方式相比，它有许多特点。

（1）电波传播环境复杂。

1）移动通信采用无线电波进行信息传输，信号极易受地形地物、气候等因素的影响，传播条件恶劣。

2）移动台常在城区、丘陵、山区等环境中移动工作，使接收信号的强度和相位随时间、地点的变化而变化，产生所谓的"衰落"现象。移动无线电波受地形、地物的影响，产生散射、反射和多径传播，形成瑞利衰落，其衰落深度可达30dB。

（2）干扰和噪声比较严重。

1）在移动通信系统中，经常是许多移动台同时工作，不可避免地会产生严重的相互干扰。

2）在服务区内还存在着许多其他移动通信系统，也会产生系统之间电台的干扰，如同频干扰、邻道干扰、互调干扰等。

3）服务区内的汽车点火系统引起的噪声和大量工业干扰也十分严重。

因此要采取各种抗干扰措施，确保移动通信质量。

（3）移动通信可利用的频谱资源有限。在无线网中，频率资源是有限的，国际电信联盟（International Telecommunication Union，ITU）对无线频率的划分有严格的规定。有限的频率资源决定了信道数目是有限的，这和日益增长的用户量形成了一对矛盾。如何提高系统的频率利用率是移动通信系统的一个重要课题。

（4）多普勒效应。由电磁学基本理论可知，当发射机和接收机的一方或多方均处于运动时，将使接收信号的频率发生偏移，即产生所谓多普勒效应。移动速度越快，多普勒效应影响越严重。

（5）交换控制、网络管理系统复杂。移动台在服务区内始终处于不确定的运动之中，这种不确定运动可能还要跨越不同的基站区；还有移动通信网络与其他网络的多网并行，需同时实现互联互通等。这样移动通信网络就必须具有很强的管理和控制功能，如用户的登记和定位，信道资源的分配和管理，通信的计费、鉴权、安全、保密管理，以及用户越区切换和漫游访问等跟踪交换技术。

（6）可靠性及工作条件要求较高。移动台必须适于在移动环境中使用，因此应具有小型、轻便、低功耗、操作和维修方便等特点，必要时，还应能在高低温、振动、尘土等恶劣的条件下稳定可靠地工作。

2. 移动通信系统的分类

移动通信的种类繁多，其分类方法也是多种多样：按设备的使用环境分类，有陆地、海上、空中三类移动通信系统；按服务对象分类，有公共和专用移动通信系统之分；按信号性质分类，有模拟和数字移动通信系统之分；按覆盖方式分类，有大区制和小区制移动通信系统之分；而更多是按系统组成结构分类。

移动通信系统按系统组成结构分类如下：

（1）蜂窝移动通信系统。蜂窝状移动电话是移动通信的主体，是全球性的用户容量最大的移动电话网。

（2）集群移动通信。集群通信系统，是指系统所具有的可用信道为系统的全体用户共用，具有自动选择信道的功能，是共享资源、分担费用、共用信道设备及服务的多用途和高效能的无线调度通信系统。

（3）公用移动通信系统。公用移动通信系统是指给公众提供移动通信业务的网络，这是移动通信最常见的方式。这种系统又可以分为大区制移动通信和小区制移动通信，小区制移动通信又称蜂窝移动通信。

（4）无绳电话系统。对于室内外慢速移动的手持终端的通信，一般采用小功率、通信距离近、轻便的无绳电话机。通过无绳电话的手机可以呼入市话网，也可以实现双向呼叫，其特点是只适用于步行，不适用于乘车使用。

（5）卫星移动通信。利用卫星转发信号实现的移动通信。对于车载移动通信可采用同步卫星，而对手持终端，采用中低轨道的卫星通信系统较为有利。

（6）无线寻呼系统。无线电寻呼系统是一种单向传递信息的移动通信系统。它是由寻呼台发信息，寻呼机收信息来完成的。

上述移动通信系统中，较多用于发电厂的是集群移动通信和无绳电话系统。

3. 移动通信的发展

现代移动通信的发展始于20世纪20年代，而公用移动通信是从20世纪60年代开始的。移动通信系统的发展至今经历了第一代（1G）、第二代（2G）和第三代（3G），现正处于第四代（4G）移动通信技术发展阶段。

4. 集群系统

集群系统（trunking system）是一种专业的无线电调度系统，所谓集群（trunking）是指系统所具有的可用信道是由系统的全体用户群共同使用。换言之，集群通信系统是一种共用信道的无线电调度系统，它具有自动选择信道功能，可以实现共享频谱资源，分担组网费用，共用信道设备及服务的多用途高效能而廉价的无线电调度通信系统，已成为专用移动通信网的一个发展方向。

（1）集群系统的功能。随着技术的发展，集群系统大都采用了微机控制，使其具备了许多程控电话的功能，如优先等级、会议电话等。集群系统已发展成一种先进的、较经济的多功能无线调度电话系统，集群系统可工作在 VHF 和 UHF 波段上。为了避免与蜂窝网的频率相干扰，国际上规定 800MHz 的集群系统应在 806～821MHz（移动台发）和 851～866MHz（基台发）工作，收发频率间隔为 45MHz，信道间隔为 25kHz，共有 600 个信道。由于现在最大的系统为 20 个信道，所以按 20 个信道为一组频率，又再分为 4 个小组，每 1 小组有 5 信道，这是考虑了最小的系统为 5 个信道的缘故。为了减小相互干扰，信道间要有一定的频率间隔，这也有利于共用天线。我国规定与国际上相同，但信道序号与频率高低正相反（高频率对应高信道序号，例如：我国的 1 号信道频率为 806.0125MHz，而该频率对应的国际信道序号是 600；我国的 600 号信道频率为 820.9875MHz，对应的是 1 号国际信道）。指配频率时按组或小组来指配，400MHz 及 150MHz 频段的集群系统则不分组，由各地无线电管理委员会进行指配。

集群移动通信系统可以实现将几个部门所需的基地台和控制中心统一规划建设，集中管理，而每个部门只需要建设自己的调度指挥台（即分调度台）及配置必要的移动台，就可以共用频率、共用覆盖区，即资源共享、费用分担，使公用性与独立性兼顾，从而获得最大的社会效益。

（2）集群系统的组成。一个集群通信系统一般由控制中心、基站、调度台、移动台组成，如图 14-5 所示。集群系统是一种在一定范围内使用的移动通信系统，通常采用大区制覆盖，与大区制移动通信网的组成很类似。

该系统是独立的专用系统，如各种车辆调度系统，公安、交警等部门自己安装的系统。

（3）集群系统的分类。集群通信系统的种类繁多，通常有以下几种分类方式：

1）按信令方式分，有共路信令方式和随路信令方式。

2）按信号的类型分，有模拟集群和数字集群两种。

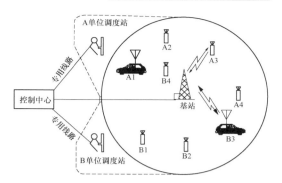

图 14-5　集群系统的组成

3）按通话占用信道分，有信息集群（也称消息集群）和传输集群之分。

4）按控制方式分，有集中控制方式和分散控制方式。

5）按覆盖区域分，有单区单中心制和多区多中心制。单区单中心制是集群系统的一种基本结构，如图 14-6 所示。这种网络适用于一个地区内、多个部门共同使用的集群移动通信系统，可实现各部门用户通信，自成系统而网内的频率资源共享。为扩大集群网的覆盖，单区制集群系统可相互连成多区多中心的区域网，区域网由区域控制中心、本地控制中心、多基站组成而形成整个服务区。各本地控制中心通过有线或无线传输电路连接至区域控制中心，由区域控制器进行管理，其结构如图 14-7 所示。

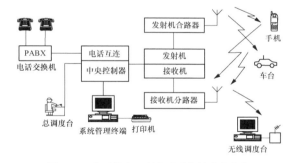

图 14-6　单区单中心制集群系统的基本结构

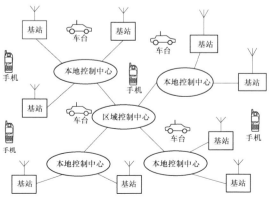

图 14-7　多区多中心制集群网

（4）集群系统的用途和特点。

1）集群通信系统属于专用移动通信网，适用于在各个行业中间进行调度和指挥，对网中的不同用户常常赋予不同的优先等级。

2）集群通信系统根据调度业务的特征，通常具有一定的限时功能，一次通话的限定时间为 15～60s（可根据业务情况调整）。

3）集群通信系统的主要服务业务是无线用户和无线用户之间的通信。

4）集群通信系统一般采用半双工（现在已有全双工产品）工作方式，因而，一对移动用户之间进行通信只需占用一对频道。

5）集群系统中，主要是以改进频道共用技术来提高系统的频率利用率。

6）集群系统成本较低，按单个用户计，成本明显低于常规调度系统。集群系统的主要缺点是：由于在通话中可能碰到信道全忙、需要排队等待的情况，因此会产生迟延，使人有说话不连续的感觉。

总之，集群系统属于专用调度移动通信系统，在集群无线通信系统中，系统中的每一个信道都可以为大量用户所使用，系统可以将有限的信道自动分配给大量的用户。它的工作方式为半双工（异频单工）、大区制，可以覆盖较大范围，一般半径为 30～40km。但由于现在使用单位较多，已不限于只作调度使用了。一般还要求它能与市话网互联，有的还要求双工工作，或扩大覆盖范围，多个小区工作等。

5．无线电移动通信适用范围

装设线路困难的地方或移动生产岗位可以采用无线电移动通信，例如：

（1）发电厂的辅助厂房，如水源地、灰场。

（2）移动设备，如输煤斗轮机。

（3）巡回检修场所，如主厂房、输煤皮带等。

此外，也可以将无线电移动通信作为调度或行政的辅助通信或线路检修、工程基建指挥的通信工具。

三、设计注意事项

（1）对于厂区外的场所，例如水源地、灰场等，可设置厂内电话、无线对讲机或公用网电话；如果离厂区较远，可采取加大音频电缆线径、采用交换机长线用户板等技术措施设置厂内电话。

（2）当电话机安装在环境噪声超过 80dB 及以上的生产岗位时，应采取防噪声措施。

（3）当电话机及话站安装在某些特殊环境下的生产岗位时，应根据需要采取相应防潮、防爆、防粉尘等防护措施。

第四节　中　继　方　式

一、设计要求

（1）进行发电厂音频通道的中继组合方式设计时，应了解电厂所处的位置及在电力系统中的作用。根据需要与有关单位商定，即：

1）发电厂与当地市话局之间的中继方式；

2）发电厂与铁路、煤矿之间的中继方式；

3）发电厂与附近重要厂矿之间的中继方式；

4）发电厂与附近变电所的中继方式；

5）发电厂与区调或省调的中继方式。

（2）厂内通信中继方式还应明确以下问题：

1）确定厂内通信设备与电力线载波、微波、光纤等通信设备的联系方式。

2）确定厂内通信设备间的联系方式。

二、中继方式

（一）中继的类型

交换机与交换机之间的连接线路称为中继线。中继接口是交换机连接中继线的接口，主要有数字中继接口和模拟中继接口。

模拟中继接口是交换机与模拟中继线的接口，用于连接模拟交换局。二线或四线模拟中继接口就属于模拟中继。数字中继接口是连接局间数字中继线的接口设备，用于与数字交换局或远端用户模块相连。

目前交换机与通信网的连接大多采用的是数字中继接口，仅在部分设备连接用到模拟接口，例如与载波机的连接。

（二）信令系统

在电话通信的过程中，需要完成呼叫建立、通话、呼叫拆除 3 个阶段。在呼叫建立和呼叫拆除过程中，用户与交换机之间、交换机与交换机之间都要交互一些控制信息，以协调相互的动作，这些控制信息称为信令。信令作为呼叫接续过程中用于协调动作、控制呼叫的规范化的控制命令，对于通信网中各种通信连接的建立和拆除，维护通信网的正常运行有着重要的作用。通信网中任意两个设备终端之间的通信都离不开信令，终端与交换节点之间、各交换节点以及不同网络之间的互通，都必须在信令的控制下进行。

1．信令的分类

信令的分类方法很多：

（1）按照信令完成的功能可分为监视信令、路由信令和管理信令。

（2）按照信令所工作区域的不同可分为用户信令和局间信令。

（3）按照信令传送通路和用户信息传送通路的关

系,可分为随路信令和公共信道信令(简称共路信令)。

通常所说的信令系统是指为实现某种信令方式所必须具有的全部硬件和软件系统的综合。

2. No.7 信令系统

随路信令具有共路性和相关性两个基本特征,而公共信道信令具有分离性和独立性两个基本特征。早期采用步进制、纵横制交换机和模拟程控交换机时,所采用的信令为随路信令,如中国 No.1 信令。随着数字程控交换机的出现,通信网采用数字交换和数字传输,可以支持快速的信令传送,加上人们对通信网综合业务,包括话音、图像、数据、视频等的需求,由于随路信令的传送速度慢、容量小、无法传送与呼叫无关的信息、成本较高等缺点被逐渐淘汰。在经过不断设计和修改后,公共信道信令,如 No.7 信令系统,由于其传送速度快、信令容量大、可传递大量与呼叫无关的信令,便于信令功能的扩展,开放新业务,可适应现代通信网的发展而得到普遍应用。

基于上述优点,No.7 信令系统是目前通信网广泛采用的局间信令,其具有以下特点:

(1) No.7 信令采用公共信道方式,局间的 No.7 信令链路由两端的信令终端设备和它们之间的数据链路组成。数据链路是速率为 64kbit/s 的双向数据通道。

(2) No.7 信令传送模式采用分组传送模式中的数据包方式,其信息传送的最小单位 SU 就是一个分组,且基于统计时分复用方式。因此在 No.7 信令系统中,为保证信息能够可靠传送,信令终端应具有对 SU 同步、定位和差错控制的功能,同时 SU 中必须包含一个标记,以识别该信令单元传送的信令是属于哪一路通信。

(3) 话路与信令通道是分开的,所以必须对话路进行单独的导通检验。

(4) 必须设置备用设备,以保证信令系统的可靠性。

因此,通常设备间在采用 No.7 信令连接时,除了需要配置数字中继接口外,大多还需有专用的硬件设备。

3. Q 信令

除了 No.7 信令外,电力调度通信网中常用的还有 Q 信令。

Q 信令即 ITU-T 定义在数据链路层上的 Q.921 协议(ISDN 第二层链路控制技术规范)和网络层上的 Q.931 协议(ISDN 第三层基本呼叫控制技术规范),以及在此基础上扩展的附加业务及网络应用功能。它允许不同厂家的 PBX 设备以统一的数字标准互联。

Q 信令具有多种先进的功能,如接续速度快,可靠性高,网络路由编号的主叫号码、被叫号码同时传送,信道承载能力可控制,信道可捆绑,中继汇接,呼叫路由预测,分组呼叫处理,帧中继连接,与 IP 广域网路由器连接等。由于省掉了多频互控记发器(MFC),系统造价低于 E1 中继+中国 1 号信令系统。

Q 信令所支持的网络没有节点限制,可根据需要分配新节点,并与网络连接。支持网络采用各种结构,如链状网、星型网、树状网、环形网、网状网等。

Q 信令的优越性还在于支持专用电话网络内部自动接续,支持全网络统一编号,支持建立 Vo IP 电话虚拟网(PVN),支持网络化的 DECT 制式微蜂窝移动通信系统,支持建立网络语音邮箱,支持全网络功能统一,支持与宽带网络路由器的连接,功能透明传输,可以和公网的 ISDN 配合,保证了公共 ISDN 和专网 ISDN 的服务兼容和支持附加网络功能。

三、中继线通信方式的选择

根据 DL/T 5041—2012《火力发电厂厂内通信设计技术规定》,生产管理程控交换机与电力系统行政交换网、公用网之间,宜有中继线连接,其中继接口、中继信令应满足下列电力系统行政交换网、公用网的介入方式要求:

(1) 接入电力系统行政交换网方式。

1) 生产管理程控交换机主叫用户呼出应优先采用一次连续拨完用户中继号码及用户分机全部号码的方式。

2) 交换机被呼入时应采用 DID 方式。

(2) 接入公用网方式。

1) 生产管理程控交换机与公用网宜采用全自动直接拨入网方式。

2) 发电厂生产管理程控交换机应与生产调度程控交换机中继连接。生产管理程控交换机与生产调度程控交换机之间应优先采用 2Mbit/s、Q 信令中继方式互联。

第五节　通信电缆网络

一、设计要求

发电厂通信网络,包括发电厂厂内各类通信设备的线路。音频线路网络的传输设计,应符合 GBJ 42《工业企业通信设计规范》中有关通信质量指标的要求。

生产管理、生产调度程控交换机的电缆网络宜合并为一个电缆网络,扩音/呼叫系统的电缆网络宜与生产管理、生产调度程控交换机的电缆网络独立。

通信线路路径在安全、可靠的基础上要尽量短直,线路敷设方式应因地制宜进行选择。

二、电缆线路的选择

(1) 电缆线路的设计应符合电厂的发展规划,便于施工及维护。

（2）大型电厂的主干线路和中继线路，宜采用环形网络配线，进站线路亦应尽量考虑从两个方向引入。

（3）主干电缆线路应尽量与配线电缆线路走向一致，便于引上和分线。

（4）应尽量避开高压线路及对电缆可能造成机械损伤的地方，并尽量减少与其他管线障碍物的交叉跨越。

三、敷设方式

目前使用较广泛的敷设方式为电缆与架空明线敷设：架空明线投资省，回路电阻值及衰耗值都低于电缆；但是电缆传输容量大，在建筑上可做到隐蔽、美观、避免受到高压线、电气化铁道或其他通信线路之间的跨越和干扰等影响，故设计时应结合工程具体情况选择。

1. 厂区内线路敷设方式

电厂内不宜采用明线而用电缆。

（1）通信电缆应尽量利用电缆构筑物。无电气电缆构筑物可利用时，可利用直埋电缆或管道电缆敷设。电缆在电缆沟、隧道中和桥架上敷设时，通信电缆应布置在电缆支架的最下层，与 10kV 及以下的高压电缆支架之间的间距应大于 250mm，且在其中间应用绝缘板隔开。如电缆沟等的两侧有支架时，通信电缆与控制电缆敷设在一侧，另一侧敷设电力电缆。通信电缆与 10kV 以上的高压电缆放在同一隧道时，应设在不同侧。与单芯电力电缆同沟敷设时，特别是 110kV 以上的电缆，应计算感应电压，如计算感应电压大于允许值时，应采取措施或分开敷设。

（2）在下列情况电缆可穿管敷设：

1）全厂总体设计要求穿管隐蔽。

2）特殊、重要的电缆线路。

3）无电缆构筑物可利用，而采取直埋电缆又有困难，或直埋电缆通过道路或建筑物时，也可采用穿管敷设。

（3）部分厂区外线路敷设。去厂区外的生活福利区、水源地、车站等可采用架空或直埋式电缆敷设。

（4）容量在 100 对及以下的电缆敷设。当其沿途需自相邻的建筑物引线，墙面比较平直或在建筑物内部时，可采用沿墙电缆敷设方式。

（5）建筑物内的通信线路在下列情况时可考虑采用暗配线，敷设电缆的暗管宜采用钢管或阻燃硬质PVC 管。

1）生产办公楼、行政办公楼、集控楼等要求配线隐蔽美观的地段。

2）主控制室、网络控制室、单元控制室或主厂房及车间内明管（或沿墙）敷设电缆绕道太远者。

（6）通信电缆在下列情况时应考虑明管保护：

1）通信电缆线路易受外界损伤地段。

2）通信电缆线路遇其他管线及障碍物较多的场合。

（7）厂前区通信电缆必须采用地下管道电缆或直埋电缆敷设方式，严禁采用架空电缆敷设。

2. 厂区外线路敷设方式

厂区外通信线路主要包括用户线路及中继线路两部分。

电厂至市（县）、邮电局的通信线路建设应与邮电部门协商办理。

电厂至水源地的通信线路，可在 10kV 及以下的架空线路横担下敷设通信电缆（但必须采取保安措施），并尽可能与动力线及水源地控制方式综合考虑。

生活福利区的通信电缆，一般可沿照明杆敷设。

至铁路扳道房、调度所、煤矿及附近厂、站的通信线路可与有关部门协商建设，也可单独直埋电缆或架空敷设电缆。

四、主干电缆与配线电缆的设计

（一）主干电缆设计要求

从电话站总配线架到开始配线地点之间的电缆称主干电缆。在直接配线或复接配线中，是指从电话站到进入电缆分支点或从第一个分线设备之间的电缆；在交接配线中，是指从电话站到交接箱之间的电缆。

主干电缆的设计要求如下：

（1）在安全、可靠的基础上，电缆线路应尽量短直，符合电厂发展规划的要求，便于施工维护。

（2）尽量避开高压线路以及对电缆可能造成机械损伤的地方，并尽量减少与其他管线障碍物的交叉跨越。

（3）主干电缆的芯数使用率应不低于 75%～90%。

（4）发电厂厂内通信主干电缆单根容量不宜大于 200 对，分支电缆容量不应大于 100 对，配线电缆单根容量不宜大于 50 对。设计时，应留有适当的备用线对。

（二）配线电缆设计要求

配线电缆一般是指装有分线设备的电缆。在交接配线中，主干电缆与配线电缆是以交接箱为分界点的；对于直接配线来说，配线电缆一般是指从主干电缆开始接出的第一个用户分线设备的电缆。

配线电缆的设计要求如下：

（1）应根据用户点和负荷资料进行设计。

（2）配线电缆设计适应一定时期内用户设备的拆迁变化和发展规划的要求，设计上要考虑一定的灵活性。

（3）配线电缆的芯数使用率如按直接配线方式应达到 60%～80%，按复接配线应达到 70%～90%。

（4）分线设备容量的选用，可按用户总数的 1.2～1.5 倍，结合分线设备的标称系列选用。

（三）配线电缆连接方式

配线电缆连接方式一般分直接、交接和复接配线法三种。对于发电厂通信，生产管理、生产调度程控交换机的电缆网络应以交接配线方式为主，辅以直接配线方式，不宜采用复接配线方式。交接配线宜采用一级交接配线法。

如果扩音/呼叫系统具有交换功能，且采用音频电缆布线，其电缆网络宜以直接配线方式为主，辅以一级交接配线方式。

1. 直接配线法

直接配线法是从电话站直接配线到各个分线设备，如图 14-8（a）所示。此方式施工简单，人为障碍机会少，查找线路故障容易，电缆芯线利用率高；缺点是电缆芯数的通融性和灵活性较差。

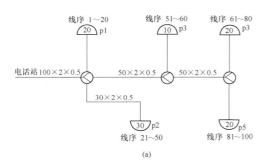

(a)

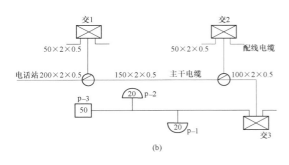

(b)

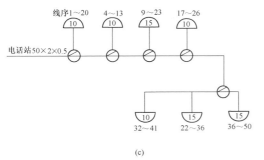

(c)

图 14-8　配线电缆连接方式图
（a）直接配线法；（b）交接配线法（两级法）；（c）复接配线法

2. 交接配线法

交接配线法可分为两级法、三级法、缓冲法、环联法、二等法等。两级配线法是指从电话站引出较多对数的主干电缆，沿线又分支出少量对数主干电缆接入交接箱；然后由交接箱引出较少对数的配线电缆；在该配线电缆上又沿线分支出更少对数的配线电缆至分线箱或分线盒；再由分线盒接至用户，如图 14-8（b）所示。

3. 复接配线法

复接配线法是把电缆芯线以复接或并接的方法分配至分线设备的端子上，利用复接线对可在两个或两个以上的地点将某对线序接出应用，但一般每对线的复接次数不宜超过三次，如图 14-8（c）所示。

复接配线的分线设备的容量为终期用户数的 1.8~2.0 倍。其优点是多量对数长距离的主干电缆的芯线使用率高、通融性大、灵活性好。其缺点是复接段上增加了电缆容量和分线设备的接头端子数，传输上增加了复接衰减，测试和维护较直接配线困难。

（四）配线区的划分

配线区的划分，应根据电厂的总平面布置、生产工艺流程系统、用户性质、负荷分布密度和电厂构筑物条件等情况，按以下原则考虑：

（1）配线区的界限尽量整齐，可按生产工艺流程、电厂构筑物的特点来选择配线区界限，如汽机房、锅炉房、输煤系统、主控制楼、生产办公楼、生活福利区等。

（2）配线区范围内的用户应比较集中，便于敷设用户线。

（3）具有二级以上调度系统的大型电厂，对属于同一调度系统的用户，应尽可能划在同一配线区内。

（4）配线区的划分应有利于今后电厂扩建时进行电缆线路的分割和调整。

生产管理、生产调度程控交换机电缆网络宜划分交接区。引入主干电缆为 100 对及以上的建筑物或几个相邻的建筑物，可以单独设置交接区。

（五）电缆容量的确定

在划分配线区之后，结合配线方式的选择，各配线区所需要的电缆容量、线路设备（如交接箱、分线设备）的位置和主干电缆路径选择等因素，组合主干、配线电缆系统，确定它的容量。电缆容量的确定应考虑下列因素：

（1）确定电缆对数时应考虑一定年限内的用户发展需要。

（2）确定的主干电缆和配线电缆的芯线使用率应达到如表 14-5 所示的设计标准。

表 14-5　　主干电缆和配线电缆的芯线
使用率的设计标准

电缆敷设段落和使用功能	芯线使用率（%）
电话站-电话站（中继电缆）	85~95
电话站-交换设备（主干电缆）	75~90
电话站或交接设备-不复接的终端配线设备	60~80
电话站或交接设备-复接的终端配线设备	70~90

（3）电缆容量的确定应结合配线方式统一考虑，做到有较好的通融性又不超出表 14-5 所示的电缆芯线使用率，使其具有最佳的经济技术效果。

（4）应结合电厂控制方式和调度体制来确定电缆容量，对于各级调度总机设备间和它们到电话站、电力线载波机、微波通信设备等之间的联络线（或中继线），要一并考虑在主干电缆或配线电缆所需的对数中。

（5）尽可能减少电缆品种，每条电缆的容量不宜过大，分支点也不应太多。

（6）电缆容量的确定，应考虑到发变电工程中各种性质用户（如生产管理电话、调度电话、载波电话等）线对数的需要和对传输电缆线径要求的差异。

五、架空杆路设计

1. 吊线

当采用架空电缆敷设时，宜采用屏蔽型通信电缆。使用的电缆吊线一般采用 7 股绞合镀锌钢绞线，吊线的方式应根据所承载的电缆形式和建设地区的气象情况而定。

正吊线的安全系数不应小于 3，辅助吊线的安全系数不应小于 2。每条吊线上一般架设一条电缆。电缆在电杆上的位置应始终一致，距离远的在上面、近的在下面，主干电缆在上面、配线电缆在下面。上下两条电缆的隔距不应小于 300mm。电缆及吊线每隔 200m 左右接地一次。挂设架空电缆的容量，通常为 5~100 对。仅在特殊情况下，可考虑设 100 对以上的电缆。

吊线的选择数据见表 14-6。

水泥杆吊线的固定一般采用钢箍法。在终端杆及大于 30°转角杆上的钢绞线，均应作终端结；在直线线路上，如相邻杆档的吊线或电缆型式不相同时，应在杆上做一假终结及一条拉线。

2. 电缆挂钩

电缆吊挂时，采用电缆挂钩和电缆挂带吊挂于吊线上，除在电缆接头的中央、电杆两侧、分线设备尾巴电缆与配线电缆平行的部分以及分支电缆与主干电缆在吊线上平行的部分采用电缆挂带承托外，其余部分的电缆均采用电缆挂钩来承托。如无电缆挂带，也可用软导线来绑扎。

电缆挂钩的规格及选择标准见表 14-7。

表 14-6　　　　　　　　　　　　　　　　　　吊线的选择数据

负荷区别	杆距 l（m）	电缆质量 m（kg/m）	吊线型式 [线径（mm）×股数]	悬挂电缆对数 [线径（mm）/对数]
轻负荷区	$l \leqslant 45$	$m \leqslant 2.11$	2.2×7	0.4/150、0.5/100、0.6/100、0.7/50
	$45 < l \leqslant 60$	$m \leqslant 1.46$		0.4/100、0.5/80、0.6/50、0.7/30
	$l \leqslant 45$	$2.11 < m \leqslant 3.02$	2.6×7	0.4/200、0.5/150~200、0.6/150、0.7/80~100
	$45 < l \leqslant 60$	$1.46 < m \leqslant 2.182$		0.4/150~200、0.5/100、0.6/80~100、0.7/50
	$l \leqslant 45$	$3.02 < m \leqslant 4.15$	3.0×7	0.4/300~400、0.5/300、0.6/200、0.7/150
	$45 < l \leqslant 60$	$2.182 < m \leqslant 3.02$		0.5/150~200、0.6/150、0.7/80~100
中负荷区	$l \leqslant 40$	$m \leqslant 1.82$	2.2×7	0.4/150、0.5/100、0.6/80、0.7/50
	$40 < l \leqslant 55$	$m \leqslant 1.224$		0.4/80、0.5/50、0.6/30、0.7/20
	$l \leqslant 40$	$1.82 < m \leqslant 3.02$	2.6×7	0.4/200、0.5/150~200、0.6/100~150、0.7/80~100
	$40 < l \leqslant 55$	$1.224 < m \leqslant 1.82$		0.4/100~150、0.5/80~100、0.6/50~80、0.7/30~50
	$l \leqslant 40$	$3.02 < m \leqslant 4.15$	3.0×7	0.4/300~400、0.5/300、0.6/200、0.7/150
	$40 < l \leqslant 55$	$1.821 < m \leqslant 2.98$		0.4/200、0.5/150~200、0.6/100、0.7/80~100
重负荷区	$l \leqslant 35$	$m \leqslant 1.46$	2.2×7	0.4/100、0.5/80、0.6/50、0.7/30
	$35 < l \leqslant 50$	$m \leqslant 0.574$		0.4/30、0.5/10、0.6/10、0.7/5
	$l \leqslant 35$	$1.46 < m \leqslant 2.52$	2.6×7	0.4/150~200、0.5/100~150、0.6/80~100、0.7/50~80
	$35 < l \leqslant 50$	$0.574 < m \leqslant 1.224$		0.4/50~80、0.5/20~50、0.6/20~30、0.7/10~20
	$l \leqslant 35$	$2.52 < m \leqslant 3.89$	3.0×7	0.4/300~400、0.5/200、0.6/150~200、0.7/100
	$35 < l \leqslant 50$	$1.224 < m \leqslant 2.31$		0.4/100~200、0.5/80~150、0.6/50~100、0.7/30~50

表 14-7 电缆挂钩的规格及选择标准

挂钩型式 (mm)	电缆外径 (mm)	线径（mm）						吊扎规格
		0.4	0.5	0.6	0.65	0.7	0.9	
		对数	对数	对数	对数	对数	对数	
25	12 以下	5～30	5～20	5～10	5～15	5	5	三道塑料皮线，三道棕绳
35	12～18	50～100	25～50	20～30	20～30	10～20	10～15	三道塑料皮线，三道单股皮线
45	18～24	150～200	80～100	50	50～80	30	25	四道单股皮线
55	24～32	300	150～200	80～100	100～150	50～80	50～80	五道单股皮线
65	32 以上	400	300	150～200	200	100	100	六道单股皮线

3. 架空通信电缆

电厂的架空通信电缆基本上与 6～10kV 电力线或 380V/220V 照明线同杆敷设，照明线杆由电气人员选择，但线杆应考虑通信电缆的拉力，线杆的高度也应计及悬挂电缆时的情况。架空电缆或明线线路与其他建筑物间的最小距离见表 14-8。

通信电缆或明线与强电线路电气设备的平行接近距离，按有关规程计算确定。

表 14-8 架空通信电缆或明线线路与其他建筑物间的最小距离表

序号	通信线与建筑物的距离类别		最小距离（m）	备注
1	一般地区		3.0	最低电缆或导线距地面（指最大垂度时）
	特殊地区		2.5	
2	距农作物最高高度		0.6	
3	跨越乡村大道、城市人行道、居民区		4.5	
4	跨越公路、经常通卡车的大车路、城市街道		5.5	
5	跨越铁路铁轨面		7.0	
6	位于铁路旁的电杆距最近铁轨的最小水平距离		$1\frac{1}{3}h$ （h 为地面杆高）	
7	任一导线与树枝间	在市区最近水平距离	1.3	
		在郊外最近水平距离	2.0	
		在市内及郊外最近垂直距离	1.0	
8	导线与建筑物的最小水平距离		2.0	
9	跨越房屋时，最低电缆或导线距房顶		1.0	
10	与带有绝缘层的低压电力用户线交越时		0.6	
11	杆路与地下管线平行时的水平距离		1.0	
12	杆路与人行道边石平行时的水平距离		0.5	
13	跨越河流	通航的河流，距最高洪水水位时船帆的最高点	1.0	
		非通航河流，距最高洪水水位	2.0	
14	利用桥梁通信支架通过时，与桥梁最下边沿距离最内侧电缆或导线与桥梁上最突出部分的水平距离		0.5	

注 表中均指电缆或导线的最低点（最大垂度时）。

六、沿墙敷设电缆

电缆沿墙敷设可分为卡钩式及吊挂式两种，其敷设高度为：在办公室生活间内以 2.5～3.5m 为宜，车间及屋外以 3.0～5.5m 为宜。吊挂距离一般为 6m，两建筑物间的跨距不宜超过 6m。当跨距大于正常跨距的一半或电缆质量超过 2t/km 时，应做终端并按架空线路有关规定设计。

吊线墙壁电缆型式选择见表 14-9，墙壁电缆及建筑物内通信管线与其他管线的隔距见表 14-10。

墙壁电缆在室内穿越楼层时，电缆应采用钢管或塑料管保护，保护高度一般为 2.0~2.5m，管子内径为电缆外径的 1.5~2 倍。

表 14-9　　吊线墙壁电缆型式选择表

电缆重量（t/km）	电缆型式[线径（mm）×对数]	吊线型式[股数/线径（mm）]
1 以下	0.4×50 及以下	4.0×1 钢线或 7/1.0 钢绞线
	0.5×30 及以下	
	0.6×30 及以下	
	0.7×20 及以下	
1~2	0.4×80~100	4.0×2 钢线或 7/2.0 钢绞线
	0.5×50~100	
	0.6×50~80	
	0.7×30~50	

表 14-10　墙壁电缆及建筑物内通信管线与其他管线的隔距表

其他管线	最小水平距离（mm）		最小垂直距离（mm）	
	墙壁电缆	建筑物内通信管线	墙壁电缆	建筑物内通信管线
避雷线	1000		150	
保护地线	50		20	
电力线（380V）	150		50	
给水管	150		20	
压缩空气管	150		20	

续表

其他管线		最小水平距离（mm）		最小垂直距离（mm）	
		墙壁电缆	建筑物内通信管线	墙壁电缆	建筑物内通信管线
热力管	不包封	500		500	
	包封	300		300	
煤气管		300		20	

七、直埋电缆

（1）直埋电缆型式选用原则。当通信电缆直埋敷设时，宜采用钢带铠装电缆。

（2）直埋电缆路径选择原则。

1）根据总平面布置图对地下管线断面分布的情况进行设计。

2）不得敷设在今后发展扩建用地或规划未定的场所。

3）应尽量敷设在人行道下，断面位置应与道路中心线平行，避免往返穿越道路。

4）应避开石灰质土壤、粪便坑、煤渣炉灰、污水渗透井沟等具有腐蚀的地区。

八、音频线路网络的传输设计

（一）传输衰耗标准

对于长途电话的衰耗分配，应使两个电话机之间允许的最大传输衰耗值不大于 3.4Np；对于市内电话的衰耗分配，应使两个电话机之间允许的最大传输衰耗值不大于 2.8Np。

传输衰耗分配如图 14-9 所示。

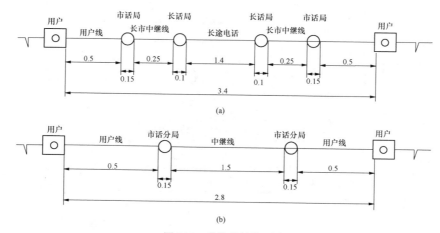

图 14-9　传输衰耗分配图
（a）长途电话的衰耗分配；（b）市内电话的衰耗分配
注：衰耗的单位为 Np。

（二）信号传递标准

应根据不同的交换机、调度机的型式分别符合它们规定的要求。

（1）当采用直流信号传送时，应满足信号电阻限值要求。

（2）当采用交流信号传送时，应满足衰减限值和传送多频信号时组成前向信号的任意二个频率之间电平差的要求。

一般厂内音频用户线路信号传递选择 0.5mm 线径的电缆。

（三）远距离用户

对于距离较远的用户，为了达到上述标准，可采取以下措施：

（1）适当增加导线截面积。

（2）采用加感电缆方式，即把一定电感量的电感线圈，按一定间距串联在电话电缆的芯线上可以降低传输衰耗，提高音量，增长通话距离。

（3）采用负阻抗增音机。负阻抗增音机是一种双方向放大器，可装在加感或不加感的电缆芯线和架空明线上，对两个方向的话音语流进行放大，以提高音量和改善频率响应，或在规定的线路衰耗和环路电阻的数值内，减少导线的截面积。

（4）使用高效能话机，即采用带有放大器的话机。

九、通信音频电缆的选择

（1）当沿电缆构筑物（如电缆桥架）敷设或沿建筑物墙面敷设时，宜采用全塑屏蔽型通信电缆。

（2）当采用管道敷设或沿室内短距离敷设时，宜采用全塑屏蔽型通信电缆，不应选用铠装电缆。

（3）当采用直埋敷设时，宜采用钢带铠装电缆。

（4）当采用架空敷设时，宜采用屏蔽型通信电缆。

（5）当采用隧道敷设时，宜采用屏蔽型通信电缆或铠装电缆。

（6）用户线室内敷设时，可采用普通电话线或网线；室外敷设时，应采用少对数电缆，不宜采用普通电话线。

（7）对沿电缆沟、管道、隧道敷设的电缆应采用阻燃型。

第六节　通　信　电　源

发电厂必须装设可靠的通信电源系统，以确保对通信设备的不间断供电，尤其要保证在电网或厂、站事故时不中断通信供电。

发电厂的通信设备种类较多，供电电压不同，供电方式较为复杂。为适应今后通信设备电源发展的需要，进一步提高通信电源的可靠性、经济性和合理性，

下面结合国内通信设备的具体生产情况，根据各通信设备对电源的要求，在电源设备选择、电源接线和各种通信设备的供电方式等方面进行介绍。

一、常用通信设备供电电压

发电厂的通信方式主要有生产管理通信、生产调度通信、载波通信、微波通信、光纤通信等。

目前程控交换机、程控调度机、光纤机等设备的供电电压普遍为 DC −48V。电力线载波机的供电电压，绝大部分为交直流两用，直流电压为−48V。

通信专用直流电源系统输出电压可调范围为−43～−58V，通信设备受电端子上电压变动范围为−40～−57V。

二、直流系统及设备选择

（一）直流系统接线

DL/T 5041—2012《火力发电厂厂内通信设计技术规定》》对发电厂的通信设备的电源的要求如下：

（1）发电厂厂内通信电源设备所需交流电源，应由可靠的、来自不同厂用电母线段的双回路交流电源供电。

（2）发电厂厂内通信设备所需直流电源，应由通信专用直流电源系统提供，其额定电压为直流 48V，采用浮充供电方式。

（3）发电厂应设置两套独立的直流电源系统（1+1 备份），采用双重化配置，每套直流电源系统均由一套高频开关电源、一组（或两组）蓄电池组成。

（4）通信专用直流电源系统容量应按其设计年限内所有通信设备的总负荷电流、蓄电池组放电时间确定，单组蓄电池的放电时间为 1～3h。

输煤系统通信设备的交流电源，可由一回厂用电源供给。

实际设计中，电厂较常采用设置两套直流电源系统（1+1 备份），每套直流电源系统由一套高频开关电源、一组蓄电池组成，见图 14-10。

直流系统为一组蓄电池时，直流母线为单母线；当为两组蓄电池时，直流母线为单母线分段。采用单母线分段时，用电负荷分别由两段母线引馈线供电。分段开关正常可断开，当一组蓄电池充放电试验或检修时，手动合上分段开关，这样可增加运行方式的灵活性。

发电厂厂内通信设备所需直流电源可与系统通信设备的电源共用。

（二）电源设备选择

1. 高频开关电源

高频开关电源系统通常由交流配电单元、高频开关电源模块、监控模块、直流配电单元等构成。

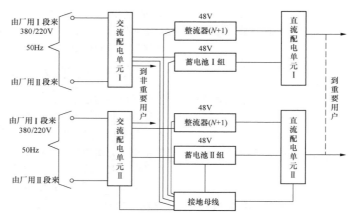

图 14-10　两套整流器两组蓄电池供电方式图

交流配电输入由两路构成，可自动切换，也有人工切换功能，可以根据用户需要选择上出线或下出线方式。

监控模块配有 RS-232、RS-422 和 RS-485 通信口，通过它们与远程监控中心的计算机通信，实现对系统的远程监控，可随时对系统的工作情况进行管理、监视和控制，并可随时查阅相关工作状态参数和故障历史纪录。

直流配电提供多路输出，监控模块检测其通断。直流配电可接两路电池（主备份工作），适合于程控交换机及各种通信设备配套使用。

高频开关电源可根据用户的不同需求进行配置，监控模块也可以选配。还可以为用户提供三相 380V、单相 220V 的交流电。

2. 蓄电池

（1）防酸隔爆铅酸蓄电池。其容量较大，效率高，要设专用蓄电池室，维护工作量较大，但价格较便宜。

（2）隔镍碱性蓄电池。此种电池无污染、体积小、使用寿命长，维护工作量小，蓄电池和充电装置均装在成套屏内，可放在通信室内，不要专用蓄电池室，但价格贵。

（3）阀控式密封铅酸蓄电池。此种电池为免维护，不需定期补加水或硫酸，在整个寿命期间无须维护，使用安全、可靠，寿命长，安装方便灵活，自放电小，蓄电池室不需有耐酸防腐措施，可与电器仪器同置于一室。现电厂通信电源一般采用这种电池。

三、通信设备的接地

DL/T 5041—2012《火力发电厂厂内通信设计技术规定》对通信的接地要求如下：

（1）厂内通信电源引入的 380V 交流中性线，应与接地母线连接。机房内的交流电力线应有金属外皮或敷设在金属管内。

（2）直流电源的正极"+"，在电源设备侧和通信设备侧应直接接地；直流电源负极"−"，在电源设备侧和通信设备侧均应接压敏电阻。直流馈电线应屏蔽，屏蔽层两端应接地。

（3）进入机房的音频电缆应选用屏蔽型电缆，电缆两端屏蔽层均应接地。对于铠装电缆在进入机房前，应将铠带与屏蔽层同时接地。

（4）通信设备的下列金属部分应做保护接地：

1）交换机等通信设备的金属机架（框）。

2）总配线架、交接箱的金属骨架和金属保安器排等。交接箱必须设置地线，交接箱地线的接地电阻应小于或等于 10Ω。

3）通信专用交、直流配电屏，高频开关电源等金属骨架。设置在蓄电池室的蓄电池支架或机架无须接地。

4）电缆的金属外皮和屏蔽层。

各类设备保护地线宜用多股铜导线，其截面积应根据最大故障电流确定，一般为 25～95mm²；导线屏蔽层的接地线截面面积，应大于屏蔽层截面面积的 2 倍。接地线的连接应确保电气接触良好，连接点应进行防腐处理。

各设备的保护接地必须由单独的接地线与接地母线相连接，严禁在一根接地线中串接几个需要接地的设备。

（5）对于引入到发电厂的音频电缆，当可能将发电厂接地网的高电位引向厂外，或厂外的低电位引向厂内时，应采取加装隔离变压器等隔离措施。

（6）对于引入机房的音频电缆空线对，应在总配线架上接地，以防引入的雷电在开路导线末端产生反击。

第七节　通　信　机　房

一、通信建筑物的形式

通信设计人员应向土建专业人员提供通信室平面

布置的总体规划。通信建筑物有三种形式：

（1）通信室布置在主控室内。此方式多用在小型电厂和变电站。

（2）厂内通信设备放在生产办公楼，系统通信设备放在控制室。中、小容量的电厂采用此方式。

（3）通信设备集中放置。大型电厂、枢纽变电站，在通信方式较多的情况下采用此方式。

二、通信建筑物的设计要求

（1）发电厂的通信用房间，应满足发电厂厂内通信、电力系统通信本期和中、远期安装通信设施的要求，并符合 DLGJ 146《火力发电厂、变电所通信站面积标准》的规定。

1）发电厂系统通信和厂内通信设备宜合并布置在同一通信机房内。

2）发电厂宜设置通信机房、蓄电池室，输煤系统扩音/呼叫设备应布置在输煤集控楼控制室，其他厂内通信设备以及系统通信设备宜布置在通信机房内。

3）通信机房应采用便于清洁维护的室内墙面（如油漆或其他涂料罩面）和地面（如防静电活动地板、水磨石地板），门窗应密封防尘。

通信机房宜设置空气调节装置。

通信机房必须装设可靠的事故照明设备。

通信机房内应设环形接地母线，并应就近两点以上（含两点）接至全厂总接地网。环形接地母线一般采用截面积不小于 $90mm^2$ 的铜排或 $120mm^2$ 的镀锌扁钢。

（2）在考虑房屋建筑要求时，必须满足通信机房终期建设的需要，同时，应对全站的通信设备的技术性能有较全面的了解，熟悉各设备安装的技术要求，以方便通信设备的安装、运行和维护。通信机房的设计应考虑以下要求：

1）通信机房与其他房屋布置在同一建筑物时，宜成一独立单元。

2）通信机房宜采取隔音措施，其隔音度为45～50dB。

3）各技术性房间内不得通过与电话无关的各种管道（如排水管、自来水管、瓦斯管、主暖气管）。

4）房间内的电缆沟、孔洞、壁龛、暗管和加固构件等应在土建施工时预留。电缆沟上应加花纹铁盖板或木质盖板。沟、洞在通往外墙处应封严，满足防火、防水要求。

5）通信室的墙壁、屋顶及地面等应按表 14-11 有关规定处理。

6）门窗采取密封措施，宜装设双层玻璃并在接缝处加填垫物，减少噪声及防止灰尘、有害气体侵入。

7）通信用房间的净空高度、采光系数等应满足表 14-11 的设备安装、运行的要求。

表 14-11 房 屋 建 筑 要 求

序号	名称	室内最低高度（mm）	地面等效均布静荷载（Pa）	室 内 装 修			门	外窗	天然采光系数	照度标准		交流插座
				地面	墙壁	天花板				高度（m）	照度（lx）	
1	交换机室	3.2	4500～5000	水磨石、木地板、防静电活动地板	1.5m 以上漆白色无光油漆，以下漆浅绿色或米黄色油漆	表面漆白色无光油漆	双扇外开单向门，宽度不小于 1.5m，高度不小于 2.4m	良好防尘	$\frac{1}{6}$	1.4	30	不少于 2 个
2	载波机室微波机室光纤机室	3.2	4500	同交换机室	同交换机室	同交换机室	同交换机室	良好防尘	$\frac{1}{6}$	1.4	30	不少于 2 个
3	电源室		4500	水磨石	刷浆，1.5m 以下漆浅绿或米黄色无光油漆	刷浆	刷浆	一般防尘	$\frac{1}{6}$	1.4	30	机后装 2 个以上

注 蓄电池室的要求与直流蓄电池室相同。

8）交换机室、载波机室、微波机室、光纤机室宜设置空气调节装置。计算夏季空调冷负荷时，上述房间的温度一般取 28～30℃，相对湿度一般取 50%～60%；计算冬季采暖热负荷时，上述房间的温度一般取 16～18℃，蓄电池室温度为 14～16℃。

9）交换机室、载波机室、微波机室、光纤机室、蓄电池室应设事故照明，上述房间的工作照明宜采用荧光灯。

10）通信机房内应设环形接地母线，并应就近两点以上（含两点）接至全厂总接地网。环形接地

母线一般采用截面积不小于 $90mm^2$ 的铜排或 $120mm^2$ 的镀锌扁钢。对于独立的通信楼，当离厂距离比较远时，可考虑采用独立的接地网，接地电阻根据设备要求定。

三、通信室的平面布置

1. 厂内通信设备单独设置通信机房

通信机房主要有交换机机房、蓄电池室等，其平面布置可参考图 14-11。

2. 载波机机房的布置方式

载波机机房的面积，根据载波机的台数来确定，其排列形式有一字形、π形、双列形和多列形，其平面布置可参考图 14-12。

3. 微波或光纤机房的布置方式

根据发电厂、变电站的微波、光纤站的性质（是终端还是中继站）及所发射的方向数来确定机房的面积，平面布置可参考图 14-13。

4. 通信设备集中布置方案

大型发电厂内，其通信设备较多，为便于统一维护和管理，通信设备宜集中在一个建筑物内。当有微波通信设备时，通信位置应考虑和微波天线铁塔位置相邻近。系统通信设备中光纤机较为常用。

通信设备集中布置的平面布置可参考图 14-14。

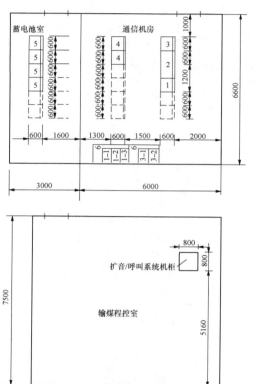

编号	名称
1	数字程控交换机
1-1	话务台
1-2	维护终端
1-3	计费系统
2	总配线柜
3	数字程控调度机
3-1	维护终端
3-2	数字录音系统
4	通信高频开关电源
5	通信用免维护蓄电池
6	值班桌

图 14-11 通信机房平面布置图

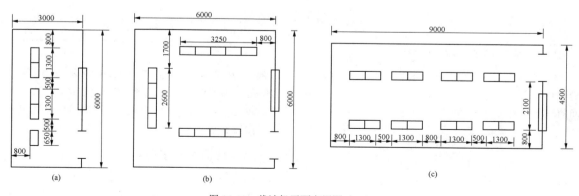

图 14-12 载波机平面布置图（一）
（a）一字形；（b）π形；（c）双列形

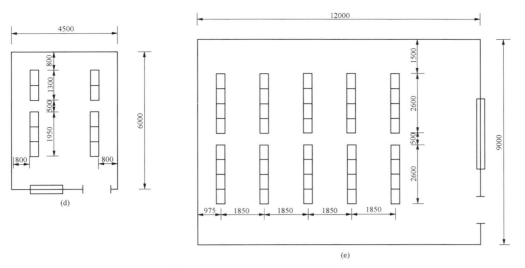

图 14-12　载波机平面布置图（二）

（d）双列形；（e）多列形

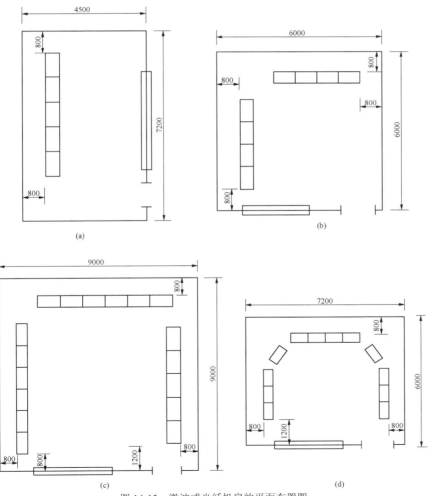

图 14-13　微波或光纤机房的平面布置图

（a）一字形；（b）Γ形；（c）、（d）π形

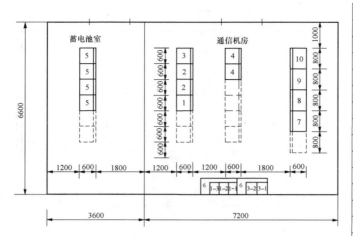

编号	名　称
1	数字程控交换机
1-1	话务台
1-2	维护终端
1-3	计费系统
2	总配线柜
3	数字程控调度机
3-1	维护终端
3-2	数字录音系统
4	通信高频开关电源
5	通信用免维护蓄电池
6	值班桌
7	光传输设备
8	光传输设备
9	综合配线柜
10	音频配线柜

图 14-14　通信设备集中平面布置图

主要量的符号及其计量单位

量 的 名 称	符号	计量单位	量 的 名 称	符号	计量单位
面积	A	m^2	互感器同型系数	K_{cc}	
电动势	E	V	配合系数	K_{co}	
频率	f	Hz	返回系数	K_r	
一次电流	I_1	A、kA	可靠系数	K_{rel}	
二次电流	I_2	A	灵敏系数	K_{sen}	
差动电流	I_d	A	额定功率	P_N	W、kW、MW
短路电流	I_k	A、kA	时间	t	s、min、h、d
放电电流	I_m	A	电压	U	V、kV
额定电流	I_N	A	蓄电池电压	U_b	V
动作电流	I_{op}	A	发电机空载励磁电压	U_{fd0}	V
制动电流	I_{res}	A	标称电压	U_n	V
不平衡电流	I_{unb}	A	额定电压	U_N	V、kV
互感器变比	n		动作电压	U_{op}	V
变压器变比	n_T		电抗	X	Ω
电压互感器变比	n_v		功率因数	$\cos\varphi$	
电流互感器变化	n_A		磁通量	Φ	Wb
非周期分量系数	K_{ap}		电导系数	γ	S/m
自启动系数	K_{ast}		阻抗	Z	Ω

参 考 文 献

［1］能源部西北电力设计院. 电力工程电气设计手册 电气二次部分. 北京：中国电力出版社，1991.

［2］钟西炎. 电力系统通信与网络技术. 2 版. 北京：中国电力出版社，2011.

［3］郭梯云. 移动通信. 西安：西安电子科技大学出版社，1998.

［4］张卫纲. 通信原理与通信技术. 西安：西安电子科技大学出版社，2002.

［5］卞佳丽，等. 现代交换原理与通信网技术. 北京：北京邮电大学出版社，2005.

［6］黄燿群，李兴源. 同步电机现代励磁系统及其控制. 成都：成都科技大学出版社，1993.

［7］李基成. 现代同步发电机励磁系统设计及应用. 2 版. 北京：中国电力出版社，2009.